◎ 闵九康　陶天申　田　波　主编

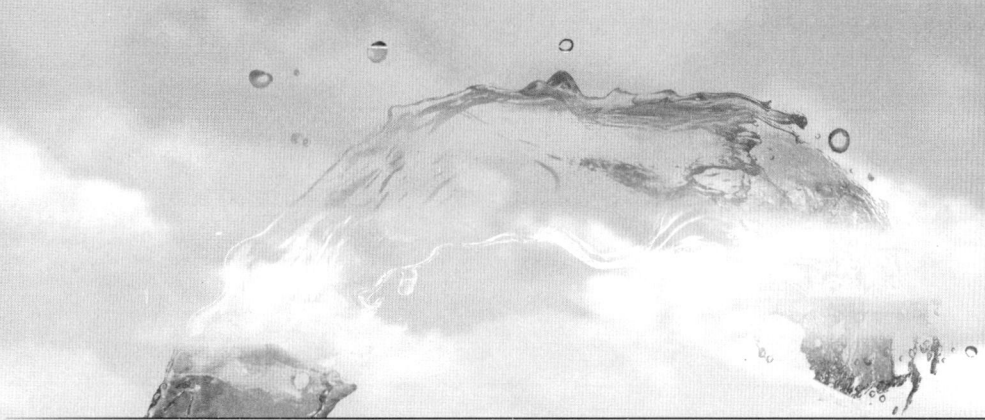

绿色低碳生态工程学
——精准防治全球气候变暖的创新工程
GREEN NATURE and CARBON SINKS ECO-PHYTOTECHNOLOGY——The State-of-Art

U0306551

中国农业科学技术出版社

图书在版编目（CIP）数据

绿色低碳生态工程学：精准防治全球气候变暖的创新工程 / 闵九康，
陶天申，田波主编 . —北京：中国农业科学技术出版社，2018.1
ISBN 978-7-5116-3239-5

Ⅰ.①绿… Ⅱ.①闵… ②陶… ③田… Ⅲ.① 全球气候变暖—研究
Ⅳ.①P461

中国版本图书馆 CIP 数据核字（2017）第 219836 号

责任编辑　张志花
责任校对　贾海霞

出 版 者　中国农业科学技术出版社
　　　　　北京市中关村南大街12号　　邮编：100081
电　　话　（010）82106636（编辑室）　（010）82109702（发行部）
　　　　　（010）82109709（读者服务部）
传　　真　（010）82106631
网　　址　http：// www.CASTP.cn
经 销 者　全国各地新华书店
印 刷 者　北京富泰印刷有限责任公司
开　　本　889mm×1 194mm　1/16
印　　张　32.5
字　　数　915千字
版　　次　2018年1月第1版　　2018年1月第1次印刷
定　　价　298.00元

《绿色低碳生态工程学
——精准防治全球气候变暖的创新工程》

（GREEN NATURE and CARBON SINKS ECO-
PHYTOTECHNOLOGY——The State-of-Art）

编 委 会

献　词

土壤是一位慈祥的母亲，她为其所有的孩子们提供了舒适的环境和丰富多彩的食物。

—Bourke Cockran

在举国上下为实现中国梦而努力奋斗的大潮中，将《绿色低碳生态工程学——精准防治全球气候变暖的创新工程》一书奉献给伟大的土壤科学家朱祖祥教授百年诞辰是最适宜和最富有历史意义的盛事。

朱祖祥教授，1916年10月5日出生于浙江省宁波市。1938年毕业于浙江大学，留校任教。1945—1948年，就读于美国密执安州立大学研究生院，前后获硕士和博士学位。

朱祖祥教授是我国农业科技与教育领域的一代大师，是我国土壤化学的奠基人。他历任浙江大学农业化学系主任，浙江农学院土壤农业化学系主任、浙江农业大学校长、名誉校长、中国水稻研究所首任所长、名誉所长、浙江省科协副主席、名誉主席、浙江省人大副主任、中国土壤学会副理事长、浙江省农学会理事长、名誉理事长等职。1980年当选为中国科学院学部委员（相当于现在的中国科学院院士）。他一生致力于教育、科技事业，为我国土壤学、农业和环境科学的发展作出了重大贡献。

朱祖祥教授创立的土壤多介质离子交换和陪补离子等理论、绿肥起爆效应和有机质激发效应、土壤水分和养分能量位以及磷位等概念、土壤pH值指示剂、土壤分析方法和速测诊断技术（现称测土施肥技术），以及土壤与温室效应等，都是土壤科学领域中具有里程碑意义的重大成果，对提高我国农业科技水平、发展农业生产起到了极其重要的作用。

1952年全国院系调整，浙江大学农学院从浙江大学独立出来，创建浙江农学院（1960年改名浙江农业大学，1998年合并成浙江大学）。1956年朱祖祥教授筹建的浙江农学院土壤农业化学系（简称土壤农化系）招生。从恢复招生至今，凭着朱祖祥教授对事业的执着追求，在他的精心培育下，土壤农化系早已成为全国农学院中的一流系科。本书正副主编和许多编委都是首批被招收的56级学生，他们在求学及以后的工作期间，深受朱先生谆谆教诲的影响，也与朱先生结下了深厚的师生情谊。

1962年朱祖祥教授和我国著名农业化学家、农业教育家、中国农业化学的奠基者孙羲教授在全国率先招收土壤化学和农业化学研究生。本书编委洪顺山、副主编沈育芝和主编闵九康就是二位教授精心指导和培养出的我国第一届研究生。后来，他们都在各自的工作岗位上取得了较大的成就。

朱祖祥教授还高瞻远瞩，将土壤-环境-人类健康紧密地、有机地联系在一起，积极组建了全国高等农业院校中第一个环境保护系，并成为新的浙江大学"211"工程的主要学科之一。

朱祖祥教授学识渊博，才思敏捷，严谨治学，勇于创新，桃李满天下。他对待学生既满腔热情，又严格要求，更是真诚关怀和爱护，这始终激励着他的每一名学生。作为浙江农学院土壤农化系首届的56级学生，分布在全国各地的教学、科研、基层等岗位，都取得了很大成就，为国家和人民作出了贡献。

朱祖祥教授是我们尊敬的师长，他永远活在我们的心中。

《绿色低碳生态工程学——精准防治全球气候变暖的创新工程》编委会

浙江大学土壤和农业化学系56级全体同学

敬　献

2017年8月

内容简介

本书主要论述了地球复原百年战略目标和地球恢复原生态百年计划，讨论了温室气体和温室效应在全球气候变暖中的重要作用以及对人类生存和发展的影响。

全书共26章，主要讨论了碳的起源、进化和归宿，土壤和生物质（C）生产，发展低碳农业、阻遏全球气候变暖，土壤与温室效应，土壤发射温室气体（CO_2、CH_4和N_2O）的数量和全球平衡账，土壤与大气之间温室气体的交换通量，植物光合作用和呼吸作用在全球CO_2平衡账中的战略意义，土壤对温室气体（CO_2等）的吸收和缓冲作用以及全球关注的无碳（C）能源生物氢（H_2）的生产应用。同时，还讨论了生物多样性和湿地土壤的环境效应。

全书引用了世界各国科学家研究的新成果和相关信息及科学数据，其中大部分为独家拥有，因此十分弥足珍贵。

本书可供有关领导和专家、大专院校师生以及企业负责人和工程技术人员等阅读和参考。

序 一

　　土壤是构成人类生存和发展的重要环境，更是生灵赖以生存的、不可替代的、有限的重要自然资源。因此，古希腊哲学家亚里士多德（Aristotle）曾说："土壤是无限生命之源。"我国劳动人民则有"有土斯有粮"和"万物土中生"的格言。闵九康教授将其英译为"The soil is the mother of all things"（土壤是万物之母），从而流传于世界各国。

　　闵九康教授是我的朋友和同事，他与我同届研究生毕业，后赴法国、加拿大和美国等留学和考察。他一生勤奋好学、努力钻研、坚持不懈、学识广博、学业勤耕、著作等身，已出版了30多部科技著作，文字总量超过1 300万字，是我国农业、环境学界的杰出科学家。特别是较长时期以来，他潜心研究气候变化、资源环境与人类健康之间的关系，并提出了很多新的见解。他是我国低碳农业的倡导者，被学界誉为"中国低碳农业之父"，并受到了社会各界的认同和赞誉。过去几十年，全球气候变化已成为科学家和社会各界的关注热点，其中最紧迫最重要的是大气中温室气体（CO_2、CH_4和N_2O等）含量的增加，从而导致了全球气候变暖，危及人类生存和发展。

　　19世纪60年代至20世纪90年代，根据科学家的测定，地球最暖的10年是20世纪90年代（以平均值计算），也就是过去1 000年中气候最暖的一个世纪（20世纪）。在20世纪中，除温度升高，降水增加外，一些难以预料的因子，如极端气候，干旱、洪水、降雨和降雪无常等状况也不断增加。

　　全球气候变化，特别是气候变暖会对人类生存和发展以及健康带来各种威胁。所以，在全世界范围内引起了极大的关注。同时，科学家们也在寻求防止全球气候变暖所产生的负面影响而不断提出新的战略。全球气候变暖将大大影响粮食生产和供应，因为它直接或间接地影响作物生产、土壤肥力、畜牧业和渔业以及病虫害防治等。

　　联合国政府间气候变化委员会（IPCC）和最近由400多位科学家作出的报告再次确证，全球气候变暖对人类的威胁明显增加，报告指出，地球表面平均温度在今后100年内将增加1.4～5.8℃。这些科学论据进一步证明了全球变暖的范围和程度。因此，需要人们迅速而有效地作出防止全球气候变暖的决策和战略措施。

　　通过减少矿物燃料燃烧和其他资源的保护以减少温室气体的发射便可明显降低全球气候变暖的速度。同时，发展低碳农业和无碳（CO_2）能源生物氢（H_2），大力增加土壤碳汇，其不仅能减少CO_2等温室气体的排放，而且还能通过CO_2肥料效应而大量吸收CO_2和增加生物质产量，从而有效降低大气中温室气体的浓度。因此，研究土壤与温室效应等项目就成为防止全球气候变暖的重要战略措施。在UN组织保护伞（Umbrella of UN organization）内的许多国家都在讨论有关防治全球气候变暖的措施、方法和技术。许多国家（包括发达国家和发展中国家）都已开始着手在不同地区和不同资源类型区域组织全球气候变暖及调控的相关组织和机构，以大力研究温室气体源与汇的全球平衡账，以及调节措施和技术。研究全球气候变暖的国际机构和组织有8个，国家和地区机构组织有175个。

　　2010年5月7日，包括11位诺贝尔奖得主在内的255名美国科学院院士（Gloick P.H.和Adams R.M.et al.）发表公开信（附录Ⅰ），公开捍卫气候变暖研究的严密性和客观性。现在，许多国家都将温室气体的源与汇，发射过程和对人类生存与发展的影响列入了中学和大学环境学科的教程之内。农业，特别是土壤发射温室气体的内容已成为不可或缺的教程。

近年来，闵九康教授又专题研究了全球气候变化、土壤与温室效应、土壤与人类健康的关系等。新作《绿色低碳生态工程学——精准防治全球气候变暖的创新工程》详细论述了土壤与温室效应及其对全球气候变暖的影响，并提出了发展低碳农业，研发无碳（CO_2）新能源生物氢（H_2），以阻遏全球气候变暖的有关技术和方法。因此，该新作是一部融理论性、资料性和生产性于一体的，很有特色的国际水平的科技著作。该新作能及时出版将对广大从事土壤、农业化学以及环境科学和生产管理等方面的读者有所裨益，并起到积极的推动作用。

我真诚希望新作《绿色低碳生态工程学——精准防治全球气候变暖的创新工程》一书能为应对全球气候变暖以及人类生存和发展创造一个健康的生态环境作出有益的贡献。

斯为序，谨表对闵九康教授深深的敬重之情。

陶天申（武汉大学教授）

2017年9月

序　二

　　《绿色低碳生态工程学——精准防治全球气候变暖的创新工程》一书即将由中国农业科学技术出版社出版。该书是当代一部重要的科学著作。它对全球气候变化的因果关系以及防治气候变暖等因子都作了充分而详尽的表述。同时全书收集了许多极为重要的科学数据、资料和有关研究成果。因此，该书堪称为一部有关气候变化的参考指南，值得一读。

　　科学研究证明，全球气候变化与土壤生态系统关系极为密切。因此，全球气候变化，特别是气候变暖是由各种生态系统，特别是土壤生态系统的影响所造成。陆地生态系统主要由气候系统（climate system）、化学大气系统（chemical atmosphere system）、土壤生态系统（soil ecosystems）和人类系统（human system）所组成。

　　全球气候变化主要是指上述系统变化的整合作用（表1），其中特别受到关注的是"温室"气体急剧增长。它对全球气候变化，特别是全球气候变暖造成了巨大影响，但其也是由地球系统（Earth system）中的各种组分所造成的（图1）。

表1　地球变化的各种相关系统

"全球变化"
物理-气候系统
降水
温度
辐射能
湿度
光照
大气-化学系统
H_2O、CO_2、N_2O、CH_4、O_3等
生态系统
生产系统
结构系统
过程速率
人类系统
土壤和土地利用系统
城市产业系统

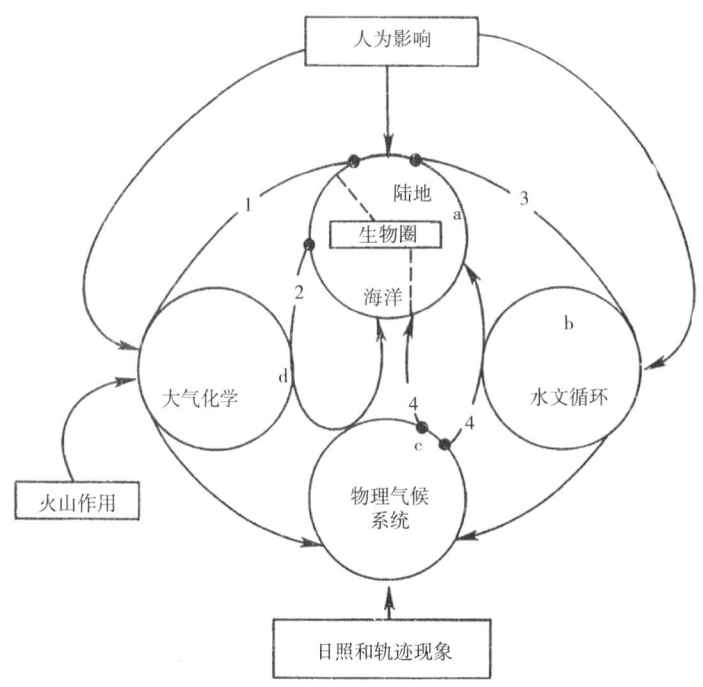

图1　地球系统中各种组分之间的相互作用

过去几十年，土壤一直处于总碳和大气CO_2的一个碳通量稳定状态。大范围的研究表明，土壤有机碳（SOC）和无机碳（SIC）已有明显的变化。但土壤仍然可以稳定大气中温室气体的浓度。在干旱区域，这种作用特别明显。因为干旱区域的土壤-气体反应受到植被的影响甚少。土壤具有巨大的表面积、活跃的微生物群落、适宜的水分含量和pH值的缓冲能力，所以土壤能吸收和缓冲大气中的C、N和S。虽然土壤能发射大量的CO_2和少量的其他含C、N和S气体，但土壤仍然起到了稳定C、N和S汇的重要作用。

土壤有机碳（C）是地球表层最大的碳库（largest carbon reservoir），其量约为15×10^{14}kgC（1 500PgC）。实际上，根据闵九康等2014年的计算和统计，其值约为1 676PgC。研究表明，这样大的碳库（汇）可大大增强绿色植物的光合作用，促进农业生产，同时，也能提高土壤的保水能力，或者，还能通过降低SOC的分解速率而间接地降低大气中CO_2浓度。通气土壤都能有效地降低CO、羟类化合物和大气中的挥发性有机化合物。研究表明，温室气体的移动速率会受到物理因子而不是化学因子的限制。

土壤无机碳可能是一个很大的碳库，其量约为10^{15}kg，但其仅能缓慢地增加大气中的CO_2浓度和大气温度，因此，对光合作用的影响不大，而且对保持土壤水分的作用也甚小。因此，灌溉既能增加又能减少大气中CO_2的数量。

土壤有机氮（N）含量比大气N_2要小，其值约为15×10^{13}kgN。但生物质和海洋表面有较大的含N化合物。土壤是大气NH_3、N_2O、NO和NO_2-N_2O_4的一个活跃的N汇（an active N sink）。土壤中有机N库的作用系与土壤有机C汇相类似。N库中的N_2O是温室气体，因此，受到了人们的特别关注。

土壤碳平衡账（carbon budgets）通常是用精准的模拟模型而获得。许多碳模型（carbon models）几乎都忽视了土壤碳模型。因此，十分有必要建立土壤C平衡账的精准模型。

迄今为止，土壤碳仍然是碳循环过程中最大而活跃的C库（largest active C reservoir，Bohn，1986，Holser，1989，闵九康等，2012）。研究表明，土壤碳库的数据均来自对热带土壤中有机碳（SOC）的研究。SOC的氧化作用或腐解作用是输入大气中CO_2的最大碳源。长期试验测定的结果表明，土壤释放出的碳量为（6～8）$\times 10^{13}$kg（Houghton，1985）。模型研究指出，SOC及其产出的CO_2是净初级生产率（NPP）和有机体腐解的唯一稳态条件。因此，SOC的积累和降低氧化作用速率都与NPP有关。每年4×10^{12}kg矿物燃料燃烧放出碳量的一半会进入大气或从大气中消失，但其约占SOC变化率的0.2%。然而，建模者可能常会忽略SOC，因为SOC和死亡生物质的一词定义不明，所以，建模者认为SOC都直接取决于活体生物质的数量或取决于NPP的大小。因此，当建立碳模型时，他们也忽略了下列因子：

A. 通过新垦土地、增加温度、热带森林转化为草地和降水减少等都能增加SOC的氧化作用而释出CO_2。

B. SOC的积累超过了能接受NPP的增量。

C. 无机碳亦能释出CO_2。

《绿色低碳生态工程学——精准防治全球气候变暖的创新工程》一书全面论述了地球碳的起源与归宿，碳（CO_2和CH_4）的全球平衡账、C_3、C_4植物光合作用的CO_2饱和度、防治气候变暖的技术和科学方法，以及地球恢复原生态的战略目标和有效措施。因此，本书的出版将会对全球气候变化，特别是气候变暖的防治起到极为重要的推动作用。

希小平

2017年1月

前　言

　　《巴黎协定》是关于气候变化的协定，这是21世纪拯救人类生存和发展，造福子孙万代的伟大里程碑。气候变化的中心是气候变暖，其主要原因是温室气体（CO_2等）和温室效应。因此，为了防治气候变暖对人类的威胁和地球环境的危害，世界各国政要和科学家已召开了各种国际会议，制定战略计划以应对气候变暖。联合国环境和发展署于1992年召开的"里约地球峰会"（The Rio Earth Summit，1992）和国际科学联合委员会（ICSU）于1990年在荷兰召开的"土壤和温室效应系统工程学"（Soils and the Greenhouse Effect，1990）以及联合国召开的"第二次气候大会"（The second world climate conference，1990）等都提出和制定了多种"地球复原百年战略计划"（100 year plan for the Earth's Recovery，1990）。这一伟大的战略目标旨在将大气中的温室气体CO_2浓度（406μmol/mol）恢复至工业革命前（1860年）的CO_2浓度（290μmol/mol）水平，从而确保人类健康发展。为了达到这一战略目标，我和同事们将10年前的研究成果和最新收集到的世界各国科学家的相关研究成果以及会议论文和资料汇集成《绿色低碳生态工程学——精准防治全球气候变暖的创新工程》一书，以飨读者。

　　2011—2014年，我和同事们编著出版了《全球气候变化与低碳农业研究》《低碳农业——全球环境安全和人类健康必由之路》《土壤与人类健康》等5部著作。这些著作全面论述了土壤和温室效应系统工程学，温室效应和气候变暖及其对人类生存和发展的影响。

　　众所周知，土壤是地球最重要的自然资源。全球90%以上的粮食、纤维、糖料和建筑材料等都源自土壤。这充分印证了古希腊哲学家亚里士多德（Aristole）的格言。他赋予了"土壤是无限生命之源"的美誉。勤劳和智慧的中国人民则有"有土斯有粮"和"万物土中生"的格言。我将其英译成"The soil is the mother of all things"（土壤是万物之母），从而被世界各国所引用，以表达土壤在人类生存和发展中不可取代的重要作用。但是在人类发展过程中，土壤又成为人类抛弃大量废弃物的容库，从而掩饰了人类的一些错误和疏忽。因此，人类应当正确地管理土壤和保护土壤，以确保人类生存发展和健康长寿。因此，全球现已充分认识到绿色低碳是环境安全和人类健康的必由之路。"绿色低碳"一词可科学地诠释为绿色植物进行光合作用而大量吸收CO_2，并将其转为有机碳化合物（统称碳汇），从而明显地降低了大气中CO_2等温室气体的浓度（即低碳），有效地阻遏全球气候变暖，确保了实现地球恢复原生态的战略计划。所以，"绿色低碳"一词现已成为公众认同和约定俗成的有代表性的广泛用语。作者将其英译为Green nature and carbon sinks，以供参考。

　　全书共26章，主要论述了碳（C）的起源、进化和归宿，发展低碳农业、阻遏全球气候变暖，土壤和温室效应系统工程学，土壤发射温室气体（CO_2、CH_4和N_2O）的数量和全球平衡账，土壤与大气间温室气体的交换通量，全球有机碳（C）循环及其平衡账以及发展低碳农业和无碳（C）生物氢（H_2）能源等以阻遏全球气候变暖的速率，并特别强调了光合作用酶（Rubisco酶）在吸收CO_2过程中的重要作用。

　　本书能及时出版，完全得益于中国农业科学技术出版社编辑及其领导的关心和支持，得益于浙江大学、武汉大学、北京林业大学和中国农业科学院、江西珀尔农作物工程有限公司和北京盛达华泰农业科技有限公司的教授、学者和专家们的撰稿及审阅。在此，对他们的辛勤劳动和巨大的付出表示衷心的感谢。

最后，十分感谢我国著名微生物学家陶天申教授不顾八秩高龄为这部新作《绿色低碳生态工程学——精准防治全球气候变暖的创新工程》一书作序。掩卷长思、感慨万千，但愿这部新作能为地球恢复原生态作出一点有益的贡献，以早日实现人类的美梦（Distant Beautiful Dream）。

谢谢！

于中国农业科学院

2016年9月

卷首图表

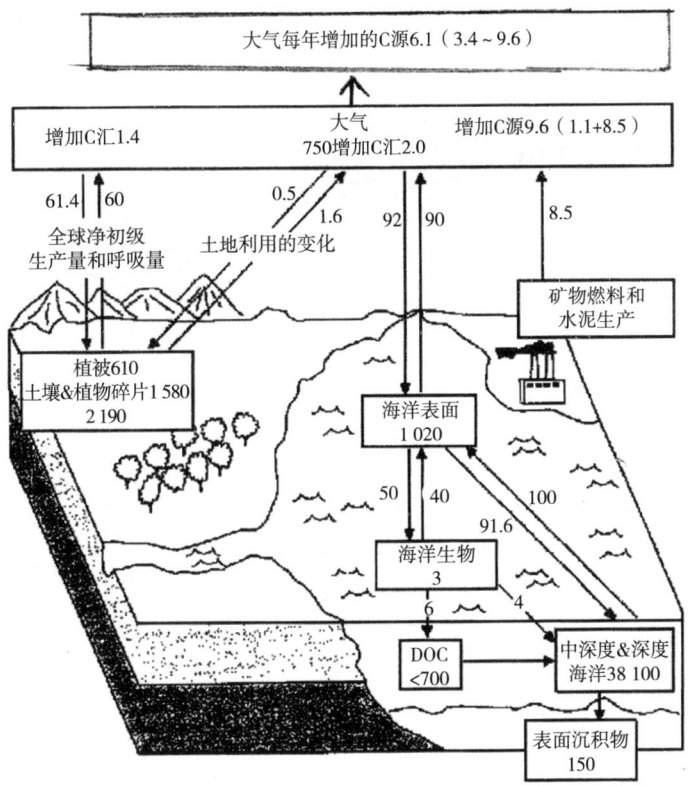

图1 全球碳储库和通量（以每年10^{15}g碳量，即PgC或Gt C = 10^9T来表达）。大气从矿物燃料的燃烧获得了碳，并将其损失于海洋。植物生物质中的碳和土壤中的碳通过土地利用状况的变化而损失，但由于OOC "CO_2的肥料效应"（CO_2 fertilization），所以，植物生物质碳和土壤碳会有局部的升高（D.S.Schimel, 1995和闵九康等, 2016）

注：DOC——溶解的有机碳；OOC——溶于海水的有机碳

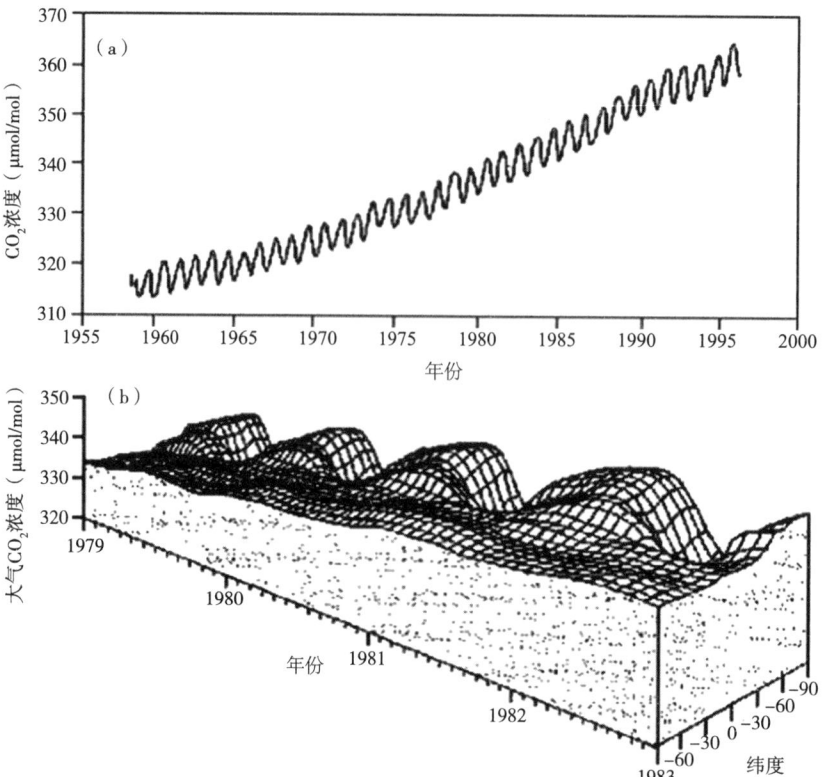

图2　CO_2浓度稳定升值每年约为1.5μmol/mol（a：Keeling等，1996），
稳定升值的重要因子每年都有波动，特别是在北半球（b：Goudriaan，1987）

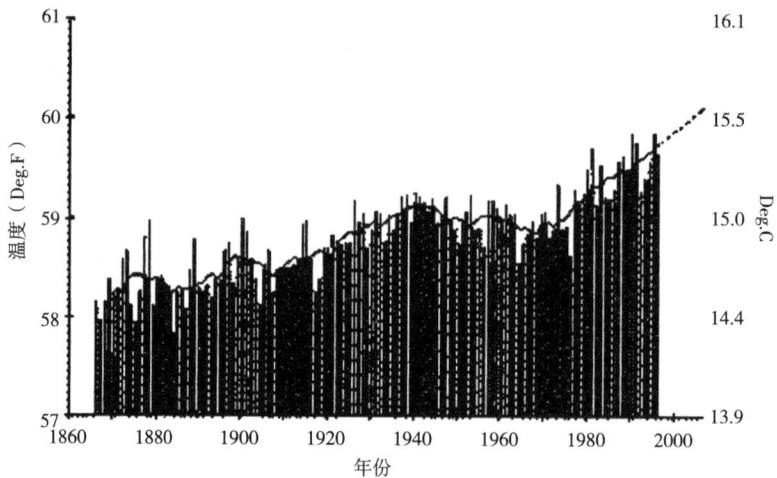

图3　随着时间推移而发生的温度升高（IPCC，1996）

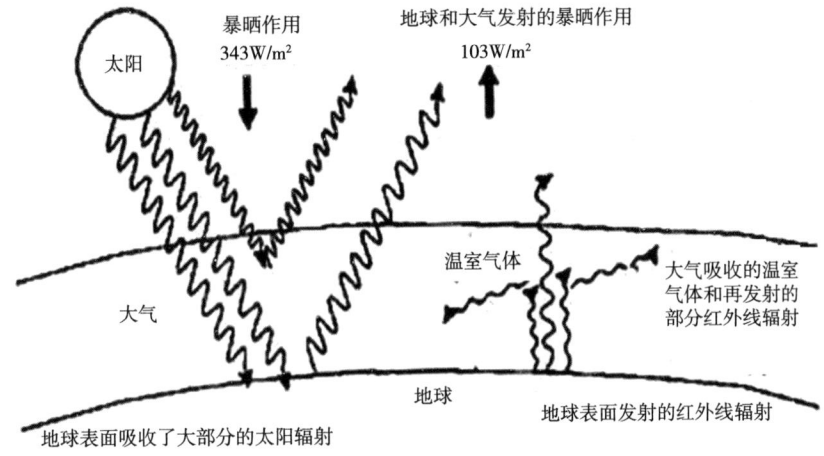

图4 温室气体使全球变暖的代表性图式

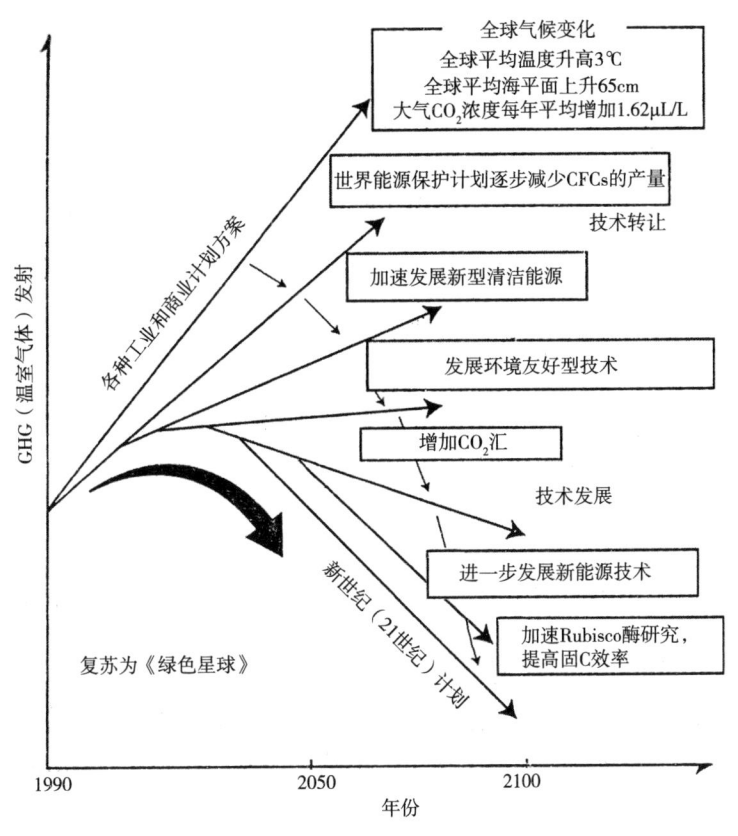

图5 地球复原百年战略计划（国际技术创新研究院RITE，1992和闵九康等，2016）

注：1. 加速能源保护，逐步减少CFC（氯代碳氟化合物）的产量

2. 安全核电厂，新型和再生能源以及无碳能源生物氢（H_2）等

3. CO_2固定及其再利用技术，环境友好型产品的生产和开发第三代（FCs）技术

4. 植树造林，用生物技术防治沙漠化

5. 核裂变，空间太阳能源的发展

6. 研发新型Rubisco酶的植物和藻类，其可将固定C的效率提高20%～80%

"地球复原百年战略计划"续

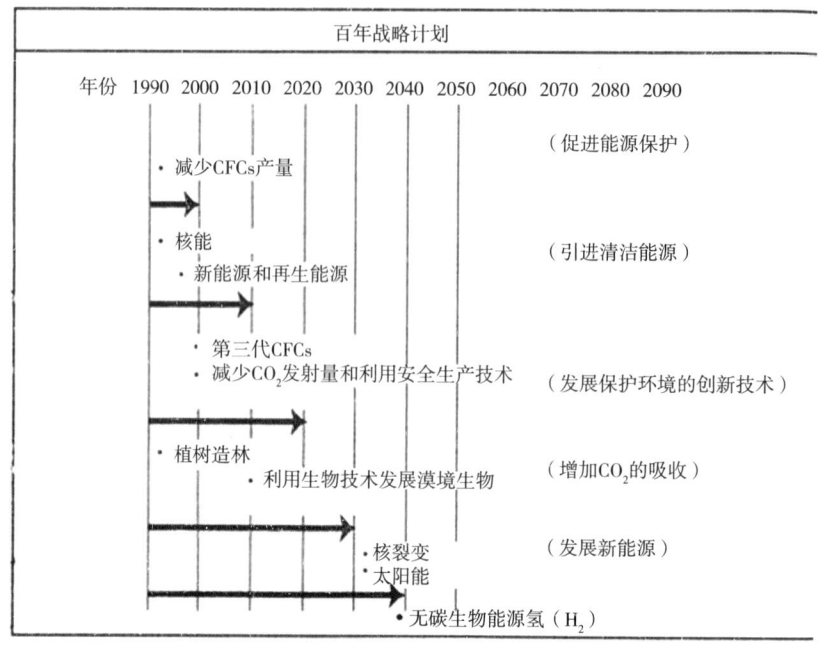

来源：MiTi全球环境办公室

MiTi = 国际贸易和工业部（The ministry of international trade and industries）

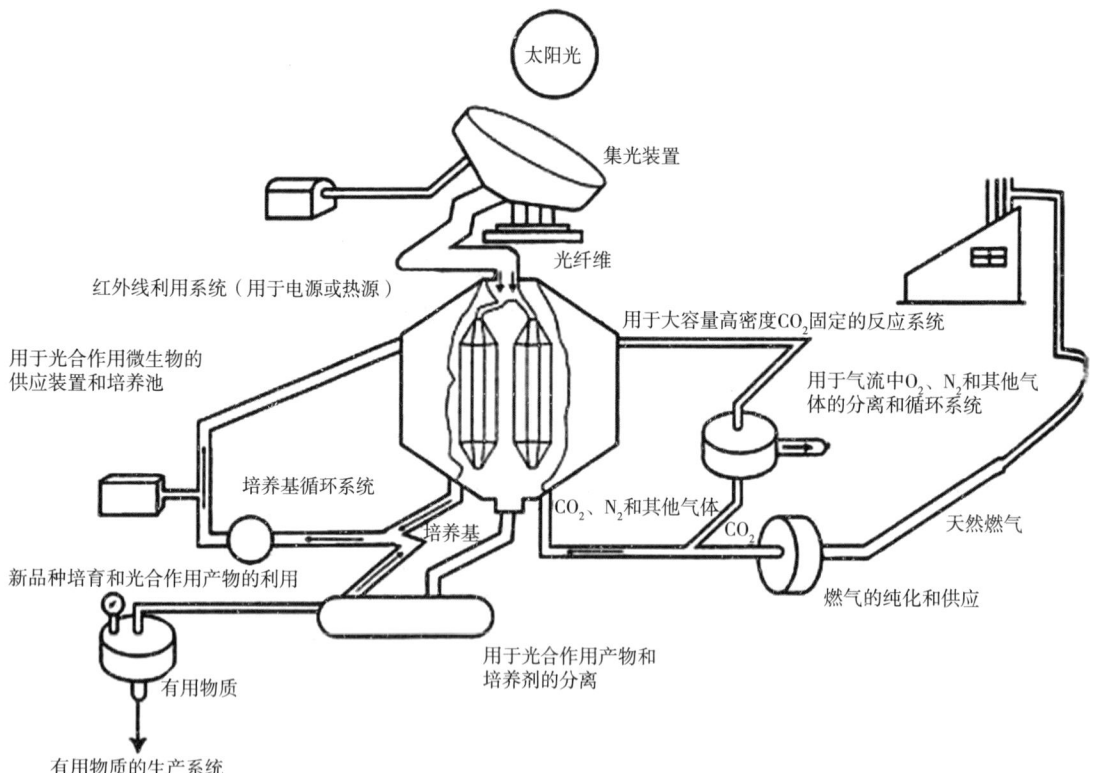

图6　生物固定CO_2及其利用系统

来源：Jiro kondo，1992和陶天申等，2014

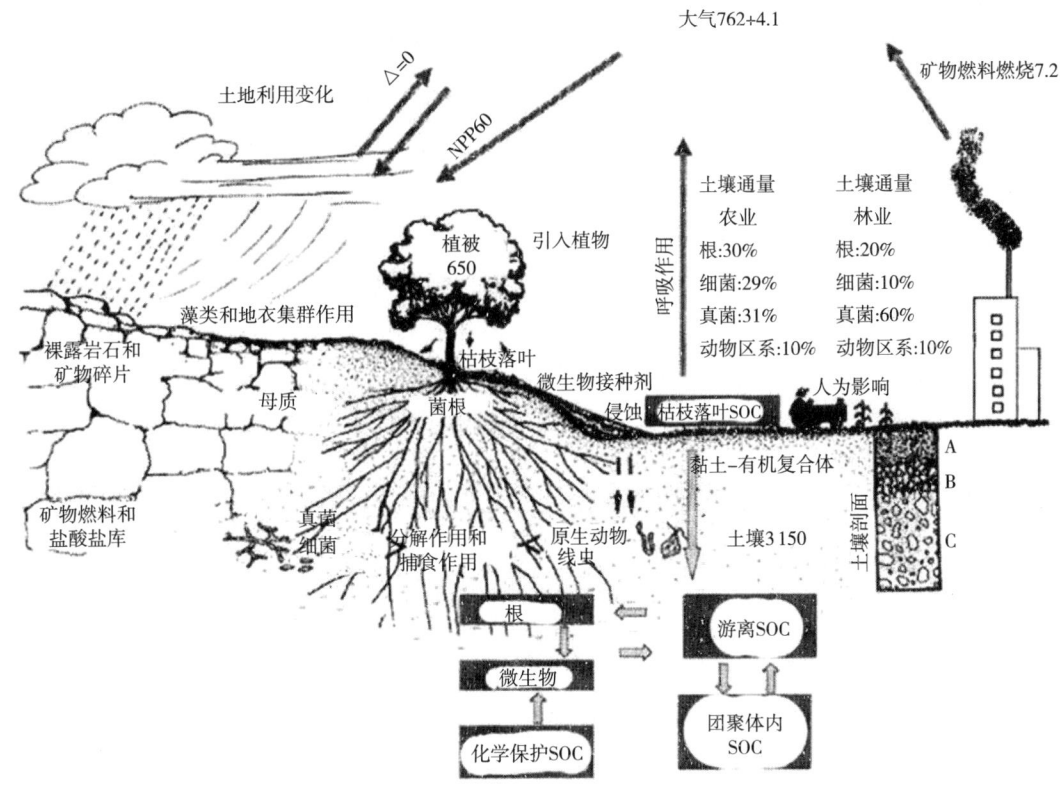

图7　全球碳（C）的生物地球化学循环及其平衡账（S.J.Morris and C.B.Blackwood 2012）

　　生物地球化学循环（Biogeochemiacl cycles）强调了生物和非生物组分在为生物生长发育和繁殖提供必不可缺的分子中的共同作用。细菌和古细菌（archea）长期进化的历史表明了形成高等生物营养由原子到所有自然结构复杂分子的进化过程。但是，自然界的分解过程能导致许多不同元素（C、N和磷）同时发生循环和再循环，从而为这些循环过程中的微生物生存和发展创造了有利的条件，并为陆地、水系和大气元素库的后续作用提供保障。

　　陆地生态系统全球碳（C）循环中的C通量受到光合作用（C吸收）相对速率的制约（相对于自养和异养生物的呼吸作用）。自养和异养呼吸作用可视为分解作用和其他微生物过程（C释放）的后续作用。土壤生物及其与其他生物和植物之间的相互作用会明显影响上述各个过程发展的速率。例如，菌根共生体的形成能增加光合作用的速率，特别在缺乏营养、水分不足等不利条件下光合作用的速率。这类生物和环境条件的关系能影响或改变光合作用速率，同时还能间接影响对介质中资源的竞争能力，并能防治根系病原体的感染。同时，物质分解速率也会受到一定的影响。

　　人类对C循环中全球C通量的影响可能是所有时段中最重要的生态因子。对人类活动介入的反响受生物对提升CO_2浓度反响的制约。同时也受到生物对其他环境条件如温度和水分变化以及气候不稳定等因素的间接反响的影响。全球碳（C）循环因有许多人为因子的影响而有了明显的变化（图7）。其中矿物燃料的燃烧和土地利用的变化大大增加了大气中CO_2的通量。现在，大气CO_2浓度增加的数量为每年4.1PgC，是C的人为源（每年7.2PgC）和大气、植被、土壤和海洋俘获CO_2量（每年3.1PgC）之间不能达成平衡所造成的（Solomon, et al., 2007）。微生物对C的释放量和C的地下储藏量的相对贡献率具有极为重要的意义。大气中C净通量的增加可用大部分计划方案中CO_2数量的增加来预报。其中主要有细菌和真菌随温度和水分增加而增加（特别在北极系统，Arctic systems），从而加速了有机质的分解。

　　现在，已有许多研究来检验各种有关因子对C通量的相对贡献率（图7）。这些因子有C的利用率和提升CO_2浓度以及气候变化对C通量的影响。

预告气候变化对土壤微生物的影响是对人类最为重要的挑战。土壤生物通过分解作用而能直接和间接地制约碳（C）通量。但是土壤生物亦能调控土壤甲烷（CH_4）和土壤氧化亚氮（N_2O）的生产和消耗。土壤生物并非都是需要由植物和动物产品供应能量和为其提供细胞呼吸时所需最终电子受体（electrona ceptors）的因植物和动物产品的异养生物（Heterotroph-dependent on plant and animal products）。土壤生物是能利用铵和一些硫化物作为能源的无机营养型生物。许多土壤生物亦能利用硝酸盐或硫酸盐而不是有限的O_2作为最终电子受体，从而使其能在厌氧条件下生存和发展。因此，这类生物在C、N和S循环过程中有着独特的作用，并通过对CH_4和N_2O的影响而对全球气候变化产生巨大的影响。土壤生物发生的特别重要的能源转化对全球气候变化有着重要的战略意义。因此，土壤生物通过光合作用和分解作用而大大影响或改变了生态系统中的碳（C）通量（rates of ecosystem C flux）。

表1　250年（1860—2100年）间大气CO_2浓度和总碳汇以及土壤总碳汇的变化（闵九康等，2016）

年代	大气CO_2浓度（μL/L）	年增量（μL/L）	大气总碳汇（Pg）	土壤总碳汇（Pg）
1860年前	205		439	923
1860	285.6	8.06	600	1 260
1870	286.7	0.11		
1880	288.6	0.19		
1890	290.7	0.21		
1900	293.1（增7.5）	0.24	621	1 328
1910	296.1	0.30		
1920	299.4	0.33		
1930	303.2	0.38		
1990	307.0	0.38		
1950	311.6（增18.5）	0.46		
1960	317.6	0.60		
1970	326.5	0.89		
1980	338.5	1.20		
1990	351.3	1.28	750	1 576
2000	397.8（增86.2）	4.65		
2010	401.2	3.40	870	1 828
2020	408.2	0.70		
2030	440.3	3.20		
2040	460.2	1.99		
2050	550.05（增152.2）	3.03	1 179	2 476
2060	511.7	2.12		
2070	565.4	5.37	1 457	3 062
2080	605.8（增55.83）	4.04		
2100	700.7（增94.9）	9.44		

注：2010年、2050年和2070年预测的CO_2浓度最高值分别为416μL/L、660μL/L和755μL/L

表2　世界主要国家耕地面积和产量以及固碳容量[2,3]（闵九康等，2012）

国家	耕地面积（×$10^4$$hm^2$）	位次	单产（kg/hm^2）
中国	13 003.9	4	3 506
美国	17 500.0	1	1 818
加拿大	4 536.0	7	1 287
俄罗斯	13 097.0	3	319
印度	16 250.0	2	1 292
韩国	174.7	28	4 302
英国	609.0	23	4 144

（续表）

国家	耕地面积（×10⁴hm²）	位次	单产（kg/hm²）
埃及	280.0	27	5 872
日本	394.4	26	3 474
菲列宾	552.0	24	2 796
南非	1 498.5	17	907
墨西哥	2 529.0	10	1 054
法国	1 828.8	13	3 419
德国	1 183.5	18	3 561
意大利	810.5	22	2 621
澳大利亚	5 001.1	6	732
西班牙			
孟加拉国	850.0	21	1 467
巴西	5 350.0	5	
乌克兰	3 318.9	8	
尼日利亚	3 037.1	9	
埃塞俄比亚	1 130.0	19	
越南	550.9	25	
土耳其	2 447.4	11	
泰国	1 708.5	16	
巴基斯坦	2 103.4	12	
缅甸	954.3	20	
伊朗	1 775.0	15	
印度尼西亚	1 794.1	14	

注：1. 世界平均单产1 521kg/hm²

2. 平均固碳容量80.6kgC/（hm²·y）

3. 全球每年增加碳汇10～12Pg

目　录

第一章　全球碳（C）的生物地球化学循环和温室效应的发展

一、引言

碳（C）是地壳中最丰富的第十五个元素，同时也是宇宙中最丰富的第四个元素。碳为4价非金属元素，并以4个电子形成共价化学键。碳形成了各种化合物，这类化合物可从复杂的有机化合物到简单的无机分子如二氧化碳（CO_2）。它是地球大气CO_2之源，也是全球气候变暖的主要调控者（primary controllers）。地球早期含有的C量很小。它从富碳的小行星（asteroids）和陨星（陨石）（meteorites）爆炸而沉积于地球原始表层（Ander，1989）。除C对地球的肥料效应外，地球外的物质（extracterrestrial objects）都是今天海洋的大量水源。地球外C系由有机化合物组成，如羟类、有机酸和氨基化合物。它们都对生命进化具有重要的作用。这些作用促进了许多复杂的过程，从而导致地球风化层、大气、海洋、陆地和生物中C的迁移和转化。因此，其被今日称之为全球C循环。这种循环既有长期地质循环，也有短期生物循环。

二、地质碳（C）循环

纵观地球历史，地质C循环是C归宿的主要途径。地球原始大气中的CO_2和水的积聚是地质循环的首要过程，暴露于大气中的岩石风化产生了可溶性碳酸盐（图1-1）。降水和水系中的碳酸（HCO_3）开始溶解含有钙（Ca）–镁（Mg）和硅酸盐（Si）的岩石。

$$2CO_2+2H_2O+CaSiO_3 \rightarrow Ca^{2+}+2HCO_3^-+H_4SiO_4 \tag{1}$$

Ca和Mg碳酸盐经表面径流和亚表层水流而迁移至海洋，并发生下列反应：

$$Ca^{2+}+2HCO_3^- \rightarrow CaCO_3 \downarrow +CO_2+H_2O \tag{2}$$

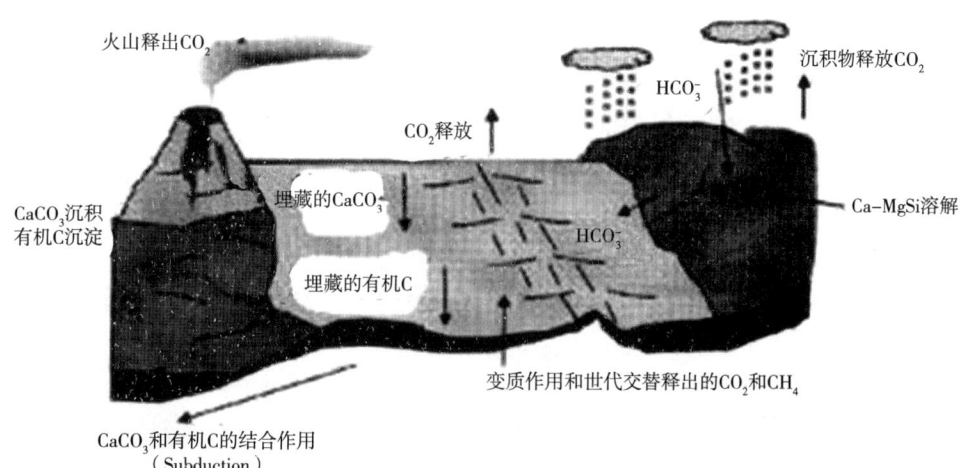

图1-1　长期C循环（Will Horwath，2015）

地球的所有反应都会消耗大气中的CO_2。但是，这些反应过程还取决于温度，因为温度变暖会增加岩石的风化速率，从而也增加了CO_2的消耗。在风化过程中形成的一些碳酸盐会以$CaCO_3$而沉积于土壤，并被称为土壤形成过程中的钙积物（caliche）。剩余的$CaCO_3$则从陆地流动而损失，并以$CaCO_3$沉积于海洋中。沉积岩的形成及其结合作用（subduction）而成为地球碳的主源，并成为永久的地质C库（geologic reservoir）。结合作用形成的碳酸盐岩石在地壳深层中遭受了热风化作用，同时，一部分C便会释出而返回大气，如火山爆发和地壳形成的气体，即释出的CO_2（图1-1）。这些地质过程代表了控制地球大气CO_2浓度的经典步骤。沉积岩缓冲吸收地球最大C量的历史已长达45亿年（4.5-billion-year），而大气、海洋、矿物燃料、植被和土壤则能吸收少部分碳。

光合作用生物的进化改变了地质C循环，其是通过生物过程而为大气CO_2提供了另一个C汇。在30亿~35亿年前，蓝细菌（Cyanobacteria）开始加速吸收大气中的CO_2，并向大气释出氧（O_2）。蓝细菌亦能固定分子氮（N_2），并将有机N和活性无机N排放至海洋。蓝绿藻（Trebouxia）或蓝细菌（Nostoc）最终与真菌（Ascomycota）形成了一种共生体（a symbiosis），其被称为地衣（lichens）。地衣在陆地环境中既能进行光合作用，又能进行固氮作用。其在4亿年（400million）前就已出现。地衣能将产生的有机酸和有机质（OM）以及有机N释出至陆地环境，从而加速了岩石的风化作用。在泥盆纪（Devonian period），进化作用发展了维管植物，其在很大程度上干扰了碳酸盐沉积物的长期循环，因为它能产生根系分泌物而加速了水解过程，岩石风化过程，OM分解过程，并通过土壤和沉积物中OM的积聚作用，而大量吸收了大气中的CO_2。在石灰纪（carboniferous）至冈瓦超大陆（supercontinent of Gondwana）时期的低海洋区域，维管植物的快速繁盛造成了有机质（OM）的大量沉淀积累。沉积的OM便是从生命开始至今的人类发展所需的矿物燃料之源。维管植物次生细胞壁的一种组分——木质素，其提供了大量的植物残体，从而为石灰纪和冰河期（permian periods）提供了大量煤源矿。人们推测，大量含木质素的植物体开始堆积储藏，其是缺乏分解木质素的微生物所造成。后来，在古生物期（paleozoic period）则进化了能分解木质素的微生物。这就表明，为什么能在石灰纪和冰河期而不是其他时期形成巨大煤矿的原因。因此，这就表明，可能永远不会出现有意义的地球C汇（Earth's C Sink）。

长期地质风化过程和碳酸盐相结合便起到了全球热稳态（a global thermostat）的作用。当大气中CO_2因风化过程而消耗时，温室气体效应［greenhouse gas（GHG）effect］便会减弱，从而导致气候变冷。光合作用生物的进化为CO_2提供了另一个消耗过程，其是通过土壤和沉积物中C的沉积而完成的。当仅有少量植物出现的冷气候期时，产生的CO_2大于消耗的CO_2，从而导致了温室气体的增加和气候变暖。另一个地质过程亦能影响地质C循环。大陆板块因构造活动（tectonic activity）而升高，其能增强暴露的Ca-Mg、Si岩石的风化速率。在地质时期，喜马拉雅山（Himalaya Mountains）的升高也能增强Ca-Mg，Si岩石的风化，从而造成了大气中CO_2的大量消耗。这就可以推测在后新生代（Cenozoic period）因CO_2耗竭而造成了气候变冷（Raymo，1991）。

三、生物碳（C）循环

生物C循环主要由陆地与海洋光合作用和分解作用所主宰（图1-2）。这些过程几乎可同时平衡发生，而且每年形成的C汇约为2Gt（Le Quere et al.，2009）。两个主要碳气体——CO_2和CH_4，它们制约着生物C循环。生物C循环的紊乱时期，如冰川（河）期，它引发了百年甚至千年时代温室气体（GHGs）浓度的变化。温室气体吸收了地球表层反射的红外线辐射，从而在较低层大气中吸收了热量而升温。在石炭纪，地球高浓度CO_2可以保持地球温度的恒定，以适应生命进化的理想条件。微生物产生的另一个温室气体（GHGs）如氧化亚氮（N$_2$O）也在调节地球温度中起着重要的作用。太阳能因地球运行轨迹倾斜而会发生热量的变化，从而对整个第四纪（Quaternary）的气候变化产生巨大的影响。Imbrie等（2005）提出，地球运行轨迹倾斜的变化能影响靠近两极阳光强度和光照周期，从而引发冰河期节奏的变化。

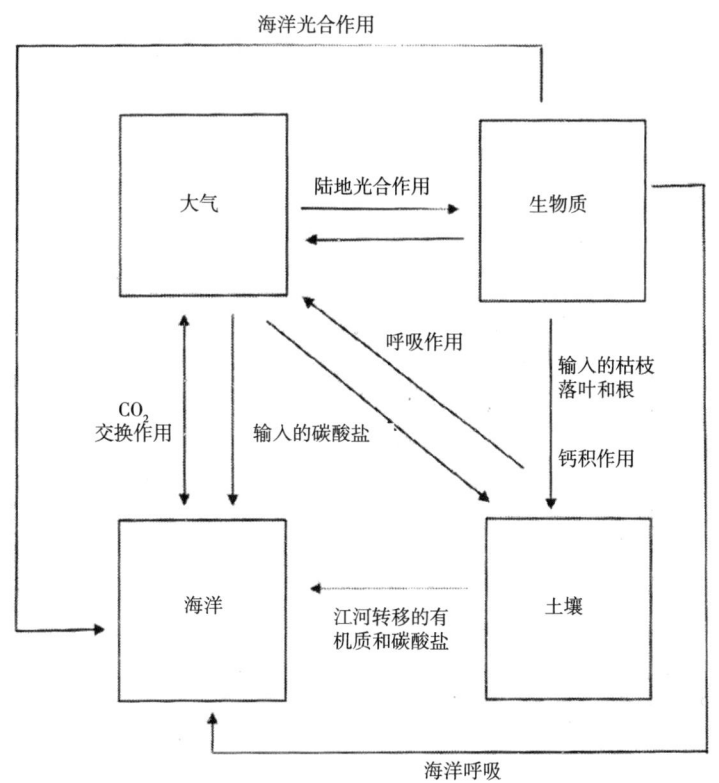

图1-2　短期C循环（Le Quere et al., 2015）

1850年，大气CO$_2$浓度约为285ppmv（μmol/mol）（Mccarroll and Loader，2007），现在CO$_2$浓度已超过400μmol/mol，或C汇总量为790Pg（Gt）（Houghton，2007）。矿物燃料的利用，森林燃烧和处女地大量开发转化为农地等都造成了陆地C向大气转移。现时，人为发射出的CO$_2$总量每年约为10Gt C/y。矿物燃料燃烧发射出的CO$_2$-C总量约为8.5Gt C/y。其他发射出CO$_2$的还有砍伐森林和土地利用的变更。还有部分CO$_2$每年能被海洋吸收，其量约为2Gt，土壤吸收的CO$_2$约为1Gt C（Normile，2009）。科学家提出，陆地和海洋C缓冲作用的容量尚不清楚。例如，在南美洲以前为稀树草原而扩大为热带森林已有4 000年历史，它增加了生态系统的C汇高达10倍。在一些地区，人为活动促使了氮的沉积，从而增加了植物生物质产量，并通过净初级生产率（NPP）的增加而吸收了大量的CO$_2$。这类生物过程，与难以预测的陆地源溶解的Ca和Mg相结合，从而可以解释全球C平衡账的差异。因此，下面将详细论述生物C循环的两个最重要的过程——光合作用和分解作用。

1. 光合作用

光合作用是大气和生物圈之间大量CO$_2$-C循环的主要过程。它每年能将约110PgCO$_2$-C转化为有机化合物。它产出的有机质（OM）可视为毛初级生产率GPP（gross primary production）（图1-3）。大约一半光合作用的C产物会被光能自养生物和异养生物的呼吸作用所消耗而返回大气。与之相比，岩石风化和侵蚀过程每年仅能消耗1.1PgCO$_2$-C。生物呼吸作用后留下的和死亡生物质残留的C可称作NPP净初级生产率（Net primary production）。地球上生命活动的原始过程还取决于化学能源（除化能自养生物外）。它们以氧化电子供体如H$_2$S、H、铁离子和氨等而获得能量，并吸收CO$_2$而合成有机化合物。化能自养生物包括甲烷菌（methanogens）、硫氧化菌（sulfur oxidizers）、高温耐酸菌（thermoacidophiles）和硝化菌（nitrifers）。

2. 植物体和微生物体的分解作用

许多生物能降解、利用特异结构化合物和基质以对植物枯枝落叶和死亡微生以及其他输入的有机化合物进行分解。这些化合物有来自各种源的淋溶物和分泌物。自养微生物和动物能消耗（分解）海洋和陆地环境中大部分的NPP（图1-3）。NPP的周转为异养生物提供了能源以构建新的生物体，并称为净次生产物（net secondary production，NSP）。活体生物质也能被动物、昆虫和食植微生物而消耗。因此，分解作用会经过很长时间，即一天至几十年，但其强度则取决于温度和水分以及活体和死亡生物质的质量。植物小部分化合物和异养生物的结构体都能转化为土壤有机质（SOM）（soil organic matter）。它们能在土壤中保持千年，而且成为重要稳定的C库（汇），以构成很大比例的陆地C库（汇）。NPP和NSP分解以后剩余的C则称为净生态系统产物（net ecosystem production）。NSP分解包括微生物和较小程度上的动物，它们代表了一个关键步骤（a crucial step）。其对土壤和沉积物中C汇的保持具有重要作用。所有NPP和NSP过程常用gC/（m²·y）或类似单位表达。

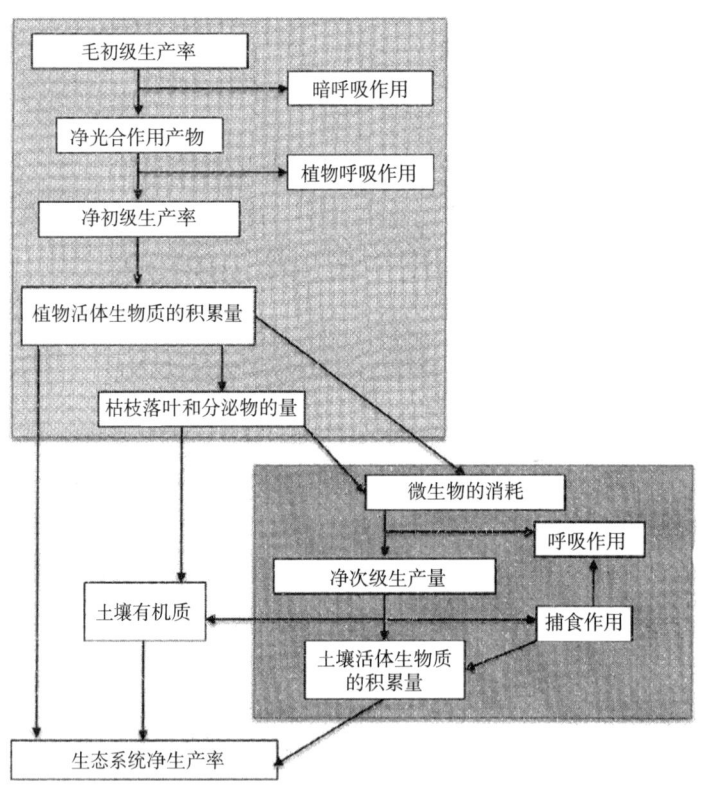

图1-3　毛初级生产率和净生态系统生产率的各种组分（William Horwath，2015）

加入土壤的NPP的各种组分因能源和营养源的不同而又有很大的变化。在陆地环境中，高达50%NPP输入的化合物是C聚合物。它们有半纤维素、果胶和纤维素（表1-1）。这些主要的细胞壁结构化合物含有有限的营养成分，特别是N和P。细胞质结构化合物如糖、氨基化合物、有机酸和蛋白质，它们占植物残体的10%（以干重计），但能为完成分解作用提供有效能源和必要的营养。下面将讨论输入土壤的基质、沉积物及其分解作用。

表1-1 植物中细胞质和细胞壁成分的百分率（Horwath, 2002）

植物成分	总（%）
腊和色素	1
氨基酸、糖、核苷酸	5
淀粉	2~20
蛋白质	5~7
半纤维素	15~20
纤维素	4~50
木质素	8~20
次生化合物	2~30

3. 植物和微生物的原生质结构化合物

植物和微生物的各种原生质结构化合物都是生物化学非常复杂多样的物质（表1-1和表1-2）。植物和微生物组织中细胞蛋白质含有N的主要部分。植物组织中的蛋白含量范围可从细胞壁中的1%至分生组织和种子中的22%。在叶片中，光合作用酶（核糖二磷酸酶）含有可达叶组织中N总量的70%。微生物则含有达55%的蛋白质（表1-2）。

表1-2 原核生物细胞中的生物化学和分子成分（Neidhardt et al., 1996）

分子	干重（%）	分子/细胞	不同类型分子
大分子总量	96	24 610 000	2 500
蛋白质	55	2 350 000	1 850
多糖	5	4 300	2
脂	9.1	22 000 000	4
DNA	3.1	2	1
RNA	20.5	255 500	660
胞壁质	2.5	2	1
糖原	2.5	4 360	1
单体总量	3.0	—	350
氨基酸	0.5	—	100
糖	3.0	—	50
核苷酸	2.0	—	200
无机化合物	1.0	—	18
总量	100		

蛋白质亦含有相当数量的硫（S），其形态为氨基酸——半光氨酸和蛋氨酸。在矿化过程中，蛋白质和肽会被蛋白酶和肽酶水解成肽和单个氨基酸（图1-4）。RNA含量成为最大的后续化合物，其量可达微生物干重的20.5%，但植物细胞壁中氮化合的含量则较低。核蛋白-RNA是主要的含氮化合，其量可高达80%，真菌具有类似的结构，但略为大些。这些有效性N源如蛋白质、核酸和其他含C化合物，都是分解所需的营养源和能源。因此，其也是如蛋白质组（protemies）和代谢区室组（metabolomics）现代研究的主要领域。

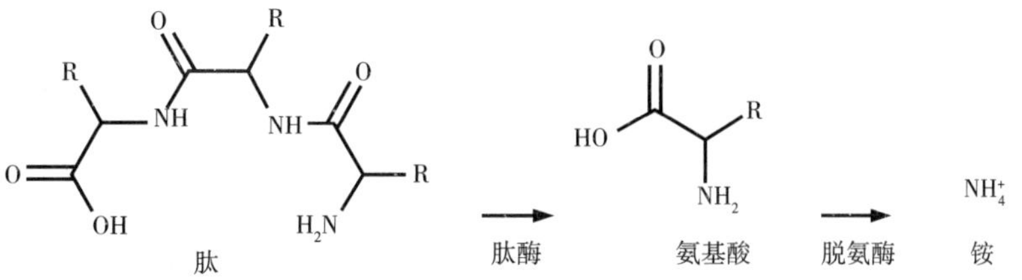

图1-4 蛋白质/多肽裂解成氨基酸和进一步矿化成铵，并作为分解和微生物生长的N源

4. 植物和微生物脂

脂类是一种多形态的化合物，其结构范围可从简单脂肪酸到复杂的甾醇（sterol）、磷脂、角质和软木脂（表1-3）。它们可用非极性溶剂如乙烷（Hexane）和氯仿（Chloroform）进行连续提取而予以测定。大部分植物脂的含量平均约为干重的5%，其中叶片含量最大。含有高脂的角质植物如松柏科和多汁植物脂的含量可高达干重的10%以上。脂的持久性（durability）取决于其化学复杂性。长链脂肪酸和磷脂（膜的成分）的降解较快，但取决于饱和程度和双键含量。更复杂的拟树脂化合物如角质和软木脂，它们都难以分解，而且能在土壤和沉积物中形成抗分解的物质。脂和树脂的疏水特性使其能被OM吸入疏水域（hydrophobic domains）或黏粒集结体以抗微生物的分解。

微生物脂在功能上类似于植物和动物，但结构明显不同。一定数量的脂也存在于真菌孢子和菌丝中。真菌菌丝体中脂的含量平均为干重的17%，但其范围为1%～55%，并取决于品种。各种磷脂是特有的，且可用于鉴定微生物品种。特异真菌脂如麦角甾醇（ergosterol）的定量可用于测定真菌生物体的数量，亦可用于鉴别真菌的生物多样性。细菌细胞典型的含脂量约为9%（表1-2）。在无保护条件下，微生物脂会快速降解，但像植物脂那样，一旦吸入有机质疏水域或黏粒集结体，其便得到保护而难以分解。

脂既能在酸性土壤，又能在高有机质土壤中积累，并构成了土壤有机碳（SOC）的30%。高有机质土壤含有的脂量最大。黏土含脂量大于粗结构土壤或砂质土壤。土壤干扰如耕作、侵蚀或失火等都能释放出这类化物参与分解循环。脂酶（Lipases），一种经典降解脂类的酶，其普通分布于含油微生物（oleaginous microorganism），特别是霉菌（molds）和酶母（yeast）中，该酶亦能降解植物脂。Pseudomonas aeruginosa和Burkholderia，sp.，proteobacteria和Bacillus subtills（Firmicutes）是微生物的典型代表，它们可用于污水处理而对脂肪快速降解。更复杂脂如甾醇和角质的分解需要多功能酶系统或酶组才能完成。角质是氧合-C-16（oxygenatedc-16）和通过脂交键结合的C-18脂肪酸的一种多聚网络体（a polymer network）（表1-3）。在土壤中，因矿物燃料燃烧而积累了多环芳香族烃化合物，因其特性类似土壤中的脂，所以受到了人们关注。

表1-3　普通角质和软木脂单体，典型浓度和理想结构模式（Pollard et al.，2008）

单体类型	半度（%）和普通单体	
不饱和脂肪酸	1%～25% C16：0，C18：0，C18：1，C18：2	1%～10% C（18～24）：0
W-羟基脂肪酸	1%～32% C16：0，C18：1，C18：2	11%～43% C18：0，C（16～26）：0
a，W—二羧酸	通常<5% C16：0，C18：0，C18：1，C18：2	24%～45% C18：1，C18：2，C（16～26）：0
中链功能单体		
表-脂肪酸	0～34% C18：0，C18：1	0～30% C18：1，C18
多羟基脂肪酸	16%～92% C16：0，C18：0	0～2% C10：0
多羟基a，w—二羧酸	Trace	0～8% C18：0
脂肪醇		
链烷-1-醇和链稀-1-醇	0～8% C16：0，C：18：1	1%～6% C（18～22）：0
a，w-链烷二醇和链稀二醇	0～5% C18：1	0～3% C22：0
甘油	1%～14%	14%～26%
酚	0～1%	0～10%

5. 淀粉

淀粉是用于植物特别是多年生植物细胞生存和发展的一种能量化合物。它是由葡萄糖合成的植物多聚体（polymer），并将其储藏于直径为1~100nm的质体中。淀粉由两个葡萄糖多聚体——直链淀粉和支链淀粉组成。直链淀粉具有由（1→4）—葡萄糖单元组成而无支链的长链（图1-5a）。就大部分植物而言，直链淀粉约占淀粉总量的30%。支链淀粉具有类似的结构，但其由（1→6）—葡萄糖键连结20~30个葡萄基形成了淀粉（图1-5b）。现已知道的淀粉酶（amylase）能迅速降解淀粉。这种生物化学过程可将淀粉转化为糖而广泛用于食品和酿造业。γ-淀粉酶能催化葡糖基断裂而产生少量的葡聚糖（glucan），并被称为具有葡萄糖和麦芽糖的糊精（dextrins）。β-直链淀粉可从淀粉分子末端断裂形成麦芽糖。麦芽糖、短链葡聚糖和葡聚糖能降解成葡萄糖，完成该降解过程的是β-糖苷酶（β-glycosidase）。许多细菌和真菌都能产生这种酶，其能将不溶性淀粉转化为可溶性且易于代谢成葡萄糖。产生β-糖苷酶的细菌有*Bacillus*（*Fimicutes*）、*protebacteria pseudomonas*，*Escherichia coli*和*serratia marscens*。真菌有*Trichoderma*（*Ascomycota*）、*Aspergillus*、*Rhizopus*（*Zygomycota*）。

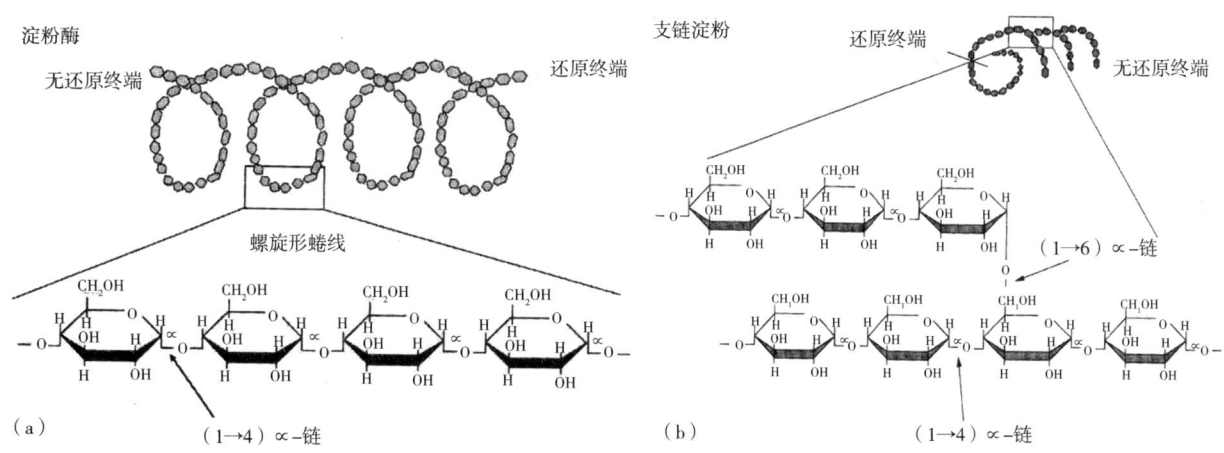

图1-5　淀粉结构：（a）支链淀粉（1→4）；（b）支链淀粉（1→6）支链

6. 半纤维素、果胶和纤维素

半纤维素、果胶和纤维素为同一类化合物，它们都是地球上合成的最丰富的多聚体（polymers）。这类碳水化合物都能成为植物原生和次生细胞壁中的细胞骨架（cytoskeleton）。植物细胞壁的结构系由某些富木质素单体层组成（图1-6a）。细胞壁中的碳水化合物与木质素构架紧密结合便成为蛋白质网络，从而有助于结构的整合（图1-6b）。这种结构蛋白都是羟脯氨酸、脯氨酸和甘氨酸中丰富的糖蛋白。糖蛋白含有低聚糖（寡糖）和葡聚糖，并与多肽支链共价结合，此过程称为大家熟悉的糖基化作用（glycosylation）。另一个过程则称为伸展蛋白（extenisin），其与胶原蛋白（collagen）相类似。它们由重叠的丝氨酸-羟脯氨酸和酪氨酸-赖氨酸-酪氨酸序列组成。伸展蛋白在将木质素与果胶/半纤维素网络交键结合过程中起到了重要的构架作用。它的含量可达原生细胞壁的15%。结构中的大部分羟脯氨酸可与3或4个阿拉伯糖基发生糖基化作用。丝氨酸残基可与半乳糖连结而形成伸展蛋白，其量可达碳水化合物的65%。除它能提供结构整体外，稀有氨基酸和糖基化序列结合就能防止微生物的侵蚀和分解。多糖都是长链糖，它通过共价键与H键相结合。植物中大量的化合物是具有（CH_2O）的醛糖（aldose）。植物细胞壁中的所有单多糖都源自葡萄糖。它的结构形态可在5C和6C之间发生变化。糖可通过吡喃糖环或呋喃糖环聚合成链而形成半纤维素/果胶或纤维素。

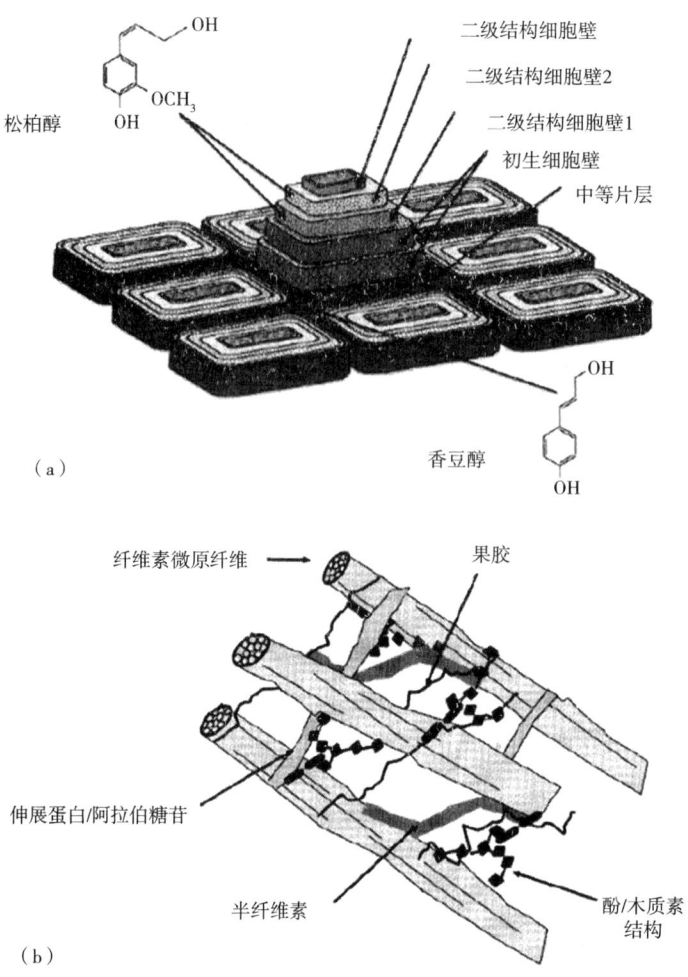

图1-6 各种结构层和富木质素单体组成的植物细胞壁结构（a），果胶、半纤维素和木质素通过伸展蛋白形成的构架（b）

半纤维素和果胶由5C糖或葡聚糖组成。开花植物的大部分葡聚糖由D-木糖、D-葡糖酸和阿拉伯糖组成。在所有的双子叶植物和约一半的单子叶植物中，一个普通的交键结构体系由（1→4）-D-葡聚糖和D-木糖组成。在许多草木植物中，主要的交键葡聚糖是葡糖醛阿拉伯木聚糖（glucuronoarabinoxlyan）。禾谷类和牧草也含有一个混合型1-3（1→4）-D-葡聚糖链，以区别葡聚糖-纤维素微纤维网络成分。异源支链的混合物，高度水合的多糖能形成D-半乳糖醛酸、其被称为果胶。果胶会影响细胞壁的孔度、pH值和细胞——细胞黏附性（cell-to-celladhesion）。半纤维素能被几种酶如果胶酶等还原为糖。因此，果胶和半纤维素常会同时发生降解。半纤维素和果胶降解的研究已引起了人们的关注，因为它对病原体感染位置和微生物共生体如根瘤菌和菌根的侵入点具有重要的意义。

果胶酶系统包括了基质（底物）降解的3个阶段。半纤维素/果胶的降解与纤维素降解相类似。低聚半乳糖醛苷（oligogalacturonides）和单糖都能抑制酶系统并制约枯枝落叶分解过程中微生物的演替。能产生果胶酶的土壤细菌有*Erwinia*、*Pseudomonas*、*Proteobacteria*、*Arthrobacter*（*Actinobacteria*）和*Bacillus*（*Firmicutes*）。普通产生果胶酶的真菌有*Aspergillus*、*selerotina*、*penicillium*和*Fusarium*，以及*Rhizopus*（*Zygomycota*）和酵母如*Conidia*和*Kluyveromyces*。

纤维素，最丰富的多糖，计约占原生细胞壁的15%~30%，占植物特别是木本植物次生细胞壁的百分率亦较大。它由葡萄糖单元通过β-（1→4）键连结而形成的D-葡聚糖链组成（图1-7）。葡萄糖链通过H键交结形成类晶体集群化合物（paracrystilline assemblage）而形成，并称为微原纤维（microfibrils）。微原纤维平均由36个葡聚糖链组成，并且有几千个葡聚糖分子，长度可达2~3mm。

纤维素微原纤维通过交键结合而形成网络或由葡聚糖或半纤维素构成的支架（scaffoid）。此外，植物也能通过葡聚糖β-（1-3）构型（configuration）连接而合成愈伤葡聚糖（callose）。在酵母和真菌中亦发现了类似化合物。韧皮部、筛板、花粉管、棉花纤维和其他特异细胞中也都发现有愈伤葡聚糖。它亦是受伤诱导的产物如真菌菌丝穿透原生细胞壁时就会产生愈伤葡聚糖。

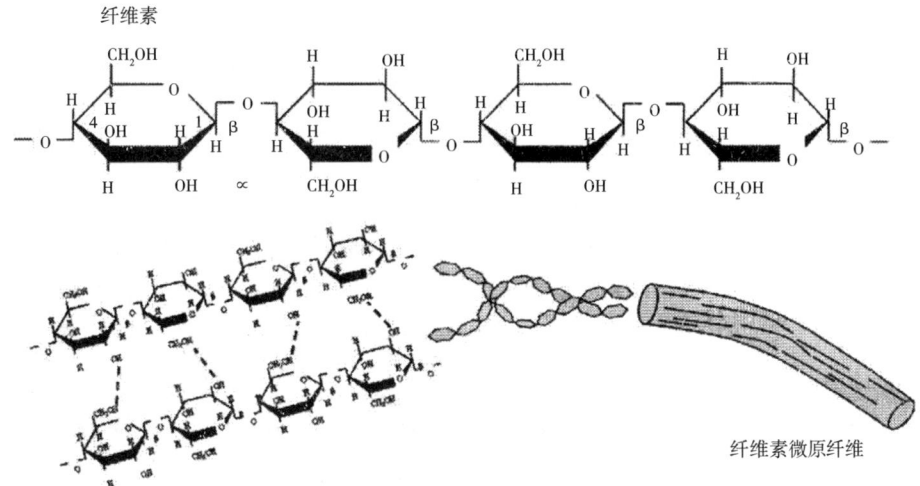

图1-7　纤维素结构：β-（1→4）链结的合葡萄糖还原为单链多聚体结合链系由氢键结合而形成纤维素微原纤维

纤维素微原纤维（cellulose microfibrils）会被称之为一组纤维酶如内切葡聚糖酶（endoglucanase）、外切葡萄糖酶（exoglucanase）和β-葡糖苷酶（β-gucoside）而分解，同时亦能被称为纤维二糖酶所分解。纤维酶在断裂微原纤维网络的特异键时具有重要作用，并能引发晶体蛋白结构的破坏，随后，其被解聚而形成葡萄糖链。内切葡聚糖酶亦内将可溶性和不溶性葡萄糖链断裂成β-（1→4）链，并产生葡萄糖和纤维低多糖。因此，外切葡聚糖酶，如葡聚糖水解酶（glucanbydrolase），能将纤维链非还原性末端切断，并形成葡萄糖和纤维二糖（葡萄糖二聚体）以及纤维三糖（葡萄糖三聚体）。分解的最后一步，β-葡糖苷酶将葡萄糖链小片水解为葡萄糖。葡萄糖亚单元迅速发生裂解，其产物能抑制纤维素酶的活性。许多真菌能降解纤维素，但仅证明只有少数几种真菌能完全发生解聚作用和晶体蛋白原微纤维结构的水解作用。但进行广泛研究的仅是真菌（Trichoderma，Ascomycota）。研究结果表明，其能大量产生内切β-葡聚糖酶和外切-葡聚糖酶，而产生的β-葡糖苷酶的真菌则很少。该真菌在第二次世界大战即太平洋战争中声名狼藉。它毁坏了美国海军的军用帐篷。Aspergillus（Ascomycota）能产生大量的内切-β-葡聚糖酶和β-葡糖苷酶，但外切-β-葡聚糖酶水平很低。在制造堆肥时，亦发现许多分解纤维素的真菌（Chaetoniu，Ascomucota），特别在潮湿的环境中，而且该真菌能产生耐热的纤维素酶，并已在商业上应用而将纤维素分解为单糖。能产生纤维素酶的其他真菌（ascomycetous）还有 *Acremonium celluloytiecus*，*penicillium*，*Fusarium* 和 *Agarica*。

细菌分解纤维素的能力小于真菌。细菌纤维酶能形成球状化合物（globula），即支架蛋白，并被称为纤维群落（cellusome）而与其细胞壁结合。这种结构体能与纤维酶系统发生配位作用而使晶体蛋微原纤维分解，从而增加各个酶的活性或有效性。能解聚纤维素的普通土壤好气细菌有 *Cellulomas*（*Actinobacteria*），*Cellovibria* 和 *Pseudomonas*（*Proteobacteria*）以及 *Bacillus*（*Firmicutes*）。厌气细菌则有 *Acetobacter*（*Proteobacteria*）、*Bacteriodes*（*Bacteridetes*）、*Clostridium* 和 *Ruminococcus*（*Firmicutes*）以及 *Fibrobacter*（*Fibrobacteres*）。

7. 木质素

木质素是一种独特的烃类化合物（hydrocarbon），它占陆地植物次生细胞壁的8%～20%。这是在导管植物和陆地植物原厚壁组织中的一个复杂、致密、无定型和次生细胞壁多聚体。这种木质素的基本结构是以苯丙酸单元为基础。它由一个芳香族环和一个3-C侧链组成。苯丙氨酸和酪氨酸可通过莽草酸（shikimic acid）和苯丙酸途径被氨裂解酶分解而转化为β-香豆酸。其起始点是苯丙酸代谢途径，它能形成单体木质素前体二羟基羟丙基（synapyl）和松柏基（coniferyl）以及香豆醇。木质素的合成由苯羟基耦合，一种随机单体木质素基的自身复制聚合作用。聚合后，单体木质素亚单元便形成β-羟基苯基、愈创木基和丁香酸残基。最后，木质素聚合成一种非酶过程化合物（a monenymatic process）。它包括了单体木质素醇在蛋白质模板（Protein template）上的沉积作用。烃类化合物的随机集积能产生一种疏水体（a hydrophobie），从而为抗昆虫入侵和病毒感染提供了刚性结构体和防护墙。在大部分双子叶植物中，木质素结构体含有愈创木基和丁香酸基残体。草本植物亦含有少量β-羟基酚。木质素交键结合形成半纤维素，其是经由一种被称为伸展蛋白的细胞壁蛋白而完成。

木质素的致密特性，疏水性和非特异结构使其难以为酶所分解。真菌是最有效的降解微生物。木质素不是海洋植物的组分。但在陆地C循环和抗病原体过程中木质素起到了极为重要的作用。能降解木质素的各种真菌统称为软腐菌（soft rot）、棕腐菌（brown rot）和白腐菌（white rot），其名称是以分解过程产生的颜色为基调。各种有代表性的真菌是Imperfecti（*Deuteromycota*）和*Ascomycetes*（*Ascomycota*），它们能引发木质素的软腐作用。这类真菌更能分解多糖，且有一定能力对甲基侧链（R-O-CH₃）进行分解，并能断裂芳香族环，但不能完全降解木质素结构。软腐真菌在半分解环境（mesic environments）中十分重要，而且降解硬木木质素的能力也胜于软木木质素。代表的真菌有*Chaetomium*和*Preussia*（*phylum Ascomycotathe*）。

棕腐菌和白腐菌（*Basidimycota*）主要能对木材进行分解作用（腐败作用）。棕腐菌缺乏能断裂环状化合物的酶，但能迅速降解完整木材中的半纤维素和纤维素。它们能通过脱单基作用而对木质素修变（modify）和降解，并移去甲基侧链，从而产生了羟基苯酚（hydroxylated phenols）。木质素芳香结构的氧化作用能引发特异的棕色。木质素多糖的分离可经由非酶氧化过程产生羟基（·OH）而发生。在理论上，进入木质素结构的羟基能形成空隙，以使酶能存活。·OH可由Fe（Ⅱ）与过氧化氢（H₂O₂）发生Fenton反应而产生：

$$Fe（Ⅱ）+H_2O_2 \rightarrow Fe（Ⅲ）+OH+·OH \tag{3}$$

其他过渡金属如Cu和Mn也能参与上述反应。木质素结构的破坏能产生糖聚合结构体。这就为棕腐菌降解完整木材创造了条件，但不能完全破坏木质素结构。代表性微生物有Poria和Gloephyllum。

白腐菌是最能降解木质素的微生物。现已知*Basidiomycetes*和*Ascomycetes*等属中的几千个真菌品种。研究最多的*Basidiomycota*属的品种有：*Phanerochaete Chrysoporum*和*Coriolus versicolor*，*Pleurotus ostrealus*，蠔菇（*Oyster mushroom*）以及*Lintinula edodes*，香菇（*shiitake mushroom*）。它们都已成为商用食品。*Ascomycetes*包括：*Xylaria*，*Libertella*和*Hypoxylon*。它们都能产生分解木质素的酶，从而进行氧化断裂形成苯丙烷单元，并将甲醛集团（R-CHO）转化为羟基基团（R-COOH），同时将芳族环分裂而造成木质素完全分解，并产生CO₂和水。木质素降解作用会受到易于降解基质的抑制，因此，被微生生长所利用的木质素C就很少。白腐菌可利用3类胞外木质素降解酶（extracellular-lignin-degrading emymes），酚氧化酶（phenol oxidase）和漆酶（Laccase），木质素过氧化物酶（lignin peroxidase），锰氧化酶（manganese oxidase）。漆酶和锰过氧化物酶不能直接氧化构成70%～90%木质素的酚环结构。木质素过氧化物酶则既能氧化酚环结构，又能氧化木质素非酚环结构。

木质素酚结构的分解程度可用香草酸和香豆酸酚类中酸基和醛基酸单元的相对分布状况来说明。当木质素降解时，由苯丙酸键（C_α–Cβ）断裂产生的木质素聚合体便形成了羧酸单元。它们明显增加了分解木质素中的O和N。香草酸和香豆酸单元中酸与醛比例的变化反映了木质素降解的程度。Kogel-knabner（1986）指出，木质素分解作用程度会随土壤深度增加而增加。这种过程和方法可为土壤中木质素酚降解程度提供定量技术，但因大部分木质素分解成糖聚合体，所以它并不能用于测定原始木质素初始的周转过程。

细菌也能将木质素的一部分分解为富能的纤维素和半纤维素。革兰氏阴性（Gram-negative）好气细菌属（*Pseudomonadaceae*）——*Azotobacter*和*Neisseriaceae*（*Proteobacteria*和普通*Actinobacteria*如*Nocardia*和*Streptomyces*），它们对降解木质素的能力有限。反刍动物和一些节肢动物的肠道亦发现有能降解木质素的细菌，但能力亦非常有限。白蚁肠道也能溶解木质素，其是通过肠道中能抑制*Streptomyces*产生富能纤维素和半纤维素不让进一步消化而完成的。白蚁肠道中高pH值（9～11）对降解木质素酶也有着一定的影响，但原因还不十分清楚。

8. 植物次生化合物（Secondary Compounds）

植物能产生许多有机化合物，但它们与植物生长和发育无关。可提取的酚和单宁都是一些陆生植物特别是森林生态系统的重要组分，而且其量可达干重的30%。这类次生代谢物或植物次生化合物可再分为三大类：类帖、生物碱、类苯丙酸化合物。多酚化合物以分子量计的范围为500～1 000Da。许多这类化合物在抗食草动物侵害方面具有重要的作用，而且能抗微生物的感染，如招引传媒昆虫和散播种子的招引化合物（attractants），以及抗虫病的植物克生素（alleleopathic compounds）。这类化合物还会通过单宁反应而沉淀蛋白质。鞣革过程就是一例，即天然产品能抗微生物的分解。两类主要单宁，即缩合单宁和水解单宁，它们都存在于高等植物之中（图1-8）。缩合单宁亦可称为原花色素（proanthocyanidins），它们是具有C-C键的三环黄烷醇（flavans）的聚合体。水解单宁又可分为没食子单宁（gallotannin）和鞣花单宁（ellagitannins），它们分别由没食子酸或6-羟基二酚酸脂（hexahydroxydiphenic acid esters）组成，并与糖分子连接。它们的分解速率与植物次生代谢物直接相关。同时，它们亦有利用沉淀蛋白的能力，以与一些分解者（decomposers）进行竞争。

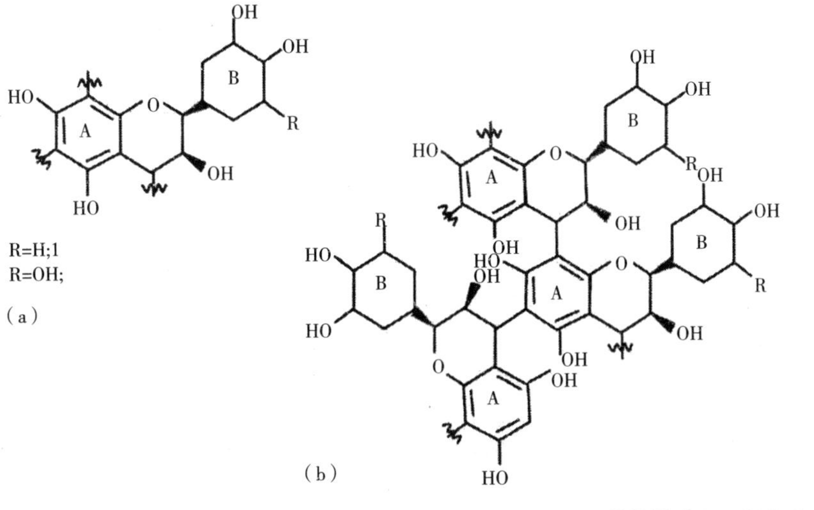

图1-8　单宁结构：（a）缩合单宁转化为单体；（b）缩合三体单宁，并由不同单体链（C4-C8和C4-C6）连接而形成

9. 根及其分泌物

地下光合作用产物的分配可在NPP总量的10%～20%变动。根系生物质的比率范围为苔原土壤中

90%到农田土壤中的9%。森林系统中根系生物质比例约为20%，而草原土壤中则可高达80%。因此，现存生物质（standing biomass）并不能反映根系分泌物及其转化（生长和死亡）状况。根系向土壤输入的C量大于植物地上部分输入的C量。根系分泌物包括了离子、酶和植物黏胶，但其与原生和次物代谢物存有一定的差异。根系分泌物含有碳水化合物（糖）和氨基酸等化合物，其可为根际提供充足的能源和营养物。输入土壤的根系分泌物C量常有非常大的争议，因为在原位研究根系具有很大的复杂性。分布于地下约一半的植物光合作用产物能在两周内被根系菌根及根际微生物吸收和利用。因此，根系产出的物质都是重要的基质，它对根际过程具有重要意义。但是，它在C循环中的作用尚未得到充分认识，因为难有效测定的方法。用$^{14}CO_2$标记表明，天然草地地上部分同化的C量约为52%，地下部分则为36%，其余12%可能以根系物质形态而损失。由于地下根系及其分泌物的测定十分复杂，所以，研究进展颇为缓慢，但可以肯定，菌根对SOM的形成具有重要的意义。

10. 微生物细胞壁及其结构

微生物细胞壁会在土壤中积累，而且其也是微生物生长的副产物（Throckmorton et al.，2012）。真菌细胞壁的主要成分是几丁质（甲壳质）。它在形成土壤氨基糖过程中起着重要作用。土壤中氨基糖都具有微生物原。几丁质的乙酰葡糖胺（图1-9）含有N，从而表明，它的降解不可能受到N的限制。*Streptomyces*（*Actinobacteria*），*Psedinibas*（*protebacteris*）以及*Bacillus*和*Clostridium*都能降解真菌细胞壁。*Phytophthera*（*Heterokontophyta*）细胞壁含有纤维素纤维和β（1→4）葡聚糖。它们能与其他细胞组分相互作用而影响其分解。在微生物如Fusarium（Ascomycota）中，都发现了β（1→3）多聚体和（1→6）葡聚糖。含有几丁质和葡聚糖的菌丝体既需要几丁质酶，又需要葡聚糖酶才能被降解。暗色色素常被视为是黑素（melanins），它能保护细胞壁结构，特别是几丁质不被分解，同时亦能降低真菌细胞壁结构体的降解速率。具有真菌原糖蛋白的其他化合物已被证实是球黑素（glomalin），它能在土壤中积累。这类稳定的真菌产物是由菌根（*Arbuscular mycorrizae*）所产生，同时其有助于形成团粒结构（Rillig，2004）。

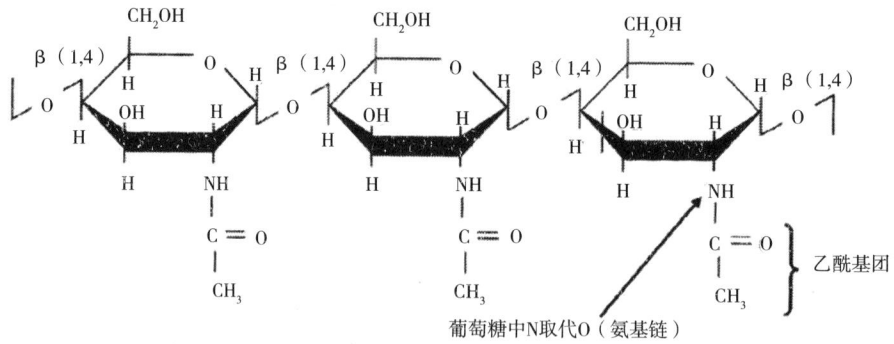

图1-9　几丁质（甲壳质）结构：由β（1-4）与乙酰葡糖胺连接而成的化合物

细菌细胞壁由两种糖的衍生物，即N-乙酰葡糖胺和N-乙酰基胞壁酸几丁质的刚性层组成。革兰氏阴性细菌具有附加的刚性外层，从而形成更为复杂的细胞壁。这些几丁质通过有限数量的氨基酸肽键而连接（图1-10）。交键肽聚糖（peptidoglycan）即胞壁素（murein）结构体需要有L-丙氨酸、D-丙氨酸、D-谷氨酸或赖氨酸和二氨基庚二酸重合组成。这些组分结合能形成重合的结构体，并被称为葡聚糖四级肽（glycan tetrapeptide）。在Gr$^-$细菌中，约有10%细胞壁的葡聚糖四级肽（与Gr$^+$细菌相比）。在Gr$^-$细菌中，细胞壁由90%的葡聚糖四级肽组成。Gr$^+$细菌薄层细胞壁含有肽聚糖，它能与其他细胞壁结构体（各种多糖和多磷酸盐分子）通过磷脂键而连接成不同的结构化合物，但D-丙氨酸含量最多。现已证实，它们含有100多种不同类型的肽聚糖。微生物生物化学多样性能影响其分解速率，但影响程度和途径需要进一步加以研究。

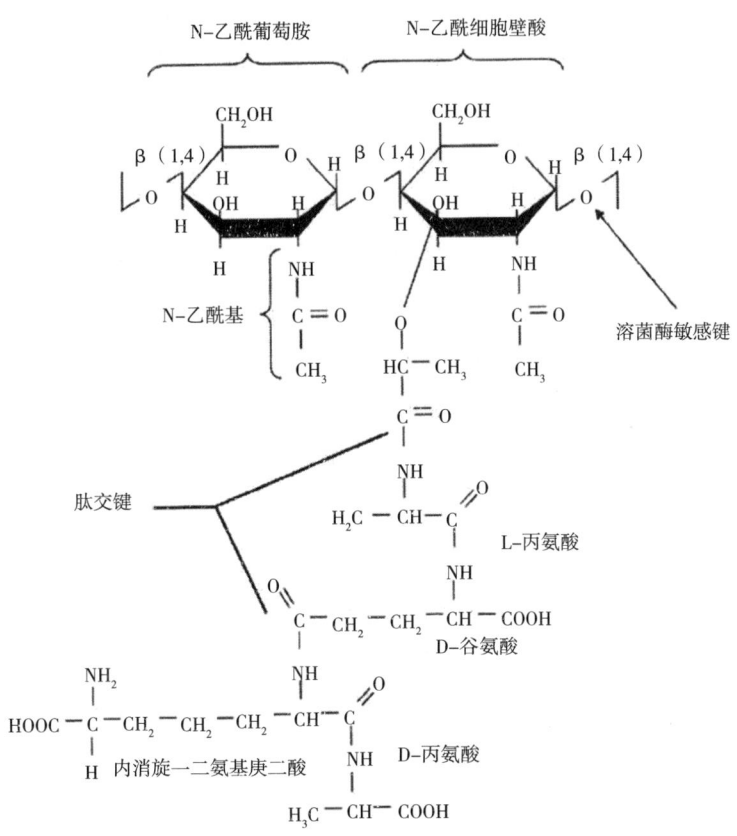

图1-10　在Gr⁻细菌中的肽聚糖各单元重合的结构体

11. 微生物细胞壁（详见第二章第四节）

四、有机质

土壤中的有机质（OM）代表了植物、动物和微生物分解后剩余的化合物和有机结构体。OM的形成和腐解是一个必不可缺的生态系统过程，其对调节大气微量气体，特别是CO_2、N_2O和CH_4作出了重要贡献。在19世纪初叶，De saussure认为土壤中OM水平对植物生长有直接的作用，因为其供应了必要的营养元素如N、P和S。OM化学结构的近似化学计量（stoichometry）为100/10/1/1的C/N/P/S比例。同时，这些元素是土壤和沉积物中的主要营养源。19世纪，科学家对SOM（土壤有机质）进行了鉴定，结果表明，不同土壤类型具有不同的C量水平。

土壤和沉积物可持续为现代社会生产粮食和纤维，因此，其是不可取代的有价值的自然资源。迄今，人类活动已明显地影响了这些自然资源。它们遭受了侵蚀、土地利用现状的改变和废弃物的填埋等影响，从而向大气中释放了C和其他温室气体（GHGs）以及污染物，并给人类和生态系统健康造成了严重的威胁。这些污染物因OM疏水特性而受到了特别关注。OM与矿物质相互作用创造了亲水和疏水域（集结体，domains），它们影响了农药和其他毒化合物的吸附作用。环境毒理学家常用域（domains）作为橡皮C（rubbery C）和玻璃C（glassy C）分别来解释土壤中各种化合物的吸附和吸收。土壤微生物学家则喜欢用不同域作为有效、抗性和难分解来解释营养物和微生物生物质的转化周期。科学家煞费苦心地对SOM的特性进行了研究，但迄今仍未能完全获得其起源和化学特性。

1. OM形成的基质

微生物和动物生存和活动对维持光合作用固定的CO_2及其分解所释出返回大气的CO_2之间平衡起到了不可取代的作用。在OM分解以后，NPP和NSP中的少量C能得以保存，因为其代谢物变成了难分解的形态，如腐殖物质（humic substance）或通过与次生代谢物结合而形成了物理保护作用，或陷入土壤团粒体之中。土壤OM由部分腐烂的植物残体、土壤、微生物、土壤动物和分解作用的副产物以及腐殖物质所造成。腐殖物质系由许多反应如氧化作用和还原作用所形成，并形成了高C和H，以及低O含量的化合物（与动物、微生物和植物组织相比）。在分解过程中，N化物与基团发生耦合反应，从而增加了腐殖物质中N的含量（图1-11）。腐殖物质由50%～55%C、5%H、33%O、4.5%N、1%S和1%P以及金属和微量营养元素如Al、Ca、Zn和Cu组成，但其量很小。

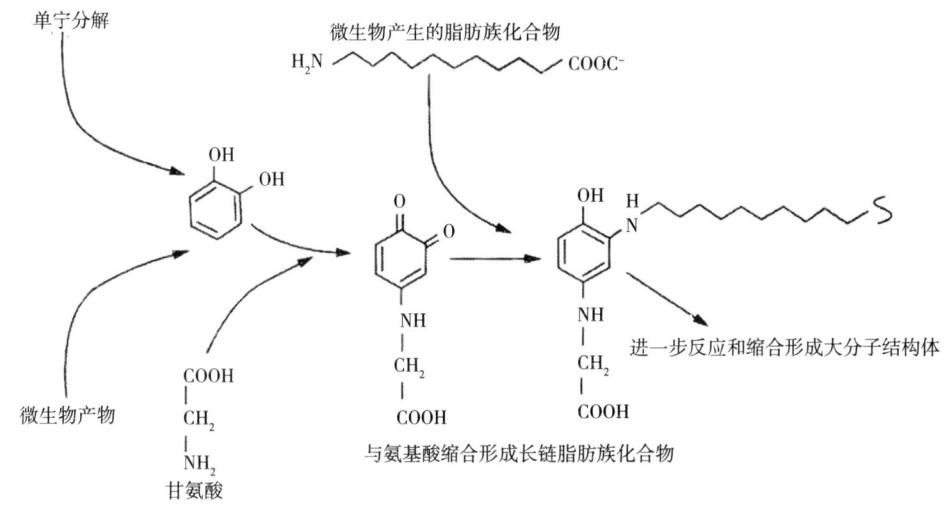

图1-11　腐殖物质形成和保护的理想机制（WR Horwath，1996）

Mailard（1994）提出，腐殖物质中N的积累是通过还原糖和氨基酸相互作用而形成与腐殖酸（humic acid，亦称胡敏酸）类似的暗棕色聚合体而造成的。这种反应称为"棕色反应"（Browining reaction）。棕色反应被认为是识别反应（recognition），因为除植物残体源外，微生物能迅速产生糖和氨基酸。这种机制也可用来解释水系环境如海洋中腐殖物质的形成过程，因为海洋中没有木质素形成。这些机制包括化合物重排（rearragement）和分裂（fragmention）而形成了3种中间产物：① 醛和酮；② 还原酮（reductons）；和③ 糠醛。所有与氨基化合物的反应都会形成暗色终端产物，其是通过形成双键而完成的。Jokic等（2004）提出，在导致能形成杂环N化合物的条件下，氧化锰（Ⅳ）对糖-氨基酸缩合作用的影响是能产生典型的土壤氧化反应产物而促进了反应的完成。其他解释OM中N积累的理论是被Waksman（1936）称谓的"木质素理论"（Lignin Theory）。Flaig等（1975）则提出了"多酚理论"（polyphenol Theory）。这些理论表明，由木质素分解形成的醌结构体能与氨基酸聚合而形成高分子量的氮化合物。但是，这些理论并不能解释在稳定的OM木质素酚中缺乏标记的[13]C。木质素中[13]C的消耗量为2%～6%（与其他植物细胞组分相比）。无论多酚来源如何，土壤有机质（SOM）和其他芳香族化合物如真菌黑色素碎片的形成过程中，这些反应都十分重要。多酚理论并不能解释SOM中脂肪族物质的丰度。

最近的研究指出，微生物生物质代表了重要的C源，它对保持土壤中SOM水平具有重要的作用（kindler er al.，2006；simpson etal.，2007）。SOM中脂肪族化合物占主导地位，特别是来自细胞壁的脂肪族化合物（Schuring et al.，2013）。因此，Schuring等（2013）又提出，微生物生物质对稳定C库具有重要作用。用[14]C-葡萄糖标记化合物加入土壤以标记微生物群落时发现，微生物产物在形成和保持

SOM有着不可取代的功能。微生物群落产生的分解产物至少对土壤中SOM的功能与作物（小麦）残体相同，甚至有过之而不及的效应。微生物生长和繁殖反映了土壤中微生物的主要过程。真菌和细菌含有土壤中总生物质量的约90%（Rinnan and Baath，2009）。同时，它们对非活体生物质（necromass）即死亡生物质的量亦进行了测定，其量占SOM保持和积累量的80%。

科学证据表明，来自不同微生物群落的细胞生物化学物质对稳定SOM中C的结构和数量十分重要。Maroton和Haider（1979）利用实验室培养微生物，结果表明，真菌对SOM中C的贡献大于其他微生物群落。因此，它们提出，其原因是真菌复杂细胞壁结构和色素所造成的结果。这些结果受到了真菌与细菌相比具有较高的C利用率（C use dfficiency，CUE）的证据所支持。证据也表明，真菌C对稳定SOM具有较大的潜力。

不同细菌细胞壁结构体可能也会影响分解作用（即矿化作用），因为，Gr$^+$细菌细胞壁中含有的肽聚糖（peptidoglycan）多于Gr$^-$细菌。较多的肽聚糖常与较慢分解速率有关，因此，这些化合物便会在土壤中积累。但是，大分子结构肽聚糖因品种和生长条件不同而会发生变化。所以要预告细菌的分解能力十分困难。有限的田间研究表明，将真菌和细菌对C转化进行比较时，并未获得不同微生物群落对不同土壤稳定性C作用的有效结果。Throckmorton等（2012）指出，主要微生物群落产生的各种生物化学物质对维持OM都具有同等的作用。研究结果表明，向土壤输入各种微生物群落的主要作用还取决于其丰度，而不是取决于其独特的生物化学物质。

2. SOM稳定性的理论

导致土壤和沉积物中SOM持久性的机制存有许多争议（schnidt et al.，2011）。SOM形成和维持的持久性的观点主要集中在输入产物的分子组分如单宁含量和/或大部分的化学成分如C和N的比例，因为其可决定SOM过程的动力学。但不能说明保持C的结构和保护机制。C部分的保持时间比其功能保持时间要多1 000年。Hassink（1997）提议，土壤保持有机C和N的容量与黏土矿物和粉砂粒含量或质地有关。SOM与次生矿物如黏粒和无定性氧化物，特别是铁氧化物的稳定作用可以形成稳定的有机矿物复合体，从而可用于解释有机质的稳定作用。

Hassink（1995）指出，重黏土，矿物优势土壤和小团粒结构（<20μm）的土壤有机质周转速率为（0.5 ~ 0.7）× 10^{-4}/天，且与土壤质地无关。这些有机无机矿物复合体都含有土壤C的大部分，特别在温带区域。研究表明，导致土壤和沉积物C稳定作用的机制主要是矿物表面理论的发展所建立的。有机无机矿物相互作用的理论也是根据物理键两级相互作用和Van der waals力、离子键、氢键和疏水作用以及配位基交换所确定的（图1-12）。这些机制包括早期叙述的结合理论及其与胶体如铁氧化物的相互作用，从而导致形成了胶胞（micelle）和絮凝物（flocs）。其他金属和微量营养元素如Al、Ca、Zn、Cu，它们或多或少也有一定的作用。

SOM稳定作用的其他理论表明，化学难分解的物质可以用于解释SOM的稳定性和持久性。1 960s和1 980s期间，导致降解腐殖物质的耗竭化学氧化作用和还原作用表明，两亲物（amphiphilic compounds）和烷化物（alkane compounds）是SOM持久性的主要因子。现已用NMR及Py–GC/Ms方法和技术获得的结果支持了这种理论。

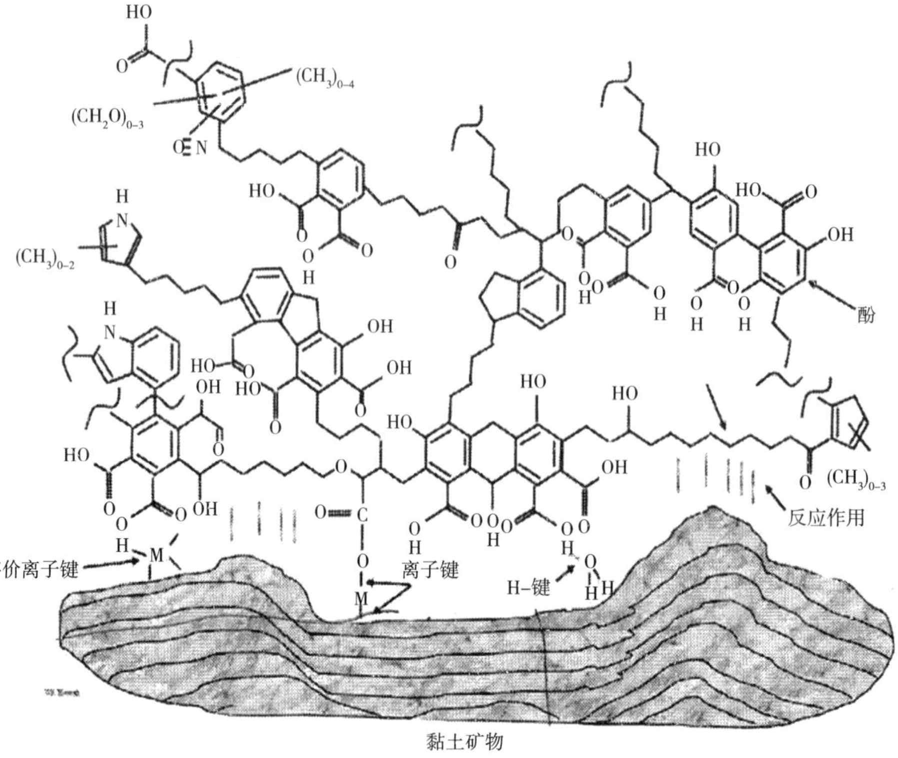

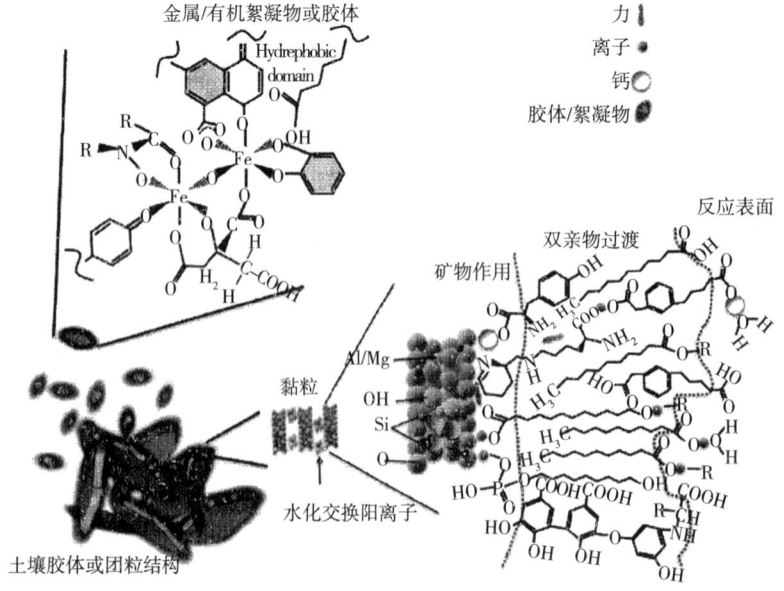

图1-12　腐殖酸的理想结构（Schmidt et al.，2011）

Swift（1999）推测，腐殖物质大分子结构是通过矿物和氧化物表面腐殖物质的自身团聚作用而形成的。Piccolo（2001）用超大分子结构（Supra molecular structure）解释了SOM的稳定作用机制。

Von Lutzow等（2006）总结了调控土壤中SOM稳定性的重要机制：① 结构体如胶胞或生物炭（biochar）的形成；② 与氧化物和黏土矿物结合的金属；③ 团粒结构的物理分散。研究表明，一些土壤C龄可达1 000年。但其是相对年龄而不是绝对年龄。因为未受到保护的土壤C可能会被分解群落（decomposer community）所消耗（Dungait et al.，2012）。

Kleber等（2007）提出，SOM可通过异质化合物的混合而发生自身形成机制（self-organization mechanism），从而促使SOM稳定。参与反应的异质化合物在水生生态环境中都具有双亲和疏水特性（图1-13）。

图1-13　具有金属离子（如Fe）有机质（OM）的絮凝过程（Kleber et al.，2007）

3. 土壤各级OM的团聚保护作用

土壤中C的保护机制是团粒结构中的一个物理过程。研究表明，土壤团聚作用具有多糖、细根和真菌菌丝体的黏附特性，并能发生有机无机与黏土矿物复合作用（图1-14）。

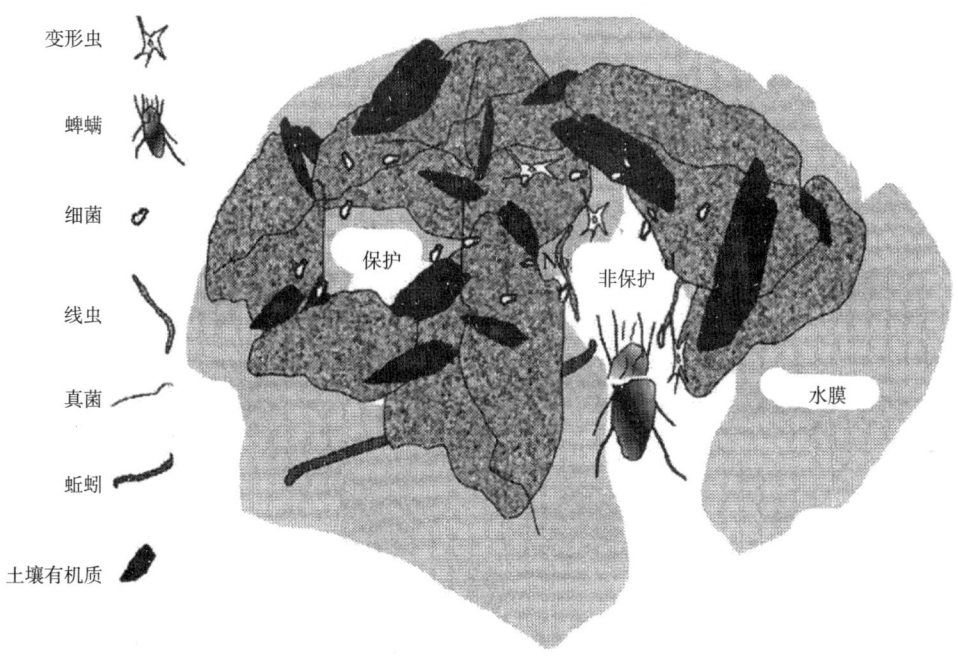

图1-14　保护土壤有机质的团聚作用（swift，1991）

Bronik和Lal（2005）提出，团粒结构保护OM的过程应包括磷酸盐沉淀、碳酸盐形成和金属（硅、Ca和Fe）的絮凝作用以及团聚作用。土壤团粒结构大小范围可从>2mm到<53μm，甚至可到粉粒结构（2~53μm）。科学研究证明，在农业土壤中，较小团粒结构能促进形成较大的团粒结构（six et al.，2000）。各种有机矿物复合体能促进团粒结构的形成，其是通过胶胞相互作用形成附加疏水域（集结体）而完成的，并创造了附加疏水域以稳定有机矿物胶体集群。

在整个团粒结构中，土壤C可与矿物相结合而被固定。未被结合OM或颗粒有机质（POM）（particulate organic matter）都被物理过程所保护或被闭蓄。因此，OM就不再被认为是植物残体，但也不会完全被降解成各个化合物。POM可在致密液体中用浮选法予以分离。致密液体有氯化硒、溴仿（bromoform）、聚钨酸钠（sodium polytungstate）或硅胶。它们的密度范围为1.4~2.2g/cm³。研究证实，耕作能消耗与POM或矿物部分结合的有机C。团粒结构体内外未结合或游离POM可持续1~7年。团粒结构中的闭蓄POM可被粉粒所制约，其残留时间可长达400年，而黏团粒结构保护POM则能长达1 000年。POM占耕地土壤中总C的5%~15%，占草地或林地表层土壤中的25%。因此，POM在C循环和营养循环过程中具有重要意义。

4. SOM保持过程

SOM分室作用（compartmentalization）是以物理分级、化学提取、分析和质谱技术为基础额。SOM分室作用在C循环和稳定性以及营养状况中具有重要意义。

五、土壤和沉积物中的碳汇、分布及周转

土壤和沉积物总的碳（C）量在持续生态系统中起着主导作用，它会影响营养有效性及其循环以

及影响土壤的物理性质如持水量和孔隙度。科学研究证明，碳（C）汇在制约大气CO_2和其他温室气体（GHGs）如CH_4和N_2O发射量的过程中亦起着极为重要的作用。研究亦表明，大气中CO_2浓度的增加可归因于土地利用的变化，因为其增加了土壤和沉积物中C的周转速率。土壤和沉积物中C的数量取决于NPP和分解过程之间的平衡状况。这些分解过程相互紧密配合，从而保持了大气中CO_2浓水平在300μL以下长达百万年。矿物燃料C用量的不断增加使大气中CO_2水平随之上升。现在CO_2浓度已超过了400μL，而且在2050年平均将增加至550μL（范围440～660μL），2070年则平均增至680μL（范围605～755μL）。研究指出，CO_2浓度年增量平均为1.62μL。

表1-4　生物质生产的面积、平均年降水量和温度、NPP、输入C和全球C贮量（Amundson and Tarnocai et al.，2009）

生物群落	面积（×10^{12}/m^2）	占总面积（%）	MAP（mm）	MAT ℃	土壤平均C量（kg/m^2）	NPP（PgC/y）	输入C[kg/(m^2·y)]	陆地C贮量（PgC）		
								植物	土壤	总量
热带森林	15.4	12.2	1 400～4 500	23～28.5	12.0	20.1	2.03	340	692	1 032
温带森林	12	9.5	750～2 500	9～14.5	8.7	7.4	0.85	139	262	401
北方带森林	11.1	8.8	600～1 800	4.5	16.4	2.4	0.50	57	150	207
热带稀树草原	24	19.0	500～1 350	23.5	5.4	13.7	0.48	79	345	424
温带草原	9	7.1	450～1 400	9	13.3	5.1	0.30	23	172	195
地中海灌木林	3.9	3.1	400～600	14	7.6	1.3	0.46	17	124	141
沙漠	18.2	14.4	125～500	4.5～25	3.4	3.2	0.08	10	208	218
苔原	8.8	7.0	25～15 000	2.3	19.6	0.5	0.10	2	818	820
农用地	21.2	16.8	+	9～28.5	7.9	3.8	0.48	4	248	252
湿地	2.8	2.2	+	4.5～28.5	72.3	4.3	0.17	15	450	465
总量	126.4	100			16.7	61.8	0.05	686	3 051	3 737

全球总NPP值每年为61.8PgC/y（表1-4、图1-15）。就一个地质时代而言，光合作用产物（C）略大于分解作用C，因此，超出的C量便成为矿物燃料的C库，其量大于土壤中C量的4倍。海洋光合作用产物C和分解的C与陆地光合作用C几近相等。但海洋生物C仅为45Pg。一个petogram（Pg）= 10^{15}g = 10^9t。海洋是可溶性C（无机C和有机C）的大贮库，特别在跃温层（thermocline）和深海中，其C库量为38 000Pg，其比土壤C库大得多，但有机C库则小于土壤C库。陆地生物中木质组分占陆地植物C量的75%。因此，由GPP减去呼吸作用的C量便得出了NPP值，其量为50～60Pg。研究指出，陆生植物约10年才能将其C进行一次再循环。淋溶物C和易分解的植物残体C也会快速周转。研究又指出，木质组分和腐殖质C的周转时间需要10年、百年，甚至千年才能周转一次。深海和矿物燃料C的周转速率更为缓慢。热带森林每年的C量占全球NPPC量的1/3，即每年产出C量为20.1PgC/y。这一数值是由植物高产和分解速率的研究所得出的。在热带林区，通过植物枯枝落叶和新生植物而使营养物快速周转。在湿润热带环境中，最适温度和湿度条件有利于分解作用，从而能促进营养循环速率。温带森林C量约占全球NPP碳量的12%，其值为7.4PgC/y。非森林生态群落占全球NPP碳的45%，其中稀树草原占14%，草地占19%。在北纬生态群落中，北方带森林和苔原区占NPP的8%，其量分别为2.4和2PgC。在冷气候区，低温导致枯枝落叶层对营养循环的影响，特别是N的释放，从而影响了NPP。环境破坏如失火后，需要补充营养，以维持NPP。沙漠生态群落因受到湿度和每天温度（大于20℃）的变化，非生物质在自然界如UV-诱导氧化还原作用条件下仍能发生一定的分解作用。这种干燥环境也有NPP的产出，其量为3.2PgC/y。因此，非生物分解作用亦有一定意义。随着全球环境进一步的变化，增加CO_2浓度可以增加NPP，其是因为增加了CO_2的肥料效应和水分的有效性所造成的。

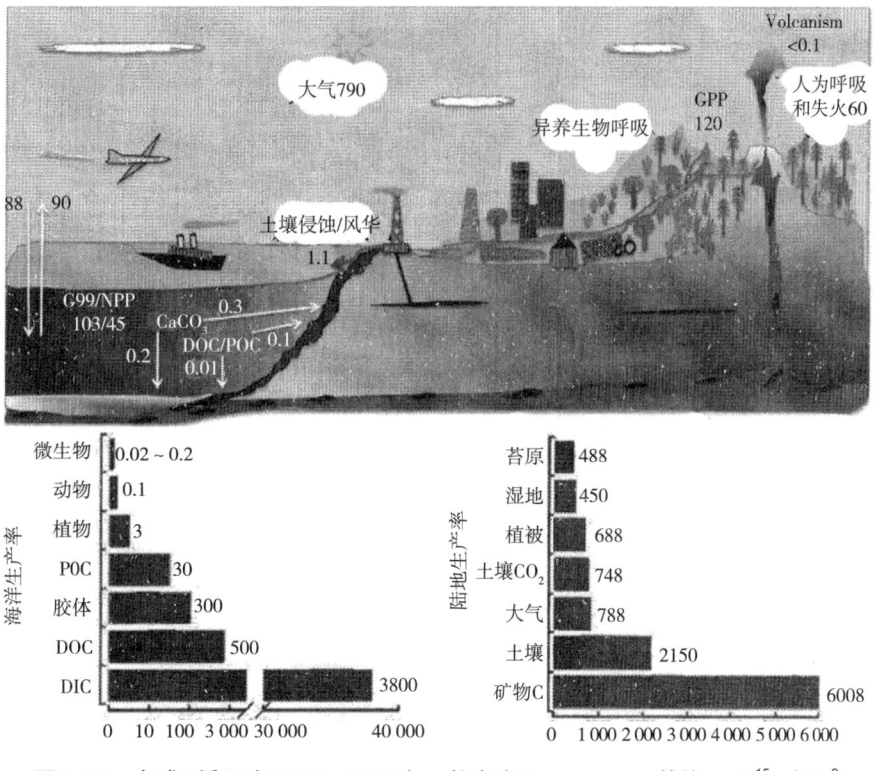

图1-15　全球C循环（IPCC，2007），数字为Petograms，其值 = 10^{15}g或10^9t

1. 陆地土壤碳（C）库

全球地下有机C库在土壤深度3m内的总量约为3 195Pg，但枯枝落叶层和生物炭（biochar）不在其列。关于土壤无机C或土壤碳酸盐的数量，经测定计算在土壤100cm内为748Pg。较大的土壤碳酸盐储存于土壤较深层。土壤碳酸盐通常不列入全球C库值之内。因此，在非森林生态群落中，地下有机C总量占总C量（2 091Pg）的65%。热带森林为692Pg，温带森林为262Pg，北方带森林为150Pg。土壤表层中C的积累有地上部分枯枝落叶积累和根系的积累，特别是细根的积累。在大部分土壤中，C的最大容量出现于0～20cm深度（图1-16）。但新成土和有机土除外。土壤表层和土体层（solum）C的周转量可以为活跃C和老C循环提供不同的参数。土壤表层C会受到新输C的影响（与积累老C的土壤深层相比）。研究发现，约一半土壤C的周转非常缓慢，其周转速率平均可达千年（Paul et al.，2001）。表1-5表明，各种周转速率是以不同土壤深度中的C量为基础的。在所有生态群落中，周转速率显示，土壤0～20cm和0～40cm深度C的周转速率大于0～300cm土壤深度周转速率的2～4倍。土地利用状况的变化如林地转化为农地或森林砍伐的破坏等都会影响土壤C循环的速率，但影响程度为表层C大于深层C。

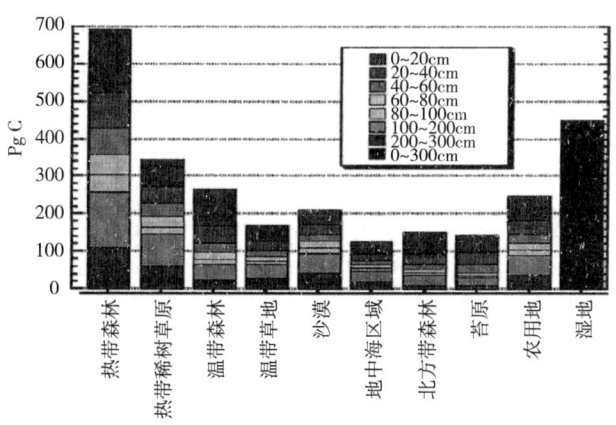

图1-16　土壤C在世界不同生物群落中的分布（0～300cm）（Jobbagy and Jackson，2000）

表1-5　不同土壤深度中C的周转速率（J.P.William et al.，2015）

	土壤深度（cm）					
	0~20cm		0~40cm		0~300cm	
	K	周转率	K	周转率	K	周转率
生物群落	（/y）	（y）	（/y）	（y）	（/y）	（y）
热带森林	0.187	5.3	0.119	8.4	0.045	22.2
热带稀树草原	0.162	6.2	0.098	10.2	0.033	29.9
温带森林	0.105	9.5	0.073	13.7	0.039	25.9
温带草地	0.063	15.9	0.040	24.8	0.016	63.3
沙漠	0.039	25.4	0.023	42.6	0.007	144.2
地中海区域	0.060	16.7	0.038	26.2	0.014	69.7
北方森林带	0.099	10.1	0.066	15.1	0.037	27.4
冻原	0.019	52.3	0.011	89.8	0.006	164.8
农用地	0.159	6.3	0.102	9.8	0.041	24.4
湿地					0.001	945.4

2. 温暖气候条件下的土壤过程

气候变化，特别是气候变暖可能既会改变NPP和分解速率，又会改变温室气体（GHG）的生产和消耗。土壤中的C储量大于大气中的C储量，这表明，气候变暖能通过增加分解作用速率而增加土壤C向大气的释放数量。研究结果表明，矿质土壤上的枯枝落叶储C量将在2100年降低15%（Davidson and Janssens，2006）。更为重要的是湿地、泥炭地、永冻地中富C土壤中碳的潜在损失可达25%。除土壤C损失外，还会因增加了CO_2浓度而增加根系生长和减少水分损失，从而又增加了CH_4和N_2O的产出（Van Groenigen et al.，2011）。但是，当土壤深度增加时，热带土壤的储C量会随温度增加而增加。

土壤C的最高积累量并不经常与高NPP有关。湿地具有高土壤C量（$33kg/m^3$），但C的输入则较低[$0.17kg/（m^3 \cdot y）$]。因此，湿地土壤高C量可归因于分解速率缓慢（表1-4、表1-5）。泛滥地因其氧化还原电位低和无氧环境，所以NPP周转速率就较缓慢。在寒冷苔原和北方带森林区的土壤中，NPP周转速率因C的输入和低温限制，从而造成枯枝落叶C和POM的积累。

3. 海洋C库

海洋中最大的C库是溶解的无机C或碳酸盐，其量为38 000PgC。大部分的海洋C以碳酸钙形态存在。它们主要源自于大气进行的溶液-溶解反应（solution-dissolution reaction）。海洋与大气之间的净通量（a net influx）为2PgC。（大气每年向海洋输入的C量）。海洋第二个最大C库为溶解的有机C（DOC）和其他胶体化合物，其总量为800PgC。DOC系经由浮游植物（phytoplantklon）分泌物及其被饲食的浮游动物（zooplankton）分泌物而形成的。颗粒有机C如死亡生物及其排泄物（fecal pellets），其总量为30PgC。植物和动物的含C量分别为3和0.1PgC。细菌生物质C库很小，其量范围为0.02~0.2PgC。

六、气候变化对全球碳循环的影响

温室气体（GHG），特别是CO_2、CH_4和氧化亚氮（N_2O）都会对C的地质循环和生物循环产生明显的影响。

1. CO_2 升值效应

较高的大气 CO_2 浓度会产出更高的 NPP，大范围生态系统中无大气碳（C）交换（free atomospheric carbon exchange）（FACE）实验表明，陆地生物，特别是木本植物品种，会通过 CO_2 升值而增加光合作用产物和降低还原呼吸作用而使产量增加（Ainsworth and Long，2005；Huang et al.，2007）。研究结果确证，小范围人工气候室实验亦显示出有光饱和吸收 C 和昼夜同化作用效应，从而使地上和地下部生物质增产，但在提升 CO_2 浓度时，气孔导性会降低。Yan kessel 等（2005）指出，禾木科植物和豆科植物对提升 CO_2 浓度反响不一，固氮植物三叶草（clovers）在提升 CO_2 浓度时产量大幅增加，而黑麦草（ryegrass）则仅能增加 N 的输入。作物 FACE 试验的增产量小于人工气候室实验。现尚无充分理由证明，CO_2 肥料负效应和土壤有效 C 的交换作用（如增加高 C 枯枝落叶对营养循环的负影响）以及环境交换作用（增加温度/水分状况变化）对提升 CO_2 的增产效应。但是树木 FACE 试验结果则特别引人关注，因为森林主宰了全球 NPP。所以全球气候模型（包括陆地生物圈和大气之间的反馈）仍然受到了重视。Silva 和 Horwath（2013）评述了 33 个 20 世纪树木生长变化研究结果，并得出结论，只有 6 个结果显示了增加 NPP，而大部研究则显示了减少 NPP。这些结果表明，其他因子如营养限制和干旱胁迫都会抵消 CO_2 肥料正效应。

2. 提升 CO_2 浓度和海洋过程

提升 CO_2 浓度对海洋 NPP 的影响因多种原因而并未受到特别的关注。海洋 NPP（35～70PgC/y）约与陆地 NPP（61.8PgC/y）相等。但是，其生产率会受到光合营养（磷酸盐、硝酸盐、硅酸和微量营养元素）的限制（Bopp 和 Le Quere，2009）。增加 CO_2 浓度会使 pH 值下降，其是因海水碳酸盐化学变化所造成。海洋酸化作用（acidification）能改变海水化学特性以及许多元素和化合物的地球化学。

因此，其产生的大部分影响是降低了碳酸盐的饱和度，从而影响植物界钙积（calcifying）微生物形成珊瑚（corals）的过程（Doney et al.，2009）。钙化作用（calcification）变化造成的其他影响还有 Mg 与 Ca 比例的变化。在每年增加大气 CO_2 1%/y 的条件下（scenario），海洋 pH 值可能会降低 0.3 单元（现时 pH 值为 8.1）（orr et al.，2005）。钙化作用速率下降将明显造成碳酸盐埋藏速率（burial rate）的下降。

3. C 循环中的甲烷

甲烷是大气中最丰富的烃类化合物，但它仅占全球大气 C 平衡账中的 1% 以下。现时全球大气中 CH_4 丰度（浓度）为 1 805nL，从而给全球大气 CH_4 载荷总量约达 5 000Tg（solomon et al.，2007）（1Tg = 10^{12}g）。在矿物燃料沉积物中的天然气和冰冻（永冻地）中水合物（hydrates）和笼形化合物（clathrates compounds）以及海洋表层（Ocean floor）中都储有较大量的 CH_4。温室气中的 CH_4 占全球总辐射强迫率约为 20%，其主要归因于造成的温室效应，或其产生的 0.48W/m^3 能量。全球每年发射的 CH_2 总源为 503～610Tg，而总汇则为 492～556Tg，从而造成了每年平均增加 CH_4 源 22Tg（表1-6）。大气中 95% CH_4 消除的主要机制包括了基团化学（radical chemistry），其是由 CH_4 与由臭氧裂解水蒸气（H_2O）形成的羟基（·OH）和紫外线辐射相结合而发生反应所造成的。大气对流层（Troposphere）中发生的这些反应导致了甲烷（CH_4）生命周期为 8～10 年。剩余 5% CH_4 会被旱地土壤中的甲烷营养菌（methanotrophs）所消耗。

向大气发射的甲烷源自各种生物作用和工业过程。在缺氧条件下，有微生物进行有机质分解便产生了甲烷。生物甲烷源占全球甲烷发射量的绝大部分。CO_2 可用于电子受体，而还原的有机化合物则可用于电子供体。在还原条件如湿地和氧扩散受到限制的土壤团粒中都会产生 CO_2。渍水土壤如水稻土、废弃物填埋场和反刍动物肠道发酵（enteric fermentation）等都是甲烷细菌生存的典型生境。在水稻生产系统的高产稻田，其每年发射CH_4量占到了全球CH_4发射总量的15%。约1%的全球NPP可转化为CH_4，其中一半CH_4会被土壤中甲烷营养菌氧化为CO_2。矿物燃料的生产和分布占CH_4总发射量的约7%。最近，通常称为水力"碎裂"（hydraulic fracturing）的增加会使CH_4移动（消耗），或从由叶岩组成的岩石中以天然气形式消耗，其发射量约为1.0Tg。最近证据表明，在大气中CH_4下降达10年后又开始增长（Rigby et al., 2008）。因此，许多科学团体和组织对CH_4在温室气体（GHG）中的重要作用与CO_2同样受到了关注。

表1-6 全球CH_4源和CH_4汇（Bousquet et al., 2007）

源	$TgCH_4/y$
天然源	
湿地	100～231（166）
白蚁	20～29（24.5）
海洋	4～15（9.5）
人为源	
反刍动物	76～92（84）
水稻生产	31～112（71.5）
生物质燃烧	14～88（51）
废弃物（填埋场、人类和动物排泄物等）	35～69（22）
矿物燃料生产和分配	74～110（92）
总源	503～610（557）
汇	
大气运移	458～556（507）
土壤微生物的氧化作用	21～34（28.5）
总汇	492～581（535）
大气年增加值（a）	11～29（22）

注：括号中数值为平均值

七、碳（C）循环中的甲烷

1. 土壤是大气中甲烷的主汇（Sinks）

与渍水土壤相比，通气土壤和干旱土壤通常是大气中甲烷的主汇。Seiler et al., （1984）首先证实了土壤能吸收CH_4。他们的研究结果表明，在雨季，土壤表层CH_4分解量为52μg/（$m^3 \cdot h$）。因此他们提出这样的CH_4分解量可代表其他亚热带土壤表层的分解量（如稀树草原、林地/灌木林和沙漠等）。经测定，亚热带土壤每年消耗的CH_4总量为21Tg（$1Tg = 10^{12}g$）。由于CH_4产量系与土壤水分含量呈负相关，同时，所测的数据是在雨季取得，所以可以推测，在稀树草原干旱区域，土壤对CH_4的吸收量可能会超过21Tg/y。

研究结果指出，大气CH_4进入土壤表层的通量是土壤中CH_4同时产出和分解的净值（a net result）。事实上，用初始CH_4非常低量的混合大气作试验结果表明，土壤进入大气的CH_4净通量与混合气体中的CH_4通量在一定时间内是相等的。同时，也观察到，当混合气体中CH_4高于平衡值时，由大气进入土壤表层的CH_4净通量仍然相等，因此，当环境因子如土壤温度和土壤水分恒定时，得出的试验结果也相同。试验中CH_4浓度变化值很小，即1.0～1.2ppμL。研究表明，土壤对CH_4的吸收量会随大气CH_4混合比例上升而增加。

在称为土壤微生态位（microniches）中亦会产生CH_4。因为微生态位是一种厌气环境，所以，产甲烷细菌十分活跃。由于消耗甲烷菌的活动或土壤中普遍存在有氨氧化微生物，所以便会发生CH_4的分解作用。

最近，研究表明，热带、温带和北方区域的森林土壤也会吸收CH_4。热带森林土壤CH_4平均分解量为6～24μg/（$m^3 \cdot h$）（keller et al.，2012）。温带和北方森林土壤的CH_4分解量范围为10和160μg/（$m^3 \cdot h$）（steudler et al.，2013）。从现有试验数据而论，热带、温带和北方森林土壤对CH_4的吸收量每年变动在2和35$TgCH_4$。

亚热带土壤对CH_4的吸收量每年为21Tg。加上森林、稀树草原、用材林和灌木林土壤对CH_4的吸收，其总CH_4汇每年为23～56Tg（表1-7）。因此，该数值与大气CH_4循环总周转值（500Tg/y）相比，其值约占总CH_4分解量的7%～8%。但因缺乏土壤对CH_4吸收的各种参数如土壤类型、土壤温度和土壤水分等变化因子。所以，研究结果仍然有许多不足之处。特别值得一提的是，约有14million km^2（1.4亿km^2）农业用地，它们对CH_4和CO_2通量的影响不可小觑。

表1-7　全球土壤和土地利用状况与CH_4源和CH_4汇的关系（steudler et al.，1989）

生态系统/类型	面积（$10^6 hm^2$）	CH_4通量（沉积量）μg/（$m^2 \cdot h$）	生产期（d）	CH_4发射量或沉积量（−）Tg/y
1. 热带雨林	711	−6～24[h]	365[a]	−0.43～17.1
2. 热带季节雨林	710	−10～21[a, h]	365[a]	−0.71～1.5
3. 温带常绿林	731	−10～160[a, i, k]	200[a]	−0.35～5.6
4. 温带落叶林	683	−10～160[a, i, k]	200[a]	−0.33～5.3
5. 北方森林（泰加林）	701	−10～160[a]	120[a]	−0.34～5.4
6. 木材林和灌木林	717	−52[l]	365	−3.7
7. 稀树草原	1 069	−52[l]	365	−5.6
8. 热带草地	211	?	—	?
9. 温带草地	1 047	?	—	?
10. 沙漠/半沙漠灌木林	1 200	−52[l]	365	−6.2
11. 极度沙漠	1 257	−52[l]	365	−6.5
12. 农业用地	1 578	?	—	?
a. 水稻田渍水/沼泽	145	（1.3～40.7）×10^3	75～300[b]	100±50[b]
13. 沼泽/泛滥草原	210	（0.4～24.6）×10^3	122～247[c]	53（35～84）[c]
14. 苔原/高原	695	?	—	?
a. 沼泽/低位沼泽	241c	（0.1～15.01）×10^3	169～178[c]	25（7～70）[c]
15. 杂项	—	—	—	—
a. 湖泊	012c	（0.2～24.38）×10^3	365[c]	2（1～4）[c]
b. 消化道	—	see text	365	70～100[d]
c. 海洋沉积物	038e	（0.1～22.9）×10^3	365	0.34[e]
d. 填埋场	—	see text	365	30～70[f]
e. 天然气贮库	—	see text	365	65～75[g]
f. 生物质燃烧	—	seet ext	365	55～100[g]
总源				313～653
总汇				23～56

2. 缺氧条件下的分解作用

土壤会处于3种状态：① 有效O_2和Eh在300mv以上（图1-17a）。② 很大部分的陆地和水系系统处于缺O_2状态，因此，分解作用便在厌气条件下发生。当有电子受体如NO_3，Mn（Ⅳ）或Fe（Ⅲ）存在时，分解作用仍能进行。同时兼性厌氧呼吸形成了CO_2（图1-17b）。③ 在还原性更强的条件下，便会发生厌氧呼吸并形成CH_4（图1-17C）。在湿地、泥炭、沉积物、水田、污水污泥处理厂、废弃物填埋场和动物肠道中都会发生厌氧呼吸（表1-6）。灌溉亦能诱发产生少量的CH_4而成为CH_4临时通量。因此，正常好氧陆地生态系统亦会发生厌氧呼吸。在微位点发生的这种厌氧呼吸还取决于电子供体和电子受体。一般来说，O_2能抑制兼性厌氧呼吸，而硝酸盐或硫酸盐则会抑制CH_4的形成。

厌氧呼吸产生的气体会发生辐射效应和温室效应。现已证明，大气中CH_4浓度为$1.7\mu L$，N_2O浓度为$0.3\mu L$，与其有关的CO_2浓度为$365\mu L$。（最适数据表明，3种温室气体的浓度分别为$1\,805nL$、$310nL$和$406\mu L$）。如果以CO_2的温室效应为1，那么CH_4的温室效应为30，而N_2O则为150。

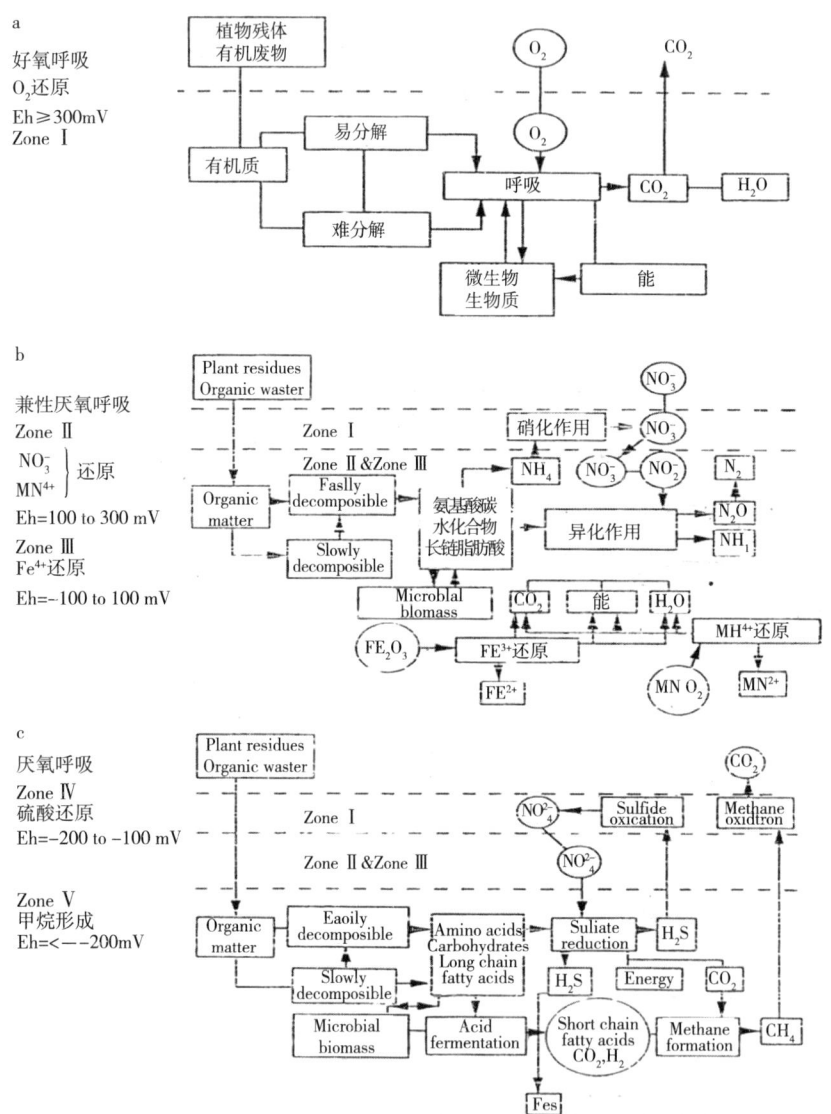

图1-17 （a）有机质好氧条件下的分解过程；（b）有机质兼性厌氧条件下的分解过程；
（c）有机质厌氧条件下的分解过程（Reddy et al.，1980）

3. 产甲烷细菌

在厌氧条件下，水解酶释放出的裂解产物可被发酵菌利用而形成一系列简单脂肪酸、氨基化合物和芳香族化合物。产甲烷细菌仅限于细菌（archaebacteria），它能利用H_2作为电子源，但其也能利用甲酸（HCOH）。约有14%的甲烷菌能利用乙酸（CH_3COOH）和28%的甲烷菌能利用1-C化合物如甲醇（CH_3OH）、甲基胺（CH_3）$_3N$，以及二甲基硫化物［（CH_3）$_2S$］。氮的氧化源在非常还原条件下因有产甲烷菌的存在而十分缺乏。更好的N源是NH_4^+，其常有较高的浓度。有机化合物常难以被直接利用。H^+还原菌常可利用H^+作为电子受体而形成H_2，并将基质氧化为乙酸和CO_2。然后，H_2会被甲烷菌所利用。

4. 耗甲烷（CH_4）细菌（Methane-Consuming Bacteria）

一组好氧微生物，即被称为甲烷自养细菌（methanotrophs），它们能将CH_4氧化。现已证明，SO_4^{2}和NO_3^-都可作为一种电子受体。甲烷细菌的分类是根据其膜结构，细胞鞘、休眠阶段、C代谢途径和固N能力而确定的。其中主要有*Methylomonas*，*Methylococcus*和*Methylosinus*。

天然气管导破裂能使甲烷进入土壤。对管导破裂时的微生物及其过程的研究表明，甲烷细菌群落与土壤CH_4含量呈正相关。土壤CH_4氧化作用需要有效的NO_3^-和NO_2^-，但会受到NH_4^+的抑制。非常干燥的土壤亦能抑制CH_4的氧化作用，其是因为抑制了生物反应所引发。参与氧化作用第一步的酶是单一氧合酶（mono-oxyenase）。反应中产生的甲醇会进一步氧化为甲酸，随后氧化为CO_2。土壤群落中最有意义的是甲烷单一氧合酶能将CH_4氧化为NH_4^+，并产生氢氧化氨（NH_2OH）。图1-18表明了甲烷和铵氧化细菌之间的关系。硝化细菌亦能氧化CH_4，甲烷自养菌、CH_4氧化菌都会在通气的农业土壤中生存和发展。这类土壤中CH_4氧化作用是否主要是硝化细菌所诱发还尚不清楚。

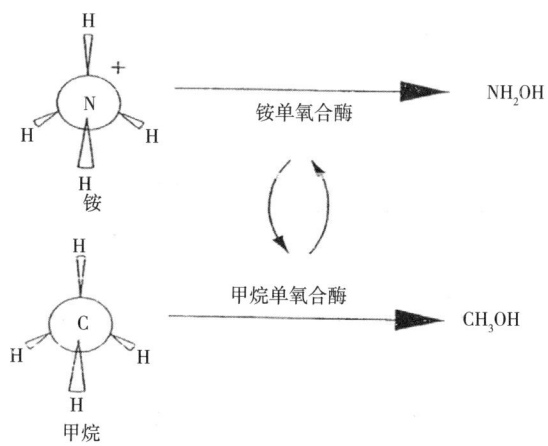

图1-18　铵和甲烷（CH_4）氧化细菌之间的相互作用（J.Schimel，1990）

5. 土壤中甲烷的循环

除大气中的CH_4外，还有约37%CH_2源自渍水稻田和湿地（表1-8）。但是，大面积的稻田和湿地亦是甲烷的利用者（user）。在厌氧层能产生CH_4，但能被好氧-厌氧界面层所利用，或者被厌氧层上面的好气土层和好氧水层所利用。在水田中产出CH_4的75%会被重新氧化。植物则起到了两个重要作用。水稻植株的茎和根的通气组织可直接与气体发生交换。CH_4一旦到达植株的内通道，其便直接扩散至大气。但是，由于这些内通道的存在，从而使根际成为好氧环境。这就大大扩大了土壤中好氧-厌氧界面。CH_4气泡也会进入根际而成为被可氧化的气体。

在厌气条件下，几乎所在水稻生长季节内的现有土壤层次都会发生碳的转化作用（carbon transformation）。这种条件的形成可归因于降水、渍水、灌溉，从而像好气土壤那样形成了好氧微位点。土壤-水基块中气体的扩散速率和电子受体与供体的有效性等都是制约气体形成和反应的重要因子。厌氧代谢和C、S与N循环的紧密结合的研究将继续为全球气候变暖中CO_2和CH_4浓度升高的影响而开阔新的视野。研究发现，产甲烷菌和耗甲烷菌也都能固氮（N_2）。同时，产甲烷菌也与S循环有着密切的关系。所以固N_2作用和S循环也会紧密联系在一起。全球气候变暖的研究表明，要更好地理解C循环的重要意义，我们尚需花费更多的时间、重大的人力和物力来研究常被人们所忽视的水田和湿地。

八、120年间（1860—1980年），全球C源和C汇平衡账

1. 陆地生态系统的净初级生产力

碳（C）输入陆地生物圈的唯一通量是净初级生产力（net primary productivity，NPP）。表1-8和表1-9记录了1860—1980年间净初级生产力和C通量。

表1-8　天然植被和农作物生产系统的净初级生产力[g/（m²·y）]（I Aselmann and H.Lieth，1983）

国家	农业生产力 [（g/（m²·y）]	天然生产力 [（g/（m²·y）]	农业/天然相关的生产力 [（g/（m²·y）]
Zaire（扎伊尔）	180	1 960	0.10
Kenya（肯尼亚）	350	1 300	0.13
Niger（尼泊尔）	150	890	0.17
Kam puches（柬埔寨）	310	1 800	0.17
Bolivia（玻利维亚）	280	1 500	0.19
Brail（巴西）	310	1 620	0.19
Spain（西班牙）	510	750	0.68
Germany（德国）	130	1 190	0.95
Belgium，Luxemboury（比利时，卢森堡）	1 290	1 210	1.07

表1-9　120年间陆地生物圈和海洋每年的碳（C）总量或积累的碳通量（Gt或Gt/y）

年份	积累C通量（自1860年始）				每年C通量			
	矿物燃料源	海洋	清除森林	肥料效应	NPP	枯枝落叶分解	SOC	生物质燃烧
（1）	（2）	（3）	（4）	（5）	（6）	（7）	（8）	（9）
1860	−0	0	−0	0	44	−33	−11	−0.0
1870	−1	1	−7	2	44	−33	−11	−0.3
1880	−3	3	−15	5	44	−34	−11	−0.3
1890	−6	4	−22	8	44	−33	−11	−0.1
1990	−10	8	−30	12	44	−34	−11	−0.3
1910	−17	12	−37	15	44	−34	−11	−0.2
1920	−26	17	−44	19	44	−34	−11	−0.2
1930	−36	23	−54	25	44	−34	−11	−0.2
1940	−47	30	−63	31	45	−34	−11	−0.2
1950	−61	37	−73	38	45	−34	−11	−0.3
1960	−82	47	−81	47	45	−33	−11	−0.2
1970	−115	59	−89	58	45	−34	−11	−0.2
1980	−163	76	−96	73	46	−34	−11	−0.1

在120年间，农用土地大量增加，因此，农作物和其他植物使NPP不断增长。在许多国家，作物生产力低于天然植被的NPP（表1-8）。因此，全球NPP总量就会有所下降。但是，由于CO_2肥料效应，其可补偿NPP的下降，所以并没有观察到NPP的下降情况。在农业发展的条件下，所有土地生产力并不包括沙漠转化为农业的NPP数量[1860年为（330×10^6）gC/（m²·y），1980年则为（346×10^6）gC/（m²·y）]（转化为农业生产的土地面积约为0.1亿km²，其约为全球土地的8%）。

若不计算CO_2肥料效应，那么土地转换的作用就很容易证实。在1860—1980年，全球NPP则从48Gt/y降至45Gt/y。1984年是5.4Gt/y，1987年是5.7Gt C/y，2050年是2～20Gt C/y，平均11Gt C/y。因此，CO_2

肥料效应因增加NPP而使C（碳）汇每年增加约5Gt/y或10%（表1-8）。

2. 枯枝落叶和土壤有机碳（C）

枯枝落叶和土壤有机碳（C）的分解便成为返回大气的碳（C）通量。因此，C源就是枯枝落叶（死亡而未分解的植物体）和土壤有机C（长命有机质部分，主要为木质素）。由于全球NPP和枯枝落叶不易发生变化，所以，在标准气候条件下，C库及其通量也就不会发生变化（表1-8）。这些研究结果表明，土地利用变换后土壤有机C分解产生的C源有一定的差异。其原因是CO_2所产生的碳汇不同。许多研究者和计算模型均未考虑CO_2的肥料效应。研究表明1860—1980年，枯枝落叶造成C的损失量为5Gt C/y，土壤有机C的损失量为26Gt C（W.H.Schlesinger，1984）。

3. CO_2肥料效应在C源和C汇平衡账中的重要作用

现已知晓，CO_2肥料效应的作用十分巨大，其足以补偿释出的CO_2源（即可吸收放出的CO_2源）。因此，这种CO_2肥料效应可能造成1860年大气CO_2浓度261μmol/mol的不真实性。

众所周知，自1860年开始，全球温度升高对枯枝落叶和土壤有机C的分解造成了巨大的影响。因此，全球平均温度升高是大气CO_2浓度升高的一种函数。目前，CO_2浓度已升高了2倍。从而诱发温度的变化，即使温度升高了3.5℃。在1860—1980年，温度已平均升高了0.8℃。但这种温度的变化（升高）并不影响NPP。因此，在试验模型中，植被并不能调控气候带的运移。因此，气候变化仅能影响有机C的分解过程。经OBM（OBM = Osnaloruck Biosphere Model）模型计算，土壤有机C库中C的净损失为12Gt C，而枯枝落叶C的净损失为0.5Gt。OBM模型考虑了如下特点：

——CO_2肥料效应；

——土地利用变化数据库的数据至1980年；

——提出了1980年以后土地利用计划方案；

——设计了土壤有机碳循环的新式亚模型。

因此，OBM模型是研究陆地生物圈碳（C）平衡和温度升高对CO_2浓度和气候变化影响的有用工具。该模型可用于：① 陆地生物圈主要的C通量和C库；② 通过平衡方程方法而定量C通量，并确定C通量与环境的相互关系；③ 用平衡方程确定环境的可变因子而对整体陆地生物圈C汇和C源平衡账作出评价；④ 模型还可包括影响全球碳平衡账的许多重要的间接效应。

4. 模型还可包括影响全球碳平衡账的许多重要的间接效应

在热带森林破坏期间，清理的一部分植物体（phytomass）被燃烧，但大部分植物体则被保留而遭到自然分解。因此，OBM认为，清理的植物体除50%为草本植物和30%为木材外，其余部分可视为枯枝落叶。它们将立即会转化成CO_2。这种"可燃物质"（burnt material）的通量为0.1 ~ 0.3Gt/y（假设1860年以来未有明显的变化）[表1-9（9）]。

现行OBM模型并不包括"天然环境"（natural environments）如稀树草原（savannas），草地（grassland）和森林（forest）中可燃烧的物质。同时，其亦不包括有关炭的生产（charcoal production）。研究表明，在过去20 ~ 100年间，草本植物年年都会燃烧，而针叶林火灾的频度为第一。科学家提出，自1860年以后，全球形成的炭量（charcoal formation）草地和稀树草原为8Gt，针叶林为1.5Gt。

5. 土地清理和CO_2肥料效应

土地（森林）清理造成C的损失为96Gt[表1-9（4）]。清理后改变了土地利用现状，从而导致了枯枝落叶和土壤有机C的额外损失，其量分别为5Gt和26Gt。因此，由于清理造成的C源约为127Gt。

OBM模型研究表明，CO_2肥料效应几乎可以补偿所有损失的全部C源。枯枝落叶和土壤有机C保存的净碳源（net sources）分别为-1Gt和5Gt［表1-10（5）和表1-10（6）］。植物体的净碳源为23Gt［表1-10（3）、表1-10（4）］。如此大的净碳源是根据NPP和立地植被年龄（stand age）计算而得。CO_2肥料效应可以补偿NPP的影响，在森林改为农作物时，其立地植被年龄则可从10～300年降至0.6～1.0年。

CO_2肥料效应诱发的强大负反馈（A strong negative feedback）：NPP增量，形成植物体和枯枝落叶以及土壤有机C的通量随之明显加大。植物繁盛生长阻遏了大气CO_2的增速。因此。陆地生物圈的特性犹如海洋。天然植被的清理则起到了相反的作用。至20世纪60年代，CO_2肥料效应难以补偿清除森林造成的C的损失。20世纪70年代开始，CO_2肥料效应可补偿或超过了森林清理损失的C量，从而使陆地生物圈成为一个小型C库（汇）（约0.5Gt C/y）。

表1-10　陆地生物圈和大气圈中全球碳（C）库总量的发展（1860—1980年）
［陆地生物圈碳库量以Gt C表示，大气圈浓度以μL/L表示］

年份	库				
	大气圈（μL/L）	植物生物质		枯枝落叶（Gt）	SOC
		（自然条件、农业条件）			
（1）	（2）	（3）	（4）	（5）	（6）
1860	285.0	668	1.6	91	1 536
1870	286.7	663	1.7	92	1 537
1880	288.6	658	1.9	92	1 538
1890	290.7	654	2.1	92	1 539
1900	293.1	650	2.2	92	1 539
1910	296.1	646	2.4	92	1 538
1920	299.4	643	2.5	92	1 538
1930	303.2	639	2.6	92	1 538
1940	307.0	636	2.8	92	1 537
1950	311.6	633	2.9	92	1 536
1960	317.6	634	3.0	92	1 535
1970	326.5	637	3.1	92	1 533
1980	338.8	644	3.2	92	1 531

6. 燃烧的生物质

在热带森林破坏过程中，一部分清理出的植物体会被燃烧，而植物体的主要部分则并未被烧尽，它会遭受到自然的分解。因此，OBM将清除砍伐的植物体列入枯枝落叶的范围，但50%草本植物和30%的木质体除外，因为它们会立即转化成CO_2，这些"燃烧过的物质"（burnt material）通量为0.1～0.3Gt/y（自1860年以来没有明显的变化）［表1-9］。因此，通行的OBM并不包括"自然环境"如稀树草原、草地和森林中燃烧的植物体，而且有关炭的生产亦不在其列。由于草本植物每年都会发生燃烧，同时，在过去20～100年间，针叶林火灾频发，所以，自1860年以来，全球形成的炭量为：草地和稀树草原高达8Gt，针叶林为1.5Gt。这些科学数据将会在OBM中作进一步的设计和表达。

7. 大气和海洋

按标准气候状况的模型计算，在1860—1980年间，海洋吸收了76Gt C。而保留于大气中的C则为114Gt C（表1-10、表1-11）。因此，大气中CO_2浓度由285μmol/mol增加至338.3μmol/mol。科学记录表明，在1958—1980年间，CO_2浓度增加了22.6μmol/mol（C.D.Keeling，1982）。1860年时，大气CO_2浓度为285μmol/mol，其值近拟于冰核中测定出的CO_2浓度值287μmol/mol。

8. 120年间C的全球平衡账

表1-11　1860—1980年间，3个模型方案表达了全球C库变化净值

		标准气候	温度增加	无CO_2肥料效应
CO_2（1860）μmol/mol		285	283	261
	植物生物体	-23	-20	-83
（Gt/y）	枯枝落叶	+1	-0.5	-5
	土壤有机C	-5	-12	-26
（Gt/y）	海洋	+76	+78	+112
	大气	+114	+117	+164
（Gt/y）	矿物燃料源	-163		

来源：C.D.Keeling，1982

表1-11表明，温度增加与年平均温度变化有关。CO_2浓度增加2倍时，温度则增加3.5℃。

9. 增加CO_2浓度对植物固碳效益（carbon economy）的影响

土壤有机质是发展陆地生态系统功能必不可缺的重要因子。有机质的不断周转和循环能制约营养循环及其对植物矿质营养的供应。土壤有机碳主要来自植物光合作用固定的碳。植物碳主要以地上部分的枯枝落叶形态输入土壤。同时，根系亦能分泌出可溶性化合物并将其和死亡的根系输入土壤。根系向土壤输出的CO_2是根系呼吸作用的产物。进入土壤的净碳同化产物占总量的10%～40%。当种植作物时，输入土壤碳量为每年每公顷900～3 000kg[kg（hm^2·y）]。

土壤微生物是土壤有机质转化的原动力。根系的很大一部分可为微生物繁殖提供碳源和能源，微生物则利用这些碳化合物作为生物合成的主源。

研究表明，增加大气中CO_2浓度会对光合作用有益，从而生产出更多的生物质。根据Cure（1986）研究证明，大气CO_2浓度增加2倍（从350μmol/mol增加至700μmol/mol）时，植物的同化速率会不断增加，C_3-植物的产量增加了41%。C_4-植物因碳代谢途径不同，所以其受到的影响亦不同。因此，植物对增加CO_2浓度的反应还取决于环境条件。Goudriaan和de Ruiter（1983）指出，在营养和光强度不受限制时，光合作用速率处于最高状态。但是在CO_2浓度升高时，植物和土壤微生物之间会对营养的需求发生竞争作用。

研究证实，CO_2浓度在700μmol/mol时，植物地上部分和地下部分的生物质产量都大于CO_2浓度为350μmol/mol的生物质产量（表1-12）。

表1-12　种植在CO_2浓度分别为350μmol/mol和700μmol/mol时的植物干重和茎叶/根比率

	T_1（22d）		T_2（35d）		T_3（49d）	
	350	700	350	700	350	700
茎叶	1.54	1.94	5.03	7.69˙	14.02	20.96˙˙
根	0.57	0.80	2.42	3.50˙	4.15	4.87
总量	2.11	2.74	7.45	11.19˙˙	18.17	25.83˙˙
S/R	2.72	2.50	2.10	2.21	3.29	4.33˙˙

˙$P<0.05$；˙˙$P<0.001$

九、土壤和土地利用变化对全球甲烷（CH_4）平衡账的影响

土壤是大气最重要的甲烷（CH_4）源，也是一种温室气体。其在大气中的保存时间约为10年。水稻田中有机碳（C）的微生物分解产生了（100±50）Tg/y，天然湿地产生了（100±50）Tg/y，以及填埋场产生了（50±20）Tg/y。它们产生的CH_4源总和约占全球发射CH_4总量[（496±251）Tg/y]的一半。

大气中CH_4的非土壤源有反刍动物产生的（85 ± 15）Tg/y，生物质燃烧（80 ± 20）Tg/y以及天燃气及其相关产品的燃烧，煤矿开采等总计约（233 ± 60）Tg/y。

除二氧化碳外，甲烷（CH_4）是大气中最丰富的碳化合物。它在大气对流层中的混合比例（minxing ratio）为$1.7\sim1.8\mu mol/mol$，它随时间推移而浓度增加，与工业革命前相比，其年增量为$0.8\%\sim1.0\%$。在过去150年内，CH_4混合比例已增长2倍。

尽管大气中CH_4浓度较低，但其对地球环境具有特别重要的意义，CH_4是一个与气候变化有关的重要基础物质。在过去100年间，它对气候变暖（温度升高0.7℃）的贡献率为20%。由于CH_4在有高浓度NOx存在时会与OH集团发生氧化反应，从而使CH_4效应加剧，并导致在对流层中形成了与气候变化有关的臭氧（ozone）。研究证实，对流层中臭氧浓度决定了对流层的氧化势（oxidation potential）。因此，它对环境中其他微量气体成分的分布和丰度会产生明显的影响。

CH_4除在对流层中产生外，它还能向同温层转移，在那里发生氧化作用和形成水蒸气，从而造成了极云（polar clouds）。极云对形成Antarctic臭氧空调（ozone hole）有着明显的影响。由于CH_4对地球变暖和大气化学的重要作用，因此，科学家注意到人类活动会明显破坏大气CH_4的平衡账和循环。在过去几十年，对大气CH_4的循环进行了广泛而深入的研究，但仍然有许多缺口和不足，所以必须继续加强研究。

现已发现，CH_4主源系与土地表层面积有关。土壤表面积约为1.5亿km^2。土地总面积的2/3位于北半球，只有1/3的面积位于南半球。根据A.F.Bouwman（1988）的提议，土地面积可再分为14个生态类型（表1-13）。最大面积（沙漠、稀树草原和大森林地/灌木林地）的生态系统降雨较少，土壤干旱。

海洋表面积虽然超过了陆地表面积约2倍，但海洋在大气CH_4平衡账中并不占主导作用。海洋CH_4通量约为（15 ± 12）Tg/y，其小于总平衡账的5%（W.Seiler，1986和R.J.Cicerone，1988）。

在各种厌气条件的生态系统中，会产生相当数量的CH_4，它们都能发射至大气层。研究证实，渍水土壤（如天然湿地、各种沿洋和灌溉稻田等）都是厌气生态系统。许多生态系统的沉积地一般亦属厌气土壤，因此，它们便成为甲烷细菌的优良生境。

与渍水厌气土壤相比，排水良好的土壤和干旱土壤都起到大气甲烷（CH_4）汇的重要作用。显然，CH_4会被CH_4菌和/或铵氧化菌所氧化。表1-13综合了大气CH_4的各种源和汇及其对大气CH_4平衡账的影响。

表1-13　全球土壤和土地利用概况

全球面积：$510\times10^6km^2$
全球土地面积：$149\times10^6km^2$（100NH，49SH）
全球海洋面积：$361\times10^6km^2$（155NH，206SH）

生态系统	面积（$\times10^6km^2$）
热带雨林	7.11
热带季节林	7.105
温带常绿林	7.306
温带落叶林	6.834
北方林（泰加群落）（taiga）	7.013
木材林/灌木林	7.173
稀树草原	10.695
热带草地	2.115
温带草地	10.467
沙漠/半沙漠灌木林	12.001
极度化沙漠	12.575
耕地（稻田）	15.776
各种沼泽	2.101
冻原（苔原）/高山荒漠	6.947
混杂林	15.210
总量	130.428

现已证实，土壤和土地利用及其变化是产生大气CH_4的主源。H.J.Bolle等（1986）证实，各种土地利用造成的CH_4源会随时间延长而增加，其主因是人类的活动。据统计，在1940—1980年间，向大气发射的CH_4总量有暂时的增加，其增量为1940年的50%。

最有意义的是，大气 CH_4 混合比例（CH_4 mixing ratios）和世界人口的增长呈正相关。这就表明，人类活动对大气 CH_4 循环和 CH_4 源的发射等会发生强烈的影响。对大气 CH_4 源影响的因子还有反刍动物、白蚁、水田、生物质燃烧和天然气等的应用。

十、产甲烷菌的研究进展

产甲烷菌分布十分广泛，从人到沉积物，从陆地到海洋，从0℃以下低温环境到100℃以上高温环境都存在产甲烷菌。因此，产甲烷菌遍布于地球大部分的缺氧环境中。产甲烷菌是有机质厌氧降解食物链的末端成员。它们在地球生物化学系统中形成甲烷和碳循环过程中起着极其重要的作用。

1. 产甲烷菌多样性与分类系统的发展

早在20世纪初，人们就开始尝试通过加富培养技术分离培养产甲烷纯菌。直到1940年，美国学青Barker才声称通过菌落的分离与纯化，得到了"第一株"甲烷菌的纯菌，命名为奥氏甲烷杆菌（*Methanobaclerium omelianskii*）（Barker et al., 2013）。此后，在经过将近30年的研究后，科学家们发现奥氏甲烷杆菌其实并非纯菌，而是两株菌的共培养物（Bryant et al., J967）。真正意义上的第一株纯菌是在1947年分离得到，但分离者Schnellen仅在其博士学位论文里进行了记录。直到1954年，科学家才首次对该株纯菌进行了全面描述，并命名为甲酸甲烷杆菌（*Methanobacterium formicicum*）（Mylroie and Hungate，1954）。随着研究的逐渐深入，厌氧培养技术的瓶颈被逐步解决，更多的产甲烷菌才开始被分离纯化出来（Nottingham and Hungate，1969）。

经过多年的努力和积累，到2012年，已经有34个属、160多个新物种被定名，并以此建立了13个科、6个目和4个纲（表1-14）。虽然甲烷菌有着如此高的多样性，它们的底物（基质）范围却非常窄小。大部分甲烷菌属于氢营养型，仅能利用H_2/CO_2或甲酸，少部分甲烷菌能利用稍复杂的乙酸和甲基类化合物，分别属于乙酸营养型和甲基营养型。虽然有极少的甲烷菌还可以直接利用乙醇或其他二级醇，但是这并不是它们的天然底物，因为这些底物仅能支持很弱的生长，所以目前仅被看成为一种例外（Liu and Whitman，2008）。

表1-14　甲烷菌的分类学状态简表

纲 （Class）	目 （Order）	科 （Family）	属 （Genus）	底物
甲烷杆菌纲	甲烷杆菌目	2	5	H_2/CO_2、甲酸、（H_2/甲醇）[a]
甲烷球菌纲	甲烷球菌目	2	4	H_2/CO_2、甲酸
	甲烷胞菌目	1	1	H_2/CO_2、甲酸
甲烷微球菌纲	甲烷微球菌目	4	12	H_2/CO_2、甲酸
	甲烷八叠球菌目	3	11	H_2/CO_2、甲酸、乙酸、$MeNH_2$[b]
甲烷嗜高热菌纲	甲烷嗜高热菌目	1	1	H_2/CO_2

注：a.只有极少数可以利用H_2/甲醇为底物进行生长；b.甲胺类化合物

对甲烷菌的鉴定和分类主要基于表型分析和分子生物学分析两大部分。表型分析主要包括菌落形态、细胞形态（普通光学显微镜）、细胞超微结构（电子显微镜）的观察和描述，对化学裂解液的敏感度、底物范围及其代谢终产物（甲烷）、生长速率、生长条件（温度、pH值和NaCl的可生长范围和最适生长范围）的检测和确定。对细胞膜脂类组成和全细胞蛋白指纹图谱的分析，也能提供重要的表型信息。分子生物学分析主要包括G+C含量、全基因组杂交、16S rRNA和mcrA基因的测量和分析，其中基于16S rRNA和mcrA基因的系统发育分析是确定物种分类地位不可或缺的指标，因为它们常常能提供精确到种水平的分类信息。

2. 产甲烷菌基因组学的研究发展

早在1996年，第一株产甲烷菌，即简氏甲烷球菌（*Methanococcus jannacshii*）的基因组得到了全测序（Bult et a.，1996）。这也是科学家自1977年创立古菌域以来，首次对古菌的全基因组有了基本的了解。生物信息学分析揭示，古菌一方面具有与真核生物信息系统（转录、翻译和复制）相似的机制，另一方面又有与细菌的代谢系统相似的机制，从而进一步确认了古菌是一个既不同于真核生物，也不同于细菌的独立域。紧接着在1997年，第二株产甲烷菌（*Methanobacterium thermoautotrophicum*）的基因组完成了测序。该研究不仅确立了古菌域的分类地位，同时也发现产甲烷菌有着丰富的基因多样性，以为该菌的基因组与简氏甲烷球菌有着较大的差异（Smith et al.，1997）。

随着基因组学测序技术的快速发展，越来越多的产甲烷菌基因组得到了测序。截至目前，已经有60多株产甲烷菌的基因组得到了测定。基因组信息极大促进了人们对产甲烷菌基因功能及其多样性的了解，从而使人们对甲烷菌的进化与适应机制有了更深入的认识。对甲烷嗜高热菌（*Methanopyuskandleri*）的测序发现其编码了过多的负电性氨基酸，反映了其对极端环境的适应。通过核糖体蛋白的系统发育分析发现，该菌和其他甲烷菌一起构成了一个独立分支，并且这个分支并不位于古菌发育树的根部，从而推翻了前人基于16S rRNA基因分析结果的推断，即认为甲烷嗜高热菌可能是古菌祖先的观点（Slesarev et al.，2002）。

甲烷八叠球菌（*Methanosarcina acetivorans*）是首株被测序的乙酸和甲基兼性营养型产甲烷菌，其基因组有6Mbp，是目前人们已知的最大古菌基因组。大基因组也确实展示了该菌非常高的基因多样性。12个编码新型甲基转移酶的基因的发现，暗示着这株甲烷菌具有未知的甲基利用能力。

随着越来越多的甲烷菌基因组得到测序以及高通量生物信息学的发展，相信对理解不同环境中产甲烷菌的生理、生态和进化机制能产生深刻影响。

3. 典型缺氧环境中产甲烷菌的研究进展

（1）湿地环境产甲烷菌的研究进展

地球上许多环境常年平均温度低于5℃。包括高纬度和高海拔的湿地、高山、湖泊沉积物、冰川、永久冻土以及深海沉积物等。在高寒生态系统，由于漫长时期的生物固碳及其缓慢的生物降解，土壤中储存了大量有机碳，在全球碳平衡账中起举足轻重的作用。但高寒生态系统对全球变化特别敏感。一方面，高寒区域的气候变暖速度高于全球平均水平，最近100年的北极变暖速度约是全球平均水平的2倍；另一方面，甲烷排放通量的测定表明，高寒生态系统存在活跃的产甲烷过程。例如，北半球苔原冻土平均每年排放大量甲烷（Olefeldtd et al.，2013）。在全球化背景下深入研究寒冷湿地的产甲烷菌且有重要环境意义。

根据产甲烷菌的最适生长温度，产甲烷菌可分为嗜热菌（最适温度55℃左右）、极端嗜热菌（最适温度高于80℃）、嗜温菌（最适温度在35℃左右）和嗜冷菌（最适温度低于25℃）。目前产甲烷菌纯培养的研究多数集中在中温和高温菌，对嗜冷产甲烷菌的研究十分稀少。但近年来国内外学者已从南极和高寒湿地等区域分离培养了若干嗜冷产甲烷菌。例如，美国学者从南极冰湖分离获得两株嗜冷产甲烷菌，其中嗜冷产甲烷菌（*Methanogenium frigidum*）的最适生长温度在15℃，超过20℃不能生长（Franzmann et al.，1997），而另一株甲烷小球菌（*Methanococcoide sburtonii*）的最适生长温度为

23℃，高于28℃不能生长（Franzmann et al.，1997）。中国学者从青藏高原若尔盖湿地分离获得了一株嗜冷甲烷叶菌（*Methanolobus psychrophilus*），其最适生长温度为18℃，高于25℃不能生长（Zhang et al.，2008）。

高纬度和高海拔的沼泽和泥炭湿地，不仅常年低温，而且由于有机质的积累，其土壤多呈酸性条件。大多数产甲烷菌生长的pH值范围比较窄，接近中性，pH值为6.0~8.0。但也有一些嗜酸产甲烷菌，如很久以前有人发现一株产甲烷菌，可在pH值4.0条件下生长（Williams and Crawford，1985）。另一株甲烷八叠球菌可在pH值为4.5生长，但最适pH值为中性。美国学者从酸性泥炭沼泽分离获得了*Methanoregula boonei*（菌株6A8T），其生长的最适pH值为4.0~4.5（Brauer et al.，2006）。这为理解酸性泥炭沼泽的甲烷产生机理和甲烷排放规律提供了重要生物材料。

（2）水稻土产甲烷菌的研究进展

1998年，德国科学家通过16SrRNA基因片段分析，首次在意大利水稻土中发现了一类新型产甲烷菌（Gro et al.，1998），命名为RC-I（即Rice Cluster I）古菌。通过系统发育和亲缘关系分析，发现RC-I古菌是位于甲烷八叠球菌目和甲烷微球菌目之间的深度分支。随后进一步研究发现RC-I含有产甲烷途径中起关键作用的甲基辅酶M还原酶基因（*mcrA*）（Lueders et al.，2001）。基于16SrRNA和mcrA基因的大量研究表明RC-I在环境中广泛分布，遍布全球不同陆地和沿海的生态系统。尤其是世界各地的水稻田成为RC-I的主要栖居地之一。对水稻土中古菌群落的研究表明，每克水稻土中（干重）有10^6~10^7个RC-I细胞，占总产甲烷菌数量的20%~50%（Kruger et al.，2005）。不仅如此，通过稳定同位素探针技术证明，RC-I是水稻根际活跃的产甲烷古菌，在植物光合碳转化过程中起主要作用（Lu and Conrad，2005）。然而，RC-I的分离培养非常困难（Dedysh et al.，2005；Sakai et al.，2007）。在得到分离培养物之前，德国学者Erkel等通过宏基因组技术构建出了第一个RC-I的全基因组（Dedysh et al.，2005；Sakai et al.，2007）。此后，日本和中国学者经过不懈努力，相继从日本、中国和意大利水稻土中分离得到了3株RC-I产甲烷菌（Lu and Lu，2012；Sakai et al.，2007a；2010b），并由Sakai等提出将RC-I定为一个新目，命名为甲烷胞菌目（Methanocellales）（Angel et al.，2011）。3株甲烷胞菌纯菌分别为泥居甲烷胞菌（*M.paludicola*）、稻生甲烷胞菌（*M.arvoryzae*）和康氏甲烷胞菌（*M.conradii*）。

3株甲烷胞菌的全基因组目前已完成了测序（Dedysh et al.，2005；S阿凯et al.，2010；Erkel et al.，2006；Lyu an Lu，2015）。相比而言，康氏甲烷胞菌的基因组最小，泥居甲烷胞菌和稻生甲烷胞菌的基因组大小相当。对3个基因组进行COG功能分组比较分析发现，3株产甲烷胞菌在功能分组的构成上没有明显的差别，表明它们的代谢能力总体上没有显著差异（Lu and Lu 2012）。基于16S rRNA和mcrA基因的系统发育分析和共享的CDS数量均表明其中康氏甲烷胞菌和泥居甲烷胞菌两株菌之间具有更近的亲缘关系（Lyu and Lu，2015）。3株菌都有一套完整的、几乎完全相同的产甲烷途径编码基因，而主要的区别在于某些基因拷贝数的不同。与其他氢型甲烷菌相比，3株产甲烷胞菌的基因组存在一些独特之处。3株菌编码了一个与能量转换氢酶（Energy-converting hydrogenase，ECH）类似的氢酶和一个特殊的异二硫化物还原酶（HdrCl'C2'BX'）。并且两者处于同一潜在操纵子内。它们可能在甲烷胞菌的能力转化和抗氧化方面发挥重要作用，但是具体功能尚不明确。在碳代谢方面，甲烷胞菌几乎都拥有完整的糖酵解途径基因，具备将葡糖-1-磷酸转化为丙酮酸的潜力。但它们都缺乏已糖激酶或葡萄糖激酶，因此，并不能直接从葡萄糖开始进行转化。在丙酮酸代谢方面，甲烷胞菌则有较大的差异。稻生甲烷胞菌含有一氧化碳脱氢酶（CDH），有着丰富的丙酮酸代谢途径，能够进行自养作用。泥居甲烷胞菌和康氏甲烷胞菌则主要依赖从外界获取乙酸（Lu and Lu2012；Sakai et al.，2012；Erkel et al.，2006）。经过重新注释发现，3株甲烷胞菌都具备新型的柠檬酸合酶和乌头酸酶，具备通过TCA氧化支路合成A-酮戊二酸的潜力。在氮和硫的同化代谢方面，甲烷胞菌存在较大差异。康氏甲烷胞菌和稻生甲烷胞菌具有完整的nif基因，具有固氮潜力。而泥居甲烷胞菌缺乏nifDK基因，因此，不能固氮。3株菌都具有铵和氨基酸的转运系统、谷氨酸和谷氨酰胺合成系统以及以∂-酮戊二酸为核心的氮同化调节机制（Lu and Lu 2012；akai et al.，2012；Erkel et al.，2006）。在产甲烷菌的抗氧机制方面，基因组分析表明，甲烷胞菌具有丰富的抗氧化胁迫的编码基因（Lu and Lu 2012；akai et al.，2012；Erkel et al.，2006）。但在3株菌之间存在一定差异，稻生甲烷胞菌具有最丰富的抗氧酶系编码基因。丰富的抗氧系统使甲烷胞菌对水稻土好氧和微好氧交替条件具有很强的适应潜力，但是相关酶系的功能尚需进一步实验验证。

4. 肠道产甲烷菌的研究进展

土壤生态系统栖息着不同类型的动物，包括小型动物如白蚁、蚯蚓等，它们在土壤有机物质分解和转化过程中起着非常重要的作用。白蚁属于节肢动物，主要分布在热带和亚热带地区，以木材或纤维为食。大量基于16S rRNA和mcrA分析的研究表明，白蚁肠道存在一类新型产甲烷古菌，其系统发育关系与热原体目（Thermoplasmarales）比较接近（Paul et al.，2012）。追溯Genbank中相关的16S rRNA基因发现这类古菌可能在深海沉积物、水稻土、湖泊水体和沉积物，垃圾填埋场和厌氧反应器等也有存在。不仅如此，这类古菌在瘤胃和哺乳动物肠道中经常发现为优势菌群。Mihajlovski等最早在人类肠道排泄物中探测到这类古菌，确定为产甲烷菌，并指出它们代表产甲烷菌的一个新目（Mihajlovski et al.，2008）。Wright等也发现它们是牛瘤胃的主要产甲烷菌（Wright et al.，2007）。这些研究在一定程度上反映了这类新型产甲烷菌的广泛分布及潜在功能。

2012年，Dridi等从人类粪便中分离获得了第一个纯培养物，命名为瘤胃甲烷马塞尔球菌（*Methanomassilaicoccus luminyerrsis*），并正式提出甲烷马塞尔球菌为产甲烷菌新目（Dridi et al.，2012）。目前，除这株纯菌外，研究人员还从白蚁、人类肠道及厌氧反应器中获得了高度富集的培养物（Paul et al.，2012；Borrel et al.，2013：Iino et al.，2013）。纯菌及这些富集培养物的基因组和生理生化实验表明，它们属于甲基型产甲烷菌，但具有一般专性甲基型产甲烷菌所不同的代谢特性。它们缺少将CO_2还原为甲基辅酶M的完整路径，该路径的缺失可以有效地防止甲基被氧化为CO_2（Lang et al.，2014），但也使这类菌需要额外添加氢气才能生长。基因组分析表明，它们含有用H_2还原甲醇、甲胺、二甲胺等底物的能力，生理实验进一步证实甲烷马塞尔球菌在H_2存在条件下能利用甲胺类（甲胺、二甲胺、三甲胺）物质生长（Brugere et al.，2013）。因此，从营养角度看，这类产甲烷菌既不是典型的甲基型产甲烷菌，也不是典型的氢型产甲烷菌，属于两者的混合营养型。

十一、展望

碳起源和归宿的循环十分复杂。它包括了长期地质循环和短期生物循环。因地质循环时间以百万年计算，所以，不可能立即判定其对气候变化的影响。但是人为造成的碳循环则可明显地影响到温室气体的发射及其温室效应。几千年来，矿物燃料的燃烧已向大气发射了大量CO_2，从而造成了大气中温室气体浓度的增加。因此，气候变化，特别是气候变暖将面临人类的各种活动、生物燃料、CO_2肥料效应、土壤自维作用、植树造林等，都将促进碳的短期生物循环。为了调控温室气体发射及其防治气候变暖就必须从多方面采取措施，以保持全球温室气体的汇与源达到平衡，现在世界各国都采取了应对方法和技术来恢复地球原生态水平，即将大气中温室气体CO_2浓度从现有406μL/L还原至工业革命前水

平（290μL/L）。许多国家提出了地区复原的百年计划。我国科学家（闵九康等，2015年）则认为仅需
20～30年便可达到地球复原水平。同时，他们亦强调，大气中CO_2浓度控制在350～400μL/L是最佳状
态。他们的研究证实，农作物、草原和森林等植被光合作用的CO_2饱和浓度为350μL/L，甚至当CO_2浓
度达700μL/L时小麦仍能增加生物质产量（平均增量为25%，最高增量可达41%）。因此，大气中CO_2
浓度的平衡点需要确定，同时还应当研究各生态系统温室气体（CO_2、CH_4和N_2O等）的源与汇的平衡
账，以阻遏全球气候变暖的速度，并使地球恢复为原生态或绿色星球。

第二章 植物光合作用和呼吸作用在全球CO_2平衡账中的战略意义

一、引言

　　植物光合作用是全球CO_2转化和转移的第一过程。它是植物在有光条件下将CO_2转化为生物质的过程（图2-1）。所有光合作用固定的CO_2量（初级生物质量）会被生物呼吸作用消耗30%～70%。在自然生态系统中，保持的初级生产量（NPP）明显地取决于气候和各种环境条件及其变化。因此，光合作用固定的C量减去呼吸作用所消耗的C量便成为全球重要的C汇（Carbon sinks）。它可以调节或防控大气中CO_2浓度的升高，以阻遏全球气候变暖的速率。所以全世界的许多科学家都为地球恢复原生态而努力奋斗，其主要是将大气中现今CO_2浓度（406μmol/mol）降至工业革命前的CO_2浓度（290μmol/mol）。

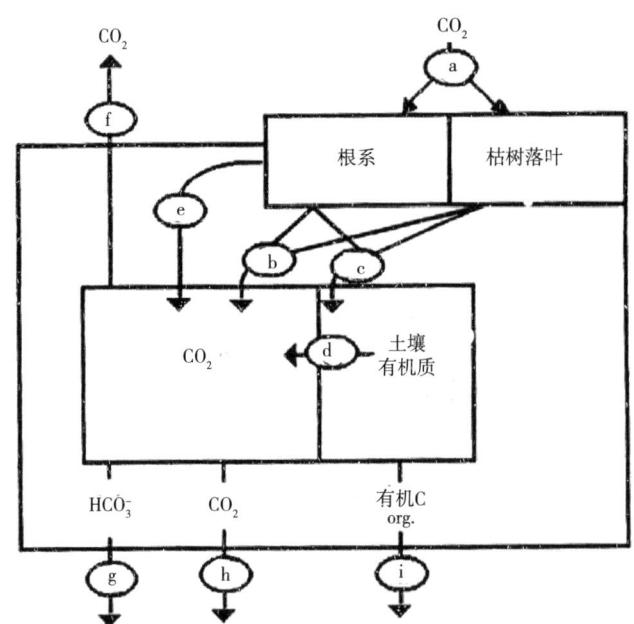

图2-1　大气和土壤碳库之间CO_2转移的主要过程

二、光合作用对CO_2的固定效率

　　植物干物质中的碳约40%是由光合作用固定的。因此，光合作用过程对所有植物的生存和发展具有特别重要的意义。事实上，生活在地球上的生物并不全是植物，但它们都受控于现时或过去光合作用制造的产物。植物叶片是最美妙的特异器官，它能接受光以进行光合作用。叶片中大量与空气接触的叶绿体能俘获光，而且离植物的空泡（vascular）组织很近，从而可以获得水分，并将光合作用合成的产物输送至各个组织。通过叶片的气孔，便可吸收CO_2，而且气孔会迅速改变其大小。在叶片内部，CO_2能由内气孔扩散至叶绿体（C_3植物）中发生羧化作用的位置，或者扩散至细胞溶质（cytosol）（C_4

植物和CAM植物）的羧化作用位置。

光合作用理想的条件是有充足的水分和养分的供应以及最佳温度和光照条件。但是，即使环境条件不利，如沙漠、森林被破坏时，有些植物仍能适应不利的环境条件而进行光合作用。

三、光合作用和光合作用器（photosynthetic apparatus）的特性

1. 光合作用的光反应和暗反应

光合作用的初始反应都发生于叶绿体。在 C_3 植物中，大部分叶绿体位于叶片的叶肉细胞中（图2-2）。光合作用主要有3个过程。

色素，主要为叶绿体，它与两个光合系统有关，其能吸收光子（photons）。色素都存在于内膜结构（类囊体）中，并能吸收光合作用活性辐射（PRA：400～700nm）的大部分能量。色素还能将激发能转移至光合系统的反应中心，并在那里开始第二个反应过程。

水分解产生电子，同时还产生氧，它们都会随类囊体膜中的电子输送链转移。在该过程中会产生 NADPH和ATP，它们可用于第三个反应过程。由于这两个反应过程都取决于光能，所以，它们被称作光合作用的光反应。

NADPH和ATP都可用于光合作用的碳还原作用（Calvin循环），或参与 CO_2 的同化作用，从而合成 C_3 化合物磷酸丙糖（triose-phosphate）。该过程可在无光条件下进行，所以，被称为光合作用的暗反应。

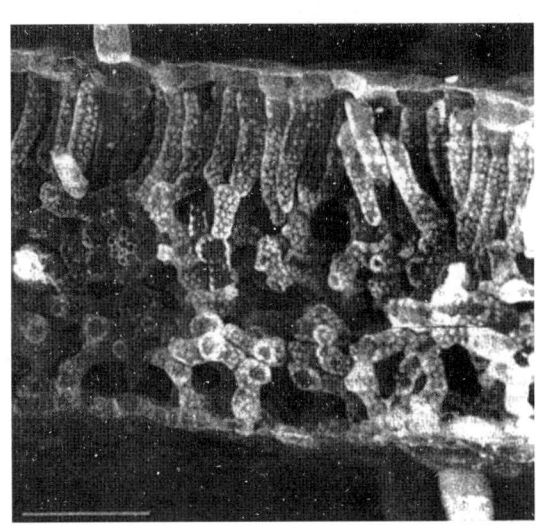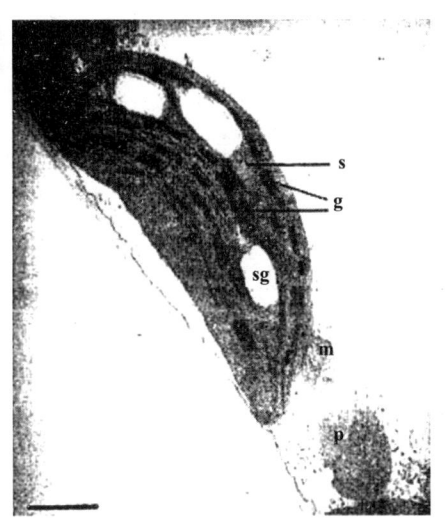

图2-2 左图：Nicotiana tabacum（烟草）叶片横剖面的显微镜电子扫描图。它显示了上部（近轴的）表皮层下面的栅栏状组织和毗连下部（离轴的）表皮层的海绵状组织；右图：烟草叶绿体的电子显微镜透射图。它显示了类囊体、基质（s）和淀粉粒（sg）、色素粒（g）的累积和非累积区域（J.R.Evans）。m：线粒体，p：过氧化物酶体

2. 光子的吸收

光合系统 I（PSI）的反应中心是一个叶绿体二聚体，它在700nm波长时具有一个吸收峰，故称为 P_{700}。光合系统 I 中每个 P_{700} 约有110个"常规"（ordinary）叶绿体a（chla）分子，以及几个叶绿体b（chlb）分子，同时还有约11个不同的蛋白质分子，它能使叶绿体分子保留于类囊体膜中所需的位置。通过测定 P_{700} 分子的数量就能定量PSI单元的数量。

光合系统 II（PSII）的反应中心是一个叶绿体分子，它在680nm波长时具有一个吸收峰，故称为 P_{680}。它有比叶绿体b大30倍的叶绿体a分子。同时还有几个蛋白质分子，它能使叶绿体分子保留于类囊

体膜中所需要的位置。在活体外（试管内），它很不稳定，以致不能用于定量PSⅡ的数量。但是，农药阿特拉律（Atrazine）能与其结合成一个PSⅡ的复合蛋白分子，当利用标记^{14}C-Atrazine时，便能定量这种结合的分子，而且可用于测定PSⅡ的总量。

3. 碳的光合还原作用

1,5-二磷酸核酮糖（RuBP）和CO_2都是碳还原作用或Calvin循环过程中主要核酮糖-1,5-二磷酸核酮糖羧化酶机体/加氧酶（Rubisco）的底物（图2-3）。Rubisco酶对RuBP羧化作用的第一个产物是磷酸甘油酸（PGA），它是一种具有3个碳原子的化合物，因此，其被称为C_3光合作用。随着强光条件下PGA不断消耗所产生的ATP和NADPH，因此，PGA便被还原为一种丙糖-磷酸（triose-P），其中一部分会进入细胞溶质而与无机磷酸（Pi）发生交换作用。在细胞溶质中，丙糖-P会产生蔗糖（sucrose）和其他代谢物，它们可经由韧皮部输出或进入叶片而被利用。留于叶绿体中的大部分丙糖-P可用于RuBP的再生（图2-3）。叶绿体中留存的一些丙糖-P也可用于产生淀粉，并储存于叶绿体中。在夜间，淀粉能被水解，因此，该反应的产物（丙糖-P）便会进入细胞溶质。光合作用碳还原循环有各种控制点和控制因子，它们的功能是在环境条件发生变化时可以作为缓冲的稳定机制。

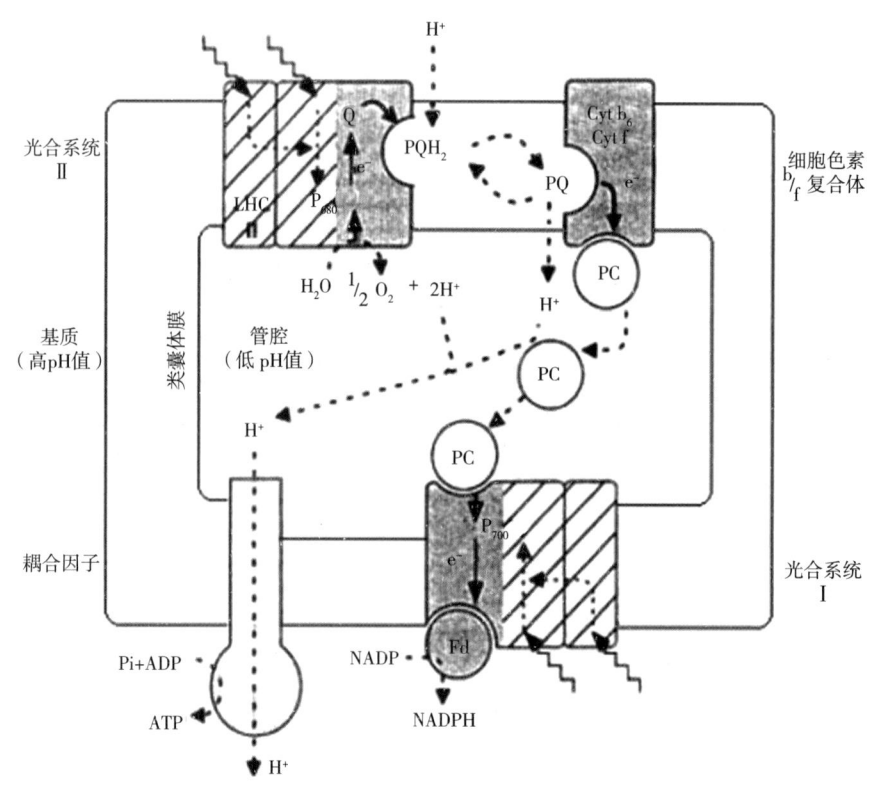

图2-3　类囊体膜的代表性图式

它包括了类囊体管腔，其能显示出激发能和电子的转移过程、分子迁移和化学反应。P_{700}：光合作用Ⅰ的反应中心；P_{680}：光合作用Ⅱ的反应中心；LHC：吸收光的复合体；Q：苯醌；PC：质体蓝素；Fd：铁氧还蛋白；Cyt：细胞色素

四、光合作用对CO_2的需求

光合作用过程中碳的同化作用速率系由对CO_2的供应和需求所决定。CO_2对叶绿体的供应会受到其在气相或液相中扩散作用强度的制约。CO_2在从叶片周围的空气至内部羧化作用点的途径中，CO_2会在

几个点上受到限制（图2-4）。叶绿体对 CO_2 的需求则受叶绿体中 CO_2 固定速率的影响，并受到叶绿体结构和生物化学的调控。

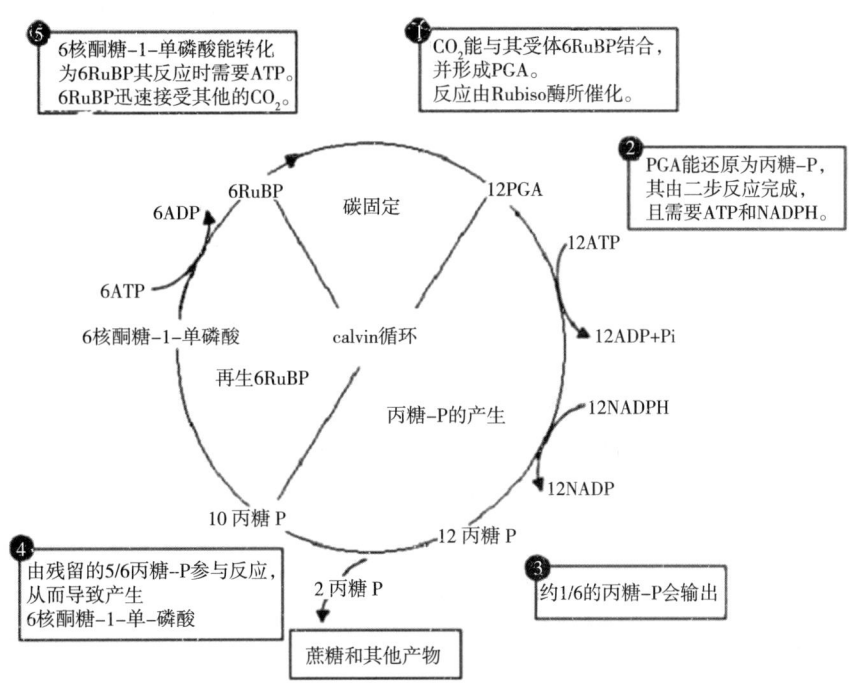

图2-4　光合作用碳还原循环（Calvin Cycle）的代表图式

它表明了主要步骤：碳固定、丙糖-P的产生和RuBP的再生。1：CO_2 与其底物（核酮糖-1，5-二磷酸，RuBp）的结合，其由核酮糖二磷酸羧化酶和加氧酶（Rubisco酶）所催化，并能产生磷酸甘油酸（PGA）；2：PGA可还原为丙糖磷酸（丙糖-P），其由两步反应完成。反应过程需要由ATP使PGA转化为1，3-二磷酸甘油酸，其由磷酸甘油酸激酶催化完成；3和4：部分丙糖-P可输出至细胞溶质中以与Pi发生交换。剩余的丙糖-P则可用于核酮糖-1-单磷酸的再生；5：核酮糖-1-单磷酸会发生磷酸化作用，其由核酮糖-5-磷酸激酶催化完成，并产生RuBP

1. 增加大气中 CO_2 浓度对光合作用的影响

地壳中的碳酸盐具有高量碳（C）。当这些碳酸盐用于制造水泥、石灰时，相当量的 CO_2 会进入大气，但只有在地质年代才对生物具有重要意义。在煤、石油和天然气中存在的碳为还原型碳。它与矿物燃料燃烧、土地利用状况等有着密切的关系。Schimel等（1995）的研究表明，每年大气中增加的 CO_2 量为7.1Pg（1个Pg $= 10^{15}$ g）。每年增加的 CO_2 数量与大气中总碳量（750Pg）相比，其会对地球大气层中 CO_2 浓度的增加发生重要的作用（卷首图1）

自19世纪末叶工业革命开始至20世纪末叶，大气中 CO_2 浓度约从290μmol/mol增加到了350μmol/mol（≈35Pa海平面）。Keeling等（1996）的报告指出，大气中 CO_2 浓度每年会以1.5μmol/mol量继续增加。大气中 CO_2 浓度不断增加主要是由矿物燃料的燃烧和土地利用现状的变化所造成的（Houghton等，1991）。冰芯（ice core）中 CO_2 测量值显示，在过去10 000年的前工业化时代大气中 CO_2 浓度值为280μmol/mol，但在20 000年以前，则约为205μmol/mol（Lemon等，1983）。由于森林破坏、草原开垦和土地利用状况的改变，从而造成了相当数量的 CO_2 释放进入大气。这些原因会造成每年约以（1.6±1）Pg的碳量进入大气。矿物燃料的燃烧则每年约为（5.5±0.5）Pg碳量进入大气。因此，两者向大气输入的碳量总和约为（7.1±1.1）Pg（Schimel，1995）。但是，大气中增加的碳仅为（3.2±0.2）Pg。研究表明，约有（2.0±0.8）Pg的"碳失"（Missing Carbon）量会被海洋所吸收，同时，还有类似数量的碳（2.1Pg）则被陆地生物体所固定（Schlesinger，1993）。大气中 CO_2 浓度及其同位素成分的分析指出，北温带和北半球森林可能是最大的碳失汇（Missing Carbon Sinks）。引起陆地增加CO_2的吸收有多种原因，其中主要有因增加CO_2（约占陆地增加吸收量的一半）或生态系统中增加了氮的沉积作用，从而促进了光合作用。它们每年固定的碳（C）量为100～1 000TgC，从而明显地减少了温室效应的发展。同时，在农用地退化以后使中纬度森林得以恢复，从而增加了陆地吸收的CO_2数量（约为25%）（Schimel），由于C_3植物净同化CO_2的数量并不是在35Pa时的CO_2饱和值（350μmol/mol CO_2），所以，与C_4植物相比，CO_2浓度的增加更能促进C_3植物的光合作用。

2. 光合作用对CO_2浓度的适应性

一般而论，在植物长期暴露于70Pa CO_2水平时，其光合作用能力会有所下降。这一过程与每单位叶面积Rubisco酶的下降和有机氮的减少有关（Long等，1993）。光合作用的下调（down-regulation）会因暴露于CO_2中的时间延长而增加，而且在低营养条件下生长的植物最为明显（Curtis，1996）。与之相比，水分胁迫的植物常会对CO_2浓度提升作出反响，从而增加了净光合作用的能力。就草本植物而言，其对CO_2浓度提升的反响是不断地降低气孔的传道能力，所以，就不像Pa那样有明显的增加（Pa为大气中CO_2的分压，Pi则为植物细胞间CO_2的分压）。但是，用树木的研究结果指出，树木对CO_2浓度升高所造成气孔传道能力下降并未显示出来。在干旱条件下，C_3草本植物气孔传道能力下降常会间接地刺激光合作用。

草本植物如何会对CO_2浓度提升作出敏感反应，并将光合作用能力下调呢？植物的适应性并非是本身对CO_2浓度的敏感性，而是由于对叶片细胞中糖浓度的敏感性，特别是对可溶性己糖的敏感性。这种敏感性是由一种特异己糖激酶催化所造成的。己糖激酶是通过ATP水解而催化己糖磷酸化的一种酶。在己糖激酶明显降低的转基因植物中，因延长植物暴露于高CO_2浓度条件下时，光合作用能力的下调就很小。

3. 水生植物光合作用碳代谢机制

（1）水生植物的碳代谢

在陆生植物中，CO_2会经由气孔从大气中扩散至叶肉细胞。在水生植物中，这种扩散作用通常会受到限制，因为水生植物叶片缺乏气孔，叶片周围只有很薄的边界层。同时，CO_2在水中的输送速率很低。为了提高光合作用速率和避免高光呼吸作用速率，水生植物便进化成一种特异机制，即使CO_2扩散足以补偿其光合作用对CO_2的需求。水生植物的另一个生境特性是辐射作用。所以许多水生植物品种便具有耐阴特点。

（2）水中CO_2的供应

当温度在10～20℃时，CO_2分子在淡水中是有效的C源，其分配系数［空气和水中CO_2摩尔浓度（molar concentration）］约为1。因此，水中的平衡浓度约为12.8μm。在此等条件下，浸于水中的大型植物叶片便为遭受到与大气中相同的CO_2浓度。但是，水中溶解气体的扩散速率比空气中的扩散速率约慢10倍。因此，便会使叶片同化CO_2过程中造成CO_2的不足。更严重的是叶片中O_2浓度会增加，从而严重地创造了能限制羧化活性（carboxylating activity）和促进Rubisco氧合活性（oxygenating activity）的条件。在未扰动的"边界层"（boundary layer），CO_2只能通过扩散才能输送。薄边界层与叶片维度（leaf dimension）平方根（Square root）成一定的比例。在水流方向一致时，其与水流成反比。其CO_2浓度范围从扰动基质中的10μm到未扰动基质中的500μm。未扰动边界层常常是限制水生大型植物净光合作用速率的主要因子。水中溶解CO_2的反应如下：

$$2H^+ + CO_3^{2-} \rightleftharpoons H^+ + HCO_3^- \rightleftharpoons CO_2 + H_2O \rightleftharpoons H_2CO_3$$

$$HCO_3^- \rightleftharpoons OH^- + CO_2$$

由于 H_2CO_3 浓度极低，所以用两个品种进行比较来表明 CO_2 浓度。在 CO_2 和碳酸盐之间的相互交换很缓慢，特别是在缺乏羧酸酐酶（carbonic anhydrase）时更为缓慢。溶解的无机碳化合物数量明显地取决于水的pH值（图2-5）。在海水中，溶解的"无机碳"化合物变化如下：当pH值从7.4增加至8.3时，总的无机碳库（部分为 CO_2）会从4%降至1%，HCO_3^- 则从96%降至89%。因此，CO_2 浓度会从0.2%增加至11%。在黑暗条件下，池塘和湍流中 CO_2 浓度通常较高，其浓度超过了空气中 CO_2 浓度，原因是水生生物的呼吸作用以及水与水面上空气中 CO_2 交换速率缓慢所造成。高 CO_2 浓度系与pH值较低有关。在白天，CO_2 浓度迅速下降，pH值则随之升高。pH值升高，特别在未扰动水层是很重要的因子。因此，所有溶解的无机碳（即 CO_2，HCO_3^- 和 CO_3^{2-}）仅会下降几个百分点，但 CO_2 则下降明显，因为高pH值能改变 CO_3 和 HCO_3^- 的数量（图2-5）。仅能利用 CO_2 而不能利用 HCO_3^- 作为碳源的淹水叶片常受到 CO_2 供应的限制。

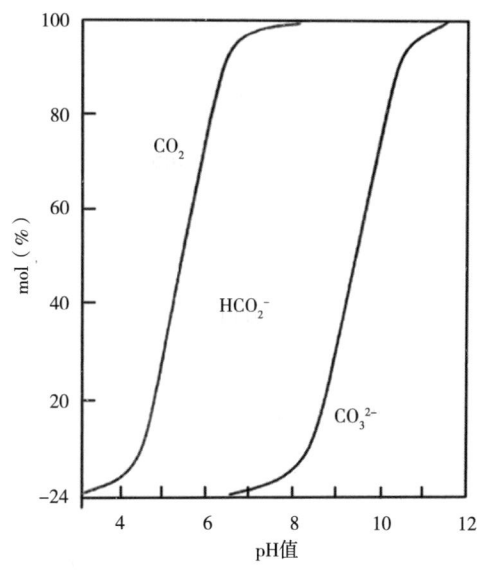

图2-5　水的pH值强烈影响各种无机碳的溶解能力（Osmond et al.，1982）

（3）大型水生植物对碳酸盐的利用

许多大型水生植物除能利用 CO_2 外，还能利用碳酸盐作为其碳源以进行光合作用（prins et al.，1982）。这类植物既能主动吸收（active uptake）碳酸盐又能叶片背轴边缘（abaxil side）完成质子排出（proton extrusion）而使胞外间隙中pH值下降，并使 CO_2 运移趋于平衡而被吸收。就一些品种而言［如伊乐藻（Eloden canadensis）和心叶蒲桃（waterweed）］，它们都能通过质外体碳酸酐酶（carbonic anhydrase）的催化作用而将 HCO_3^- 转化为 CO_2。该酶已在许多大型水生植物的胞外空间中得到了证实。在水毛茛（*Ranunculus penicillatus* spp）、假流毛茛（*Pseudofluitans*, a freshwater aquatic buttercup）中，该酶与表皮细胞壁密切相关（Newman&Raven，m1993）。主动吸收碳酸盐也需要质子排出，以确保其驱动力。因此，上述吸收碳的两种机制很难加以区别。为了辨别这两种机制，就必须应用同位素不平衡试验方法。该法是以 CO_2 和碳酸盐之间缓慢平衡过程为基础的方法。当加入两种碳化合物中的一种时，在同位素达成平衡前，需要时间约80s。现已用 ^{14}C-标记 CO_2 和碳酸盐进行了许多试验，并取得了良好的结果。除能利用 CO_2 外，还能利用碳酸盐的水生植物在其叶绿体中具有吸收 CO_2 的机制。虽然这种吸收 CO_2 的机制与 C_4-植物有所差异，但其吸收效应十分相似。该机制可以抑制Rubisco氧合作用活性，并能降低 CO_2 补偿点。*Elodea canadensis*，*Potamogeton lucens* 和其他水生大型植物，具有酸化低层叶片的能力，并同时能利用碳酸盐，从而阻遏了高辐射的影响，并降低了无机 CO_2 在水中的溶解度。此种富集碳机制的能力还取决于氮的供应。供应氮越多，光合作用器进行光合作用的能力就越大，富集

C的机制也越活跃。低层叶片的酶化作用与上层叶片胞外pH值升高密切相关。当水体供应的碳量小于CO_2同化容量时，叶片便具有"极性"（Polar）。上层和下层"极性"叶片之间具有解剖学上的差别。低层叶片表皮细胞常是运输细胞（tranfer cell），它能增加原生质膜的表面积。它们亦会有许多线粒体和叶绿体。上层叶片中，pH值升高能使碳酸钙（$CaCO_3$）沉淀。这些生物化学工程在$CaCO_3$地质循环中起着重要作用。

由于碳酸盐能被利用，所以内在CO_2浓度可能比陆生C_3-植物中的CO_2浓度要高。这就表明，水生植物并不需要对CO_2高亲和性的Rubisco酶。有意义的是，C_4-植物则具有对CO_2较高Km的Rubisco酶。该数值（Km值）约高于陆生C_3-植物的两倍（表2-1）。研究表明，高Km值能使Rubisco达到最大的催化活性，其类似于能利用HCO_3^-绿藻水平。Chlamydo-monas reinharditii具有相对高特异活性（specific activity）的Rubisco酶，且与C_4-植物品种有密切的关系。实际上，其活性高于C_3-植物品种（表2-2）。Hydrilla virticillata具有一种诱导CO_2浓集的机制，即使当基质pH值低至不能利用碳酸盐时，它仍能从碳酸盐中吸收和利用碳。因此，这类植物就具有一种诱导C_4-型光合作用循环的能力，从而在其叶绿体中浓集CO_2而足以抑制光呼吸作用，并可降低CO_2补偿点。但是，该类植物缺乏C_4-植物品种典型的解剖学特性。当植物在含有低浓度溶解的无机碳水中生长时，植物便会产生浓集CO_2的机制。这种明显而清晰的生态意义可能是罕见的CO_2浓集机制。即当植物冠层稠密和溶解的O_2浓度非常高时，植物便会产生这种吸收CO_2的机制。在这样的条件下，光呼吸作用能降低C_3-植物光合作用至少达35%，而H.Verticillata仅降低4%（Bowes and salvucci，1989）。

表2-1　大量陆生植物和C_3-植物、C_4-植物中Rubisco酶对CO_2的Km值影响（yeoh et al.，1981）

植物分类	测定品种数	光合作用途径	Km（CO_2）	
			mmol	Pa
陆生植物				
苔藓植物门	1	C_3	23	69
蕨类植物门	5	C_3	19	55
裸子植物群	3	C_3	20	60
单子叶植物纲	3	C_3	17	51
	1	C_4	34	99
双子叶植物纲				
·厚珠心植物	16	C_3	18	54
	3	C_4	30	90
·薄壁植物	8	C_3	19	57
水生植物				
绿藻门	4	C_3	60	180
苔藓植物门	1	C_3	40	120
单子叶植物纲	5	C_3	41	123
双子叶植物纲	4	C_3	40	116

表2-2　5种C_3-植物、7种C_4-植物和1种藻类的Rubisco酶动力学参数（Km值）（seemannet al.，1984）

光合作用途径	特异活性	Km	品种数
C_3	3.1	29	5
C_4-NADP-ME	6.3	58	4
C_4-NADP-ME	5.8	53	3
C_4-PCK	5.5	51	4
C_3-藻类	6.7	61	1

注：特异活性（The specific activity）用每分钟和mg蛋白固定μmol CO_2表达。Kcat用每分钟每mol Rubisco酶固定mol CO_2数表达

4. 水系沉积物中CO₂的利用

大型水生植物睡莲（water lily）和莲藕等都具有内生通气系统，因此，其便能同化到达根系液流中的CO₂。利用沉积物中CO₂的水生植物品种很少，其中主要有莞草（scirpus lacustris）和沙草（cyperus papyrus）等，它们能从沉积物中吸收光合作用总CO₂量的0.25%。就水芦荟（斯特藻）（stratiotes aloides）（water soldier）而言，沉积物是其主要的CO₂源。Stratiotes生长的水塘中碳的$\partial^{13}C$值较低（-13.1% ~ -9.1%）。

沉积物中CO₂向植物转移在陆地水韭菜（isoetid）（stylites andicola）中也具有重要的意义。该类植物通常无气孔。渍水大型生物水韭菜的生活过程能经由根系直接从沉积物中吸收CO₂而形成光合作用产物的很大部分，其量为（60% ~ 100%）（表2-3）。这种容量使其能适应低pH值、缺碳（carbon-poor）（软水）（softwater）的湖泊条件下生长。研究发现，该类植物分布十分普通。未曾研究过的"硬水"（hardwater）湖泊或海洋系统中的植物品种会经由根系吸收大量的CO₂（Farmer，1996）。就水韭菜而言，沉积物中的CO₂会经由管道（lacunal）通气系统而扩散至淹于水中的植物叶片。这类叶片很薄，且具有薄的角质层（thick cuticles），叶片亦无功能性气孔，但有大的空气间隙。所以，它能与大气无障碍地进行气体交换。浸没于水中的叶片基部仅有很小的气孔，而在叶尖则具正常的气孔密度（图2-6）。水韭菜叶片中的叶绿体都密集于管道（lacunal）通气系统。叶片中的空气间隙能与茎和根系中的间隙相连接（因为其间的距离很短）。在黑夜，仅有一部分CO₂可经由管道（lacunal）系统从沉积物中进入植物体而被固定剩余的CO₂才会损失于大气。研究表明，这类植物几乎无气孔。

表2-3 Littorella uniflora（isoetaceae）叶片和根系对空气或根系¹⁴CO₂的同化作用

来源 根周围CO₂浓度（mmol）	¹⁴CO₂的同化作用μgC/[（g叶片或根DM）·h]			
	叶片		根	
	空气	根际	空气	根际
0.1	300 （10）	340 （50）	10 （0.3）	60 （70）
0.5	350 （5）	1 330 （120）	10 （0.3）	170 （140）
2.5	370 （4）	8 340 （1 430）	10 （0.3）	570 （300）

来源：Nielsen et al.，1991

注：¹⁴CO₂加于叶片周围空气或加于根（根际）周围水体。测量时在有光合黑暗调节下进行。括号中的数值是在黑暗条件下的数值

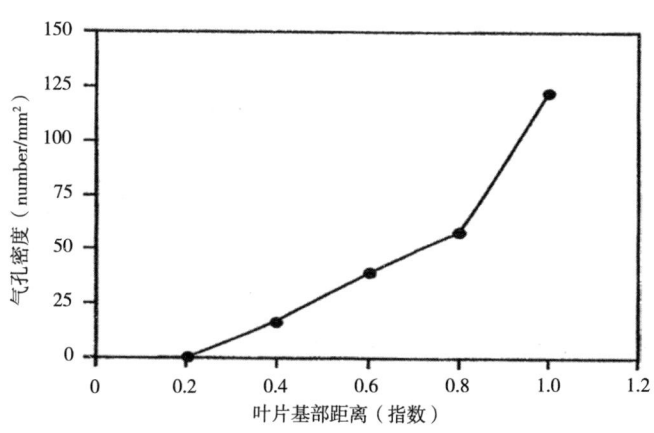

图2-6 Littorella uniflore植物成熟叶片的气孔密度（从叶基部至叶尖密度会增加）

5. 光合作用对CO_2的需求

光合作用对碳的同化速率受到CO_2供应和需求的制约。CO_2对叶绿体的供应取决于其在气相和液相中的扩散强度。CO_2在周围叶片至叶内羧化作用位置上会受到限制（图2-7）。在叶绿体内发生CO_2吸收过程中，其反应速率决定了对CO_2的需求，但受叶绿体结构和生物化学反应的影响，同时，其也会受到环境因子如光辐射强度等的影响。研究证明，这些因子会影响羧化作用对CO_2的需求。因此，CO_2的吸收既受CO_2供应，又受CO_2需求的限制，因为其能调节整个碳同化作用的速率（图2-8、图2-9）。

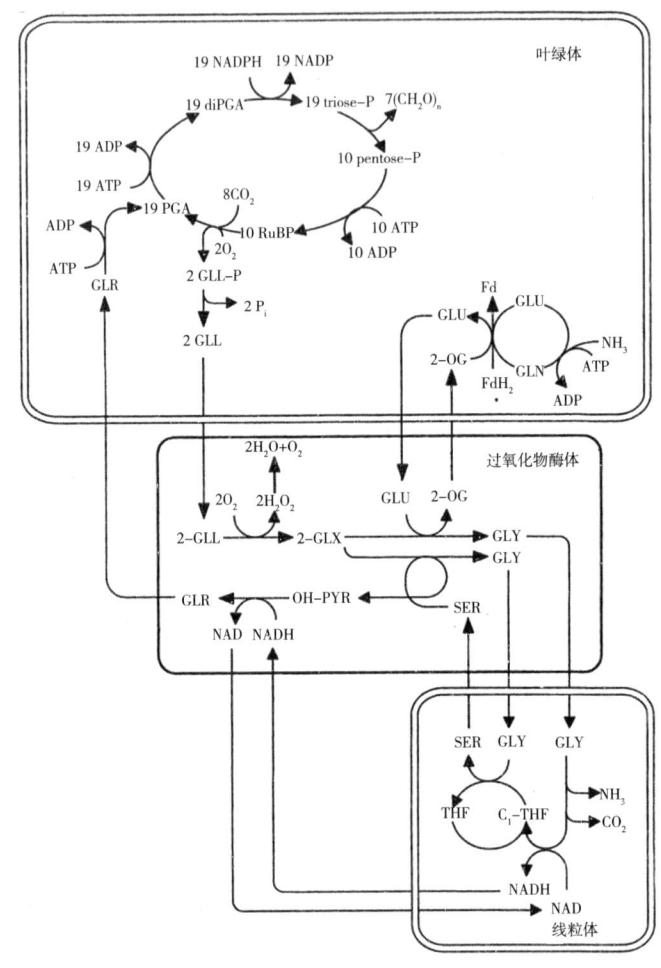

图2-7　光呼吸过程中的反应及其细胞器（The Annual Review of plant physiology，1984）

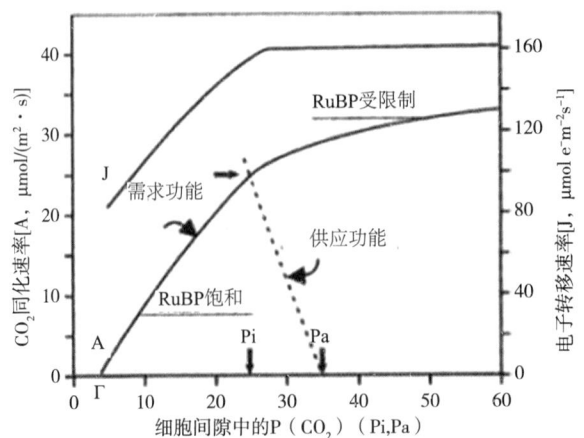

图2-8　CO_2同化速率之间的关系（A）和C_3-植物叶片细胞间CO_2分压（Pi）（T.L.Pons，1998）

（1）CO₂反应曲线

光合作用对CO₂浓度的反应速率是分析CO₂需求的主要工具（图2-8）。图中表达了通常称为当CO₂浓度在空气中以摩尔（Mole）表示时，CO₂同化作用（A）是细胞内CO₂分压（Pi）的函数，A-Pi曲线或A-Ci曲线。在光呼吸过程中产生CO₂以前，曲线并不代表CO₂的净同化作用（主要是光呼吸作用，但也会在有光条件下发生某些暗光呼吸作用）。在光合作用过程中，固定的CO₂完全可以补偿光呼吸作用释出的CO₂。此时，CO₂分压便是CO₂补偿点（r）（CO₂-Compensation point r）。在C₃-植物中，分压在4~5Pa范围的r值时，Rubisco动力学特性便成为主要的因子。

在补偿点以上时，就能分辨出两个区域的CO₂反响曲线（CO₂-response cure）。在低Pi（低于叶片中正常值约25Pa）时，光合作用便随CO₂分压的增加而增加。这一区域，即Rubisco功能受CO₂限制时，PuBP便会达到饱和程度（RuBP-saturated）或CO₂限制时，RuBP便会达到饱和程度（RuBP-saturated）或CO₂限制区域（CO₂-limited region）。A-Pi的部分关系也可视为初始斜率（initial slopa）或羧化作用效率（carboxylation efficincy）。在光饱和以及酶充分活化时，其都可确定为"活化作用"（"activation"）。初始斜率能控制叶片的羧化作用容量（carboxylation capacity），但其取决于活化Rubisco的数量。

在高Pi区域随Pi水平增加，CO₂同化速率亦会增加，（A）CO₂浓度也不再限制羧化作用，但RuBP有效性的增加则会限制Rubisco活性（RuBP-limited region）。因此，Rubisco效应还取决于Calvin循环活性，但最终则取决于光反应过程中产生ATP和NADPH的速率。在该反应区域内，光合作用速率会受到电子转移速率的限制。这既可能是光强度的限制，也可能是光饱和度的限制，其是通过电子转移容量的限制而发生的。在电子转移速率区域内，即使在高Pi时，其也不会随Pi增加而增加，但CO₂净同化作用会继续略有增加，因为在有利于羧化作用时，Rubisco氧合作用（oxygenation）反应增强会不断地抑制CO₂分压的增大。在正常CO₂和O₂分压（分别为35Pa和21 000Pa）及温度在20℃的条件下，羧化作用和氧合作用之间的反应速率约为4∶1（图2-9）。

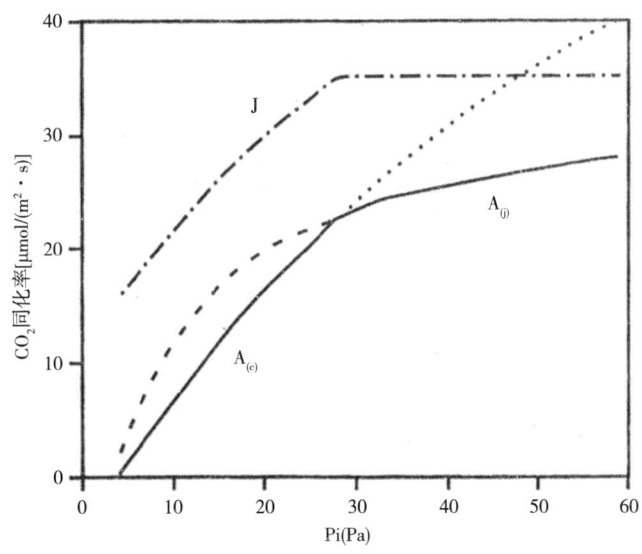

图2-9　在25℃时（实线），净光合作用CO₂反响曲线

（2）CO₂供应——气孔和界面层导性

如前所述，CO₂向叶绿体供应速率就是一个扩散过程（供应函数）。为了分析扩散限制因子，自然就会利用抗性一词，因会抗性可综合为各种通途上的限制作用。但是，当考虑CO₂通量时，人们就会利用更方便的导性一词。导性是抗性的反义词，因为CO₂通量与导性在比例上会发生变化。

在稳态条件下，CO_2同化速率（A）相等于CO_2向叶片扩散的速率。CO_2扩散速率可用Fick定律予以表述：

$$A-g_c（P_a-P_i）/P = g_c（C_a-C_i）/r_c \qquad (1)$$

式中g为叶片输送CO_2的导性；P_a和P_i分别为大气和细胞间隙内CO_2的分压。P为大气压；C_a和C_i为相应于空气中的摩尔（Mole）或容积。r_c是g_c的倒数（inverse）（即叶片输送CO_2的抗性）。输送CO_2的叶片导性，g_c可根据叶片转导作用来（transpiration）而进行测定。叶片的转导作用亦可用Fick定律以类似的方法予以表述：

$$E = g_w（e_i-e_a）/P = g_w（w_i-w_a）=（e_i-e_a）/P-r_w \qquad (2)$$

式中g_w为水蒸发运输时的叶片导性；e_i和e_a分别为叶片和大气中的水蒸气压；w_i和w_a则为相应于水蒸气的mole部分；E是叶片转导作用（transpiration）速率。E，P和e_a可直接测定。叶片中的水蒸气压可根据叶片测出的温度来计算（假设叶片内的水蒸气压呈饱和状态，在大部分条件下，其是真实的假设）。因此，叶片转导作用的导性便可测出。叶片水蒸气传输过程的总抗性（The tolal leaf resisatnce）r_w，系由一系列组分中的两个组分组成；界面层抗性，r_a和气孔抗性r_s（图2-10）。界面层是连续于不同层面的叶层。

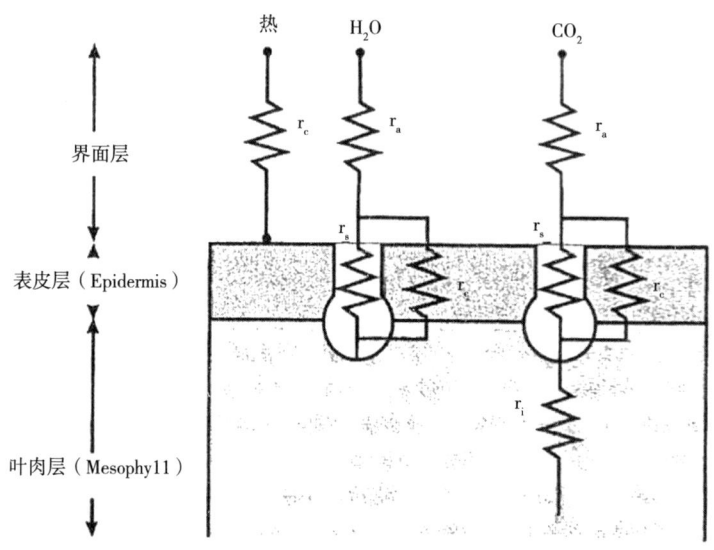

图2-10 叶片和大气之间的热和气交换抗性（Jones，1985）

限制作用通常被认为是99%的周围空气的限制特性。因此，界面层抗性可用一片与叶形状和大小相似的滤纸来予以测定。测定条件如风速等亦相类似，从而验证叶片的抗性，水蒸气转移的气孔抗性（r_s）就可以计算，因为已知r_w和r_a的数值：

$$r_w = r_a+r_s \qquad (3)$$

CO_2转移抗性（r_c）可根据r_w来计算，所以就可用两个分子差值计算出扩散系数。空气中H_2O/CO_2扩散比例接近1.6，因为水分子和扩散速率都小于CO_2。该比例仅与叶片内和通过气孔的CO_2移动速率有关。叶片界面层的湍流（Turbulence）和扩散都会影响CO_2通量，H_2O/CO_2比例约为1.37。

$$r_e =（r_a·1.37）+（r_s·1.6）= 1/g_c \qquad (4)$$

胞间CO_2分压Pi（图2-6）可根据方程式（1）来计算。其值便是叶片内（亚气孔腔substomatal cavity边缘的大叶肉细胞壁）水蒸气的发生点。"供应功能"〔"supply function"，方程式（1）〕和"需求功能"（"demand function"）会在界面层发生交会，因此，羧化作用和电子转移也都会受到限制。就 C_3 植物而言，Pi一般会保持在25Pa左右，但在低辐射和高空气湿度时，Pi值会有所增加，而在高辐射和低水分及低湿度时则有所降低。就 C_4 植物而言，胞间 CO_2 分压约为10Pa。

在大部分条件下，气孔导性小于界面层导性（在风速达5m/s时，g_a 可达10mol/s；在气孔密度高和开启程度大时，g_s 值为1mol/s），所以，气孔导性会强烈地影响 CO_2 向叶片内的扩散速率。但是，就湿润空气中的大叶片而言，界面层厚薄不一，因此，g_s 接近 g_a。

（3）内在导性（internal conductance）

就 CO_2 从亚气孔腔（substomatal cavity）向叶绿体的转移过程而言，内在导性 g_i（或抗性，r_i）也起着重要作用。因此，CO_2 净同化速率可用下式表述：

$$A = (P_a - P_c) / (r_a + r_s + r_i) \tag{5}$$

式中，P_c 为叶绿体中 CO_2 内在分压。内在抗性与气孔抗性相比，其值较小。因此，可以忽略不计。当内在抗性持续时，叶绿体中 CO_2 分压（P_c）比 P_i 要小。科学证据表明，对许多植物品种而言，当其迅速进行光合作用时，P_c 低于 P_i 约3%。但当光合作用速率较低时，胞间 CO_2 分压 P_c 与 P_i 几乎相等。

内在导性在品种间变化无常，因其与叶片光合作用容量有关（图2-11）。研究表明，内在导性和光合作用之间的关系与厚壁叶片（scleromorphic leaves）和中生代叶片（mesophytic leaves）之间的关系极为相似，这就说明，如果胞间空气导性小于厚壁叶片导性，那么，只有在远轴一边的叶片才是具有气孔的厚叶。另外，厚叶片同化 CO_2 速率较低，因此，其也会使 CO_2 分压下降。

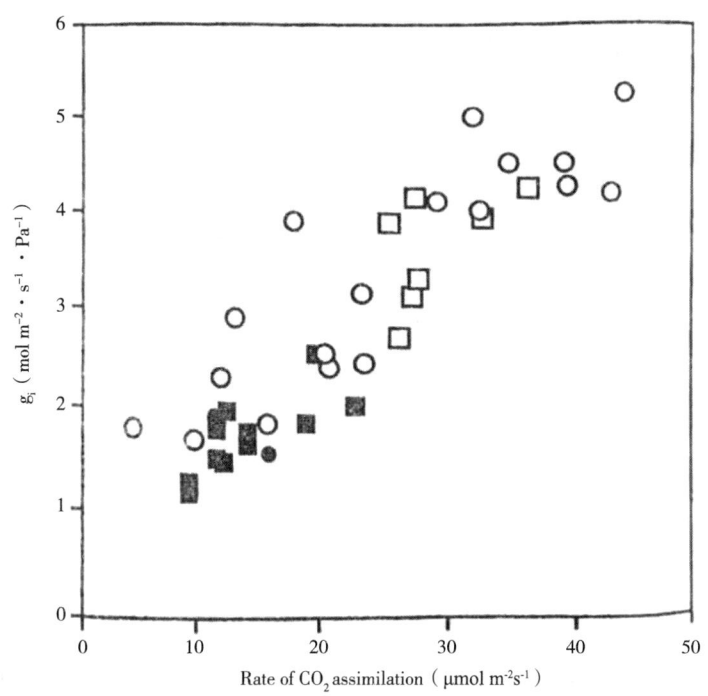

图2-11　CO_2 同化速率 [μmol/（$m^2 \cdot s$）]

内在导性（g）和 CO_2 同化速率之间的关系（Evams & von Caemmerer，1998）

内在导性是植物的一种复杂特性，它包括了气相中 CO_2 的扩散，液相中 CO_2 的溶解和 CO_2 向 HCO_3^- 的转化（其是由碳酸酐酶所催化而成）以及 CO_2 在液相中的扩散。就具有双边气孔叶片（amphistomatous leaves）而言，它的气孔生长在两边，因此，内在导性可能与处在胞间空气间隙中单位叶面积的叶绿体表面成一定的比例。叶绿体表面与叶面积的比率约为20；但是该比率的程度因品质不同而有差异（表2-4）。这种变异与植物功能类型无关。

表2-4 栅栏组织（P）和海绵组织（S）叶绿体的面积与品种单位面积（叶面积）的比例关系
（pyankov&kondratchuk，1995，1998）

	叶绿体面积/叶面积				
	P	S	P+S	最低 （P+S）	最高 （P+S）
多年双子叶草木植物（54）	12	9	18	3	41
垫层植物（Cushion Plants）（4）	20	11	26	12	40
矮生半灌木（Dwarf semishrubs）（12）	16	6	21	5	48
亚灌木（Subshrubs）（18）	9	7	15	7	24

注：括号中的数值是研究用的品种数。这种变异与植物功能类型无关

（4）Rubisco的光活化作用

Rubisco和Calvin循环中的其他酶在发生光催化作用前都会受到光的活化（图2-12），由于Rubisco会受到光的活化，所以其活性亦会增加，并伴随高光辐射而使光合作用速率增加（Salvucci，1989）。参与Rubisco活化作用的有两个机理：第一，CO_2与赖氨酸基共价结合（氨甲酰基化作用，carbamylation）而使迄今为止所研究的植物品中的Rubisco激活。这种激活作用系有Rubisco活化酶所造成。因此，Rubisco活性会随电子转移速率增加而增加。第二，在一些植物品种中，已发现了一种Rubisco天然抑制剂（a natural inbibitor of Rubisco）。这种抑制剂是2-羟基-D-阿拉伯糖醇-1-磷酸（2-carboxy-D-arabinitol-l-phosphate，CAIP）化合物。它类似于羧化作用的极短命产物（图2-12）。

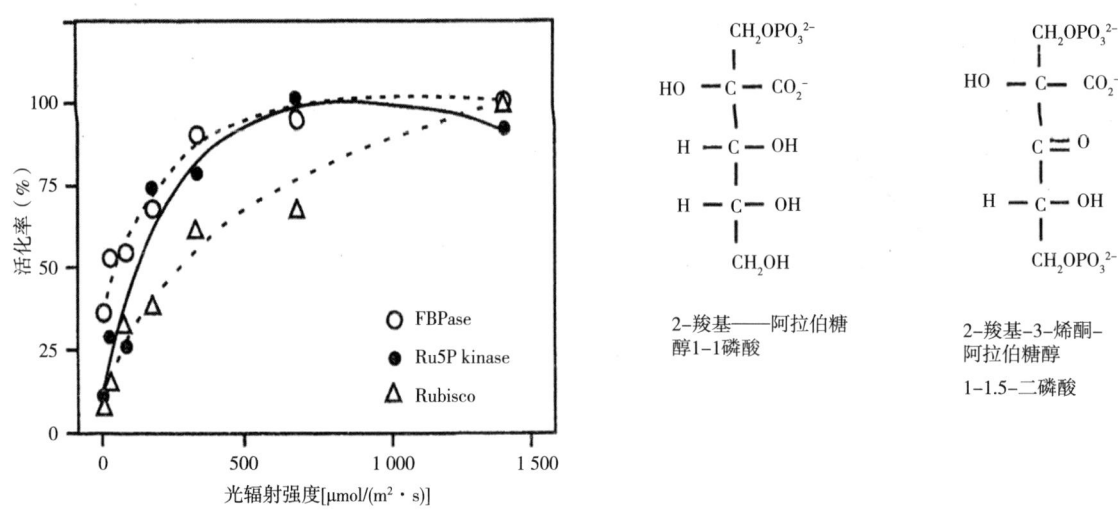

图2-12 （左）Rubisco和Calvin循环其他酶的光活化作用。（右）Rubisco天然抑制剂
（2-羧基-阿拉伯糖醇-1-磷酸和2-羧基-3-烯酮-阿拉伯糖醇-1.5—二磷酸）（pons et al.，1992）

Rubisco光活化作用是在所有植物开始光周期时发生的一个天然过程。同时，其也是调节光合作用的一个重要特性（表2-5和表2-6。当不发生光活化作用时，Calvin循环的三相（羧化作用，还原作用和RuBP再生作用）可能会跟基质发生竞争，从而在光周期开始时便导致了CO_2固定速率的震荡作用（oscillation）。在黑暗条件下酶钝化时，这种震荡作用也能保护Rubisco活性。在低诱导期（periods of low mduction）和低CO_2同化速率时便会发生这种调节机制（图2-13）。

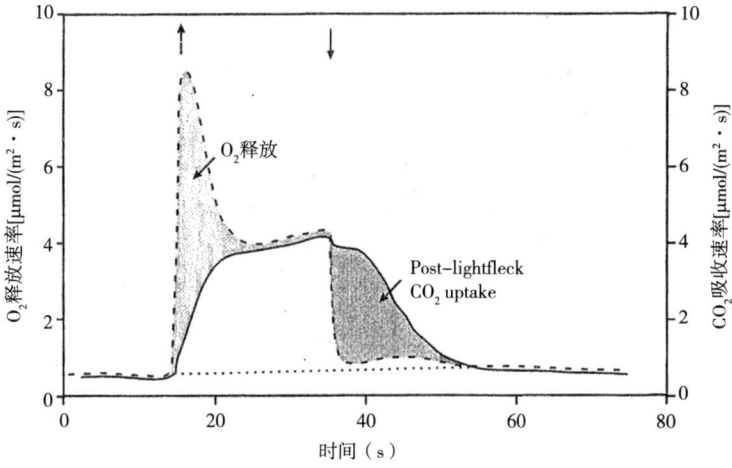

图2-13　在有光条件下CO_2吸收和O_2释放速率（pearcy，1990）

表2-5　不同营养条件下植物中光合作用产物的利用

植物状态	光合作用固定C的利用率（%）	
	营养供应充足	营养供应受限
地上部生长	40* ~ 57	15 ~ 27*
根系生长	17 ~ 18*	33* ~ 35
地上部呼吸	17 ~ 24*	19 ~ 20*
根系呼吸	8 ~ 19*	38* ~ 52
·生长	3.5 ~ 4.6*	6* ~ 9
·维持	0.6 ~ 2.6*	—
·离子获得	4 ~ 13*	—
挥发损失	0–8	0 ~ 8
分泌作用	<5	<23
固氮作用	忽略不计	5 ~ 24
菌根	忽略不计	7 ~ 20

来源：Van der werf et al.，1994

*固有缓慢生长型植物品种；–未获得有限营养条件下的数据

表2-6　几种草本植物品种根系呼吸作用商（Quotient，RQ The Respiratory）

品种	RQ	特点（Special remarks）
洋葱*Allium cepa*	1.0	根尖
	1.3	基部
鸭茅*Dactylis glomerata*	1.2	
羊茅*Festuca ovina*	1.0	
向阳花*Galinsoga parviflora*	1.6	
向日葵*Helianthus annuus*	1.5	
绒毛草*Holcus lanatus*	1.3	
大麦草*Hordeum distichum*	1.0	
羽扇豆*Lupinus albus*	1.4	
	1.6	固N
稻*Oryza sativa*	1.0	供NH_4^+
	1.1	
	0.8	供NH_4^+
豌豆*Pisum sativum*	1.0	
	1.4	固N
玉米*Zea mays*	1.0	鲜叶
	0.8	老叶

来源：Lambers et al.，1996

辐射强度和光周期都会影响适应性较小的植物的碳平衡，如辐射、营养供应和水势等因子会大大增加光合作用产物在呼吸过程中利用的比例。在这些因子中，营养供应对生物质及其分配具有重要作用。根区温度也可能影响碳平衡，因为其能影响生物质的分配。

（5）冠层CO₂通量

植物群落中碳的积累既来自于大气的交换，也来自于土壤CO₂的交换（即光合作用，植物呼吸作用和微生物呼吸作用）。

冠层光合作用可以用完整植株或冠层不同部位来测定。其方法是使用微气象学技术（micrometeorlogical approach）。它可以用于水蒸气、CO₂和热在空气中的上下移动。图2-14表明了冠层CO₂同化速率和完整Macadamia树（*Macadamia imtegrifolia*）总气孔导性（tolal stomatal conductance）。净CO₂同化作用和气孔导性与光子辐射有密切的关系，但其因不同条件和天空晴朗而发生变化。

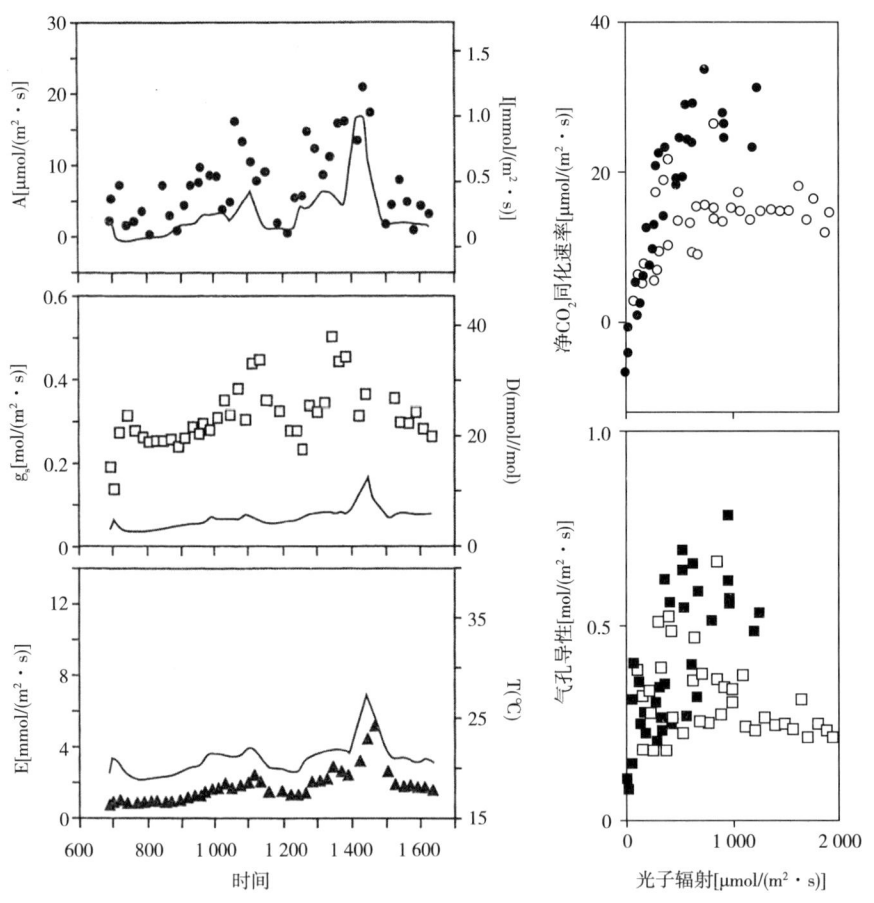

图2-14　（左）*Macadami integrifolia*完整植株的CO₂同化、气孔导性和蒸腾作用的速率。（右）*Macadami integrifolia*完整植物的CO₂同化和气孔导性速率（Liovd et al.，1995）

（6）冠层对小气候的影响

平面冠层如作物和草原的各个冠层都难以与大气相适应。当气孔导性下降至低水平时，叶片便会通过热交换散发热量，从而使冠层中的空气变暖。这就造成了冠层的气流扰动，并将新的干燥空气带进冠层而增加了空气的转导作用（transpiraiton）。在天空晴朗的夜晚，冠层表面的辐射能以热气流的净损失而得到平衡。

研究证明，热气流来自地上和土壤中的空气。在霜冻的夜晚，暴露于晴朗天空的桉树（eucalyptus）

叶片下面的空气温度会从1℃增加至3℃。空气和草地之间抗热转移和转化的能力小于空气和土壤之间的能力。因为冠层具有较大的空气动力学特性（aerodynamic roughness）。由于草原牧草（grass sward）的抗热性较强。所以，草原牧草之上的温度低于裸露土壤上空气的温度。因此，这种原因便造成了牧草幼苗之上的温度较低于干燥土壤上的温度。干旱土壤上的温度又低于潮湿土壤上的温度。在圆锥花桉（*Eucalyptus pauciflora*）（snow gum）较长叶片的中心，其会从0.5℃增加至1.5℃，但低于多枝桉（*E.viminalis*）（manna gum）较小叶片的温度。snow gum叶片在水平状态的温度从0.5℃升到1.5℃时，仍然低于垂直面的温度。因此，这种冠层效应会影响植物的生长和发育。

五、C₄-植物光合作用和水分利用率

有许多植物其光合作用特性与C₃-植物有着很大的差异。因此，其便称为C₄-植物或品种，其首先由Hatch和Slack（1966）发现，C₄-植物属于极为不同的分类学范畴。因此，它在树木中是极为罕见的C₄-症候群一族（C₄-syndrome）（表2-7）。

表2-7　C₄-光合作用分类学一族与C₃和C₄品种对应的部分属

植物种类	C₃和C₄品种
双子叶植物（Dicotyledonae）	
爵床科（Acanthaceae）	
番杏科（Aizoaceae）	
苋科（Amaranthaceae）	*Alternanthera*
菊科（Asteraceae）	*Flaveria*
紫草科（Boraginaceae）	*Heliotropium*
白花菜科（Cappparidaceae）	
石竹科（Caryophgliaceae）	
藜科（Chenopodiaceae）	*Atriplex* / *Bassia* / *Suaeda*
大戟科（Euphobiaceae）	*Euphorbia*
栗米草科（Molluginaceae）	*Mollugo*
紫茉莉科（Nyctaginaceae）	*Boerhavia*
马齿苋科（Portulacaceae）	
玄参科（Scrophulariaceae）	
蒺藜科（Zygophyllaceae）	*Kallstroemia* / *Zygophyllum*
单子叶植物（Monocotyledonae）	
沙草科（Cyperaceae）	*Cyperus* / *Scirpus*
早熟禾科（Piaceae）	*Alloteropsis* / *Panicum*

来源：Osmond et al.，1982

虽然已有许多文献在一个世纪前就记录了它们解剖学上的差异，但C₄-品种的生物化学和生理学仅在几十年前才得到阐明。

C₄-植物的反应性和解剖学特性还未对各个品种予以真实的了解，但是它们与C₃-品种光合作用真实的方式仍然有着密切的关系。根据生物化学，生理学和解剖学特性，C₄-品种具有3种亚型（Subtype）（表2-8）。此外，在C₃和C₄-植物代谢之间还存在一些有中间形态的植物（intermediate forms）。

表2-8　3种亚型C₄-品种特性的主要差异

BSC中的主要脱羧酶	发生脱羧作用的组织（Decarboxylation）	移动时的主要底物		光合作用系统
		MC到BSC	BSC到MC	
NADP-苹果酸酶（NADP-malic engyme）	叶绿体	平藻酸	丙酮酸	Ⅰ
NAD-苹果酸酶（NAD-malic engyme）	细胞液	天门冬氨酸	丙氨酸	Ⅰ和Ⅱ
PEP羧基激酶（PEP carboxy-kinase）	线粒体	天门冬氨酸	PEP	Ⅰ和Ⅱ

注：MC，叶肉细胞；BSC，维管束鞘细胞

1. 生物化学和解剖学特性

C_4-植物解剖学与C_3-植物有着明显的差异。C_4-植物通过其花冠解剖学[Kranz anatomy（Kranz为德语，即花冠）]而得到了鉴定，研究表明，其是围绕维管束厚壁细胞的一种鞘（Sheath）。维管束鞘细胞的厚壁会被软木脂所充满，但不会明显地减缓维管束鞘和叶肉细胞之间的气体扩散。在一些C_4-品种（NADP-ME型）中，维管束鞘细胞含有较多的叶绿体，并具有主体基质类囊体（stroma thylakoids）和非常少的积层胶体（stacking），从而表明其PSⅡ的发育较差。维管束鞘细胞可通过胞间连丝（plasmodesmata）与毗连的薄壁细胞中的叶肉细胞相连结，从而具有较大的细胞间隙。在叶肉细胞中CO_2首先被同化，随后则被PEP-羧化酶所催化。羧化酶是一种光活化酶，它位于细胞溶质中。PEP-羧化酶能利用磷酸烯醇丙酮酸（PEP）和HCO_3^-作为底物。HCO_3^-是由CO_2水合作用而形成。它可被羧酸酐酶（carbonic anhydrase）所催化。PEP-羧化酶与HCO_3^-的亲和作用会将Pi降低至10Pa。这比C_3-品种的Pi小一半。在有光条件下，PEP由丙酮酸和ATP产生，而且其会被丙酮酸Pi一二激酶（dikinase）所催化。二激酶是位于叶绿体中的一种光活化酶。PEP羧化酶催化反应的产物是草酰乙酸。它能被还原为苹果酸。另外，草酰乙酸也会通过与丙氨酸发生反应而转化成天门冬氨酸。但其取决于C_4-品种的亚类型，即取决于是否能形成苹果酸或天门冬氨酸，或二者的混合物。苹果酸（或天门冬氨酸）经由胞间连丝而扩散至维管束鞘细胞，并在那里发生脱羧作用和产生CO_2和丙酮酸（或丙氨酸）。然后，CO_2便被维管束鞘细胞叶绿体中的Rubisco酶所固定。这一过程就是众所周知的如C_3-植物中的卡尔文循环（calvin cycle）。在叶肉细胞中，并不存在Rubisco酶，因此，其不会发生卡尔文循环，而且也不会积累淀粉。

PEP-羧化酶固定CO_2和随后的羧化作用会非常迅速的发生，因此，能在维管束鞘中产生CO_2的高分压。当外部CO_2分压为35Pa时，在维管束鞘叶绿体中Robisco酶位点的CO_2分压则高达100～200Pa。Pv是叶肉细胞间隙中的分压，其值约为10Pa。同时，CO_2分压也会呈梯度式分布，所以其会不可避免地使一些CO_2从维管束鞘扩撒返回至叶肉细胞。但是其量仅约为20%。换言之，C_4-植物具有一种机制，那就是它能将Rubisco酶位点的CO_2分压增大至相当程度，直至Rubisco酶的氧合作用反应最终完全被抑制为止。因此，C_4-植物光呼吸作用速率便可忽略不计。

以维管束鞘C_4-化合物运输过程中发生脱羧作用所参与的酶为基础，可将C_4-品种分为3类：NADP-苹果酸酶；NAD-苹果酸酶和PEP-羧基激酶（表2-8，图2-15）。它们能在维管束鞘的线粒体中发生的频率比NADP-ME-亚类中的发生频率要高出几倍。因此，参与C_4-光合作用线粒体酶的特异性也会大大增强。NAD-ME类型的C_4-品种特性虽然还不甚清楚，但它可能会占据最干旱的生境而发展。

苹果酸的脱羧作用只能在CO_2同化时才能发生，反之则否。因此，在卡尔文循环中，即CO_2同化时NADPH会通过脱羧作用而产生。科学家指出，至少在非常"高级"（sophisticated）的NADP-ME-C_4植物如玉米（*zea mays*）和甘蔗（*saccharum officinale*）中发生，CO_2光合还原作用所需要的NADPH

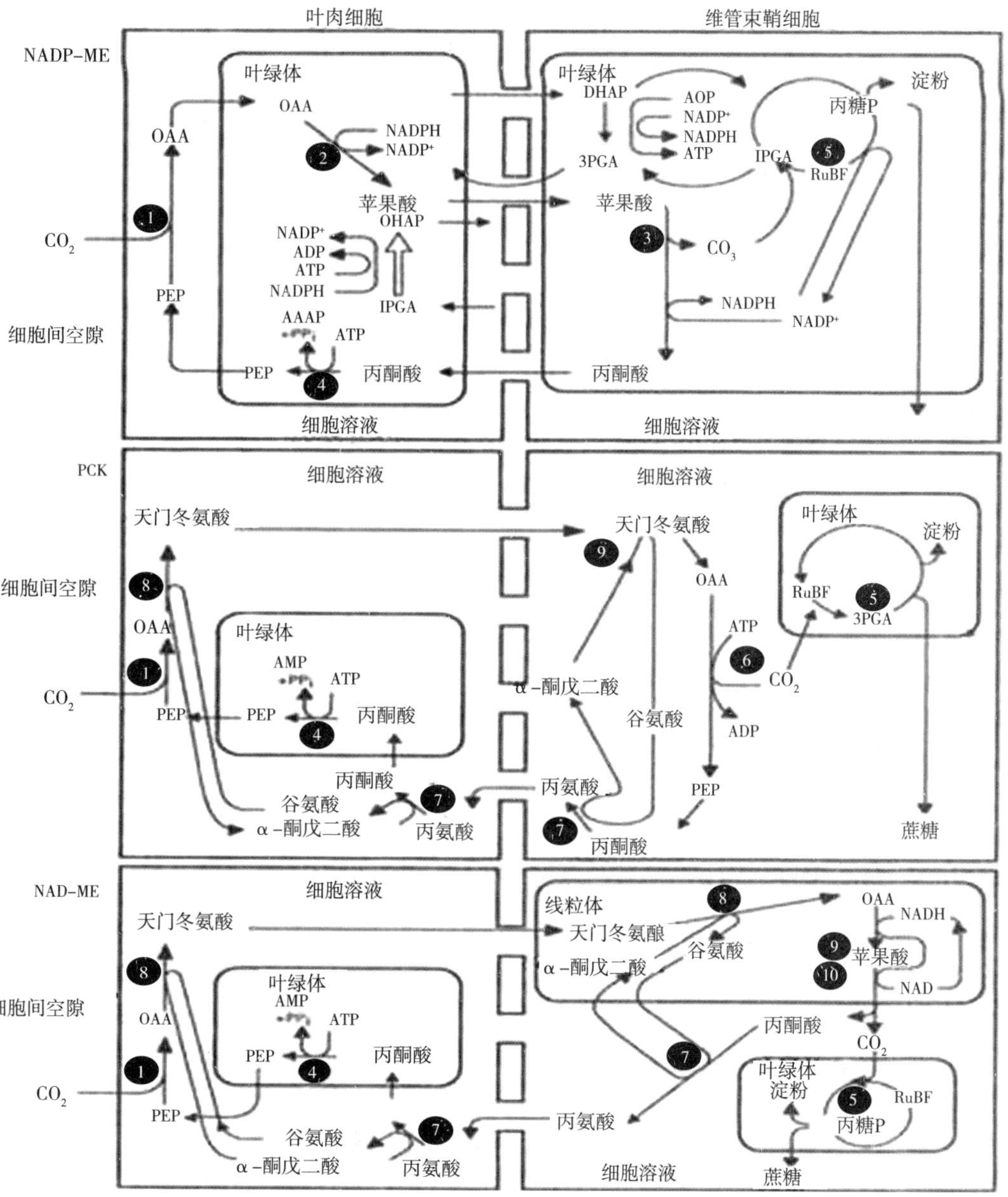

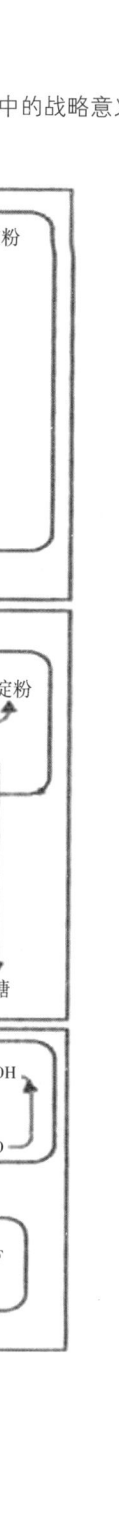

图2-15　在脱羧酶作用下，3种不同C₄类型植物中光合作用代谢的图式

　　3种不同类型的酶为：NADP-ME，NADP-苹果酸酶；PCK，PEP羧基激酶；NAD-ME，NAD-苹果酸酶。酶的成员有：① PEP羧化酶；② NADP-苹果酸脱氢酶；③ NAD-苹果酸酶；④ 丙酮酸-Pi二激酶；⑤ Rubisco酶；⑥ PEP羧基激酶；⑦ 丙氨酸转氨酶；⑧ 天门冬氨酸转氨酶；⑨ NAD-苹果酸脱氢酶；⑩ NAD-苹果酸酶

主要来自NADP-苹果酸酶的催化活性，因此Rubisco酶每固定一分子CO_2需要二分子NADPH，因此，同化所有CO_2时NADPH的数量就显得不足。如果天门冬氨酸或苹果酸和天门冬氨酸的联合体的数量不断加大时，其便需要附加的NADPH而扩散至维管束鞘。研究证实，附加NADPH也能经由"往复"（shuttle）而输入其中。NADPH还包括了PGA和二羟丙酮磷酸（PHAP）。源自维管束鞘叶绿体中的一部分PGA还会返回叶肉细胞。因此，其便会发生还原作用而产生DHAP，并扩散至维管束鞘。另外，维管束鞘细胞中所需要的NADPH可能源自电子运动的水。这种反应过程需要PSⅡ的活性，其次还需要PSI的活性。当在叶绿体中缺乏叶绿类囊体基粒（grana thylakoids）时，PSⅡ在维管束细胞中很难发展（至少在非常高级的C_4-品种中）。在维管束鞘中PSⅡ活性很难发展，从而表明了参与细胞Rubisco酶活性的氧量太少。PSⅡ的发展对羧化作用的有利性大大优于氧合作用（oxygenation）。

图2-16为单子叶C_4-植物品种榛子（*Eleusine coracana*）的横切面。（J.R.Evans，1987）。

在需要增加量子产量（Quantum yield）的C_4-品种中，Rubisco酶的氧合作用受到了很大的抑制。但是，丙酮酸会形成PEP，其是由丙酮酸-Pi一二激酶催化而成，同时，在每形成一分子PEP时，它需要有二分子ATP。当在光呼吸作用受到抑制（2% O_2）的条件下，C_4-植物与C_3-植物相比，C_4-植物光合作用的量子产量（quantum yield）较低（图2-16）。总之，在维管束鞘中Rubsico酶羧化作用位点上，C_4-植物能吸收较多的CO_2。同时，每分子CO_2输送到维管束鞘时也需要消耗二分子附加的ATP。

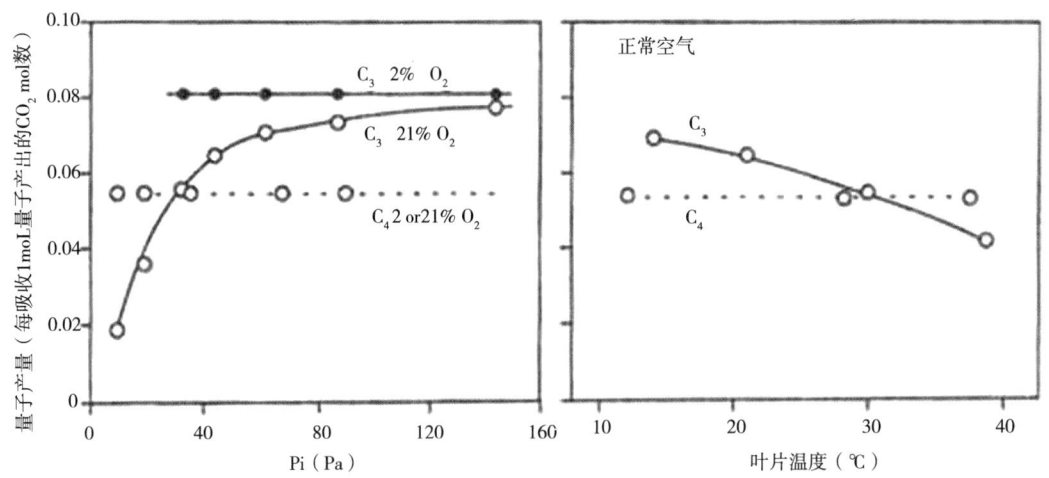

图2-16　温度和细胞间CO_2分压对C_3和C_4-植物光合作用同化CO_2量子产量的影响（Bjorkman，1981）

2. C_4-光合作用的量子产率（Quantum yield）

C_3和C_4-植物解剖学和生物化学之间的差异导致了A-Pi曲线的明显不同。第一，C_4-植物CO_2-补偿点（CO_2-compensation point）仅为$0 \sim 0.5Pa$ CO_2（其相当于C_3-植物补偿点的4~5）。第二，C_4-植物CO_2-补偿点与C_3-植物不同，其不受氧浓度的影响。因此，C_4-植物在低氧时（即光呼吸受到抑制时）的影响很小。第三，Pi（在叶肉细胞内的CO_2分压）在周围35Pa分压时仅约为10Pa，而C_3-植物则约为25Pa。

C_3和C_4-植物品种的光反应响曲线（light-respouse curve）特性也有较大的差异。当在30℃或更高温进行测定时，C_3-植物的光反应曲线的斜率明显大于C_4-植物。这也表明，与C_3-植物相比，C_4-植物不会受到氧浓度的影响。因此，在相对高温时，C_4-植物光合作用的量子产率（Quantum yield）较高，而且不受温度的影响。与此相比，C_3-植物的量子产量则随温度增加而下降，其原因是增加了Rubisco酶活性产氧的比例。在正常氧浓度和Pi为35Pa时，C_4-植物量子产量在高温条件下高于C_3-植物，其原因是高温会增加C_3-植物的光呼吸作用速率。但在低温时，其光呼吸作用速率比C_4-植物要低，因为C_4-植物重新发送PEP时需要附加的ATP。当在低氧浓度（降低光呼吸）和Pi为35Pa时，C_3-植物的量子产量会发生持续增高。C_4-植物比 C_3-植物同化 CO_2 的速率在较高光辐射条件下容易达到饱和，因为在 C_4-植物中 Rubisco酶位点的 CO_2 浓度较高。在 C_3-植物中，因 CO_2 成为净 CO_2 同化时的限止因子，所以光反响曲线便会失真。因此，在光饱和时，增加Pi会影响光辐射，从而使 C_3-植物达到了较高水平的光合作用。

3. C_4-植物代谢物的运输过程

胞间连丝（plasmodersmala）的扩散作用（diffusion）造成了代谢产物在两个细胞之间的移动。因此，叶肉细胞和维管束鞘细胞之间的浓度梯度便能使高浓度代谢物在持续的光合作用过程中向低浓度扩散（丙酮酸的扩散除外）。如果没有浓度梯度，代谢物就不会从维管束鞘向叶肉细胞移动。叶肉细胞中丙酮酸吸收是一个依光过程（a light-dependent proces）。该过程需要一个特异依能载体（a speeific energy-dependent carrier）。丙酮酸进入叶绿体的吸收过程会降低细胞液中丙酮酸的浓度至较低水平。因此，在叶肉细胞溶液中丙酮酸浓度因来自维管束鞘发生的扩散。所以，其浓度大大低于叶肉细胞中的平均浓度。在叶肉细胞的叶绿体中，丙酮酸能转化为PEP，并在与Pi交换时输出至细胞溶液中。因此，相同的转运体（运输蛋白）（translocator）也可用于输送丙糖磷酸，并与PGA发生交换。这种转运体会使叶肉细胞和维管束鞘叶绿体中发生逆向运动而输入PGA，但在叶肉细胞的叶绿体中则会输出。因此，维管束鞘中的叶绿体便能输出PGA和输入丙糖磷酸。

叶肉细胞中的叶绿体也含有输送二羧酸（即苹果酸、草酰乙酸、天门冬氨酸和谷氨酸）的转运体。通过交换作用，这类酸便会发生输送作用。这类酸在与其他二羧酸发生交换时，吸收的草酰乙酸便会发生竞争性抑制作用。其Ki值与Km值处于相同范围之内［Ki值是在运输过程中抑制作用达到最大抑制速率一半时的抑制剂（二羧酸）浓度］。因此，一种系统不允许迅速输送草酰乙酸时，一种特异输送系统，即不与其他二羧酸发生交换而仍能输送草酰乙酸的系统，其便能迅速将草酰乙酸输入叶肉细胞的叶绿体中。

4. C_4-植物的水分利用率以及耐高温特性

在 C_4-植物维管束鞘中，Rubisco酶位点的 CO_2 分压较高，因此，其能造成Rubisco酶动力学特性的差异。表2-9指出了陆生 C_3-植物Rubisco酶Km（ CO_2 ）低于陆生 C_4-植物的Km（ CO_2 ）。如果在 C_4-植物维管束鞘中 CO_2 分压较高，那么Rubisco酶 CO_2 的高Km（即对 CO_2 的低亲和性）对光合作用十分不利。但就 C_3-植物而言，低 CO_2 Km值十分重要，因为Pi离Rubisco酶在其叶肉细胞中的 CO_2 饱和度远。 C_4-植物Rubisco酶高Km值的有利性是其能间接地影响单位蛋白酶的最高反应速率。因此，吸收的 CO_2 会被紧紧地结合在Rubisco酶周围。这样，它完成羧化作用时间就会较长。在 C_3-植物中，CO_2 高亲和性是十分必要的，但是其最大活性并不高。就 C_4-植物而言，它并不需要 CO_2 的高亲和性，因为它具有一种最高催化活性的酶，其能以单位Rubisco酶固定更多分子的 CO_2 （表2-10）。

表2-9　陆生和水生 C_3 和 C_4-品种Rubisco酶 CO_2 的Km

种类	测定的种类数	光合作用途径	Km（CO_2）	
			mmol	Pa
陆生植物				
苔藓植物门	1	C_3	23	69
蕨类植物门	5	C_3	19	55
裸子植物亚门	3	C_3	20	60
单子叶植物纲	3	C_3	17	51
	1	C_4	34	99
双子叶植物纲				
* "厚细胞珠心"	16	C_3	18	54

种类	测定的种类数	光合作用途径	Km（CO₂）	
			mmol	Pa
（"crassinu celli"）	3	C₄	30	90
*"薄细胞珠心"	8	C₃	19	57
（"tenuiwocelli"）				
水生植物				
绿藻门	4	C₃	60	180
苔藓植物门	1	C₃	40	120
单子叶植物纲	5	C₃	41	123
双子叶植物纲	4	C₃	40	116

来源：（yeoh et al.，1988）

*由浓度转换为分压的数值，因此，可利用334mmol/Pa时CO_2的溶解度。同时，大气分压为100Pa（von caemmerer et al.，1994）

表2-10 5个C₃-品种和11个C₄-品种以及一个藻类提取酶的动力学参数*

光合作用途径	特异活性	K_{cat}	供试品种数
C₃	3.1	29	5
C₄-NADP-ME	6.3	58	4
C₄-NAD-ME	5.8	53	3
C₄-PCK	5.5	51	4
C₃-藻类	6.7	61	1

来源：Seemann et al.，1984

*特异活性用每分钟和mg蛋白固定μmol CO_2来表示；K_{cat}则用每秒每mol Rubisco酶固定的mol CO_2来表示

有意义的是，一种衣藻（chlamydononas reinhardtii），它具有一种浓缩CO_2的机制（CO_2-concentrating mechanism）。同时，它也具有一种对CO_2高Km值（低亲和度）以及高Vmax和Kcat的Rubisco酶（表2-10）。

C₃-植物和C₄-植物之间的生物化学和生理学差异对生态环境具有重要的意义。在区域生物群落中，C₄-单子叶植物的丰度与其生长季节的温度最为密切，而C₄-双子叶植物则与干旱程度有着密切的关系。在区域或地区范围内，发生暖雨季（warm-season rainfall）地区上生长的C₄-植物丰度大于冷雨季地区的丰度。因有地区差异，所以，C₄-植物品种占据了最暖的微位置（microsite）或最干旱的土壤区域。在既具有C₃-品种和又具有C₄-品种的群落中，当在冷和湿条件下，C₃-品种仅在生长早期最为活跃，而当环境变暖和变干时，C₄-品种丰度快速增长。研究表明，当这些环境不断变化时，在高温条件下，因光呼吸作用不足（lack of photorespiration），以及在高WUE条件下，因Pv较低，其能使C₄-品种在相同CO_2同化速率时具有较低的气孔导水性（lower stomatal conductance），所以，光合作用速率就高。研究指出，这些条件是调控C₄光合作用植物生态分布的主要因子。但是，高WUE的C₄-植物的竞争优势要以实验来证明则十分困难。现已明确了这样的事实，那就是在竞争状态下，土壤中保存的水分都会被具有高WUE植物而不是低WUE的竞争者所利用。

C₄-植物组织中的氮浓度通常较低，因为它们具有的Rubisco酶比C₃-植物高3～6倍，而且C₄-植物的光呼吸作用酶的活性极低。同时，C₄-植物代谢过程中能高效利用氮而会损失一些其他优势（其影响实际很小）。由于C₄-植物的光合作用速率等于或大于C₃-植物，从而导致了每消耗一单位叶片含氮量（PNUE）而使光合作用速率，特别在高温条件下会明显增加。C₄-植物较高的PNUE可用下列几点来表达：① Rubisco酶和酶活性受到抑制，所以，该酶只能用于羧化作用反应；② 缺乏光呼吸作用的酶；③ Rubisco酶具有较高的催化活性（与C₃-植物相比）（表2-9），而且PNUE亦不同。因此，在低氮土壤区域，C₄-植物具有较大的丰度或较强的竞争优势（图2-17）。

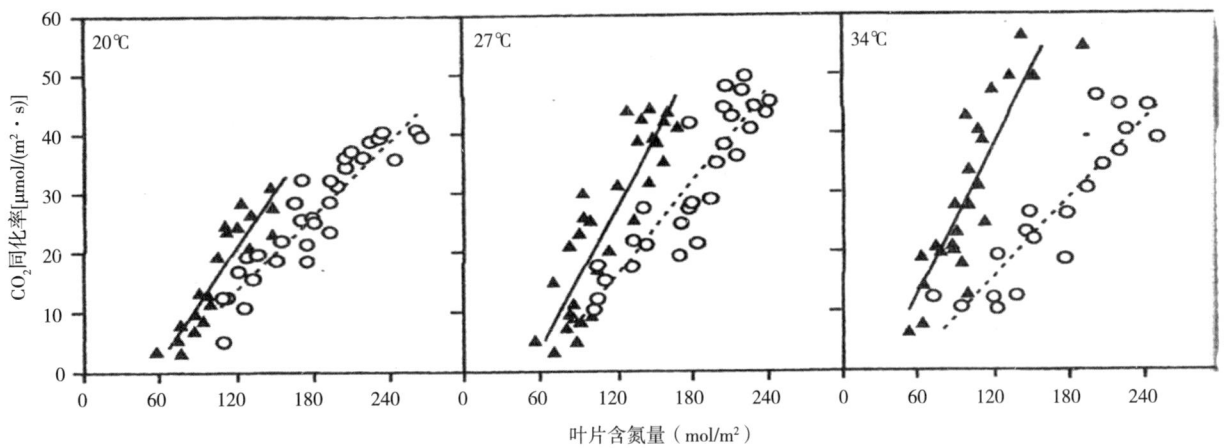

图2-17 CO₂同化速率作为叶片中有机氮浓度的函数；并测定C₃-植物白藜（*chenopodium album*）的温度，用O表示；
C₄-植物反枝苋（*Amaranthus retroflexus*）则用△表示（sage &pearcy 1987）

5. C₃–C₄中间植物（C₃–C₄ intermediates）

研究表明，有20种以上的植物品种具有特殊的光合作用特性，即其光合作用类型介于C₃-植物和C₄-植物之间（如*Alternanthera*、*Flaveria*、*Neurachne*、*Moricandia*、*Panicum*和*Parthenium*等植物品种）。这类植物都会显示出光呼吸的还原速率（reduced rates of photorespiration）和CO₂补偿点（CO₂-compensation point）的范围，其值为0.8～3.5Pa（C₃植物的补偿点为4～5Pa，C₄-植物的补偿点为0～0.5Pa）（表2-10）。它与真正的C₄-植物品种相比，其具有发展较弱的花冠解剖学（Kranz anatomy），但是Rubisco酶则位于叶肉细胞和维管束鞘细胞之中。

两个主要类型的C₃-、C₄-中间植物有着明显的区别。在第一个类型（如*Alternanthera ficoides*，*A.enella*，*Moricandia arrensis*，*Panicum milioides*）品种中，它们的光合作用C₄-途径中的关键酶（即丙酮酸-Pi—二激酶，PEP羧化酶，NAD-苹果酸酶，NADP-苹果酸酶和PEP羧化激酶）的活性非常低，而且也无C₄-酸循环功能。因此，由于其维管束鞘细胞光呼吸时能释放出CO₂，从而使叶肉细胞造成了依光再捕获作用（light-dependent recapture），所以它们的CO₂-补偿点就较低。维管束鞘细胞含有细胞器的绝大部分（与C₃-品种相比，表2-11）。它们能参与光呼吸作用。CO₂-补偿点与维管束鞘细胞中形成的细胞器的光呼吸作用百分率呈负相关。这类C₃-C₄中间植物已进化为一种系统。它可以消除维管束鞘细胞中产生的CO₂，但是，它们不具有真正C₄-植物品种那样吸收CO₂的机制。在这类中间品种的叶片中，光呼吸作用的关键酶——甘氨酸脱羧酶，其能使维管束鞘周围细胞释放出光呼吸所产生的CO₂。在像真正C₄-植物那样的叶肉细胞的线粒体中，其甘氨酸脱羧酶活性很低。免疫金色标记技术的研究指出，维管束鞘细胞中甘氨酸脱羧酶亚单元的数量比叶肉细胞中的数量要大4倍。因此，这就有可能，氧合反应的产物包括了甘氨酸，而且其会向维管束鞘细胞移动。研究表明，氧合反应的产物可能会在维管束鞘中发生代谢作用。因此，丝氨酸便反相向叶肉细胞移动（图2-18）。图2-18的光呼吸代谢模型显示了甘氨酸脱羧酶释出CO₂的再捕获过程，CO₂低补偿点和低光呼吸表观速率（apparent rate）（Morgan et al. 1992）由于甘氨酸脱羧酶在维管束鞘细胞中的独特位置，所以，其便能通过光呼吸作用而释放出CO₂，并向维管组织移动。同时，在线粒体和细胞间隙之间还会形成叶绿体。甘氨酸脱羧酶仅在沿细胞壁增多的线粒体中发现。研究证实，这些线粒体都与维管组织和位于上部的叶绿体相连接。甘氨酸脱羧酶所处位置有助于CO₂释放位点和大气之间CO₂扩散通道。研究指出，光呼吸造成再捕获的大部分CO₂系由甘氨酸脱羧酶和位于维管束鞘中的Rubisco酶所释出。维管束鞘中甘氨酸脱羧酶所处位置有助于CO₂的形成，但不像真正的C₄-植物那样释出CO₂的数量。因此，C₃-C₄中间植物对CO₂同化的净速率小于真正的C₄-植物。

绿色低碳生态工程学——精准防治全球气候变暖的创新工程

表2-11 维管束鞘细胞与叶肉细胞中叶绿体和线粒体的数量之比（BSC/MC），以及C_3，C_4和C_3-C_4中间植物的CO_2补偿点（r，Pa）

品种		BSC/MC		
Species	光合作用途径	叶绿体	线粒体+过氧化物酶体	T
P.milioides	C_3-C_4	0.9	2.4	1.9
P.miliaceum	C_4	1.1	8.4	0.1
N.minor	C_3-C_4	3.1	20.0	0.4
N.munroi	C_4	0.8	4.9	0.1
N.tenuifolia	C_3	0.6	1.2	4.3
F.anomala	C_3-C_4	0.9	2.3	0.9
F.floridana	C_3-C_4	1.4	5.0	1.3
F.linearis	C_3-C_4	2.0	3.6	1.2
F.oppositifolia	C_3-C_4	1.4	3.6	1.4
F.brownii	C_4-like	4.2	7.9	0.2
F.trinerva	C_4	2.2	2.4	0
F.pringlei	C_3	0.5	1.0	4.3
M.arvensis	C_3-C_4	1.4	5.2	3.2
M.spinosa	C_3-C_4	1.6	6.0	2.5
M.foleyi	C_3	1.5	3.3	5.1
M.moricandioides	C_3	2.0	2.8	5.2

来源：Brown&Hattersley，1989

供试植物为黍属（panicum），*Neurachne*，黄花菊属（*Flaveria*）和*Moricandia*

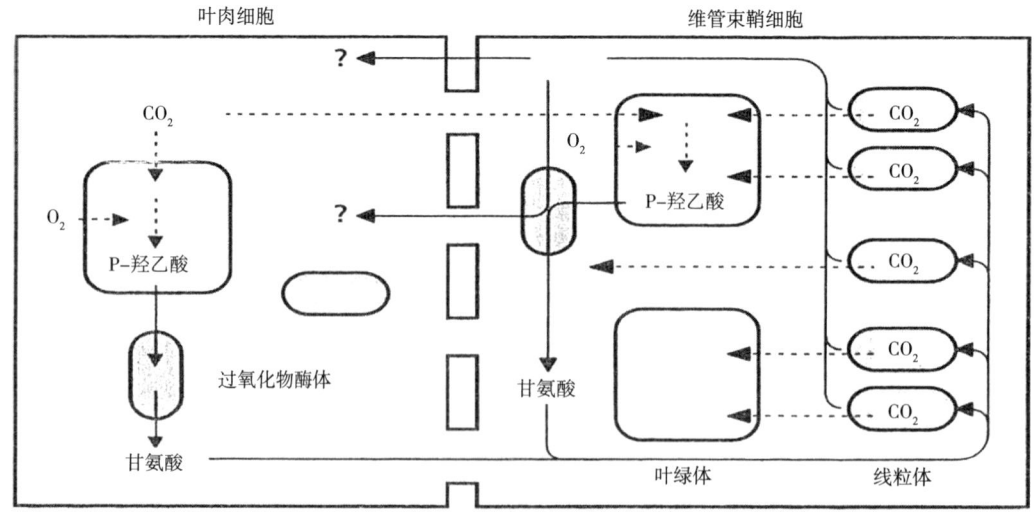

图2-18 C_3-C_4中间植物（*Moricandia arvensis*）叶片中光呼吸代谢模型

除C_3-C_4中间植物品种外，至少还有一个品种（*Eleocharis vivipara*）能在其不同的组织中进行C_3或C_4植物类型的光合作用，但取决于环境条件。C_4-植物还能转化为CAM类型的光合作用。

在20世纪70年代开始，人们对C_4-植物光合作用途径仅有部分的理解。但是已开始研究C_3和C_4品种（*Atriplex*）。其目的是寻求增强光合作用速率或效率，以及增加C_3-植物亲本的产量。但是，C_4-植物的解剖学和生物化学十分复杂，因此，进行杂交育种难以产生任何有用的后代。由于分子技术可有效地用于特异细胞中特异基因的沉默表达和过渡表达（over expression）的测定，所以，科学家便研究了降低甘氨酸脱羧酶活性的方法。研究结果表明，甘氨酸脱羧酶是C_3-植物叶肉细胞中发生光呼吸作用的关键性酶，而且其能使维管束鞘中基因发生过渡表达。因此，这些研究结果虽然从分子学观点出发非常成功，但要获得酶活性的选择性修饰目的，即增加光合作用效率则尚显不足。因此，C_3-C_4植物与C_3-植物相比较，其并不具有很大的优势。

6. C_4-品种的进化、分布和碳同位素成分

（1）C_4-品种的进化和分布

C_4-品种在所有植物品种中约占5%。C_3-品种约占85%，CAM-品种则约占10%。C_4-光合作用途径与500万～700万年前的晚中新世（late miocene）时形成的几个大陆区域几乎同时进化而成。因此，这就有可能是C_4-品种对大气CO_2浓度作出的反应。植物光合作用活性（photosynthetic activity）和构造变化，以及地球化学过程造成了大气浓度的变化。简言之，西藏高原的造山运动冲撞了印度次大陆（indian subcontinent），从而形成了新的地壳，并在广大地区消耗了CO_2。因此，反应式 $CaSIO_2+CO_2 \leftrightarrow CaCO_3+SIO$ 是大气CO_2剧烈下降的主要因子。

大气中较低的CO_2浓度会增强光呼吸作用，并有利于CO_2的吸收机制。同时，也会使特定的C_4-品种缺乏光呼吸作用。但是，研究证明，至少有3个亚类型的C_4-植物的18个不同科的植物品种存在。因此，可以肯定，C_4-植物是由独立的C_3-原型植物在一定时间内进化而来。形态学和生态地质学与分子生物学相结合而获得证据表明，C_4-光合作用型植物系由*Flaveria*经两次进化而成。C_3-C_4中间型植物的生理学表明，在出现吸收CO_2机制以前，它们便进化具有再捕获CO_2的机制。根据甘氨酸脱羧酶亚单元编码的*Flaveria*品种生理学研究表明，C_4-品种是由C_3-C_4中间品种进化而来。

除大气CO_2浓度下降以外，高温和水分胁迫也促进了C_4-品种的进化作用。因此，C_4-品种主要分布于热带区域，因为热带区域能连续地构成C_4-品种的分布中心。热带和温带草地，其具有充足的热源和雨水，所以C_4-植物便成为优势品种。当光呼吸作用导致C_3-品种较低的净光合作用时，Rubisco酶位点上高浓度的CO_2便能在较高温度时形成净同化作用。其原因是增加了Rubisco酶氧合作用活性。因此，这就可以解释，为什么C_4-品种能自然分布于温暖而开放的生态系统，而C_3-品种却不能（图2-19和图2-20）。因此，毫无例外，在较冷气候条件下，植物就无C_4-品种的光合作用功能。在低温时，C_4-品种的量子产率较低是致密冠层中重要的因子，因为在致密冠层中光照限制了光合作用。因此，量子产率就十分重要。但是，量子产率在高强度辐射条件下就不是很重要了。在极大的温度范围内，与C_3-植物的量子产率仍然很高（图2-16）。丙酮酸-Pi—二激酶对低温十分敏感，因此，其也是C_4-植物中一种关键性酶。所以，有充分的理由说明，C_4-品种难以在寒冷地区充分发展的原因。协调溶质（compatible solutes）能降低这种酶对低温的敏感性，从而使C_4-品种进一步向低温区域发展。另外，提升CO_2浓度可以补偿C_4-植物光合作用时吸收CO_2的能力。

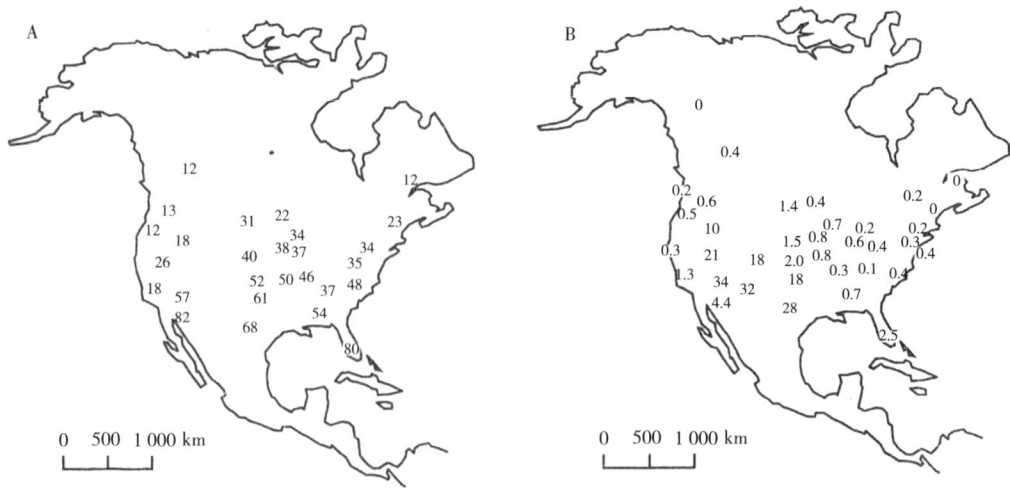

（A）C₄-植物中牧草的百分率（%）；（B）北美草地区域中双子叶植物的百分率（%）（Terri &stowe，1978）

图2-19　北美洲C₄-品种的地理分布

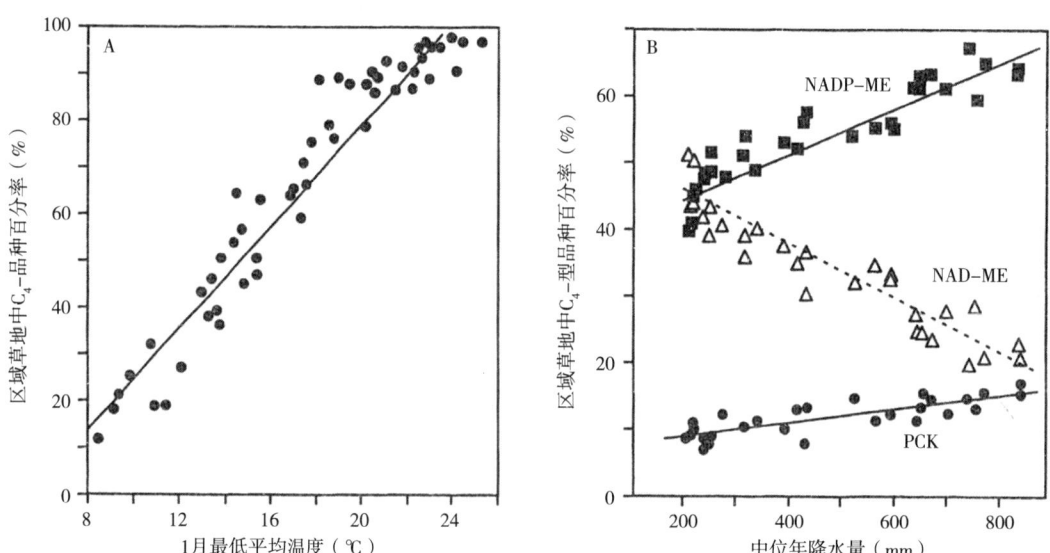

图2-20　（A）澳大利亚草地中C₄代谢植物所占比率与生长季（1月）温度的关系；（B）澳大利亚区域草地中
3种代谢类型品种所占比率与中位年降水量的关系（Henderson et al.，1995）

（2）C₄-品种的碳同位素成分

虽然C₄-植物的Rubisco酶被识别在^{12}C和^{13}C之间，但其却类似于C₃-植物的功能。C₄-品种碳成分都小于C₃-植物。这可用维管束细胞中的少量无机碳会扩散进入叶肉细胞来予以解释。此外，扩散进入叶肉细胞的无机碳会被PEP-羧化酶再次固定。研究指出，PEP-羧化酶对重碳酸钙具有很高的亲和性，而且能识别碳同位素之间的极小差异。因此，PEP-羧化酶能对C₄-植物中极小量的$^{13}CO_2$进行识别（图2-21）。C₄-植物的δ^{13}C值（-16‰~-8‰；模态值-12.6‰）与扩散值（不是生物化学值）非常相似。这就说明，δ^{13}C值是限制碳同化作用的唯一因子，其值为-12.4‰（=-8~4.4‰）。C₃-植物和C₄-植物之间的同位素差较大，其相当于草本植物被土壤微生物分解过程中造成的同位素变化值。这些研究结果指出，许多最普通的草木植物是C₃-植物而不是C₄-植物。但是，C₃-植物植物也会产生有毒的次生代谢物（植物克生素）以危及其他食草动物而保护自身。总之，大气CO_2的变化是C₄-植物进化的重要因子或驱动力（driving force）。

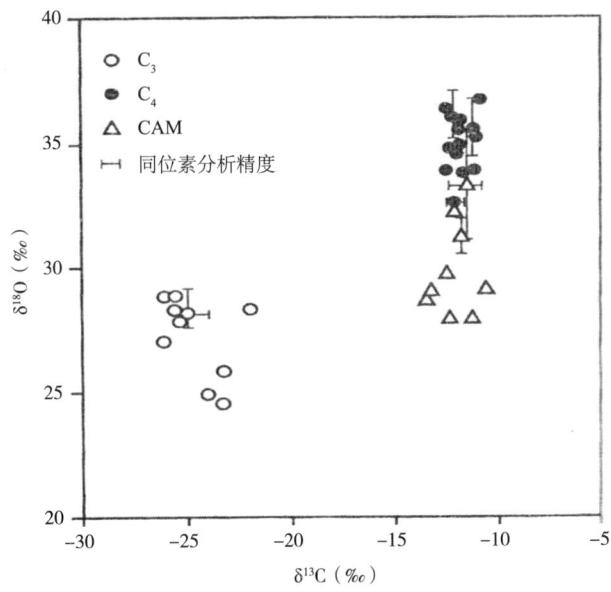

图2-21　C_3，C_4和CAM-品种中的碳和氧成分（Sternberg et al.，1984）

7. C_4-植物生境中碳的缓冲作用

（1）土壤中碳的缓冲作用

二氧化碳（CO_2）是主要的温室气体，它占净辐射强迫（net radiative forcing）约为60%。因此，CO_2会对现时和未来的气候变化产生巨大的影响。在过去的150年中，大气中的碳含量增加了30%。1992年，世界几乎所有的国家都参与签署了"联合国气候变化框架公约"（Framework Convention on Climate Change Agreement），其目标是稳定温室气体，特别是CO_2在大气中的浓度。为了达到这一目标，全世界149个国家在日本京都召开了第三次缔约国大会。这些国家和地区的代表通过了旨在限制发达国家温室气体排放量以抑制全球变暖的《京都议定书》。议定书规定，到2010年，所有发达国家CO_2等6种温室气体的排放量要比1990年减少5.2%。因此，要使温室气体发射量减少就必须通过改善CO_2源和汇的技术措施才能获得成功。科学家提出，减少大气CO_2浓度的方法在于增加全球碳（C）的储量，即通过绿色植物的光合作用而大量地吸收CO_2，并将其储存于不同类型的陆地、海洋和淡水水域的生态系统中。将碳（C）储存于土壤中的战略必然会涉及土壤中C的缓冲作用。

（2）碳的缓冲作用

所有生物体中都含有碳（植物体约含有40%的C）。因此，C构成了地球上生命的主体构架。C可呈许多形态存在，其中主要以植物生物质、土壤有机质以及大气中的CO_2气体和溶解于海水中HCO_3^-的形式存在。根据联合国气候变化框架公约的规定，一种温室气体源（a source）可确定为"释放一种温室气体或气溶胶（aerosol）的任何过程或活性，或者是释放至大气中的一种温室气体的任何前体（precursor）"。一种温室气体汇（a sink）则是从大气中移去这些温室气体的任何过程、活性或机制。因此，碳缓冲作用可定义为俘获和得到的储存碳，否则，碳便会发射或持留于大气之中。一般而言，碳缓冲作用会将储存的碳长期保留于陆地生物圈、土壤库或海洋中，所以，大气中的CO_2浓度便会降低或缓慢上升。

陆地生物圈有助于C的储存，其是通过植被以及生物体和土壤而吸收大气中的CO_2以C的形式储存起来。植物能通过光合作用同化C，并将其一部分通过呼吸作用而返回大气。同时，植物体保存的碳则会被动物所消耗或当植物死亡并分解后又加入土壤。土壤中储藏的碳形态又以土壤有机质（SOM）形态存在。研究表明，土壤有机质是一种碳化物的混合体，其由分解的植物和动物残体、微生物（包括原生动物、线虫、真菌及其组织）以及与土壤矿物所结合的碳组成。土壤有机质在改善土壤物理（持水力、孔隙度等）、化学和生物特性过程中起着极为重要而有价值的作用。所以，人们称土壤有机质为"乌金"（black gold）。当土壤C的储量增加时，其便可改善土壤通透性和提高土壤肥力，并降低或减少土壤的风蚀和水蚀，从而降低土壤的紧实度和增强持水力、并减少土壤C的发射量，同时，还阻止农药的移动性，因此，也就改善了环境质量。

（3）农业土壤中碳的缓冲作用

土壤管理技术如增加土壤有机碳含量、少耕或免耕、施肥、防止渗漏、发展土壤生物多样性，提高微团聚体和增加覆盖层等都会在增加土壤储存碳量中起着重要作用。增加土壤中碳储量的战略措施有：① 增加土壤有机碳的总量；② 提高土壤亚表层的有机碳储量；③ 增强微团聚作用；④ 改善生物多样性。一般而论，改进农业管理技术和措施的结果表明，发展农业科学技术可以增加土壤中碳的缓冲作用，从而有效地防治温室气体的发射，大大改善人类生存和发展的环境。通过农业管理技术和有效的方法，特别是大量增加土壤有机质（碳）的含量，其便能调控温室效应和有效地吸收大气中的CO_2。许多长期的试验证明，通过科学施肥、合理轮作，以及保土耕作等方法便能生产出最佳生物质产量，从而大大增强农业土壤中碳的缓冲作用。土壤亚表层中的有机碳亦可增加作物产量，特别是深根作物，从而大大增加亚表层中的碳量，其原因是根系可将碳输送至土壤亚表层，同时，也可将作物残体深翻而进入土壤的亚表层。利用长链聚合物、土壤调理剂和通过动物（特别是蚯蚓）的活动也可增加土壤亚表层的有机碳量。由于土壤中有机碳得到了固持，所以其便更难被微生物所分解。此外，进入土壤的新鲜有机质的分解也受到了限制，从而大大降低了农业土壤中的CO_2发射量。进入土壤的有机残体最终会以稳定的腐殖质而存在，并可通过森林更新和植树造林使大气中CO_2被植物所吸收。研究表明，增加土壤中C缓冲作用的主要农业技术如下。

一是保土耕作。免耕法比常规耕作法所获得的碳量要多出$1.5t/hm^2$。

二是种植绿肥或覆盖作物。这类作物因能增加土壤有机质，并为作物提供有效的养分，从而大大增加了产量。因此，科学家们提出，这些措施是增加粮食产量，提高土壤有机质和改善土壤肥力的重要战略措施。

三是作物轮作。各种轮作方法都可增加产量，提高土壤有机质，大大改善土壤碳的缓冲能力。Chander等研究了6年不同作物轮作条件下的土壤有机质的变化。他们发现，绿肥作物田箐（*Sesbania aculeta*）可改善土壤有机质的状况。研究表明，从谷子-小麦休闲轮作时土壤中生物体碳的192mg/kg增加至谷子-小麦-绿肥作物轮作时的256mg/kg。

四是增加土壤中的作物残体。用作物残体再循环来代替残体的燃烧，这是改善土壤中碳缓冲作用非常有效的关键性措施。研究指出，作物残体可以增加土壤有机碳含量、改善生物活性、改良土壤结构和渗透性、增加土壤保水性、降低土壤容重及防治土壤的风蚀和水蚀。增加土壤有机质还可以增加作物产量。由于作物能利用更多的CO_2，所以，土壤也就储藏了更多的碳。

五是改善土壤肥力和有效地调控植物营养。

六是其他农业技术措施。这些措施主要有施用石灰、改进水的管理系统和避免夏季休闲等。

关于农业科学，特别是土壤科学在调控温室效应和防治温室气体发射过程中的战略意义及有效功能，读者可参阅更详细的有关资料。

六、土壤氮营养对光合作用的影响

1. 光合作用和氮的关系

在有所矿质营养元素中，氮是对作物生长最重要和最大需求量的元素。植物从土壤中吸收的主要形态的氮为铵态氮（NH_4^+）和硝态氮（NO_3^-）。它不仅可通过土壤中N的化学和空间有效性而予以调节，而且也可用细胞水平上的运输系统和数量将根系吸收的N输送至地上植株，并供植物生长和储存。调节N吸收的一个重要因子也是碳水化合物生产和向根系运输的过程。氮营养会影响叶片生长及叶片面积的扩张，从而也会影响到碳水化合物的产出数量，单位叶面积的光合作用速率和合成碳水化合物的数量以及营养生长量及储存器官的碳汇容量（sink capacity）。

氮（N）会以固态、液态和气态而存在。它仅构成了岩石和矿物的很小一部分，但因岩石圈质量极大，所以估计岩石圈的N量会占地区的98%（表2-12），气态 N_2 占大气中的78%，其量为 $3.9 \times 10^{21}g$。它代表了全球第二大的N库。大水圈N库量为 $2.3 \times 10^{19}g$。因此，大气和水圈二者N库总量至少是生物圈N库的106倍。

表2-12　全球N库（E.A.Paul 2012）

N库	g N
岩石圈	1×10^{23}
大气	3.9×10^{21}
煤	1×10^{17}
水圈	2.3×10^{19}
土壤有机N	1×10^{17}
土壤固定 NH_4^+	2×10^{16}
生物N	3.5×10^{15}
微生物N	1.5×10^{15}

土壤有机N在成熟的生态系统中估计为100Pg。由于SOM C量为1 500Pg。所以，有机质的C∶N比例为15∶1。Schlesinger（1998）估计了生物质中的C∶N比，他们测定了成熟的树木C∶N比为150∶1。因此，全球生物质中的N量应为3.5PgN。微生物N源自新形成和发展的微生物生物质。表2-12中的生物质N占土壤全氮的1.5%。占大部土壤表层N的1%～6%。在黏土矿物晶格中固定的 NH_4^+ 为土壤全N的10%。在土壤表层中全球固定的 NH_4^+ 可能达20Pg。

表2-13表明的N通量是根据各自估测数值而确定的。全球N矿化作用值由全球净C光合作用测定值而得出。最近估计，每年C矿化作用的值为60PgC/y。植物生长过程中无单一的C∶N比值，但新叶形成时的C∶N比值则为12∶1。以整个植株C∶N比为50∶1计算，全球每年植物吸收的N量为 $12 \times 10^{15}gN/y$（1 200Tg/N年）。用 N^{15} 的深入研究表明，植物仅吸收一部分有效N。试验指出，植物吸收N的平均值为40%。据此计算，全球土壤N矿化作用容量为1 200/0.4 = 3 000TgN/y，但该值不包括植物生长过程中生物固N的作用和数量。研究表明，土壤全N的3%在许多土壤中均与矿化作用无关，因此3%也是以土壤C 32年平均残留时间为真实基础而得出的。因此，测出的数值有一定的误差，而且其会参与各个过程之中。整个输入和输出之间的平衡略大于300Tg/y（表2-13）。也是带有一定的偶然性。所以，科学家估计，每年都会损失312/300或约10%的矿化N。该值低于农业系统中的损失数量，但是，人们必须考虑保持N的非干扰的生态系统。

表2-13　陆地N通量（Tg = 10^{12}g）

类别	Tg^a N/y	类别	Tg^a N/y
土壤矿化N	3 000	植物利用	1 200
输入		损失	
N_2	175	反硝化作用	135
肥料	85	进入大气的NH_3	62
闪电	20	淋溶	90
人为	40	径流侵蚀	25
总输入	320	总损失	312

　　科学计算出的生物固N_2量在20年内均保持恒定。包括豆科植物在内的共生固氮作用会在草原、森林生态系统中发生。肥料N每年有85TgN/y用于全球55亿人口的1/3粮食生产。Schlesinger（1996）估计，闪电形成的氮化物数量略高于大气中NH_3-N通量。人为输入土地的N量为40Tg，大气发射的数量为62Tg（表2-13）。它们都会不断地进入海洋，而少量N化物则会进入大气反应而消耗。高NH_3通量系根据多年植被的大气效应而获得。反硝化作用损失的N量为135Tg，其低于过去发表的150Tg的数值。

　　空气含有N的气态氧化物如NO，NO_2，N_2O，HNO_2和HNO_3，其浓度范围在污染区为0.5 ~ 2n mol/mol；在工业污染区遥控测得的含量则小于0.1n mol/mol。气态NH_3的浓度范围为2 ~ 3n mol/mol，平均残留时间为10天。叶片表面和土壤都能吸收气态N。土壤微生物也能吸收和利用N_2O。在相对集约化的生态系统，如成熟森林系统和草地系统中，N的损失较少，而且有较高的内部N循环速率。因此，这些生态系统便能从大气中获得大部分外源氮。自然生态的破坏能导致大气和地下水中N的损失。干扰或耕作地如农业农地，它们都需要较大的N输入。降雨沉积的NH_3和NO_3^-的数量取决于大气中的浓度和降水量。NO_3^-的沉积范围在污染区的$50kg/hm^2$至离工业污染源远的低降雨量湿沉积的$0.5kg/hm^2$。氨N的量为工业区土壤的$5 ~ 10kg/hm^2$。靠近高密集动物生产区的地区能接收到更多的N量。但苔原遥感区的结果表明，加入的N量为$0.5kg/hm^2$。

　　由于光合作用使叶片中的氮含量占整个植株组织的一半以上（图2-22）。所以，氮的有效性会强烈地影响到植物的光合作用。Amax的增加与叶片氮含量呈线性关系（图2-23），叶片中氮含量既会受到天然不同氮有效性和叶片年龄的影响，又会受到品种的影响。C_4-植物的关系斜率比C_3-植物更明显。研究表明C_3-品种之间的斜率亦有差异。当用不同年龄叶片（如冠层叶片）相比较时，叶片中单位N的光合作用饱和度在高N用量时最大（最大光合作用N利用系数，PNUEmax）。其原因是Amax与氮的关系为非零 = 截获关系（non-zero intercept），当叶片氮浓度约为0.5mmol/g水平时，它可外摊为零光合作用。当光合作用和叶片氮浓度之间关系因土壤供氮量而发生变化时，Amax与氮之间的关系可外推至原始状态（图2-23）。因此，植物的氮素营养是生物质生产的主要因子。

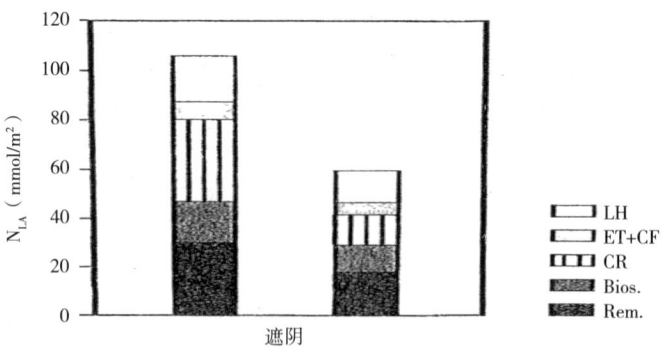

图2-22　遮阴叶片和喜阳叶片不同组分中氮的分配。LH = 光收获过程（LHC，PSI，PSII），ET+CF = 电子转移组分和耦合因子（ATPase），CR = 与碳还原有关的酶（ATPase，主要为Rubisco酶），Bios = 生物合成（核酸和核糖体），Rem = 剩余物，其他蛋白质和含氮化合物（线粒体酶、氨基酸、细胞壁蛋白和生物碱等）（Evans&Seemann 1989）

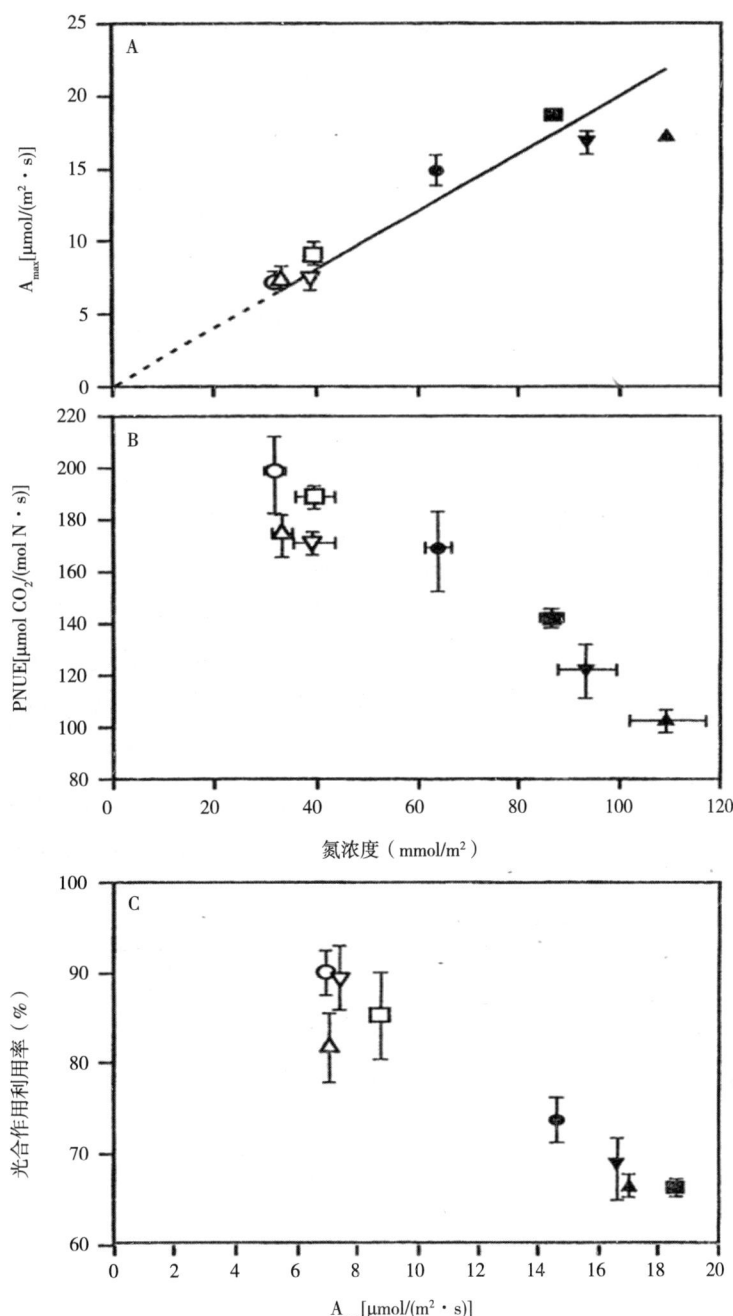

图2-23 （A）生长在高氮（黑线）和低氮（白线）条件下4中牧草CO_2同化作用的光饱和率；（B）光合作用的氮利用率（PNUE）。（C）总光合作用利用率的分配（Pons et al.，1994）

2. 全球N通量

氮（N_2）虽然是地球上大气中的主要成分（约占79%），但只有少数生物能利用N_2而生长。地球上的生物，仅有原核生物（细菌和蓝细菌）有固定大气分子氮的能力。研究表明，生物固定的N量几十年来几乎没有变动（表2-14）。共生固氮作用包括了豆科植物，它的固氮作用主要发生在草原和种植豆科作物的土壤，同时，林地的法兰克氏菌（Frankia）也能固定大量的N_2。

由于全世界人口的迅速增长，施用氮肥的用量亦不断增加。现已明确，肥料N用量每年约为85TgN（$1Tg = 10^{12}g$）。根计算肥料N（85TgN）可供58亿人口食用的粮食产量，其占食用总N量的1/3。生物固定的N量每年为175TgN。反硝化作用损失的N量每年为135TgN。

表2-14　陆地氮通量（TgN）*

类别	TgN/y	类别	TgN/y
土壤矿化N	3 000	植物利用	1 200
输入N		损失	
生物固定N	175	反硝化作用损失	135
肥料N	85	以NH_3发挥至大气的损失	62
闪电	20	淋溶	90
人类活动加入的N	40	径流损失	25
总量	320	总量	312

*$Tg = 10^{12}g$

在人类出现以前，N经由闪电而转化为活性N，其量为5TgN/y。现已证明，① 农业中豆科植物固定的N量最大，其量为15-30TgN/y。② 矿物燃料燃烧增加的N量为1TgN/y（1860年）至25TgN/y（2000年）。③ Haber-Bosch合成用于粮食生产的氮肥为110TgN/y（图2-24）。增加粮食生产的活性N会对N循环构成次生效应（Secondary effects）。集约化农业不断向森林和草地区域扩大，从而造成了土壤有机质中长期储存的活性N损失。据估计，森林和草地失火，湿地排干和农业耕作都会释放出活性N，其量约为40TgN/y。因此，科学家提出，因大气转移和遥控区活性N沉积而使全球固定的C汇量增加值为100～1 000TgC/y。但是，过量N沉积为引发土壤和水体的酸化、NO_3^-的损失和生物多样性的减少。科学家证实，加强BNF的研究有助于活性N向受N限制的农业生态系统转移而大大增加了生物质产量。同时，科学家期望，有朝一日科学家会创造出固N玉米、小麦和水稻，而大大减少了N肥的用量，确保了粮食和环境安全。所以，固氮基因直接导入禾木科植物是生物固氮作用研究不断追求的"神圣领地"（Holy Grail）。

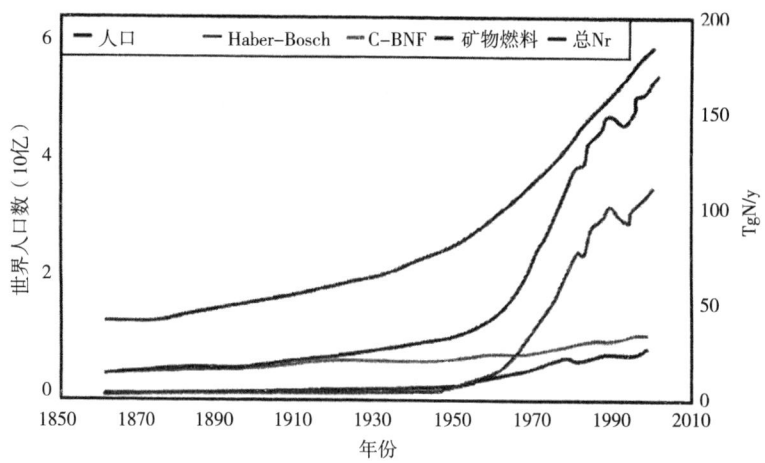

图2-24　全球人口从1860年至2000年的增长数（10亿），活性N（Nr）量以Tg N/y表示，Haber-Bosch代表生产的Nr，C-BNF代表了豆科作物、水稻和甘蔗的Nr，矿物燃料代表了矿物燃料燃烧，总Nr代表了3个过程的Nr总量（Galloway et al., 2003）

七、呼吸作用在碳（C）平衡账中的意义

1. 碳（C）平衡

光合作用每天产物的一半会被在同一时间内的呼吸作用所消耗，但各部分的消耗还取决于品种和环境条件（表2-15和表2-16）。

表2-15　易遭白粉病感染植物和抗性品种叶片的呼吸作用[$\mu mol/(m^2 \cdot s)$]（Hordeum distichum）。
供试样品为感染白粉病9天后的植株（来源：Farrar&Rayns，1987）

	易感染白粉病		抗性品种	
	对照	感染	对照	感染
无抑制剂	1.2	2.1	1.3	1.6
+SHAM	1.0	0.8	1.1	1.4
+KCM	0.9	0.8	0.7	0.7

*SHAM&KCN是特异抑制剂

2. 根呼吸作用

根呼吸作用每天会消耗光合成用碳产物的10%～50%（表2-12），而且其占植物碳平衡账中的主要部分。呼吸作用消耗的光合作用形成的碳化物慢生型植物远大于快生型植物。研究证实，各种品种的生长势（potential growth rate）有很大的变化，而且相同品种因营养供应不同而存在差异。根系温度可以增进光合作用产物在植物体内的分配状况。

3. 生长呼吸作用

生物质（生物合成产物）的生产需要碳水化合的输入，但其中部产物会用于ATP和NAD（P）H而完成生物合成反应，还有部分产物则用于生物质结构中的碳架（carbon skeletons）（表2-16）。

表2-16　生物合成过程中基质转化为产物的特定数值*（poorter&villar，1997）

化合物	PV	CRF	CPF	RQ	HRF	ERF
与NH_4^+结合氨基酸	700	169	5 772	34	−11.2	−1.4
与NO_3^-结合氨基酸	700	169	5 772	34	26.7	39.0
与NH_4^+结合蛋白质	604	163	5 772	35	−12.9	34.9
与NO_3^-结合蛋白质	604	163	5 772	35	31.4	82.0
碳水化合物	853	0	1 295	—	−3.6	12.2
脂类	351	0	10 705	—	−10.1	51.0
木质素	483	1 388	5 545	4	−4.3	18.7
有机酸	1 104	0	−1 136		16.9	−4.5

*产值，PV：碳架需要的每克基质所形成最终产物的毫克数；ORF：碳架和能量需要的每克基质所消耗氧的μmol数；CPF：碳架和能量需要的每克基质所产生的$CO_2 \mu mol$数；RQ：CPF和ORF之比例，氢（H_2）需要因子；HRF：NAD（P）H所需mmol数，或形成最终产物所需mmol数（+）；ERF：ATP所需mmol数（−），或产生每克最终产物mmol数（+）

植物组织通常将碳水化合还原的数量会多于其所产生的数量，因此，由初生基质合成碳水化合物的成本（the cost of biosynthesis）应包括必须供应额外还原效应（the extra reducing），如硝酸盐的还原作用所需成本。如果植物能吸收更多的还原态氮源（reduced source of nitrogen），如氨或氨基酸，那么，生物合成的成本就较低。当植物组织死亡时，其大部分结构化合物会流失，但有些化合物则会被再吸收，并能用于新组织的生成。因此，生成组织的最终成本为初始成本减去再吸收（resoption）成本。

在光合作用活跃的叶片中，代谢能ATP和NAD（P）H可能直接来自光合作用。在异养生物组织，如根和无光条件下的叶片，呼吸作用能提供其需要的能源。因此，为生物合成所需要的呼吸作用能的数量可用多种途径合成的生物质化合物能来计算。

首先，生物合成的成本来自生物质生物化学分解所产生的能源。各种主要化合物的合成成本结合起来便是生物质合成的总成本。其主要化合物有：蛋白质、总的非结构性碳水化合物（即蔗糖、淀粉和果聚糖）、总的结构性碳水化合物（即纤维素和半纤维素）、木质素、脂、有机酸和矿物质。此外，还有一些不同的其他化合物如可溶性氨基酸、核酸、单宁、亲脂肪卫化合物和生物碱等，但它们都可忽略不计，而且其大部分还与主要化合物相结合在一起。就葡萄糖而言，其是生物合成的基质。科学家测定了植物组织中在生物合成化合物时所形成碳架、还原当量和ATP时所需葡萄糖的数量（表2-17）。

人们已注意到，每单位碳基质所产生的产物数量（即产值，PV）在各种结构化合物之间的变化可高3倍（表2-17）。脂和木质素为"最贵"（most expensive）的化合物，它们合成每克产物需要的葡萄糖最多，而有机酸则"最贱"（least expensive）。蛋白质、脂类等化合物等合成（ERF）时因需ATP而价格贵，而碳水化合物和木质素合成的价格最贱。最贵和最贱的价格来合成它们结构化合物（如木质素和纤维素/米纤维素），并储存能量化合物（脂类和碳水化合物）。植物通常能利用廉价合成的结构性化合物（纤维素/米纤维素）和储能化合物（碳水化合物）。科学家计算了用需要葡萄糖、氧合释放CO_2以及所需还原效应和ATP来表达的合成化合物的成本（表2-17）。

以生物质的生物化学化合物为基础的主要消耗物质是葡萄糖，它是所有ATP、还原剂和碳架的独一无二的基质。但其中一些直接来自光合作用的化合物作为基质时，其成本就较低。当其中来自一些其他途径（不是细胞色素途径）合成的化合物作为基质时，其成本就较高。但它们在呼吸过程中起着十分重要的作用。

其次，测定结构化合物成本是以组织元素（C、H、O、N和S）分解为基础的方法。植物结构化合物成本有吸收矿物质及其在植物中转化为各种化合物的成本，提供生物合成所需ATP的成本以及在一些生物合成反应中为还原分子氧所需还原剂的成本。这种方法比第一种方法省力省工。植物生物质还原水平与其燃烧热（heat of combustion）及其结构化合物成本接近线性关系。例如，脂类是很高的还原化合物，而且具有很高的热值。

表2-17　葡萄糖、硝酸盐和矿物质合成生物质时的计算实例（Penning de vries et al.，　）

化合物	生物质中的浓度 [mg/（g·DM）]	合成生物质时所需葡萄糖（mg）	合成生物所需O_2（µmol）	合成时产生的CO_2（µmol）	合成生物质所需NAD（P）H（mmol）	合成生物质所需ATP（mmol）
N化合物	230	371	65	2 100	7.14	17.83
碳水化合物	565	662	0	857	−2.03	6.92
脂化合物	25	71	0	807	0.25	1.27
木质素	80	166	230	918	−0.34	1.50
有机酸	50	45	0	−52	−0.84	−0.23
矿物质	50	0	0	0	0	0
总量	1 000	1 315	295	4 630	3.68	27.29

4. 植物其他部位的呼吸

叶片呼吸为叶片生长提供了一些代谢能，并也保持离子和溶质从木质部输送至韧皮部提供了能量。但是，光合作用过程中以获得碳（C）的函数表达时，其比根呼吸作用的变化要小得多，因为光合作用，叶片呼吸作用和生物质分配等都会受到营养供应变化的影响。同时，根呼吸亦会受到影响，因为根呼吸变化的原因主要是受营养供应和基因型生物质分配等因素的影响。

光合作用和呼吸作用速率通常会以环境（氮供应和生长辐射等）变化而发生相同方式的变化。因此，在一定程度上，这翻译了从光合作用获得碳有差异的叶片输出光及其产物时呼吸作用的成本。但是就光合作用速率较快和蛋白质含量较高的叶片而言，它们的维持成本亦较大。同时，就主要需能过程（从叶肉体的同化作用产物输送至筛管的过程）而言，它们的成本就特别低。这种叶片呼吸作用的生态生理特性至今还研究得不多。

其他植物部分（如果实）的呼吸作用都是通过其生长速率和单位生长的呼吸成本来计算的。维持组分也起着重要作用。在绿色果实中，能源需求的实际比例会受到果实光合作用的制约。北极草本植物（herb saxifraga ceruna）花瓣长出5天后便显示了一个特异峰值（a distinct peak）。在统计上，CO_2浓度300μmol和700μmol时的差异都达到了显著和非常显著的数值。植物主要部分呼吸成本的增加可用不同方法予以计算。

5. 与生长维持和离子吸收有关的呼吸作用

呼吸作用速率取决于3个主要耗能过程：生物质的维持、生长和离子转移。它们可用下列方程式予以综合。

$$r = r_m + c_g \times RGR + Ct \times TR$$

式中r为呼吸作用速率［正常可用nmol O_2或CO_2/（g·s）来表述，但以单位而论，则可用RGR表达，本处采用μmol/（g·d）表达］；r_m为维持生物质需产出ATP时的呼吸作用速率；c_g（mmol O_2或CO_2/g）是合成细胞物质需求产出ATP时的呼吸作用速率；RGR是根系相对生长速率［mg/（g·d）］；Ct（mol O_2或CO_2/mol）是根系支持TR（运输）时进行呼吸作用速率。

在根系中，TR相等于离子净呼收速率（NIR）和木质部载荷函子速率；在光合作用的叶片中，RT则相等于光合作用产物的输出速率既可以吸收O_2，又可以释出CO_2的数量来测定。但测定结果并不完全一致。

6. 氧合作用（0xygenation）和光呼吸作用（photorespiration）

Rubisco既能催化RuBP羧化作用（carboxylaiton），又能激发起氧合作用。羧化作用和氧合作用反应比率明显地会受到CO_2浓度的制约，同时也会受到叶面温度的影响。羧化作用反应产物是两个C_3分子（PGA），而氧合作用反应只能产生一个PGA和一个C_2分子，即磷酸羟乙酸（GLL–P）。在叶绿体中，C_2分子首先发生去磷酸作用，并产生羧乙酸（GLL）。该反应过程能产出过氧化物酶体（peroxisomes），并代谢产生乙醛酸（glyoxylate）和甘氨酸。然后，甘氨酸依次输入线粒体，其中两个分子能转化为一个丝氨酸并释放出一个CO_2和一个NH_3。丝氨酸还能返回成过氧化物酶体，并发生转氨基作用（transamination），而产生一个分子羟基丙酮酸和甘油酸。甘油酸又移动返回至叶绿体，并转化为PGA。然后输出两个磷酸羟乙酸，从而可形成一个甘油酸和失去一个C-原子（以CO_2形态）。整个反应过程由氧合作用反应开始，亦称为光呼吸作用，因为该反应是一个呼吸作用过程。其反应速率取决于光，所以它是与"呼吸"（dark respiraiton）相反的一个过程。"暗呼吸"主要由线粒体脱羧作用而发生，其与光无关。

八、小结

陆地和海洋的光合作用产物及其相互反应制约了全球碳汇和碳源的平衡账。光合作用产物形成了碳汇，而呼吸作用（分解作用）则形成了碳源。两者几近平衡。所以应当用科学的方法增加光合作用碳汇而减少呼吸作用碳源。随着全球人口的增长，人为放出的C（CO_2）不断增加，其中主要为矿物燃料的燃烧。其每年约向大气释出C源达8.5Pg/y，而土地利用变化和森林砍伐等释出的C源为1.1Pg/y。因此，造成了大气CO_2浓度增加。平均年增量为1.62μL/L。从而使现在的CO_2浓度已从工业革命前的295×10^{-3}μl/L增至目前的406×10^{-3}μl/L。因此，CO_2的温室效应造成了全球气候变暖，从而威胁到人类生存和发展。为此，全世界的政要和科学家十分关注全球气候变暖造成的负面影响。许多科学家就光合作用效率。Rubisco和各生态系统，特别是土壤-植被生态系的C源和C汇进行了广泛而深入的研究。结果表明，增加土壤-植被光合作用效率如低碳农业等是解决全球气候变暖的有效途径。

第三章 全球有机质碳（C）循环及其平衡账

一、有机质的形成和分布

有机质的形成主要是一个生物过程，是由生活在地球上的植物和动物直接或间接完成。现已发现，地球仅有两类生物能将无机元素和简单化合物合成有机质，即自养微生物和含有叶绿素的植物。就有机物总量而言，自养微生物合成的有机质数量很少，其中主要的微生物是那些能氧化氨和亚硝酸盐、能氧化硫及其化合物、铁、氢和一氧化碳的自养细菌。绿色植物则合成了地球表面的大部分有机质。绿色植物通过叶绿素俘获太阳能，并将其储存于构成绿色植物体的无数种化合物中。这些化合物主要来自空气中的CO_2和来自空气或土壤中的氮，水和各种矿物质构成。当然动物亦必需获得能量的供应，所以它们会消耗植物及其产物来构建自身的组织。

据统计，陆地每年由光合作用所产生的有机质都以有机碳计，其量约为6×10^{10}t（表3-1）。大部分有机质最终会在土壤表面和50cm土层内分解。有机质可以是大至一棵成熟的橡树（0.5×10^2m^3），小至一个细菌（0.5×10^{-18}m^3）。有些有机质如油棕果实，因其耐腐蚀，所以极难分解，甚至在潮湿的热带区亦能持续很久，或者这类有机质暂时转化为哺乳动物的蛋白质。植物或动物有机质遭分解后变成CO_2和水。但有些难分解的有机物则会留存于土体或水体之中，同时，微生物还会合成新的有机质（化合物），所以地球或土壤都会保持一个稳定的有机质平衡状态。

科学家于1995年估测了一系列非常有意义的数值以用来表达光合作用所产生的巨大有机质产物。他们的估计值是全球每年光合作用过程产生的糖约为400×10^9t（400billion t）。海水和淡水藻类占90%，而其余的则为陆生植物的产物。陆生植物中森林合成的有机质约占67.5%；农作物则占24.5%。光合作用合成的大部分产物既能迅速地转化为其他产品，又能为植物生长提供能源。因此，人们估计仅有陆生植物光合作用产物的2%被动物所消耗。其余的有机质可作为燃料、纤维、结构材料被利用，或形成土壤有机质，或是不能被利用的抗性有机残体。

有机质可作为土壤主要的有机组分，即腐殖质的前体而以完整植物和动物体而进入土壤，或者以原始植物和动物残体部分进入土壤，这部分有机质主要有淀粉、蛋白质、纤维素或者以原始植物材料分解的部分混合物，其中还包括能合成有机质的微生物及其分解产物，它们都以不同的途径进入土表或土壤中的不同层次。有些学者认为腐殖质源主要是诸如作为残体（包括根茎）等有机质、动物厩肥、绿肥、人造厩肥和堆肥、死亡的动物、有机肥料和生物肥料。上述所有材料都是许多化合物的混合体，除科学家进行研究外，很少有纯粹的化合物。

最广泛被认同的经典学说都认为以不同方式进入土壤的有机质（或有机化合物）及其分解产物如下：① 碳水化合物（糖、淀粉、半纤维素、纤维素、果胶、树胶、植物黏胶等）；② 蛋白质、氨基酸、胺类等；③ 脂类、油、蜡、树脂等；④ 乙醇、醛类、酮类化合物等；⑤ 有机酸；⑥ 木质素；⑦ 环状结构化合物[酚类、单宁、碳氢化合物（烃类）]；⑧ 生物碱和有机碱化合物，如吡啶和嘌呤等；⑨ 杂类化合物，其非常重要，但也是数量极小的化合物，如抗菌素、生长素、维生素、酶和色素。

在有机质中，无机组分，其中包括微量元素在内，通常的含量范围为2%～15%。

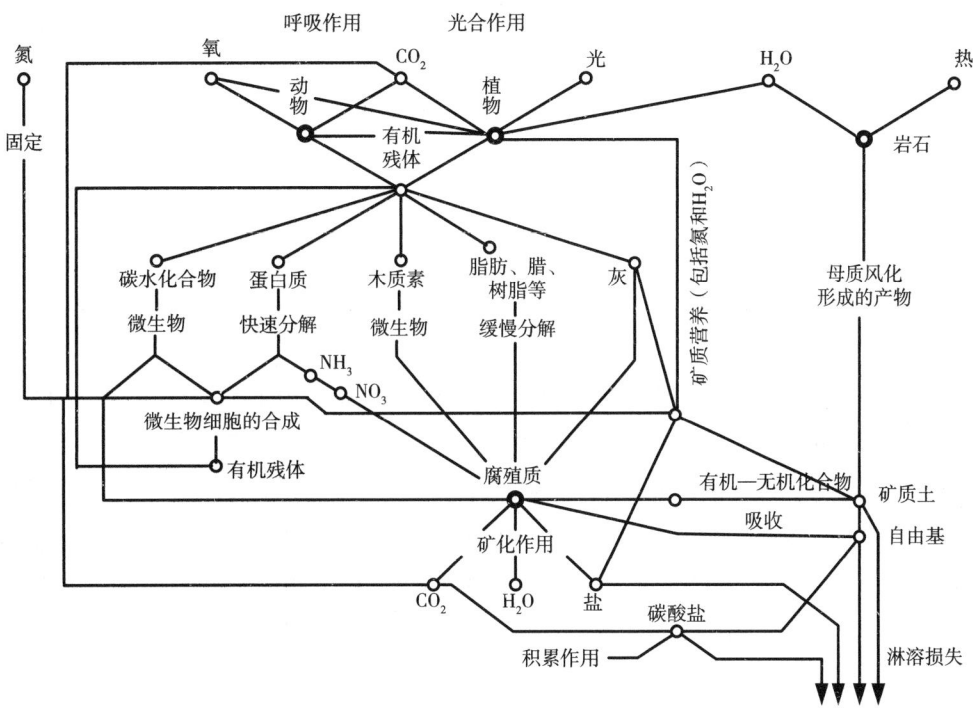

图3-1 腐殖质合成和分解过程之间的相互关系（引自F.J.Stevenson，1981）

有机质的分解、腐殖质的合成和分解所包括的主要过程示于图3-1。各种植物和动物分解产生气体和残体，如腐殖质、矿物质、水体和合成的化合物等的速率及转化程度主要取决于发生腐解过程的条件以及有关微生物的类群和数量。

植物和动物两者的化学组成极为复杂，因此，不可能完全用化学分析来精确表达其数量。植物分析的数据实际还受不同的生长期和不同部位的影响。

二、土壤中有机质的转化

1. 生物圈中有机质的全球循环

碳循环是土壤中所有生物转化过程最重要的步骤，因为光合作用将CO_2还原而直接或间接地为所有微生物提供能源。若分解作用不受条件的影响，那么，生物活性水平最终便可用每年进入土壤中有机碳的数量来测定。表3-1列出了陆地系统每年碳量和能量循环的一些通用数值。土壤有机碳量（85×10^{10}t）是根据陆地表面被不同类型植被覆盖的面积来计算的。这些数值不包括泥炭、沼泽、沙漠和冻土带的有机碳。这些特殊环境中的大部分碳都极难被生物所分解。

在生物循环过程中，碳活性的最大部分在海洋，即主要为碳酸钙。然而仅有约2%的碳酸钙会在温跃层（温度突变层）上部参与大气CO_2的交换。陆地净光合作用产物（光合作用总产物减呼吸作用和消耗的量）比海洋高40%，虽然海洋的覆盖面几乎是陆地面积的3倍。陆地植物生物体（主要为树木）比海洋生物体大得多。土壤有机质的全部转化率可用（土壤有机碳/每年陆地净碳）来予以测算。表3-1是2013年的计算值。

表3-1 生物循环中碳量和能量值

位置		碳量（t×10¹⁰）	能量（J×10²¹）
陆地	陆地植物体	59	2.8
	土壤有机质	85	
	每年净产值	6.3	
	工业活动释出的燃料碳	0.5	
海洋	海洋生物体	0.3	2.0
	海洋中溶解的碳	100	
	无机碳（主要为HCO_3^-）	3 500	
大气	大气二氧化碳	4.5	

注：陆地面积$1.48×10^{14}m^2$，海洋面积$3.61×10^{14}m^2$，土壤50cm深度（包括沙漠、冻土和泥炭）

大气仅含生物碳循环中的很少部分，其约相当于土壤50cm表层的数量。陆地和海洋两大循环系统与穿越海洋表面CO_2转化有着密切的关系。因此，大气中CO_2数量因海洋活动而得到缓冲和平衡。人类活动使CO_2广泛地进入大气的数量超过了19世纪的CO_2量。因此，CO_2的浓度发生了明显的变化。过去几百年，大气CO_2浓度由290μL/L增加至约330μL/L，其增加的数量几乎是燃料燃烧释出CO_2（约$14×10^{10}t$）的2倍，且大部分留存于大气之中。燃料燃烧是人类活动的一个方面，其值就是每年向大气输入所增加的CO_2数量。19世纪，因砍伐森林和草原的开发而使土壤有机质显著下降，并释出CO_2。这就表明，大气中CO_2的浓度在上升，从而在全球增加了生物体的产量。这一结果，使陆地生物体增加的数量估计为$1.5×10^{10}t$。因此，砍伐森林和发展工业燃料显然大大地影响了大气中CO_2的浓度。

2. 进入土壤中有机质的数量

（1）一年生作物

在一定陆地面积内，植物群落所产生的净光合作用产物减去该地区土壤外部有机制分解的数量，再加上外部加入土壤有机制的数量，那就是每年进入土壤有机质的数量。表3-2显示了几种一年生作物所产生的根茬中碳的数量。根系的产量取决于土壤类型、作物品种、气候，但许多科学家测出的数量差异甚大。施用化肥会增加根系数量，但施用氮肥时根系增加数量的比例小于地上部分。小粒谷物根系回归土壤碳的数量为0.3~1t/hm²，同时还有相当数量的根茬。根茎作物回归的数量则较少。一年生黑麦的量最大（约2t）。有人对一年生和多年生作物地上部分和地下部分进行了广泛的调查，初步估计一年生作物每年进入土壤的有机质数量相似于表3-2的数值。

表3-2 一年生作物根茬等中的碳（t/hm²）（D.S.Jenkinson，2006）

植物	取样深度（cm）	根	茬	总量
冬小麦（未施肥）	0~30	0.69	0.45	1.14
冬小麦（施肥）	0~30	0.88	0.59	1.47
春大麦（施肥）	0~30	0.27	0.36	0.63
春大麦（施肥）	0~30	0.45	0.31	0.76
燕麦（施肥）	0~30	0.24	—	—
马铃薯（施肥）	0~30	1.00	0.57	1.57
甜菜（施肥）	0~30	0.13	—	—
玉米（施肥）	0~30	0.39	—	—
玉米（施肥）	0~30	1.04	—	—
一年生三叶草/梯牧草	0~30	0.82	—	—
番茄	0~30	1.99	—	—

表3-2的数据可能偏低。由于作物在收获前几周，一些根系就开始腐烂，所以测出的根系数量会比

真实的数量要小。此外，根系分泌物也难以统计，而且少数根系通常会深入至取样层以下。

最近发展了一些测定每年进入土壤有机质数量的新方法，其是用热核放射性碳对土壤放射性纪年影响的结果来测量进入土壤的碳（有机碳）。冬小麦每年进入土壤的有机碳与表3-2的数据相同。冬小麦未施用肥料时，每年进入土壤的有机碳约为1.2t/hm²；而合理施肥时则为1.9t/hm²。

（2）多年生植物

就一年生作物而言，其每年的根系和残茬就是进入土壤有机质的概念。而对多年生植物而言，其量并非如此。许多植物根系能存活一年以上，所以每年进入土壤有机质的数量显然低于一定时间内的根系生物总量。许多研究指出，根系生活期因落叶等原因会大大缩短。当冰草（*Agropyron cristatum*）幼苗每10天切去一次，计连续40天，其根系存活率仅27%，而未切去幼苗的根系存活率为97%。

一些研究指出，草原土壤在86cm层内，根系干物质总量每公顷为15~19t，但精确程度则取决于取样日期。据估计，每年约有25%的根系发生更新，其相当于每年每公顷根系进入土壤的有机碳约为1.7t。用热核放射碳测定的结果，在土壤顶层23cm，每公顷的碳（主要为根系有机碳）为2.0~2.5t。

树木每年进入土壤的有机质很难测定。枯枝落叶的测定则较为准确，但根系产量测定非常困难。树木根系通常粗大和生活期长，所以在森林中很少研究根系总生物产量，因此也很少报导有关死亡根系每年进入土壤的有机质的数量。

Bray和Gorham曾指出（图3-2）森林每年生产的枯枝落叶与纬度呈正相关，在赤道森林区，每公顷产生的枯枝落叶量约为10t（相当于有机碳4t）；在温带区，每公顷可生产的枯枝落叶量约为4t（相当于有机碳约1.6t）；在冻土边缘区可生产的枯枝落叶量约为1t。在森林生长过程中，有机质（叶、主干、枝干和根）的总产量受3~5个因子的影响，但取决于气候和品种。有机质每年进入土壤真实的数量将受到管理水平的制约。只有在未砍伐和未发生火灾的原始森林区，每年进入或覆盖于土壤表面分析的有机质才接近于净生产的有机碳。所以在古老或原始森林区，大部分位置产生的有机质是不平衡的，只有在大范围统计时，有机质的输入或输出才达平衡态势。

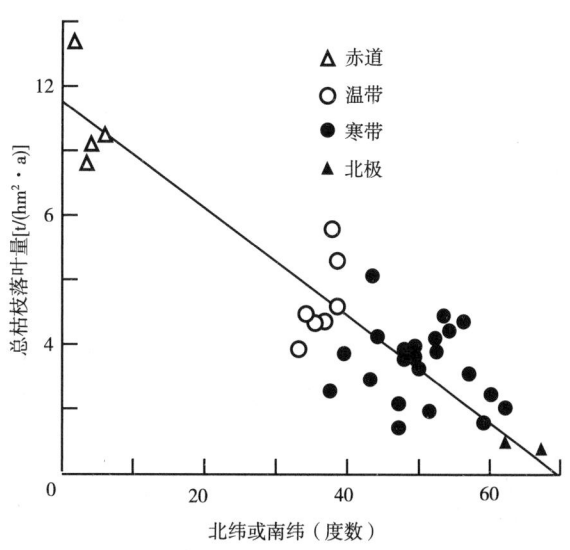

图3-2　森林中每年枯枝落叶产量与纬度的关系（Brag et al.，2007）

表3-3给出了在森林条件下进入土壤的两组数值，在这种情况下，主干与支干并未列入进入土壤的有机碳之列。在一组中，即热带森林区，蚂蚁（主要为白蚁）会消耗枯枝落叶和树木，而另一组山毛榉森林区，落下的枯枝落叶可能被人为移出。

3. 稳态条件下土壤有机质的周转

为了简化过程，可以设定一个稳态条件，以研究有机质周转链或有机质流。当有机质流入或流出相等时，各部分中每一有机质流的周期均成一定比例。但在土壤中，要保持一个稳态条件是十分困难的。土壤有机质会发生缓慢的变化，有时可达几十年或更长，甚至几个世纪。由于这一原因，人们通常假设一种土壤设定一个稳态条件，并以相同植被和相同时间（年）为依据。作出这样的假设后，在很长一段时间内，就可估测每年从植被输入土壤中有机质的数量。

根据不同生态系统中有机质周转的数值，人们估计在稳态条件下或近乎稳态条件下收集了有关数据（表3-3），虽然该表的数字仅提供了不同生态系统的一般状况，但这些数字并非离实际太远，其是通过了许多不同方法而测得，可能是直接的，也可能是间接测出的。同时测定的数值或估计的数值经历了数十年，甚至更长。

表3-3 不同生态系统中有机碳周转时间（D.J.Greenland et al., 1988）

生态系统		土壤取样深度（cm）	净原始生产值[t/（hm²·y）]	进入土壤中的碳[t/（hm²·y）]	进入土壤有机碎片的能值（J/hm²）	土壤有机碳（t/hm²）	周转时间（年）
连作小麦	不施肥	0~23	2.6	1.2	5.6	26	22
	施NPK	0~23	5.1	1.9	8.9	30	16
连作牧草	不施肥	0~23	2.7~3.2	2.0~2.5	11	77	31~38
原始草地		0~25	2.8	1.7	8.0	52	31
温热带草原		0~30	5.0	1.5[b]	7.1	56	37
亚热带草原		0~30	1.4	0.5[b]	2.4	17	34
热带雨林		0~30	9~10	4.9[c]	23	44	9
冷温带山毛榉森林		0~30	7.1	2.4[cd]	11	72	30

草地土壤有机质的周转时间大部分在30~40年。在自然生态系统条件下，赤道森林有机质周转的时间最短，温带森林区有机质周转时间略长，两种温带栽种植被的土壤周转时间则较短，因为这类土壤含有较多的有机质。周转的时间取决于土壤深度及其取样深度。大部分土壤在根系以下深度还存在有机质，所以取样时应包括土壤的亚表层。这样就会得到较大的周转时间。表3-3中有机质周转时间的计算是土壤深度为20~30cm的数值，因为在该层次中发生的生物学活性最强。在表3-3中所列的生态系统中，土壤生物学活跃层的碳储量为每年输入量的9~38倍。表3-3亦给出了每年所有有机碎片进入土壤的能量，用1t植物碳为基数来计算，其能量相当于4.7×10^{10}J。在稳态土壤条件下，这就是对土壤异养生物提供的总有效能。在施肥的小麦田土壤中，经几年的平均计算，每公顷就会以此值释出能量，这一能量约等于火力发电发出的3kW电能。热带森林土壤的相应能值约为7kW。

每年到达小麦田的光能约为3.2×10^{13}J/（hm²·y）。因此，施肥的小麦田的有机碳分解量为1.9t，其便是每年消耗的能量，这约占每年太阳辐射能的0.28%。在23cm土层内，有机碳总量（能量）仅为每年太阳辐射能的4%。

图3-3显示了表3-3中列出的3种生态系统内生物体和土壤之间的碳和氮的分布情况。在热带和温带森林区，大部分碳存在于种植的作物之中，土壤中的有机碳仅占1/4。就氮而言，在森林和土壤中氮约占1/3。热带森林中大部分氮存在于生物体中。在温带小麦区，几乎所有的氮和碳储存于土壤中。作物仅占很少一部分。在任何成熟的陆地生态系统中，大部分氮呈土壤有机质形态存在。

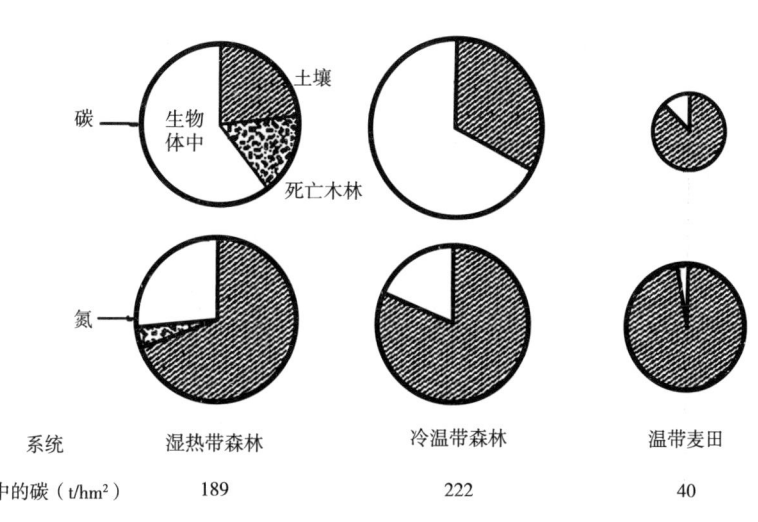

系统	湿热带森林	冷温带森林	温带麦田
系统中的碳（t/hm²）	189	222	40
系统中的氮（t/hm²）	6.6	6.4	3.9

图3-3　碳和氮在土壤和生物体中的分布状况

（图面表示不同生态系统中碳或氮占全量的比例）（引自Jenkinson and Rayner，1977）

4. 植被变化和管理技术对土壤有机质的影响

当覆盖植被的土壤发生变化以及人类活动干扰时，土壤有机质含量随之会发生相应的变化。管理技术的不同亦会从两方面影响土壤有机质含量：一方面，每年进入土壤的有机质发生变化；另一方面，有机质分解速率或有机质损失亦会发生变化。因此，在分析管理技术的影响时，要区分这两方面的作用常常是困难的，甚至是不可能的。例如，栽培措施和连作，会造成古老草地中有机质的下降，其原因是每年进入土壤的有机质含量下降了（表3-3）。同时，由于机械的干扰引发了有机质分解速率的增加。当沼泽土排水和耕作时，每年进入土壤的植物残体和泥炭发生氧化作用而分解速率都会发生变化。缓慢的氧化作用和排水泥炭的收缩作用都会诱发不利的影响，从而造成农业土壤的退化。

图3-3和图3-4显示了管理技术如何影响土壤有机质含量的状况。其显示出栽培技术和生产小谷粒作物连作能引起氮素的下降，当土壤耕作后，较大的原始氮量就会显著地降低。土壤开垦50年后，有机质含量仍然不断下降。虽然C/N在种植作物的土壤中较小（C/N从开始时的10.6至结束时的9.8），但表明C和N有着明显的关系。这种密切的相关性亦可从图3-4中观察到。当古老的耕作土壤停止耕种后，有机质便会积累。这样的特殊土壤只有在混合物落叶林地才会发生。纵观全局，碳和氮会同时增加。在80年内，表土每公顷获得了3.7t氮，但几乎所有的土壤均无豆科植物出现。

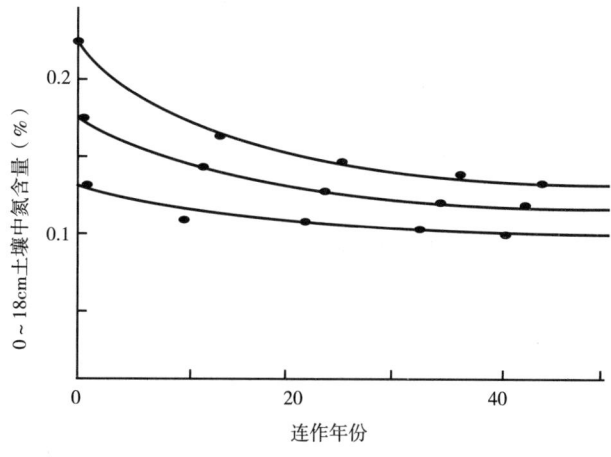

图3-4　3种原始草地垦植后土壤氮的下降情况（Haas and Evons，1996）

绿色低碳生态工程学——精准防治全球气候变暖的创新工程

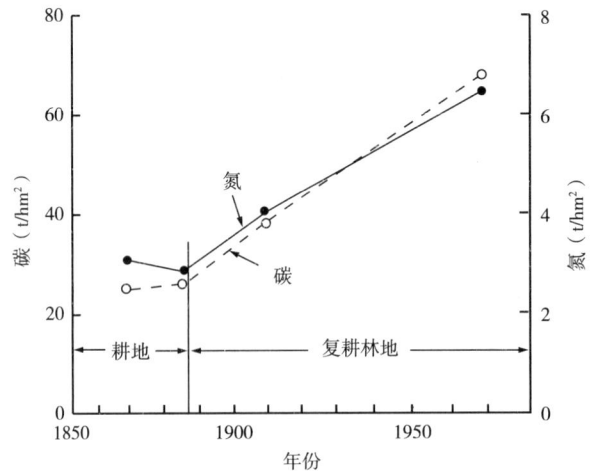

图3-5 长期耕作土壤上部（0～23cm）中有机碳和氮的积累（Johnston，1999）

施肥亦会影响土壤有机质含量。图3-6清楚地表明了这种状况：3种不同的施肥制度都会影响到小麦连作条件下的有机质含量。当不施肥时，土壤有机质含量经120年几乎都呈稳定状态。每年进入土壤小区的有机质含量必然与矿化作用损失CO_2的量非常近似。土壤小区施用无机肥料时，作物产量明显高于未施肥的土壤小区，所以根系和残茬亦多。这些小区有机碳显然比未施肥的要大，但仅增加15%。当每年施用农家肥料34t时，土壤碳含量在120年内虽然仍未达到平衡状态，但几乎增加了3倍。施用厩肥小区后的曲线则显示了另一种管理效应，即在休闲期间（5年中有1年休闲），由于无作物和过度开垦，所以就会导致有机质的不稳定状态。

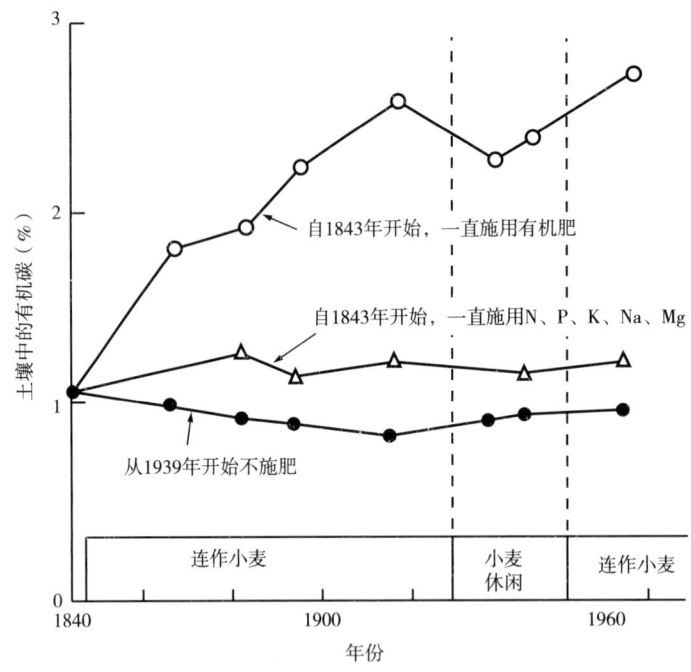

图3-6 连作小麦土壤上层（23cm）中的有机碳（Johnston，1999）

土地开垦为农业用地时，有机质的下降几乎是不可避免的。图3-5中的试验是在3年前为原始森林地开垦后逐步形成的耕地土壤上进行的。土壤中有机质的含量仅为1843年开垦时的1/3。无论有机质如何下降，但产量仍然很高。在热带森林砍伐后，土壤耕作会导致有机质的迅速下降。有人指出，当常绿森林砍伐和种植作物，即玉米/木薯轮作8年，土壤表层15cm深度有机碳含量从2.19%下降至1.50%。氮含量亦相应下降，其值由0.164%降为0.128%。

许多人证实，良好的耕作可以由作物残体来维持土壤有机质的含量。采用先进的农作制亦可增加有机质含量。Russell（1960）指出，澳大利亚未改良的草原土，其表层15cm内氮的含量在38年内仅有少量的变化，有机质则从0.9t/hm²增加到1.1t/hm²。但邻近小区，因施用过磷酸钙和石灰，土壤氮从0.9t/hm²增加到2.6t/hm²。土壤因缺磷而限制了产量，当施用磷肥后，牧草产量迅速提高，载畜量增加，有机质亦随之增长。

5. 土壤有机质周转模式

根据试验模式，人们提出了各种方程式来描述土壤有机质的变化，并建立了一种可能的通式。

（1）简易指数模式

c代表单位面积有机碳数量，d为取样深度。而且，在d深度内可能为单位面积中含有无机成分的量相等。这样排除了不同取样时可能出现的容重差异，人们又假设，在研究过程中，取样层并没有损失或获得土壤组分。而且所有有机C部分均应视为相同的可分解的组分。然后，设r为每年C分解的系数。A为每年以植物有机C和动物残体加入土壤的数量（常数）。F"等温系数"，t为时间（一年）。

$$\frac{dc}{dt} = fA - rc \tag{1}$$

分解后改成：

$$C = \frac{fA}{r} + \left(C_O - \frac{fA}{r}\right) e^{-n} \tag{2}$$

此处C为土壤初始有机质含量，其平衡式为：

$$\frac{dc}{dt} = 0 \text{和} \frac{fA}{r} = C_E \tag{3}$$

C_E为土壤有机质的平衡量，因此，展开后为下式：

$$C = C_E + \left(C_O - C_E\right) e^{-n} \tag{4}$$

平衡时，土壤周转时间t_E可确定为有机碳含量矿化所需的时间，其相等于土壤中的有机C量，即上述模式可用下列等式表达。

$$t_E = \frac{fA}{rfA} = \frac{1}{r} \tag{5}$$

就该模式而言，有机碳的平均寿命即为1/r（与土壤再次平衡时的值）

式中数值变化取决于土壤达成平衡过程的值。即C_E式（3），

$$r = \frac{fA}{CE} \text{代入（1）式得}$$

$$\frac{dc}{dt} = fA \left(1 - \frac{C}{CE}\right) \tag{6}$$

用两种土壤进行试验，其每年都用相同的植物碳输入，但平衡值有所差异，即一种土壤的平衡值仅达到一半，而另一种土壤的平衡值可达95%。根据式（6），两种土壤每年获得的相对碳量可用下式给出：

$$\frac{fA(1-50/100)}{fA(1-95/100)} = 10$$

在上述模式中，存在于土壤中的非腐殖有机碳量在一定时间内与有机碳总量相比可以忽略不计。"等温系数"可用作简单式，其是根据有机质分解快慢而设定的，同时还考虑到因进入土壤中新鲜碳和腐殖化碳之间的不同，从而将各分解过程设定为一种模式，但最终将会作出一个明确的界线。分解快和慢的最好结果应当用试验来校正，即如图3-7情况。在图3-7中，当植物原材料一旦有2/3发生矿化时，有机质的分解速度就明显地下降。

类似于（1）的方程式亦运用于土壤中的有机氮：

$$\frac{dN}{dt} = A - rN \tag{7}$$

此式中N为土壤含氮量，A（常数）每年输入系统中的氮量。因此，其方程式可写成下式：

$$N = N_E + (N_O - N_E) e^{-rt} \tag{8}$$

因此，尽管两种土壤每年获得的植物原料相同，但第一种土壤年获得的有机碳量为第二种土壤的10倍。

式中N_O系土壤初始氮含量，N_E为氮的平衡含量。如果C/N不随土壤有机质的变化而变化，那么，方程式（8）和式（4）就会对r给出一个相同的数值。因此，与其说用碳来计算r值，还不如说用氮来计算r值更具优越性。事实说明，所获得氮的数据比碳更为有效。方程式（7）和式（8）不像方程式（1）和式（4）那样，它不会在"等温系数"之内。对于氮和碳之间差异作出判断，那是因为进入土壤中的大部分植物原料C/N很宽（表3-5）。在植物原料分解时期，碳迅速为微生物所矿化，但在该分解过程中，微生物还需要氮，因此，氮便持留于该系统之中。根据这种理论，植物氮也会持留于该系统。这一理论也说明，在腐殖化过程发生以前，植物约有2/3的碳被矿化。当然，这些过分简单化，但当植物是原始富氮（如苜蓿）植物时，腐解过程一开始，氮就会迅速矿化（图3-7）。

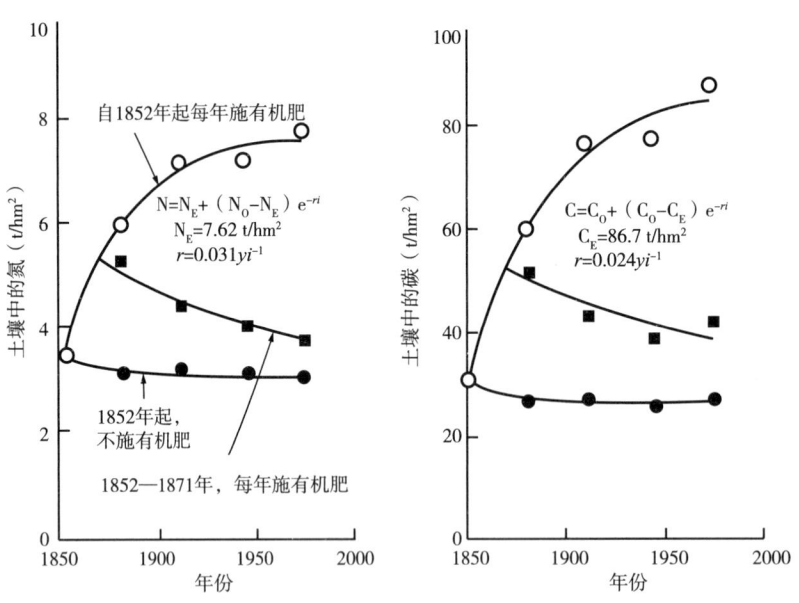

图3-7　在连续种植大麦条件下，土壤中碳和氮的积累

正常取样深度为0~23cm，并可调节土壤容重的变化（Hoosfield，1997）

连续种植大麦，并施用厩肥的试验结果，完全与图3-7中的数据或腐解模式相适应。在第一次施用有机碳时，每年的分解部分（r）为0.024%或2.4%，当土壤有机质达到平衡时，其相应的有机质平均年龄为41年。在"腐殖化"有机质输入量（A）为2.1t/（hm²·y），且相应的曲线适应于土壤氮的曲线（最大有机碳输入量）时，分解的有机质部分r为0.031%或3.1%。当土壤有机质达到平衡时，有机

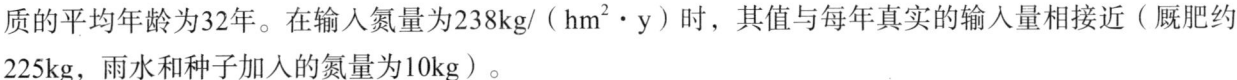

质的平均年龄为32年。在输入氮量为238kg/（hm²·y）时，其值与每年真实的输入量相接近（厩肥约225kg，雨水和种子加入的氮量为10kg）。

简易指数模式只有以下优势：

方程式（4）和（8）给出了土壤有机质周转十分简单的计算图式，且非常相似于许多田间试验的真实结果。假设每年输入量（A）与r无关，即大量和小量输入的有机质分解速率完全相同，并延长培养时间，模式试验与田间试验结果几乎相同。其他一些假设，即"腐殖化"土壤有机质的所有部分分解速率均相同（即r值相同），这种假设现已知晓有一定的误差。用放射性测定有机质年龄时，这种误差就会被排除。土壤表层有机碳年龄的测定可长达几个世纪和上千年，而等式（5）的计算不足数十年。连续种植小麦且未施有机肥的土壤有机碳的放射年龄为1450年（表3-4）。在每公顷施用1.2t有机碳经100年后，土壤有机碳含量大约会保持恒定不变（图3-5），所以人们假设的有机质稳态条件是可信的，其条件为每年每公顷输入1.2t有机碳（表3-3），并假设等温系数为1/3。这样，根据等式（3）和式（5）计算出的平均年龄为66年。经过试验，不仅土壤有机质的平均放射性年龄比等式（5）计算出的年龄大得多，而且还可用化学方法计算出分离出的不同有机质部分的年龄（表3-4）。如果腐殖化的所有土壤有机质部分的r值相同，而且未腐殖化的新鲜有机质量又可忽略不计，那么，就有可能一部分有机质的年龄未予测出，其结果便与表3-4不同。

表3-4　有机质中的腐殖酸、富啡酸和胡敏素的年龄

土类	地区	放射性碳年龄（y）			
		整体土壤	腐殖酸	富啡酸	胡敏素
黑钙土	德国	—	1 560	104	2 275
灰化土	德国	—	1 140	140	117
黑钙土	加拿大	870	1 235	470	1 140
淋溶棕壤	英国	1 450	750	420	2 395

（2）多区室模式

最近，一些科学家提出了几种更为可靠的模式。所有模式均假设有一系列部分，各部分又有自身分解常数r作为分解指数进行分解。例如，可将有机质分列为5个模式，即快速分解的植物体（DPM）；难分解的植物体（RPM）；微生物生物体（BIO）；物理因子保护的有机质（POM）；化学稳定的有机质（COM）。输入的有机质部分（DPM和RPM）可视为腐烂时有其特定的分解速率，有些BIO，POM，以及一些COM分解后便放出CO_2。BIO，POM，以及COM生成的部分产物分解后能放出更多的CO_2，BIO，POM，而且POM和COM亦都以同样的分解速率产生CO_2，但不清楚CO_2来自哪一部分。

通过调整和计算，可以获得5种有机质的分解常数，以及分解过程中产生的BIO，POM，以及COM发出的CO_2比率。然后作出一种适于腐解的初始阶段（0~10y）模式（图3-6），而且亦可给出土壤新有机质的真实的放射性纪年。因此，这种调整可以纠正管理措施对一定时间内的有机质状况的影响作出预报。典型的例证列于图3-6。以长期每年每公顷输入1.2t碳为例，5种模式可以预告土壤的有机质含量：

0.1tC/hm²（DPM）（周转期0.2y）

0.6tC/hm²（RPM）（周转期3.3y）

0.3tC/hm²（BiO）（周转期2.4y）

13.6tC/hm²（POM）（周转期71y）

14.6tC/hm²（COM）（周转期2 900y）

预告出的土壤总碳量为29t/hm²（实测为26t/hm²），所有土壤预告的放射性碳纪年为1 240年。这些预告数值的显著特征是周转期有很大的范围，即从半年至2 900年。因此，需用田间试验予以校准。

不管有多长的周转期，所有有机质的模式都是连续合成的，而且应分成各种等级。其他的假设是土壤含有一种小的、钝化的"老"有机质部分，而且在土壤剖面中分布比较一致，其中一些"现代"有机质部分的周转期小于100年，并随深度加大而降低。这种模式类型可提供出土壤碳放射性纪年，其在土壤剖面中通常会增加。

Hunt制作了一种模式，即不同草地条件下有机质的分解速率，并提出了温度、湿度和氮的有效性变化对分解速率的影响。

简单的1种或2种分布模式（方程式4）可以给出10～100年的田间数值（例如图3-7）。但是，仍然需要更多的分部模式，以适应自然界的真实过程。现时，还没有创造出一种新的模式，以作出精确的数值来表示其正实性。实际上，要判断有机质周转过程中各个中间环节的状况是十分困难的，因为有机质的动态状况仅仅是一种净效应。

三、土壤中不同有机质的元素组成

1. 植物和动物体的元素组成

表3-5列出了一些不同类型的植物体和动物材料的典型元素组成。当以其干重百分率表达时，大部分植物和动物的含碳量几乎是常数，其范围为40%～50%。含硅量非常高的植物乃是一种例外，某些硅藻类生物，其含碳量小于40%，而富脂肪类生物（或部分生物体），其含碳量则高于50%。表3-5列出的其他元素值系生物之间的最大变化范围。含氮百分率之间的变化值可高达10倍以上，富蛋白质和富核酸的细菌含量最高，而木耳则最低。磷的含量其规律类似于氮，的确，就表3-5中所列的一些特殊材料而言，含氮百分率与含磷百分率之间具有十分明显的相关性（$r = 0.86$）。硫与氮含量的相关性较小，其中羽衣甘蓝的相关系数最大（$r = 0.47$）。微生物（E.coli）的氮和磷含量比其他元素均高。钾的含量在0.03%～2.5%，但厩肥则可高达5%。

表3-5　一些植物、动物和厩肥中的元素组成和含量（以烘干重为基础）（JenkinSon et al.，1995）　单位：%

类别	碳	氮	磷	硫	钾
细菌	50	15	3.2	1.1	—
放线菌	50	11	1.5	0.4	1.8
酵母	47	6.2	0.7	0.3	2.0
真菌	44	3.4	0.6	0.4	0.6
蚯蚓	46	10	0.9	0.8	1.1
人类	47	8	2.6	0.7	0.5
玉米	44	1.4	0.20	0.17	0.9
羽衣甘蓝	42	4.3	0.45	1.6	2.5
燕麦	—	1.9	0.22	0.12	2.4
苜蓿	45	3.3	0.28	0.44	0.9
木材	—	0.13	0.006	0.005	0.03
厩肥	37	2.8	0.54	0.70	5.1

植物和动物体的碳含量相对稳定，不同植物和动物体的燃烧热值处于一个较窄的范围。表3-6列出了一些纯化合物、植物和动物典型的燃烧热值，其单位表达方式均以每克无灰干物质为标准。除含高脂肪的动物和植物体以外，进入土壤中的大部分有机质，其能值约为20kJ/g干物质。就整体植物而言，燃烧值低于木质素、脂肪和蛋白质，但大于碳水化合物。当然，表3-6给出的数值仅是土壤群落有效能的最大理论值。尽管炭的能值很高（34kJ/g），但其对微生物的分解具有极大的抗性。泥炭（或腐

殖质）则很稳定，因为其化学结构含有一定的能量，但不会迅速被微生物所分解。由林地腐殖质层取得的腐殖化了的枯枝落叶，其燃烧热值差异不大。由新鲜橡树叶形成的腐殖质层，其表达亦以无灰干重为单位，那么差异也很小（表3-6）。当然仅有一小部分源于橡树叶片中的能源物质最终会进入腐殖质，并在分解初期会将大部分能量释放出来。

表3-6　一些植物和动物材料的燃烧值（Gorham and Samger，1995）

材料	燃烧热值（kJ/g）
纤维	17.6
淀粉	17.5
木质	26.3
酪蛋白	24.5
植物脂	38.5
陆地植物	19
陆地植物种子	22
无脊椎动物	23
昆虫	24
脊椎动物	26
木材	21
植物叶片	21
沼泽泥炭	20.3
林地腐殖层	21.1
炭	33.9

2. 植物和动物的主要结构化合物

植物和动物中的所有结构化合物都会在一定阶段进入土壤，并不断进行分解。但这些物质在整个土壤有机质的周转过程中所起作用很小。仅从广义而言，动物和植物体亦可能是周转过程不可缺少的部分。有关植物和动物体的详细化学结构不在本章讨论之列。读者可以从有关书籍中查找。

迄今为止，死亡的植物体仍然是进入土壤中的最普遍的物质，它为土壤群落提供了最原始的物质（Primary imput）。土壤群落体又合成了次生物质（Secordary imput）。在最适条件下，生长的生物体，其能将基质碳转化为细胞碳的最大值达60%。就一些复杂的基质和欠适宜的条件下生长的生物群落而言，其能量的转化系数甚小。因此，每年形成的碳的次生物质不会大于每年进入土壤中的初始物质的60%，甚至大大小于此值。

表3-7显示了一些有选择性的植物中某些主要结构化合物的含量。虽然分析所使用的方法比较陈旧（即Waksman早期使用的方法），但仍然能表达原始化合物的状况。

进入土壤中的大部分丰富的有机质是多糖和纤维素，其占木材和成熟植物体的30%～60%。全球土壤中每年分解的纤维素碳量，即约为3×10^{10}t。纤维素是一种β-（1→4）-连接的葡聚糖，其主要存在于高等植物、藻类和一些真菌的细胞壁中。有少数细菌亦能合成纤维素以作为细胞外的多糖。

表3-7　各种植物材料的结构化合物（%）（Samger et al.，1995）

结构化合物	玉米秆	黑麦秆	橡树叶	苜蓿	绿色针叶	老针叶	柏树木
溶于醚和酒精的部分	6	5	6	10	8	24	5
溶于冷水和热水的部分	14	6	14	17	13	7	3
半纤维素	18	21	13	9	14	19	11
纤维素	30	39	14	27	18	16	38
木质素	11	15	30	11	27	23	28
蛋白质	2.0	8.0	4.3	8.1	8.5	2.2	0.7
灰分	8	5	5	10	3	3	1

半纤维素和纤维素不同，它能溶于碱溶液。植物半纤维素是与多糖无关的功能性和结构性基团，有些基团可作为能源储存物，而有些基团（木聚糖）则是细胞壁的结构组分。植物的碳水化合物是能源的贮库，其中淀粉的分布最为广泛。这些化合物不可能是重要结构化合物，因此，也不可能形成土壤中的原始有机质。死亡植物或将要死亡植物组织中的木质素是土壤有机质特别重要的植物体的结构化合物。它们是一些交联芳香族聚合体，但并不显示出细胞的年龄。裸子植物和木质素由P-羟基肉桂醛和松柏醛经氧聚合作用形成，而被子植物木质素则含有一些聚合物，其由芥子醛加成作用而形成。这类木质素与其他主要植物聚合物不同，它们极具抗性。

土壤次生化合物中一个重要的多糖乃是几丁质，它在结构上与纤维素有着密切的关系。几丁质也是脊椎动物外骨架中的一种普通成分，同时，也发现只存在于丝状真菌细胞壁中。

3种有生命活力的细胞结构化合物——蛋白质、脂类和核酸，其都存在于进入土壤的所有植物和动物残体之中。蛋白质的数量变化较大，其范围从软木材的小于1%到细菌体的50%。

进入土壤中的有机氮大部分为植物蛋白质。富含蛋白质的细胞常常也富含核酸，而且年幼细胞中两者的量均较高。细菌通常含有核酸和蛋白质的比率较真菌或植物要高，这可从表3-5中列出的氮和磷量反映出来。

水溶性结构化合物构建了植物、细菌、真菌、活体脊椎动物和无脊椎动物体中有机化合物的主要部分。在幼细胞中，这类化合物含量最大，而在将死亡的材料中含量很小，但却构成了进入土壤中有机质的主体。水溶性部分含有单糖、游离氨基酸、肽等，以及一部分蛋白质和核酸。

某些植物少量的结构化合物，如叶绿素、色素、树脂、萜类、生物碱和单宁，它们与聚酚化合物有着密切的关系，但也都能进入土壤。虽然，进入土壤中的这类化合物数量很小，但在聚合作用中却起着重要的作用，而且还能控制某些植物材料的分解速率。所以，叶片中的单宁含量会影响其对土壤动物的食欲，从而就会影响到动物对其的消耗。具有较大抗性的一些硬木材也会含有抗性的酚化合物和醌化合物。

3. 土壤中混合有机物的分解作用

（1）植物材料

关于在不同环境条件下不同植物材料的分解速率已做过无数次试验。由于应用技术的原因，大部分有意义的研究均集中于分解的初期，其是由于分解作用相对容易控制，同时也容易观察和称重测定。在原始有机质分解的初期，完整植物体的原有结构和成分支配着分解过程。但是，现时已利用了标记植物材料，从而人们就有可能在可观察原始材料变化后，追踪在自然条件下的分解过程。图3-8说明了这样一个试验结果，即在试验中，用室外渗漏计就标记^{14}C-黑麦秸秆经10年腐解来得出结果。最初，腐解非常迅速，在前几个月，约2/3的标记碳遭到损失。然后碳的损失减缓，所以在10年后，土壤仍含有加入原始放射性碳的12%。在1～10年的试验期间，标记碳的损失率比未标记的土壤碳（试验开始时土壤中原有的碳）要大。这种状况说明，在迅速腐解的初始阶段以后，其分解速率就会减慢。当植物体与土体充分混合物时，上述情况几乎都会出现。在初始阶段，总碳分解的真实比例显然与许多作物残体的分解速率相似。田间试验证实，黑麦草地上部分、黑麦草根系、嫩玉米秆和成熟的小麦秸秆，它们在一年后，所有碳的损失将约占2/3。有人在实验室进行了试验，嫩燕麦苗在一年后，在土壤中残留的碳约为34%。供应氮的小麦秸秆，其值为38%，完整的大豆植株为28%，成熟的玉米秸秆为38%。有意义的是，这些结果表明，当分解的初始阶段一旦过去，鲜嫩的残体和成熟的植物原料如玉米秸秆、叶片都与土壤中碳量相似。这种情况表明，未成熟的植物体含有大量的活性物质，因此，在28天后都已迅速分解，而成熟的植物体没有此条件。图3-8的腐解曲线率显示，这与等温系数概率有关。

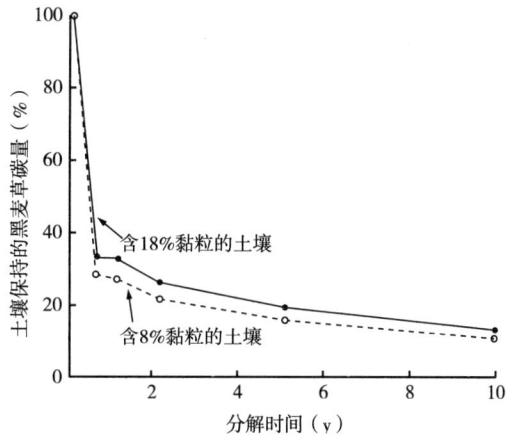

图3-8 大田条件下用黑麦草培养不同土壤时的分解过程（Jenkinson et al.，2006）

曲线的斜率说明，在原始植物组分的分解过程中，合成的腐殖质对微生物分解的抗性比原始植物组分的抗性要稳定得多。除了个别情况外，大部分原始输入的化合物会在第一年裂解，即使是木质素，一种最具抗性的植物主要组分，其在土壤中亦能在好气条件下逐渐地降解。因此，甲氧基（木质素分子的一种综合部分）在堆制过程中损失速率类似于系统中碳的损失速率。一年以后，几乎所有植物残体碳既能成为优势生物的碳存在，也能成为不同"腐殖化"阶段的一些化合物存在。图3-9说明了下列事实：一年以后，厩肥（农家肥）、成熟麦秸和嫩玉米苗的分解速率都相似，但在整个试验过程中，土壤所持留的碳量，即持留厩肥的碳量比麦秸的碳量要大。所以有人指出，如果厩肥在制作过程中碳量会有所损失，那么就不存在分解的速率差异。农家肥对分解作用显然具有较大的抗性。因为农家肥制作的时间原因，所以很难观察到在土壤中分解的初始阶段。

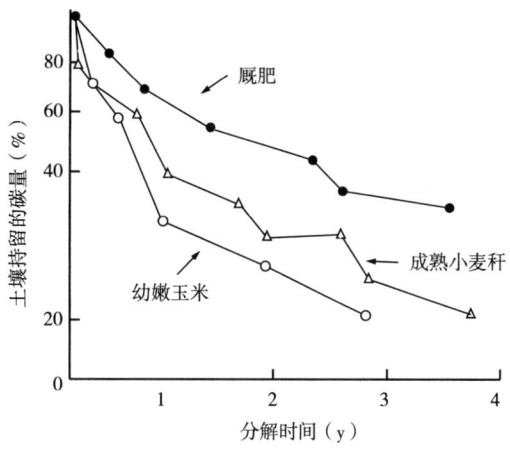

图3-9 大田条件下不同有机质培养土壤时的分解过程（Oberland，2007）

当然，某些植物原来就比作物残体更能抗分解作用。因此，雪松木屑65%的碳在30℃经2.2年分解后仍然留存于土壤之中，在相应的图中，雪松皮屑则有50%的留存碳量，显然，聚酚通常是起着重要作用的化合物（Allison和Klein）。有人指出，蛋白质与单宁相结合，其分解速率显著下降。橡树和云杉的枯枝落叶，其C/N比率大，而且富含聚酚，所以它们的分解速率比富含氮和可溶性碳水化合物而含很少含聚酚的榆树、桤木或榛树的枯枝落叶要慢。因此，含有这些不同化合物在分解的初始阶段十分重要，而这些化合物对分解的影响会随腐解过程的进展以及其与土壤和土壤动物降解的时间增加而逐渐减小。

（2）植物化学分离组分的分解作用

虽然植物结构化合物如纤维素或半纤维素的最初分解较快，但几个月后，分解速率明显减弱。这可用两种基质葡萄糖和纤维素来加以说明（图3-10）。

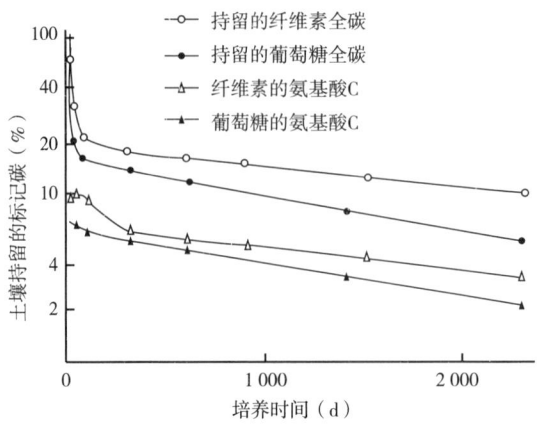

图3-10　相同土壤中标记葡萄糖和纤维素的分解过程（Sorensen，2008）

在特定的试验条件下，经6y的研究证实，土壤持留的纤维素碳比葡萄糖的碳要多。在初始阶段结束时，加入土壤的纤维素碳持留量约为20%，葡萄糖碳的持留量约为15%。从这一结果可以看出，植物芳香族结构化合物、聚酚、木质素等，它们都不是土壤有机质形成抗性化合物时的必要物质，但无疑将起着一定的作用。这类抗性化合物有可能存在于活细胞或"腐殖化"有机质的各个部分之中，而且这类化合物是在早期的分解过程中形成。因此，在纤维素或葡萄糖分解过程中合成氨基酸的量会在几周内达最大值，随后则下降。所以合成的氨基酸碳量是颇为重要的，当标记的葡萄糖或纤维素在土壤中分解一年后，标记的抗性碳有1/3存在于氨基酸中。

加入土壤中的非葡萄糖碳可在一周后以葡萄糖的形态回收，当然，许多加入的碳仍会留存于土壤中不能回收。其他加入土壤中的植物原料则不会如此快速的分解。因此，有理由说明，一些土壤多糖乃是自然界的主要化合物，即其构成了未分解的植物多糖。

土壤中整体植物材料的特性诱发了化学分离出的化合物的特性。所以在分离化合物的过程中，其结构和物理性质可能不变。有人发现，当半纤维素用化学方法提取，并与土壤培养448天，结果是98%的结构化合物（木糖）消失。相反，当完整植物材料与土壤培养448天后，土壤中仍留有约20%的原始木糖。然而，亦有不同的情况会发生，植物材料酸解后分离的木质素比温和法分离的木质素更能抗微生物的降解作用。用酸预处理而分离的木质素中的碳仅有4%能在118天内被矿化，而用乙醇提取的木质素碳在78天内约有29%被矿化。现已证实，许多担子菌（白腐菌）都具有能降解木质素和纤维素的酶，而且如果这类微生物成为集合的种群，那么其还能以不同的途径分别降解木质素和纤维素。

当一种既定的化合物在土壤中分解后，残留的"稳定性"碳的真实数量则取决于分解时的初始途径，并在后续分解过程中遵循这种早期分解步骤。因此，人们认为葡萄糖分子中的各个碳原子会在分子初始分解中以不同的速率被矿化，因此，从标记的葡萄糖1-位置上释出标记CO_2比在6-位置上释出的CO_2要快。同样，全部标记[14]C的丙氨酸的分解速率与仅在羧基上标记[14]C的丙氨酸的分解速率相比较，结果发现，在经几周的分解后，全部标记[14]C的基质（丙氨酸）有17%残留于土壤中，而在羧基上标记[14]C的基质（丙氨酸）残留于土壤中的仅为5%。

总之，当有机化合物如乙酸、葡萄糖、木糖、纤维素、半纤维素、氨基酸等在加入土壤时，经一年的分解作用后，碳在土壤中的持有数量小于整体植物原料中碳的持有量。现时，尚不清楚的原因是，整个植物体遭分解的速率小于分离出的有机化合物的分解速率，还是某些植物的结构化合物（如木质素）比纤维素能更有效地发生腐殖化作用。

（3）土壤中微生物的分解作用

正如对植物材料的研究那样，大部分的研究集中于分解的初始阶段。研究发现，由13种不同微生物经10天分解后，碳的损失达50%，具体的各种微生物的碳损失率范围为28%～60%。土壤中的生物如死亡的蚯蚓等会被迅速分解（10天内碳损失51%），而亚硝化单胞菌的细胞膜中的碳则不会被迅速分解（分解速率为28%）。

能产生菌丝体、分生孢子或含有黑素的菌核体的真菌的外表层结构体因具有抗性而很难分解。因此，Hurst和Wagner等指出，能产生一种透明体的真菌（黑曲霉）细胞壁的分解速率较细胞质的分解速率要快，而且，具有黑素的菌丝体的分解则又较细胞质要慢得多。同时，比真菌透明体的细胞质也慢得多。许多研究者都支持了这种结果。在统一标记^{14}C的固氮菌和黑曲霉的研究中，其在土壤60天培养过程中，前者释出了60%的碳，而后者则为45%。因此，人们认为某些真菌组织几乎在很长时间（几个月）内不发生分解变化。

在初始分解后，微生物体的一些抗性物质系来自原始细胞物质，其中有些抗性物质则是在细胞中重新合成的化合物。这类物质在分解快速进行时占主导地位，而且有一些则为腐殖化合成的物质。所以，现有知识还不能区分原来的抗性化合物还是重新合成的化合物。

（4）激发效应（Priming action）

新加入土壤中的有机质能刺激或延缓原有的有机质的分解作用。加入新鲜有机质的这种作用被称为"激发效应"。激发效应可以是正效应，也可以是负效应。有意义的是激发效应引入同位素技术而被确认的。如果标记的底物与土壤统一培养，那么可将释出的CO_2分成来自土壤（未标记）或来自底物（标记）。图3-11说明了这种状况。当统一标记的黑麦草加入土壤后，让其分解78天，这样释放出CO_2中的C为291mg，其中241mg来自植物体，50mg则来自土壤。如果同样的单独培养土壤，其放出的C为37mg。这样激发效应为（37～50）或+13mg的土壤碳。

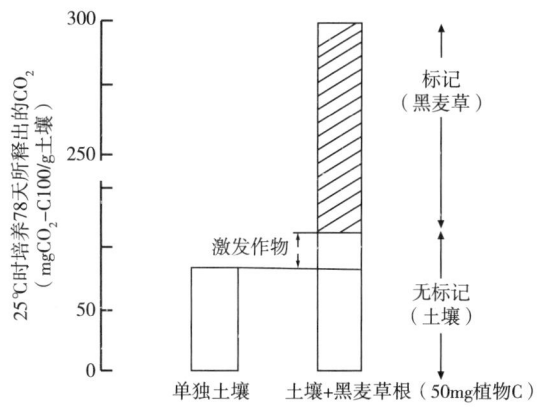

图3-11 激发作用：用统一标记的黑麦草根培养土壤后，测定标记和未标记的CO_2量（Jenkinson，2008）

现在，许多技术或理论误导了激发效应。例如，图3-11说明了激发效应的某些部分系测定方法的人为推算（非测定结果）。在试验用的土壤为钙质土时，它在培养过程中，由标记植物体释出5mg的碳，抵消了未标记土壤碳酸钙释出5mg的碳。因此，这一试验中真实的激发效应为+8mg碳，而不是+13mg碳。

所以激发效应的同位素技术也有一定的误差，因此，需要用新鲜底物加入土壤，其是刺激还是延缓土壤中原有有机质放出CO_2的分解速度来证明其正的激发效应。真实的激发效应可分成两类：直接激发效应和间接激发效应。在直接激发效应中，起主要作用的是生物（如真菌孢子的发芽），其因增加了酶的活性，所以加强了对腐殖化有机质的分解。间接激发效应是因为加入了易分解的新鲜有机质，从而改变了微生物生存和发展的环境条件。例如pH值的变化，在一定时间内，氧的不足，微生物的营养如氮的限制等。所有这些作用在新鲜有机质加入以前原存在于土壤中有机质的分解影响都是暂时的。

我国著名土壤学家朱祖祥院士于1962年就提出了土壤有机质（C）的起爆效应（explosive effect）。现统称激发效应（priming action），即施用绿肥及有机肥既可以增加作物产量和增加土壤有机质，但同时亦会加速土壤中原有有机质的矿化速率，造成了有机质的下降（图3-12、表3-8），从而影响土壤肥力和作物产量。因此，国际上对土壤起爆效应进行了广泛而深入的研究。

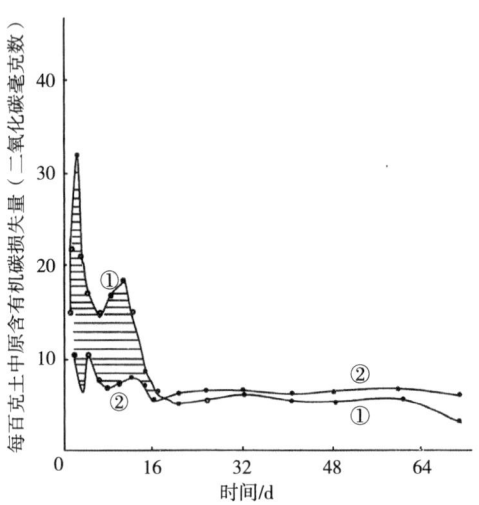

图3-12　每百克土中加入2.4g苜蓿秆后，所产生的起爆效果和抑制作用

表3-8　在不同绿肥的起爆影响下，土壤中氮的转化平衡速率　　　　　　　单位：每天每亩克数

土壤的绿肥处理	分解天数/d	氮的矿化率	氮的同化率	矿化氮的净供应率
（1）每亩400kg青玉米秆	0～10	115	130	-15
	10～73	65	85	-20
（2）每亩400kg苜蓿	0～10	110	100	+10
	10～73	90	45	+45
（2）-（1）	0～10	-5	-30	+25
	10～73	25	-40	+65

激发效应的重要意义不应过分强调。这种效应与土壤中有机质总量相比，其作用很小，而且其实际意义更微不足道。试验最有力的证据乃是来自标记的葡萄糖以及标记的纤维素的研究结果，用标记蓝色格兰草的试验亦证实了上述观点。许多科学家用标记底物与土壤培养一段时间后，又加入更多量的未标记的相同底物来进行试验。结果发现，第二次加入的底物（有机质）对标记碳的损失率影响很小。从而说明第二次增加的生物活性物质对早期存在的有机质分解的影响不大。土壤有机质因其物理和化学结构，所以它较为稳定，且因缺乏微生物所需的能源物质而不容易遭到微生物的分解作用。

四、影响土壤有机质分解的因子

1. 有机质的易分解性（颗粒大小）

小颗粒的有机质分解速率常较大颗粒的有机质快。用粉碎的小颗粒（<53μm）有机质（黑麦秸秆）和大颗粒（<1 000μm）有机质与土壤共培养，结果证明，前者在448天的培养期间，其碳的损失率为61%，而后者仅为52%。有人用松木屑和橡树叶做了同样的试验，其结果亦相似。由于大颗粒有机质的分解性差，所以其分解速率亦小于小颗粒的有机质。小颗粒有机质的表面积大，因此，易遭微生物侵蚀。例如，真菌（毛状或先锋木腐菌）对小颗粒有机质的分解较快。由于微生物的繁殖在小颗粒有机质上快，对氮的需求亦大。因此，用C/N比大的植物原料（玉米秸秆）在土壤中进行分解试验表明，小颗粒有机质的固持作用（固定氮的能力）在第一个月比大颗粒的大6倍。

土壤动物在粉碎有机质的过程中起着重要的作用，因此，其促进了有机质的易分解性。土壤动物常常仅能消耗少量的有机质（即可溶性碳水化合物和含氮化合物），然后又排出体外。白蚁在其消化和同化有机物时成指数增长，即占消耗植物体的50%。白蚁达到这种程度的能力是因为有高度发育的，能与分解纤维素的微生物共生的结果。因此，有些科学家专门研究了白蚁在热带土壤中分解有机质的作用。

土壤表层枯枝落叶的分解更受极端温度和湿度影响（与土壤中分散的有机质相比）。所以人们发现土壤表层有机质的腐解速率比混入土壤中的有机质更受环境因子的影响。但是，在水分和温度比较均一时，有机质所处位置就显得不甚重要。试验表明，含有一定水分的木屑，且能供给适量的氮时，其分解速率快于混入土壤中的有机质。土壤动物（如蚯蚓、白蚁等）能将有机质粉碎成小颗粒有机质，从而加快了分解速率，这种粉碎作用显然与消化作用和同化作用有所区别。

进入土壤的植物和动物残体都含有各种各样的化合物，其对微生物的敏感性变化颇大。简单的碳水化合物和蛋白质易于分解，而木质素和蜡则极具抗性。植物中各种化合物的数量及含量范围对分解作用十分重要。

图3-8表述了土壤中黑麦草不同成熟阶段的分解速率。表3-7则列出了它们的近似成分及其含量。这些数值大部分是公开认同的典型数据。由图3-10可知，CO_2的释放速率因植物中含N量增加即C/N减小而加大。在培养28天时，多汁植物体释出的CO_2高达80%以上，其值比成熟的黑麦草要高出许多。表3-7中亦显示出黑麦草的半纤维素、纤维素和木质素均随发育期的推进而增加。所以植物抗性化合物和有效N的含量决定了腐殖质形成过程中植物体的分解速率。

植物体的物理状态也是一个重要因子。多汁植物体，如绿肥作物，它们的分解速率比干枯的相同植物体要快。即使将干枯植物体沾湿亦不能恢复到多汁植物那样的分解速率。

植物体粉碎至一定细度时，其亦是控制分解速度的一个重要因子。粉碎的植物体具有较大的表面积，因此，易遭微生物的侵入，特别是那些微生物或菌丝体难于入侵的植物体，而粉碎后则易于遭微生物的分解。但是，当氧供应不足时，分解则延缓。潮湿的植物体会在其中心位置缺氧而形成厌气条件。因此，分解亦就缓慢。在堆肥和厩肥中央，缺氧是一种普遍的现象，如果迅速和足量的供给氧气，那么，就会加速分解。当然，厩肥常常都是在厌气条件下储存。

植物体因粉碎而加速了分解，其不仅增加了表面积，而且也增加了各种植物组成，如纤维素等的百分率。由于完整植物体受到木质素、蜡或胶的保护而不易为微生物分解，而粉碎后，各种植物的组分就会受到微生物分泌的酶的作用而分解。所以植物体的大小对其分解速率具有重要的意义。

2. 水分

在土壤生态系统中，水分是控制生物活动，特别是对微生物活动具有极为重要的作用。因此，水分亦决定着有机质的分解速率及其分解途径。在干燥条件下，微生物的活性最低。在埃及第一代王朝（300BC）时，木材（棺材）处于良好条件下而得以保存。后人研究指出，这是水分对所有微生物活性影响的结果。他们以不同水分含量的砂壤土进行培养，结果发现，在氧和碳的矿化作用最大时，其水分含量亦处于最佳水平。

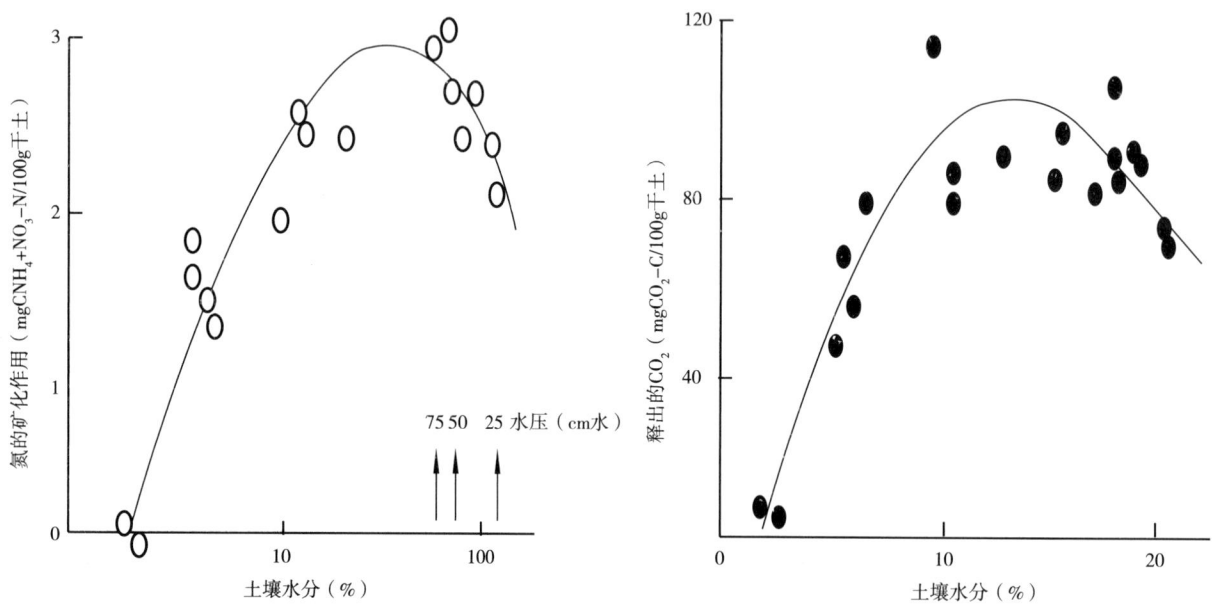

图3-13　水分对CO_2释放和氮矿化作用的影响

有人用泥炭进行培养试验后亦获得了类似的结果。他们指出。在不同土壤中的不同水分压力条件下，产生的CO_2量最大。就泥炭而言，最大CO_2释放量在亚表层。1958年的一个试验证实，草地释放CO_2的最佳水分含量在排水良好的层次，从而表明，该层是适于微生物活动的良好环境（图3-13）。

在不同含水量的土壤中，微生物的活性亦有所差异，从而说明，细菌活性的下限水压约为-80Pa，而且较为干燥的土壤中的微生物活性是真菌。

土壤水分含量较好的表达单位为压力单位，其既可用水银柱的厘米数，亦可用Pa表达。一个Pa略小于一个大气压（76cmHg）。研究表明，所有土壤的CO_2释放的峰值在接近水压为50cm水银柱（0.05Pa），但在15天内，产生CO_2的总量无明显差异，即水压处于1～3 160cm（3Pa）。在0.05～0.15Pa时，CO_2释放的峰值便会出现。在14天后，CO_2积累的总量相同时，水压处于0～0.15Pa。

向湿土加入真菌菌丝体，但首先遭到了细菌的分解，而向干燥的土壤加入相同的真菌菌丝体，其首先遭到放线菌的分解。在介于过湿和过干的中等水平的土壤中，细菌活性之后便是放线菌。

当土壤十分潮湿时，产生CO_2的数量减少系由缺氧所致。在水中，氧的扩散能力比空气中的扩散能力小几万倍。所以，积水土壤中氧的供给速率比湿土要缓慢。当厌气条件下有机质分解速率较小时，氧的供给速率显然限制了植物体的分解。分解作用的途径亦因水分含量而有所变化。在好气条件下，有机酸如丙酸等能加速分解，而在缺氧时则会积累。

3. 通透性（氧的供应能力）

除少数例外情况，真菌、放线菌、藻类和土壤微动物区系以及许多类型的土壤细菌均属好氧微生物。在厌气条件下，生物活性主要为细菌。细胞色素氧化酶，即好氧微生物最重要的终端氧化酶，其米氏常数约为2.5×10^{-8}M，即酶活性点的氧浓度为2.5×10^{-8}M至吸收氧速率的一半位置。这样的浓度大大低于水分与空氧平衡时的氧含量（空气在20℃时的氧含量为2.7×10^{-4}M）。从理论上讲，土壤中的氧分压约低于空气中分压的10 000倍（呼吸速率达一半时的数量）。因此，该值为土壤溶液与微生物接触时土壤大气的平衡量，而且，酶的活性位置所需氧量亦不受限制（氧可通过细胞壁而移动）。实际上，虽然氧受限制时的氧压通常低于大气压，但土壤空气中的含氧量在此值时已受到了限制。图3-14表明，真菌（Sclerotium rolfsii）的生长并不受氧的限制，因为其可在低于空气中氧量的4%时还能生长。从整个生物群落而言，其结果几乎与此值类似。在潮湿但不积水的土壤中，通过不同氧浓度的气流供氧，加入麦秸进行培养，结果显示，气流中的含氧量从21%降至5%时，CO_2的释放量亦降低，其值仅为16%（表3-9）。

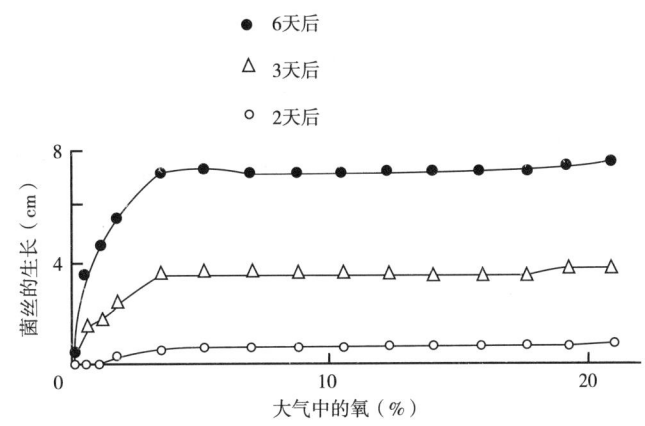

图3-14　氧对真菌（Sclerotium rolfsii）生长的影响

表3-9　用4%的麦秸与2.2kg土壤混合培养1 000h后释出的CO_2量

	通氧气（%）			
	0	2.5	5	21（空气）
培养后释出CO_2-C（g）	1.9	9.8	11.8	14.1
释出空气中的CO_2-C（%）	13	70	84	100

当底物与土壤混合后，有一定时间会出现在厌气条件下进行分解。厌气位置或好气位置还取决于分解底物时的需氧量以及氧输送至不同位置时的速率。有人提出，临界的精确范围（R），即允许通过一精确值而能进行好氧呼吸的数值，此R值可用下式表达：

$$R = \sqrt{(6DP_0 / S)}$$

此处D为扩散系数，S为单位土壤容积耗氧速率，P_0为精确表面积上的氧浓度（假设与大气平衡时的数值，即2.7×10^{-4}M）。土壤中的孔隙被空气充满时，D就是通气状况下的扩散值，此时S值可能亦为此值。但当孔隙被水充满时，D值便会小于4个级次。这样，临界精确范围（R）便变为几个毫米的级次。S值亦可能如此。

当氧受到限制时，土壤中的代谢会发生根本性的变化。由此不仅会使大部生物群落失去活性，而且兼性厌气微生物亦会从好气呼吸（即利用氧分子作为电子受体）变为厌气呼吸（即利用无机化合物作为电子受体）。在厌气条件下，加入底物后释放的CO_2速率比好气条件下缓慢得多（图3-15）。有人发现，当土壤用1%的葡萄糖在暴露空中进行好气培养500h，其释放出的CO_2量为厌气条件（通氩气）培养时的3倍。但一旦好气条件恢复，CO_2释放量便迅速增加，一周后，释出的CO_2总量与原在好气条件下培养释出的量几乎相同。

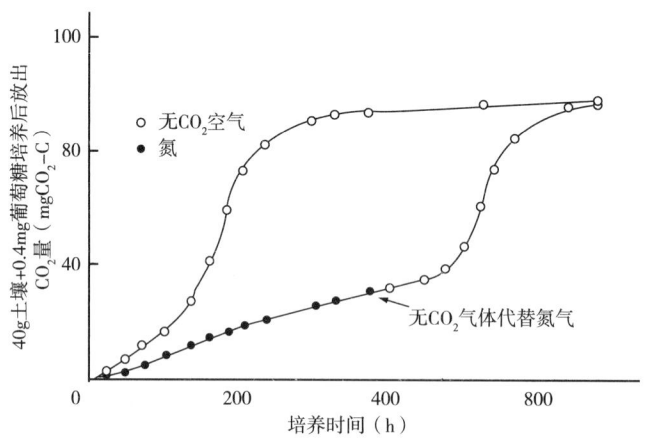

图3-15　好气和嫌气（氨）条件下对葡萄糖（%）培养土壤后释放CO₂的影响

好气分解的最终产物几乎都为CO_2。但是，在厌气条件下，则为产生其他含碳气体。在培养10天后，厌气条件产生的这些气体有：甲烷、乙烯、乙烷、丙烯，n-和iso-丁烷等。在继续培养后，土壤之间产生的气体有很大的差异，其中甲烷产生量最大。在强烈厌气条件下，用有机质培养土壤后，产生的大量甲烷限制了其他厌气微生物的活动。但是，进入陆地土壤的少量有机质最终亦能转化成甲烷。厌气条件下产生的甲烷会被好气土壤层次或表面水中的氧化菌所氧化。

4. 土壤反应或pH值

土壤反应或pH值是影响有机质分解和腐殖质形成全过程的最重要因子之一。土壤反应会以各种方式，即直接的，间接的来影响反应速率。首先，它能影响生长于土壤中的作物种类和残茬返回土壤的数量。酸性土壤缺乏盐基性物质，而中性土壤则能很好地供给钙、镁等元素。喜盐基性物质的大部分豆科作物能在非常酸性的土壤上生长。许多禾木科植物则能在各种反应的土壤上生长。豆科作物残体不仅含有更多的盐基性元素，而且通常也含有较高的蛋白质，而木质素含量较少，C/N比亦小。作物残体的成分差异将会影响到其转化为腐殖质的速率。

高pH值和高氮作物残体有利于细菌的生长，而低pH值和低氮则有利于真菌的生长。细菌常较真菌生长速度快，将有机质转化为CO_2和氮的数量亦大。这些结果表明，在真菌占优势的地方，腐殖化过程会延缓，而且最终产物腐殖质亦无多大差异（至少分解初始阶段）。最后，真菌菌丝体也会分解有机质，而且最终产物有着明显的差异（分解的中间过程除外）。在耕地土壤中，有机质分解速率和步骤的变化受pH值影响最大。

堆肥因同样理由，酸度的影响就显得非常重要。因此，堆肥时通常要加入石灰或其他盐基物质以调节pH值，从而使堆肥迅速分解，并确保其产物具有良好的物理和化学性质。当泥炭土在排水干燥和耕作以前，这种土壤既酸又不通气，因此，所有的分解作用几乎全部停止。在此条件下，有机酸和其他厌气分解的产物会不断形成，其中主要有甲烷、硫化氢和氢，它们都会抑制附近所有好气微生物的生长，同时也包括耐酸的真菌。除非在这样的条件下，即类似于通气的耕地土壤条件下，能形成一定数量的腐殖质的类腐殖质。否则pH值会大大地影响到有机质的分解速率。

大量证据证明，在强酸性的土壤条件下，新鲜有机质的分解速率比中性或接近中性的土壤要缓慢（图3-16）。这说明了以下事实：用标记碳的黑麦草在3种不同pH值的土壤上进行试验获得了有价值的数据。3种土壤都取自老化草地试验田的土壤，而且不同的pH值系经长期测定所确定。在土壤pH值6.9和pH值4.8时，整个试验过程中黑麦草的分解速率非常相似。相反，在非常酸的土壤（pH值为3.7）上经1年的试验，黑麦草的分解速率很缓慢，加入的碳的损失率为58%，而其他两种土壤则为69%。但在5年后，这种差异几乎消失，从而说明了酸性对有机质分解速率的影响始于初期。

细菌群落，放线菌群落和微动物区系在酸性和碱性土壤中有着相当的差异，造成这种差异的原因可能是酸性限制了这些生物群落的活动，从而减缓了有机质的分解。例如，一些蚯蚓品种能耐约pH值4的土壤条件，但当土壤变得更酸时，蚯蚓便会消失。

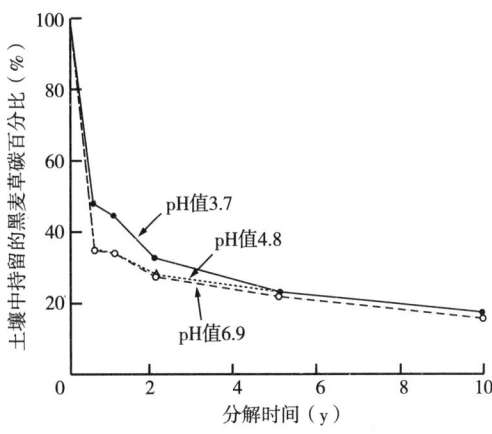

图3-16 土壤pH值对大田中黑麦草分解的影响

5. 有效养分

（1）缺乏营养对分解作用的影响

当有机质加入土壤后，分解作用的微生物便会获得必需的营养元素（氮、磷、硫、钙和钾等）来为其生长繁殖。微生物生长可从两方面获得营养：原来存在于土壤中的有效营养元素；加入土壤中的有机质。氮是需量最大的营养元素（表3-5）。因此，氮亦是限制微生物生长的限制因子。当磷和硫等缺乏时，其亦常会限制实验室内微生物的生长，但该元素不会限制土壤条件下的植物或动物残体的分解速率。

许多研究结果表明，缺氮会减缓有机质的分解。在用松木屑（含碳45.0%，含氮0.13%）置于缺乏有机质（0.84%），并将硝酸盐淋洗移去后的土壤中进行试验，随后，再向土壤中加入硝酸铵进行培养，在最初的两个月内，松木屑的氧化速率增加，但随后CO_2释放速率曲线渐趋平缓（图3-17）。

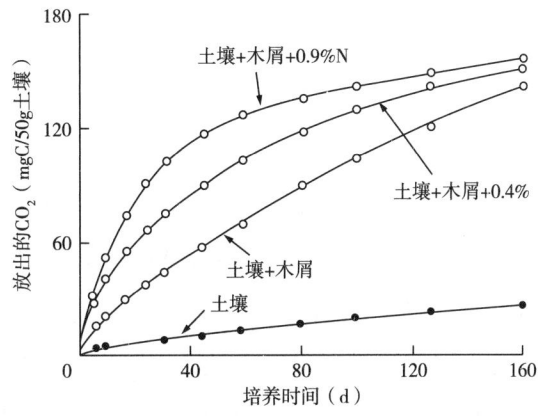

图3-17 无机氮对短叶松木屑（1%）在土壤中分解的影响

现已发现，即使当诸如通气等因子不受限制时，大量加入有机质时的分解速率也比小量加入有机质时的速率要慢。造成这种现象的原因是缺氮。因为土壤中少量的氮足以使少量有机质进行分解，但少量的氮对大量有机质的分解就显然不足。当向缺氮（含0.1有机氮）的土壤加入0.25%的秸秆碳（C/N = 83）时，在经35天的培养后，秸秆中的碳就损失了23%，而加入1.0%的秸秆碳仅损失11%。当秸秆C/N比用硝酸盐调至15时，加入少量有机质的碳经35天培养后损失率为29%，加入大量有机质的碳损失率则为30%。

（2）氮的移动作用与固持作用

在培养基的分解过程中会吸收无机氮，其便称为"固持作用"，而释出氮则称为"移动作用"。能释出无机氮的生物群落和能同化氮的其他生物群落都能促进上述两个过程的进展。因此，测定含有可分解有机物体的土壤中矿质氮含量的变化就可得出氮的净固持作用，即总的固持量减去总的矿化量。现时，已用同位素技术对氮的总固持量和总矿化量进行了研究。

需氮量和需氮时间在最大程度上取决于分解速率。图3-18说明，与秸秆和蔗糖的固持方式相反，用足量的矿质氮作为培养基供应微生物活动，这样缺氮就不是分解过程中的限制因子。就速溶和快速分解的蔗糖而言，氮固持作用的峰值出现在加入后的第二天，而难分解的秸秆，其分解速率最大值和净矿化最小值出现在2~20天的培养期内。现已明确，最大值被视为"转折点"，即将其确定为净固持作用结束和净矿化作用开始的时间。就蔗糖和秸秆两者而论，氮固持作用达到高峰的时段为CO_2释放速率超过其峰值后的时间。其原因是初始分解作用由真菌诱发，随后几天则由细菌完成。真菌合成一定量的细胞物质所需氮较细菌少（表3-5），因此，需氮峰值的出现略迟于CO_2释放的峰值。单位基质碳所固持的氮量，蔗糖的单位值比秸秆的单位值几乎大3倍。在用蔗糖的试验中（图3-17），即在17天的试验过程中，土壤中持留的蔗糖碳与净固持的氮量的比率为6.3，这比通常引用的土壤有机质的数值10要小。造成这种状况的原因可能是在培养17天后，土壤中的大部分碳仍然为微生物细胞中的碳或者呈富氮的微生物的代谢物，即腐殖质类的化合物。在大部分热带耕作土壤中，这类化合物的C/N比为10，而微生物细胞中的C/N比则小于10（表3-5）。

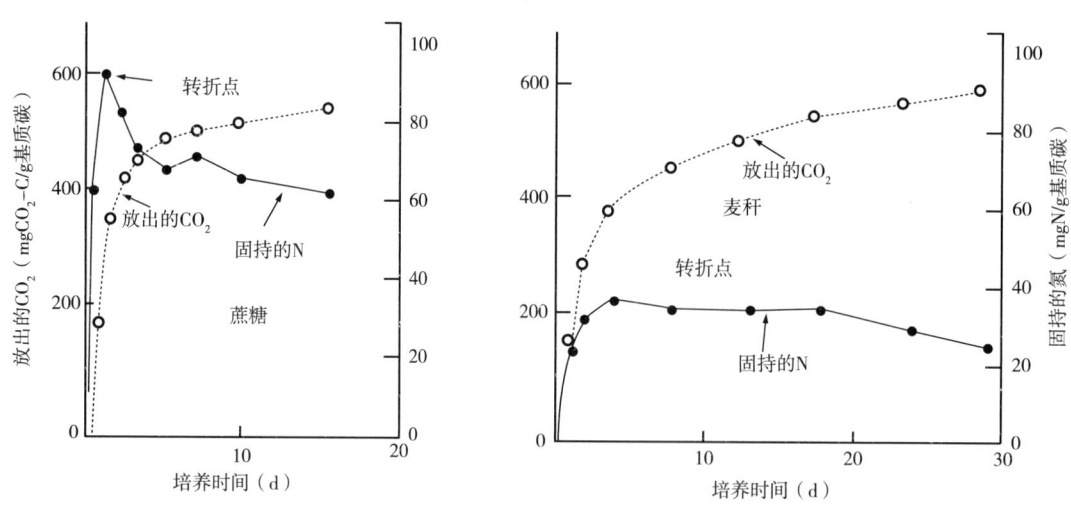

图3-18　土壤中蔗糖和麦秸分解时所固持的无机氮

当一定量的基质加入土壤后，固持作用占优势还是矿化作用占优势，其主要取决于加入土壤的有机质的含氮量。图3-19显示了许多经典的试验结果。一种富氮物质如苜蓿（3.46%N），其一开始矿化作用就占优势，而小麦秸秆（0.54%N），在整个试验过程中均为净固持作用。含氮量介于二者之间的中等水平有机质，其固持和矿化亦取决于中间位置，一般状况是经短期的固持作用，随后便发生矿化作用。就总体而论，有机质含氮量小于1.2%~1.3%（相应的C/N比约为30）时，在培养的早期数周（或数月），其将会固持土壤中的氮（或肥料氮）。有机质的含氮量大于1.8%~2.0%（相应的C/N比约为

20）时，在培养的一周内，通常是矿化作用占优势。因此，有机质的含氮量是控制土壤中发生固持作用还是矿化作用的重要因子，而且发生的时间亦受其影响。

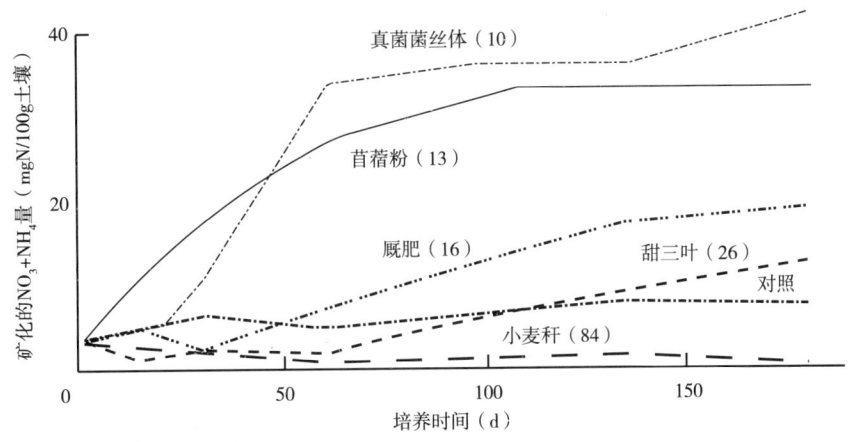

图3-19　用各种有机物（2%）在25℃条件下培养中性土壤时，氮的矿化过程（括号内为C/N比值）

在厌气条件下，植物体分解需氮比好气条件下要少。因此，人们发现，100g稻草在好气条件下通气培养6个月，其能固持氮0.54g，而在厌气条件下，则仅能固持0.07g，这种差异的部分原因是厌气条件下分解速率较为缓慢（在6个月的好气培养条件下，有机碳损失率为65%，而厌气条件下损失率则为47.5%），造成这种差异的另一些原因则为厌气条件下单位基质合成的细胞物质较少。

图3-20综合了植物体分解过程对土壤中矿质氮的影响。若加入的有机质含氮量难以满足生物群落所需的氮量时，那么其就会消耗储存于土壤中的铵态氮和硝态氮。如果储存的氮仍然不够生物群落的需求，那么，异养生物就会对加入的有机质进行分解。因此，硝化细菌和少数植物体都会吸收铵而发生竞争作用。在这种状态下，异养生物的活动则会不断地替代硝化细菌的活动。

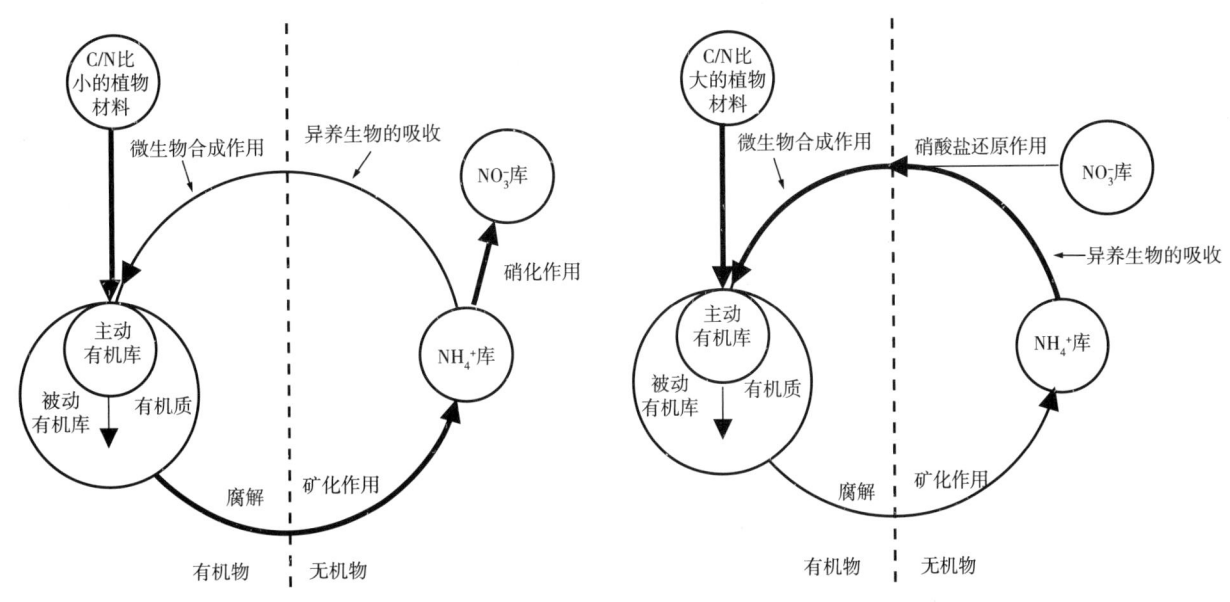

图3-20　含有植物活性材料土壤的内在氮环境

在大田中，作物残体所固持的氮量取决于残体的数量及分解能力、C/N比率和温度。有些人进行了试验，1t麦秸在冬季分解时，需8~9kg氮，而在夏季则需要10~14kg氮。因此，在低温地区，其分解时所需的氮量就较少。农作物能产生根茬1~4t/hm²。所以分解时所需氮量不会超过50kg/hm²。只有当大量的含碳有机质加入土壤时需氮量才会增加，因此，应当特别注意，否则后作就会遭到缺氮的危险。

植物体中的C/N比对有机质的分解作用十分重要，如果C/N比较小，即约为25时，其表明植物含有较少的纤维素，因此，微生物在适宜的通气条件下会达到最大的分解速率。由于干重植物通常含有40%～45%的碳，这也意味着其含有1.5%～1.7%的氮，所以就不需补充氮来保持快速的分解。但是，当植物体的C/N比大于25～30（含氮量为1.2%～1.5%）时，分解速率就不断下降，此时应补充少量氮肥以调节C/N比接近25。当土壤发生"生物激发效应"时，在分解作用的头几天，便需要大量的氮。在生物活性（起爆效应）达高峰后，许多微生物便死亡，并被分解。因此，它们的躯体（微生物体）便释放出部分的氮以供其他微生物或植物所需。上述事实，是针对大部分植物体而言，但若有大量的木质素，如木材等就另当别论，而且必须补充氮材料才能加速其分解。

新鲜有机质在土壤中分解速率的研究表明，许多易分解的有机化合物能在短期内完全被腐解。例如，加入土壤中的糖会在一周内完全分解。糖中碳的损失并非完全以CO_2而损失，有时测量还出现负值。多汁的绿肥在1个或2个月内，其会损失干物质的60%；而在6个月内，则损失70%～80%。残留的有机质有20%～30%，且主要形态为变性木质素，半纤维素、蜡和其他有抗性的化合物。此外，活体和死亡的微生物在分解过程中起着主导作用。因此，所有加入土壤的有机物质都能进一步发生转化而形成腐殖质。

在细菌细胞内容物中，大量存有蛋白质，其通常的含氮量为6%～10%，而细胞壁中则存有几丁质。真菌和放线菌含氮较少，其含量百分率变化颇大，其主要取决于它们生存条件下的有机质的性质和组分。微生物的细胞能合成许多化合物，且构成了土壤活性有机质的很大部分。这部分活性化合物不会限制微生物的活动，因为死亡的细胞形成相当量的土壤胶体部分，并使土壤具有许多良好的物理特性。

C、N、P和S之间的相互关系的研究表明，当有机质发生分解时，其中还会有许多合成过程，通常认为氮最为重要。因此，必须考虑微生物能释出多少氮，又能利用多少氮，以及需要弄清它们在有效氮存在时的分解速率和变化程度。为何要特别强调氮及其变化，其中原因是作物生长中氮及其数量的变化有着至关重要的作用。在适宜的土壤条件下，有效氮的供应是制约作物产量的主要因素。当然，在有机质的降解和合成过程中，以及氮的固持作用和其他反应时，其他必要元素亦不可缺少。需要强调，在所有活体中都有C、P和S的存在，而且它们之间有一定关系。由于这3种元素与氮的关系最为密切，同时也是除氢和氧以外构成细胞原生质的主要元素。其他元素如铁、钙、镁和微量元素通常亦需要，但数量颇少。生物对大量元素和微量元素的需求量因形态和生物类型而变化。

在有机质分解达到一定程度以后，其在比较稳定态的阶段，仍然需要了解C、N、P和S之间的相互关系。这些元素之间的比例并非一成不变，但必须同时存在这4种元素。一种元素的得失可能促使其他3种元素的得失。

C/N比十分重要，下面将会就能量供应和碳/氮比率展开讨论。

能量供应和碳/氮比率

在种植作物的条件下，土壤中任何时候都会发生氮的生物矿化作用和氮的固持作用。然而，作物可能在种植和收获之间有一定的间隙。当伴随着有机质氧化而释出CO_2和NH_3时，土壤中的微生物就会利用少量释出的氮来构成自身的新细胞。在未曾加入新鲜有机质的土壤中，微生物合成新细胞体所需的氮量很少。由于土壤原有有机质对腐解较具抗性，且分解的速率缓慢，所以新形成的细胞体也相对较少。在此条件下，矿化作用则超过了固持作用，即能积累更多的NH_3和硝酸盐用于合成新细胞。释出的氮和微生物细胞中的束缚态氮都能直接随土壤有机质分解速率和数量而变化。

向土壤中加入易分解的有机质会改变生物活性水平，即可增加活性10～50倍。正如上面所述，增加的活性几乎可归因于新的有效高能源的供应。在新矿化作用和固持作用平衡的条件下，如果第一次活性可增加50倍，那么，第二次活性的增加几乎相等。分解过程通常会将加入的新鲜有机物中碳转化为CO_2的转化率达60%以上，而最初在微生物合成细胞碳的转化率仅为5%～25%。因此，氮利用的量会随已存生物的种类、繁殖速率和时间而变化。微生物细胞中的含氮量在很大程度上也随其生长的基质而变化。但大部分土壤细菌的含氮量可能在6%～13%，真菌则在3%～6%。这一数值已被许多学者所认同。

许多矿化作用的试验表明，如果普通作物残体的C/N比率为30～25（含氮量为1.4%～1.7%），或者施N肥使其达到这一水平，那么分解作用会达到最大速率。在这样的条件下，从作物残体中常常不会立即释放出矿质氮。为了达到这一水平而加入比所需的更多的氮时，其矿化速率和氮的固持速率并不会进一步增加。如果加入植物体的C/N比小于25，那么有机质就会迅速分解，然后，矿化作用速率可能超过了固持作用的速率，而且氮以NH_3形态释出。在向土壤加入幼嫩植物体或多汁植物体如绿肥和草坪割下的嫩草等以后，通常便会发生上述情况。

在土壤中以30℃条件下培养10周进行试验，结果表明，含有0.84%氮的草根能固持矿质氮，而在加入含有1.44%氮的草根后，矿质氮有了净量的增加。矿质氮的变化与加入的根量呈一定的比例关系。

大部分作物残体的C/N比均大于临界的C/N比（30或25）。因此，当作物残体加入土壤时，从作物残体或土壤中释出的有效氮会迅速被微生物所固持。当小麦秸秆、玉米秆、老化的杂草、干草和许多类型的木屑未加氮就加入土壤后，固持作用就会发生。在这样的条件下，加入一定量的氮以合成新的细胞，这样，微生物常会快速生长和繁殖。在极端条件下，它们的生长速率明显延缓，但新细胞中含氮量可能亦很低。这些事实说明，有效能源的供应是控制微生物生长的主要因子，同时也说明了氮的代谢途径，而且碳、磷和硫则处于次要的位置。

加入土壤中有机质的C/N比率可作为有机质在土壤中发生转化作用的重要指标，同时也可知道加入土壤的植物体的近似成分和特性对有机质分解的影响。许多人指出，木质素因分解缓慢，所以应考虑其C/N比对其分解的重要作用。

图3-18指出了麦秸的分解速率。氮的固持作用，以及随后氮被微生物束缚的释放状况。在麦秸的试验中，以硝酸钠作氮源，然后将其置于砂壤中恒温培养，结果发现氮的固持作用在第一周显得非常迅速，20天后达最大值，即为原始重量的1.7%。通过CO_2的释放证明，固持作用和矿化作用在适宜的条件下会平衡地进展。

利用蔗糖和硫酸铵与菜园土进行培养所获得的结果表明，当用这两种基质培养时，两天内便出现了氮的最大固持速率，它代替了图3-18（右）中麦秸培养基所出现的20天时间。固持速率相应于蔗糖重量的3.7%（麦秸的固持速率为1.7%）。而且从CO_2释出量可以说明固持作用与生物活性密切相关。

图3-18也证明了基质的成分对氮的固持作用影响十分重要。糖是迅速和完全有效的能源，其以重量为基础时的分解速率比氮的固持作用速率高出2倍以上（用麦秸作对照）。

锯木屑（19种软木屑和9种硬木屑）对氮固持作用的最大速率列于图3-17之中。该试验系与图3-18相同的方式进行研究，结果显示，氮的束缚值（固持值）为原始木材重量的0.3%～1.4%。在图3-17中，固持作用以点标出，其是60天内释出的CO_2总量，此时的相关性亦最大。固持氮量小，这是人们所期望的结果，因为木材仅能部分地分解，而且比较缓慢。分解最迅速的10种木材的最大固持速率通常在40天左右发生，分解缓慢木材的最大值则出现在80～160天的范围内。

麦秸对冬季种植于温室中的麦苗含氮量也有明显的影响。在试验中表明，分解麦秸的微生物固持了相当数量的氮，因此，小麦产量和含氮量因缺氮而受到了严重的影响（减产）。当麦秸的C/N比，因加入尿素而降至35（1.2%N）时，加入的麦秸就不会影响产量和含N量。在夏季亦进行了类似的试验，当C/N比低于27～31（1.56%～1.37%）时，作物就会获得一定的氮量而增产。

生长的植物可以作为土壤微生物的一种恒定能源。除大量的根以外，还有一定脱落的根体和根毛，它们会不断地脱落分解，同时又被细胞所替代，植物根亦能分泌和排出大量的多种化合物，其是微生物优良食物源，但其总量甚少。尽管如此，但它们对根际微生物的增殖却不能忽视。众所周知，微生物的生长促进了氮的固持作用。因此，氮的固持与微生物的数量有着密切的关系。氮固持的数量与根际微生物的数量会因植物品种、生长速率和生长量、生长的不同阶段、土壤条件和氮的相对丰度而发生变化。

重氮示踪技术的应用有助我们进一步理解固持作用发生的过程和程度。Hauck和Hiltbol等首先利用这种技术观察到在燕麦迅速生长期间，进入土壤有机质的氮所发生固持作用的速率比未种作物的大2～4倍。在早期非示踪氮的试验中，特别强调了植物及其根际微生物在有效氮被固持后转化成有机质的过程中起着重要的作用。随后，应用示踪技术获得的数据则支持了上述观点。

有人证实，土壤微生物更能利用氨。当铵态氮和硝态氮同时存在时，微生物确实更能利用铵态氮，但这一事实并不十分重要。许多科学工作者指出，无论硝态氮还是铵态氮都能迅速被固持，并转化成土壤有机质。

当植物体被分解而形成有机质时，其中蛋白质几乎会完全被分解，而且部分有机氮能转化成微生物体的氮，还有一部分则较能抗分解而保留下来，随后转化进入腐殖质。

在渍水土壤中用示踪技术的研究表明，在好气和厌气条件下，固持作用的价值处于中间状态。含0.47%N的稻草能固持附加的N为0.5%。而含1.17%N的秸秆则能固持0.43%的N。在用含氮量低的植物残体进行试验时发现，植物体的原始氮释放得很少。因此，在有机质中发现靶标的数量就可作为净固持氮的指标。

固持氮在条件合适（C/N比<25）时便会释出以供作物吸收。固持氮一词有着严格的定义，那就是能分解加入土壤或在土壤中形成的有机质的微生物所能同化的氮。为了研究固持氮的释放速率，那就需要面对这样的事实，即在实际的土壤条件下，永远不会只有固持氮的存在。所以在进行研究时常常需要用其他有效氮，并充分混合来完成试验。其他氮源有下列几种：① 由植物和动物残体释出的一部分缓效氮，其不会被微生物所同化；② 黏土矿物和有机质的化学固定的氮；③ 施氮后不被作物吸收的氮。研究固持作用唯一的方法是利用微生物在如糖等基质上进行纯培养，并被完全同化后来测定固持的氮。利用该法获得的许多数据非常有效，但土壤中是否亦能发生这样的固持作用则不得而知。

^{15}N示踪技术成功地研究了微生物细胞固持氮的速率。这些研究结果与长期进行的抗性固持氮的矿化作用研究结果相一致。研究结果指出，各种氮每年的净矿化作用速率仅为3.0%～4.7%。固持氮的转化速率在一定时间内颇为缓慢，其原因是氮化物能恒定地转化成具有较大生物活性的化合物。这样的结果目前尚无充分的证据证明。业已发现，堆肥中合成的氮大部分呈蛋白质存在，而极少量的氮呈氨基酸氮存在。最近，有人假设微生物蛋白与非蛋白化合物之间会发生化学的结合，从而保护了前者，即微生物蛋白。此外，也有可能是不具特别抗性的微生物蛋白会受到分解，其分解的产物与环状化合物发生反应而形成了腐殖质中非常有抗性的氮化物。这种现象已被许多科学工作者认同。

图3-18显示，在有秸秆和适量氮的土壤中，人们可以观察到在培养20天后，麦秸重量1.7%的氮能被微生物所固持，但在60天后，其便降低为1.1%。这样的降低，并不能说明有大量的微生物细胞氮被矿化。在20～60天的过程中，可能有更多的麦秸氮以微生物氮存在，而有些麦秸氮则仍然能被微生物所矿化。但速率有所下降。利用示踪氮技术表明，在40天期内，束缚N量（固持氮量）会降低，而且，这些氮大部分来自麦秸残体。因此，这充分说明，年幼的微生物细胞在其死亡前后不会损失其自身的氮。许多微生物品种也都具有这一特性。有人观察到在纯培养几天内从土壤杆菌属和念珠藻属（Agrobacterium和Nostoc）细胞释放的N量为10%～20%。其中，更具有抗性的氮化物是保持在细胞壁

的几丁质中。这类化合物所以具有强大的抗性，乃是因为其将保存在快速分解的细胞外围，从而受到了保护。当试验用的培养基为蔗糖时，在微生物生长达最高峰后的很短时间内，固持的氮的释出量为25%～30%。这些数据表明，即使在发生的固持作用十分强烈时，仍能从年幼细胞中损失一定量的氮。关于氮的固持作用和矿化作用的详细资料可在闵九康等主编的专著或论文中查阅。

（3）无机氮对有机质腐殖化作用的影响

现已证实，向C/N比大的植物体加入氮素就会"固定"住一些碳而加速矿化。但许多人提出了质疑，即图3-17中的陡形曲线就有一定的争议。有人认为肥料氮能降低土壤中的有机质含量。所以增加氮或不再加氮都不会使图中曲线交会。在用标记碳的大麦秸秆土壤中进行有氮和无氮试验时，结果表明，氮通常会在培养期延长时增加吸持碳的数量，但作用甚小，有时甚至毫无效果。从田间长期试验获得的间接证据说明，增加无机氮对土壤碳的保持（吸持）影响很小。表3-10显示出连续长期供氮对两种土壤中有机质含量的影响，其中一种为草地土壤，另一种为耕地土壤。使用化肥130年的耕地土壤所含有机质比未施化肥的土壤略为高一些。施化肥耕地土壤的C/N亦比未施化肥的要稍大一些。这就说明，未施肥的土壤不会有富碳有机质的积累，而施肥的土壤亦不会引起有机质的下降。耕地土壤的有机质主要是由高产作用的残茬加入而增加的。

每年施用氮肥的老化草地土壤含有的有机质亦略高于未施肥的草地土壤（表3-10）。因此，无论是耕地还是草地，经过多年的施用无机氮肥都不会对土壤有机质及其C/N比有明显的影响。

表3-10　长期施用无机氮对两种土壤中碳和氮的影响

试验项目	肥料处理	整个试验所施用的氮量（kg/hm²）	有机C（%）	N（%）	C/N比率
1943年后，连作小麦	未施肥	0	0.90	0.098	9.2
1843年后，连作小麦	（每年）施NPK Mg	18 000	1.08	0.112	9.6
1856年后，连作牧草	未施肥	0	3.0	0.26	11.6
1856年后，连作牧草	（每年）施NPK Mg	12 000	3.3	0.29	11.3

6. 温度

温度是影响有机质分解速率的一个重要因子，而且其通过不同的方式影响着不同的生物，每种生物都有其生长的温度范围和生长的最适温度。就总体而言，在最低和最适温度范围内，温度每增加10℃，生物的代谢和生长就会增加2～3倍。微生物的生长亦遵循此种温度的生物化学反应。

由于生物的不同品种及其特性的变异，因此，它们对温度的反应亦有差异。微生物常有两类：中温型细菌、放线菌和真菌，它们生长的温度范围为0～45℃；高温型细菌和放线菌，它们的最高生长温度为45～60℃。少数分离出的高温真菌，其通常不是土壤生物群落。许多高温型生物在较低温度时亦能生存，但只能在真正高温条件下才能快速发展。任何生物的最适生长温度通常为生长上限的3～8℃级次（即最高温减3～8℃）。

有机质的分解速率，除非在高温时的快速裂解并释出大量CO₂时，否则其亦类似于生物在各种温度时的生长情况。在温度发生变化时，不同群落的微生物亦会发生变化，如主要由细菌群落而转化成放线菌或真菌群落。在生物类型（细菌、放线菌和真菌）未发生变化时，中温类型的微生物变化和高温类型的微生物变化常常不会对有机质的分解速率产生明显的影响。

在冬季，温度降至10℃以下时，一些生物会死亡，但大部分生物则休眠，并在温度恢复至生长范围内后又会开始发展。许多生物都能抗0℃以下的低温，且不会对其后续生长发生明显的影响。

许多学者认为，温度变化会明显地影响到腐殖质形成的数量和氮的释出数量。应当强调，温度变化会使有机质分解速率有所变化，但不会使分解的最终产物有所改变。只要一些生物能利用已存的化合物作为能源和营养源，那么，当生长条件合适时，生物酶系统便会活跃起来。在有机质分解初始时，有机残体主要为微生物细胞、类木质素和动物质，然后，它们将会进一步发生变化，并进行酶促反应和化学反应，从而形成了大量胶体物质，其便被我们称为腐殖质。

有机质储存的能量最终将会以热的形式而散失。这就是堆肥或厩肥堆制后能发热的原因。因此，产生的这种热量又会影响到腐解过程中的微生物群落。但是，土壤中的有机质则因自热作用而不断地被分解和消失，即在适宜的温度时有机质就会发生分解作用。

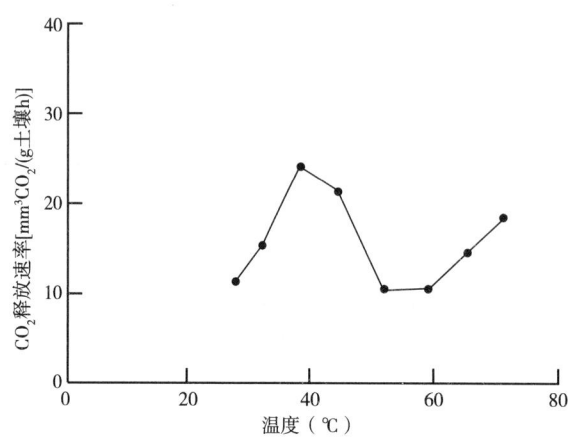

图3-21   土壤亚表层放出的CO_2

图3-21显示了温度对土壤亚表土中CO_2释放速率的影响。在温度高达37℃时，分解速率为最大，然后下降（推测是大部分的土壤生物群落处于不活跃状态），当温度升至60℃以上时，分解作用可能由化学氧化作用所引发。凡特夫定律值[Q_{10}，温度t和（t+10）时的速率系数比率，此处t为温度，其值在2和3之间]是温度在10～40℃范围内接近真实值。当温度增加时，Q_{10}便会降低，在温度为10～20℃时，该值为2.9，而在30～40℃时，该值为2.2。温度对加入土壤有机肥分解作用的影响示于图3-22之中。燕麦秸在土壤中培养30天时，CO_2释放量随温度（7～28℃范围）增加而增加。但在温度增加到28～37℃时，并在30天结束培养时，CO_2释放量仅有暂时的增加，并低于28℃时的释放量。就微生物的变化而言，在30天时培养结束时，细菌数为1×10^9个，即约合1mg碳量，也就是说细菌体在30天培养结束时持留了1mg碳。虽然此值仅为细菌体中粗略的计算值，但图3-22则标示了各处理之间的有用数值。图3-22亦显示了30天内秸秆矿化碳的数量随温度增加而增加（37℃为最高温度），但土壤中细菌持留的碳则下降。

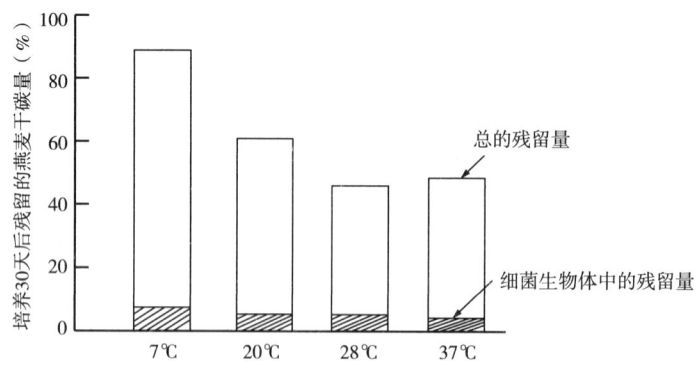

图3-22   温度对土壤中培养的燕麦秆分解的影响

总体而言，温带土壤中的有机质少于寒带土壤中的有机质，现用方程式表达为：

$$N = Ce^{-KT}$$

此处N为表层土壤中N的含量，C和K为常数，T为年平均温度。

总之，温度是控制和调节土壤有机质的重要因子。矿化一定数量的有机质所需温度为：30℃时为一周；10℃时为6周；5℃时为12周。

7. 黏土矿物与抑制物

土壤中黏土矿物含量与有机质的数量有着密切的关系。这是在相同的气候、地形、植被和管理条件，以及其他相当的条件下长期发展的结果。因此，重黏土比砂土含有更多的有机质。这一结果通常归因于重黏土对有机质的稳定作用。但是，这并不是涉及的唯一因子，因为在一定时间内，土壤有机质的数量既是有机质腐解的速率，又是加入有机质数量的函数。植物产量和每年输入土壤的有机质量也会受到土壤质地的影响。

分子量约为150以下的有机化合物，除非带有电荷或能进入离子交换反应，否则难以被黏土矿物所吸附，或者吸附得很少。大分子无论带电荷与否，其完全能被黏土矿物表面的水分子所吸附。

黏土矿物表面大分子的吸附通常会降低其对微生物的有效性。一般而论，蒙脱型黏土矿物对有机质的保护作用大于伊利或高岭型黏土矿物。研究表明，蛋白质呈单层状存于蒙脱石的间层空间，所以其完全能抗微生物的分解而长达4周；但当呈两层或更多层的状态存在时，黏土矿物的保护作用则大大降低。现已充分证明，非晶体的细小无机化合物（水铝英石）对稳定有机质特别有效。因此，黏土矿物对有机质的保护作用并非是单一的吸收作用，其中还有使有机质难于接近微生物的作用。完成降解作用的酶本身亦会被吸收，所以其在一定程度上形成了钝化态酶。

黏土矿物保护有机质的功能还取决于黏土矿物和底物之间反应的完整程度。图3-23表明，在砂壤中，混合微生物群落对降解蛋白质（白明胶）的分解过程中释出CO_2的数量状况。在单独用蛋白质进行培养与蒙脱石混合培养或与蒙脱石复合体（由蛋白质与蒙脱石悬液发生反应，然后用氢氧化钙将复合体沉淀而得的制剂）进行培养，结果表明，用蛋白质复合体进行培养比仅用蒙脱石进行培养时，可有效阻止蛋白质释出CO_2的数量，在70天内，释出CO_2的数量从90%下降至58%。

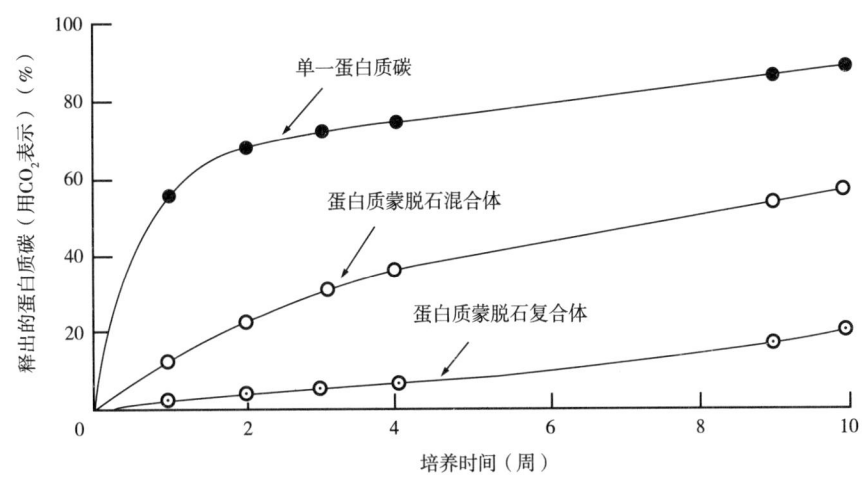

图3-23　蒙脱石对砂培中白明胶（3.6%）分解作用的影响

由于基质是活跃的吸收状态，所以微生物的分解速率就会减慢。黏土矿物亦能减少葡萄糖等释放CO_2的数量，而且，也会减少未与黏土表面发生反应的纤维素等释放CO_2的数量。上述两种情况表明，原始基质可能不受自身的保护，但分解的中间产物则可受到保护。

黏土矿物对有机质保护作用可延续很长时间。图3-8说明了两种土壤对标记碳的持留作用。一种土壤含有8%的黏土矿物，另一种则含有18%。将两种土壤在大田中用标记的黑麦草培养了10年。在初期分解作用波动结束时，黏土矿物含量越大，吸持标记碳的数量就越大，这种差异在整个培养期间都保持不变。因此，受到保护的有机化合物几乎逐渐形成了腐殖质，同时，对易分解的化合物，如蛋白质和核酸的保护作用也是短暂的。有人指出，黏土矿物，特别是具有膨胀晶格的黏土矿物，当其晶格破碎时，一些易分解的有机化合物便会从中释放。由此推论，少量释出的有机化合物会受到某些不易遭微生物分解位置的保护，该位置实际是一些固有抗性的化学结构物质。

黏土矿物不只是一种能延缓土壤有机质分解的土壤胶体，而且亦是减少藻类蛋白质的分解时释出 CO_2 数量的有效物质。用藻类蛋白单独培养，以及用冷冻干燥的胡敏酸混合培养，在12周内，碳的损失率从84%减至51%。相反，游离氨基酸被胡敏酸所保护的能力较小，从而表明，蛋白质吸附在胡敏酸上才能起到保护作用，其原因是使蛋白质难以接近蛋白酶而受到了保护。总之，土壤中的有机胶体与无机胶体在稳定土壤有机质的过程中起到了重要的作用。

众所周知，许多土壤细菌、真菌和放线菌都能在其正常的生长过程中产生抗菌素。事实上，医药上使用的大部分抗菌素都是从土壤中分离出的微生物所生。但是，土壤中的微生物所产生的抗菌素数量太少，不足以有效地发挥作用。在向土壤加入能源，如绿肥和作物残体后，土壤微生物就会产生一定数量的抗菌素。要从土壤中分离出抗菌素常常不能成功，其原因是分析技术不够成熟，或抗菌素被其他微生物所破坏，或被土壤黏土矿物所吸附。显然，后者最为重要。目前，普遍认为，但不能确认，由一定微生物所产生的抗菌素在与其他微生物竞争中起着重要的作用。

单宁能明显延缓有机质的分解作用。有人观察到栗子及其枝条的单宁能与白明胶和麦醇溶蛋白形成复合体，因此，其能降低蛋白质的分解速度。单宁对胨和氨基酸的分解作用影响甚小。单宁对不同的酶亦有明显的抑制作用，当单宁/脲酶比例为1/10时，脲酶活性几乎全部钝化，而要对多聚半乳糖醛酸酶和纤维素酶达到类似程度的钝化作用则其比例分别为55/1和117/1。用不同复合体进行研究后得知，酶的稳定性是复合体中单宁抗性的函数，而且当单宁的分子量增加时，抗性则随之增加。用单宁和不同结构化合物混入土壤进行试验，其结果显示单宁对淀粉、几丁质和皂角苷的微生物分解有相当的抑制作用，而对果胶的分解则较小。无疑，单宁的存在能明显地增强土壤中植物体的抗性，但单宁对腐殖质的积累只起着次要的作用。事实上，单宁被缓慢地分解时，其断裂的残体产物会与其他化合物发生反应或发生聚合作用而形成腐殖质。

其他一些抑制物质也会进入土壤，并影响有机质的腐解过程。这类物质主要有生物作用的最终产物、过量的盐浓度（由肥料或盐碱产生）以及农药或除草剂。除干旱地区的盐碱土外，其他化合物因对生物有一定的毒害作用，所以它们对有机质分解可能起着重要的作用。

五、有机质的动力学和生物质的管理

科学家指出，土壤有机质是最重要的自然资源之一。人们早就认识到向土壤加入有机质或厩肥等能保持和增加土壤肥力。Allison和Vaughan等计算表明，全世界土壤有机质中的碳量为 30.1×10^{14} kg，其量大大超过了全球其他表面碳储库 20.8×10^{14} kg的总量。由此可见，土壤有机质的碳量在改善土壤肥力，提高作物产量和调节全球碳平衡账时有着重要的作用。

进入土壤中的植物和动物残体主要由下列化合物组成：纤维素、半纤维素、糖、蛋白质、木质素、脂类、蜡、树脂和杂色单宁、葡糖苷、生物碱和色素等。纤维素、半纤维素和蛋白质通常易于为酶的作用所分解，并形成生物体的一些结构化合物如己糖、戊糖、糖醛酸、肽和氨基酸等。木质素不易分解成简单的化合物，但仍能在一些真菌的作用下缓慢地分解。脂类、蜡、树脂、单宁等具有一定的抗性，因此，难于被微生物所降解。

在正常通气条件下，大部分中间产物会迅速氧化为 CO_2、水、氨、磷酸盐和硫酸盐。残余部分主要有脱羟基的木质素和微生物的细胞。未以氨形态释放的氮则大部分构成细菌的蛋白质。微生物能利用分解有机质时释出的氮或从土壤溶液中存在的氮而合成蛋白质。有机质分解所释出的氨不会长期留存，其中大部分被氧化为亚硝酸盐和硝酸盐。少量的氨在一定时间内会留存在黏土矿物的晶格中或与有机质发生反应形成能抗生物分解的化合物。

当土壤处于厌气状态时，氧化作用受阻，上述的终端产物亦形成得很少。厌气发酵形成了CO_2，但数量比好气条件下形成的要小得多。然后，部分未分解的产物主要有纤维素、半纤维素和木质素等。在自然界，好气和厌气条件经常交替出现，特别是降雨变化无常的季节。在某些情况下，中间产物也可能形成，但最终还是会被空气完全氧化。

土壤有机质在陆地生态系统发育和发展过程中起着重要的作用。在未扰动和耕作系统中，巨大的生产力系直接与土壤有机质含量及其转化有着密切的关系。有机质对生态系统的结构和稳定性影响的研究表明，为保护土壤有机质的含量和防止有机质含量的下降，人们就需要发展有效的管理技术。

土壤有机质含量范围为沙漠土壤中小于0.2%至泥炭土中的80%以上。在温带地区，有机质含量在0.4%～10.0%。在湿润地区，土壤有机质含量平均为3%～4%。在半干旱地区则为1%～3%。土壤有机质组分的一个独特功能是可以成为一种胶结剂以形成团粒结构。土壤中的团粒结构可以调控水分和空气以有利于作物生长，并可防止风和水的侵蚀。

土壤有机质的动力学特性和复杂的化学成分使其成为植物营养的主流。土壤有机质含有约95%的土壤氮（N），40%的土壤磷（P），和90%的土壤硫（S）。土壤有机质在分解和转化时还能为作物生长提供大部分大量营养元素。此外，在有机质分解过程中，微生物能同化复杂的有机物质以供应能量和碳（C）源，同时还能释放出一些无机营养。有机质分解过程受到温度、水分、土壤扰动等因子的制约。优质的土壤有机质可作为微生物活动的基质。调节土壤有机质的因子（如温度等）和微生物群落大小和活性等都能调节有机质分解的速率和营养释放的程度。两种最显著的生态系统的干扰因子是直接影响土壤有机含量的热带区和北部区的集约化种植。这些人类活动引发了生物学、化学和物理学的不稳定性，其原因是人类活动增加了土壤微生物的分解作用和未受保护的土壤遭到了风和水的侵蚀，从而使土壤有机质大大下降。森林地和农业用地占有90%的陆地碳（C），而且每年提供了80%初级生产值。生态系统的干扰作用能引发C循环的明显变化，从而导致土壤有机质的大量损失和植物营养流（通量）的剧烈变化。土壤有机质的下降与生产力下降相平行，因此，其便大大促进了全球CO_2浓度的提升。

近年来，人们极大地注意到因利用合成化学品和废物的处理对环境的污染。所以，有毒废物的处理，城市污物的填埋和酸雨的发生都将集中于土壤过程。因此，土壤有机质的动力学和有机质的科学管理技术便成为农业和环境研究的中心课题。

1. 土壤有机质的性质与功能

（1）土壤有机质的化学和物理性质

土壤有机质是活着的、死亡的生物体以及不断分解的有机和无机化合物的一种复杂的混合体。大部分土壤有机质都源自植物体的分解作用，但有些则来自微动物和微生物分解所形成的产物。这些分解产物的混合体会使测定土壤有机质化学分解的产物造成许多困难。现已证实，约有15%是多糖、多肽，和酚类化合物（Alexander，1977）。这类化合物有20%是碳水化合物，20%是脂肪酸（Paul and Clark，1989）。稳定的土壤有机质是腐殖物质，它是一种来自有机体转化的暗色非晶形（无定形）物质。

土壤有机质传统上可以分成富啡酸和腐殖酸（又称胡敏酸）。富啡酸可通过NaOH提取，其溶于酸，分子量一般较低。腐殖酸则可溶于碱，分子量较高，并在酸性条件下发生沉淀。表3-11列出了腐殖酸和富啡酸的功能团的元素成分。这些元素成分表明，腐殖酸比富啡酸含有更多的C、N和S。功能团的元素显示，富啡酸比腐殖酸含有更多的羧基，而且总酸度亦大。这些特性在阳离代换过程中起着重要的作用。

表3-11 腐殖酸和富啡酸的元素和功能团含量

样品	元素含量（%）					
	C	H	N	S	O	灰分
富啡酸	49.5	4.5	0.8	0.3	44.9	2.4
腐殖酸	56.4	5.5	4.1	1.1	32.9	0.9

	功能团含量（mEq/g）			
	OCH_3	COOH	酚基OH	总酸度
富啡酸	0.5	9.1	3.3	12.4
腐殖酸	1.0	4.5	2.1	6.6

注：引自Tate，1987

土壤有机N含量范围为0.02%～1.0%。土壤有机N主要是氨基酸和氨基糖，它们构成了土壤C的20%，但构成了土壤N的30%～40%。在水解后证实，其他成分则为氨（NH_3），以及一些酸不溶性物质和未知水解N。氨基酸和氨基糖是土壤有机质矿化作用所形成的主要无机N源。

土壤有机质最主要的化学性质之一是具有高度的阳离子和阴离子代换量。有机质及其分解产物能具有高度的阳离子代换量（CEC）的机制是H^+可从羧基或酚羧基上电离释出，从而构成了基团上的负电荷位。由于一种胺基质子化作用，从而造成了阳电荷位。质子化作用和有机胶体的脱质子化作用便造成了一种实质上的因-pH（pH-dependent）电荷。在pH值范围为4.0～8.0时，土壤胶体的CEC会增加100%。土壤有机质的代换量比矿物胶体的代换量大2～30倍。在离子交换位上除能吸附大量营养元素外，土壤有机质通过交换反应和螯合作用还能吸持微量营养元素和重金属化合物。

有机质对土壤物理性的一些重要影响是能增加土壤持水能力，改善通气状况和改良土壤结构。土壤有机质可以吸收水分达自身重量的20倍。即使有机质含量很低的矿质土壤，其亦能增加土壤的持水容量。当持定的土壤加入有机质时，土壤的持水能力在一定范围内会有所增加，并有利于植物生长。

土壤有机质和微生物之间的相互作用是一种生物学过程，而土壤有机质或新鲜有机质在原位的相互作用则不属生物学过程。因此，这种生物学过程能促进土壤的团聚作用，从而改善了土壤结构。微生物对有机质的生物代谢过程会产出一些如多糖那样的胶结剂，从而使土壤"胶体"（glue）矿物颗粒形成团粒结构。代谢过程所产生的中间代谢物自身亦会遭到微生物的腐解和分解而形成更具抗性的化合物。这类化合物可以造成土壤团粒结构呈梯度的稳定作用。可快速分解的胶体（gums）和多糖所造成的稳定团粒结构是短暂的，其仅能保持几周至几个月。具有抗性的腐殖质所结合的团粒结构是十分稳定的，它对土壤结构的改善可持续几年。土壤团粒结构有利于增加土壤孔隙度，从而增加了水分渗漏作用，并为微生物和植物生长提供良好的通气状况。表3-12综合了土壤有机质对土壤性质影响的有关资料。

表3-12 土壤有机质的通性及其对土壤性质的作用

土壤性质	说明	对土壤的作用
颜色	许多土壤典型暗黑色是由土壤有机质所造成的	有利于土壤升温
持水力	有机质能吸收水分达自身重量的20倍	能防止土壤干旱和收缩，可以明显地改善沙土的持水能力
与黏土矿物发生结合作用	将土壤颗粒胶结成各种结构单元，即团粒结构	造成气体交换，稳定结构，增加透水透气性能

（续表）

土壤性质	说明	对土壤的作用
螯合作用	与Cu^{2+}，Mn^{2+}，Zn^{+2}和其他多价阳离子形成稳定的复合体	可以增加微量营养元素对植物的有效性
水稳性	由于有机质与黏土矿物相结合，所以，有机质就呈不溶性状态。同时，二价、三价阳离子盐类亦能与有机质相结合，所以分离出的有机可部分溶于水	淋溶可造成少量有机质的损失
缓冲作用	有机质在微酸性、中性和碱性条件下具有缓冲作用	有利于保持土壤反应的一致性
矿化作用	有机质分解可产生CO_2、NH_4^+、NO_3^-、PO_4^-和SO_4^{-2}	这些离子是植物生长所需的营养元素
阳离子交换作用	分离出的腐殖质总酸度范围为300～1 400mEq/100g	可以增加土壤阳离子交换量（CEC），在许多土壤中CEC增加的程度为20%～70%
可与有机分子相结合	这种结合会影响农药的生物活性，持久性和生物降解能力	可有效控制和改进农药的用量

注：引自Stevenson，1982

（2）土壤有机质在植物营养中的作用

土壤有机质是植物大量营养元素如N、P、K和S等的主要来源。这些营养元素通过共价结合而形成化合物或形成土壤有机质交换复合体。此外，土壤有机质还含有植物生长所必要的微量营养元素。大部分大量和微量元素都存在于复合的土壤有机质组分之中，同时，有机质复合体通过微生物的矿化而形成植物能吸收的无机形态营养元素。有机质的生物矿化作用将会产出如NH_4^+、PO_4^{-3}和SO_4^{-2}等无机离子。但其量则类似于原有有机质中所含数量。现已证明，无机营养元素的循环系与微生物需要能量而利用C的过程密切相关。在未用外源植物营养时（即未施肥时），植物生长的限制因子将是大量营养元素的矿化速率和土壤有机质的数量及质量。研究表明，就冬小麦作物而言，当产量为16t/hm²时，小麦生产就需要N、P和S分别为302kg/hm²、36kg/hm²和32kg/hm²。在有效的土壤有机库中，平均N、P和S的含量分别为180kg/hm²、17kg/hm²和9kg/hm²，分别占作物所需N、P和S量的60%、47%和28%。由于有效有机质的周转十分快速，所以，这些营养元素的自然循环过程可能为作物提供大部分所需要的营养元素。

（3）根际淀积作用（Rhizodeposition）

根际淀积作用是植物光合作用过程所造成的结果，而且被确定为根系所获得的C的总量。因此，它也是土壤有机质的重要来源，而且在土壤下表层，根际淀积物比作物残体是更为重要的土壤有机质的来源。根际淀积物由根系渗出物，根系分泌物，根系溶菌液（lysates）和气体（包括乙烯和CO_2）所组成。但是，这些根际淀积物中微生物代谢所产生的可溶性和不溶性化合物的比例则难以测定。为了测定有机质库中的碳的动力学，Lgnch和Whippe设计了一种科学的方法，那就是以$^{14}CO_2$作为一种常数比活性（a constant specific activity）碳的放射性同位法。用该法测定了根系生长器中CO_2的损失速率。在该试验中，植物生长期为3周，同时，研究结果表明，根际淀积物约占植物有机质总干重的40%（表3-13）。

研究指出，单子叶的禾谷类植物，豆科植物和许多双子叶植物之间根际淀积物的数量差异甚小。在澳大利亚、德国、法国和新西兰等国用$^{14}CO_2$技术在实验室进行了全面的研究，并指出，不同实验室之间获得的数据都具有一个合理的一致性（a reasonable consistency）。由于用放射性$^{14}CO_2$研究多年生作物（木本和草本作物）的C流十分困难，所以采用了模糊脉冲标记法（whipps）。

2. 土壤有机质的动力学和转化过程

（1）土壤微生物的生物质（biomass）

土壤微生物是土壤有机质转化作用，如有机结构化合物的矿化作用和固持作用的驱动力。有机质的转化作用是以植物体分解作用，土壤团聚作用，土壤耕作和营养元素的有效性为基础而发生的。有机质的转化过程都会有微生物参与，所以需用微生物生物质和营养元素通量来对该过程予以衡量。

表3-13　移向根系的净固定碳的百分率

植物	年龄（天）	净光合作用产物的损失率（%）		
		呼吸作用（A）	土壤中的根际淀积作用（B）	土壤中的呼吸作用和根际淀积作用（A+B）
小麦	21	9.5	6.5	16.0
	21	16.9	11.8	28.7
	21	23.0	17.1	40.1
	28	17.2	4.8	22.0
大麦	21	9.0	9.9	18.9
	21	25.9	11.3	37.2
玉米	14	4.5	14.6	19.1
番茄	14	8.6	30.1	38.7
豌豆	28	23.3	12.8	36.1

土壤有机质主要由微生物所分解。生活在土壤和腐解有机质的异养微生物都可能分解一种或多种有机质。由于所有活体生物都需要能源，而且对异养微生物唯一有效的能源是有机质。有许多微生物，包括细菌、真菌和放线菌，它们都能分解各种类型的化合物，而其他一些生物则在其饲食特性上有非常严格的选择性。除微生物外，还有大量的各种动物群落。通常它们在粉碎进入土壤中的有机残体过程起着重要的作用。这些动物群落主要有蚯蚓和各种昆虫，它们都能在其肠道中快速直接消化有机碎片，随后将其与土壤混合，并从表层移动至土体，即微生物活跃的土层。

当新鲜有机质加入适于微生物生长的土壤中时，许多种类的微生物（细菌、真菌和放线菌）会快速将有机质分解，并释放出CO_2，因此，释出的CO_2数量乃是分解作用的一个直接指标。"生物起爆效应"系由速生形成孢子的细菌所引发。这种细菌被称为发酵性生物区系（Zymogenous flora）。其他生物在土壤中亦会生存，但数量较少，它们构成了土著植物特定群落区系（Autochthonous flora）。其在腐解有机质时亦具有一定的作用。

众所周知，一种生物在既定土壤中的生长繁殖速度较另一种生物为快时，这种生物可能是异养型，另一种则为自养型，一种能利用纤维素，而另一种则不能；一种能在低pH值时生长，另一种则不能；一种能利用硝酸盐作为氢受体，而另一种必须有氧分子存在。这种状况是由于下列原因所造成：① 生长速率。能够快速生长的生物只在主要的基质上才能达到；② 生长基质。一种生物所需的营养和能源不是另一种生物所需的相同基质；③ 环境条件。例如，氧的供应和pH值，其并非对所有生物都需要；④ 抑制物质。快生长的生物可能产生的最终产物是抗菌素或抑制化合物，其可创造一种不利于其他生物生长的条件来进行竞争。在上述4种情况中，生长速率特别重要，因为快速生长的生物可以在环境中占着特别优越的位置。因此，生长的环境条件亦是非常重要的因子。例如，噬细胞菌属（Cytophaga）在中性基质中可以快速分解纤维素，而在酸性条件则不行。但是混合培养基则可使放线菌或真菌能快速利用纤维素。有时候，在不同条件下不同的微生物还能产生适应性酶，以分解有关的有机化合物。

为了测定土壤微生物生物质的C和其他细胞结构化合物，所以，需要研发出几种新的测量方法。

第一种方法（Jenkinson and Powlson，1976）。这是最广泛应用的方法，即氯仿熏蒸培养法（CFIM）。这种方法是用氯仿杀死土壤微生物后测量死亡微生物的分解速率，即在连续培养10天的过程中测定放出的CO_2。由于约100%的死亡微生物会放出CO_2，所以，用一个与释放CO_2有关的转化系数来计算微生物的生物质总量。转化系数是根据同位素标记法测定微生物体分解速率来确定的，其系数值为0.41。在培养过程中，原生有机C也会在一定程度上进行矿化。所以，微生物生物质的计算公式如下：

$$CO_{2(f)} - CO_{2(c)}/kc$$

式中，（f）为熏蒸的样品，（c）为对照样品。

应当注意，样品过筛也会影响微生物生物质的数量，因为过筛振动比耕作振动更为剧烈。所以更好的方法是用CFIM来处理完整的土体（Lynch and Panting，1981）。

第二种方法（Anderson and Domsch，1978）。这种方法被称为呼吸响应法（Respiratory response，RR）。该法是向土壤样品加入葡萄糖而诱发呼吸作用。该法最初是用于测定细菌和真菌生物质数量的，并用于校准CFIM的数值。该法是一种速测法，所以，其有助于在同一时间内分析大量的土壤样品。

第三种方法（Jenkinson and Oades，1979）。该法为ATP法，即该法以测定出土壤样品提取ATP的数量。测定从土壤中提取ATP的数量变化较大，但其量取决于土壤有机质的含量和土壤质地。此外，有效P和其他有机物（如厩肥等）也会影响ATP的分析结果。但该法适于研究微生物的能量代谢，而很少用于测定微生物的生物质，因为ATP与微生物活性的关系大于微生物生物质的关系。

最近，已发展了直接提取法来测定土壤有机质中的C和N。在土壤的营养循环过程中，N、P和S是十分重要的。它们都通过微生物生物质而进行活性的循环。生物质和营养浓度法（Smith and Paul，1990）也是解释土壤有机质动力学和微生物生物质转化过程有价值的一种方法。根据CIFM大量测定的结果表明，微生物生物质的C值范围为耕作土壤的110～1 940kg/hm²，森林生态系统的500～12 180 kg/hm²和草地的290～2 240kg/hm²。全世界耕地、森林和草地的平均C值分别为700kg/hm²、950kg/hm²和1 090kg/hm²。就总体而言，微生物生物质C值占土壤总C值的2%～5%，而且与土壤有机质的含量呈线性关系。但是，生物质C/土壤C之比则取决于作物栽培技术和耕作轮作的状况。

土壤耕作对直接条播的作物生物质亦有影响，即直接条播作物在表层的根系密度越大，则根系生物质量也就越大。施用氮肥能增加直接条播作物的生物质量。微生物生物质N占土壤全N的1%～5%。在耕地系统中，生物质为40～385kg/hm²，在森林系统中为180～216kg/hm²，在草地系统中则为40～497kg/hm²。微生物生物质化合物的C/N比类似于草地和森林地中的比率（5.0）。但在耕地系统中由于原生C的氧化作用，所以C/N比率较低（3.7），生物质量也就较低。由于土壤中生物质P含量约有50%，S含量约有90%，且都与土壤有机质结合在一起，所以，这些元素也都能与微生物发生密切的作用。Brooks等报道了微生物P和S的含量，其值分别为11～67kg/hm²和6～23kg/hm²。生物质的P和S通常占土壤全量的1%～3%。

土壤微生物生物质的含量和活性会受到几种相互有关因子的影响。微生物生物质的绝对含量受土壤有机质水平的制约，同时，有机质水平又受气候条件的影响。黏粒含量和团粒结构也是调控土壤有机质动力学和微生物生物质含量的主要因子（Tisdall，et al.）。由于含碳化合物也会受黏土矿物和腐殖质-黏土矿物复合体的物理和化学保护，所以，这种保护作用和团粒结构的增加都能造成土壤有机质和微生物生物质含量的增加。

温度和水分也是控制活性生物质和生物质绝对活性的重要因子。微生物，特别是真菌，它们能在非常低的水势条件下保持其活性。虽然基质分解速率会迅速下降至水势的-0.1Mpa以下，但如此干燥的土壤中仍然有许多微生物处于休眠状态而不死。同时，还有少数微生物仍保持活性至土壤水分增加为止。所以，有效的水分既能控制微生物的数量，又能控制微生物的活性。大部分农业区都会发生干湿交替。因此，这就能明显地影响到微生物生物体的数量及其N、P和S营养的含量（Bottner等）。湿

绿色低碳生态工程学——精准防治全球气候变暖的创新工程

度也会影响微生物的活性，所以，也就会影响到有机质的分解速率。生物具有最佳生长和最大活性时的温度范围为20~30℃。但是，在0℃时，秸秆仍能有效地发生分解（Stott等）。在极端温度（0℃和40℃）条件下，它对微生物活性的调节作用大于对生物质量的调节作用。因此，温度和水分状况是微生物C/全C比率的良好预测器（Predictors）。

微生物生物质数据难以用大范围对生态系统功能的精确研究，但可用于不同处理如免耕和传统耕作之间比较或作为特定条件下的指示器（indicator）。生物质数值在有机质周转过程的历程模型（mechanistic models）中有着重要意义。历程模式能表明C通量和营养含量会受到微生物生物质数量大小的制约。为了理解全球范围生态系统的功能，所以，就需要对各个生态系统中生物质量和活性作出解释。人类的活动如森林的毁坏和耕地的增减都可用测出的生物质质量作为指标，并对生态系统健康状况等以进行监控。在酸性废矿区和有毒废物堆积区，微生物生物质及其多样性是生态系统退化和发展的重要指标。因此，测定土壤中的生物质对生产力、食品安全和抗生态破坏作用等有着重要的意义。

（2）土壤有机质的转化，周转和营养循环

土壤有机质的转化作用始于新鲜植物残体的分解。这些植物残体有有机肥，天然的枯枝落叶和死亡的植物。植物含有15%~60%的纤维素，10%~30%的半纤维素，5%~30%的木质素，2%~5%的蛋白质和10%可溶性物质。植物地上部分的初始分解作用常发生在土壤上层的几厘米处，而地下部分根的分解作用则发生于整个土壤剖面。植物分解作用和形成有机质的动力是微生物为获得能量而利用植物残体的过程。微生物将基质-C氧化以产生能量物质（ATP），而少量C化合物则成为合成细胞的前体。微生物造成的分解过程系与N、P和S的矿化作用和固持作用相伴随发生。这些过程以类似的方式在整个生态系统中发生，因此，也容易被人们所理解。然而，有机质转化过程中营养元素的通量则尚难定量。

虽然植物残体的分解过程在整个生态系统中都相似，但由于分解的生物质的质量不一，所以，生物质分解的动力学亦有差异。在缺乏可利用速效C的土壤系统中，植物残体的分解程度会受到有机化合物代谢降解速率的制约，而且可溶性C的下降顺序如下：糖、氨基酸>蛋白质>纤维素>木质素。在森林生态系统中，枯枝落叶（微生物的基质）含有较高的木质素和较低的可溶性C化合物。来自各种植物材料的土壤有机质的成分有很大的差异，而且发生的动力学亦有所变化。这些成分的差异和动力学的变化都会受到植物材料的质量，土壤类型，气候条件和时间进程的控制。

在植物体的分解过程中，复杂的化合物会裂解成能被微生物群落所利用的简单的化合物，但有些物质则难以完全裂解而残留，并成为土壤中代谢的副产物和中间化合物。这类化合物能发生化学反应而产生抗性物质。大部分多糖能解聚成二糖（双糖），然后进一步水解形成单糖。更为复杂的化合物能形成一系列的催化反应，其中许多化合物比单一化合物的抗分解能力要大。这类复杂的化合物在发生分解、缩合和腐殖化的过程中，其便会形成对微生物分解有抗性的复杂化合物。植物体形成的土壤有机质系由10%~20%的碳水化合物，27%的N化合物，10%~20%脂肪酸以及一些芳香族化合物组成。土壤有机质的经典分类是以有机质在酸或碱溶液中溶解度的差异为根据的。这些土壤有机质的结构体——富啡酸，腐殖酸的成分都列于表3-10中。

图3-24绘出了土壤有机质简单的循环图式。新鲜植物残体与其他土壤有机质库有所不同，因为植物-C输入土壤中的时间有一定的周期性。简化的循环图式将新鲜植物体列入了可溶性化合物如快速分解的糖。3个C库，即纤维素-C库和半维素-C库，以及木质素-C库都可在不同程度上被微生物所利用，并以不同的速率进行分解。原有的土壤有机质由活性的，腐殖化的和微生物的产物所组成，同时还有

微生物生物质参与。活性土壤有机质库由富N、P和S的快速分解的C化合物所组成。微生物产物则由胶、黏胶和微生物结构化合物组成，而且微生物产物会迅速被分解。腐殖化的土壤有机质是一种缓慢分解的物质，它能在不同程度上与土壤矿物部分发生复合作用而形成有机-无机复合体。这些反应流程模型的中心是微生物生物质库，它能将每一种化合物库转化为CO_2、细胞生物质和微生物产物。

　　每个C库的大小和产量，及其周转时间都可通过计算而得出。图3-25中的每个库中C的周转时间可用一个库的总C量除以每年的C通量而获得。根据计算，可以得出完整C库的周转年数，而且可被"新"（new）C库所取代。周转时间也能指示出C库的相对有效性或抗性。图3-25中列出了最有效的C库（最高的周转速率）是可溶性C，微生物C和微生物产物库，随后是纤维素C和活性C，最后则为木质素C和腐殖质。有效C库因由大量的富营物质组成。所以，它也能为植物生长提供大量的营养元素。

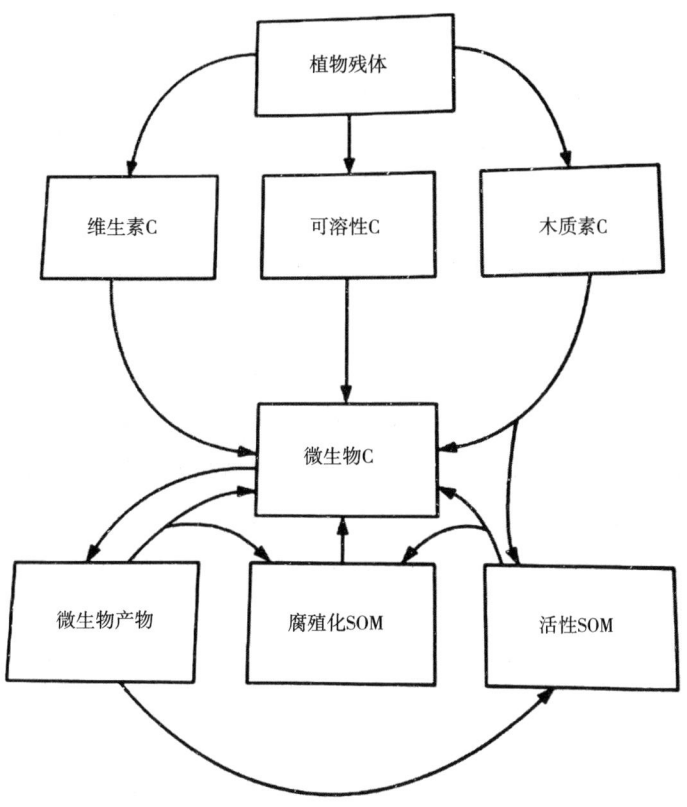

图3-24　植物残体和土壤有机库

　　由简单到复杂的许多模型可以描绘出土壤有机质周转的览图和分解过程。图3-25是比图3-24更为详细的模型图，它详细地标出了微生物的能力学和微生物生物质的循环过程。在该模型中，微生物为自身生长和获得能量，以及形成生物质，所以它便能利用有机基质。有一些活性微生物群落能迅速消耗基质，但持续群落则不会利用有效的基质。通过死亡的细胞，C库和N库的循环都能转化或形成无机营养库和基质库。这种基质-生物质-能量循环可以促进生态系统内部的周转循环。在稳定条件下，生长生物的C相等于死亡生物的C，而生物质的两个库则恒定不变。这是长期以来土壤的一个典型状况。在土壤有机质的周转过程中，微生物生物质可视为营养元素和C的有效库。因此，它的周转在一定程度上可以调控N、P和S的有效性。

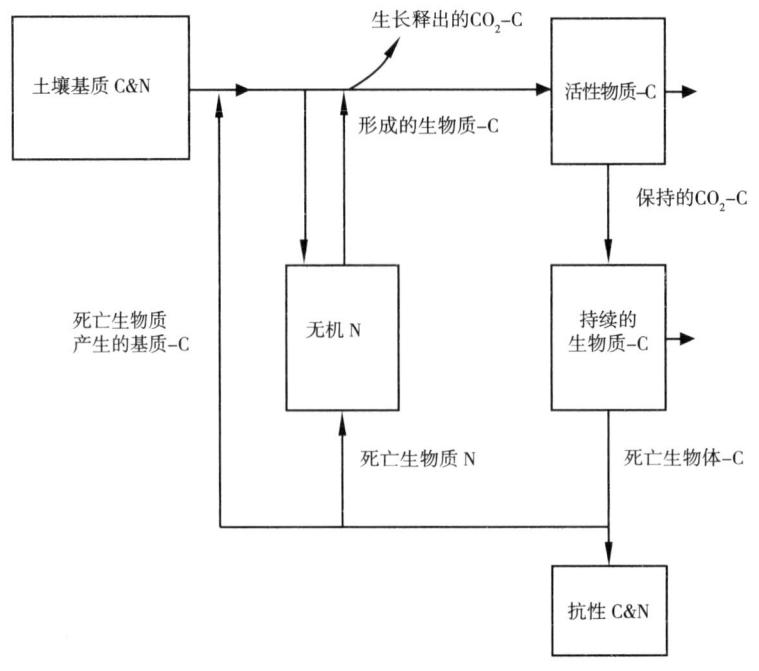

图3-25 土壤有机质和微生物循环模型（Smith等，1986）

　　不同库的周转时间因各种因子变化而有很大的差异，但其明显地取决于非生物环境因子。微生物生物质C库周转速率也因农作管理和栽培技术的不同而有较大的差异。Schnurer等报道，在27年休闲禾谷类种植区生物质C的周转时间为2.0年，在27年连作的小麦区，C的周转时间为2.5年。Paul和Vorney等测定了加拿大（小麦-休闲）区，英格兰（连作小麦）区和巴西（甘蔗）区微生物C的周转时间，其值分别为6.8年、2.5年和0.24年。Smith及其同事估测表明，活性生物质占土壤微生物群落总量的40%，其他生物质占10%～40%，但是，只有活性生物质可以利用。在许多生态系统中，10%～40%的活性生物质的周转时间为0.3～1年。

　　土壤有机质矿化作用速率一般为2%～5%每年。在小麦栽培系统中土壤有机质的周转时间为40～60年，森林系统中的周转时间为150年。新鲜有机残体库的周转时间较快，其时为4～8年。土壤有机质在周转和矿化过程中会释放出CO_2和其他元素的无机离子。其他元素的释放过程可视为净矿化作用，即会产出过量的营养元素。但是，微生物在合成细胞时不需要那样多的无离子。因此，在生态系统中就有了多余的N，其超过了微生物的需要量，因此，多余的N就会释放而进入生态系统。有机质的矿化-固持过程系与N、P和S的释放过程相当。所以，矿化作用将为植物提供可吸收的营养元素。然而，如果有机质的C/N比小于25，C/P或C/S比小于60，那么，便会发生元素的净矿化作用。如果C/N，C/P或C/S比大于上述数值，那么就会发生无机元素的固持作用。图3-26以简单的方式指出了氧化还原反应及其在N、P和S循环过程中的重要作用。这些矿物质的氧化作用系由微生物（化能自氧微生物）所引发。它可使还原的无机化合物发生氧化时获得能量。因此，氧化作用为植物根系提供了有效的产物（NO_3^-、PO_4^{-3}和SO_4^{-2}）。氧化态的P和S可被植物所吸收。N循环过程中矿化作用的产物为NH_4^+，它可被氧化为亚硝酸盐（NO_2^-），然后再转化为植物可以吸收的硝酸盐（NO_3^-），而且会发生淋溶损失或又还原为气态N化合物。氧化态P和S则都可被植物所吸收利用，或者被吸附矿物上，但有一部可以化合物形态发生沉淀。

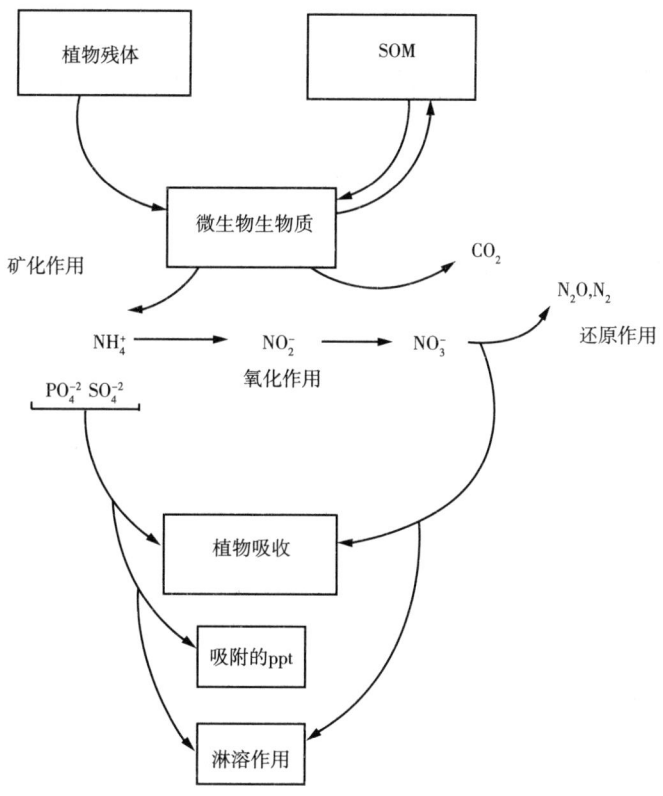

图3-26 土壤无机营养元素的矿化作用途径

温度和水分是影响有机质分解速率和生物质循环的重要因子。温度增加矿化作用速率的过程服从于温度系数（Q_{10}）。矿化作用最佳水势范围为-0.03 ~ -0.01Mpa。影响矿化作用的因子还有有机质库的质量和生态系统的管理技术等（表3-14）。

表3-14 N、P和S的矿化作用速率（Stewart，et al.，1987）

生态系统	营养元素	矿化速率[kg/（$hm^2 \cdot y$）]
农作系统	N	11 ~ 300
森林系统	N	25 ~ 200
草地系统	N	95 ~ 380
农作系统	P	2 ~ 15
草地系统	P	7 ~ 40
农作系统	S	15 ~ 36

六、作物残体对土壤有机质动力学的影响

1. 作物残体及其营养含量

作物残体对全球农地生态系统的稳定性具有重要作用。在作物生产过程中，农业系统中的营养元素可通过植物吸收、淋溶和挥发而发生转化和转移。作物吸收的营养元素可用施肥予以补充。但耕作过程则会增加有机质的氧化作用，从而使营养元素淋溶和挥发损失。因此，作物残体是稳定生态系统过程中的重要因子，因为作物残体可以补充土壤中的营养元素，而且也能成为重新固定C的C源。返还土壤的作物残体可以保持或提高土壤有机质水平，而且还能为增加土壤持水能力及微生物生长和繁殖创造良好的生态环境。此外，作物残体的管理技术在营养循环和病原体防治系统中也具有十分重要的

作用。

20世纪70年代，美国每年共产出作物残体为3.85亿t。在产出作物残体的15种作物中，玉米、小麦和大豆占全年作物残体产量的86%，但单一玉米的残体量则占到50%以上。作物残体测量的方法是以籽粒产量乘秆/谷比值而获得。研究表明，玉米、棉花和高粱的秆/谷比为1.0，而燕麦则为2.0。在美国，所有作物残体占总有机质残体的54%。总有机质残体还包括了厩肥，污水污泥，食品加工废弃物等。表3-15列出的作物残体还包括了大量的N、P和K等营养元素。其中N含量占每年产出的有机残体总量的35%（Follet，et al.，1987）。

表3-15　作物残体的年产量和N、P和K的含量（Miller and McCormack，1978）

作物名称	年产量（1 000t/y）	营养元素含量		
		N	P	K
大麦（*Hordeum vulgare* L.）	7 592	57.0	8.3	94.9
棉花（*Gossypium hirsutum* L.）	3 729	65.3	8.2	54.1
菜豆（*Phaseolus* spp.）	457	4.1	0.5	5.6
玉米（*Zea mays* L.）	198 504	2 203.4	357.3	2 640.1
亚麻（*Linum usitatissum* L.）	833	9.6	0.8	13.5
燕麦（*Avena sativa* L.）	12 419	78.2	19.8	204.9
花生（*Arachis hypogaea* L.）	2 292	36.7	2.9	28.7
水稻（*Oryza sativa* L.）	7 755	46.5	7.0	90.0
黑麦（*Secale cereale* L.）	925	4.6	1.1	6.5
籽粒草（*Seedgrass*）	504	4.7	0.9	9.6
高粱（*Sorghum bicolor* L.Moench）	16 645	179.7	25.0	219.7
大豆（*Glycind max* L.Merr.）	42 389	953.8	93.2	445.1
甜菜（*Beta vulgaris* L.）	667	17.1	1.6	3.0
甘蔗（*Saccharum officinarum* L.）	29	0.3	0.1	0.4
小麦（*Triticum aestivum* L.）	90 159	604.1	63.1	874.6
合计	384 889	4 265.0	590.0	4 690.5

在美国，每年约有72%的作物残体可以返还土壤（Power et al.，1985）。表3-16列出了每年产出的有机残体中的营养元素总量，以及返还土壤和占肥料用量的百分率。表3-16中的数值略高于表3-15，其是因为表3-16还增加了几种作物的残体。返还土壤的N量约占有机残体的72%，P和K则为67%。以肥料为基准，每年返回土壤的N、P和K分别占肥料用量的32%、18%和72%。在美国、加拿大和澳大利亚的干旱地小麦生产区，每年生产作物残体量为3 000 ~ 6 000kg/hm²，平均为5 000kg/hm²（Dalal和Mayer，et al.，1986）。这些小麦生产区的土壤含C量为1% ~ 2%，因此，作物残体输入的C约占输入土壤C量的40%，占土壤全碳量的5% ~ 10%，其C量为2 000kg/（hm²·年（Smith，et al.，1990）。小麦残体中N、P和K的平均含量分别为0.67%，0.07%和0.97%，据此，返还土壤中的小麦残体的N、P和K的量分别为34kg/hm²，4kg/hm²和49kg/hm²。此外，通过根系加入土壤的N、P和K的数量分别为17kg/hm²，2kg/hm²和24kg/hm²。

2. 作物残体的利用

作物残体主要以木质素-纤维素形态加入土壤。木质素-纤维素对作物生产力具有正负效应。因此，闵九康等详细研究了调节木质素-纤维素正效应的条件，研究表明，将木质素-纤维素的C/N比调节至30以下，其便可充分发挥作物残体的正效应（即作物增产效应）。

表3-16 每年返回土壤的作物残体和N、P和K的数量（Miller and McCormack，1978）

	每年的产量	N	P	K
作物残体量（1 000t/y）	384 899	4 287	594	4 705
返还土壤的量（1 000t/y）	227 127	3 056	396	3 129
返还百分率（%）	72	71	67	67
占施用肥料的百分率（%）		32	18	72

当秸秆在湿地土壤中腐解时，其便会发生厌气发酵，从而能产生乙酸、丙酸和丁酸，并伴随着pH值下降。在酸性条件下发酵时的氧化还原电位约为0，这一发酵过程可在生态龛（ecological niches）或生态位中发生。由于作物残体的厌气发酵能产生有机酸，其在毫摩尔浓度范围内便能毒害作物，所以应当采用适当的农业技术予以避免。在作物残体分解开始时，有机酸便会在残体周围积累，如果秸秆等残体用发酵和其他方法提前分解，那么农民播种时就可避开有机酸毒害的"危险"期，从而充分发挥作物秸秆的正效应。

3. 作物残体（秸秆等）与土壤有机质动力学和微生物活性的关系

作物秸秆对土壤有机质、微生物生物质、有机质分解速率和营养动态具有十分重要的作用。作物秸秆的利用和良好的管理可以保护土壤免遭风蚀和水蚀，从而保护了土地生产力和保持了能改良土壤物理性状的土壤有机质（Papendick et al.，1990）。Bauer和Black等的研究表明，在一定时间内，耕作会降低土壤有机质的水平。在美国大平原开垦的头50年，土壤有机质和N损失了50%以上。在加拿大草原土壤耕作14年间，土壤有机质和N分别损失了26%和33%，在随后的20年间，损失则降低至一半。在其他加拿大的土壤中，经60~80年的开垦，C和N的损失范围分别为50%~60%和40%~60%（Campbell et al.，1976）。研究发现，在砂岩、粉砂岩和页岩上形成的土壤系列中，经44年开垦后，土壤中的C和N分别减少了5%~61%，7%~58%。降低的程度取决于母质和景观位置（Aguilar et al.，1988）。用少耕或免耕进行的许多研究表明，增加秸秆等有机残体可以保持或增加土壤C和N的水平。其他一些研究亦指出，除有机残体能增加土壤有机质外，其还能增加微生物生物质库，促进C和N的矿化作用，以及增强酶的活性（Dick et al.，1989）。向土壤返还作物秸秆等有机残体还能对土壤物理性质如容重和持水能力等发生正效应。因此，免耕是保持土壤上层5~10cm中有机质含量的最佳技术。表3-17列出了增加作物残体对土壤性质的影响的有关数据。研究表明，增加作物残体会影响N和P以及其他营养元素的循环，从而增加了这些营养元素对作物的有效性。6年的试验指出，加入有机质的土壤上层（15cm）的容重降低了，直径大于8.4mm的团粒结构则所有增加。研究表明，团粒结构的增加与微生物群落分泌的黏胶数量呈正相关。黏胶能将土壤颗粒和土壤有机质胶结在一起而形成水稳性团粒结构。

作物残体及其分解过程会影响一个系统中的土壤有机质动力学，而且也能影响N、P和S的释放和微生物活性。一些相关因子能调节有机质的分解速率，所以，土壤有机质的动力学会因有机质的增加或减少而发生变化。影响有机质循环的同一因子也会影响有机质的分解速率。表3-16提供了作物残体，土壤状况和管理技术对土壤系统中有机质的分解和动力学影响的有关数据。土壤水分、温度、通气性和营养元素含量都是调节有机质循环的主要因子。此外，作物残体的数量和质量，以及土壤类型也会影响土壤系统中的营养状况和物理条件，从而有利于微生群落的发展。

表3-17 使用麦秸对土壤性质的影响

作物残体量 [kg/（hm²·y）]	深度 （mm）	有机质 （g/kg）	全N （g/kg）	大于8.4mm直径的团粒结构 （g/kg）	容重 mg/m³	矿化N （mg/kg）	NaHCO₃-溶性p （mg/kg）
0	0~75	17.9	0.89	500	1.38	18.2	3.9
	75~150	13.3	0.72	500	1.63	18.2	3.9

（续表）

作物残体量 [kg/（hm²·y）]	深度 （mm）	有机质 （g/kg）	全N （g/kg）	大于8.4mm直径的团粒结构 （g/kg）	容重 mg/m³	矿化N （mg/kg）	NaHCO₃-溶性p （mg/kg）
1 680	0 ~ 75	19.9	0.97	540	1.31	21.7	4.4
	75 ~ 150	14.0	0.74	540	1.58	21.7	4.4
3 360	0 ~ 75	21.1	0.96	618	1.29	21.1	4.3
	75 ~ 150	15.0	0.83	618	1.56	21.1	4.3
6 730	0 ~ 75	22.0	1.02	725	1.27	23.3	4.9
	75 ~ 150	17.1	0.87	725	1.55	23.3	4.9

图3-27指出了作物残体类型（图中的a）和土壤类型（图中的b）是有机质在3年内的分解状况。麦秸和豆萁用^{14}C和^{15}N标记，结果表明了在整个试验期间有机质的分解速率。在微生物生物质中显示的标记豆萁^{14}C大于标记麦秸^{14}C。

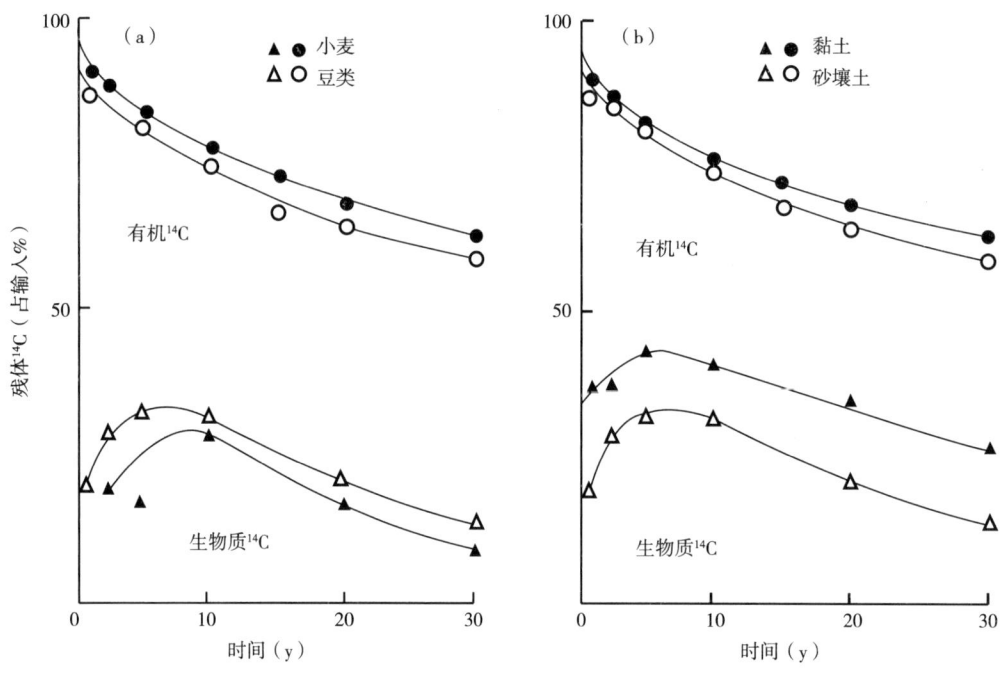

图3-27　植物残体类型和土壤类型对标记^{14}C植物材料及其进入微生物生物质的影响（Ladd at al.，1988）

作物残体在很大程度会影响土壤有机质的动力学，即影响分解速率的增减或营养循环速率的增减。

同时，环境条件和管理技术也会影响到有机质分解和营养元素循环速率（表3-18）。传统的耕作技术可以使作物残体翻入土壤中，而免耕技术则使作物残体覆盖于土壤表层。两者相比，作物残体翻入土壤中时能保持恒温和恒湿，并直接与微生物群相接触，因此，有利于残体的快速分解和周转，而免耕则使残体受到不利温度和水分的影响，从而分解速率和营养转移速率都较缓慢。这两种技术体系都具有有机质周转的特异平衡性。前者翻入土壤中的残体周转迅速，以及可能发生发硝化作用和淋溶作用，从而增加了营养元素的流失。调节作物残体的分解和土壤有机质的周转的其他主要因子是作物残体的质量。习惯上，C/N比是评价作物残体分解特性和土壤有机质库质量的标准。但是，C/N比并非是一个有效性指标，而且也难以表明C或N对微生物群落的有效性。同时，秸秆形成的乙酸似乎与秸秆中的N并无相关性，而能稳定土壤团粒结构的多糖，则似乎与秸秆中的N呈现出了负相关。

表3-18　作物残体和有机废物的性质，土壤条件和管理技术对土壤有机质分解的影响（parr et al., 1989）

作物残体性质		有机废物性质	土壤性状	管理技术
通性	化学性	物理性	通性	应用
C/N比	pH值	固体	水分	用量
颗粒大小	盐度	液体	温度	模式/方法
有效养分	酸度	淤浆	pH值	时间/频度
微生物群落	碱度	泥浆	Eb	
年龄	BOD	颗粒大小	通气性	农学
	COD		有效养分	耕作
	C/N比	微生物特性	粒粒含量	连作
	重金属	原生物生物群	有机质	气候
	毒有机物		盐度	厩溉
	植物营养		微生物群落	

作物残体是影响微生物生物质的主要因子，因此，也是影响土壤有机质分解和周转速率的重要因子。增加作物残体，并保持土壤有机质可为微生物群落的发展，增加活性和营养元素的源和汇（Source-sink）创造良好的条件。由于土壤C通常会受到限制，所以，保持和加入作物残体会促进C对微生物的稳定供应和能量的需求，从而有利于营养的良性循环。总之，免耕系统表层土壤中C水平的提高有助于微生物活性的增强。因此，微生物的多样性和代谢状况都与作物残体的增加有着密切的关系。所以，有机质的增减变化对营养循环，土壤团粒结构和土壤健康有着十分重要的意义。

七、小　结

土壤有机质是一个十分复杂和不断变化的动力学整体。土壤有机质能与微生物、土壤颗粒、营养元素和非生物环境发生相互作用。所以，植物便成为生态系统中的重要因子。同时，土壤有机质对作物生产和森林生产也是一个不可缺少的因子。有机质的损失会严重影响植物生长和土壤系统的发展。所以，能保持和提高有机质的一些措施便是农业生产的关键技术。

由于绿色植物首先在陆地上形成群落，所以土壤便成为陆地系统中的较下层。同时，许多植物营养便集聚于有机碎片中，它们来自有阳光照射的区域所生长的植物，而且土壤生物群落的主要功能也是储存可被植物再利用的各种形态的化合物。在土壤中，有机碳可被氧化为CO_2，其也是共生过程中的一部分，并成为提供土壤生物群的植物能源。随后，生物群落又能释放出植物所需的各种养分。土壤和植物系统可以集聚其营养，而且会达到不可逆转的程度，除非外界再供应养分，否则光合作用便为降低，甚至停止。

土壤生物群落有两个独一无二的特点：有一个巨大的生物品种和一个能在不利条件下存活的能力。因此，这种特性首先就是对基因和环境条件多样性进化的反应。在土壤中，氧压、pH值、温度和水分含量在空间和时间上每一点都会发生变化。也就是说，土壤所处环境有着很大的差异，因此，有机质的合成和分解也有着很大的差异。例如，未施肥的小麦田，其每年每克土壤可得到0.4mg植物碳量。这种土壤每克含有约1.1×10^9个微生物，即每克土含有0.2mg生物体碳。所以土壤有机质及其循环作用与许多因子密切相关。

第四章　发展低碳农业　阻遏全球气候变暖

一、引言

低碳农业可定义为较少或更少地向大气排放二氧化碳（CO_2）等温室气体的农事活动或农业生产。低碳农业就是生物多样性农业。农业的发展经历了刀耕火种的原始农业阶段、传统农业阶段和工业化农业阶段。工业化农业过程对生物多样性构成威胁：农田开垦和连片种植引起自然植被减少，以及自然物种和天敌的减少；农药的使用破坏了物种多样性；化肥造成了环境污染，进而也引起生物多样性的减少；品种选育过程的遗传背景单一化及其大面积推广，造成了对其他品种的排斥等。如果用碳经济的概念衡量，这种农业可以说是一种"高碳农业"。改变高碳农业的方法就是发展生物多样性农业。生物多样性农业由于可以避免使用农药、化肥等，某种意义上正属于低碳农业。在这样的条件下，可减少化肥生产量，从而每年可节省1%的石油能源，而且还能降低30%的CO_2等温室气体的排放。因此，要想抵销其他的农业排放-如牧畜肠道发酵、稻田、生物质燃烧和粪肥处理等，从而可使耕地的固碳率达到0.4t/（$hm^2 \cdot y$），牧场则可达到0.2t/（$hm^2 \cdot y$），农业系统能够达到这一水平时，即抵消掉80%的因农业导致的全球温室气体排放量。按照专家的说法，低碳农业是一种比广义的生态农业概念还更广泛的概念，不仅要像生态农业那样提倡少用化肥农药、进行高效的农业生产，而且在农业能源消耗越来越多，种植、运输、加工等过程中，电力、石油和煤气等能源的使用都在增加的情况下，还要更注重整体农业能耗和排放的降低。但这是不是就意味着低碳农业只是一个离我们比较遥远空洞的概念呢？绝对不是，最简易、最有效的例子就是植树造林，据测定，667m^2茂密的森林，一般每年可吸收二氧化碳24.12t。因此，大力发展森林碳汇，争取到2020年时的森林面积比2005年增加400hm^2，则森林蓄积量可增加13亿m^3。大面积（$230 \times 10^6 hm^2$）的研究表明，每公顷碳（C）的蓄积量为4 500～6 240kg/（$hm^2 \cdot y$）。可见，每公顷树木从大气中每年平均吸收了19.70t二氧化碳（CO_2）。

温室气体因能使全球变暖和造成气候变化，所以向大气发射的温室气体受到了全球各界的极大关注。大气中的温室气体，如二氧化碳（CO_2）、甲烷（CH_4）和氧化亚氮（N_2O）因能透过辐射短波和吸收辐射长波，从而增加了全球的温度。研究表明，农业和土壤因能通过这些气体的发射和消耗而发生明显的温室效应（Pathak等，2008）。在过去几十年，许多国家，特别是发展中国家，就土壤与温室效应做了许多有益的研究。

19世纪60年代至20世纪90年代，根据科学家的测定，地球最暖的10年是20世纪90年代（以平均值计算）。因此，在过去1 000年中，20世纪也是最暖的一个世纪（Bouwman，1996）。在这一时期，除气温上升和降水增加外，还出现了难以预料的一些因子，如干旱、洪水以及降雨和降雪无常等状况。

全球气候变化，特别是气候变暖会造成环境恶化给人类生存带来各种威胁，所以，在全世界范围内引起了极大的关注。同时，科学家们也还在寻求防止全球变暖所发生的负面影响而不断探索新的战略。全球变化将大大影响到粮食生产和供应，因为它直接或间接地影响到作物生产、土壤肥力、畜牧业和渔业以及病虫害防治等。

最近，联合国政府间气候变化委员会及由400多位科学家作出的报告再次确证，全球气候变化对人类的威胁明显增加，而且预测，地球表面平均温度在今后100年内将会增加摄氏1.4～5.8℃。这些科学论据进一步证明了全球变暖的范围和其严重程度，因此，需要迅速而有效地作出应对全球变暖的决策和战略措施（Pathak和Kumar等，2003）。

科学家预计，世界人口在2050年将达109亿，而且，增长的人口主要集中于发展中国家。国际粮食政策研究所（IFPRI）（International Food Policy Policy Institue）的计划表明，在1993—2020年间，全球对谷物的需求应增加41%而达到24.9亿t。薯类需求增加40%而达到8.55亿t。至2020年，全球人口会增加40%，因此，平均每年会以4.3%的速率增长。在此期间，人口和谷物需求的增长以发展中国家最大。在未来几十年，人们还需考虑畜牧业的发展，因此，要求饲料快速增长，特别是发展中国家，他们对饲料的需求量约增加一倍。人类对谷物直接需求量增加47%。科学研究表明，土壤在对人类需求的粮食等的生产中，其贡献率为55%～65%。因此，发展土壤科学是解决全球粮食安全的必由之路，也是阻遏全球气候变暖的重要举措。

二、温室气体对全球变暖潜势的影响

有几种气体会助推温室效应，在这些气体中，CO_2最为重要，它对全球变暖的作用占60%，随后是甲烷（占15%）和氧化亚氮（占5%）。表4-1列出了这些温室气体的丰度，寿命以及它们的源和汇（Mosier等，1998）。在过去250年间，大气中CO_2、CH_4和N_2O的数量分别增加了30%、145%和15%。虽然大气中CH_4和N_2O的浓度低于CO_2，但其对全球变暖的潜势则较大。全球变暖潜势（GWP）（Global Warming Potential）是一种指标，它标示了现时水平和选择一些后"水平"时段（chosen later time "horizon"）之间所积累的辐射强迫（radiative forcing）。该辐射强迫是现时由一个单位的气体量所造成的能力。它可用于每种温室气体吸收大气中热量的效应并可用于与之相对应的标准气体（转化为CO_2的量）进行比较。CH_4的GWP为21（以100年时段水平为基础计算），而N_2O则为310。目前，大气中N_2O的浓度虽然低于CO_2和CH_4，但其是一种非常强力的温室气体，约占增加温室效应的5%。据推算，CH_4和N_2O发射所造成的全球变暖潜势值分别为21和310，因此，我们便可将所有发射量的计算值转化为CO_2或碳当量（Carbon equivalent，CE）。这样，用CE值×3.7便得到了CO_2的当量。温室气体在一定时段水平的进一步变暖情况，可用适当的全球变暖潜势来表达（用测得的潜势数值乘发射气体的数量而得）（Lal，2001）。

表4-1　温室气体的丰度、寿命和来源（Mosier et al.，1998）

参数	CO_2	CH_4	N_2O	NOx[+]	SO_2	CFCs[+]
100年前的平均浓度（nL/L）	290 000	900	285	0.001-?	0.03-?	0
现时浓度（nL/L）	356 000	1 700	310	0.001～50	0.03～50	3
2030年时的预测浓度（nL/L）	400 000～500 000	2 200～2 500	330～350	0.001 1～50	0.03～50	2.4～6
大气中的寿命	100年	10年	166年	几天	几周	75年
全球变暖潜势（对应于100年的CO_2潜势）	1	21	310	—	—	CFC11～4 000
人为发射量/总量（Tg/y）	5 500/～5 500	350/550	6/25	25/40	115/75	～1/1

（续表）

参数	CO_2	CH_4	N_2O	NOx^+	SO_2	$CFCs^+$
主源	矿物燃料燃烧，森林破坏	水稻田，牛，填埋场，矿物燃料燃烧	氮肥，森林破坏，生物质燃烧	矿物燃料燃烧，生物质燃烧	矿物燃料燃烧，开矿和冶炼	气溶胶散发，制冷剂，发泡剂
主汇	绿色植物，海洋，大气反应	平流层的吸收，土壤	平流层的氧化作用	对流层的氧化作用	大气反应，降水	大气反应

NOx^+，氮的氧化物；$CFCs^+$，氯碳氟化合物

三、温室效应对农业和环境的影响

温室效应会导致区域和全球的气候变化，因此，与气候有关的参数如温度、降雨、土壤水分、海平面等都会受到气候变化的影响。同时，人类健康、陆地和水域生态系统、农业、林业、渔业和水资源对气候变化亦十分敏感。根据联合国政府间气候变化委员会（IPCC，1996）的计划，由联合国环境署组成了一个组织，无条件地要求降低CO_2和其他有害气体的发射量，计划预测，至2040年，全球大气平均温度将比目前高出1℃，至2100年，温度将继续增长1.5℃。温度增加将对极地区域产生较大的影响。虽然有些区域对气候变化的影响较小，而且降水量也不稳定，但全球降水总量则有所增加。根据通常的方案考虑，发射出的CO_2每年约增加1.8μL/L，因此，在2010年时大气中的CO_2含量为397~416μL/L，至2070年则达到605~755μL/L（Watson等，1996）。与其温室气体的变化结合在一起，从而还可能使全球的温度继续增加。人们正在考虑气候变化的程度如何，时间框架还有多长以及其他难以确定的因子等。同时，还应考虑极端气候变化的可能性，如季风雨袭击的时间、干旱和水灾发生的强度频率。

农业对短期天气变化以及对昼夜、季节和气候的年度和长期变化都十分敏感。各种气候要素（因子）都能影响植物生长发育，因此，就农业整体而言，影响明显的是CO_2浓度、温度和光照以及降水量和大气温度。但是，有可能发生大气中温室气体的增加，从而会在相当程度上影响粮食生产，其是通过直接或间接影响作物、土壤、畜牧业、渔业和昆虫等来完成的。一方面大气中CO_2浓度增加可以促进C_3植物的生长，并提高其生产率；另一方面，温度上升会降低作物生长时间，从而增强了作物的呼吸速率，此外还能影响作物和昆虫之间的平衡。温度升高还会影响土壤的矿化作用，并降低肥料的利用率以及增加作物的蒸腾作用。温室效应对农业土地利用还有较明显的间接影响，那就是其对冰雪的融化、有效的灌溉、季节性干旱和水灾发生的次数及强度、土壤有机质转化、土壤侵蚀和耕地面积减少和能源的有效性等的影响。这些都给农业生产造成了巨大的负面影响，从而便危及到某些地区的粮食安全。气候变化对农业潜在的影响如下。

第一，气候变化可能会造成作物的减产，从而降低了产量的稳定性。但是，某些植物则因有较高的温度和较高的CO_2浓度而增加了光合作用，但对所有植物并非如此。

第二，虽然某些地区的降水量较少，但全球总降水量则有所增加。每10年发生的有害全世界海洋和大陆的厄尔尼诺（El-Nino）效应因大气温度升高而大大加快。

第三，在所有区域内，对灌溉的需求增大。这就会对水资源发生较大的竞争作用。同时，温度的增加也可能引发较大的蒸散作用（evapo-transpiration），从而增加了干旱的频度，并使灌溉需求量加大。

第四，受温度制约的农业昆虫发生的范围和种群可能会发生变化。高温会增加病害和热胁迫作用。目前，限制在热带国家的一些畜牧病害如裂谷热（Rift valley fever）和非洲猪瘟（African swine fever）都可能蔓延，并造成严重的经济损失。

第五，2040年和2100年海平面将可能分别上升约18cm和48cm，其主要归因于水的热膨胀和冰川

的融化。虽然海平面上升可以被忽视，但有些国家如孟加拉国（Bangladesh）和马尔代夫（Maldives）等，在其居住和生活着许多居民，他们会遭受洪水的侵袭。研究表明，被海水淹没的深度可达约50cm。海平面升高也将直接影响渔业，并通过影响饲料的有效性而间接地影响到渔业。

第六，全世界海洋中能量平衡和循环过程的变化也将直接影响海洋系统的生产力。

第七，温度增加还可能影响低纬度地区，特别是一年两作地区作物的种植制度。

土壤和气候变化通过双向作用而相互依存。特别是与农业有关的所有土壤过程都会直接以一种或多种方式影响气候。温度和降水的变化能影响土壤水分含量、径流、侵蚀、盐碱化、生物多样性以及有机质和氮的含量。全球气候变化引发的土壤变化都能影响所有的土壤过程，并最终影响到作物生长。

温度和CO_2会直接影响到作物的生长和产量。但是，所有这些影响都具有高度的地区特性，同时其影响度还取决于气候变化的程度、土壤的基本特性和当时的气候条件。现已十分明确，土壤是温室气体最重要的源和汇（Sources and Sinks）。因此，它能直接地影响气候变化，并通过氨（NH_3）的产生和消耗间接地影响到氮的氧化物（COx）和一氧化碳（CO）的发生和转化。通过土壤呼吸和根系呼吸所发生的CO_2占到总发射量的20%，甲烷占12%，N_2O占人为发射量的60%（IPCC，1996）。

现已有许多农业技术，可以成功地预防温室气体，特别是CO_2的排放。这些农业技术措施主要是通过对土壤的pH值、水分含量、温度以及农业土地的合理利用和增加退化土壤的有机碳含量等。

低碳农业意指较低或更低地排放二氧化碳（CO_2）等温室气体的农事活动（农业生产）。因此，发展低碳农业可以降低温室气体的发射量，预防全球变暖，并增加碳的总储量（总汇）。

发展低碳农业的主要途径

第一，增加土壤碳的缓冲作用（sequestration），保持和提高土壤有机质含量。

第二，改善和恢复退化土壤的肥力，增施有机肥料。调节C/N比，提高肥料利用率。试验表明，肥料特别是抗性尿素的利用率可提高到75%以上（详见第13章）。

第三，增加生物质产量和增施有机质（绿肥、厩肥和作物残体等），以扩大土壤有机质的库容量。

第四，① 发展生物技术，减少CO_2等温室气体的排放。② 生物土壤固化剂。

生物土壤固化剂是一种高分子化学材料，其可通过与土壤中的黏土矿物相结合，从而可改变土壤的结构性和亲水特性，大幅提高土壤的承载能力和抗水解能力。

生物土壤固化剂可用于设施农业建设中的道路、水渠、沼气池体、库房地面、停车场、露天堆料场等。因此，可以完全代替水泥和烧制砖，特别是用纯土制作强化式日光温室墙体，低碳作用明显，比烧制砖节省投资约60%，1亩温室节约3万～4万元。

使用生物土壤固化剂既可节省耕地，又可大量吸收CO_2温室气体，从而大大提高了效益。由于土壤固化剂可明显提高土结构强度，所以园区温室墙体厚度可显著降低，节省了宝贵的耕地资源。一般传统北方土温室墙体厚需3.5～4m，墙基甚至达到了4.5m，而使用土壤固化剂可降低到1m以内，提高耕地利用率50%以上，增加种植空间，节本增效，发挥低碳农业的作用（图4-1）。

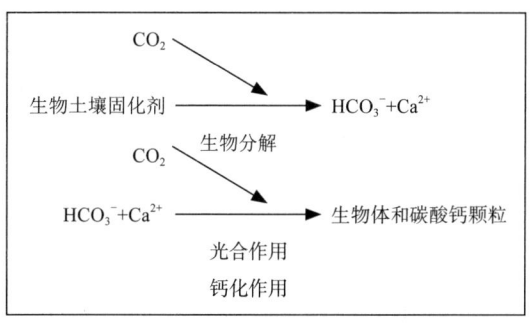

图4-1　生物土壤固化剂吸收CO_2的图式

第五，积极发展微藻产业，大量固定大气中的CO_2以扩大农业碳汇。

养殖的藻类可以最快的吸收CO_2。例如，生产天然虾青素而养殖的雨生红球藻（一种单细胞的经济藻），每100mL的藻液要消耗18g左右的CO_2，养殖一亩衣藻（chlarmydomonal mexicana）可以产出5.70t有机碳，其相当于吸收了大气中20.91t的CO_2。日本东京农业和科技大学的研究表明，微藻（Nannochloropsis sp）在高浓度CO_2条件下，其可将光能利用率从4.5%和9%分别提高到10%和20%。因此，每亩可获得生物质产量为9.98t和19.96t。折合成有机C量为5.0t和10.0t。这表明，微藻从大气中吸收了18.5t和37.0t的CO_2。这可大大有利于减少温室气体的排放数量。

藻类是一种浮游植物，在其生长繁殖的过程中除了少量的氮、磷、钾外，绝大部分需要的是CO_2。CO_2可转化为藻类的细胞壁以及脂类和多糖类，因此，大力发展经济微藻以及产油的能源藻是消耗CO_2"变废为宝"的一个非常重要而有效的途径。煤、石油是碳氢化合物经过千万年的演变而来，养殖藻类就是缩短这个变油的进程。在太阳能的作用下充分利用微藻将CO_2转化成生物柴油，好处是消耗了CO_2，变成了储藏的我们急需要的能量，关键是其效能远远大于普通植物对CO_2的消耗量以及对太阳能的利用。荒山滩头均可养殖经济藻类和能源藻类，而且可以立体养殖。因此，值得大力发展。

1. 培养能有效固定CO_2的微藻

最近，许多研究旨在利用微藻能直接固定从工厂中排出的CO_2。众所周知，火电厂、炼钢厂和水泥厂等燃煤工厂能排出大量的CO_2以及NOx和SOx。这类气体能降低生物固碳活性（biological CO_2 fixation activity），即主要是抑制了光合作用。因此，为改善CO_2的固定效率，所以需要选育出能在这样环境条件下快速生长的微藻。

现时，科学家已培育出了几种微藻，它们能在具有CO_2通量和一些极端条件如高pH值等水中快速生长的能力。即它们具有在盐水（如海水）和其他气流（如SOx和NOx等）条件下生长的能力。

在自然界，微藻可以固定CO_2，光合作用是固定大气中CO_2的主要过程。光合作用系由高等植物和藻类来完成。光合作用可以减少大气中CO_2的浓度，因此，利用植物和藻类的光合作用就有可能降低人为发射的CO_2数量。在高等植物和藻类中，人们已对微藻固定CO_2的优越性赋予了极大的关注（详见第21章）。

① 微藻能在许多极端条件下生长和发展。② 生物体的快速增长大大促进了固定CO_2的数量。③ 可通过环境筛选和基因诱变获得有用的微藻品种。④ 新分离的新品种能在极高CO_2浓度中生长。

由于微藻具有这些突出的优点，所以人们将其列为"模范"生物，以有效地对工业发射的CO_2进行生物固定。现时，已获得了两个降低人为CO_2发射的新技术和新方案。例如，减少火力发电厂和水泥厂排放CO_2的数量。

微藻生物体可用于生产6种产品：

① 生物氢（H_2）（通过生物光解作用）。② 甲烷（CH_4）（通过厌氧发酵）。③ 乙醇（通过酵母或其他醇类的发酵）。④ 甘油三酯（通过脂的提取）。⑤ 甲基酯燃料（通过脂的转酯基作用）。⑥ 液态烃（由丛粒藻属获得）。

长期以来，人们就已用藻生物质作为人类和动物的食物之源。最近，又用于精细化学品和药物。有一些微藻还能产生有用的生物化学物质，如氨基酸、维生素、类胡萝卜素（β-胡萝卜素）、脂肪酸（DHA、EPA、γ-LA）、多糖和抗菌素。现在，已有几种微藻产品应市。

2. 微藻固碳产品的利用

利用微藻固定的碳化合物是重要的有用生物质，固定的CO_2产物十分稳定，因此，它们不会发生分解而形成的CO_2重反大气。例如，球石藻（coccolithophorid algae）产生的$CaCO_3$颗粒是一种稳定的CO_2

固定产物。研究表明，微藻产出的6种生物质可用于燃料（生物氢、甲烷、乙醇、甘油三脂、甲基酯燃料和液态烃）。

3. 原位固定CO_2系统

4. 降低火力发电厂发射CO_2的系统

5. 降低水泥厂发射CO_2的系统

6. 提高Rubisco酶活性，增加光合作用效率

人类试图以科学向日益增长的物质需求进行挑战。随着人口的增加，其所需的粮食和各种能源也随之增长，并可能造成严重的短缺，或由此对环境造成污染。众所周知，以碳为基础且可更新的能源将不会像矿物燃料那样向大气排放二氧化碳（CO_2），因此，科学家便将目光转向Rubisco酶的神奇之谜。伴随Rubisco酶的改良，植物和藻类的生产方式会大大增强，而且不需要增加营养或能源的消耗。

为了增加玉米淀粉含量和玉米产量，国际上少数国家（美国和澳大利亚）采用了一种新技术，即使用一种光合作用增效酶，其被称为光合作用增效剂。试验表明，施用光合作用增效剂后，一般可增产20%。如用于C_4植物（作物），其增产幅度更大，效益十分明显。

自然界永远会成为在有氧条件下从无机碳源获得有机碳的一种主要环境和途径。这一过程系由固定CO_2的光合作用酶所引发。该酶被称为1,5-二磷酸核酮糖羧化加氧酶（简称Rubisco酶）。它对生物界获得碳起着不可取代的作用。Rubisco酶在光合作用固定碳的循环过程中催化了关键性反应。因此，Rubisco酶总是或经常是全球所有食物之源，而且也是以碳为基础的燃料，即矿物燃料和再生燃料两者之源。研究Rubisc酶成功的希望和由此获得的奖励具有极大的吸引力，以致不管有多大的困难，科学家将会不遗余力地作为追求的崇高目标。由于这项研究是针对改良自然本质的工作。所以各种难以想象的困难会不断出现。但是，我们有足够的智慧和时间去改良现有经自然选择的本性，当然发现更好的Rubisco酶会耗费比预想的时间更长的时间。

Rubisco酶机能不全而无效的原因有两种（类）。

第一，大气CO_2浓度很低，它们仅为过去植物进化时存在的浓度。在考虑如何进一步改善Rubisco酶之前，我们需要提出一些疑问，那就是一种更优化型Rubisco酶能获得吗？自然能达到各种需求矛盾之间更协调一致的结果吗？例如，能否证实快速催化和区分CO_2、O_2之间的关系吗？迄今，至少这些都是一个特殊的问题，而且回答这类问题是肯定的，那就是"不"，因为最快速的Rubisco酶也是CO_2和O_2之间最佳的区分点。由这些不同源的Rubisco酶与CO_2/O_2比的速率显示了一种正相关的有效标志，而所有负相关则无有效标志。在期望能获得一定数量的有效参数（正负参数）之前，人们还需要进一步作许多探索。

第二，当地球上大气中CO_2浓度增加时，普通高等植物的Rubisco酶的CO_2饱和度低，而CO_2亲和性则高，这样两者相互适应性便会发生更大的差异。所以，现代高等植物Rubisco酶的低CO_2饱和度和高亲和力之间的关系将会不适当地增大。即使在不改善Rubisco酶的羧化作用潜力时，其对CO_2反应双曲线最初斜率仍能反映出羧化作用效率（Farguhar等，1982）。因此，用生物工程或选择更具活力的CO_2亲和力以及采用较高CO_2饱和率的方法则是十分有价值的技术。因此，当CO_2浓度增高时，这种优越性亦越大。

提高植物中Rubisco酶的活性，以促进光合作用和增加生物质产量，可以采用如下的技术。

（1）自然变异的全面评价

首先，或者立即要在广泛的自然界发现一种更好的Rubisco酶将是十分困难的。只有几种天然的Rubisco酶作了详细的研究，但我们仍然需要获取其基本数据。最近发现，由一些硅藻和红藻能在持续的CO_2和O_2之间所作出的选择能力比高等植物的Rubisco酶要强，从而可利用其优势以适应自然环境。

现在，许多人认为还没有真正发现最佳的天然Rubisco酶。因此，必须加强探索性研究，其中包括进一步弄清许多环境中所有固定CO_2生物的种类。实际上，这是一个迫切要解决的首要任务，因此，CO_2/O_2特异性略有改善亦十分重要。同时通过这一途径还可明显地减少水分的损失，因此，工程植物（engineered plants）就会在干旱，甚至极干旱的沙漠环境中能适应性地生长。

（2）深入研究结构/功能之间的关系

在深入研究的过程中，Rubisco酶的结构和功能之间的关系十分重要，其还可扩大对超级天然Rubisco酶与直接或随机Rubisco酶的变种的研究。这类研究需与生物诱变基因相结合，在一些现代化的实验中，研究重点在探索催化位置所发生的化学反应。

（3）体外（试管内）研究

随着随机变种中联合新技术不断成熟和有效，现时已有充分理由来促使Rubisco酶进一步适应大气条件，并加强人为调控。但是选择具有适宜生物特性的生物系统，如快速催化CO_2和O_2之间的最佳选择性将十分必要。因此，就要在实验室发展一种方法和技术，以促进Rubisco酶的研究。当前人们以工程菌（Escherichia coli）为基础，研究其生长过程中与Rubisco酶的相互关系。

（4）光合作用和叶片气体交换的调节

近年来，许多研究机构利用植物遗传学原理来调节光合作用，但是该法已超出了本论题的范畴，然而这种方法仍被确认为可用于特殊目标时的有效措施。类似的技术和方法也可用于叶表面气孔与空气交换的调节。选择出具有更好的Rubisco酶的植物，其将会使气孔开启得较小，因此，这就可保持全球大部分地区植物能节约最宝贵的水资源，并限制其一定的生长速度和消除大气中的CO_2。

四、低碳农业指数及其应用

近10年来，人类引发的全球气候变化，特别是温室效应造成的全球气候变暖已成为社会各界和科学家的关注焦点。温室效应系由温室气体所造成。因此，最紧迫和最重要的是大气中CO_2等温室气体水平的增加，从而导致了全球的气候变暖。温室气体主要是以碳化物如CO_2、CH_4和CFCs（氯代碳氟化合物）为主的气体。现已发现，与碳化物有关的N_2O（氧化亚氮）亦是一种十分重要的温室气体，它的大气变暖潜势为CO_2潜势的310倍。

由于温室气体均以碳化物为基础，所以，低碳一词已成为各级领导，重要会议和新技术、新产品推介时的非常普遍和社会上最时髦的用语。因此，在许多公共和环境机构、科学组织、社会团体、资源和环境保护以及实业家们都非常广泛地使用低碳一词。同时，其在政治舞台上亦占有一席之地，并创造出一些新的形象。然而，低碳和低碳农业有时在使用时会混淆不清。就公众场合而言，低碳农业是一个最富于感情的用语。

为了使低碳农业及其应用更具体化和更具操作性，作者根据数以百万计的科学数据和独特的研究方法提出了低碳农业指数。低碳农业指数是以温室气体排放量、温室效应和以CO_2为基础的变暖潜势等的综合指标来确定的。它可衡量土壤和肥料、新品种、水利、环境保护和农药使用、新产品的开发，新课题和新工程的立项等的效益（低碳农业指数）。作者现已建立了一个低碳农业指数库（表4-2）。以供读者选择和应用。

表4-2　常规农业和低碳农业指数参考

项目	常规农业	低碳农业
土地和土壤转换（流转）	3	8
抗性尿素的生产和应用	4	10
植物克生素及其肥料	2	9
微生物多样性的应用	2	12
重金属污染清除技术	1	16
非金属污染清除剂	1	18
无碳生物能源氢（H_2）的生产和应用	3	50
生物土壤固化剂	6	40
生物除藻剂	3	30
生物降雨剂	1	18
生物防冻剂	2	15
生物诱导剂	2	30
生物信号发射技术	1	20
光合作用增效剂	3	56
粮果间作技术	8	40
水田和湿地CH_4减排技术	2	15
天然农业化学品的生产和应用	4	28
大型火电厂和水泥厂等 减排CO_2的生物技术和应用	-5	40
微藻生产技术	4	80
其他生物制剂及其技术	3	21

作者的研究表明，低碳农业指数也可用碳汇和碳源比率来表达。在评价某一项目或产品时，利用其能吸收的CO_2的数量作为碳汇，而其释放出CO_2的数量作为碳源。据有关资料和科学数据指出，低碳农业指数在3时便可推广应用，而在3以上时则为优秀项目或优质产品。美国等发达国家则用BCR值（Benefit-Cost-Ratio）来表达。他们认为BCR值越大越好，通常在3以上就属低碳农业或高效农业。关于低碳农业指数的计算和相关参数，读者可参考作者的其他有关论著。

五、农业固碳（C）的战略意义

农业固定的C（CO_2）十分巨大，但因农产品会被人类和其他生灵以及二次转化所消耗，所以，难以提供准确的C汇数值。以印度为例，其拥有的耕地面积为$190 \times 10^6 hm^2$。其在固C过程中具有重要的意义。印度农业的生物质产量（干重）每年可达800Tg（$1Tg = 10^{12}g$）。其相当于固定的C量为320TgC/y或1 000Tg CO_2/y。同时，人类和其他群体的体内在一定时间内还持有相当数量的碳，因此，向大气发射的C是剩余的C源。美国从1.6亿hm^2（160million hm^2）的耕地中获得了碳汇2.1PgC/y。据统计，我国每增减的碳汇远远大于此值，其值为4.1PgC/y（卷首图表的图2）。这就说明，发展农业，特别是发展低碳农业，其不仅不会增加大气中CO_2浓度，反而还会吸收CO_2而造成大气CO_2浓度的负增长。

六、植物克生素及其在农业中的应用

植物克生素，其可定义为"植物所产生可危及或毒杀另一种生物生存和发展的次生代谢物"。其被誉为未来农业中的生物武器（Bio-weapon），国际上通用的英文名词为Allelochemicals或Allelopathic compounds。它的原意应译作"植物异株克生化合物"。由于我国尚无正式命名，因此将该词结合我国的实际情况和含义，故暂采用"植物克生素"一词。

植物克生素系由植物克生作用或克生过程所产生。植物克生作用或植物克生过程是植物与植物（包括微生物）之间的相互化学反应过程。其英文名词为Allelopathy。其原意应译作"植物异株克生作用"。它来源于两个希腊语"Allelo"和"Pathy"，前者则为"彼此的"（of each other）之意，后者则为"遭受"（to suffer）之意。二者复合构成了Allelopathy，即植物克生作用。其可定义为"一种植物的生长发育受到另一种植物所释放的有毒物质的抑制和毒害"，植物产生抑制作用的生物化学物质就称之为植物克生素。

亚里士多德的信徒西奥拉斯图斯（Theophrastus）（BC 372-285）报告了豚草对苜蓿的抑制效应。1832年，瑞士植物学家德·肯道尔（De.candolle）提出，农业土壤中的病害系由作物分泌物诱发。随后，许多科学家报导了黑胡桃对邻近植物的抑制和毒害作用。Schreiner和Reed（1907、1908）从土壤中分离了由植物根系释放出的有机酸，它们能抑制一些作物的生长。莫利西（Molisch）（1937）研究了乙烯对植物生长的影响，并最早提出了"植物克生作用"一词。它主要说明植物与植物（包括微生物）之间或本身发生的化学作用。Molisch后来又将此词用于植物之间相互作用过程中的刺激和抑制作用。但是，有些科学家则将该词仅用于高等植物对另一植物的有害作用，并假定由于植物克生作用派生为"彼此受害"或"相互损害"（mutual suffering或mutual harm）之意。

Rice（1974）首次采纳了更为严格的定义，并认为此词应解释成"一种植物（包括微生物）向环境中释放的生物化学物质会直接或间接地对另一种生物产生有害的作用"，随后，Pumam和Duke（1978）指出，Molisch选取用"植物克生作用"一词犯了一个技术性错误。之前，Bluller（1966）则使用了"相互干扰"（interference）来论及植物与植物之间的相互作用现象。其包括了植物竞争作用（competition）和植物克生作用（Allelopathy）。Muller（1966、1969）还将竞争作用定义为"一种植物能吸收生境中的其他生物所必需的营养和水分等因子。从而对其他生物起到了抑制或破坏作用"。

植物克生作用实际是一个过程，即植物向周围环境释放出有害的化合物，从而导致同一生境中附近植物遭到毒害或抑制的过程。此外，许多科学家还认为植物"自体中毒"（Autointoxication）亦应列入植物克生作用范畴。其亦是一个过程，并定义为"植物及其残体分解所产生的化合物能抑制自身的生长，从而降低了天然植被和农业生态系统中的生产力"。

植物克生素，即植物次生代谢物，其有许多种化合物，它们由植物释出于周围环境，从而影响异种植物的生长发育，并可吸引或驱赶昆虫，提供营养，或者毒害其他生物。植物次生代谢物释放的主要方式有4种生态形式：

① 挥发作用，即植物释放出气态克生素至空气中，别的植物吸收后便受到抑制，甚至死亡。② 淋溶，即一种植物器官，如根、茎、叶等散落后，其克生素被水淋溶至土壤或水体中，从而抑制其他植物的生长和发育。③ 某些植物通过根部直接分泌至土壤或水体中，从而抑制其他植物的生长。④ 土壤中的植物残体分解所产生的有毒物质如植物毒酚和氧肟酸类等物质。

与植物克生作用或克生素有类似意义的一些名词需要进一步澄清，其中有：抗生素（Antibiotic）——微生物产生的一种化合物，它能有效地抗击或抑制其他微生物的生长；小皮伞菌素（Marasmin）微生物产生的一种化学物质，它能有效抑制或破坏高等植物的生长；植物杀毒素（phytonicides）——一种植物产生的化合物，它能有效地抑制微生物的生长；可林素（Koline）——高等植物的化学产物，它能有效地破坏或抑制其他高等植物；植保菌素或植物抗毒素（Phytoalexins）——植物所产生的一种化合物，但这类化合物是在植物遭遇到病原微生物感染时为保卫自己，抗击病原菌而合成的新的化合物。因此，Whittaker和Feeny（1972）还锁定了"植物克生化学物质"（Allelochemics）一词，并叙述说："植物克生化学物质是化学类物质，其在适应植物品种和构成植物群落过程中具有十分重要的意义"。在由植物克生化学类物质科学发展进程中，Chou和Waller（1983）应用了"植物克生化合物"（Allelochemicals），即本文中所称的植物克生素，其主要是用来表达或论述各生物种内和种间所有的生物化学作用及其产物。Yang和Tang（1988）就植物化合物控制虫害作了一篇全面的评论，评论指出，中国在公元25到220年之间所编"神农本草经"（Shengnoon Ben Tsao Jing）一书就有这方面的材料。作者们发现，约有267种植物含有杀虫剂的活性物质，其中许多物质也表现出了植物克生素的潜在功能。李时珍（1518—1593），中国的药用植物学家，他写了"本草纲目"一书中介绍了许多植物品种的化学成分对生物具有毒害作用或治疗效果。他还指出，所有的植物化学成分在植物与植物之间的相互作用过程中起到一定的作用。我国南北朝后魏贾思勰所著《齐民要术》亦有植物克生作用的论述。在Candolle著作（1832）发表约一个世纪以后，植物克生素（Allelochemical Compounds）便开始用作植物的天然生长调节剂、除草剂、杀菌剂和杀虫剂，而且非常迅速地得到了普及。

20世纪初叶，植物克生作用的研究主要集中在提高农业生产力方面。20世纪60年代，教科书中有关植物克生作用的内容则大部引用Muller（1966）的材料，其重点集中在植物生态学方面。他发现，小桷树植被（Chaparral Vegetation）的鼠尾草（Salvia Leucophylla）能释放出有毒的类单萜（monoterpenoids），其能抑制周围许多草本植物的生长，从而导致了不毛之地和繁茂正常生长的植被景观。Muller及其学生们都将这一景观归因于植物克生效应。这表明，植物克生素可通过植物的器官（根、茎和叶）释放至环境中，从而影响异种植物的生长发育。植物的许多次生代谢物深深地吸引了一些科学家，特别是有机化学家，他们十分有兴趣地研究了次生代谢物的结构、生物合成和自然界的分布，但是未能探索其功能。Fraenkel（1959）以及Whittaker和Feeny（1971）经过研究后指出，次生代谢物在植物和生态系统中起着十分重要的作用。自此以后，次生代谢物不再被视为代谢废物。次生代谢物在未利用之前，其通常储存于空胞（Vacuoles）或细胞间隙之中，但是这类化合物可自由释出至细胞或叶片表面，以作防卫、吸引入侵者，而且亦可作为化学信息。更有甚者，某些化合物可成为植物—昆虫相互作用的信使，而且在植物适应性和昆虫共进化（co-evolution）机理中有着重要的作用。因此，植物克生作用在生理学、生物化学和生态学中的功能越来越受到关注。

在过去几十年间，植物克生作用的研究已引起了人们的极大兴趣。许多有关的国际专业组织召开会议，发表专著以及科学家的论文风起云涌。同时，植物克生作用和植物克生素在自然生态系统中的功能和作用也受到全世界各地科学家的重视，并纷纷进行深入研究。植物克生素由高等植物，细菌、真菌、藻类及其他们的共生体产生。最近，在召开的第二次国际植物克生素国际会议上，成立了"国际植物克生素学会"（International Allelopathy society，缩写为lAS）。会议的主旨为"新世纪的一门新学科"。因此，这将为研发植物克生素及其应用创造了新的途径。所以，研究和发展植物克生素及其应用已成为农业、林业、医疗和环境保护等领域中十分迫切的任务。世界农业、林业产品以及与人类密切相关的生态环境，其都将通过植物克生素而实现。因此，其被誉为新世纪最伟大的希望、最伟大的事业和最伟大的恩惠（效益）。许多科学家利用植物克生素为农业增产和自然资源、环境保护等作出了巨大的贡献。因此，这门科学和技术的发展将为全球约75亿人口提供了巨大的资源和财富。同时植物克生素产品和技术及相关制剂在日本的贸易额高达850亿美元，美国约1 800亿美元，英法等国约1 000亿美元。在我国，该类产品极少，且大部分为进口，贸易额不足1亿人民币。有关专家和相关人士希望并预计近几年新产品能不断应市，贸易额将达到约500亿人民币。因此，研究和开发植物克生素及其应用具有十分重要的社会和经济意义。

1. 真实性

20世纪30年代，美国、英国、印度、和阿根廷等国的作物产量实际上是相等的。从那时起，每个国家的科学家和农学家，以及许多制定政策者都帮助和促进农民进行农业生产，从而大大提高了玉米、水稻、小麦、棉花和大部分主要农产品的产量。今天，几个农民可以养活比以前更多的人口。实际上为这种成功付出了巨大的代价。在进入美国肯萨斯州的路口，赫然竖着一块标牌，上书"一个农民养活了101个人和你"。

大部分国家的环境保护机构都认为农业是土壤和水体污染的最大非点源。这是每个国家的主要难题。此外，世界上的政要和科学家常常引用有关农业和环境保护的一句至理之言，"没有粮食的国家只有一个问题—食品短缺，而没有饥饿的国家则有一大堆难题——环境污染"。

通常随着贫困和饥饿的减少。人类的健康和长寿与环境的质量更为密切。无疑为农业而大量使用农用化学品如农药，肥料和其他化学品等便会大大增长，而且随着工业的发展，污染物不断扩散。因此，给土地和空气等环境造成巨大的压力。从更大的范围考虑，全球温室效应加剧，大气中二氧化碳不断上升。据有关资料表明，现时大气中的二氧化碳浓度已大大超过了原来的370ppm（μmol/mol）。各类作物，特别是水稻面积扩大，从而使破坏环境的甲烷明显增加，并公认其为破坏环境的杀手。

目前人们已认识到植物王国生产是生产有关化合物最为有效的"工厂"。植物合成了无数产品（化合物），其一部分化合物是防治害虫和疾病，保护植物的有力武器，而且是长期竞争过程中所获得的特性。许多植物的成分对各种生物。其中包括人类在内，其具有强烈的毒性，但是有些其他成分则对哺乳动物，脊椎动物和无脊椎动物低毒和无毒。现已证明，许多植物化合物对危害最甚的虫类—昆虫具有高度的防治效应。

众所周知，天然植物在发展新型染料，药物和农药方面已成为人们关注的重要角色。迄今，已知有数千种之多的植物以作为农药的植物资源。但仅有几种作为植物农药能显示巨大的潜力。其中包括著名的含有除虫菊脂、鱼藤酮和尼古丁等的天然植物。除虫菊脂系从菊科植物（Chrysamthemun Cinerariiflolium = C.cmeraniflolium）的花中提取，其杀虫效果甚佳。随后，人们研发了天然植物的后续制品，即人工合成产品，如拟除虫菊脂，氨基甲酸、JH仿制品以及许多生长调节剂。这类农药大都无毒无污染和杀虫效果显著等而继续在使用。但由于资源，技术性难题，以及杀虫谱不广而受到一定限制。

为了进一步发展天然植物农药，闵九康等（2009）研发的楝素（Azadirachtin）农药能防治15个昆虫目的413种昆虫。这类产品被国际上誉为"神奇的绿色"农药，受到了公众的极大的关注。

以植物为原料的农药（杀虫剂）已使用了很长时间。例如，从菊科植物除虫菊花中取得的制品，从波斯王朝（521-4，868C）就开始用作杀虫剂。尼古丁和鱼藤酮（deris，Rotenone）等亦已从19世纪开始应用，其他一些植物及其制品至今在一定范围内仍在使用。

由于全世界对上述问题的关注，所以农民们以减少投入，保护环境，保护资源和保护人类健康为目的而开始采用可持续发展的许多农业技术措施。这种认识和变化正在全球范围内兴起。因此，植物克生素的研究和发展正在不断地前进。其进入维持农业的发展已达到了相当的程度。显然，这种发展和变化已处于先导地位。植物克生素的正确应用反映了这一事实。

2. 有限的资源与粮食生产

全球约有325亿英亩耕地，但其仅占24%或80亿英亩可用于持续农业生产。世界重要的粮食作物（谷类、豆类和油料）占有耕地20亿英亩，其每年将生产出10亿t粮食（表4-3）。70%的土地（230亿英亩）不能用于其粮食生产。这些土地大部分位于极端地区，即太冷、太干，或太陡和土壤贫瘠之处（表4-4）。

表4-3　全球生产的粮食产量（估测）

作物	面积（英亩）（×10^6）	总产量（t）（×10^6）
禾谷类	1 734	1 138
豆类	156	40
油料	279	98
总量	2 169	1 276

表4-4　世界土壤资源

总量（%）	英亩（10亿）	位置
20	6.5	太冷地区
20	6.5	太干地区
20	6.5	太陡地区
10	3.2	土层太薄地区
10	3.2	作物生产地区
10	6.5	草原和草地区

约1%或32亿英亩土地是用于农业生产最好的土地。另有20%或65亿英亩是草原和草地，其也可能是用于农业生产的潜在后备土地，但投入较高。如果将65亿英亩草地转化为农地，那么用于作物生产的土地将达97亿英亩。如果全球人口在公元2025—2050年不能有效地控制，那么，扩大耕地将是十分重要的因素。

有某些限制粮食生产和其他农产品的不利因素。其主要是肥料利用率、气候、农药、水源（包括灌溉）、土壤、各种新品种作物和温度。这些不利条件，我们如何发展和应用更多的植物克生素及其技术来克服不利条件，创造更良好的环境。

昆虫、杂草、病害和鼠害等造成了世界粮食供应的损失高达30%。在发展中国家，作物产量损失更大。因此，世界卫生组织估计饥饿的人口每天约增加12 000人，即每年增加440万之众。

在土壤和气候都有利于粮食生产的地区，全球约有80亿英亩耕地，但已种植的土地则为40亿英亩。因此，在这些地区如何采用已成熟的植物克生素及其技术就尤为重要。农业需要适于种植的耕地，更需要植物克生素和相关技术，以生产出优质高产的农产品。

3. 世界粮食消耗

全世界利用约一半的土地来进行农业生产，但大部分土地则处于人口稠密国家以外。表4-5表明了发展中国家和发达国家粮食的消耗状况。很显然，植物克生素及其技术对世界粮食的消耗会产生巨大作用。这种影响将是预期最伟大的希望。

表4-5　全球粮食消耗

	卡/人/日
发达国家	3 043
发展中国家	2 097
全球平均	2 386

4. 展望

展望未来，可用二句号召式的语言来表述

（1）新世纪全球的巨大变革——植物克生素效应

（2）全世界和睦共处的基础——植物克生素及其技术

人们现时生活的时代特点：人口快速增长，能源和食品短缺，农业萎缩，环境和经济条件恶化。

因此，可以预计，上述问题最终将面对世界各国，因此发达国家、发展中国家、东方和西方，北方和南方都应当开展全球性合作。这类合作将会大大有利于全人类的和平和进步。亚洲、澳洲、阿拉伯国家和非洲的许多事件将不断教育发达的欧洲国家人民和美国人民。从而促进全球国际大合作，以增加粮食生产，大力发展农业、林业、增加能源、工业产品和医药，加强各国的商贸，原材料的生产。所有这一切都是为减少环境污染和改善人们的生活质量。因此人们预期植物克生素将会在21世纪发挥巨大的作用。

（3）当要将农业生产力提高6倍时，用于农业生产的土地则需要在现有的基础上增加2倍

也就是说，要在现有土地的基础上生产力提高3倍。因此，不断研制和开发新的植物克生素以达到新的目标是一项十分有前途的课题。

全球农业系统将通过国际的紧密合作和互相促进来实现。其主要是在共同协作的基础上，利用植物克生素及其技术来解决全球的粮食和环境问题。

A. 农业研究机构，实验站、实验室和技术推广站联合起来，紧密合作。由气象学家、植物学家、昆虫学家、植物病理学家、农学家、农业工程师、园艺学家，森林学家、动物学家、生物化学家和农业化学家和有关专家参与，共同协作研究和发展。为人类创造更多更好的植物克生素产品，以造福人类。

B. 用同样的组织、形式对海洋和淡水水域进行有效的食物生产。同时加强国际合作。深入研究海洋水域特性及调控生产力。虽然植物克生素在海洋和淡水领域的研究还处于起步阶段，但人们将会预期植物克生素在这一领域的重要意义极为重要。其将会为人类提供大量优质的食品。

C. 人类的健康与坏境、食物关系极大，因此急需用高科技加以改善。许多科学家呼吁，植物克生素将是首选的技术和产品。

综上所述，植物克生素及其技术研究和开发市场前景十分乐观。

第五章 土壤和生物质碳（C）生产

一、引言——土壤是万物之母

土壤是一种自然资源。古希腊哲家亚里士多德（Aristotle）赋予了"土壤是无限生命之源"的美誉。勤劳和智慧的中国人民则给土壤以更高的评价，即"土壤是万物之母"（The soil is the mother of all things）。古训则称"万物土中生"（闵九康等将其英译为"The soil the mother of all things"——"土壤是万物之母"，并被国际上广泛引用）。

据权威机构的研究和统计表明，全球90%以上的粮食源于土壤，小于10%的粮食则由人烟稀少的内陆水系和海洋所提供。因此，人民普遍地提出了依赖土壤可以发展低碳农业和可持续农业，并确保粮食安全和环境健康的观点。国际有关组织评价，土壤在粮食生产中的战略地位为55%~65%。因此，我国应从战略高度加强土壤和肥料的研究工作。

据统计，陆地每年由光合作用所产生的生物质以有机碳计，其量约为6×10^{10}t。成熟橡树的生物质为$0.5 \times 10^2 m^3$；一个细菌为$0.5 \times 10^{-18}m^3$。

科学家于1995年估测了一系列非常有意义的数值用来表达光合作用所产生的巨大有机产物。他们的估值是，全球每年光合作用过程产生的糖约为4000亿t（400billion t）。

全球由光合作用产生的净初级生产量（NPP）是单位时间内植被所获得的净生物质数量。热带雨林具有最高的生物量和生产率，因为温暖湿润的条件有利于植物群落的生长和发展。沙漠和冻土带（tundra）生产的生物质量最低，因为较低温度和较少降雨严重地影响了植被的发展。表5-1列出了全球净初级生产量（NPP）和生物碳量的测定数值（以碳为标准的计算值）。

表5-1 全球碳净初级产量（NPP）和生物碳量（Schlesinger，1991）

生态类型	面积（$\times 10^6 km^2$）	平均生物量（kgC/m^2）	总生物量（$10^9 tC$）	平均NPP gC/（$m^2 \cdot y$）	NPP总量（Gt C/y）[a]	RGR（/y）
热带雨林	17.0	20	340	900	15.3	0.045
热带季节林	7.5	16	120	675	5.1	0.042
温带常绿林	5.0	16	80	585	2.9	0.037
温带落叶林	7.0	13.5	95	540	3.8	0.040
北极区域林	12.0	9.0	108	360	4.3	0.040
乔木和灌木地	8.0	2.7	22	270	2.2	0.100
热带大草原	15.0	1.8	27	315	4.7	0.175
温带草地	9.0	0.7	6.3	225	2.0	0.321
苔原和高山草地	8.0	0.3	2.4	65	0.5	0.217
沙漠灌木	18.0	0.3	5.4	32	0.6	0.107
岩石、冰和沙	24.0	0.01	0.2	1.5	0.04	—
耕地	14.0	0.5	7.0	290	4.1	0.580
沼泽和沼泽地	2.0	6.8	13.6	1 125	2.2	0.615
湖泊和河流	2.5	0.01	0.02	225	0.6	22.5

（续表）

生态类型	面积 （×10⁶km²）	平均生物量 （kgC/m²）	总生物量 （10⁹tC）	平均NPP gC/（m²·y）	NPP总量 （Gt C/y）[a]	RGR （/y）
陆地总量	149	5.5	827	324	48.3	0.058
海洋总量	361	0.005	1.8	69	24.9	14.1
全球总量	510	1.63	829	144	73.2	0.088

注a：Gigation（Gt）为10^{15}g。RGR = 相对生长速率（relitive growth rate）

科学家预计，世界人口在2050年将达109亿，而且，增长的人口主要集中于发展中国家。国际粮食政策研究所（IFPRI）（International Food Policy Research Institue）的计划表明，在1993—2020年，全球对谷物的需求应增加41%而达到2 490百万t（即24.9亿t），薯类需求增加40%达到855百万t（即8.55亿t）。至2020年，全球人口会增加40%，因此，平均每年会以4.3%的速率增长。在此期间，人口和谷物需求的增长以发展中国家较大。在未来几十年，人们还需考虑畜牧业的发展，因此，要求饲料快速增长，特别是发展中国家，它们对饲料的需求量约增加1倍。人类对谷物直接需求量增加47%。因而，发展低碳农业是解决全球粮食安全和地球复原的必由之路。

二、全球碳循环和生物质生产

全球碳循环的模型可用CO_2转化为有机质及其经由矿化作用，而将最初固定的碳分解成矿质形态的碳化物来表示（图5-1）。

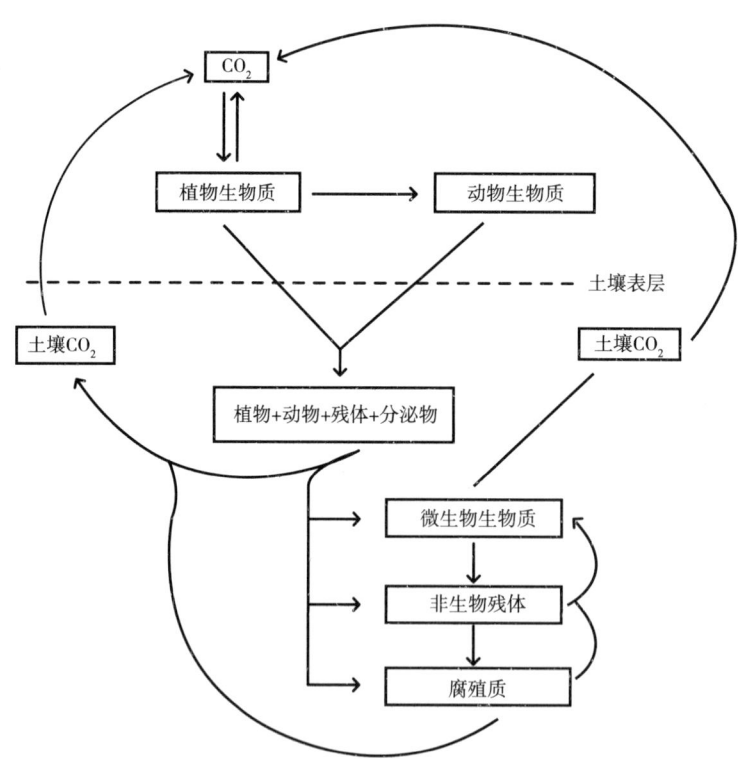

图5-1　碳循环和土壤有机质之间转化的模型（Bolin et al., 1992）

已研究过的土壤有机质库包括活着和死亡的微生物生物质、动物和植物碎片、植物根系分泌物以及腐殖酸和富啡酸。土壤是CO_2的一种源与汇（a source and sink），所以土壤生态系统既是温室气体的生产者，又是温室气体的消费者，特别是碳化合物矿化作用的产物如CO_2和CH_4。土壤有机质水平的提高有助于过量的CO_2结合而进入土壤腐殖质，因此，土壤是CO_2的净储库。

有机质的分解作用在土壤发育过程和生物地球化学中具有重要意义，因此，在论及碳循环时会首先考虑到碳（C）库的大小及碳的转移和转化作用。碳元素是所有生命形态的主要结构化合物—碳水化合物的主要组成元素。在光合作用过程中，太阳辐射能会使CO_2还原为不可缺少的一类烷基化合物，然后其便转化为高分子细胞组分。分解作用可被定义为原材料被分裂为各个部分的化合物。同时，分解作用也代表了有机物质的生物降解过程，并完成生命的世代交替。在土壤和细胞水平上的碳转化过程都会直接或间接地表达出大部分其他营养物质如氮（N）、硫（S）和磷（P）的归宿。

有机质的分解作用与生态过程和土壤肥力有着紧密的关系。有机废物的处理、人造化学品的分解以及全球气候变化等都与大气中CO_2和CH_4的增加有关，而且也与分解作用和土壤有机质（SOM）的周转紧密相连。矿物燃料的应用、耕地的扩大及人为和自然造成的森林失火都会在一定程度上增加大气中的CO_2浓度，从而干扰全球的碳循环，并会影响到气候的变化。因此，土壤中的碳循环与全球气候变化有着密切的关系。

1860年以前，大气中约含有260μL/LCO_2。1995年，大气中已含有360μL/LCO_2或760PgC［1个Pg（peto gram）= 10^{15}g = 10^9t（metric ton）］。但是，生物循环的范围为30个级次。细胞组分中各个分子的重量都以fg（femtogram）来表示，即1个fg = 10^{-15}g。陆地生物体的木质组分占陆生植物储存C量的75%。从原始总产物的C值减去呼吸作用的C值便可计算出净产值，其量为50～70Pg（图5-2），从而表明了陆生植物每发生一次C的再循环所需时间约为10年。就平均而言，这一循环过程对土壤淋溶物和易分解的植物残体的分解速率应是十分的快速。因为许多木质组分的分解和腐殖化物质的循环需要几十年甚至百年、千年。陆生植物的光合作用与分解作用几近平衡。就一个地质年代而论，光合作用无疑会大于分解作用。因此，这就构成了一个矿物燃料的大储库，它的储C量比土壤储C量约大4倍。海洋生物的光合作用和腐解作用循环速率约相当于陆地的循环速率，但其仅由3～5Pg生物体来完成，所以海洋C的周转速率比陆地C的周转速率要快得多。海洋是可溶性C的大储库，其既有无机C，又有有机C，特别是在温带海洋和深海，C的储量更大。这就表明了海洋是一个比土壤更大的C储库。

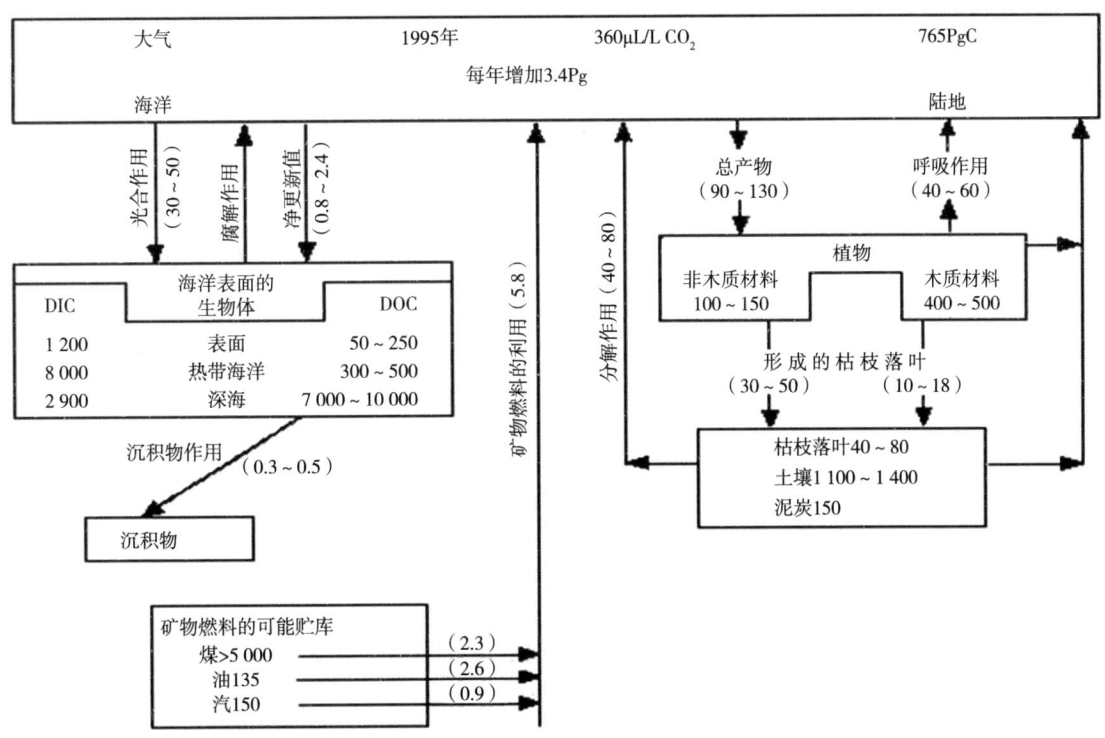

图5-2　全球碳循环过程中C库的大小和每年的碳通量（单位：PgC）（Bolin等，1992）

自19世纪末叶以来，矿物燃料的使用、森林的破坏和处女地的大量开垦都促进了C从陆地转移至大气，其中一部分C被海洋的净吸收所抵消。大气中较高浓度的CO_2将会促进较高的光合作用和更好地利用水分。现已证明，大气中CO_2浓度的增加曲线与农作物增产曲线十分相符。较高的CO_2浓度亦会促进植物-微生物共生关系，如共生固氮作用和菌根的形成。最近，世界许多国家已开始大量退耕还林和退耕还草。所以，环境中的营养释放大大地促进了植物生长，并改变了成熟生态系统中植被类型的变化。从欧洲森林获得的数据表明，每年C的积累量可达85～100Mt（兆吨），而荷兰石南丛生的荒地也开始形成草地。这些情况都表明，这一数值占全球C平衡账中每年碳失通量（missing annual flux）1.2Gt8%～10%。美国森林固定了等量的碳当量碳（Equi-valent amounts of C）。同时，在20世纪90年代，美国从耕地面积为1.6亿hm^2（16million hm^2）的农业生产中获得了碳的保护储量（约2.1Pg）。根据闵九康等（2013）的研究（卷首表2）表明，农业收获的生物质碳是调控大气CO_2浓度的主要因子，因为其每公顷耕地平均可吸收C量40.6kgC/（$hm^2 \cdot y$）。如果加上根系及其分泌物和作物残体固定的C量[（约40kgC/（$hm^2 \cdot y$）]，每年每公顷就可吸收C量80.6kgC/（$hm^2 \cdot y$）。因此，我国农业生产可增加碳汇4.1PgC/y。根据模型计算，农业产量可吸收（或固定）全球释出碳源的10Pg以上，从而造成了大气CO_2浓度（400μL/L）的平衡或负增长。

三、生物质的结构化合物

进入土壤中最大部分的有机残体是植物残体。植物残体含有不同比例的蛋白质、半纤维素、纤维素和木质素（表5-2）。蛋白质含量范围可从木材中的1%以下至快速生长的植物和种子中的22%；半纤维素的含量范围为核果（Acinus）中的2.2%至沙漠树木中的40%；纤维素则构成了植物干重的13%～51%；木质素是最具抗性的植物原料，但在豆科植物和牧草中的含量却很低。然而，热带植物如Acinus中木质素含量几乎达到了50%。可溶性化合物如糖、氨基糖、有机酸和氨基酸等则构成了植物干重的10%，它们都能从植物残体中迅速被淋溶，并立即被土壤微生物所利用。因此，这类化合物对叶片冠层上的微生物活动具有特别重要的作用。表5-2中未被列出的还有碳水化合物，它们对植物残体的分解速率和N的矿化作用有着重要的作用。

表5-2　植物残体的组分（Haider et al., 1992）

植物	干重百分率（%）			
	蛋白质	半纤维素	纤维素	木质素
苜蓿（茎）	15～18	8～11	13～33	6～16
黑麦草（成熟）	12～20	16～23	19～26	4～6
Leucalna（木豆）（tree legume）	22	14	21	13
小麦（秆）	3	21～26	27～33	18～21
山毛榉（木质）	0.6～1	27～40	45～51	18～21
松树（锯木屑）	0.5～1	24～30	42～49	25～30
核果（acinus）	10	2.2	30	48

1. 碳水化合物

5-C和6-C单体糖（图5-3）会结合成植物、微生物和土壤中的一些构型化合物。淀粉是植物主要的食物储库，它含有两个葡萄糖聚合体——直链淀粉和支链淀粉。直链淀粉由连接在α-（1→4）-糖苷键上的无支链的葡萄糖单元所组成（图5-4）。支链淀粉有相同的通用结构，但具有一个α-（1→6）支链键相连接。许多细菌和真菌能通过其产生的胞外酶如淀粉酶将淀粉水解。χ-淀粉酶能将直链淀粉和支链淀粉降解成由几个葡萄糖分子组成的单元。β-淀粉酶能将直链淀粉还原为麦芽糖。支链淀粉会分裂成一种麦芽糖和糊精的混合物。

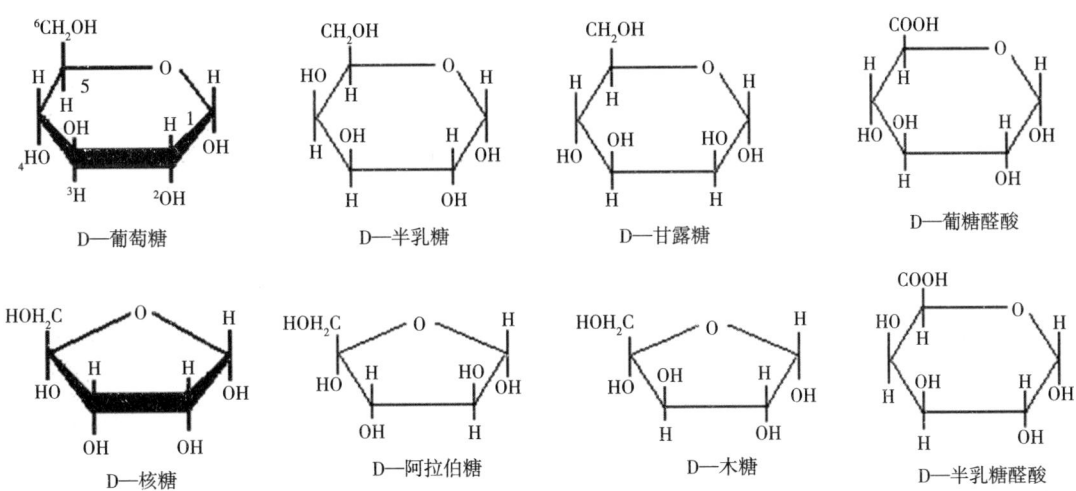

图5-3 植物和土壤有机质中糖的结构式

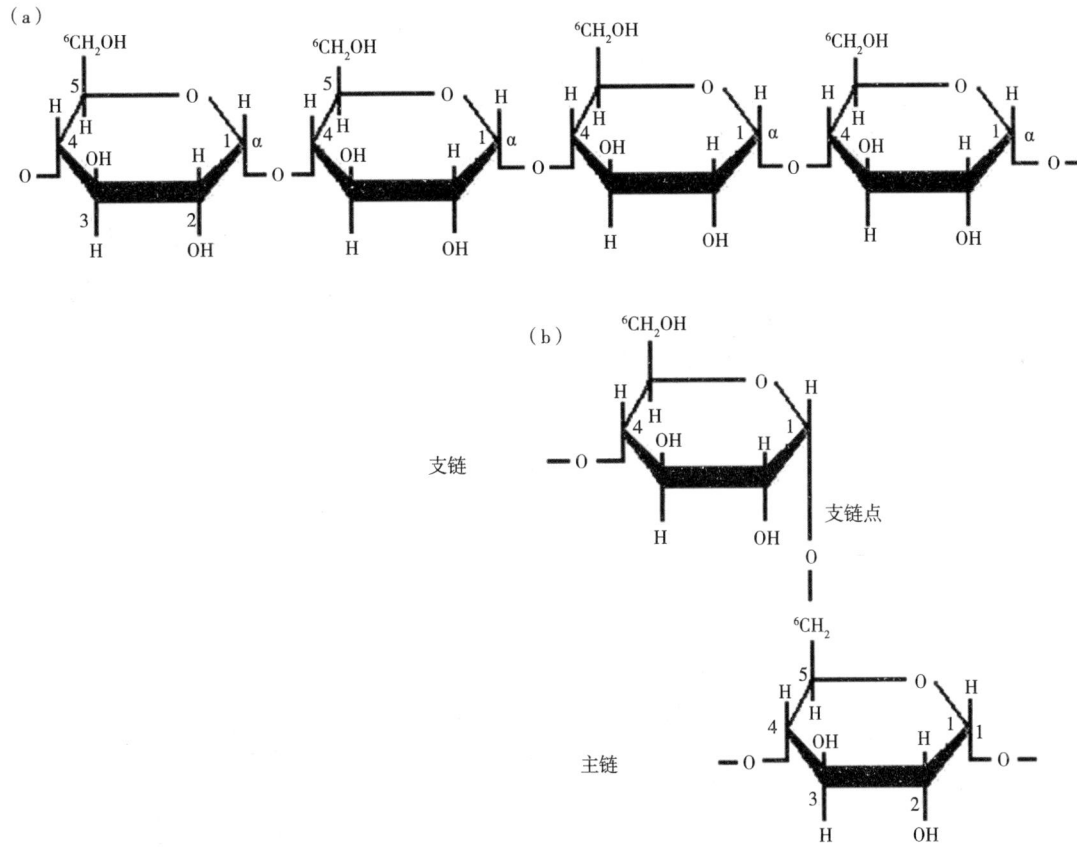

（a）直链淀粉的α-（1→4）链；（b）支链淀粉的α-（1→4）链

图5-4 淀粉的结构

纤维素是残体中最丰富的化合物，它几乎都与半纤维和木质素结合在一起。纤维素系具β-（1→4）链的葡萄糖单元组成（图5-5）。禾木科牧草中各个无支链纤维素则由约14 000个葡萄糖单元组成。木材的纤维素与木质素结合得非常紧密，而且分子量较低，其由2 000～5 000个葡萄糖单元组成。纤维素分子会团聚成微原纤维（microfibrils）以形成晶体原纤维。参与分解作用的酶有3种：内切葡糖酶、外切葡糖酶（纤维生物水解酶）和β-葡糖苷酶，它们均为众所周知的纤维二糖酶。分解的第一步是将晶体破坏。然后，内切葡糖酶将内部β-（1 → 4）链切断。自此反应以后，外切葡糖酶会将二糖（双糖）单元分解而从易分解链末端位置上分离出来。许多酶都是糖蛋白（糖加蛋白质）。在这些糖蛋白中，以共价键结合在中性碳水化合物上的不同N基团，以及氨基酸组成上存在着差异，其能导致纤维素酶的多样性。同时，它的活性也会受到钙离子的活化。酶的诱导作用和分解阻遏作用二者都会参与调节纤维素的分解作用。所以，纤维能诱导并增加纤维素酶的活性。但是，最终产物或高浓度的纤维素能抑制纤维素酶的活性。

许多微生物都能分解纤维素。真菌霉属（*Trichoderma*）可能是被研究最多的纤维素酶系统的微生物。它能向基质分泌出大量的纤维素酶，并在离开细胞的条件下对纤维素进行分解。另一种真菌，毛壳菌属（*Chaetomium*）能适于商业应用而生产纤维素酶，它的耐热性（*thermotolerant*）给人们一种启发，那就是该酶能在商业上用于溶解木材中大量不能再利用的纤维素和其他植物残体。对青霉菌（*Penticilium*），镰孢霉属（*Fusarium*）以及商业上生产蘑菇的蘑菇属（*Agaricus*）等的纤维素酶系统已进行了广泛的研究。

细菌不具有真菌那样广泛的纤维素酶复合体。它分泌的纤维素酶可以组成球状颗粒，并称其为纤维组（Cellulosomes），而且还能与细菌细胞壁相结合。能分解纤维素的好气细菌有*Cellulomanas*、*Cellovibrio*、*Thermonospora*以及*Cytophaga*，厌气细菌有厌气纤维分解细菌，即*Acetovibrio*、*Bacteroides*、*Clostridium*和*Ruminococcus*。

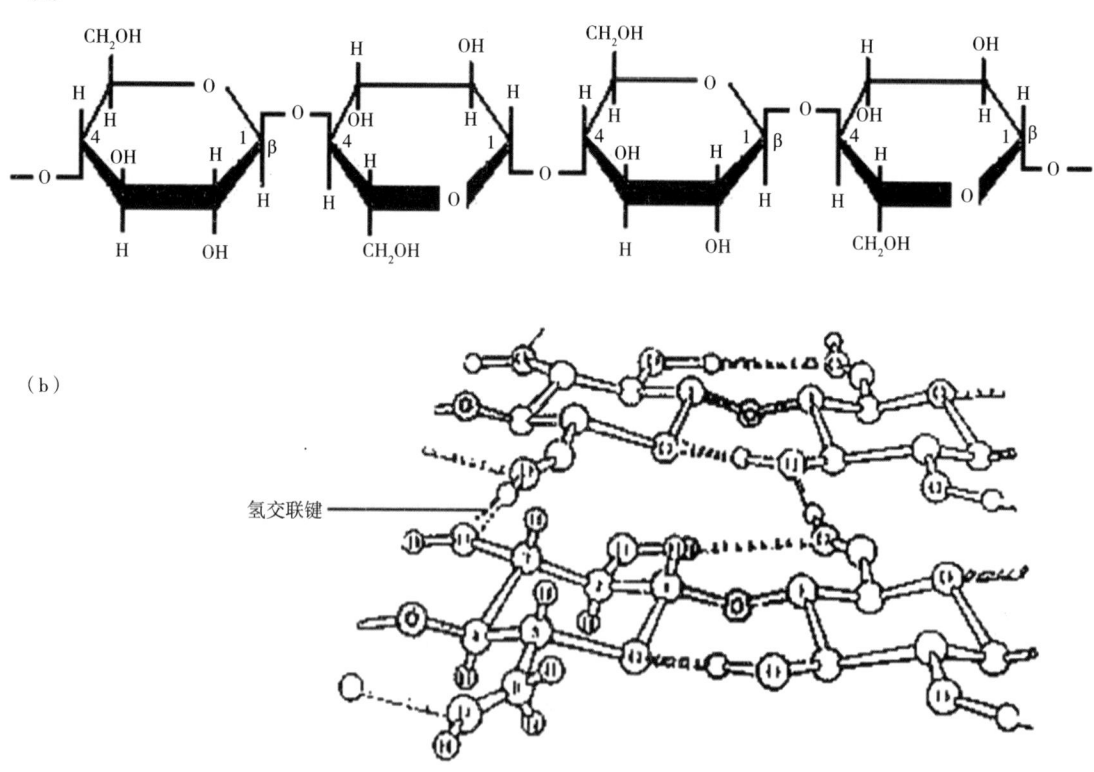

（a）β-（1 → 4）链；（b）两个平行的葡萄糖残体之间的氢交联键

图5-5　纤维素的结构

称为半纤维素的一类不均一化合物包括己糖、戊糖聚合体以及有时还有糖醛酸。普遍存在的一类单体有木糖和甘露糖（图5-3）。半纤维素呈纯化状态时，其会被快速分解。在自然界中，它们与其他物质复合在一起，从而使其很难裂解。

细胞壁中的纤维素物质对病原体的感染具有重要作用。所以，对半纤维素果胶（大部分为多聚半聚糖醛酸）的微生物分解进行了许多研究。这些反应过程包括了已知收集到的几种酶，如果胶酶也能受到高浓度糖的阻遏。在植物组织的降解过程中，真菌开始有较大的活性，但放线菌则对半纤维的分解能持续很长时间。果胶酶也可能参与根瘤菌和菌根进入寄主细胞的过程。

2. 木质素

木质素的结构（图5-6）是根据苯基类丙酸（propanoid）单元为基础而确定的。它们由一个芳香族环和一个3-C侧链组成。肉桂酰乙醇（cinnamylalcohol）可以形成单个前体——羟丙基（synapy）醇、松柏醇和香豆醇。木质素不是由特异酶所形成，但化学反应中有酚化合物和自由基参与。因此，这种物质不会有特异排列顺序。所以，这样形成的物质可作为纤维素和半纤维素基块上的一种外壳物质。木质素的分解主要由真菌诱发。腐解物质的颜色是分解方式的指标。白腐真菌是降解木质素最活跃的微生物。它能使木质素降解产生CO_2和H_2O。白腐菌（white rots）包括了几百种菌种，它们在自然界形成了一些松散的担子菌纲种群和几个子囊菌纲种群。研究最多的担子菌纲（basidiomycete）是*Phanerochaete*，*Chrysosporium*，糙皮侧耳（*Pleurotus ostreatus*），即蠔菇（oyster mushroom），以及*Lintinuba*，即香菇（shiitake mushroom）等也都是木质素腐败真菌。现在它们在商业上已被栽培用于食品。*Coriolus versicolor*则是另一种白腐菌，它能分解木质素上的侧链分子——木质素的甲氧基和芳香环。子囊菌纲包括了*Xylaria*，*Libertella*和*Hypoxylon*。这些真菌只能在有其他可以降解物质作为主要能源时才能降解木质素。分解木质素的真菌将木质素C参入到细胞结构化合物中的数量极少。

棕腐菌能降解与木质素有关的多糖，而且可以将CH_3基团和R-O-CH_3侧链移动。随后，酚会被转化成棕色氧化物。有代表性的棕腐菌有*poria*和*Gloeophyllum*。另一种真菌—软腐菌（soft-rot fungi），它们是在潮湿条件下的重要微生物，它们降解硬木木质素的能力大于降解软木木质素的能力。*Chaetomium*和*Preussia*也是有代表性的一类微生物。放线菌纲，如*Streptomyces*和*Nocardia*，以及好气G^-细菌如*Azotobacter*和*Psedomonas*，它们都能将木质素发生解聚，并使分子量降低。但是，它们能否发生完全的降解作用和能否会利用任何木质素

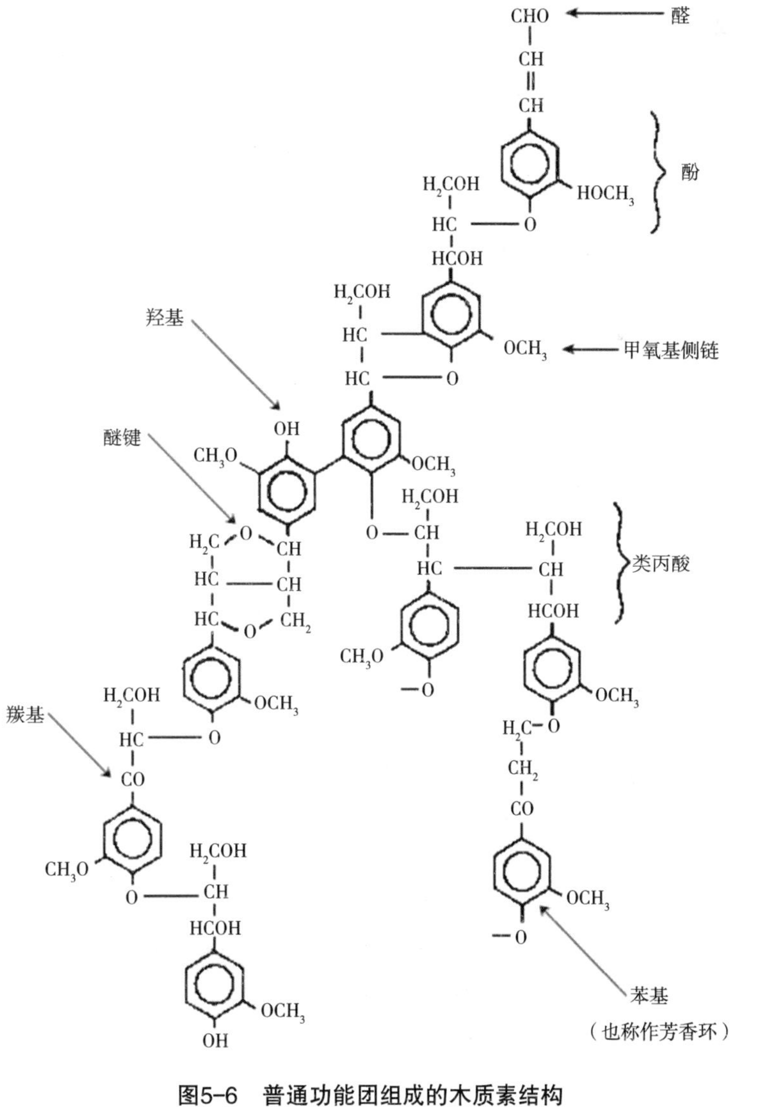

图5-6　普通功能团组成的木质素结构

C用于生长还未得到充分的证据。这类微生物有可能是能将植物残体中木质素的遮盖屏障纤维素和半纤维分解的链霉菌属。木质素的解聚作用能产生一种水溶性化合物，但不像土壤腐殖质那样会形成酸沉淀产物。在pH值（9-11）时木质素酶所发生的解聚作用，以及副产物的形成等过程尚不清楚。

研究最多的木质素分解真菌是*Phanerochcte chrysoporium*。它能释放出两种类型的胞外酶。第一类，木质素过氧化物酶，其在高O_2浓度和低C、N和S水平条件下培养时便会检出。在培养过程中，发现了木质素过氧化物酶的RNA基因转录作用在4~6天达到了最高值。6天以后，真菌便会产生蛋白质酶。它能降解木质素过氧化物酶。蛋白酶可在许多底物上产生，但无活性。漆酶，即参与木质素分解的第三类酶，它们都未能在*P.chrysoporium*中发现，但确在农业土壤中是主要的酶类。这类酶与锰过氧化物酶不同，它们能氧化构成木质素单元的酚。过氧化氢（H_2O_2）的产生与木质素酶的活性有关。特异过氧化物酶和锰过氧化物酶都已从许多微生物中得到了分离。葡萄糖氧化酶在这类微生物中也得到了分离。在这类微生物中葡萄糖氧化酶是产生H_2O_2的主要酶源。

分子生物学技术正在为明确木质素分解过程的机制提供有用的工具。现已发现了6种不同的木质素过氧化物酶基因组的基因探针（Genetic probes）。真菌变种中不受N抑制的木质素酶也具有同样的功能。因此，这就大大有助于对自然界中这类微生物的作用方式和生态学的研究。白腐菌，如*P.chrysoporium*，其不完全与土壤微生物相同，即它不是典型的土壤微生物。因此，它的主要作用在于对木材碎片的分解。真菌对土壤中木质素的降解作用至今尚未进行详细的研究。当玉米茎秆在土壤中进行培养后，与玉米茎秆残体有关的微生物生物量的85%是真菌。早期分解有关的真菌为*Myrothecium*，后期分解有关的真菌为*Aspergillus*和*Trichoderma*。

为了研究芳香族化合物的降解作用，人们制备了既在木质素，又在纤维素组分中含^{14}C的木质素纤维素，制备过程既采用了化学方法，也采用了以^{14}C-标记的苯丙氨酸，肉桂酸或葡萄糖饲喂植物的方法。在培养期间，从（^{14}C）葡萄糖组分释放出的CO_2量在经很短的滞后期后便迅速增加（图5-7）。木质素降解速率需经较长的滞后期才会增加，而且其中1/4的降解量与纤维素有关，因此，这就表明，许多具有不同结构物质的分解速率亦有所差异，芳香族化合物中的^{14}C能进入微生物体的数量非常有限。但这类化合物可在土壤腐殖质部分中积累。脱羧作用能将木质素的^{14}COOH移动。因此，^{14}C很少或不能参入土壤腐殖质的结构体中。

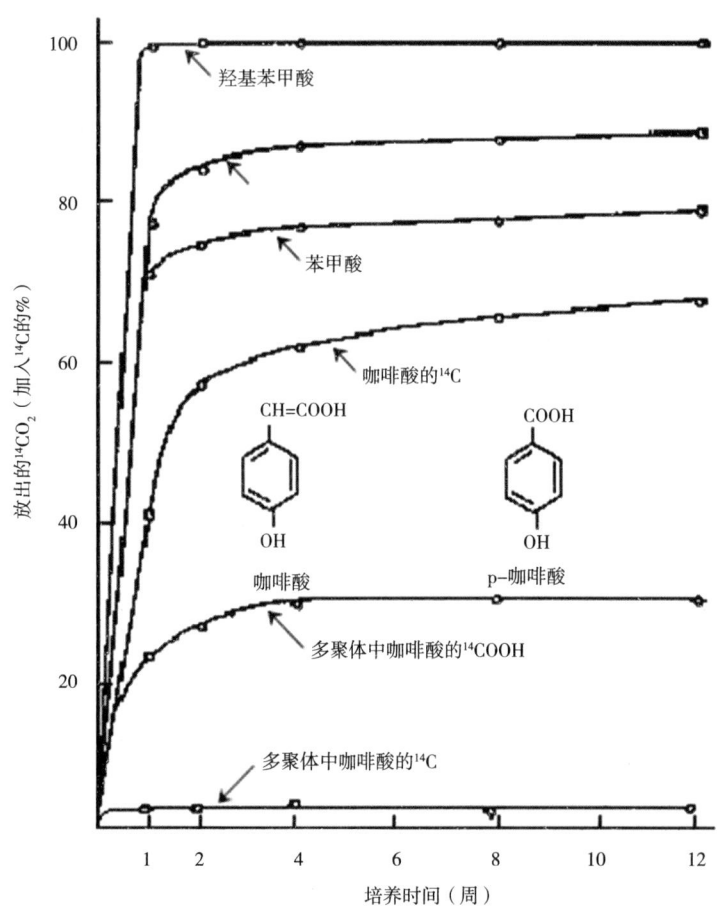

图5-7　^{14}C-标记的苯甲酸和咖啡酸的分解过程

（Haider and Martin，1975）

3. 氮化合物

表4-2标出了植物蛋白质的含量。蛋白质由20多个氨基酸通过肽键而组成（图5-8）。非硫氨基酸的结构则列于（图5-9）。不同氨基酸通过四折构型可以组成许多不同的蛋白质。同时，亦需要许多类型的酶参与反应。一种细菌能合成1 000种以上的蛋白质。这些蛋白质的结构受氨基酸序列的制约。氨基酸之间的氢键和二硫化物桥会制约多重顺序，从而形成稳定的三维网络，其对酶的活性十分重要。

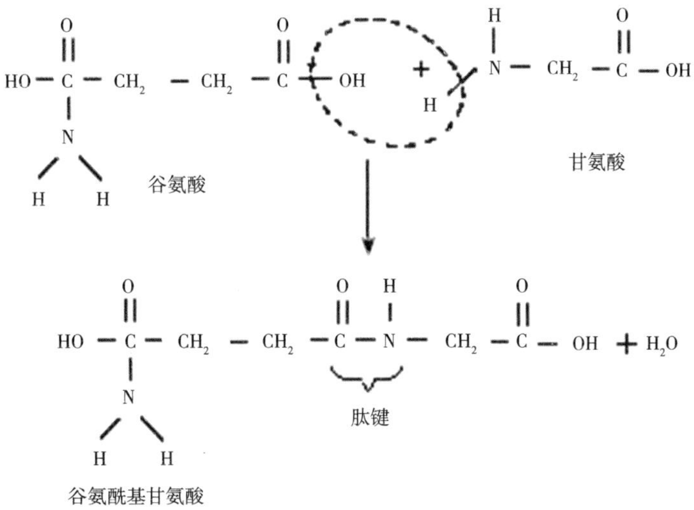

图5-8 蛋白质形成过程中形成的肽键

蛋白质构建了生物体中最丰富的含N化合物，但其能被许多土壤微生物所产生的蛋白水解酶迅速分解。蛋白水解酶能水解肽键。微生物产生的酶，如链霉蛋白酶和枯草杆菌蛋白酶，它们都能将末端氨基酸链移位，而且在自然界比动物和植物蛋白酶如酪氨酸酶和木瓜蛋白酶更为有效。蛋白酶在实验室中可用于水解土壤有机质（SOM）的蛋白质结构体。具有许多交联键的纤维状蛋白质，如角蛋白，它们都能抵抗微生物的入侵。但是大部分放线菌属，如*Streptomyces*和一些真菌如*Penicillium*，其最终都会将这类蛋白质降解。抗微生物腐解的能力可归因于角蛋白中许多半胱氨酸分子之间存在的二硫化物键。当这些键用高温高压、球磨或微生物活动将其破裂时，分子对许多蛋白水解酶十分敏感，所以会被迅速降解。由于细菌和真菌的C/N比远低于植物残体，所以，微生物便成为土壤中N矿化作用的主要执行者。细菌的C/N比可低至3.5：1。而真菌的C/N比则为（10～15）：1。因此，土壤微生物群落的平均C/N比为（4～7）：1。

一种细菌如*E.coli*的细胞N化合物的含量（表5-3）基本可代表土壤汇总的含氮组合。这类微生物中的蛋白质约为干重的55%。土壤中革兰阴性细菌的相对组成不会有很大差异，但含水量低的微生物除外。RNA是第二个最大含N组分，其含量为干重的20.5%。这类化合物的主体（80%）是核蛋白体RNA（23S，16S和5SRNA）。真菌具有略为大些的类似结构，如18S和25SRNA。转录RNA占总RNA的15%，信使RNA占45%。DNA为细菌细胞干重的3%。因此，与基因元素有关的N化物如鸟嘌呤、腺嘌呤、胞嘧啶和胸腺嘧啶，有时还有尿嘧啶，它们在细菌中形成了可矿化N的相当数量（24%）。土壤真菌常将这类含N化合物浓集于细胞质中以供生长点快速生长。在土壤中，它们仅占细菌DNA干重的1/4。

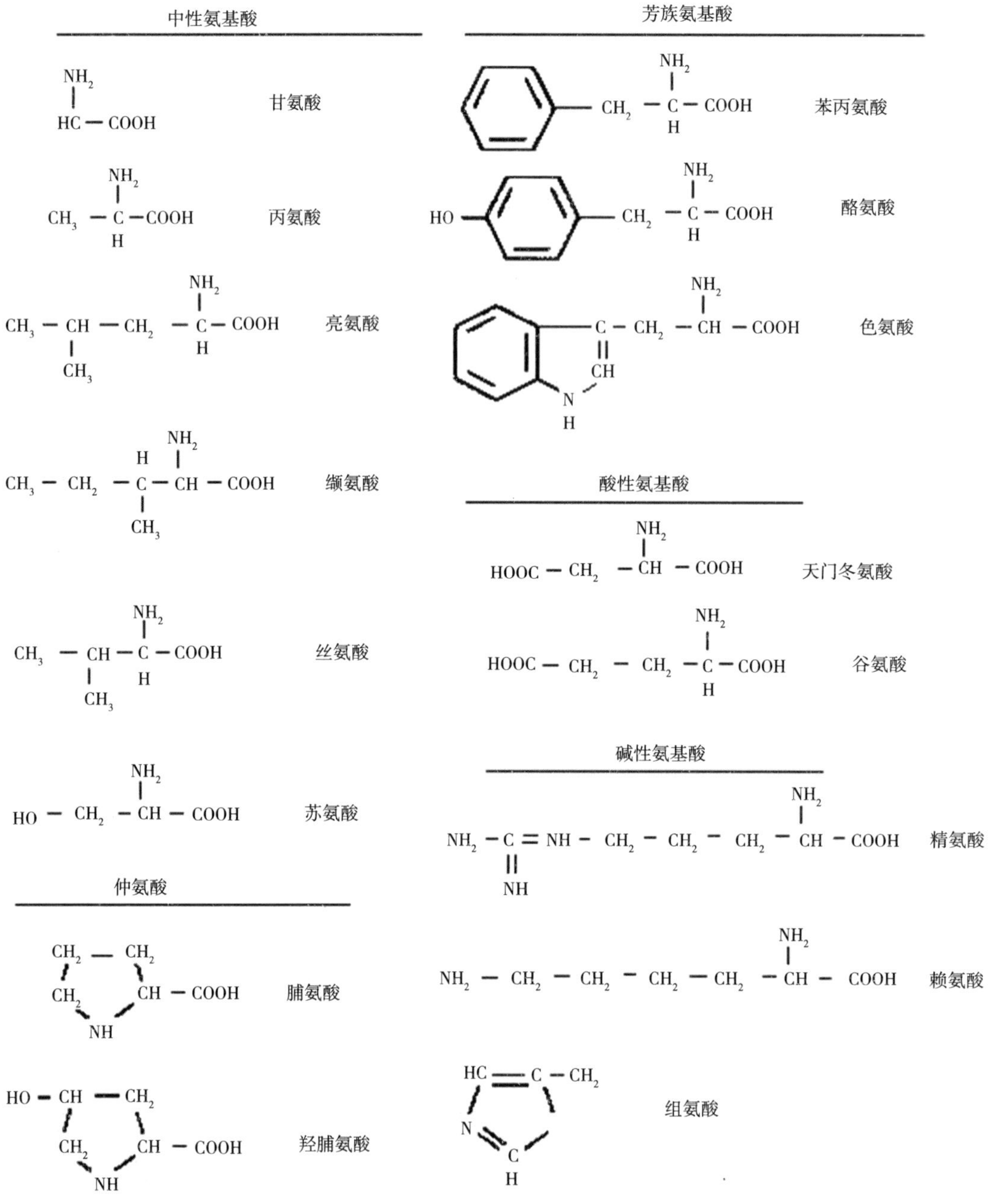

图5-9 无硫和蛋白质氨基酸的化学结构式

表5-3 *Escherichia coli*细胞中大分子成分的平均含量（Neidhardt et al.，1990）

大分子	总干重的百分率（%）	每个细胞重（fg）	分子量	每个细胞中的分子数	不同种类的分子
蛋白质	55.0	155.0	4.0×10^4	2 360 000	1 050
RNA	20.5	59.0			
23SrRNA		31.0	1.0×10^6	18 700	1
16SrRNA		16.0	5.0×10^5	18 700	i
5SrRNA		1.0	3.9×10^4	18 700	1
转移RNA		8.6	2.5×10^4	205 000	60
信使RNA		2.4	1.0×10^6	1 380	400
DNA	3.1	9.0	2.5×10^9	2	1
脂类	9.1	26.0	705	22 000 000	4
脂多糖	3.4	10.0	4 346	1 200 000	1

（续表）

大分子	总干重的百分率（%）	每个细胞重（fg）	分子量	每个细胞中的分子数	不同种类的分子
脂壁质	2.5	7.0	（904）$_n$	1	1
糖原	2.5	7.0	1.0×10^6	4 346	1
大分子总量	96.1	273.0			
可溶性库	2.9	8.0			
结构体（blocks）		7.0			
代谢物，维生素		1.0			
无机离子	1.0	3.0			
总干重	100.0	284.0			

注：fg = 10^{-15}g

4. 脂类

脂类由500种不同脂肪酸组成的复合体系列化合物组成。它们都是动物组织中重要的储藏组分，并通过大型动物，中介动物和植物进入土壤。现已知道，脂类也存在于真菌孢子和菌丝体中。真菌菌丝中脂类物质平均为总重量的17%，但因品种不同而其范围可达1%～55%。特异脂类如麦角甾醇和磷脂既可用于检测真菌生物量，又可用于检测真菌的多样性数量。表5-3表明了细菌细胞量的9%是脂类。由于脂类能量高，所以其对微生物生长具有重要作用。细胞膜中的脂类和磷脂都可用于检测土壤中细菌的种类。除蜡以外的脂类都很容易降解，但不会形成土壤腐殖质的主体，除酸性土壤外，它们一般不会在土壤中积累。在酸性土壤中，它们可构成C量的30%。

四、微生物的细胞壁

微生物的细胞壁会以其生长和分解的副产物在土壤中积累。它们占有抗性组分的很大比例，但仍然会被迅速地分解，同时其也是土壤中有效有机成分的储库。此外，细胞壁是形成稳定性土壤有机质（SOM）的重要前体。真菌细胞壁的分解系由细菌引发。分解真菌细胞壁的细菌主要有*Sterptomyces*、*Pseudomonas*、*Bacillus*和*Clostridium*。但真菌，如*Mortierella*等也都是较酸性条件下的重要微生物。土壤中氨基糖的主要贡献者之一的几丁质的乙酰葡糖结构（图5-10）中含有N，因此，其降解不会受到缺N的限制。*Phytophthera*的细胞壁含有纤维素和β-（1→3）葡聚糖。这类的其他微生物如*Fusarium*的细胞壁则含有多聚体β-（1→3）和β-（1→4）葡聚糖。除非含有几丁质和葡聚糖的菌丝体暴露在几丁质酶和葡聚糖酶的条件下，否则它们不会被降解。深色色素常被称为黑素，其是由糖和酚化合物形成，它能进一步为细胞壁提供保护作用。因此，这也为真菌细胞壁含有较低的这类化合物找到了依据（表5-4）。

表5-4　二种土壤真菌细胞壁的成分（Rosenkerg，1986）

		细胞壁干重百分率（%）	
		Aspergillus nidulans	Phytophthera heveae
多聚体	α-（1→3）葡聚糖	22	—
	β-（1→3）葡聚糖	21	54
	几丁质	19.1	—
	纤维素	—	36
	蛋白质	10.5	4.6～6.7

（续表）

		细胞壁干重百分率（%）	
		Aspergillus nidulans	Phytophthera heveae
单聚体	葡萄糖	53	85 ~ 90
	半乳糖	2.7	0.5 ~ 1.0
	甘露糖	2.0	0.5 ~ 1.0
	葡糖胺	19.1	2.3
	脂	4.6	2.5

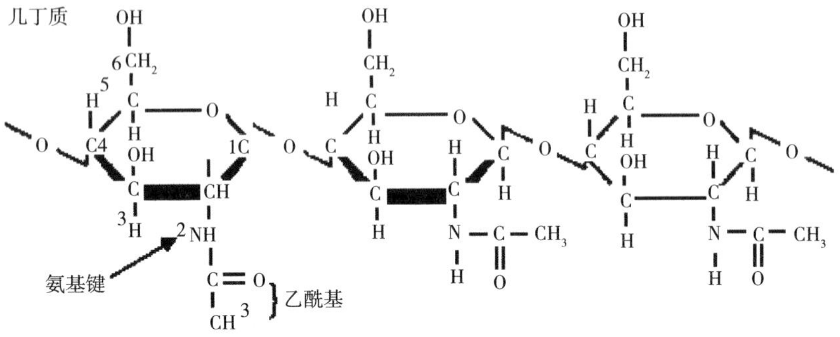

图5-10　几丁质的结构式

N-乙酰葡糖胺基团由β（1→4）键所连结

细菌细胞壁有一刚性层，其由两个糖衍生物（N-乙酰基葡糖胺和N-乙酰基胞壁酸）组成。这些物质形成的链都与其他链通过一定的氨基酸以肽交联键互相连结（图5-11）。肽交联键常由L-丙氨酸，D-谷氨酸和中-二氨基庚二酸和D-丙氨酸组成。

G⁺细菌的原细胞壁含有肽基葡聚糖，它能与其他细胞壁的结构化合物相连结。这些细胞壁结构物化合有各种多糖和多磷酸盐分子，其会通过磷脂键而连结。其中大部分都含有D-丙氨酸。这些化合物还能构成表面抗原，从而能影响离子穿过外表层。因此，也会影响到黏土矿物对细菌的吸附。革兰氏阴性细菌具有更为复杂的细胞壁。它的一个外层膜由脂多糖、脂蛋白和脂类组成。现已发现，一个小的肽基葡糖胺层会紧密地与细胞质膜外层结合。因此，膜和细胞壁之间的间隙（浆膜外周间隙）是酶活性的重要位置。

五、植物可溶性物质、根系及其分泌物

形成叶际（phyllosphere）的叶表面也能维持许多重要的微生物群落，特别在潮湿条件下尤甚。热带森林叶片冠层是这类生态系统中分解作用最活跃的区域之一。当考虑C输入森林土壤系统时，树木落下的叶片必须计入其中。在叶片表层，经常会发现固氮微生物和植物病原体微生物。

在自然生态系统和连作系统中，根系都起着重要的作用。在连作系统中，大部分地上部分都会移走。在一些森林系统中，细根和相关菌根的进入量也是一种重要的C源。栽培的农作物和快速生长的农业森林系统亦能增加地上部的生物量，它们的根系量占植物总量的15% ~ 35%。根系的其他作用还有正在生长的根所产生的植物黏胶、脱落的根细胞和根系分泌物。¹⁴C的研究表明，植物光合作用产物的50%常会输入地下的根系。这些输入的产物大部分会在两周内被根系和有关的微生物区系的呼吸所消耗。但向土壤中分泌出的可溶性化合物的作用还不十分清楚。但在长期盆栽试验中，分泌物构成了总C量的7%。但是，大田的示踪试验则表明，其量为该值（7%）的一半。植物根系分泌物在根际具有重要的作用，但它们在C的总体循环中则不起主导作用。

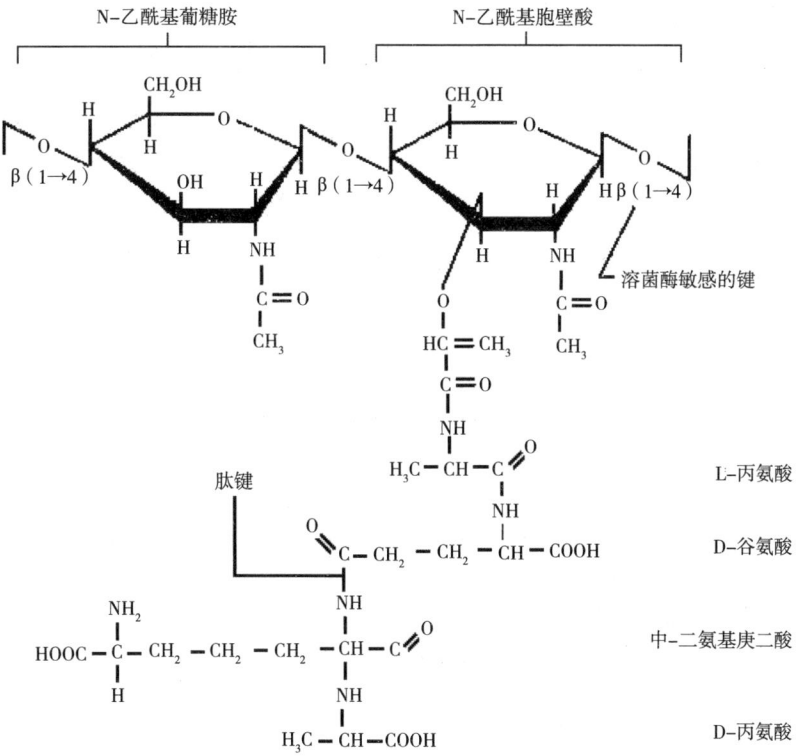

图5-11　细胞壁肽基葡聚糖重复结构单元之一

注：结构单元取自革兰氏阴性细菌，其他氨基酸结构取自另类细菌

　　植物活跃生长期的根系重量高于植物衰老期的根系重量。示踪试验表明，植物在每年的开花结实期，标记^{14}C-根系的总重量比收获后留下的根系重量高20% ~ 50%。这主要归因于根系物质的输出、根毛的脱落、黏胶的分泌和根系其他碎片的损失。当大田条件下用^{14}CO$_2$标记多年生天然草场时，地上部分保持了52%的同化碳，而根茬和根系则保持了36%。所以，不同品种根系的贡献虽然有较大的差异，但还是低估了它们的作用。

六、土壤有机质的形成

　　植物冠层、土壤表层和土壤剖面以及湖泊、河流、沉积物和燃烧物质如石油和天然气，它们都会发生分解作用。实施分解作用的微生物不会迅速从正在腐解的植物残体或土壤和沉积物中分离或消失。因此，有机质可定义为部分腐解的，并不再属植物原料的残体、微生物和参与分解的微动物以及分解产生的副产物所组成的物质。这类副产物会经过一个腐殖化过程而形成众所周知的一种物质——腐殖质（图5-12）。腐殖质的组分由深色有机物质所组成，但其含碳（C）量比大部分动、植物残体的含C量要高，而含氧（O）量则较低。腐殖质的含C量为50% ~ 55%，含N量约为4.5%，含S量约为1%，而P和金属元素则变化无常。同时，这类物质与土壤无机成分紧密结合，并常处于团粒结构中，所以其分解较为缓慢，并在自然界逐步积累。因此，这类积累的物质就成为土壤有机质（SOM）、泥炭、石油，以及其他沉积物。腐殖化过程主要是由酶参与，其是能产生副产物的一个生物化学过程，但是腐殖化过程并不是由酶控制的反应过程。虽然，腐殖化过程中有两种分子未能鉴定，但在全世界大部地区分离出的腐殖质的结构总体上都相似。这就可以说明，保留在大部分腐殖质中的C源自植物，并可对源自植物的木质素和多酚化合物进行测定。测定方法有现代化的^{13}CNMR和热解气相色谱法。^{18}O测定结构表明，土壤腐殖质中的氧主要来自纤维素和其他植物的碳水化合物，而不是来自木质素。

绿色低碳生态工程学——精准防治全球气候变暖的创新工程

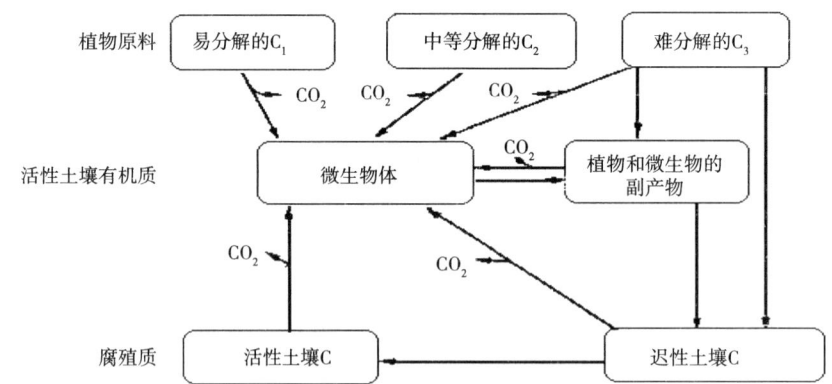

图5-12　微生物在形成土壤有机质中的作用

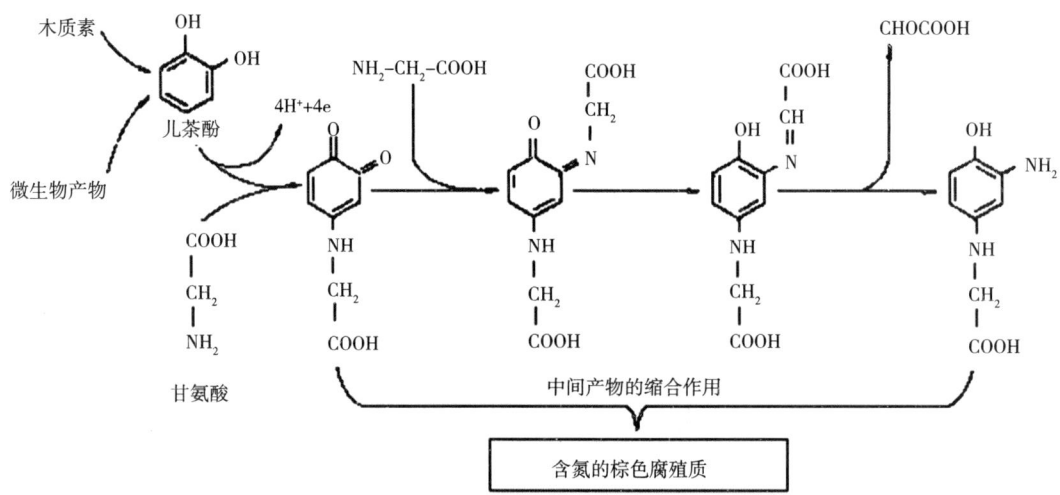

图5-13　腐殖质形成的多酚机理

注：它表明了一种酚（儿茶酚）和一种氨基酸（甘氨酸）的反应过程

土壤有机质形成的一种理论可用（图5-13）来表述。它表明了在有甘氨酸存在的条件下，一种氨基酸可与一种酚（儿茶酚）发生反应。儿茶酚既可来自部分降解木质素，也可来自微生物色素，如由真菌*Epicoccum*产生的那些色素。同时，这些反应所产生的化合物会形成氨基醌中间产物，其能被氧化成醌。然后经缩合作用又形成棕色高分子含氮化合物—腐殖质（图5-14）。多酚反应式是由木质素或黑素的降解产物形成土壤有机质（SOM）的重要反应。最近证实，该反应在制约豆科植物残体N矿化过程中起着重要作用。因此，具有多酚与N比例较高的豆科作物就不会像吸收有效N那样将N转化为其他成分。

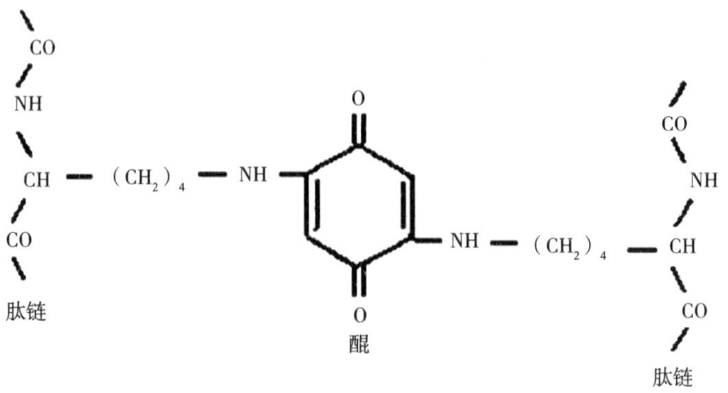

图5-14　连接着两个肽链的醌-氨基酸复合体

棕色反应有糖如葡萄糖和一个氨基酸化合物如甘氨酸参加的反应（图5-15）。附加的化合物经重新排列和裂开后便会形成3种中间产物：① 3-C醛和酮；第三个碳位上的醛和酮；② 还原酮；③ 糠醛。所有这些化合物都能迅速地与氨基化合物发生反应而形成深色的最终产物。产物的颜色来自于一系列的双键化合物。但是，土壤中稳定的自由基数量实际上很小。

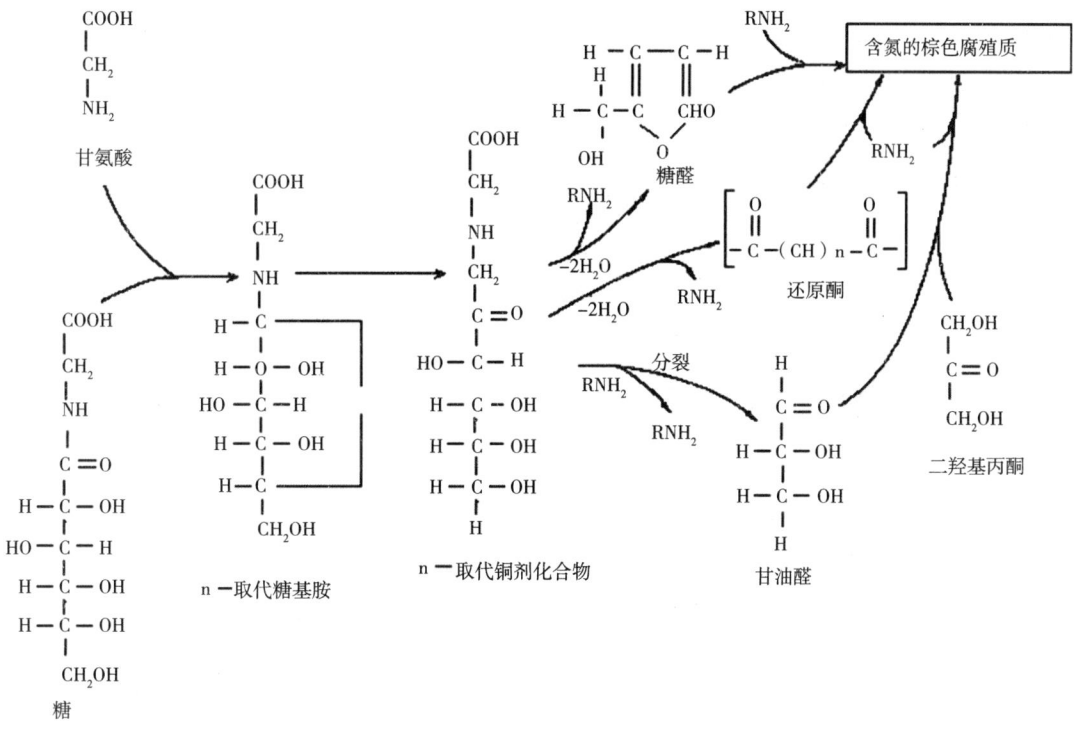

图5-15　腐殖质形成的通式

它标明了氨基酸（甘氨酸）和糖发生的棕色反应，同时也包括了参与反应的其他氨基化合物和还原糖

亚硝化作用（Nitrosation）是氧化氮与酚反应的一个过程。因此，常将其与土壤氮的流失相联系在一起。同时也认为它参与了土壤有机质（SOM）的形成（图5-16）。由于硝化作用（Nitrification）会不断地产生NO_2^-，并常常会迅速转化为NO_3^-，因此，SOM形成过程中亚硝化作用的真实意义还有待进一步研究。但是，现已明确，N能以各种形态与SOM相化合，从而有助于解释为什么全世界许多地区土壤稳定的SOM中C：N比都非常相似的原因所在。

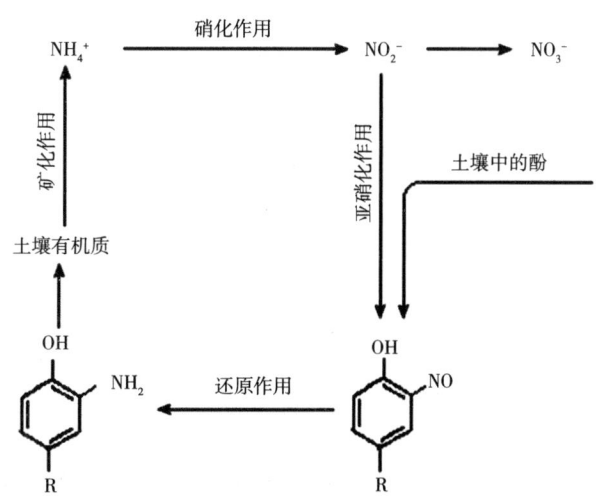

图5-16　亚硝态氮在消化作用中的固定机理（Azhar et al.，1986）

七、土壤有机质的组分

土壤有机质传统上可以从黏土矿物胶体基膜和倍半氧化物（sesguioxides）上分离出来（图5-17），而且其可分散在液体中。因此，经典的分离分级技术是用NaOH或$Na_4P_2O_5$进行分散。Na^+的作用、焦磷酸盐的螯合作用以及碱性pH条件下破裂氢键活性都不能分散的部分是胡敏素。在酸性pH条件下能沉淀的分散物质则称为腐殖酸，又称胡敏酸。在溶液中持留的物质则称富啡酸。提取的各部分比例因土壤类型不同而有所变化。淋溶环境下的森林土壤主要含有富啡酸。草原土壤中含有的3种组分浓度通常是相同的。许多腐殖质部分在用NaOH或$Na_4P_2O_5$分散以前，可用酸预处理而将络合的Ca^{2+}、Fe^{2+}和Al^{3+}分离移去而使其在溶液中溶解。用HF对黏土矿物进行预处理后则会使90%～95%的物质溶解，残留的物质为碳酸盐和抗酸的蜡类物质。

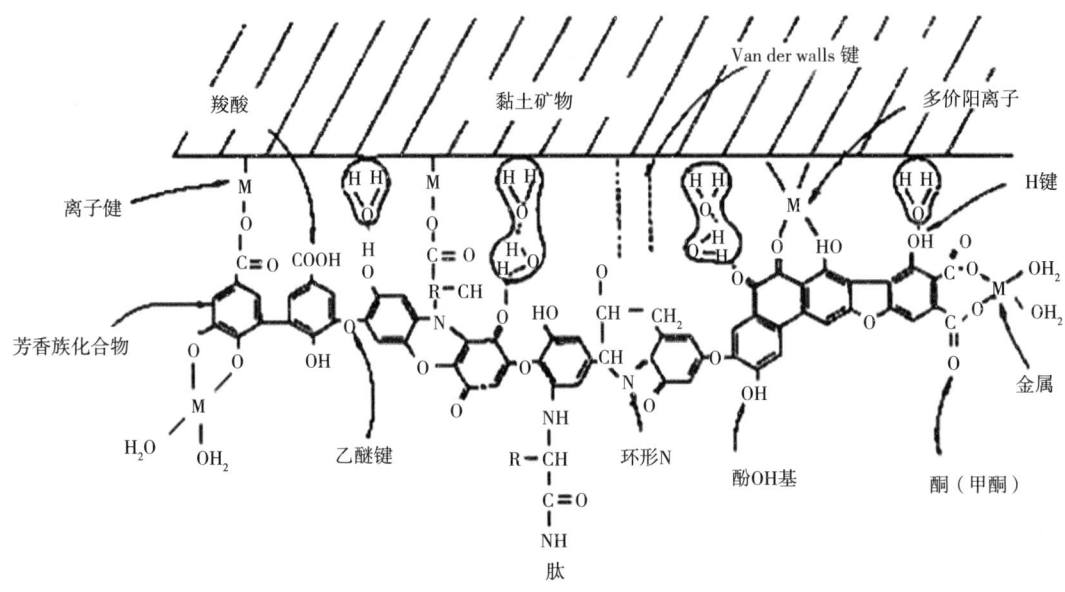

图5-17　黏土矿物——腐殖质复合体图式

1. 富啡酸

用NaOH提取，并在pH值为2时仍能溶解的物质是低分子量（1 000～30 000）的富啡酸。富啡酸由一系列具有侧链的芳香族环状化合物组成。组成富啡酸的成分主要为苯羧酸和酚酸。它们组成在一起主要由氢键或范德瓦耳斯（Van der waals）将其结合。

土壤较深层，如灰化B层，是因淋溶作用而形成的，所以，其内含N量很小。草地土壤的富啡酸则含有较高浓度的N，同时也含有多糖化合物和低分子量的脂肪酸，以及微生物细胞质结构化合物。富啡酸的元素和功能团组成都编列于（表5-4）中。这类化合物在低浓度时都是线状柔性胶体，而在高浓度和低pH值时则是球状胶体。但在自然界中的真实形状会受到其与其他化合物和土壤无机成分结合过程的影响和制约。腐殖质最完整的鉴定数据之一是Suwannee River富啡酸（表5-6）。它的元素和功能团成分与（表5-5）列出的土壤富啡酸的组成十分相似。富啡酸最佳推想的分子式为$C_{74}H_{72}O_{46}N_{0.7}$。所以，羟基含量相当于5个C原子就有一个羟基。而羧基含量则为每7个碳原子有一个羧基，酚羟基为17个碳原子才有一个。因此，由于74个C原子中有16个是芳香族化合物C，所以，每一个分子芳香族化合物环中C的平均值为2～3个。现在，科学家也认为上述分子式亦适用于脂肪族化合物，因为其亦是腐殖质如富啡酸和腐殖酸的一部分。但不适用于农业土壤和草地土壤腐殖质中N的结构化合物。

表5-5　腐殖酸和富啡酸中的元素、功能团和结构化合物基团的含量

样品	元素含量（%）					
	C	H	N	S	O	灰分
富啡酸	49.5	4.5	0.8	0.3	44.9	2.4
腐殖酸	56.4	5.5	4.1	1.1	32.9	0.9
	功能团含量（meq/g）					
	OCH_3	COOH		酚OH基		总酸度
富啡酸	0.5	9.1		3.3		12.4
腐殖酸	1.0	4.5		2.1		6.6
	结构化合物基团含量（%）					
	羧基C	芳族环C		C-O，C-N-C，		脂肪族C
范围	12.0～14.8	11.3～17.7		47.3～51.9		21.3～24.6
平均	13.4	14.3		49.3		23.0

表5-6　River富啡酸的鉴定结果

元素	含量（%）	
C = 51	N=0.56	
H = 4.3	S≤0.2	
O = 43	P≤0.1	
功能团含量（mmol/g）		
$-CO_2H$（滴定）	=6.0	酚=OH基　=2.1
$-CO_2H$（NMR固体）	=6.2	=1.7
$-CO_2H$（NMR液体）	=6.0	=3.6
羟基（NMR固体）	=8.6	羰基（NMR固体）　=1.7
羟基（NMR液体）	=5.4	
碳的分布（%）		
芳族化合物	20.8	
脂肪族化合物	36.7	
CO-H	20.1	
CO_2H	14.6	
酚化合物	3.9	
羰基	4.0	
氨基酸 = 36mol/mg	分子量=1 200±200	

2. 腐殖酸和胡敏素

稀碱可提取，但在pH值为2时会沉淀的有机物质被命为腐殖酸（亦称胡敏酸）。其是由高分子量（10 000～100 000）化合物，并含有芳香族环化合物和环状N化物，以及肽链的物质所组成。表5-6表明，腐殖酸含有约56%的C和约4%的N；而且还表明，脂肪族组分的含量也比原来认定的要高。腐殖酸的主要功能团有COOH基、酚OH基、乙醇OH基、以及少量酮氧基。腐殖酸可被多价阳离子如Ca^{2+}和Fe^{3+}吸附于黏土矿物上，但也可通过与氢氧化物相结合而被吸附。其既可通过共轭作用（配位基交换），也可通过阴离子交换而发生吸附。后者则是在pH值为8以上时与存在着铁和铝四氧化物的阳电荷位置发生吸附。

土壤腐殖酸的含C量（表5-6）一般比碳水化合物和氨基酸高，在正常情况下，它们的含C量为45%～48%，但不会达到脂肪那样的C含量，即70%。富啡酸相对于腐殖酸而言，其因含有较多的COOH（羧基）和酚（OH）酚基而含氧量比腐殖酸高。

胡敏素是腐殖质的组分之一，它既不溶于碱溶液，也不溶于酸溶液。所以，在进行腐殖质的分级分离时，首先用碱溶液将胡敏素分离提取出来。胡敏素在碳的循环中有着一定作用，图5-18列出了腐殖酸、富啡酸和胡敏素的分离程序。

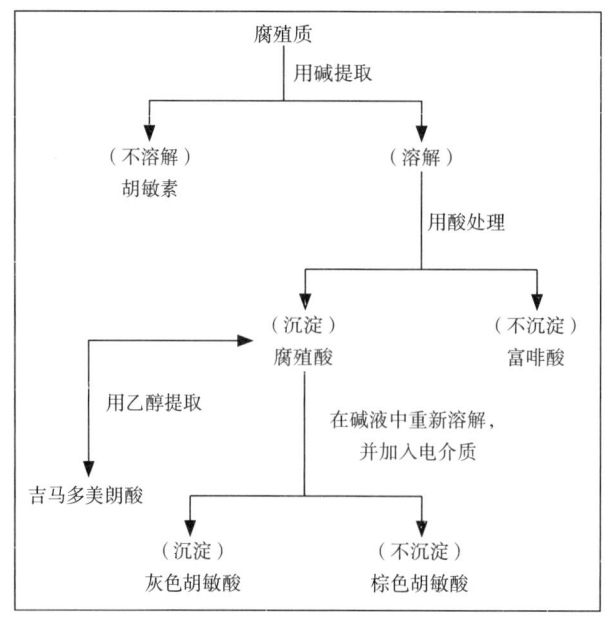

图5-18　腐殖质的分级分离总流程（Stevenson，1992）

3. 土壤中含N量

土壤或各分级部分中N的测定常是用酸水解后进行的。土壤中的含N量范围较大，其值为0.02%～1.06%（表5-7）。酸不溶性物质含量则变化在总量的11%～16%。水解产生的NH_3量范围为18%～32%。这种NH_3来自一些黏土矿物固定的NH_3，也可来自因某些化学结合而被降解的共价键NH_3。由于这类化合物富含N，所以氨基酸构成了约20%的土壤C，但可构成33%～40%的土壤N。由于氨基酸的矿化比氨基糖的矿化迅速，所以，有机N化合物每年被矿化的百分率较高。氨基N的总量和相对数量都会随耕种时间延长而下降，而氨基糖N的相对数量甚至在土壤总N下降时还仍保持恒定。研究指出，氨基糖N的矿化作用不会像氨基酸N那样迅速。酸性氨基酸（天冬氨酸和谷氨酸）虽然在热带土壤中会有所增加，但一般而言，全世界各地土壤中的氨基酸组成都相类似。游离态氨基酸会被快速降解。所以，土壤中的氨基酸主要来自相对稳定的微生物体，而且它们会与SOM和土壤黏土矿物相结合，同时也会掺入土壤的团粒结构中。具有一个以上正电荷氨基的碱性氨基酸会迅速与其他有机结构化合物，如还原糖和醌发生反应。其反应速率则大于酸性和中性氨基酸。而且，它们也会迅速地被吸附于带负电荷的黏土矿物上。热带土壤中酸性氨基酸的分解速率最快，其原因是这类氨基酸能强烈地与多电荷黏土矿物和针铁矿（goethite）发生反应所致。关于腐殖质的通用结构已进行了许多研究。图5-17中有一个结构化合物，其能很好地代表腐殖质的C、H、O和N的含量和各种功能团。这一理论图式第一次提出以后，科学家又发现脂肪族碳相对地高于芳香族碳。

表5-7　土壤中氮的分布（Sowden et al.，1977）

气候带	N形态（土壤全N百分率，%）					
	全氮（%）	酸不溶N	NH_3	氨基酸	氨基糖	不明水解N
北极（6）	0.02～0.16	13.9±6.6	32.0±8.0	33.1±9.3	4.5±1.7	16.5
寒温带（82）	0.02～1.06	13.5±6.4	27.5±12.9	35.9±11.5	5.3±2.1	17.8
亚热带（6）	0.03～0.30	15.8±4.9	18.0±4.0	41.7±6.8	7.4±2.1	17.1
热带（10）	0.02～0.16	11.1±3.8	24.0±4.5	40.7±8.0	6.7±1.2	17.6

注：括号中的数字为样品数

八、土壤有机质的数量和分布

土壤有机质在土壤结构体中起着主要作用，因此，它对水分渗透、根系发育、以及抗土壤侵蚀都有很大的影响。土壤有机质亦是营养元素如N、S、P和其他许多微量元素的储库。它还能给予土壤深浅不一的各种颜色，并提供阳离子吸收容量。因此，土壤有机质的数量和存在深度是制约耕地和非耕地土壤肥力的最大单一因子。土壤有机质的数量取决于其产生速率和分解速率之间的平衡状况。壤土和黏土通常分解速率较低，而有机质则会逐步增加。某些火山灰土壤中一些矿物如安山岩（andesite）的存在，或具有较大表面积的绿胶埃洛石（Smectites）的存在，它们都会增加SOM的持留能力。植物残体和有关的生物体都是有机质动力学过程中的一个重要C库。

全球生物质碳库总量因不同方法而测出的数量会有所差异，其值分别为835Gt C（Gt = gigaton，1gigaton = 10^{15}g）（Whittaker and Likens，1975）；560Gt C（Ajtay et al.，1979）；594Gt C（Goudriaan and Ketner，1984）；碳量为740Gt C（Houghton，1995）。土壤约为大气中C的2倍，约为1 500Gt C。在农业条件下，土壤中C的储量约为170Gt C（Paustian et al.，2000），植被为550Gt C。森林几乎占全世界陆地碳量的一半。土壤和植被两者与大气的C交换量为100Gt C/y（Kicklighter et al.，1994）。各种C储库向大气的净流出量为5.6 ~ 6.0Gt C/y（Sund Quist，1994）。

全球最大的碳储库是深海，其量超过了大气中碳量（740Gt C）的50倍，总量为37 000Gt C（1Gt = 10^9ton）（Houghton，1995）。

全球其他碳库为大气720Gt C、海洋38 000Gt、（Goudriaan and Ketnet，1984）、矿物燃料库6 000Gt C（Goudriaan等，1984）和生硝矿（干旱和半干旱地区的石油生硝层）780 ~ 930Gt C（Schlesinger，1982，1985）。

表5-8　全球土壤中的碳储量

碳库类型	参考文献	CO_2库（Gt C）
植被类型	Bolin（1977）	700
	Schlesinger（1977）	1 456
	Bolin et al.（1979）	1 672
	Ajtay et al.（1979）	1 635
土壤类型	Bohn（1976）	3 000
	Ajtay et al.（1979）	2 070
	Post et al.（1982）	1 395
	Schlesinger（1984）	1 515
	Buringh（1984）	1 477
	This study	1 700
模拟类型	Mcentemeyer et al.（1981）	1 457
	Goudriaan and Ketner（1984）	1 400

陆地生物的净初级生产量为60Gt C/y，枯枝落叶40-50Gt C/y，树枝干总量60Gt C/y（Ajtay et al.，1979）。矿物燃料燃烧发射的CO_2总量1984年为5.4Gt C（Rotty，1987）。1987年则为5.7Gt C。每年因森林破坏而释出的碳量为0.3 ~ 1.7Gt C（Detwiler and Hall，1988）或1 ~ 2.6Gt C/y（Houghton et al.，1985）。2050年，每年矿物燃料燃烧发射的碳量范围为2 ~ 20Gt C（Keepin et al.，1986）。根据不同资料的说明，大气CO_2浓度在2050年将达到440 ~ 660μL/L。依据平衡原则，大气中的CO_2汇为：大气71%，海洋18%和陆地生物11%（Goudriaan，1988）。现已证明，每年海洋仅能吸收发射入大气中碳量的40%。因此，这就造成大气中CO_2增加达0.5%或3.6Gt C/y。

就全球而言，腐解的枯枝落叶和土壤有机质的碳量可能超过活生物体的2 ~ 3倍。最近，科学家以

4种不同类型的生态系统为基础,即植被类型、土壤类型、生命区类型和模拟模型,估测了世界生态系统中土壤有机质的碳储量,其中,有些测出值列于表5-8。

土壤在主要温室气体(CO_2、CO、CH_4和N_2O)的生产和吸收过程中起着极为重要的作用。表5-9指出了全球每年发射温室气体的数量,每年的增加数量和土壤的净发射量。

温室气体发射的源和汇数值虽有很大的变化,但是重要的净发射源和汇则得到了认可,土壤发射CO_2的净源占总发射量的5%~20%;甲烷(CH_4)约为30%;N_2O为80%~90%。此外,土壤也可作为CO的净汇。

表5-9 CO_2、CO、CH_4和N_2O全球净发射量和土壤发射量(Pg/y = 10^{15}g/y)

温室气体	总发射量	土壤发射量	每年增加的发射量(%)
CO_2	5.7~6.4*	0.2~0.9	0.5
CO	1.3~5.7	−0.58~−0.19	2~6
CH_4	0.40~0.64	0.1~0.24**	1.1
N_2O	0.007~0.021	0.006~0.019	0.25

*矿物燃料(5.2),火山喷发(0.3)和土壤发射等构成的总量

**不包括土壤汇值0.03

地球表面各种储库中的碳量以及16km深的海洋、煤矿和沉积物等的碳量均列于表10。研究表明,土壤C量[(30~50)×10^{14}kg]超过了所有其他地球表面的C量。但当与沉积物的C总量(200 000×10^{14}kg)相比时,土壤C量就显得很小。

表5-10 各种储库中的C量

储库	C量(10^{14}kg)
地球表面	
大气CO_2	7
生物质	4.8
淡水	2.5
海洋(跃温层以上)	5~8
土壤有机质	30~50
16km深度	
海洋有机残体	30
煤和石油	100
深海溶解的碳	345
沉积物	200 000

引自:Bolin,1992

土壤是二氧化碳的源和汇(a Source and Sink)。土壤生态系统既是温室气体的生产者(Producers),又是温室气体的消费者(Consumers),特别是碳矿化作用的产物(CO_2和CH_4)。土壤有机质水平的提高导致了过量的二氧化碳进入土壤有机质而成为一个CO_2净储库(汇),土壤有机胶体或土壤生产力下降则能使生态系统成为一个矿质碳源。例如,保土耕作技术会对陆地产生CO_2发生明显的影响。Kern和Johnson(1993)估计,土壤免耕技术的应用能使碳进入土壤有机质,其量相当于美国30年矿物燃料释放碳量的0.7%~1.1%。虽然直接证据较少,但土壤有机质储藏库(reservoirs)和大气矿质碳浓度之间的相互作用是由土壤管理技术和最佳植物生物质生产(即生态系统生产力)所造成的。植物生物质是一个主要的碳储藏库(primary carbon reservoir)。能调节或制约生物质合成的有关土壤性质,是土壤团粒结构,它是由土壤矿物与腐殖质相互作用而形成的。因此,增加有机胶体使土壤结构得到改善便可降低大气CO_2的载荷,其是通过增加陆地生物质库来完成的。

因此,这就可以明确,大气CO_2源超过了一确定的CO_2汇。土壤有机质和陆地生物质至少占未知

CO_2归宿量的一部分。由于陆地生物圈和有关的土壤所含碳远远大于大气。所以，这些碳库便可作为大气CO_2水平的缓冲剂（buffers）或缓和剂（moderators）。最近，Sudquist（1993）提供了1990年以前各种生物地球化学库中测出的碳量，其值为陆地生物圈的碳量为2 160Gt（$1Gt = 10^{15}g$），而大气库中所含碳量则为750Gt。在陆地生物圈中的土壤组分中其碳量约为碳总量的2/3。Eswaran等（1993）测定，土壤中储存的碳量为1 576Gt，而热带土壤所保持的碳量约占32%。为了获得陆地生态系统中活体生物质和死亡生物质（有机质）之间比例的有效数据值，因此，应当考虑森林系统中各种生物质库的关系。科学家估计，森林系统生物质中所含碳量是死亡有机质碳量的2倍或3倍。

在生物圈中，变化较小的生物质生产中以及土壤固定的碳量中，CO_2浓度增加3倍时，其便能明显地影响大气中CO_2的水平。

在土壤中有效^{14}C基质上生长的微生物除能将残留^{14}C构建自身生物体外，还能将其形成细胞壁物质。这些物质都是可快速分解或活化土壤的主要组分。同时，它还能提供比土壤抗性物质更多的营养如N、S和P。在土壤的长期培养过程中，许多矿质营养（NH_4^+，NO_3^-，PO_4^-，SO_4^{2-}）的积累是决定有机质多少的一条重要途径。沼泽和湿地中积累的C量最大（723t/hm^2）。在这类土壤中因缺O_2而使呼吸作用下降，因此，便抑制了分解作用（表5-11）。分解作用在冻土带也会受到抑制。因此，该地区的土壤会积累C。热带低地森林以及北方气候带和温带森林土壤，温带草地土壤都会积累有机质，其量约为200t/hm^2，周转期范围为29～90年（表5-11）。与温带草地土壤相比，土壤有机C积累的全部周转期为61年。热带草地土壤有机质含量较低，因此，总体周转期仅为10年。

表5-11 以平均碳库和平均呼吸速率为基础而计算出的土壤碳的周转期（Raich et al.，1992）

植被类型	土壤C量（t/hm^2）	土壤呼吸率	周转期（y）
冻土带	204	0.6	490
海潮（Borea）森林	206	3.2	91
温带草地	189	4.4	61
温带森林	134	6.6	29
木材林地	69	7.1	14
耕地	79	5.4	21
沙漠灌木丛	58	2.2	37
热带草地	42	6.3	10
热带低地森林	287	10.9	38
沼泽和湿地	723	2.0	520
全球平均	15×10^8	5.0×10^7	32

九、生态系统生物质生产的全球过程

植物生态生理过程之间的关系都会在全球生态范畴中发生。植物对环境和其他生物的反响因品种不同而有差异。植物品种之间的生理差异会明显地造成生态系统之间的不同功能。

1. 生态系统的生物质和生产率（NPP）

植物至生态系统的范围 制约生态系统过程的光、水和营养供应速率是土地面积和土体的函数。在各个体植物到生态系统中，与生态过程有关的初级临界标准（A critical initial step）决定了植物大小和密度与立地植物生物质（stand biomass）的关系。稀疏立地植物中，不存在植物大小和密度之间的关系，因此，在密度不变的状况下，植物生物质会有所增加（图5-19）。但是，因植物开始竞争，所以植物会以预定的方式而死亡，以减少其密度。与环境近于平衡的植物群落会表现出ln（生物质）和ln

（密度）［ln（biomass）和ln（density）］之间的负相关特性，其斜为-3/2。植物因密度过大，其便会发生自衰作用（败苗）（self-thinning line），在大范围的研究中这种现象会在试验区和大田（如草地到森林生态系统）普遍发生。败苗会因品种和环境不同使斜率和截面（intercep）有所差异。研究指出了从个体植物外推到立地植被系统的方程式：

$$ln（b）= -3/2ln（d） \tag{1}$$

推演如下：

$$B =（d）^{-3/2}或d =（b）^{-3/2} \tag{2}$$

$$B = b·d = d^{-1/2} = b^{1/3} \tag{3}$$

式中：b为个体生物质（g/植株），d为密度（植株/m²），b位立地生物体（g/m²）。方程式关系表明，立地生物体的增加系与植物体增加和密度减少相关。

2. 生产率（productivity）的生理基础

净初级生产率（NPP）（Net primary productivity）是单位植被获得的生物质。制约NPP[g/（m²·y）]的植物主要特性是生物质（g/m²）和RGR[g/（g·y）]：

$$NPP = 生物质·RGR \tag{4}$$

就木本群落而言，生物质会大大影响NPP，无论RGR多代，因为森林生物质都大于灌木和草原生物质（表5-12）。

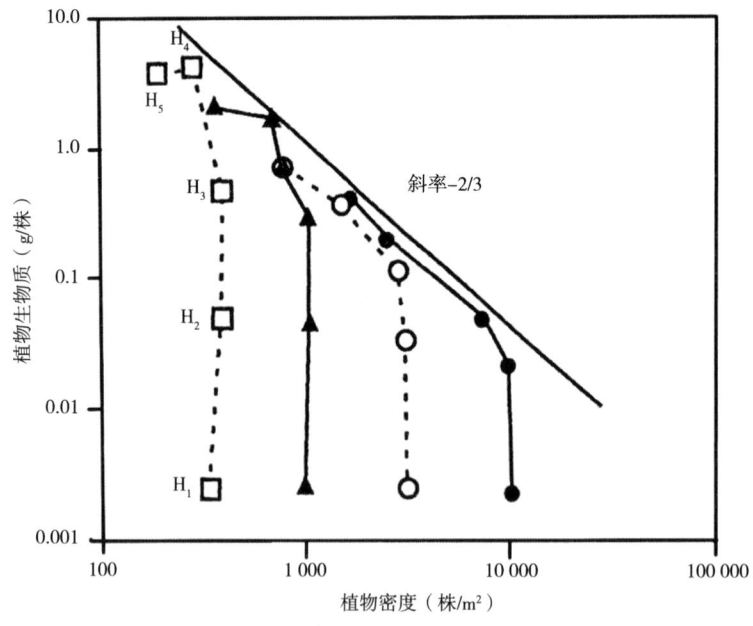

图5-19　温床种植的4个品种（Lolium perenne）及其密度

表5-12　主要温带生态类型的地上部生物质、生产率和氮通量（chapin，1993）

参数	草地	灌木林	落叶林	常绿林
地上部分生物质（kg/m²）	0.3 ± 0.02	3.7 ± 0.05	15 ± 2	31 ± 8
地上部分NPP[kg/（m²·y）]	0.3 ± 0.02	0.4 ± 0.07	1.0 ± 0.08	0.8 ± 0.08
氮通量[g/（m²·y）]	2.6 ± 0.2	3.9 ± 1.6	7.5 ± 0.5	4.7 ± 0.5
冠层高度（m）	1	4	22	22
大田RGR/（y）	1.0	0.1	0.07	0.03
实验室RGR（w/k）	1.3	0.8	0.7	0.4

草本群落与木本群落相比，其因缺乏木质结构的支持，从而限制了生物质的最大产量。所以，RGR通常比决定NPP时的每一个体的生物质更为重要。就全球范围而言，气候室决定生物质和生产率的主要因子（图5-20），因为气候限制了个体植株和有能力竞争品种的生长。典型雨林能产生最高的生物质和最大的生产率，因为温暖湿润的气候条件有利于大型植株的生长和发育。在沙漠和冻土带，产出的生物质和生产率最低，因为这些类型生态区的降雨少，温度低。在热带区，温度不是限制因子，所以，雨林的生产率大于干旱落叶林，而干旱落叶林又大于稀树草原（即生产率随雨量减少而下降）。

3. 全球碳循环

全球大范围环境（如地球变暖、氮的沉积和CO_2浓度升高等）都能改变和影响NPP。当环境对光合作用和呼吸作用发生不同影响时，光合作用对大气CO_2浓度升高的反响比异养植物呼吸作用的反响更为强力。由于矿物燃料燃烧和土地利用改变有关的生物质燃烧引发了大气CO_2浓度的增加，所以陆地生物圈可能会增加对CO_2的净吸收。因此，当植物呼吸作用受到CO_2限制时，影响碳平衡的CO_2释放和吸收会进一步影响NPP。但是，在大部分陆地生态系统中，NPP会受到营养的限制，因此，其强烈地约束了植被对提升CO_2浓度的反响。最有力的证据是在有氮沉积区域，提升CO_2浓度可以增加NPP，同时亦普遍地增加了树木的生长（kauppi et al.，2002）。研究表明，NPP仅占一半储量。因此，当NEP增加时，NPP变化比R_h变化强烈得多。大气中仅存一半是每年人为输入的CO_2，其余的CO_2会被海洋或陆地生物圈所吸收消耗（卷首图1）。大气CO_2未探明碳汇（碳失汇）（missing sink）的分配要直接测量十分困难。因为其全球量（4.1Gt C/y）仅占全球NPP的约5%。这一数值比测量误差还小，而且每年还都有变化。陆地生物圈吸收的碳与溶解于海洋中的CO_2会有所区别，因为在光合作用过程中可用同位素来加以明显的识别。CO_2和O_2之间的大气化学计量同样也可以区分大气CO_2变化的物理因子。科学研究指出，陆地生态系统约一半的未探明碳汇（2.12Gt/y）和陆地碳汇都集中分布于中到高北纬度区域。现有测定数据证实，未探明碳汇的一半是由光合作用对大气中存留CO_2反响结构所造成的，由于有氮的沉积，所以，植物生长量会增加25%。在19世纪和20世纪初叶，森林清理后中纬度森林再生又增加了25%（Schimel，2008）。

4. 生态系统的净碳平衡（Net carbon Balance of Ecosystems）

一个生态系统形成的净生态系统产量[Net ecosgstem production，NEP，$gC/(m^2 \cdot y)$]取决于净初级生产量（NPP，$gC/m^2/y$）和异养植物呼吸作用（R_h，$gC/m^2/y$）或毛光合作用产量[Pg，$gC/(m^2 \cdot y)$]和总生态系统呼吸作用[R_e，$gC/(m^2 \cdot y)$]之间的碳平衡。其可用R_h和植物呼吸作用[Rp，$gC/(m^2 \cdot y)$]总量来表达：

$$NEP = NPP-Rh = Pg-P_e \qquad (4)$$

NEP十分重要，因为它是生态系统增加碳储藏的短期测量值。大部分异养植物呼吸作用就是分解作用。因此，它们的呼吸作用受控于水分和温度以及植物生产有机质的数量、质量和分配（地上部分）。一般而言，有利于高NPP的条件亦有利于高Rh，例如，热带区域NPP和分解作用都高于北极区域，热带雨林区域高于沙漠干旱区域，其原因是类似于NPP和Rh的环境敏感性。高产植物品种（高RGR和/或大量生物质）产生的枯枝落叶或高质量的枯枝落叶比低产品种的产量要高得多。以生产品种为主导的生境也具有高分解速率的特点。因此，NPP和Rh之间的功能链必不可缺。NPP可提供有机质，以作为燃料的Rh。Rh又能释放矿物质再支持NPP。就总体而言，NPP和Rh与稳定的生态系统密切相关。因此，在稳态条件下，NEP和碳储量的变化很小，而且表明与NPP或Rh无相关性。事实上，生产率最小的泥炭生态系统是具有长期储藏碳的生态系统。

NEP，其是碳交换的生态系统，它也是两个巨大的碳通量［毛光合作用产量（Pg）和生态呼吸作用量（Re）］之间差异很小的生态系统（图5-20）。

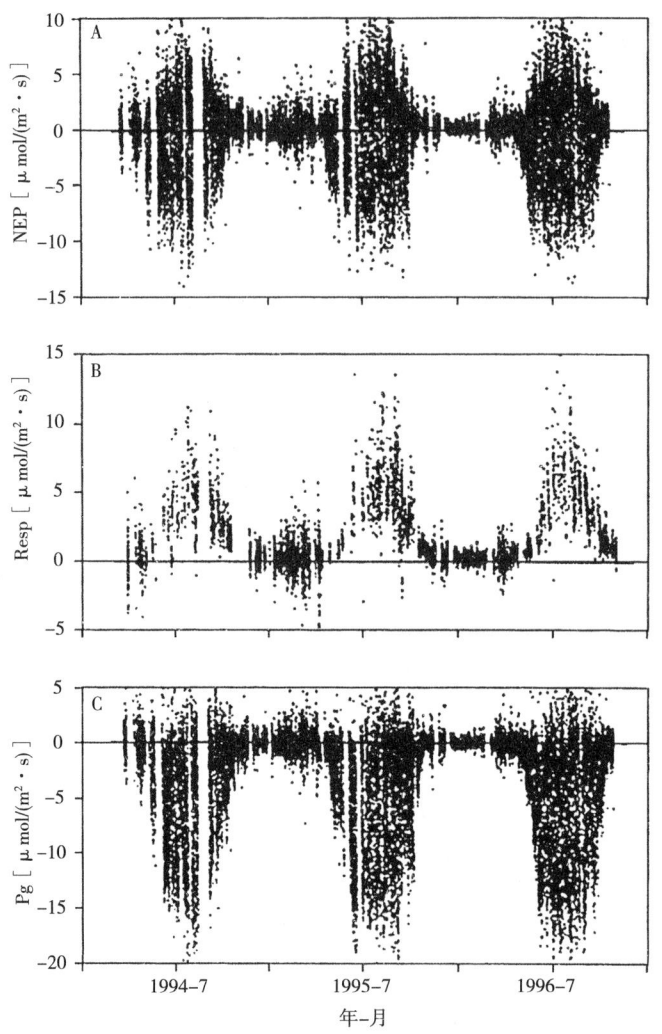

图5-20　（A）每年净生态系统产量（NEP）；（B）生态系统呼吸作用（Resp）和（C）毛CO_2同化量（Pg）
（Goulden at al.，1998）

虽然在稳态条件下的NEP平均值趋近于零，但季节性变化很大，其足以在北半球引发全球范围大气CO_2的季节性波动（卷首图2）。研究表明，在夏季，大气CO_2浓度会降低，而在冬季则升高。这种现象最明显的原因是NEP中生态系统的变化，其是破坏和复原连续循环的结果。大部分破坏作用会引发NEP的负增长。失火会造成碳直接排放，从而因激活了Rh条件而引发了更多的碳损失。例如，植被移动后会降低蒸腾作用，因此，可增加水分和温度。较温暖和湿润的土壤能增加Rh和降低植物生物质，从而减少了NPP，甚至每年造成了NEP的负增长，在天然生态系统转变为农业系统后，农业耕作破坏了土壤团粒结构和增加了微生物对有机质的分解作用，并造成了Rh的增长和NEP的负值。草原土壤在转化为农业土壤后的几十年内，土壤碳量会损失一半，在干扰后的演替过程中会增加植物生物质和土壤有机质，因为NPP的增速大于演替过程中Rh的增速。

由于光合作用和呼吸作用对环境有着不同的反响，所以NEP各年间都有所变化。例如，北方生态系统在温暖年份具有一个净碳源，而寒冷年份则具有一个净碳汇，其是因为异养植物呼吸作用在寒冷气候条件下对温度的反响比光合作用的反响要强烈得多。

第六章　土壤代谢与温室效应

一、引言

土壤是温室气体（CO_2、CH_4和N_2O）的源和汇（库），因此，土壤生态系统是温室气体的供应者，又是消费者，其中特别是碳矿化作用的产物（CO_2和CH_4）。最近估计，各种生物地球化学库中碳量在1990年以前为750Gt，陆地生物圈的碳量为2 160Gt，而土壤碳则约占陆地生物圈总碳量的2/3。闵九康等（2011）经过对大量数据的统计分析提出，土壤中储藏的碳量为1 676Gt，其中热带土壤保持的碳约占32%（卷首图1）。

Tate和Bolin等估计，土壤有机质碳量为（$30 \sim 50$）$\times 10^{14}$kg，比其他表面总碳量（20.8×10^{14}kg）大得多。1860年以前，大气中约含有260μL/LCO_2。1995年已达360μL/LCO_2，其量约为760Pg C［1个Pg（Petogram）$= 10^{15}$g $= 10^9$t］，据统计每年约以1.8μL/L增长。

二、温室效应和全球变暖

温室效应（英文）（Greenhouse effect），又称"花房效应"，是大气保温效应的俗称。大气能使太阳短波幅射到达地面，但地表向外放出的长波热辐射线却被大气吸收，这样就使地表与低层大气温度增高，因其作用类似于栽培农作物的温室，故名温室效应。自工业革命以来，人类向大气中排入的二氧化碳等吸热性强的温室气体逐年增加，大气的温室效应也随之增强，并已引起全球气候变暖等一系列严重问题，引起了全世界各国的关注。

温室效应的加剧主要是由于现代化工业社会过多燃烧煤炭、石油和天然气，其在燃烧后会放出大量的二氧化碳而进入大气所造成的。二氧化碳气体具有吸热和隔热的功能。它在大气中增多的结果是形成一种无形的玻璃罩，使太阳幅射到地球上的热量无法向外层空间发散，其结果是地球表面变热起来。因此，二氧化碳也被称为温室气体。

温室气体有效地吸收地球表面、大气本身相同气体和云所发射出的红外幅射。大气幅射会向所有方向发射，包括向下方的地球表面的放射。温室气体则将热量捕获于地面—对流层系统之内。这被称为"自然温室效应"。大气幅射与其气体排放的温度水平强烈耦合。在对流层中，温度一般随高度的增加而降低。从某一高度射向空间的红外幅射一般产生于平均温度在-19℃的高度，并通过太阳幅射的收入来平衡，从而使地球表面的温度能保持在平均14℃。温室气体浓度的增加导致大气对红外幅射不透明性能力的增强，从而引起由温度较低、高度较高处向空间发射有效幅射。这就造成了一种幅射强迫，这种不平衡只能通过地面对流层系统温度的升高来补偿。这就是"增强的温室效应"。如果大气不存在这种效应，那么地表温度将会下降约3℃或更多。反之，若温室效应不断加剧，全球温度也必将逐年持续升高。

温室气体指的是大气中能吸收地面反射的太阳幅射，并重新发射幅射的一些气体，如水蒸气、二氧化碳、大部分制冷剂等。它们的作用是使地球表面变得更暖，类似于温室截留太阳辐射，并加热保温室内空气的作用。这种温室气体使地球变得更温暖的影响称为"温室效应"。水汽（H_2O）、二氧化碳（CO_2）、氧化亚氮（N_2O）、甲烷（CH_4）和臭氧（O_3）是地球大气中主要的温室气体。

温室气体之所以有温室效应，是由于其本身有吸收红外线的能力。温室气体吸收红外的能力是由其本身分子结构所决定的。在分子中存在着非极性共价键和极性共价键。分子也分为极性分子和非极性分子。分子极性的强弱可以用偶极矩μ来表示。而只有偶极矩发生变化的振动才能引起可观测到的红外吸收光谱。拥有偶极矩的分子就是红外活性分子，而Δμ＝0的分子振动不能产生红外振动吸收，所以，其是非红外活性分子。也就是说，温室气体是拥有偶极矩的红外活性分子，所以才拥有吸收红外线和保存红外热能的能力。由于大气中温室气体的增加，从而造成了全球气候变暖，所以，大气中一些温室气体如二氧化碳（CO_2）、甲烷（CH_4）、氧化亚氮（N_2O）和氯代碳氟化合物（CFC_S）等的增加更加剧了全球变暖。大气中温室气体的增加便造成了全球空气平均温度的增加。研究表明，1860—1996年，大气中温度已平均增加了1℃（图6-1、图6-2）。

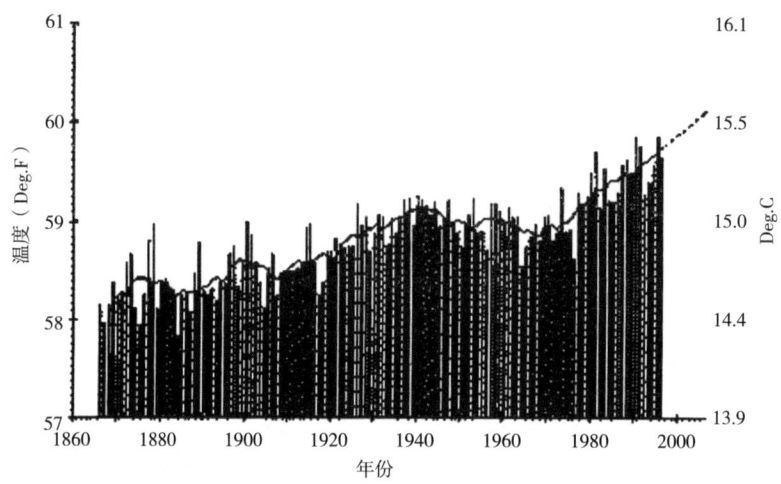

图6-1　随着时间推移而发生的温度升高（IPCC，1996）

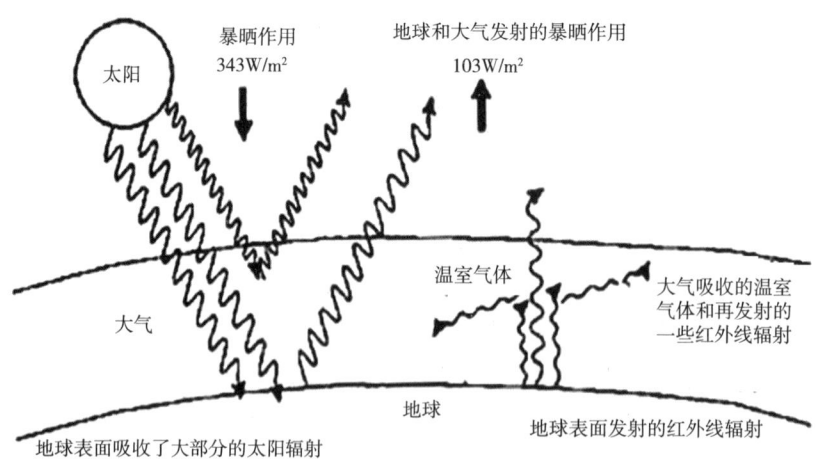

图6-2　温室气体使全球变暖的代表性图式

由于温室效应的结果，从而造成了较低大气层和地球表面的变暖。温室效应造成全球变暖是一个复杂过程，它会影响到阳光和大气中的各种气体和各种微小颗粒。所有这些物体都能吸收和传送能量。吸收作用涵盖了所有范围的长波，或者其可被列入一种或多种波段。从太阳和地球发生的辐射作用可密集成黑体辐射（blackbody radiation）。这种辐射强度会随温度升高而增加。同时，温度是物体热能的一种量度。温度越高，波长越短，例如，太阳的平均温度约为6 000℃，所以波长仅为0.5μm（micrometre）。地球表面的平均温度为15℃时，其幅射波长接近10μm。大气中的温室气体可以暂时地吸收特异的热红外线波，但不是吸收地表发射的所有红外线波，未吸收的红外线波能直接发射至大气中。这些辐射波被大气中的分子吸收后，其能在很短时间内将红外线再次向全方位发射，但该过程完全是随机发生的。因此，有些热红外线会再度发射返回地表，并再度被吸收。随后，地表面和大气会进一步变暖。因此，这种自然的幅射吸收也被称为"温室效应"。它能使地球温度增加。但太阳能被直接吸收的现象则会使地表变暖。图6-3指出了地球的热平衡账。大气中的温室气体阻止了热幅射返回大气空间，因此，使地球大气的温度上升。大气中虽然温室气体的总浓度小于1%，但当大气中完全无此气体时，大气的温度便会降至-18℃。目前，因大气平均温度为15℃，所以，温室气体就会出现变暖效应，并使大气温度上升了33℃。在地球上，人类出现以前，温室效应就已长期存在。由于工业化的发展和集约农业的进步，每年大量温室气体便会向大气发射。大量的温室气体可归因于工业的发射，矿物燃料的燃烧，森林大量砍伐，生物质的燃烧以及土地利用状况和管理技术的变化。这种现状，迫使许多科学家开始研究大气中温室气体浓度增加所造成的地球表面平均温度的上升，其值超过了15℃。这种现象，长期以来，已被科学家命名为"增富温室效应"（"enhanced greenhouse effect"）以区别自然现象的温室效应。

三、温室气体（CO_2、CH_4、N_2O和NH_3）的大气化学特性和臭氧层的破坏

1. 大气化学特性

大气中二氧化碳浓度的增加为人类活动产生的全球影响提供了一个明确无误的信号。然而，大气中由生物源或工业源产生的许多其他气体的浓度亦在不断增加。这些气体的源、汇和动力学都会对环境造成巨大的影响。

首先，许多气体能影响大气的化学和物理特性。它们也能改变地球的各种不同功能，如能量平衡账、大气中氧化剂的浓度和同温层（stratosphere）中紫外线辐射波的吸收。其次，微量气体及其反应产物会以不同方式直接影响到生物体，从而使品种特性和生产率发生变化或者还会影响到对引发危险因子的竞争能力。因此，对微量气体的产生和消耗量的测定便可用于鉴定陆地生态系统的动力学和大气过程。

大面积的森林破坏对大范围的降水状况和大江大河的水文学的影响已受到了极大的关注。水蒸气（H_2O）是主要的温室气体之一。此外，水蒸气还能吸收大气中的热辐射。同时，水蒸气在形成云层和降雨过程中亦起着重要的作用。云层能影响辐射平衡。此外，水蒸气在赤道和温带区域之间的能量转移过程中也具有重要的作用。

人类对土地的利用能使地球的反射率（earth's albedo）变生变化。反射率在表面能量平衡过程中起着重要作用。因此，其对（地区和区域）气候变化有着明显的影响。关于大气化学和大气化合物对大气成分影响的数据都列于表6-1表明，表中列出的化合物对大气性质有着明显的直接影响。

土壤产生的气体或与土地利用所产生的气体都会直接影响到热辐射平衡账。这些气体都被称为"温室气体"，并列入表6-1中有影响的B项和2、3、5、6或7栏。在表中所选择的温室气体有二氧化碳（CO_2）、甲烷（CH_4）、氧化亚氮（N_2O）和氨（NH_3/NH_4^+）。氨（NH_3）能吸收热辐射，但因其在大气中的寿命很短，所以其影响亦不明显。

在表6-1中列出的对温室气体有间接影响的大气成分（生物源）还有一氧化碳（CO）、氧化氮（NO）、二氧化氮（NO_2）、氨（NH_3）。CO可氧化为CO_2，因此，其能影响到许多其他大气成分，

如臭氧（O_3）、羟基（OH）和甲烷（CH_4）。约有10%的大气氨可被氧化为NO和NO_2。这些气体在不同的光化学反应中具有催化作用。参与光化学反应的气体还有O_3、CH_4、CO和OH。

表6-1　对大气化学及其组分影响的几种主要干扰源

化学成分	干扰源											影响					
	1	2	3	4	5	6	7	8	9	10	11	A	B	C	D	E	F
C（煤烟尘）						*			o	o			*			o	
CO_2	o	*	*			*	*		o	o			*				
CO	o	*	*			*			o	o	o						
CH_4			*		o	*	*	o					*				
CxHy	o	*				*	*							o			o
NOx	o		*			*	*		o	o	o			o	o	o	
N_2O	o		*			*	*		o	o			*				
NH_3		*	*		o	*		o	o				*		o		
SOx									o	o					o	o	o
H_2S	o		*				*										o
COS	o		*		*												
有机S	o		*		*												o
羟类化合物										o			*				
其他卤化物	o								o	o	o						o
微量元素	o					*			o	o							
O_3												o	*	o			

干扰源:

① 海洋和港湾；② 植被；③ 土壤；④ 野生动物；⑤ 湿地；⑥ 生物质燃烧；⑦ 作物生产；⑧ 畜牧；⑨ 石油燃烧；⑩ 煤燃烧；⑪ 工业加工

影响因子:

A. 紫外线能量吸收；B. 热红外线平衡账变化；C. 光化学氧化剂的形成；D. 酸雨形成过程；E. 降解过程；F. 侵蚀过程

因此，参与大气反应的全部气体如下：H_2O、CO_2、CH_4、CO、N_2O、NOx、NH_3。引发这些气体浓度增加的可能原因是增加了不同源的气体发射，但在有些条件下，还会降低这些气体汇的浓度。表6-2列出了最重要的温室气体每年的浓度，热吸收容量和对全球100年内温度升高的贡献数据。

表6-2　主要温室气体的大气浓度、残留时间和对全球变暖的影响

类型	残留时间（y）	每年增值（%）	1985年浓度	辐射吸收潜势	对变暖的影响
CO_2	100	0.5	345μL/L	1	50
CO	0.2	0.6~1.0	90nL/L	n.a.	n.a.
CH_4	8~12	1	1.65μL/L	32	19
N_2O	100~200	0.25	300nL/L	150	4
O_3[10]	0.1~0.3	2.0	n.a.	2 000	8
CFCs[11]	65~110	3.0	0.18~0.28nL/L	>10 000	15

注：大气中CO_2载荷为720Gt，年发射源5~7Gt，在大气表层的O_3浓度为25nL/L，至9km时，则为70nL/L。大气中最丰富的温室气体为CO_2，因为它有较高的年发射量，而且其在大气中的残留时间较长，因此，CO_2对温室效应（气候变暖）的贡献率为50%。甲烷和氧化亚氮对全球变暖的贡献率较小，但因其浓度或化学反应性不断增强，从而使这些气体对温室效应的影响也明显增加

2. 碳和氮化合物的大气化学特性

对流层（troposphere）是离地球表面最近的大气层，其可扩大至极地区域上层10km，至热带区域的15~20km。对流层发生一个突变而形成平流层（恒温层）（stratosphere），其可扩大至约55km。较低大气层中主要的氧化剂为臭氧（O_3）和羟基（OH），在对流层中，因NO的过氧化作用而产生了臭氧（O_3）：

$$NO+RO_2 \rightarrow NO_2+RO\cdot$$

$$NO_2+h\nu \rightarrow NO+O\cdot$$

$$O\cdot+O_2+M \rightarrow O_3$$

在平流层中，因分子O_2的离解作用也能形成O_3。O_3在对流层中的分解作用是产生OH的主要反应途径。

$$O_3+h\nu \rightarrow O_2+O*$$

$$O*+H_2O \rightarrow 2OH\cdot$$

OH的重要来源还有有机化合物的氧化作用：

$$HCHO+h\nu \rightarrow H\cdot+CHO\cdot$$

$$H\cdot+O_2+M \rightarrow HO_2\cdot$$

$$CHO\cdot+O_2 \rightarrow HO_2\cdot CO$$

然后它们又形成了下列化合物：

$$HO_2\cdot+HO_2\cdot \rightarrow H_2O_2+O_2$$

$$HO_2\cdot+NO \rightarrow NO_2+OH\cdot$$

$$H_2O_2+h\nu \rightarrow OH\cdot+OH\cdot$$

3. 甲烷（CH_4）和一氧化碳（CO）

参与大气碳循环的碳化合物有：CO、CH_4、CO_2和NMHC（非甲烷的烃类化合物）。CO不会参与大气辐射平衡的反应，但它能被迅速氧化为CO_2。因此，其能影响其他气体的浓度。在大气中，CO_2在化学性质上并不活泼。

对流层中的大部分CH_4会氧化为CO，其所有反应过程都会经由中间产物甲醛（HCHO）而完成，但在大气NOx浓度高低不一时，其反应顺序亦不一致：

$$CH_4+OH\cdot \rightarrow CH_3\cdot+H_2O$$

$$CH_3\cdot+O_2+M \rightarrow CH_3O_2+M$$

NO浓度高时，（>10nL/L NO）NO浓度低时，（<10nL/L NO）

$$CH_3O_2\cdot+NO \rightarrow CH_3O\cdot+NO_2 \qquad CH_3O_2\cdot+HO_2\cdot \rightarrow CH_3O_2H+O_2$$

$$CH_3O\cdot+O_2 \rightarrow HCHO+HO_2\cdot \qquad CH_3O_2H+h\nu \rightarrow CH_3O\cdot+OH\cdot$$

$$HO_2+NO \rightarrow OH\cdot+NO_2 \qquad CH_3O\cdot+O_2 \rightarrow HCHO+HO_2\cdot$$

$$2[NO_2+h\nu \rightarrow NO+O\cdot] \qquad 2[O\cdot+O_2+M \rightarrow O_3+M]$$

净反应

净反应

$$CH_4+4O_2 \rightarrow HCHO+2O_3+H_2O$$

$$CH_4+O_2 \rightarrow HCHO+H_2O$$

HCHO进一步的氧化反应在高或低NO浓度时的反应都相等；

$$HCHO+h\nu \rightarrow H\cdot+HCO\cdot$$

$$H\cdot+O_2+M \rightarrow HO_2\cdot$$

$$HCHO+OH\cdot \rightarrow H_2O+HCO\cdot$$

HCO氧化作用如下：

$$HCO\cdot+O_2 \rightarrow CO+HO_2\cdot$$

因此，甲烷的氧化作用便成为CO的重要来源。甲烷形成的CO便能发射至大气中，其是通过人为源造成的氧化作用，其反应式如下：

$$CO+OH\cdot \rightarrow H\cdot CO_2$$

根据NO浓度的大小，其会发生下列反应，高NO时（>10nL//L NO），低NO时（<10nL//L）

$$H\cdot+O_2+M \rightarrow HO_2\cdot$$

$$2[H\cdot+O_2 \rightarrow HO_2\cdot]$$

$$3[HO_2\cdot+NO \rightarrow NO_2+OH\cdot]$$

$$3[HO_2\cdot+O_3 \rightarrow OH\cdot+2O_2]$$

$$3[NO_2+h\nu \rightarrow NO+O\cdot]$$

$$3[O\cdot+O_2+M \rightarrow O_3]$$

净反应

净反应

$$HCHO+6O_2 \rightarrow CO_2+3O_3+2OH\cdot$$

$$HCHO+3O_3 \rightarrow CO_2+3O_2+2OH\cdot$$

甲烷（CH_4）经由CO而全面氧化为CO_2的反应具有重要意义。在有足量NO的条件下，每氧化一个CH_4的分子便会产生净值为$3.7O_3$分子和$0.5OH$基团。在缺乏NO时，会发生净损失$1.7O_3$和$3.5OH$基团。Cicerone和Oremland（1988）估计，在缺NO条件下，每一反应会损失1~2个HOx分子。因此，在清洁的大气中会造成全球OH的净损失。在污染的大气中则会获得O_3。CH_4氧化的重要结果是造成了CH_4、CO和OH的不平衡。由于OH是大气中CH_4和CO的主汇（primary sinks），而且又因CH_4和CO，OH基团发生氧化而消耗，所以大气系统中会造成这些气体的失衡。CH_4和CO浓度的增加会导致OH的耗竭，从而使CO和CH_4进一步失调。

下列反应对平流层化学反应十分重要，因为该反应中O_3能缓冲Cl原子变为HCl分子的速度，而HCl又能钝化O_3，其反应式如下：

$$CH_4+Cl \rightarrow CH_3+HCl$$

就其他气体而言，如更为复杂的烃类化合物（用RH代表），它们的第一、第二级反应过程类似于甲烷：

$$RH+OH\cdot \rightarrow R\cdot+H_2O$$

$$R\cdot+O_2 \rightarrow RO_2\cdot$$

由于NO浓度不一，所以也可能会发生下列两个反应：

$$RO_2\cdot+NO \rightarrow RO\cdot+NO_2$$

$$RO_2\cdot+R'OO\cdot \rightarrow ROOR'+O_2$$

$$RO\cdot+O_2 \rightarrow R_1CHO+HO_2\cdot$$

$$ROOR'+h\nu \rightarrow RO\cdot+R'O$$

4. 氮化合物在对流层中的反应

根据CH_4和CO的反应，表明，NOx在CH_4和CO氧化过程中起着重要的作用。大气中NO和NO_2的反应具有不同的特性。因此，它们在许多光化学反应中起着重要的催化作用。在对流层，NOx促进O_3的形成，而在平流层则相反。在白天，根据下列反应会形成HNO_3：

$$NO_2+OH\cdot+M \rightarrow HNO_3$$

在晚上则会发生下列反应：

$$NO_2+O_3 \rightarrow NO_3+O_2$$

$$NO_3+NO_2 \rightarrow N_2O_5$$

$$N_2O_5+H_2Oaq \rightarrow 2HNO_3$$

在许多非甲烷烃类化合物的光化学裂解过程中会形成各种硝酸类化合物。其中最重要化合物为PAN[硝酸过氧化乙酰，$CH_3C（O）O_2NO_2$]，其是城市区域中NOx的重要贮库，但在对流层上部亦会发生。PAN是一种中间产物，它会以下列反应而分解：

$$CH_3C（O）O_2NO_2 \rightarrow CH_3C（O）O_2\cdot+NO_2$$

随后会释出NOx基团。

氨并不吸收热辐射。它在大气中会经由干湿沉降而损失，但大气中10%~20%的氨会被OH所氧化。下列反应表明，大气中NH_3的残留时间比较短暂：

$$OH\cdot+NH_3 \rightarrow NH_2+H_2O$$

NH_2的后续反应并不是很明确，其会发生下列反应：

$$NH_2+O_2 \rightarrow NH_2O_2$$

$$NH_2+NO \rightarrow 产物（N_2，N_2O）$$

$$NH_2+NO_2 \rightarrow 产物（N_2，N_2O）$$

$$NH_2+O_3 \rightarrow 产物（NH\cdot，HNO，NO）$$

在NOx浓度低于60nL/L时，NH_3氧化作用会引发氧化物的增加，而NOx浓度超过60nL/L时，氧化反应产物将成为NOx的主汇（a sink）。氨也能与气态HNO_3反应而形成硝酸气溶胶：

$$NH_3（g）+HNO_3（g） \rightarrow NH_4NO_3（s\ or\ aq）$$

在平流层中NOx的主源可能是N_2O的光解产物。在平流层中的N_2O会被氧化为NO：

$$O_3+h\nu \rightarrow O\cdot+O_2$$

$$O\cdot+N_2O \rightarrow 2NO$$

NOx能破坏平流层中的O_3，其反应式如下：

$$O_3+h\nu \rightarrow O\cdot+O_2$$

$$O\cdot+NO_2 \rightarrow NO+O_2$$

$$NO+O_3 \rightarrow NO_2+O_2$$

净反应产物：

$$2O_3 \rightarrow 3O_2$$

在40km以下，O_3形成的反应途径如下：

$$O_2+h\nu \rightarrow 2O\cdot$$

$$2[O\cdot+O_2+M \rightarrow O_3]$$

净反应产物：

$$3O_2 \rightarrow 2O_3$$

在10～20km的区域范围内，大气几乎含有全部O_3。在25km以下，形成O_3的反应式如下：

$$HO_2\cdot+NO \rightarrow OH\cdot+NO_2$$

$$NO_2+h\nu \rightarrow NO+O\cdot$$

$$O\cdot+O_2+M \rightarrow O_3$$

$$HO_2\cdot+O_2 \rightarrow OH\cdot+O_3$$

在平流层（同温层）10～40km范围内，会发生抑制反应：

$$OH\cdot+O_3 \rightarrow HO_2\cdot+O_2$$

$$HO_2\cdot+O_3 \rightarrow OH\cdot+2O_2$$

净反应产物：

$$2O_3 \rightarrow 3O_2$$

然后，便会发生下列反应链：

$$OH\cdot+O_3 \rightarrow HO_2\cdot+O_2$$

$$HO_2\cdot+NO \rightarrow OH\cdot+NO_2$$

$$NO_2+h\nu \rightarrow NO+O\cdot$$

$$O\cdot+O_2+M \rightarrow O_3$$

无净反应产物：

在25km以上时，增加NOx便会降低O_3浓度，而在25km以下时，NOx会保护O_3而不遭破坏。

5. 臭氧层的破坏

大气中大量的臭氧被称为"臭氧层"（"Ozone layer"），它处于较低的平流层（同温层），即处于海平面以上垂直区的20～25km（图6-3）。

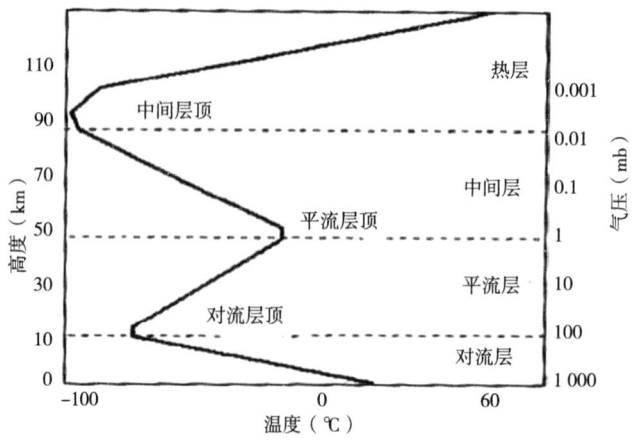

图6-3　垂直大气层的大气结构和温度变化

臭氧层起着一种屏障作用，以阻止吸收太阳辐射的高能紫外光（称UV-B）。如果臭氧层被破坏，那么更多的UV-B辐射量便会达到地球表面。长期暴露于UV-B辐射条件下的植物和动物，其中，也包括人类都会受到伤害，其中主要会诱发皮肤癌，损害眼球，并造成白内障，同时还可能降低人类的免疫能力。植物也会遭紫外线辐射量增加的伤害，而且其受伤后会导致农作物的减产，甚至还会破坏森林生态系统，以及减少了全球海洋中植物王国的种群。臭氧形成和破坏的化学过程都列于图6-4之中。

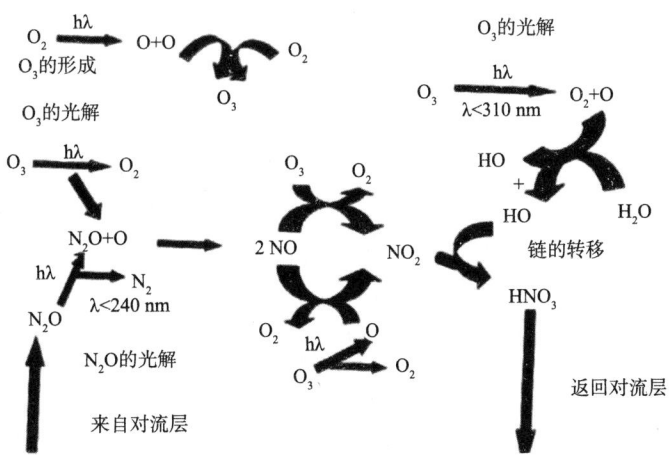

图6-4　平流层中臭氧的化学转化过程

氧化亚氮（N_2O），其能诱发全球变暖，同时也会破坏平流层中的臭氧，因此，其也会阻止大气中形成臭氧的商贩反应（"Chapman reaction"）。

$$O+O_2+M \rightarrow O_3+M \qquad （1）$$

$$O_3+O \rightarrow 2O_2 \qquad （2）$$

当原子和分子氧呈胶体时便会形成臭氧（方程式1）和保持着相互的碰撞作用以提供一个第三惰性体（M），此外，过量N_2的存在会吸收能量。氧化亚氮能与激发氧发生反应而形成氧化氮。其反应式如下：

$$N_2O+O \rightarrow 2NO \qquad （3）$$

该反应会减少臭氧的形成，因为原子氧对反应无效，但与分子氧反应则能形成臭氧（方程式1）。由氧化亚氮形成的氧化氮亦能使臭氧发生分解：

$$NO+O_3 \rightarrow NO_2+O_2 \qquad （4）$$

表6-3　大气中3种主要温室气体的浓度、增速、寿命和变暖潜势

	CO_2	CH_4	N_2O
浓度（μL/L）	350	1.7	0.3
增速（nL/L）	1 750	19	0.75
热吸收潜势（CO_2=1）	1	30	150
一年增加的热吸收作用	15	5	1
生物所占比率（%）	30	70	90
寿命（y）	100	8~12	100~200

引自：Bouwman A. F.，1996

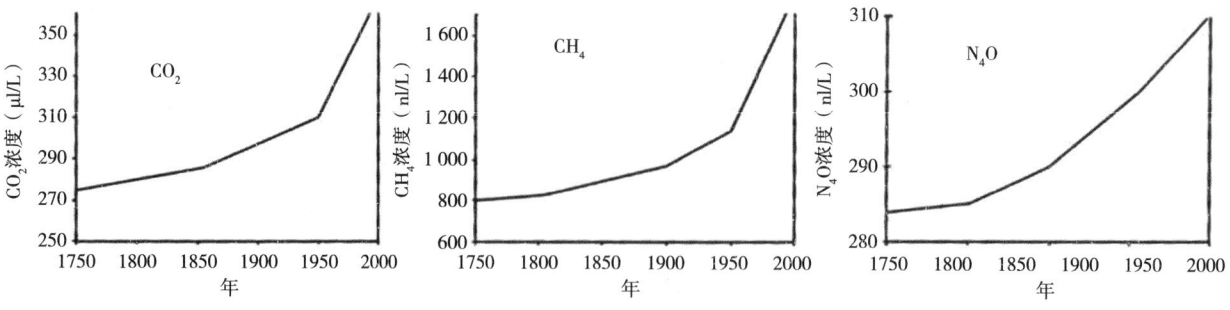

图6-5　大气中温室气体浓度的提升过程

当一种气体运动所发生的频率能对冲光波所产生的频率时，其便能将光吸收。对红外线区域的频率而言，有关分子的运动便会促进各种分子中的原子发生振动。一种分子中最简单的振动运动便是各种分子中两个结合的原子X和Y的摆动运动。这种运动称为谱带伸长（band stretching），在X和Y之间的距离增加而超过了平均R值时，其值还会缩小，最后会回复到原来的R值。此种摆动运动能在所有温度条件下的所有分子键中发生，即使是在绝对零时也会发生。因此，每秒钟都会发生振动循环。摆动运动的精确频率主要取决于键的类型，如单键还是双键或三键，同时，还受参与的2个原子同一性（identity）的制约。对许多类型的键而言，例如，甲烷中的CH键和一氧化碳中的CO键，其伸长频率就不会在热红外线区域发生。但碳氟化合物的伸长频率则能在4～50mm的热红外线区域内发生。因此，大气中与C-F键结合的分子便会吸收热红外线而加剧了温室效应（图6-5）。

四、温室气体对全球变暖潜势的影响

有几种气体会助推温室效应，在这些气体中，CO_2最为重要，它对全球变暖的作用占60%，随后是甲烷（占15%）和氧化亚氮（占5%）。表6-4列出了这些温室气体的丰度、寿命以及它们的源和

表6-4　温室气体的丰度、寿命和来源（Mosier et al.，1998）

参数	CO_2	CH_4	N_2O	NOx[+]	SO_2	CFCs[+]
100年前的平均浓度（nL/L）	290 000	900	285	0.001-?	0.03-?	0
现时浓度（nL/L）	356 000	1 700	310	0.001～50	0.03～50	3
2030年时的预测浓度（nL/L）	400 000～500 000	2 200～2 500	330～350	0.001 1～50	0.03～50	2.4～6
大气中的寿命	100年	10年	166年	几天	几周	75年
全球变暖潜势（对应于100年的CO_2潜势）	1	21	310	—	—	CFC11～4 000
人为发射量/总量（Tg/y）	5 500/～5 500	350/550	6/25	25/40	115/75	～1/1
主源	矿物燃料燃烧，森林破坏	水稻田，牛、填埋场，矿物燃料燃烧	氮肥，森林破坏，生物质燃烧	矿物燃料燃烧生物质燃烧	矿物燃料燃烧开矿和冶炼	气溶胶散发，制冷剂，发泡剂
主汇	绿色植物，海洋，大气反应	平流层的吸收，土壤	平流层的氧化作用	对流层的氧化作用	大气反应，降水	大气反应

NOx[+]，氮的氧化物；CFCs[+]，氯碳氟化合物

汇（Mosier等，1998）。在过去250年间，大气中CO_2、CH_4和N_2O的数量分别增加了30%、145%和15%。虽然大气中CH_4和N_2O的浓度低于CO_2，但其对全球变暖的潜势则较大。全球变暖潜势（GWP）（Global Warming Potential）是一种指标，它标示了现时水平和选择一些后"水平"时段（chosen later time "horizon"）之间所积累的辐射强迫（radiative forcing）。该辐射强迫是现时由一个单位的气体量所造成的能力。它可用于每种温室气体吸收大气中热量的效应并可用于与之相对应的标准气体（转化

为CO_2的量）进行比较。CH_4的GWP为21（以100年时段水平为基础计算），而N_2O则为310。目前，大气中N_2O的浓度虽然低于CO_2和CH_4，但其是一种非常强力的温室气体，它约占增加温室效应的5%。据推算，CH_4和N_2O发射所造成的全球变暖潜势值分别为21和310，因此，便可将所有发射量的计算值转化为CO_2或碳当量（Carbon equivalent，CE）。这样，用CE值×3.7便得到了CO_2的当量。温室气体在一定时段水平的进一步变暖情况，可用适当的全球变暖潜势来表达（用测得的潜势数值×发射气体的数量而得）（Lal2001）。

五、温室效应对农业和环境的影响

温室效应会导致区域和全球的气候变化，因此，与气候有关的参数如温度、降雨、土壤水分、海平面等都会受到气候变化的影响。同时，人类健康、陆地和水域生态系统、农业、林业、渔业和水资源都对气候变化亦十分敏感（图6-6）。

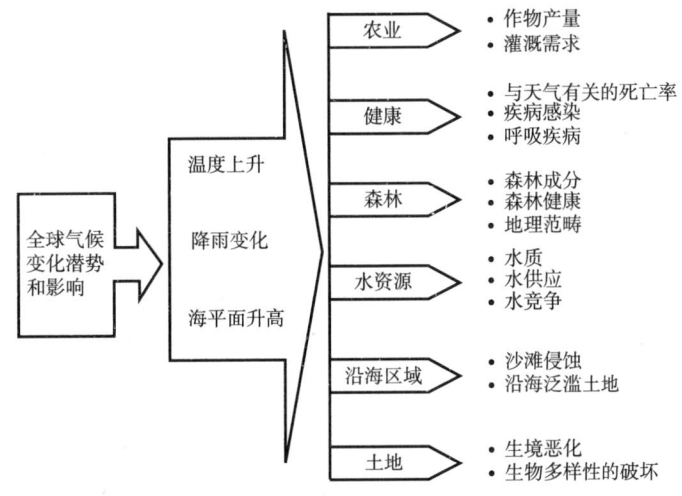

图6-6　气候变化产生的各种影响

根据联合国政府间气候变化委员会（IPCC，1996）的计划，由联合国环境署成立了一个组织，无条件地要求降低CO_2和其他有害气体的发射量，计划预测，至2040年，全球大气平均温度将比目前高出1℃，至2100年，温度将继续增长1.5℃。温度增加将对极地区域产生较大的影响。虽然有些区域在气候变化前的影响较小，而且降雨量也不稳定，但全球降雨总量则有所增加。根据通常的方案考虑，发射出的CO_2每年约增加1.8μL/L，那么，在2010年时大气中的CO_2含量为397～416μL/L，至2070年则达到605～755μL/L（Watson等，1996）。与其温室气体的变化结合在一起，从而还可能使全球的温度继续增加。人们正在考虑气候变化的程度如何，时间框架还有多长以及其他难以确定的因子等。同时，还应考虑极端气候变化的可能性，如季风雨袭击的时间、干旱和水灾发生的强度频率。

农业对短期天气变化以及对昼夜、季节和气候的年度和长期变化都十分敏感。各种气候要素（因子）都能影响植物生长发育，因此，就农业整体而言，影响明显的是CO_2浓度、温度和光照以及降水量和大气温度。但是，有可能发生大气中温室气体的增加，从而会在相当程度上影响粮食生产，其是通过直接或间接影响作物、土壤、畜牧业、渔业和昆虫等来完成的。一方面大气中CO_2浓度增加可以促进C_3植物的生长，并提高其生产率；另一方面，温度上升会降低作物生长时间，从而增强了作物的呼吸速率，此外还能影响作物和昆虫之间的平衡。温度升高还会影响土壤的矿化作用，并降低了肥料的利用率以及增加了作物的蒸腾作用。温室效应对农业土地利用还有较明显的间接影响，那就是其对冰雪的融化、有效的灌溉、季节性干旱和水灾发生的次数及强度、土壤有机质转化、土壤侵蚀和耕地面积减少及能源有效性等的影响。这些给农业生产造成了巨大的负面影响，从而便危及某些地区的粮食安全。气候变化对农业潜在的影响有如下7个方面。

一是气候变化可能会造成作物的减产，从而降低了产量的稳定性。但是，某些植物则因有较高的温度和较高的CO_2浓度而增加了光合作用，但对所有植物并非如此。

二是虽然某些地区的降水量较少，但全球总降水量则有所增加。每10年发生的有害全世界海洋和大陆的厄尔尼诺（El-Nino）效应因大气温度升高而大大加快。

三是在所有区域内，对灌溉的需求增大。这就会对水资源发生较大的竞争作用。同时，温度的增加也可能引发较大的蒸散作用（evapo-transpiration），从而增加了干旱的频度，并使灌溉需求量加大。

四是受温度制约的农业昆虫发生的范围和种群可能会发生变化。高温会增加病害和热胁迫作用。目前，限制在热带国家的一些畜牧病害如裂谷热（Rift valley fever）和非洲猪瘟（African swine fever）都可能蔓延，并造成严重的经济损失。

五是2040年和2100年海平面将可能分别上升约18cm和48cm，其主要归因于水的热膨胀和冰川的融化。虽然海平面上升可以被忽视，但有些国家如孟加拉国（Bangladesh）和马尔代夫（Maldives）等，在其居住和生活着许多居民，他们会遭受洪水的侵袭。研究表明，被海水淹没的深度可达约50cm。海平面升高也将直接影响渔业，并通过影响饲料的有效性而间接地影响到渔业。

六是全世界海洋中能量平衡和循环过程的变化也将直接影响海洋系统的生产力。

七是温度增加还可能影响低纬度地区，特别是一年两作地区作物的种植制度。

土壤和气候变化通过双向作用而相互依存（图6-7）。特别是与农业有关的所有土壤过程都会直接以一种或多种方式影响气候。温度和降水的变化都能影响土壤水分含量、径流、侵蚀、盐碱化、生物多样性以及有机质和氮的含量。全球气候变化引发的土壤变化都能影响所有的土壤过程，并最终影响到作物生长。

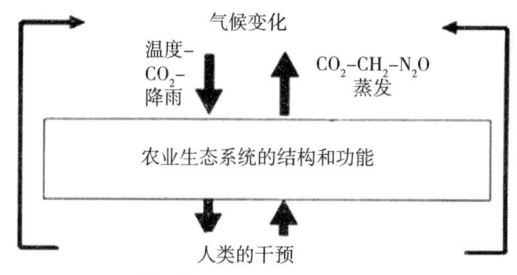

图6-7 农业和气候变化的相互依存性

第一，温度升高将引发更大的蒸散作用，从而导致在一些地区的地下水位下降。

第二，温度上升与降水量下降耦合时将促进地下水向上移动，从而导致土壤表层中盐分的积累。

第三，同样，与增加温度有关的海平面上升会使盐水倒灌于沿海陆地，从而使其不利于农业生产。

第四，全世界大部分地区土壤中已经很低的有机质含量变得更低，同时，气候变化会影响有机质的质量。大气中CO_2浓度的增加会补偿有机质分解所造成的损失，但达到有机质平衡则取决于碳的输入量和损失量。有一些报告指出，在CO_2浓度升高的条件下，作物残体具有较高的C/N比率，因此，其便能降低土壤中有机质的分解速率，从而增加生态系统中碳的储量。

第五，土壤温度每增加1℃就会有助于增强矿化作用，但因通过挥发过程增加了气态氮的损失，所以氮对作物的有效性便会降低。

第六，在CO_2浓度升高的条件下，如其他营养供应不受限制，那么生物固氮作用便会增加。

第七，降雨量和降雨频度变化时，风能使土壤侵蚀程度和频度加剧。

温度和CO_2会直接影响作物的生长和产量。但是，所有这些影响都具有高度的地区特性，同时其影响度还取决于气候变化的程度、土壤的基本特性和当时的气候条件。现已十分明确，土壤是温室气体最重要的源和汇（Sources and Sinks）。因此，它能直接影响气候变化，并通过氨（NH_3）的产生和消耗间接地影响到氮的氧化物（COx）和一氧化碳（CO）的发生和转化。通过土壤呼吸和根系呼吸所发生的CO_2占到总发射量的20%，甲烷占12%，N_2O占人为发射量的60%（IPCC，1996）。

现已有许多农业技术，可以成功地预防温室气体，特别是CO_2的排放。这些农业技术措施主要是通过对土壤的pH值、水分含量、温度以及农业土地的合理利用和增加退化土壤的有机碳含量等。

低碳农业意指较低或更低地排放二氧化碳（CO_2）等温室气体的农事活动（农业生产）。因此，发展低碳农业可以降低温室气体的发射量，预防全球变暖，并增加碳的总储量（总汇）。

六、温室气体的发射量

在国际水平上最早提出各种发射源发出的温室气体量都列于表6-5。全世界所有发射源每年向大气发出的二氧化碳（CO_2）总量为26 400Tg/y（$1Tg = 10^{12}g$），甲烷（CH_4）总量为535Tg/y。农业生产，特别是大米生产和反刍动物生长，它们是甲烷发射的主源，它占CH_4总量的68%。连续淹水的稻田因造成厌氧条件而有利于甲烷的生成，所以，它能向大气发射出CH_4。

大气中存在的氧化亚氮（N_2O）浓度很低（310nL/L），而且每年增加的速率也很缓慢（增速约为0.25%）。尽管N_2O的浓度很低，而且增速缓慢，但N_2O存活寿命较长（166年），且比CO_2变暖潜势亦大（约为CO_2潜势的310倍），所以，N_2O是较重要的温室气体。施肥和不施肥的土壤都会发射N_2O。在施肥条件下，肥料是N_2O的主源。在未施肥的土壤中，原存的氮亦能释放出N_2O。

农业生产因进行光合作用而能大量地固定CO_2，但因农产品被人类和其他二级消费者不断消耗。所以，农业生产发射的CO_2量和吸收的CO_2量则难以测出。最近，用新的方法和新的技术已作了许多有益的研究。

表6-5　农业发射的温室气体总量及其温室效应

项目	CO_2（Tg）	CO_2（占全球%）	CH_4（Tg）	CH_4（占全球%）	GWP（CH_4）	CO_2造成的GW（%）	N_2O（Tg）	N_2O（占全球%）	GWP N_2O	N_2O造成的GW（%）
全世界	26 400	100	535	100	11 235	42.6	9.0	100	2 774.5	10.5
印度	585	2.1	18.5	3.5	388.5	1.5	0.3	2.8	79.1	0.3
世界农业	—	—	167.5	31.3	3 517.5	13.3	3.5	39.1	1 085.0	4.1
印度农业			11.4	2.1	238.8	0.9	0.2	2.3	62.6	0.2
肠道发酵			7.3	1.4	153.3	0.6	0.0	0.1	3.4	0.0
厩肥			0.4	0.1	7.4	0.0	—	—	—	—
农业土壤			3.6	0.7	76.4	0.3	0.2	1.8	51.2	0.2
作物残体燃烧			0.1	0.0	1.8	0.0	0.0	0.3	8.1	0.0

GW，全球变暖；GWP，全球变暖潜势

引自：Watson et al.，1996；Garg，Shukla，2002

从陆地生物（包括土壤发射、林地清理和森林燃烧）发射的CO_2对现时大气中CO_2浓度占有重要的地位。目前，CO_2主要的人为源是矿物燃料的燃烧。它每年发射出的量为5.7Gt C/y（Gt = gigaton；$1Gt = 10^{15}g$）。其中工业活动向大气中发射的CO_2为2 000亿t（200billion）。折合成C汇约为5.4Gt。生物源发射（主要森林破坏）的量1~3Gt C/y，其中，包括土壤碳的损失量0.2~0.9Gt C/y。在评价陆地生物在CO_2循环中的作用时主要问题是缺乏有关知识和数据，即缺乏CO_2肥料效应现时和未来的知识，也就是难以得到森林清理过程中碳的释放量和森林清理后的碳储量。由于测定森林破坏时释放出的C量有很大的差异，所以，难以比较森林破坏时的各种分析数据。CO_2汇（sinks）为大气占55%，海洋占

30%，陆地生物占15%。大气中CO_2的浓度每年增加量约为0.5%Gt C/y或3.6Gt C/y。

全球人口增加使大气中甲烷（CH_4）量每年增加1%。这表明，大气CH_4增加的可能性是人为造成的。现时，每年释出的CH_4量为300~700CH_4Tg/y。该数值便是所有CH_4源的总量。研究表明，各主要源的量为：水稻田60~140Tg，湿地为40~160Tg，填埋场30~70Tg，白蚁2~42Tg，天然气和煤矿的开采65~75Tg，生物质燃烧55~100Tg。CH_4总汇包括了大气对流层中CH_4与OH集团的反应（260Tg/y），向平流层的转移（60Tg/y）和干旱土壤中的氧化作用（16~48Tg/y）。显然，在CH_4的平衡账中，源与汇并不平衡。同时，各种源与汇的分布也仍然不清。在过去200年中，CH_4的明显增加主要是CH_4发射量的不断增加，其次是能促进大气CH_4和CO的氧化作用的OH基团的耗竭。OH基团的耗竭是由CH_4和CO发射量增加所造成的。

CO的主源现已查清，但其程度尚难确定。CO本底浓度每年以0.6%~1%的速率，甚至更高的速率增长，但由于源和汇的波动变化和大气中CO的残留时间较短，所以，其量难以确定。CO的全球发射量的范围在1 270~5 700Tg/y，CO的主源有：生物质燃烧800Tg，矿物燃料燃烧450g，烃类化合物（包括CH_4）的氧化作用960~1 370Tg。CO的主汇是其氧化为CO_2，其量为3 000Tg，土壤吸收450Tg。但源与汇在平衡账中也不完全平衡，这表明获得的数值有相当的不确定性。

全球耕地土壤发射的N_2O量为3Tg N_2O-N/y，自然土壤的发射量为6Tg N_2O-N/y。它们构成了N_2O平衡账中的主源。但这些估测值仍有许多不确定性，特别是自然生态系统难以取样测定。N_2O的主源之一是全球热带森林，经测定，其有极高的N_2O通量。稀树大草原也有很高的通量，而且由于其分布甚广，所以，也构成了全球重要的N_2O源。所有N_2O最终将转移至平流层，并在那里氧化成NO。N_2O汇为10.5Tg N_2O-N/y，而大气增加量则约为2.8Tg N_2O-N/y。

近年来，人们已注意到了NO的重要性和它与N_2O产出的关系。NO：N_2O的产出关系在所有计算过程中有一种不确定的因子，即其对非生物调控因子如氧压等非常敏感。最近的研究表明，在通气土壤中NH_3发生硝化作用过程能产生NO，其量超过了N_2O。所以NO在各种大气光化学反应中具有催化作用，而且会影响CH_4和CO的氧化反应。

七、温室气体在陆地和大气之间的交换作用

陆地生物体，其中包括土壤发射和森林清理及失火过程所发射的CO_2对目前大气CO_2浓度有着明显的影响。但是，现时CO_2主要的人为发射源是矿物燃料的燃烧。同时，矿物燃料燃烧造成CO_2发射的未来数量难以确定。1987年测定的CO_2发射量为5.7Gt C/y。此外，CO_2发射的生物源（主要是森林破坏）每年为1~3Gt C/y，其中生物源还包括从土壤中损失的碳量（0.2~0.9Gt C/y）。

CO_2汇为大气（55%）、海洋（30%）和陆地生物（15%）。大气中每年CO_2的增量约为0.5%或3.6Gt C/y。CO的主源现已清楚，但其程度则难以确定。CO的本底浓度每年增率为0.6%~1%，或更高一些，但由于源和汇的变化不定，以及CO在大气中的存留时间较短。所以，CO主源的全球发射量范围为1 270~5 700Tg/y。主源中生物质燃烧（800Tg），矿物燃料燃烧（450Tg），烃类（包括甲烷）的氧化作用（960~1 370Tg）。

CO的主汇是其能发生氧化作用（3 000Tg）和土壤吸收（450Tg）。但源与汇的平衡账并不能达到平衡，从而表明，这些估测数值有很大的不确定性。

世界人口的不断增长与大气CH_4增量有着密切的关系。研究表明，甲烷（CH_4）年增量为1%。科学研究结果指出，大气中CH_4浓度的增加主要是由人类活动所造成的。现时CH_4每年的释放量为300~700Tg CH_4/y。该值是所有CH_4源发射的总量。CH_4各个主源发射的量为：水稻田60~140Tg，湿地40~160Tg，填埋场30~70Tg，海洋/淡水湖泊/其他生物源66~90Tg，白蚁2~42Tg，天然气和煤矿的

开发65～75Tg，生物质燃烧55～100Tg。CH_4总汇有：对流层中CH_4与OH基的反应（260Tg/y），向平流层的输送（60Tg/y）和干旱土壤的氧化作用（16～48Tg/y）。显然，平衡账中的源与汇并不平衡，而且各个源与汇的配置也十分不清。在过去200年中，甲烷量的猛增主要是由CH_4发射量增加所造成，其次是由OH基不断消耗所致。OH基能使大气CH_4和一氧化碳（CO）发生氧化作用。OH的消耗系由CH_4和CO发射量增加而引发。

农业土壤全球每年发生的N_2O量为3T g N_2O-N/y，自然土壤发射的N_2O量为6Tg N_2O-N/y。农业土壤和自然土壤在N_2O平衡账中构成了主源。但发射的N_2O量仍然有很大的不确定性，特别是天然生态系统更难确定。地球上热带森林是N_2O的主源之一。所以，在热带森林中具有极大的N_2O通量。稀树大草原也有很高的N_2O通量，由于其在全球分布极广，所以，它也是全球N_2O通量的重要来源。所有N_2O最终都会转移至平流层，并在那里被氧化为NO。因此，N_2O汇的大小为10.5Tg N_2O-N/y，而大气则约增加了2.8Tg N_2O-N/y。

近年来，已明确了NO的重要性及其与N_2O产生的关系。但NO和N_2O产生的比例，因有较大的变化而难以确定。

八、CO_2的起源和全球平衡账

土壤是一种自然资源，其由大量的无机和有机化合物组成。因此，土壤含有无机和有机胶体，死亡和活着的动植物体（包括微生物）以及水分和气体，并按一定的比例而达到平衡。很久以前古希腊哲学家亚里士多德（Aristotle）赋予了土壤"无限生命之源"的美誉。勤劳和智慧的我国人民则给土壤以更高的评价，即"土壤是万物之母"（The soil is the mother of all things）。这更进一步强调了土壤对万物生灵的重要意义。最近统计表明，全球90%以上的粮食源自土壤，小于10%的粮食则由内陆和海洋所提供。由于全世界土壤资源十分有限，因此，必须进行集约化的土地利用才能满足全球人口对粮食和纤维，以及其他生物质的需求。另一方面，由于多种原因造成了土壤肥力（生产力）的下降，因此，人们就提出了如何依赖土壤来提高农业生产的持续能力。最近，人们又特别期望着环境能健康地发展。

众所周知，气候能从多方面影响植物的生存和发展，并能抑制和刺激以及改变或修饰作物的特性。气候的组分——温度、阳光辐射、降水、相对温度和风速——能独立或联合地影响作物生长和作物的生产率。现在，全世界都十分关注因大气中温室气体浓度增加而引发的气候变化。由于全球当前最突出的大事是环境问题，即气候变化会对人类生存发生严重的威胁。虽然气候变化及其影响所造成的危险性因不同阶层的人民有着不同的认识，但大气中温室气体浓度的增加无疑为后人敲响了警钟。同时，全世界有关国家和国际机构也发出警告，大气中温室气体的增加将导致全球变暖和气候变化。利用通用循环模型（GCMs）（General Circulation Models）对温度变化进行预测后指出，大气中二氧化碳（CO_2）浓度增加至2倍时将会引起全球表面空气温度平均增加1.5～4.0℃，同时，还会造成降水方式的变化。

地壳中的碳酸盐具有大量的碳。当这类碳酸盐用于制造石灰和水泥时，其中一部分碳会释放出来，进入大气，但这些碳酸盐仅在一个地质时代才具有生物学的重要意义。还原的碳都存在于煤、石油和天然气中。当这类还原态的碳化合物（矿物燃料）燃烧，以及土地利用状况改变时，其产生的CO_2便会输入大气。据统计，每年进入大气的碳量为7.1Pg。与大气中碳的总量，即750Pg相比，其对地球大气中的CO_2浓度的变化有着重要的影响（图6-8）。

2000年，Matthias和Kathleen等（1991）研究了大气中CO_2浓度变化的情况，研究结果表明，大气中CO_2浓度自工业革命化前的290μmol/mol增加到350μmol/mol以上（＝35Pa的海平面），而且每年增加的速率约为1.5μmol/mol（图6-9）。

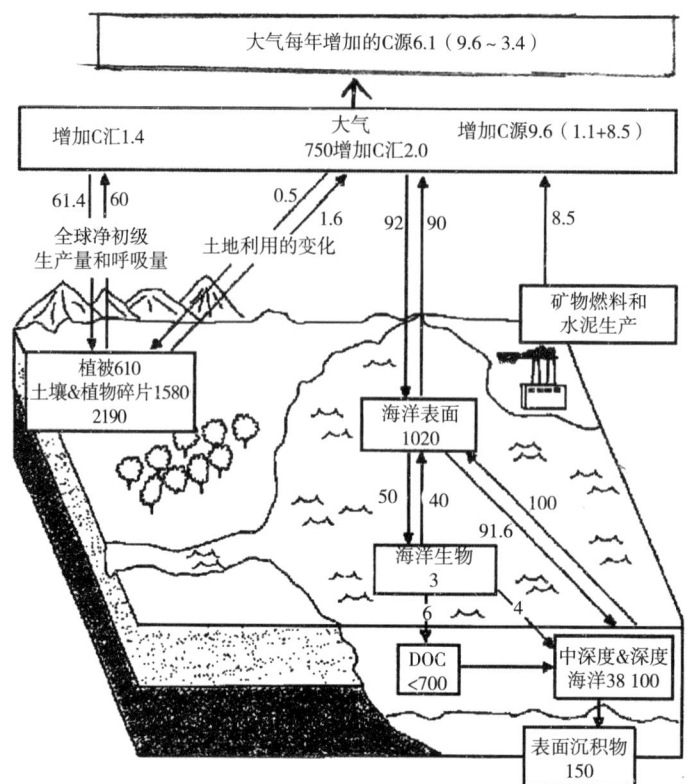

图6-8　全球碳储库和通量（以每年10^{15}g碳量，即PgC或Gt C = 10^{9}T来表达）

注：大气从矿物燃料的燃烧获得了碳，并将其损失于海洋。植物生物质中的碳和土壤中的碳通过土地利用状况的变化而损失，但由于"CO_2的肥料效应"（CO_2 fertilization），所以，植物生物质碳和土壤碳会有局部的升高（D.S.Schimel，1995和闵九康等，2016）（DOC-溶解的有机碳）（OCC-溶于海水的有机碳）

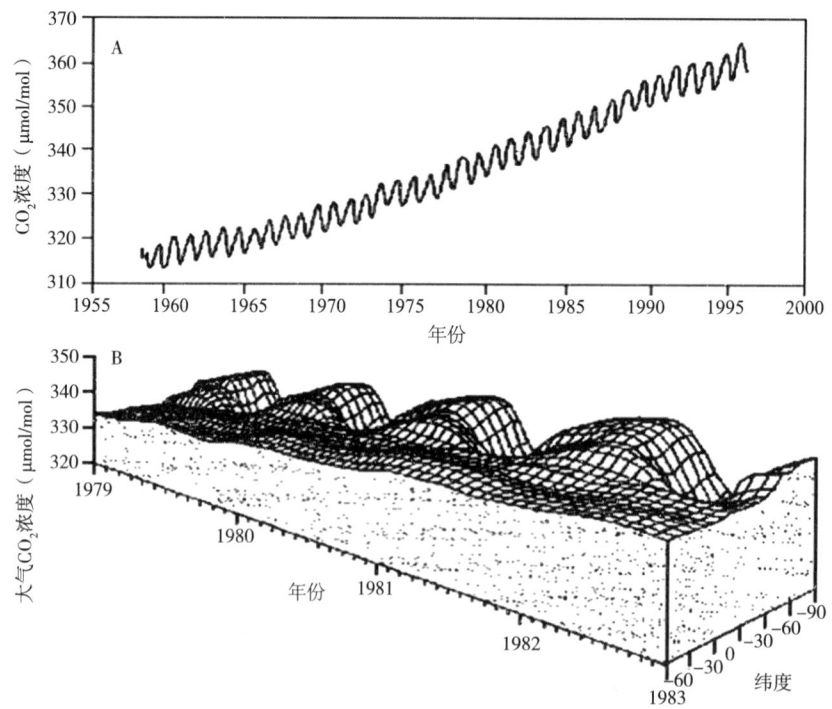

图6-9　CO_2浓度稳定升值约为1.5μmol/mol（A：Keeling et al.，1996），稳定升值的重要因子每年都有波动，特别是在北半球（B：Goudriaan，1987）

CO_2浓度升高的主要原因是矿物燃料的燃烧和土地利用状态的变化。冰核（ice cores）中CO_2浓度的测定结果表明，在万年前，即前工业化时代的CO_2值约为280μmol/mol，但在20 000年前CO_2浓度则约为205μmol/L（Lemon，1983）。但由于草原开垦破坏了土地，从而加速了土壤中相当数量CO_2的释放。同时，又因其他土地利用发生变化，因此，这种变化也会使CO_2释放而进入大气。这一过程使大气中每年增加的碳量为（1.6±1.0）Pg。矿物燃料的燃烧每年增加的碳量为（5.5±0.5）PgC。二者输入大气中的总碳量（7.1±1.1）Pg。但是，大气中CO_2浓度的增加每年仅为（3.2±0.2）PgC。在海洋中，还有（2.0±0.8）PgC的"碳失"（missing carbon）又称"碳失汇"。在陆地生物体中，固定了相似的碳量（2.1Pg）。大气CO_2浓度及其同位素成分的分析表明，北半球和北部森林可能是最大的"碳失汇"（sinks）。增加陆地对CO_2的吸收有许多原因，其中主要原因之一是提升CO_2浓度能促进光合作用（增加陆地吸收CO_2的数量约达50%）。同时，亦包括氮受限制的生态系统中的氮沉降量，以及中纬度农业用地废弃后的森林恢复（约可增加陆地吸收CO_2的25%）。

由于C_3植物净CO_2同化作用速率并非是CO_2—饱和点（$35PaCO_2$），所以，CO_2浓度的升高就可能增加C_3植物的光合作用，其增量大于C_4植物。研究表明，CO_2同化速率的实际CO_2饱和浓度为350μmol/mol。

九、不同湿地的碳平衡账

不同湿地与旱地、水生生态系统净初级生产量参数均列于（表6-6）和（表6-7）。一般而言，湿地有较大的生产率。净初级生产量（NPP）是光合作用固定的碳总量减去植物呼吸作用损失的碳量。影

表6-6　湿地和其他土壤中有机碳值与全球库值的比较（Scharpensel &Bolin et al.，1997—2003）

碳库	面积（Mhm^2）	碳资源（P_g）	年变化（P_g/y）
土壤			
湿地矿质土	670	380	
湿地有机土	350	260	
湿地水稻土	109	10	
森林地	4 200	790	
草原地	3 000	500	
耕地	1 400	140	
沙漠	3 750	10	
总量	13 500	2 090	
其他环境			
大气		770	+3
陆地			
短命生物		160	
长命生物		700	−2 ~ −1
枯枝落叶		60	
海洋			
表面水		725	
深水		37 ~ 675	
矿物燃料		5 000 ~ 10 000	−5
沉积物		10^8	

响NPP的主要因子是辐射、温度、水、营养和毒化合物。因此，就一定湿地类型而言，NPP会从极地至热带地域而不断增加，其原因是辐射和日照时间不断增加，但营养和温度相应地受到限制。所以，这些因子之间就会发生相互作用。例如，以每季作为基础，温带水田的生产率大于热带，因为辐射和温度之间会发生相互作用。在温带地区生长季节有较高的阳光辐射，而在夜间则温度较低（与热带区

域相比），呼吸作用造成的碳损失就少，因此，就有较高的净初级产量。由于在缺氧条件下通常有较高的生物生产率和较低的分解率，所以，湿地是碳的最大陆地汇（terrestrial sinks）。但是，在不同湿地类型之间有很大的差异（表6-8）。湿地有机土壤分布在较寒冷地区而很少分布于热带地区，因热带的较高温度和季风所造成的季节性干湿交替会加速有机质（碳）的分解作用。湿地水稻土壤因与其肥力和特殊生态条件有密切关系，所以，湿地水稻土壤中有机质分解较为迅速，因此，其有非常高的生产率，但有机质亦不会大量积累。湿地矿质土壤约占全球土壤面积的5%，土壤碳约占土壤总碳量的18%。有机湿地土壤面积虽然仅占陆地表面积的3%，但土壤碳则占土壤总碳量的12%。

以一种碳汇（a carbon sink）来计算，湿地也是水系下游颗粒碳之源。盐沼是调节海湾特别重要的碳源，因为在海湾原地，生物产量受到了营养的制约。在气候变化较小时，水分、营养状况和地形便能明显地改变湿地脆弱的碳和甲烷的平衡。

表6-7　湿地与其他生态系相比的净初级产量（Aselmann等，1989）

	净初级产量[g C/（m² · y）]			
	南极	北极	温带	热带
湿地				
沼泽	100 ~ 300	300 ~ 700	400 ~ 800	600 ~ 1 200
低位沼泽	100 ~ 300	400 ~ 700	400 ~ 1 200	
渍水沼泽地		500 ~ 1 000	700 ~ 1 500	15 003 000
沼泽地			800 ~ 2 000	15 204 000
泛滥平原			800 ~ 1 800	500 800
浅水湖			400 ~ 600	1 050
湿地稻田			850	
其他地				
林地		430	650	620 800
草地			320	450
耕地			750	600
沙漠地			<100	<100

表6-8　全球不同类型的湿地（Aselmann等，1977）

	面积（Mhm²）				
	南极	北极	温带	热带	总量
沼泽（bogs）	21	104	42	20	187
低位沼泽（fens）	54	62	32	—	148
沼泽地（swamps）	—	1	10	102	113
沼泽地（marshes）	—	—	17	10	27
泛滥平原（floodplain）	—	—	8	74	82
浅湖（shallow lakes）	—	—	1	11	12
水稻田（rice field）	—	—	23	80	109
合计	75	167	139	297	678

湿地土壤中的有机质（碳）在净初级产量平衡条件下，一般会向稳定状态发展，即有机碳在有利条件下达到一定的水平和稳定的成分。湿地土壤的净初级生产量通常比旱地要大，而且湿地有机质的分解、径流、淋溶和侵蚀也比旱地要小。

Greenland（1997）收集到的许多资料表明，亚洲热带区湿地水稻土上层有机碳的平均水平为2%，但除酸性泥炭土壤外，有机碳的平均水平就只有1%。在多种作物和水稻连作制度条件下，经几年的集约种植后，土壤有机质会不断增加而达到一个新的稳定水平。表6-9列出了3年水稻—水稻和玉米—水稻耕作制条件下有机碳的变化状况。

图6-10指出了在热带条件下经3~4年的渍水—排干等条件下有机质的分解速率。（Neue and Schar Penseel，1987）。

表6-9 水稻—水稻和玉米—水稻经3年耕作栽培条件下的有机碳平衡状况（Witt et al.，2000）

种植制度	水稻—水稻		玉米—水稻	
N肥用量（kg/hm²）	0~0	100~190	0~0	190~100
最初的SOC	19.13 ± 0.83	19.41 ± 0.27	19.22 ± 0.79	19.38 ± 0.97
最终的SOC	20.97 ± 0.49	22.15 ± 0.54	19.01 ± 0.40	19.83 ± 0.43
SOC的变化	+1.84 ± 0.44	+2.74 ± 0.67	−0.22 ± 0.50	+0.46 ± 0.96
（%变化）	（+10）	（+14）	（−1）	（+2）
作物残体C	4.93 ± 0.18	7.72 ± 0.21	4.15 ± 0.28	7.09 ± 0.18
矿化的C	3.09 ± 0.56	4.98 ± 0.47	4.37 ± 0.56	6.63 ± 0.87
（占作物残体的%）	（63）	（64）	（105）	（94）

注：表中数值为tC/hm² ± SEs；SOC为土壤有机C

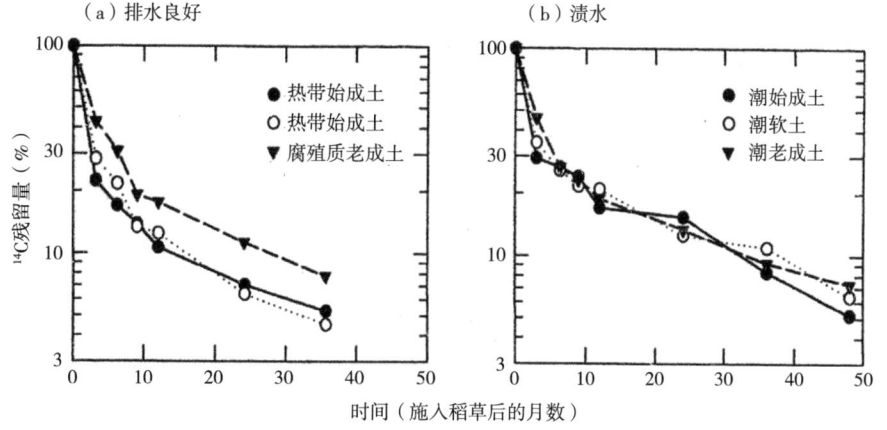

（a）排水良好的旱地土壤；（b）连续渍水的低地土壤

图6-10 ¹⁴C-标记的稻草分解过程

十、全球甲烷（CH₄）的平衡账

近年来，人们极大地关注到另一个重要的温室气体，即甲烷（CH_4），俗称沼气。

水田和湿地是CH_4的主要释放源。据统计，每年进入环境中的CH_4总量为（535 ± 125）Tg，其中（60 ± 40）Tg来自水田。但是，最近则认为水田释放的CH_4量远远大于此数。因此，水田释放出的CH_4可左右全球的CH_4数量。

表6-10列出了由联合国政府间气候变化委员会（Intergovermental Panel on Climate change，IPCC）编制的全球CH_4平衡账的最新数据。这是由天然资源，特别是湿地实际发射的数值。但是，科学家认为CH_4资源约占总量的60%，而且现在大气中CH_4的丰度比工业化前的数值大2倍，即工业化前（1750年）为700×10^{-9}，而现在则为$1\,745 \times 10^{-9}$（对流层中分子混合比率）。因此，CH_4增加速率比过去300年前呈指数式的增长。然而，每年增加的速率在过去20年间有很大的变化，而且有下降的趋势，但原因不详。最近，CH_4增长百分率相当于每年CO_2增长百分率的约0.4%。CH_4辐射强迫效应（radiative forcing effect）约为每分子CO_2气体的21倍。最近，CO_2增加所造成的全球变暖比率约为50%，而CH_4增加的比

率则约占20%。

由于政策的推动，这就有可能使人为产生的CH_4量大大降低。由于CH_4在大气中的寿命很短（与CO_2的寿命50~200年相比，其仅为8年），所以CH_4放射量有节制性的下降会迅速影响大气中CH_4的丰度。因此，调节全球CO_2平衡就需要有较大的CH_4释放百分率和绝对浓度的变化状况。矿物燃料燃烧会大大增加大气中CO_2的浓度，但同时亦会增加气溶胶。研究表明，气溶胶在对流层中为负辐射活力效应。这些气溶胶有硫酸盐的非吸附性气溶胶，它既能直接反射，又能通过云层增加再反射。因此，增加气溶胶会在一定程度上减少CO_2的温室效应，所以，CO_2发射和其他温室气体如甲烷等发射的相对重要性应当进行综合计算。

在过去几十年，水稻田发射CH_4的数量已有了很大的改善，而且，水稻田对全球CH_4平衡账的作用亦远远小于原来的作用（表6-10）。但是，这些数据仍然有很大的不确定性。最近，由IPCC编辑的数据表明，水稻田发射的CH_4数量是全球CH_4发射总量（约600Tg CH_4/y）中的25~60Tg CH_4/y（表6-11），但可靠的CH_4测定值仅为约10Tg CH_4/y，该数值与矿物燃料燃烧发出的100~111Tg CH_4/y，反刍动物放出的80~115Tg CH_4/y，填埋场放出的35~73Tg CH_4/y相比要小得多。因此，人类在种植水稻过程中所产生的CH_4量仅位列第四。

表6-10　根据甲烷不同源和汇而计算出的全球CH_4平衡账（Tg CH_4/y）

参考文献	Fung et al.（1991）	Hein et al.（1997）	Oliver et al.（1999）	Lelieveld et al.（1998）	Mosier et al.（1998b）	Cao et al.（1998）	Houweling et al.（1999）	Prather et al.（2001）
基础年份	1980s	—	1990	1992	1994	—	—	1998
天然来源								
湿地	115	237		225[b]		92	145	
白蚁巢穴	20	—		20			20	
海洋	10	—		15			15	
水合物	5	—		10			—	
人类活动								
能源	75	97	109	110			89	
填埋场	40	35	36	40			73	
反刍动物	80	90[a]	93[a]	115	89		93	
废水处理场	—	a	a	25	14			
水稻农业区	100	88	60	b	25~54	53		
生物质燃烧	55	40	23	40	34		40	
其他	—	—		—	15		20	
总来源	500	587		600				598
汇								
对流层OH	10	—		30	44		30	30
平流层	450	489		510				506
土壤	—	46		40				40
总汇	460	535		580				576

a：废水处理列于反刍动物内；b：水稻列于湿地内

引自Prather et al.，2001

十一、控制水稻田发射CH_4的过程

水稻田发射CH_4的数量取决于CH_4生产、输送和氧化作用的速率，CH_4对土壤寄主生物、植物、气候和管理条件相当敏感。有机质在厌氧条件下分解会产生CH_4，但无需在无机终端电子受体消耗完后才

能发生。CH_4输送、转移过程可通过气泡和土壤向根系表面扩散而发生，而且其还可经由植物通气组织向大气发射。但向淹水层和大气的扩散量很小。氧化作用也会由微生物诱发，即专性好氧微生物在有氧水层—土壤和根系—土壤界面进行。这些过程对许多可变因子的敏感性研究表明，它们也可能会降低CH_4的发射量。这些反应过程可用于快速测出有关参数而预告CH_4的发射数量（表6-11）。

表6-11　地质年代全球水稻田的CH_4发射量（Van der Gon等，2000）

方法	来源数量（Tg/y）
1. 水稻土培养样品乘以测定的土壤数量	190
2. 以通量测定值为基础的统一发射因子乘以水稻收获面积	59，70～170，50～150
·旱地水稻面积除外	～12%
·在水稻生长期的平均温度条件下进行测定（IPCC，1977）	60～105
3. 甲烷发射量与净初级产量的比率，即3%～7%	60～140
·土壤CH_4→发射潜势	47
·甲烷发射量与回归土壤碳量的比率：CH_4发射回归土壤的碳量占30%	63
·土壤CH_4发射潜势	52
4. 特异生态系统区域或管理等形成的特异发射因子（IPCC，1997）（联合国政府间气候变化委员会）	
·水稻生态系统一特异发射因子	30～50
·农村土地特异发射因子	32
·区域水稻典型统计值	15（中国）
5. 利用与GIS有关的国家统计数据作出的经验模型	10±3（中国）
	10±3（中国）
6. 利用天气、土壤、农业以及与GIS有关的其他数据作出的机理模型	53
	7.2～13.6（中国）
	6.5～17.4（面积的70%）

1. 水稻田的甲烷（CH_4）发射量

近年来，甲烷（CH_4）因被列入温室气体的范畴而受到了极大的关注。水稻田是大气CH_4的主要发射源，而且每年在向大气发射CH_4的总量[（535±125）Tg/y]中，水稻田年发射CH_4量为[（60±40Tg/y]。迄今为止，已有许多论文，评述和专著等都发表了水稻田每年发射CH_4的数量。同时还论述了影响水稻田发射CH_4的相关因子。现已明确，水稻田发射CH_4的数量与相应的甲烷微生物的生态学、微生物学和CH_4发生过程、分解和CH_4通量等有着密切的关系。影响水稻田发射CH_4的因子有：种植的水稻及其品种、土壤类型、肥料类型及其施用方法、昼夜温差变化、水分状况和石膏、石灰的施用。科学研究证明，水稻田发射CH_4主要是由水稻植株所造成，其占了发射量的90%。水稻植株发射CH_4的过程也同样适用于N_2O和N_2向大气发射的过程。

水稻田发射CH_4的碳源有土壤有机质，水稻植株和有机肥等。土壤有机质分解产生的CH_4数量仅为全球发射CH_4总量的1/5（20%）。光合作用形成的碳对水稻田（不施用稻草和施用稻草的小区）发射的CH_4量分别占发射总量的22%和29%～44%。稻草中的碳对CH_4发射量（用量为每千克土施2.4g和6g稻草，其相当于每公顷2.4t和6t稻草）的贡献分别为10%，33%和46%。因此，源自稻草碳而增加的CH_4量仅分别占19.50%和59%。

2. 产生甲烷的微生物

Whitman等报道，产生甲烷的微生物主要是细菌，其有3种特性：① 细菌能形成大量CH_4，其是用作能量代谢的主要产物；② 该类细菌是严格的厌气细菌：③ 该类细菌主要是Archaen或archaeobacteria的成员。该类细菌分属于19个属（genera）和50个以上（species），并列入3个目（orders）和6个科（families）来讨论。各目之间的区分主要根据能源基质的类型而定：① Methanobacteriales目，其能源基质为H_2、甲酸；或某些乙醇，而且电子孚体为CO_2；② Methanococcales目，其能源基质为各种含甲基基团的C-1化合物，而且这类化合不成一定的比例。基质中的一些分子可被氧化为CO_2。电子受体仍然是甲基基团，其可直接被还原为CH_4；③ Methanomicrobiales目，乙酸是CH_4的主源，该类菌的品种有Methanosarcina和Methanosaeta "Methanothrix"。它们能将乙酸的甲基碳还原为CH_4，而羧基碳则可氧化为CO_2。其他一些产CH_4的细菌则称为"微甲烷"生产者（"minimethane" producers），它们能产生极少量的CH_4，并将其作为甲烷菌代谢作用的副反应，但这种代谢作用在大部分自然环境的CH_4循环中具有十分重要的意义。

在水稻田产甲烷的19个属（genera）中，最普遍存在的有*Methanobacterium*，*Methanosarcina*和*Methanobrevibacter*。在美国Louisiana州的水稻田中，分别用CO_2、$-H_2$和甲醇增富培养首次分离出了拟细菌的Mehtanobacterium-like bacteria和拟细菌的Mehtanosarcina-like bacteris。随后，从意大利的水稻田中，又分离出了一个*Methanosarcia* sp. 品种和两个*Methanobacterium* spp. 品种。在日本水稻田中还分离出了*Methanobrevibacter arboriphilus*和*Methanosarcina mazeii*品种。同时，中国微生物学家也从水稻田中分离出了*Methanobacterium formicicum*，*Methanobrevibacter* sp.，*Methanosarcina mazeii*和*Methanosarcina barker*等品种。由于对各种环境中甲烷菌的生物多样性及其变化的分离和鉴定十分困难，所以有关甲烷的分类、作用和功能研究甚少。

3. 水稻生产系统之间的差异

早期测定CH_4的研究工作大部分在温带国家进行，但测定的大量程序于20世纪90年代在亚洲完成，并由IRRI（International Rice Research Institute，国际水稻研究所）实施，他们利用一种普通的测定系统进行测量。这些研究结果表明，每一季节CH_4发射量有很大的差异——大于一个级次的程度，即跨过不同气候带之间的差异，以及水稻栽培方式之间的差异和管理技术之间的差异，特别是农作物残体处理和有机肥利用之间的差异。

在相同的气候条件下，季节性灌溉的水稻田发射的CH_4量通常比雨养低地水稻田大2~4倍。深水稻田的CH_4平均通量比灌溉稻田的CH_4发射量要小，但由于有较长的生长季节，所以，总的季节性发射量则相似。根据不同水稻生态系统测出的发射量和每年种植水稻的面积进行推算，灌溉水稻田发射的CH_4量约占全球水田和湿地CH_4发射量的70%~80%，雨养稻田、低地稻田的CH_4发射量约为15%，而深水稻田的CH_4发射量则约占10%。

4. 季节差异

灌溉稻田发射CH_4的研究表明，昼夜差异和季节变化都说明了各过程之间会发生相互作用。昼夜变化包括了白天变化和夜间变化最小的过程，而且其变化主要与土壤溶液温度变化有关，因为这种变化能驱动CH_4产量和溶解度的变化，而且，也影响到CH_4发射的变化，即植物或产生气泡的变化。季节变化通常有两个峰期：第一个峰期是每季早期，它相应于加入的有机质开始分解及施用的有机质分解突然结束时；第二个峰期是每季后期，它相应于植物根系分泌物及其转化时所发射出的CH_4。图6-11表明了田间加入有机质的典型方式。各种因子都会改变这种基本方式。

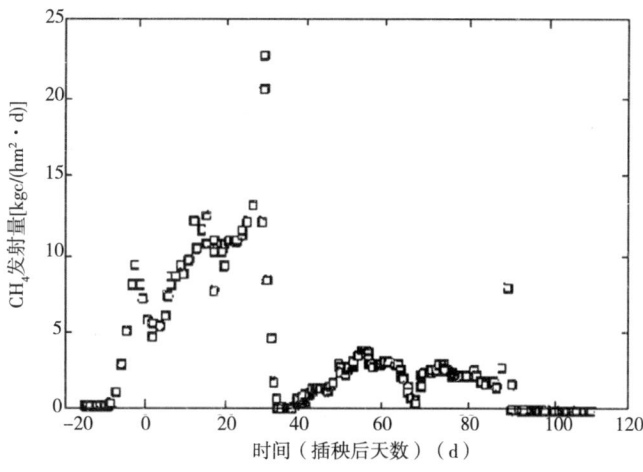

图6-11 CH₄发射的季节性变化

注：在插秧前14天将稻草（t/hm²）加入稻田（Wassmann et al., 2000）

十二、全球氧化亚氮（N₂O）的平衡账

氧化亚氮（N_2O）是污染环境的温室气体。研究表明，大气中N_2O的含量已高达1 500Tg，即15亿t。氧化亚氮（N_2O）也是与辐射活力效应（radiative forcing effect）有关的一种重要的温室气体。它的活力效应比CO_2大310倍，而且其在对流层的寿命可长达约120年。一部分N_2O会在平流层转化为氧化氮（NO），其会消耗平流层中的臭氧。氧化氮（NO）在大气中具有非常活跃的反应性，其寿命仅为1~10天。它会造成大气酸化并发生各种反应，从而促进对流层中形成臭氧，同时也会使全球变暖。

表6-12指出了来自不同源和汇的全球氧化亚氮的平衡账数据，表6-13则列出了NOx（NO+NO₂）的数值。正如CH₄那样，从天然源，特别是海洋和潮湿热带森林会发射出N_2O，闪电和土壤反应过程则会发射出NOx。但是，源自人类活动的N_2O约占上述两种总发射量的40%。就NOx而言，其最大来源是交通运输和发电厂，但60%的N_2O则来自农业土壤。后工业时代增加的大气N_2O丰度小于CH₄，其值为314×10^{-9}（对流层中的分子混合比率），1750年前，其值为270×10^{-9}。目前N_2O增加的百分率（0.25%/y）亦小于CH₄。但由于其辐射活力大，所以，N_2O的增加会对全球变暖有明显的影响。

如果稻田在生长季节连续渍水，那么，灌溉稻田并不是N_2O的主要来源。稻田中NH_4^+的硝化作用和随后的反硝化作用亦都会同时发生。一般而言，水稻田的条件完全是还原状态，而且，有效底物的有效性亦十分充足，而且反硝化作用进行时亦会产生少量的中间产物（N_2O）。但是，因水稻田在生长中期进行排水，那么，这种条件就非常适于N_2O的发射。通常，排水能消除厌氧代谢的有毒产物。我国南方水稻生产最普通的农业技术是在水稻生长初期大量施用氮肥以促进水稻快速生长和分蘖，然后突然排水，这样通过土壤的硝化作用—反硝化作用而使氮肥损失并抑制分蘖。在其他生态系统中，N_2O会大量发射。因此，更有效地利用水分进行水稻生产，无疑将增加N_2O的发射。

水稻亦是N_2O（和NO）发射的间接来源，其经由天然系统挥发NH_3而后又沉积，特别是热带森林，它是N_2O主要的天然源（表6-12、表6-13）。

表6-12 不同源和汇产生的全球氧化亚氮的平衡账（平均和范围） 单位：TgN

参考文献	Olivier et al.（1998）	Kroeze et al.（1999）	Prather et al.（2001）
基础年份	1990	1994	1990s
天然源			
海洋	3.6（2.8~5.7）	30.（1~5）	
大气（NH₃氧化作用）	0.6（0.3~1.2）	0.6（0.3~1.2）	

173

（续表）

参考文献	Olivier et al.（1998）	Kroeze et al.（1999）	Prather et al.（2001）
基础年份	1990	1994	1990s
热带土壤			
湿森林		3.0（2.2~3.7）	
干热带草原		1.0（0.5~2.0）	
温带土壤			
森林		1.0（0.1~2.0）	
草地		1.0（0.5~2.0）	
所有土壤	6.6（3.3~9.9）		
人为源			
农业土壤	1.9（0.7~4.3）	4.2（0.6~14.8）	
生物质燃烧	0.5（0.2~0.8）	0.5（0.2~1.0）	
工业源	0.8（0.2~1.1）	1.3（0.7~1.0）	
牛和牧场	1.0（0.2~2.0）	2.1（0.6~3.1）	6.9
总源	14.9（7.7~24.5）	17.7（6.7~36.6）	
汇			
总汇		12.3（9~16）	12.6
稳性总汇[a]		16.2	16.4

注：a总汇+大气增量

摘自Prather et al.（2000）

表6-13　全球NOx（NO+NO$_2$）平衡账（平均和范围）　　单位：TgN/y

	基础年份1990
天然源	
所有土壤	5.5（4~12）
闪电（光）	12.2（2~20）
大气中NH$_3$的氧化	0.9（1~1.6）
平流层中N$_2$O的破坏	0.7（0.4~1）
人为源	
矿物燃料燃烧	23.4（13~31）
生物质燃烧	7.7（3~15）
总源	50.4（22~81）

1. 水稻田氧化亚氮（N$_2$O）的发射量

氧化亚氮（N$_2$O）是一种重要的温室气体，它的发射源为土壤及其环境。从热带和温带土壤发射的N$_2$O数量分别为2.7~5.7（平均约为4）Tg N/y和0.6~4.0（平均约为2）Tg N/y。据估计，N$_2$O的发生总量为10~17（平均约为14.7）Tg N/y。研究证明，N$_2$O是硝化作用和反硝化作用中的一种中间产物。由于水稻田处于水稻种植时的渍水条件下，所以，反硝化作用是产生N$_2$O的一个主要过程。

土壤环境因子能明显地影响到含氮气体的产生。当不断增加NO$_3^-$、NO$_2^-$和O$_2$浓度时，产生N$_2$O的比例也随之增加。降低pH值和温度也会增加N$_2$O的产出数量。与之相比，增加有效碳的供应则能导致N$_2$O产出量的下降。当土壤上种植作物时，N$_2$O摩尔份数（mole fraction）也会降低。在渍水条件下的水稻田，其具有降低N$_2$O产出比例的条件，即水稻田中最普通的条件是厌氧、中温或高温、中性pH值和富含有效基质。根据渍水稻田的研究表明，以N$_2$O形态损失的肥料N很低，其小于以尿素和KNO$_3$为氮肥用量（120kg N/hm^2）的0.07%；以尿素为氮肥用量（90~180kg N/hm^2）的0.01%~0.05%；以尿素为氮肥用量（80kg N/hm^2）的0.02%；以（NH$_4$）$_2$SO$_4$为氮肥用量（120kg N/hm^2）的0.1%；以尿素表施的小区研究结果指出，表施尿素用量多至2kg时（土壤为黏壤土），损失的N量小于75~225mg N，甚至可忽略不计。与旱地相比，以N$_2$O损失的N量就很小。研究报告指出，当旱地施用NH$_3$、铵盐（氯化铵或硫酸铵）、NO_3^-盐（硝酸钙、硝酸钾或硝酸钠）、尿素时，其肥料氮的损失率分别为6.84%，0.90%，1.75%和1.57%。

根据水稻田土壤氧化还原电位对产生N_2O影响的研究表明，在氧化还原电位为400mV时，由硝化作用产生的N_2O数量最大。在土壤氧化还原电位为200mV以下时，反硝化作用也会产生N_2O。在氧化还原电位为0mV时，反硝作用产出的N_2O数量最大。

土壤具有储存大气N_2O的能力，即起着N_2O储库（a sink）的作用，但其储存数量（程度）并未测定。研究结果指出，水稻田确是N_2O的一个储库（a sink）。Black和Bremner等（1976）证实，在有利于反硝化作用的条件下，表层土壤吸收N_2O的容量比其释出N_2O气体的容量要大。Minami 和Fukushi（1984）观察到，当水稻田N_2O通量（吸收N_2O量）下降至负值时，水稻田淹水层中N_2O的浓度可占空气饱和浓度的70%。他们还发现，淹水层中溶解的N_2O浓度会随灌溉水量的排出而下降。Cai等（1997）也观察到中国水稻田在水稻生长中期排水前N_2O发射的数量很少，而且中期排水会增加N_2O的通量，并抑制另一种温室气体CH_4的发射。由于水稻田N_2O和CH_4的发射量之间呈明显的负相关。所以水管理和施肥等综合技术对调节水稻田温室气体的发射具有重要意义。

2. 控制水稻田N_2O和NO的发射过程

N_2O和NO的发射都是由土壤中微生物的硝化作用和反硝化作用造成的，但主要可通过水分和矿质营养及速效有机碳和温度予以控制。NO是硝化作用和反硝化作用的一种直接中间产物：

$$NH_4^+ \rightarrow NH_2OH \rightarrow NO \rightarrow NO_2^- \rightarrow NO_3^-$$

$$NO_3^- \rightarrow NO_2^- \rightarrow NO \rightarrow N_2O \rightarrow N_2$$

现已证实，在反硝化作用中会产生少量的净NO，其会迅速还原为N_2O，但是，硝化作用是NO的主要来源。在硝化作用和反硝化作用两个反应过程中都会产生N_2O。然而，在O_2浓度低的通气土壤中亦会形成少量N_2O，其是硝化作用的副产物，N_2O自身不会还原为NO_2^-，在反硝化作用中N_2O与N_2的比例会随O_2的有效性增加和碳有效性的降低而增加。在一般情况下，这两条途径中只有少部分硝化作用或反硝化作用的氮能以NO或N_2O释出。因此，其发射过程对该系统中的矿质氮数量十分敏感，这类氮化物主要来自施用的氮肥和从大气中吸收的氮。

在渍水土壤中，淹水层—土壤和根系—土壤界面的好气点都会发生硝化作用。反硝化作用的发生则取决于NO_3^-向厌气土体的扩散速率。由于渍水土壤中有效碳与电子受体比例较大，所以，反硝化作用优先于产生NH_4^+的异化还原作用（$NO_3^- \rightarrow NO_2^- \rightarrow NH_4^+$）。反硝化作用可能会产生$N_2$，并有少量$N_2O$的积累，因为$N_2O$有非常大的汇，而且，$O_2$呈浓度梯度，且碳的限制很小。

当一个渍水土壤排干和空气进入时，所有情况就有所变化，即土壤裂开的表层会发生氧化梯度，并逐步扩散至土块的厌气内层。因此，这就会造成产生N_2O和NO的各种条件。

当有利于CH_4发生的条件达到良好平衡时，就会有利于产生氧化亚氮。图6-12详细给出了CH_4和N_2O的变化状态。图6-12表明我国南部稻田在3—12月发射出的CH_4和N_2O的数量，这是两年测量的平均值。研究结果说明，CH_4和N_2O发射量与氧化还原电位E_h有明显的相关性。有效的CH_4发射只有在$E_h < -100$mV时才会发生，而N_2O的发射只有在$E_h > +200$mV时发生。这些数据表明，人们可以利用各种管理技术来维持一定范围的氧化还原电位，从而使N_2O和CH_4的发射量减少（图6-13）。

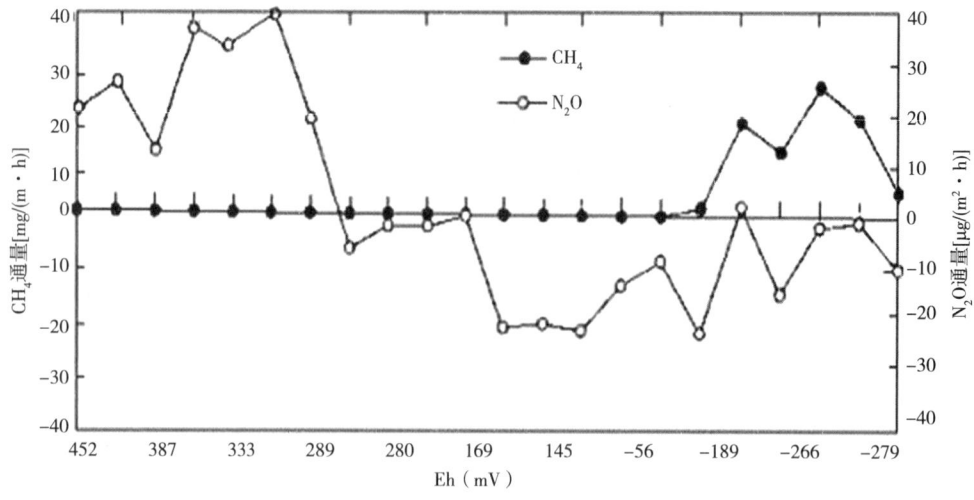

图6-12　连作和休闲过程中稻田CH_4和N_2O的发射通量（Hou et al.，2000）

3. 不同水稻生产系统之间的差异

Bronson等（1997）在一定时期内连续测量了水稻田发射CH_4和N_2O的数量。测量期包括了两个旱季、一个湿季以及两个间歇休闲期。土壤属黏质地，排水不畅。图6-13表明，在水稻生长期，N_2O通量一般难以测出，但在施用N肥以后，会有少量N_2O的发射，其量为≤3.5mg N/（m^2·d）。另外，甲烷通量在整个水稻生长期都会发生。当施用N肥时［200kg N/（h·m^2）（NH_4）$_2SO_4$］总的CH_4发射量增加了3～4倍，但N_2O的发射则增加了2.5倍。中期排水能抑制CH_4的发射，抑制率达≤60%，但明显增加了N_2O的发射量。

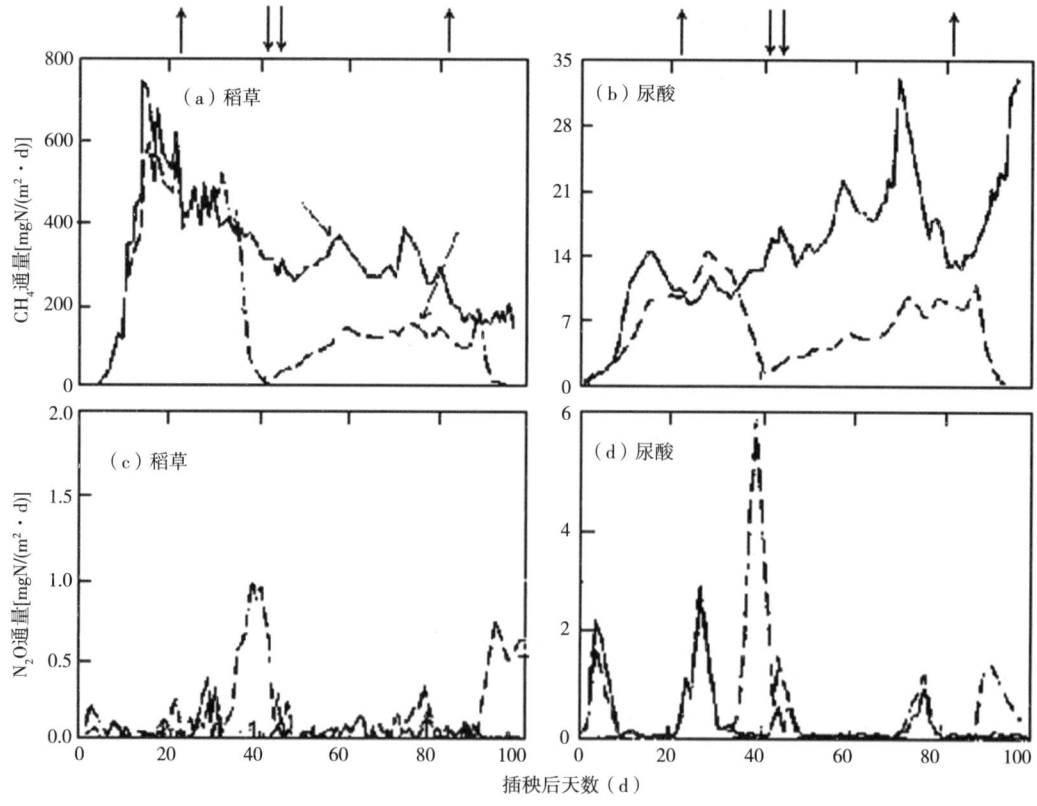

图6-13　不同水分、稻草和肥料管理条件下，水稻生长期CH_4和N_2O的发射量（Bronson et al.，1997）
向上的单箭头＝排水；向下的双箭头＝漫灌

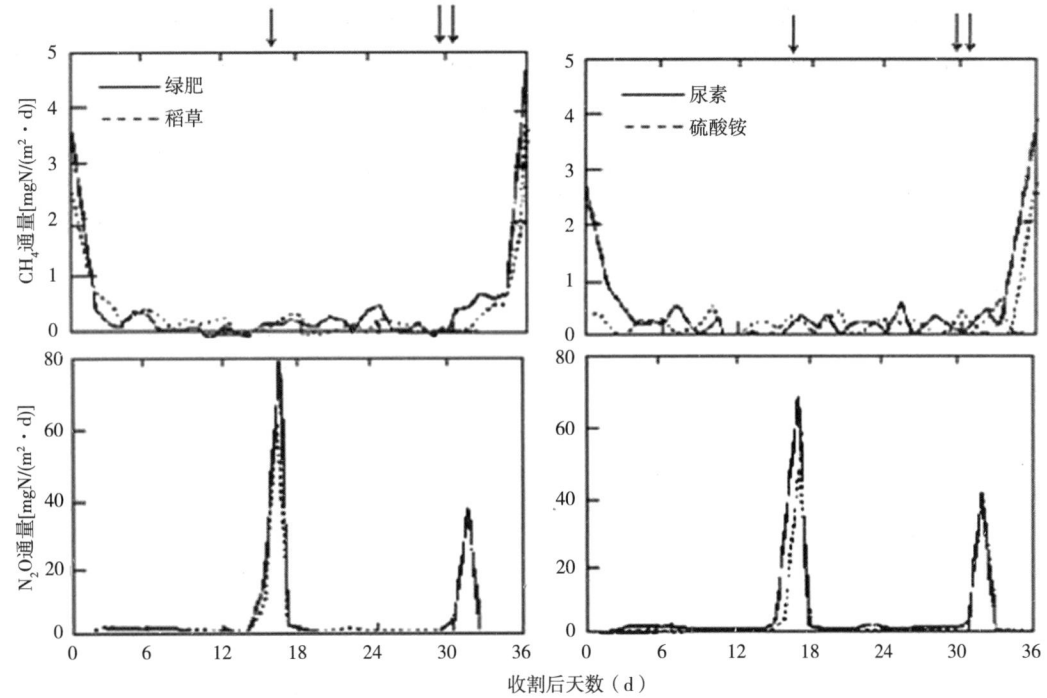

图6-14　水稻休闲期间的CH_4和N_2O的发射量。单箭头 = 降雨；双箭头 = 漫灌（Bronson et al., 1997）

图6-14表明了休闲期的测定结果。试验期为5~10周，并有杂草生长。土壤通常在通气时，NO_3^-会有中等数量的积累（7~20kg N/hm²）。在这样中等量的条件下，表土中矿化的有机N发生硝化作用时，N_2O就会连续发射，而且在潮湿的亚表层，反硝化作用过程中亦会产生N_2O。在降雨和水稻田积水后（如休闲结束时），由于积累的NO_3^-发生反硝化作用，所以N_2O会立即达到最大值。在休闲期间，亦会产生少量CH_4。研究证明，休闲期间的水稻土亦是N_2O的发源地。

雨养低地一个普通的农作序列是湿季水稻，随后便是一个旱季旱地作物（其可利用残余水分）或者进行灌溉，并在干湿交替过渡期有60~70天的休闲。在该系统中，土壤干湿交替对土壤氮的保存特别不利。在休闲期内降雨，并发生渍水时，土壤矿化作用产生的N和硝化作用产生的N都会因淋溶和反硝化作用而损失。在旱季对种植的高价值蔬菜重施肥料时，其亦能导致土壤中产生残留的硝态N。在种植水稻的湿季到来以前，这种状况亦会造成N的大量损失。雨养低地系统N平衡研究指出，硝酸盐的淋溶和反硝化作用会造成氮的损失，其量每年每公顷可达到550kg。

十三、氨（NH_3）的全球平衡账

氨（NH_3）在大气中的寿命仅有几个小时到几天。NH_3及其反应产物可通过大气发生转移，并沉积在其他区域的陆地表层。NH_3是大气中的主要碱性气体，它能中和硫的氧化作用和氮的氧化物所产生的大部分酸性气体。在干沉积过程中，有一半以上沉积物属NOx和SO_2。NH_3的干湿交替沉积会造成土壤酸化，因为在1mol NH_4^+发生硝化作用时会产生2mol H^+。在湿森林土壤上沉积的大部分NH_3会以N_2O的形式再次发射。

表6-14表明，NH_3的主要来源是动物排泄物（40%），施用的氮肥（17%），海洋（15%）和生物质的燃烧（11%）。全球发射的NH_3量约有一半源自亚洲，其中70%由粮食生产而得。欧洲、印度次大陆和中国是全球NH_3的最大发射源，从而也反映了这些国家家畜密度和肥料用量有了快速增长。自1950年以来，由于全球人口和粮食生产的不断增加，人为发生的NH_3量已增加了3倍。

肥料造成的NH_3的挥发量是肥料类型、土壤条件、气象条件——温度、风速、降水和肥料管理的一种函数。NH_3挥发量的7%源自热带发展中国家，其中有65%来自尿素，19%来自尿素、碳铵的挥发性水解产物（表6-15）。研究表明，湿地土壤是NH_3的主要发源地。

表6-14　全球不同来源的氨发射量（Tg N/y）

来源	Schlesinger and Hartley（1992）	Dentener and Crutzen（1994）	Bouwman et al.（1997）
动物			
牛（包括水牛）	19.9	14.2	14.0
猪	2.0	2.8	3.4
马、骡、驴	1.8	1.2	0.5
绵羊、山羊	4.1	2.5	1.5
家禽	2.4	1.3	1.9
野生动物	a	2.5	0.1
全部动物	32.3	24.5	21.7
其他			
化学肥料	8.5	6.4	9.0
未破坏的生态系统	10.0	5.1	2.4
农作物	—	—	3.6
生物质燃烧	5	2.0	5.7
人粪尿	4	—	2.6
海洋表面	13	7.0	8.2
矿物燃料燃烧	2.2	—	0.1
工业生产	—	—	0.2
合计	75	45.0	53.6

表6-15　全球不同类型氮肥用量和NH_3的释放量

氮肥类型	全球用量（TgN/y）	释放量（TgN/y）		
		温带	热带	合计
尿素	29.2	1 632	4 137	5 769
碳酸氢铵	9.5	802	1 189	1 991
硝酸铵	8.2	25	141	166
N、P、K	6.6	40	219	259
液氨	5.2	18	190	209
氮溶液	4.2	11	93	104
硝酸铵钙	4.1	9	72	82
磷酸铵	3.7	35	113	147
硫酸铵	2.6	34	169	203
其他氮肥	3.7	20	85	105
合计	77.0	2 626	6 409	9 035

湿地在全球氮循环过程中处于极为重要的地位。由于湿地对固氮微生物具有水分和营养的良好环境，所以，湿地中天然固定的N量约占全部天然固定N量的20%（表6-16）（Buresh et al.，1980；Bowden，1987）。湿地也是硝酸盐的重要N汇。硝酸盐在无氧条件能被微生物的反硝化作用还原为N_2：

$$5CH_2O+4NO_3^-+4H^+ \rightarrow 2N_2+5CO_2+7H_2O$$

表6-16表明了湿地反硝化作用对全球范围N循环的重要作用。进一步的研究指出，农业用湿地（水稻田）是NH_3的重要来源。在湿地淹水层中的NH_3可以通过挥发而逸出。

$$NH_4^+ \rightarrow NH_3+H^+$$

表6-16　湿地中的固氮作用和反硝化作用对氮通量的影响

	固氮作用		反硝化作用	
	平均固氮量 [g/(m^2·y)]	总量（Tg/y）	平均损失氮量 [g/(m^2·y)]	总量（Tg/y）
温带				
沼泽湿地/低位沼泽湿地	1.0	3.0	0.4	1.2
泛滥平原	2.0	6.0	1.0	3.0
热带				
沼泽湿地	1.0	0.5	0.4	0.2
木本型沼泽 湿地	3.5	7.8	1.0	2.2
泛滥平原	3.5	5.2	1.0	1.5
水稻田	3.5	5.0	7.5	10.8
总计		27.5		18.9
全部陆地		139		43~390

湿地淹水层因光合微生物进行光合作用而吸收CO_2，从而使pH值升高，并促进了NH_3的挥发损失。尽管生物固N_2可以提供有效N，但因N的损失仍然造成了湿地土壤中N营养的不足。因此，N是沿海水域中最缺乏的营养元素。同时，NO_3^-的反硝化作用程度在沿海水域中对N的损失亦具有重要作用。沿海水域和广宽的江河湖泊中过量的NO_3^-会污染环境，并诱发缺氧症（hypoxia）（Mitsch和Gosselink，2000）。目前，农业生产需要大量的N肥而人为固定的大气N比天然生物固定的N要大2倍。所以，湿地中反硝化作用造成N回归大气是限制过量NO_3^-污染环境的重要因子。

十四、硫化合物的全球平衡账

渍水土壤是大气硫的重要的汇。进入湿地的硫酸盐或由大气沉降的硫酸盐大部分都会被硫酸盐还原细菌还原为硫化物。金属硫化物，特别是FeS的不断沉积或多或少都会造成全球S循环中S的损失。

湿地重新发射的少量硫会进入大气。表6-17给出了不同来源发射出的挥发性硫化物的数量。硫化物总的发射量范围为98~120Tg S/y；其中75%主要由北半球矿物燃料燃烧的人为因素造成。海洋和火山喷发则主要是天然来源。湿地和土壤发射的硫量不足总发射量的3%。

表6-17　全球发射的硫通量（Tg S/y）（Seinfeld和Pandis，1998）

来源	H_2S	CH_3SCH_3	CS_3	OCS	SO_2	SO_4	总计[a]
矿物燃料燃烧+工业发射			S=2.2		70	2.2	71~77（68/6）（1980s）
生物质燃烧	<0.01?	—	<0.01?	0.075	2.8	0.1	2.2~3.0（1.4/1.1）
海洋	<0.3	15~25	0.08	0.08	—	40~320	15~25（8.4/11.6）[b]
湿地	0.006~1.1	0.003~0.68	0.000 3~0.06	—	—	—	0.01~2（0.8/0.2）
植物+土壤	0.17~0.53	0.05~0.16	0.02~0.05	—	—	2~4	0.250.78（0.3/0.2）[c]
火山	0.5~1.5	—	—	0.01	7~8	2~4	9.3~11.8（7.6/3.0）
人为造成的总量							73~80
自然总量（海盐和土壤灰尘除外）							25~40
总量							98~i20

注：a.括号中的数值为北/南半球的通量；b.海盐除外；c.土壤灰尘除外

第七章 土壤生态系统与大气之间温室气体的交换通量

一、引言

陆地生物圈释出的CO_2对增加现有大气中CO_2浓度具有十分重要的意义。陆地生物圈释出的CO_2还包括土壤发射的CO_2，森林清理和森林失火（燃烧）形成的CO_2。但是，目前CO_2的主要人为源（anthropogenic source）是矿物燃料的燃烧，其释放量每年为2 000亿t（200billion）（约合5.4Gt C/y）。根据1987年的统计，矿物燃料每年释出的碳（C）总量为5.7Gt C/y。2013年统计为8.5PgC/y。因此，矿物燃料的燃烧则进一步增加了CO_2向大气的发射量，但是其值有很大的变化。此外，CO_2的生物源（主要为砍伐森林）释出的CO_2量为1~3Gt C/y，其中还包括0.2~0.9Gt C/y的土壤碳的流失。在CO_2循环中评估陆地生物圈的作用时尚缺乏足够的科学知识和数据，即CO_2肥料效应（CO_2 fertilizing effect）及其程度，森林清除的范围和森林清除后碳的储量等都难以精确估计。由于砍伐森林的界定十分困难。所以砍伐森林造成CO_2源的数量也有各种不同的分析结果。研究表明，CO_2汇（CO_2 Sinks）的比例为大气（55%），海洋（30%）和陆地生物圈（15%）。大气CO_2浓度每年增长率为0.5%或3.6Gt C/y，浓度平均增加1.65μL/L。

全球人口的增长会使大气中的甲烷（CH_4）量每年增加1%。这表明，大气中CH_4的增加主要与人类活动有关。现时，每年向大气发送的CH_4量为300~700Tg（Tg = terragram，$1Tg = 10^{12}g$）。这一数值是所有CH_4源的总值。CH_4源的分项为：水稻田60~140Tg，湿地40~160Tg，填埋场30~70Tg，海洋/淡水湖泊/其他生物源15~35Tg，反刍动物66~90Tg，白蚁2~42Tg，天然气和煤矿开采65~75Tg，生物质燃烧55-100Tg。CH_4总汇则包括平流层中与OH基团的反应每年为16~48Tg，向大气对流层的输送260Tg和干旱土壤的氧化16~48Tg。研究指出，CH_4平衡账中CH_4源与CH_4汇实际是不平衡的，而且各CH_4源和CH_4汇的分配亦不十分清楚。在过去200年，大气中甲烷含量已明显地增长。自从工业化革命以来，大气甲烷浓度已从715nL/L增加到目前的1 805nL/L，约增加了2.5倍（platmer et al.，2013）。甲烷浓度的增长主要是由CH_4发射量增大而引发，其次要原因则是OH基团耗竭所致。OH基团会使大气中CH_4和一氧化碳（CO）发生氧化作用。CH_4和CO含量的增加会使OH基团耗竭。

CO的主源（major source）虽已明确，但其发生程度仍然不清。CO背景浓度每年会以0.6%~1%或更高的速率增长，但由于其源与汇在大气中常常波动不定和残留时间相对较短，所以，CO浓度的准确值难以测定。因此，据估计，CO每年的发射量在1 270~5 700Tg/y，CO发射的主源为生物质燃烧800Tg，矿物燃料燃烧450Tg，烃类，包括CH_4在内的氧化作用960~1 370Tg。CO主汇（primary sink）系由CH_4氧化为CO_2而得，其量为3 000Tg，土壤吸收450Tg。因此，CO的平衡账难以达到平衡，从而表明CO的浓度有很大的不确定性。

全球N_2O主要由耕地土壤和自然土壤发射，其值分别为3Tg N_2O-N/y和6Tg N_2O-N/y。它们构成了N_2O平衡账中的主源。但这些测定值仍然有很大的差异，因为天热生态系统难以取样。现已明确，N_2O主源之一是热带森林。在热带森林中测得的N_2O通量极高。稀树草原（Savannas）亦显出较高的N_2O通量，并成为全球重要的N_2O源。研究表明，所有N_2O最终都会转移至大气对流层中，并在那里氧化为NO。因此，N_2O的通量则为每年$10.5TgN_2O-N/y$，而大气中则增加为$2.8Tg\ N_2O-N/y$。

NO的重要性及其产生N_2O的相对数量近年来已受到了人们的关注。NO：N_2O的比率有较大的不确定性，因为在计算过程中它们对诸如氧压等非生物因子非常敏感。最近的研究指出，在通气土壤中NH_3发生硝化作用时会产生NO，它们的浓度也超过了N_2O。在各种大气光化学反应（atmospheric photochemical reactions）过程中会发生NO的催化作用，从而影响到CH_4和CO的氧化反应。

二、二氧化碳（CO_2）

1. 引言

二氧化碳（CO_2）是大气中最丰富的温室气体。它现时在大气中的浓度约为$406\mu mol/mol$或$\mu L/L$，它每年增长速率为0.5%。每年增加浓度平均为$1.65\mu mol/mol$。全球土壤生态系统生物质碳库（global biomass carbon pool）为：835Gt C（Gt = gigaton；1gigaton = $10^{15}g$）（whittaker and likens，1975），560Gt C（Ajtay et al.，1979），594Gt C（Groudriaan and ketner，1984），740Gt C（Houghton，1995），750Gt C（闵九康等，2013）。其他碳库为：大气720Gt C，海洋38 100Gt C，矿藏库6 000Gt C（Goudraan and ketner，1984）和钙积生硝矿（Caliche）780 ~ 930GC（schlesinger，1982，1985）。生硝矿是干旱和半干旱地区的石化钙积层（Petrocalcic horizons）（表7-1）。

表7-1　全球土壤中的碳储量（C汇）

碳库类型	参考文献	CO_2库（汇）（Gt C）
植被类型	Bolin（1977）	700
	Schlesinger（1977）	1 456
	Bolin et al.（1979）	1 672
	Ajtay et al.（1979）	1 635
土壤类型	Bohn（1976）	3 000
	Ajtay et al.（1979）	2 070
	Post et al.（1982）	1 395
	Schlesinger（1984）	1 515
	Buringh（1984）	1 477
	This study	1 700
模拟类型	Mcentemeyer et al.（1981）	1 457
	Goudriaan and Ketner（1984）	1 400

陆地生物圈所产生的净初级生产量为60Gt C/y，落叶为40-50Gt C/y，枯枝落叶总量60Gt C/y（Ajtay et la.，1979）。矿物燃料燃烧发射的CO_2总量1984年为5.4Gt C（Rotty，1987）。1987年则为5.7Gt C（CDIAC，1989）。1992年里约地球峰会的报告指出，每年工业向大气排放的CO_2总量为200billiont（2 000亿t），即5.4Gt C。每年因森林破坏而释出的碳量为0.3 ~ 1.7Gt C（Detwiler and Hall，1988）或1 ~ 2.6Gt C/y（Houghton等，1985）。据研究和测算2050年，矿物燃料燃烧每年发射的碳量范围为2 ~ 20Gt/y（Keepin et al.，1986）。根据不同资料和数据研究表明，在2050年大气CO_2浓度将达到440 ~ 660$\mu L/L$。依据平衡原则计算，大气的CO_2汇占71%，海洋占18%和陆地生物圈占11%（Goudriaan，1988）。现已证明，每年海洋能吸收发射入大气中碳量的40%。因此，这就造成大气中CO_2增加0.5%，即3.6Gt C/y。每年增加浓度平均为$1.65\mu L/L$。

为了全球环境复苏（恢复原生态），必须使CO_2浓度下降至工业革命前水平，以阻遏全球气候变暖，确保人类生存安全和健康长寿。由于大气中CO_2浓度升高而产生了温室效应，从而使气候变暖，并造成海平面上升，严重威胁人类生存和发展。地球百年（2098年）后，全球气候会发生巨大的变化，大气CO_2浓度将达680μmol/mol，温度平均上升约3℃，海平面平均上升约75cm（表7-2）。

表7-2 大气中CO_2浓度和总碳（C）汇的变化（闵九康等，2016）

年代	大气CO_2浓度（μmol/mol）	大气C总汇（Pg）	土壤C总汇（Pg）
万年前	205	439	923
1860年前	280	600	1 260
1900年	290	621	1 306
1988年	350	750	1 576
2010年	406（397～416）*	870	1 828
2050年	550（440～660）	1 179	2 476
2070年	680（605～755）	1 457	3 062

注：*括号中数值为CO_2浓度范围

2. 土壤有机质分级（Fractions）

土壤有机质可用不同分解阶段的生物质（植物碎片或枯枝落叶）和腐殖质（humus），以及微生物生物体为代表。土壤有机质以各种形态而存在。Kononova（1975）将土壤有机质分为新鲜和不完全分解的植物残体以及一种稳定态组分（腐殖质）。同时，又将腐殖质再分为严格的腐殖物质，即腐殖酸（胡敏酸和富啡酸）以及有机残体分解的其他产物和微生物合成的化合物。由于大部分土壤碳处于土壤上部50cm范围，所以，Schlesinger（1984）提议，典型土壤剖面中的约一半碳是较易分解的碳化合物。其他碳残留化合物则分布于土壤剖面的较下层，而且较为稳定。Spycher等（1983）发现在温带森林区，土壤有机质的轻质部分（密度<$1.6G/cm^3$）占34%。因此，他们提议，这些轻质部分有机质相等于易分解的有机质组分。Kortleven（1963）也将土壤碳分为腐殖质碳和一种相对稳定的碳，并指出，它们都由难分解的腐殖质，碳（Charcol）和其他形态元素的碳组成。Jenssen（1984）将土壤有机质分为"年幼"和"年老"土壤有机质。"年幼"土壤有机质是大于1年的年幼物质，根据Goudraan和Ketner（1984）的科学分析，腐殖质的生活年限（lifespan）分别为10～50年和500年。Paul和Yan veen（1978）以"物理保护"和"非物保护"一词来界定土壤有机质的分解速率，即前者分解速率最低。

土壤有机质的稳定性和相对年龄与形成土壤的成土因子有着密切的相关性。Martel和Paul（1974）报告，黑钙土（chernozemic soil）中碳的平均残留时间为350年。ZnBrz残体（ZnBrz residue），即除轻有机质以外的所有有机质中碳的平均残留时间为500年。用NaOH提取的最年老有机质的残留时间为1 900年。Jenkinson和Rayner（1977）利用一个1 881年的土样，取样深度为0～23cm时，其残留年限相当于1 450年，取样深度为36cm和46cm时，残留年限为2 000年，取样深度为46cm和67cm时，残留年限为3 700年。Scharpenserel和Schiffmann（1977）发现，有机质的平均残留时间与深度呈线性关系（linear relationship），就黑钙土而言，平均增加1cm深度，其残留时间则增加46年。在不同成土条件下形成的土壤显示，有机质残留时间与深度之间的关系也会出现不同的线性方程。

3. 枯枝落叶分解速率和有机质积累模型（Models）

为了计算植物残体分解速率和土壤有机质积累水平，科学家设计了多种不同的计算模型。

（1）在恒定时间条件下有机质分解速率模型，其基本方程式如下

$$dC/dt = h \times A - K \times C \qquad (1)$$

$$C_E = h \times A / k \times (1 - e^{-kt}) \qquad (2)$$

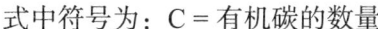

式中符号为：C = 有机碳的数量

C_E = 有机C的稳态水平

t = 时间

K = 分解速率常数

h = 腐殖化常数

A = 加入有机质的量

土壤有机质分解速率通常会显示出易分解结构化合物（如可溶性碳水化合物）快速分解的初始周期。随后，较难降解的组分（如木质素）会出现很难分解的长周期。根据一级分解程序（first order decomposition process），许多科学家（Henin和Dupuis，1945，Jenny et al.，1949，Greenland和Nye1959，Kortleven 1963和Olson 1963）提出了多种模型。

（2）在时间变化条件下分解速率恒定的模型。这是由Janssen（1984）提出的一种方法，他设定了模型方程式

$$K = 2.82x（a+t）^{-1.6} \qquad (3)$$

式中，a = 加入有机质的表观年龄（apparent age）

（3）不同等级土壤有机质的模型，每种有机质等级都会有不同的分解速率

根据Minderman（1968）的报告，为了计算土壤有机质分解的总量，就必须知道枯枝落叶和土壤有机质各种化学成分的分解速率。在应用计算机模拟模型以后，这种模型就得了普遍认同和应用。计算机模拟模型可以重复进行复杂的计算。因此，许多科学家（Jenkinson和Rayner1977，van veen and paul 1981，parton et al.，1987）将其作为有代表性的模型。

4. 影响土壤有机质稳定性的因子

矿物学盐基状态和黏土矿物含量常是密切相关的因子。发育于基岩（basic rocks）的土壤常比发育于酸性岩的土壤更肥沃。因此，这类土壤每年也为土壤提供较多的有机质。所以，土壤基础环境会加速枯枝落叶的分解速率（短期效应），但是，当有机质与土壤混合后则能延缓有机质的周转，从而增加土壤的吸持能力，并提高有机质含量。在酸性土壤中，生物质碎片的初始分解能力则有所延缓，但随后，有机质的连续氧化作用就会加速，因为其缺乏稳定的条件和因子。Jones（1972）指出，在稀树草原（savanna）区域，土壤母质对土壤含碳量有明显的影响，但这种影响系与黏土矿物含量有着密切的相关性，同时其也与母质有关。

（1）土壤质地

重质土壤中的有机质一般比砂质地土壤分解速率要慢。其原因是黏土矿物表面上吸附的有机质与基质和微生物结合在一起。所以较难分解。在重质地土壤中，中型和微型生物的活动亦受到了限制。在重质地土壤中，土壤酶的活性亦会受到影响，许多学者（kortleven和Jenkinson 1977，Schimel et al.，1985）报道，细质地、黏质地土壤比粗质地和砂质地土壤更具保护有机质的能力。Jenkinson（1972）也指出，这种质地效应在中性和酸性条件下比碱性条件下要小。Tones（1972）发现，在排水良好的条件下，土壤黏粒含量与土壤碳含量有着很好的正相关关系。在排水不良的土壤中，这种相关性较差。

黏土矿物和有机分子两者都具负电荷。因此，阳离子可能在黏粒和有机分子之间形成网桥（bridges）。在稳定的团粒结构中，这种结合态的有机质会受到保护。不仅黏土矿物网桥，而且还有带电荷和不带电荷的多聚体（polymers）都能与黏土矿物表面相互作用而使微团粒结构得到稳定。

（2）土壤结构

物理过程无疑会增强对有机质的稳定作用。黏土矿物对有机质的保护作用现已得到了充分肯定。土壤有机质可被认定为一种受到物理保护的连续统一体（a continuum）。但一部分易分解的物质和游离有机质在成为另一部有机质时，它便能有效地抗生物的分解而积累。Tiessen和Stewart（1983）指出，在土壤开垦10年的过程中，颗粒大小为0.5~10μm的有机质损失最小，而与细黏土（<0.5μm）结合的有机质会迅速减少。显然，新的生物质会在黏粒和细黏粒部分得到分离。开垦的处女地（草地）有机质固土壤结构的破坏而遭到微生物的迅速分解。这表明，每种土壤在耕作过程中有机质会有相当大的损失。

（3）土壤肥力

众所周知，虽然钙能形成较稳定的腐殖质，但是，土壤质地对有机质的影响还有待研究。土壤盐基饱和度对黏土中有机质的稳定是一个重要因子，因为它能形成黏土网桥（clay bridging）而使有机质得到稳定。钙质土与非钙质土相比，因其能形成Ca-腐殖酸盐，所以，钙质土具有较高的有机质含量。土壤中钙量的减少能加速有机质的分解。但当加入钙后，则能减少CO_2的释放，并能稳定土壤结构。这种现象在施以钙肥的酸性土壤中并不会发生。受施肥和植物吸收营养影响的土壤，其营养状况也会对微生物群落的质量发生作用。在较高矿质营养条件下，细菌则会受到刺激而发展。在低矿质营养条件下，真菌则会得到发展。

（4）植被-土壤效应

森林虽然能产生较大的有机质，并使其较多的植物碎片达到土壤表层。但是，森林土壤中的有机质分解速率大于草地土壤，从而造成土壤有机质的下降。森林中大部分有机质是以枯枝落叶加入土壤的，而且在进入土壤前就会被分解。在草地土壤中，根系是土壤有机质的主要形态，它们分布于整个土壤剖面，并在分解前就会与土体相融合。

在温带气候条件下，有一种较粗糙的方法（a rule of thumb），那就是土壤碳降低顺序法：天然草地（大草原）—森林—耕地。森林中总的生物质量大于草原生物质量，但草原有机质的循环较快。在草原加入土壤的有机质数量比森林区大2~4倍。此外，草原中的有机质淋失较少，而且草原植物群落中还有豆科植物，从而为形成稳定的腐殖质提供了有效的氮源。在耕地土壤中，其含有的有机碳量大于森林和草地土壤。其原因如下：

① 可耕地上产生的大部分生物质可以收获。② 作物生物质抗分解能力较差。基质也较难以分解。因此，区域土壤（rangeland soils）中氮的再固持大于耕地土壤。同时，分解有机质的微生物会因真菌减少而发生变化。③ 森林土壤表层平均温度低于耕地土壤。④ 森林土壤中淋溶损失较小。

（5）气候

在自然条件下，分别测定了温带土壤和热带土壤中的碳含量。结果表明，在土壤水分较好的热带区域，土壤中生物活性在大部分时间内较好。因此，森林砍伐或草地开垦后，在短期内有机质能达到平衡（温带区域）。水分较好的热带土壤（约占22%），它们的有机质生产和分解既不会受温度，也不会受水分的限制。因此，该区域每年产生的生物质和有机质约大于温带森林区域的5倍。但是，有机质的分解速率则比温带区域土壤快4倍。如果热带土壤分解速率比温带土壤快4倍，那么，每年输入的有机质数量必然会高出4倍，从而保持了稳定的含碳量。Oades（1988）报道，在地中海的澳大利亚，土壤有机质分解速率比英国大2倍。在干燥的热带区域，有些年份土壤中生物活性会有所下降。因此，要达到有机质的平衡需要一定的年限。在温带区域，冬季土壤中的生物活性明显下降。热带区域78%的土壤，因雨季和干季发生变更，所以缺水造成的影响几乎类似。

在热带雨季，温度不会特别高，其则类似于温带区域的夏季温度。所以，干旱和半干旱区域土壤的碳含量在灌溉耕种后会恒定地增长。温度和湿度对细菌、真菌和酵母的代谢及分解的胁迫影响都已得到了研究，并获得了许多有效的证据。证据表明，温度和湿度两个因子都是独立的因子。

土壤保持容量（soils presevation capacity）微生物生物体虽然较小，但其却是土壤有机质复合体的有效部分，它的周转速率会影响到有机质和营养物的循环。土壤质地和结构能影响微生物生物体的周转和碳、氮的再循环。Van Veen（1987）提出了要达到较好土壤保持容量的土壤条件。他们指出，土壤物理、化学、水文和气候条件都能构成特定的土壤容量，从而确保土壤有机质和微生物达到良好状态。微生物生物体的保护有助于有机质的保持。同时，恶劣环境条件得到改善和形成抗性有机质等技术措施也都有利于土壤保持容量。加入土壤有机质的数量超过土壤保持容量时会遭到快速分解。形成的生物质超过土壤保持容量时，有些微生物会受到影响，同时，腐解的生物质和中间产物就会形成紧密的封闭系统而保存，从而仅有较小比例的产物才会作为稳态物质而流失。

5. 自然条件受干扰后，矿化作用造成了碳的损失

现代农业技术，如限制作物残体归还土壤的单作和化肥的施用等技术都会造成土壤有机质的明显下降。农业变换（Agricultural conversion）干扰了许多自然群落的稳定状态。当将林地开垦为农地时，每年加入土壤有机质的数量急剧减少。土壤中有机碳和氮的耗竭是由土壤生物和物理过程造成的。在耕作过程中，由于在良好的土壤水分和温度条件下，微生物活性明显增加，从而加速了有机质的分解。耕作也会造成植物残体渗入土壤和破坏土壤结构（Pulverization），从而增加了微生物移动。因此，增加了土壤有机质的易动性（accessibility）及其矿化作用。

表7-3列出了Schlesinger（1986）进行的长期试验结果。土壤在不同剖面深度取样，在大部分试验条件下，稳定的土壤碳水平都达到了理想的结果。表7-3中土壤腐殖质的损失量可能相当于土壤有机质的"轻"质（light）或易分解土壤有机质。Mann（1986）计算了温带和热带区域的650个土样中的碳损失量。顶部30cm土层中碳的损失率变化在0~20%。平均最大损失率为Borolls（USDA，1975）分类的土壤。研究表明，具有高含量初始碳的土壤，其碳的损失量比低含量碳的土壤要高。

在丹麦（Denmark）土壤耕作条件下，就土壤碳行为（behaviour）长期试验结果表明，在施肥（施用NPK）土壤和未施肥土壤，其碳的含量约下降25%。这一数值略低于大量使用有机肥的土壤（15%~25%）。当耕作期延长后，又会达到一种新的稳态水平。Jenkinson and Rayner（1977）指出，在Rothamsted的经典试验中，施用厩肥（有机肥）时，土壤碳量能保持相对平衡。土壤有机质每年增量可达1.1tC/y（不包括作物残体）。在他们的试验中，加入农家肥（有机肥）会使土壤有机质稳定增加。

农地和林地土壤会十分稳定地释放出CO_2（表7-4）。在用土著植被和作物进行的所有试验中，根系的呼吸所放出的CO_2则难以计算，表7-4中放出CO_2的数量是根据土壤有机质分解而得出的净碳数量。

表7-3　不同生态系统中农业变换后土壤碳的平均损失量

类型	研究数量	平均损失率（%）	范围（%）
温带森林	5	34.0	3.0~56.5
温带草地	24	28.6	−2.5~47.5
热带森林	19	21.0	1.7~69.2
热带草原	1	46.0	n.a.

表7-4 不同温带土壤释放出的CO_2总量（Buyanovski et al., 1990）

	C-损失量	
	gC/（$m^2 \cdot d$）	10^2gC/（$m^2 \cdot y$）
耕作土壤/荒地土壤		
燕麦	2.7	
蔬菜	1.9	
荒地	0.8	
荒地（冬季）	0.4	
荒地（夏季）	1.6 ~ 1.9	
大麦	2.7 ~ 5.4	
夏季休闲后的小麦	3.4 ~ 3.8	23.5 ~ 25.5
小麦	1.8	6.4
作物轮作	0.19 ~ 0.38	0.7 ~ 1.4
作物轮作（连续8年大量用农家肥）	0.56	2.0
森林土壤		
云杉	1.3	4.9
混交林	2.3	8.5
混交落叶林	2.3	8.4
混交橡树林（夏季）	0.55 ~ 0.95	
混交橡树林（冬季）	0.14 ~ 0.22	
橡树林	2.2	7.9
雪松沼泽林	2.1	7.4
沼泽林	1.9	7.1

6. 土壤侵蚀造成的碳损失

雨水侵蚀每年造成的土壤损失为5 ~ 10t/（$hm^2 \cdot y$），其含有的平均碳量为30%，即平均每年每公顷损失碳量为0.15 ~ 0.30t/（$hm^2 \cdot y$）。这种损失是一种低碳量的损失，但在强降雨区域，其损失量要大得多。

7. 全球土壤C库（汇）值

Fitzpatrick（1983），Kononova（1975）和Buringh（1983）等研究和编辑了全球C库（汇）的概况（表7-5）。结果表明，全球土壤C库总量为1 600 ~ 1 800Gt C。

表7-5 主要土类中有机碳的数量（FAO/unesco，1971—1981）

FAO 主要土类	天然生态系统	天然生态系统中土壤C量（%）（深度cm）					土壤总C量（10^6gC/hm^2）			
		0 ~ 20	20 ~ 40	40 ~ 60	60 ~ 80	80 ~ 100	森林	草地	作物地	
							原始森林	次生森林		
低活性强酸土	雨林	3	2.5	0.6	0.5	0.4	220	165	160	110
雏形土	森林	5	3	1	0.5	0.1	290	215	210	140
黑钙土	草地	4	3	2	1	0.5			315	235
灰化淋溶土	森林	4	0.5	0.5	0.5	0.1	160	120	120	100
黑色石灰土	森林	5.8	3.0	0	0	0	130	100	90	65
铁铅土	雨林	3	1	0.5	0.2	0.1	160	120	100	70
潜育土	草地	10	5.8	0.5	0.25	0.1	350	260	350	200
黑土	草地	3	2.5	1.5	1	0.2	250	200	225	150
石质土	森林	2	0.5	0	0	0	75	50	50	40
冲积土	草地	1	1	0.5	0.5	0.5	100	75	100	60
栗钙土	草地	2.9	2.3	1.5	1	0.5	300	225	250	190
淋溶土	森林	6	4	1	0.5	0.5	200	150	150	115
灰黑土	草地	3	2.5	1.5	0.8	0.2	300	250	240	180

（续表）

FAO 主要土类	天然生态系统	天然生态系统中土壤C量（%）（深度cm）					土壤总C量（10^6gC/hm²）			
							森林		草地	作物地
		0~20	20~40	40~60	60~80	80~100	原始森林		次生森林	
灰壤有机土	森林	3	1	1	0.8	0.5	200	150	150	115
灰化土	森林	2	0.5	0.2	0.7	0.7	100	75	100	60
砂土	混交植物	1.8	0.5	0.1	0	0			70	50
疏松炭性土	森林	3	0.5	0.1	0.1	0	110	85	85	60
碱土	草地	1.8	0.6	0.2	0.1	0.1			85	65
火山灰土	森林	8	5	3	2	1	330	250	250	185
薄层土	森林	2	0.5	0	0	0	75	55	50	40
变性土	草地	1.2	1.0	0.5	0.1	0.1	190	145	135	115
白浆土	森林	3	0.1	0.5	0.5	0.1	150	115	115	85
旱成土	沙漠	0.8	0.4	0.1	0.1	0.1			50	30
漠境土	沙漠	0.8	0.4	0.1	0.1	0.1			50	30
盐土	草地	1.8	1.2	0.5	0.1	0.1			110	80

8. 土壤释放的CO_2

（1）矿质土壤释放的CO_2

有史以来，全球森林转换为农耕地，从而造成了土壤碳（CO_2）大量损失而进入大气。因此，据统计，有史以来的碳通量约为537Gt C，而史前时代的碳通量则约为36Gt C。由于土地利用的流转，所以，释放出的C总量亦有变化（表7-6）。

表7-6 土壤释放的碳量（Schlesinger et al., 1989）

研究报告作者	土壤C释放量（Gt C/y）
Bolin（1977）	0.3
Schlesinger（1977）	0.85
Buringh（1984）	1.5~5.4
Schlesinger（1984）	0.8
Houghton（1987）	0.2~0.5
Bouwman（1989b）	0.1~0.4
Detwiler and Hall（1988）	0.11~0.25

Houghton等（1983）研究表明，热带森林、温带森林和北方带森林转变为农业区时，土壤上部1.0m深土层中碳的损失率分别为35%、50%和15%。Houghton等（1987）认为，在温带区域农垦后碳的损失率为25%，森林砍伐后又植树造林、其碳损失率则为20%。Houghton等（1987）又指出，在热带区域，林地转变为农地和草地时，碳的损失率则分别为30%和25%。Palm等（1980）使用的碳损失数据为原始森林转变为次生森林和次生森林转变为永久农地，其碳的损失率分别为30%和20%。在东南亚，原始森林转化为次生森林和次生森林转化为耕地，此时碳的损失率则分别为25%和17%。但在重新植树造林后，土壤碳量则可恢复至原始森林的90%水平。Buringh（1984）提出，CO_2主源是森林地过度为城市用地而造成的，他用外推法计算了全球土壤碳的释放量。

（2）有机土壤排干时CO_2的释放量

垂直堆积或侧向扩大形成了大量的有机土（泥炭土）。Armentano（1980）计算了全球天然有机土的面积，其值为450×10^{10}m²。以碳积累的平均值[300kg/（hm²·y）]计算，总C量的缓冲能力为0.135Gt C/y。Duxbury（1979）指出，目前全球湿地排干面积为（7~35）$\times 10^{10}$m²。由于湿地排干而发生有机质的氧化作用，从而使C释放量达10tC/（hm²·y），全球每年C的释放量亦由0.05Gt增加至0.35Gt。

Armentano和Menges（1986）计算了温带区域的湿地有机土壤的面积，其值约为350×10¹⁰m²。碳的平均储量为200kgC/hm²，在未开垦以前，每年积累的碳量为0.06~0.08Gt/y。他们测定了1795—1980年期间排干后种植作物、草原和森林的总面积分别为8.2×10¹⁰m²、5.5×10¹⁰m²和9.4×10¹⁰m²。在热带约为4%的湿地在1795—1980年得到了改良。由于温带区域有机土的改良，所以全球每年碳的转化（源与汇的得失）平衡账为0.063~0.085Gt C。因此，包括热带有机土在内，全球碳的转化值为0.15~0.184Gt C/y。

9. 土地转换和全球碳循环

为了鉴定陆地生态系统，特别是土壤生态系统在全球CO_2平衡账中的重要作用，科学家研发了两种方法。第一，动态模型（dynanic models），其中包括了矿物燃料燃烧，森林砍伐，作为CO_2汇的海洋和CO_2肥料效应等向大气发射的CO_2动态模型。Goudriaan和Ketner（1984）以及Esser（1987）等都对动态模型作了验证。第二，薄记模型（Bookkeeping models）。该模型可用于计算砍伐森林的数量和森林容积的大小，以及产出和释放的CO_2程度。

Van Breemen和Feytel（1989）等详细论述了土壤的CO_2通量。并认为土壤CO_2通量有许多不确定因子。

① 森林清除的生物质难以计算和确定。热带森林生物质的数量变化极大。Whitaker和Likens（1975）提出，热带雨林和热带季节性森林每年每公顷产出的生物质分别为202tC/hm²和156tC/hm²。② 森林砍伐的面积会有很大的变化。③ 大气中CO_2分压的增加会促进森林的生长（CO_2肥料效应）。但不足以补偿森林砍伐造成CO_2释放入大气的数量。

（1）动态模型

现已发展了一些碳动态模型。动态模型结果表明了目前生物圈的CO_2汇（表7-7）。

表7-7　陆地生物圈每年的碳通量（Gt C/y）（Detwiler and Hall et al.，1989）

模型	砍伐森林释出的CO_2	净释放量（包括CO_2肥料效应）
薄记模型		
Houghton（1983）	1.8~4.7	
Houghton（1987）	1.0~2.6	
Detwiler&Hall（1988）	0.4~1.6*	
动态模型		
Goudriaan&Ketner（1984）	7	0~0.5
Esser（1987）	2.7	-0.1

注：*温带地区的释放量为-0.1+0.1Gt C/y

CO_2可以增加生物质的原始生产量（CO_2肥料效应），其量大于砍伐森林引发的CO_2损失量。Goudriaan和Ketner（1984）提出，生物质燃烧过程形成的炭是另一个重要的CO_2汇。根据动态模型，在1970年前后，生物圈能大量转换成CO_2汇。但是，砍伐森林抑制了CO_2肥料效应。工业地区的酸雨也会严重影响森林的繁盛，从而影响到CO_2源和CO_2汇的平衡。

（2）薄记模型

Houghton（1983）和Whittaker（1981）等测定，陆地生物圈每年释出的CO_2总量分别为1.82Gt C/y和4.70Gt C/y。Houghton（1983）等还指出，由于世界人口的增长，其粮食需求则要增长40%，因此，在现有耕地上，农业投入和产出会大量增加，从而使CO_2全球释出量达到了2.6Gt C/y。土壤有机质的损失量则达0.11 ~ 0.25Gt C/y。

（3）植树造林

大量植树造林也是增加CO_2汇的重要因素。成熟的森林会使CO_2源和CO_2汇达到平衡。快速生长的活跃年幼林，它们能积累大量的C（C汇）。因此，植树造林可以降低大气CO_2浓度。新的森林每年能积累6 240kgC/（$hm^2 \cdot y$）。因此，植树造林约$465 \times 10^6 hm^2$时，其便能吸收大于C汇的多余C源3Gt CO_2–C。

三、甲烷（CH_4）

1. 引言

自20世纪40代（1940'S），人们就已知道大气中有CH_4的存在。当时发现电磁波的红外—红光区域波段具有强烈吸收作用，是由大气中CH_4所造成。现已证明，在北半球，对流层（troposphere）中的甲烷浓度约为1.7μL/L，而在南半球则为1.6μL/L。大气中甲烷（CH_4）的浓度每年约增加1%。CH_4为温室气体之一，它能强烈地吸收红外线辐射和地球表层的热辐射。因此，增加CH_4浓度便会明显地影响全球的热量平衡。此外，CH_4在对流层和平流层中的光化学反应过程中亦起着重要的作用。CH_4浓度的变化强烈地影响到大气的化学反应过程。

大气中的CH_4既有天然源，又有人为源。在各种CH_4源中，水稻田是最重要的CH_4源。近年来，甲烷通量不断增加。由于CH_4能使对流层发生温室效应，所以，其受到了人们的特别关注。与CO_2等当量（以mol为基础的）温室效应相比，CH_4的温室效应要大32倍以上。大气中甲烷的载荷（浓度）在过去几十年每年已迅速增加至1.7μL/L，即每年增加率约为1.4%。全球每年CH_4汇的总量为375 ~ 475Tg（Tg = Terragram；1Tg = 10^{12}g）。

Rasmussen和Khall（1981）首先证实了大气中CH_4浓度的不断增加。随后得到了Blake等（1982）的确证。在过去200年，大气中甲烷浓度增加了2倍。在1978—1983年，甲烷平均浓度每年增加18ppbv（nL/l）或1.1%。steele等（1987）观察到在1983—1984年间，甲烷浓度缓慢下降，其浓度为15.6ppbv（nL/l）或全球下降了1%以下。

甲烷的大气载荷约为4 700 ~ 4 800Tg。甲烷的残留时间为8.1 ~ 11.8年（cicerone and oremland，1988）至8.7 ~ 8.8年（wahlen et al.，1989），所以甲烷准稳态（quasi steady state）的总源必须为（500±95）Gt CH_4。

1970—1980年间，观察到的甲烷量增加每年需要超过CH_4汇的CH_4源达70 ~ 50TgCH_4（即源大于汇达70TgCH_4）。因此，每年向大气平流层（stratosphere）的输送量为60TgCH_4。

Khalil and Rasmussen（1983）指出，北半球的夏季甲烷浓度较低，而在秋季则明显升高。这种现象表明，在北纬地区，有一个秋季甲烷源。这种季节性变化是由不同季节和不同维度大气中羟基基团（OH）浓度的变化所造成的。

甲烷的主要移动过程是由反应式（1）以及光化学反应式（2）和（3）产生所造成的大气过程。

$$OH. + CH_4 \rightarrow H_2O + CH_3 \tag{1}$$

$$O_3 + h\gamma \rightarrow O + O_2 \tag{2}$$

$$O + H_2O \rightarrow OH + OH. \tag{3}$$

在过去200年，甲烷浓度的增加为：大气发射占70%，OH耗竭占30%。OH耗竭主要由各种人为源产生的一氧化碳（CO）所诱发。大气中CH_4的作用是一个十分复杂的过程：

① 甲烷在红外线谱区域具有吸收波段（bands）。② 甲烷在对流层中会被自由基OH所氧化。③ 甲

烷被OH所氧化而形成一个一定规模的CO源。④ 由于甲烷能在平流层中被氧化成CO_2和H_2O，所以它也是平流层总的一个水蒸气源。⑤ 平流层中的甲烷能与Cl根发生化学反应而形成HCl，其能减缓Cl和ClO对平流层臭氧破坏的速率。

在严格厌氧条件下，有机质的微生物分解产生了甲烷。天然湿地和水稻田都是具有严格厌氧的土壤。在填埋场，因有废物发酵过程中消耗了氧，所以，厌氧是主要过程。甲烷也会在反刍动物和各种昆虫的肠道中产生。白蚁是产生甲烷最重要的动物。生物质非生物燃烧过程也会产生甲烷。

最近研究表明，CH_4总源的（21±3）%到30%是矿物燃料的燃烧或是"休眠"甲烷（dead methane）。休眠甲烷包括湿地或老泥炭层的约$30TgCH_4$，其他则为煤矿开采和天然气的开发。

到目前为止，已经测定了重要CH_4源的数值（表7-8）。人类可以控制CH_4总源的约50%。两个世纪以来，全球人口快速增长已达4倍。因此，CH_4人为源亦增长了4倍。这些研究结果表明，全球CH_4总源增长数量大于2倍。因此，其在大气中的增长量较为恒定。

表7-8　根据各种报告所汇集的大气甲烷源的数量

来源	CH_4发射量（$TgCH_4/y$）
水稻田	60~140[a]
自然湿地	40~160[a]
填埋场	30~70[b]
海洋/淡水湖/其他生物源	15~35[c]
反刍动物肠道	66~90[d]
白蚁	6~42[e]/2~5
天然气开发	30~40[c]
煤矿开采	35[e]
生物质燃烧	55~100[c]
其他非生物源	1~2[c]
总量	334~714
总源[g]	400~640
总汇[g]	300~650

注：a、b、c、d、e、f和g为参考文献，此处从略

2. 控制土壤中产生甲烷的因子

Oremalnd（1988）就CH_4形成控制因子和生物化学过程做了论述。在土壤还原过程中，土壤有机质会被微生物逐步分解。在分解过程中氢受体（＝氧化剂）可用于动力反应中的其他受体。这些热动力反应包括好气呼吸、硝酸盐还原、生物发酵、硫酸盐还原、甲烷形成等。当无机氢受体消耗后，剩余的有机质会继续被微生物发生的氧化—还原过程所降解，并最终形成CO_2和CH_4混合物。产生这两种气体的比率则取决于最初有机质的氧化程度。在天然过程中，CH_4形成的主要途径之一是经由乙酸而形成。乙酸的产出量等于CO_2和CH_4的数量。

在淹水后，因有机质连续发生还原作用，所以土壤的氧化还原电位会不断下降。土壤氧化还原电位E_o和甲烷的发射量呈正比。其反应方程式如下：

$$Ox+ne+mH^+ \rightleftharpoons \text{还原作用（Red）}$$

氧化还原电位的关系为：

$$E_b = E_O + 2.303RT/nF \log(Ox)/(Red) - 2.303RTm/nF/nF \, ph \tag{4}$$

式中：R ＝ 气体常数；T ＝ 温度（K）；F ＝ 96 500库伦方程式$^{-1}$（coulomb eq^{-1}）。E_O ＝ 平衡电位（势）（equilibrum potential）。

对Fe^{3+}/Fe^{2+}而言，反应式为

$$Fe（OH）_3+3H^++e \rightleftharpoons Fe^{2+}+3H_2O$$

当T = 25℃时：

$$E_b = 1.06-0.059 \log（Fe^{2+}）-0.177pH \qquad （5）$$

因此，Fe^{2+}活性增加或pH值较高时，E_b便较低。但是，在淹水条件下，不是所有的土壤都呈相同的稳态E_b。有效Fe^{3+}较高、有机质也高，NO_3^- MnO_2和O_2较低，温度又较高，这些因子都有利于E_b的降低。有机质和有机肥的类型也会影响E_b水平的升降。

在淹水土壤的有机质降解过程中，主要的生物化学反应是发酵作用。发酵的主要产物是乙醇、乳酸、丙酸和丁酸、分子氢、甲烷和二氧化碳。在稻田水稻生长后期，产生的氢气比旱地稻田多，而产生的甲烷则比旱稻田少。但在淹水土壤中，H_2的积累不会达到有意义的数量。

土壤pH值在酸性土壤中，淹水能导致土壤pH值增加，而在碱性土壤中，淹水则会造成pH值下降。在酸性土壤中，pH值增加主要是由Fe^{3+}还原Fe^{2+}而造成的。在碱性土壤中因CO_2积累而导致了pH值下降。Williams和Crawford（1984）指出，发生甲烷的最适pH值为6.0（土壤的真实pH值为3.8-4.3）。

（1）基质（substrate）和营养

甲烷通量系与有效的基质或泥炭深度和营养丰度有着密切的相关。固氮蓝细菌和产甲烷菌之间的营养有效性和介质氢之间的相互作用对产生甲烷具有重要的作用。

硝酸盐和硫酸盐或它们还原作用的产物就是形成甲烷。硝酸盐效应为硫酸盐的2倍。第一，在硝酸盐完全还原之前和氧化还原电位低时，其能延缓甲烷的形成。第二，硝酸盐会对产生甲烷有一个毒效应（a toxic effect）。

Holzapfel-pschorn和seiler（1986）报道，在水稻生长初期，甲烷发射与旱地相类似。在两种不同条件下，甲烷通量在河水泛滥后会出现一个短暂高峰，其是因为土壤有机质矿化作用所致。第二个高峰则出现在种植水稻生长旺盛期。第二个高峰出现可归因于根系分泌物形成的有效有机质。这些根系分泌物是极易分解的基质，其在水稻营养生长期则更易分解。Swarp（1988）的研究结果指出，第二个高峰可能亦与土壤E_h有关。在作物生长30天后，E_h值最小。Schutz等（1989）报道，CH_4发射量在施用有机肥后的早期有明显的增加。大量施用有机肥并不会增加CH_4发射量，这可能是因其形成了发酵的有毒化合物。Schutz等（1989）在土壤施用（NH_4）$_2SO_4$或尿素后，测定了甲烷通量。在施用（NH_4）$_2SO_4$时，因其硫酸盐存在而影响了甲烷的发射。因此，由于硫酸盐的加入，硫酸盐还原菌的存在而抑制了甲烷的产生。关于尿素能降低CH_4发射量的过程也不能用简单的方式予以解释。

（2）温度

Sebacher等（1986）研究表明，甲烷通量与温度无明显的相关性。北方区域的通量明显高于温带区域。他们认为，低温有利于甲烷的形成。Holzapfel-pschorn和Seiler（1986）报道，土壤温度对CH_4通量有明显的影响。他们又发现，在温度从20℃增加25℃时，发射甲烷的通量亦增加了2倍。这些试验结果后来得了Schutz等的确证。甲烷发射通量的昼夜变化与温度有较明显的相关性，温度变化幅度和甲烷通量在水稻生长初期有较高的相关性，但在生长后期因水稻植株遮阴而相关性则有所下降。

（3）硫酸盐浓度和还原硫细菌的关系

海水中的硫酸盐和还原硫细菌都与甲烷的形成有关。它们在沉积物中能与甲烷菌发生竞争作用或抑制甲烷的形成。甲烷菌能将CH_4氧化，从而降低了土壤或水体CH_4浓度，随后，向大气发射了少量的CH_4。Bartlett等（1987）发现，CH_4和硫酸盐（SO_4^{2-}）浓度呈负相关。这种关系的原因在于盐碱湿

地（含有较大量的SO_4^{2-}）发射的CH_4量通常小于淡水湿地的发射量。甲烷细菌和硫还原细菌之间的竞争在盐碱沼泽地的竞争作用并不明显，其是对非竞争性基质如甲醇和甲基胺或二氢（dihydrogen）电子（H_2）供体的利用无竞争作用，而且硫化物还可能对甲烷的形成有毒害作用。Williams和Crawford（1984）报道，乙酸对甲烷菌有抑制作用。他们提出，在一定深度的泥炭中，甲烷（和其他产物）的产生能长达许多年。

（4）水稻土中的有机质

水稻土中有机质含量范围在泥炭土中30%以上至某些矿质土中的0.8%以下。在非洲，土壤有机质含量可作水稻土天然肥力的指标。有机质含量过高可能是一个限制因子（a limiting factor）。湿地和稻田施用有机肥可能会产生有毒效应的有机酸。硫酸铵的施用则能降低毒效应。在种植水稻的条件下，土壤有机质会发生明显的变化。因此，不同水稻土中的有机质也会有各种变化。

① 由于施用有机肥、绿肥和农作物残体，所以水稻土生态系统也有所差异。

② 水稻土生态系统是极为不同的异质系统。水稻土还原层处于表面氧化层和亚表面氧化层之间。在还原层中，因水稻根系释出氧，所以其具有一个氧化斑块（patches）。

3. 决定甲烷通量的因子

（1）水层深度

土壤水层深度能制约甲烷的通量。Sebacher等（1986）观察到，水深大于10cm时，其不会促进甲烷的发射。好气水层大于10cm时，便为发生微生物对CH_4的氧化作用。Sebacher等（1986）也发现，CH_4发射量与水深深度（约10cm）呈线性关系。

（2）厌氧环境分层

在稳态未扰动的甲烷生态系统中，其具有一个特定分层系统，顶层为好气层，第二层是能还原Fe^{3+}、Mn^{3+}和NO_3^-的还原层。再往下层是硫酸盐还原层，最后一层是甲烷生成层。

（3）永冻层深度

Svenson and Rosswall（1984）报道，在酸性泥炭中，甲烷生成会受到限制，即只能在泥炭上层发生，而且永冻层深度与甲烷通量无关。CH_4最大浓度发生在下层。这可能是冰冻所造成的。

（4）甲烷的氧化作用

甲烷通量虽然是甲烷氧化作用的一个函数，但气体的垂直分布也起着重要作用。在沉积物中，甲烷最大浓度因温度增加而增加。这表明，甲烷产生的微生物过程和甲烷的消耗过程之间的平衡能调控近表层甲烷的浓度和制约甲烷向大气发射的通量。Holzapfel-pschorn（1986）报道，在水稻生长期间67%甲烷能被氧化，仅有23%甲烷才会向大气发射。在无水稻条件下，会发射35%甲烷，而且产生的甲烷亦较低。

甲烷向大气释放的过程　甲烷释放的过程如下。

① 形成起泡。土壤中甲烷会以起泡形态释放。这是普通而有意义的释放机制。其占CH_4总通量的49%～70%。② 扩散。甲烷通过水表面扩散损失，其是表层水中甲烷浓度、风速和向表层水供应甲烷量的一个函数。③ 植物输送（详见第四章）。

（5）水稻土的质地分层

水稻土，种植水稻湿耕的土壤，它引发了土壤物质的分层。因此，它是一种特殊的土壤，其对温室气体——CH_4的发生和起源都具有重要作用。

4. 水稻田的全球分布

水稻田的种植面积约为$144 \times 10^6 hm^2$，其中95%分布于远东（表7-9a）。这一面积相当于全球耕地面积的约9.5%。水稻种植面积从1935的$86 \times 10^6 hm^2$增加至1985年的$144 \times 10^6 hm^2$，因此，每年平均增加约1.05%。在1950—1985年间，平均每年约增加1.23%。但在几年前开始，水稻种植面积平均增量有所下降。水稻种植面积包括所谓的湿地水稻和旱稻。湿地水稻在淹水土壤中种植，并可以灌溉，而且会受到河水泛滥的影响，或是雨养稻田，因此，几乎是永久的淹水土壤。

表7-9a　1935—1985年，全球种植水稻的面积（湿地和旱地）［FAO（1952—1986）production yearbook］

单位：$10^7 m^2$

	年份					
	1935	1950	1960	1970	1980	1985
非洲	1 850	2 900	2 880	3 960	4 894	5 467
N/C美洲	540	1 040	1 280	1 428	2 076	1 914
S美洲	1 190	2 300	3 880	5 741	7 258	6 122
亚洲	82 000	87 600	110 940	122 302	128 393	129 977
欧洲	220	300	350	395	366	388
大洋洲	10	30	40	50	123	140
俄罗斯	148	nd	100	356	637	667
全世界总量	85 958	94 170	119 470	134 232	143 747	144 675

表7-9b　灌溉、深水和旱地水稻面积　　　单位：$10^7 m^2$

地区或国家	灌溉地		雨养地			旱地	总面积
	季节性湿地	季节性旱季	浅水地	中水地	深水地		
东南亚							
缅甸	780	115	2 291	1 165	173	793	5 317
印度尼西亚	3 274	1 920	1 084	534	258	1 134	8 204
柬埔寨	214		713	170	435	499	2 031
老挝	67	9	277			342	695
马来西亚	252	212	92			10	566
菲律宾	892	622	1 207	379		415	3 515
沙巴	8	4	9			21	42
沙捞越	6	4	46	11		60	127
泰国	866	320	5 128	1 002	400	965	8 681
越南	1 326	894	1 549	977	420	407	5 573
东南亚总面积	7 685	4 100	12 396	4 238	1 686	4 646	34 751
南亚							
孟加拉国	170	987	4 293	2 587	1 117	858	10 012
不丹		121	40			28	189
印度	11 134	2 344	12 677	4 470	2 434	5 937	38 996
尼泊尔	261		678	230	53	40	1 262
巴基斯坦	1 710						1 710
斯里兰卡	294	182	210	22	52	760	
南亚总面积	13 569	3 513	17 979	7 349	3 604	6 915	52 929
东亚							
韩国	1 120		99			12	1 231
朝鲜	500					150	650
中国	33 676*		1 880			606	36 162
亚洲总面积	56 550	7 613	32 354	11 587	5 290	12 329	125 723

注：*Huke（1982）指出，23 968和9 690分别代表第一季和第二季的种植面积；浅水层为水深达30cm；中水层为0.3～1m；双季面积计为2倍

5. 水稻田的甲烷通量

全球水田约90%分布于亚洲。其中50%的面积可以灌溉，其他39%则为雨养稻田。1985年的数据表明全球水稻田发射的甲烷通量为53~114Tg CH_4/y。表7-10列出了各大洲水田和湿地发射的甲烷数量。

表7-10　各大洲湿地稻田发射的CH_4数量（schutz et al.，1990）

大陆洲	面积（10^7m^2）	CH_4发射量[g/（$m^2 \cdot$d）]	生长期（d）	总发射量（Tg/y）	土地类型
亚洲	64 163	0.5~0.8	90~120	29~62	灌溉地
	32 354	0.5~0.8	90~120	12~25	雨养地（0~30cm）
	11 587	0.5~0.8	90~120	4~11	雨养地（30~100cm）
	5 290	0.03	150	<1	深水（>100cm）
非洲	3 650	0.5~0.8	90~120	2~4	灌溉地
	1 820	0.5~0.8	90~120	1~2	雨养地
N/C美洲	1 914	0.3~0.6	120~150	1~2	大部分为灌溉地
S美洲	612	0.5~0.8	90~120	3~6	灌溉地
其他地区	1 195	0.3~0.6	120~150	0~1	灌溉地
总量	128 095		53~114		

6. 天然湿地的地理分布

Matthews和Fung（1987）将湿地划分为5种类型，而Aselmann和Crutzen（1989）则分为6种类型（表7-11）

表7-11　湿地的不同类型及面积（Matthews and Fung，1987）　　　　　单位：$10^{10}m^2$

类型	面积
a. Matthews和Fung（1987）	
森林沼泽（bog）	208
非森林沼泽（bog）	90
森林沼泽（swamp）	109
非森林沼泽（swamp）	101
冲积地	19
总量	526
b. Aselmann和Cruzen（1989）	
沼泽（bogs）	187
低位沼泽（Fens）	148
沼泽（swamps）	113
沼泽（Marshes）	27
泛滥平原（Floodplains）	82
浅水湖泊（Shallow lakes）	12
总量	569

7. 湿地发射的CH_4通量

Harriss等（1982）发现，渍水条件下的淡水泥炭土壤并不是大气甲烷的一个净主源（a net source）。它会随大气季节性变化而变化，其CH_4发射量处于0.001~0.02g CH_4/（$m^2 \cdot$d）。这些研究结果表明，湿地发射甲烷的过程十分复杂，而且能调节湿地土壤和大气之间的CH_4净通量（net flux）。

如果硫酸盐浓度较高，甲烷浓度通常就较低。其原因如下。

① 硫酸盐还原菌和甲烷细菌之间对基质发生了竞争作用；② 硫酸盐或硫化物抑制了甲烷菌的活性；③ 甲烷细菌的发展可能有赖于硫酸盐还原菌的代谢物；④ 甲烷能被好气和厌气甲烷菌所氧化。

这些结果表明，淡水环境中产生的甲烷量大于盐水条件下产生的甲烷。这是因为淡水条件下硫酸盐浓度较低，因此，硫酸盐的还原作用就不是很重要。

研究表明，就水稻田而言，其生态环境在时间和空间的条件变化极大。土壤含水量、温度和其他气象因子都是制约湿地土壤作为大气甲烷源与汇的重要因子。

Matthews and Fung（1987）的研究表明，天然湿地的CH_4全球通量为110Tg/y，而Aselmann 和Crutzen（1989）的测定值为40~160Tg/y。

Harriss（1988）提出，在北半球地区，全球气候进一步变暖是由天然湿地发射的CH_4通量增加所造成的，因为其增加了生物质的产出和加速了生物质的发酵过程。

8. 食草动物产生的CH_4数量（详见第四章）

9. 生物质燃烧和填埋场的CH_4发射量（详见第四章）

10. 甲烷水合物的不稳定作用（Methane hydrate destabilization）

气候变暖会使水合物中的甲烷发生不稳定作用。这些水合物都为固态结构，其由CH_4分子包围的水分子强大骨架（strong cages）所组成。这些水合物在永冻土和海洋沉积物深处的埋藏量最大。在北极区域，水合物对气候变暖并不十分重要，而在沿海永冻区，水合物则会释放出CH_4，因此，其对气候变暖就有较大的影响。Cicerone 和Oremland（1988）报告，CH_4释放量的范围为0~100$TgCH_4$。因此，科学家建议应对水合物中甲烷对气候变暖的影响作深入的研究。

11. 旱地土壤中CH_4的氧化作用

土壤中的甲烷菌能以甲烷作为能源而生长，其他能消耗CH_4的细菌还有硝化细菌等品种（Nitrosomonas）。在通气良好的土壤中，其能吸收甲烷（CH_4）。Harriss等（1982）观察到发射甲烷的沼泽地在其干燥后便能成为一个甲烷汇（a sink of methane）。Seiler（1984）发现，在半干旱气候条件下，在旱季，土壤温度为20~45℃时，土壤表层中的CH_4会遭到破坏。其破坏程度变化在（3~24）×10^{-4}g/（$m^2 \cdot h$）。

Keller等（1983）观察到温带和热带雨林都能吸收CH_4。他们报告称，在高纬度区域，甲烷损失量为（1.2~1.6）×10^{10}分子/（$cm^2 \cdot s$）。即平均每天能吸收2.5×$10^{-4}gCH_4/m^2$。在德国的有些土壤类型中，可以观察到表层土壤中甲烷的分解作用。Hao等（1988）测定了旱季稀树草原（Savannas）地甲烷的通量。他们发现在草原地没有甲烷的消耗。Steudler等（1989）测定了阔叶和针叶林区消耗CH_4的数量，其值分别为0.13$mgCH_4$–C/（$m^2 \cdot h$）和0.11$mgCH_4$–C/（$m^2 \cdot h$）。温带雨林全球消耗值为（0.6~0.31）$TgCH_4$–C/y。Steudler等（1989）预测，热带雨林发射的CH_4量为（1.26~2.53）$TgCH_4$–C/y。Seiler（1984）的测定值表明，全球甲烷消耗量至少为20Tg/y。Seiler and conrad（1987）报道，土壤中全球甲烷的消耗量为（32±16）Tg/y。

四、一氧化碳（CO）

1. 导言

如前所述，一氧化碳对大气辐射平衡的作用很小，但会影响大气中其他温室气体如CH_4、CH_3Cl、CH_3CCl_3和$CHCLF_2$（F22）的浓度。因此，CO氧化作用是CO_2的一个重要来源（important source）。

大气对流层中CO浓度的升高能导致（OH）浓度的降低，从而影响了臭氧（Ozone）的浓度。对流层的许多气体汇（特别是CH_4和氯代烃化合物）能被OH所氧化，混合气体中CO比例上升能导致对流层中这些气体浓度的增加。

众所周知，CO有一个主源，但其程度则不清楚（表7-12）。研究表明，CO背景值会不断增加，增加的百分率范围为0.6%～1%/y至2～6/y。但是CO源和CO汇则有所波动，而且其在大气中的残留时间较短。因此，CO的发射量难以确定。在南半球，未能观察到它们之间的正相关性。

2. CO源与汇（Source and sinks）

不同作者报道了一氧化碳（CO）源与汇的计算数值（表7-12）。由于生物质燃烧，其产生CO的数量完全是根据不同的统计方法而定。由于森林和木材林地耕作的变化，所以Logevn等（1981）应用了清除量（clearing rate）来测量CO的数量，其值分别为（8～36）×$10^{10}m^2$/y和（5～32）×$10^{10}m^2$/y。Crutzen（1983）根据其统计，CO/CO_2产出比率为0.14。最近的研究表明，由于生物质燃烧，大气CO浓度大大超过了预想值。

表7-12　一氧化碳（CO）源与汇的数量（Tg CO/y）

	范围	平均	参考文献
源			
植被	20～200	110	Crutzen（1983）
	50～200	130	Logan et al.（1981）
土壤	3～30	17	Conrad and Seiler（1985）
生物质燃烧	145～2 015	660	Logan et al.（1981）
	240～1 660	840	Crutzen et al.（1979）
	400～1 600	800	Crutzen（1983）
海洋	20～80	40	Logan et al.（1981）
矿物燃料燃烧	400～1 000	450	Logan et al.（1981）
NHMC$_1$的天然氧化作用	280～1 200	560	Logan et al.（1981）
NHMC$_1$人为氧化作用	0～180	90	Logan et al.（1981）
CH_4氧化作用	400～1 000	810	Logan et al.（1981）
		400	Khalil&Rasmussen（1984a；1984b）
汇			
大气			
CO氧化为CO_2	3 000		Crutzen（1983）
-do-	1 600～4 000	3 170	Logan et al.（1981）
向平流层转移	190～580	170	Crutzen（1983）
土壤中微生物氧化作用	190～580	450	Crutzen（1983）
-do-		250	Logan et al.（1981）

注：NHMC = 非甲烷烃类化合物，天然NMHCS为异戊二烯（C_5H_8）（isoprenes）和萜类（$C_{10}H_{16}$）（cerpenes）。它们都在森林环境条件下产生

Bartholomew和Alexander（1981）观察到大部分土壤都能吸收CO，而且在灌溉以后，其便会转化为一个净CO汇（a net sink）。当土壤热灭菌后，CO便会停止吸收，但热灭菌则为增强CO的发射。显然，产生CO是一个化学过程，而土壤中CO氧化作用则是一个生物过程。科学家发现，产生CO的土壤是在干旱和半干旱条件下形成的优势土壤（Yermosols和Xerosols）。

由于CO产出和氧化作用同时发生，所以要分开测定各自的通量就十分困难。研究表明在低温时，CO产生于表层，而CO消耗则发生于亚表层，在温带气候，土壤湿度较大时，CO产生并不明显，而消耗则很活跃。湿润热带土壤中CO的产生和消耗现尚没有充足的数据。Seiler和Conrad（1987），希望能在这类地区得到净CO汇。他们的研究指出，全球土壤产生的CO量为17Tg/y，范围为3～30Tg，其中干热带区域产生了1～19Tg/y。在湿热带区域，CO消耗范围为300～530Tg/y，其中70～140Tg/y是被氧化的数值。

全球CO源的范围为1 270～5 700TgCO/y，其平均值为2 920Tg。全球CO汇值在1 960～475Tg CO/y，

平均为1 217Tg。在CO源与汇的平衡账中，海洋源起着重要作用，而作为汇则可忽略不计。

五、氧化亚氮（N₂O）

1. 引言

氧化亚氮（N_2O）能吸收红外线辐射，但在大气对流层中则很不活泼。在平流层中，N_2O能与原子氧发生发应而被破坏。因此，在该反应过程中，便会形成氮氧化物（NO）（一氧化氮）。这种气体能与臭氧（O_3）发生反应而使后续产物（重要的大气成分）发生还原作用。NO也参与了CH_4和CO的氧化作用。N_2O对温室效应的作用在过去100年约为5%。它的大气载荷量约为1 500Tg N_2O-N。McElroy和WOFSY（1986）报道，每年能积累N_2O量为2.8Tg/y（农地增量每年为0.8Tg）。平流层总质子反应而移去的N_2O量为10.5Tg/y。由于N_2O在大气中的寿命为100~200年，所以其浓度变化就是一个长期效应。

2. 土壤发射N₂O的调控

土壤是向大气发射N_2O的主体。研究表明，N_2O是土壤硝化作用的副产物，同时也是土壤反硝化作用的中间产物。土壤系统实际上无明显的N_2O汇和吸收N_2O的机制，所以，调控N_2O的发射量主要是减少N_2O的生成量。因此，调控土壤发射N_2O的主要措施应从两方面进行考虑，即在集约化农业系统中，应着重土地利用管理技术和土地利用变换状况。

期望高产、高收益和优良排灌系统的集约化农业系统被认为是N_2O发射的主源。但是，集约化农业系统发射N_2O的调控范围和技术存有许多争议。高产需要施肥，并提高其利用率。防止N_2O发射的关键技术是减少氮肥的损失，即增加氮肥利用率（图7-1、表7-13、表7-14）

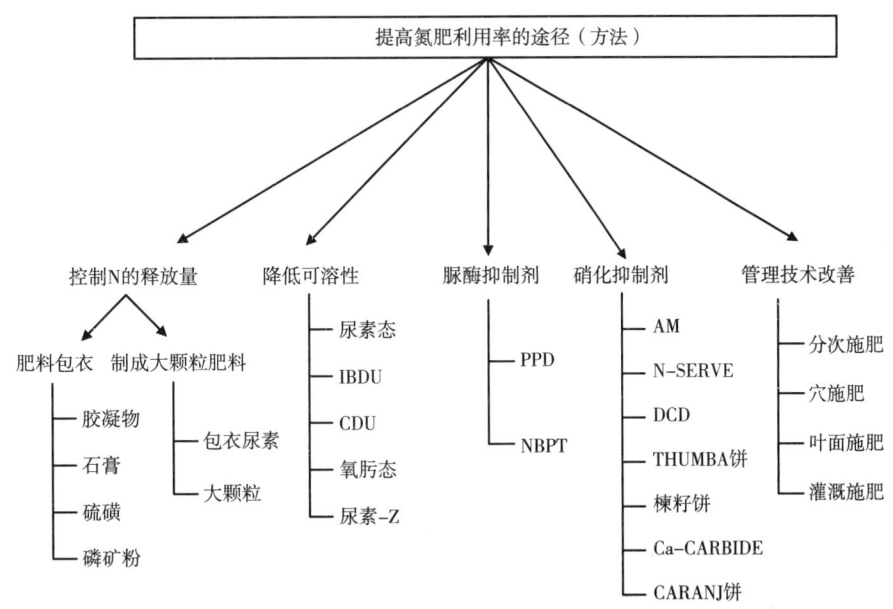

图7-1　提高肥料利用率和减少土壤发射N²O量的途径（来源：Pathak et al.，1998）

表7-13　调节农业土壤发射N₂O的战略措施

管理技术	减少的发射量（Tg N/y）
1. 根据作物需要施用氮肥	0.24
a. 土壤/植物诊断施肥	
b. 缩短休闲期，以限制矿质N的积累	
c. 最佳分期施肥	
d. 在高产地区采用适量减产的最佳施肥技术	

（续表）

管理技术	减少的发射量（Tg N/y）
2. 阻止N流循环	0.14
a. 在作物施用有机肥条件下，整合动物和作物生产过程	
b. 在生产区域保持植物残体N	
3. 采用先进的施肥技术	0.15
a. 控制肥料N的释放	
b. 深施肥	
c. 叶面施肥	
d. 使用脲酶抑制剂和硝化抑制剂	
e. 根据季节降雨采用不同类型的肥料	
4. 最佳耕作，灌溉和排水	0.15
总量	0.68

来源：Mosier et al.（1998）

表7-14　对流层中N_2O的全球平衡账（Tg N/y）

源	
矿物燃料燃烧	2 ± 1
生物质燃烧	1.5 ± 0.5
海洋，河湾	2 ± 1
施肥土壤	1.5 ± 1
天然土壤	6 ± 3
植物地	<0.1
谷物地	0.4 ± 0.2
总量	14 ± 7
汇	
平流层损失	9 ± 2

来源：Seiler，Conrad（1987）

3. 生物反硝化作用（biological denitrification）

生物反硝化作用是硝酸盐（NO_3^-）或亚硝酸盐（NO_2^-）同化还原作用形成气态氮的过程。其实际上是在缺氧时由能产生分子N_2或氮的氧化物的厌氧细菌所引发。参与反硝化作用的菌有Pseudomonas，Bacillus和Paracocusa。但Thiobacillus dinitrificans和Chromobacterium，Corynebacterium，Hyphomicrobium或Serratia亦能催化还原反应。反硝化细菌是好气细菌。但在缺氧时，硝酸盐可用于生长时的电子受体（electron acceptor）。最近研究表明，Rhizobium菌和类菌体（bacteroids）亦能发生反硝化作用。

反硝化作用只有在低氧压条件下发生。现已证实，在淹水土壤中，因缺氧和氮的利用率很低时，其就会促进反硝化作用的进程，但在排水良好的土壤中，它也具有重要的作用。由于反硝化作用的繁盛，从而使施用氮肥数量的10%~30%会遭到损失。

在反硝化过程中，硝酸盐还原的主要途径如下：

$$NO_3^- \rightarrow N_2O \rightarrow NO \rightarrow N_2O \rightarrow N_2 + H_2O$$

该反应过程中的能量由碳水化合物分解所提供。反硝化作用可定义为"通过微生物的活动，将硝酸盐或亚硝酸盐还原为气态分子氮或气态氮氧化物的过程"。因此，反硝化作用是使固定的氮由土壤返回大气的主要生物过程。由于反硝化作用而产生的N_2O将导致地球臭氧防护层的明显破坏或通过影响对流层的辐射平衡而造成地球表层的不断升温。土壤中的反硝化作用既能产生N_2O，也能产生N_2。因此，该过程既可作为N_2O的来源，又可成为N_2O还原为N_2的储库。反硝化作用在陆地N_2O平衡账中的重要意义还没有完全弄清楚。因此，人们还必须对反硝化作用作进一步的研究。

4. 硝化作用（Nitrification）

硝化作用是铵（NH_4^+）经生物氧化作用而形成亚硝酸盐或硝酸盐（NO_2^-和NO_3^-）的过程。土壤中能发生硝化作用的细菌有：*Nitrosomonas*，*Nitrosoccus*和*Witrosolobus*（能将铵氧化为亚硝酸盐的细菌），以及硝酸杆菌（*nitrobacter*）（能将亚硝酸盐氧化为硝酸盐的细菌）。

除排水不良或渍水土壤外，所有土壤通过氨化作用而形成NH_3，并迅速氧化为NO_3^-：

$$\begin{array}{c} +H^+ \quad Nitrosomonas \quad Nitrobacter \\ NH_3 = NH_4^+ = NO_2\cdot = NO_3\cdot \\ -H^+ \end{array}$$

随后的反应为：

$$\begin{array}{c} -\dfrac{1}{2}O_2 \qquad +\dfrac{1}{2}O_2 \\ NH_4^+ = NH_2OH = NOH = NO_2\cdot = NO_3^- \\ -H^+ \quad -2H^+ \quad -H^+ \end{array}$$

$$\swarrow \qquad \searrow$$

化学反硝化作用　　生物反硝化作用

$$\searrow \qquad \swarrow$$

$$N_2O + NO$$

现已证明，在反应过程中能形成的NH_2OH可作为中间产物。Minami和Fukushi（1986）提出，在通透性土壤中，NH_2OH能与NO_2^-发生发应而形成N_2O。其反应为化学和生物化学过程，但并不是形成N_2O的主要机制。

在形成亚硝酸盐（272kJ）和硝酸盐（79kJ）时释出的能量可被*Nitrosomonas*和*Nitrobacter*利用以作为其生命之源。有关微生物群落、温度和水分条件的变化都会引发土壤中亚硝酸盐的暂时积累。

*Nitrobacter*菌会受到不同温度的影响，但*Nitrosomonas*则对低温更为敏感。因此，在寒冷地区，土壤中的N_2O会有所积累，以致达到对植物的毒害作用。亚硝化菌在土壤中将形成的NO和N_2O会释出至大气。用亚硝化菌和反硝化菌（*Nitrosomonas europeae*和*Alcdigenes faecalis*）进行的试验表明，与其说是反硝化作用还不如说硝化作用是形成N_2O和NO的主要生物过程。在好气的土壤条件下：NO：N_2O比率范围为0.13～0.29。在反硝化作用条件下，NO：N_2O为0.01。Bremner和Blackmer（1981）报道硝化作用不仅是向土壤中供给NO_3^-的过程，而且也是一个生物化学的重要过程。放电闪光周围的大气中产生的氧化氮通过光化学氧化作用转化为NO_3^-，并随雨水进入土壤。每年由这一途径进入整个生物圈的数量估计约为10^7t的NO_3^--N。例如，仅明尼苏达的2.3×10^7英亩（1英亩≈0.40hm²，全书同）的农业土壤中每年硝化作用的数量约为10^6t NO_3^--N。

在有NH_4^+存在，同时在温度、水分、pH值和通气等条件有利的所有土壤中，实际上都能发生硝化作用。在全世界的陆地、水域和沉积物的生态系统中都会发生硝化作用。这对主要的生产力、营养循环、废物处理以及水质都具有极为重要的意义。

Bremner和Blackmer（1981）报道，在通气良好，水分含量又低时，土壤会释出N_2O。通透性土壤发射出的N_2O与N_2O浓度无关，但与硝化物的量有关。一些研究表明，在通透性良好的土壤中，因加入可硝化形态的氮源如NH_3、尿素、丙氨酸等而明显地增加了N_2O的发射量，但加入硝酸盐、葡萄糖等则不会有明显的影响。

研究证明，N_2O是NH_4^+氧化作用和硝酸盐还原作用的副产物，Denmead（1987）等报道，在土壤水分增加后，土壤中NO_3^-和N_2O汇同时增加。他们得出结论，硝化作用和N_2O的产出会同时发生。他们提出，在土壤淹水或水饱和以前，硝化作用是主要的生物过程。

5. 调控N_2O通量的因子

氧的分压、土壤水态势、渍水、温度及其昼夜和季节性变化、土壤理化性状和土地利用变化等都是调节N_2O通量的重要因子。

6. N_2O通量的空间变异性

许多研究者已注意到了土壤发射N_2O的空间变异性（Ryden et al.，1978；Breitenbeck et al.，1980；Bremner et al.，1980；Mosier et al.，1981；Duxbury et al.，1982；Folorunso and Rolston，1984；Colbourn et al.，1984；Goodroad and keeney，1985；；Parkin，1987）。

7. 化学反硝化作用（chemo-denitrification）

化学反硝化作用是通过化学还原剂（chemical reductants）而使亚硝酸和硝酸发生还原作用，并产生N_2或N氧化物（oxides of N）。

高浓度NO_2^-能抑制亚硝酸的氧化作用，其原因可能是氨对硝化细菌的毒害所致。有些科学家认为，氮化物（NO，N_2O或N_2）在气态损失时会伴随NO_2^-的暂时积累。在厌气土壤中因大量施用NH_3或铵态氮肥而有时会积累高浓度的NO_2^-。施用磷肥能增加亚硝酸的积累。亚硝酸离子能与有机分子发生化学反应而形成硝基基团（$-N=O$），但其是不稳定的化合物。因此，它能形成气态氮（N_2，N_2O）化合物。随后的另一条反应途径是HNO_2的歧化作用（dismutation），从而形成了NO或NO和NO_2，但后者需要在酸性条件下才能发生反应。

Keeney等（1979）发现，在高温厌气条件下才能有亚硝酸盐的积累，并归因于*Bacillus*和*clostridium*品种的存在。这类微生物是硝酸盐菌（*nitrate respirers*），而不是反硝化菌。在密闭厌气系统中，NO是主要的产物，从而导致了化学反硝化作用，但在厌气条件下不会明显地产生N_2O。

8. N_2O发射量及其调控

天然土壤　未破坏的天然土壤N_2O的通量列于表7-15。

表7-15　未破坏的土壤及其天然生态系统N_2O的发射量

土壤/质地	生态系统范围	通量发射量		每年（kgN/hm^2）		方法	参考文献
温带生态系统							
	未耕地		2.0		0.2		CAST（1976）
细砂壤土和黏土	草地（干旱）		2.1		0.2	O−	Demmead et al.（1979b）
细砂壤土和黏土	草地（湿润）	25.0	104.0	2.2	9.1	O−	Demmead et al.（1979b）
细砂壤土混合土	原生草原		10.0		0.9	C−	Mosier et al.（1981）
黄壤土	草原	0.5	2.5	0.0	0.2	C−	Seiler&Conrad（1981）
粉砂壤土	原生草原	0.8	2.9	0.1	0.3	C−	Cates&Keeney（1987a）
黄土和冰渍土	火烧开垦草原	2.0	2.0	0.2	0.2	C−	Goodroad&Keeney（1984）
黄土和冰渍土	开垦草原	3.0	2.0	0.3	0.2	C−	Goodroad&Keeney（1984）
砂土	草地	2.0	13.0	0.2	1.1	C−	Seiler&Conrad（1981）
有机土	湿草地	31.0	31.0	2.7	2.7	C−	Goodroad&Keeney（1984）
有机土	排水沼泽地	65.0	149.0	5.7	13.1	C−	Goodroad&Keeney（1984）
有机土	未排水沼泽地	1.0	1.0	0.1	0.1	C−	Goodroad&Keeney（1984）
有机土	未排水沼泽地	4.0	6.0	0.4	0.5	C−	Smith et al.（1983）
渍水土		1.0	4.0	0.1	0.4	C−	Smith et al.（1983）
黄土	混合体	1.0	3.0	0.1	0.3	C−	Seiler&Conrad（1981）

（续表）

土壤/质地	生态系统范围	通量发射量		每年（kgN/hm²）		方法	参考文献
砂土，1～3cm腐殖质	温带落叶林	4.5	10.5	0.4	0.9	C-	Schmidt et al.（1988）
层灰化-棕色灰化土 1～5cm腐殖质层	温带落叶林	3.5	9.5	0.3	0.8	C-	Schmidt et al.（1988）
假潜育土 （Pseudogley soil） 1～3cm腐殖质层	温带落叶林	5.5	75.0	0.5	6.6	C-	Schmidt et al.（1988）
灰化-棕色灰化土 1～2cm腐殖质层	温带落叶林	5.5	7.5	0.5	0.7	C-	Schmidt et al.（1988）
典型缺营养土 （Dystrochrepts）							
热带老土（Acrisols）	温带落叶林	1.5	3.5	0.1	0.3	C-	Schmidt et al.（1988）
典型缺营养土 （Dystric Eutrochrepts）							
（变性雏形土）	温带落叶林	2.5	4.5	0.2	0.4	C-	Schmidt et al.（1988）
黄土和冰碛土	落叶林	5.0	15.0	0.4	1.3	C-	Goodroad&Keeney（1984）
黄土和冰碛土	针叶林	28.0	36.0	2.5	3.2	C-	Goodroad&Keeney（1984）
热带生态系统							
砂壤土（60%～66%砂）	热带稀树草原（旱季）		4.0		0.4	C-	Johansson et al.（1988）
砂壤土/砂土	热带稀树草原（旱季）	2.0	6.0	0.2	0.5	C-	Hao et al.（1988）
砂壤土/砂土	热带稀树草原（湿季）		16.0		1.4	C-	Hao et al.（1988）
氧化土	热带森林（未破坏）		30.0		2.6	C-	Keller et al.（1986）
氧化土	热带次生森林 （20～30年）		25.0		2.2	C-	Keller et al.（1988）
氧化土/老成土	热带陆生森林		11.0		1.0	C-	Livingston et al.（1988）
灰化土							
沟谷地	热带混交林		10.0		0.9	C-	Livingston et al.（1988）

注：C = 封闭培养室；O = 开发培养室；I = 测定的N_2和N_2O（C_2H_2抑制法）；Z = ^{15}N标记法；— = 排析法测定的N_2

未破坏的热带雨林可能是N_2O的一个主源（a significant source）。在靠近巴西边境（manaus）的土壤所释放出的N_2O大于全球平均数，这反映了热带地区N循环的速度。Keller等（1988）观察到枯枝落叶中全部氮量的2.2%和2.4%分别由Terra firme森林和Tabanuco森林发射（以N_2O形态发出）。表7-14中N_2O的发射量数据表明，其变化在10～30μgN/（m²·h）或0.09～0.26gN_2O-N/（m²·y）。这些数据都比热带稀树草原和温带森林的发射量要高，这就表明，热带雨林是大气N_2O的主源（major source）。

全球热带雨林的面积为11.23亿hm²（1 123million hm²），热带季节林为3.31亿hm²（331million hm²）。热带林总面积约占全球土地面积的10%。这就表明，热带森林在N_2O平衡账中的重要地位。但测定N_2O通量的数据有限，因此，难以外推至全球范围。

各种报告指出的草原稀树（savanna）旱季发射N_2O的数量均与约7个月干季中N量（0.01～0.03gN）有密切相关。Hao等（1988）提供的数据表明，湿润草原（savanna）可代表湿季条件，湿季N_2O通量为0.06gN_2O-N/（m²·y），从而可得出总N_2O量为（0.07～0.1）gN_2O-N/（m²·y）。遗憾的是未能获得不同土壤和不同气候条件下的有效数据。研究表明，稀树草原（savanna）及其类似草原生态系统（savanna-like ecosystems）的面积为27.79亿hm²，虽然其每年发射的N_2O数量小于热带森林，但其仍然是N_2O的重要源，因为其广泛分布于世界各地。

热带雨林和草原系统因有豆科植物的生长，所以其具有高通量的N_2O。豆科植物能与固氮菌（Rhizobium bacteria）发生共生作用，所以它们能固定大气中的分子氮（N_2）。豆科植物固定的氮能加入植被系统并可能通过枯枝落叶进入土壤生态系统。固定的氮在硝化为NO_3^-后便能被土壤反硝化菌发生反硝化作用。虽然自生固氮发展缓慢，但它们在不肥沃的环境中仍然可成为反硝化细菌的一部分而起着重要作用。大部分热带雨林的土壤为酸性土壤，因此，不利于硝化作用的发生。此外，土壤细菌与植物根系之间对少量有效氮会发生竞争作用。因此，在热带雨林和草原生态系统中，共生固氮菌（*Rhizobia*）对反硝化作用造成N_2O的损失应予考虑。

温带森林产生的N_2O大于草原。Goodroad和Keeney等（1984）报告，温带落叶林地发射出的N_2O小于针叶林地。Schmidt等（1988）测出的数据与Goodroad等数据十分一致，他们都提出，土壤类型和腐殖层厚度都会对N_2O的发射量产生明显的影响。但是，因分布范围太广，所以，很难综合成有代表性的数据。

研究指出，未排干的沼泽地（marshes）N_2O通量最低，随后为原生草原土壤（native prairie soils）。Mosier等（1981）虽然测定了草原土壤中的N_2O通量，但其值比其他学者的报告大得多。Goodroad和Keeney等（1984）报告指出，N_2O通量为（65~149）μg $N_2O\text{-}N/(m^2 \cdot h)$。Dubury等（1982）的报告表明，排水良好的耕地有机土壤N_2O通量极高，其值在180~1 900μg $N_2O\text{-}N/(m^2 \cdot h)$。

耕作土壤和施肥能诱发N_2O的损失（图7-1）。图7-1表明了耕地土壤和施肥诱发的N_2O的损失数值。大田耕地N_2O发射通量范围很大，其范围为2~1 880μg $N/(m^2 \cdot h)$。Ryden等（1980）亦报告了N_2O发射量的极高值。他们的报告指出，排水良好的有机土壤和施肥土壤（500kg N/hm^2）N_2O的发射通量亦极高。他们提出了N_2O通量的计算方程：

$$N_2O = 1.878\,536 + 0.004\,17 \times N$$

式中：N_2O = N_2O发射量[kg $N_2O\text{-}N/(hm^2 \cdot y)$]

N = N肥料水平（kgN/hm^2）

全球耕地土壤（大田）发射的N_2O数量

Bolle等（1986）提出，以施肥量为基础所计算出的N_2O发射量为N肥量的0.5%~2%。

水中N_2O的溶解度较高。在施肥的农田土壤和清除森林地排出的表层水中。N_2O通量相当高（Dowdell et al.，1979）。Minami和Fukushi（1984）的测定结果表明，当根据排水总面积计算时，排出水中发射的N_2O量为200~1 190$\mu g N(m^2 \cdot h)$。他们亦证实，在稻田水稻生长期，水中N_2O浓度较低，但可起到N_2O汇的作用。水中N_2O量约相当于矿质肥料淋溶入地下水或表层淡水中发生反硝化作用/硝化作用N_2O气体的损失量。

由耕地土壤施肥而淋入地下水或表层水中N_2O的发射量与耕地直接流出的N_2O通量相等，因此，全球大田N_2O损失总量占全球氮肥用量的1%~4%。在1986—1978年间，全球氮肥量为72TgN（FAO，1988）。因此，N以N_2O的损失量为0.7~3.0TgN/y（表7-16和图7-2）。

表7-16　各区域氮肥用量、土地利用状况和N_2O发射量　　　　　单位：Tg/y

	N总用量（1 000kg）	耕地（1 000hm²）	草原（1 000hm²）	kg N/hm² 耕地	kg N/hm² 农地	N_2O通量（相当于作物）耕地面积
非洲	2 010 032	183 214	779 134	10.9	2.1	0.24~0.46
N&C美洲	12 533 670	274 122	359 590	45.8	19.5	0.45~0.68
S美洲	1 835 648	138 878	456 431	13.0	3.0	0.19~0.35
亚洲	23 398 400	455 220	644 349	62.9	25.1	0.83~1.12
W欧洲	11 161 531	87 079	64 054	119.0	68.6	0.20~0.21
USSR	11 475 000	232 290	373 133	49.4	18.9	0.39~0.58
大洋洲	406 300	48 182	455 157	8.1	0.8	0.06~0.12
全世界	72 370 080	1 472 401	3 153 352	49.1	15.4	2.29~3.65

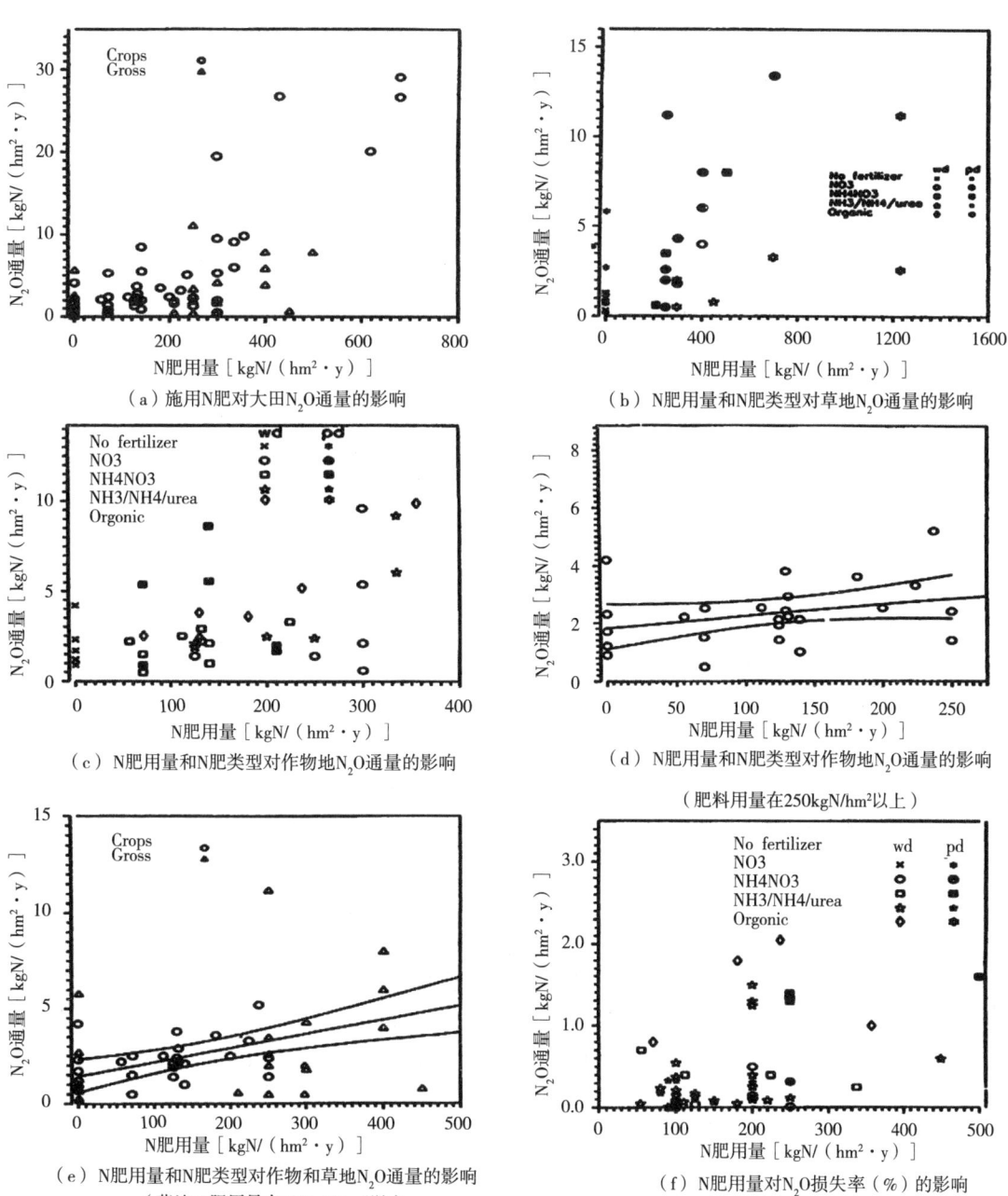

图7-2　氮肥类型和用量对土壤N_2O通量的影响

六、温室气体（CO_2、CH_4和N_2O）的测量方法

1. 土壤释出CO_2的测定方法

　　土壤呼吸，即单位面积和时间释出CO_2的通量。它可用置于土壤表层封闭的培养室进行测量，同时可测定室内CO_2浓度增加的数量。土壤呼吸系统（土壤呼吸器）由一个土壤呼吸室（soil respiration chamber，SRC）和一个环境气体检测器（environmental gas monitor，EGM）组成。当测定土壤呼吸时，已知加于土壤表层的一个培养室的体积是既定的（已知的），因此，培养室中CO_2浓度增加量便可监测。在密闭室中通过EGM可对空气连续取样，并计算出土壤呼吸速率，并在分析仪上显示和记录。

密闭室中的空气应小心充分混合以确保样品有代表性，而且无压差，以免影响土壤表层CO_2的释放。现已证明，CO_2增速呈线性。但任何其他因子都会导致CO_2浓度随时间变化而下降。一个样方方程（分析）（A quadratic equation）可表明CO_2浓度增加和时间进程之间的关系。土壤呼吸，即单位时间和单位面积CO_2通量可用下列方程式表达：

$$R = \frac{(Cn - Co)}{Tn} \times \frac{V}{A}$$

式中R为土壤呼吸速率（单位面积和单位时间CO_2通量），Co为CO_2在T = O时的浓度，Cn是时间Tn时的CO_2浓度，A是暴露土壤的面积，V是系统总体积。

2. CH_4和N_2O的测定方法（图7-3和图7-4）

（1）闭室法（closed chamber method）

在该法中，土壤发射的气体可用在土壤表层加上能盖紧的培养室以测定短期发射的气体。

（2）开室法（open chamber method）

在该法中，空气通过培养室而向下流入收集系统，以便收集有用的气体。当直接测定气体的敏感性差和需要收集大量样品时，可用此法。但通常可采用带火焰离子或电子俘获检测器的气相色谱仪进行检测。因此，此时便可不采用开室方法。

（3）微气象法

该法可测量垂直气体浓度梯度，但仪器设备价格昂贵，同时还需笨重的取样和测量过程。而且其对CH_4和N_2O的测量亦受到限制。

图7-3　田间气体手工取样

图7-4　田间气体自动取样

3. CH₄通量的计算

培养室横断面积（m²）= A

顶层空间高度（m）= H

顶层空间体积（L）= 1 000 × AH

CH_4浓度（O时间μL/L）= C

CH_4浓度（一定时间后μL/L）= Ct

CH_4浓度变化（一定时间t）（μL/L）=（Ct−Co）

释出CH_4体积（一定时间t）（μL/L）=（Ct−Co）× 1 000AH

当时间以小时计时的通量[mL/（m²·h）]=（Ct−Co）× AH/（A × t）

在STP时22.4mL CH_4重16mg

因此，CH_4通量 =［（Ct−Co）/t］× H × 16/22.4 × 1 000 × 24mg/（hm²·d）

4. N₂O通量的计算

培养室横断面积（m²）= A

顶层空间高度（m）= H

顶层空间体积（L）= 1 000 × AH

N_2O浓度（O时间μL/L）= Co

N_2O浓度（一定时间后μL/L）= Ct

N_2O浓度变化（一定时间t）（μL/L）=（Ct−Co）

释出N_2O体积（一定时间t）（μL/L）=（Ct−Co）× 1 000AH

当时间以小时计时的通量[mL/（m²·h）]=（Ct−Co）× AH/（A × t）

在STP时22.4mL N_2O重44mg

因此，N_2O通量 =［（Ct−Co）/t］× H × 44/22.4 × 1 000 × 24mg/（hm²·d）

第八章 土壤发射的二氧化碳（CO_2）及其调控

一、引言

二氧化碳（CO_2）是最为丰富的温室气体。CO_2在大气中的现行浓度接近400μL/L，每年的增速为0.5%。全球生物质碳库总量因不同方法而测出的数量会有所差异，其值分别为835Gt C（Whittaker and Likens，1975）；560Gt C（Ajtay et al.，1979）；594Gt C（Goudriaan and Ketner，1984）；740Gt C（Houghton，1995）。土壤约为大气中C的2倍，其值为1 500Gt C。在农业条件下，土壤中C的储量约为170Gt C（Paustian et al.，2000），植被为550Gt C。森林几乎占全世界陆地碳量的一半。土壤和植被两者与大气的C交换量为100Gt C/y（Kicklighter et al.，1994）。各种C储库向大气的净流出量为5.6~6.0Gt C/y（Sund Quist，1994）。

全球最大的碳储库是深海，其量超过了大气中碳量（740Gt C）的50倍，总量为37 000Gt C（1Gt = 10^9t）（Houghton，1995）。

全球其他碳库为大气720Gt C、海洋为38 000Gt、（Goudriaan and Ketnet，1984）、矿物燃料库6 000Gt C（Goudriaan等，1984）和生硝矿（干旱和半干旱地区的石油生硝层）780~930Gt C（Schlesinger，1982，1985）（表8-1）。

表8-1 全球土壤中的碳储量

碳库类型	参考文献	CO_2库（Gt C）
植被类型	Bolin（1977）	700
	Schlesinger（1977）	1 456
	Bolin et al.（1979）	1 672
	Ajtay et al.（1979）	1 635
土壤类型	Bohn（1976）	3 000
	Ajtay et al.（1979）	2 070
	Post et al.（1982）	1 395
	Schlesinger（1984）	1 515
	Buringh（1984）	1 477
	This study	1 700
模拟类型	Mcentemeyer et al.（1981）	1 457
	Goudriaan and Ketner（1984）	1 400

陆地生物的净初级生产量为60Gt C/y，枯枝落叶40~50Gt C/y，树枝干总量60Gt C/y（Ajtay et al.，1979）。矿物燃料燃烧发射的CO_2总量1984年为5.4Gt C（Rotty；1987）。1987年则为5.7Gt C。每年因森林破坏而释出的碳量为0.3~1.7Gt C（Detwiler and Hall，1988）或1~2.6Gt C/y（Houghton et al.，1985）。2050年，每年矿物燃料燃烧发射的碳量范围为2~20Gt C（Keepin et al.，1986）。根据不同资料的说明，大气CO_2浓度在2050年将达到440~660μL/L。依据平衡原则，大气的CO_2汇为：大气71%，海洋18%和陆地生物11%（Goudriaan，1988）。现已证明，每年海洋仅能吸收发射入大气中碳量的

40%。因此，这就造成大气中CO_2增加达0.5%或3.6Gt C/y。

就全球而言，腐解的枯枝落叶和土壤有机质的碳量可能超过活生物体的2～3倍。最近，科学家以4种不同类型的生态系统为基础，即植被类型、土壤类型、生命区类型和模拟模型，估测了世界生态系统中土壤有机质的碳储量，其中，有些测出值列于表8-1。

土壤在主要温室气体（CO_2、CO、CH_4和N_2O）的生产和吸收过程中起着极为重要的作用。表8-2指出了全球每年发射温室气体的数量，每年的增加数量和土壤的净发射量。

温室气体发射的源和汇数值虽有很大的变化，但是重要的净发射源和汇则得到了认可，土壤发射CO_2的净源占总发射量的5%～20%；甲烷（CH_4）约为30%；N_2O为80%～90%。此外，土壤也可作为CO的净汇。

表8-2 CO_2、CO、CH_4和N_2O全球净发射量和土壤发射量（Pg/y = 10^{15}g/y）

温室气体	总发射量	土壤发射量	每年增加的发射量（%）
CO_2	5.7～6.4*	0.2～0.9	0.5
CO	1.3～5.7	−0.19～−0.58	2～6
CH_4	0.40～0.64	0.1～0.24**	1.1
N_2O	0.007～0.021	0.006～0.019	0.25

注：*矿物燃料（5.2），火山喷发（0.3）和土壤发射等构成的总量；**不包括土壤汇值0.03

碳循环是土壤中所有生物转化过程最重要的步骤，因为光合作用将CO_2还原而直接或间接地为所有微生物提供能源。若分解作用不受条件的影响，那么，生物活性水平最终便可用每年进入土壤中有机碳的数量来测定。（表8-3）列出了陆地系统每年碳量和能量循环的一些通用数值。土壤有机碳量（85×10^{10}t）是根据陆地表面被不同类型植被覆盖的面积来计算的。这些数值不包括泥炭、沼泽、沙漠和冻土带的有机碳。这些特殊环境中的大部分碳都极难被生物所分解。

在生物循环过程中，碳活性的最大部分在海洋，即主要为碳酸钙。然而仅有约2%的碳酸钙会在温跃层（温度突变层）上部参与大气CO_2的交换。陆地净光合作用产物（光合作用总产物减呼吸作用和消耗的量）比海洋高40%，虽然海洋的覆盖面几乎是陆地面积的3倍。陆地植物生物体（主要为树木）比海洋生物体大得多。土壤有机质的全部转化率可用土壤有机碳/每年陆地净碳来予以测算。（表8-3）是13年的计算值。

表8-3 生物循环中碳量和能量值

位置	碳量（t×10^{10}）	能量（J×10^{21}）
陆地		
陆地植物体	59	
土壤有机质	85	
每年净产值	6.3	2.8
工业活动释出的燃料碳	0.5	
海洋		
海洋生物体	0.3	
海洋中溶解的碳	100	
大气		
无机碳（主要为HCO_3^-）	3500	
大气二氧化碳	4.5	2.0

注：陆地面积1.48×10^{14}m²，海洋面积3.61×10^{14}m²，土壤50cm深度（包括沙漠、冻土和泥炭）

土壤是二氧化碳的源和汇（a Source and Sink）。土壤生态系统既是温室气体的生产者（Producers），又是温室气体的消费者（Consumers），特别是碳矿化作用的产物（CO_2和CH_4）。土壤有机质水平的提高导致了过量的二氧化碳进入土壤有机质而成为一个CO_2净储库（汇），土壤有机胶体或土壤生产力下降则能使生态系统成为一个矿质碳源。例如，保土耕作技术会对陆地产生CO_2发生明显的影响。Kern和Johnson（1993）估计，土壤免耕技术的应用能使碳进入土壤有机质，其量相当于美国30年矿物燃料释放碳量的0.7%～1.1%。虽然直接证据较少，但土壤有机质储藏库（reservoirs）和大气矿质碳浓度之间的相互作用是由土壤管理技术和最佳植物生物质生产（即生态系统生产力）所造成的。植物生物质是一个主要的碳储藏库（primary carbon reservoir），能调节或制约生物质合成的有关土壤性质，是土壤团粒结构，它是由土壤矿物与腐殖质相互作用而形成的。因此，增加有机胶体使土壤结构得到改善便可降低大气CO_2的载荷，其是通过增加陆地生物质库来完成的。

因此，这就可以明确，大气CO_2源超过了一确定的CO_2汇。土壤有机质和陆地生物质至少占未知CO_2归宿量的一部分。由于陆地生物圈和有关的土壤所含碳远远大于大气。所以，这些碳库便可作为大气CO_2水平的缓冲剂（buffers）或缓和剂（moderators）。最近，Sudquist（1993）提供了1990年以前各种生物地球化学库中测出的碳量，其值为陆地生物圈的碳量为2 160Gt，而大气库中所含碳量则为750Gt。在陆地生物圈中的土壤组分中其碳量约为碳总量的2/3。Eswaran等（1993）测定，土壤中储存的碳量为1 576Gt，而热带土壤所保持的碳量约占32%。为了获得陆地生态系统中活体生物质和死亡生物质（有机质）之间比例的有效数据值，应当考虑森林系统中各种生物质库的关系。科学家估计，森林系统生物质中所含碳量是死亡有机质碳量的2倍或3倍。

在生物圈中，变化较小的生物质生产中以及土壤固定的碳量中，CO_2浓度增加3倍时，其便能明显地影响大气中CO_2的水平。

二、光合作用是CO_2转移的第一过程

图8-1综合了大气和土壤中各种碳库的主要转化过程。

第一过程是光合作用。光合作用是植物在光照条件下将CO_2转化为生物质的过程（图8-1a）。所有光合作用固定的CO_2量（毛初级生产量）会被生物呼吸作用消耗30%～70%。在自然生态系统中，保持的初级生产量（NPP）明显地取决于气候和各种环境的变化，在成熟的热带雨量，其初级生产量（NPP）为3×10^4kg（$hm^2 \cdot y$）。其中部分NPP会被食草动物和食肉动物用于异养呼吸而消耗，有一部分还会被寄生生物所消耗。在生物质进入土壤以前，还有一些分解生物（如微生物）等也会分解生物质。在森林区域、落叶、树干和树枝是供应生态系统中的主要有机质（生物质）。但在沼泽生态系统中，根系可提供输入生物质总量的90%（Gosselink，1984）。非光合作用的自养生物，如化能自养微生物，它们也能向土壤提供有机质但其量常可忽略不计。

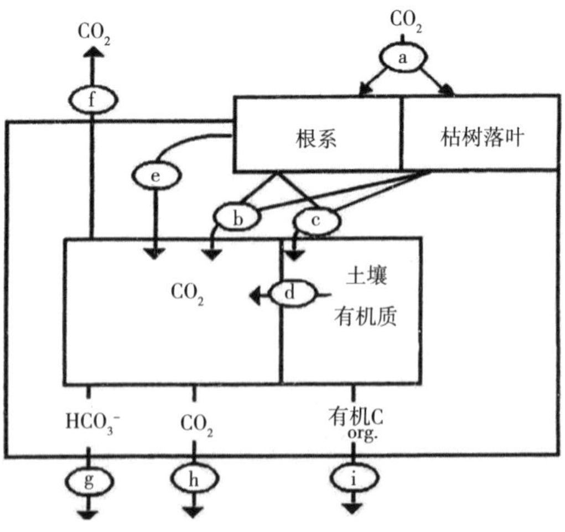

具有高度地下活动的生物，如蚯蚓等也能将地上落叶的一部分翻入土壤。在大量和复杂的土壤生物群落影响下，大部分死亡的生物质在经过几个月到几年的时间段便会分解而释出CO_2和H_2O（图8-1b）。其中一部分新鲜生物质可供应有机C而以腐殖质形态储存于土壤，这类腐殖质虽然比新鲜生物质分解缓慢，但也会逐渐地分解成CO_2和H_2O（图8-1d）。除异养呼吸放出CO_2外，根系呼吸也能为土壤提供CO_2（图8-1t）。除异养呼吸放出CO_2外，根系呼吸亦能向土壤放出CO_2（图8-1e）。这些生物过程的联合作用，结果是将大气中的CO_2在分压为0.03kPa时输送入土壤中，并常能在其中形成0.1～10kPa等级的分压。

图8-1　大气和土壤碳库之间CO_2转移的主要过程

因此，在大部分土壤中经扩散作用又将CO_2返还大气，而且能在土壤温度和水分暂时波动的情况下促使CO_2的交换（图8-1f）。根据亨利定律常数（Henry's law constant），部分CO_2能溶于土壤溶液，并离解形成HCO_3^-和H^+。如果H^+与矿物（硅酸盐和碳酸盐）的负电荷吸附点或结合点上的阳离子进行交换，那么，$CO_2 \leftrightarrows HCO_3^-$平衡便会向右，所以，$CO_2$-C因有溶解的金属离子（$Na^+$、$Ca^{++}$或$Mg^{2+}$）存在而则被排水所带走（图8-1g）。大气中其他$CO_2$汇会以溶解于水中的$CO_2$形态和溶解的有机C形式被排出（图8-1h、图8-1i）。

在裸露土地上建立植被后，土壤有机质库会增加而形成稳态水平。因此，图8-1中的c、d和i的C通量便会平衡。这种有机质库的稳态水平主要取决于气候、土壤水文条件、土壤质地、土壤矿物、土壤结构和耕作技术。稳态土壤有机碳库级次为$5 \sim 35 kg/m^2$，但需经几十年到几百年才能完成。在一种顶级植被条件下，储存于地下的死亡有机碳库量会大于储存于活植物体中有机碳库的几倍。在一种顶级植被建立后，在很长的时间段内，稳态有机碳库会得以保持，因此，土壤—植被系统即a>f条件下，其在大气CO_2汇中起着重要的作用。这种CO_2汇最初稳定的有机碳库将是由活生物质和土壤有机质的积累而形成的。在潮湿条件下，永远不会完成。当条件发生变化时，土壤—植被系统能将一种CO_2汇转化为一种CO_2源，所以，土壤有机质的呼吸速率（分解速率）便超过了有机质的形成速率。

由于初级生产率因气候变化或农事活动等因素而下降时，向土壤供应新鲜有机质的数量亦随之降低。当异养呼吸增加时，土壤有机质的分解便会加强。其原因是增加了土壤的通气性、增加了土壤温度和增加了基质的有效性。就目前状况而言，土壤作为全球CO_2净源是由于人类活动所造成的。人类活动主要有：湿地和沼泽地的排水；森林破坏和土地利用的变化。

三、土壤发射的CO_2

二氧化碳是最重要的温室气体，它对温室效应的贡献率为60%。CO_2在大气中的浓度自工业革命前的290μL/L升至目前的356μL/L，而且，每年以1.5μL/L的数量增加。陆地生物圈每年周转的碳量约为45Gt（$45 \times 10^9 t$），其占大气碳库的7%。因此，大气碳库会受到陆地生物圈的影响。这种影响的结果是，大气CO_2浓度显示了季节性的波动，其量从Mauna Loa地区的约6μL/L增加至北部亚极地区域（Point Barrow，Alaska）的15μL/L。目前，CO_2的人为源主要是矿物燃料的燃烧，但从陆地生物发射量包括土壤发射、森林清理和火灾发射都对大气中CO_2浓度有着明显的影响。科学家推算，从1850—1990年，土地利用变化引发了CO_2发射量的增加，其值为（122 ± 40）Gt，它占到全球CO_2增量的一半（Houghton，1995）。

现在，人们将全球气候变暖的主因归之于土壤，其是大气中CO_2的最大源和汇。除CO_2干扰地球热平衡账外，土壤发射CO_2会减少土壤有机质和降低土壤肥力及生产力。由于实施集约化农业和土壤有机残体循环受到限制，所以，其也会增加CO_2的释放。因此，热带区域的土壤有机碳因温度较高而分解加快，从而含量下降，并降低了土壤肥力。但是，一般认为土壤发射出的CO_2会被植物的光合作用所吸收而形成一种自维系统（A Self-Sustaining System）。这就表明这是一个稳定的生态系统。据初步估计，一年内土壤释出的CO_2可能与光合作用固定的CO_2相当。然而，土壤表层释放出的CO_2实际有季节性变化，因此，作物群落对其吸收也有差异。虽然农业对大气中的CO_2源的增加有一定的影响，但其对CO_2汇（吸收CO_2）则具有很大的潜力。农作物可吸收农业土壤释出的CO_2。因此，光合作用是吸收大气CO_2而形成了最大碳汇。非收获的植物生物质可返还土壤，并构成了碳的缓冲作用。因此，研究得出结论，土壤是最大的CO_2源，除非输入的碳量大于输出的碳量。然而，这种情况通常很少发生。因此，要研究土壤的自维作用，增加土壤C汇，减少C源（图8-2）。

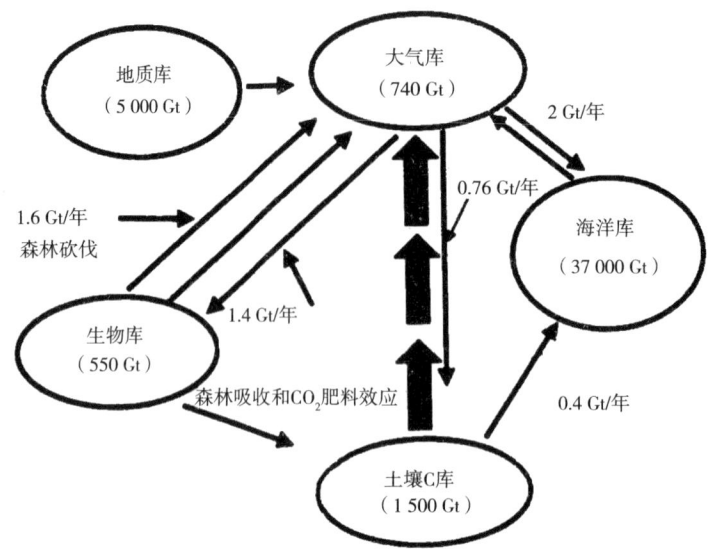

图8-2 全球各生态系统C库（汇）和C通量

四、二氧化碳可视为一种天然气体

英国科学家（Jpseph Priestly）首先发现了二氧化碳（O＝C＝O，CO_2），其是略带刺鼻酸味的无色体，分子量为44。地球上最大碳储库为深海，其碳量比大气（740Gt C）大50倍（37 000Gt C）（Houghton，1995）。土壤含碳量约为大气碳量的2倍（1 500Gt C）。在农业条件下，土壤中碳的储量约为170Gt C（Paustion et al.，2000），植被则含550Gt C。森林储碳量几乎占全球陆地碳量的一半。土壤和植被结合在一起与大气进行碳交换，其量为100Gt C/y。土壤单独的呼吸作用放出的碳量为50～75Gt C/y（Kicklighter et al.，1994）。由各种碳储库向大气释放出的碳净通量为5.6～6.0Gt C/y（Sundquist，1994）。由于全世界开垦土地的结果，科学家观察到在温带草地和热带森林土壤以及最小面积的火山灰土损失的碳量为54Gt C（Mosier，1998）。

印度土壤学家就本国土壤根据有机质含量计算了释放出的碳通量和碳储量（Gupta and Rao，1994）。他们计算的碳总储量24.3Gt C（表8-4），其占世界土壤储碳量的1.6%～1.8%。

表8-4 印度土壤中现行和潜在的碳储量

土壤类型	面积（mhm²）	面积百分率（%）	碳储量（Gt）	碳交换容量（Gt）
红壤	50.5	15.3	4.20	6.01
红壤和砖红壤	20.8	6.3	1.99	3.22
红黄壤	13.3	4.0	0.60	0.85
发育中度的黑土	33.0	10.0	2.71	3.57
发育深度的黑土	26.6	8.1	2.45	3.30
红黑混合	39.2	11.9	4.75	6.51
沿海冲积土	8.1	2.5	0.43	0.70
冲积土	66.1	20.1	3.77	5.65
沙漠和盐碱土	29.6	9.0	0.84	1.30
棕色和红色丘陵土	8.0	2.4	1.04	1.68
浅粗骨土	15.6	4.7	0.19	0.28
棕色森林土和灰化土	17.7	5.4	1.36	1.87
总量	328.5	99.7	24.33	34.93

来源：Gupta and Rao（1994）

全球最大的碳储量是深海，其量为37 000Gt C，它比大气740Gt的储量大50倍。土壤含有约1 500Gt C。其比大气储碳量大2倍。在农业条件下，土壤中的储碳量接近170Gt C（Paustian et al，2000），植被则含有550Gt C。森林几乎占全球陆地碳量的一半。农业土壤和植被两者与大气的碳交换量每年约为100Gt C/y，而单独土壤呼吸放出的碳量为50～75Gt C/y（Kicklighter等，1994）。从各种碳库向大气放出碳的净通量为5.6～6.0Gt C/y（Sundequist，1994）。开垦造成全球碳损失的总量估计为54Gt C/y，其中损失量最大的是温带草地土壤和热带森林土壤，损失最小的为火山灰土（Andosol）（Mosier，1998）。

五、土壤发射CO$_2$的机制

土壤发射的CO$_2$代表了所有土壤因代谢功能而形成的CO$_2$总量。图8-3是土壤代谢形成的CO$_2$图式。其该图式包括了微生物呼吸、根系呼吸、动物呼吸和含碳化合物的化学氧化作用。土壤释放出的CO$_2$系由细菌、真菌、藻类和原生动物的呼吸作用所造成，因为在表层或较深层具有大量的有机残体，其可作为这类生物的基质。在不同气候条件下，放射出的CO$_2$量亦有差异。热带土壤与温带土壤相比，前者因有较高和较长的热源及能源，所以，释出的CO$_2$亦较高。农业生态系统中CO$_2$源和汇现已获得了很好的理解，但CO$_2$通量的程度则有较大的不确定性。由于土壤中生物过程能不断地产生CO$_2$，所以，土壤中的CO$_2$浓度高于大气中的CO$_2$浓度。在微生物和植物生长量好的好气土壤条件下，土壤中CO$_2$的一般浓度约为6 000μL/L。在淹水条件下，土壤CO$_2$含量平均为10 000～30 000μL/L。土壤水分含量的变化可能是影响CO$_2$发射的最不容易理解的因子之一。

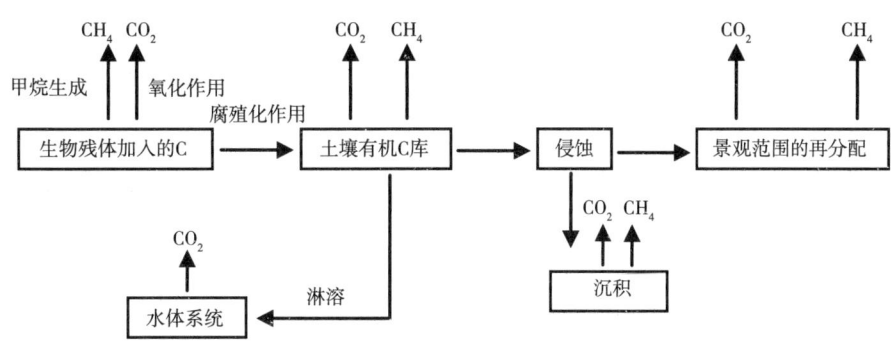

图8-3　影响土壤碳动力学的过程（Lal，2002）

六、影响土壤发射CO$_2$的因子及其调控

影响土壤发射CO$_2$的因子有：温度、水分、土壤质地、盐碱、大气压、有机肥、化肥、硝化抑制剂、作物、耕作和土壤深度。

农业发射CO$_2$的调控技术有：农业发射CO$_2$可通过增加土壤缓冲作用而成功地得到调控。土壤缓冲作用受控于土壤pH值，水分含量、温度、附近多余的农用地和退化土壤中碳的恢复程度等。

土壤中碳缓冲作用的管理战略措施有3个方面。第一，改善土壤管理技术，如少耕和免耕等以保持或提高土壤有机质水平。第二，增加贫瘠土壤的有机质以恢复其有机质含量。第三，改善土壤肥力以扩大土壤有机质库。上述3种方法的重点是要将土壤有机质的增量超过其分解速率。

七、土壤和大气之间CO₂的转移过程

土壤在主要温室气体（CO_2、CO、CH_4和N_2O）的生产和吸收过程中起着极为重要的作用。表8-3指出了全球每年发射温室气体的数量，每年的增加数量和土壤的净发射量。

温室气体发射的源和汇数值虽有很大的变化，但是重要的净发射源和汇则得到了认可，土壤发射CO_2的净源占总发射量的5%~20%；甲烷（CH_4）约为30%；N_2O为80%~90%。此外，土壤也可作为CO的净汇。

八、全球碳库（汇）

地球碳库（carbon reserves）通量可用卷首图1示出。地球最大的碳库是深海、它的储量为大气碳库（740PgC）的50倍（37 000PgC）。土壤碳库则为大气碳库的2倍（Houghton，1995）。在农业条件下，土壤中的碳量约为170PgC（Paustian et al.，2000），植被则为550PgC。森林碳库几乎占全球陆地碳量的一半。因此，土壤和植被与大气交换的总通量为100PgC/y，而土壤呼吸释出的C量则为50~75PgC/y。因此，各碳库向大气输出的碳净通量为5.6~6.0PgC/y。由于世界范围内种植业的发展，所以温带草地和热带森林土壤发射的C量最大为54PgC。

第九章　土壤发射的甲烷（CH₄）及其全球平衡账

一、引言

甲烷是最简单的烃类化合物，其由4个氢原子与一个中心碳原子共价结合。甲烷分子有一个四面体形状，4个氢原子在其中心占据了一个具有碳原子正规四面体的角面。因此，甲烷的分子式为CH_4。CH_4是无色、无臭的气体，它的熔点为-183℃，沸点为-164℃。在室温时，CH_4的密度比空气小。因此，其水溶量极小（17mg/L，35℃）。甲烷是可燃气体，空气中混有约10%甲烷便能爆炸。吸入甲烷本身不会中毒，但因能降低氧的吸入量而发生窒息。甲烷在商业上可通过烟煤蒸馏而合成或通过碳和氢加热而发生。在实验室里，将醋酸钠和氢氧化钠一道加热也能产生甲烷，或者将碳化铝（Al_4C_3）加于水中而产生。

20世纪40年代，科学家就已知道大气中存有甲烷（CH_4）。电磁场中红外线区域中的强烈吸收波谱是由大气中CH_4所造成的。对流层中甲烷的浓度变化无常，其含量可从北半球的约1.7μL/L到南半球的约1.6μL/L（Rasmussen and Khalil，1986，Steele et al.，1987）。Rasmussen等首先证明了大气中CH_4浓度会不断增加，后来被Blake等（1982）所确证。在过去200年间，大气中甲烷浓度已增加了2倍（Ehhalt，1988）。就平均增量而言，1978—1983年间CH_4量有暂时性的增加，其值每年约为18nL/L（Blake and Rowland，1986），或者每年增加1.1%（Bolle et al.，1986）。Steele等（1987）观测到，在1983—1984年间，甲烷浓度缓慢下降了15.6nL/L，或者全球下降量小于1%。大气中甲烷负荷（burden）约为4 700Tg（wahlen et al.，1989）到4 800Tg（Cicerone and Oremland，1988）。由于CH_4残留时间为8.1～11.8年（Cicerone and Oremland，1988）到8.7～8.8年（wahlen et al.，1989）。因此，CH_4准稳态（Quasi steady state）总源为（95±500）Tg CH_4/y到580～590Tg CH_4/y。

1970—1980年观察到的增加值需要每年CH_4源超过CH_4汇70Tg CH_4（Blake et al.，1982）到50Tg CH_4（Bolle et al.，1986）或者40～46Tg（Ciccrolle and Oremland，1988）。据此推算，每年向平流层输送的CH_4量为60Tg（Crutzen and Gidel，1983）。Khalil等（1983）指出，在北半球，夏季中CH_4浓度较低，而在秋季则明显增加。这种现象表明，北纬度区域CH_4有一个秋季源（a fall source）。CH_4的这种季节性变化通常与羟基（OH）的季节性和纬度变化相一致。

甲烷的主要移动过程是大气反应过程（反应式1），同时，光化学反应能产生OH（反应式2和反应式3）。

$$OH+CH_4 \rightarrow H_2O+CH_3 \tag{1}$$

$$O_3+h\nu \rightarrow O+O_2 \tag{2}$$

$$O+H_2O \rightarrow OH+OH \tag{3}$$

在过去200年间，CH_4发射量增加了70%，其中，30%是OH不断消耗所造成的（Khalil and Rasmussen，1985）。研究表明，各种人为源发射出的一氧化碳（CO）是引发OH消耗的主要因子。大气中甲烷的作用是一个复杂的因子：

（1）CH_4在红外线谱区具有吸收波谱的作用。

（2）CH_4在对流层中会被游离OH基团所氧化。

（3）CH_4可能是CO的源，其可被OH所氧化。

（4）CH_4是平流层的一个水蒸气源，其是因能氧化CO_2和H_2O所造成的。

（5）平流层中的甲烷可与Cl离子发生反应，从而形成HCl，因此，Cl和ClO会以缓慢的速率毁坏平流层中的臭氧。

在严格的厌氧条件下，微生物分解有机物的过程中便会产生甲烷（CH_4）。自然湿地和水稻田因厌氧条件占优势，所以亦能产生甲烷。在填埋场，有机废物在发酵过程中会消耗氧，从而亦能产生CH_4。在反刍动物的消化道和各种昆虫的肠道中也会形成甲烷。昆虫中尤以白蚁最为重要。在生物质的燃烧过程中也会产生甲烷。

研究表明，甲烷总源的21%±3%（wahlem et al.，1989）到约30%（manning et al.，1989）来自矿物燃料的燃烧或来自"休眠"甲烷（"dead"methane）。"休眠"甲烷量包括了来自湿地或老泥炭层的约30Tg（Cicerone and Oremland；1988）。其余部分则来自开采煤矿和天然气的开发。

表9-1列出了目前收集到的CH_4源数量，人类可以控制当代甲烷总源的约50%。由于世界人口超过了前2个世纪的4倍。因此，人为发射的CH_4源也增加了4倍。所以，这就导致了甲烷总源增加了2倍。该值系与大气中CH_4的增量相一致（Ehhalt，1988）。

表9-1　根据各种报告所汇集的大气甲烷源的数量

来源	CH_4发射量（$TgCH_4/y$）
水稻田	60~140[a]
自然湿地	40~160[a]
填埋场	30~70[b]
海洋/淡水湖/其他生物源	15~35[c]
反刍动物肠道	66~90[d]
白蚁	6~42e/2-5[f]
天然气开发	30~40[c]
煤矿开采	35[e]
生物质燃烧	55~100[c]
其他非生物源	1~2[c]
总量	334~714
总源g	400~640
总汇g	300~650

注：a、b、c、d、e和f为参考文献，此处从略

二、甲烷是天然气体

Migeotte（1948）观察到大气中的甲烷能使电磁场红外线区域出现强烈的吸收波谱，因此，发现了大气中含有甲烷。早在20世纪20年代，Ehhalt等（1973）测量了北半球大气中垂直分布的甲烷浓度，并报告了对流层中甲烷的分布几近一致，它的平均浓度为1：41μL/L。随后Ehhalt指出，甲烷浓度垂直分布梯度的数值较小，其约为1.3μL/L，因此，表明南半球的浓度小于北半球。根据这些测定数值，科学家估计，大气中含有的甲烷总量约为4Pg，同时指出，甲烷循环对大气碳循环的效率为1%。20世纪80年代开始，Black等（1982）用10年时间在许多不同地区用时间序列测定了大气的组分，结果表明，大气中的甲烷浓度迅速增加了。在Antarctica的Byrd Station试验站和Dye地区对冰芯进行了测定，结果表明，大

气中甲烷浓度在20 000年前（≈最后的冰川作用期）约为0.35μL/L。在工业前化前的甲烷平均浓度为0.7μL/L，但现在大气中甲烷浓度已达1.72μL/L。这些数据预示，在2100年时，甲烷浓度可达3.0~4.0μL/L（Us Enviromental Protection Agency，1991）。大气中甲烷与红外线辐射相互作用会催进全球变暖。大气中1.5μL/L的甲烷浓度可促使全球平均温度增加约1.3K（Donner and Ramanathan，1980）。

甲烷是重要的温室气体之一，其在大气中的浓度增加速率每年为0.3%（prinn，1995）。甲烷对全球变暖作用的总量占15%~20%（IPCC，1996）。甲烷的主要人为源之一是水稻田。水稻田渍水造成了无氧环境，从而通过甲烷细菌的作用而有助于甲烷的产生。为了满足全球人口的快速增长，因此，在以后的30年内，全球每年需要在现有水稻产量水平上再增加65%，即每年增加1.7%的产量（IRRI，1997）。在南亚，水稻产量在2020年将会增加2倍。这样，从水稻田发射的甲烷量也会增加。

三、大气中甲烷的源与汇

大气中甲烷浓度受到不同源的发射量的制约，而且主要通过大气中的光化学反应而将其移去。目前，CH₄的发射量超过了移去量，所以，它的浓度便不断增加。大气中CH₄的天然源和人为源的范围很大，而且已鉴定了各个源的发射量（表9-1）。全球每年甲烷发射的总量约为535Tg（IPCC，1996），约占人为源的70%，矿物燃料燃烧，反刍动物和水稻田是主要的人为源（图9-1）。但是，各种人为源有很大的不确定性和较大的变化。表9-2列出了目前已认同的大气CH₄源。

大气甲烷的主汇是其在对流层中与OH基团发生的反应，因此，其浓度受到了各种化合物如CH₄、CO和NOₓ、O₃以及对流层中等复杂反应的制约。土壤中CH₄的微生物氧化作用认为仅是一中生物汇，它会消耗全球发射量的1%（Adamsen and King，1993）。但是，土地管理、氮肥和土壤反应也会明显地影响到CH₄汇强度（表9-2）。

表9-2　全球大气甲烷的源和汇

源/汇	甲烷发射量（Tg/y）	
	范围	平均
天然源		
湿地	55~150	115
白蚁	10~50	20
海洋、淡水	5~50	15
其他	10~40	15
总量	110~210	160
人为源		
矿物燃料（煤/气生产和分配）	70~120	100
牛	65~100	85
水稻田	20~100	60
其他源		
生物质燃烧	20~80	40
填埋场	20~70	40
动物废弃物	20~30	25
猪	15~80	25
总量	300~450	375
鉴定的总源	410~660	535
总汇	430~600	515
大气增加量	35~40	37

来源：IPCC（1996）

土壤也是大气CH₄的汇。与渍水土壤相比，通气土壤和旱地土壤通常也起着大气CH₄汇的作用。Seiler等（1984）首先证明了土壤能吸收CH₄。他们测定的结果说明，在雨季，土壤表层CH₄的分解量为

52μg/（m²·h）。现已确认，大气CH_4进入土壤表层的通量是土壤中CH_4产生和分解的净差值。结果证明，土壤和土地利用有关的过程是大气中CH_4的主源。表（9-3）列出了大气CH_4载荷，残留时间和大气CH_4的全球总源和总汇。图9-1列出了大气中甲烷的分配比率。

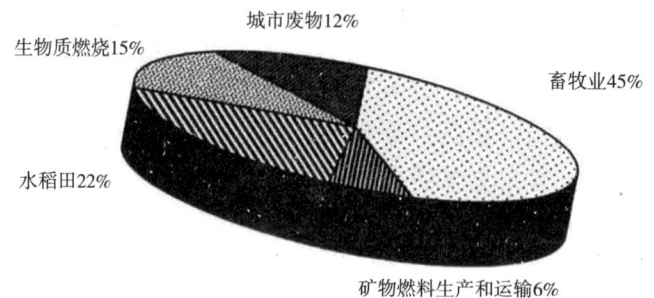

图9-1　大气中甲烷的分配比率

表9-3　大气CH_4载荷、CH_4寿命以及大气CH_4的全球总源和总汇

大气CH_4载荷	4 800Tg[a]
大气CH_4寿命	8.1 ~ 11.8y[a]
年增加率	0.8% ~ 1.0%[a]
源：水稻田	（100 ± 50）Tg
天然湿地	（100 ± 50）Tg
消化肠道	（85 ± 15）Tg
填埋场	（50 ± 20）Tg
天然气储库	（70 ± 5）Tg
生物质燃烧	（78 ± 32）Tg
总源	318 ~ 6 736Tg
平均	495.5Tg
汇：对流层中OH的氧化作用（占源的85%）[a]	421.5Tg
平流层中OH的氧化作用	60[a,c]Tg
土壤吸收	40Tg
总汇	521Tg

注：a Cicerone和Oremland，1988；b 包括海洋的5 ~ 20Tg/y（Cicerone和Oremland，1988）；c Bolle et al.，1986

表9-4　全球大气中的甲烷（CH_4）源

源	CH_4发射量（Tg CH_4/y）
水稻田	60 ~ 140
天然湿地	40 ~ 160
填埋场	30 ~ 70
海洋/淡水湖/其他生物源	15 ~ 35
反刍动物肠道	66 ~ 90
白蚁	6 ~ 42/2 ~ 5
天然气开发	30 ~ 40
采煤矿开采	35
生物质燃烧	55 ~ 100
其他非人为源	1 ~ 2
总量	334 ~ 714
总源	400 ~ 640
总汇	300 ~ 650

四、土壤是大气甲烷（CH₄）汇

与渍水土壤相比，通气和干旱土壤一般能起到大气甲烷（CH_4）汇的作用。Seiler等（1984）首先在南非阔叶林区的稀树草原（savannah）测定了土壤发射的CH_4数量，并证实土壤能吸收CH_4。他们的测定结果表明，在雨季，土壤表层CH_4分解量为52μg/（$m^2 \cdot h$）。因此，推测这一数值亦可作为亚热带其他土地表层如稀树草原、林地/灌木林地和沙漠的代表性数值。据测量，在亚热带土壤每年消耗CH_4的数量约为21Tg。由于CH_4产出量与土壤水分含量呈反比，所以，21Tg是雨季获得的数值。人们推测，在干旱savannah区域土壤吸收的CH_4可能超过了21Tg。

科学家指出，大气向土壤释出的CH_4通量是土壤中同时产生和分解CH_4的净值。事实上利用非常低的初始CH_4混合比率气体的空气进行的试验结果显示，在试验系统中，CH_4混合之前，土壤向大气发射CH_4的净通量是稳定的一个平衡值。然后，在一定时间内保持恒定。同时在试验中当CH_4混合比率大于平衡值时，可以观察到大气向土壤表层发射CH_4的净通量。这些结果证明，环境参数如土壤温度和水分保持恒定时，其获得的结果是平衡值，在南非条件的试验中，其值为1.0~1.2μL/L。这就表明，土壤吸收CH_4的数量会随大气中CH_4混合比例的提升而增加。

在所谓厌气环境条件的土壤微生态位（microniches）中，由于产CH_4菌非常活跃，所以亦可观察到CH_4的发生，由于消耗CH_4微生物的活动，和/或土壤中广泛存在的铵氧化微生物的作用，所以CH_4会被消耗。最近，在热带、温带和北方区域也可观察到森林土壤对CH_4的吸收。研究表明，热带森林分解CH_4的平均数量为6~24μg/（$m^2 \cdot h$）（keller et al.，1986）。温带和北方森林土壤分解CH_4的数量范围为10和160μg/（$m^2 \cdot h$）（keller et al.，1989）。根据Keller等（1983）和Harriss等（1982）的研究，热带、温带和北方森林土壤吸收CH_4数量每年变化在2~35Tg。

亚热带土壤每年吸收21Tg CH_4，加上森林土壤、稀树草原、林地/灌木林地以及沙漠吸收的CH_4，其量每年为23~56Tg CH_4。与大气约500Tg CH_4总汇循环相比，CH_4分解的总量占CH_4总汇的7%~8%。但这些数值有很大的不确定性，因为还缺乏不同土壤单独吸收CH_4的参数和环境因子如土壤类型、温度和水分等。同时也不知道主要耕地（约0.14亿km²）对CH_4分解速率的影响。

研究表明，大气CH_4混合比率每年约增加0.8%~1.0%（表9-5），且与世界人口增长有着密切的关系（图9-2）。

表9-5　大气CH₄载荷、CH₄残留时间和全球大气CH₄总源和总汇（Bolle et al.，1986）

大气CH₄载荷	4 800Tg[a]
大气CH₄残留时间	8.1~11.8y[a]
年增长率	0.8%~1.0%[a]
源：稻田	（100±50）Tg
天然湿地	（100±50）Tg
动物消化道	（85±15）Tg
填埋场	（50±20）Tg
天然气	（70±5）Tg
生物质	（78±32）Tg
总源	（318~673）[b]Tg
平均	495.5Tg
汇：对流层OH的氧化作用	421Tg
平流层OH的氧化作用	60[a, c]Tg
土壤吸收	40Tg
总汇	521Tg

注：a Cicerone and Oremland，1988；b including5~20Tg/y for oceans；c Bolle et al.，1986

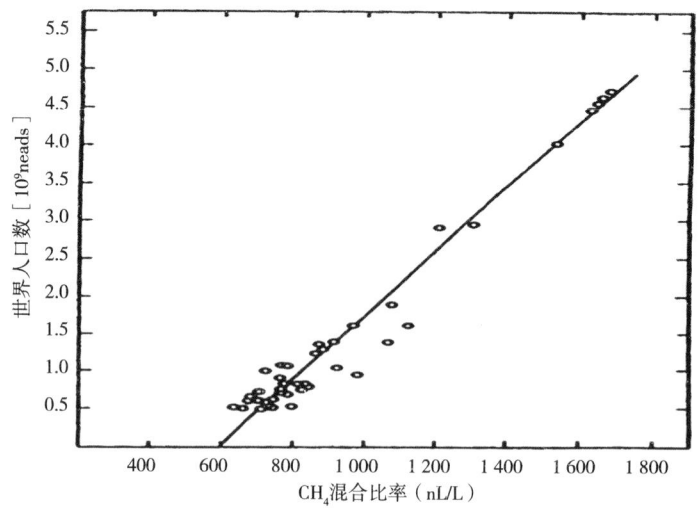

图9-2　世界人口增长和北极洲、南极洲冰核中CH₄混合气比率之间的关系

五、水田和湿地是甲烷的主源

水田是甲烷发射的重要源。早在1913年，Harrison和Aiyer就注意到了水田能发射出甲烷，但在原位首次测出甲烷的通量是在20世纪70年代由美国加里福尼亚的研究人员所完成（Cicerone and Sheter，1981）。他们测出的全球CH_4发射量每年约为59Tg/y。Seiler等亦报告了类似的数值，即每年发射的CH_4量为35～59Tg/y。Holzapfel-pschorn-Seiler（1986）测定了水稻整个生长期CH_4的发射量，其值较高，平均变化量在79～170Tg/y，他们重复进行了试验，结果表明，平均CH_4通量约为（12±6）mg/（m^2·h）。因此，根据水稻田CH_4的平均分布和土壤的实际温度，Sxhutz等（1989）测出的CH_4源每年为（100±50）Tg/y。H.U.Neue等（1992）测出的CH_4源为25～60Tg/y。他们测出的CH_4平均值几乎相等。随后，全球有些国家则进行了详细的研究（Aulakh et al.，2001）。他们进行的大田试验强调了水稻植株在从土壤将甲烷输送至大气中的重要作用。目前，估计水稻田甲烷源的强度每年为60Tg/y，其范围为20～100Tg/y（IPCC，1996）。该估计值仍然是试验性的数值。因此，要获得更精确和可靠的数据还要作进一步的研究。为了这一目标，IPCC已开始一个世界性的计划，即收集和计算各种甲烷源发射甲烷的数据。

六、甲烷生成过程

甲烷的生物形成被命名为甲烷生成，其是一个地球化学的重要过程。该过程会在有机质进行分解的厌气环境中发生。生物发生的甲烷系由少数，但十分专性的细菌类代谢活动所造成。这类细菌在其生态系统中是食物链的终端成员（terminal members），并被称为产甲烷菌（甲烷细菌）。在氧化还原电位小于-150mv的氧气条件下，有机碳的还原作用便会产生甲烷（Wang et al.，1993）。在氧化环境中，有机碳能发生好氧分解，随后便能释放出CO_2。

土壤中甲烷的生成和消耗都是微生物过程。一方面，当甲烷细菌参与厌氧土壤中的有机质分解时便形成了甲烷。另一方面，在甲烷氧化细菌的影响下，通气土壤或通气土壤层中的甲烷会被氧化。大部分泥炭和排水不良或人为淹水的矿质土壤都是甲烷源，而排水良好的土壤则是甲烷汇。图9-3综合了土壤和大气之间的甲烷交换过程。

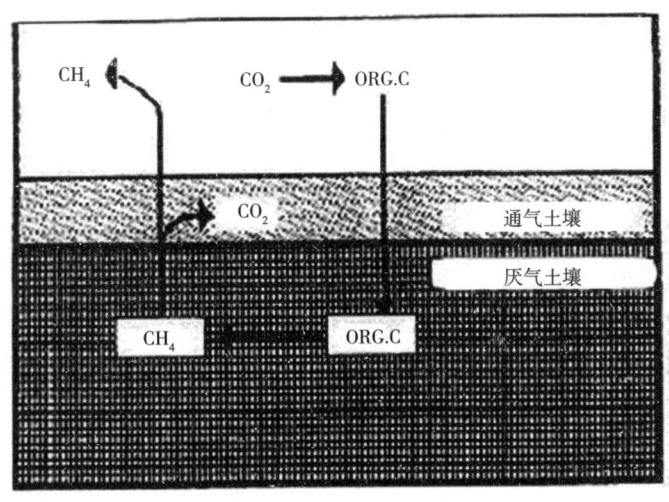

图9-3　土壤和大气之间的甲烷交换过程

水稻田发生厌氧条件是由土壤渍水所造成的。渍水限制了氧气向土壤的移动和阻遏了微生物的活性，从而造成了水饱和而实际缺氧的土壤。在这样的厌氧条件下，微生物便开始利用其他电子受体以用作其呼吸，从而进一步促进了土壤的还原作用。在一系列的反应过程中，氧化还原电位便会急剧下降，从而导致甲烷生成，其反应式如下：

$$CH_2O+O_2 \rightarrow CO_2+H_2O \quad -475kJ$$

$$5CH_2O+4NO_3^- \rightarrow 4HCO_3^-+CO_2+3H_2O \quad -448KJ$$

$$CH_2O+2MnO_2+CO_2+H_2O \rightarrow 2Mn^{++}+4HCO_3^- \quad -349KJ$$

$$CH_2O+4Fe(OH)_3+7CO_2 \rightarrow 4Fe^{++}+8HCO_3^-+3H_2O \quad -114KJ$$

$$2CH_2O+SO_2^- \rightarrow H_2S+2HCO_3^- \quad -77KJ$$

$$2CH_2O+H_2O \rightarrow CH_4+CO_2+H_2O \quad -58KJ$$

上述反应顺序严格地与自由能的产生相一致。土壤还原过程会使土壤pH值趋于稳定而接近中性，这样的条件最适于甲烷生成（Oremland，1988）。高度盐碱化和硫酸盐浓度高时都会增加还原细菌和产甲烷菌之间的竞争作用。在渍水的水稻田条件下，施用有机肥和化肥都会增加产甲烷菌的种群和活性。

在厌氧的还原条件下，产甲烷菌便能产生甲烷，并由氢将CO₂还原，这就是众所周知的"氢化营养途径"（"hydrogenotrophic pathway"）或称作"乙酸分解途径"（"aceticlastic pathway"）。它能将醋酸发酵而产生甲烷（CH₄）和二氧化碳（CO₂）。在自然界，后一种反应机制所产生的甲烷占土壤发射甲烷量的2/3。这些产甲烷菌是严格的厌氧细菌。它们能将其他微生物产生的代谢物如CO₂、H₂、乙酸和甲酸（HCOOH）发酵而形成CH₄。这些反应形成的终端产物如下。

（a）通过化能自养产甲烷菌使CO₂被H₂所还原

$$CO_2+4H_2 \rightarrow CH_4+2H_2O$$

（b）产甲烷菌的几个变种也能利用HCOOH或CO以作为产CH₄的基质，但不包括CO₂和H₂

$$4HCOOH \rightarrow CH_4+3CO_2+2H_2O$$

$$4CO+2H_2O \rightarrow CH_4+3CO_2$$

（c）甲基营养产甲烷菌也能产生甲烷，它们能利用含甲基的基质如甲醇、乙酸和三甲基胺，其反应式如下：

$$4CH_3OH \rightarrow 3CH_4+CO_2+2H_2O$$

$$CH_3COOH \rightarrow CH_4+CO_2$$

$$4（CH_3）_3N+6H_2O \rightarrow 9CH_4+3CO_2+4NH_3$$

现已证实，有一些好氧生态系统都起着甲烷汇的功能。氧化过程使CH_4转化为CO_2是由甲烷营养细菌完成的。在好氧表层，约80%潜在扩散的CH_4通量可通过土壤—水界面而被氧化，从而表明在水稻田氧化表层具有CH_4氧化途径（图9-4）：

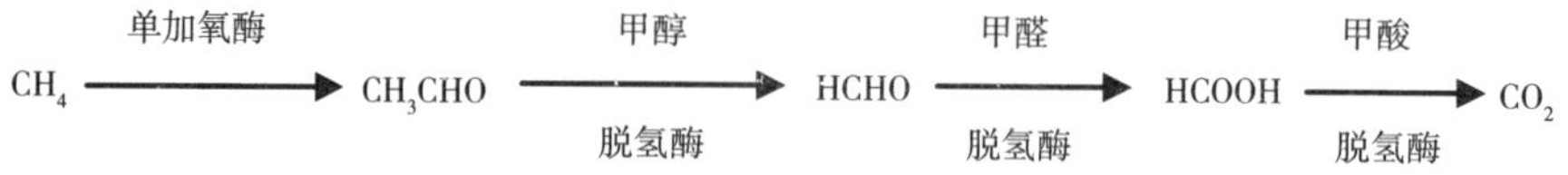

$$CH_4 \xrightarrow[\text{单加氧酶}]{} CH_3CHO \xrightarrow[\text{脱氢酶}]{\text{甲醇}} HCHO \xrightarrow[\text{脱氢酶}]{\text{甲醛}} HCOOH \xrightarrow[\text{脱氢酶}]{\text{甲酸}} CO_2$$

图9-4　甲烷氧化途径

甲烷营养菌是甲基营养菌的一个生理亚种，它能利用各种C_1化合物。能使甲烷氧化的一些微生物都是严格的好氧，专性甲基或甲烷营养型真细菌（eubacteria）。这类微生物能利用甲烷和其他C_1-化合物，如甲醇作为基质。因限制氧的有效性而能抑制甲烷的氧化作用，但硫酸盐能明显地使甲烷从土壤中移去。

七、甲烷的发射量及其消耗

甲烷从水稻田发射的估测量在不同时间段有着相当大的变化。同时，在测量CH_4的方法有所改进和更有效的技术而使测出的CH_4量也会有所不同。全球水稻田发射甲烷的最好估测值范围为30～70Tg/y（Neue，1997），其是以各种模拟模型计算而获得数据。表9-6列出了不同国家甲烷的发射数量。在不同地区测出的水稻田甲烷发射量表明，由于气候、土壤和水稻田特性、施用肥料、有机质含量和其他农业技术的明显差异，所以，甲烷发射量会有较大的暂时性变化。但是，不同生态系统，即灌溉、雨养和深水等生态条件下种植的水稻，其对水稻田发射甲烷总量的作用分别为75%、22%和3%（Neue，1997）。水稻田发射的大部分甲烷是由亚洲水稻田发出，因为亚洲水稻田的面积占世界水稻收获总面积的90%。其中，中国和印度则占到约52%（IRRI，1995）。研究表面，印度水稻田发射的甲烷量为（3.64±1.26）Mt/y（表9-7）。

表9-6　不同国家水稻田甲烷的季节性发射量

国家	平均值（kg/hm^2）
菲律宾	175
越南	336
中国	256
印度尼西亚	161
泰国	49
韩国	367
日本	182
印度	45

来源：Gupta和Mitra（1999）

表9-7　印度稻田发射甲烷的平衡账

水分状况			收获面积（M hm²）	发射量（g/m²）	季节性综合通量（g/m²）	总发射量（Tg/y）
高地			6.35			
低地	雨养	斜面积水	4.23	16（10~20）	19±6.0	0.8±0.25
		斜面干旱	6.77	8（0~10）	7.3±2.3	0.49±0.16
	灌溉	连续淹水	6.77	20	15.6±6.3	1.06±0.43
		间歇淹水　单道通气	9.92	10（4~14）	7.3±2.3	0.72±0.23
		多道通气	5.74	4（2~6）	1.58±0.74	0.091±0.04
	深水	水深50~100cm	2.54	16（12~20）	19.0±6.0	0.48±0.15
总量						3.64±1.26

来源：Gupta and Mitra（1999）

土壤向大气发射甲烷的转移过程有3个：① 维管束转移；② 起泡作用；③ 扩散作用。

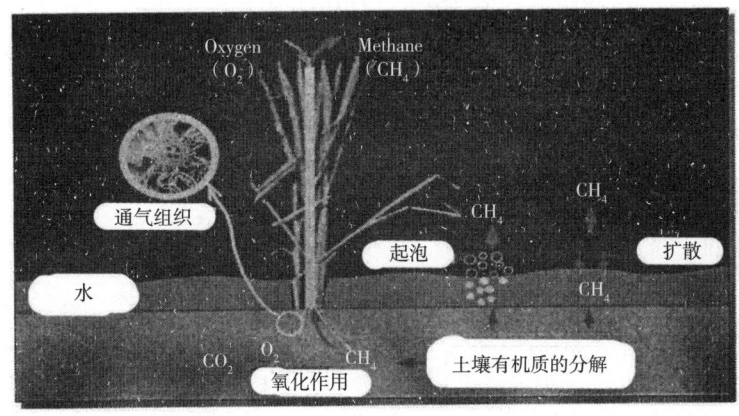

图9-5　水稻田中甲烷的产生和发射图（Courtesy.H.U.Neue，IRRI）

1. 维管束转移

水稻田发射的甲烷大部分是通过水稻植株而转移。从根际将甲烷输送至大气使水稻植株起到了烟囱群的作用（图9-5）。在一些水生植物和水稻植株中有一些通气组织，其有助于氧气和其他气体的运输。甲烷经水稻植株发射的途径有：向根系扩散，经皮层和通气组织输送以及经叶鞘微孔释放至大气。一株水稻的甲烷输送量主要取决于本身的大小。植株作为输送介质的概念是由水稻田发射甲烷的主要机制而得，现已用种植水稻和未种植水稻的土壤经测定CH₄释放量而得到了确证。有些科学家还提议了一些不同的甲烷发射途径（wang et al.，1997）。根据他们的研究结果，在水稻植株长成以前，嫩稻叶释放出的CH₄量约为50%，而长成后的老叶释放CH₄量很少。除叶鞘上的微孔外，节间连接点上的裂口（cracks）也能释出极少量的CH₄。此外，甲烷也会从水稻花序释出，但该途径常被忽略。

2. 起泡作用

许多研究者证实，沉积物和泥炭可能会形成甲烷气泡，而释放进入大气。起泡过程受到许多因子的影响，其中，主要因子有风速、温度、阳光辐射、水量、地下水埋深和气压等。现已观察到未种植水稻的旱地（高地）释放出的甲烷量占种植水稻田CH₄发射量的50%，在水稻生长初期的淹水过程中，甲烷起泡十分重要，但在水稻生长旺盛期，维管束转移则就成为重要的CH₄释放途径。

3. 扩散作用

气体在水中的扩散速率比空气慢10⁴倍。因此，当土壤淹水时，气体交换几乎停止。水稻田甲烷真实的扩散速率是其供应淹水层量的一个函数。因此，通过淹水层的扩散量常常小于总通量的1%。

八、调节甲烷发射量的因子

土壤中甲烷的生产和消耗都是生物中介过程，因此，其会受到气候条件、水分状况、土壤性质和各种农业技术措施的影响。其中主要的农业技术措施有灌溉和排水、施用有机肥料和化肥以及栽培水稻的品种。

九、水稻田的全球分布

全球水稻田的收获面积约为$144 \times 10^{16}hm^2$，但其中95%位于远东（FAO，1985；表9-8）。该面积占全球总耕地面积的9.5%左右。1935—1985年，水稻收获的面积从$86 \times 10^{14}hm^2$增加到$144 \times 10^{16}hm^2$（表9-9）。这表明平均每年增加面积为1.05%。1950—1985年，平均每年增加面积1.23%。但在过去几年内，水稻田面积增长速度有所减缓。在表9-8中，列出了亚洲水稻田的全球分布状况。水稻田面积包括了湿地水稻田和旱地水稻田。湿地水稻都种植于淤泥土壤，并进行灌溉和连续泛滥渍水，或雨养供水，而且几乎是永久性泛滥地。

表9-8　全球收获的湿地水稻田和旱地水稻田的面积（1935—1985）　　　单位：$10^7 m^2$

	1935	1950	1960	1970	1980	1985
非洲	1 850	2 900	2 880	3 960	4 894	5 467
N/C美洲	540	1 040	1 280	1 428	2 076	1 914
S美洲	1 190	2 300	3 880	5 741	7 258	6 122
亚洲	82 000	87 600	110 940	122 302	128 393	129 977
欧洲	220	300	350	395	366	388
大洋洲	10	30	40	50	123	140
俄罗斯	148	nd	100	356	637	667
全世界	85 958	94 170	119 470	134 232	143 747	144 675

来源：FAO（1952—1986）生产年鉴，1951—1985（nd = 无数据）

表9-9　灌溉稻田和深水稻田、旱地稻田的面积　　　单位：$10^7 m^2$

地区或国家	灌溉地		雨养地			旱地	总量
	季节性湿地	季节性旱地	浅水地	间歇水地	深水地		
东南亚							
缅甸	780	115	2 291	1 165	173	793	5 317
印度尼西亚	3 274	1 920	1 084	534	258	1 134	8 204
柬埔寨	214		713	170	435	499	2 031
老挝	67	9	277			342	695
马来西亚	252	212	92			10	566
菲律宾	892	622	1 207	379	415	3 515	
沙巴	8	4	9			21	42
沙捞越（Sabah）	6	4	46	11		60	127
泰国	866	320	5 128	1 002	400	965	8 681
越南	1 326	894	1 528	977	420	407	5 573
东南亚总面积	7 685	4 100	12 396	4 238	1 686	4 646	34 751
南亚							
孟加拉国	170	987	4 293	2 587	1 117	858	10 012
不丹			121	40		28	189
印度	11 134	2 344	12 677	4 470	2 434	5 937	38 996
尼泊尔	261		678	230	53	40	1 262
巴基斯坦	1 710						1 710

（续表）

地区或国家	灌溉地		雨养地			旱地	总量
	季节性湿地	季节性旱地	浅水地	间歇水地	深水地		
斯里兰卡	294	182	210	22		52	760
南亚总面积	13 569	3 513	17 979	7 349	3 604	6 915	52 929
东亚							
韩国	1 120		99			12	1 231
朝鲜	500					150	650
中国	33 676*		1 880			606	36 162
亚洲总面积	56 550	7 613	32 354	11 587	5 290	12 329	125 723

注：*Huke（1982）指出，23968和9690分别代表第一季和第二季的种植面积；浅水层水深达30cm；中水层达0.3～1m。双季稻面积计为2倍（来源：Huke 1982）

十、水稻田的CH₄通量

Cicerone等（1983）报告指出，一个加利福尼亚水稻田CH₄的发射量每天CH₂平均为0.25gCH₄/（m²·d）。100天水稻生长季积累的总发射量为22～28g CH₄/m²。在收获以前的2～3周内，CH₄发射量达5.0g CH₄/（m²·d）。科学家观察到，水稻生长季发射的甲烷通量有明显的变化。Seiler等（1984）测定了西班牙一处水稻田在水稻生长期间CH₄的发射量，其值为12g CH₄/m²。其发射量较低的原因是注入了地中海含硫酸盐的海水，它抑制了甲烷的生成。在意大利一处水稻田，其在水稻营养生长期间产出的CH₄量为27～81g CH₄/m²（Holzapfel Pschorn and Seiler，1986）。Holzapfel-Pschorn等则报告，CH₄的发射量为36.3g/m²。

许多研究者提出了CH₄的发射量，并列入表9-10中。他们拟将该值外推至全球范围，但十分困难，因为农业技术，每年作物品种和其他因子产生的影响十分不同。

表9-10　湿地和水稻田土壤在水稻生长期间发射的CH₄量（根据许多科学家测定的结果）

通量	每年发射量	肥料用量	参考文献
［g CH/（m²·d）］	［g/m²·y］	（kg/hm²）	（略）
	210		1
0.15～0.18	42	140kg/hm²（NH₄）₂SO₄	2
0.22～0.28	25	220kg/hm²（NH₄）₃PO₄–（NH₄）₂SO₄	3
		（16-20-0）+追施113kg尿素	
0.1	12	160kg N（尿素）	
		40kg N as NH₄NO₃ after tillering	4
0.2～0.58	54	各种施肥处理	5
0.15～0.42	36.3	无文献记载	6
$8 \times 10^{-3} \sim 8 \times 10^{-4}$			7
0.16～0.38	17～42	4年未施肥	8
0.47～0.60	53～68	6～12t稻草+200kgN	
		尿素/（NH₄）₂SO₄	8
0.1～0.3	35	CaCN₂	8
0.12～0.15	14～16	200kg N as（NH₄）₂SO₄	8
0.18～0.21	19～22	100/50kg N as（NH₄）₂SO₄	8
0.19～0.38	21～42	100～200kg N as尿素	8
0.23～0.68	24～77	3～12t稻草/hm²	8

全球水稻收获面积的90%位于亚洲。亚洲收获水稻总面积的50%都进行灌溉（永久湿地）。约39%的面积湿地为雨养水稻田（几乎是连续性湿地）。在表9-7中，雨养水稻田的水泛滥时间估计为水稻生长期的80%。因此，这一结果表明，水稻田CH_4全球发射量是以表9-10为基础计算的，CH_4发射量每年为53～114Tg CH_4/y。在这估测值中，亚洲以外的大陆旱地稻田亦列于其中。因此，1989年，从水稻田释放的CH_4量为60～120Tg CH_4/y（以收获面积增加1%计算）。

全球估计出的CH_4发射量范围很小，就总体而言，其低于测定值。例如，Seiler等（1986）测出的CH_4量为70～170Tg/y；Aselmann等（1989）报告的范围为60～140Tg（表9-7）。后来有些学者报告，全球水稻田的CH_4通量为47～145Tg/y。Scharpenseel（1988）测定了施用有机肥的水稻田全球CH_4发射量为110Tg/y。

十一、食草动物产生的CH_4

反刍动物Crutzen等（1986）估计，家畜产生的CH_4量为74Tg CH_4，但有15%的不确定性。牛的发射量占总量的74%（54Tg），水牛为6Tg，羊为7Tg，其他动物如骆驼、骡、驴、猪和马也能放出极小量的CH_4。人类产生的CH_4则小于1Tg CH_4。世界野生反刍动物产生的CH_4量为2～6Tg CH_4/y。全球家畜和野生动物产生的CH_4量为66～90Tg。现已证明，家畜产生的CH_4量是一个安全的数值。

白蚁　森林破坏，毁林、火灾和开垦后，农业活动就会影响白蚁的活动和丰度。白蚁的发生区域约占地球陆地表面的68%（Zimmerman，1982）。人类活动，如将热带森林开垦为牧场和耕地，这样就会增加白蚁的密度。产生最大甲烷的白蚁生态区域是热带湿稀树草原。

各种食木昆虫的肠道中也会产生甲烷。主要的食木昆虫有金龟子、甲虫（圣甲虫）、食木蟑螂和各种蚂蚁（Reticulitermes，Cryptotermes和Coptotermes）。这类昆虫的消化主要依赖于共生细菌和原生动物的厌氧分解。这类昆虫的消化率常达60%。

十二、生物质燃烧和填埋场的CH_4发射量

生物质燃烧　甲烷主要的非活性生物质生成源之一是生物质的燃烧，其中主要有农业废物燃烧、草原失火和少量薪炭木料燃烧。Crutzen等（1979）测定了几种羽毛燃烧时放出的CH_4/CO_2比率，并测定了因燃烧生物质而发射CH_4的总量，其值为25～110Tg/y。如果此发射甲烷总量包括了农业废物的燃烧在内，那么羽毛燃烧时CH_4/CO_2量为1∶53。以干生物质总量（48～88）×10^{14}g/y为基质，全球燃烧生物质所产生的甲烷为53～97Tg CH_4/y。1950年和1960年燃烧的生物质量分别为（37～76）×10^{14}g/y和（42～67）×10^{14}g/y，它们产生的CH_4总量分别为41～74Tg CH_4/y和47～84Tg CH_4/y。

填埋场　在城市和工业区的废弃物进行填埋后，它们会发生厌氧分解而形成CH_4。在全球范围内，向大气放出的CH_4量为30～70Tg。测定是以全球填埋场中生物分解的碳量（85×10^6Tg C/y）为基础，而测出的CH_4数量，它占CH_4总发射量的20%。如以工业废物中的碳量［（19～37）×10^6Tg C/y］为基础，其值几乎是发达国家所放出的CH_4总量。但上述数据的不确定性为30%。全球CH_4发射量是以每千克C产生0.5kg CH_4为基础的，同时，如木质素和塑料等物质燃烧时并不产生CH_4。

十三、气候变暖促进了CH_4的发射

天然湿地是大气甲烷（CH_4）的主要贡献者（major contributor）。因为湿地中产甲烷菌是温度敏

感性细菌。地球变暖可能增加湿地的CH_4发射量。大气中CH_4现行浓度每年会以1%的速率（40～80Tg CH_4/y）增长（Blake and Rowland，1988）。在过去300年间，大气CH_4浓度增速加快。因此，地球表面平均温度在100年内也增加了0.5℃，这可能是因为增加了辐射活性气体（radiatively active gases）的浓度。在冰川和冰川循环期，这种变化方式与观察到的全球温度和甲烷浓度升降相平行（Raynaud，et al.，1988）。温度和CH_4浓度之间的关系是一个正反馈（a positive feedbact）（Houghton and woodwell，1990）；甲烷（CH_4）对全球贡献的辐射特性和增加CH_4产量（产甲烷菌）之间呈正相关。CH_4在大气中的残留时间相对较短（8～10年），因此，大气CH_4浓度会受到CH_4进入大气和释出大气短期通量的影响，而不会受CH_4长期积累的制约。

　　天然湿地通常是CH_4的主源，它能不断增加CH_4的发射。天然CH_4过去的发射量知之甚少，但CH_4发射量和温度之间的关系则在大田和实验室研究中有所记载，其通常可用于表述湿地的CH_4发射状况。在20世纪气候变暖引发了CH_4发射量的增加。许多研究目的在于测定正反馈的潜势和需要进一步研究而获得精确的数据。利用$Q_{10}=5$的模式可以确定温度和CH_4生产之间的关系。同时，还可预报21世纪但大气中CO_2浓度升高2倍时温度可能升高至3℃时的CH_4发射所造成的升温潜势（Schlesinger and Mitchel，1990）。根据计算结果（图9-6）表明，1880—1980年，湿地每年的CH_4发射量增加了28Tg（或34%）。在20世纪，CH_4发射量为1 600Tg（比背景值增加19%）。湿地发射的CH_4源仅占总源的13%（表9-11）。但是，到2080年，湿地CH_4源可能增加到280Tg/y。

表9-11　20世纪CH₄发射源及其变化

源	1880年（Tg/y）	1980年（Tg/y）	增加的源（Tg/y）	增加百分率（%）
湿地	83	111（11～300）	28	13.2
动物	21	75（75～100）	54	25.5
矿物燃料	4	50（30～100）	46	21.7
水稻生产	5	59（30～350）	54	25.5
生物质燃烧	65	65（20～110）	0	0
填埋场	0	30（30～70）	30	14.1
白蚁	28/206	28/418	0/212	0/100.0

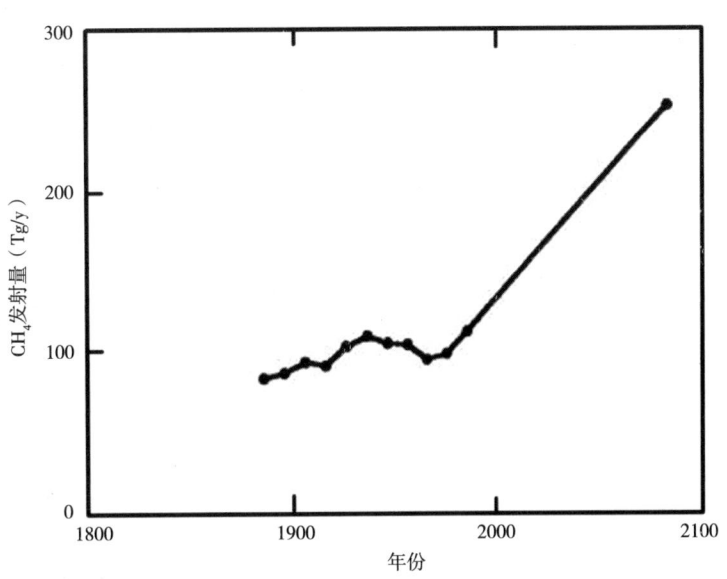

图9-6　20世纪天然湿地全球CH₄发射量

第十章 土壤发射的氧化亚氮（N₂O）及其全球平衡账

一、引言

氧化亚氮（N₂O）是一种重要的温室气体。它在对流层中是惰性气体，在大气中的现行浓度为310nL/L，占温室气体总量约5%。同时，它还能破坏平流层中的臭氧。由于N₂O在大气中的寿命可长达（166±16）年，所以，大气中具有N₂O及其不断增长的理念受到了人们的关注。研究表明，土壤是发射N₂O的主源之一，其占全球N₂O发射总量的65%。农业系统每年发射的N₂O-N为6.3Tg，这其中包括了农业土壤和动物系统的直接发射以及农业土壤通过氮向水系和大气损失而造成的间接发射。根据农业发展的研究指出，土壤发射的N₂O代表了土壤氮的损失，降低了氮（N）的利用率。施用化肥（氮肥）和由生物固定氮的土壤，在其反硝化作用和硝化作用过程中都能释放出N₂O。由于现代农业的到来，全世界氮肥的耗量快速增长。同时，世界人口的猛增亦进一步增加了对粮食和其他农产品的需求。因此，任何降低N₂O向大气发射的研究和相应技术都具有十分重要的战略意义。它不仅降低了N₂O对大气的污染，而且也提高了肥料的利用率，降低了农产品的成本。因此，优先发展农业管理技术以缩小农业生态系统中发射N₂O的数量是有效控制N₂O发射源和量的有力武器。

氧化亚氮（N₂O）能吸收红外辐射谱，但它在对流层中是懒性气体，而在平流层中则与原子氧发生反应而被消耗，并在反应过程形成了氧化氮（NO）。NO气体又能与臭氧（O₃）发生反应，从而导致O₃的大量减少。NO还会参与CH₄和CO的氧化作用。研究表明，N₂O是能使大气变暖的温室气体，在过去的100年间，其对温室效应的贡献约为5%。大气中N₂O的载荷约为1 500Tg N₂O-N。

McElroy和Wofsy（1986）报告，N₂O每年的积累量为2.8Tg，平流层中发生质子迁移作用而移去的N₂O量为10.5Tg/y。

由于大气中N₂O的寿命为100~200年，所以N₂O浓度的变化是一种长期效应。表10-1列出的平衡账表明，平流层中N₂O的损失量略有差异，但其仍然提供了全球N₂O源和汇的有效数据。现已证实，土壤中释放出氮的氧化物（N₂O、NO和NO₂）都是在生物反硝化作用、化学反硝化作用和硝化作用过程中发生的。

表10-1 对流层中N₂O的全球平衡账（Tg N/y）

源	
矿物燃料燃烧	2 ± 1
生物质燃烧	1.5 ± 0.5
海洋、海湾	2 ± 1
农业土壤	1.5 ± 1
自然土壤	6 ± 3
植物	<0.1
开垦地	0.4 ± 0.2
总产量	14 ± 7
汇	
平流层的损失	9 ± 2

来源：Seiler and Conrad（1987）

据Prather等的计算，大气中N_2O的数量为1 500Tg（1.5亿t），而且每年以0.2%的速率增长。有些研究者指出，农业用地每年产生的N_2O数量为0.8Tg。因此，土壤是温室气体的重要发源地。热带和温带每年发射的N_2O量分别为2.7~5.7Tg N/y（平均约为4Tg N/y）和0.6~4.0Tg N/y（平均为2Tg N/y）。N_2O也是硝化作用和反硝化作用过程中的一个中间产物。在水稻种植期间，水稻田处于积水状态，因此，反硝化作用是产生N_2O的主要过程。

土壤环境因子会明显地影响到含氮气体产生的数量。增加NO_3^-、NO_2^-和O_2的浓度就会增加产生N_2O比例。降低pH值和温度也会增加N_2O数量的比例。与之相比，有效碳的增加则会减少N_2O的发射量，而且，在有植物生长时，产生的N_2O数量也会减少。在渍水条件下，水稻田中产生N_2O的数量比例会有所下降。水稻田的普遍特点是缺氧、温度较高、pH值趋于中性，而且有充足的基质。所以，以N_2O形态损失的肥料N的数量极少。Lindau等的研究指出，每公顷施用尿素和KNO_3为120kg N/hm^2时，氮的损失率小于0.07%；施用（NH_4）$_2SO_4$为120kg N/hm^2时的损失率0.1%；施用尿素为90~180kg N/hm^2时的氮损失率为0.01%~0.05%；施用尿素为80kg N/hm^2时的损失率为0.02%；向盆栽试验的2kg黏壤土表施尿素为75~225mgN时，其氮损失率为0.01%，甚至可以忽略不计。

土壤中的反硝化作用是NO_3^-和NO_2^-还原为氮气的过程，即产生N_2O和N_2的过程。NO_3^-和NO_2^-还原成气体形态是通过化学反硝化作用（非生物因子的反硝化作用），呼吸反硝化作用[与电子转移磷酸化作用（ETP）相耦合的生物反硝化作用]。但是，化学反硝化作用和非呼吸产生N_2O在渍水土壤中并不重要。然而，有人提出，NO_2^-化学还原为N_2O可与亚铁氧化作用相耦合。能够进行呼吸反硝化作用的微生物被称为反硝化细菌。反硝化过程的还原途径的通式为：

$$NO_3^- \rightarrow NO_2^- \rightarrow (NO) \rightarrow N_2O \rightarrow N_2$$

由于氮通常是水稻生产的最重要的限制营养元素，所以反硝化作用是稻田最重要的过程之一。因此，许多发表的评论都是针对稻田的反硝化作用。Craswell和Vlck指出，用于渍水稻田的肥料氮（^{15}N）损失率分别为铵态氮肥（n=25）为（26±14）%（平均±SD）；尿素氮肥为（n=7）（30±15）%；硝态氮肥（n=6）为（58±26）%。施用铵态氮肥（^{15}N）的损失率为30%，其相当于水稻吸收铵态氮肥的百分率[（30±17）%，n=38]。水稻田氮肥的损失主要通过NH_3的挥发和反硝化作用。NH_3的挥发又是一个物理化学过程，但它在很大程度上会受到微生物的影响，而且损失程度也受到淹水层的pH值制约。NH_4^+离子的p Ka在25℃和30℃时分别为9.25和9.09。

二、全球氧化亚氮（N_2O）的源和汇

许多研究都表明，土壤中生物反硝化作用和化学反硝化作用以及硝化作用在N_2O的发生过程中起着重要的作用。但是，田间条件变化无常，许多因子会影响N_2O的平衡账。因此，要获得土壤N_2O通量的数据十分困难，科学家用外推法从小范围至大范围进行了模拟模型，以确定N_2O通量及其影响因子。

所有发射出N_2O源的全球通量为12~15Tg N/y（Bolle et al.，1989）到（14±7）Tg N/y（Seill and Crutzen，1987）。N_2O源还可能包括海洋和淡水，矿物燃料燃烧和闪电（光）。表10-2列出了N_2O平衡账的有关数据，但有一定的差异。

N_2O的另一重要源是生物质燃烧，如农业废物的燃烧、草原失火和改变耕作时的作物残体燃烧。因此，N_2O每年向大气发射的数量为1~2Tg N/y（Cruzen，1983）。这些测定的数值是试验性的结果，因为每年N_2O释放速率、生物质燃烧数量和生物质燃烧条件等都难以确定。发展中国家的人口增长可能会进一步加剧N_2O的释放数量。

表10-2　全球对流层中N₂O的平衡账（Tg N/y）

表面源	平均	范围
矿物燃料燃烧	21	14～28
生物质燃烧	5.1	3.6～6.7[#]
硝化作用/反硝化作用	8	4～16・
大气源		
闪光（电）	8	2～20[$]
平流层NH₃氧化作用	0.5	1～10[≠]
喷射发动机	0.25[f]	
总量	50	25～99

unless indicated otherwise the data are from Logan（1983）；# Galbally（1985）；・Levine et al.（1984）estimated biogenic production at 10 Tg N/y；$ Levine et al.（1984）gave a source of 1.8T to 18 Tg N/y；≠Crutzen（1983）estimated that 10% of all atmospheric NH₃ is oxidized，i.e.12～15 Tg N/y

三、氧化亚氮（N₂O）可视为一种天然气体

英国科学家于1793年首先发现了N₂O。N₂O现已成为众所周知的笑气。它是一种无色，也几乎无味的气体，分子量为44，比重为1.53，沸点为-89℃。在工业革命化以前，大气中N₂O的浓度为280～290nL/L，自此以后，其浓度约增加了8%，而且现在每年以（0.22±0.02）%的速率增长。N₂O数量的增加主要归因于人为活动。

四、土壤中N₂O的形成机制

N₂O的发射是土壤中整个氮转化过程中的一部分（图10-1）。反硝化作用① 硝化作用，以及硝酸盐的异化还原作用和同化还原作用的生物过程、化学反硝化作用的非生物过程都是土壤发射N₂O的可能机制。然而，现已证实，反硝化作用和硝化作用是最重要的机制，而其他机制的作用则极小（<1%）。向好氧土壤施用铵态氮肥后，硝化作用使铵态氮（NH₄⁺-N）氧化为硝态氮（NO₃⁻-N），因此，土壤便会释放出N₂O。图10-2指出了硝化作用和反硝化作用的反应过程。由于微生物对氧的需求超过了基质供应的氧量，所以，具有硝酸盐的土壤就发展成厌氧状态，并发生反硝化作用。土壤中发生反硝化作用时也会通过N₂O还原为氮的过程中不断消耗N₂O。这一过程可用图10-3予以说明。因此，反硝化作用既可作为N₂O的源，又可作为N₂O的汇。土壤中硝化作用和反硝化作用形成N₂O的相对重要性难以估计，但因施用氮肥的类型、土地管理和气候以及影响土壤的其他因子等会造成N₂O发射量的一定变化。

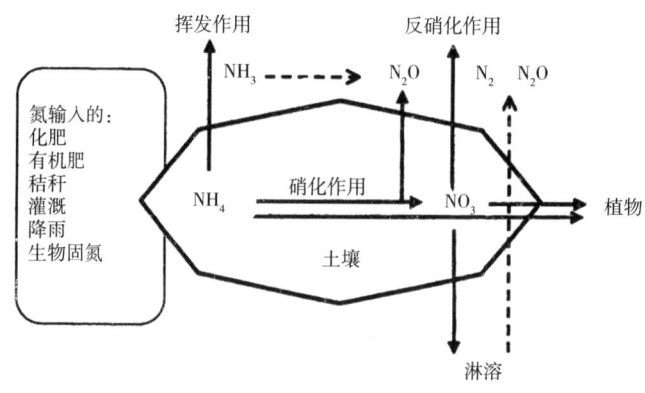

图10-1　土壤植物—大气系统中氮的转化过程

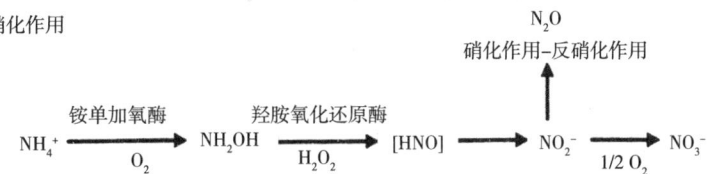

图10-2　硝化作用和反硝化作用产生的N₂O

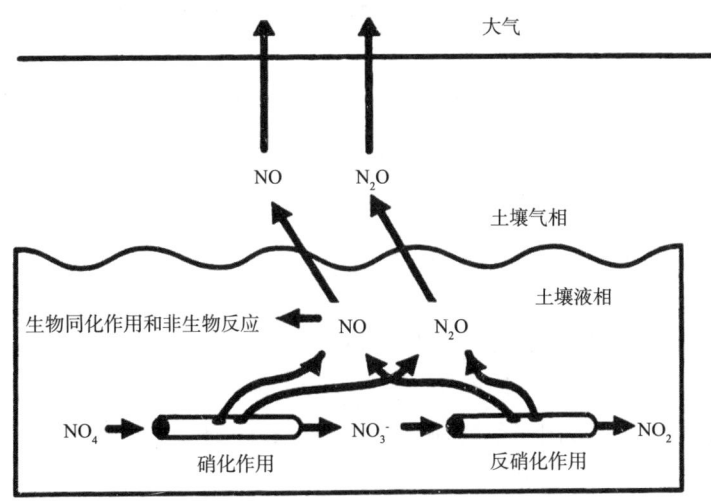

图10-3　N₂O发射过程的孔管模型

N₂O也可由其他各种微生物过程而发生。这些过程如下：① 异化硝酸盐还原作用；② 呼吸硝酸盐还原作用；③ 同化硝酸盐还原作用。

所有上述代谢途径都能产生N₂O，但在通过产生N₂O的过程则难以获得能量。所以，与能产生呼吸N₂O的反硝化细菌相比，则将参与反应的微生物称为"非呼吸作用N₂O的细菌"。

在酸性土壤中，N₂O也可由化学过程形成由于亚硝酸或羟胺分解的化学反应亦能形成N₂O。

$$NH_2OH + HNO_2 \rightarrow N_2O + 2H_2O$$

但亚硝酸和羟胺的化学反应所形成的N₂O似乎并不重要，因为只有在亚硝酸浓度较高（>1mM）时该反应才具有意义。事实上，自然环境中这种反应并不普遍。

五、影响N₂O发射的因子

一系列的因子，如水分、土壤、气候和管理措施等都能影响土壤发射N₂O（图10-4）。关于这些因子对土壤发射N₂O的详细过程读者可从有关专著中获得。

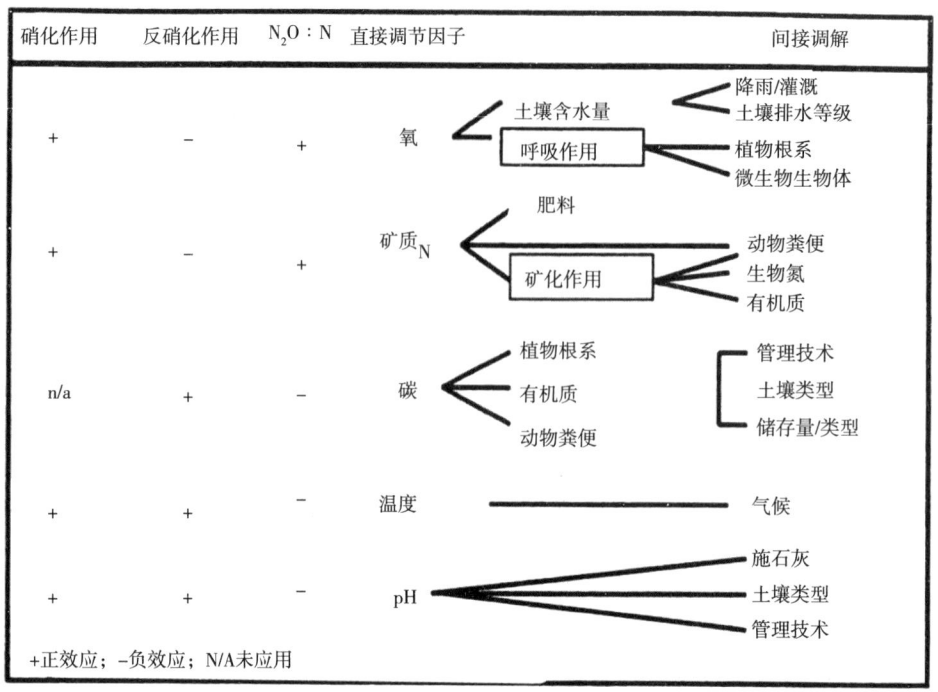

硝化作用	反硝化作用	$N_2O : N$	直接调节因子	间接调解
+	−	+	氧	土壤含水量（呼吸作用）→降雨/灌溉、土壤排水等级、植物根系、微生物生物体
+	−	+	矿质N	肥料（矿化作用）→动物粪便、生物氮、有机质
n/a	+	−	碳	植物根系、有机质、动物粪便→管理技术、土壤类型、储存量/类型
+	+	−	温度	气候
+	+	−	pH	施石灰、土壤类型、管理技术

+正效应；−负效应；N/A未应用

图10-4　影响N_2O发射的因子

六、土壤向大气转移N_2O的调节过程

维管束输送、起泡和扩散都是在土壤中形成的N_2O向大气发射的主要过程（图10-5）。在维管束输送过程中，植物起着输送N_2O的通道作用（即由根际向大气输送）。起泡则是将土壤中的N_2O释放至大气中的主要机制。起泡过程受许多因子的影响，这些因子有风速、水温、阳光辐射、水深、地下水和大气压等。在好气土壤中，扩散在N_2O转化过程中起到了重要的作用。但在淹水土壤中，因为气体在水中的扩散速率小于大气中扩散速率的10^4倍。所以，N_2O的扩散受到了严格的限制。因此，气体交换几乎停止。

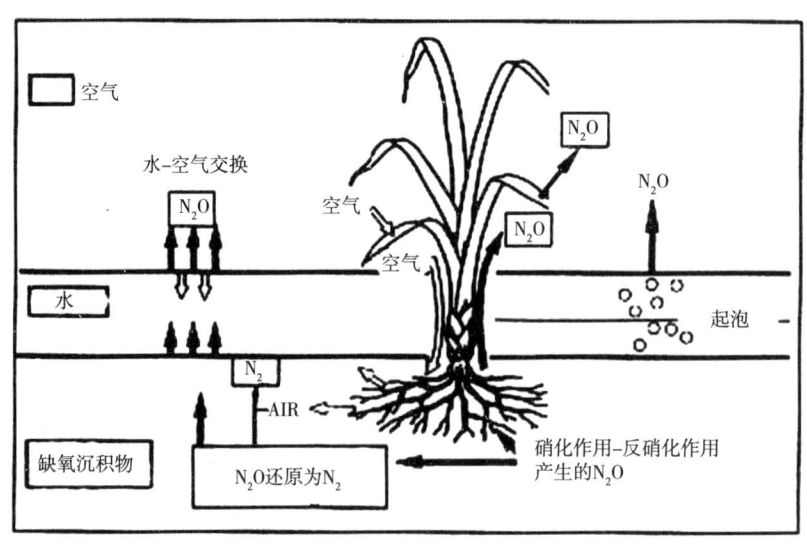

图10-5　水稻田产生和发射N_2O的图式

七、土壤发射N₂O的数量

适于大田收集N₂O的方法尚不够精准，所以，获得N₂O发射量的数据有很大的不确定性。随着灵敏测定N₂O仪器的发展，现已有可能直接测量大田中N₂O的发射量。IPCC（1996）报告，全球土壤发射的N₂O总量为5～17Tg N₂O–N/y（表10-3）。人为发射的N₂O源则列于表10-4。由表10-4可知，农业是发射N₂O的最重要源。根据全球部分氮的循环过程（图10-6），地球上几种生物和非生物组分都会发射出N₂O。在这些组分中，对N₂O的主要贡献者有氮肥的施用、肥料的生产、生物质燃烧、畜牧业和工业。许多科学家指出，N₂O发射量的范围为<0.001到1kg N₂O–N/（hm²·d），但取决于N肥的用量、氮肥类型、土壤含水量、耕作措施和土壤温度。不同土地利用类型所发射的N₂O量都列于表10-5。

表10-3　N₂O的源和汇

源	N₂O–N（Tg/y）
天然源	
海洋	1.4～2.6
热带土壤	
湿林地	2.2～3.7
干稀树草原	0.5～2.0
温带土壤	
森林地	0.05～2.0
草地	未测定
耕地	0.3～5.0
生物质燃烧	0.2～1.0
固定燃烧源	0.1～0.3
移动源	0.2～0.6
已二酸（肥酸）的生产	0.4～0.6
硝酸的生产	0.1～0.3
总量	5.2～17.0
汇	
平流层的光解	7～13
土壤消耗	未测定
大气增量	3～4.5

来源：IPCC（1996）

表10-4　N₂O的人为源

源	N₂O–N（Tg/y）
耕地土壤	3.5
生物质燃烧	0.5
工业源	1.3
牛和养牛场	0.4
总量	5.7

来源：IPCC（1996）

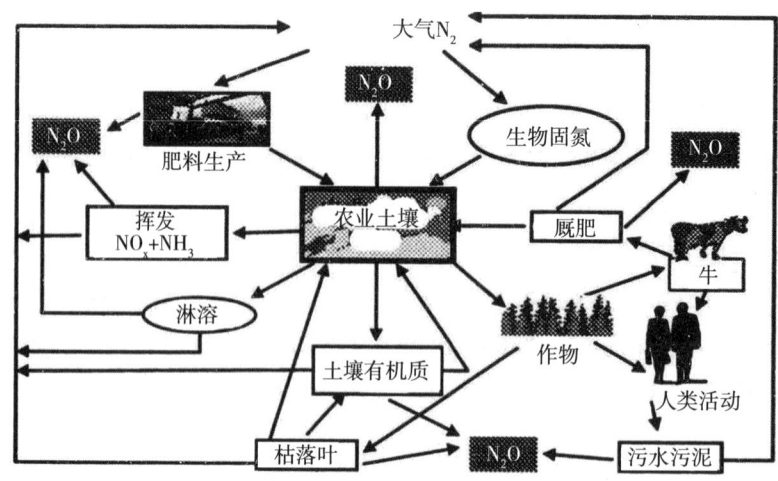

图10-6　氮循环及其与N_2O发射的关系（来源：Mosier et al.，1998）

表10-5　不同土地利用类型所发射的N_2O

土地利用类型	土壤质地	土壤有机C（%）	肥料类型	N肥用量（kg/hm^2）	N_2O发射量 [$g/(hm^2 \cdot d)$]	国家
土壤	中	2.5	铵	180	31.4	美国
土壤	细	4.6	铵	250	107.9	美国
土壤	中	2.5	液氨	180	4.6	美国
草地	中	1.9	硝铵	100	24.3	丹麦
草地	中	2.3	硝酸钙	400	16.4	英国
草地	中	4.0	硝酸钙	400	21.9	英国
玉米	中	1.0	尿素	140	29.4	美国
玉米	细	1.0	厩肥/尿素	273	14.2	美国
大麦	中	1.7	硝铵	112	6.7	美国
大麦	中	1.7	硝铵	224	9.2	美国
小麦			硝铵	175	3.5	美国
小麦			硝铵	175	6.5	美国
黑麦	中		硝铵	80	1.6	美国
黑麦	中		硝铵	80	7.9	美国
烟草	中		硝铵	410	68.3	美国
烟草	中		绿肥		8.8	美国
花椰菜	中		尿素	528	72.9	美国
花椰菜	中		尿素	528	80.0	美国
水稻	细	1.69	尿素	120	1.3	菲律宾
水稻	细	0.45	尿素	120	6.9	印度
小麦	细	0.45	尿素	120	6.2	印度

引自：Pathak（1999）

八、降低土壤发射N_2O的战略

优良的作物品种和土壤管理技术都会增加肥料的利用率和作物产量，从而大大降低了发射N_2O的数量。因此，农业科学（特别是土壤科学）是减少N_2O温室气体排放量的关键所在。深施和条施可以增加植物对氮的吸收，从而降低氮的损失量。尽量在作物需肥时施用肥料以及采用测土施肥等技术都可以提高氮肥的利用率。种植绿肥和覆盖作物以及施用生物肥料等亦能减少N_2O的产生。农作物产量和饲料生产率的提高都会受到有利于作物生长的氮（N）供应的制约。

　　但是，在许多国家中，各种作物和饲料牧草系统施用肥料的数量会有很大差异，然而，当以一定区域为基础进行施肥时，全世界主要的粮食作物、甘蔗、甜菜、棉花和牧草的肥料用量占很大的比例（大于50%），具体的施肥用量大于100kg N/hm₂是十分普通的用量。

　　N肥对农业生产的全球重要性还将会进一步增长，自20世纪80年代初期开始，发达国家的肥料用量虽然保持恒定，但在过去十几年间，发展中国家的肥料用量增长了60%，而且可以预告，在20世纪末至21世纪初，每年都会以相同的速率（6%～7%）继续增长。因此，全年世界N肥的用量在21世纪初就会超过90Tg。但由于在农业系统中，肥料资源并未能被充分地利用，而且植物对N肥的吸收率很难超过使用量的50%（表10-5），造成氮肥利用率低的主要原因之一是N肥用量的很大部分（可达89%）能从植物和土壤系统中流失（表10-6）。

表10-6　不同农业系统中施用氮肥的回收率和损失率[a]　　　　　　　　　　　　单位：%

植物	国家	肥料[b]	植物吸收率	植物和土壤的回收量率	损失量率
大麦	加拿大	U	13～54	64～91	9～36
	丹麦	KU	53～62	86～90	10～14
玉米	印度尼西亚	U	32～36	42～50	50～58
	美国	AN	45～53	59～56	14～41
农林间作	澳大利亚	AS	35～72	53～99	1～47
棉花	澳大利亚	U	29	57	43
牧草	澳大利亚	U	38～55	55～80	20～45
	北爱尔兰	AN/U	57～67	76～84	16～24
马铃薯	比利时	AN	25～56	69～90	10～30
水稻（水田）	澳大利亚	U	17	54	46
	中国	ABC/U	21～27	28～37	63～72
	印度	AS/USG	6～31	22～46	54～78
	菲律宾	U	10～34	44～55	45～56
	泰国	U/USG	5～57	15～86	14～85
水稻（旱地）	印度尼西亚	U	9～18	11～23	77～89
高粱	澳大利亚	U	32～62	50～83	17～30
甘蔗	印度	U	30～55	72～94	6～28
小麦	澳大利亚	U	16～29	39～53	47～61
	澳大利亚	AS/AN	38～45	60～91	9～40
	比利时	KN	45	93	7
	法国	U/AN	34～49	70～72	28～30
	美国	U	58	77	23

　　注：a用[15]N平衡法测定；b表中缩写字母所代表的肥料；U＝尿素；KN＝硝酸钾；AN＝硝酸铵；AS＝硫酸铵；ABC＝碳酸铵；USG＝大颗粒尿素

　　肥料N的流失主要由淋溶、侵蚀和径流造成，同时，气态N的释放也会造成肥料N的损失。肥料N损失过程的相对重要性有着很大的变化，其中，主要受农业系统和环境因子的影响。例如，在降水量或灌溉量超过蒸发量的地区，淋溶便成为N流失的重要因素，但在许多农业作物系统和草原系统中也有明显的淋溶损失。在裸露的休闲地以及灌溉的坡地，即水从上而下流动的土地，它们都会受到水和风的侵蚀，径流也是肥料N损失的一个重要因素。在暴雨过后，水流量很大的地区，肥料N会遭到严重的流失。但是，肥料N经由氨（NH₃）挥发作用，硝化作用或反硝化作用的气态发射（释放）损失通常是许多不同农业系统肥料N损失的主要机制。这些损失过程导致了氨（NH₃）、氧化氮（NO）、二氧化氮（NO₂）、一氧化氮、（氧化亚氮）（N₂O）的释放。氧化氮（Nitric oxide）、NO₂、N₂O通常的释放量较小，但NH₃和N₂O是N大量损失的主要形态。

　　在过去几年间，已发明了新的方法可直接用于测定不同农业生态系统范围内N的损失量。这些技术有利于精确研究NH_3、NO和NO_2的交换状况，而且使人们更好地理解损失的时间过程以及参与这些过程的化学、生物学和物理学的许多因子。这些知识能为农民提供N肥施用的最大效益和最小损失的战略目标，而且还可大大减少气态N向大气释放的数量。

九、防止气态氮（N）损失的重要意义

人们已越来越关注发射出的气态N对环境造成的不良影响。氧化亚氮（N_2O）、氧化氮、二氧化氮都能直接或间接地参与大气温室效应和大气氧化剂的产出、消耗以及氧化氮的光化学形成过程。

大气对流层中的（氧化亚氮）能吸收陆地的热辐射，因此，其便构成了大气的温室效应。以每一分子为基础，N_2O的增温作用相当于二氧化碳的200倍。所以，科学家计算得出结果表明，在大气中N_2O浓度每增加0.2%～0.3%时，便可增加温室效应的5%。N_2O也会参与平流层（同温层）中臭氧层的消耗。众所周知，臭氧层是防护生物圈免遭太阳紫外线辐射伤害影响的平流层中的重要组分。科学家估计，大气层中N_2O浓度增加2倍时，其便会降低10%臭氧层。因此，臭氧层的这种破坏便会增加到达地球表层紫外线辐射强度的20%，由于N_2O是相对长寿的大气组分，其寿命可达110～150年，所以人们有理由应当特别关注这种现象。N_2O还会参与其他温室气体如甲烷等的移动，氨能影响可视性（能见度）、气溶胶化学、酸雨、人类健康和气候变化。由于NH_3是大气中短寿命的气体，所以，它也能为形成NO和N_2O提供一种次生资源。同时，它还能影响土壤作为甲烷汇（Sink）的容量。

最近，大气平衡账的研究表明，由于农业生态系统的施肥而造成N_2O向大气释放的N数量每年约为1.5Tg。这一数值代表了由人类造成输入量的44%左右，N_2O总输入量的13%左右。

同样，在作物生长和肥料施用过程中，每年有相当数量的NH_3（8.4Tg）会释放进入大气，但释放出的NH_3量（8.4Tg）在重要性方面则次于牧畜、海洋和未破坏土壤所释放出的数量。要确定肥料N对全球发射的NO和NO_2中所占位置十分困难，因为其仅为两个重要来源（即土壤中的微生物过程和大气NH_3的氧化作用）中的一部分。这两个重要来源可直接来自肥料。土壤微生物活性每年造成的释放量范围为4～20Tg N，而NH_3的氧化作用可能在1～10Tg NO–N。陆地生态系统中的这些N通量代表了全球NO/NO_2平衡账总量的20%～40%，其中，以NO形态的量可能占90%以上。

现已就土壤发射N_2O的研究和探索进行了大量的工作。但对土地利用和管理技术的变化等信息量还不充足。因此，十分需要发展简单而精确的N_2O定量技术。模拟模型可以有效地应用于各种农业技术措施、土地利用状况以及区域或国家级范围发射N_2O的数量。科学家已证实，反硝化作用和硝化作用是产生N_2O的重要过程。同时，为控制N_2O发射的生物化学制品亦进行了许多研究，有些产品现已推向市场，并获得了好评，前景十分乐观。

十、防止氧化亚氮（N_2O）释放的重要意义

气候变化特别是气候变暖是当今人类面临的最大挑战。畜牧生产系统是温室气体（N_2O）的重要来源，而温室气体汇导致气候变暖。N_2O是一种强大的温室气体，其对全球变暖的长期效应是二氧化碳（CO_2）的310倍。土壤中硝酸盐的淋失可导致水体污染，这是全球范围内一个重大的环境问题。农业被认定为地表水和地下水中硝酸盐的主要来源。在放牧草地系统中，动物在露天草场吃草。因此，草场土壤中大部分的氧化亚氮和硝酸盐都源自食草动物的粪便，特别是尿液（图10-7）

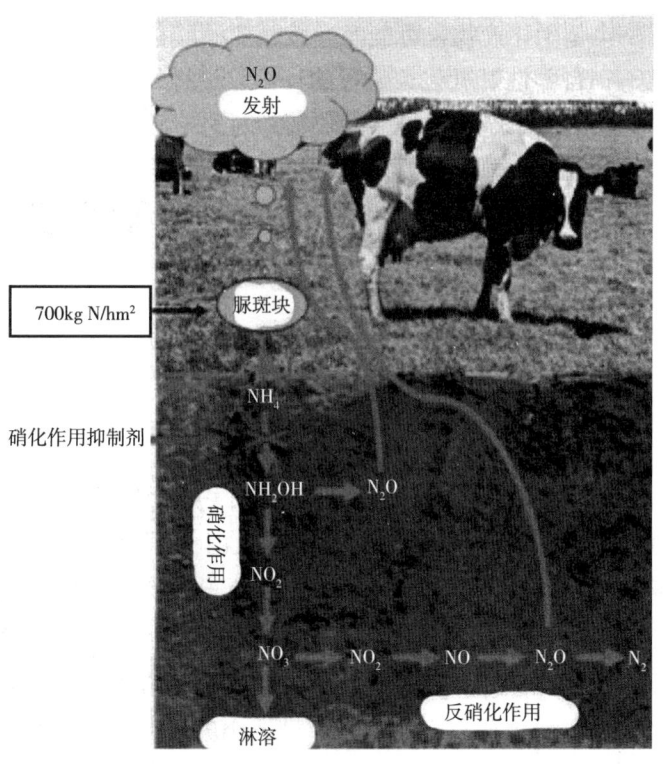

图10-7 牧场中动物尿—氮转化为N₂O的过程（邸洪杰等，2014）

　　为了防止动物排泄物转化硝酸盐和释放出N_2O，科学家使用了各种硝化抑制剂。研究表明，使用硝化抑制剂，双氰胺（DCD）等可有效地防治N_2O的排放量。在秋季使用DCD，可以将动物尿液转化为硝酸盐的速率减少76%，在春季则可减少42%，从而其平均减少量为59%。现在许多硝化抑制剂和尿酶抑制剂已广泛用于农业、牧场和草地等，并已取得了良好的效果。

第十一章　全球变暖和微生物活性

一、引言

在一个封闭的动态平衡（稳态）系统中，大气成分保持不变。生物质循环主要是由各种微生物过程构成的生物圈活性所造成，并导致在生态系统中和地球上必要元素的生物地球化学的不断循环。这种循环会明显地影响全球的环境动态。古代—气候证据（paleo-climatic evidences）表明，蓝细菌（*Cyanobacteria*）产氧的光合作用的进化导致了高还原态的缺氧大气改变为好氧大气环境，从而为高等生灵的出现铺平了道路。这些循环过程保持稳定已长达百万年之久。生态系统的微小组分，即微生物对这些稳态条件的持续作用具有重要意义。但是，最近全球变暖和气候变化现象可能扰乱了生态系统的稳定性，同时对微生物群落和生态系统的临界组分（critical component）也会产生明显的影响。

土壤是微生物活动的优良生境，因为其为微生物提供了保护地和营养。因此，微生物也会通过腐殖质的形成、营养循环和形成团粒结构等因子而为土壤肥力的提高发挥不可取代的作用。有机质的降解和形成都由微生物过程来完成。在这些过程中，温度和基质的有效性制约着有机质的转化速率，从而能使其他土壤条件如土壤水分、pH值、氧的供应和黏粒含量保持稳定而提供了保障。土壤是温室气体循环中最主要的组分（成员），因为土壤中具有高丰度和多样性的微生物群落。所以，土壤微生物起着温室气体汇和源的重要作用（表11-1）。本章将讨论如下内容：① 微生物在产生和消耗温室气体中的重要作用。② 全球变暖对土壤微生物活性的影响。

表11-1　微生物作为温室气体源的重要作用

温室气体	作为源的重要性			有关微生物	与氧的关系
	微生物	动物/植物	人类		
二氧化碳（CO_2）	86	10	4	自养生物（−）	有氧
				异养生物（+）	有氧
甲烷（CH_4）	26	17	57	甲烷营养菌（−）	有氧
				硝化细菌（−）	有氧
				甲烷生成菌（+）	有氧
氧化亚氮（N_2O）	50	—	50	硝化细菌（+）	有氧
				反硝化菌（+）	缺氧

注：（+）和（−）分别代表产生和消耗温室气体的过程（ANITA CHAVDHARI.S和H.PATHAK，2003）

二、微生物在温室气体产生和消耗过程中的作用

大气中CO_2代表了最活跃的循环碳库，其是由光合作用和呼吸作用的功效所造成。固定的有机物发生CO_2循环而进入大气，同时，在好氧呼吸过程中异养生物的分解代谢活性在土壤中形成了大量的细胞物质。

甲烷（CH_4）的形成，即甲烷的生成（methanogenesis）是一个主要的微生物过程，其是在厌气条件下完成。参与这一过程的微生物是一组特殊的自养生物，即属性厌氧左细菌（archae—bacteria），如甲烷细菌（methanobacterium sp.）和synthrophomonas sp等。它们能利用CH_4/H_2作为基质。CH_4的异养生成是由生长在甲酸、乙酸和甲醇基质的异养生物来完成的。同时，亦会由其他微生物群落在厌氧条件下正常生长时产生。在旱地土壤中，好气条件成为主体。因此，一群化能自养菌和专性好氧菌（即称为甲烷营养生物，methanotrophs）如Methylococccus capsulatus便会利用和消耗甲烷。前者对CH_4的亲和性较低，而后者则能在较高浓度CH_4时发生代谢作用。这类细菌通常存在于孢囊（cysts）或外孢子（exospores）中，而且只有甲烷浓度足量时才有活性。后者，被称为非—培养菌（non-culturable），其对甲烷有较高的亲和性。同时，即使在大气CH_4浓度（1.7μL/L）较高的条件下仍能发生代谢作用。此外，甲烷营养菌、硝化细菌也能使甲烷发生氧化作用，并显示了对CH_4高度亲和性。同样，非培养菌（uncultivable methanotrpophs）亦能氧化CH_4。

N_2O是在土壤中以中间产物出现的化合物。在氮循环过中发生了硝化作用和反硝化作用，期间便产生N_2O的中间产物。氨氧化菌引发了硝化作用，并产出N_2O。氨氧化细菌有：Nitrosomonas europaea，Nitrospira briensis，Nitrosolobus multiformis，Nitrococcus mobilis和Nitrosovibrio tenuis。亚硝化细菌有：Nitrobacter winogradskyi和Nitrosovibacter vulgaris。它们都在湿润通气的土壤中繁衍生长。反硝化作用系由厌气土壤条件中反硝化菌（pseudomonas和Alcaligenes）来完成。参与消耗N_2O的过程现时尚无详细的研究报告，因为土壤从大气中吸收N_2O仅仅是偶然观察到的现象。但仍然有一些证据证明，反硝化细菌在厌气条件下参与了N_2O的消耗。其他微生物过程是由厌氧细菌将NO_3^-同化还原为NH_4^+。这类微生物有Wollinella succinogenes，它们经厌氧呼吸而使NO_3^-得到还原。

三、全球变暖对微生物活性的影响

因温度升高和大气CO_2浓度增加而造成了全球变暖，其对微生物群落产生了直接和间接的影响。

1. 大气CO_2增加的影响

大气中CO_2浓度增加的影响与其说是对土壤微生群落的直接影响还不如说是对土壤微生物活性的间接影响，因为土壤中CO_2浓度高出大气中CO_2浓度的10～50倍。因此，CO_2浓度增加对植物生长的影响将反映了高效的光合作用速率，从而增加生物质产量（生物质碳汇）。因此，其能提高根际淀积作用（rhizodeposition），同时微生物生物体的产量亦有所增加。由于根际淀积作用并不与微生物生物体量成一定比例，所以当基质需求超过供应时，微生物就会利用天然有机质（SOM）库中的基质，从而导致较高的矿化速率。这些反应的副产物将会进一步促进植物的生长，同时也会改善农业生态的恶性循环（图11-1）。

虽然经由向土壤加入碳（枯枝落叶形态）而促进了SOM库，但在某些条件下，生长活跃的植物体的C/N增加可能造成了难分解的有机的数量，其因含有高浓度的酚化合物。因此，这就造成了土壤有机碳库的一个净损失（a net deprivation）。所以，诱导CO_2的变化会造成微生物之间对营养不足和生境条件的内外特异竞争作用，从而使微生物群落发生变化。随着CO_2浓度增加，微生物的进化亦会发生缓慢的变化。其可从地球进化过程中得到反映。

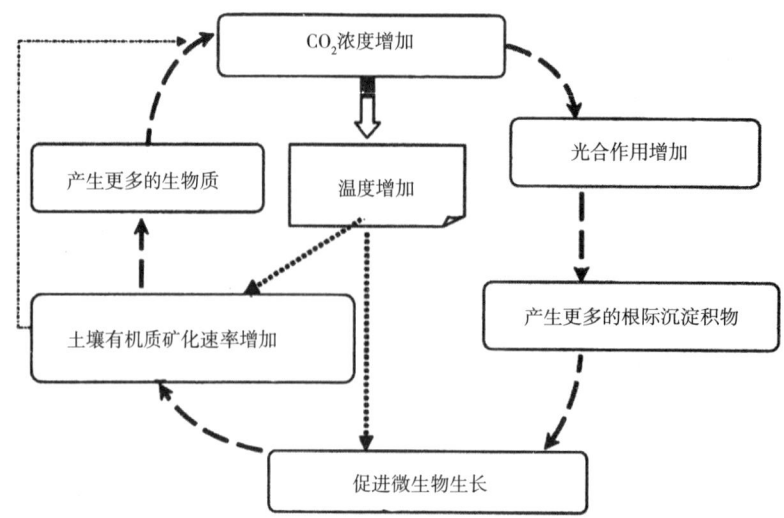

图11-1　CO_2动态对土壤肥力的级联效应（H.PATHAK，2002）

2. 增加温度的影响

增加温度最大的影响是加速了微生物的生长，从而引发了SOM的分解速率的增速。生物系统对温度的反响是用Q_{10}函数来表达，即温度每升高10℃时有机质的相对变化速率：

$$Q_{10} = \left(K_2 / K_1\right)^{\{10(T_2-T_1)\}}$$

式中K_2和K_1为两个观察温度T_2和T_1时的速率常数。例如，两个平均值Q_{10}是在20℃时的特异过程速率，那么，20℃的速率为10℃速率时的2倍。

一般而言，光合作用（合成）和呼吸作用（分解）对温度变化显示了不同反响。呼吸作用速率随温度变化呈指数式增加，且无上限，而光合作用速率则呈线性关系，并在较高温度时就显示出了饱和状态。这两个过程的动力学已引起了人们的关注，全球变暖将促进土壤中CO_2向大气释放的速率，从而对全球变暖构成一个正反馈（a positive feedback）。众所周知，某些群落的微生物将会适应特殊的温度状况。温度能明显地改变微生物群落的组成。它们能在较高温度时利用代谢基质而繁盛地生长，这些基质在低温时许多微生物群落都不能利用。研究表明，在高温时，许多微生物群落还能产生和利用不同群落的磷脂化合物以促进自身的生长，从而增加了微生物活性。

3. CO_2、温度、氮和其他因子的相互作用（详见其他章节）

四、大气CO_2正效应和生物技术的应用

1. 大气CO_2正效应

地壳中有大量的碳以碳酸盐形态存在。当这些碳酸盐用于制造水泥和石灰时便能向大气输送一定的CO_2，但以地质时代论，碳酸盐仅是生物质范围内具有重要意义的物质。以煤、石油和天然气形态存在的还原碳均与矿物燃料的燃烧有关，其与土地利用的变化结合在一起，每年进入大气的CO_2量为$7.1 \times 10^{15}gC$（7.1PgC）。与大气中总C量$750 \times 10^{15}gC$（750PgC）相比，其量实际上不可避免地会影响到大气中CO_2的浓度（图11-2）。

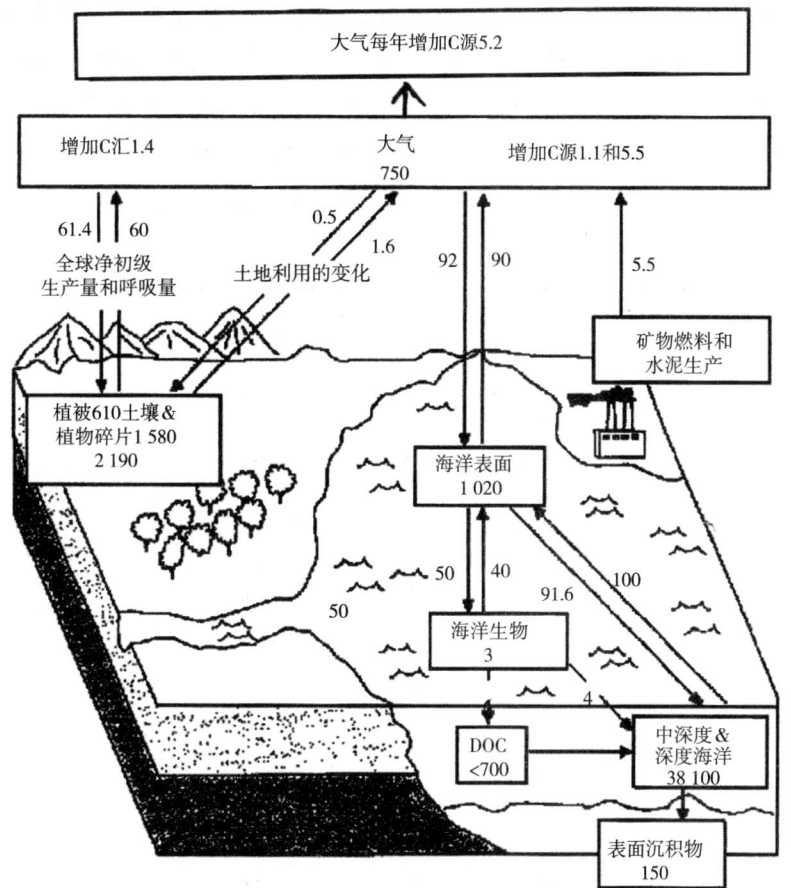

图11-2　全球碳储库和通量（以每年10^{15}g碳量，即PgC或Gt C = 10^9T来表达）

注：大气从矿物燃料的燃烧获得了碳，并将其损失于海洋。植物生物质中的碳和土壤中的碳通过土地利用状况的变化而损失，但由于"CO_2的肥料效应"（CO_2 fertilization），所以，植物生物质碳和土壤碳都会有局部的升高（D.S.Schimel，1995和闵九康等，2016）（DOC——溶解的有机碳）（OCC——溶于海水的有机碳）

由于在19世纪后期开创了工业革命时代，所以大气CO_2浓度由约290μmol/mol增加至1998年的350μmol/mol（≈35Pa海平面）。由于每年CO_2浓度的增量约为1.65μmol/mol，所以大气中CO_2的浓度仍在不断增加（图11-3）。其主要是由矿物燃料燃烧和土地利用的变化所造成。在冰核（Ice cores）中CO_2浓度的测定值表明，在过去10 000年，CO_2的前工业化值约为280μmol/mol（Lemon，1983）。研究表明，大量砍伐森林，草原开垦和其他土地利用的变化也会有大量的CO_2释入大气。这些过程每年会向大气释出（1.6 ± 1.0）×10^{15}gC〔（1.6 ± 1.0）PgC〕。矿物燃料的燃烧每年会向大气释出（5.5 ± 0.5）×10^{15}gC〔（5.5 ± 0.5）PgC〕。因此，两者向大气输出的CO_2总量为（7.1 ± 1.1）×10^{15}gC〔（7.1 ± 1.1）PgC〕（Schimel，1995）。但是，大气中CO_2浓度的增加每年仅为（3.2 ± 0.2）×10^{15}gC〔（3.2 ± 0.2）PgC〕。因此，有（2.0 ± 0.8）×10^{15}gC〔（2.0 ± 0.8）PgC〕的"碳失汇"（missing carbon sink）会被海洋所吸收，同时，也会有类似的"碳失汇"被陆地生物质所固定，其量约为2.1×10^{15}gC（2.1PgC）（schlesinger，1993）。大气CO_2浓度和同位素成分的分析结果表明，北温带和北半球林区是最有可能的"碳失汇"。增加陆地CO_2的吸收有很多原因，其中包括提升CO_2浓度可刺激光合作用（约增加陆地吸收的一半）和增加氮的生物固定以及农地弃耕后中纬度区域森林的恢复（其可增加25%的陆地吸收CO_2）。

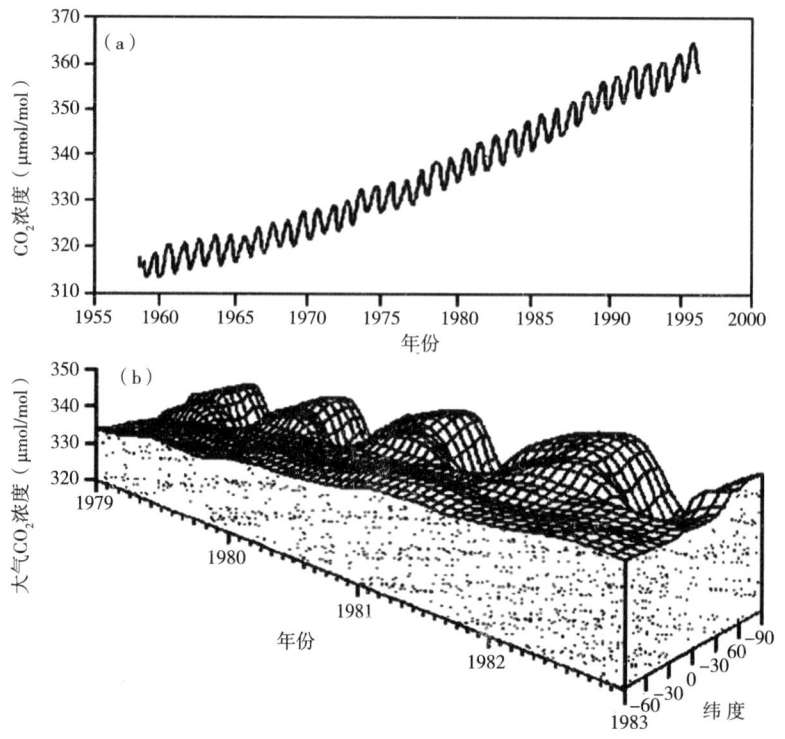

图11-3　CO_2浓度稳定升值约为1.5μmol/mol（a：Keeling等1996），
稳定升值的重要因子每年都有波动，特别是在北半球（b：Goudriaan 1987）

由于C_3植物中CO_2的净同化量并不是在CO_2-饱和时（35Pa CO γ）完成，所以CO_2浓度升高很有可能会增加C_3植物的光合作用能力（与C_4植物相比）。研究表明，CO_2同化作用速率的最终饱和浓度为350μmol/mol（Bowes，1993）。

2. 微生物和微藻技术的应用

利用微藻固定二氧化碳（CO_2）可减缓气候变暖的速率。在自然界，光合作用是固定CO_2主要的生物过程。该过程系由高等植物和藻类来执行和完成。光合作用固定CO_2可以大大降低大气中CO_2的浓度，同时还可能利用这一过程以减少人为CO_2的发射数量。在高等植物和藻类中，最为显现的目光将投于微藻，因为其具有固定CO_2的许多优势。

① 微藻能在极端条件下生长繁殖② 生物质的快速世代交替能较大地固定$CO_2$③ 利用环境筛选（envirommental screening）和突变发生（mutagenesis）技术培育出新的品种④ 培育出的新品种能在非常高的CO_2浓度条件下生长。

由于微藻有这些优点，所以其便可选择作为模型生物（model organisws），以研究工业产生CO_2生物固定的有效措施。

3. 用适宜性质的微藻培养剂以固定CO_2

最近，有多种用于研究直接固定工业气流中生物固定CO_2的技术。在日本，燃煤发电站和钢铁企业以及水泥制造厂等大量发射出CO_2以及NOx和SOx。众所周知，NOx和SOx都能降低生物CO_2固定活性，即主要抑制了光合作用。因此，为了改善CO_2的固定作用，使微藻能够在上述条件中生长是十分有用的。

筛选出的优良技术可用于获得能够在气流通过水体或其他极端条件如高PH值等环境中迅速生长的微藻。在盐水（即海水）和抗其他气流成分（如SOx、NOx等）条件下具有生长能力的微藻也是重要的因子。直接生物利用（固定）电力站送出气流中CO_2的适宜的微藻品种应有下列特点：

① 能高度耐CO_2分压② 在线性生长关系中具有稳定和快速生长的速率③ 能在高细胞密度下快速生长的能力（容量）④ 能耐酸（NOx，SOx）⑤ 能耐热（thermotolerance）

从具有这些性质的环境中已分离出了几个新种，如海洋绿球藻（*chlorococcum littorale*）便具有耐高浓度CO_2的特性，而且在线性生长关系中具有高产能力（kodama et al.，1993）。

4. 固定CO_2产物的利用

利用微藻产出生物质是生物固定CO_2的一个重要原因。固定CO_2的产物愈稳定，它们就愈难分解，因此，也不会产生CO_2。例如，球石藻产出的$CaCO_3$颗粒是稳定的固定CO_2的产物。

利用微藻生物作为燃料的技术措施使其有可能为燃料消耗中参与CO_2的再循环，从而减少了矿物燃料的数量。微藻生物质能用于产出6种产物以作燃料：

① 氢（H_2）（通过生物光解作用）② 甲烷（通过厌气发酵）③ 乙醇（通过酵母或其他乙醇菌的发酵）④ 甘油三酯（通过脂类的提取）⑤ 甲基乙酯燃料（通过酯类的转酯化作用）（transesterification）⑥ 液态烃类化合物（由Botryococcus braunii而获得）

有史以来，藻生物质既可作为人类的食物源，又可作为动物的饲料。随着生物技术的进步，藻生物质已用于燃料源，而且还用于化学品和医药品。报道称，一些微藻能产生有用的多糖（polysaccarides）和抗生素（antibitics）。一些藻类产品早已应市。

在自然环境中，约有10 000种尚未了解的微藻。因此，培育和筛选新型微藻具有十分重要的意义。例如，研制新的生长调节剂以促进微藻的分化、发芽和分枝的形成（plantlet formation）；促进酪氨酸酶抑制剂和硫基多糖的形成，它们都显示了能抗-HIV活性。同时，微藻还能产生具有高度调节活性的新抗生素和吸收UV-A的化合物。

5. 就地固定工厂（水泥厂）发生CO_2的系统

Coccolithophorids是一种植物界的单细胞海洋藻类，能产生多种复杂的结构化合物，被称为Coccoliths，其由$CaCO_3$化合物组成。在海洋中会有大量的Coccolithophorid藻类发生。这种藻体群（水华）对形成海洋漂浮沉积物具有重要意义。同时，这种藻类对全球碳循环也起着重要的作用。科学家利用Coccolithophorid藻类作为一种模型生物来对生物矿化作用（biomineralisation）进行研究，并重点探讨其在$CaCO_3$循环中的生态意义。研究结果表明，在海水中废弃的水泥块人为风化过程中，大气CO_2能被吸收而成为重碳酸盐离子（bicarbonateions），其是Coccolith颗粒的主要来源（图11-4）。

Coccolithophorid藻能固定重碳酸盐离子（$CaCO_3$）。在此过程中，人为水泥块在风化时便会吸收CO_2，并发生矿化作用而永久被固定。

水泥人为风化和Coccolithophorid藻类培养时固定的CO_2可用于减少水泥厂的CO_2发射量（图11-5）。Coccoliths也可用于石灰石，其是水泥生产时的碳酸钙原料。在水泥厂，石灰石分解会产生大量的CO_2。研究证实，微生物生物质可以固定CO_2产物而予以储存。

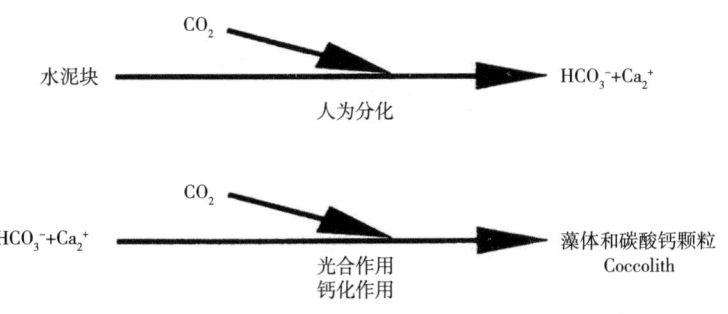

图11-4　水泥人为风化和藻体培养时固定的CO_2图式

来源：Matsunaga，1995

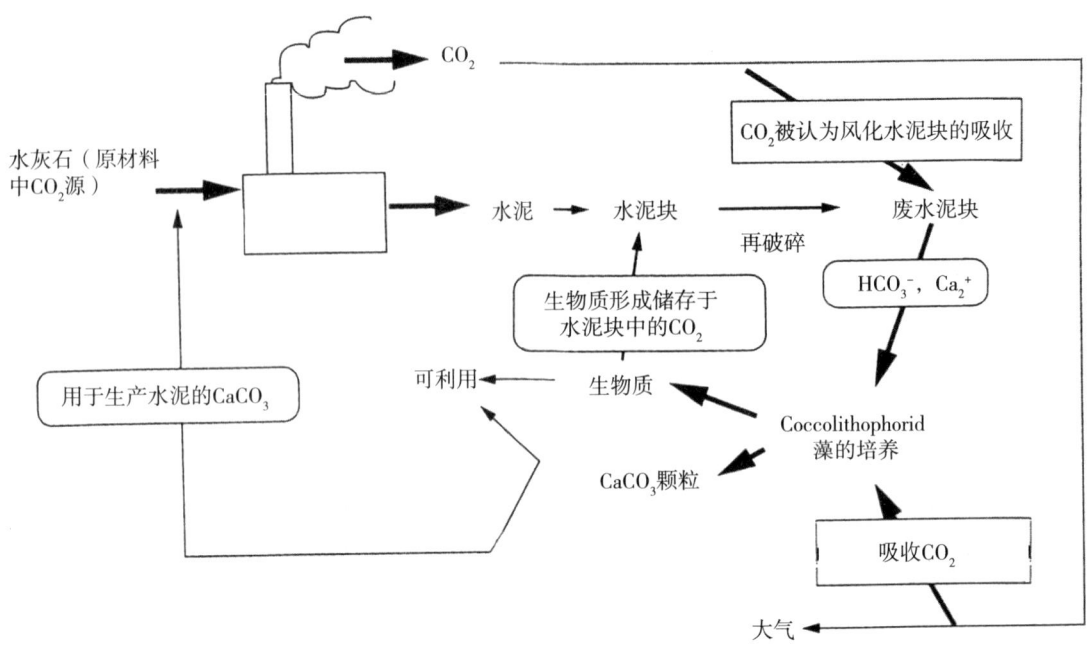

图11-5　水泥工业中减少CO_2发射的设计

生产水泥时发射的CO_2量为每吨水泥$7.8 KgCO_2$。风化水泥块时吸收的CO_2量大于生产水泥时发射的CO_2量。因此，Cocclithophorid藻类的培养可以吸收CO_2。人为风化水泥块和Coccolithophorid藻培养时吸收CO_2的理想值经计算为每吨水泥吸收$1.4 TCO_2$。

研究指出，生物直接固定CO_2可以减少人为向大气发射CO_2的数量。因此，利用微藻进行生物固定CO_2的深入研究值得提倡。最有希望的项目之一是就地利用生物固定CO_2的系统，它可从发电厂的废弃物中将CO_2完全清除。一个500MW燃烧电力厂每天排出的CO_2为10 000T。利用封闭的光生物反应器（photobioreactor）进行藻类的高密度培养，其最高固定CO_2的数量为$4.44 g/(L \cdot d)$。经计算，从排出废气最大体积来设计培养室的最小体积应为$2.3 \times 10^6 m^2$。研究指出，最重要的是价格和成本。经测算，利用微藻来减少CO_2发的最低价格为264美元/tC，但这一数值仍然偏高。因此，减少CO_2发射量的价格取决于微藻品种的生物质产量、光辐射（光能利用），建筑成本和各种副产品的市场价格。因此，这些因子对CO_2价格的调控还应进行深入研究。

1989年11月，在里约峰会上许多国家提出了"地球复原百年计划"（The Recovery of Earth in 100 years），其目的是要使全球环境恢复到工业化前的状态。现已证明，工业化前大气中的CO_2浓度为290μmol/mol（万年以前为205μmol/mol），1998年，350μmol/mol，2050年将达550μmol/mol（440～660μmol/mol）。因此，科学家提出了许多有益的建议，其中主要是利用生物和生物技术来减少大气中CO_2等温室气体的数量，以阻遏全球气候变暖（图11-6和图11-7）。

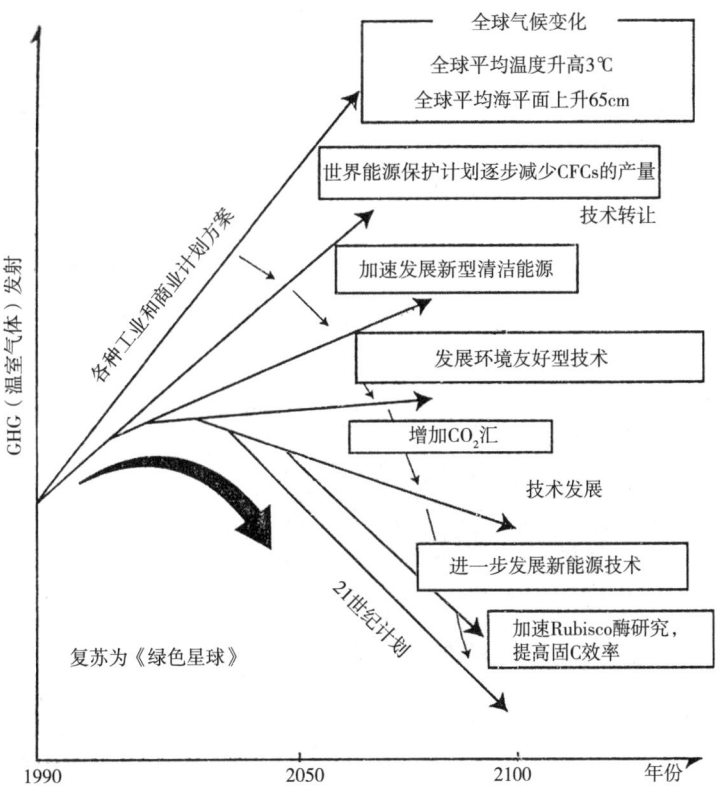

图11-6 地球复原百年战略计划（国际技术创新研究院RITE，1992和闵九康等，2016）

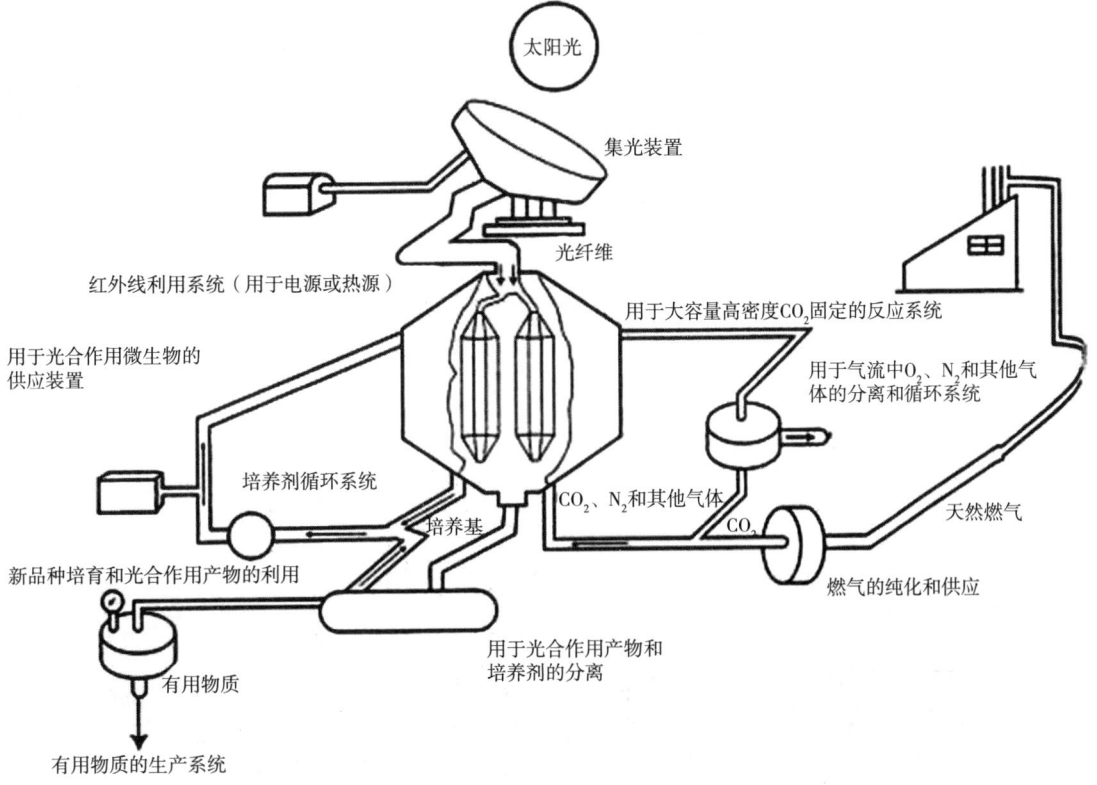

图11-7 生物固定CO_2及其利用系统

五、土壤酶在碳（C）循环过程中的生态意义

1. 土壤缓冲作用与土壤酶活性

土壤有机质的分解是调控土壤碳缓冲作用和营养循环的一个重要因子。由于土壤有机质的大小不一和复杂的特性，以及分解作用速率的差异，因此，有机质分解与酶的催化反应有着密切的关系。这就是众所周知的酶的解聚作用（engymatic delpolymerization），其是分解作用的限速过程（a rate limiting step）。因此，研究酶的生物源及其作用机制、土壤酶的活性以及调控碳和营养动力学等因子就成为重要的内容。土壤酶的农业和生态意义的研究已快速发展。其内容涉及微生物活性功能，土壤过程和生态意义以及全球环境变化和气候变暖等。

土壤酶可作为土壤微生物活性、土壤过程和生态系统等的重要参数和指标。与土壤酶分类型有关的分解模型不仅对微生物活性和碳、氮代谢十分重要，而且还可以预报与有机碳化学及营养有效性有关的分解作用程度。例如，脱氢酶常作为微生物活性的指标，木质素纤维酶（lignocellulases）则认为是控制土壤有机质和枯枝落叶分解的重要酶系统。因此，土壤酶在土壤碳的缓冲作用中具有十分重要的作用。所以，土壤酶学（Soil engymology）被誉为当代最新科学（The sfate-of-Art）。

2. 土壤酶活性与土壤有机碳的数量和质量的关系

碳和氮营养是有机质的主要成分，所以，土壤有机质对微生物酶的产生具有正诱导效应（positive induction effects）。研究表明，土壤酶能被固定，而且会在土壤有机质中积累。同时，吸附作用对分解作用起到了保护效应。从而使酶活性得以保持。所以，土壤酶活性与土壤有机质呈正相关。Sinsabaugh等（2010）检验了土壤有机碳含量和7种土壤酶活性之间的关系，并用作40种陆地生态系统的有效参数。它们还观察到了β-1,4-N-乙酰氨基葡糖酶（acetylglucosaminidase）和磷酸酶都与土壤有机碳含量呈正相关。但是，酚氧化酶、过氧化物酶和氨基肽酶（aminopeptidase）则与有机碳含量无关。

3. 酚氧化酶（Phenol Oxidase）在形成土壤有机碳（C）库（腐殖质）过程中的作用

土壤有机质［腐殖质（humus）］是生物圈中最大的有机碳库（largest carbon reservoirs）之一。它的碳汇量为1 500PgC（Batjes，1996）。据闵九康等（2012年）统计和研究，土壤有机碳库量应为1 576PgC，其约是大气碳汇（780PgC）的2倍。腐殖质对陆地生态系统的发展和进化具有特别重要的意义。研究证实，土壤中有机碳积累的重要因素有两个过程：① 腐殖质化（humification），它导致形成了难分解的腐殖物质（HS）（humic substances）。② 有机-矿物相互作用，从而促进了有机分子的化学（经由吸收作用）或物理（团聚体的吸留作用）的稳定性。由于有机-矿物表面的相互作用，从而在各种不同厚度的矿物颗粒表面形成了有机套（coatings）（图11-8）。土壤中最稳定的有机碳部分的抗性长达n×（102～103）年。它的代表性化合物是腐殖物质与矿物颗粒的吸附性复合体（adsorption complexes）（Mikutta et al.，2006）。

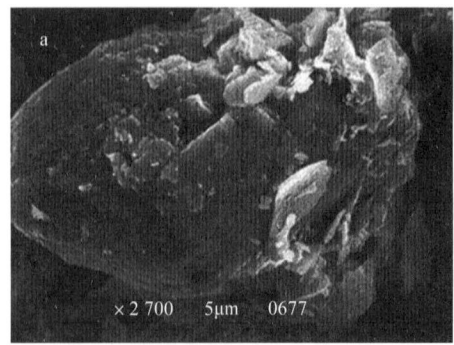

图11-8　有机-矿物复合体（A.G.Zavarzina，2011）

4. 土壤酶活性与碳通量

由于酚氧化酶与湿地中有机碳分解速率缓慢有关，所以湿地具有大量的部分分解的生物质碳（0Freeman et al., 2004）。但是，在湿地条件下，酚氧化酶会因全球气候变暖而发生变化。湿地中因有巨大的有机碳库，所以，其分解速率和碳通量仅有较小的变动。

酚氧化酶被认为是一种"酶闩"或"酶锁"（enzymatic latch），其能将湿地中的有机碳锁住。

湿地也对水系碳平衡具有重要意义。约有20%陆地溶解的有机碳会进入海洋，它们都源自湿地（Fenner et al., 2007）。全球变暖增加了酚氧化酶活性，从而增加了有机碳的溶解作用。当温度增加10℃时，其便能使酚氧化酶活性增加36%（即$Q_{10} = 1.36$）。因此，通过Q_{10}为1.36的系数值便会增加有机碳的溶解度，但增加酚化合的溶解度则需要$Q_{10} = 1.72$。增富可溶性酚化合物能限制可溶性有机碳的分解作用，因为其抑制了水解酶的活性，从而阻止了湿地中溶解的有机碳流入水域系统。

显然，由湿地输出的溶解有机碳和酚化合物都与酚氧化酶的降解效应（degradation effects）有关。由于酚氧化酶活性会发生较大的波动，所以在气候变暖和干旱以后，湿地中溶解的有机碳便会排出。湿地向水系排出的碳通量对陆地碳具有区域性的干扰作用，因此，对下游生态系统的生产率和对生物地球化学循环有着明显的影响。

由于土壤酶活性对土壤碳的缓冲作用具有重要意义，所以，许多科学家对各种生态系统，如温带森林、半干旱草原、农业和水域等生态系统中酶活性与碳的缓冲作用关系进行了深入而广泛的研究，并取得了丰硕成果。

5. 增加大气中CO_2浓度对酶活性的影响

大气中CO_2浓度的增加能影响到微生物产出胞外酶（extracellualar engymes），其是通过土壤中C的有效性和质量而发生的。提升CO_2浓度常能刺激植物根系分泌出富C-化合物，从而增加了微生物对其他元素的需求。在Tussock tundra（冻原或苔原）上，CO_2熏蒸可以增加土壤磷酸酶活性，其原因可能是植物和微生物克服了缺P状态。类似的情况亦见诸于降解氮化合物的酶。证据虽然有些欠缺，但在提升CO_2浓度时会影响降解C化合物酶的活性，从而影响到植物枯枝落叶的品质。例如，枯枝落叶分解过程中增加植物纤维能促进纤维酶的活性。

在提升CO_2浓度的条件下，微生物对营养释放的一个重要结果是增加了土壤有机源的矿化作用。这一结果可归因于增强了C的缓冲作用（吸收作用）。因为植物为了维持其生长而需要获得土壤所释出的营养，这种机制有助于克服氮营养不足的制约。此外，由于释放营养的有关酶活性的增加，从而也增加了微生物的生长和繁殖，并依次又增加了有机质的分解速率和补偿了C的储量。增加产生降解C化合物酶活性的微生物数量也有相同的效应。在提升CO_2浓度的条件下，即使有较大量的枯枝落叶进入土壤时，催化分解作用的酶活性亦能按比例增强（chung et al., 2007）。

六、全球氧化亚氮（N_2O）平衡账中的生物源

微生物是陆地和水域生态系统中N_2O的主要生物源。形成N_2O有3条途径——反硝化作用、自养和异养硝化作用以及硝酸盐形成氨的异化还原作用（dissimilatory reduction）。

在厌气和好气条件下，许多细菌都会发生反硝化作用。有机质在反硝化作用总活性过程中起着重要作用。因此，在植物根际，反硝化作用进行得特别活跃，因为根际为反硝化细菌提供了有利条件。硝酸盐浓度、温度、pH值也会在一定程度上影响反硝化作用。

自养反硝化作用系由高度特异细菌和在特异生态条件下完成。其特异条件为pH值接近中性、通

气良好、缺乏有机质和低氨浓度。因此，在生物圈，自养硝化作用在形成N_2O的作用中可能不明显。与自养硝化作用相比，异养硝化作用则由许多原核微生物和真核微生物来完成。这项过程中微生物活性通常比自养硝化作用小$10^3 \sim 10^4$倍，但是，异养消耗作用因微生物具有许多生态多面性（ecological versatility）而尤为重要，因为它们能将许多氮化物进行氧化。

在自然条件下，形成N_2O是所有微生物的综合能力造成的。这些微生物能将不同无机和有机化合物中的氮化物发生氧化作用和还原作用。但其中有些过程至今尚未得到澄清。在这些反应过程中，"N-氧合作用"（N-Oxygenation）已被认定，因为它能导致形成毒化合物，诱变化合物和致癌化合物。这些化物就是氧化亚氮（N_2O），其是一种麻醉剂，通常被称为"笑气"（"laughing gas"），N_2O的形成与N-氧合作用产物如羟胺、硝酸盐和亚硝酸盐有着密的关系。

微生物仅能形成N-氧合作用的一些中间产物——羟氨基-、硝基-和亚硝基衍生物。少数动物亦能形成N_2O，但其是个例。例如，肝脏过氧化氢酶和一些过氧化物酶能将硝酸盐还原为亚硝酸盐，然后，仅能在有H_2O_2和Mn^{2+}条件下形成N_2O（Hlavica，1992）。

微生物能将所有氮化合物进行氧化和还原，因此，其不仅能产生羟胺，而且还能形成硝酸盐、亚硝酸盐和N_2O。N_2O的形成和消耗是由许多异养和自养微生物来完的。它们大部分是细菌，但也有一些真核生物，特别是真菌，它亦能产生N_2O。

1. 反硝化作用

反硝化作用一词可用于论述硝酸盐和亚硝酸盐被微生物的利用过程，并成为电子的最终受体。因此，不同有机化合物（C_{org}）的氧化作用会形成N_2O等气体产物：

$$C_{org}+NO_3 \rightarrow （CH_2O）n+CO_2+N_2O$$

反应过程表明，在有过量有效有机质的基质中，反硝化作用进行得十分活跃。迄今为止，科学证据证明，氮用作电子终端受体会受到氧的抑制。但是，最近亦证明了存在"好气"反硝化作用（aerobic denitrificaiton）的可能性。科学家在较早前就发现，$10\% \ O_2$不会抑制硝酸盐形成N_2O的还原作用（Betlach and Tiedje，1981）。同时亦观察到在良好通气土壤中会发生N_2O的高度反硝化作用，但仅是在厌气条件发生短暂时间以后才能发生（O'Haraet al.，1983）。

反硝化细菌生理类型包括许多品种，其中主要为腐生植物（Saprophytes）。它能利用游离氧来氧化有机化合物。在缺氧时，它们则能利用与硝酸盐化合的结构氧。现已证明，仅有少量特异反硝化细菌品种才能进行反硝化作用。现在，科学家已经认知，所有原核微生物都能进行反硝化作用。因此，这类反硝化作用细菌中有65%以上品种能进行反硝化作用（Umarov，1986）。

事实上，相同细菌都能进行两个不同方向的反应，即固氮作用和反硝化作用。这类细菌有：*Azotobacter chroococcum*，*Azospirillum brasilense*和*Az.*；*ipoferum*，*Rhodopseudomonas sphaeroides*以及*Rhizobium*的不同变种。它们都是众所周知的固氮微生物，同时其亦能进行反硝化作用。这些微生物均具有固氮酶和硝酸还原酶。因此，其与MO-co因子有着密切的功能依存性。

在硝酸还原酶活性与主要固N_2酶（谷氨酰胺合成酶和谷氨酸合成酶）活性之间有着特别密切的关系。尽管如此，固氮酶常能起到硝酸还原酶的作用。

固氮作用是已知的原核细胞的基本特性。由于固N_2作用和反硝化作用紧密相结合，所以，所有原核微生物最终都能进行反硝化作用。因此，人们很难列出反硝化细菌的清单。最新资料表明，*Archaebacteia*一族亦能进行反硝化作用。

科学家首先得出的结论是，在生物圈中具有大量稳定的反硝化细菌。这其中包括土壤和水库中的原核生物群落。但它们的有效性则取决于环境条件，其中最重要的是有效有机质的含量。

在异养生物中，反硝化细菌能将许多有机化合物进行氧化。现已证明，土壤释放出的N_2O数量系与可溶性碳有关，而且随有机质数量的增加而增加。有机质氧化作用的能量利用比反硝化作用获得的能量更为有效。当微生物发生"硝酸盐呼吸作用"（nitrate respiration）时，它们能在"专性"（Obliged）条件下利用有机质和硝酸盐的数量比常规氧化作用条件下的数量大5倍。

在土壤中，根际反硝化作用进行得最为活跃。因为根际有足量的根系分泌物和根系碎片而形成的优良基质。生长茂盛的植物所产生的根分泌物和植物碎片总生物质量占光合作用总产量的35%~60%。根系通过利用O_2和产生CO_2，从而促进了间接的反硝化作用。因此，在根际，反硝化作用容量比休闲地大500倍（vedenina，Lebedinski，1995）。在具有有利于反硝化作用条件的根际，其也具有更有效的有机质、低氧分压和更丰富的细菌群落。

利用[13]N和气相色谱法证实了不同植物品种根际所释放出的N_2O水平。例如，在大麦根际，氮的氧化物（N_2O）损失高达90%，而在休闲土壤中仅为5%。在水稻根际发射的硝化作用强度比休闲稻田大14倍。其他生态因子如硝酸盐浓度、通透性、温度和pH值等也具有一定的生态意义。它们仅能影响反硝化作用潜势（denitrifying potential），但在有足够而有效有机质的条件下，它们仅对反硝化作用活性产生一定的影响。

2. 硝化作用

由于N–氧合作用（N-oxygenation）的结果，N_2O的形成便成为生物圈中广泛进行的微生物过程之一。在自养硝化作用中，完成该过程的是高度特异的一组细菌，铵离子可作为电子供体（生能基质）。在50年前，科学家就已证实了自养硝化作用。但现在，已确定能形成N_2O的细菌有4属——*Nitromonas*，*Nitrosolobus*，*Nitrosococcus*和*Nitrospora*。它们能完成硝化作用的第一步，然后形成N_2O：

$$NH_4^+ \rightarrow NH_2OH \rightarrow NOH \rightarrow N_2O+NO_2^-$$

将NO_2^-氧化为NO_3^-（硝化作用的第二步）的细菌并不能形成N_2O。在特异生态条件（如pH值接近中性、通气良好、缺乏有机质和低氨浓度时）自养细菌能进行硝化作用。因此，在形成N_2O过程中自养硝化作用被认为是无意义的过程。异养生物硝化作用在自然界更为广泛。其可被定义为不同有机化合物矿化过程中氨的共氧化作用（co-oxidation）。所以，异养硝化作用并无发生能量功能。在有NH_4^+存在时，异养硝化菌不仅能氧化NH_4^+，而且也能氧化氨基氮、羟胺和羟胺酸（sorokin，1992）。与自养硝化作用相比，异养硝化作用则由许多微生物完成。它们是原核微生物和真核微生物。最活跃的微生物是真菌*Aspergillus*、*Penicillium*和细菌*Achromobacter*、*Arthrobacter*、*Corynebacterium*、*Flavobacterium*、*Nocardia*、*Pseudomonas*、*Vibrio*和*Xantomonas*等，而且还在不断发现新的微生物品种。

在异养硝化作用过程中形成N_2O的可能性现虽已被否定。但利用[13]N同位素和抑制剂进行的研究表明，上述不同微生物都能形成N_2O。影响这些微生物活性的主要因素是C/N比率。就异养硝化作用而言，C/N比率至少要大于10。就活跃异养硝化作用而言，氮的含量必须超过其正常生长所需的氮含量。在中性或微酸性土壤中，异养硝化作用会快速进行。一些离子（Fe^{+2}、Fe^{+1}和Cu^{+2}）能促进硝化作用的进程。异养硝化菌能氧化羟胺和肟。这类化合物都能存在于土壤和水体中。因此，异养硝化作用在生物圈中起着重要的作用。

3. 氨的异化形成作用

除反硝化作用外，氨的异化作用在许多微生境的缺氧条件下也能发生。这一过程也导致了N_2O的形成和释放。硝酸盐异化还原作用形成氨的主要生态意义在于N_2O可称为生物源之一。但目前还没有进行深入研究。

与反硝化作用相似，硝酸盐和亚硝酸盐都是主要的最终电子受体。但是，异化作用形成氨的酶系统在两个过程中是不一样的。异化作用形成氨的主要因子是不同的细菌——*Achromobacter*、*Aerobacter*、*Bacillus*、*Campylobacter*、*Clostridium*、*Desulfovibrio*、*Esherichia*、*Esherichia*、*Erwinia*、*Klebsiella*、*Serratia*、*Vibrio*和其他细菌。

真核微生物（真菌和酵母）也能形成N_2O，但需在硝酸盐和亚硝酸盐异化还原过程中才能完成。目前关于这一过程的机制知之甚少。但是，具有重要意义的是硝酸盐和亚硝酸盐能还原为氨，而且这一过程会由许多微生物群落来完成。所以，人们确信，在自然界，异化还原作用在形成N_2O生物源的过程中起着重要作用。

就异化作用形成氨的过程而言，C/N比率非常重要。研究表明，该过程中C/N比率要大于10。此外，该过程的速率随厌气生境的增加而增加。研究指出，在不同生态生境中异化作用形成氨会随N_2O的发射而发生，但其生境条件需是低氧合和具有丰富的有机质。

七、全球甲烷平衡账中的土壤源

土壤是最重要的大气甲烷源。这种气体在大气中残留时间约为10年。CH_4主要由水稻田、天然湿地和填埋场中有机质的微生物降解所产生，其量分别为（100±50）Tg/y、（100±50）Tg/y和（50±20）Tg/y。这些甲烷源总和约为全球发射CH_4总量［（496±251）Tg/y］的一半。非土壤发射的甲烷源有：反刍动物［（85±15）Tg/y］、生物质燃烧［（80±20）Tg/y］和天然气、煤矿等的开采［（233±60）Tg/y］。

在通气条件下，土壤也起着大气CH_4汇的作用，CH_4沉积的研究很少，因此，仅对个别土壤生境做了探索。根据CH_4沉积量研究获得的一些数据表明，全球CH_4汇可高达23～56Tg。但与大气中OH基团对CH_4氧化作用进行比较时，其CH_4汇就很小。大面积（如稀树草原和沙漠）的CH_4潜在沉积量并不清楚。由于大气中CH_4混合比率会随时增加，所以，CH_4汇也会随时向延长而增大。

1. CH_4源和CH_4汇

除CO_2外，甲烷（CH_4）是大气中最丰富的碳化合物。现时CH_4在大气对流层中的混合比率（浓度）为1.7～1.8μL/L。与工业化前的数值0.6～0.7μL/L相比，其在150年内的浓度增加了2倍。

尽管大气中CH_4浓度较低，但其对地球环境具有特别重要的意义。CH_4是一个重要的、与气候变化有关的化合物。在过去100年中，它对地球变暖0.7℃的贡献率约为20%。这种效应已得到了事实的确证。当大气中NOx浓度较高时，OH基团反应过程会将CH_4氧化，从而导致对流层中形成了臭氧（O_3），其也是影响气候变化的因子。对流层中的臭氧浓度会影响到对流层中的氧化势（oxidation potential），因此，其也明显地影响了环境中其他微量气体的分布和丰度。

在大气对流层中能产生CH_4，其还能输送至平流层，并在那里发生氧化作用，从而形成水蒸气和创造了极云（polar clouds）。极云能使南极洲形成臭氧空洞。由于CH_4对全球气候和大气化学能产生重要的影响，所以，大气中CH_4平衡账及其循环，特别是人类活动的干扰已引起了全球的关注。在过去几十年来，人们对大气CH_4循环的研究亦得到了加强。

人们普遍能接受的事实是，最主要的CH_4源与土地面积（约150million km^2）有关。位于北半球的土地总面积占2/3，而南半球只占1/3。根据Bouwman（1988）的建议，土地面积可再分为14个类型的生态系统（表11-2）。最大面积（沙漠、稀树草原和用材林地/灌木林地）的生态系统降水较少，并随后形成了干旱土壤。

表11-2　全球土壤和土地利用面积（Bouwman，1988）

全球面积：$510 \times 10^6 km^2$
全球土地面积：$149 \times 10^6 km^2$
全球海洋面积：$361 \times 10^6 km^2$

生态系统	面积（$\times 10^6 km^2$）
1. 热带雨林	7.11
2. 热带季节林	7.105
3. 温带常绿林	7.306
4. 温带落叶林	6.834
5. 北方森林（泰加林）	7.013
6. 木材林/灌木林	7.173
7. 稀树草原	10.695
8. 热带草地	2.115
9. 温带草地	10.467
10. 沙漠/半沙漠灌木林	12.001
11. 极度沙漠	12.575
12. 农业用地（水稻田）	15.776
	（1.45）
13. 渍水沼泽/沼泽	2.101
14. 苔原/高原	6.947
15. 杂项	15.210
总数	130.428

2. 土壤是大气CH₄汇

与渍水土壤相比，通气土壤和旱地土壤通常也起着大气CH_4汇的作用。Seil等（1984）首先证实了土壤能吸收CH_4。他们研究的结果表明，在南非亚热带阔叶林类型的稀树草原土壤表层雨季CH_4的分解量为$52\mu g/（m^2 \cdot h）$。这一数值亦可作为亚热带其他土地表面积（如稀树草原、用材林/灌木林以及沙漠）分解CH_4的数值。科学家测定的数值表明，亚热带土壤CH_4的年消耗量约为21Tg/y。由于产生CH_4的数量与土壤水分含量和雨季测得数值呈负相关，这就表明，干旱稀树草原区域土壤吸收的CH_4数量可能超过了21Tg/y。

研究表明，大气向土壤发射的CH_4通量是土壤中同时产生CH_4和分解CH_4的净值。事实上，用非常低量CH_4的大气进行试验，其结果显示，土壤向大气输送的CH_4是一个净通量（a net flux）。同样，大气向土壤表层输送的CH_4也是一个净通量。现已证实，当环境参数如土壤温度和土壤湿度保持恒定时，在南非的试验所得结果是等当量的CH_4通量。即在试验条件下，土壤和大气中CH_4浓度为1.0～1.2μL/L。在土壤所谓的微生态位（soil microniches）中亦能产生CH_4。现已观察到土壤微生态位是厌气状态，所以产甲烷菌十分活跃。由于土壤中具有大量的CH_4微生物和铵氧化微生物。所以，CH_4就能被分解。最近亦观察到热带、温带和北方森林区土壤能吸收CH_4。在热带森林土壤中，CH_4平均分解量为6～$24\mu g/（m^2 \cdot h）$（steudle et al.，1990）。温带和北方森林区土壤CH_4分解速率范围为10～$160\mu g/（m^2 \cdot h）$。根据研究结果表明，热带、温带和北方森林区土壤吸收的CH_4量每年变化在2～35TgCH_4。

加之亚热带土壤吸收的CH_4量（21Tg/y），全球森林土壤、稀树草原土壤、用材林/灌木林土壤以及沙漠，它们的总CH_4汇为23～56Tg/y。与每年大气CH_4周转量约为500Tg相比，上述生态区土壤的CH_4总汇约占总CH_4分解量的7%～8%。研究表明，主要耕地（14million km²）对CH_4的分解作用亦有较大的影响。

3. 土壤和土地利用发射的CH_4源（详见第七章）

海洋表面积虽然超过了陆地表面积2倍以上，但海洋和湖泊发射的CH_4量对大气CH_4平衡账不起主导作用。海洋CH_4通量为（15 ± 12）Tg/y，其占CH_4总汇的5%以下。

大量产生CH_4并发射进入大气的生态系统主要是厌气土壤。这些厌气土壤主要是渍水土壤（如天然湿地）、各种沼泽、灌溉稻田和雨养稻田。这类生态系统的沉积物通常也是厌气条件，从而为甲烷细菌提供了良好的生境。

与渍水无氧土壤相比，通气良好的土壤和干旱土壤也起着大气CH_4汇的作用。显然，CH_4可被甲烷生物和/或铵氧化细菌所氧化。

第十二章　土壤微生物群落和碳（C）通量

一、引言

生物圈中各种微生物群落及其活性占据了很大的优势。因此，生物圈能使大气成分保持一种相对的稳定状态，并导致元素的生物地球化学循环过程。

土壤是一种能为微生物提供营养和水分的有益生境，其促进了微生物的生长和繁殖。同时，微生物亦能分解生物质和释放出CO_2。由于土壤中具有很高的微生物丰度和生物多样性，所以，其是温室气体循环过程中的主要组分。它既起着碳源，又起着碳汇的作用（表12-1）。

表12-1　微生物作为温室气体源的重要作用（Conard，1995）

温室气体	相对重要性			有关微生物	与氧的相关性
	微生物	动物/植物	人类		
CO_2	86	10	4	自氧微生物（−）	有氧
				异氧微生物（+）	有氧
				甲烷营养微生物（−）	有氧
CH_4	26	17	57	硝化微生物（−）	有氧
				甲烷生成微生物（+）	厌氧
N_2O	50	—	50	硝化微生物（+）	有氧
				反硝化微生物（+）	厌氧

注：（+）和（−）分别代表温室气体的产生和消耗

大气中CO_2代表了最活跃的碳循环库，它是由光合作用和呼吸作用所造成的。固定碳的生物质在循环过程中会向大气释放出CO_2，同时，在好氧呼吸过程中，异养生物的分解代谢作用能形成新的细胞（生物质）。大气中CO_2增加会间接地而不是直接地影响土壤微生物群落，因为土壤中CO_2浓度比大气中的浓度要高出10~50倍。CO_2浓度增加会促进光合作用的强度而有利于植物生长和发育。

土壤碳（C）循环的重要性常为传统农业研究所忽略。农业科学家主要集中研究了作物栽培和生产，因为其不会受到缺乏碳的限制而影响产量，同时，土壤学家和农业化学家则集中研究了限制作物生产的氮、磷等营养元素和肥料的增产作用。然而，碳循环的分解过程会制约发生在作物地上和地下部分的农学过程。许多农业微生物群落主导了碳的分解作用，而且其活性能调节土壤中的营养循环。微生物的活性虽然十分重要，但人们还没有认识到大部分微生物对农业生态系统的意义。在生态系统的研究中，从个体生态意义而言，微生物常被忽略而不列入生物范畴，但是，其实际可能是重要的营养源，并能影响到营养的循环。根据微生物生理学和微生物代谢的有关知识，现时所获得的对许多生态系统过程更好的理解就是调节微生物种群及其活性因子的过程，同时，还要对微生物空间和时间分布因子有所认识。

土壤中有机碳的稳态水平会受到输入碳（主要是植物体）和分解所造成的输出C的制约（图12-1）。光合作用的大部分碳会向地下生态系统流动，而且这种流动是农业生态系统中微生物碳不断循环所造成的。碳的流动在全球范围内具有重要意义。因为，农业用地占地球表面积总量的11%。

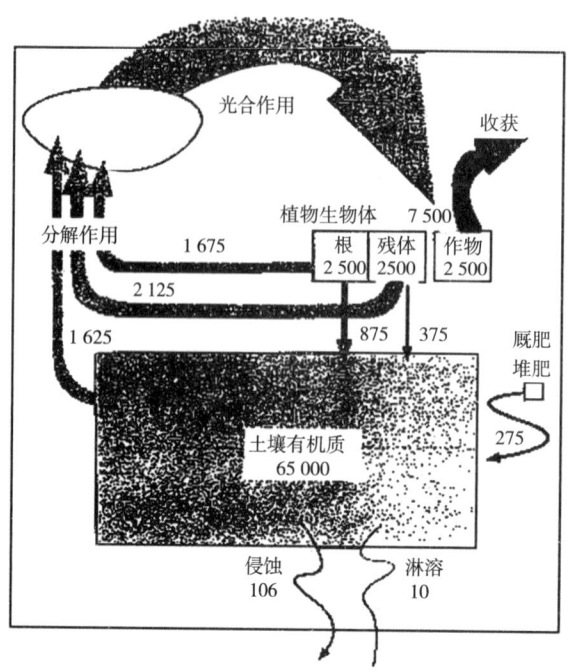

图12-1　农业生态系统中的碳循环（图中碳量以Pg或10^{15}g表达）（Scow and Brady, et al., 1997）

二、细胞水平上的碳流（通量）

由于碳的许多重要转化作用都会受到微生物活性的制约，所以理解在各个微生物细胞水平上发生的每一过程就十分重要。在微生物代谢途径中虽然具有惊人的多样性，但总体而言则以好气、异养微生物为主，它们是旱地农业系统中的优势微生物群落。在细菌的代谢过程中，有机质分解的途径可简为图12-2。这种有机基质不仅可提供能源，并能形成二氧化碳（呼吸作用），而且还可提供碳源，并形成新的细胞（同化作用）。碳的其他潜在途径是形成细胞外多聚体和中间产物，并最终使其与土壤有机质相结合。自养细菌如矿岩营养细菌（*lithotrophs*）和光营养细菌（*phototrophs*）的二氧化碳固定和许多生物经羧化反应对二氧化碳的固定也都会发生。但是，对这些反应过程未能作进一步的研究，因为在生态范畴内其对碳研究的影响甚小。

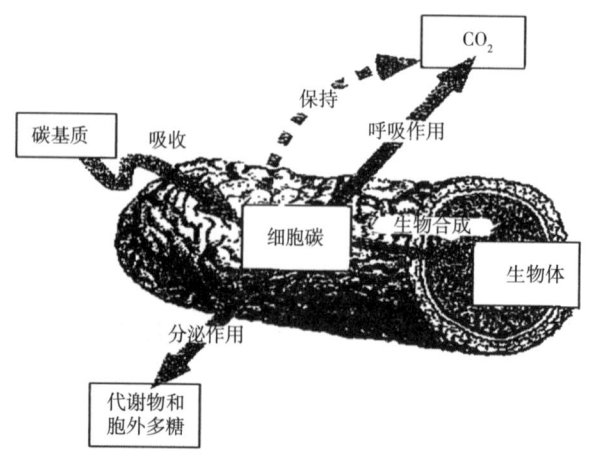

图12-2　细菌细胞中的碳流（闵九康等，2013）

三、碳代谢速率对土壤过程的影响

微生物细胞产生的数量会对农业生态系统产生各种影响。图12-3综合了微生物代谢产物和土壤之间的潜在相互作用。异养微生物代谢作用最重要的结果是造成土壤碳的损失。损失的范围通常为微生物吸收碳量的40%～60%，并在代谢过程中立即会以二氧化碳的形态释出。如果土壤中有积余的碳，那么微生物的产量就较高。

同化作用十分复杂，它能使微生物组织中的碳予以保存。因此，不是微生物产生的所有化合物都会迅速被降解。细胞壁组分，即多聚化合物，它们被微生物降解的速率小于细胞质结构的降解速率。特别是一些真菌细胞壁，它们极能抗生物裂解，因为其由多糖-黑素复合体（melain complexes）或杂多糖（heteropolysaccharides）组成。例如，在土壤中，由真菌*Aspergillis*产生的放射性标记细胞壁物质的降解速率慢于细菌（固氮菌）。从3种真菌品种提取的标记黑素（melanins）在3个月内的矿化速率小于10%。这种速率大大小于在同一时段内植物残体的矿化速率。真菌和放线菌能直接产生拟腐殖质，其非常相似于土壤中提取的腐殖质。

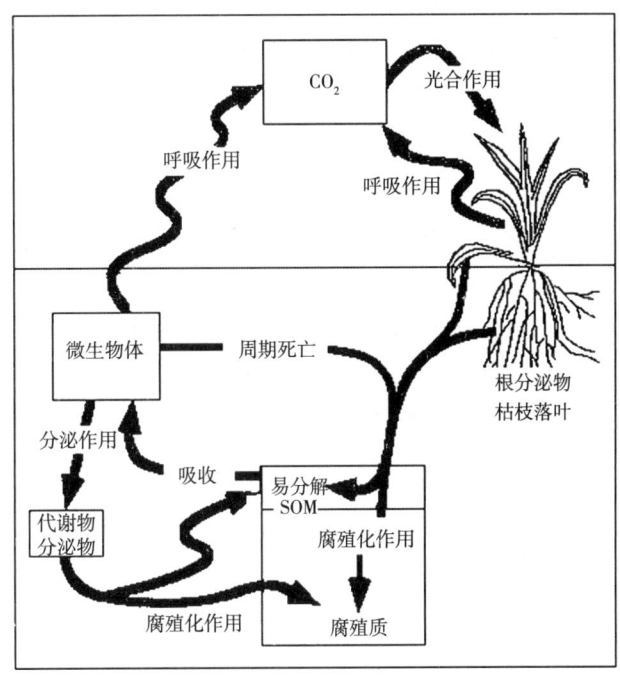

图12-3　微生物活动在土壤碳流中的作用（陶天申等，2012）

碳流的重要性在于微生物产物的物理区域和土壤基模（Soil matrix）中的微生物位置。Raich和Foster应用了电子显微镜进行研究，他发现，土壤胞外多聚化合物常常都与黏土矿物结合在一起。由于多聚化合物能与黏土矿物、金属离子和单宁等发生相互作用，所以，多糖能抗分解而受到了保护。土壤中完整细菌菌落和真菌菌丝体通常都被细黏土矿物所包裹，所以，微生物源的碳常可从黏土矿物中被提取，而且，微生物-矿质结合体在形成土壤团粒结构过程中起着重要的作用。微生物的产物（如烷基碳化合物）（alkyl C compounds）与黏土矿物作用形成的结合体会增加对矿化作用的抗性。

四、碳流：种群和群落

虽然微生物个体细胞利用有很多的相似性，但土壤中的碳流也会受到微生物种群大小及其群落组成的影响。完整的微生物生物体虽然常可视为一种单一整体，但有时在主要功能或在分类上都可加以区分。在功能类别中，对它们的相互作用已进行了少量的研究，但在微生物群落中仅对个别品种进行了研究，潜在的相互作用至少在理论上对碳流具有强烈的影响。这些影响有：① 碳化合物的转化交换常会导致更有效地利用有机物质中存在的潜能；② 其他化合物如电子受体或营养的交换；③ 对碳和其他营养的竞争作用；④ 食肉动物和寄生物，它们都能将碳导入食物网。

1. 微生物生物体

在土壤中微生物具有固有的许多生物多样性，因此，实际上很难对微生物品种间碳流的差异作出评价。结构（例如，群落多样性和品种分布）和功能（例如，反应过程的速率）都对形成特定的生态系统具有重要的意义，但其长期被认定为生态学，它对生物量的下降更为重要。最近，虽然研究有很大的进展，但对鉴定微生物群落能力的方法仍然有限。新的鉴定方法有：从土壤中直接提取微生物细胞物质如磷脂脂肪酸或DNA，并利用这些信息数据来评估全部生物多样性或作出分类。在研究碳流时，常会忽略品种的多样性或至少会忽略品种的内涵多样性，从而使估计微生物总生物量的功能成为一种超生物（superorganinism），并只能代表许多碳流模型中的单一分室。同样，受微生物制约的碳库之间的碳流都可用能反映许多品种活性的单一速率常数来表达。

过去20年所进行的大量研究都集中于土壤微生物生物量的研究。许多研究方法已发展成氯仿熏蒸（chloroform fumigation）提取法，基质诱导呼吸作用法和三磷酸腺苷（ademosine）分析法。微生物生物体在土类和植被系统中都有显著的变化。生物量的范围为30～2 780mg/g土壤碳。微生物量中所含碳量范围为土壤总有机碳量的0.5%～5%。土壤有机质中最易分解的碳库之一是微生物生物体。它是植物营养重要的碳储存库。由于反应过程速率主要取决于微生物种群大小，因此，微生物总种群的定量在估测碳周转速率时具有重要作用。然而，微生物生物量的测定太粗略，所以，不能用于大部分特异过程的研究，因此，用于最大可能测量微生物数的定量方法已研制成功并得到了发展。这些方法有荧光免疫直接计数法（immunofluorecent direct counts），或与特异抑制剂的联合生物量测定法。

在微生物种群与碳流相关的重要内容还有区分休眠和活跃微生物体之间的碳流。Smith等区分出了活跃微生物种群的碳流部分。这些种群能生长，并持续繁殖，但只能满足保持碳量的需求。这种区分方法对测定微生物量的周转时间十分重要。研究指出，总生物体周转时间的范围为2～6年，活跃生物体周转范围则为0.3～1年。

微生物生物体对农业技术或其他因子所造成的扰动作用很敏感。土壤微生物生物量大小与碳量和其他植物残体以及根系分泌物中的营养有着密切的相关性。同时，微生物生物量还会受到降水或灌溉的影响。微生物生物量还与免耕地土壤表层对作物有效的有机氮呈负相关。微生物量的大小程度还取决于环境条件（如降水量）以及一个生态系统的破坏程度和年龄。科学家建议，微生物生物体与总有机碳的比率（C_{max}/C_{org}）反映了一个农业生态系统中有机质含量的"稳定性"。这种假设还需要进行长期研究才能确定。

2. 微生物群落的组成：细菌和真菌

微生物群落组成的差异可直接影响碳流。例如，在免耕土壤中一种吸持的易分解有机质库的低矿化势是由其原始化合物所造，如真菌细胞物质所造成的。许多关于土壤中碳动态的微生物学的假设都是以事实为依据的，即对细菌过程的理解优于真菌过程。然而，土壤真菌常比细菌能构成更大的土壤总生物量。例如，森林枯枝落叶和土壤都以真菌占优势。Shields等发现，应用直接计数法表明，细菌仅占农业土壤和草地土壤中生物量的15%～20%。化学抑制剂［选择性70S-或80S-型干扰核糖体（ribosomes）抑制剂］常可用于分离真核生物（eukaryotes）和原核生物（proraryotes）。Anderson等也应用了这种抑制剂来测定真菌生物量，结果表明，在14种耕地土壤中，其占短期呼吸作用的

60%～90%。原核菌与真核菌生物量的比率在两种农业土壤中为1：4，在一种森林土壤中则为1：9。然而，不是所有的农业土壤系统中都以真菌为主。在开垦的海洋沉积耕地的土壤和种植春小麦的土壤中，细菌比真菌更丰富。在富特殊食肉动物的土壤中，如食细菌和食真菌的线虫的数量不等时，其也反映了细菌和真菌比例的差异。

植物残体的成分和管理技术对真菌和细菌的相对作用具有重要的决定性意义。在能分解纤维（cellulolytic）的微生物中，真菌对高C/N比的植物残体更有选择性，而细菌则为选择低C/N比的植物材料。在免耕农作系统中，真菌对分解作用更有影响。在免耕土壤表面的植物残体，其对生物具有较低的水势，而且，生物还需从土壤剖面深层获得营养，因此，真菌具有重要意义。在耕作土壤中，在耕作时可将植物残体充分翻入土壤剖面，因此，细菌的作用更为重要。

细菌和真菌在生理学和生态学之间还有许多重要的差异。科学家发现，24种普通土壤细菌和真菌的元素组成有着很大的不同。碳/氮比率细菌约为5.5，真菌约为8.3，平均C含量，细菌为430mg/kg细胞干重，真菌为373mg/kg细胞干重。

真菌比细菌更能将能量转化，而且可通过易位细胞质（translocating cytoplasm）间歇性的将营养再循环。在真菌生物体中，N水平会发生相当变化。Paustian等发现，N水平占细胞壁的1%或2%（干重），占真菌细胞的10%。当缺N时，真菌常能产生比细胞质更多的细胞壁物质，因此，在无需平衡生长的条件下，真菌能向土壤新区域扩展。丝状真菌（Filamentous fungi）比细菌在低水势和低pH值条件下更能有效地生长。由于细菌比真菌小，所以，它们能占据较小的孔隙，而且在孔隙中更容易接近其中的物质。微生物虽然能在土壤中自由移动，但菌丝体无论在表面或生长时都能接近C源位置和营养源位置。

耕种造成的破坏程度与真菌生物量呈负相关。真菌比细菌遭普通农业技术的破坏程度亦更严重。关于农业土壤中真菌重要性和许多结论是以实验利用破坏程度严重的土壤研究为基础的。所以真菌在农业土壤中的重要作用实际被低估了。

土壤群落的细菌组成在C循环过程中也十分重要，但对其多样性和群落结构的研究方法还不够充分。营养循环过程取决于各生物种群之间的密切关系。例如，厌氧系统中的碳流会受到封闭空间和时间相互作用的影响，同时，也受到功能微生物之间C源和电子供体交换作用的影响。这些功能菌有发酵菌，产氢乙酰细菌、硫还原菌以及甲烷菌。同样，一种好气群落非常相似于一种厌气群落时，它们都能代谢和同化还原物质（如甲烷），因此，它们在系统中亦能将碳转化。在功能菌中，品种生物多样性对碳动态的影响程度还不清楚。

磷脂脂肪酸（PLFA）和分子分析法在群落中的应用已有了新的进展，它为我们研究土壤中微生物的多样性和群落结构提供了有益的帮助。这两种研究方法能直接利用微生物细胞物质以提供有关土壤群落组成和微生物状态的信息。磷脂是构成细胞膜不可缺少的组分，而且当土壤中细胞死亡后也会被迅速代谢。因此，它们可为活生物体提供一种精确的量度。脂肪酸的主要类型是以长链、不饱和程度存在的取代基（甲基、羟基和环丙烷）为基础而确定的。所以，细菌脂酸及通常的范围为C-12，其中，包括了奇数直链、甲基支链和环丙基脂肪酸，而真菌脂肪酸长度通常较长，而且含有饱和的平衡链和多烯脂肪酸（polyenoic fatly）。完整的PLFA的状态可用作完整土壤群落的"指纹"（"fingerprint"）。同时，特异信号脂肪酸（specific signature lipids）也能用于不同微生物类别的鉴定。

在农业生态系统中微生物群落结构的鉴定也是以磷脂为基础而进行的，在有机农业和持续农业生态系统中，研究人员对土壤微生物群中PLFA的状况进行了测定。在这些持续农业系统中，有3种情况，即有机农业，主要采有覆盖作物和厩肥；低投入农业，主要采用覆盖作物和矿质肥料；传统农业，主要采用矿质肥料。在这类农业系统中，微生物体和活性的持续增长主要是施用了高量有机质而造成的。在有机农业土壤和传统农业土壤（施用化肥的土壤）中微生物群落中的PLFA状态在整个作物生长季节都显示出明显的差异。在低投入的土壤中，PLFA状况处于有机农业和传统农业之间。在有机农业土壤和低投入农业土壤中，真菌与细菌信息PLFA的比率高于传统农业土壤。利用PLFAs作为"品种"（"species"）构成的多样性指标在所有有机农业系统和生长季节中都是相同的。在生长季节以外，PLFA的变化大于采用有机农业技术措施的变化，但在大田中PLFA的空间变异相对较小。种植番茄的土壤与种植水稻的土壤相比，PLFA的差异远远大于农业土壤的差异。PLFA的分析为微生物群落成分与农业技术的关系提供了有效的方法。

五、土壤水平的碳流（通量）

进入土壤的大部分碳的复合有机质含有高量还原多聚合物质。在有机质分解过程中，有机质中的C-H键发生氧化而成为能源。当缺氧时，细菌会利用其作为电子受体，并使许多无机化合物发生还原。当分解缓慢时，氧又成为有效形态，而且还原性无机化合物再次被氧化，因为它们提供了电子供体和还原当量。这些氧化剂和还原剂都是C-C以及氮、硫和其他元素生物地球化学循环中重要反应的基础原料。因此，这些化合物及其反应过程在农业生态系统中具有重要的作用。

1. 输入土壤中的碳

植物是农业生态系统中土壤的主要碳源。进入土壤中的碳与作物有关，它们大部分为枯枝落叶、残茬、根系和根分泌物、绿肥如覆盖作物、堆肥和厩肥，这类物质也都是重要的碳源。虽然有机农药也是一种潜在碳源，但它们提供的碳量十分有限，其通常占土壤中有机碳总量的0.001%以下。

由于有机碳加入土壤中的时间及其频度和化学成分的差异，所以区分植物体的类型和部位显然具有重要的意义。虽然地上生物体的定量较为容易，但要定量输入土壤中的植物体就较为复杂，因为根系物体和植物呼吸作用以及动物饲食和植物死亡等造成的碳的损失则难以估计。就温暖区域而言，草本植物（包括作物）的茎叶根系的比率范围为1.2~1.5。但是亦有报道，栽培作物的茎叶/根的比率可高达2~5。由于多年生植物（如牧草）常常刈割，所以很少达到最繁盛的时期，因此，多年生植物的总生产力不及一年生作物。茎叶/根比率会因施肥和发育阶段不同而发生变化。

进入土壤中的作物残体的碳量取决于特定的作物，而且其量变化较大。例如，小麦和大豆收获后的残体加入的土壤碳量为343~372g/m²，而玉米收获后输入土壤的碳量几乎高出3倍。根系分泌物，包括脱落的根细胞，其能占植物净光合作用产物的10%~33%。Bowen和Rovira估计，分泌损失的碳和土壤动物饲食造成损失的碳占收获时根量的150%。

输入土壤碳的时间和空间分布有着很大的变化。进入土壤的根系分泌物在整个生长季都会发生，而进入土壤的作物残体如根茬和根体，它们会在收获后呈破碎状态进入土壤。根生物体的分配状况取决于作物种类，小麦、大豆和玉米根系的总生物量分别为76%、64%和79%。（以收获后土壤10cm深度计算）。覆盖作物和厩肥会以单一粉碎状态在种植前的春季进入土壤。如果土地进行耕作，那么这些作物残体会分布于10~15cm的土层，或者分布于免耕土壤的表层。

2. 土壤中的碳库

由广泛的化合物组成，其中，包括氨基酸，木质素、多糖、蛋白质、壳质（cutins）、几丁质、黑素、软木脂（suberins）和石油类（paraffinic）大分子化合物以及人为化学物质。能与矿物表面结合的一大类有机物是众所周知的腐殖质，它们由来自生物体反应所形成的非晶形大分子化合物组成。腐殖质的结构已有许多假设，但其精确的结构尚未有定论。

　　土壤中的有机质库可用许多方法予以鉴定，其中，有化学分离法、物理分离法和生物学方法。虽然这些方法所确定的有机质库并不等同于某一方法获得的结果，但应用多种方法的研究结果大大增加了我们对土壤中碳动力学的理解。

　　用化学方法获得的有机质部分已得到了确定，但其也有可能是分离方法不当所造成的产物或后生化合物（artifacts）。化学分离的SOM常可分成非腐殖物质，如碳水化合物、脂类、蛋白质，以及腐殖物质如腐殖酸、富啡酸和胡敏素。腐殖物质极为复杂，而且难以鉴定。胡敏素由紧密的束缚键和缩合腐殖质，真菌黑素和石油腊大分子组成。因此，在确定土壤腐殖物质的数量和结构及其功能时就十分困难。

　　新的化学分析法为我们分析从土壤中提取的各个化学部分提供了有力的工具。核磁共振（NMR）光谱技术现已用于腐殖质的研究。分析分解法（pH值）（Analytical pyrolysis）可用于土壤有机质的研究。这种方法是通过气相色谱-质谱仪（PY-GC-MS）和PY-直接质谱仪完成的。PY-GC-MS可用于完整土壤的分析，其无需将腐殖物质提取。在保持有机组分和矿物组分相互关系的基础上来鉴定土壤碳库还需要研究一些新的方法。这些方法的联合应用将比单一应用化学方法来研究有机碳库更为有效。图12-4指示出了物理分级法的流程。物理分级法包括了分离筛的颗粒分离（颗粒和团粒>50μm），沉降法（颗粒>2μm）和密度计法。各种分级分离方法的分离效果常较差，因为在密度分析法中的土壤制备，分级程度和试剂都有差异。

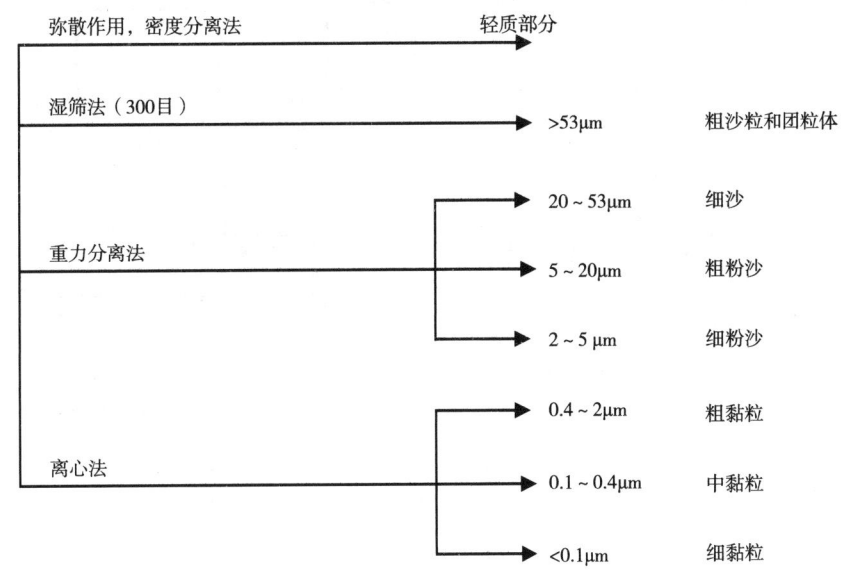

图12-4　物理分级法流程（Steverson and Elliot，1989）

　　Stevenson和Elliot等评述了各种土壤的筛选和沉淀分离法。这些方法可以分离出各种直径、大小、形状和密度的土壤各个部分。分离以后，与每一部分结合的有机质就可以定量，并作为碳的总量，对特异化学组成进行分析，也可用于微生物培养来测定有效碳，或标记碳。

　　密度计法可用于从较重部分分离出较轻部分的有机质。该法还可用于完整土壤以及特异颗粒或团粒体的密度小于1.6g/cm³、1.8g/cm³5或2.0g/cm³时，其可认为是轻质部分（LF）（light fraction），或可用其他名词来称谓，即粒状有机质。一方面，LF含矿物较少，而且主要部分是由分解的植物残体、细根和微生物体所组成，同时，其会发生在草地和森林土壤中，几乎占土壤有机总量的一半，是可快速矿化碳和氮的来源，并在耕种过程中迅速下降。另一方面，重质部分（heavy fraction）是吸附于矿质表面的有机质，而且随后结合成有机矿质复合体。HF对扰动和化学作用的灵敏性比LF要小，而且更具抗性。

参与短期硝化作用和矿化作用的一部有机质是另一种碳库，它们是可溶性碳源，而总的可溶性碳源和特异组分如蒽酮反应的碳源，也都是可以量度的。可溶性碳源对微生物过程速率相对水平的研究已进行许多试验，但有成功和不成功的结果。可溶性碳可以衡量不易降解和溶解度较小的腐殖质的水平。其中包括不溶性碳如LF在内的碳量，可能也包括容易降解的有机碳。有效性有机碳库的生物学定义常是以短期呼吸作用或长期培养试验所释出CO_2量为基础的。这种方法是利用原有微生物种群或加入的微生物种群所进行的呼吸作用来完成的。Paul等利用了一种呼吸作用试验法，他们所获得研究结果表明，玉米、大豆试验后的有效碳可以增加70%，在试验4年期间，这些试验区未种植其他作物而保持原来状态。

在碳流的大部分模型中，有机质都用不同分解速率的碳库和有效养分来代表。每一过程的例证都列于图12-5。许多学者认为，各种碳库都有不同的命名，但是，微生物生物体，植物残体（有时具有2种或3种碳库）之间的最大区别是受化学和物理保护的程度。然而，到目前为止，未能成功地研究出测量碳库的有效方法。但是，特殊物理分析方法及其应用会填补碳流研究中的空白。

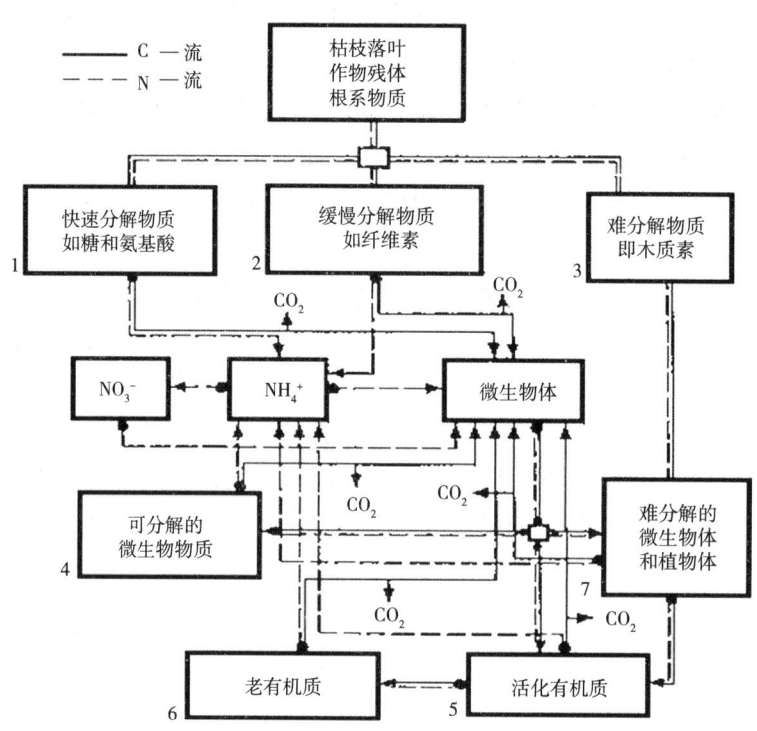

图12-5　植物枯枝落叶在土壤中C和N流模型（Tisdall and Oades，1982）

3. 影响碳流的因子

物理和化学因子会强烈地影响到土壤中的碳流。不同因子的相对重要性因有关的空间和时间函数而变化。

（1）基质的特性和营养

在短时间内，化学结构对分解速率的影响非常重要。糖和氨基酸的分解与纤维素和木质素的分解相比较时，已证明一周的时段会发生很大的差异。然而，化学成分在长期碳流中的重要性远不及残体与土壤基模相互作用中碳流的重要性。同时，化学成分对抗性的发展具有很大的意义。

残体的木质素含量和C/N比率十分重要，而且两者的参数经常可用于测定植物残体的短期分解作用。例如，植物残体放出的二氧化碳数量可视作碳水化合物百分率平方根的函数（碳水化合物百分率平方根除以C/N比率），再乘以木质素百分率。许多其他研究结果并未发现C/N比率是分解率很好的预报因子（predictor）。

各种植物组分分解的复杂性都是由植物组织永远存在的组分特性所造成，但它们都是物理和化学结合成的复杂混合物。纤维素在其自然状态时的分解速率比纯化学状态的分解速率要缓慢得多，因为它们能与木质素结合成复杂的化合物。影响植物组分的其他重要因子还有其与土壤基模的结合状态。例如，多糖和氨基酸都能与黏土矿物强烈地结合，而且蛋白质还能与土壤酚相互作用而形成"棕色"（"tanining"）反应，从而导致形成不可逆的共价键。化合物与土壤基模的相互作用常常能降低其分解速率。

（2）气候因子

温暖和湿润是决定土壤中碳流变化的重要气候因子。气候亦能影响土壤有机质的水平，其是通过影响植物生产率和微生物活性来完成的。纵观全球范围内土壤中碳积累的差异就可以证明上述事实。在寒冷气候带的土壤和长年处于水饱和的土壤（如排水不良或沼泽土）中，有机质大量积累。世界许多地区的土壤，有机碳含量会随降雨增加而增加，而随温度增加而降低。干旱地区的土壤，有机质积累很少，因为土地生产率低下。所以灌溉可以大大增加生物体的产量，同时，有机质的输入还会增加其分解速率。

温度和水分亦十分重要，它们可以直接调节微生物的种群。在寒冷地区，微生物生物量在夏季有较高的水平。但是，Schlesinger等（1998）发现在冰雪融化后的2月微生物生物量达最大值，其理由是冰冻造成死亡的生物体中所含的碳可被存活的生物所代谢。水分含量较低时能导致可溶性基质扩散速率降低，从而使微生物的移动能力下降，因此，也缩小了其对基质的需求，并延缓了生长。在另一种极端条件下，即水分含量很高时，它阻止了氧的扩散，从而降低了需氧微生物的活性。Jansson等（2001）发现，在夏季降雨以后，休闲地土壤中的细菌数达到峰值水平，而且可保持至种植小麦。在有些种植条件中，灌溉和耕作都会在短期内促进微生物的快速增长。

计算温度影响的普通方法是利用Q_{10}系数（Q_{10} relationship，温度系数），或Arhhemius系数（Arhhenius relationship）。无维度因子系数（dimensionless scaling factor）可用于水分效应模型。另一种计算法，即整合不同环境可变性效益，它是Jansson等（2001）设计的方法，他们利用适宜参数（一种减数因子）（a reduction factor）。该法可计算出气候和土壤条件对分解速率的影响。

（3）土壤因子和物理保护作用

现已知道，土壤并不是一种充分混合的体系，而且许多可降解的基质对微生物也是无效的。因此，人们就应当对土壤污染物的生物降解进行充分的研究，因为这类污染物会严重限制生物种群的发展。根据一些科学家的观察，他们便提出了有机质物理保护作用的概念，那就是有机残体的抗性部分可用酸解法予以测定，而且抗性部分不会随时间延长而有实质性的下降。由于黏土矿物的吸附作用，所以，造成了有机质的有效性降低和在微孔隙中有机质分离的困难，从而使其在稳定的大团聚体中受到了物理保护作用。有机物受到物理保护的结果是通过残留碳化合物对微生物空间分布和归宿的影响而产生出复合的有机基模体（matrices）。孔隙大小可以控制肉食动物的种群，而且，小孔隙能为土壤中的细菌提供庇护场所。物理分级方法的最新进展为碳流提供了新的信息，而且提供了人们对土壤中的转化作用增加的许多有用的知识。

土壤主要的成分是矿物质如沙、粉砂和黏土矿物，其大小范围（以直径表示）为0.2~100μm，以及团粒体的20~2 000μm。土壤组分主要是这两个范畴，而且，在一些大小范围上两者无法区分。Qades等（2010）的土壤团聚体形成模型（图12-6）包括了<0.2μm直径的颗粒（第一阶段），它与

有机质或水化氧化物（oxyhydroxides）所结合成的团聚体不同，其是一种分散体。参与黏粒阳离子桥结合机制是形成2～20μm团聚体的科学依据（第二阶段）。负电荷有机分子主要有多糖醛化合物（polyuronides）和多羧基（polycarboxylic）残基（细菌产物）。第三阶段形成的团聚体可以聚合成20～250μm的较大单元（第三阶段），它形成的机制与稳定的第二阶段的某些机制相同。大于250μm的团聚体（第四阶段形成的团聚体或大团聚体），其是结构单元最弱的团聚体，而且能与植物根系和真菌丝结合在一起（图12-6）。

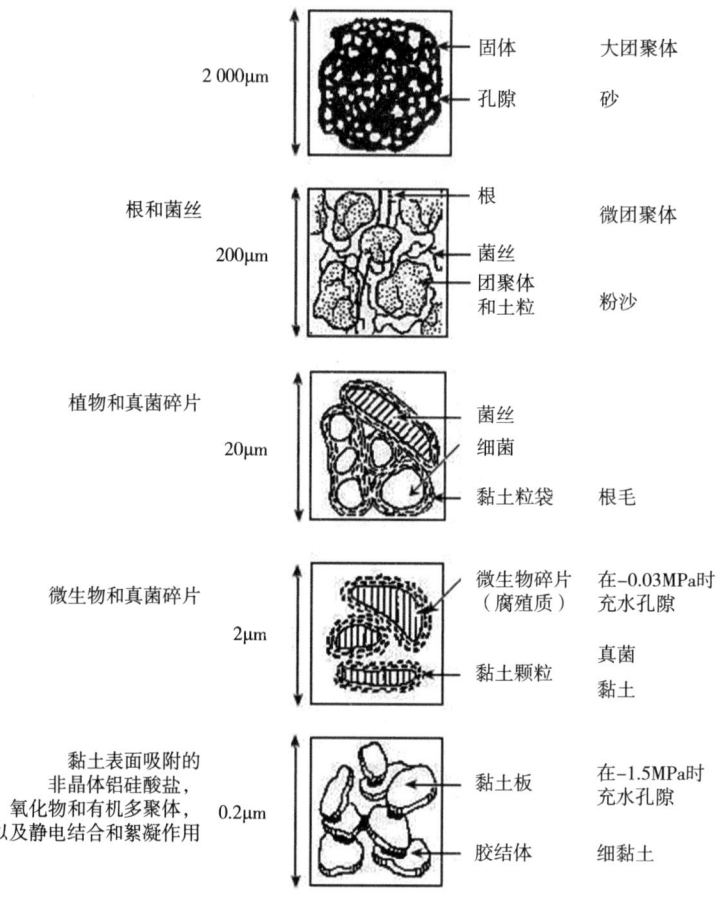

图12-6　团聚体结构形成的模型（Oades，2010）

（4）有机碳与不同土壤部分的结合

大团聚体存在的时间比微团体存在的时间要短暂，因为大团聚体的有机结合体、根和菌丝都能快速降解，而微团聚体的矿质有机复合体的降解相当缓慢。最近发现加入的有机质能与大团聚体相结合，而且，当用密度法进行分离时，它还能与土壤的轻质部分相结合。较大的团聚体和砂粒都含有机质，它的年龄小，芳族化能力弱，但脂核化（aliphatic）或者比较小团聚体结合的物质更具极性。大团聚体与小团聚体相比，其对耕作和环境干扰（如干湿交体）的敏感性更大。例如，耕种草地的有机质损失量大于大团聚体有机质的损失量。有意义的是，大团聚体结构的腐解图式类似于植物残体腐解的指数曲线图式特征。

与大团聚体（细黏粒的团聚体，直径<0.02μm）结合的有机质，其C/N比较粉粒结合的物质的C/N比要低。粉粒（2～5μm）和粗黏粒（0.2～2μm）中的有机质比其他粒级中的有机质要稳定，因为它们的浓度比较粗的和较细的颗粒中的浓度要大，而且，它们由高稳定性和处于中间状态C/N比率的芳香核化合物组成，这些化合物还包括腐殖酸。虽然，腐殖酸能与黏粒和粉粒相结合，但它们更芳族化，不

会迅速水解，因此更为稳定。粉粒中的可矿化氮和碳量都较黏粒中的要低。粉粒中的生物有效碳也比黏粒中少。Page和Baldock等（2012）发现，用固态CP/MAS^{13}CNMR分析后，其结果表明，在黏粒部分烷基、氧化烷基（O-alkyl），乙酰基C和羧基C的量较高。试验用葡萄糖作乙酰基C，并用羧基C作培养基，由于微生物的代谢作用，所以造成了较高的上述化合物。

对耕地土壤中与粗粉粒、细粉粒、粗黏粒和细黏粒结合的有机质的放射性纪年的测定表明，它们的纪年分别为385年，900年，990年和965年，这就有力地支持了当有机质从粗粉粒移向粗黏粒时，有机质的年龄会增加的理念。Page和Bonder等（2008）利用天然木质素的^{13}C和同位素稀释法进行研究，结果发现C$_3$植物覆盖的森林原始土（Oxisol）用C$_4$作物耕作50年时，在土壤中黏粒，粉粒和砂粒碳的周转时间分别为59年，6年和4年。他们也发现，在开始耕种后12年内，在每一粒级中碳的损失较为迅速。在随后的38年内，碳的损失速率较为缓慢。在用细粒级的研究中，其具有最老的有机质，因此，其并不符合细粒在碳周转过程的中介作用。

Page和Baldock等（2012）利用^{13}CNMR进行研究，他们发现，当植物残体分解时，在土壤颗粒中的分布会随时发生变化。首先，碳水化合物和蛋白质结构降解，即可能观察到O-烷基（O-alkyl）碳^{13}C NMR信号的减弱（C/N = 40）。随后，芳香核结构化合物如木质素消失（C/N = 12）。最后，最难分解的烷基碳结构体消失（C/N = 8）。相当于这些化学变化的发生速率会随不同土粒与有机质的结合而下降，其范围为土粒直径从>20μm到-2 ~ 20μm再到<2μm（图12-6）。关于化合物结构在碳与不同土壤组分结合过程中的作用还需进一步进行研究。

黏粒在碳流中的重要性可在整体土壤和团聚体中显示出来。高含量黏粒的土壤可以更有效地保存微生物生物体，从而其可为微生物及其代谢物之间密切反应创造一种良好的环境。从而有利于微生物在葡萄糖及其代谢物上生长的高产系数。Oades和Van veen等（2009）利用放射性同位素技术研究后发现，高黏粒（42%）土壤中的生物体和碳的保持能力比低黏粒（12% ~ 18%）土壤中的保持能力要大。Bowen等（2011）也发现，高黏粒土壤能更多地积累碳，而且呼吸作用也较低。这种情况可归因于黏粒对氨基酸的吸收作用。Killham和Ladd（2007）发现，土壤质地和加入碳量之间有直接的相关性，而且认为这些加入的碳会形成有机质而不是形成生物体。黏粒因能影响有机质的降解速率，从而可间接地影响到微生物的活性。细质地土壤对耕作造成的碳的损失较小，这就表明，土壤遭扰动时，黏粒在保持碳的过程中起了重要的作用。

耕作和免耕农业生态系统的比较研究大大地增加了人类对物理保护作用的认识。Jansson和Bremner等（2009）证明，在耕作土壤中有3个碳库，即未受保护、受保护和具抗性的碳库。在免耕土壤表层中与团聚体结合的未受保护的碳库比传统耕作的要高21% ~ 65%。大团聚体保护的碳库比未受保护的碳库更容易降解，因为在其中有一些碳库中的碳很容易发生降解。受保护和未受保护的碳库的矿化作用速率在耕作土壤表层比免耕土壤表层要快。大团聚体保护的有机质占免耕土壤表层中可矿化量的19%，而在耕作系统土壤中仅占10%。大团聚体的粉碎作用会增加免耕土壤中碳的矿化作用，但不会增加耕作表层中碳的矿化作用。

六、农业生态系统与其他生态系统的比较

农业系统是最集约化的管理系统，因此，它也常是地球生态系统最受干扰的系统。农业生态系统与天然生态系统或很少管理的生态系统相比，其碳流的一些重要途径有着较大的差异。第一，碳的输入虽然在总量上相同，但基质的质量则有所不同。农业系统中可迅速分解的碳的输入量比森林系统的输入量要大。第二，大田作物的植株/根比率常大于自然生态系统。第三，有效性有机碳库形态储存的

碳或总碳，其通常在耕地土壤中比非耕地土壤中下降的速率要快。由于农业生态集约化管理措施，所以土壤的物理扰动和土壤结构的破坏都大于原始生态系统。

冬小麦与牧草区碳流相比，人们可以观察到在耕地土壤上每年的干物质产量较原始系统要大。耕地土壤中的植物地上和地下残体腐解所产生的二氧化碳含量比原始土壤高2倍。尽管耕地土壤有较高的生产率，但总枯枝落叶的积累量在原始土壤中比耕地土壤中要高5倍。这就反映出原始土壤上部35cm中有机质的含量比耕地土壤上层高出1.5～2倍。在3个生态系中，测出的土壤有机质一级腐解常数几乎相同。但是，对植物地上部和地下部的生物量而言，腐殖质常都较高，高腐解常归因于较大的物理干扰和微生物的活性以及植物枯枝落叶表面积增大等因子。

在耕作系统中，当温度和水分适宜时，微生物活性会达到高峰，所以，在此时便有更多的碳进入系统。

当在草地与小麦休闲地的碳和氮动力学相比较时，其结果表明，在耕作系统中碳的矿化速率高于原始系统，而N-固持作用则低于原始系统。在草地土壤中，微生物体比耕地土壤高1.6～2.4倍，但随着土壤中黏粒含量增加，这种差异也会增大，在草地土壤中，微生物种群受氮的限制比受碳的限制更为强烈（以呼吸作用和N-固持作用为基础所得出的数值），而在耕地土壤中则相反。Stevenson和Elliot等（2006）利用物理分级法进行了研究，他们发现，草地土壤未受干扰的团聚体中的碳和氮矿物作用强度大于耕地土壤。同时也发现，大团聚体比小团聚体有较大的矿化强度。闵九康等（2012）发现，农业土壤中粒状有机碳量占有机质总碳量的5%～20%，而草原土壤中的有机碳量则占有机质总碳量的30%以上。

耕地和原始系统之间的许多差异都会在土壤上层反映出来。一方面，耕地土壤AP层中^{14}C年龄的测定值为（1 100±145）年，而未耕作的相同土壤中的^{14}C年龄为（385±100）年；另一方面，耕作和原始土壤B层中的碳龄都相等。这些数据表明，在耕地土壤中，土壤有机质的抗性成分占主要地位。

通过对原始和耕作系统的比较，人们明白了农业生态系统的重要作用，它能吸收原始系统中所保持的营养以维持作物的高产。少耕和增加碳的输入是增加农业生态系持续性的重要因子。

七、土壤碳-微生物相互作用对农业生态系统的影响

1. 生物体是一种对碳动力学发生短期影响的氮库

微生物生物体是重要的有效氮库。它的C/N比率较低，而且易于分解。微生物生物体含有的碳为土壤有机碳的1%～4%。微生物组织中的有机氮为2%～6%。在生态系统范围内，微生物生物体的N通量具有较大的意义，经测定，通过微生物的氮量比通过植物的氮量高2倍，但后者能构建成巨大的生物体。每年土壤有机氮的1%～4%会被矿化，而且成为作物可吸收的有效氮。氮的数量在程度上相似于或部分相当于微生物生物体的含氮量。由于一部分微生物群落每年都会发生转化，所以来自微生物生物体的营养量常常大于任何一时段生物体的营养含量。在农业系统中，来自微生物生物体的矿质氮周转量每年每平方米（m²）为23gN。

土壤微生物对氮的矿化和固持之间的一个标准平衡概念在土壤肥力研究和实践中都具有重要意义。氮的固持和矿化之间的平衡会受到分解微生物代谢状态及其基质营养成分的制约。C/N比率常可用于评估植物残体能否保持氮的净矿化作用以及能否为作物提供适宜的土壤肥力的重要标志。C/N比率并不能指示出N的有效性，也不能显示碳库对微生物的有效性。由于微生物可作为直接氮源而具有重要意义，所以，C/N的概念太简单化了，但是，C/N比仍能指示出土壤系统中的氮淋溶和反硝化作用所造成的氮损失。

从长远观点出发，极端气候条件对有机碳的影响具有积极意义。在干湿交替，冰冻和融化循环的过程中，土壤中会形成新的有效有机碳，而且其常会被迅速矿化。原始碳化合物的一部分可直接源自有机质，但其中大部分来自死亡的微生物。在土壤经熏蒸灭菌或干燥后，其释放出的植物营养数量，可矿化碳和可矿化氮都与初始存在的微生物生物量密切相关，而且在受干扰后也会发生变化。微生物种群的生理状态会影响释出的碳量。所以，这就有可能，微生物空间分布会对其抗干扰产生影响。在小孔隙内，干扰对微生物的影响较小，而在大孔隙内，因有较高的基模潜势（matric potential），所以，对微生物的干扰就较大。同时，小孔隙中的微生物对熏蒸剂的敏感性亦较差，因为熏蒸剂向小孔，特别是向团聚体内部的蒸发扩散速度较慢。

许多学者注意到，冰冻、溶融循环的另一个后续产物应是土壤剖面中的可溶性有机碳会发生淋溶。但是，在有些农业生态系统中，碳的淋溶仅为中等强度。向土壤剖面下层移动的碳所发生的矿化作用较弱，因为剖面下层的微生物活动较小，而且黏粒较高。

这些早期研究结果是因发展了新的方法才获得的，这些新方法可以测定微生物生物量的大小。当土壤遭到破坏时，一部分碳流是由微生物死亡后发生的代谢作用所形成的，现在，已有一些方法可以测出人为干扰（包括干湿交替和化学处置）与微生物生物体所释出的碳量之间的定量关系。用有机溶剂熏蒸，如氯仿的熏蒸，这是一种比测定与微生物有关的物理方法更具选择性，而且与释出的微生物碳无关。根据这些研究结果，人们可以研发出测定微生物生物量的一种新的熏蒸培养法。

2. 保持和增加土壤碳库：它会对碳动力学发生长期影响

农业土壤中的碳会大量损失，在过去100年，全球预测的碳损失量为（30～60）×10^{15}gC。在原始土壤经耕作后，最初土壤碳存量会损失20%～40%。在耕作一开始，便立即会发生碳的大量损失。有机碳的损失过程也较大。在开始耕作后的头几十年，土壤达到了一个与碳有关的新表观稳定状态。因此，在农业土壤中大部分碳损失的几十年前，在热带区域中新开垦的土壤才会发生碳的损失。

就陆地而言，增加有机碳的意义在于改善土壤结构和减少侵蚀。由于保存的碳量和土壤释出的碳量之间是可逆的关系。所以，全球温室气体（CO_2、CH_4和N_2O）对土壤而言，既是源，又是库，它们与土壤有机质管理直接相关。全球气候变化造成的后果已有许多研究，并发表了很多评论。其中许多评论与农业生态系统中碳的管理有关。

增加SOM储量包括了增加碳的输入和/或减少碳的分解速率。土壤碳含量与每年加入的碳量之间有着直接的关系。有时，增加无机肥料用量会使作物增产，从而也增加有机碳，特别是那些产量大大低于可达到的最大产量的土壤。施肥和改进管理技术在几年内可以1倍或3倍地增加作物残体，所以，可推断，土壤有机碳增加了。但是，许多长期试验表明，增施肥料虽可增加产量，但不会增加土壤有机质含量，这几乎是一个世纪的试验结论。施无机肥料的试验小区，土壤中的碳水平仅略高于既不施化肥，又不施有机肥的试验小区，同时，施用化肥小区土壤中的碳水平大大低于施用有机肥料的小区土壤。然而，增加作物残体（如茎秆等）用量，并配施矿质肥料的小区，其与仅单施矿质肥料的小区相比，输入土壤的碳量成倍增加。因此，人们可以预期施肥的成本以及制造肥料所用矿物燃料放出的二氧化碳都会抵消增产所带来的效益。

土地休闲会减少土壤有机质含量，因为在休闲期间没有有机质输入。在半干旱地区，可以使土地休闲以保持水分和保存后季作物生长所需的无机氮，同时，还可减少土传病的危害。由于微生物从植物残体获得有机碳很少，所以，它们会消耗土壤碳。因此，微生物活性在休闲时会受到大田条件的刺激。闵九康等（2014）发现，降低休闲频率和增加种植作物的时间，这些措施在作物休闲农作制系统中每年都会减少二氧化碳的释出。

有机残体的分解速率会受到管理技术的影响，但是，能减缓分解的相同因子如降低水分，降低氧的水平和降低土壤温度等因子，它们也都会受到作物生长的干扰。

有机质的物理保护在保持土壤碳过程中十分重要。在农业中应用的许多技术，特别如耕作技术，粉碎土块结构的技术，它们都是防止微生物分解而能保护碳的重点技术。通过植物残体与土壤充分混合的技术也都会大大降低土壤碳的损失。耕作和栽培也能保持农业生态系统中较高的矿化碳量（占输入碳量的80%）。原始草原土壤中的保存碳量则<60%。每次农事操作后，埋入土壤作物的残体仅为15%，因此，即使每年进行3~4次的农事操作，作物残体埋入的数量也仅为50%。保持耕作增加的碳量可从27%增至57%，从而降低了土壤碳的一半损失。土壤消耗的温室气体量也受到耕作的影响，耕作的农业土壤对甲烷的吸收量比免耕的草地土壤高7~8倍，而且农业土壤施用有机肥料也能增加对甲烷的吸收。

如果以施用高含量木质素的有机物质为基础（如泥炭或锯木屑），那么，有机碳的分解速率会大大延缓。

另外，考虑较少的是为降低土壤中碳的损失而降低微生物对碳的呼吸作用和同化作用的比率，换言之，即增加作物的产量系数。进入生物体的一部分碳和最终会进入有机质的碳被称为"产出腐殖质"（"humus yield"）。但是，好气微生物能非常有效地进行分解，因此，有机质的积累十分缓慢。适当的免耕会促进真菌的发展，并构成了土壤群落中真菌的较大比例。由于产出量较高，所以免耕管理会将土壤中的碳保持。施用氮肥因增加了碳的同化，所以其便降低了呼吸作用，而且当碳受限制时，这类物质便成为生物体储存碳。如果提供的碳源（如木质素）较难分解时，施用氮肥会增加土壤中碳的储量。这些过程都会增加产出两种主要的土壤腐殖质和木质素降解产物以及含蛋白质的化合物。

当向土壤加入新的有机质时，农业土壤中的活性有机质不能明显地增加。Schlesinger等（1998）发现，种植大麦的土壤中有机碳的增加与加入残体碳的总量在头10年呈线性关系。如果土壤有机碳的水平已经很高，那么，向土壤加入有机碳并不会增加土壤净碳量。Schlesinger（1998）指出，耕地土壤中有机质的损失量大大超过了有机质的形成速率。因此，这将便会增加大气中的二氧化碳。此外，土壤每年增加的碳占矿物燃料燃烧发出的碳的比例很小。

八、结论

碳循环过程中可分解的一部分碳会直接影响到农业生态系统的许多重要组分，其中包括作物营养的有效性，土壤结构，水分保持和渗漏，特别是土壤有机质的含量。特异微生物种群的活性以及一些土壤群落的相互作用都会对土壤碳的保持和损失起到决定性的影响，而且也会影响土壤中化合物的形态和碳所处的不同位置。土壤微生物的巨大多样性使得人们难以明确其大范围的代谢途径。因此，科学家们需要分门别类，逐步地研究和分析农业生态统中碳循环的重要意义和各种有关因子。

第十三章 土壤生态系统对二氧化碳（CO_2）的吸收和缓冲作用

一、引言

温室气体对全球变暖的潜势（贡献率）为CO_2占60%；CH_4和N_2O分别占15%和5%。因此，农业生态系统因光合作用而吸收了大量的CO_2，并将碳储存于生物质中，从而成为全球陆地生态系统中最大的碳汇。因此，农业生态系统在防治全球变暖过程中起着极为重要的作用。

二、CO_2的起源与发生

据统计，陆地每年由光合作用所产生的有机质以有机碳计，其量约为6×10^{10}t。成熟橡树的有机质为$0.5 \times 10^2 m^3$；一个细菌为$0.5 \times 10^{-18} m^3$。

科学家于1995年估测了一系列的非常有意义的数值用来表达光合作用所产生的巨大的有机产物。他们的估计值是，全球每年光合作用过程产生的糖约为4000亿t（400billion t）。

全球由光合作用产生的净初级生产量（NPP）是单位时间内植被所获得的净生物质数量。热带雨林具有最高的生物质量和生产率，因为温暖湿润的条件有利于植物群落的生长和发展。沙漠和冻土带（tundra）生产的生物质量最低，因为较低温度和较少降雨严重地影响了植被的发展。表13-1列出了全球碳平衡账中主要碳库的数量（以碳为标准的计算值）。

土壤是CO_2的源和汇（库），因此，土壤生态系统是温室气体的供应者，又是消费者，其中特别是碳矿化作用的产物（CO_2和CH_4）。最近估计，各种生物地球化学库中碳量在1990年以前为750Gt，陆地生物圈的碳量为2160Gt，而土壤碳则约占陆地生物圈总碳量的2/3。闵九康等估计，土壤中储藏的碳量为1576Gt，其中热带土壤保持的碳约占32%。

Tate和Bolin等估计，土壤有机质碳量为$(30 \sim 50) \times 10^{14}$kg，比其他表面碳总量（$20.8 \times 10^{14}$kg）大得多。1860年以前，大气中约含有260μL/L CO_2。1995年已达360μL/L CO_2，其量约为760 Pg C，据统计每年约以1.8μL/L速率增长。

表13-1 全球碳平衡账中主要碳库的数量

碳库	$\times 10^{15}$gC
大气	638 ~ 702
陆地	
生物体（植物）	827
土壤腐殖质	700 ~ 3 000
海洋	
生物体	2
有机质（50%腐殖物质）	1 700
无机态	38 600
矿物燃料	10 000

来源：Woodwell and Houghton（1997）and Woodwell et al.（1998）

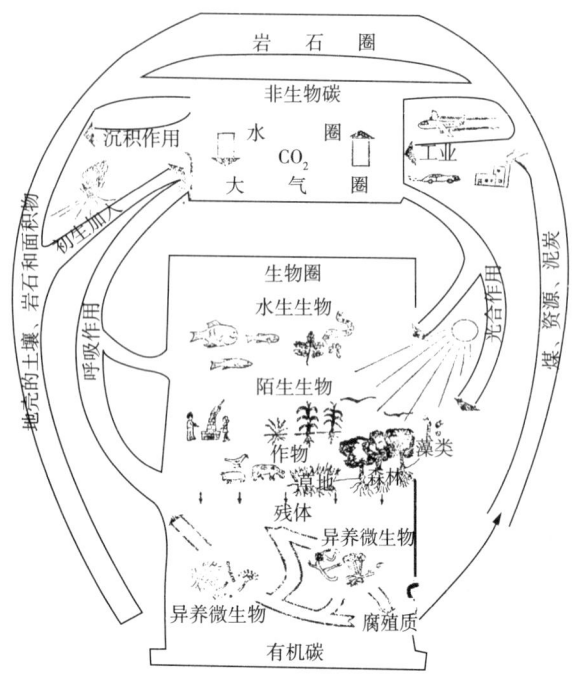

图13-1 自然界的碳素循环

地壳中的碳酸盐具有大量的碳。当这类碳酸盐用于制造石灰和水泥时，其中一部分碳会释放出来，进入大气，但这些碳酸盐仅在一个地质时代才具有生物学的重要意义。还原的碳都存在于煤、石油和天然气中。当这类还原态的碳化合物（矿物燃料）燃烧，以及土地利用状况改变时，其产生的CO_2便会输入大气。图13-1表明了自然界的碳循环模式。据统计，每年进入大气的碳量为7.1Pg。与大气中碳的总量，即750Pg相比，其对地球大气中的CO_2浓度的变化有着重要的影响（图13-1）。

2000年，Matthias和Kathleen等研究了大气中CO_2浓度变化的情况，研究结果表明，大气中CO_2浓度自工业革命化前的290μmol/mol增加到350μmol/mol以上（= 35Pa的海平面），而且每年增加的速率约为1.5μmol/mol（图13-2）。

CO_2浓度升高的主要原因是矿物燃料的燃烧和土地利用状态的变化。冰芯（ice cores）中CO_2浓度的测定结果表明，在万年前，即前工业化时代的CO_2值约为280μmol/mol，但由于草原开垦破坏了土地，从而加速了土壤中相当数量的CO_2的释放。同时，又因其他土地利用发生变化，因此，这种变化也会使CO_2释放而进入大气。这一过程使大气中每年增加的碳量为（1.6±1.0）Pg。矿物燃料的燃烧每年增加的碳量为（5.5±0.5）Pg。两者输入大气中的总碳量为（7.1±1.1）×10^{15}g。但是，大气中CO_2浓度的增加每年仅为（3.2±0.2）Pg。在海洋中，还有（2.0±0.8）Pg的"碳失"（missing carbon）。在陆地生物体中，固定了相似的碳量（2.1Pg）。大气CO_2浓度及其同位素成分的分析表明，北半球和北部森林可能是最大的"碳失"汇（sinks）。增加陆地对CO_2的吸收有许多原因，其中主要原因之一是提升CO_2浓度能促进光合作用（增加陆地吸收CO_2的数量约达50%）。同时，也包括氮受限制的生态系统中的氮沉降量以及中纬度农业用地废弃后的森林恢复（约可增加陆地吸收CO_2的25%）。

由于C_3植物净CO_2同化作用速率并非是CO_2饱和点（35Pa CO_2），所以，CO_2浓度的升高就可能增加C_3植物的光合作用，其增量大于C_4植物。研究表明，CO_2同化速率的实际CO_2饱和浓度为350μmol/mol。

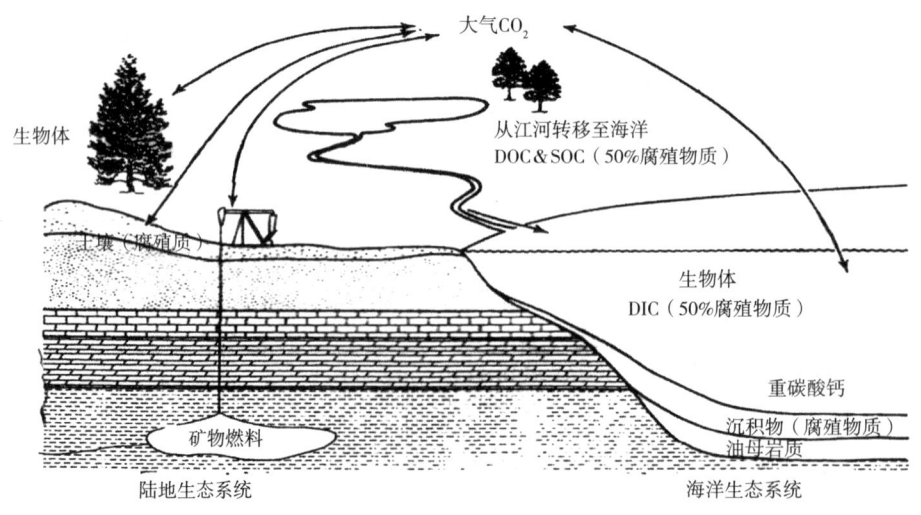

图13-2 全球碳循环图式

注：图中表达了腐殖物质的重要作用（G.R.Aiken and D.M.Mcknight，1995）

三、光合作用对CO_2的固定效率

植物干物质中的碳约40%是由光合作用固定的。因此，光合作用过程对所有植物的生存和发展具有特别重要的意义。事实上，生活在地球上的生物并不全是植物，但它们都受控于现时或过去光合作用制造的产物。植物叶片是最美妙的特异器官，它能接受光以进行光合作用。叶片中大量与空气接触的叶绿体能俘获光，而且离植物的空泡（vascular）组织很近，从而可以获得水分，并将光合作用合成的产物输送至各个组织。通过叶片的气孔，便可吸收CO_2，而且气孔会迅速改变其大小。在叶片内部，CO_2能由内气孔扩散至叶绿体（C_3植物）中发生羧化作用的位置，或者扩散至细胞溶质（cytosol）（C_4植物和CAM植物）的羧化作用位置（图13-3）。

光合作用理想的条件是有充足的水分和养分的供应以及最佳温度和光照条件。但是，即使环境条件不利时，如沙漠、森林破坏，有些植物能适应不利的环境条件而仍能进行光合作用。

1. 碳的光合还原作用

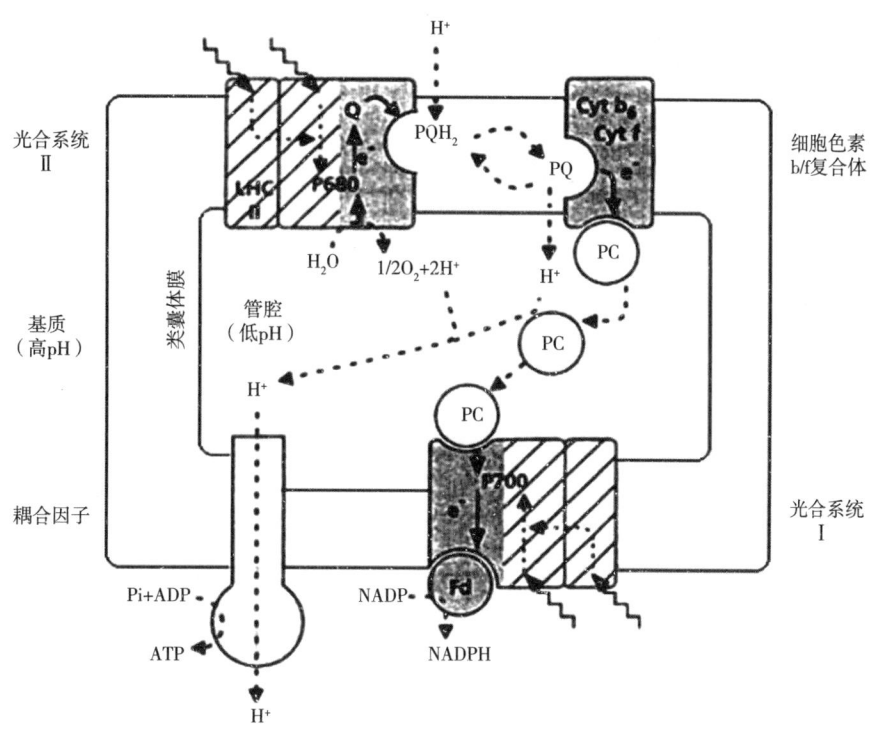

图13-3　类囊体膜的代表性图式

注：它包括了类囊体管腔，其能显示出激发能和电子的转移过程、分子迁移和化学反应。P_{700}：光合作用 I 的反应中心；P_{680}：光合作用 II 的反应中心；LHC：吸收光的复合体；Q：苯醌；PC：质体蓝素；Fd：铁氧还蛋白；Cyt：细胞色素

1,5-二磷酸核酮糖（RuBP）和CO_2都是碳还原作用或Calvin循环过程中主要核酮糖-1,5-二磷酸核酮糖羧化酶机体/加氧酶（Rubisco）的底物（图13-4）。Rubisco酶对RuBP羧化作用的第一个产物是磷酸甘油酸（PGA），它是一种具有3个碳原子的化合物，因此，其被称为C_3光合作用。随着强光条件下PGA不断消耗所产生的ATP和NADPH，因此，PGA便被还原为一种丙糖-磷酸（triose-P），其中一部分会进入细胞溶质而与无机磷酸（Pi）发生交换作用。在细胞溶质中，丙糖-P会产生蔗糖（sucrose）和其他代谢物，它们可经由韧皮部输出或进入叶片而被利用。留于叶绿体中的大部分丙糖-P可用于RuBP的再生（图13-4）。叶绿体中留存的一些丙糖-P也可用于产生淀粉，并储存于叶绿体中。在夜间，淀粉能被水解，因此，该反应的产物（丙糖-P）便会进入细胞溶质。光合作用碳还原循环有各种控制点和控制因子，它们的功能是在环境条件发生变化时可以作为缓冲的稳定机制。

2. 光合作用过程中CO₂的供应与需求

光合作用过程中碳的同化作用速率系由对CO_2的供应和需求所决定。CO_2对叶绿体的供应会受到其在气相或液相中扩散作用强度的制约。在从叶片周围的空气至内部羧化作用点的途径中，CO_2会在几个点上受到限制（图13-4）。叶绿体对CO_2的需求则受叶绿体中CO_2固定速率的影响，并受到叶绿体结构和生物化学的调控。

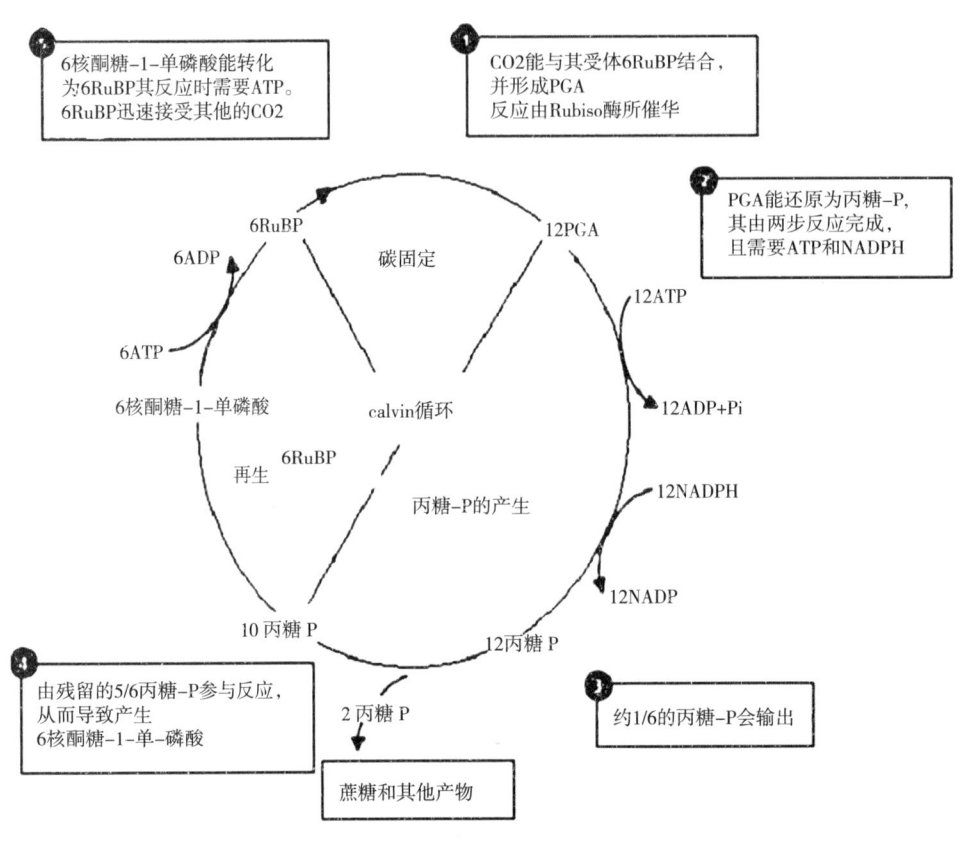

图13-4　光合作用碳还原循环（Calvin Cycle）的代表图式

注：它表明了主要步骤：碳固定、丙糖-P的产生和RuBP的再生。1：CO_2与其底物（核酮糖-1,5-二磷酸，RuBp）的结合，其由核酮糖二磷酸羧化酶和加氧酶（Rubisco酶）所催化，并能产生磷酸甘油酸（PGA）；2：PGA可还原为丙糖磷酸（丙糖-P），其由两步反应完成。反应过程需要由ATP使PGA转化为1,3-二磷酸甘油酸，其由磷酸甘油酸激酶催化完成；3和4：部分丙糖-P可输出至细胞溶质中以与Pi发生交换。剩余的丙糖-P则可用于核酮糖-1-单磷酸的再生；5：核酮糖-1-单磷酸会发生磷酸化作用，其由核酮糖-5-磷酸激酶催化完成，并产生RuBP

四、增加大气中CO₂浓度对光合作用的影响

地壳中的碳酸盐具有高量碳（C）。当这些碳酸盐用于制造水泥、石灰时，相当量的CO_2会进入大气，但只有在地质年代才对生物具有重要意义。在煤、石油和天然气中存在的碳为还原型碳。它与矿物燃料燃烧、土地利用状况等有着密切的关系。Schimel等（1995）的研究表明，每年大气中增加的CO_2量为7.1Pg。每年增加的CO_2数量与大气中总碳量（750Pg）相比，其会对地球大气层中CO_2浓度的增加发生重要的作用。

自19世纪末叶工业革命开始至20世纪末叶，大气中CO_2约从290μmol/mol增加到了350μmol/mol

（≈35Pa海平面）。Keeling等（1996）的报告指出，大气中CO_2浓度每年会以1.5μmol/mol量继续增加。大气中CO_2浓度不断增加主要是由矿物燃料的燃烧和土地利用现状的变化所造成的（Houghton等，1991）。冰芯（ice core）中CO_2测量值显示，在过去10 000年的前工业化时代大气中CO_2浓度值为280μmol/mol，但在2 000年以前，则约为205μmol/mol（Lemon等，1983）。由于森林破坏、草原开垦和土地利用状况的改变，从而造成了相当数量的CO_2释放进入大气。这些原因会造成每年以（1.6±1.0）Pg的碳量进入大气。矿物燃料的燃烧则每年为（5.5±0.5）Pg碳量进入大气。因此，两者向大气输入的碳量总和为（7.1±1.1）Pg（Schimel，1995）。但是，大气中增加的碳仅为（3.2±0.2）Pg。研究表明，有（2.0±0.8）Pg的"碳失"（Missing Carbon）量会被海洋所吸收，同时，还有类似数量的碳（2.1Pg）则被陆地生物体所固定（Schlesinger，1993）。大气中CO_2浓度及其同位素成分的分析指出，北温带和北半球森林可能是最大的碳失汇（Missing Carbon Sinks）。引起陆地增加CO_2的吸收有多种原因，其中主要有因增加CO_2（约占陆地增加吸收量的一半）或生态系统中增加了氮的沉积作用，从而促进了光合作用。同时，在农用地退化以后使中纬度森林得以恢复，从而增加了陆地吸收的CO_2数量（约为25%）（Schimel），由于C_3植物净同化CO_2的数量并不是在35Pg时的CO_2饱和值（350μmol/mol CO_2），所以，与C_3植物相比，CO_2浓度的增加更能促进C_4植物的光合作用。

五、光合作用对CO_2浓度的适应性

一般而论，在植物长期暴露于70Pa CO_2水平时，其光合作用能力会有所下降。这一过程与每单位叶面积Rubisco酶的下降和有机氮的减少有关（Long等，1993）。光合作用的下调（down-regulation）会因暴露于CO_2中的时间延长而增加，而且在低营养条件下生长的植物最为明显（Curtis，1996）。与之相比，水分胁迫的植物常会对CO_2浓度提升作出反响，从而增加了净光合作用的能力。就草本植物而言，其对CO_2浓度提升的反响是不断地降低气孔的传导能力，所以，就不像Pa那样有明显的增加（Pa为大气中CO_2的分压，P：则为植物细胞间的CO_2分压）但是，用树木的研究结果指出，树木对CO_2浓度升高所造成气孔传导能力下降并未显示出来。在干旱条件下，C_3草本植物气孔传导能力下降常会间接地刺激光合作用。

草本植物如何会对CO_2浓度提升作出敏感反应，并将光合作用能力下调呢？植物的适应性并非是本身对CO_2浓度的敏感性，而是由于对叶片细胞中糖浓度的敏感性，特别是对可溶性乙糖的敏感性。这种敏感性是由一种特异乙糖激酶催化所造成的。乙糖激酶是通过ATP水解而催化乙糖磷酸化的一种酶。在乙糖激酶明显降低的转基因植物中，因延长植物暴露于高CO_2浓度条件下时，光合作用能力的下调就很小。

六、Rubisco酶与光合作用效率

人类试图以科学向日益增长的物质需求进行挑战。随着人口的增加，其所需的粮食和各种能源也随之增长，并可能造成严重的短缺，或由此对环境造成污染。众所周知，以碳为基础且可更新的能源将不会像矿物燃料那样向大气排放二氧化碳（CO_2），因此，科学家便将目光转向Rubisco酶的神奇之谜。伴随Rubisco酶的改良，植物和藻类的生产方式会大大增强，而且不需要增加营养或能源的消耗。

研究Rubisco酶成功的希望和由此获得的奖励具有极大的吸引力，以致不管有多大的困难，科学家将会不遗余力地作为追求的崇高目标。由于这项研究是针对改良自然本质的工作。所以各种难以想象的困难会不断出现。但是，我们有足够的智慧和时间去改良现有经自然选择的本性，当然发现更好的

Rubisco酶会耗费比预想的时间更长的时间。

为了增加玉米淀粉含量和玉米产量，国际上少数国家（美国和澳大利亚）采用了一种新技术，即使用一种光合作用增效酶，其被称为光合作用增效剂。试验表明，施用光合作用增效剂后，一般可增产20%。如用于C_4植物（作物），其增产幅度更大，效益十分明显。

自然界永远会成为在有氧条件下从无机碳源获得有机碳的一种主要环境和途径。这一过程系由固定CO_2的光合作用酶所引发。该酶被称为1，5-二磷酸核酮糖羧化加氧酶（简称Rubisco酶）。它对生物界获得碳起着不可取代的作用。Rubisco酶在光合作用固定碳的循环过程中催化了关键性反应。因此，Rubisco酶总是或经常是全球所有食物之源，而且也是以碳为基础的燃料，即矿物燃料和再生燃料两者之源。

这种活性催化酶在2.5亿~10^9亿年以前，即地球上出现生命时，其便成为不可缺少的物质（酶）而存在。而且，自然界亦成为加速物种变异的特异条件。达尔文在有多种酶存在时研究了这一自然过程。随后，科学家发现，自然界很多植物中具有更有用的酶，如三磷酸异构酶，它能催化底物迅速转化和扩散至活性位置（图13-5）。其催化速度和特异性无与伦比。大部分酶在非常相似的底物和分子之间发挥超常的选择性作用。例如，酪氨酰（基）tRNA合成酶能将苯丙氨酸误作酪氨酸发生作用，并能瞬间快速运转15万次（图13-5）。

我们惊奇地发现Rubisco酶能在非常完善的条件下发挥巨大的作用，因此，人们便认为在现代高等植物中具有最优化的功效，但这种功效发展缓慢，且变化无常。Rubisco酶固定CO_2的速度仅为扩散至活性位置CO_2的1/1 000，而且屡屡将固定O_2来取代固定CO_2，其发生频率为每4次催化转换就可能发生一次。

上述缺陷严重地伤害了植物。Rubisco酶的惰性意味着植物为了进行可观的光合作用就必须消耗一定数量的蛋白质。

在许多情况下，叶片中一定量的化合态氮呈简单的蛋白质形态，而且在自然界中亦极易转化为丰富的蛋白质。在植物界和生物界都可能成为植物重要元素的平衡账（budget）。

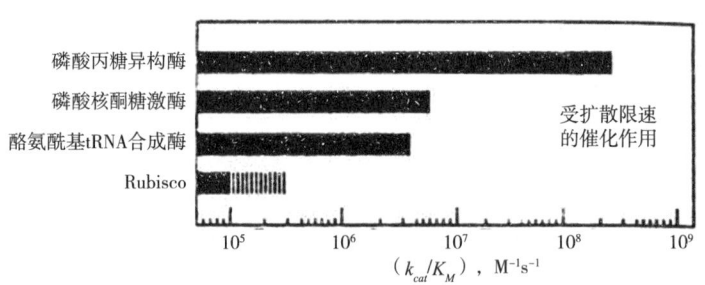

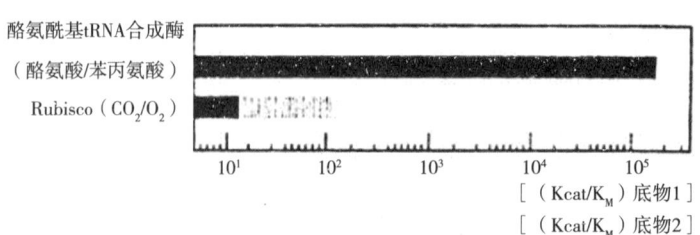

图13-5　Rubisco酶与其他酶的催化速率（上图）和底物特异性（下图）

使O_2与CO_2混淆不清的功能实系更为严重的问题。氧合作用反应的产物不能作为有用的化合物，但耗能的补偿途径才能（图13-6）发生不断的循环作用（详见第二十一章）。

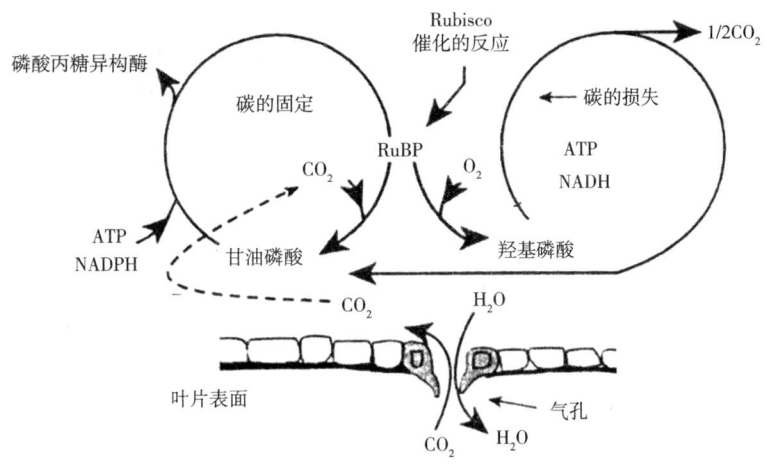

图13-6　Rubisco羧化酶反应而获得的光合作用碳和Rubisco氧合酶反应而失去的光呼吸作用碳的循环反应图式

七、土壤中二氧化碳（CO$_2$）的缓冲作用（Sequestration）

1. 土壤中CO$_2$的缓冲作用

二氧化碳（CO$_2$）是主要的温室气体，它占净辐射强迫（net radiative forcing）约60%。因此，CO$_2$会对现时和未来的气候变化产生巨大的影响。在过去的150年中，大气中的碳含量增加了30%。1992年，世界几乎所有的国家都参与签署了《联合国气候变化框架公约》（Framework Convention on Climate Change Agreement），其目标是稳定温室气体，特别是CO$_2$在大气中的浓度。为了达到这一目标，全世界149个国家在日本京都召开了第三次缔约国大会。这些国家和地区的代表通过了旨在限制发达国家温室气体排放量以抑制全球变暖的《京都议定书》。议定书规定，到2010年，所有发达国家CO$_2$等6种温室气体的排放量要比1990年减少5.2%。因此，要使温室气体发射量减少就必须通过改善CO$_2$源和汇的技术措施才能获得成功。科学家提出，减少大气CO$_2$浓度的方法在于增加全球碳（C）的储量，即通过绿色植物的光合作用而大量地吸收CO$_2$，并将其储存于不同类型的陆地、海洋和淡水水域的生态系统中。将碳（C）储存于土壤中的战略必然会涉及土壤中C的缓冲作用。

2. 碳的缓冲作用

所有生物体中都含有碳（植物体约含有40%的C）。因此，C构成了地球上生命的主体构架。C可呈许多形态存在，其中主要以植物生物质、土壤有机质以及大气中的CO$_2$气体和溶解于海水中HCO$_3^-$的形式存在。根据《联合国气候变化框架公约》的规定，一种温室气体源（a source）可确定为"释放一种温室气体或气溶胶（aerosol）的任何过程或活性，或者是释放至大气中的一种温室气体的任何前体（precursor）"。一种温室气体汇（a sink）则是从大气中移去这些温室气体的任何过程、活性或机制。因此，碳缓冲作用可定义为俘获和得到的储存碳，否则，碳便会发射或持留于大气之中。一般而言，碳缓冲作用会将储存的碳长期保留于陆地生物圈、土壤库或海洋中，所以，大气中的CO$_2$浓度便会降低或缓慢上升。

陆地生物圈有助于C的储存，其是通过植被以及生物体和土壤而吸收大气中的CO$_2$以C的形式储存起来。植物能通过光合作用同化C，并将其一部分通过呼吸作用而返回大气。同时，植物体保存的碳则会被动物所消耗或当植物死亡并分解后又加入土壤。土壤中储藏的碳形态又以土壤有机质（SOM）形态存在。研究表明，土壤有机质是一种碳化物的混合体，其由分解的植物和动物残体、微生物（包括原生动物、线虫、真菌及其组织）以及与土壤矿物所结合的碳组成。土壤有机质在改善土壤物理（持水力、孔隙度等）、化学和生物特性过程中起着极为重要而有价值的作用。所以，人们称土壤有机质为"乌金"（black gold）。当土壤C的储量增加时，其便可改善土壤通透性和提高土壤肥力，并降低或减少土壤的风蚀和水蚀，从而降低了土壤的紧实度和增强了持水力、并减少了土壤C的发射量，同时，还阻止了农药的移动性，因此，也就改善了环境质量。

3. 农业土壤中碳的缓冲作用

土壤管理技术如增加土壤有机碳含量、少耕或免耕、施肥、防止渗漏、发展土壤生物多样性，提高微团聚体和增加覆盖层等都会在增加土壤储存碳量中起着重要的作用（图13-7）。增加土壤中碳储量的战略措施有：① 增加土壤有机碳的总量；② 提高土壤亚表层的有机碳储量；③ 增强微团聚作用；④ 改善生物多样性。一般而论，改进农业管理技术和措施的结果表明，发展农业科学技术可以增加土壤中碳的缓冲作用，从而有效地防止温室气体的发射，大大改善人类生存和发展的环境。通过农业管理技术和有效的方法，特别是大量增加土壤有机质（碳）的含量，其便能调控温室效应和有效地吸收大气中的CO_2（图13-8、图13-9）。许多长期的试验证明，通过科学施肥、合理轮作，以及保土耕作等方法便能生产出最佳生物质产量，从而大大增强了农业土壤中碳的缓冲作用。土壤亚表层中的有机碳亦可增加作物产量，特别是深根作物。从而大大增加了亚表层中的碳量，其原因是根系可将碳输送至土壤亚表层，同时，也可将作物残体深翻而进入土壤的亚表层。利用长链聚合物、土壤调理剂和通过动物（特别是蚯蚓）的活动也可增加土壤亚表层的有机碳量。由于土壤中有机碳得到了固持，所以其便更难被微生物所分解。此外，进入土壤的新鲜有机质的分解也受到了限制，从而大大降低了农业土壤中的CO_2的发射量。进入土壤的有机残体最终会以稳定的腐殖质而存在，并可通过森林更新和植树造林使大气中CO_2被植物所吸收。研究表明，增加土壤中C缓冲作用的主要农业技术如下。

（1）保土耕作

免耕法比常规耕作法所获得的碳量要多出1.5t/hm²。

（2）种植绿肥或覆盖作物

这类作物因能增加土壤有机质，并为作物提供有效的养分，从而大大增加了产量。因此，科学家们提出，这些措施是增加粮食产量，提高土壤有机质和改善土壤肥力的重要战略措施。

（3）作物轮作

各种轮作方法都可增加产量，提高土壤有机质，大大改善土壤碳的缓冲能力。Chander等（2011）研究了6年不同作物轮作条件下的土壤有机质的变化。他们发现，绿肥作物田菁（*Sesbania aculeta*）可改善土壤有机质的状况。研究表明，从谷子—小麦休闲轮作时土壤中生物体碳的192mg/kg增加至谷子—小麦—绿肥作物轮作时的256mg/kg。

（4）增加土壤中的作物残体

用作物残体再循环来代替残体的燃烧，这是改善土壤中碳缓冲作用非常有效的关键性措施。研究指出，作物残体可以增加土壤有机碳含量、改善生物活性、改良土壤结构和渗透性、增加土壤保水性、降低土壤容重和防治土壤的风蚀和水蚀。增加土壤有机质还可以增加作物产量。由于作物能利用更多的CO_2，所以，土壤也就储藏了更多的碳。

（5）改善土壤肥力和有效地调控植物营养

（6）其他农业技术措施，这些措施主要有施用石灰、改进水的管理系统和避免夏季休闲等

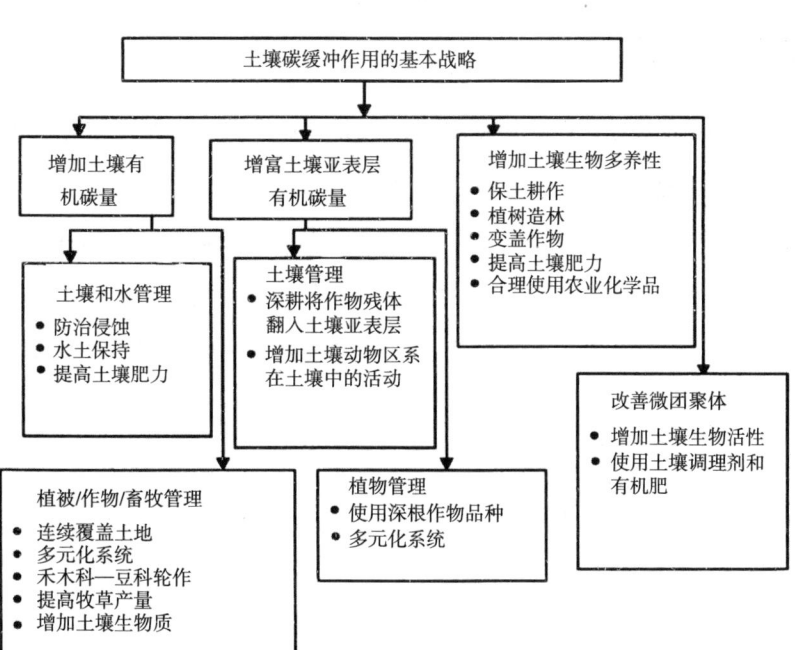

图13-7　土壤缓冲作用的战略

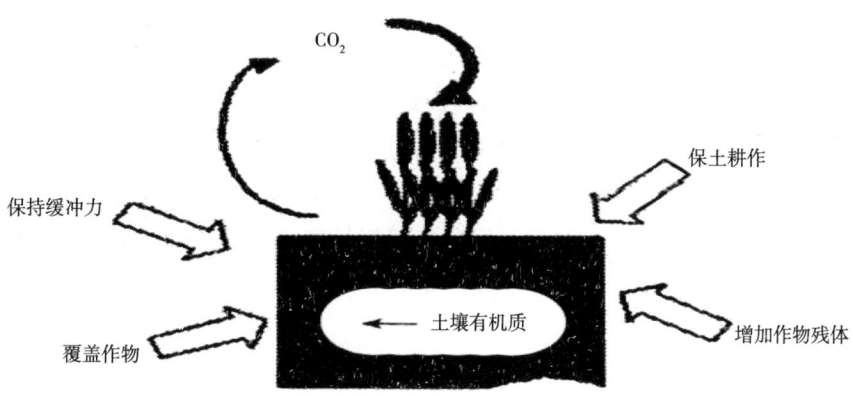

图13-8　农业生态系统对碳平衡的影响

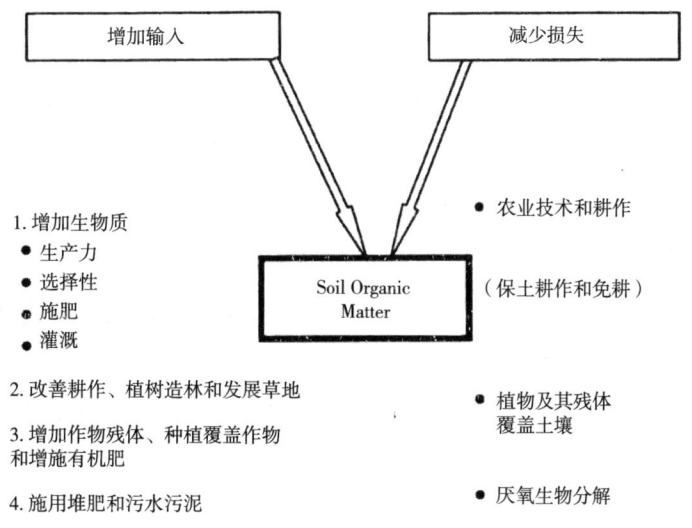

图13-9　农业中有机质的管理

八、土地变换和恢复

土地变换和恢复的基本战略是将农业边际地转化为非农业用地（如草地、林地或湿地）。

1. 退耕还林和退耕还草

将边际耕地或高度侵蚀地恢复成永久性绿地（如植树种草）以增加绿色植物对大气中CO_2的吸收，并在土壤中形成有机碳（SOC）而发生缓冲作用。建立永久性植被能使土壤中C量增加，而且大大超过传统的农作系统。永久性绿地无机械破坏，同时可以少耕，从而使SOC氧化为CO_2的速率减小，因而也减少了CO_2-C进入大气的数量。

2. 保护缓冲带

保护缓冲带是利用植被形成5~50m宽的缓冲带，以减少风雨侵蚀，并对C的积累有很大的潜力。

3. 恢复湿地

天然湿地具有积累泥炭或生物质的潜力。它的积蓄量每年可达$25~43g\ C\ m^2/y$（Mitsch等，1995）。天然湿地开垦用于农地或其他城市用地则会大大降低碳的储量，因此，恢复和保护湿地将会促进碳（C）的缓冲作用，显著减少CO_2向大气的排放。

4. 退化土地的恢复

土壤退化作用会经历几个过程，其中包括加速土壤侵蚀、开矿和城镇建设以及过度放牧和工业污染等。这些活动都严重破坏了土壤C的缓冲作用。在热带区域土壤的退化大于温带区域。因此，土壤恢复对经济和环境有着重要的意义。从环境保护角度考虑，土壤生物生产力的恢复将会明显地改善水的质量、减少沉积物及其污染物的迁移过程。同时，通过生物质C的固持作用和土壤C缓冲作用而调控了温室效应。土壤侵蚀的良好管理、植树造林和保护草原都是防治全球变暖的重要战略措施。土壤C的缓冲能力取决于土壤原有性质、恢复程度、生态特性和天然条件下的原始SOC库。

5. 植树造林

在边际地和退化地上植树造林有助于减少土壤侵蚀和改善SOC状态。IPCC报告指出，在1995—2050年间，森林破坏减少，从而促进了天然林的恢复和再生，全球森林的恢复可以抵消矿物燃料发射CO_2数量的2 200亿~3 200亿t（220~320 billion t）（占矿物燃料发射总量的12%~15%）（1billion为10亿）。在森林的木材中和土壤有机质中都储存有大量的碳。当森林生长旺盛期（年轻期），它吸收的净碳量最大，随着时间的推移，树木吸收CO_2量逐渐减缓。当砍伐森林后，如果木材燃烧或转化为其他如纸等产品，那么木材中的碳会迅速转化而返回大气。如果木材用于建筑或家具，那么，这些产品便含有碳而成为碳汇。

6. 草原和牧场的恢复

牧草构建了星球上最集约化的陆地生态系统。永久性草原，其是大部分牧场植物群落的主要组分。永久性草原以草而将C储于土壤之中，牧草的地下根量（生物质）大于灌木林和一年生作物。大部分牧场生态系统中的牧草可供大量食草动物饲食。因此，发展食草动物（牛、羊等）能形成植物群落的稳定性和多样性，从而最有利于土壤C缓冲作用。

第十四章　提高氮肥利用率，增加C汇，减少N_2O发射量

一、引言

古代（欧洲在中世纪前）人们已知用某些物质作为肥料施于土壤。他们的根据是凡有人类和动物排泄物、灰渣、江河污泥和植物残体留存的地方，植物就生长得比较健康和繁盛。埃及人最早知晓尼罗河的污泥具有肥度。巴比伦人知道厩肥很有价值。霍默（Homer）观察到奥德赛（Odyssey）地区的厩肥可用于作物。普里尼（Pliny）报道了在梅因兹（Mainz）北部使用一种称为"白土"的物质作肥料，其实际是一种含钙的泥灰岩。中欧人早期也知道用草木灰作肥料。罗马人则认识到绿肥的作用，而且种植豆科作物，并将其翻入土壤中有肥地的作用。直至19世纪初叶，1800年，V.H.亚历山大（Alexamder Von Humboldt）提议用海鸟粪类作肥料，1810年，黑克（Haenkes）推荐用智利硝石作肥料。但是，在那时，人们仍然认为土壤有机质、腐殖质是植物唯一的营养源。

1800年前后，即18世纪末叶和19世纪初叶，欧洲科学家开始涉足植物营养的研究。1789年，马尔萨斯（Malthus）悲观地认为，粮食的增长为算术级数，而人口的增长则为几何级数。通过许多科学家，如斯普利奇（Sprenge）和布森高（Bussingault）以及李比希（Liebig）等都进行了植物营养和作物产量关系的研究。1940年，李比希撰写了《化学在农业和植物生理学中的应用》，他指出，植物需要氮、磷和钾等作为其必需的元素，并可从土壤中吸取。这些科学的观察和结论被称为李比希的"矿质营养学说"。随后，J.B.布森高（1802—1887年）（固氮作用最早的发现者）在法国以实验证实了这种学说。

李比希和劳斯（J.B.Lawes，1814—1900年），吉尔伯特（J.B.Gilbert 1827—1901年）在英国提出了植物需要无机氮，从此，李比希便成为了矿质肥料的奠基者。由于在其理论和实际的带动下，在欧洲相继开始生产磷肥和钾肥。1846年，在英国率先制造了过磷酸钙。1878年，在德国开始大量生产矿质肥料，即当年便生产了56 000t肥料。1870年，秘鲁人（Peruviam）大量使用天然海鸟粪肥料，其产量高达520 000t。19世纪60年代，人们又开始使用水溶性矿质钾肥。

19世纪末叶，矿质氮肥（主要为智利硝）因需要量猛增而有耗竭的危险。因此，1902年，德国化学家卡文迪斯发明了电弧法制硝酸的技术，并用硝酸制造硝酸钙肥料。电弧法制硝酸的主要原理是氮和氧在高压放电条件下直接合成形成氧化氮，NO在高电压下，使两极（阴阳极）之间形成电火花，其温度可达到1 100℃以上，从而使氧与氮直接形成红褐色的NO_3，并将其输入氢氧化钾溶液中，制成硝酸钙或硝酸钾，以用作氮肥。随后发现，这样制造氮肥成本太高，因为二极之间放电时的火花呈直线形，面积甚小，效益低下。在当时条件下，1度电仅能制得约22g硝酸。随后物理学家和化学家进行了联合研究，并就电弧法制造硝酸作了两项技术革新。① 在两电极之间（即电弧之间）加二组电磁铁，以产生磁场，从而使电弧在磁场影响下发生旋转，即把电弧变成能旋转的圆盘形火球，德国人称之为"小太阳"。从而大大提高了氮和氧化合的范围和面积，硝酸产出率提高了200%以上，即一度电可制得48g硝酸。② 电极在高温下极易燃烧，因此人们将铜管弯曲制成电极，并通过冷水以快速冷却电极。

经过两项技术革新后，德国兴建了二座电弧法工厂来制造硝酸和硝酸钙肥料。并撰写和出版了《电弧法制造氮肥技术》一书（德文版，现存于浙江大学图书馆）。

1909年，英国科学家哈伯（Haber）研发出了合成氨的方法，并称之为哈伯制氨法（现时仍为制氨的基本方法）。随后，人们将氨氧化而制成硝酸。所以市场上出现了两种形态的氮肥——铵态氮肥和硝态氮肥。根据哈伯法制氨的新技术，博希（Bosch）公司终于在1913年投资建厂正式生产合成氨。因此，直接用氧和氮制成硝酸钙肥料的电弧法便遭到淘汰。但是，人们仍未放弃这项研究。我国研究出1度电可制造85g硝酸的技术，苏联则可制得200g硝酸的纪录，但均未能用于生产。

还有一种氮肥，其曾占据一定市场，那就是氰氨态氮——氰氨化钙（俗称石灰氮）。

二、土壤脲酶活性和尿素的转化速率

脲酶（尿素酰胺水解酶，EC3.5.1.5）是催化尿素水解为CO_2和NH_3的一种酶。它存在于许多高等植物和微生物（特别是细菌）中，而且在人类和一些动物的胃黏液中亦有检出。同时，在土壤和江河、湖泊的沉淀物中也都有检出。Rotini（1935）首先指出了土壤中有脲酶的存在。随后Conrad（1940—1943）卓越的研究获得了有说服力的证据，从而证明了土壤含有脲酶，而且这种酶能将施于土壤中的尿素转化为铵态氮。其转化速率为在适宜条件下，1分钟内一分子脲酶可转化50万分子的尿素。

脲酶是土壤系统中最为独特的一种酶。研究表明，脲酶是具有金属的一种酶（镍金属酶）。它的分子量约为48万道尔顿，并含有47个硫氢基，但其中只有7~8个硫氢基具有真正的活性。研究证明，脲酶是对尿素的一种特异性酶，而且它对重要的氮肥尿素具有极大的影响，因此，受到了科学家们的关注和深入的研究。众所周知，尿素作为重要的氮肥，在过去几十年，其发展特别迅速，而且目前在全世界农产品紧缺的情况下，尿素作为氮肥的数量仍有继续增长的趋势。

尿素虽有上述众多的优点，但尿素施于土壤后因脲酶活性而使其迅速分解成碳酸氢铵，并使土壤pH值升高和铵的积累。因此，这就造成了对种子发芽或幼苗生长的不利影响，且能造成亚硝酸盐和氨的毒害，与此同时，又造成了尿素以氨的气态而损失。由于氨浓度的增加和pH值的升高，从而延缓了土壤的硝化作用，而且会积累一定的亚硝酸盐。研究表明，尿素还会通过化学反硝化作用（chemodenitrification），即经由亚硝酸盐的化学分解而造成气态氮的损失。因此，许多土壤学家广泛和深入地对脲酶开展了研究，而且发表了众多的研究结果和评论。但是，因检测技术和研究方法的不同，从而造成了一些互有矛盾的结果。最近，已获得了许多一致的结论，其中特别对脲酶的性质和来源等重要内容有了新的认识。

现已证明，当尿素用于阳离子交换量低的粗质地或钙质土壤，或在草原生态条件下的土壤时，施入的尿素以气态氨挥发损失的N量高达50%以上。因此，尿素作为全世界农业中的重要物质基础——肥料，其出现的利用率低和对环境的污染等问题便成为全社会所关注的热点。所以许多科学家都在寻找解决这一难题的方法，其中主要针对施入土壤中的尿素因脲酶快速分解所造成的N的损失，也就是要抑制土壤中脲酶活性，以延缓其分解的速率。同时诸如减少脲酶对尿素的接触作用的技术，如制造包衣尿素（用腊、硫化物和胶等包衣）和大颗尿素等亦有一定的研究，并取得了较好的效果。此外，还有一些其他方法，以使尿素的分解延缓，从而提高尿素的利用率。这些方法主要有：① 将尿素转化成一种酸性衍生物如磷尿素；② 将尿素转化为缓释性N的化合物，即使其水溶性减弱或使土壤微生物对其分解的速率减小。这类尿素化合物有亚丁烯基双脲，异丁烯基双脲和甲醛尿素等。实际上，这些化学物都能抑制脲酶的活性，从而延缓了尿素的水解。

尿素与其他氮肥一样，在施于土壤后，其会遭到土壤微生物的转化，即氧化为亚硝酸盐和硝酸盐，并进而受到淋溶和反硝化作用而损失。因此，为减少损失，人们应用了硝化抑制剂来防止氮素流失。硝化抑制剂大大延缓了土壤中微生物所产生的亚硝酸盐和硝酸盐。从而也减少了N的损失。

本章主要论述脲酶活性及其抑制作用，脲酶抑制剂和硝化抑制剂的应用，以及尿素在土壤中的转化过程。

三、不同来源脲酶的性质

1. 脲酶的特性

尿素作为重要的氮肥，其应归功于脲酶的发现者萨姆纳（Somner，1926），他也因此获得了诺贝尔奖。随后，罗蒂尼（Rotini，1935年）和科拉德（Conrad，1940年）先后发现和证实了土壤中有脲酶活性的存在。这些发现为尿素作为肥料开创了先河。

脲酶是系统命名为尿素酰氨基水解酶的俗称。它也可被认为是在直链酰氨的C–N键上起作用的一种水解酶。由于"脲酶"有不同来源，所以用蛋白质来表达有较大的困难。故现都采用俗名脲酶来表达则更加合适。

脲酶活性的许多知识和检测数据都来自对洋刀豆（*Canavalia ensiformis*）水解尿素酶活性的研究。1926年，Somner从洋刀豆种子中首先检出和分离了结晶态脲酶，并使其获得诺贝尔奖（Nobel prize）。随后刀豆脲酶获得了更广泛和深入的研究。但是，有些确认刀豆脲酶活性的信奉者最近发现其有一定的误解。例如，长期以来，一直坚信刀豆脲酶对尿素水解具有绝对的特异性，而且是完全缺乏金属离子的酶。最近的研究表明，脲酶对羟基脲、二羟基脲和半氨基脲亦能发生反应。同时证明脲酶含有镍，因此，可能是一种镍金属酶。

刀豆脲酶的分子量约为480 000（590 000道尔顿）。脲酶还含有47个硫氢基（巯基），其中真正有活性的为7个或8个硫氢基。所以刀豆脲酶可被认为对尿素具有绝对的特异性，而且可将尿素直接水解为CO_2和NH_3。脲酶水解尿素的反应式如下：

$$NH_2CONH_2 \xrightarrow[H_2O]{脲酶} NH_2COOH + NH_3 \xrightarrow{H_2O} CO_2 + 2NH_3 \xrightarrow{H_2O} H_2CO_3 + 2NH_3$$

刀豆脲酶的动力学已进行了非常广泛的研究，而且获得了大量可靠的数据。现将有些数据综合于表14-1和表14-2，表中列出了不同来源脲酶的米氏常数（Michaeles Constants，即KM值），研究获得的刀豆脲酶的动力学数值有着相当的差异，那是因为各研究者采用了各自不同的条件进行研究所致（表14-1和表14-2）。

表14-1　不同来源脲酶的Km值

脲酶来源	Km（10^{-3}mol/L）	条件		
		缓冲液	pH值	温度（℃）
大豆	25.0	无	—	20
大豆	20.0	无	—	25
大豆	19.0	磷酸盐	7.0	25
大豆	55.0	硫代硫酸盐	7.0	25
大豆	476.0	亚硫酸盐	7.0	25
洋刀豆	9.8-11.6	磷酸盐	7.0	25
洋刀豆	3.0	顺丁烯二酸	7.0	25
洋刀豆	4.0	硫酸	7.1or8.0	21
洋刀豆	4.0	顺丁烯二酸	5.0	21
洋刀豆	6.4	硫酸	7.5	21

（续表）

脲酶来源	Km（10^{-3}mol/L）	条件		
		缓冲液	pH值	温度（℃）
洋刀豆	3.3	磷酸盐	7.0	38
洋刀豆	4.0	盐酸	7.4	25
洋刀豆	3.1	磷酸盐	5.0	38
洋刀豆	5.5	盐酸	7.0	20
洋刀豆	19.0	磷酸盐	7.0	20
BP	130.0	磷酸盐	6.7	20
BP	40.0	磷酸盐	7.7	20
CR	30.0	磷酸盐	7.0	37
CI	9.1	乙酸	7.0	30
CI	3.3	硫酸	7.0	30
土壤	213.0	无	—	25
土壤	1.3～7.0	硫酸	9.0	37
土壤（7）	2.1	无	—	—
土壤	52.3	盐酸	7.0	20
土壤	62.5	磷酸盐	7.0	20

注：括号内的数字为样品数；BP，巴斯德氏芽孢杆菌（**Bacillus Pasteurii**）；CR，贤棒状杆菌（**corynebacterium renale**）；CI，木豆（**Cajanus indicus**）

表14-2　不同来源脲酶的活性能（Ea）

脲酶来源	Ea（Kcal，mol/L）	条件			
		尿素浓度（10^{-3}mol/L）	缓冲液	pH值	温度范围（℃）
大豆	8.7～11.7	250	磷酸盐	7.0	0.2～50
大豆	8.7	250	磷酸盐	7.0	22～40
大豆	16.3	883	磷酸盐	7.0	3～9
洋刀豆	11.7	250	磷酸盐	7.0	0～23
洋刀豆	8.7	250	磷酸盐	7.0	23～40
洋刀豆	8.8	250	磷酸盐	7.0	5～20
洋刀豆	12.5	5	磷酸盐	6.6	20～50.5
洋刀豆	5.9	1 496	磷酸盐	6.2	20～50.5
洋刀豆	8.8	33	顺丁烯二酸	7.0	10～25
洋刀豆	6.8	5	硫酸	7.1	12～30
洋刀豆	9.7	250	硫酸	7.1	12～30
洋刀豆	8.5	5	硫酸	8.0	13～30
洋刀豆	11.1	250	硫酸	8.0	13～30
洋刀豆	11.0	50	顺丁烯二酸	6.5	2～43
洋刀豆	4.0	4	顺丁烯二酸	6.5	1～29
洋刀豆	0	4	硫酸	7.5	4.5～26
洋刀豆	8.0	70	硫酸	8.0	13～25
洋刀豆	7.2	50	磷酸盐	7.0	20～38
洋刀豆	6.0	5	顺丁烯二酸	8.0	12～36.5
洋刀豆	11.1	250	顺丁烯二酸	8.0	12～36.5
PV	8.7～14.4	250	磷酸盐	7.0	0.2～50
BP	9.9	500	磷酸盐	6.7	10～24.5
BP	4.4	500	磷酸盐	6.7	24.5～50
CR	7.8	500	磷酸盐	7.0	15～45
土壤	22.6	100[d]	无	—	15～33
土壤	9.8	429[d]	无	—	2～45
土壤（15）[b]	3.9～6.0	6 000 or 24 000[d]	无	—	22～42
土壤（16）[b]	18.5～24.5[c]	6 000 or 24 000[d]	无	—	22～47

注：括号内数字为样品数；PV，普通变形杆菌（**Proteus Vulgaris**）；BP，同表14-1；CR，同表14-1。c，土壤用甲苯处理所得值（0.2mL甲苯/g土壤）。d用μg尿素/g土壤表达

科学工作者明确指出，当底物（尿素）浓度不受限制时，刀豆脲酶水解尿素是以零级动力学（Zero-order Kinetics）为基础的。但是，当底物（尿素）浓度受到限制时，那就必须以一级动力学（First-order Kinetics）为基础。现在亦已确证，温度约在65℃时，脲酶活性最强，但温度达70℃时，活性则钝化。刀豆脲酶的最适合pH值取决于缓冲液和用于研究pH值影响时的尿素浓度。通常认为，最适pH值为6.0和7.0，但有时亦可高达8.0。有关不同来源脲酶活性的最适pH值均列于表14-3。

表14-3　不同来源脲酶的最适pH值

脲酶的来源	最适pH值	条件	
		尿素浓度（10⁻³mol/L）	缓冲液
刀豆	6.4	417	醋酸盐
刀豆	6.5	417	柠檬酸盐
刀豆	6.9	417	磷酸盐
刀豆	6.7	16.7	醋酸盐
刀豆	6.7	16.7	柠檬酸盐
刀豆	7.6	16.7	磷酸盐
刀豆	8.0	250	硫酸
刀豆	6.0~6.5	0.8	柠檬酸盐
刀豆	6.0~7.0	70	硫酸
刀豆	6.5~7.0	4	顺丁烯二酸
CR	7.5	500	磷酸盐
土壤（4）ᵇ	6.5~7.0	100ᶜ	磷酸盐
土壤	9.0	2.4ᶜ	硫酸
土壤	8.8	2.4ᶜ	磷酸盐
土壤	6.5	360ᶜ	磷酸盐

注：CR，贤棒状杆菌；括号内的数值为样品数；脲酶活性以mg尿素/g土壤表示

有人发现，由普通变形杆菌（*Proteus mirabilis*）分离出的脲酶分子量为151 000，其远比刀豆脲酶的分子量480 000要小得多。同时，一些研究者亦发现从*Glyciridia Maculate*种子中分离出的脲酶在温度高达90℃时还会呈现出活性，但在30℃以下则未见其活性。

土壤脲酶的活性与其他来源脲酶的活性有着明显的差异。Rotini（1935）首先指出了土壤中有脲酶的存在。随后，Conrad等（1940—1943）提供了有力的证据证明土壤中确有脲酶活性，并指出其能将施于土壤中的尿素水解为铵态氮。土壤脲酶在所有土壤酶系统中，其是最重要的一种酶，因为它会大大地影响尿素的转化和尿素的利用率。因此，土壤脲酶比其他任何土壤酶系统都受到了更大的关注和广泛的研究。

许多土壤生物化学家指出，土壤脲酶的米氏常数、活化能和最适pH值都比相应的刀豆脲酶要高。有人指出，要在异质环境如土壤等条件下获得可靠的动力学数据，这比匀质如溶液条件下要困难得多。总而言之，没有脲酶，尿素就不能成为肥料。

2. 土壤脲酶的来源

人们普遍地认为土壤中的脲酶主要来自微生物的胞外蓄积酶，其系通过活着和崩解微生物细胞而释出的脲酶。但是，还没有充分的证据说明土壤脲酶来自微生物，而且有些学者提出脲酶可来自植物。

3. 不同土壤中脲酶的活性水平

由于检测脲酶活性应用了各种不同的方法，所以要完全理解不同土壤中脲酶活性水平还有着很大的困难。大部分检测方法都采用了缓冲液，但所用缓冲液、培养温度和培养时间等条件有很大差异，

而且结果表达也采用了不同的单位。为了方便各种数据的比较，我们将用缓冲液方法，在37℃条件下培养所获得的脲酶活性进行重新核实计算，这样所有数据都用μg尿素在37℃/（g土壤·h）的水解量来表达。研究结果（表14-4）说明了全世界各地土壤表层中脲酶活性差异甚大。但是对特立尼达（Trinidad）有些土壤所获得数据特别的高很难解释，其比最近所报道的特立尼达的其他土壤高出很多。用非缓冲法所获得数据常比用缓冲法所获得数据要低。

有关土壤性质对土壤脲酶活性影响的研究指出，土壤脲酶活性随土壤有机质的增加而增加，而且砂质土或钙质土中的脲酶活性比黏质土或非钙质土要低。这些研究也指出盐碱土和灰化土中的脲酶活性亦较低，但在植被密度较大的条件下，土壤中的脲酶活性则较高。

许多土壤学家证实，土壤中脲酶活性随剖面加深而明显地下降。这种状况说明了脲酶活性的下降与有机质含量有着密切的关系。

脲酶活性和其他土壤性质之间相关性的统计研究已有许多报道。其中大部分研究表明，脲酶活性与有机碳之间有着高度的相关性。然而也有一些研究结果认为其关系不大，而与土壤pH值或植被类型有关。

脲酶活性与土壤其他性质的关系亦有许多研究报告，这些研究结果列于表14-5。有人发现，15个特立尼达土壤表层中的脲酶活性与有机碳和阳离子交换量之间有着极显著的相关性。他们发现，脲酶活性与提取液草酸Fe或Al非晶形有着很高的相关性，但与pH值或黏粒则无相关性。Rao发现17种特立尼达土壤中脲酶活性与有机碳，全氮和阳离子交换量有着非常高的相关性。这些土壤中的脲酶活性亦与pH值有较高的相关性，而与砂粒、黏粒和可用H_2SO_4提取的P（Truog's有效P）呈一定的相关性。Zantua等指出，21种不同的衣阿华土壤表层中的脲酶活性与有机碳、全氮和阳离子交换量有较高的相关性。他们也发现，脲酶活性与黏粒、砂粒和表面积等有着一定的相关性，但与pH值、粉粒或$CaCO_3$含量等无关。Zantua等将获得的有关数据进行了多元回归分析后指出，脲酶活性最大的变异因子是有机质含量。这就有力地支持了土壤有机质能对脲酶活性有显著的保护作用的结论。

表14-4　世界各地不同土壤中的脲酶活性

土壤		有机碳		pH值		脲酶活性 μg尿素/（g土壤·h），（37℃）		
位置	样品数	范围	平均	范围	平均	检测方法	范围	平均
斯里兰卡	216	b	1.70	b	5.1	缓冲法（pH值6.7）	15~191	112
澳大利亚	100	0.16~5.88	2.41	4.8~6.7	5.6	缓冲法（pH值6.7）	22~416	122
意大利	37	0.15~13.4	3.52	4.1~8.7	7.0	非缓冲法	7~297	86
美国	21	0.30~6.73	2.60	4.6~8.0	6.4	非缓冲法	0~113	39
						缓冲法（pH值9.0）	11~189	82
特立尼达	17	0.30~3.10	1.82	4.2~7.4	5.7	缓冲法（pH值9.0）	19~314	103
特立尼达	15	1.20~19.1	4.17	4.0~6.8	5.1	非缓冲法	707~2964	1285
印度	6	0.24~0.98	0.50	4.2~6.7	5.2	缓冲法（pH值6.7）	22~206	68
埃及	6	0.72~0.86	0.77	7.2~8.1	7.7	缓冲法（pH值6.8）	10~51	25
澳大利亚	5	1.45~3.52	2.45	4.5~8.9	6.6	缓冲法（pH值6.8）	20~130	66

表14-5　脲酶活性和其他土壤性质的相关性

土壤性质	相关系数（r）		
	特立尼达土壤		衣阿华土壤
	Dalal（1975）	Rao（1977）	
有机碳	0.96＊＊＊	0.66＊＊＊	0.72＊＊＊
全氮	e	0.51＊＊＊	0.71＊＊＊
阳离子代换量	0.91＊＊＊	0.37＊＊＊	0.67＊＊＊

土壤性质	相关系数（r）		
	特立尼达土壤		衣阿华土壤
	Dalal（1975）	Rao（1977）	
表面积	e	e	0.45 *
黏粒	0.48	0.17	0.53 *
砂粒	e	−0.23 *	−0.47 *
粉粒	e	0.22 *	0.39 * * *
pH值	0.21	0.32 * *	−0.01
$CaCO_3$当量	e	e	−0.11
草酸可提取的Fe	0.74 * *	e	e
草酸可提取的Al	0.69 * *	e	e
硫酸可提取的P	e	0.23 * e	e

注：*、* *、* * *，分别代表5%、1%、和0.1%的显著水平

　　土壤中脲酶活性的检测已有许多方法可以采用。其中大部分方法都以测定土壤培养后释出的氨量为基础，也就是用缓冲的尿素溶液培养土壤，并用甲苯处理后进行测定。其他的方法则为测定被分解的尿素含量或土壤用尿素培养后释出的CO_2量。有些测定方法则不包括用缓冲液来调节pH值，或加甲苯来抑制微生物活性等。由于对许多方法未进行评价比较的研究，所以采用的大部分测定方法均是一些经验性方法。例如，在用尿素培养土壤后测定其释出的氨时，就没有注意到在培养过程中释出的氨会被固定或挥发的可能性，从而使测出的氨量不够准确，而且也未证明较长的培养时间受到微生物活性影响的程度。为了更准确地测定脲酶活性，人们还对缓冲法检测脲酶活性的最佳条件进行了一些研究，并发现许多缓冲液在组成、pH值和浓度等因子有着较大的差异。

　　要详细论述各种测定脲酶活性的方法已超出了本章论题。但强调检测脲酶活性方法的选择十分重要，而且还应考虑到检测目的，因为在研究土壤脲酶时，这些要素常会被忽略。现将有关土壤脲酶活性检测方法列于表14-6。

表14-6　土壤脲酶活性检测法比较

土壤	pH值	有机质含量（%）	脲酶活性	
			缓冲法	非缓冲法
沙土	6.1	0.54	10.7	0（0）
壤土	8.0	0.54	39.6	14.2（14.1）
沙土	6.5	0.99	19.9	4.7（4.7）
粉沙	7.9	1.58	72.9	18.9（18.9）
沙壤土	7.9	1.60	987	23.6
粉沙	6.3	2.16	46.2	34.3（33.9）
壤土	5.0	3.02	31.3	18.9（19.0）
黏土	7.5	3.76	133.0	42.5（42.8）
粉沙壤土	6.0	4.05	53.6	28.3
粉沙黏土	7.5	4.84	233.8	84.9（85.3）
黏壤土	6.9	5.27	90.6	37.6（37.5）
粉沙黏土	3.6	5.51	6.4	0（0）
沙壤土	6.9	5.78	90.8	61.3（61.2）
黏壤土	7.9	5.78	165.2	70.8
粉沙黏土	7.0	6.14	128.7	70.8
黏壤土	6.6	6.86	81.5	37.8（38.0）

注：括号内的数值亦是用非缓冲法测得，但都加入了甲苯（0.1mL甲苯/g土壤）

当以获得土壤样品中的脲酶活性来研究自然条件下分解尿素的能力为目的时，非缓冲法优于缓冲法。另外，在以测定土壤或土壤部分中的脲酶活性为目的时，缓冲法则为首选方法。

甲苯常常用于抑制微生物的生长和检测土壤酶时用于抑制酶产物的代谢作用。有关甲苯的影响研究指出，其有着许多不利的影响。许多研究者发现，甲苯对检测脲酶活性的缓冲法或非缓冲法所获得的结果有着明显的影响。Dalal等提出，加入甲苯后用非缓冲法测出的脲酶活性值会明显降低。McGarity和Myers得出结论，有甲苯存在时，测出的脲酶活性来自吸附于土壤胶体上的胞外脲酶，而无甲苯时，其活性源自能代谢和分解尿素的微生物。Galstyan也发现，加入甲苯后会使缓冲法测得的脲酶活性有所下降，并得出了甲苯对脲酶活性有抑制作用的结论。随后许多学者支持了上述结论。他们指出甲苯能降低刀豆脲酶的活性。Tabatabai和Bremner的研究结果表明，用缓冲法测定土壤脲酶活性时，甲苯能增加其活性。其他研究者也注意到了甲苯能增加脲酶的活性，而且少数研究者还提出，甲苯（一种质壁分离剂）会使微生物释出脲酶。

有些学者主要采用辐射灭菌法即电子束辐射法来检测土壤中的脲酶活性，而且还利用高能辐射束研究脲酶的活性，但这些方法所获结果有着相当大差异，有些获得了正效应（脲酶活性增加），有些则获得了负效应（脲酶活性降低）。高能辐射的效果主要取决于土壤性质和剂量。例如Skujins和Mclaren发现，一些土壤中脲酶活性用4M拉德（rad）辐射会有所增加，而Roberge和Knowles则发现，黑云杉树腐殖质中的脲酶活性会被4-5M拉德的剂量完全钝化。因此，Thente等得出结论，辐射灭菌或甲苯灭菌都会对检测脲酶活性带来不利的影响，并建议，如果培养时间很短，对微生物活性造成的误差将应予以十分重视。最近研究结果支持了这一结论。许多研究者指出，采用增养5h的方法来检测脲酶活性则不受甲苯或其他促进微生物活动的有机化合物的影响。

4. 影响土壤脲酶活性的因子

（1）尿素浓度

在土壤脲酶活性检测过程中，不同尿素（底物）浓度对其影响的研究表明，土壤脲酶活性对尿素水解速率会因尿素浓度增加而加速，而且可至加入的尿素量足以与酶和底物饱和为止。

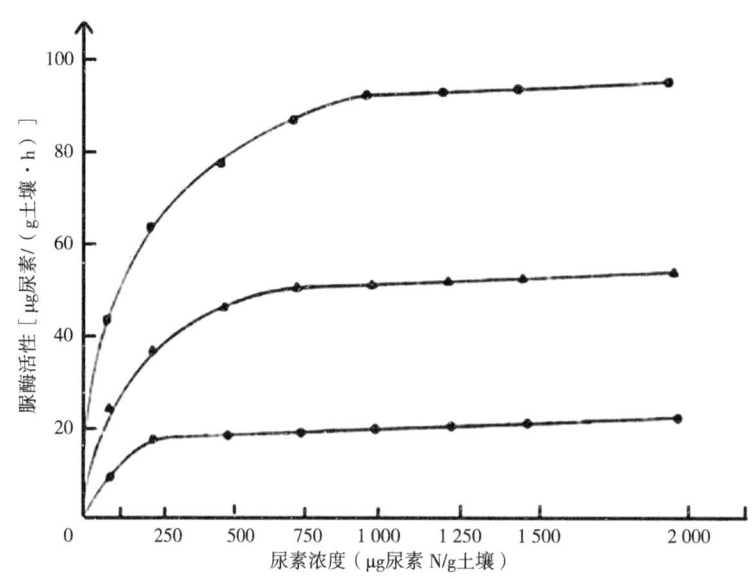

图14-1　尿素浓度对土壤中脲酶活性影响

（2）水分

有些研究者虽然发现了土壤中脲酶活性不会明显地受到水分的影响，但其他科学家则发现脲酶活性会因水分而增强或减弱。这些不同的结果很难获得一致的解释，但是有证据表明，水分对脲酶活性的影响主要取决于尿素的浓度（表14-7）。

表14-7　水分对土壤中脲酶活性的影响

水分（mL/g土壤）	脲酶活性（尿素37℃/g土壤）	
	Webster土壤	Hayden土壤
0.2	51.6	56.8
0.3	51.6	56.4
0.4	51.7	56.7
0.6	51.6	56.4
0.8	52.0	56.7
1.0	51.9	56.6

注：土壤（5g）用1～5mL水[含5mgN（尿素）]处理后在37℃条件下培养5h

（3）温度

现已明确，土壤中脲酶活性会随温度（10～70℃）增加而明显地增加，但温度进一步增加时其活性会迅速下降。脲酶活性在65～70℃时开始钝化，在105～110℃时则完全失活。

有些研究结果显示，温度在0℃以下（-35～-10℃）时不会破坏脲酶的活性。Bremner和Zantua发现，在温度为-20～-10℃时，仍可检测出脲酶的活性。因此他们得出结论，脲酶的这种活性系由土壤颗粒表面未冻结水中的酶-底物相互作用而获得。随后，许多试验结果都支持了这种结论，试验曾用刀豆脲酶在-20℃或-10℃时，有黏土矿物存在和无黏土矿物的条件下进行的（图14-2）。

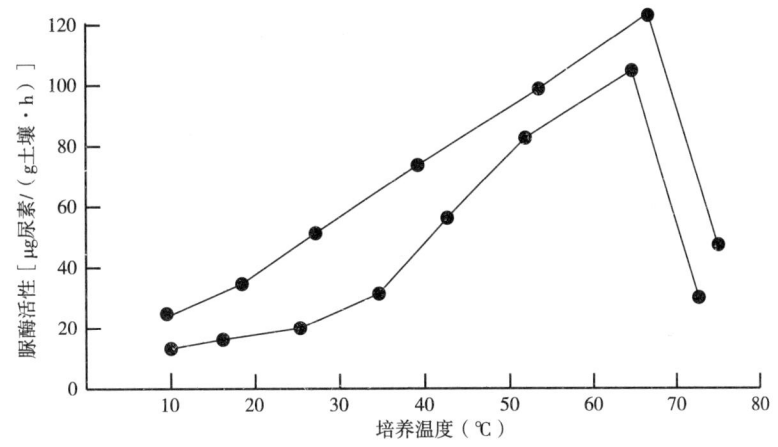

图14-2　温度对土壤中脲酶活性的影响

（4）pH值

pH值对土壤脲酶活性影响的研究已有许多报告。研究者应用了不同的缓冲剂和各种尿素浓度，从而也获得了许多结果。有些研究指出，土壤脲酶活性的最适pH值为6.5～7.0，也有些研究报告指出，脲酶活性的最适pH值为8.8～9.0。这些研究结果的差异是与研究者采用的缓冲方法不同和使用底物（尿素）的浓度差异有关表14-3。Tabatabai和Bremner，以及May和Douglas所报道的土壤脲酶活性最适pH值比刀豆脲酶的最适pH值要高得多。

（5）氧

Overrein发现，氧对加入土壤中的尿素水解速率有着明显的影响，而Delaune和Patrick则认为氧对加入一种粉砂壤土中的尿素水解速率毫无影响。因此，证实Overrein的研究结果是十分困难的，因为有充分的理由确认，加入土壤中的尿素会被土壤中的原生脲酶快速地水解。同时，脲酶活性会受到氧的影响的原理亦不充分。Zantua和Bremner发现，氧不会影响用非缓冲法测定脲酶活性所获得的结果。

（6）干湿交替

Zantua和Bremner（1977）发现，田间土壤风干后，虽然不会影响脲酶的活性，但将风干土壤再湿后，在通风条件或淹水状态下培养时，土壤中的脲酶活性明显地下降。在几天之内，这种下降便会发生，但延长培养时间，或反复风干培养处理则不会导致脲酶活性的进一步下降。这种结果表明风干的田间土壤能促使在保护状态下的脲酶释放出来，但当风干土壤再湿时和在通风条件下或淹水时释放出的脲酶会迅速被分解（图14-3）。

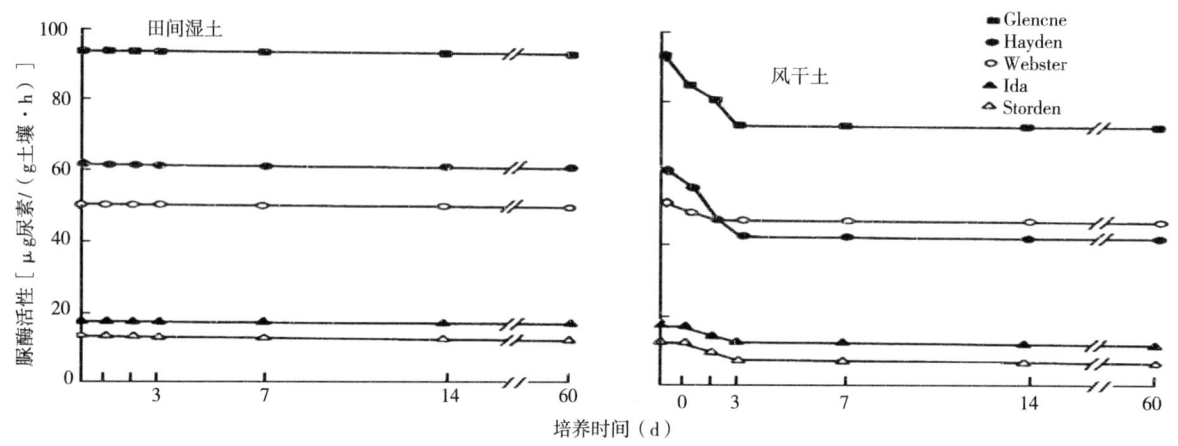

图14-3　大田湿土和风干在通气条件下经不同时间的培养对脲酶活性的影响（30℃，60%WHC）

（7）有机质

众所周知，土壤含有能释放脲酶的微生物，因此，土壤中脲酶活性会因加入能促进微生物活动的有机质而增强。最近的许多研究表明，这种脲酶活性的增强可延续几周，但加入有机质的土壤中脲酶活性最终会与未加入有机质的土壤脲酶活性趋于一致。这种结果也显示了未加入有机质的土壤对脲酶活性是有一定保护能力的，当超过这种保护能力时，脲酶会被分解或钝化。试验证明，土壤中脲酶活性的增强还取决于加入土壤有机质的数量和类型（表14-8）。表14-8列出了不同数量的葡萄糖、淀粉、纤维素、厩肥、植物体和污泥等对土壤中脲酶活性的影响。

表14-8　不同培养天数下有机质对土壤中脲酶活性的影响

加入的有机物	脲酶活性［μg尿素/（g土壤·h），37℃］							
	培养时间（d）							
	0	1	3	5	10	20	30	60
无	51.9	52.0	51.9	52.0	51.8	51.9	51.8	51.9
葡萄糖（0.2mg）	51.9	52.0	66.0	63.7	61.3	51.9	51.9	51.8
葡萄糖（5.0mg）	51.9	198.2	184.0	155.7	108.5	99.0	80.2	52.0
淀粉（5.0mg）	51.9	63.7	75.5	84.9	75.5	75.5	66.0	52.0
纤维素（5.0mg）	51.9	54.3	75.5	141.6	108.5	103.8	70.8	52.0
肉牛牛粪（5.0mg）	84.9	94.4	108.5	108.5	99.1	70.8	52.0	51.9
乳牛牛粪（5.0mg）	80.2	94.4	103.5	109.4	108.3	80.2	51.9	51.8

（续表）

加入的有机物	脲酶活性［μg尿素/（g土壤·h），37℃］							
	培养时间（d）							
	0	1	3	5	10	20	30	60
羊粪（5.0mg）	66.0	70.8	84.9	108.5	108.3	80.2	51.9	51.8
玉米粉（5.0mg）	61.3	63.7	108.0	120.3	109.7	84.9	54.3	51..9
玉米粉（10.0mg）	70.8	66.0	136.9	155.7	118.0	84.9	54.3	51.9
杂草（5.0mg）	54.3	54.3	89.7	103.8	82.2	80.2	51.9	51.8
苜蓿（5.0mg）	52.8	63.7	89.7	94.4	70.8	66.0	51.8	51.8
污泥（20.0mg）	51.9	52.3	54.7	53.1	52.3	51.8	51.9	51.8
污泥（30.0mg）	51.9	53.6	59.0	55.4	52.8	51.9	51.8	51.9

（8）其他因子

研究表明，氧含量、施肥、施用石灰（表14-9）和农药等都会对土壤中的脲酶活性有一定的影响。

表14-9　施用石灰对土壤中脲酶活性的影响

土壤	处理	脲酶活性［μg尿素/（g土壤·h），37℃］
土壤 I	未处理	51.9（6.7）
	CaO（2mg Ca/g土）	103.8（9.1）
	CaO（4mg Ca/g土）	240.7（10.2）
	$CaCO_3$（4mg Ca/g土）	51.9（7.1）
	$CaCO_3$（10mg Ca/g土）	51.9（7.2）
土壤 II	未处理	56.6（6.7）
	CaO（2mg Ca/g土）	99.1（9.7）
	CaO（4mg Ca/g土）	188.8（10.2）
	$CaCO_3$（4mg Ca/g土）	56.6（7.0）
	$CaCO_3$（10mg Ca/g土）	56.6（7.1）

注：括号内数值指土壤悬浮液（1mL/g土壤）的pH值

此外在不同温度下，土壤样品的干燥和储藏也都会影响脲酶的活性。硝化抑制剂、农药和重金属等对脲酶活性影响的研究，也有许多报道和评论，其将会有专门章节予以论述。由于重金属的污染和进入食物链的危害性已被社会所关注，因此，本节收集了一些有关重金属对脲酶活性影响的资料。

最近，利用土地，特别是农用土地来处理污泥和污水等情况有所增加，所以人们对金属影响土壤脲酶活性的研究产生了浓厚的兴趣。研究结果表明，由植物或微生物分离出的脲酶活性会受到极少量的 Ag^+、Hg^{2+}、Cu^{2+} 和其他重金属离子的钝化。Bremner和Douglas发现，影响脲酶活性的重金属 Ag^+、Hg^{2+}、Cu^{2+} 和其他重金属离子的量，即实质性产生影响的量远远大于相应刀豆脲酶活性受抑制时的数量。他们也发现，不同重金属离子对土壤脲酶活性产生影响（以土壤为基础，其量为50mg/kg）的顺序依次递减：$Ag^+ > Hg^{2+} > Au^{3+} > Cu^{2+}$，$Cu^+ > Co^{2+}$，$Pb^{2+}$，$As^{3+}$，$Pb^+$，$Cr^{3+}$，$Ni^{2+} >$ 其他离子（表14-10）。Tabatabai最近亦获得了同样的结果。随后的研究指出，这些研究都是以水溶性金属盐进行的试验，所以对于施用含有难溶性重金属的污水污泥对脲酶活性的影响不够真实和准确。

所以有人亦指出，大量施用污水污泥或含有难溶性Cu为20 000mg/kg以下时的物质都不会影响脲酶的活性。

表14-10 金属化合物对土壤中脲酶活性的影响

化合物	金属离子	脲酶活性的抑制率（%）	
		土壤（黏土）	土壤（壤土）
硝酸银	Ag^+	65	60
硫酸银	Ag^+	63	61
氯化亚铜	Cu^+	16	14
硝酸铅	Pb^+	3	2
氯化汞	Hg^{2+}	42	38
硫酸汞	Hg^{2+}	40	36
氯化铜	Cu^{2+}	16	13
硫酸铜	Cu^{2+}	14	15
氯化铅	Pb^{2+}	4	4
氯化钴	Co^{2+}	4	6
氯化镍	Ni^{2+}	1	2
氯化金	Au^{3+}	18	20
氯化砷	As^{3+}	4	2
氯化铬	Cr^{3+}	3	2
其他化合物	（3）	0	0

注：1. 加入的阳离子量相当于土壤中的50mg/kg；2. 其他化合物为$NaCl$、Na_2SO_4、KCl、$CaCl_2$、$BaCl_2$、$ZnCl_2$、$MnCl_2$、$AlCl_3$、$FeCl_3$；3. 离子为Na^+、K^+、Ca^{2+}、Ba^{2+}、Zn^{2+}、Mn^{2+}、Al^{3+}、Fe^{3+}

我们曾就施肥和有机物对脲酶活性的影响进行了大量的试验研究发现，土壤中脲酶活性远远低于具有多种微生物的作物残体腐解物中的脲酶活性时，土壤中加入某些有机物（包括作物残体）时，会大大提高脲酶活性（表14-11，图14-4），因而造成了尿素氮的大量损失。目前，许多生产有机肥或生物复合肥的单位均以混入尿素或二铵作为植物营养，但是实际情况是氮以氨的形式大量损失。混入二铵则损失更为直接且速度更快。混入尿素须经脲酶分解才会损失。由于有机肥的水分适宜，脲酶含量又高。因此，有机肥中混合的尿素也会迅速挥发而损失，甚至灼伤作物。所以，在生物有机肥中必须采用新方法，以阻止或延缓尿素的分解，这就成为生态生物肥成败的关键。

显然，有机肥料会明显影响脲酶的活性。为了进一步控制脲酶活性和减缓尿素的分解速率，因此，用麦秸作为主要的有机肥料，并按不同时间观察有机肥对脲酶活性的影响。作者曾在山东和河南等地进行过大田试验。试验结果（表14-11）表明，单独使用尿素或麦秸的小区，其脲酶活性无多大差异，就处理之间也看不出差别。但当使用尿素加麦秸时，则对脲酶活性有明显的影响，这与实验室的盆钵试验结果相一致。在大田试验中还可明显地观察到脲酶活性的季节性变化。

表14-11 有机肥（麦秸）对脲酶活性［$NH_4-Nmg/（g土壤·h）$］的影响

月份	山东陵县				河南新乡			
	对照	尿素	麦秸	尿素+麦秸	对照	尿素	麦秸	尿素+麦秸
3	0.36	0.34	0.38	0.4	0.3	0.28	0.35	0.34
4	1.05	0.98	1.00	1.01	0.8	0.74	0.99	1.01
5	1.05	1.03	1.12	1.12	0.9	0.78	0.98	1.00
6	1.02	0.98	1.19	2.09	0.81	0.81	0.82	1.18
7	0.82	0.86	1.02	0.97	1.07	1.1	1.16	1.55
8	0.94	0.96	1.05	1.11	0.45	0.48	—	—
9	1.05	1.08	1.26	1.25	0.55	0.53	0.69	0.86
10	—	—	—	—	0.31	0.33	—	—
12	0.29	0.29	0.35	0.36	—	—	—	—

表14-12　不同有机物对脲酶活性［NH_4-Nmg/（g土壤·h）］的影响

处理 \ 取样日期	2天	4天	6天	10天	20天	30天	40天
对照	0.82	0.78	0.73	0.60	0.59	1.08	
硫酸铵	1.45	1.50	1.38	0.78	0.61	1.10	0.85
葡萄糖	1.0	1.39	1.34	0.87	0.68	1.19	0.91
淀粉	1.33	1.53	1.40	0.78	0.72	1.34	0.91
绿肥	0.86	1.10	1.19	0.79	0.76	1.46	1.56
厩肥	0.85	0.99	1.10	0.80	0.65	1.19	0.96
尿素	6.89	6.00	5.20	3.28	2.62	2.53	1.78
麦秆	1.10	1.17	1.20	0.94	0.90	1.60	1.02
麦秆+尿素	13.44	12.19	9.42	9.28	9.33	5.97	2.68

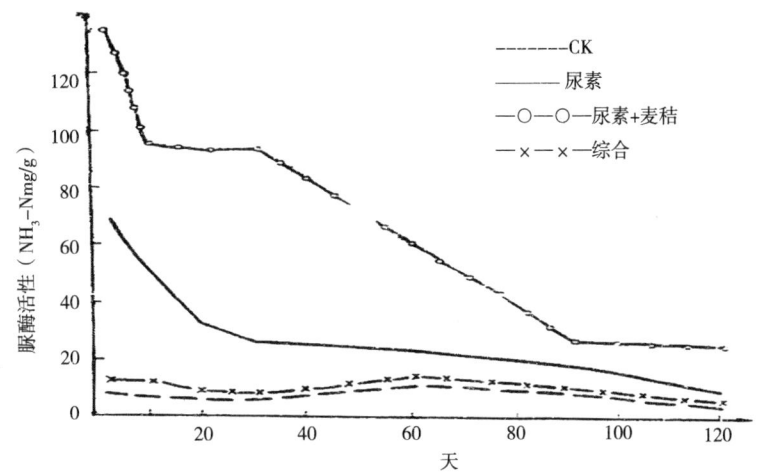

图14-4　不同添加物对脲酶活性的影响

综合曲线：添加物为硫酸铵，葡萄糖，淀粉，绿肥，马粪，麦秸等。对酶活性的影响值相近，趋势相似，取其平均值，归为一条曲线

四、土壤脲酶的稳定性及其提取

1. 土壤脲酶的稳定性

自然源（植物或微生物源）分离出的脲酶会迅速被微生物和蛋白酶（蛋白水解酶）所分解。现已证实，土壤明显地都具有蛋白水解酶的活性，而且，当向土壤添加刀豆脲酶后其亦会被分解或钝化。然而要解释所有土壤或储藏的土壤及地质时期保存的土壤实际都表现出有脲酶活性则十分困难。

Conrad（1940）首先证明了土壤中原生脲酶比加入土壤的脲酶更为稳定。他提出，土壤有机组分保护了脲酶以抗酶的钝化或分解。这种假设受到了许多研究结果的支持，人们发现土壤中的脲酶活性与有机质含量有着明显的相关性。同时发现，分离出的无黏粒的有机组分仍然具有脲酶的活性，而且不会被蛋白酶所破坏。

最近的研究表明，土壤中原生脲酶十分稳定，并指出，不同土壤中的脲酶活性都具有不同的稳定水平，其是因不同土壤的有机组分对保护脲酶以抗微生物降解或其他能导致脲酶钝化过程的容量存在着差异所致。科学家发表了不同处理对脲酶活性影响所获得的许多结果（表14-13）。其中有两个结果应特别引起关注：① 当刀豆脲酶加入土壤后，其虽被迅速钝化，但在好气或淹水条件以30℃或40℃温度延长土壤样品的培养时间，其脲酶活性则不受影响。② 当土壤用刀豆脲酶处理，或用能促进微生物产生脲酶的有机质处理时，虽然可以观察到脲酶活性有明显的增加，但这种增加是暂时的，并在几周后，已检测不到脲酶活性。这两种试验结果唯一可得到解释的是未加入刀豆脲酶或有机质的土壤脲酶活性反映了土壤具有保护脲酶的容量，并在超过这种保护容量后脲酶便会被分解或钝化。

有些研究结果与先前的一些试验结果有着一定的矛盾，从而表明了在好气或淹水条件下培养土壤后能导致脲酶活性的显著变化。在土壤用胰蛋白酶或链霉蛋白酶处理后可引发脲酶活性的明显下降。这种与上述结果有所矛盾的状况可能有助于研究种植玉米和大豆的耕作土壤，而其他研究者则主要研究了在草原生态条件下的土壤样品，他们通常含有比耕地要大得多的非腐殖化的植物残体。

土壤脲酶活性十分稳定，但要论证其原因则困难重重。有些研究者提出土壤脲酶活性受到了腐殖质或土壤胶体的保护。有些研究者则认为脲酶在腐殖化过程中可被固定于有机胶体中，从而增强了对其保护作用。最近又发现，土壤脲酶是"固定"于腐殖质形成过程中的有机矿物复合体中的酶。同时还证明了有机分子和产物（NH_3和CO_2）分子组分所具有的孔隙大至足以能让底物（尿素和H_2O）穿过，但又不足以让蛋白水解酶进入或让脲酶自身逸出。

表14-13　土壤不同处理方法对脲酶活性的影响

在30℃、40℃、50℃或60℃干燥24h	无影响
在75℃干燥24h	部分失活
在105℃干燥24h	全部失活
高压锅灭菌（120℃）2h	全部失活
用水淋溶	无影响
在-20℃、-10℃、5℃、10℃、20℃、30℃或40℃储存6个月	无影响
在好气或积水条件下于30℃或40℃条件下培养6个月	无影响
风干，并于21～23℃条件下储存2年	无影响
加入刀豆脲酶后在30℃条件下培养	活性先增后减，并达原来水平
用有机质处理后在30℃条件下培养	活性先增后减，并达原来水平
用蛋白水解酶（链霉蛋白酶或胰蛋白酶）处理后在30℃条件下培养	无影响

2. 土壤脲酶的提取过程

Conrad等（1940）都报道过有关土壤脲酶提取研究的结果。Briggs和Segal的报告指出，他们用简单的方法，即用25kg土壤和磷酸盐缓冲液（pH值为6.0），温度为5℃时分离了"游离"脲酶，并用冷丙酮溶液进行过滤和离心处理来提取和沉淀，从而获得了结晶态化合物。通过对这类化合物重新结晶，他们得到了含有N量为8.78%的12mg产物，且显出了脲酶活性，其值为75 Sumner单元/mg。详细的研究指出，这种化合物是能显示脲酶活性的一种蛋白质的混合物，其分子量为42 000～217 000。

从复杂的土壤化合物中要分离很少量的脲酶，并要具有很高的纯度和活性制剂显然是十分困难的。因此许多人都引用了土壤中有"游离"（胞外）酶存在的结果，但都又认为这种结果不够充分。

最近有人试图从土壤中进行脲酶提取或分离的研究，并且分离出了有脲酶活性的部分，他们选用了许多提取方法和分部分离步骤才获得了脲酶活性。这些方法十分复杂，因此，在此不能作充分的讨论。Burns和McLaren，Pettit等提出了一种分离土壤部分的方法，他们指出，这部分分离物显示了对蛋白水解酶有抗性的脲酶。最近，有些科学家还指出，中性0.1M焦磷酸钠是土壤脲酶有效的提取剂，而且在不破坏水解尿素微生物的条件下提取了胞外脲酶。随后有研究者发现可用0.1M焦磷酸钠（pH值为7.1）温度为37℃时处理18h后，从土壤中提取了30%～40%脲酶，而且指出，用焦磷酸盐提取的脲酶活性-有机质仍可用该试剂将钝化的有机质提出。进一步的研究证明，土壤脲酶并不完全与土壤有机质结合成一体。

五、土壤脲酶活性的抑制作用

科学家研究发现，脲酶对尿素的转化速率为在适宜条件下（温度为28℃）一分子脲酶每分钟可分解50万分子尿素，即其比例为1：500 000。

尿素含N量为46.65%。因此，它是N浓度最高的肥料，同时，其还可以作为复合肥料和混合肥料的原料。尿素中的氮虽属非蛋白质形成的氮，但它可用于反刍动物的饲料。

尿素除用作肥料外，其是甲醛尿素树脂最重要的组分，而且还可用于许多工业原料，如木材和造纸业，医药和饲料业，发酵业等。

1773年，德国科学家鲁尔（Rouelle）首先获得了尿素，其是将动物尿液蒸发后的残留物用乙醇提取而获得。1798年，福尔克莱（Fourcray）和伏普林（Vaupuielin）用动物尿液制得了硝酸尿素。1812年，戴维（Davy）用羰基氯化物和氨第一次制得了尿素。1812年，普鲁斯特（Proust）从硝酸尿素化合物中分离出了纯尿素。1824年，普鲁德（Prout）首次对尿素进行了精确的分析，并测出了正确的经验性结构。

1828年，在戴维等科学家权威性研究的基础上，巫勒（Wohler）用氰氢酸和氨合成了尿素。现时大规模生产的尿素仍然是以此科学原理为基础，但生产用的原料则为氨和 CO_2。合成尿素的过程虽已十分古老，但直至1868年，巴斯夫（Basaroff）才提出了合成尿素的工艺和技术。1920年，德国化学家I.G法本（I.G.Farben）才将该技术用于工业生产。后来改进的生产尿素的工艺在国际上一直处于领先地位。因此，1935年以前，全世界合成固体尿素的产量都被德国所控制。1936年，杜邦（du pont）公司第一次开创了合成尿素的商业化生产。随后，美国联合化学和染料公司（Allied chemical and Dye corporation）发展了具有自主产权生产尿素的工艺。美国其他化学工程公司亦研发了一些生产合成尿素的新技术。从那时起，美国的许多化学工程公司每天都可生产1000t以上的尿素。现在，随着农业发展的需要，尿素产量发生了梦幻般的变化。所以尿素的生产便成为农业发展的支柱产业。尿素在农业生产中的重要作用已尽人皆知，特别是其可作为重要的氮肥。

尿素用作重要氮肥大大促进了农业生产的发展。尿素肥料有许多优点：含氮量高，制造成本低、便于运输，储存和分配、溶解度好，而且适于制造复合肥料和用于叶面追肥。

现在可以毫不夸张地说，没有尿素就没有农业的增产，一句话，尿素太重要了。尿素作为氮肥在全世界农业中的重要作用已尽人皆知，而且产量仍在迅速增长。因此，土壤学家和农业化学家特别强调了研究减少尿素损失的重要意义和寻求解决的办法。其中最重要的问题是尿素在脲酶的作用下迅速水解成碳酸铵。同时造成了pH值上升和伴随发生的氨的释放和挥发，从而其会伤及幼芽和幼苗，此外释出的亚硝酸盐和氨具有毒性，并以气态形式而损失。

有一种办法，那就是减少与施用尿素肥料有关的问题，即利用能延缓尿素水解的化合物来防止尿素的快速分解，此法受到了人们的极大关注。随后有许多专利问世，其都是利用一种延缓尿素水解的化合物作为脲酶抑制剂。这类抑制剂既有无机化合物，又有有机化合物，它们对植物或微生物分泌的脲酶有强烈的抑制作用。但是，Peterson和Walter主张土壤中尿素的水解也可通过加入具有抗菌作用的化合物来抑制产生脲酶的微生物以延缓尿素的水解。这种专利产品已有5种化合物（表14-14）。根据其专利，抗菌化合物能延缓土壤中尿素水解速率，但不会抑制脲酶活性，而且可以调控产生脲酶的土壤微生物。最近，许多研究评价了3种这类化合物（吡啶-3-硫酸，脱硫酸生物素和氧化羟基硫胺），他们指出，这3种化合物均不会延缓尿素的水解或减少尿素释出的氨损失。显然，这是因为在施入土壤尿素以前已有脲酶活性的存在，而且用尿素处理土壤亦不会促进土壤微生物产生脲酶。

表14-14 土壤中尿素水解抑制剂

化合物
二硫代氨基甲酸脂
含硼化合物（硼砂、硼酸等）
尿素衍生物
甲醛
分子量>50的重金属盐类
含氟化合物（氟化钠、氟化钾等）
醌和多元酚
抗代谢物
磷酸
杂环硫醇
杂类化合物

注：1.尿素衍生物有甲基尿素、二甲基尿素、硫脲、苯脲、t-丁脲、n-丁脲；2.抗代谢物有吡啶-3-磺酸、脱硫生物素、氯化羟基硫胺、γ-六氯化苯（六六六）、O-氯-P-氨基苯酸；3.杂类化合物有重金属离子、卤化物、氰化物、尿素、甲酸铜或乙酸铜、胺尿素复合物、尿素氰化铜、羟基胺、尿素和三氟化硼配位体、四氟硼酸铜、硫酸乙脂、醌、甲醛、螯合铜

　　许多研究结果都指出，脲酶活性与土壤的其他性质有着一定的相关性。Dalal等发现其研究的15个土壤表层中，脲酶活性既与有机碳，又与阳离子代换量存在着明显的相关性。他还发现，脲酶活性与草酸盐可提取的非晶形铁和铝有明显的相关性，但与pH值和黏粒无关。Zatua等的研究结果表明，在其研究的21个不同类型的土壤中，脲酶活性与有机碳、全氮和阳离子代换量有明显的相关。脲酶活性也与黏粒、砂粒和表面积有显著相关作用，但与pH值、粉粒或碳酸钙无关。许多研究者用试验所获得的数据进行多元回归分析后指出，土壤中脲酶活性最大的变异因子是有机质的含量。这与用其他土壤有机成分进行的研究结果相一致，其原因都是有机成分可以保护土壤中原生脲酶活性。

　　人们早就知道，向土壤加入能抑制脲酶活性的一些化合物，其能延缓土壤中尿素水解的速率。经过长时间的研究，现已发现，能延缓土壤中尿素水解速率的许多化合物都具有有效的实际应用价值。过去30年，因缺乏有效的研究方法和科学的统计技术，使这项研究进展迟缓。但随着科学和技术的进步，现已有十分成熟的研究方法和技术，从而使许多难以解决的问题迎刃而解。

　　评价脲酶抑制剂效果的快速方法主要是用尿素与土壤混合在37℃条件下培养5h，然后测定脲酶抑制剂对尿素分解的速率。该法具有许多优点，现在都用其作为评价脲酶抑制剂效率的基本方法。

1.脲酶抑制剂对尿素水解的影响

　　现已有许多关于各种化合物对延缓土壤中尿素水解速率的报道。同时还报道了许多化合物作为脲酶抑制剂的有关专利。大部分脲酶抑制剂是无机或有机化合物，它们都对由植物或微生物提取的脲酶有明显的抑制作用（表14-15）。

表14-15 植物和微生物脲酶抑制剂

脲酶来源		抑制剂
	洋刀豆	重金属盐类
		多元酚
		醌
		有机汞化合物
植物		羟肟酸
		尿素衍生物
		杂环硫醇
	大豆	杂类化合物
		重金属盐类

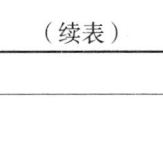

（续表）

脲酶来源		抑制剂
植物	木豆	多元酚
	刀豆	杂类化合物
		尿素衍生物
	变形杆菌	羟肟酸
		羟肟酸
微生物	普通变形杆菌	尿素衍生物
	贤棒状杆菌	羟肟酸
		羟肟酸

注：1. 化合物有苯丙氨酸，亚苯基二胺、间苯三酚、苯基磷酸钠、苯乙酸、抗坏血酸、乙酰乙酸、N-乙基-顺丁烯二亚胺；2. 杂类化合物还有氯胺-T、溴乙酸胺、苯醌、1，2-奈醌-4-磺酸、羟基尿素、卡那霉素、羟基胍

Bremner和Douglas等评述了用于抑制土壤脲酶活性的100多种化合物。他们发现，二羟酚和苯醌是抑制脲酶活性最有效的有机化合物，银和汞盐则是最有效的无机化合物。他们也指出了一些有效的用于抑制土壤脲酶的有机和无机化合物。在这些研究的化合物中，最有效的6种有机化合物的抑制作用大大优于最有效的无机化合物，而且有几种化合物对植物或微生物提取的脲酶有强大的抑制作用，但对土壤脲酶的抑制作用效果不佳。这几种化合物主要有N-乙基顺丁烯二亚胺、乙酰氧肟酸和硫酸铜。

现已发现，有效的脲酶抑制剂，即取代基P-苯醌的抑制效率有赖于其取代基团的性质。其中甲基、氯、溴和氟取代基P-苯醌对土壤脲酶活性有明显的抑制作用，而苯基、t-丁基和羟基取代基P-苯醌抑制作用甚小。

许多科学家提出，P-苯醌和氢醌是目前用于抑制脲酶活性最有效和最有希望的有机化合物。表14-16和表14-17列出了用于抑制脲酶活性的各种有机和无机化合物，并比较了它们的效果和不同温度对其影响。但是，有些化合物具有植物毒性或者无效。

表14-16　有机和无机化合物脲酶活性抑制剂效果之比较

化合物	脲酶活性抑制率（%）	
	范围	平均
有机化合物		
儿茶酚	71～77	74
苯汞乙酸盐	64～71	67
氢醌	60～69	64
P-苯醌	58～68	62
2,5-二氯-P-苯醌	56～68	62
2,6-二氯-P-苯醌	52～63	58
1,2苯醌	42～48	44
苯酚	41～43	42
P-氯代汞苯甲酸钠	32～38	35
4-氯苯	30～37	35
2，5-二甲基-P-苯醌	29～35	32
N-乙基顺丁烯胺	23～28	25
乙基羟肟酸	13～16	14
无机化合物		
硫酸银	45～52	48
氯化汞	35～39	37
氯化金	17～19	18
硫酸铜	13～14	14

注：1. 各种化合物加入的量为50μg/g土壤；2. 脲酶活性为3种土壤的数值范围

表14-17　温度对P-苯醌和氢醌延缓土壤中尿素水解速率的影响

土壤编号	加入的化合物	尿素水解的抑制率			
		10℃	20℃	30℃	40℃
1	PBQ	100	100	88	76
	HQ	100	100	87	76
2	PBQ	100	100	85	81
	HQ	99	100	85	82
3	PBQ	100	89	72	67
	HQ	100	89	72	67
4	PBQ	56	44	30	27
	HQ	57	44	29	28
5	PBQ	100	86	51	37
	HQ	99	86	52	36
6	PBQ	100	73	50	48
	HQ	100	73	50	47

注：（1）1、2、3、4、5、6分别代表Rosebud、Thurman、Belinda、Regina、Muscatine和Harps土壤；（2）土样5g，用10mg尿素和50μg PBQ或HQ处理、在特定温度下培养（2ML水）24h；（3）PBQ = P-对苯醌；HQ = 氢醌

我们从60多种脲酶抑制剂中选用了既是植物营养又能抑制脲酶活性的一些化合物包括硼砂、硫酸铜和硫酸钾，且价格便宜，原料充足，易于实际应用（表14-18、图14-5、表14-19、表14-20、图14-6）。试验结果如下。

表14-18　硼化合物对提高尿素利用率的效果

氮源和硼化物的比率	小麦植株干重（g/盆）	增重率（%）
无氮	5.57	0
尿素	7.57	26.4
尿素+1%硼化物	8.97	37.9
尿素+2%硼化物	9.28	40.0
尿素+2%硼化物+1%硫酸铜	12.57	55.8
硝铵	13.77	59.5

从图14-5、图14-6可以看出，硼化合物抑制了脲酶的活性，大大提高了尿素利用率，植株增重明显。

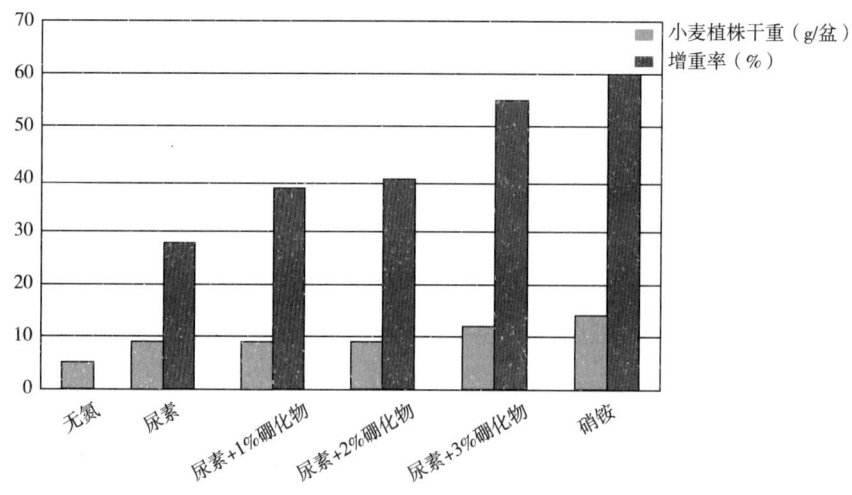

图14-5　硼化合物对提高尿素利用率的效果

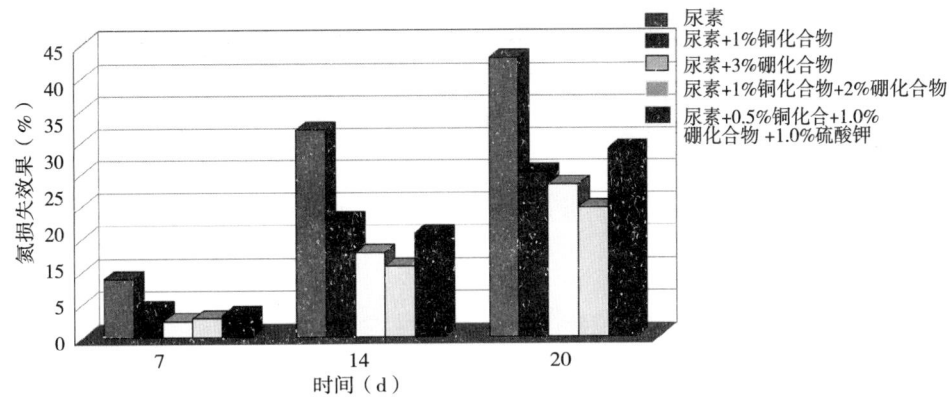

图例：
- 尿素
- 尿素+1%铜化合物
- 尿素+3%硼化合物
- 尿素+1%铜化合物+2%硼化合物
- 尿素+0.5%铜化合+1.0%硼化合物 +1.0%硫酸钾

图14-6 硼化合物等对尿素氮损失的效果（%）

表14-19 硼化合物等对尿素氮损失的效果 单位：%

试验材料	时间（d）		
	7	14	20
尿素	9.7	32.6	43.3
尿素+1%铜化合物	4.8	17.9	26.2
尿素+3%硼化合物	2.5	14.1	23.8
尿素+1%铜化合物+2%硼化合物	2.7	12.1	20.3
尿素+0.5%铜化合物+1.0%硼化合物+1.0%硫酸钾	3.5	16.8	30.9

关于尿素与脲酶抑制剂的混合方法，我们根据国际上采用的多项专利产品和我国的实际情况，最终从熔融混合等方法中选用了混合物。因其工艺较为简单，可以大量推广利用。

表14-20 有机和无机化合物对脲酶活性的抑制作用

化合物种类*	脲酶活性的抑制率（%）	
	范围	平均
有机化合物		
儿茶酚	71～77	74
醋酸苯汞	64～71	67
氢醌	60～69	64
对-苯醌	56～68	62
2,5-二氯-对苯醌	58～68	62
2,5-二氯-对苯醌	52～63	58
1,2-苯醌	42～48	44
醌	41～43	42
对-氯汞苯钾酸钠	32～38	35
4-氯酚	30～37	35
2,5-二甲基-对苯醌	29～35	32
正-乙基马来酰亚胺	23～38	25
乙酸氧肟酸	13～16	14
无机化合物		
硝酸银	60～65	63
硫酸银	61～63	62
氯化汞	38～42	40

（续表）

化合物种类*	脲酶活性的抑制率（%）	
	范围	平均
硫酸汞	36~40	38
硝酸铅	2~3	3
氯化亚铜	14~16	15
氯化铜	13~16	15
硫酸铜	14~15	15
氯化铅	4~14	9
氯化钴	4~6	5
氯化镍	1~2	2
氯化金	18~20	19
氯化砷	2~4	3
氯化铬	3~20	12

注：*化合物的量为土壤的50μL/L

我们用较大的精力，集中研究了含有微生物的作物残体腐解物（生态生物肥的主要原料）。首先，将尿素与脲酶抑制剂充分混合，然后加入一定比例的磷酸一铵和硫酸钾。在制造生态生物时，按要求的氮、磷和钾的比例逐步混入有机物中，并控制一定的水分。试验结果表明，生态生物肥中既混入了所需要的植物营养又大大减少了损失（表14-21）。

表14-21　脲酶抑制剂对防止尿素氮损失的作用　　　　　　　　　　　　　　单位：%

肥料中氮与抑制剂的比例*	肥料中实测的氮肥	氮损失量	损失率
N 11.87+P$_2$O$_5$ 6.1+K$_2$O 5.2	N 10.22，P$_2$O$_5$ 6.51，K$_2$O 5.54	1.65	13.90
N 11.87+P$_2$O$_5$ 6.1+K$_2$O 5.2+硼化合物1	N 11.17，P$_2$O$_5$ 6.47，K$_2$O 5.48	0.70	5.89
N 11.87+P$_2$O$_5$ 6.1+K$_2$O 5.2+硼化合物0.5+铜化合物0.5	N 10.95，P$_2$O$_5$ 6.58，K$_2$O 5.53	0.92	7.75
N 11.87+P$_2$O$_5$ 6.1+K$_2$O 5.2+硼化合物1+铜化合物0.5	N 11.25，P$_2$O$_5$ 6.45，K$_2$O 5.45	0.62	5.22

注：*肥料中氮由尿素N 9.2%，铵态N 0.8%，有机氮1.87%组成

从表14-21可以看出，加入脲酶抑制剂对防止尿素氮的损失起到了明显的效果。尿素氮的损失量几乎减少了一半。

硼化合物一词是指一种无机的含硼化合物。它们能抑制或减少氨的挥发速率。这类化合物在0℃时的溶解度为0.1/100g水以上，且无毒无害。

Mulvaney和Bremner等指出，P-苯醌或氢醌对脲酶的抑制效果随其用量加大而增强，随时间延长和温度增加（10~40℃）而下降。他们亦发现，P-苯醌或氢醌对脲酶活性的抑制作用与土壤中的有机碳、全氮、脲酶活性、粉砂和黏粒含量，以及表面积呈负相关，而与砂粒含量呈正相关（表14-22）。他们对获得的数据进行多元回归分析后指出，P-苯醌或氢醌对延缓尿素水解的速率随土壤有机质含量的减少而增加。

研究表明，氢醌对土壤中尿素水解速率的影响系与P-苯醌相一致，从而得出了这类化合物抑制脲酶活性的机制都相同的结论。Quastel等证明，多元酚因不能被氧化为醌，所以其对洋刀豆脲酶无抑制作用，Bremner和Douglas等亦指出，这种酚化合物不会抑制土壤脲酶的活性。人们普遍认为，醌能抑制脲酶和其他非氧化酶的活性，其抑制机制是这类化合物能与酶的有效催化基团如脲酶的硫氢基（SH）发生反应而起到了抑制作用。但这种反应机制现还未被充分理解。然而，已有证据证明，醌能与硫氢基化合物发生反应。

2. 脲酶抑制剂对氨挥发的影响

许多有意义的化合物能抑制土壤中尿素的水解，当这些化合物与尿素肥料结合用于土壤时，其便能降低尿素分解放出的气态氨的损失。大部分的试验都用有机或无机化合物进行，其结果表明，它们对植物和微生物分离出的脲酶具有强力的抑制作用（图14-7）。但Peterson和Walter等指出，向土壤加入具有抗菌功能的化合物后，以尿素处理土壤后氨的挥发会大大减少。实际上，这类化合物抑制了产生脲酶的微生物的发展。有关调节土壤中尿素水解速率的化合物，并获得专利的产品有5种（表14-22）。根据许多研究结果，这类抗代谢物不是通过抑制脲酶活性来延缓土壤中尿素的水解速率，其是通过调控产生脲酶的土壤微生物来延缓尿素的水解速率（表14-22）。

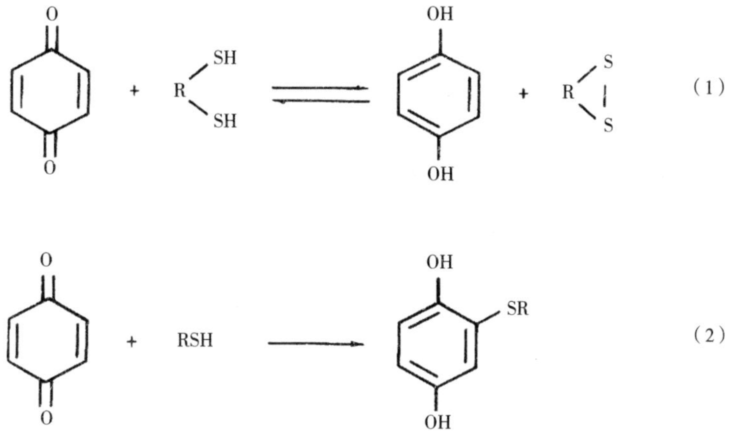

图14-7　P-苯醌与硫氢基化合物的反应过程

表14-22　脲酶抑制剂对尿素N、交换性铵和氨回收率的影响（尿素处理土壤后培养14天）

土壤	抑制剂	尿素N回收（%）		
		As尿素	As EA^C	As氨
T土壤	无	0	25.3	61.1
	DBQ	79.5	9.3	0.3
	C	59.0	25.8	4.7
	PMA	25.8	38.4	23.5
	AHA	19.4	43.0	25.0
	HQ	53.5	27.1	7.7
	PBQ	56.3	26.2	6.1
	NEM	24.2	39.9	23.6
	PCMB	24.0	39.7	24.1
W土壤	无	0	77.3	12.8
	DBQ	1.6	79.9	10.6
	C	0.8	78.7	11.8
	PMA	0.1	77.9	12.7
	AHA	0	77.2	12.3
	HQ	0.6	78.2	12.9
	PBQ	0.5	78.8	11.8

注：1. 10g土样，用10mg N和0mg或0.5mg抑制剂在20℃，50%WHC条件下于三角瓶内培养。三角瓶中放有吸收氨的酸吸收器（trap）2. DBQ = 2，5-二甲基-P-苯醌；C = 儿茶酚；PBQ = P-苯醌；PMA = 乙酸苯汞，AHA = 乙基羟肟酸；HQ = 氢醌；NEM = N-乙基顺丁烯胺；PCMB = P-氯代汞苯甲酸；EA = 交换性铵

最近的研究表明，3种化合物（吡啶-3-磺酸，脱硫生物素和羟基硫胺）不会影响土壤微生物产生脲酶，因此，也不会延缓土壤中尿素的水解速率或降低气态氨的损失。即使在施用量超过正常用量时，其亦难以奏效。许多人指出，这种状况并不奇怪，因为施入土壤中的尿素水解系由原生脲酶完

成，而且用尿素处理的土壤也不会促进土壤微生物产生脲酶。

Bremner和Douglas等研究了8种脲酶抑制剂对土壤中尿素的转化过程中的影响。他们发现，在其所研究的化合物中，2，5-二甲基-P-苯醌抑制能力最强，乙酰氧肟酸最弱。脲酶抑制剂的抑制效果因土壤不同而有显著的差异，而且砂地和砂壤土的抑制效果远远大于黏壤土。据此可以说明，脲酶抑制剂减少尿素N（氨形态氮）损失的效果以轻质土壤为最佳。

3. 脲酶抑制对硝化作用的影响

Bundy和Bremner等研究了10种脲酶抑制剂对土壤硝化作用的影响，他们用硫酸处理土壤，并将3种脲酶抑制剂的专利产品，作为土壤硝化抑制剂（N-Serve，AM和ST）进行比较。他们所用的脲酶抑制剂就是其发现较为有效的抑制剂，这些作为土壤脲酶抑制剂的化合物约有130多种。其中大部分这类化合物对硝化作用的抑制效果较差（用量为10μg/g土壤），但当用量在50μg/g土壤时，抑制效果明显增加（表14-23）。他们所研究的脲酶抑制剂都不及硝化抑制剂N-Serve那样有效，但是乙酸苯汞抑制硝化作用比AM或ST的效果要好得多（用量为10μg/g土壤）。

如前所述，当有些土壤施用尿素后，其便会积累亚硝酸盐，从而构成了亚硝酸盐的毒性。很遗憾，人们并未研究脲酶抑制剂对土壤中亚硝酸盐积累的影响。但是，很有可能的是施用尿素造成的亚硝酸盐的积累可通过应用脲酶抑制剂而得到降低，因为亚硝酸盐的积累系由尿素水解出的氨的积累和pH值上升所造成。土壤中的尿素通过脲酶活性而迅速形成碳酸铵，从而伴随着pH值的上升。

表14-23　脲酶抑制剂和硝化抑制剂对土壤中硝化作用的影响

化合物	加入化合物的量（μg/g土壤）	硝化抑制率（%）	
		范围	平均值
脲酶抑制剂			
儿茶酚	10	0~5	4
	50	4~20	11
氢醌	10	2~11	7
	50	4~71	43
P-苯醌	10	0~8	4
	50	3~77	45
2,3-二甲基-P-苯醌	10	1~8	4
	50	3~77	39
2,5-二甲基-P-苯醌	10	2~17	10
	50	30~96	70
2,6-二甲基-P-苯醌	10	1~13	7
	50	27~94	69
2,5-二氯-P-苯醌	10	2~7	4
	50	3~52	29
2,6-二氯-P-苯醌	10	2~16	7
	50	3~46	29
苯汞乙酸盐	10	2~69	35
	50	86~95	90
P-氯代苯汞架酸	10	3~33	15
	50	5~70	36
硝化抑制剂			
2-氯-6-（三氯甲基）吡啶	10	685~96	83
2-氨基-4-氯-6-甲基嘧啶（AM）	10	15~68	31
硫噻唑（ST）	10	15~40	22

注：1. 土样用硫酸铵（200μg铵N/g土壤）和特定化合物（10μg/g或50μg/g土壤）处理，并在60%WHC和30℃条件下培养14天；2. 抑制率（%）为3种土壤的抑制范围

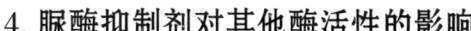

4.脲酶抑制剂对其他酶活性的影响

大部分脲酶抑制剂的专利产品都会对其他酶的活性有明显的影响，例如，P–苯醌除能抑制脲酶外还能抑制许多水解酶，其中主要的水解酶为蛋白酶、磷酸酶、透明质酸酶、谷氨酰胺酶和胆碱脂酶。所以，人们认为，最有效的脲酶抑制剂会抑制土壤中的其他酶活性。这类酶都能促进土壤中的氨化作用和反硝化作用。但是，这种观点未能得到有力证据的支持。

May和Douglas等研究了7种脲酶抑制剂（P–苯醌、2,5–二甲基–P–苯醌、1,2–奈醌、氢醌、儿茶酚、苯基氧肟酸和乙酸苯汞）对苜蓿和小麦种子发芽的影响。他们发现，这类化合物在用量为10μg/g土壤时，其不会对发芽产生影响，但是，只有当2,5–二甲基–P–苯醌用量为50μg/g或100μg/g土时，其才会明显地抑制种子的发芽。

六、硝化抑制剂——氮肥增效的重要因子

有许多化合物可以用作硝化作用抑制剂，并在美国和日本获得了几项专利。美国Dow化学公司的N–serve，美国氰酰胺公司的CL–1580，KN$_3$以及日本Toyo Koatsu工业公司的AM和ST、ATC等。这些化合物已受到了人们的关注，而且进行了广泛的试验，并发表了许多论文，其中有些文章是讨论这类化合物对土壤中尿素转化的作用和影响。

1.硝化抑制剂对尿素水解的影响

Bremner和Douglas发现，17种作为硝化作用抑制的专利化合物产品当其用量为50μg/g土时，其对脲酶水解尿素的影响很小。供试的化合物有；2–氨基–4–氯–6–甲基–嘧啶（AM）、磺胺噻唑（ST）、2,4–二氨基–6–三氯甲基–5–三嗪（CL–1580）、2–氯–6–（三氯甲基）–吡啶（N–serve）、O–硝基苯胺、m–硝基苯胺、p–氯代苯胺、2–氨基吡啶、2–氯代吡啶、3–氯乙酸苯胺、m–乙酸硝基苯胺、N–亚硝基二甲胺、N–甲基–N–亚硝基苯胺和2–甲基–3–丁基卡因–2–醇。

Bundy和Bremner等发现当N–serve和CL–1580用量为10μg/g土时，其抑制效果较小。他们也发现，以商业命名为ATC的专利硝化抑制剂4–氨基–1,2,4–三唑，其用量为10μg/g，25μg/g或50μg/g土时，它们对尿素的水解速率影响甚小，但叠氮化钾（KN$_3$）在相同用量时，其对尿素的水解有明显的抑制作用。

最近的研究指出，二硫化碳（CS$_2$）和三硫碳酸钠（Na$_2$CS$_3$），其会在土壤中分解而释出CS$_2$，所以它也是一种高效的硝化作用抑制剂。但是，这类化合物不会影响土壤中尿素水解的速率。

2.硝化抑制剂对硝化作用的影响

对各种用于土壤硝化抑制的化合物已进行了广泛的研究，但其中有效的仅为1~2种化合物，而且在不同的试验条件下（土壤类型、土壤温度、硝态氮的形态和含量，以及抑制剂的用量等），其抑制效果有明显的差异。表14-24列出了硝化抑制剂对用尿素或硫酸铵处理土壤后的抑制效果。这类化合物的有效性在很大程度上取决于土壤的性质，但N–serve是所有供试化合物中最有效果的硝化抑制剂。

表14-24 各种硝化抑制剂对加入土壤中的尿素N和铵态N硝化作用的影响

抑制剂	加入N的形态	硝化作用抑制率（%）	
		土壤 I	土壤 II
2–氯–6–（三氯甲基）–吡啶	尿素	74	94
	铵N	69	80
4–氨基–1,2,4–三唑	尿素	39	60
	铵N	66	76

（续表）

抑制剂	加入N的形态	硝化作用抑制率（%）	
		土壤 I	土壤 II
叠氮化钠	尿素	34	49
	铵N	58	72
叠氮化钾	尿素	35	54
	铵N	56	72
2,4-二氨基-6-三氯甲基-S-三嗪	尿素	21	69
	铵N	36	63
二氰二胺	尿素	0	27
	铵N	20	64
3-氯乙酸苯胺	尿素	2	17
	铵N	16	23
1-脒基-2-硫脲	尿素	0	17
	铵N	4	43
2,5-二氯苯胺	尿素	0	5
	铵N	5	38
乙酸苯汞	尿素	2	38
	铵N	1	31
3-硫氢基-1,2,4-三唑	尿素	2	20
	铵N	6	26
2-氨基-4-氯-6-甲基-嘧啶	尿素	0	29
	铵N	0	22
磺胺噻唑	尿素	0	7
	铵N	0	23
二乙酸二硫代氨基甲酸钠	尿素	0	0
	铵N	0	19

注：10g土样用2mg N（尿素或硫铵N）和100μg特定抑制剂处理后在30℃，60%WHC条件下培养14天

试验结果亦指出，大部分研究的硝化抑制剂对尿素水解的抑制作用明显地小于对硫酸铵的抑制作用。随后进一步的试验表明，硝化抑制剂对尿素水解的抑制效果亦小于硝酸铵、磷酸一铵、磷酸二铵或氯化铵。对尿素氮肥和铵态氮肥抑制作用的差异主要由尿素通过脲酶的作用分解成氨而造成的，同时亦因为大部分硝化抑制剂对土壤中尿素的水解速率影响甚小。造成两者之间差异的原因还可能是尿素由脲酶水解后造成的pH值上升，从而影响了硝化抑制剂的效果。

如前所述，尿素作为肥料施入土壤后便会分解，并能积累具有毒性的亚硝酸盐。因此，使用硝化抑制剂就有可能减少生成亚硝酸盐的数量。许多研究者指出，N-serve、ATC和CL-1580完全能清除或减少因施用尿素而造成的亚硝酸盐的积累。他们还认为使用硝化抑制剂可以延缓亚硝酸盐的积累速率，但用KN_3处理土壤时，亚硝酸盐的积累不会明显地降低。研究结果表明，加入土壤的KN_3能与尿素水解产生的亚硝酸盐发生反应而使其分解。

最近，大气科学家的研究指出，大气中氧化亚氮（N_2O）浓度的大量增加能促使保护地球的平流层（臭氧层）的破坏，从而导致太阳的紫外线入射而伤害生物。所以，这种现象引起了国际上的极大关注，即为增加全球粮食产量而大量施用氮肥，从而导致N_2O向大气的释放而产生危害。土壤和天然水域中N_2O可通过能产生硝酸盐的肥料经反硝化作用而形成，因此其就构成了对地球臭氧屏蔽层的威胁。Bremner和Blackmer等的研究结果表明，土壤中肥料N在进行硝化作用时，所产生的N_2O也为人们所关注，土壤中产生的N_2O也构成了对平流层的潜在威胁。他们发现，用硫酸铵或尿素处理的，良好通气的土壤所释放出的N_2O远比用硝酸钾处理的土壤所释出的N_2O要大得多，而且从土壤中发射出的N_2O的量可使用硝化抑制剂N-serve而大大减少。这些研究结果指出，土壤中的硝化微生物是产生N_2O的主要生

物，而且表明了诸如N-serve等硝化抑制剂对减少N$_2$O的发射量具有重要的价值。

3. 硝化抑制剂对气态氮损失过程的影响

（1）对氨挥发作用的影响

由于硝化作用抑制剂能延缓土壤微生物的氧化作用，所以一些科学家研究了这些化合物与尿素肥料共同应用后会促使气态氨损失的可能性。尿素施于土壤后，因脲酶的作用而快速分解，并造成铵的积累和pH值的升高，从而使气态氨的快速挥发损失。科学家发现，当N-serve，ATC和CL-1580的用量为10μg/g土壤时会明显地增加气态氨的挥发，并认为这类化合物对氨挥发损失会随其对尿素水解形成的氨的硝化作用能力的延缓而加大。这类化合物抑制硝化作用能力的顺序为：N-serve>ATC>CL-1580（表14-25）。

表14-25　培养14天后硝化抑制剂对土壤中硝化作用和氮损失的影响

土壤	抑制剂	硝化作用抑制率（%）	NH$_3$的损失率（%）
Harps	无	—	4
	CL-1580	18	9
	ATC	64	13
	N-Serve	87	17
Webster	无	—	3
	CL-1580	70	7
	ATC	84	9
	N-Serve	91	11
Storden	无	—	9
	CL-1580	88	28
	ATC	92	30
	N-Serve	94	34

注：土壤10g，用4mg N（尿素）和0μg或100μg硝化抑制剂处理，并于30℃，60%WHC条件下培养14天，并测定放出的氨，以计算抑制速率

（2）对化学反硝化作用的影响

土壤中尿素N转化途径的研究结果指出，土壤尿素经脲酶作用形成的氨（铵）经硝化作用所产生的亚硝酸盐的化学分解（即化学反硝化作用）会造成尿素N的大量挥发损失。以尿素为肥料施入土壤后，其对化学反硝化作用造成的气态N损失特别敏感。科学家们观察到在好气条件下土壤用尿素培养2周以上时明显地出现了氮的不足。他们注意到，在研究过程中所观察到N的缺乏系由亚硝酸盐的积累所造成。从而他们便得出了这样的结论，N的缺乏主要是由尿素N经过亚硝酸盐的化学分解（即经化学反硝化作用）所致。

Soulide和Clark提出，土壤用尿素处理因化学反硝化作用而造成了N的挥发损失，因此，在土壤尿素N分解过程的研究中所发生的缺N现象可用N-serve或其他化合物来克服，这类化合物能延缓硝化作用，并阻止土壤中亚硝酸盐的积累。但是，最近的研究指出，N-serve，ATC和CL-1580不会明显地降低N的缺乏，试验是在好气条件下用尿素培养土壤14天后进行分析测定的结果。这些研究结果显示，土壤中尿素N所造成的氮缺乏（或损失）并非主要由化学反硝化作用所造成。

同时也表明，N-serve，ATC和CL-1580能抑制土壤中的铵氧化为亚硝酸盐，从而大大减少了亚硝酸盐的积累。因此，化学反硝化作用就不会使亚硝酸盐发生气态N的损失。有些研究者亦报告，尿素水解形成的氨的挥发和铵的固定会造成尿素的损失或缺乏。

（3）对反硝化作用的影响

Mitsui等发现N-serve，叠氮化钠和二氰胺都能抑制土壤中硝酸盐的反硝化作用。Henninger和Bollag等的研究结果表明，叠氮化钾和乙酸苯汞因能抑制土壤中微生物生长，从而抑制了反硝化作用，但N-serve，AM，ATC，3-乙酰氨苯胺和2，5-二氯代苯胺对硝化作用的抑制效果较差。

4. 硝化抑制的其他效应

Huber和Nelson等的研究指出，硝化抑制剂能改进作物品质和减少植物病害（特别是植物的根腐病和茎腐病）。

七、结语

在未来20年内，尿素仍是最重要的氮肥，而且还会继续增长。因此，为了防止尿素N的损失和破坏环境，所以科学家们会不遗余力地研究脲酶活性及其调控技术，以减少尿素的大量损失。

现时，减少尿素损失已有很多方法，但最治本的是要抑制脲酶的活性。所以许多科学家研究了众多的脲酶抑制剂。同时，人们亦认识到生产脲酶抑制的成本要低，原料广泛，而且不产生二次污染。因此，最近已开发出许多有效的脲酶抑制剂，如楝素/尿素，硼-尿素和木质素/尿素，以及聚糖尿素等。试验证明，我国齐齐哈尔市"五谷丰肥料有限公司"生产的"鹤谷丰"缓控释新型肥料，它的利用可达80%以上。这类产品深受群众欢迎，市场前景十分广阔。

补充材料：尿素小史

尿素含N量为46.65%。它是最重要的氮肥，而且可用其作为制造复合肥和混合肥的原料。尿素除用作肥料外，其是甲醛尿素树脂最重要的成分。而且还可用于许多工业，如木材和造纸业、医疗和饲料、发酵工业等。

鲁伊尔（Rouelle）于1773年首先获得了尿素，其是将动物尿液蒸发后的残留物用乙醇提取而获得。1798年，福尔克莱（Fourcyay）和沃普林（Vaupuielin）用动物尿液制得了硝酸尿素。1812年，戴维（Davy）用羰基氯化物和氨第一次制得了尿素。1821年，普鲁斯特（Proust）从硝酸盐尿素化合物中分离出了纯尿素。1824年，普鲁德（Prout）第一次对尿素进行了精确的分析，并测出了正确的经验性结构式。巫勒（Wohler）用氰氢酸和氨合成了尿素。现时大规模生产的尿素仍然是以此科学原理为基础，但生产尿素所用原料为氨和CO_2。虽然合成尿素的过程十分古老，但我们可以回顾至1868年，那时，巴斯夫（Basaroff）就提出合成尿素的工艺技术。至1920年，德国化学家法本（I.G.Farben）才将该技术用于工业生产。后来改进的生产尿素的工艺在不同的国家都处于领先地位。因此，1935以前，全世界合成固体尿素的产量都被德国所控制。

1936年，杜邦（du pont）公司开创了合成尿素的商业化生产。随后联合化学和染料公司（Allied Chemical and Dye Corporation）发展了自主产权合成尿素的技术。但未能像du pont和Allied公司那样获得生产许可证。不久，许多化学工程公司每天都可生产1 000t尿素。现在随着尿素用量的增加，生产量亦快速增长。同时，尿素的生产也已成为国家重要的支柱产业。

尿素在农业中的重要性已尽人皆知，特别是它可作为重要的肥料。尿素用作重要肥料而大大促进了农业生产的发展，但其应归功于洋刀豆脲酶的发现者——萨姆纳（Somner，1926年），他因此获得了诺贝尔奖。随后，罗蒂尼（Rotini，1935年）和科拉德（Conrad，1940年）发现了土壤中具有脲酶活性。这些发现为尿素用作肥料开创了先河。

第十五章　发展无碳（C）能源生物氢（H$_2$），减少CO$_2$发射量

一、生物氢（H$_2$）——永不枯竭的无碳（C）能源

全世界矿物燃料煤和石油等资源不断下降，且不可再生。目前，各国政要和科学家都预见到生物燃料的发展前景，其主要理由是：① 矿物燃料的资源、产量与实际需求缺口不断扩大；② 世界最大油田，如北海油田（英国与荷兰之间的油田）等将会在2012年耗尽；③ 非OECD（经济合作与发展组织）国家需要的燃料突飞猛进地增长（我国居世界之首）。而且现行以矿物燃料为基础的能源会放出大量的二氧化碳，造成了城市空气的污染和全球温室效应的发生，在一定程度上还会放出二氧化硫和氧化氮，更加造成对大气的污染，因此，需要发展新的可以减少环境污染的燃料。生物燃料是全世界可利用的第二大能源，在发展中国家，约有20亿人完全依赖于生物燃料为其所需要的能源，这要占发展中国家所利用能源的35%。生物能源包括了直接利用生物加工产物，如木质燃料、炭、农业废弃物、生物可燃液体等。最近，经济合作和发展组织中一些国家明令生产和供应生物燃料，特别是在用于运输燃料方面需求更甚，其中主要生产和供应酒精及氧合化学制剂。同时，利用生物燃料的各种机械和运输工具等亦应运而生，其中许多汽车制造商已批量生产可用生物燃料，特别是生物氢将有可能是未来的重要能源。氢极易用于发电和作为机动车的燃料，而且是清洁能源（无污染燃料）。因此生物氢的研制和生产受到了极大的关注。现在生物天然燃料如酒精和生物柴油等已开始大面积生产和应用，而生物氢则最有希望和最有益于环境，并有利于农业的发展。对此，全世界正在大力进行研究和发展，而我国则几乎是空白。

优质高效的可再生能源——氢

氢是一种二次能源，一种理想的新的含能体能源，在人类生存的地球上，虽然氢是最丰富的元素，但自然氢的存在极少。因为必须将含氢物质加工才能得到氢气。

氢能作为"二次能源"，国际上的氢能制备来自于矿石燃料、生物质和水。工艺主要有电解制氢和生物制氢等。这些方法中，90%都是通过天然的碳氢化合物——天然气、煤、石油产品中提取出来的。除了生物制氢技术外，其他的制氢技术都要消耗大量的石化能源，而且也要在生产过程中造成环境污染，所以采用生物制氢技术以"减少环境污染"和节约不可再生能源，有可能成为未来能源制备技术的主要发展方向之一。

氢气是高效、清洁、可再生的能源，在全球能源系统的持续发展中将起到显著作用，并将对全球生态环境产生巨大的影响。氢原子序数为1，常温常压下呈气态，超低温、高压下又可成为液态。

氢本身是可再生的，在燃烧时只生成水，不产生任何污染，甚至也不产生CO$_2$，可以实现真正的"零排放"。此外，氢与其他含能物质相比，还具有一系列突出的优点。氢的能量密度高，是普通汽油的2.68倍；用于储电时，其技术经济性能目前已有可能超出其他各类储电技术；将氢转换为动力，热效率比常规石化燃料高30%～60%，如作为燃料电池的燃料，效率可高出一倍；氢适于管道运输，可以和天然气输送系统共用；在各种能源中，氢的输送成本最低，损失最小，优于输电。氢与燃料电池相

结合可提供一种高效、清洁、无传动部件、无噪声的发电技术。氢也能直接作为发动机的燃料，日本已开发了几种型号的氢能车。预计在21世纪，燃氢发动机将在汽车、机车、飞机等交通的应用中实现商业化。氢不但是一种优质燃料，还是石油、石化、化工、化肥和冶金工业中的重要原料和物料。石油和其他矿物燃料的精炼需要氢，如烃的增氢、煤的汽化、重油的精炼等；化工制氧、制甲醛也需要氢；氢还用来还原铁矿石。用氢制成燃料电池可直接发电。采用燃料电池和氢气-蒸汽联合循环发电，其能转换效率将远高于现有的火电厂。随着制氢技术的进步和储氢手段的完善，氢能将是21世纪的能源主流，需求将大大增长。

水电解制氢是目前应用较广且比较成熟的方法之一，我国各种规模的水电解制氢装置数以百计，但均为小型电解制氢设备，其目的均为制得氢气作原料而非作为能源。对电解反应中电极过程、电级材料等方面的课题，许多高等院校和研究单位均曾开展过研究。光化学制氢是以水为原料，用光催化分解制取氢气的方法，20世纪70年代开始国外就曾有研究报道。目前尚处于基础研究阶段。以煤、石油及天然气是当今制取氢气的方法。该方法在我国都具有成熟的工艺，并建有工业生产装置。

发达国家和发展中国家都在致力于开发生物燃料。生物燃料或生物柴油起源于1912年，于1991年达到了新的里程碑，被称誉为燃料革命的新时代。在欧洲，纯酒精的生产规模甚小，但增长速度很快。在奥地利和意大利现已发明了许多生产酒精和菜籽油燃料的先进技术方法。其中有许多欧洲国家已经采用生产这两种液体生物燃料来代替矿物柴油。最近报告，法国、德国和英国鉴定和论证小麦、油菜籽、糖料和其他作物生产液体生物燃料的潜力和发展前景。美国和加拿大等国大力支持和发展用于生产生物燃料的技术，而且为用玉米制造酒精开辟了广泛的市场。

光合作用微生物会产生氢（H_2），这是一个重要的发现，但这是在1973年发生了能源危机时才受到关注和重视。许多科学家和研究者开始探索生物能源作为有潜力的氢发生器。自此以后，不同类型的氢发生器就应运而生。同时，高效产氢菌的研究也突飞猛进，其基本构思是以光合作用生物化学原理，氢代谢和细菌、藻类生理学等为基础。利用微生物在常温常压下进行酶催化反应可制得氢气。生物质产氢主要有化能营养物产氢和光合微生物产氢两种。目前已有利用碳水化合物发酵制氢的专利，并利用所产生的氢气作为发电的能源。光合微生物如微型藻类和光合作用细菌的产氢过程与光合作用相联系，其被称光合产氢。20世纪90年代初，许多单位曾进行"产氢紫色非硫光合细菌的分离与筛选研究"及"固定化光合细菌处理废水过程产氢研究"等，取得一定效果。在国外已设计了一种中应用光合作用细菌产氢的优化生物反应器，其规模将达日产$2\,800\,m^3$，该法采用各种工业和生活—有机废水及农副产品的废料为基质，进行光合细菌连续培养。

生物制氢发展趋势和成本生产出廉价的氢源是制氢工业化的关键所在。目前初具规模化的是从煤、石油和天然气等化石燃料中制取氢气，但从长远观点看，这不太符合可持续发展的需要。生物制氧技术由于具有常温、常压、能耗低、环保等优势，所以成为目前国内外研究的热点。近年来，混合培养技术已越来越受到人们的重视。蓝细菌和绿藻可光裂解水产出氢，依据生态学规律将之有机结合协同产氢技术现已越来越引起人们的研究兴趣。

二、产H_2微生物

（一）细菌

1. 厌氧微生物

（1）梭状芽孢杆菌（*Clostridia*）

  —*Clostridium pasteurianum*

  —*C.butyricum*

  —*C.welchii*

  —*C.byeijrinclei*

（2）柠檬酸细菌

  —*Citrobacter intermedius*

（3）甲基营养生物（*Methylotrophs*）

  —*Methylotrophic bacterium*

  —*Methylomonas albus*

  —*Methylosinus teichosporium*

（4）甲烷细菌（*Methanogenic bacteria*）

  —*Methanobacterium soehngenii*

  —*Methanotrin soehngenii*

  —*Methamosarcina barkeri*

（5）瘤胃细菌（*Rumen bacteria*）

  —*Ruminococcus albus*

（6）*Archaea*

2. 兼性厌气微生物

（1）大肠埃希氏杆菌（*Escherichiacoli*）

（2）肠杆菌（*Enterobacter*）

  —*Enterobacter aerogenes*

3. 好气微生物

（1）产碱杆菌（*Alcaligenes*）

  —*Alcaligenes eutrophus*

（2）芽孢杆菌（*Bacillus*）

  —*Bacillus licheniformis*

4. 光合细菌（*Phytosyntheticcbacteria*）

  —*Thiocaps*

  —*Chromatinum*

  —*Autotrophs*

  —*Rhodospirillum rubrum*

  —*Rhodoseudomonas capsulata*

  —*Rhodoseudomonas gelatinus*

  —*Rhodopseudomonas spharolides*

5. 蓝细菌（*Cyanobacteria*）

（二）蓝绿藻

（1）席藻（*Phormidium luridum*）

（2）栅列藻（*Scenedesmus obliquus*）

（3）衣藻（*Chlamydomona reinhardtii*）

（4）颤藻（*Oscillatoria limnetica*）

（5）聚球藻（*Synechococcus*）

三、生物氢（H₂）的生产

1. 概述

大气中的CO_2含量在不断提高，其主要是矿物燃料的燃烧所造成，因此急需发展新的高效能源，以减少对环境的污染。氢是被首先肯定的未来能源，因为它非常容易转化为电能，而且是清洁燃料（不产生CO_2）。现时，以矿物燃料为基础的能源会发射出大量的CO_2，在一程度上还会释放出二氧化硫（SO_2）和氧化氮（ON_x），从而造成了大气的污染和全球变暖（温室效应），因此生物H_2的生产和研究受到了广泛的关注。

早已发现，光合作用的微生物能产生H_2，但并未受到重视。在1973年全球发生能源危机后，各国政要和科学家开始致力于生物H_2的研究和开发。自此，各种生物H_2发生系统和生产系统便应运而生。但这些系统都是以通行的光合作用的生物化学过程、氢代谢作用和细菌、藻类的生理学为基础。

生物光解作用（biophotolysis）的科学依据：3种不同的酶能催化分子氢（H_2）的反应，其方程式为：$2H^++2e^- = H_2$。因此，3种不同的酶被称作"吸收"性氢化酶，"可逆"性氢化酶和固氮酶（或产H_2酶），固氮酶是自然界生物固氮的酶系统，这3种酶有时会在同一种进行光合作用的微生物中存在，这一事实促进了氢代谢作用的深入研究。

生物光解作用一词可定义为水通过光合作用而分解为H_2和O_2。只有产氧光合作用的生物如高等植物、藻类和蓝细菌能通过可见光或光合活化辐射作用（photosynthetically active radiation）PAR将水光解成O_2并产生还原能，然后还原能经电子载体转化，从而构成了氧化还原催化剂（氢化酶或固氮酶），它们将H^+还原而形成分子H_2。但是高等植物因缺乏这类氧化还原催化剂，故不能产生H_2。另外，一些厌氧和好氧细菌则具有这些酶，并能产生H_2，经由产氧光合生物产生光合还原剂。有些光解系统能单独或与细菌相结合而通过光合生物有效地产生H_2。现将一些生物产H_2系统列于表15-1。

表15-1　光合微生物的产H_2系统

系统	状态	关键性要素
单一系统（O_2 & H_2）		
绿藻（氢化酶）；光驱动	L	O_2的清除
蓝细菌（固氮酶）；限制氮	O	Ar的喷射
双系统（O_2/H_2）		
藻类（氢化酶）；日夜循环	L	产H_2量小
蓝细菌（固氮酶）；暂时性	L	同步作用
光合细菌（固氮酶）	O	基质中有氮化物
藻—细菌（氢化酶和固氮酶）	O	由基质供应细菌

注：L和O分别代表实验室和室外工作室

2. 生物产H₂系统

生物产H_2系统最为广泛研究的过程是以蓝细菌（蓝绿藻）和光合细菌中的固氮酶中间体H_2为其基础的。杂色（heterocystous）蓝细菌能进行产O_2光合作用，因此，其能在有光条件下同时产生H_2和O_2。另外，光解细菌不能利用水作为一种电子供体，但需要苹果酸和乳酸等有机基质。因此，从严格的意义上讲，这种产H_2系统不属生物光解作用。但是生物光解作用的广泛定义则可包括任何细菌由有机物进行光合过程所产生的H₂，因为有机化合物源自光合作用固定的CO₂，在光合作用过程中由水产生了O₂。用显微镜对绿藻在光亮和黑暗条件下作为H₂发生系统亦进行了研究。

3. 光能转化效率

（1）蓝细菌产H₂率

许多科学家用两种基本的方法研究了生物H₂的产率，其一是利用有限氮对杂色（heterocystous）蓝细菌进行培养研究，其二是利用直接生物藻类和光合细菌直接进行研究。

一些单细胞、丝状非杂色藻品种和丝状杂色藻品种都能产生H₂，虽然氢化酶催化产生H₂可在有光条件进行和黑暗条件下进行，前者为颤藻（*Oscillatoria limnetica*），后者则为鱼腥藻（*Anabaena*）。蓝细菌产生H₂主要是由固氮酶催化。在蓝细菌中，杂色品种如鱼腥藻，念珠藻和鞭枝藻（*Mastigocldus specits*）等已进行了广泛的研究。这些丝状蓝细菌有两种不同细胞类型即营养细胞和杂色细胞（heterocysts），而且固氮酶的氧敏感性可以通过在显微镜下将不同类型细胞分开成两个细胞而予以克服。杂色细胞缺乏光合系统Ⅱ，因而其不能放出O₂，而营养细胞则会发出O₂，同时光合作用的还原产物可转移至杂色细胞，并用作固N₂和产H₂的电子供体。

利用一种蓝细菌（*Anabaena*）和管状光生物反应器生产H₂可延续至5周。光能转化为氢能的效率在适宜条件下和一定的氮供应时30天平均可达到0.2%。表15-2列出了室内和室外所获得的转化率数值。

表15-2　蓝细菌生物光解过程中光能转化为氢能的效率

蓝细菌/光生物反应器	光源	光能转化率（%）	时间（d）
Anabaena cylindrica			
1L量圆柱体	荧光	3.0（最大） 2.5（平均）	15
1L量圆柱体	阳光	0.6（最大） 0.2（平均）	30
Mastigocladus laminosus			
1.7L量圆柱体	荧光	2.7（最大）	
1L量圆柱体	阳光	0.17（平均）	24

在实验室效率较高（最大3%），但在室外则较低（最大0.6%）。用高温型蓝细菌（*Thermophilic cyanobacteria*）和*Mastigocladus laminosus*的试验并获得了同样的结果。

（2）绿藻和光合细菌的联合作用

人们业已证实，在微藻和光合细菌的结合下，生物系统可以将光能转化为氢能。海洋绿藻和海洋光合细菌二者都有较高的产H₂活性，而且可分离和鉴定其产H₂能力和代谢强度。藻类发酵过程中产H₂能力较低，但其用光合细菌可以大大提高产H₂效率，因为它的产H₂所需能量来自有机化合物，而这种有机化合物是在黑暗的厌气条件下由藻类细胞发酵代谢所分泌。因此，藻类细菌联合系统便表现了较高的产H₂效率，其值为10.5molH₂/mol淀粉葡萄糖，在使用该系统所获得的数据和藻类光合作用或发酵作用所获的最大值时，可以计算出室外培养过程中光能转化率为0.1%，并得到藻类的产量为20g/（m²·天）。

（3）其他系统的能量转化率

生物H₂生产的基本特点是以发展高效系统为目标来进行研究的。Pasztor（1990）和Author（1988）测定了光能转化为氢分子的化学能的绝对热动力效率。在对完整微藻如*Scenedesmus*和*Chlamydomonas*进行测定时，其最高转化率为6%~24%（PAR）。光合细菌*Rhodobacter sphaeroides* 8703光能转化为H₂的效率最大值分别为7.9%和6.2%。这是在两种光照条件下，即50W/m²和75W/m²的氙（xenon）灯照明条件下进行。

近年来，有人用微型微孔纤纸反应器将蓝细菌固定来测量光转化率，其值为3.2%，且精确测定了吸收光而不是入射光。最近，测量能量转化率为2.6%（PAR），试验用蓝细菌为产H_2高的 *Synechococcus* BG 043511品种，这样的光效率是在人工较低光强度下进行而获得的。从实际观点出发，光合作用和产氢的光解作用应当在户外强光条件下进行研究。

（4）生物产H_2过程——有益环境的过程

当今，最严重的环境问题之一是全球变暖，其主要是由矿物燃料大量的应用所引发。矿物燃料的燃烧除产生大量的CO_2外，还产生了氧化硫和氧化氮（SO_x和NO_x）。这类氧化物及其衍生物的发射导致了酸雨，因此破坏了天然生态系统的平衡。有限的技术难以消除水不溶性的氧化氮（NO），这是大气中主要的NO_x类型。然而，利用微藻类培养的生物学过程则可同时减少CO_2和NO的排放数量。

人们为了研究藻类固定CO_2和氢的光解过程，因此设计出了一种管状光生物反应器（直径5cm，长2.5m的玻璃管）。将几种蓝细菌和藻类培养于这种光生物反应器内，并分别置于室内和室外，在萤光灯照明条件下，培养了5个微藻变种，试验证明，这种光生物反应器具有一些基本优点：藻类不会在管壁上生长；高效利用CO_2；无O_2产生；较高的生产率以及易于操作。

使用这种管状反应器，微藻在低PH值和高CO_2浓度条件下进行遮蔽试验，同时获得了一个活跃的藻类变种，它能在气体中含有100μL/L NO和15%CO_2条件下良好生长。大于一半的NO混合气体通过含有藻类细胞的反应管而减少。同时还能减少CO_2和NO_x的系统与细菌产H_2系统相结合，在与细菌产H_2系统相结合时，藻类生物体应用生物或物理化学方法进行预处量，这些方法有厌氧装置和热或酸处理，然后，在光合细菌或厌氧细菌的协助下，其才产生H_2。为产生另一种能源时则可利用酵母或 Zymomonas提供另一类产能过程，并产生能源物质如乙醇等。它是在光合作用固定CO_2时以淀粉产物而积累于藻类细胞中。

四、光合生物氢（H_2）的生产

1. 什么是光合生物氢（H_2）

在光合作用过程中，阳光被叶绿素和其他色素所吸收，并产生各种能源物质。为了达到这一目的，生物"阳光细胞"（Solar cells）具有电子转移系统，能将物理能转化为化学态能，其便可用于生物体的生长和发育，在物理能转化为化学能的过程中也会产生游离氢（H_2）。关键的H_2催化剂是固氮酶和氢化酶，它们存在于紫色细菌和蓝细菌中。固氮酶将分子氮（N_2）还原为氨（NH_3），也能将质子氢（H^+）还原为H_2，但应在一定条件下完成。在可见光条件下，有4种途径可以产生生物H_2（图15-1），这4种途径是：

① 光合电子在水分解成氢供体和氢化酶作用下成对转移② 同样，在固氮酶作用下形成氢催化剂③ 利用分离的光合电子的转移和色素系统（PET）经由1和2两种途径产生H_2。同时，也可在一种离体的（细菌）氢化酶或人工氢催化剂作用下产生$H_2$④ 紫色细菌的细胞系统与作为H_2源的有机化合物作用产生H_2

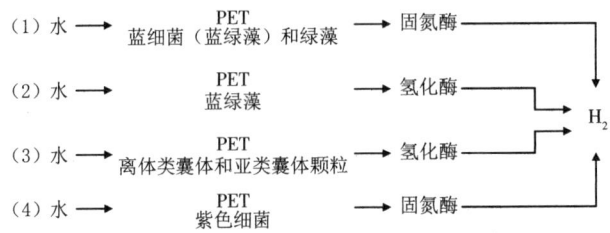

图15-1　光诱导的微生物产H_2过程

注：*PET，光合电子转移和色素系统，其位于紫色细菌、蓝细菌和绿藻的膜囊（类囊体）中

就蓝细菌（俗称蓝绿藻）而言，水是主要的氢供体，而紫色细菌，其需要外源有机物（如乳酸），这对生物修复工程具有重要意义。一种耦合的发酵装置，它可用于自养生物光合藻类的培养来生产有机化合物，还可不断地供给有关的紫色细菌。蓝细菌进行光合生产H_2的系统与有机碳源无关。这一事实极为重要，并将在下列内容中作详细讨论。

　　在理论上，有可能将水分子分解，水分子在光量子（约300kJ/mol H_2O）和波长为400nm以下时分解成O_2和H_2。在入射的太阳辐射光中，有效质量的光约为10%，由于叶绿素吸光能的特性，它能利用（吸收）400～700nm波长的光。这些波段的光在太阳光能中占45%。据此理论，一致认为生物阳光能转化需要两个光量子的反应（图15-2和表15-3）。

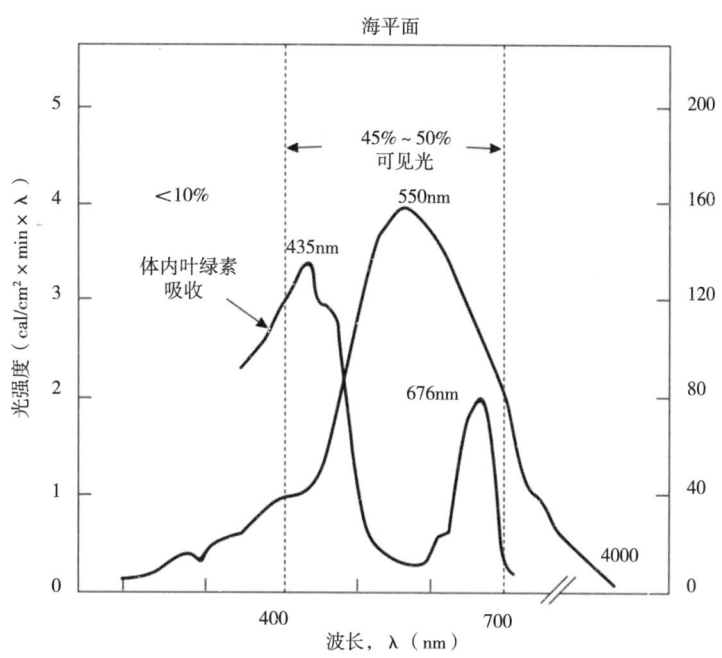

图15-2　入射阳光光谱与叶绿素的吸收

　　两个吸收光光量子通过一个生物化学转移系统将驱动一个电子，该转移驱动系统意味着需要4个光量子才能产生一个H_2分子。为了完成一个有两个光量子参与的过程，所以，特需要两个"光能系统"进入光合细胞膜（称类囊体）中。这种非人为系统的类型就可见光而言尚不能制造。因此，光驱动水产生H_2的技术还必须由这种生物学机理来完成。

　　正如其他研究表明，利用可见光完成的光解电子转移系统会产生最大的能量，其值为8%（表15-3）。同一范围内的图也适用于紫色细菌（表15-4和表15-5）

表15-3　水的分解

物理过程：光量子与100nm以下波长的光发生反应

　　$H_2O \rightarrow H_2+O_2$，每摩尔水需要300kJ（～72kcal）能量

生物学过程（光合作用）

　　（1）400～700nm可见光（676nm = 176kJ/Einstein）

　　　　叶绿素吸收的最大值（435nm = 251kJ/Einstein）

　　　　平均值约为215kJ/Einstein

　　（2）水裂解时设定的专性多量子反应过程

　　　　$E = N \times h \times c/n$（= 1mol量子的能，其称为1Einstein）

表15-4　生物光解效率和生物体产量一年的平均值（基本反应：$2H_2O \rightarrow O_2+2NADPH \cong 425kJ$）

	百分率（%）
入射光，海平面300~4 000nm	100
反射或非特导吸收时植物上或植物中能损耗	80
光合作用的活性辐射（"phar"）400~700约45%#2	36
阳光（550nm）的最大能对叶绿素的吸收（"绿色间隙"，"green fap"）	29
在676nm光时，每产生一分子O_2需要10个量子：10mol量子 = 10×176 = 1 760kJ/10Einstein（△E' = 1.1V≅425kJ（4moi电子）	7
通过附加色素来改良的"绿色间隙"（蓝细菌）	8
现代农业产生的生物体	0.8~1.3
全球所有海洋和陆地光合作用年平均产值：170Gt干生物物质	0.12

注：*在海平面时最大入射光约为$1kW/m^2$（$2.5×10^{24}J/y$——全球而言）；*欧洲最大光合作用辐射量（400~700nm）：$450W/m^2$：约$1 800\mu Einstein/m^2 × sec.$（秒）

表15-5　紫色细菌的产H_2量（最大理论值和实验值）

红色细菌（*Rhodobacter capsulatus*）

最大生长率（量）：0.38h

体内最大ATP（生物能代号）形式量：

52mmol/h×干物质量（g）

最大产H_2量：

13m·mol/h×生物体量（g） = 6~10L/（h·m²）

效率：4%~7%（$450W/m^2$）

红螺菌（*Rhodospirillum rubrum*）试验值（在1m²光反应器内进行）

$1.8~2.0LH_2/m^3$（$420W/m^2$）

效率：1.4%

最大理论值3%~4%

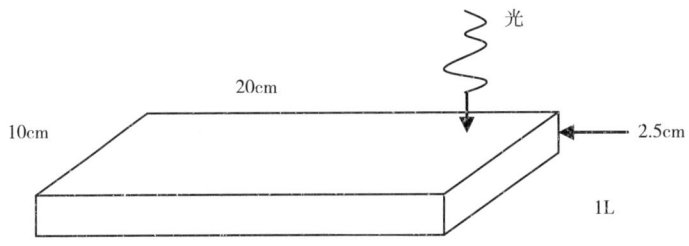

图15-3　蓝细菌的光合产H_2量（效率）导入固氮酶的*phormidium luridum*悬浮液

注：① $100W/m^2$：中欧地区每年阳光的平均强度；70h培养，50mg叶绿素/mL悬浮液：2mmol H_2/（L·h）。② 增加表面积（例如管状反应器）100cm×100cm×2.5cm = 25L蓝细菌悬浮液。③ 增加细胞密度：3×悬浮液（#1）（fl 150mg ch1/mL）3×光（例如parabol：c mirrors即对称反光镜） = 产量因子g，即9.9L H_2/（m³·h）。④ 平均阳光强度：$1 000kW·h/（m^3·y）$；$100kW·h33m^3H_2$。Phormidium应当获得H_2量为$25L/m^3$，一年则可获得9.9L H_2×365×12（白天） = 43L H_2/（m³·y） = 43/33×100 = 130kW·h = 13%（每年入射光能量）。当入射光强度增加3倍时，其产量便增加3%~4%（入射光量）。

*在开始试验时，细胞悬浮液相当于每毫升50mg叶绿素（50mg/mL），光照为$100W/m^2$（在平板10×20×2.5玻璃箱内）。在2项和3项中细胞悬浮液体积，细胞密度和光强度增加时，H_2产量亦会增加。在第四项中，光能量转化成H_2能量值约为入射能量的4%

*在1项中列出的数值系试验值

游离氢分子（H_2）的发生系由蓝细菌和紫色细菌的固氮酶活性来完成。氢化酶既能直接进行光合电子转移功能（例如某些绿色微藻），也能与固氮酶结合来完成。氢化酶有几种不同形式，但它们的作用尚未完全弄清。在某些条件下，氢化酶能释出氢（H_2），并从细胞中移去过量的还原剂（黑暗条件下发酵），或许，这是极为重要的过程，它在固氮酶的作用下使产生的H_2循环而返回电子转移系统（"吸收氢化酶"）。据此，还原活性或移去某些氢化酶将大大增加H_2的产量。某些变种和分离的变异种试验结果列于图15-4。

*乙烯（C_2H_4）系通过加入乙炔还原而形成，而且是固氮酶形成氨活性能力的标记。两个品种有着不同释放H_2的能力，其主要是由于吸收氢化酶的数量和/或活性的差异所造成（图15-5）。

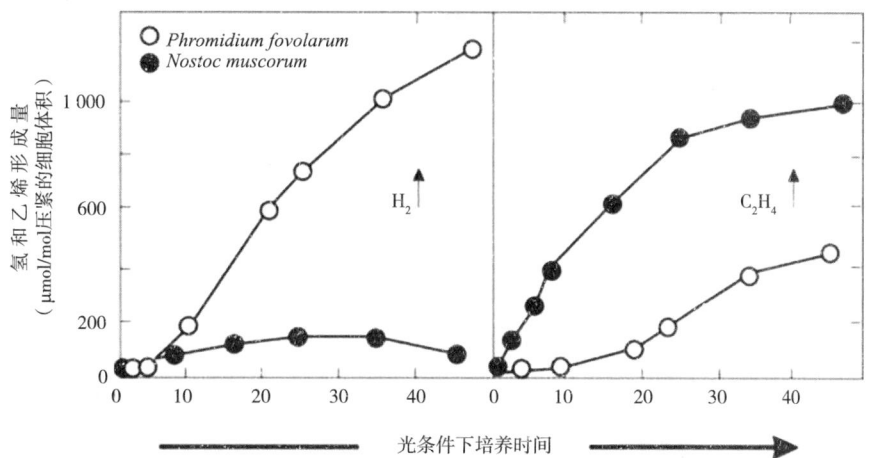

图15-4　两种不同的丝状蓝细菌品种释放氢（H_2）和乙烯（C_2H_4）的能力（Nandi and sengupta）

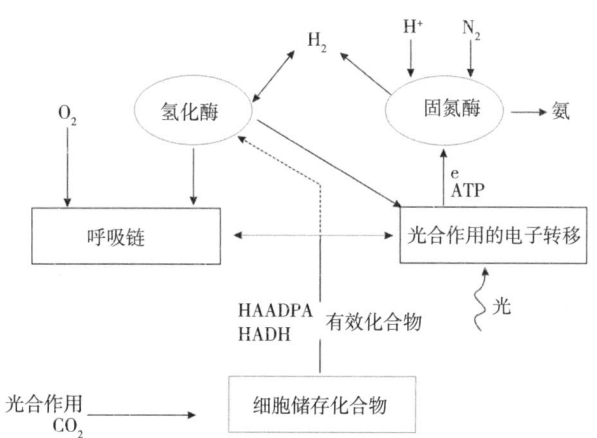

图15-5　显示了蓝细菌的固氮酶和氢化酶与光合电子转移系统相互作用的结果

固氮酶分别会由H^+质子产生H_2或由分子氮（N_2）形成氨（NH_3）。（吸收性）氢化酶将H_2循环至呼吸作用或光合作用的电子转移链中。光则被利用产生化学能，即三磷酸腺苷（ATP）或高能还原剂（铁氧化还原蛋白），这两种生物化学物质均需有固氮酶的作用。还原型吡啶核苷酸（NADPH，NADH）再形成内源储存化合物（糖原）。这就为固氮酶提供了电子。在蓝细菌中，糖原系由光合作用固定CO_2而形成，而在紫色细菌中，由培养基形成了（还原）有机化合物。在一些单细蓝绿藻中，氢化酶亦能释出H_2。在蓝细菌细胞中，因呼吸作用确保固氮酶活性而使氧的分压低。

2. 与光驱动产H_2相关的蓝细菌的特性

Author选用了优良蓝细菌品种作为生物光解细胞催化剂，其理由如下：

① 它们具有通过光合作用利用水分解产生H_2的能力，虽然这是一种古老的植物性生物，因此，水便成为初始的H_2源；② 它们含有附加色素（蓝色和红色藻青蛋白）其能在弱光下发生代谢作用。因此，自它们生存和发展开始，其便具有狭窄的"绿色间隙"，所以它们除部分吸收蓝光和红光光谱外，还能吸收阳光中的部分绿光（green light）。这样，它们的光合作用效率便得到了增强。在管形反应器中，可以保持着高密度细胞的培养（图15-3）；③ 许多蓝细菌品种能适应较高的温度；④ 固氮

酶反应系统（固氮酶/氢化酶）能用于催化作用而产生H_2。在一些绿藻如*scendeesmus*中，氢化酶可以被导入，并经由光合作用 I 而产生H_2。这种氢化酶与固氮酶相比，其具有极高的不稳定氧（oxygen-labile），即易释放的O_2；⑤ 与光生物过程相结合的反应只能在蓝细菌和紫色细菌中发生；⑥ 某些蓝细菌通过光合作用形成的内源储存化合物在黑暗条件下也能产生H_2；⑦ 由于它们是原核生物组织，所以进行基因工程的研究有许多优点。但是，固氮酶/氢化酶复杂系统的详细基因知识仍然不足。

3. 研究和发展趋势

生物催化系统是稳定的、有效的，而且可以进行一些变动。细胞含有补偿机理以对应光系统不可避免的钝化作用（Inactivation），某些酶的活性周期和色素的光氧化作用，这些都是不能进行分离的（无细胞）光合细胞膜。据此，无细胞光解系统在目前尚不稳定。维持设备应当一体化，并预计到可能发生的问题和加以解决的办法。此种设备应当包括氧化还原蛋白和色素的重新合成以及有关生物化学多级反应途径，但就目前而言，对这些过程尚未充分理解。为了达到实际应用的目标，即为生产活性生物体，细胞池方法显然是有希望的，它具有稳定和高产的特征。但是系统的研究尚未进行，因此只有在外部因子的影响下，且对生物化学和分子遗传学有了进一步认识后，细胞生物光解和产H_2系统才能适宜地发展。

未来合作研究和发展的重要课题有：

① 关于在实验室（试管）发酵器和试验工厂中，就产H_2培养技术和稳定性的研究：矿质营养、光、温度、氧的影响，以及固定技术的改进研究；② 氧对固氮酶的不同影响以及通过控制发酵活性对固氮的调控和保护。因此，为了可能改善细胞酶活性，就应对这些生物化学机理有充分的了解；③ 通过分子遗传学来引入"可变"固氮酶，从而改进产H_2能力。这些酶均含有铁和钒，而不是钼，而且其显示了较高的产H_2能力；④ 从自然生境中选育产H_2新种，并加以改良，单细胞和丝状形态二者都具有改善产H_2的能力。就丝状变种而言，在杂色细胞（heterocysts）即专性细胞中，固氮酶显示了较高的活性。它们与营养细胞相比，其发生频率显著增长；⑤ 关于缺乏氢化酶变种的吸收能力的研究。这种形态的变种表现了高活性的产H_2能力，这是因为H_2不能参与再循环；⑥ 关于光合电子转移系统和水分解过程的研究。这种电子电学转移是一种限速过程，它可能被忽略。在光强度大时，许多能量会消耗浪费，因为自然界不会进化发展成最大产量的光合作用过程。

五、生物氢生产的相关因子

有机质在厌气条件下由微生物降解或发酵而产生气体。厌气微生物分解最终会产生生物气。这些气体有甲烷（50%～70%），二氧化碳（25%～45%），少量氢、氮和硫化氢。

微生物分解有机质的生物化学反应如下：

$$\text{有机质} \xrightarrow{\text{厌气微生物}} CH_4 + CO_2 + H_2 + N_2 + H_2S$$

当利用不同微生物时，其产出物有所不同。现已能很好地产出甲烷（CH_4），但为了加强产氢，以确保能量大、污染少（不产生CO_2），所以要选用产氢微生物。其中主要由细菌、蓝细菌（蓝细藻）和光合细菌（如前面所选择的菌种）。

1. 发酵基质（配料）

碳水化合物（利用农作物残体和牛羊粪等），其比例为70%；含氮化合物，食品加工废料，动物加工厂废料等约20%；其他原料如少量的水稻土（5%），蓝藻菌体（1%～2%）矿物质（1%～2%）。

2. 控制条件

（1）菌种的配合和互相调节

第一阶段：利用兼性微生物产生碳水化合物、脂肪和蛋白质，并使培养基成为酸性。

（2）酸碱性（pH值）

（pH值）的控制对产生氢的影响极大，在碱性条件下，产生的氢很少，但在酸性条件下，则能大大提高产氢量（表15-6）。

表15-6　pH值对厌气代谢最终产物的影响（mmol/100mmol发酵的葡萄糖）

产物（代谢物）	（pH值）6.2	（pH值）7.8
2，3丁二醇	0.3	0.26
3羟基丁酮	0.06	0.19
甘油	1.42	0.32
乙醇	49.8	50.5
甲酸	2.43	86.0
乙酸	36.5	38.7
乳酸	79.5	70.0
琥珀酸（丁二酸）	10.7	14.8
CO_2	8.0	1.75
H_2	75.0	0.26

3. 发酵温度

微生物发酵的温度范围为0～60℃（图15-6）。但最佳产气温度可选择在30℃左右。

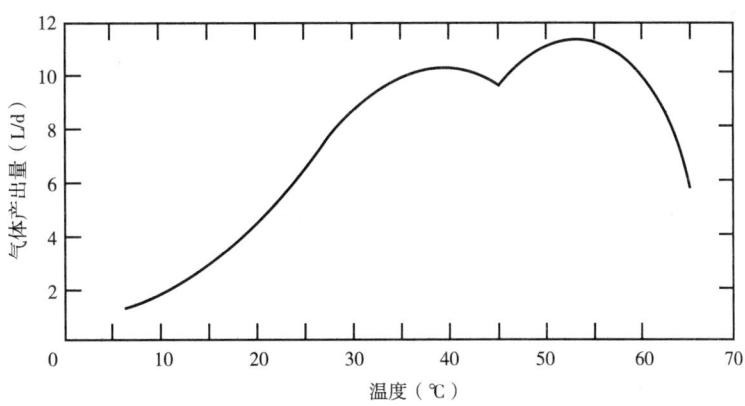

图15-6　温度对产气的影响

4. 水分和基质物理特性（略）

5. 产氢效率（表15-1、表15-2、表15-5）

六、有关建议

虽然俘获太阳能需要较大面积而经常遭到批评，但生产生物H₂显然将是最有希望的生物技术，它将可用于生产生物燃料和化学品，且二者都有益于环境。目前，因微生物技术仍然发展缓慢，所以积极开展选育高效菌株来将太阳能转化为H_2能的课题应当受到重视，同时为促进和发展藻类的光合作用，并将光合作用产物转化为H_2，这就需要研制出高效的光生物反应器。

栅列藻和单衣藻（*Scenedesmus*和*Chlamydomonas*）两个品种显示了非常高的产H_2效率。但是，其将在目前条件还仅是未来生产H_2系统的可能目标或重要课题。现时的研究是在低光强度和H_2/O_2都在分压较低时，以及在保护性措施下短期进行的。长期的研究则需要持续获得高效率的H_2，并在室外强光下进行。因此，除采用常规的诱变育种和筛选技术外，还需要新的革命性的基因工程技术来真正有效地育出藻类或细菌的新变种。

防治污染物的产生，并将其转化为有用的物质，那就需要设计和研究一种多功能的系统装置，这将是改进和发展高效转化为H_2的战略性计划。我们建议，结合生产H_2的同时，还应降低CO_2和NO_x含量。但是，现在的技术尚不成熟。所以需要扩大研究领域，加强分子生物学、生理学、生态学和生物工程的基础研究，以支持生物能源，特别是生物H_2的研发工作。因此，在生产生物H_2和非生物H_2的价格（经济效益）尚未作出精确比较之前，最后的结论则难以下定，但发展是必然的，前景是乐观的。

七、微生物氢的生产和应用

厌气、兼性厌气和好气微生物、甲基营养生物（melhylotrophs）以及光合细菌都可能产生氢。厌气梭菌（*clostridia*）是氢的有力生产者，而且能固定C。丁酸菌（*butyricum*）的产氢效率为50%（2 mol H_2/mol葡萄糖）。固定的大肠埃希氏杆菌（*Escherichia coli*）从甲酸盐和葡萄糖的生产氢的效率分别为100%和60%。肠杆菌在培养过程中能以同样的效率从不同的的单糖产生H_2。在甲基营养生物中，甲烷细菌（*methanogenes*）、瘤胃细菌（*rumen bacteria*）和嗜热细菌（*thermophilic archae*）、瘤胃球菌（*Ruminococcus albus*）是有希望的菌种（2.37mol H_2/mol葡萄糖）。固定的好气地衣型芽孢杆菌（*Bacillus lichenifvrmis*）最佳的产H_2量为0.7mol H_2/mol葡萄糖。光合红螺菌（*photosynthelic Rhodospirillum rubrum*）可从乙酸、琥珀酸和苹果酸中产出的H_2量分别为4.7mol和6mol H_2。最优的产H_2量（6.2mol H_2/mol葡萄糖）是由纤维单孢菌（*cellulomonas*）和红螺菌变种（*R.Capsulata*）在纤维素上共培养而获得的，但它们都具有氢化酶。

蓝细菌（*Cycvnobacteria*），其中主要有鱼腥藻（*Anabaena*）、聚球藻（*Synechococcus*）和颤藻（*Oscillatoria* sp），它们都可用于光合产H_2的研究。固定的*A.Cylindrica*藻可连续一年产生H_2［20mL/（干重·h）］。利用*A.Variabilis*的Hup变种可以增加H_2产出量。聚球藻在发酵罐中和户外培养会产出更多的H_2。克雷白氏杆菌（*Klebseilla sp*）和利用酶学方法能同时产出含氧化合物和H_2。H_2生物工程的前途会受到矿物能源的储量和未来环境污染状况的影响。

关键词：氢的生产，兼性厌氧生物，梭菌（*Clostridum* sp），鱼腥藻（*anabaena* sp），蓝细菌（*Cyanobaterium*），固氮作用，电子供体，超高温菌（*hyper Fhermop hilicarchaeon*），氢化酶，混合培养基，固定作用，光合氢，甲烷菌（*methanogen*），甲基营养生物（metby lotrophs），氢和氧化合物，户外培养，光合自养生物和异养生物。

100年前，人们就知道细菌能产生氢（H_2）。但是，微生物产H_2的发展过程并未像微生物H_2代谢广泛进行的基础研究那样受到重视。由于矿物燃料大量的燃烧及其造成全球气候变暖等原因，科学家不断建议：由于H_2燃烧仅产生水，所以应当大力用H_2作为安全燃料。同时科学家亦不时地对微生物产H_2作出研究报告和评论。最近，Beneman根据光合和非光合细菌活动而产生H_2的生物技术的前景作出了高度评价。他特别推崇光合细菌而不是非光合细菌的产H_2发展。非光合细菌从碳水化合物基质产H_2的效率较低。但是，黑暗条件下的产H$_2$过程比光合过程产H$_2$要简单的多。而且，黑暗过程可以获得的大量碳水化合物为基质而产生H$_2$。例如，可再利用的各种废弃物就能作为碳水化合基质。至目前为止，本文是重点陈述不同微生物产H$_2$过程的重要文献，其中特别评述了微生物产H$_2$的效率和原料的利用。

不同微生物产H$_2$过程都与其特异的能量代谢密切相关。就好气微生物而言，由基质氧化而释放出的电子会转移至氧而成为最终的氧化剂，但对厌气微生物而言，由厌气分解代谢（Catabolism）而释放出的电子能利用许多终端氧化剂，如硝酸盐、硫酸盐，或者来自碳源的碳水化合物所产生的有机化合物。H$_2$的产生是除去电子的特异代谢功能之一。其是通过产H$_2$微生物中的氢化酶（hydrogenase）活性来完成的电子转移过程。

Gray和Gest将所有产H$_2$微生物概括为4类。

① 严格厌氧异养生物，它们不含有一种细胞色素系统（acytochrome System）。这类异养生物主要有$Clostridia$，$Micrococi$，$methanobacteria$等。② 异养兼性厌气生物，它们含有细胞色素，并能裂解（lyse）甲酸而产H$_2$。③ 脱硫杆菌（$Desulfovibrio\ desulfuricans$）。在该类微生物中是唯一的严格厌气细菌，但其是有一种细胞色素系统的细菌。④ 光合细菌，其是有从还原NADH发生依一光的产H$_2$过程。

科学家提出，氢形成的耦合反应在第一类微生物中最为突出，其中电子会从产能氧化作用中除去。但是在第二类微生物中，上述反应过程未能得到证实。在反应过程中，形成H$_2$时所产生的电子会被终端产物甲酸的移动而除去，这样就能促进产能的氧化作用。第三类生物则被认为是具有这两种产H$_2$机制。

八、不同微生物的产氢能力

1. 厌气微生物

（1）Clostridia

绝对厌气Clostridia细菌是缺乏氧化磷酸化作用的一种细胞色素系统的微生物，但在发酵过程中则可通过基质水平的磷酸化作用而产生ATP。在甘醇酸途径（glycolytic pathways）中，葡萄糖能产生ATP和NADH，并伴随形成丙酮酸脂。丙酮酸脂又会产生CoA、CO$_2$，并通过丙酮酸-铁氧还蛋白-氧化酶和氢化酶（HD）而产生H$_2$。NADH可用于丁酸脂（butyrate）的形成，其是通过乙酸CoA和由磷酸丁脂酶（phosphobutyrylase）和丁酸酯激酶（butyrate Kinase）伴随所产生的ATP反应而形成的。乙酸CoA也能通过乙酸激酶而产生ATP，同时NADH也会被氧化而产生H$_2$，但由铁氧还蛋白酶、铁氧还蛋白和HD而完成的。这种分解代谢途径可能是化学计量学（Stoichimetry）。

$$葡萄糖 \rightarrow 2H_2+丁酸酯+2CO_2$$

$$葡萄糖+2H_2O \rightarrow 4H_2+乙酸酯+2CO_2$$

由葡萄糖有效的产生H$_2$系受发酵过程中产生的丁酸脂/乙酸酯比率的制约。

早在20世纪60年代，Magna公司曾报道过在一个10L发酵罐中，利用$C.butyricum$和$C.welchii$菌种发酵产H$_2$。Karube等将完整$C.butyricum$ IFO3847细胞固定于聚酸胺（Polyacrylamideogel）中，其产H$_2$量为0.63mol H$_2$/mol萄萄糖（经24h）。但是，由于有机酸的积累，产H$_2$量会自发下降。Brosseau和Zajic报道过$C.pasteurianum$在固定培养基上于14dm^{3}反应器中培养过程中的产H$_2$率为1.5mol H$_2$/mol葡萄糖。一种新分离的$C.beijerincki$ AM21B菌种在生长培养过程中的产H$_2$率为1.8~2.0mol/葡萄糖。细菌不仅能在葡萄糖培养过程中产H$_2$，而且也会从淀粉培养过程中产H$_2$。但是，不会成功的持续产出H$_2$，而且产H$_2$

量在培养基中碳水化合物耗尽前就会下降。但是，有些品种能广泛地利用多种碳水化合物，如阿拉伯糖、纤维二糖、果糖、乳糖、半乳糖、蔗糖和木糖。这些基质经24h培养后的产H_2量为15.7~19.0mol/g基质。另一分离出的*Clostridium*菌种，它在木糖和阿拉伯糖上培养时的产H_2率为11.7mmol/g。它的产H_2率（13.70~14.55mmol/g）大于葡萄糖。这些研究结果表明，生物氢可能由丰富的植物纤维培养而得。Taguchi等研究过用*Clostridiun*菌种在衣阿维塞尔（Avicel），非纤维状的天然纤维素（Avicel）和木聚糖（Xylan）的酶水解物上培养而产H_2的可能性。在纯木糖、葡萄糖以及阿维塞尔和木聚糖的酶水解物上进行培养时的产H_2量分别为16.1mmol/g，14.6mmol/g，19.6mmol/g和18.6mmol/g纯培养基。但是，在基质中同时存在的粗木糖酶和木聚糖会造成木酮糖产H_2量的下降，即产H_2为9.6mmol/g木糖。Taguchi等还用纤维素水解物的双相连续系统研究了H_2的发生。系统的研究是用10%聚乙二醇-50 000和5%葡聚糖-40 000进行双相培养100h的产H_2量。与葡萄糖产H_2量为1.78mmol/h相比，阿维塞尔水解物的产H_2量可达4.10mmol/h。产H_2量（mol/mol葡萄糖）的化学计量法表明，阿维塞尔水解物的产H_2量与葡萄糖的产H_2量2.14mol/mol葡萄糖相比，阿维塞尔水解物的产H_2量为4.46mol/mol水解物。为了缩小产H_2过程中纤维素制剂的成本，因此，研究和分离了新的纤维水解物产H_2细菌。但是，在用3%（w/v）木糖和葡萄糖进行连续发酵时，最大的产H_2量分别为21.03mmol/（h·L）和20.40mmol/（h·L），而每摩尔葡萄糖和木糖形成的H_2量则分别为2.6mol和2.36mol。Taguchi等也分离出另一种*Clostidium* Sp X53新种。它在木聚糖培养基上培养时能产生木聚糖酶，又能产生H_2。最佳木聚糖酶的产出量是在40℃培养8h后，其值为1 252μ/mL，最大产H_2量则为240mL/（L·h）。但是，H_2的产出率为23%，其值比在木聚糖中等量存在的木糖所获得产H_2率要低。

Rohrback等试探性研究了利用产H2 *Clostridium butyicum*以葡萄糖为培养基时的生物化学燃料电池（bichemical fuel cell）的生产。Suzuki等将*C.butyricum*固定于2%（w/v）琼脂中来研究酒精生产厂排出的废水发酵的产H_2技术。试验研究连续进行了24天。其获得的电量为15mA。随后，有些研究又改善了这种产H_2系统，它们利用了一个由连续搅拌反应器组成的产H_2系统。连续搅拌反应器含有固定的*C.butyricum*细胞，并装有两种气体氢-氧燃料电池。酒精生产厂排出废水，其可用糖蜜（molasses）作为原料，而应用于产H_2系统。研究时用1Kg固定的全部细胞，其是在一个51L容量的发酵罐中产生的数量。用BOD值为1 500mg/kg的废水发酵时，最佳产H_2量为7mL/min。用较高速搅拌反应器发酵虽然能将产H_2量提高到10mL/min，但高速搅拌会明显地将胶（琼脂）粉碎。基质BOD会随时间延长而下降，因此为避免产H_2量随之下降，就应当不断地加入浓缩废水。由于pH值随时间下降，所以产H_2量亦会下降。在研究过程中经20天的发酵后，废水应每间隔2h更换一次。在废水中，原有63%的糖（葡萄糖和蔗糖）会转化成H_2，其中理想的产H_2量为2mol H_2/mol葡萄糖。

（2）甲基营养生物（Methylotrophs）

早在1979年，Egorov等首次分离出了依-NAD甲酸脱氢酶（Formate dehydrogenase）（FDH），它是从甲基营养细菌（*methylotrophic bacterium*）分离而得。Egorov等也指出，由有机燃料重新发生NADH或发展产H_2系统是有很大可能性的。后来，Kawamnra等研究了能利用CH_4的细菌，即Methylomonas albus BG8和Methylosinus trichosporium OB3b，其在厌气条件下的产H_2能力。他们测定了各种有机质，如甲烷、甲醇、甲醛、甲酸和丙酮酸等的产H_2量。在这类基质中，甲酸是在厌气条件下产H_2的最适基质。*M.albus*和*M.trichosporium*在经过5h培养后，它们产出的H_2量分别为2.45μmol H_2/μmol和0.61μmol H_2/μmol甲酸。产H_2系统还包括了依-NAD的FDH和HD，它们都是菌种的结构化合物和酶的组合。有些科学家也研究了其他能利用甲醇的细菌的产H_2能力，即Psedomonas AMI的产H_2能力，但是，其与早期报道的其他产H_2细菌（*Psedomonas Methylica*）的产H_2能力并不相似。

（3）甲烷细菌（*Methanogenic Bacteria*）

氢化酶的存在虽然是这类微生物的特性，但甲烷菌常能氧化H_2作为产生CH_4和CO_2还原同化成细胞碳的唯一能源。Zehnder等分离出了一种甲烷菌，它能溶解甲酸。该菌种初步被认定为*Methanobacterium Soehngenii*，它能在矿质盐和乙酸作为基质的培养基上生长。这种细菌除能从乙酸的甲基产生CH_4外，其还能分解甲酸，而且在细胞提取液中还发现有NADP和HD活性。Huser等后来将这种细菌鉴定为*Methanatrix Soehngenii*菌种。该菌不能利用甲酸作为一种碳源，但其能将甲酸分解为等分子量的H_2和CO_2。但是，关于该菌的产H_2能力并未进一步进行研究。Bott等报道，在有特别能抑制CH_4形成的乙烷（bromoethane）–亚砜（Sulfonate）存在时，计算为了该菌的产H_2和产CO_2的能力。计算是采用*Methamosarcina barkeri*菌种产出CO_2和H_2O的化学剂计量数值来完成的。

（4）瘤胃细菌（*Rumen bacteria*）

Ruminococcus albus，一种嫌气瘤胃细菌，它具有水解纤维的能力，即是以碳水化合物为基质而产出乙酸、乙醇、甲醇，H_2和CO_2的细菌。Miller和Wolim估计了*R.albus*细胞用葡萄糖培养过程中的发酵产物。在用基质中积累的乙酸、乙醇和甲酸发酵时的产H_2量为59mmol—100mol葡萄糖。丙酮酸可用洗脱细胞（Washed Cell）来进行转化，它转化为H_2的数量-0.8mol/mol，但是，不会被细菌溶解为H_2和CO_2的丙酮酸可以产出甲酸。科学家在*E.coli*中提出具有产H_2丙酮酸裂合酶，它的功能与*R.albus*相似。Innotti等报道，*R.albus*在连续培养过程中会有葡萄糖产出H_2。在*R.albus*生长过程中，培养所获产物量为每100mol葡萄糖产出65mol乙醇、74mol乙酸和237mol H_2。然而，*R.albus*并未进一步研究其产H_2能力。

（5）ARCHAEA

与分子H_2氧化作用或产生有关的微生物HD都是铁硫蛋白，而且与膜一结合电子转移系统有关的那些铁硫蛋白含有镍，它在氧化为H_2的过程中具有重要作用。没有镍的HD是一种可溶性酶，而且与低电位细胞色素或铁氧还蛋白有关。但是，超嗜热生物archeon pyrococcus furiosus则含有可溶性镍的HD，并能由碳水化合物和肽产生H_2。据报道，该菌种能氧化丙酮酸、醛、吲哚丙酮酸、甲醛和2-酮戊二酸。与氧化还原酶有关的铁氧化蛋白被认为可参与铁氧还蛋白的氧化作用和还原作用，而且既可经由HD，又可经由硫化氢解酶（Sulfhydrylase）产生H_2或H_2S，并能发生再循环。Ma等曾研究过丙酮酸经由*P.furaosus*的纯化酶而产生H_2的过程。他们指出，由丙酮酸产H_2过程还包括了丙酮酸-铁氧还蛋白氧化还原酶的参与，随后，电子从还原铁氧还蛋白转移至NADP。酶铁氧还蛋白：NADP氧化还原酶（硫化物脱氢酶）也能由NADPH作为电子供体而将元素硫还原。NADPH产H_2是由HD催化的。HD也是一种硫还原酶或硫化氢解酶。*P.furiosus*的产H_2系统与那些其他细菌的产H_2系统相比较则有所不同。据报道，这种生物在100℃时生长最佳，并能由碳水化合物或肽而产生有机酸，CO_2和H_2，但对这种生物产H_2效率并未作出评估。

2. 兼性厌气微生物

（1）*Escherichia Coli*

*E.coli*能将甲酸嫌气分解而产生H_2和CO_2。具有催化活性的"甲酸氢化酶"（FHL）在*E.coli*中是一种诱导酶，而且洗脱细胞是悬浮液能在嫌气条件下分解甲酸，并产生等分子量的H_2和CO_2。然而，O_2或甲基蓝（methylene blue）的存在能引发甲酸的分解，但无H_2的释放。通气对诱导作用会产生一种抑制效应，但对FHL系统的催化活性则无抑制作用。后来的研究指出，FHL系统是一种膜一结合多酶系统，其由一个FDH和一个HD组成，而且与未被证实的电子载体有关，与产H_2有关的FDH对一种电子染料苯甲酰基（benzyl viologen）（BV）具有活性，但不像其他FDH那样能还原甲基蓝（MB）。FDH（BV）

能催化不产能的反应，并受到O_2、NO_3和MB的抑制。甲酸能被FDH（MB）所氧化，但不产生H_2，而且其与不同的嫌气还原酶系统有关（$NO_3^- \rightarrow NO_2^-$和延胡索酸 $\rightarrow$ 琥珀酸），而且氧化所产生的可能是ATP。Klibanov等建议在被FHL系统催化的可逆反应中应用FHL系统（$HCOO^- + H_2O \Leftrightarrow H_2 + H_2 + HCO_3^-$）来说明由甲酸形成$H_2$以及$H_2$作为甲酸的转化过程。在E.coli固定的FHL系统和甲酸转化为H_2和CO_2的持续化学计量方法已由Nandi等作出了报告。他们指出，由1.15M甲酸产生H_2的循环时间为96h，同时，每一循环则会损失25%的产H_2率。反应系统需要有少量的葡萄糖存在。固定的细胞亦能由H_2和CO_2混合物合成甲酸（224mg/g湿细胞）。在早期的研究中，Peck和Gest指出，E.coli无细胞溶解物（Cell-free lysate）中具有FHL活性。这种活性需要将碳水化合物或碳水化合物代谢产生的C_2化合物加入系统而使FHL活化才能发生。Nandi等指出，甲酸的持续溶解需要将E.coli中存在的其他嫌气还原酶破坏。他们建议，电子转移载体的氧化还原会以FDH和HD而存在，而且它在嫌气还原酶系统中的存在会重叠地发生〔延胡索酸 $\rightarrow$ 琥珀酸，四硫代磺酸脂（Tetrathionate） $\rightarrow$ 硫代硫酸脂〕，从而能导致从FHL系统向还原酶转移的电子流的损失。对还原酶系统而言，作为末端还原产物的琥珀酸或硫代硫酸盐的存在也能阻止电子流的损失，并促进甲酸的化学计量或持续的分解。Stickland报道过，洗脱E.coli细胞将碳水化合物分解后的产H_2能力。葡萄糖、果糖和甘露糖的嫌气分解作用类似于甲酸，而乳糖、半乳糖、阿拉伯糖、甘油和甘露糖醇的产H_2量较低。但是，他们也指出，由葡萄糖产H_2并不通过作为中间产物的甲酸。然而，Ordal和Halvorson用正常和变异的E.coli菌种来比较糖和甲酸的产H_2能力。研究结果表明，葡萄糖产H_2显然来自甲酸，因为甲酸是细菌产H_2过程中的一种中间产物。Blackwood等也曾作过报道，各种有色素和无色素的E.coli变种将葡萄糖转化为H_2的数量是0.72～0.91mol/mol。E.coli通过甲酸的生长细胞将碳水化合物的嫌气产H_2率通常较低，因为甲酸不是葡萄糖唯一的终端产物。关于碳平衡的研究表明，100mmol葡萄糖被E.coli分解后会产出90mmol乙醇和乙酸，90mmol H_2和甲酸，以及15mmol CO_2和琥珀酸。同时，科学家亦发现，电子受体缺乏任何电子受体，如硝酸盐或延胡索硝酸时，通过葡萄糖两个阶段的代谢过程也会产生丙酮酸。

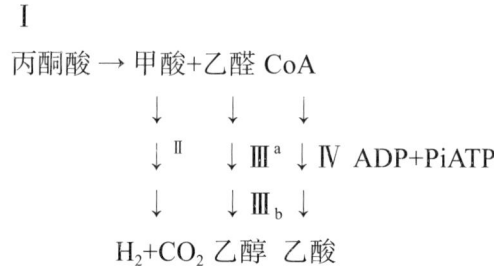

$$I = 丙酮酸甲酸裂合酶 \quad II = FDH（BV） \rightarrow X_1 — X_2 \rightarrow 氢化酶（FHL） \quad III_a = 醛：NAD氧化还原酶 \quad III_b = 乙醇：NAD氧化还原酶 \quad IV = ATP：乙酸光转移酶（phototransferase）$$

现已发现，利用固定的具有FHL活性的E.coli完整细胞，其可使葡萄糖可能达到1.2个化学计量单位。

（2）肠杆菌（Enterobacter）

Tanisho等分离了一种Enterobacter aerogenes菌株，它能在含葡萄糖、胨和盐的基质上于38～40℃生长，并产出H_2。它的最高H_2量为0.20～0.21LH_2/（h·L）基质。后来该菌种被定命为E.aerogenes，它们经过23h培养后的最适产H_2量为0.52LH_2/（h·L）。产H_2的化学计量为mol/mol葡萄糖。科学家用该菌种研究了pH值的影响和生物产率与产H_2的关系。由于用葡萄糖作为碳原，所以最高产H_2率在38℃时可达13mmol H_2/（g干重细胞·h）。yokoi等曾报道过一Enterobacter aerogenes菌种能在酸性（3.3～4.0pH值）条件下生长。该菌能利用葡萄糖、半乳糖、果糖和甘露糖产出H_2，并以mol/mol表示转化率。该菌种能利用糊精来产H₂，其转化率相类似。同时还研究了连续培养26天一个周期的产H₂量。研究结果表明，葡萄糖的H₂转化率为0.8mol H₂/mol葡萄糖，而该菌培养时的产H₂量为120mL/（h·L）培养基。在后续培养时，H₂的产量会下降，其原因是积累的有机酸，如乙酸、琥珀酸和乳酸等能抑制细菌的活性。

3. 好气微生物

（1）产碱杆菌（Alcaligenes）

好气H₂细菌能利用H₂和CO₂分别作为其能源和碳原。这类微生物含有一种可溶性NAD-还原的HD，而且也是一种异养生物（heterotrophicall），Kuhn等指出，当 *Alcaligenes eutrophus* 处于嫌气条件下时，它也能在葡糖酸或果糖上进行异养生长，并利用有机基质还原的HD，当其在嫌气条件下生长时，它能将NAD直接还原为H₂，而且能将H₂形态的过量还原剂排出。有机基质分解代谢产生的电子并不能进入呼吸链。Klibanov等将 *A.Aeutrphus* 细胞固定于Kappa-Carrageman中，并研究了它发生的可逆反应。

$$HCOOH \Leftrightarrow H_2 + CO_2$$

在甲酸分解过程中，较高的甲酸浓度（>0.5mol/L）能抑制H₂的产生。虽然固定细胞有良好的储藏能力，但固定细胞对甲酸的持续分解并未得到证实。

（2）芽孢杆菌（Bacillus）

Kalia等已分离出了一种产氢的地衣型芽孢杆菌（*Bacillus Licheniformis*）。他们是由牛粪中的产H₂细菌混合培养而得。在批次培养中，*B.licheniformis* 在24h内由3%（w/v）葡萄糖培养基产生的H₂为13LH₂/mol葡萄糖。这些微生物细胞都被固定于砖屑和藻酸钙球珠中。藻酸钙球珠中固定细胞的产H₂量为16L/（mol·天），而砖屑中的细胞产H₂量为31L/（mol·天）。在连续培养系统中，固定的细胞可稳定60天以上，产H₂的平均转化率为1.5mol H₂/mol葡萄糖。

4. 光合细菌

光合细菌可来自各种有机源和无机源的还原剂将CO₂还原。在光合细菌中，紫色硫细菌（*Thiocaps* 和 *Chromatinum*）是绝对嫌气的自养生物（*Autotrophs*），它们能利用H₂、H₂S和元素硫，而非硫 *Rhodospirillum* 和 *Rhodopseudomonas* 则不能利用硫，而且其能在缺乏光时于有机基质上行好气生长。*Rhodospirillum rubrum* 其能产生H₂。这种光合细菌已被Gest及其同事作了广泛的研究。在含有限量铵盐的一种基质中，当铵盐耗竭后便开始产生H₂，而且产生的H₂与有机物质的光代谢作用有关，但细菌的生长明显减缓。然而，有效的产H₂过程会在缺乏谷氨酸作为氢源的条件下发生。在缺乏谷氨酸时生长的洗脱细胞能在光照条件下发生Krebs循环酸而产生H₂。*R.rubrum* 的休眠细胞会从下列化合物产生一定量的H₂；乙酸产H₂ 4mol，琥珀酸产H₂ 7mol，延胡索产H₂ 6mol和苹果酸产H₂ 6mol。由于缺乏高活性嫌气柠檬酸循环与光反应的耦合作用，而光合反应能有效地将柠檬酸循环时产生的还原态NAD⁺氧化，所以这一反应在化学计量上有可能产H₂。但是，所有光合细菌都能利用H₂作为CO₂固定的还原剂，而且能固定分子氢。后来，人们才认识到固氮酶对氢的还原作用和依-ATP产H₂具有一种双重活性。因此，科学家提出，当细胞产生过量的ATP，而且细胞的还原能力大大超过需求，同时，又缺乏有效碳源（Krebs循环酸）和像谷氨酸/天门冬氨酸那样的还原氮源时，其便会产生H₂。光合细菌中存在HD时，它会利用H₂作为CO₂固定的一种还原剂，因此，存在的HD明显地不同于固氮酶。HD和固氮酶之间的关系十分复杂。所以，有人提出了这两种酶在基因上与 *Rhodopseudomonas Capsulata* 有密切关系。但是，人们又发现，*Rhodopseudomonas Capsulata* 的HD是结构性化合物。有几种 *Rhodospirillaceae* 品种，它能在黑暗条件下于葡萄糖，有机酸，其中包括能产H_2和CO_2的甲酸上生长，因此这也表明了非固氮酶-中介基质的产H_2过程。后来，有些科学工作者指出，在黑暗中生长的非硫细菌具有丙酮酸，甲酸裂合酶和FHL活性，而且其与$E.coli$的这些酶的活性相类似。现在，还不清楚参与氧化作用和产H_2的HD异构酶是否在$E.coli$中存在。$Rhodobacter\ Capsutata$，$Thiocapsa\ rreseopersicina$，以及$Rhodospirillum\ rubrum$吸收$H_2$的膜结合HD都是Ni-Fe-HD，它与$E.Coli$吸收$H_2$的HD相类似。现已知道，$R.rubram$含有由$CO_2$，$CO_2/H_2$，丙酮酸所诱导的几种HD。同时还含有在固氮条件下诱导的HD。CO_2诱导的HD被鉴定为与$E.coli$异构酶3非常相似的一种Ni-Fe HD。Gest and Kamen曾报道，$R.rubrum$能在用谷氨酸或天门冬氨酸代替由苹果酸，延胡索酸或草酰乙酸在摩尔比率上形成H_2时所产生的铵离子。虽然细胞并不能裂解甲酸，但是，适于甲酸的微生物能在黑暗中产生H_2和CO_2。自从Gest和Kamen作出报道后的25年中，非硫紫色细菌的产H_2也未能受关注。Hillmer和Gest对Rhodopseudomonas Capsulata在谷氨酸存在时的产H_2能力作了开创性的研究。除赖氨酸和半胱氨酸作为氮源外，各种氨基酸都能产H_2，而且最佳产H_2可达$130\mu L/$（h·mL）培养基。后来的研究表明，休眠细胞能由C_4酸、乳酸、丙酮酸产出H_2，但不会由C_3酸产H_2。因此，有人建议，产H_2过程和CO_2的还原作用都是由不同酶所催化而完成的。Weetall等将$Klebseilla\ Pneumoniae$污染的$R.rubrum$固定。在琼脂胶中固定的细胞能由葡萄糖和纤维素水解物产生H_2。该系统在一种反应器中连续研究30天，并确定其半寿期为1 000h。该系统的效率以每摩尔葡萄糖产出6mol H_2的理论计算值的变化为21%～89%。Watanabe等分离出了不同的$Rhodopseudomonas\ gelatinus$和$Rhodopseudomonas\ Sphacrolides$，并研究了它们由谷氨酸—苹果酸基质上培养时的产$H_2$效率。研究结果表明，它们的最高产$H_2$效率为$90\mu L/$（h·mg）细胞。

Kelly等研究了$Rhodopseudomonas\ Capsulata$的产$H_2$能力，并指出，固氮酶在基质浓度低时会被HD直接发生再循环。Zurrer和Bachofen报道了$R.rubrum$从乳酸、乳清或酸乳酪废物连续的产H_2为照明条件下达80天一个周期，但也需要周期性添加乳酸。平均产H_2量为6mL/（h·g）（干细胞），其效率67%～99%，但产H_2量还取决于采用的基质种类。产H_2量在连续培养过程中还会得到改善，即可产出H_2量达20mL/（h·g）细胞，其产H_2效率为70%～75%。

Macler等报道，他们分离出了$Rhodopseudomonas\ Sphacrolides$的变种，其能定量地将葡萄糖转化为$H_2$和$CO_2$。变种，其不像野生种那样，它不会从任何葡萄糖积累葡萄糖脂。以生产周期为60h进行研究，结果发现最适产出发生在20～30h的生长期。

Kim等分离出了一个$Rhodopseudomonas$ SP.新种，它能产出较高量的H_2［130mL/（h·mg）细胞］。Odom和Wall报道，用纤维素分解菌$cellulomonas$ SP.strain ATCC21399和$Rhodopseudomonas\ Capsulata$在纤维素基上培养后产出$H_2$。他们采用了野生光养种和缺乏吸收HD（Hup-）的光养生物变种进行了研究。研究是在嫌气和光照条件下进行，其生长周期为200h。纤维分解菌（$Cellulomonas$）和Hup-变种共培养后能产出的H_2量为4.6～6.2mol H_2/葡萄糖，其是与相同条件下用野生光合生物的产H_2量为1.2～4.3mol H_2进行比较而获得的结果。

Segers等研究了乳酸、乙酸和丁酸通过$Rhodopseudomonas\ Capsulata$，$Phodospirillum\ rubrum$和$Rhodomicrobium\ Vanniellii$无污染培养（axenic Cultures）的产$H_2$和$CO_2$的过程。培养基以谷氨酸或分子氮（$N_2$）作为氮原。在含有30mM有机酸和7mM谷氨酸的基质上于光照条件下接种菌株进行培养。研究结果表明，理论转化产量以乳酸、乙酸和丁酸的有效数量产出而进行计算。同时研究结果也表明，H_2产出量在100～926mLH_2/（L·天）（L＝培养基体积）。因此，转化率可达23%～100%。用N_2气代替谷氨酸可以改善产H_2量，在所有的试验中，其产H_2量可达到760mL/（L·天），产H_2率则达100%。发酵过程连续进行10天。当菌株老化时，固氮酶活性随菌株H_2氧化活性的增加而逐渐下降，而且当气态N_2代替谷氨酸时下降则更为明显。

Williso等报道了用野生种进行化学诱变而分离出了一个*Rhodopseudomonas Capsulata Bio*新变种，并研究了它的固氮酶间接产H_2效率。3个变种都显示了理论化学计量所增加的产H_2能力。变种IR4与野生种相比较时，在以DL-乳酸或L-苹果酸为基质时的产H_2效率大于10%~20%，以DL-苹果酸为基质时的产H_2效率大于20%~50%，当仅以DL-苹果酸为基质时的产H_2效率则可达到70%。现已发现野生种缺乏膜结合的HD活性。该活性可作为MB或BV依-H_2还原作用的量度。因此，有人提出，变种过量产H_2或产CO_2是由于改变了碳代谢而造成的。科学家亦发现，依-NAD^+苹果酸脱氢酶的活性在变种中大于50%，同时发现，该变种比野生种在含D-苹果酸的基质中生长速率要快。Hirayama等将*R.rubrum* G-g BM整个细胞固定于角叉菜胶（Carragcenan）或琼脂胶中，这样所有细胞都能长期地保持高度稳定状态。许多基质，其中包括不同有机酸、糖、和糖醇的产H_2能力都用连续反应器进行了研究。同时，每60天为一个间歇周期，并加入培养基以供微生物营养之需。研究结果发现，以丁酸为基质时的产H_2量最高〔13.74mL/（48h·20mg）细胞〕，以山梨糖醇为基质时的产H_2量最低〔2.68mL/（48h·20mg）细胞〕。但是，研究结果表明，在几个小时内，最初的产H_2率最高可下降40%，然而，在后续过程中还原剂会在一定程度上稳定下来。这些情况都表明了在经过长期产H_2的过程中应当保持固定珠粒的结构和pH值。

Chadwick和Irgens分离出了*Ectothiorhodopsira Vacuolata*一个新种，即能氧化还原无机硫化物和元素硫的一个紫色光养细菌。在含有一定量的NH_4CL的培养基中，氢能在光照条件下由乙酸、丙酮酸、丙酸、延胡索酸、草果酸和琥珀酸产生。培养后H_2的最佳产出量为16mkL H_2/25mL培养基。据报道称，硫化钠的浓度和光强度对产H_2量有明显的影响。Wright等报告，在*Rhodomicrobium Vanniellii*对芳香族化合物（苯甲酰乙醇、香草酸和丁香酸）的光分解代谢过程中都能产生H_2。随后，Fibler等研究了*Rhodopseudomonas Palustris*对不同芳香族酸的产H_2过程。在谷氨酸的浓度有限时（1mmol），菌种能使苯甲酸P-羟基苯甲酸、肉桂酸和扁桃酸（苯乙醇酸）产出H_2。由于增加了固氮酶活性，所以产H_2量亦随之增加，但因EDTA对hup-HD的抑制作用而产H_2量也就不会增加。不同菌种对苯甲酸或扁桃酸的理论产出率为32%~45%。*R.palustris* DSM131也能被固定于琼脂、琼脂糖和k-角叉菜胶和藻酸钠胶中。藻酸脂的产H_2率为60%，所以，扁桃酸、苯甲酰基甲酸、肉桂酸和苯甲酸的理论产出率分别为57%、86%和88%。*T.rubrum*的产H_2量可通过钝化Hup-活性和向基质加入0.5mmolEDTA而增加3倍。Fe^{2+}和Fe^{3+}因能刺激*T.rubrum*的固氮酶活性，所以，产H_2量便会增加。

科学家提出，多羟基丁酸（一种细胞内的储藏化合物）的生物合成和H_2的光合生成都可能减少*Rhodobacter sphaeroides*的产H_2量。在PHB-阴性变种中，因乳酸的存在而使产H_2效率显著提高，但乙酸则是产H_2的良好基质。

在环形喷嘴生物反应器（a nozzle loop bioreactor）中的产H_2量也由Seon等用*R.rubrum* KS-301菌种固定在藻酸钙中进行了研究。在连续玻璃反应器（2L）中，葡萄糖浓度变化在0.5~5.4g/L，反应进行周期为70h，葡萄糖的稀释量为0.4mL/h。

Rhodopseudomonas Capsulata 366（荚膜红假单胞菌）和*Rhodopseudomonas* sp.（D菌株，红假单胞菌）的固定细胞利用基质的动力学还被我国科学家徐向阳和俞秀娥等作了详细的研究。在琼脂胶中固定的细胞比藻酸胶中固定的细胞产H_2率要高。产H_2过程不能同时利用基质，但可用生物化学反应予以调控。在一种用葡萄糖和乳酸供应的固定生物反应器中，用菌株366和D的产H_2量分别为0.659 1L/d和0.477L/d。当单独用乳酸培养时，H_2气出产量可增加至1L/天。

Jahn等指出，*Rhodobacter Capsulatus* B10的HupL变种不能进行光自养作用，但可通过在含有限氮的基质中进行光异养生长时生成的固氮酶活性而产出H_2。由变种的DL-苹果酸，D-苹果酸和L-乳酸产H_2率在理论上大于90%，其是与野生种B10菌株产H_2率为54%~64%进行比较而获得的数值。最近，

Rhodobacter Capsulatus 中的另一种固氮酶对产 H_2 过程的影响亦进行了研究。研究指出，*R.capsulatus* 含有正常的 Mo 固氮酶和 Fe 固氮酶，Fe 固氮酶在极度缺乏 Mo 时才能充分表达。Krahn 等比较了 *R.capsulatus* hup-变种的 Mo-固氮酶和 Fe-固氮酶的产 H_2 效率。他们用 hup-变种的细胞悬浮液和 nif HDK（缺乏 Mo-固氮酶编码基因）的缺陷变种细胞悬浮液进行了比较。结果指出，hup-变种并不影响固氮酶的活性，但野生菌种明显地增加产 H_2 量，而且在 △nif HDK 变种中更为突出。

5. 蓝细菌（*Cyanobacteria*）

蓝细菌（蓝绿藻），其是一种氧合光养细菌，它能通过像高等植物那样的光合系统Ⅰ和Ⅱ进行光合作用。大部分蓝细菌具有产 H_2 的固氮酶系统。但是，固氮酶系统的表达需要特定的生长条件和缺乏化合态氮源。一些蓝细菌具有形成异形细胞（heterocysts）的能力。这种异形细胞缺乏分解水的光合系统，但它能在有限 N_2 浓度条件下通过固氮酶而产生 H_2。然而，非异形蓝细胞细菌能在缺 N_2 和缺氧条件下产生 H_2。蓝细菌产 H_2 虽然被认为是固氮酶所造成，但在 *Oscillatoria Limnetica* 和 *Anabaena Cylindrica* 中已证实氢化酶参与了产 H_2 过程。在蓝细菌群落中，一种异形细胞的分解会在各种化学品，如 7-氮色氨酸 3α-氨基-1,2,4-试吡咯（tryazde）和 N.-（3,4-二氯苯）-N-2-二甲基尿素存在时增加产 H_2 的能力。研究表明，这些化合物能抑制水的分解。光合系统释放出 H_2 和 O_2 量也会因 CO_2、C_2H_2 和 Ar 而下降。非固氮蓝细菌光合系统的产 H_2 能力与那些含有氮酶系统蓝细菌相比则比较低。在异形细胞蓝细菌如 *Anabaena* 和 *Nostoc* 中，固氮酶系统不会因营养细胞释放 O_2 而减弱，因此，这类生物也会在光照条件下出产 H_2。蓝细菌的非异形细胞菌丝体在暴露于光-暗交替条件下亦能产出 H_2。在光照条件下，细菌将 CO_2 固定为储藏的多糖，并释放出 O_2。在无氧黑暗条件下，细菌仍形成固氮酶，而且储藏的多糖被分解代谢而为固氮和产 H_2 提供电子。已有报道，许多蓝细菌虽然能产 H_2，但对 *Anabaena Cylindrica* 和 *Synechococcus* SP. 的产 H_2 能力则进行了广泛的研究。

早在 1974 年，Benemann 就报告过活跃生长的 *A.Cylindraca* 细胞能将 H_2O 光解为 H_2 和 O_2，而且该过程强烈地受到了 N_2 的抑制，而 CO 和 CO_2 的抑制作用则较弱。在 Ar 条件下，H_2 的产出量最高，并在 3h 内，产出量直线上升。氮饥饿的 *A.Cylindraca* 细胞产 H_2 和产 O_2 可持续 19 天，其中最大产 H_2 量为 32 mL/（h·mg）干细胞。加入 NH_4^+（$10^{-4} \times 10^{-5}$ mol/L）能增加产 H_2 的总量，但 H_2/O_2 比率则从 4:1 下降至 1.7:1。在 Ar 或空气存在时，CO（3%），CO_2（2%）和 C_2H_2（10%）V/V 对产 H_2 量的影响表明，Ar-CO_2 相结合时的影响最大，随后是空气，CO、CO_2 和 C_2H_2 相结合所产生的影响。较高的细胞密度会增加产 H_2 量，并达到 8μmol/（h·40mg）干细胞。Smith 和 Lambert 也在户外于气相条件下用小玻璃珠培养了 *A.Cylindraca* B629。气相由 CO_2（0.2%）、C_2H_2（5%）、O_2（6.5%）组成，并用含有 10mM $NaHCO_3$ 基质和 N_2（1581）条件下进行了研究。在 21 天内，总的产 H_2 量达到了 1 100mL。有些研究者也用 NH_4、O_2、CO_2 和 C_2H_2 对嫌气和好气条件下对 H_2 的形成作了试探，供试蓝细菌为 *A.Cylindraca* B629。同时，有些科学家曾报道，在空气中当 C_2H_2 浓度变化时产 H_2 量可达 200nmol/（mg·h）。同时，在研究过程中有 0.2%CO 或在 10%C_2H_2 存在时有不同的 CO 浓度。试验产出的 H_2 量于 Ar 气条件下的产出量相当。在系统中，NH_4^+ 浓度达 0.5mM 范围时，其略能促进 H_2 的产出量（在 Ar 存在的同样条件下与所观察到的抑制作用相比）。当蓝绿藻培养于 Ar 或 N_2 条件下，并供应 CO 和 C_2H_2 时，可以获得较长的培养时间（16~26 天）和获得 100μmol/mL 的产 H_2 量。XianKong 等报道了在好气条件下，*Anabaena* SP.CA 和 IF 异形细胞的产 H_2 量，在空气中含有 1%CO_2 的气相中，CA 和 IF 最大产 H_2 量分别为 19μL/mg 和 260μL/mg 细胞干重。有些菌种在 3-（3,4-二氯苯）-1,1-二甲基尿素和光强度对产 H_2 量发生影响时，其敏感度各不相同。Benemann 等指出，在释放出 H_2 量为 40μLH_2/（h·mg）细胞干重时，经 18 天的连续培养，*A.Cylindria* 的光能转化率为 1.2%。然而，Kumazawa 和 Milsui 报道，在 N_2 作为唯一氮源时的产 H_2 量，*Oscillatoria*

SP.Miami BG7优于*A.Cylindria* B629。这一结果可归因于依-O₂菌株在异形细胞Anabaena中H₂消耗活性大于非异形细胞Oscillatoria中存在的H₂消耗活性。Oscillatoria放出O₂量较低，但有较高的呼吸率。Laczko指出。在*A.Cylindria* PCC 7122光解产H₂过程中有固氮酶的参与。在2h嫌气培养后，高光强度条件下生长的细胞能经由可逆性HD而产出H₂，而在低光强度下生长的细胞则缺乏HD活性。在体外（试管内）培养高光强度和低光强度的生长细胞时释放出的H₂量没有明显的差异。这就表明，可逆的HD能从水光解过程中接受等量的还原产物，而且光合系统Ⅰ和Ⅱ都参与了产H₂作用。

Asada和Kawamura等研究了*Anabaena* N-7363菌株对H₂的积累过程。在一个搅拌的培养皿（14cm×6cm）中，产H₂量从0.371（第一天）增加至最大值0.765（第二天）。随后，逐渐降低至第十一天时的0.216μL H₂/（h·mg）细胞干重。在用5%（v/v）供应CO₂的大气条件下，菌株培养于无化合态N的基质中进行了研究。最近，Kenetemich等也研究了*A.Variabilis*菌株的产H₂能力。菌株光合作用的产H₂能力经过了几周的观察，结果发现，在加入77mM Tween85时（非离子活性剂）菌株的产H₂量达到了148nmol/（h·mg）细胞干重。研究结果显示，Tween85具有特异效应，而并未观察到Tween 20，Tween60和Tween80的影响。但是，Tween85对光合系统或对产H₂量的作用并不清楚。Kumazawa和Asakawa也曾研究了在细胞密度较高条件下一种海洋蓝细菌*Anabaena* SP.TU 37-1在密闭皿中的光合产H₂和产O₂能力。在12～24h培养过程中，于20μL气相条件下，器皿中的300μg叶绿体的光合作用转化率为2.4%～2.2%，H₂的积累体积为8.4mL/器皿，试验是在大气压下进行48h完成的。通过间歇更换气相成分，H₂的产出时间还会延长。MarRov等报道，在经几个月部分真空的空心纤维光反应器中，固定的*A.Variabilis*会连续产出H₂。现已发现，细胞固定在亲水铜铵人造纤维空心中的能力优于固定在疏水聚砜纤维空心中的能力。在实验室生物反应器中，当气相中用CO₂增加压力达270～300mm Hg时，产H₂量便为降低，而对H₂的吸收则增加。一个由吸收CO₂组成的二相系统中，H₂的产生就比较容易。CO₂吸收量在150～170mL/（g细胞干重·h）时会促进H₂的产出，其量为20mL H₂/（g细胞干重·h）。光生物反应器可连续运行一年。Sveshnikov等指出，*A.Variabilis* ATCC 29 413变种，其缺乏吸收和可逆的HD，所以，它的产H₂能力比母体品种要多。在一种含有25%N₂，2%CO₂和75%空气的气相中，变种PK84能产H₂6.91mmol/H₂/μg蛋白，该产出值比野生种的产出值高3倍。在气相中缺乏N₂和CO₂时能改善变种和野生种二者的产H₂量，从而显示出产H₂过程中有HD的参与。

在1977—1988年，弗罗里达迈阿密大学的海洋大气科学学院对海洋光合作用微生物的产H₂能力进行了广泛和深入的研究。同时，他们还在户外研究了产H₂过程，并作出了相关报告。他们分离了许多有高生长率和高生物量产出的菌种，并证明其有长期产H₂能力。一般而言，*Cyanobacteria*的非异形细胞菌丝体品种和单细胞好气固氮品种有较高的产H₂量，而且产H₂速率大于异形细胞菌丝体品种。*Oscillatoria* SP.Miami BG7，一种非异形细胞菌丝体菌种，其产H₂量较高，且能较长时间地进行产H₂过程，同时该菌种还能以海水作为H₂供体。研究结果表明，它们的产H₂量可达0.54μmol H₂/mg态细胞干重。在两步产H₂过程中，于含有化合态N的培养基中培养的菌种能在第一步过程中会积累糖原。第二步，处于Ar和嫌气条件，并得到光照的细胞能将糖原水解为葡萄糖，其随后继续产H₂。试验表明，它的产H₂量为1mol葡萄糖可产出9.5mol H₂。在半连续范围的户外培养皿（10L）中培养，而且培养皿中放以具有营养剂的海水，温度范围在26～32℃，结果表明，它们的产出量为180mg干重/（L·d）。将细胞转移至有光照射的生物反应器（5L）中，并供给气体Ar，这样其便能持续产H₂。菌株产H₂会被低光强度所饱和，但在高光强度时也不会发生光抑制作用。

*Synechococcus*菌株亦已从实验室里得到了分离，并发现*Miami* BG 043511是非常有希望的品种。*Synechococcus*，一种单细胞固氮蓝细菌，其以单一步骤从海水中同时产出H₂和O₂。该菌种最大的产H₂量为1.6μmol/（mg干重·h），同时会放出氧。因此化学计量的比例为2：1。非异形细胞菌种不会由

水释放出CO_2和电子，它们能有效地还原H_2或经由内部电子供体化合物裂解释出CO_2而发生快速再固定作用。

非异形细胞蓝细菌在光合作用过程中的产O_2机制，以及在相同细胞类型中发生固N作用所产生不稳定的O_2机制，还需要经长期研究才能明确。Mitsui等指出，在固N作用和光合作用同步发生的条件下，*Synechococcus* SP.在其细胞分裂循环时还需要有不同的条件。在同步生长过程中，固氮酶在经一定时间的培养周期后并不会影响产H_2量，但细胞碳水化合物含量则会直接调节其产H_2量。具有高光产H_2能力的同步培养基显示了周期交替的产H_2和产O_2过程。*Synechococcus* SP.Miami BG 43511菌株因消耗细胞糖原含量而使产H_2能力下降。但可加入各种有机化合物而使其恢复。碳水化合物（葡萄糖，果糖，蔗糖和麦芽糖）是优良的代用品，而丙酮酸在试验的有机酸中是唯一的电子供体。木糖、阿拉伯糖、乳糖、纤维二糖和糊精都不能作为电子供体。乙醇和甘油也能维持产H_2。用基质25mmol时的最大产H_2量为丙酮酸1.11，葡萄糖0.62，麦芽糖0.47，果糖0.37和甘油0.39μmol/mg细胞干重。相同菌株同步生长的光产H_2量在高细胞条件下也进行了测定。在一个25mL反应皿中，用含有0.2～0.3叶绿素的3mL细胞悬浮液时，其获得了最大的产H_2量。在经24h培养后，积累的H_2和O_2分别为7.4mL和3.7mL。光合辐射活化作用的能量转化为2.6%。气体周期（24h）性的更换能使产H_2量增加至21mL。

*Cyanobacteria*虽然是绝对的光自养生物，但有些品种则能利用简单的有机化合物作为固氮酶催化产H_2电子供体。*Synechococcus Cedrorum*和*Synechococcus* SP.UU 103菌株在有抗坏血酸、谷氨酸、苹果酸、丙酮酸、琥珀酸和蔗糖存在时，其便能产出一定量的生物体。*Synechococcus* SP.在硫化物存在的条件下也能产出生物体。S.Cedrorum在含有0.1%（w/w）苹果酸的10mL基质中能产出最佳的H_2量（11.8mmol/皿），而*Synechococcus* SP.在3mmol/L硫化物条件下的产H_2量则为10.3mmol/皿。同时，用固定混合培养基对*S.Cedrorum*和用藻胶对*Pseudomonas fluorescence*进行培养，以鉴定它们的产H_2能力。但是，用混合培养基时则发现了其对产H_2有抑制作用。

Aoyama等报告指出，用*Spirulina Platensis* NIES-46在嫌气和黑暗条件下，并用乙醇和有机酸作基质进行了产H_2能力的研究。研究结果表明，菌株在无N_2基质中进行光自养生长了3天后，其积累的糖原可达干细胞重的50%。在浓度为1.624mg干重/mL的细胞约能产出2μmol H_2/mg细胞干重，培养菌株是用甲酸（～0.8μmol）和乳酸（～0.1μmol）混合培养，并在黑暗条件下有N_2时进行自动发酵。

6. 氢和氧合化学品的同时产出

为改进微生物产H_2的经济效益，科学家试图从商业价值上研发出同时能产H_2和产氧合化学品的有用技术。

Vos等报告了18种Enterobacteriaceae由葡萄糖和甲酸的产H_2效率。Klebseilla Oxytoca ATCC 13182的休眠细胞会从甲酸释放出H_2，其效率为100%，但是，其从葡萄糖的产H_2量以2mol H_2/mol葡萄糖计算，它的产H_2效率仅为5%。然而，Heyndrickx等曾报道，产丁醇的*C.Pasteurianum*菌株具有较高的产H_2效率（74%）。因此，他们认为，甘油是产H_2和产其他产物有意义的基质。他们试验的菌种是*Enterobacteriaceae*和*Saccharolytic Clostridia*。*C.butyricum*除能将甘油转化为丁酸、2，3-丁烷-二醇、甲酸外，还能将其转化为丙烷-二醇，并产生CO_2和H_2，同样，*Klebsiella Pneumoniae*也能将甘油转化为1.3-丙烷-二醇、乙酸、乙醇、琥珀酸、乳酸、甲酸、CO_2和H_2。Heyndric Rx等用*C.butyicum* LMG1212t$_2$和1213t$_1$，以及*C.Pasteurianum* LMG3258菌株对甘油发酵进行了详细研究。在化学稳定培养基中，*C.butyicum* LMG1212t$_2$能将甘油转化1.3-丙烷-二醇、但不产生H_2，它的转化率为65%。但是，在加乙酸以增加浓度时会导致形成较少的丙烷-二醇，而形成较多的丁酸和H_2。*C.Pasteurianum* LMG3258则能使一半以上的甘油转化成n-丁醇，并产生较多的H_2。在基质中存在乙酸时并不会影响终端产物产生的方式。

Solomon等分析了*Klebsiella Pneumoniae* DSM2026和*C.butyicum* DSM5431菌株在甘油上进行嫌气生长过程中产H_2所需的材料和有效的电子平衡。电子向乙醇转移和形成H_2的特异速率并不是依赖于*K.Pneumoniae*的生长速率，但就*C.butyicum*而言，仅在形成H_2时才是独立的生长速率。

最近，Woodward等提出了由葡萄糖同时产出分子H_2和葡糖酸的一种酶学方法。该法包括了葡萄糖脱氢酶（GDH）对葡萄糖的氧化作用和NADPH的发生过程。NADPH可用于HD对H^+的化学计量还原作用。GDH和HD可由*Thermoplasma acidophilla*和*Pyrococcus furiosus*纯化而得。两种*Thermophilic Archae*菌株分别能在59℃和100℃进行最佳的生长。然而，Benemann认为，葡糖酸的积累量（99%）大于需求量。

九、结论

关于微生物产H_2的生物化学，酶学和生产工艺已有大量而警人的报道和评论。

一般而论，嫌气、兼性嫌气和光合微生物已进行了较为全面的研究，同时每一产H_2过程的前后变化亦作了探索。嫌气微生物与兼性嫌气微生物相比，它们的最适化学计量分别为1：4（葡萄糖为基质）和1：2。但后者产H_2过程比前者简单。蓝细菌进行的光合作用就化学计量和基质成本而言，则具有最大的潜力。但从商业化应用而言则所需产H_2工艺比较复杂。同时，在推进光合微生物产H_2的商业化进程中的每一程序也未得到充分的论证和评价。许多学者相信，微生物产H_2会受到特别的关注，同时也会进行广泛的研究，以使生物产H_2作为清洁能源而取代矿物燃料。但是，现有状况还不足以必须发展生物H_2来满足燃料的需求。根据现已获得许多研究结果为基础，产H_2的生物技术确实处于重要转折点，所以，生物H_2技术的发展在很大程度取决于矿物燃料的储藏量及其造成环境污染的程度。

最近，全世界都十分关注H_2能源的重要作用和在环境保护中的意义，因此，生物H_2生产的前景和市场十分乐观。

第十六章 生物氢（H_2）生产技术的进步和展望

一、引言

生物氢生产的"有光条件"和"黑暗条件"是人类应当思考的有意义的重要内容。

当不能再生的燃料能源发生"危机"后，氢更成为人类普遍关注的燃料能源。在20世纪70年代发生能源危机时，人类重新慎视了氢作为"未来燃料"的重要意义。因此，许多科学家和财团，以及有关政府部门花费了许多时间和经费来研究生产氢的可能性和应用前景。当矿物燃料价格下降时，氢和其他可替代能源就不再列入各国的议事日程。然而，在90年代，人们对"温室效应"的关注，使氢作为燃料的构思显现了其优势。氢燃料不会对全球气候变化造成直接的影响，但它能大大降低对空气的污染。由于矿物燃料价格强烈波动和矿物燃料造成了环境的污染，所以在进入21世纪时氢生产的技术和经济上的效益便具有特别重要的意义。

生物技术对氢能源的生产和应用具有至关重要的作用。用低价培养基或废物进行黑暗发酵，或者用"生物光解作用"（通过光合作用将水分解成氢气和氧气）是创造可再生氢生产系统的重要基础工作。这些研究结果和证据都已在科学杂志和其他著作中都公开发表了。

本文对发展可再生氢能源工业和生物技术应用的可能性予以评述和进行讨论。

二、生物氢（H_2）的生产

90年代，矿物燃料便成为大气污染的主因，它不仅有害于人类健康，而且也诱发了全球气候的明显变化（即气候变暖）。所以，人们又重新审视了氢的重要意义。因此，生物氢的生产也就成为各国政要们支持的重点。

19世纪后期，科学家已知道了藻类和细菌能产生氢，并进行了一定的基础研究，但是，直到20世纪70年代，生物氢的生产第一次受到了人们的特别关注，并考虑其实际应用的可能性。因此，美国国家科学基金委员会（NSF，washington DC）召开了关于生物氢生产的专门会议。这些早期的会议讨论的重点是通过光合作用生产氢的过程和机制。这些最初研究的结果表明，氢可能通过菠菜叶绿体和两种细菌蛋白的混合体在光照条件下产出氢。

细菌蛋白，即一种氢化酶，它能产生氢，而另一种细菌蛋白，即铁氧还蛋白，它能从光合作用过程中向氢化酶发射出电子（图16-1A）。

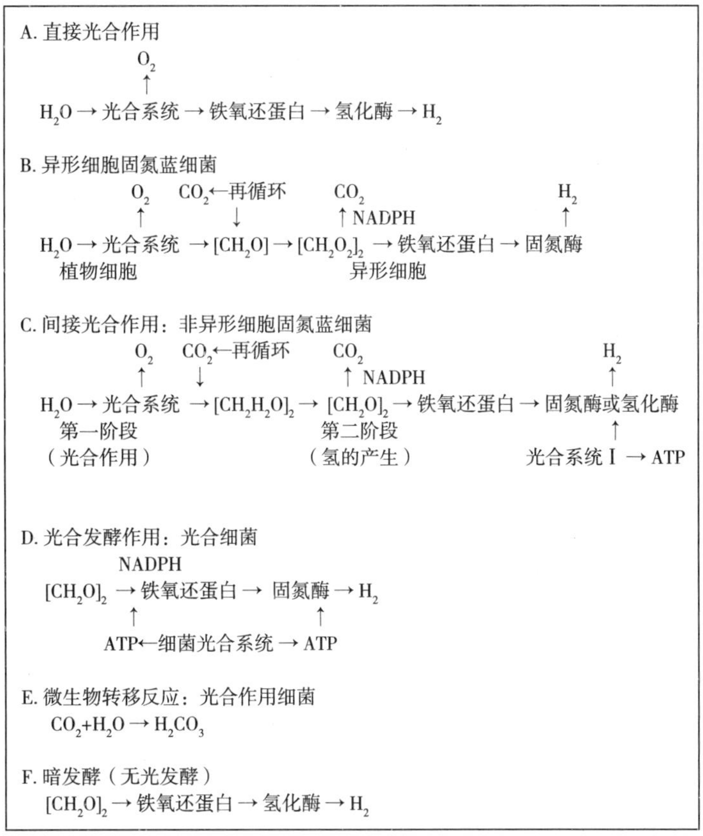

A. 直接光合作用
$$O_2 \uparrow$$
$$H_2O \rightarrow 光合系统 \rightarrow 铁氧还蛋白 \rightarrow 氢化酶 \rightarrow H_2$$

B. 异形细胞固氮蓝细菌
$$O_2 \uparrow \quad CO_2 \leftarrow 再循环 \quad CO_2 \quad\quad\quad\quad H_2$$
$$\quad\quad\quad\quad\quad\quad\quad\quad\quad \uparrow NADPH \quad\quad\quad\quad \uparrow$$
$$H_2O \rightarrow 光合系统 \rightarrow [CH_2O] \rightarrow [CH_2O_2]_2 \rightarrow 铁氧还蛋白 \rightarrow 固氮酶$$
植物细胞 　　　　　　　　　　　　　　　异形细胞

C. 间接光合作用：非异形细胞固氮蓝细菌
$$O_2 \uparrow \quad CO_2 \leftarrow 再循环 \quad CO_2 \quad\quad\quad\quad H_2$$
$$\quad\quad\quad\quad\quad\quad\quad\quad\quad \uparrow NADPH \quad\quad\quad \uparrow$$
$$H_2O \rightarrow 光合系统 \rightarrow [CH_2H_2O]_2 \rightarrow [CH_2O]_2 \rightarrow 铁氧还蛋白 \rightarrow 固氮酶或氢化酶$$
第一阶段　　　　　　　第二阶段　　　　　　　　　　　　　　$\uparrow$
（光合作用）　　　　　（氢的产生）　　　　　　　光合系统 I → ATP

D. 光合发酵作用：光合细菌
$$NADPH$$
$$[CH_2O]_2 \rightarrow 铁氧还蛋白 \rightarrow 固氮酶 \rightarrow H_2$$
$$\uparrow$$
$$ATP \leftarrow 细菌光合系统 \rightarrow ATP$$

E. 微生物转移反应：光合作用细菌
$$CO_2 + H_2O \rightarrow H_2CO_3$$

F. 暗发酵（无光发酵）
$$[CH_2O]_2 \rightarrow 铁氧还蛋白 \rightarrow 氢化酶 \rightarrow H_2$$

图16-1　生物氢的产生过程

用*Anabaena cylindrical*——一种固氮蓝细菌（蓝绿藻）进行的试验证明，在细胞内也可以产生氢。在一定层面有望能产生光合生理学意义上的氢。因此，在20世纪80年代初，当能源危机过后，就生物氢的产生进行了许多研究，90年代，矿物燃料对大气造成了严重的污染，它不仅影响到局部地区人类的健康，而且还会引起全球气候的变暖，所以氢生产的重大意义和实际应用就受到了特别的关注。同时，生物氢的生产也成为各级政府支持的重点。其中德国和日本最为重视，并大量投资进行了研究。美国对其的重视程度则略逊一等。

目前，研究的主要目标是通过光合系统将水分解为氢和氧，以达到氢生物技术的最终目标。这些研究如若成功，那么，它将给人类从地球上最丰富的资源——水和光有效地提供无限量氢的产生。

但是，要达到这一目标，还需要克服许多生物和工程技术的挑战。光合作用所产生的还原与最大阳光转化效率可能有着密切的关系。光的最大转化效率为10%，其可有效转移至氢化酶。现在，光合作用如高等植物，它们俘获的有效光能最大为3%～4%。低价光合生物反应器的制造和应用亦是另一个挑战性的问题。生物反应器能为微生物同时提供有利的环境条件，以供其从水和光以及俘获氢来催化产氢作用。

三、有光条件下的产氢过程

生物氢产生的主要挑战性难题在于这样的事实，那就是光合作用氢的生产为一个两步互不相容的反应过程。在第一个反应过程中，水分解产生氧。在第二个反应过程中，电子还原力转移至质子，并经由氢化酶而产出氢。由于氧是氢化酶活性的一种强烈抑制剂，所以，在该系统中具有一种固有的反馈抑制作用。

解决这种进退两难的一条新的途径是利用藻类，它将这种反应过程分开为两个区室进行，并利用

CO_2作为两个区室之间的中间穿梭器（图16-1B）。例如，*Anabaena cylindrica*，其是一种丝状蓝细菌。它能将反应过程分区室送入营养细胞。随后，营养细胞便由水产生氧，并将CO_2固定。同时，当N_2还原作用受到阻碍时，含特异固氮酶的异形细胞就能产生氢。

另一途径则是利用非异形固氮蓝细菌，它在放出H_2和O_2的过程昼夜循环地暂时分开，或者通过空间分开为生物反应器，而不是通过两种类型细胞而分开（图16-1C）。因此，CO_2便在反应过程中起着一种中介作用。利用固氮细菌生产氢的主要问题是固氮酶需要高能量ATP。这种需要高能的代谢过程会大大降低潜在太阳能转化的效率。

由于蓝细菌和绿藻二者都能通过一种可逆的氢化酶而释放出氢，它需要的代谢能非常低，所以，其是可用于直接研究发生氢的重要途径。对这两种基本上不同的途径都进行了许多研究。在"直接生物光解过程中"，光合作用所产生的还原剂可经由还原的铁氧还蛋白直接转移至氢化酶（图16-1A）。在"间接生物光解过程"中，两个反应过程都会在不同阶段分开发生，而且各个不同阶段都与CO_2的固定和释放有关，其亦与非异形蓝细菌（图16-1C）有着类似的特点。

直接生物光解过程能产生一些难以预料的结果。在低光强度的实验室条件下，科学家已证明，蓝绿藻（chlamgdomonas）能将光能转化为氢能的效率可以达22%，相当于10%的太阳能转化效率。这些研究结果已突破了最大光合作用效率的禁区，并满足了两个光合系统——光合系统Ⅰ和光和系统Ⅱ的耦合所需的条件。试验表明，缺乏光合系统Ⅰ的chlamgdomonas变种亦能发生直接生物光解过程和CO_2的固定反应。虽然这种惊奇的发现仍有疑问，但通过这些变种可将光合作用效率提高，其提高程度可能比野生型藻类高2倍。

尽管生物氢发展有着诱人的前景，但其在全世界真正投入应用还有许多困难。如前所述，在发生氢的反应过程中光合作用所产生的氧能抑制产氢的氢化酶活性。实验室的试验表明，这种抑制作用可通过将产出的氧耗尽或清除而予以克服。但是，这在大规模的产生过程中则难以实现。然而，最有希望解决这一难题的方法是大力发展微藻。此外，这种直接对生物光解反应的藻类具有异形胞的蓝细菌系统需要附加的能量消耗。因此，在这类产氢过程中，全部俘获太阳能的面积需要封闭在一种光生物反应器（photobioreador）中才能完成。

另一种"间接生物光解作用"的概念还需要进一步证明其在实际中的应用。在日本，科学家研究了一个阶段反应过程，间接的生物光解系统已在一个Osaka发电厂进行了试验。虽然试验规模较小，而且是在产氢阶段应用了光合细菌，而不是藻类。该试验结果证明了产氢"理论标准"（proof of principle），并为进一步发展这种技术提供了一条有用的途径。

在该类型的间接反应过程中，其主要优点是CO_2的固定。在CO_2固定阶段，总面积90%以上的产氢量发生在一个开放的池塘。它的消费水平比释放出H_2所需要的封闭的光生物反应器要便宜得多。根据许多有益假设而进行的初步经济效益分析表明，两个阶段产氢的间接生物光解作用的理论，可使产氢的价格低至每百万英国热单位（MMBTU）的10美元。但是，实用型的生物光解过程的发展，无论是间接反应，还是直接反应，都还需要进行长期的研究与发展。

四、黑暗条件下的产氢过程

一种与实际生物氢产生过程相近似的方法就是在厌氧产氢细菌的作用下将有机基质和废物转化为氢的过程。有关这种产氢理论是在黑暗条件下，产氢细菌仅能产生少量的氢，典型的产氢率为化学计量的10%~20%。当产氢量增加时，发酵过程就成为不利的热动力学反应。因此，这使人们广泛地产生一种概念，那就是现时要以废物大规模进行工业生产氢还十分困难。

解决这种困难的另一条途径是利用光合细菌在光照条件下将有机基质，其中包括许多废物在内的基质大量产生氢和CO_2（图16-1D）。在原理上，由于大部分氢来自有机基质，所以，为完成这种氢反应，其就只需要有较小的光能输入和仅需要较小的光生物反应器。因此，当测出光合效率不能满足预期目标时，生物光解反应所获得的氢量就不会很高。这就说明这些细菌的固氮酶催化释放氢的过程需高能的供应，而且在细菌完成这些反应时，较低的光强度会阻止有效地利用充足的阳光强度。

还有一个令人振奋的机遇，那就是有可能实际应用的光合细菌能利用催化剂在黑暗条件下将微生物的这种"转移反应"（shift reaction）在室温条件下完成转化过程。同时，在与化学催化剂相比较的另一通路中，完成转化过程则需要高温和经由多个反应阶段。但是，有一个难点必须克服，那就是在该转化过程中使能量不受限制地、经济有效地发生转移。这可以用气相生物反应器予以克服。微生物的转移反应特别适用于小规模的应用，固此，这就可以最有效地采用生物质的气化来生产氢。

另一个在经济上有潜力的途径是在黑暗条件下发酵来产生氢。最近，已证明了这种黑暗条件下的发酵过程。在该过程中，氢是高附加值生物产品如葡萄糖酸的副产物。但是，这种模式的主要问题是需要产出有大量需求的高价值产品。就生产葡萄糖酸而言，氢的产量仅占总重量和进口葡萄糖产值的1%。在美国市场上，每年仅需葡萄糖酸的量约为50 000万t。这就意味着这一过程产出的氢量仅为500t。由于这一氢量较少，所以，每年的产值小于100万美元。据此效益，要大量生产氢将有一定的困难。然而，这种工业生产过程还是具有很大的意义，特别当其他发酵过程也将产出氢作为副产物时。

更有希望的是可将大量低价的基质或废物转化为氢。因此，利用黑暗条件下的发酵过程，使用有机废物产出氢（图16-1F）则具有特别重要的意义。这一过程的模型（model）是废物、动物粪便和食品加工废气物发酵产生甲烷。因此，氢的发酵亦可利用现有工业生产甲烷发酵的类似硬件设备。这样，发酵生产氢的经济效益就非常显著。发酵生产甲烷的出售价格范围为每MMBTU3～8美元，而利用相同硬件设备生产的氢的出售价格可高达每MMBTU15美元。但这种价格还取决于生产地区、规模、纯度和其他因子。此外，废物处理的技术也将影响产出氢的成本，但这在大部分甲烷发酵过程中已有成熟的技术和经验。

发达国家，如德国、日本和美国都已投入大量资金来研究和开发生物氢，其中日本名列第一，德国第二。

还有一个有益的选择，那就是以两个阶段的发酵过程生产氢和甲烷的混合气体。第一阶段首先生产氢和有机酸，然后，在第二阶段的发酵过程中将有机酸转化为甲烷。这种混合气体的卖点是氢-甲烷混合体，其在用于内燃机时可大大降低对空气的污染（与应用纯甲烷作燃料相比）。

黑暗条件下氢发酵研究和开发的最终目标和挑战是成功地产出大量氢。目前，已报道的产氢率为10%～20%。因此，在产氢率未达到60%～80%的标准以前，生物氢的生产还难以持续。所以，人们寄希望于试验方法的改进，即这种方法可以增加黑暗条件下厌氧产氢发酵过程中的产氢效率。利用嗜热细菌、限制营养供应以及最重要的基因工程和代谢工程以改变代谢途径等是最有效的方法，它将导致高水平的产氢效率。

五、生物氢技术未来展望

人们对全球变暖的关注大大地促进了氢作为燃料的兴趣。因此，生物氢的生产将在这种有意义的发展中起着重要的作用。然而为了完成这一目标，科学家还需要所有主要从中得益国家的支持以进行生物氢的研究和发展。早期（1996年以前）美国能源部每年投入约100万美元用于氢生产的研究。但日本在该领域的投资额约为美国的5倍。这样的投资总额远远低于生物氢实际效应的长期发展和近期研究所需经费。除了发展可持续的燃料资源外，生物氢的研究和发展无疑还会产生一些其他的商业性技术。例如，细菌氢代谢在许多发酵过程中是一个关键性步骤，而且也是生物腐蚀（biocorrosion）的重要过程。因此，细菌氢代谢在有毒有害废物的生物修复工程中也正在进行研究。但是，到目前为止，生物氢生产所提供的效益和能源的经济转化过程等还都需要通过研究来予以确定。

现时要预报图16-1中所列出的许多途径实际应用的可能性还为时过早，但最终将会获得成功！或者生物氢的生产会成为大规模的生产过程，或者可能成为小规模的屋顶转化装置，但当对氢的生物技术进行考量时，由大量使用非再生能源而造成持续能源"危机"的可能性将推动科学家对生物氢进行深入的研究和发展。无疑，生物氢领域的研究将在形成新的、清洁的能源过程中，以及促进环境科学技术的进步中起着不可忽视的重要作用。因此，在21世纪，各方面都需要关注和展开氢生物技术的理论和实际应用的研究。

六、生物氢发生的动力学

（1）悬浮式生长系统

Lawrence和Mccarty（1996）研究了挥发性脂肪酸、乙酸、丙酸和丁酸转化为氢（H_2）和甲烷（CH_4）的动力学。研究表明，由于在厌氧发酵过程中是一种限速反应，所以，应当讨论完整发酵过程中的动力学，及其发酵发展过程的模型。

在连续设计的混合流动基质的厌气发酵过程中，微生物的净生长量可用下式表达：

$$\frac{dX}{dt} = a\left(\frac{dF}{dt}\right) - bX \tag{1}$$

式中：dX/dt = 发酵罐中每一单位体积的微生物净产量（生物量/体积-时间），dF/dt = 发酵罐每单位体积废物利用率（生物量/体积-时间），X=微生物浓度（生物量/体积），a=产量系数/时间，b=微生物衰败系数/时间，基质利用率（dF/dt）与基质浓度有关，其方程式如下：

$$\frac{dF}{dt} = \frac{k \times S}{K_s + S} \tag{2}$$

式中：S=反应罐中的基质浓度（生物量/体积），k=在废物高浓度时，每单位微生物重量所能利用废物的最大量/时间，K_s为当dF/dt是达最大用量的一半时，半速率系数（half velocity coefficient）等于废物浓度（生物量/体积），将反应式（1）和（2）合并：

$$\frac{(dX/dt)}{X} = \frac{akS}{K_s + S} - b \tag{3}$$

数量（dX/dt）X为以单位时间内单位微生物量表达的微生物净生长量，而且可视为微生物特异生长量。

为了保持稳态条件，在微生物产出等量时，必须将微生物数量从系统中减少。因此，微生物每天的特异生长量，$\Delta S/\Delta T/M$便是保持固体的倒数（reciprocal），SRT：

$$SRT = \frac{X}{(\Delta X/\Delta T)_T} \tag{4}$$

式中：X=系统（生物量）中的活体微生物量（固态）；$\triangle X/\triangle T$ = 活体微生物（固态）总量，并以（生物量/时间）表达。SRT为系统中微生物的平均持留时间，其与活性污染持留时间相类似。如果微生物在发酵罐（或反应器）中发生再循环，那么，SRT的变化就与水体持留时间（hydraulic retention time，HRT）无关。当基质浓度足够，而且有较高的K_s值时，最小的SRT（SRT_m）值亦能抑制微生物的产气过程，其表达式如下：

$$\frac{1}{SRT_m} = ak - b \tag{5}$$

SRT_m的倒数值（reciprocal）为U_m，其代表微生物有限的特异生长量。它与发酵过程的时间有关，并可用下式表达：

$$T_d = \frac{0.693}{U_m} \tag{6}$$

式中：Td为微生物产出量所需时间。

有报告指出，厌气发酵的SRT_m值（时间）需要2～10d。好气发酵的SRT_m（系数）值则为0.5d或少于0.5d。SRT微生物量和发酵条件（系数）之间的关系用图16-2表示。

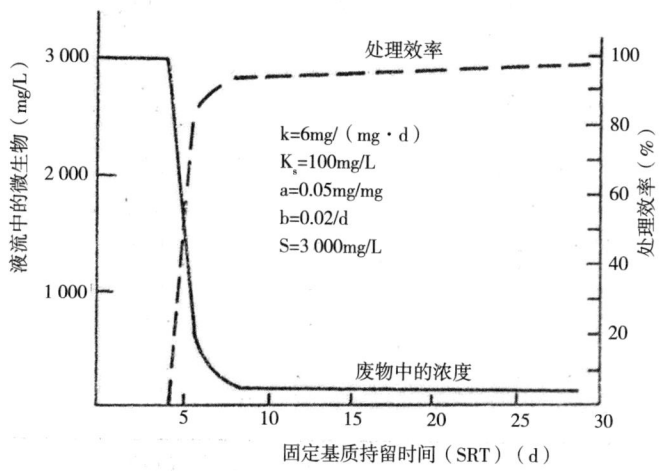

图16-2　连续发酵过程中SRT和微生物量之间的关系模型

a、b、k和K_s为常数，其可用于评价试验数据的真实性。生长系数a和b还可用于测定线性形态（linearized form），其方程式为：

$$\frac{1}{HRT} = aU - b \tag{7}$$

式中：U = ds/dt/x；因此方程式（2）的线性形态就可用于评价k和K_s，其评价用的方程式如下：

$$\frac{1}{U} = \frac{K_s}{k}\left(\frac{1}{S}\right) + \frac{1}{k} \tag{8}$$

方程式（8）被生物化学家在酶动力学研究中用来验证Michaelis-Menton常数。

$$\frac{1}{V} = \frac{1}{V_{max}} + \frac{K_m}{V_{max}} \cdot \frac{1}{(S)} \tag{9}$$

式中：V=反应速率，V_m=最大反应速率，（S）=底物浓度，K_m=Michaelis-Menton常数，其可用于测量酶-底物复合体的稳定性。

$$底物+酶 \underset{K_2}{\overset{K_1}{\rightleftharpoons}} 酶-底物复合体 \longrightarrow 产物+酶$$

$$K_m = \frac{K_2 + K_3}{K_1}$$

试验结果表明，挥发性脂肪酸的甲烷发酵、稳态动力学、生物量持留时间及其回归线形态净特异生物量、产出的挥发性酸量之间的关系，并可用下列数学模型予以计算：

$$\frac{1}{SRT} = u = \frac{akS}{K_s + S} - b \qquad （10）$$

试验中测定的各种系数综合于表16-1中。

表16-1　底物利用率和生物生长的有关动力学系数

基质	温度（℃）	k*[mg/(mg·d)]	K_s（mg/L）	a**（mg/mg）	b（/d）	SRT_m（d）
乙酸	20	3.6	2 130	0.04	0.015	7.8
城市污泥						10
乙酸	25	5.0	869	0.05	0.011	4.2
丙酸		7.8	613	0.051	0.04	2.8
城市污泥						7.5
合成乳制品废物		0.38	24	0.37	0.07	4.7
乙酸	30	5.1	333	0.054	0.037	4.2
乙酸	35	8.7	154	0.04	0.019	3.1
丙酸		7.7	32	0.042	0.01	3.2
丁酸		8.3	5	0.047	0.027	2.7
城市污泥						2.8
包裹废物水		0.32	5.5	0.76	0.17	

注：*COD表达每毫克生物固体转化为甲烷的数量；*以mg表达每毫克COD产出生物固体转化为甲烷的数量

在理论上，k值的变化是由温度所引发。所以，K_s值可用下式表述

$$\lg\frac{(K_s)_2}{(K_s)_1} = 6\,980\left(\frac{1}{T_2} - \frac{1}{T_1}\right) \qquad （11）$$

（2）填充柱系统

液流上升厌气过滤器是细菌吸收于膜上而与基质相结合的过滤装置。在稳定状态时，膜中的生物量平衡值为：

$$输入量 - 输出量 = 净吸收量 \qquad （12）$$

根据Fick分子扩散定律，通过表面积（A）的生物质转移量（dF/dt）与底物浓度（S）在界面上的浓度梯度量一定的比例关系，其表达式为

$$\frac{dF}{dt} = AD_s\frac{dS}{dZ} \qquad （13）$$

式中：dF/dt = 在界面上的生物质转移量（生物量/时间）

　　　dS = 扩散系数（表面积/时间）

　　　dS/dZ = 底物浓度梯度（生物量/面积）

Z = 生物膜宽度（或长度）

A = 生物膜表面积

在生物膜中底物的吸收量可用下列方程式表达：

$$\frac{dS_z}{dt} = \frac{kS_zX}{K_s + S_z}$$ （14）

式中：dS_z/dt = 底物吸收量［生物量/（体积·时间）］

K = 最大底物消失量［生物量S/（生物量·时间）］

S_z = 宽度Z时的底物浓度（生物量/体积）

X = 生物层中的生物量（生物量/体积）

K_s = 生物层中达一半速率时的浓度（生物量/体积）

单位横断面的生物层中不同距离之间的物质平衡可用下式表达：

$$\frac{d^2S_2}{dZ} = \frac{1}{D_z}\frac{KS_zX}{K_s + S_z}$$ （15）

当S_z大于K_s时，方程式（15）可降为零级次动力学方程式：

$$\frac{d^2S_2}{dZ} = \frac{KX}{D_z}$$ （15a）

因此，在界面上每一单位横截面上生物转移量的积分式为：

$$\frac{dF}{dt} = KXh$$ （16）

式中：h=生物膜厚度（或长度），生物层厚度的概值为：

$$h = \sqrt{\frac{2D_sS_1}{KX}}$$ （17）

式中：S_1 = 液体中底物浓度（生物量/体积）。

如果反应器中减少的单位体积底物与比表面（A/V）有关，那么，液体底物的浓度可用下式表达：

$$\frac{dF}{Vdt} = K_1\frac{A}{V}\sqrt{S_1}$$ （18）

式中：K_1=以零级动力学为基础的反应系数

V=反应器容积

S_z大于D_s

当S_z小于K_s时，方程式（15a）便降为一级动力学方程：

$$\frac{d^2S_z}{dZ} = \frac{KXS_z}{D_sK_s}$$ （19）

因此，转移的生物质量便成积分方程：

$$\frac{dF}{dt} = S_1\sqrt{\frac{Q_sK_X}{K_s}}$$ （20）

如果D_s、K、X和K_1变化不大，那么方程式便为：

$$\frac{dF}{Vdt} = K_2 \frac{A}{V} S_1 \qquad\qquad （21）$$

式中：K_2=以一级动力学为基础的系数dt大于S_1，方程式（18）和式（21）表明，底物消失量与生物膜表面积和底物浓度有关，但与生物膜厚度无关。

（3）液体流动床系统

液体流动床生物膜反应器（fluidized bed biofilm reactor，FBBR）是一种液流通过基质如沙、煤炭和合成材料而向上流动的液体反应器。Shick提出了FBBR动力学模型。模型试验证实，底物转化反应的零级限速反应是通过生物膜中的底物扩散来限制反应速率的。图16-3标出了试验结果。研究结果表明，通过反应器的底物浓度变化可用一种级方程式来表达。速率系数（k）受底物和生物膜特性的制约（详细资料可参阅"*Biogas*"一书）。

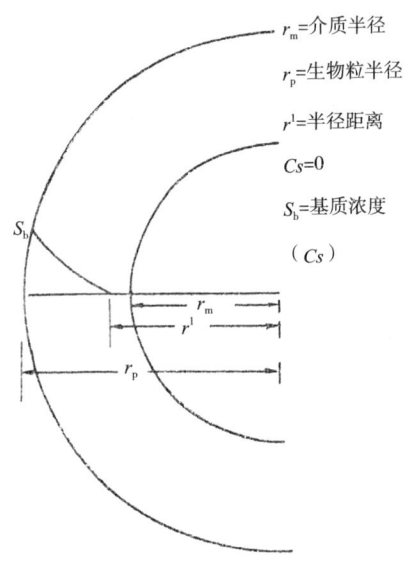

图16-3　进入生物膜的生物粒和基质穿透作用图式

（4）影响厌气发酵过程的速率

厌气发酵过程已得了广泛的应用，但其技术的发展还需进一步对发酵理论和影响生物发酵稳定性的因子等各个方面的研究。

为了使厌气发酵过程在实践中更好地利用，下面将论述影响发酵过程的一些因子。

温度。发酵温度：发酵反应和产气过程会在很宽的温度（4～60℃）范围内发生。一旦出现稳定的温度范围时，则温度的微小变化亦能导致发酵过程的波动，图16-4给出了温度与产气量的关系。

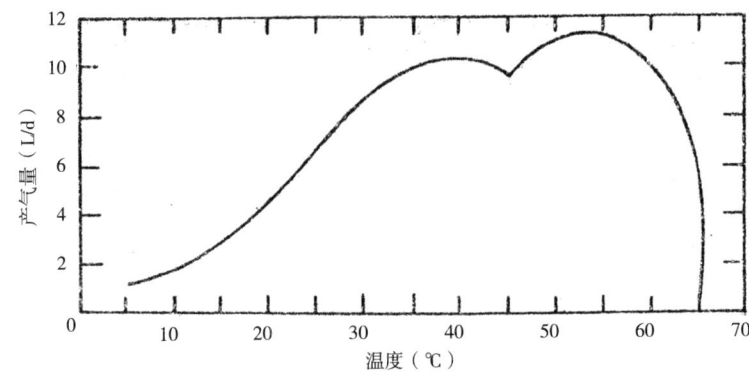

图16-4　温度对产气量的影响

虽然大部分污泥发酵罐是在中温（30~40℃）条件下操作，但甲烷和氢的产生则会在低至4℃的条件下发生。在4~25℃范围内温度增加的影响十分明显，产气量亦会发生明显的变化，即从100%增加到400%。在25℃时最终的化学需氧量（COD）为35℃时的90%，而且在25℃时抗分解的底物是一些具有复杂特性的化合物，如脂肪和长链碳水化合物。在20℃和15℃时，不易降解的化合物的比例会有所增加。

虽然在低温（20~25℃）发酵时保留固体物的所需时间是中温发酵所需时间的2倍，但产气数量和质量以及其他发酵的稳定性参数则大大有利。酵母发酵的最适温度约为35℃。

热预处理：在150~200℃热预处理30min至1h可以脱水（dewaterability），控制气味和灭菌。在厌气发酵前进行热预处理可以获得真正的产能效果（净产能）。热预处理的缺点是会形成有毒的副产物（呋喃化合物）（furan compounds），但厌气发酵过程则会适应这类化合物的存在。

pH值（酸碱度）。已有报告指出，甲烷细菌的最适pH值为6.9~7.2，6.4~7.2，6.6~7.6。甲烷细菌不能耐pH值波动的变化。非甲烷细菌对pH值变化并不敏感，而且在pH值5.0~8.5的范围内都能活动。

二氧化碳—重碳酸盐缓冲系统构成的pH值可与挥发性酸和发酵过程形成的氨密切相关。这是十分重要的，那就是对发酵过程形成的酸有足够的缓冲能力，而且不会将发酵液的pH值降至抑制甲烷细菌的生长和繁殖。

发酵液的酸碱度可用测量pH值和CO_2的分压来予以监测。在不同pH值和温度时的重碳酸的浓度和CO_2的分压之间的关系可用图16-5来表示。

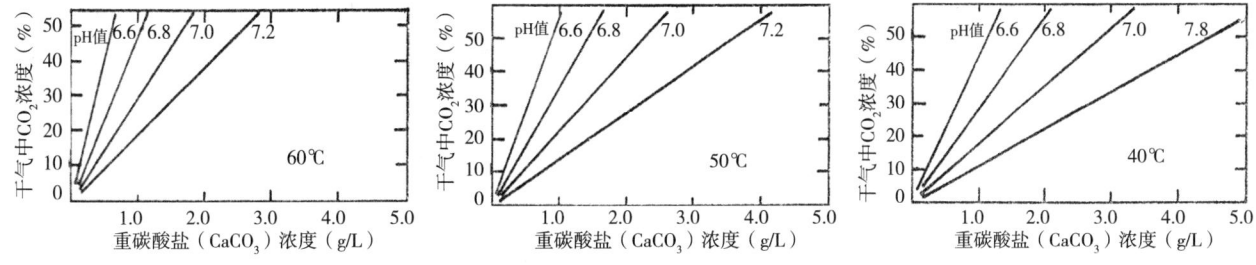

图16-5　气体成分、温度、pH值和碱度之间的关系

虽然向发酵液加碳酸钠和重碳酸盐可以缓冲pH值，但石灰（氢氧化钙）是最常用的缓冲剂。然而，石灰会与天然重碳酸钙发生反应而形成不溶性碳酸钙。所以，pH值会受到碳酸钙溶解度的限制。因此，石灰不会明显地增加pH值，因为石灰增加了碳酸钙的沉淀。但是，正磷酸盐能抑制碳酸钙的沉淀，从而使石灰可明显地调节约40%pH值的缓冲能力。有幸的是大部分废物含有足够量的正磷酸（>10×10³mol/L）。挥发性酸和氨对pH值有影响，从而会毒害甲烷细菌，但其浓度在30~60mg/L时才会发生毒害作用。同时氨的抑制作用是由过量的游离氨而不是铵离子所造成。发酵和产出乙醇的最适pH值为4.0，而最大的反硝化作用则在pH值为7.0时才能发生。

水分。所有细菌都需要水分，但它们能在一定范围内耐缺水条件，其范围可从很少水分含量至稀释营养溶液。这就表明，非常湿的废物亦可用于发酵，而且可省略用于干燥的电费。固体废物中的各种水分含量都会影响发酵时的产气量。水分从36%增加至99%时会增加产气量670%，但在水分为60%~75%时产气量增加非常明显。表16-2列出了填埋场废物的水分含量。

表16-2 5种填埋场采集的样品含水量　　　　　　　　　　　单位：%

时间（月）	顶部2-4ft	中部5-7ft	底部8-10ft
0~1	18.9	20.9	22.8
3~6	19.2	23.8	20.9
6~9	21.7	24.3	28.4
9~12	24.5	26.7	33.5
12~18	25.2	25.9	31.7
18~24	25.7	30.3	34.3
24~30	20.9	24.1	28.3
30~36	25.5	28.1	32.2
36~48	24.0	28.1	32.4
48~120	21.1	29.5	33.4
360~420	20.9	22.9	21.3

营养：氮、磷、硫和碳。 微生物含有约为100∶10∶1∶1的C∶N∶P∶S比例。适合微生物生长的C∶N和C∶P比例分别为25∶1和20∶1。在pH值大于7.4时，铵态氮浓度超过3 000mg/L时对微生物有毒害作用。除硫酸盐外，所有无机硫化合物的浓度在9mmol时会抑制纤维素的降解和甲烷菌的生长，硫化物的抑制顺序为硫代硫酸盐>亚硫酸盐>硫化物>硫化氢。现已证实，硫还原细菌会与甲烷细菌争夺氢。研究表明，能利用氢的硫还原细菌会抑制甲烷细菌的生长，但有足量的氢时，两种细菌都能生长。许多有机化合物能抑制厌气发酵。这类有机物有机溶剂、乙醇、长链脂肪酸和高浓度的农药等。

阳离子。 所有阳离子在高浓度时都能产生毒效应，但其相对毒性则有所不同。一般而言，毒性随阳离子的增加和原子量的提高而增强。研究表明，所有阳离子都对厌气条件下的甲烷细菌产生影响。阳离子有3种基本影响，即毒性、拮抗和刺激。一种阳离子的毒性因其他阳离子的存在而有所变化。

许多细菌都能明显地积聚可溶性重金属离子，其是通过细胞壁的蛋白质与阳离子进行络合作用来完成的。阳离子毒效应顺序如下：

$$Ni>Cu>Cr（IV）\approx Cr（III）>Pb>Zn$$

表16-3列出了重金属离子对厌气发酵时的毒性。

表16-3 重金属对厌气发酵的毒效应　　　　　　　　　　　单位：mg/L

	供料过程		脉冲供料
	抑制浓度	毒害浓度	毒害浓度
Cr（III）	130	260	<200
Cr（IV）	110	420	<180
Cu	40	70	<50
Ni	10	30	>30
Cd	—	>20	>10
Pb	340	>340	>250
Zn	400	600	<1 700

研究表明，当缺乏必需营养或辅因子时，发酵反应速率会受到影响。Clausen等发现，在低碳水平时，微生物发酵为一级动力学反应（first-reaction reation）。

在纤维素转化为CH₄时，共有4个限速反应步骤：

① 胞外酶使纤维素转化为可溶性糖；② 产酸细菌形成的挥发性酸；③ 甲烷细菌将挥发性酸转化为CO_2和CH_4；④ 液体可溶性产物转化为气体化合物。

在这类化合物的转化过程中，都有一些限速因子而使发酵反应受到影响。

（5）生物氢发酵装置的设计

为了在相同条件下，使微生物产出更多的氢，因此设计了多种产氢发酵装置（图16-6、图16-7）

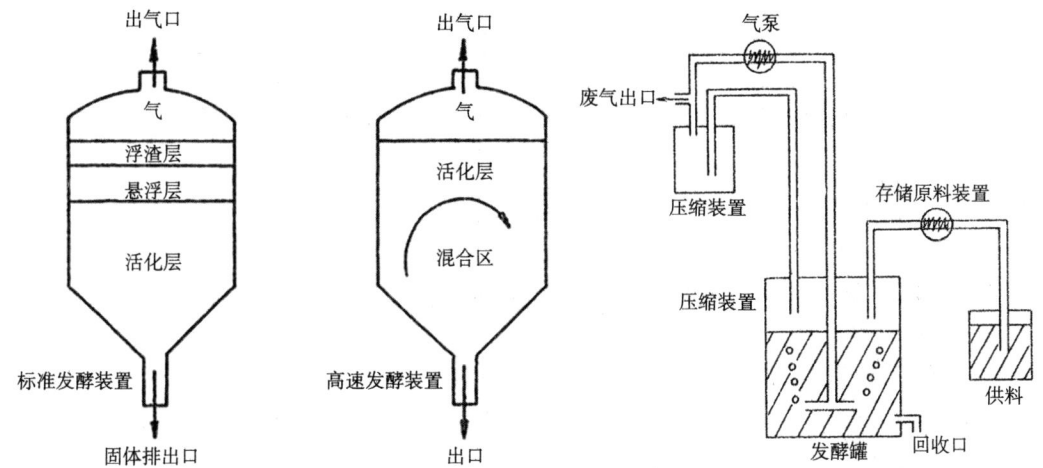

图16-6　生物氢生产的标准发酵装置　　　图16-7　用于生物氢厌气发酵装置

第十七章　有光微生物的产H_2容量和能力

一、固氮蓝细菌（*Anabaena* sp.）的产H_2能力

一种固氮蓝细菌鱼腥藻N-7363种，是用于在好气条件下进行水的生物光解系统（a Water biophotolysis system）研究的一个品种。该品种在大气条件下供应CO_2的方式以使其释放出H_2和O_2。在培养12d后，产出H_2和O_2的最终浓度分别为9.7%和69.8%。氢的吸收活性（Hydrogen uptake activity）在培养过程中虽然未能观察到，但已知H_2的释放是依赖于具有唯一的酶，即固氮酶所催化。

在许多试验中，固氮蓝细菌可用于由水产出H_2的系统研究。由蓝细菌所造成的水的生物光解过程中，要解决的主要问题是N_2和O_2对产H_2过程的抑制作用。N_2是产H_2反应的一种竞争性抑制剂，而O_2也是固氮酶的钝化剂（inactivator），但是，好气固氮菌具有各种保护机制以抗O_2的抑制效应。因此，大部分蓝细菌的产H_2系统能利用氩气作为基础气体。

在固氮菌中，附随的吸收氢化酶活性能阻止密闭容器中H_2的积累。蓝细菌用惰性气体进行连续培养后，由于培养过程中放出的H_2和O_2的浓度很低，所以它阻止H_2的吸收和O_2的抑制作用。但是，Mitsui及其同事提出，因放出的H_2必须与大量的惰性气体分离，所以这种研究方法难以实施。因此，在密闭系统中，不使用稀有气体而能使H_2积累的方法才具有实际可应用的优点。

科学家从yamanashi大学收集到的固气蓝细菌中分离出了一种好气产H_2品种（N-7363），并证明，该品种在密闭的容器中能使好气和厌气产H_2作用延长。在这种密闭容器中，气体可用半分批法（SemibatCh procedure）予以更新。本文中，我们将论述Anabaena Sp.Strain N-7363在密闭容器中仅供应CO_2，而不用任何更新气体时它的好气产H_2和同时积累H_2和O_2的过程。

1. 材料和方法

将Anabaena Sp.Strain N-7363置于一个300mL的容量瓶中进行培养。培养基为150mL经改良过的无任何化合态氮的Allen-Arnon培养基，并用7Klux连续光照和温度为30℃的条件下增富CO_2（5%，V/V）来进行培养。在培养过程中，不断用磁力搅拌器进行搅拌。培养5d后，培养菌体转入Roux瓶（图17-1）中用新鲜培养基进行培养。瓶的内部总体积为1 550mL，初始工作体积为1 000mL。初始气相是用CO_2（5%，vol/vol）增富的气体（空气）。

除步骤⑤外，所有过程每10天重复1次。

① 用一个压力阀注射器（a Pressure Lok Syringe）抽出气体样品，并用气相色谱仪测定氢、氧和二氧化碳的浓度；② 容器中的气体经由三相闭门排皮下注射器后，注射器刻度以大气压条件下进行测定，注射器的内部气体则弃去；③ 将CO_2浓度恢复为5%，并计算出注入CO_2的体积。在后续过程中，排出的气体（*gas atmosphere*）并不影响大气压（atmospheric Tensiom）；④ 吸出15mL培养基（Culture）以测定蓝细菌细胞浓度；⑤ 再吸出10mL培养基以检测乙炔还原活性，并在黑暗条件下原位测定H_2。

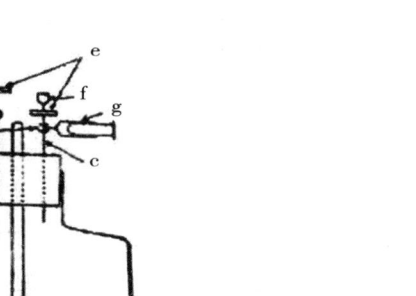

图17-1 培养蓝细菌的容器

注：培养容器是一个Roux瓶（14cm×6cm）。a. Culstar搅拌器，可以调节和调整；b. 吸取培养基和注入CO₂的管道（由不锈钢制成，直径1mm）；c. 气体取样和测定内部气体体积的管道（不锈钢制成，直径1mm）；d. 三相塑料阀；e. 用一个FGLPOBOO过滤膜制成的膜过滤器；f. 用于气相色谱仪上定时的气体取样插塞（plug）；g. 用于测定容器气体体积变化的皮下注射器（最大刻度20mL）

据报道，氢和氧的浓度都作过测定。CO₂的浓度则用Shimazu Gc RiA气相色谱仪测定（检测器为TCD）。它装有活性碳（30/60目）柱（直径3mm，长2m）。炉温为140℃，载气（氮）的入口压为1kg/cm²。

乙炔-还原活性和细胞干重的测定采用常规法进行。在黑暗条件下，氮吸收活性可用于氢-氧电极系统进行检测。由还原甲基紫色化合物（Viologen）释放出的氢活性亦可用氢-氧电极测定。还原紫色化合物的制备已在以前的试验中作了叙述，同时，在试验过程中向蓝细菌悬浮液加1mmol/L紫色化合物（再加5mmol/L连二亚硫酸）。

2. 结果和讨论

当*Anabaena* Sp.Strain N-7363封闭在暂时停止通气的容器中时，其便释放出氢。而*Anabaena* Sp品种的蓝细菌在完全封闭系统中能同时积累氢和氧（图17-2）。

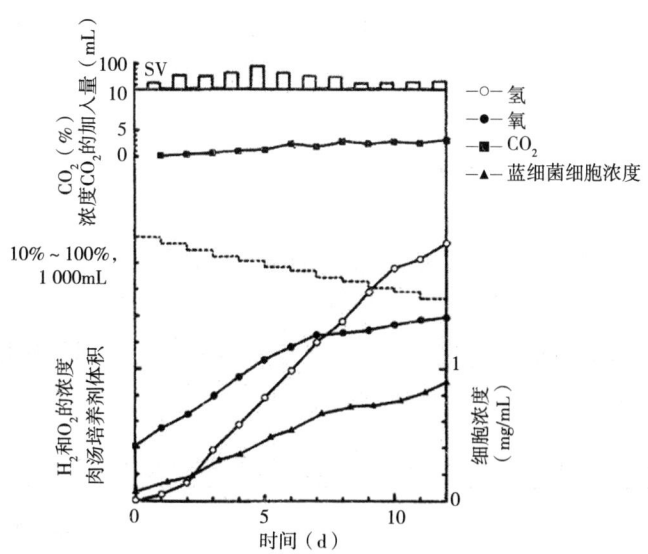

图17-2 *Anabaena* sp品种释放氢和氧的时间进程

注：细胞悬浮液培养于图17-1的培养容器中。培养温度为30℃，并在7Klux连续光照（荧光灯）条件下培养。H₂、O₂和CO₂浓度的测定按材料和方法中所论述的方法进行。日界线（Dashed line）表明了肉汤培养剂的容量。S.注射器的刻度（图17-1）。V.CO₂体积与氢和氧相比的百分率分别为10%和100%

在封闭培养器中，整个固氮蓝细菌细胞好气积累氢的条件如下：① 氢的释放完全不受氮气的抑制；② 固氮酶系统对氧气有高度的保护作用；③ 吸收氢化酶的活性很低或无活性。试验表明，N-7363品种所需的首要条件是，N-7363品种释放氢的过程完全不受氮气的抑制，而且在氮气还原速率为100%时仍有可能放出H_2。

我们还检验了所需的条件②。乙炔还原活性在不同的氧分压条件下进行测定。其是在H_2释放过程中吸取培养基样品来进行测定的（图17-3）。试验结果表明，该品种在每种条件下达到最大乙炔还原时需要一些氧气，而且N-7363的固氮酶系统对氧气具很高的抗性。虽然还需要作进一步的研究才能阐明这种氧气的高抗性能，但图17-3中的数据表明，呼吸作用在该品种的保护机制和固氮酶反应过程中起主导作用。

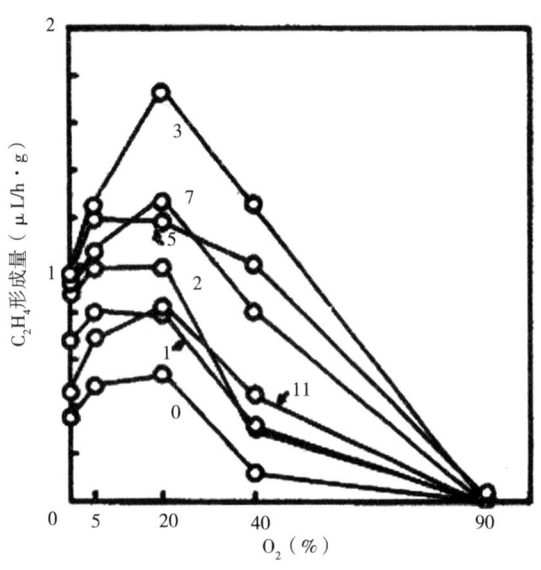

图17-3　在各种氧的分压条件下，产H_2过程中样品消耗时的乙炔还原活性

注：每一个用橡皮塞塞住的容器（Erien meyer三角瓶）都含有1mL肉汤培养剂和6～7mL气体。乙炔浓度为10%。数字代表样品消耗时的产H_2时间（d）

N-7363品种产H_2亦需要充分条件③（表17-1）。我们对培养基氢吸收活-性的检测进行了研究。在图17-2所示的条件下，培养基能产出H_2和O_2。将肉汤培育基吸出，并立刻转移至氢-氧电极测定器中，但并未观察到黑暗条件下的氢吸收活性。产生氢活性的程度取决于内源呼吸作用。这就意味着N-7363品种发生的氢吸收活性是由氢-氧反应造成，但与黑暗条件下的产H_2能力相比微不足道。在图17-2中表明的好气条件下，也不可能发生依-光氢吸收活性。吸收氢化酶被认为是可以重新产生氢气的酶，因此，产H_2过程是通过厌气依-光反应和氧-氢反应而发生的固氮酶的副反应。后者（氧-氢反应）有助于固氮酶抗氧的保护作用。但是，在实际应用的研究中，增加CO和C_2H_2以及好气的黑暗处理都会钝化或阻遏吸收氢化酶，因此，这就能减少H_2的净产量。表17-1所列出的蓝细菌品种的性质有利于实际可应用的产H_2作用，这是因为产H_2过程无需人为阻止氢的吸收。

表17-1　*Anabaena* sp.*Strain* N-7363蓝细菌品种在黑暗条件下的产H_2过程

取样时间（d）	浓度（%）		每毫克干细胞的产H_2量（μg H_2/h）
	H_2	O_2	
1	0.40	33.2	0.371
2	1.02	37.7	0.765
3	2.18	49.5	0.581

（续表）

取样时间（d）	浓度（%）		每毫克干细胞的产H_2量（μg H_2/h）
	H_2	O_2	
5	4.18	55.0	0.533
7	6.92	66.6	0.539
11	9.70	70.4	0.216

然而，依-还原甲基紫色化合物的产H_2过程是由于氢化酶所造成，当表17-1中列出的样品用氢-氧电极测定时（数据在表中未列出），并未观察到可逆的氢化酶活性。这些事实表明，释放H_2的有关酶只有固氮酶，而氢化酶并不参与氢的代谢（至少在图17-2中所列的条件是如此）。

Mitsui及其同事用氩气为基本气体的封闭系统研究完成了固氮蓝细菌的产H_2及其积累过程。但是，到目前为止，未见有产H_2及其积累过程会在氮和氧同时存在的条件下发生。在封闭系统中Anabaena Sp菌种CA和IF都不会将高产H_2量时间延长。Anabaena Sp.Strain N-7363有可能在好气或无控制的大气体条件下产生H_2。

二、柠檬酸细菌（*Citrobacter intermedius*）和巴氏芽孢梭菌（*Clostridium pasteurianum*）的产氢容量

甲烷、氢和硫化氢以及二氧化碳都是微生物发酵的重要气体和产物。前两种气体是重要的燃料。因此，生物氢的研究具有很大的意义。梭状芽孢杆菌（Clostridia）是在厌气环境如污泥、渍水土壤、湖泊和池塘沉积物、沼泽以及动物和类似的非动物肠道中分布最广的降解细菌。但有些细菌则是病原菌。它们能大量利用与细胞生长有关的有机质。由于不适宜还原条件（高度负值的氧化还原电位）的存在，H_2的产出和N_2的固定便成为这些微生物代谢的一部分综合产物。

*C.pasteurianum*能产生大量的气体（5.5mol H_2+CO_2/mol蔗糖）。与此相比，*C.intermedius*是一种兼性厌气细菌，它仅能产生2mol H_2+CO_2/mol葡萄糖。现在还未知两种微生物都能产出气体，但已知*C.intermedius*的产H_2和CO_2的方式和速率。

1.材料和方法

（1）化学试剂

用于研究的化学试剂是从Fisher Scientific，NJ，USA获得。无氧氮气是从Matheson Canada，Ontario购得。

（2）菌株的培养和接种

研究采用的微生物有*C.intermedius*和*C.pasteuianum*（N.Drakich，VWD London，Canada）。这些菌株在室温用酵母提取液（1.0%，W/V）和矿质盐琼脂（yxMSA）培养基保存，并每周转移一次。从yxMSA培养基上取出菌落，并在50mL葡萄糖（1.0%）和矿质盐培养基（GMS）上于37℃条件下进行厌气培养。指数相位细胞用作14-dm³发酵罐研究时的厌气接种菌。

（3）生长基质

研究所用的矿质盐培养基（MS）（g/dm³蒸馏水）如下：

$MgSO_4$0.5；$Na_2S_2O_3 \cdot 5H_2O$1；（NH_4）$_2SO_4$1；NaCl1；$KH_2PO_4$20；$K_2HPO_4$5（pH值6.0）。加入无水葡萄糖使培养基的最终浓度为7.7g/dm³ GMS。加入酵母提取液使最终浓度为0.1%。加入14mol-KOH

以轻微调节GMS培养基灭菌前后的最初pH值。高压灭菌对最初pH值的影响可以忽略不计。

包括葡萄糖溶液在内的矿质盐酵母培养基（12dm³）置于发酵罐内，用压力为10.546kg/m²，121℃条件下高压灭菌2h。在冷却过程中，培养基用无氧N₂气流连续喷洒一夜。

培养基的葡萄糖组分用0.22μm微孔过滤器（Millipore）分开过滤灭菌。葡萄糖溶液的接种培养和加入过程可同时完成。有效的总体积为13dm³，头部空间为2dm³。然后停止喷洒，而且，在发酵期间不必重复。为了完全封闭不通空气，所以要提供一种发酵罐的有效设计。气体出口处可用一个小水阀进行关闭。这样用高压灭菌和用N₂喷洒后，厌生物分解（anaerobiosis）才能维持。

（4）反应器（发酵罐）

反应器（发酵罐）是一种底部可驱动的Chemapec发酵罐（Chemap，Mannedorf，Switzerland）。搅拌速率（2.4m/S）、温度（34℃）和pH值的控制都按原设计进行。

（5）14dm³发酵罐的生长研究

在每罐发酵过程中，培养基（15cm³）和气体样品（10cm³）都以间隔1或2h吸取一次。生长量通过细胞干重来测定。气体样品用气紧注射器从发酵罐头部空间抽取。气体组分百分率的分析用气相色谱仪测定。

用二硝基水杨酸（DNS）试剂测定葡萄糖含量。离心培养基所获得悬浮液（100mm³）样品在试剂（3cm³）加入前，首先用蒸馏水稀释至1cm³。在发酵过程中应随时检测pH值、温度（℃）和搅拌速率以及产出的气体量（体积）。

2. 结果和讨论

*C.intermedius*和*C.pasteurianum*在厌气条件下于葡萄糖矿质盐培养基上的生长方式绘制成图17-4。*C.intermedius*在接种后12h能完成发酵过程。记录下培养基在650nm的吸收光谱，其可作为发酵过程的发展状况，且在15h后达到一个最高值（图17-4至图17-7）。生物体的全部产量为29.5g/mol葡萄糖或1.26g/dm³。在约11.5h后，原来的葡萄糖（浓度为7.6g/dm³）会完全被利用。在生长过程中，pH值则会从7.0（初始pH值）降低至6.0。培养基在无O₂氮气流的条件下冷却一夜后的Eh为250mV。在连续培养约11.5h后，Eh值会增加到一个稳定值（-135mV）。气体量约为23dm³。

在生长基质中所提供的100g葡萄糖可产出约23dm³气体。当活性（指数）生长停止时（13h），产气亦就停止了。

释放至反应器顶部（总体积为2dm³）的气体成分（%，V/V）可作为发酵程度的指标（图17-5）。它反映了放出气体（H₂，CO₂）的状况。任何释放出的气体都滞后于H₂的释放。第一次检测在3.5h后进行。4h后则对CO₂进行检测。

H₂和CO₂的产出量分别为0.58和0.33mol（表17-2）。该值相当于产出的1.0mol H₂/mol葡萄糖或10%（V/V）mol H₂/mol有效基质的H₂和0.035mol/H₂ g生物量。产出H₂的最大速率pH₂为3.7mmol/h（表17-2）。全部产H₂量（QH₂）为2.5mmolH₂/（h·g）生物量。

在接种42h后，就完成了*C.pasteurianum*的发酵过程，但还会继续产出很少量的气体（1.5dm³/h）。发酵基质在生长30h后的光吸收谱达到了1.6的最大值（图17-6）。生物体的全部产量为37.4g/mol葡萄糖或1.6g/dm³。加入的葡萄糖（100g）在发酵过程中会全部被利用。除对照外，pH值亦会从7.0降至6.7。初始培养基的Eh在冷却后和无O₂氮气流（2d）条件下达到+155mV。随后，培养基开始发酵，并连续42h，此后，Eh下降，并超出-290mV（图17-7）。

在用*C.pasteurianum*发酵时，产出的气体（83%H₂，17%CO₂）约为25dm³（图17-6）。当活性生长（指数生长）停止时（31h），活性产气也不再发生。在第一次（20h）检测H₂后8h，再检测CO₂。

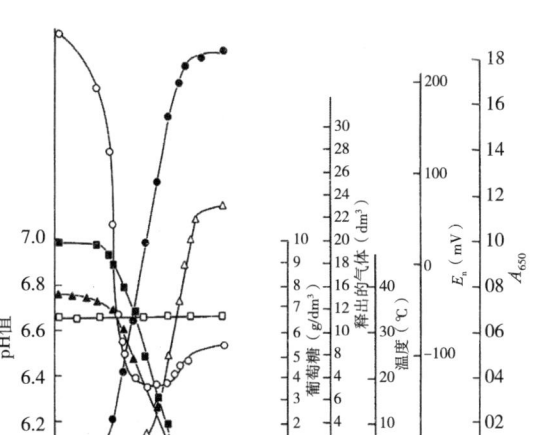

图17-4　用*C.intermedius*嫌气生长时，培养基的温度（□）、吸收谱（●）、pH值（■）、
Eₕ（○）、残留葡萄糖（▲）和产气量（△）的变化状况

表17-2　*C.intermedius*和*C.pasteurianum*的产H₂量和产H₂率

	C.intermedius		*C.pasteurianum*
葡萄糖浓度（g/dm³）	7.7	7.7	15.4
yg	0.91	0.99	5.3
yH₂	0.58	0.82	1.3
yCO₂	0.33	0.17	3.9
yH₂/S	1.0	1.5	2.4
yx/S	29.5	37.5	51.2
yH₂/S	0.035	0.040	0.046
PH₂ max	3.7	9.0	N.D
QyH₂	2.5	1.9	1.2
% H₂/SH₂	10	25	43

注：Y = 气体产量［yg，yH₂，yCO₂为每批次发酵产出的量（mol）］，G = 气体，S = 基质（每批次葡萄糖的mol），X = 生物量（每批次的g），N.D = 未测定，ph₂ = mmol H₂/h，QH₂ = mmol H₂（h·g）生物量，% H₂/SH₂ = % mmol H₂/mol基质H₂。

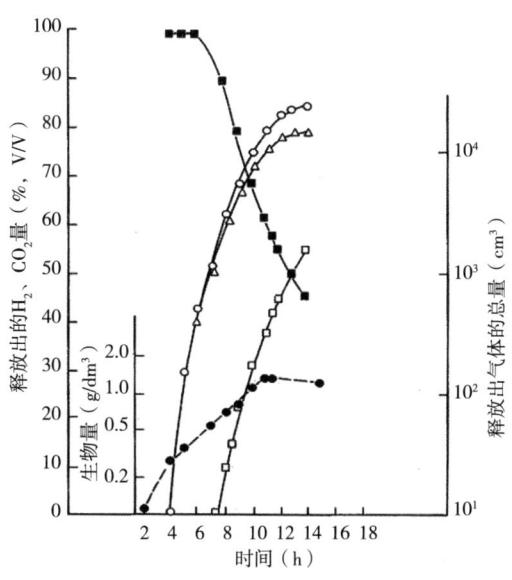

图17-5　用*C.pasteurianum*培养基吸收谱（■），残留葡萄糖（△），产气率（▲），
以及气体成分（○，H₂；●，CO₂）随时间进程所发生的变化状况

H₂和CO₂的产量分别为0.82mol和0.17mol（表17-2）。由表可知，产H₂量为1.5mol H₂/mol葡萄糖或25%mol H₂/mol有效基质H₂以及产H₂量为0.04mol H₂/g生物体。最大产H₂量为9.0mmol/h（表17-2）。产H₂总量（QH₂）为1.9mol H₂/（h·g）生物体。

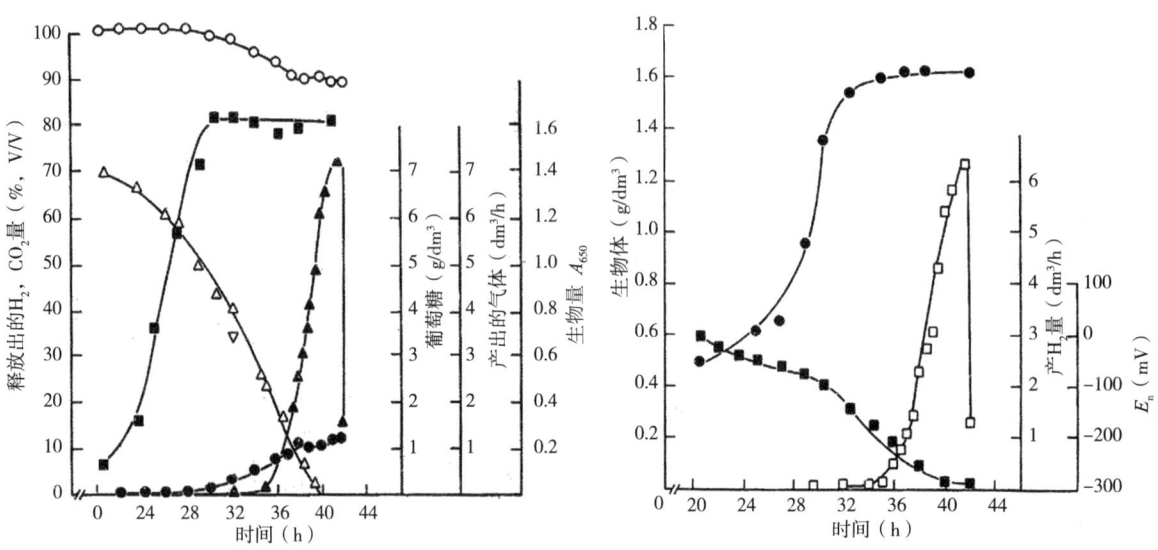

图17-6　*C.intermedius*在反应器顶部（2dm³）产出的气体成分（■.H₂；□.CO₂），气体体积（○.H₂+CO₂；△.H₂）以及随时间延长而发生的生物体的对数变化（●）

图17-7　*C.pasteurianum*随时间延长所发生的生物体（●）、Eₕ（■）和产H₂速率（□）的变化状况

*C.pasteurianum*的最大生长速率为0.23/h，而*C.intermedius*则为0.21/h。*C.pasteurianum*生长滞后期则为2h。在测定的基质中缺乏酵母提取液时，*C.pasteurianum*不可能生长。*C.pasteurianum*和*C.intermedius*的最大生物体产量分别为1.6g/dm³和1.30g/dm³（图17-1，17-3）。*C.intermedius*发酵产生的最后气体成分为60%H₂和40%CO₂。*C.pasteurianum*发酵产生的最后气体成分为85%H₂和15%CO₂。

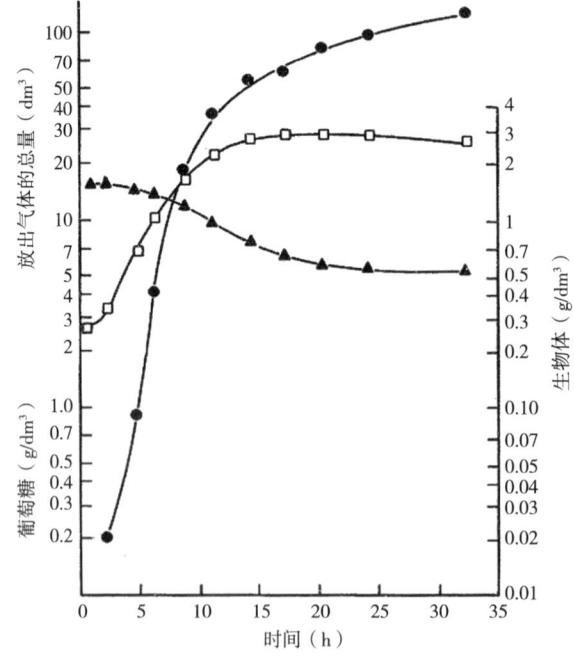

图17-8　*C.pasteurianum*生物体干重（□）和产出气体体积（●）的变化，以及随时间延长使葡萄糖浓度（▲）降低的状况

当葡萄糖浓度加倍增至15.4g/dm^{3}时，形成气体总量的44%与生长有关（图17-8）。在培养32h后，生物体最大产量达到2.85g/dm^3，其产出的气体量则为121dm^3。进一步培养16h后，最终气体总量为134dm^3（5.3mol）（图中未标示）。最后气体成分中H$_2$为25%、CO$_2$为75%，分别相当于1.3mol H$_2$和3.9mol CO$_2$。这些数据反映了产量yH$_2$/S = 2.4和yH$_2$/X = 0.046（表17-2），同时，全部产H$_2$率QyH$_2$为1.2。基质转化（mol/mol有效H$_2$）成H$_2$的百分率为40%。

两种厌气微生物——*C.intermedius*和*C.pasteurianum*都能利用葡萄糖产出生物体和H$_2$。两种厌气微生物的特异生长速率十分相似，但包括滞后期在内的生长方式则大相径庭。这就会造成两者产H$_2$率（QH$_2$）的全面下降。例如，*C.pasteurianum*的QH$_2$下降71%时，*C.intermedius*的QH$_2$仅下降15%。这些研究结果与Sargent等（2001）用*C.pasteurianum*的研究结果十分一致。在这两种情况下，当基质耗竭前，生长就已停止。长的细胞生长诱导期（20~48h）常能在两种条件下观察到。但在有些情况下则不会出现长诱导期（例如Sargeat等用*C.pasteurianum*的15个试验中，采用的培养基为140dm^3）。在这些试验过程中，几乎获得了理想的气体产量（5.3mol气/mol葡萄糖vs 5.5mol气体/mol蔗糖）。但Sargeat等未测定释放出的H$_2$量。

*Clostridum welchii*的产H$_2$能力为2.1mol H$_2$/mol葡萄糖，该值略低于现时研究所获得的产H$_2$量。休眠细胞释放出的H$_2$量为0.4mol/mol葡萄糖，该值远低于利用相同葡萄糖量（0.55mol）的*C.pasteurianum*所获得的产H$_2$量。

*C.intermedius*的产H$_2$率（yH$_2$ = 0.58）比先前用其所作试验获得的产H$_2$率（yH$_2$ = 0.65）要低。其原因可能是促进生长的酵母提取液的存在，它还能增加葡萄糖向细胞转化而产出除H$_2$以外的其他产品。

*C.pasteurianum*的最大产H$_2$率（Ph$_{2max}$）比*C.intermedius*的高2.4倍。这一特点与*C.pasteurianum*的应用潜力有密切的关系，其可连续进行培养或应用流动（固定细胞）技术。

现时，人们对*C.pasteurianum*产出H$_2$是否与生长有关还不清楚。

在14-dm^{3}批次反应器中以葡萄糖为基质来培养柠檬酸细菌和巴氏芽孢梭菌，并测定生物量和产H$_2$量。柠檬酸细菌在有关生长过程中产出氢，而巴氏芽孢梭菌则会在静止（稳定）生长过程中都能产出氢。柠檬酸细菌的最大产量和产氢率为60%H$_2$或1mol H$_2$/mol葡萄糖，最大产H$_2$量为3.7mmol H$_2$/h，巴氏芽孢梭菌则为85%H$_2$或1.5mol H$_2$/mol葡萄糖，最大产H$_2$量为9.0mmol H$_2$/h。在葡萄糖浓度为7.6g/dm^{3}时，H$_2$的生产率（QH$_2$）为2.5mmolH$_2$/（h·g）干生物体。当葡萄糖浓度从7.6g/dm^{3}增加至15.4g/dm^{3}时，*C.pasteurianum*在相关的生长过程中的产H$_2$率可达44%。在静止相中，还会产生剩余的H$_2$。在整个研究过程中，H$_2$的产出率（QH$_2$）为1.2mmol H$_2$/（h·g）干生物体。比较试验表明，*C.pasteurianum*能达到最大产量和最大H$_2$产出率。

三、葡萄糖脱氢酶和氢化酶的产氢能力

葡萄糖产生分子氢的一种新酶学过程已得到了证实。产H$_2$反应是以*Thermoplasma acidophilum*葡萄糖脱氢酶使葡萄糖发生氧化作用为基础的。同时，葡萄糖氧化过程还与*Pyrococcus furiosus*氢化酶的NADPH发生共氧化作用。由葡萄糖与辅因子连续循环可以产生化学计量学的H$_2$量。该简单系统为再生能源氢提供了一种生物产氢的新方法。此外，该反应的其他产品——葡糖酸是高价值的日用化学品。

1. 材料和方法

氢作为一种可再生燃料的前景已在政策和技术层面受到了广泛的关注和重视。生物体的氢化作用、热解作用和发酵作用在过去、现在和未来都被认为是产H$_2$的重要途径。但是，生物体产生的葡萄糖转化为氢的试管酶学方法则未受到应有的重视。酶学方法需要相对温和的条件，并在不产生中间废

气如CO_2和CO时能产出H_2。

由动物和细菌源获得的葡萄糖脱氢酶（GDH）能催化葡萄糖的氧化作用，并将其转化为葡糖酸-S-内酯，然后，其便被水解为葡糖酸。参与转化的辅因子既可是被还原的NAD，也可是被还原的NADP。微生物源的大部分氢化酶虽然不能与生理电子载体如NADPH发生反应，但因其具有无效的低电位，所以，两种氢化酶，一种来自好气细菌*Alcaligenes eutrophus*，另一种来自厌气*Archaeon*属的*Pyrococcus furiosus*，这两种氢化酶都能利用NADPH作为一种电子供体。然而，有一种可能性，那就是GDH和氢化酶的联合作用能使葡萄糖产生分子氢。在转化过程中葡萄糖的主要来源是纤维素、淀粉以及乳糖。这些糖类在自然界十分丰富，而且可以再生（图17-9）。NADP的连续反应和再循环以及酶的稳定性，都对延长产H_2过程是必不可少的因子。

GDH和氢化酶已从*Thermoplasma acidophilum*和*P.furiosus*中得到了钝化。这两种微生物都属嗜热的Archaea细菌（以前称Archaebacteria）。它们最适生长温度分别为59℃和100℃。在这些研究过程中，*T.acidophilunt*的GDH和*P.furiosus*的氢化酶的联合作用能使葡萄糖产生氢（图17-9）。研究获得的数据表明：① 由GDH产生的电子流可经NADP流向氢化酶，并共同作用而产生H_2；② 获得了氢的最大化学计量；③ 辅因子NADP至少可以完成20次循环；④ 发现了从更新的葡萄糖源获得氢的过程是一条新的途径，而且反应过程不产生废气。

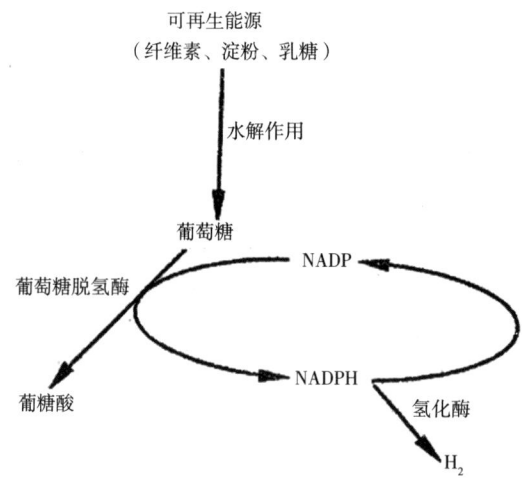

图17-9　可再生能源转化为H_2的酶学途径

2. 结果和讨论

由葡萄糖发生的整合产H_2量可代表最大的化学计量产值，而且，在加入NADP的初始试验后，产H_2量在几分钟内达到了最大值（7.5μmol/h）（图17-10）。3h后，H_2的释放量降至零。将10μmol葡萄糖加入，并使反应混合物经几小时反应后，便立即恢复了H_2的产出，同时，也又获得了最大的产H_2量。该产H_2途径中的限速步骤是葡萄糖浓度，因为用于该试验的NADP浓度为0.5mmol/L，其约为GDH Km值的5倍。在反应混合物中有10mmol/L的葡糖酸（gluconic acid）存在时不会影响产H_2率和产H_2量。因此，葡糖酸显然不是在试验条件下的酶耦合反应的抑制剂。NADP在50℃时至少可稳定20h。

在第二个试验中，100μmol（50mmol/L）葡萄糖用于测定分子H_2能否持续释放。图17-11显示，在试验停止时，其虽然未能达到最大的产H_2量，但其产出的H_2量约为64μmol。在该葡萄糖浓度时，在反应过程的前几分钟内，已可产出达到爆炸（燃烧）程度的H_2量，随后，即在6h内，产H_2量会逐渐增加。6h后，产H_2量开始下降，这可能是由于葡萄糖浓度下降所致。在另一个进行的试验中，初始葡萄糖浓度为10μmol，产出H_2的最大值约为1.7μmol/h。与初始试验所观察到的结果相比较，其产H_2量较少，其原因是反应过程所采用的温度较低（40℃）。NADP在反应过程中被还原，又被再氧化至少达64次。同时，在该反应过程中并没有损失其对葡萄糖向氢化酶发送或接收电子往返的能力。反应混合物的pH值虽然在6h后从7.0降至5.85。但两种酶仍会保持较强的活性。在40℃时，氢化酶的活性在pH值5.5和7.0时无明显差异。这种酶的最适温度在以NADPH作底物时为85℃。在pH值为6.0时，GDH的活性约为最适pH值7.0时活性的50%。但是，在这样的反应条件下，酶的稳定性难以保持。GDH和氢化酶系分别由4种鉴定过的和4种未鉴定过的亚单元组成。从*T.acidophilum*获得的GDH在50%甲醇（methanol）、乙酮（acetone）或乙醇（ethanol），以及在4mol/L尿素溶液中置于室温条件下可稳定6h。这种稳定性表明，齐聚结构（oligomeric structure）在上述试验条件下不会发生溶解，特别是这种酶在极端环境条件下形成了特异功能（天然形成的功能）。与*Bacillus megaterium* GDH相比，其在温和条件下，且pH值在5.0以下和7.0以上时会发生溶解作用。但是齐聚结构（oligomeric structure）因有副因子NAD而很稳定。在100℃的半寿期为2h，氢化酶在试管中达80℃时仍然很稳定。虽然这种酶具有较高的反应温度，但其是固有的稳定性，因此，本试验采用较高的反应温度时导致反应混合物的挥发。

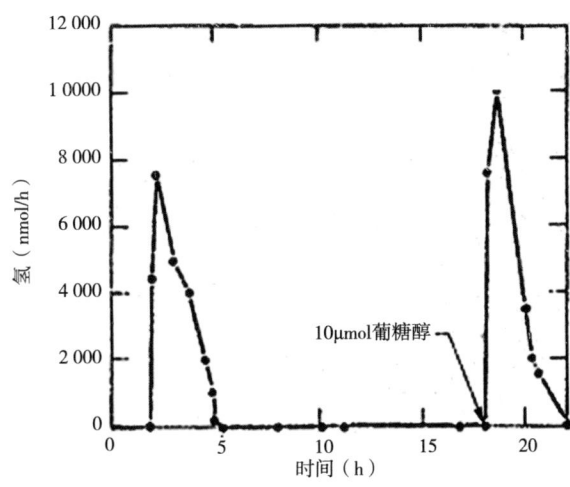

图17-10 *T.acidophilum*葡萄糖脱氢酶和*P.furiosus*氢化酶的产氢过程

注：反应混合物由2.0mmol磷酸缓冲液、pH值7.0、含10μmol葡萄糖，20单位的氢化酶，12.6单位的GDH和1μmol NADP组成，并在50℃条件下发生反应。反应通过加入NADP后开始，并立即测定放出的H₂。18h后，再向反应混合物加入10μmol葡萄糖

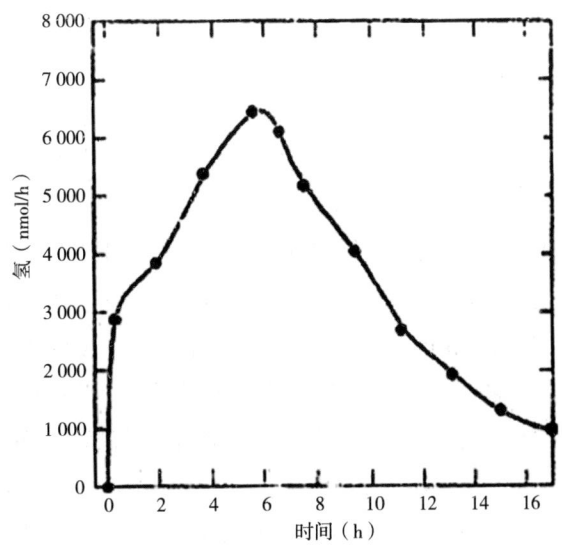

图17-11 40℃时，由葡萄糖的连续产H₂过程

反应混合物同图17-2所列。但葡萄糖含量为100μmol。

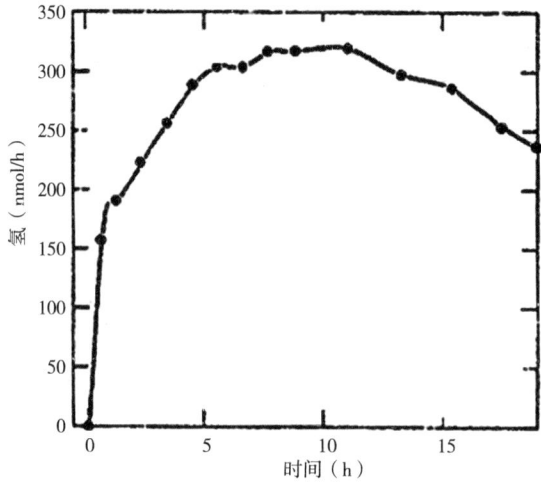

图17-12　微晶体纤维素的产H₂过程

反应混合物如图17-2所列。但反应混合物含40mg微晶体纤维素（Avicel）、无葡萄糖和含0.4mg纤维酶蛋白。

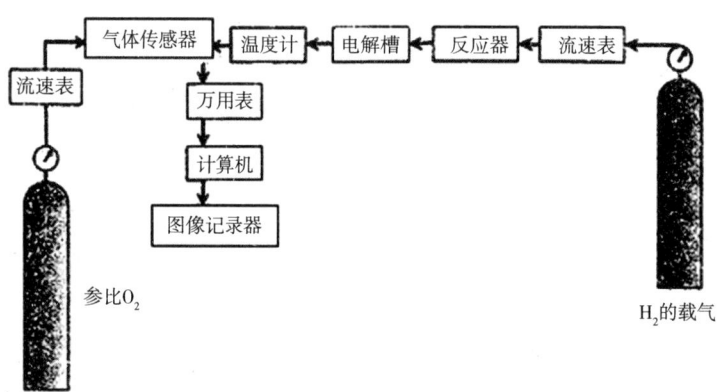

图17-13　用于测定产生H₂的装置

本试验的目的是测定温和的产H_2的酶学过程，以发展可更新的能源。更新能源的样品有纤维素、淀粉（玉米糖浆）和乳糖（lactose）。这些糖类都十分丰富。纤维素是最大的葡萄糖来源，而且可将其通过纤维素酶水解为葡萄糖。当反应混合中有纤维素酶时，纤维素便可转化为H_2（图17-12）。在试验条件下，最大产H_2量约为325nmol/h。22h后，H_2的化学计量约为2.6%。反应过程中的限速步骤是纤维素形成葡萄糖的浓度（量）（图17-13）。由于向反应混合物另外加入了400μg纤维素酶，从而导致了产H_2率和产H_2量的增加（数据未标出）。

该反应过程中仅有的其他产物为葡糖酸，其是一种重要的日用化工原料，可广泛用于隔绝作用（sequsetration）和整合作用（chelation）。这类化合物的商业价值很高，而且其市场价为每磅1.20美元（＄1.2/16）。即＄2.65/kg。所以，它对再生能源的开发和利用，即酶学产H_2过程的经济效益具有十分重要的意义，特别是葡萄糖的来源丰富的玉米糖浆（其价格约为每磅8美分/kg或17.6美分/kg）。利用纤维素酶生产葡萄糖的价格与玉米糖浆的价格相似（价格为每磅7美分），但如果纤维素酶不在商业市场上购买，那么，葡萄糖的价格可降至每磅1.5美分。葡糖酸的价格与用于基质的价格相比，其在商业利益上的价值大得多。显然，这一工艺过程所产出的葡糖酸量大大超出了市场的需求，因此，无疑会大大影响到葡糖酸的价格。其他产H_2原料还有淀粉和乳糖。二者都很容易通过淀粉酶/淀粉糖苷酶

（amyloglucosidase）和乳糖酶降解为单糖。试验中所用的GDH作用于半乳糖（galactose）时，其最大活性可达70%。所以，从理论上讲，由于葡萄糖和半乳糖会被同时氧化，所以，其为产生2.0mol H_2/mol乳糖。

四、生物反应器（发酵罐）中固定细胞的产H_2容量

利用固定的红螺菌（*Rhodospirillum rubrum* KS-301）菌种，以有限生长基质葡萄糖为培养基，详细研究了固定细胞在喷嘴环形生物反应器中连续产氢的技术。在试验范围内，最大产H_2量为91mL/h。初始葡萄糖浓度为5.4g/L，消耗量为0.4h^{-1}，流通量为70h^{-1}。

为了连续不断地产出H_2，应用了*Rhodospirillum rubrum*固定细胞技术。由于固定细胞的Ca-藻酸盐（Ca-alginate）对细胞无毒无害，所以，选用Ca-藻酸作为陷网剂（固定剂）。

固定作用是在固定球珠（beads）与基质之间阻止物质转移流动的过程。因此，研究了固定床（fixed bed）和CSTR生物反应器之间阻止物质流动的技术。喷嘴环形生物反应器的试验系统可用于降低物质转移的阻力。

试验内容有初始葡萄糖浓度、消耗量（稀释量）和循环量（流通量）对产H_2量的影响。在本试验过程中，并未出现基质和产物的抑制作用。因此，物质转移阻力效应是恒定的。

1.试验材料和方法

（1）细胞

在试验中，红螺菌KS-301作为供试菌种，这些细胞的保持和培养技术如前所述。

（2）批次试验

批次反应器（batCh reaction）由玻璃制成。固定细胞的圆珠平均直径为0.3cm，并采用Ca-藻酸盐的生产方法。初始葡萄糖浓度范围0.5～5.4g/L，反应器的温度条件为30℃时进行固定，并用12 000lx光照。厌气条件是在恒温水浴中加以维持。

（3）连续试验

连续试验过程都示于图17-14和图17-15。喷嘴环形生物反应器由1个吸收口（suction port）和4个喷气口（jets）（出口直径为0.1cm）组成。向下流量与向上流量的比率为1∶1。高度直径比率为3∶1。其他操作条件列于表17-3和表17-4。

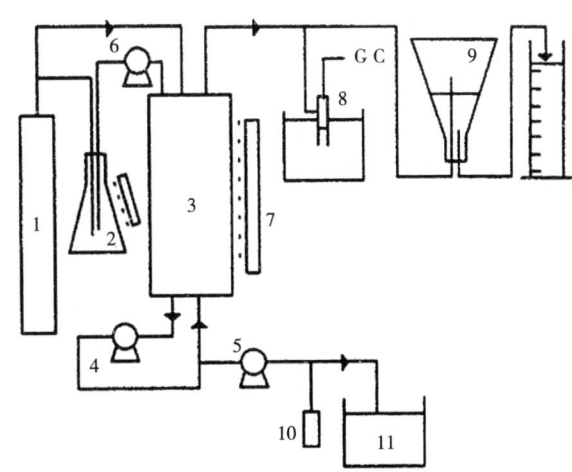

1.气罐　2.基料罐　3.反应器　4.中间循环泵　5.出口泵　6.进口泵　7.100W灯泡
8.气体取样口　9.气体收集器　10.肉汤培养剂取样口　11.出口罐

图17-14　用于固定*R.rubrum*的喷嘴环形生物反应器模型

（4）分析

反应器中的细胞量用供养材料磷酸钠的熔化材料方法进行测定。葡萄糖和H_2浓度用已有成熟的方法进行测定。

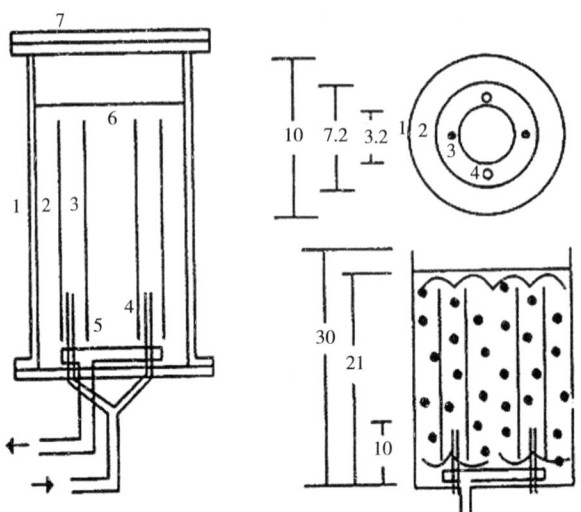

1.反应器　2.外流通管　3.内流通管　4.喷嘴器（nozzle）　5.吸收边　6.肉汤培养基水平　7.基料进口罐

图17-15　环形反应器系统的图示

表17-3　连续喷嘴环形生物反应器的操作条件

项目	数量
反应器	
（1）容器直径（cm）	10.0
（2）内流通管直径（cm）	3.2
（3）外流通管直径（cm）	7.6
（4）高度（cm）	30
（5）总体积（cm³）	2 000
（6）有效体积（cm³）	1 500
（7）球珠体积（cm³）	400
4个等量液体容器直径（cm）	0.1
进口时pH值	7.0
反应器温度（℃）	30
11个灯泡亮度（lx）	12 000
反应器压力（atm）	1.0

表17-4　连续试验的条件

试验编号	初始葡萄糖浓度（g/L）	释放量（L/h）	循环量（L/h）
1	10.0，5.4，1.0	0.2	70
2	5.4	0.2，0.3，0.4	70
3	5.4	0.3	70，50，36

2. 结果和讨论

（1）批次培养

当初始葡萄糖（有限生长基质）浓度发生变化时，其结果都列于图17-16。球珠中的细胞浓度随时间延长而增加，但残余基质的浓度减少。

（2）连续培养

产H₂量和残余基质浓度会随葡萄糖浓度的变化而变化，其结果标示于图17-17和图17-18中。稀释量（消耗量）和循环量（流通量）分别控制为0.2h⁻¹和70h⁻¹。在运行40h后，产量则维持在低量。初始葡萄糖浓度在1.0g/L时，产H₂量低的原因可用这样的事实予以解释，即为保持细胞量，所以需要消耗基质，而且产出的H₂亦很少积累。但是，当葡萄糖初始浓度增加至5.4g/L和10.0g/L时，产H₂量在40h后达到了最大值（91mL/h）。因此，一种基质的初始浓度在10.0g/L时便过量了。而且，在这样高浓度的基质条件下，甚至会发生抑制作用。所以，在试验中的基质浓度可视为是饱和浓度范围。

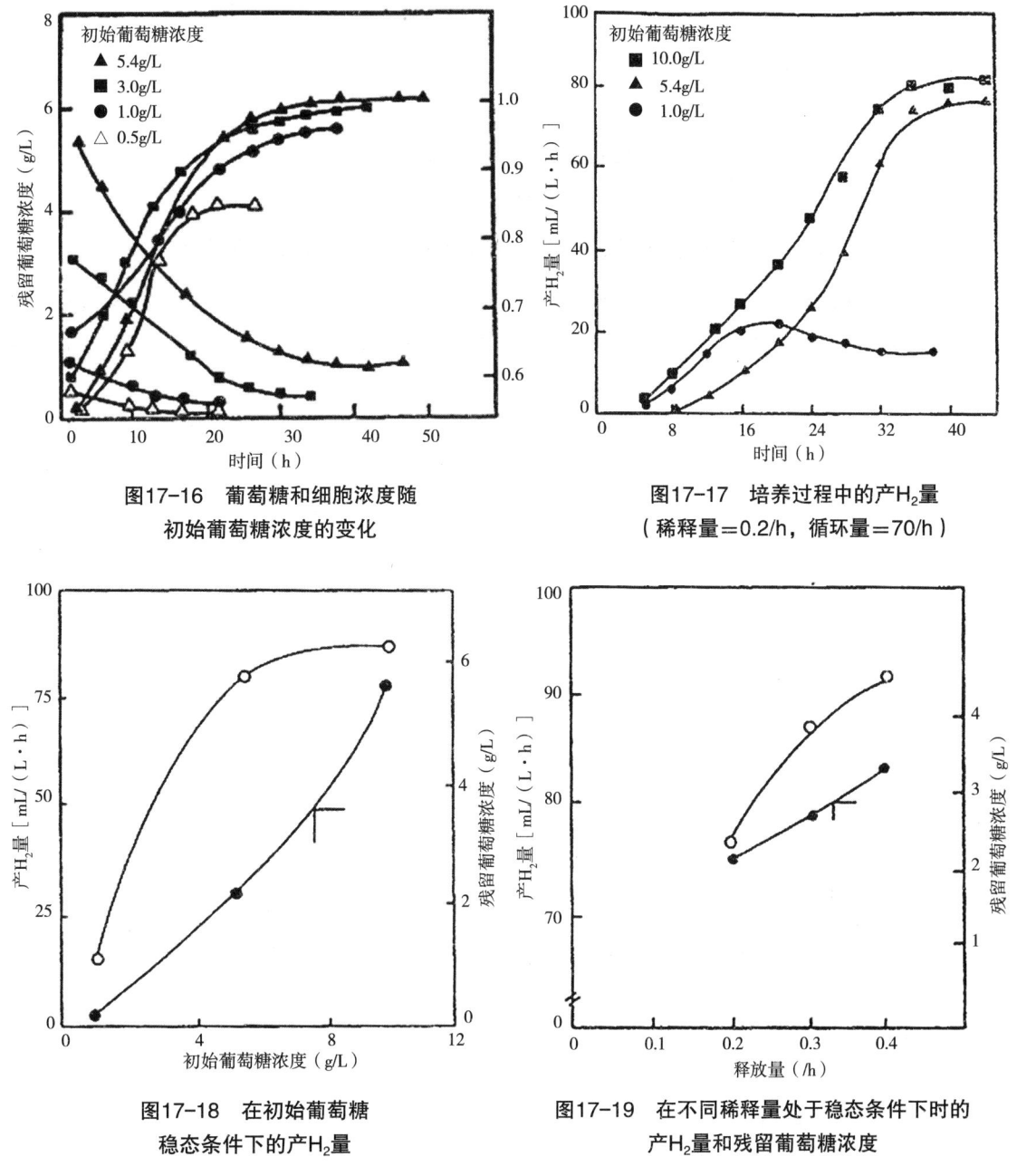

图17-16　葡萄糖和细胞浓度随
初始葡萄糖浓度的变化

图17-17　培养过程中的产H₂量
（稀释量＝0.2/h，循环量＝70/h）

图17-18　在初始葡萄糖
稳态条件下的产H₂量

图17-19　在不同稀释量处于稳态条件下时的
产H₂量和残留葡萄糖浓度

图17-19显示了产H₂量和残留葡萄糖浓度随稀释量的变化而发生的变化。在此过程中，固定的初始葡萄糖浓度为5.4g/L，循环量为70/h。研究结果指出，当稀释增加时，产H₂量和残留基质的浓度亦增加了。

在固定的初始葡萄糖浓度和稀释量时，产H₂量会随循环量的变化而变化，其变化状况列于图17-20。

因此，试验结果显示，产H_2量会因循环量的增加而增加。事实说明，随着液体流速的增加，物质转移限制性（抗性）则下降，因此，产H_2量就增加。

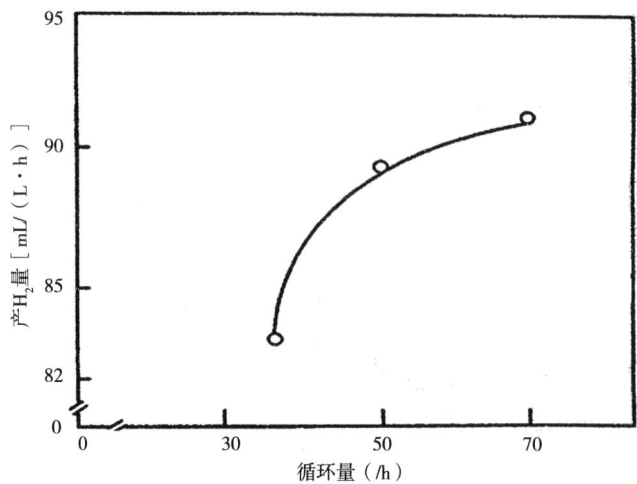

图17-20　在循环量处于稳态时，产H_2量和残余葡萄糖浓度的变化状况

为了喷嘴环形生物反应器中连续地从葡萄糖产H_2，所以，利用了固定 *R.rubrum* KS-301菌株进行培养，在试验范围内，当初始葡萄糖浓度为5.4g/L，稀释量为0.4/h和循环量为70/h时，最大产H_2量为91mL/h。

第十八章　农业生态系统中的生物多样性及其环境效应

一、引言

生物多样性于20世纪90年代被联合国列为非常有价值和可持续发展的重要生物技术之一。因此，世界各国，特别是发达国家都先后建立了研究中心和各种公司或科研机构，并得到了政府、社会团体、集团公司和财团的支持和赞助。以生物多样性为基础而研制出了许多新型产品，例如医药、食品和保健品等，特别是防治艾滋病和其他病毒的一些药物。在农业上，被誉为21世纪第一"绿色"农药、生物肥料和生态肥料受到了全社会的关注和重视。

生物多样性可定义为"各种活体生物源的变异性"。各种活体生物源范围包括陆地、海洋、江河和湖泊、湿地、农业、林业的生态系统和特性。同时生物多样性还包括物种内在和物种之间，以及物种与生态系统之间的多样性（变异性）。总之，生物多样性是一个区域或地域内的生物范围、品种以及生态系统的总量（数）。最近，许多科学家和有关专著都明确提出了生物多样性的内涵，即生物生命源及其3个要素：① 物种的内在遗传范围和变异性；② 品种的生物多样性；③ 环境管理和保护。

生物多样性和农业有着密切的内在联系。没有生物多样性，也就没有农业的进步和发展。天然原始环境的生物多样性已被公认为作物品种改良和畜牧业发展的极为重要的生命之源。因此，生物多样性的保护和科学管理是农业可持续发展和人类经济活动必不可少的基础。

农业与生物多样性相互促进，但前者对后者又有着不利影响，即农业是生物多样性的"朋友"，又是"对手"，甚至被视为人为的"天敌"。

人类的文明昌盛，需要有科学的发展。农业是人类生存和生活不可取代的基础。专家预计现在的地球资源（其中主要为生物多样性资源）只能养活80亿人口，但到2020年，世界人口将达到100亿！目前，全球有8亿以上的人口在遭受饥饿或营养不良的威胁，而人类赖以生存的耕地面积却在不断减少。到2020年，人均耕地面积将从1990年的0.25hm²减少到0.05hm²。

近年来，科学家开始探索用生物多样性原理和生物技术来促进农业的发展，以满足人们日益增长的各种需求，特别是食品安全和有益于人类健康的食品。所以有远见的科学家经常地建议"挑战生物多样性技术来达到既保护环境，又满足人类生活的各种需求。"

在进入美国肯萨斯州州际（interstate135，near Salina，KS）边界时，人们可以看到一块引人注目的广告牌，上书"一个肯萨斯农民养活了101个人和你""（One Kansas Farmer Feeds 101 People and you）"。

现代农业对每一个农民、每一英亩或每一小时工作时间的产出都获得了巨大的成功。技术进步，机械化的完善，肥料和农药的发展，以及相互配合的植物基因多样性（包括育种技术）的应用和集约化程度的提高，大大地提升了农业生产率。例如，在20世纪30—80年代，美国玉米和高粱的产量增加了数倍。

就劳动报酬而言，以单作为基础的工业化农业发挥了很大的作用，每年谷类产量的明显增长促进了食品和饲料产业的发展。通过单作和较为简单的农业生态系统，使生产率大大提高，并使产量达到了最高水平。但是，在该过程中，生物和土壤之间的许多关系遭到了干扰和破坏，特别是土壤，因为其是天然群落的调节中心。许多调查结果表明，大规模的单作引发了更为严重的环境胁迫。

1962年，美国海洋生物学家雷切尔·卡逊（R.carson）在大洋彼岸出版了她的惊世之作《寂静的春天》（Silent spring）。该书公开提出了现代农业所造成的环境污染问题。高产农业造成的三大环境问题：矿物燃料的大量消耗（其结果造成了全球变暖）；土壤和水体遭到有毒化学品残留的污染；表土的大量流失（超过土壤天然形成速率）。其他主要影响还有，因灌溉造成的水源枯竭和农作物品种、土壤生物以及野生作物品种多样性的损失。同时，作者又指出，生态环境问题不解决，人类将面临"寂静的春天"，生活在"幸福的坟墓"之中。

现代农业系统的一般结果是依赖矿物燃料作为能源。Pimentel等（1995）估计，美国农业能源的10%用于补充因侵蚀造成的营养元素和水分的损失。在过去几十年，谷物单位产量所消耗的燃料能源增加了，最近统计表明，农业中能源消耗（包括运输和加工）与粮食消耗的能源比率为10∶1。

几十年来，农业化学品的应用所造成的另一后果是土壤、地表水和地下水被残留有毒化学品污染。特别严重的问题是，因施用肥料所产生的硝酸盐超过了安全水平，杀虫剂，除草剂和杀菌剂的大量应用对食品安全构成了威胁。

地下水硝酸盐浓度的增加与土地的过度利用有关。作物不会吸收所有的肥料，从而使剩余的养分（特别是氮）淋溶至土壤生物活动区以下。农业土壤中过剩的氮会被淋溶至深层水体，甚至在停止施用氮肥多年以后仍会发生。

20世纪60年代初，长效、低毒和具生物积累特性的农药DDT开始在农业上大量应用。在温带地区，DDT的半寿期为59年。DDT一旦在食肉动物如食肉鱼（carnivorous fish）和秃鹰中发生生物积累，那么，DDT便明显地降低了这些动物的繁殖能力。长期处于这样的生态环境中，生物便会发生诱变和致癌。因此，DDT在1969年便被禁用，其他长效农药在20世纪70年代全部被禁用。因此，这类农药被几种短效有毒化合物（如有机磷）农药所取代。然而，DDT等许多农药的残体仍然存在于环境中。DDE（DDT的代谢物）的浓度在一些大湖和极地仍在增加。因此，许多农业化学品都会对人类健康构成威胁。

1986年，诺尔斯在其一本名不见经传的出版物中第一次提出了生物多样性一词。他将传统生物多样性的有关内容扩大到遗传基因、品种和生态多样性的三维结构层次。然而，这一定义未引起人们的注意，更无付诸应用。即使应用，也很少涉及生物多样性内在、相互之间以及各种因子不同层面中的相互作用。而且相互作用也则主要表明了生物多样性形态特征和功能的内在机制（intrinsic mechanism）。定义的不足之处在于忽略了生物多样性的范围和程度。同时，生物多样性的结构和功能亦仅以常规的空间和时间来表达。

1988年，威尔逊主编出版了《生物多样性》一书，随后，有关生物多样性的论文、专著和评论等文章如雨后春笋般的发表和出版。

自1992年于里约热内卢（Rio de Janeiro）由联合国环境和发展组织召开的第一次生物多样性峰会以后，"生物多样性"一词便成为非常普遍和上流社会的时髦用语。许多公共和环境机构、科学组织、社会团体、资源环境保护和实业家们都非常广泛使用生物多样性一词，同时，在政治舞台上亦占有一席之地和创造出一些新的形象。然而，有时在使用时会混淆不清。就通常的公众场合，至少在发达国家，生物多样性是一个最富于感情的用语。

二、生物多样性的定义

1993年，朱特罗（Jutro）记录了最普遍使用的14种有关生物多样性的定义，其中两种已被广泛引用，它在某种意义上具有相当的权威。但最权威的是许多国家，其中包括联合国在内所制定的有关生物多样性定义的公约。据此，生物多样性可定义为"所有活体生物资源的变异性，其中除个别以外，它们包括了陆地、海洋和其他水域生态系统，以及在复杂生态条件下，部分生存的生物体；生物多样性还包括品种内在，品种间和生态系统的多样性"。

所有生物多样性最短的定义应具有全球性的战略目标。这种战略目标提出了"生物多样性是在一定区域内，生物基因、品种和生态系统的变异性总和"。不管每一个生物多样性定义由科学团体精心制定，但绝未能达到完善的程度，但有意义的是，所有定义都涉及生物多样性的3个主要组成因素——基因、品种和生态系统。品种内在的多样性是基因多样性；品种间的多样性是品种或分类，或生物有机体的多样性；生态系统的多样性是生态或生境的多样性。在综合了许多生物多样性的定义后，现提出最简单和可操作的生物多样性定义："在一定区域和一定时间内，遗传基因、品种和生态多样性的整体数量及其相互作用（图18-1）。生物多样性的三维结构关系见图18-2。

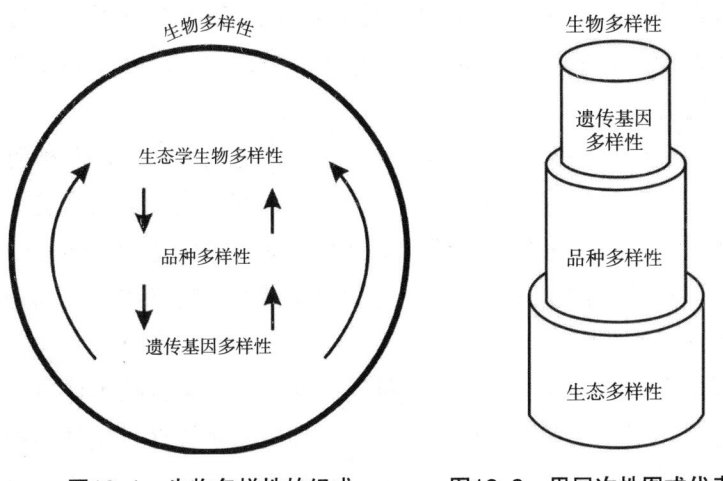

图18-1　生物多样性的组成　　　　图18-2　用层次性图式代表的生
　　　　及其相互作用　　　　　　　　物多样性三维形态学（Trilogy）

图18-2以生物多样性及其相互作用为基础的定义强调了相互作用功能具有一种层次分明的本质。层次性理论经典变化效应表达得非常完美。

总之，层次性是生物多样性的一个中心组合现象。而且表现了生物多样性综合的层次水平及生物多样性的功能和互相作用的通用理论。从科学领域及其生物多样性本身的意义考虑时，生物多样性乃是独一无二的三维结构学理论。随着生物多样性层次理论的发展，更精确的图式便应运而生（图18-3）

遗传多样性	分类学多样性	生态学多样性
	生物界（王国）	
	门	生物圈
群落	纲	大生态区
种群	目	土地景观
生物体	科	生态系统
细胞	属	小块土地
分子	种	大生境—小生境
	亚种	

图18-3　生物多样性的层次结构和范围

（第一列的群落位置和第三列的大生境位置还存在不确定性）

生物多样性的层次结构（图18-3）表示了3个不同层面范围的相互作用，即遗传基因、分类学和生态学的相互作用。因此，生物多样性更为完善的定义便应运而生："在不同层面的综合（integration）作用下，生物的遗传基因、分类学和生态学的综合和有层次特性的相互作用"。

就遗传基因的范围而言，其分子和群体遗传基因密切相关。在分类学范畴，因过分强调了品种的多样性，从而导致了一定的偏见性结论（biased conclusions），例如，当海洋环境与陆地环境相比较时，通常认为海洋环境中的品种较稀少，但是据统计，海洋环境中的生物多达28个门（其中，13个是地域特有的门），而陆地环境仅为11个门，且仅有一个是地域性特有的门。因此，人们已注意到当测量系统的生物多样性时，不是所有的品种都相等。一个新品种会在系统中起到极重要的功能，而其他品种则有可能衰退。一些品种占主导地位，而且能与非常大量有关的个体共存。最后，从生态学范畴考虑时，对品种绝灭的主要因子（生境）可能还认识不足或不够系统，而且对小块土地的动态学的认识也很混乱，同时，在生态学水平上，更缺乏其可靠性。

生物多样性层次结构的重要意义在于其与一定范围的区域和时间相互融合。这种重要性并非是一个简单不可用的理论。实际上，各系统的稳定性、生产力和持续性，以及生态系统的作用都是生物多样性的结构和功能的重要组成部分。

从管理的意义上讲，自然区域的保护，作物选种，轮作和适当混作，以及植树造林，或海洋生物资源的利用等都同样可以用生物多样性原理来衡量。此外，还有退化土地的恢复等，亦与生物多样性有关。因大量进行单一作物生产，或大批森林毁坏（这是全球经济化造成的通行的危险信号）而造成的土地退化需要进行恢复。因此，需要规划出更稳定和更和谐的土地景观，其都是上述生物多样性三维结构理论相关联的主要组分。

最早使用"生物多样性"一词是作为"生物品种"的同义词。美国技术评价委员会根据最广泛收集的资料和公开发表的论文等对生物多样性作出了定义，即生物多样性是生物品种数量和生物内在的变异性，以及生物生存的生态环境的复杂性数量的总和。的确，许多公开发表的定义非常简明，但他们都强调了生物多样性的多维结构和生物品种多样性或多相性的程度。根据上述情况，我们将各种生物多样性定义列于表18-1，以供参考。

表18-1　生物多样性定义一览表

（1）生物多样性包括了生物品种数量和品种内在变异性以及生物生存的生态复杂性。多样性可定义为不同生物品种的数量及其相关频度。例如，生物多样性，其是许多水平上的组合，它的范围可从完整生态系统至以遗传分子为基础的化学结构。因此，生物多样性包含了不同生态系统、各种生物品种、基因及其相关丰度（OTA，1987）

（2）生物多样性是世界各种生物的数量品种，其中，包括生物品种的遗传多样性和生物的综合形态。生物多样性可视为天然生物资源的最概括性名词，其强烈地支持了人类的生存及其良好的生态环境。因此，这一名词的广度反映了基因、品种和生态系统的相互密切关系（Reid & M；ller，1989）

（3）生物多样性包括了所有植物、动物和微生物的品种和各种生态系统及其与生物的生态过程。生物多样性也是一个保护伞形式的名词，它涵盖了自然界的各种生物品种，其中包括在一定条件下的生态系统、品种或基因数量和频度（Mcneely et al.，1990）

（4）生物多样性是在一定区域、环境条件和生态系统或整个星球生物的遗传、分类和生物体存在的生态类型及其相互关系（McAllister，1991）

（5）生物多样性是生存在地球上所有生物种群的总数。其中，包括所有生物基因、品种和生态系统以及生存在生态系统中生物的生态过程（ICBP，1992）

（6）生物多样性是所有水平条件下各种生物的种群，其范围从属于相同品种的遗传变异性至属、族和较高的分类水平。它包括了生态系统中的种群，其中，既有特殊生境内生物的群落，又有生物生存环境的物理条件（Wilson，1992）

（7）生物的多样性（＝生物多样性）是所有存在的生物种群和内在的变异性以及生物种群相关的物种、生境生态复杂性。生物多样性一词还包括生态系统、品种和土地景观以及多样性内在的遗传水平（Fiedler and Jain，1992）。

（8）生物多样性可解释成来自所有生物资源的活体生物内在及其相互之间的变异性。所有生物资源指除了生物体以外，还有陆地、海洋和其他水生生态系统以及所有生物生存的生态复合体，其中还包括品种内在、品种之间以及生态系统的多样性（Johnson，1993）

（9）"……生物多样性——所有生物的遗传、种群、品种、群落和生态水平的结构和功能特性……"（Sandlund et al.，1993）

三、生物多样性的现状和数量

1.生物多样性现状

生物多样性作为全球的资源，其数量指数、应用和保护等所有方面的情况十分严峻。生物多样性的3种现状更令人堪忧。第一，世界人口爆炸性增长，加速了对环境特别是热带国家环境的威胁。第二，科学不断发展而促进了生物多样性利用的新领域，但在某些方面则构成对人类的危害，如造成环境的破坏。第三，许多生物多样性因自然生境的破坏而引发的毁灭性损，难以复原。就总体而言，我们还是故步自封，因此，必须急起直追，其中，还包括生物多样性的保护和发展的明智政策和举措。

2.生物多样性的数量

许多出版物和科学著作都指出，已涉及的所有生物的种类约为1.4×10^6种。其中昆虫约750 000种，脊椎动物约41 000种，植物（主要为维管植物和苔藓植物）约250 000种。其他还有极为复杂种类的无脊椎动物、真菌、藻类和细菌等微生物组成的生物类群。大部分分类学家认为，除少数脊椎动物和显微植物做了详细研究外，所列出的大部数据仍然不够完善。例如昆虫是所有生物种类中最为丰富多样的一类生物，其多样性远远超过了统计数据，许多学者确信，其绝对值可能会超过500万种。有关微生物的多样性数量列于表18-2。

表18-2 微生物的生物多样性

种类	平均估测数	最高估测数	已知的数量（占估测的百分比％）
藻类	200 000	10 000 000	40 000（20）
原生动物	100 000	200 000	40 000（20）
细菌	400 000	3 000 000	5 000（1.2）
线虫	500 000	100 000	15 000（3）
病毒	500 000	500 000	5 000（1）
真菌	1 000 000	1 500 000	70 000（7）
总量	2 700 000	16 200 000	175 000（6.5）
可比较的生物			
脊椎动物	50 000	50 000	45 000（90）
高等植物	270 000	275 000	260 000（90）

四、生物多样性的本质

地球上的自然资源是有限和脆弱的资源。经过科学论证，生物多样性最重要的组成部分是与食品和农业以及饲料有关的作物（包括饲料作物）品种基因的多样性。几千年来，农民们在大田生产中创造了许多生物多样性，而且科学家们在20世纪通过与野生种和饲料作物内在的基因多样性改造给予了新的补充。综合农民们的创造和科学的发明，许多基因资源为育种、选种和改良品种提供了原始材料，从而开创了世界人口迅速增长所需的农产品，特别是安全食品。

植物育种和农业技术的进步虽然为今天食品数量和质量发生了梦幻般的增长，但全世界仍有8亿多人口仍然遭到因食品短缺而营养不良的威胁。生活在环境和经济因素欠佳的发展中国家的居民并未从技术进步中获得应有的效益。因此，为了成功地获得足够的粮食和安全食品，人们就需要在多方面，特别是在生物多样性方面作出不懈的努力。

五、生物多样性在农业中的生态效应

地球上58亿（实际已超过此数）人口已给自然资源造成了巨大的压力。实际上，这些自然资源将最终支持了全球之敌——人口膨胀。在自然资源达到稳定和平衡之前，世界人口至少还要增加2倍。但是，在50年内，人们要求的食品和其他农产品可能需要增长3倍。由于社会向城市化方向发展和收入水平的不断提高，人们的消费也迅速增长。农业的发展和耕地面积的扩大给生物多样性造成了各种各样的影响。所以："农业可视为生物多样性的'敌人'，而不是其一部分"。

生物多样性涉及生态系统中存在的所有植物、动物和微生物的种类及其相互作用。自有农业以来，全球生物多样性的威胁实际就已开始。农业耕地占全球陆地面积的25%～30%，因此，其可能是影响生物多样性的主要因素。

一种重要的因素主要是农业生产在广泛的区域内以环境结构的简单化方式进行生产，而且代替了以少数栽培植物和驯化动物的自然生物多样性。事实上，全世界农用土地种植的作物种类数量很少。其中，谷类作物12种，蔬菜作物23种，水果和核果作物35种。同时，不会超过70种植物分布在全球现存耕地的约14.4亿hm^2之上。与热带雨林相比，约在$1hm^2$土地上就有100个树木品种，因此，这就成为不同环境条件下生物多样性的明显反差。

生物多样性单一化的过程在农业单一作物栽培条件下达到了一种极端形态。事实上，现代农业极大地依赖于主要作物中的少数品种，甚至一个品种。例如，在美国，豆类种植面积的60%～70%选用2～3个品种种植。马铃薯种植面积的72%仅选用4个品种种植。棉花种植面积的53%仅选用3个品种种植。因此，科学家不断地提出警告，作物基因的均一性会造成品种极度的危险性。

就农业生产而言，生物多样性单一化造成的后果将成为商品化的种子床和机械播种代替了种子散播，造成了需要不断有人干预的人造生态系统。自然方式方面，化学农药代替了杂草、虫害和病毒的天然防治。基因的管理和调控代替了植物的自然进化和选择。更有甚者，由于植物种植后需进行收获和保持土壤肥力，因此，植物体等分解作用也会发生更迭。虽然营养循环会受到一定的影响，但可用施肥来予以调节。

农业对生物多样性影响的其他途径则是为增加农作物产量而强化应用农业化学的和机械操作等有关的外部因素。以农业发达的美国为例，每年为谷物生产而施用了$17.8×10^6t$化肥和在农用土地上施用了$5×10^8t$的农药。这些外部投入（输入）使作物大幅度增产，但严重地造成了对环境的不利影响，动摇了持续农业的基础。据有关专家的初步估计，美国每年与使用农药有关的环境和社会代价达8.5亿美元。

农业生态系统中的生物多样性会因作物、杂草、节肢动物和微生物等因素而变化，而且，地理位置、气候条件、土壤因子，人口状况和社会经济要素也会影响生物多样性的变异。各种生物组分之间的互补性作用也具有多功能的性质。

六、农业生态系统中的生物多样性

生物资源（生物多样性）可以演化成地球环境中无数的小生境（niches）。因此，除大部分极地环境外，其他所有环境都呈现了生物多样性本质。人类开创了生物多样性的许多辉煌业绩，并为自身生存和发展的基本需要演绎了千年太平盛世。因此，生物多样性已成为农业进化和发展过程中的一个完整和必需的特性（因子）。农业生物多样性，其是总量生物多样性的重要部分，且成为人类直接赖以生存的粮食和纤维的基地。农业生物多样性也代表了将植物、动物和微生物不能生存和繁殖的环境改造和驯化成有用的作物和家畜等的能力。远古时期农民已知道一种或多种原因造成育种失败而得出了利用不同作物或动物品种进行育种的必要性。他们也研究和利用了植物和动物存在的多样性如各种风味、质地、香料。

农业生物多样性的管理具有时间和空间特色，其构成了农业生态系统。目前，农民既利用传统的，又利用高新技术来进行农业生产，同时，也成功地将农业生产与生物多样性保护结合起来，从而既利用了自然资源，又保护了自然资源。

七、生物多样性展望

生物多样性可作为一种新科学、新展望和新学科的方向。生物多样性概念能被广泛地应用，至少有6个因素。

第一，生物多样性已成为生物学内相互依存和相互作用过程中不可缺少的主旋律。目前，生物学仍然是大量连续古学科的零星结合，而且在该学科中很少或几乎没有相互结合。在大部分国家，分子生物学仍然是最有诱惑力的学科领域，而生物分类学则常被忽视，因此，很少或尚未成为有号召力的专业。倘若我们能成功地应用生物多样性理论，那么，分子生物学和分类学两者在相互配合和相互作用过程中都是不可缺少的学科。此外，生物多样性也可应用于生态学。生物多样性并非是一种乌托邦（Utopian）理论。

第二，生物多样性是农业、畜牧业和林业以及水产业等重要支柱。由于许多植物的抗虫性下降，所以会不断地培育新品种。同时也可以减少农药和除草剂的用量。家畜和栽培植物所需有关的野生品种是培育新品种和发明生物新技术不可缺少的基础。野生古代生物种源可以根据生物多样性来进行保护和保存。在利用陆地和水生生物资源时，最重要的不仅是生态系统中可见的生物部分，土壤和深海中的生物多样性也必不可少。因此，这些神秘隐藏的环境均具有非常丰富的资源，并在自然界的循环过程中起到主导作用。

第三，土地利用和区域发展因贸易和市场的全球化而遇到了非常迅速和梦幻般的变化。这些变化导致了人口强有力地集居，对环境构成一定的威胁，有时会大量毁坏森林和造成沙漠化以及肥沃土地的荒芜。这样就形成了所谓的"人类沙漠化"现象。因此，整个生物圈都具有生物多样性特性和功能，并形成无限而典型的生态音调（ecotone）。据此，人们需要对生物多样性予以充分的理解。

第四，生物多样性将成为人类历史长河中所称的"后工业时代"工业新领域应用的基础。这一工业新领域将是有剧烈国际竞争的特色，其产品不仅价格低廉，而且产品有高质量的技术性能和多样化的用途。据此，生物多样性开发的巨大潜力和光明前景，有力地吸引着人们为研制新产品开辟新的途径。

第五，生物多样性是建立社会和文化世界之间特别需要的桥梁和所采用的最好工具。信息和通信以及人类大量迁移（从农村向大城市，从一个国家向另一个国家以及各大洲之间的迁移）的全球化行动是21世纪的主要特征。因此，生物多样性将会在生物界造成爆发性生物（动物、植物、微生物以及有害病毒）的侵入。某些侵入生物会从许多方面进入，另一些有害生物则因环境破坏而使其发展。所以，生物和社会文化之间的关系会在不同层次水平及其相互作用时强烈地受到上述全球化的影响。根据上述情况，生物多样性研究应当从人类生存环境着手，有计划和连续地展开（图18-4）。

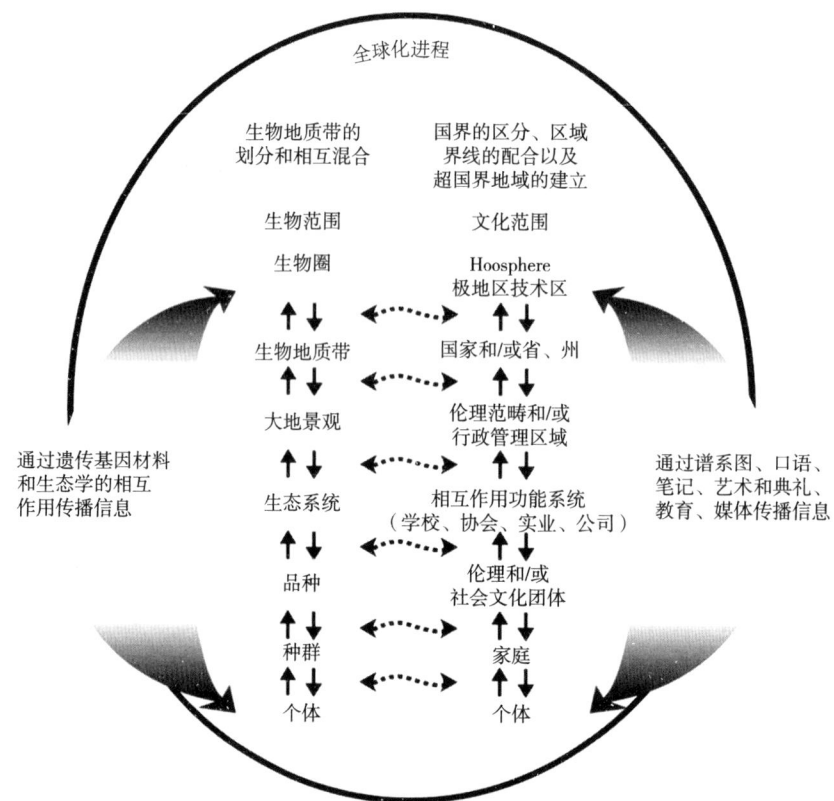

图18-4 具有生态系统空间维度和历史轨迹（左）以及社会文化系统（右）及其全球化进程中的相互作用层次性图式

第六，生物多样性是人类发展的一块基石。在这一基石上，全球化和多样性之间一种新的合成产物便能产生，也就是说，可持续发展的构想比喻成为具有相同长度和强度的4条腿的椅子，这4条腿代表经济、环境、社会和文化范畴。从广义上讲，生物多样性不仅是对环境有一定影响的因子，而且是确保经济多元化、社会和谐以及文化底蕴一致的不可缺少的一个要素。

八、困难或限制因子

生物多样性在上述展望中确实具有关键性作用，但仍然存在许多困难，我们应当将其排除，克服或至少要将其原因弄清。

第一，现行分类学状况或许是最难克服的一个因素。目前，仅知道约有150万个生物种，而且也很少获得其有关功能的有效信息。现时所保护和保存的物种总数为500万~3 000万，但其也有估计高达1亿种。不管怎样，因缺乏分类专业鼓励政策，所以，全世界仅有少数新的、权威的分类学家，特别是在动物分类学方面几乎没有权威的专家。然而，有些位于地方的国家级历史博物馆和植物标本馆仍在年复一年地不断遭到破坏。所以，研究和发展生物多样性将会遇到极大的困难。

第二，就是对生物多样性的量度。已知的遗传基因多样性还停留在大量动物和植物中的某些种群。从育种的观点出发，还只知道少数几种家畜、试验动物和植物品种的多样性。同时，对种群动态学和遗传学试验研究也仅限于少数动植物品种和几种医药或农业上重要的微生物种群。一方面，关于品种多样性量度的困难性已在前面作过一些讨论；另一方面，生态学多样性仅通过直接观察、遥感技术或分级分析在一定程度作出估计。所以，真正的挑战应着眼于能找出通过3种多样性相互作用而进行估量。同时应对物种形成和物种绝灭过程进行研究并作出结论，但是在确立生物多样性基础理论之前，要作出相关结论之路途还十分遥远。

第三，发达国家和发展中国家将生物多样性列入议事日程及其重点都存在着分歧。因此，生物多样性研究的主要目标之一应当是设计一个较为统一的框架。

　　第四，困难是教育程度。因此，许多科学家建议将生物多样性课程列入初等和中等学校的教科书。

　　第五，困难就是针对生物多样性理论概念中的内在联系及其层次相互作用的复杂性。面对这一困难，人们提出应当用两个原则来解决，那就是可预报机制和柔性原理。前者可预报生物多样性的未来，后者则能保持一定的适应性和随时的选择性。

第十九章　渍水土壤及其生态效应

一、引言

全世界水稻种植面积在1954—1980年，共增加了33%，即从10.85亿hm²增加至14.47亿hm²。最近统计（初步），全世界水稻种植面积约为16亿hm²。其中亚洲占90.01%，非洲占3.29%，欧洲占0.70%，北美洲占1.41%，南美洲占4.53%和大洋洲占0.01%。中国约占总面积的25%（包括复种面积）。

众所周知，水稻为全世界主要粮食作物之一，其仅次于用作许多食品原料的小麦。大米为世界约60%人口的主要粮食。同时，约占世界90%的大米产于亚洲。

水稻能在极广阔的气候条件下生长和种植，它属于一年生半水生的禾木科植物。栽培的品种为*oryza sativa*或称*Oryza glaberrima* Steud。*O.sativa*为主要品种，*O.glaberrima*仅在非洲有限范围内种植。

为了发展水稻生产，特别是优质大米的生产，需要研究生产水稻的各种技术，如栽培技术、施肥技术和灌溉技术、病虫害的防治等。本章就有关水稻田的微生物代谢特性和有机肥、生物肥料等内容作一论述。

土壤是一种包含种类繁多的微生物的复合生态体系。这些有机体引起一系列生物化学变化。在渍水土壤中这类变化是如此多种多样，以致要把全部过程一起纳入一个单一的统一系统中是困难的。但是，可以将渍水土壤中的主要生物化学过程，当作由不同类型细菌引起的一系列连续的氧化还原反应来看待。在土壤中，渍水改变了土壤微生物区系的特征。一般来说，好气性微生物区系被兼性厌气性微生物区系所代替，而后者转而为厌气性微生物区系所取代。连续的微生物变化，伴随发生着土壤中的分段生物化学和化学还原作用，并且也影响渍水土壤中植物的生长。由于水稻是生长在渍水土壤上最重要的作物，所以本章评述只限于渍水水稻土壤。

渍水土壤微生物的代谢过程有下列几个方面：① 渍水土壤的发生环境；② 好气性呼吸作用；③ 厌气性呼吸作用；④ 发酵作用；⑤ 杀虫剂的降解；⑥ 水稻根际。

水稻田土壤生态系统在水稻生长过程中可分为5个亚系统：淹水或渍水层，表面氧化层，Apg还原层，犁底层和亚土壤底层。

土壤有机质因水稻和藻类生长繁殖行光合作用而积累。淹水或渍水时土壤pH值呈昼夜变化，因为藻类在白天光合作用活跃，因此，在中午时pH值会高达9.5～10.0，而在晚间由于藻类和微生物的呼吸作用，因此晚间pH值则可低于7.0，所以造成了土壤pH值的昼夜变化。

二、水稻田的微生物区系

研究表明，水田与旱地土壤微生物区系有明显的差异（表19-1），水稻田好气微生物亦随施肥种类的不同而变化（表19-2），其中好气微生物数为1×10^6个/g土，放线菌为1×10^6个/g土，紫色结晶菌为1×10^6个/g土等，其总数在无肥区分别为（13.7 ± 3.6）$\times 10^6$/g土，（15.0 ± 4.5）$\times 10^6$/g土和（10.5 ± 3.5）$\times 10^6$/g土。在施用化肥区分别为（15.6 ± 6.3）$\times 10^6$/g土，（16.9 ± 6.1）$\times 10^6$/g土和（16.8 ± 11.8）$\times 10^6$/g土。施用绿肥区分别为（22.3 ± 6.4）$\times 10^6$/g土，（24.2 ± 7.3）$\times 10^6$/g土和（32.8 ± 11.8）$\times 10^6$/g土。施用有机肥能显著增加水稻土中的好气微生物的总数。研究证实，积水栽培与休耕期，微生物数量无明显差异。

表19-1 水稻田与旱地土壤中微生物数量的比较 单位：cm

微生物层次	水稻土平均深度			旱地平均深度		
	耕层（0~14）	第二层（14~23）	第三层（23~37）	耕层（0~14）	第二层（14~29）	第三层（29~43）
好气菌（$\times 10^6$）	29.5 ± 14.8	11.4 ± 10.4	7.6 ± 7.0	23.1 ± 12.9	6.3 ± 5.2	1.6 ± 1.4
放线菌（$\times 10^5$）	23.2 ± 22.3	7.9 ± 9.1	3.6 ± 4.5	47.6 ± 31.3	17.1 ± 13.5	3.5 ± 2.8
真菌（$\times 10^4$）	7.75 ± 4.76	1.31 ± 1.31	0.68 ± 1.12	2.47 ± 1.42	4.66 ± 2.23	1.08 ± 0.91
厌气菌（$\times 10^7$）	21.8 ± 10.6	9.7 ± 9.0	1.8 ± 1.6	16.6 ± 13.3	5.9 ± 5.8	1.5 ± 2.5
SO_4^{2-}还原菌（$\times 10^3$）	43.6 ± 39.3	14.3 ± 15.1	3.9 ± 5.1	2.9 ± 4.5	2.2 ± 3.9	0.01
反硝化细菌（$\times 10^4$）	18.9 ± 28.0	6.9 ± 6.2	6.1 ± 5.3	14.6 ± 13.9	5.7 ± 7.6	—
硝化细菌（$\times 10^3$）	10.9 ± 20.2	—	—	70.4 ± 74.1	95.4 ± 125.1	

表19-2 施肥对水稻土微生物的影响 单位：10^6/g土

微生物	处理			
	对照	施用化肥	施用有机肥	施用绿肥
好气微生物总数	13.7 ± 3.9	15.6 ± 6.3	28.7 ± 9.6	22.3 ± 6.4
放线菌	15.0 ± 4.5	16.9 ± 6.1	29.2 ± 9.8	24.2 ± 7.3
紫色结晶菌	10.5 ± 3.5	16.8 ± 6.1	28.3 ± 11.7	32.8 ± 11.8

表19-3 施肥对水稻土酶活性的影响 单位：[nmol/（min·g）土]

酶	处理		
	对照	化肥区	有机肥区
β-葡萄糖苷酶	9.0 ± 4.6（$n=3$）	8.7 ± 2.9（$n=6$）	15.0 ± 7.2（$n=6$）
β-乙酰葡萄胺酶	3.7 ± 1.9（$n=3$）	2.9 ± 1.9（$n=5$）	5.3 ± 2.7（$n=5$）
磷酸酶	68 ± 27（$n=3$）	100 ± 59（$n=5$）	121 ± 61（$n=5$）
乙酯磷酸酶	6.3 ± 4.5（$n=3$）	5.5 ± 1.1（$n=6$）	8.2 ± 3.3（$n=6$）

水稻田土壤中的细菌组成主要有：Bacillus，Brevibacterium，Kurthia，Psedomonas，Aeromonas，Alcaligenus，Moraxella，Acinetobacter和Enterobacteriaceae。在施用有机肥时，*Bacillus*和*Psedomonas*会随施用量增加而增长。在犁底层，细菌总数为（$1.1 \sim 7.6$）$\times 10^{10}$/g土。

由于微生物生长繁殖速度加快，所以土壤酶活性亦增强（表19-3）。研究表明，在无肥区，β-葡萄糖苷酶、β-乙酰葡萄糖胺酶，磷酸酶、乙酯磷酸酶等的活性（nmol/（min·g）土）分别为9.0 ± 4.6（$n=3$）、3.7 ± 1.9（$n=3$）、68 ± 27（$n=3$）和6.3 ± 4.5（$n=3$）；在施用化肥区，其值分别为8.7 ± 2.9（$n=6$）、2.9 ± 1.9（$n=5$）、100 ± 59（$n=5$）和5.5 ± 1.1（$n=6$）；在化肥和有机肥料区其值则分别为15.0 ± 7.2（$n=6$）、5.3 ± 2.7（$n=5$）、121 ± 61（$n=5$）和8.2 ± 3.3（$n=6$）。

三、渍水土壤的生态环境

水稻湿润栽培中的作业均深刻地影响土壤微生物的活性。通常的作业包括：① 作物生长期间，淹水土壤是否黏闭，中期是否落干；② 收获前的排水与落干；③ 收获后几周至几个月为后作灌水。这些措施均影响水稻土中土壤及微生物区系环境的固有特性。

有关稻田土壤微生物的一些研究指出，细菌是渍水水稻土中占优势的微生物。土壤渍水后的头几天，好气性细菌的数量达到高峰，随后就是兼性厌气性细菌和厌气性细菌占优势。

土壤学家将稻田土壤的还原过程分成两个主要阶段，一个为铁还原作用完成之前，另一个为铁还原作用完成之后。在第一阶段他们观测到CO_2的释放、O_2的吸收和细菌数量达到高峰。同时硝酸盐消失，锰和铁离子还原，土壤Eh迅速下降。氨和CO_2随着还原作用的进行而释放出来。第二阶段是厌气过程。产生有机酸、甲烷、H_2和S_2，厌气性微生物群落增加。在第一阶段或土壤渍水后几天内，O_2消失。在其后$4 \sim 9d$，CO_2释放并积累。其后CO_2的积累达最大量并开始下降，同时释放出CH_4和H_2。培养$2 \sim 9d$，有机酸达到最大量，随后明显地下降。

在多数生物学系统中，有机体通过脱氢作用而氧化为一种化合物，这个过程通常是从分子中移去两个氢原子和两个电子。这种生物学氧化-还原反应包括：在氢的转移过程中，通过电子转移系统提供基本的能源。在好气呼吸过程中，以分子态氧作氢原子和电子的最终受体。在缺乏分子态氧时，其他可氧化的土壤化合物能起电子受体的作用。微生物能将氧化-还原期间所产生的能量转移到三磷酸腺苷（ATP）分子中，并能利用储存在ATP中的自由能来进行生物合成。利用储存的自由能的效率依细菌种类和生长条件而异。

渍水后，当渍水土壤的还原作用达到高峰状况时，该土壤的生物化学环境即转变为完全不同于旱地土壤。土壤微生物的代谢活性变弱，并且由空气提供的氧和由藻类与水生杂草通过光合作用释放的氧，超过表土中土壤微生物所消耗的氧。结果，一种称为"氧化层"的氧化范围在渍水土壤的上部发育起来。含有分子态氧的土壤表层对继续氧化和维持细菌的有氧代谢是有用的。因此，硝化作用能在氧化层发生。

在土壤氧化层之下，土壤呈厌气和还原状态。这是水稻的根区。厌气性呼吸作用和发酵作用大多发生在还原土层。与淡黄褐色的氧化层比较，由于有一定的亚铁化合物的存在，因此还原层为淡蓝灰色。

水稻田的土壤生态系统在水稻生长过程中可以分为5个亚系统，即淹水或渍水层、表面氧化层和Apg还原层，犁底层和土壤亚底层。因此，水稻田土壤因淹水或渍水而使其理化性质发生变化，因此，生态系统亦随之发生变化。

一是气体如CO_2、CH_4、N_2和H_2能不断积累，这些气体由微生物异化作用而产生。

二是酸性土壤积水后pH值会升高，而钙质土或苏打土（碱性土）的pH值则会下降。当土壤中Fe^{2+}和Mn^{2+}开始沉淀，并与CO_2和HCO_3在土壤溶液中发生平衡时，酸性土壤的pH值便发生变化。就碱性土壤而言，CO_2的酸化土壤效应会降低土壤pH值，并受到碳酸钙和碳酸镁的缓冲。

三是NO_3^-、Mn^{2+}、Fe^{3+}和SO^{2-}向其还原态变化均会受到淹水土壤中发生的热动力氧化-还原反应的控制。

四是酸性土壤中因与HCO_3^-、Fe^{2+}和Mn^{2+}浓度有关，而在钙质土中因重碳酸钙和重碳酸镁浓度的影响，所以土壤中的电导度增加。

五是由于原生土壤氮和异养、自养固氮微生物的作用，土壤中会产生NH_4^+-N，并不断增加其供应量。生物固氮作用显然增加了土壤中的氮，而土壤有机质则缓慢矿化，并发生N的少量固持作用，从而使有效N有了净量的增加。

六是P、Fe、Mn、Si和Mo的有效性因土壤中的还原作用、酶的作用和解吸作用而增加。

七是土壤中有毒物质的增加和可溶性碳水化合物的厌气分解导致了气体如CO_2、CH_4、N_2和H_2，有机酸如乙酸、丁酸、丙酸、甲酸，和淹水土壤中硫酸盐还原而产生的H_2S积累。

淹水土壤的氮肥利用率（回收率）很难超过30%到40%。尿素用作氮肥时，其损失率十分严重。但缓释尿素和包衣尿素则有明显的效果，利用率提高$15\% \sim 20\%$。

四、渍水土壤的好气呼吸作用

像其他生物的能量需求一样，土壤微生物所需要的能量依靠氧化有机化合物和释放自由能的呼吸作用来满足。在好气性生物氧化作用中，分子态氧是电子的最终受体。有分子态氧存在时，有机基质主要被氧化成CO_2，而分子态氧则被还原成水。

好气性异养型微生物能积极地代谢渍水后不久的土壤中的有机质。土壤微生物所需氧的数量，此时可能超过穿过水层扩散所提供的氧量。渍水后的几天内，土壤中的分子态氧被消耗。当多数易分解的有机质被消耗时，表层土壤氧的供给超过土壤细菌对氧的需求。于是在渍水土壤的表面发育成氧化层。在此期间，渍水中所溶解的氧浓度依测定时间而定，一般变动于$2 \sim 18\mu L/L$，有时可能达到空气饱和度或更高。

栽植水稻的渍水土壤中的根-土界面，也可能是好气性细菌生长的地方。水稻和其他水生生物植株中的氧由根部向周围介质中扩散。由于根系的总表面积比植株所占据土壤的表面大得多，如果植物供应根际细菌足以进行好气呼吸的分子态氧，渍水土壤中的根—土界面对有氧代谢可能是一个重要区域。

渍水土壤中会发生硝化作用。如果铵态化肥施在处于氧化状况的渍水土壤表层，铵即被硝化细菌氧化为硝酸盐。如果硝酸盐随后迁移到还原层，极易发生反硝化作用。对水稻植株从铵态化肥中回收氮素来说，氮肥施在还原层比施在渍水田的表土上要好。这些研究指出，硝化作用发生在氧化层，而其后的反硝化作用发生于渍水土壤的还原层。但是，对渍水土壤中的硝化作用很少进行生物化学方面的研究。有人发现，相当大量的氮素是在裸露系统中损失的，在这样的系统中气体自由地向空气中扩散。

可能存在于渍水土壤氧化层中的甲烷氧化细菌能氧化CH_4成CO_2，在厌气条件下，CO_2可能为光合细菌利用。分子态H_2在好气条件下被H_2氧化细菌氧化成水。

硫杆菌属（*Thiobacillus*）的自养型细菌，在有氧区氧化硫化合物，主要氧化渍水土壤中的硫化物或硫酸盐。水稻植株的氧化根际造成了硫对渍水水稻植株的有效性。

五、渍水土壤的厌气呼吸作用

厌气性呼吸作用是一种生物学的、产生能量的氧化—还原反应，在这一反应中是无机化合物而不是分子氧化为最终电子受体。当好气性微生物用完了渍水后土壤中的氧，兼性厌气性细菌的厌气呼吸作用开始占优势。兼性厌气性细菌利用硝酸盐、二氧化锰、氧化铁、硫酸盐、碳酸盐和其他化合物作为电子受体，并且将它们还原成分子态氮、锰和亚铁化合物、硫化物、甲烷或其他还原性产物。厌气呼吸中的矿物质还原作用与产生能量的有机化合物的氧化作用起交叉反应，偶而，也能与细菌产生的无机化合物起反应。

1. 硝酸盐还原作用

在有氧区域产生的NO_3^-，或者从施用的硝酸盐肥料（在水稻栽培中通常不用）中离解出来的NO_3^-，当分子态氧的供给变得有限时，对渍水土壤中各种硝酸盐-还原细菌引起的还原作用极为敏感。微生物的硝酸盐还原系统可以分成3类：同化作用、还原作用或异化作用和N_2的固定作用。氮素还原作用进一步划分为3种生物化学过程：积累亚硝酸、积累氨和反硝化形成氮和氧化亚氮气体。

有人认为主要的硝酸盐还原过程大概是反硝化作用。土壤的反硝化活性与渍水土壤的有机质含量无关。反硝化作用的一般特征是，除产生N_2外，还产生N_2O。而N_2O只以微量存在于大气中。据报道，土壤似乎是大气中这种气体的一种可能的来源。在一定的土壤条件下，这种气体可能是一种主要的反硝化作用的初期产物。当有大量的硝酸盐时，反硝化细菌能产生丰富的N_2O。在一定的条件下，由氨氧化成硝酸时，硝化细菌也能产生这种气体。在渍水土壤中硝酸盐还原期间或由土壤细菌引起的硝化作用期间，形成N_2O的情况不曾有报道。但是，在渍水土壤中通常不积累硝酸盐。

2. 锰的还原作用

在厌气呼吸作用中，当pH值为7.0时，MnO_2能起电子受体的作用，其氧化程度可与硝酸盐比拟。MnO_2的微生物还原作用能在有氢作为供体的情况下发生，并且在厌气条件下，MnO_2起着一种氢的最终电子受体的作用。还原MnO_2的细菌已被分离出来，但对锰还原作用的生化研究进行得很少。施用有机质于渍水土壤中时能增加土壤中的Mn^{2+}。

3. 铁的还原作用

渍水土壤中还原铁的积累达极限时，Fe^{2+}的数量开始增加。已从土壤中分离出一种细菌，这种细菌在厌气条件下和有氧化物存在时，会积极还原Fe^{3+}成Fe^{2+}。渍水土壤中Fe^{2+}的形成，主要与微生物的作用有关。土壤中加进有机质能促进铁的还原，但土壤中有硝酸盐或MnO_2存在时，铁的还原则受抑制。

4. 硫酸盐还原作用

当土壤Eh约为-200mV时，渍水土壤中所积累的硫化物量明显增加。在渍水土壤的呼吸作用中，厌气性细菌（*Desulfovibrio desulfuricans*）大概是还原硫酸盐的主要群落。这种细菌具有低的氧化还原电位（Eh＝-204mV）的细胞色素C_3，并且其生长要求低的Eh。硫酸盐还原细菌在自养和异养两种情况下均能生长。

5. CO_2的还原作用

CO_2对甲烷细菌引起的厌气性CO_2呼吸作用是敏感的。通过有机质的氧化作用产生的CO_2，或者渍水土壤中存在的CO_2，可以通过厌气呼吸作用而产生CH_4，虽然这种还原作用的生物化学机制尚不清楚。个别细菌能利用分子态氢以还原CO_2成CH_4。

虽然H_2是厌气代谢的一种普通的最终产物，但由于产CH_4细菌利用H_2作为生长的能源，H_2从渍水土壤进入空气的损失是很小的。已发现，从加进渍水土壤的CO_2中生成的CH_4产量，在一般渍水土壤中为10%～15%，而有机质含量高的土壤为25%。

6. 其他元素的还原作用

试验表明，在加进有机质和磷酸铵的渍水土壤中，测到有通过脱磷作用的磷酸盐还原的最终产物——磷化氢气体。在培养基中接种从土壤中分离出来的丁酸梭状芽孢杆菌（*Clostriclium butyricum*）时，也测到了磷酸盐还原作用中的代谢中间产物——亚磷酸盐和次亚磷酸盐。

在渍水土壤中很可能发生碘化物和分子态碘之间的氧化-还原反应。渍水土壤比旱地土壤有更多对水稻植株有效的碘。加葡萄糖于渍水土壤中，有效碘大量增加，这表明在渍水土壤中存在这种元素的生物化学还原系统。

从土壤中分离的一种假单孢杆菌，其细胞表面能固定大量的汞、氯化汞或醋酸苯汞，这种细菌在厌气条件下将化合物中的汞离子还原成金属汞。

六、渍水土壤的发酵作用

渍水土壤中的厌气性细菌降解碳水化合物的过程称为"发酵"。"发酵"可以解释为生物学过程、能量释放过程和氧化-还原反应，在氧化-还原反应中以有机化合物作为最终电子受体。由细菌引起的发酵作用的生物化学过程已在别处作概述。在厌气性过程中，糖酵解的最终代谢产物——丙酸盐是碳水化合物厌氧裂解的生物化学途径中的一种关键化合物。发酵模式因细菌种类不同而异。细菌代谢的主要最终产物有乙醇、甲酸盐、乙酸盐、乳酸盐、丙酸盐、丁酸盐、分子态氢和CO_2。

当加入有机酸类和醇类时，含氮化合物的发酵或腐败时，能产生氨、胺、吲哚、硫醇和H_2S，以及最终产物CO_2和H_2。在渍水土壤中，有机酸类和醇类最终会转化成CH_4和CO_2。

1. 有机质的发酵作用

1905年以来，许多研究表明，渍水水稻土中能产生有机酸类。由于它们抑制水稻植株的生长，对水稻稻田土壤的有机酸类曾进行过广泛的研究。有许多关于渍水水稻土产生脂肪酸类的报道。在脂肪酸类中，低挥发性的脂肪酸，如甲酸、乙酸和丁酸，还有乳酸，通常作为渍水土壤的代谢物加以报道。在葡萄糖的厌气降解中，作为一种最终产物主要有丙酮酸，在低脂肪酸的产物中是一种关键性的中间产物。

丙酮酸的反应产物取决于对其作用的细菌。每一发酵作用的生物化学途径均已有证明。渍水土壤中一些发酵类型可能在有机质的厌气降解期间同时发生。厌气性梭状芽孢杆菌大量分布于渍水土壤中，它们主要的发酵产物除CO_2和H_2外，还有乙酸、丁酸和乳酸。一种梭状芽孢杆菌能发酵乳酸或丙酸，并以丙烯酸盐作为中间产物。

在高产水稻土，渍水后的10~14d开始积累有机酸。在正常水稻土中6~8d开始积累；在退化的秋落土壤中1d内即开始积累。乙酸的最高量，在高产水稻土为0.2~0.7m·e/100g土，正常水稻土为0.4~0.6m·e/100g土，而在退化的秋落土中为0.9~1.4m·e/100g土。退化的秋落土壤的丁酸积累易发生于渍水早期。但是，在高产水稻土中发现少量的丁酸。有人发现，加葡萄糖、淀粉、纤维素和明胶于渍水土壤中，产生乙酸和丁酸的量增加。产酸的速率为葡萄糖>淀粉>明胶>纤维素。

关于由细菌引起的氨基酸、嘌呤、嘧啶和其他含氮化合物厌气分解的研究已有许多报道。已知约20种细菌能发酵简单的氨基酸，8种细菌能发酵杂环氮化合物，这些细菌多数属于梭状芽孢杆菌属和小球菌属。

加柽麻（*Crotalaria juncea*）鲜叶于渍水土壤中后，便能产生芳香族酸类对—羟基安息香酸、香草酸和对—香豆酸。这些含酸基的羧酸类大概是分解期间，从组成绿叶的芳香族酸演变而来。在通常缺氧的渍水土壤中，连续施用各种杂草、稻秆和根茬之类的有机质时，将有利于含木质素、丹宁和其他芳香族化合物类有机质的积累。在光照条件下，由光合细菌（*Rhodopsendomonas palustris*）引起的芳香族化合物的厌气降解已有报道。光合细菌的安息香酸厌气代谢是一种新的代谢途径。

2. 气体代谢

渍水后不久迅速释放出来的CO_2和N_2，大多是由碳水化合物的好气或厌气呼吸作用，以及当土壤中有硝酸盐存在时硝酸盐还原所引起。CO_2和N_2还不是发酵的最终产物。CO_2和N_2是碳水化合物发酵中的典型气体。但是，有人在渍水土壤中发现大量的CH_4和少量H_2。在渍水土壤中没有发现可观数量的H_2，除已加进葡萄糖的土壤以外。在加葡萄糖的土壤中释出H_2并且消失很快。大概H_2被甲烷细菌利用作产生CH_4的能源。假设H_2是从甲酸中得来的，那么当甲酸降解就应释放H_2，然而，在渍水土壤中添加甲酸时并没有释放大量的H_2。运用CO_2的试验证明，CO_2还原不仅可能导致CH_4的形成，而且还可能产生醋酸。在渍水土壤中，低脂肪酸出现后不久，开始释放CH_4，同时释放的H_2开始下降，或者当渍水土壤中CO_2减少时也会出现这种情况。

CH_4形成的不同机制取决于细菌和基质的种类。甲烷细菌通常限于利用比较简单的有机和无机化合物。渍水土壤中通过两种主要生物化学途径产生CH_4。一是CO_2的还原，利用H_2或有机分子作为氢的供体；其二是醋酸的简单脱羧作用。最近证明，渍水土壤中的CH_4大多是由醋酸的甲基转移作用（脱羧作用）和CO_2还原到一定程度而形成的。

虽然甲醇和乙醇直接转化成CH_4的生物化学机制还没有完全确定。然而，已经发现，加丙酸于渍水土壤中，并不比加甲酸、乙酸、丁酸或乳酸产生更多的CH_4。渍水土壤中的大量CH_4大概是通过乙酸发酵产生的。

近年来，因CH_4是一种温室气体而受到了极大的关注。水稻田是大气CH_4的主要来源之一，大气中每年发射出CH_4总量为$535 \pm 125Tg/y$，其中$60 \pm 40Tg/y$系由水稻田发出。现已有许多评论叙述了全球稻田发射CH_4的现状，并讨论了影响CH_4发射的各种因子。因此，本章主要综述与生态学和甲烷细菌微生物学有关的水稻田CH_4发射的定量研究，并论述了CH_4的产生过程，分解作用及其通量。

影响渍水稻田发射CH_4的因子有稻苗的生长状况、水稻品种、土壤类型、肥料类型和施用方式、季节变化、昼夜变化、温度和水分管理等。稻田发射的CH_4量约有90%以上是通过水稻植株完成的。研究表明，CH_4发射途径亦是N_2O和N_2向大气的输送途径。

水稻田发射CH_4的碳源可能主要是有机质，水稻植株和稻田施用的有机物质。由土壤有机质分解所产生的CH_4数量仅为全球发射CH_4总量的1/5。在施用和未施用稻草的试验田中，光合作用形成的碳分别为发射至大气中CH_4总量的22%和29%~44%。在稻草施用量分别为2g/kg、4g/kg和6g/kg土壤时，稻草占发射CH_4的碳量分别为10%、33%和46%。稻草用量如按大田计算分别为$2t/hm^2$、$4t/hm^2$和$6t/hm^2$。

分子态氮是渍水后不久土壤中的主要气体成分，但是，施有机物质降低了气相中N_2的比率，而以CO_2和CH_4释放出来。根据报道，渍水后98d的未经改良的土壤中有92%的N_2，渍水后126d只有49%的N_2。在渍水16~48d期间，特别当加进蛋白胨和纤维素时，气相的大部分被HC_4和CO_2所占据。根据报道，在水稻生长季节的渍水水稻田中，主要气体组成是CH_4和H_2。令人感兴趣的是在水稻生长后期，在生长水稻的渍水土壤中70%以上的气相是N_2，相反，在不栽种水稻的土壤中大约只有35%是N_2。

在厌气条件下将土壤保温培养，加进硝酸盐降低了CH_4的积累。渍水土壤中的CH_4形成也因加入铁离子而受限制。这可以甲烷细菌与反硝化细菌或铁还原细菌竞争挥发性脂肪酸作为基质进行解释。

七、渍水土壤中杀虫剂的降解作用

土壤中杀虫剂降解的多数研究都在好气土壤中进行。杀虫剂在渍水土壤中的持久性和生物降解途径基本上不同于旱地土壤。

1. 有机氯杀虫剂类

许多有机氯杀虫剂在旱地土壤中可以残留很长时间，并因此在旱地作物中积累。但是，在渍水土壤中微生物能很快降解γ-666。已发现，加进旱地土壤γ-666只有极小量降解，相反，在渍水土壤中1个月就能降解很多γ-666。土壤中γ-666降解的程度取决于土壤的有机质含量。土壤有机质含量高，杀虫剂的降解就快。加进硝酸盐和MnO_2，而不加硫酸盐，能延缓γ-666的降解速率。一种在厌气状况下降解γ-666的细菌已从渍水土壤中分离出来。γ-666的生物降解作用在有分子态氧和硝酸盐存在时受到抑制。

转化DDT的生物化学作用，称为还原脱氯作用；分子中的1个氯原子被1个氢原子代替。DDT转化成DDD的还原脱氯作用已为许多研究者报道。由于在厌气条件下降解γ-666的细菌也能转化DDT成DDD，所以从水稻土中分离的这种细菌可以通过还原脱氯作用转化γ-666成第一中间产物γ-五氯环已烷。

在渍水土壤中，DDT很快转化成DDD。在有机质含量高的土壤中，渍水条件下的DDT还原脱氯作用更加活跃。DDT转化成DDD的脱氯作用能在高等动物和微生物体内发生，但在高等动物体内DDT转化成DDD的脱氯作用需要有分子态氧，而在微生物体内分子态氧反而阻碍脱氯。现已发现，兼性厌气性微生物能将所加DDT的90%转化成DDD，而在厌气条件下仅有5%DDT转化为2,2-双（4-氯苯基）-1,1,1二氯乙烯（DDE）。在DDT的细菌代谢中，DDE是DDT脱氯的产物，但不见得是第一中间产物。有报道称，由好气性产气细菌（aerobacter aerogenes）引起的DDT转化成DDD的还原脱氯作用中，还原性的细胞色素氧化酶可能是细胞的作用物。

因为DDT转化成DDD经常发生在厌气性土壤、厌气性烂泥、厌气性人工湖、胃液和湖水中，所以DDT转化为DDD多发生在厌气环境中。在厌气条件下，温度30℃，加进土壤的DDT的62%转化成DDD。DDT转化成DDD的速率与土壤中O_2浓度成反比。

2. 有机磷杀虫剂类

很多有机磷杀虫剂都能溶于水，并且比有机氯杀虫剂类更易水解。有机磷杀虫剂在植物和土壤中被认为比较不易残留。但是，很少有关这类杀虫剂在渍水土壤中降解情况的报道。

二嗪农已在渍水水稻田中应用。有关二嗪农在土壤中的残毒，早期文献主要局限于不渍水的条件。在不渍水土壤中，二嗪农降解的初期阶段是在磷酸嘧啶键上发生水解，继之以嘧啶环的断裂，其后释放CO_2。以^{14}C标记二嗪农，在积水后1个月内，通过化学和生物的水解作用所积累的中间产物的量，在自然土壤中约为43%，而在灭菌土壤中约为20%。在旱地土壤中，同样的培养时间，从消毒土壤中回收到放射性元素总量8%的中间产物，从未消毒土壤中只回收到2%的间接产物。在渍水土壤中多数土壤微生物是厌气性的，水解作用产物可以比旱地土壤保持较长时间。

乙基对硫磷（1605）可用于防治包括水稻在内的农作物害虫。1605分解的主要途径，在湖泊沉积物中，在胃液中通过细菌的作用，在土壤中通过酵母、根瘤菌、或小球藻（chlorella）的作用，包括分子态氮的还原，产生第一中间产物氨基1605。在渍水土壤中1605很快就降解，而在非渍水土壤中则残留。在渍水土壤中已检出1605。渍水土壤中的厌气条件可能促进分子中硝态氮还原成氨态氮的过程。

八、渍水土壤中的水稻根际

植物的根际是植物—土壤关系最密切的区域。渍水土壤中的生物化学变化主要通过这一区域对植物发生影响。植物自身的生物化学作用也通过这一区域对渍水土壤产生影响，这一区域一般称为"根标"。已由许多研究者对根际作过阐述。"根际"涉及土壤-植物根的界面，包括根组织的表面和周围的土壤。根际的微生物学和生物化学研究已有许多人作了评述，但很少有人研究渍水土壤中的根际。

1. 根际的氧化、还原特点

水生植物的根组织通常具有细胞间隙，在水分过多的条件下，显然要通过气孔来调节空气的流通。水稻根系在渍水土壤中发挥有效作用的能力是水稻栽培的最有趣而又重要的方面之一。一些作者证明，水稻植株能对根系提供分子态氧。水稻植株根系中气体相占根组织的5%~33%，相反大麦根中的气体相少于1%。水稻植株的空气调节系统由通气组织和渗透性细胞间隙组成，并且与旱地条件比较，这一系统在渍水条件下发展到最大程度。

水稻根系和其他水生植物甚至能在根际发生氧化作用。根据研究，根际的氧化能力，由于它具有减轻还原产物毒性的效果，影响磷素营养，并且通过根际有机质的好气氧化作用产生CO_2，因而有着重要的意义。

低地水稻（生长在渍水中的稻种）与旱稻相比较，其幼苗根系的氧化活性显著提高。尽管水稻根系具有氧化特征，但在晚期生长阶段比早期生长阶段根区更加趋向于还原。通过加硝酸盐的水稻水培试验中硝酸盐形成的量来测定的还原硝酸盐活性，在水稻生殖阶段（孕穗、抽穗和开花期）的早期开始，抽穗期至开花期达到最大，其后逐渐下降。

当植株地上部与根部分开时，其硝酸盐还原作用显著增高，但不受光照的影响。任一妨碍根际空气流通的因子均可能影响水稻根际的还原状况。通过氧消耗的测定表明，水稻根系的呼吸速率大约在水稻植株的抽穗期达到最大。当根系的呼吸活性变高时，O_2向根区的扩散减缓。

在水稻植株生长的生殖阶段，水稻根际的还原条件因来自根分泌物或根毛死细胞的有机质的增加而加强，有关水稻根分泌物的化学组成的报道尚少。据报道，水稻根系分泌物中的氨基酸有赖氨酸、天门冬酰胺、天冬氨酸、苏氨酸、丝氨酸、谷氨酸、甘氨酸、丙氨酸、蛋氨酸、异亮氨酸、酪氨酸、苯基丙氨酸、胱氨酸和其他未鉴定的氨基酸。水稻幼苗根系分泌物中的碳水化合物组成是葡萄糖、果糖、阿拉伯糖、木糖和蔗糖。由于除水稻幼苗以外，在无菌条件下栽培水稻是困难的，因此，尚未得到有关植株整个生育阶段的化学成分或根分泌物成分的资料。通过高锰酸盐消耗法所测定的水稻培养液中碳水化合物的量表明，水稻根际有机物含量生长后期比早期高。但是，这该归因于根分泌物的属性或是归因于根残体的属性尚不清楚。在厌气条件下的渍水土壤中所产生的还原有机化合物也可能扩散到水稻的根际。这些有机物质提高了微生物的活性，并消耗了根际中更多的氧。

还没有关于渍水土壤中水稻根际范围的资料。有效氧化作用的根际范围可能是非常有限的。但在植株生长的营养阶段，水稻根系的数量迅速增长，并在抽穗期达到最大。根据报道，表层根簇中的根细而富于分枝，从分蘖阶段开始发展，并一直维持到成熟期。水稻根际的氧化区域在水稻生长后期可能明显起来。

2. 矿物质的转化

由于细菌与根组织关系密切，要区分根组织与细菌在根际化学转化中所起的作用是困难的。虽然某些研究者曾提出，水稻植株本身能固定空气中的氮，这与其他研究者不一致。要测定植株中所固定的微量氮素是困难的。但是，采用乙炔还原法，可以证明水稻根际能固定空气中的氮。水稻根系固定空气的氮素，实际上是发生于生活在根际的细菌中，而不发生在植物组织本身之中。水稻土中氮素的固定作用，栽培水稻的田块比休闲田高得多，并且渍水土壤又比旱地土壤要高。

研究者报道，水稻根际固氮酶的活性对光强度反应极大。并且，在渍水条件下，接种一种好气性固氮菌-贝氏固氮菌（Beijerincria）到水稻根际获得成功。这些报道均指出，在水稻根际固氮活性与植株生长之间有着密切的关系。如果水稻植株能将空气输送到根际，那么将气体氮送到根际也应当没有困难。

碳水化合物为根际中的自生固氮菌提供了能源。为了说明渍水土壤表层的固氮活性，好气-厌气界面的概念显然可以运用于水稻根际。渍水土壤中厌气呼吸作用的产物可以扩散到接近根表面的好气区域，那里的好气固氮菌利用所给予的能源物质比厌气固氮菌能固定更多的氮素。显然，厌气部位同好气环境结合，对于细菌的固氮作用是重要的。比起好气条件来说，氧气显得不足时，纤维素降解的多数可溶性产物就可能积累。当土壤中氧浓度低于空气中的氧浓度时，自生固氮菌能更有效地固定空气中的氮。有人提出，在固氮细菌中，氧和氮可能互相竞争作为氢的最终电子受体。适当提供分子态氮和碳水化合物，以及大面积的好气-厌气界面，对于水稻根际细菌所引起的固氮作用可能在生物化学上和农业上都是重要的。

如果供应有足够的分子态氧，自养型硝化细菌能在根际起作用。据报道，根组织本身而不是根际细菌具有一种能将氨氧化成硝酸盐的酶系。虽然在水稻栽培中通常不施用硝酸盐，但硝酸盐仍可能在水稻根际存在。水稻根际的硝化作用有待进一步研究。

已经发育成一套空气输送系统的低地植物根系的硝酸盐还原能力比具有氧化活性的旱地植物根系低得多。去掉顶部或用橄榄油和液体石蜡堵塞空气输送系统，会增加硝酸盐的还原活性。这些资料证明，抑制分子态氧是提高根际硝酸盐还原的主导因子。因旱地和低地植物两者均有硝酸还原酶。因此有人设想，如果根表面氧气不足，为了进行厌气呼吸，根组织本身和细菌能还原硝酸盐。因为硝酸还原酶是水稻幼苗中形成的一种适应酶，所以亚硝酸还原酶的存在可以证明水稻根际具有硝酸盐和可能有硝化作用的存在。除非在完全无菌的条件下进行试验，否则硝酸盐还原究竟是根际细菌的作用，或是根系的作用或是两者共同作用的结果是无法确证的。

由于水稻根系不具有降解氨基酸的酶，所以根际细菌在渍水土壤有机氮的矿化中可能起一定作用。关于水稻根系对水稻根际氮的矿化作用和固定作用的效果尚未进行研究。在已有的报道中，水稻根际既不存在锰、铁、硫化物、甲烷和氢之类矿物质的细菌氧化作用，也不存在氧化这类化合物的细菌。氧化铁、硫化物和分子态H_2的严格自养型细菌的异养特征已有报道。这些细菌如果存在，也可能在水稻根际进行生物化学作用。在水稻根际如果通过根系或是细菌的作用使Fe^{2+}氧化成Fe^{3+}，那么根际氧化活性的下降将直接引起亚铁的移动而进入植株。根系氧化活性可能与水稻植株对铁毒害的敏感性有关。

水稻植株对硫在水稻根际的移动影响极大。在渍水土壤中由于微生物的作用，硫酸盐或含硫有机物还原产生的硫化氢对水稻有毒。值得注意的是，生长水稻的渍水土壤中产生的硫化物比旱地土壤要少。缺氮水稻植株根系的氧化活性较低，从而根际中还原硫酸盐的活性加强。根系的高度氧化活性降低了硫化物对水稻植株的毒害。据报道，在淹过水的一些盐土中，玉米根际产生H_2S的作用增强。在水稻根际，溶解磷酸盐的好气性和厌气性细菌的群体增加。虽然水稻根系本身具有解磷作用，但矿化有机磷细菌的活性仍然增强。

3.无机毒素和有机毒素

在亚洲广泛分布的水稻植株营养失调症，经常在有机质含量高、缺乏排水系统和高还原性土壤条件的水稻田块中发生。最强烈的厌气呼吸和发酵的微生物作用可能在上述土壤条件下发生，较少在正常渍水土壤中发生。土壤组成经过连续还原之后，这种土壤就有了还原条件，并且产生各种还原性无机化合物和厌气代谢产物。在还原土壤中产生的无机和有机植物毒性物质，可能影响水稻根系的代谢作用，并可能干扰吸收营养。

施有机质于渍水土壤中，提高了可溶性亚铁离子、锰离子和H_2S的浓度。所以水稻植株能吸收较多的铁和锰。在渍水土壤中产生过多的亚铁离子应考虑因铁毒害而引起水稻的青铜病。根系活力的降低可能加剧土壤中铁的毒性，因为水稻根际变得有利于还原铁的细菌引起的铁的厌气呼吸作用。由于根系氧化活性的降低，根际硫化物的形成可能导致水稻植株铁中毒。

尽管在渍水土壤中锰的还原作用很旺盛，但在水稻栽培中，锰对水稻植株的毒害显然要比铁轻得多。渍水土壤中铁含量高可能限制水稻植株吸收锰。但是，有一篇报道指出，锰的毒性可能导致水稻植株的生理病害。秋落土壤中，H_2S可以直接引起一种生理病害。H_2S的毒性也降低了水稻植株对磷、钾和氮的代谢吸收，在施用植物残体的渍水土壤中，发现有大量游离的H_2S存在。

业已发现，在水培试验中，来自磷酸盐的还原化合物，如亚磷酸盐、次亚磷酸盐和磷化氢对水稻有毒害。水稻生长中出现的一些问题显然是由于土壤中产生过多的氨所引起。主要由土壤微生物代谢的结果而产生的CO_2，极易溶解于水，并应考虑其对水稻的毒害。碳酸减慢了对锰和钾的吸收速率。土壤渍水后释放出来的各种气体成分中，CH_4是仅知的大量累积的气体碳氢化合物。CH_4抑制番茄和大麦的生长，但对水稻植株没有影响。Smith发现，在厌气条件下，土壤中乙烯积累可能达到危害某些植物根系的数量。

在渍水土壤条件下，植物的有机成分在土壤和根际中转化成多种中间产物，其中某些还原化合物可能对水稻植株是有毒的。在渍水土壤中能产生生理毒性物质，且在植物残体分解早期最多。对水稻植株生长有生理毒性影响的土壤代谢产物，研究得最多的是有机酸、低级挥发性脂肪酸。在排水不良的砂土和泥炭水稻田中某些有机酸如乙酸、丙酸和丁酸，在损害根系方面起着关键的作用。这些有机酸抑制水稻吸收养分。有机酸的毒害作用取决pH值和有机酸的数量与种类。由于渍水土壤的pH值通常接近于中性，并且有机酸只有在低pH值时毒性较大，所以渍水土壤中有机酸的有害作用可能不是一个特别重要的问题。但是，在渍水土壤中施用绿肥的毒害作用，可能是绿肥发酵期间所产生的有机酸所引起。施用植物残体的稻田在渍水后几星期内，同时积累乙酸和丁酸，其数量可达危害水稻根系的程度。但是，如果有机质在渍水前50d开始分解，有机酸就不可能累积到产生毒害的数量。在渍水土壤中，醇类和酚酸的形成也影响水稻植株生长。但是，在稻田这种生理毒性代谢产物对水稻植株生长和产量的影响尚待进一步研究。

九、水稻田中的蓝细菌及其重要作用

蓝细菌，通常被称为大家所熟知的蓝绿藻（BAG），它们广泛分布于现代生态系统中。蓝细菌的原核细胞组织已被鉴定为缺乏膜结合的细胞器（organelles），而且与细菌极为相似。所以它们被列入格兰氏阴性细菌属，其形态多变，即从单细胞至多细胞的结构形态。有些品种具有独特的细胞，因此被称为异形细胞体（heterocysts），它能固定大气中的氮。科学家在各种各样的生境，如淡水、海洋、湿土，盐碱土以及嗜热和嗜冷条件下都发现有其存在，而且会形成共生联合体。蓝细菌主要为光能自养生物，但有些种则能发生异养生长或混合生长（mixotrophic grooth）。蓝细菌（蓝绿藻）生物体长期以来一直作为重要的蛋白质来源，并作为传统生产食品和饲料的原料。此外，蓝细菌还用于各种活性化合物（抗菌素、酶、细胞生长调节剂和毒素等）进行生产。

蓝细菌属光能自养微生物，它们能利用光能将N_2还原为氨。据估计，蓝细菌对稻田贡献的氮量为$20 \sim 30kg\ N/hm^2$。

蓝细菌的其他实际应用还有水体的修复和改善，生物肥料的生产，脂类、多糖、色素、维生素以及其他工业和医药化合物的生产。同时还用于抗癌生物制剂、消炎以及抗病毒制品。

1. 健康食品和饲料

蓝细菌已用胶囊或丸状生产以作健康食品供应。全球大量生产的主要蓝细菌品种为螺旋藻。该食品的成分是具有各种医药特性的无毒蛋白质。许多海洋蓝细菌也已用作海虾和咸水鱼的优质饲料。*Nostoc*，*Anabaena*和*Calothrix*属的21个种的蓝细菌用作鱼类饲料时可平均增产10%，显示了较高的饲料转化率。

为了克服全球蛋白质的短缺，藻蛋白作为供应人类食品和动物饲料的来源已受到了极大的关注。一些微藻如*Chlorella*，*Scenedesmus*，*Coelastrum*和*Spirulina*已确定为优质蛋白质来源。*Anabaena*和*Nostoc*的一些种在智利、墨西哥、秘鲁和菲律宾已用于人类健康食品，而且在远东国家用作绿肥。

Nostoc commune 只含有中等水平的蛋白质，而含有高水平的纤维素，因此，其是有潜力的一种新的食用纤维食品，并在人类食物中起着重要的生理和营养作用。

近年来，螺旋藻（*spirulina*）因其具有超级的营养成分和优良的消化率，所以成为食品供应人类。螺旋藻粉含有天然食品中最高的蛋白质含量（60%~70%），远远高于鱼类（15%~20%）、大豆（35%）、奶粉（35%）、花生（25%）、鸡蛋（12%）、谷物（8%~14%）的蛋白质含量。因此，螺旋藻粉是低脂肪、低热量、无胆固醇的蛋白质源（与肉类和食用蛋白相比）。螺旋藻粉还含有20%的碳水化合物、5%脂肪、7%矿物质、6%水分。蓝绿藻还含有丰富的β-胡萝卜素、硫胺素、核黄素，而且也是维生素B$_{12}$的最大来源。

螺旋藻的一半成分都不含有毒化合物，因此，其也是食品和饲料有希望的成分（表19-3）。Becker和Venkataraman（1982）总结了许多研究结果后提出了干螺旋藻的营养价值。结果表明，蛋白质效率为1.70和2.20（以食物中蛋白质的含量10%计算）。许多营养试验证实，一些蓝绿藻（BGA）种含有较高的蛋白质可以作为鱼类，牛羊，猪和鸡饲料（表19-4至表19-7）。

表19-4　螺旋藻（*Spirulina*）的化学成分（以干重计）　　　　单位：%

组分	S.maxima（1982）	S.platensis（1983）	S.platensis（1982）
蛋白质	≤70.0	55~65	50~55
碳水化合物	1~5	10~15	18~20
脂肪	7.0	2~6	6~9
总量	≤93.5	=80	=80

表19-5　干*Spirulina platensis*的化学成分

成分	100g藻体
粗蛋白	62.50
全氮	10.00
非蛋白氮	1.60
醚提取物	3.00
碳水化合物	8.50
粗纤维	3.00
RNA	2.90
DNA	1.00
水分	9.00
灰分	10.00
磷	3.90
铁	0.12
钙	0.54
钠	0.45
镁	0.90
钾	1.40
氟	0.009 5
维生素	mg/kg藻体
硫胺素	27.80
核黄素	33.40
吡哆基-HCl	1.30
钴胺素	2.40
生物素	0.06
β-胡萝卜素	230.00

表19-6　*Spirulina*中非生物毒素

组分	浓度（μg/kg）	食物中允许量（德国标准）
α−HCH	18.0	20.0
β−HCH	3.0	20.0
γ−HCH	5.0	10.0
HCB	0.04	10.0
狄氏剂（Dieldrin）	4.0	10.0
DDE	0.6	50.0
DDD	0.7	50.0
O′，P′−DDT	0.7	50.0
DDT	6.0	50.0
PCB	0.7	50.0
	In SCP	根据IUPAC
Cd	590	1 000
Pb	3800	5 000
Hg	60	100
Ag	850	2 000

表19-7　*Spirulina*蛋白质的氨基酸成分[a]

氨基酸	FAO/WHO	Becker和Venkataraman（1984）*S.platensis*	Clement等（1967）*S.maxima*	Wu和Pond（1981）*S.maxima*
异亮氨酸	4.0	6.7	6.0	6.0
亮氨酸	7.0	9.8	8.0	8.7
缬氨酸	5.0	7.1	6.5	6.3
苯丙氨酸	6.0	5.3	5.0	4.9
酪氨酸	6.0	5.3	4.0	4.0
赖氨酸	5.5	4.8	4.6	4.1
蛋氨酸	3.5	2.5	1.4	2.0
胱氨酸	3.5	0.9	0.4	−
色氨酸	1.0	0.3	1.4	1.2
苏氨酸	4.0	6.2	4.6	4.9
丙氨酸	−	9.5	6.8	7.7
精氨酸	−	7.3	6.5	7.2
天门冬氨酸	−	11.8	8.6	9.9
谷氨酸	−	10.3	12.6	13.5
甘氨酸	−	5.7	4.8	4.7
组氨酸	−	2.2	1.8	1.7
脯氨酸	−	4.2	3.9	3.9
丝氨酸	−	5.1	4.2	4.5

注：a 为FAO/WHO adhoc出口委员会联合报告的所需能和蛋白质

2. 次生代谢物及其医药特性

蓝绿藻的次生代谢物在很大结构类型如生物碱，芳香族化合物，肽，萜类等那样具有药物功效。因此，其也显示出一些生物活性。研究表明，蓝绿藻主要有下列次生代谢物。

（1）藻胆色蛋白

蓝细菌通常都具有已知的胆色蛋白（藻青蛋白、藻红蛋白、藻红青蛋白和别-藻青蛋白）。在藻胆色蛋白中，藻青蛋白和藻红蛋白具有商业价值。日本Dainippan ink和Chemical Inc公司生产了一种无味、无毒的蓝色粉状藻青蛋白产品，其可用于花色糖果、冰淇淋、食品和软饮料的生产。水不溶性形态藻青蛋白也可从*Spirulina*中获得，并用于深色眼罩、镜片和唇膏等制品。蓝或红发色团可用酶学方法或蛋白质酸解产生浓缩色素而获得，并可用于化妆品。*Spirulina*和其他蓝绿藻获得的藻红蛋白可用于生产有色食品，如冰淇淋、酸乳酪，也可用于化妆品生产。

藻胆色素（phycobilins）与食品级染料不同，它们可用于基础研究或作药物诊断的材料。此外，它们也能用于荧光显微镜，荧光免疫试验和藻粉（phycofluors）的生产。藻青蛋白，主要是藻胆色蛋白，其也能显现出抗癌活性、刺激免疫系统、治疗溃疡以及治疗出血症的功能。大规模藻青蛋白的商业生产是用海洋蓝细菌（*Phormidium valderianum* BDU 30501）开放式进行生产的。控制蓝绿藻生物体和天然色素化合物生产的是营养因子。由*Phormidium valderianum* BDU 30501生产的藻青蛋白和由*Phormidium tenue* BDU 46241生产的藻红蛋白都以用数学设计的模型进行生产最为适宜。

（2）类胡萝卜素

各种类胡萝卜素都有重要的商业价值。由于类胡萝卜素无毒，所以它们也是食品工业中适宜发色剂和维生素A的前体。然而，果肉、羽毛或鱼卵和鸟蛋的颜色都是可食用的类胡萝卜素所提供，因此，类胡萝卜素常作为禽类、水产农业中的食品添加剂。*Anabaena variabilis*和3种*Phormidium*中的类胡萝卜素谱会显示出β-胡萝卜素的主要色素特性。同样，*Anabaena flos-aquae*和3种其他*Phormidium*品种的类胡萝卜素也会像在所有品种那样中存在有β-胡萝卜素而显示出主要的类胡萝卜素特性。

（3）氨基酸

各种氨基酸也都具商业价值，并进行了大规模的生产。大量的氨基酸可由*Anabaena variabilis*变种获得，这种变种能释放出丙氨酸，其是与苯丙氨酸和酪氨酸一样丰富的主要氨基酸。因此，连续光合作用产出氨基酸是用藻酸钙胶球珠固定蓝绿藻而完成的。在筛选200多种海洋蓝细菌中，*Synechococcus* Sp.*NKBG* 040607能以最高比率分泌出谷氨酸，占总氨基酸量的82.6%。由于蓝绿藻的固定作用，所以其产量成倍增加。Matsunaga等（1991）利用光扩散光学纤维光—生物反应器测定了这类生物将CO_2转化为谷氨酸的能力，其中最大的转化率为28%。

（4）脂肪酸

脂肪酸通常具有商业价值，而且许多脂肪酸可作药剂。因此，为生产脂肪酸［—乙酰丙酸（GLA）］而对蓝细菌进行了大量研究，并对*Spirulina*的19个种的脂肪酸作了测定。结果发现，它们具有棕榈酸、GLA、亚油酸和油酸。GLA的浓度范围为总脂肪酸的8%~31.7%。因此，*Spirulina platensis*被认为是GLA有希望的来源之一。现在，已确定了*Spirulina platensis*最佳生长的物理条件，其产量可提高2.4%。同时也研究了其生产GLA所需的物理-化学条件如氮源、温度、NaCl浓度、光周期。在筛选的150个海洋蓝细菌和绿藻种中有20个种具有高浓度的棕榈酸，*Phormidium* sp.含有的顺-棕榈酸最高。

（5）胞外多糖（EPS）

EPS通常属于一类多聚体，可在生物技术领域中得到广泛应用。科学家发现，*Anacystis nidulans*的胞外多糖由葡萄糖、半乳糖以及甘露糖组成。*Phormidium* J-1能产生具有硫酸异多糖性质的一种絮凝剂，同时还发现能产生脂肪酸和蛋白质。多糖结构架由糖醛酸、鼠李糖和半乳糖组成。所以，*Anacystis circularis*的絮凝剂也是具有酮酸残基和中性糖的酸性多糖，但无脂肪酸、蛋白质或硫酸脂所连接。两种单细胞蓝细菌（*Synechocystis*）能产生硫酸胞外多糖，其含有15%~20%（W/W）糖醛衍生物和10%~15%（W/W）锇素（osamines）。以及蛋白质总质量为20%~40%。胞外多糖可利用闭氏光生物反应器和白棉毛巾布固定进行生产，培养的藻类为*Chroococcusminutua*和*Nostoc insulare*。

海洋*Cyanothece* sp.*ATCC* 51142生产的EPS的物理，热力学和凝胶特性已进行了鉴定，并认为其有开发价值，即生产出无有害金属元素的食品和用于食品包装材料。

（6）其他有关化合物

氨　蓝细菌是通过其固氮生物特性而以光合生产系统产出氨。利用异形细胞蓝细菌（*Cyanospira rippkoae*）进行了半连续式产氨系统的试验，并利用L-蛋氨酸、DL-磺酰胺（MSX）作为氨同化酶、谷氨酰胺合成酶的一种抑制剂。同样，*Anabaena variabilis*的变种亦能固定N_2，并将NH_4^+释放至介质。用藻酸钙固定蓝细菌后，在生物反应器中便能持续获得光合作用产生的NH_4^+，其产出速率与亲本种产出速率相似。利用中空纤维光-生物反应器对自生共生体（*Anabaena azollae*）产氨进行了研究，产出的氨用HCl吸收膜分离器进一步浓缩。

β-内酰胺酶（β-Lactamase）　医药业生产过程中会产出许多废料，它们含残留的抗菌素，并能释放至环境中，从而引发臭味，还能抑制土壤和水体中的微生物活动。研究表明，蓝细菌产生的β-内酰胺酶具有重要意义。在一些蓝细菌品系中已发现有β-内酰胺酶活性。在有些情况下，该酶能进入藻体以克服青霉素（penicillin）的抑制效应。在单细胞菌种（*Coccochloris elakens*）以及在丝状菌种（*Anabaena* sp.）中对β-内酰胺酶的产生和分布进行了研究。研究结果表明，该酶具耐热性，而且能在*Phormidium valderianum* BDU 30501胞外产生。

限制酶（restriction enzyme）　蓝细菌能不断地产生重要的限制酶。但是，其中许多酶可以在*Escherichia coli*中得到克隆和表达，并在商业上得到应用。在蓝细菌中，已从约50个品种中获得了近100种同切（口）限制内切酶（isoschizomer）（表19-8），但其中只有少数得到了广泛的应用。

表19-8　蓝细菌中分离出的II型序列——特异内核酸酶（endonucleases）

内核酸酶	生物	识别序列
*Ava*I	*Nostoc* sp.PCC 7118	C PyCGPuG
*Ava*II	*Nostoc* sp.PCC 7118	G GCC
*Acy*I	*Anabaena* sp.PCC 7122	GPu GCPyC
*Mla*II	*Fischerella* sp.PCC 7414	TT CGAA
*Mst*II	*Microcoleus* sp.UTEX 2220	CC TNAGG
*Asu*I	*Anabaena* sp.PCC 6309	G GNCC
*Nsp*CI	*Nostoc* sp.PCC 7524	PuCATG Py

（7）同位素标记代谢物

蓝细菌（包括其他微藻）被认定是能产生同位素标记（特别是采用稳定性同位素标记）代谢物的一个系统。由于蓝细菌是光能自养生物，所以，它们有能力将简单化合物转化为复杂的无机分子。蓝细菌（Agmenellum，Anacystis和Spirulina）都能在高细胞密度上生长，而且也能在基质如富^{13}C或^{14}C的CO_2上生长。获得的纯化标记化合物可用作生物学、医药和医学诊断和分析化学中的示踪物（tracers）。商业上有效的同位素标记化合物具有各种用途。其中主要的化合物标记有：^{2}H、^{3}H、^{13}C、^{14}C和^{15}N的糖、脂类、L-氨基酸、脂肪和蛋白质部分。

（8）活性化合物

蓝细菌已被认同为具有丰富、但未收到广泛鉴定的医药化合物，以及有重要作用的次生代谢物。自1981年以来，Patterson和其他学者（1994）从能代表400多个蓝绿藻品系的1 500种中分离和制备了亲脂和亲水提取物。为了获得可广泛应用的生物活性物质而进行了筛选，其中的活性物质主要有细胞毒素、多抗药可逆物（multi-drug resistance reversal）、抗菌和抗病毒有效素，从而发现了许多新的生物代谢产物，其中包括肽、大环内脂和糖苷（表19-9）。

表19-9　蓝细菌的活性化合物及其生物活性

蓝细菌	活性抗体	活性化合物	参考文献
A细菌			
Lyngbya majuscule	*Bacillus cereus*	NI	Moikeha & Chu，1971
Hormothamnion enteromorphoides	*Bacillus subtilis*	Hormothamin	Gerwick et al.，1989
Schizothrix sp.（TAU IL-89-2）	*Bacillus subtilis*	Schizotrin A	Pergament & Carmeli，1994
Lyngbya majuscule	*Bacillus subtilis*	NI	Welch，1962
Lyngbya majuscule	*Bacillus typhosus*	NI	Gupta & Srivastava，1965
Mastigocoleus testarum	*Escherichia coli*	NI	Kobbia & Zaki，1976
Lyngbya majuscule	*Gaffkya tetragena*	NI	Moikeha & Chu，1971
Lyngbya majuscule	*Mycobacterium balnei*	NI	Moikeha & Chu，1971
Lyngbya majuscule	*Mycobacterium smegmatis*	NI	Moikeha & Chu，1976
Lyngbya majuscule	*Mycobacterium smegmatis*	Malyngolide	Cardellina et al.，1979a，b
Hormothamnion enteromorphoides	*Pseudomonas aeruginosa*	Hormothamnion A	Gerwick et al.，1989
	Salmonella typhimurium	Hormothamnion A	Gerwick et al.，1989
Brachytrichia balani	*Salmonella* sp.	NI	Kobbia & Zaki，1976
Mastigocoleus testarum	*Salmonella* sp.	NI	Kobbia & Zaki，1976
Brachytrichia balani	*Staphylococcus aureus*	NI	Kobbia & Zaki，1976
Hormothamnion enteromorphoides	*Staphylococcus aureus*	Hormothamnion A	Gerwick et al.，1989
Lyngbya majuscule	*Staphylococcus aureus*	NI	Welch，1962
Mastigocaladus laminosus	*Staphylococcus aureus*	NI	Fish & Codd，1994
Nostoc muscorum	*Staphylococcus aureus*	NI	de Cano et al.，1990
Phoromidium sp.	*Staphylococcus aureus*	NI	Fish & Codd，1994
Lyngbya majuscule	*Streptococcus pyrogenes*	Malyngolide	Cardellina，1979
B真菌			
Tolypothrix tjipanensis	*Aspergillus flavus*	NI	Bonjouklian et al.，1991
Anabaena laxa	*Aspergillus oryzae*	Laxaphycins	Frankmolle et al.，1992a，b
Calothrix fusca	*Aspergillus oryzae*	Calophycin	Moon et al.，1992
Fischerella ambigua	*Aspergillus oryzae*	Ambiguines	Smitka et al.，1992
Haplosiphon hibernicus	*Aspergillus oryzae*	Ambiguines	Smitka et al.，1992
Westiellopsis prolifica	*Aspergillus oryzae*	Ambiguines	Smitka et al.，1992
Anabaena laxa	*Candida albicans*	Laxaphycins	Frankmolle et al.，1992a，b
Calothrix fusca	*Candida albicans*	Calophycin	Moon et al.，1992
Fischerella ambigua	*Candida albicans*	Ambiguines	Smitka et al.，1992
Haplosiphon hibernicus	*Candida albicans*	Ambiguines	Smitka et al.，1992
Hormothamnion enteromorphoides	*Candida albicans*	Hormothamnion A	Gerwick et al.，1989
Lyngbya majuscule	*Candida albicans*	NI	Welch，1962
Mastigocaladus laminosus	*Candida albicans*	NI	Fish & Codd，1994
Nostoc muscorum	*Candida albicans*	NI	de Cano et al.，1990
Phoromidium sp.	*Candida albicans*	NI	Fish & Codd，1994
Scytonema ocellatum	*Candida albicans*	Tolytoxin	Patterson & Carmeli，1992
Tolypothrix tjipanensis	*Candida albicans*	NI	Bonjouklian et al.，1991
Tolypothrix tjipanensis	*Candida albicans*	Chloroindolocrazole	Sancelme，1994
Westiellopsis prolifica	*Candida albicans*	Ambiguines	Smitka et al.，1992
Anabaena variabilis	*Chaetomium globosum*	NI	Kellam et al.，1988
Lyngbya majuscule	*Cryptococcus neoformans*	NI	Welch，1962
Nostoc muscorum	*Cunninghamella Blackesleeana*	NI	de Mule et al.，1977
Anabaena laxa	*Penicillium notatum*，*Saccharomyces cerevisiae*，*Trichophyton mentagrophytes*	Laxaphycins	Frankmolle et al.，1992a，b
Calothrix fusa	–do–	Calophycin	Moon et al.，1992
Fischerella ambigua	–do–	Ambiguines	Smitka et al.，1992
Haplosiphon hibernicus	–do–	Ambiguines	Smitka et al.，1992

（续表）

蓝细菌	活性抗体	活性化合物	参考文献
Scytonema ocellatum	–do–	Tolytoxin	Patterson & Carmeli, 1992
Westiellopsis	–do–	Tolytoxin	Patterson & Carmeli, 1992
Nostoc muscorum	*Sclerotinia sclerotiorum*, *Rhizoctonia solani*	NI	de Caire et al., 1987
C病毒			
Lyngbya lagerheimii	HIV-1（T-cell lines）	Sulpholipid	Gustafson et al., 1989
Nostoc ellipsosporum	HIV-1	Cyanovirin-N	Boyd et al., 1997
Phormidium tenue	HIV-1	Cyanovirin-N	Boyd et al., 1997
Nostoc spnaericum	*Herpes simplex virus*	Indolocarbazoles	Larson et al., 1994
Dichothrix baueriana	HSV	β-carbolines	Trimurtulu et al., 1994
Spirulina platensis	NI	Calcium spirulan	Lee et al., 1998
D抗肿瘤			
L.majuscula	Antimitotic	Curcine A	Gerwick et al., 1994
抗胞间连丝			
Phormidium	*Plasmodium falciparum*	Hierridin B	Papendorf et al., 1998

蓝细菌产生的生物活性化合物的开发非常有价值。蓝细菌可提供新的和有用的因结构复杂而难以人工合成的药物。目前，已在非常重要的靶标（药物）范围内进行了一些筛选过程的研究。其中主要的药物有抗菌素，抗真菌素，抗-AIDS（HIV病毒）素，抗癌素和其他抗生化合物。

从淡水、微咸水和两种长有水华的水域中分离出的12种蓝细菌的亲水（Hydrophilic）和亲脂（lipophilic）提取物，并用这些提取物进行了抗7种微生物的抗菌活性研究。所有7种蓝细菌样品，即7种提取物至少能抑制一种格兰氏阳性细菌（*Micrococcus flavus*, *Staphlococcus aureus*和*Bacillus subtilis*）的生长。12种不同海洋蓝细菌中获得的一种水溶性乙醇提取物对公鼠的溶血特性（*haematological characters*）进行了研究。研究结果表明，*Spirulina subsalsa* BDU 30311, *Oscillatoria salina* BDU 10142和*phormidium valderianum* BDU 20571具有用于饲料/营养源的巨大潜力。一些海洋蓝细菌的水溶性乙醇提取物对白鼠血液生物化学成分影响的研究表明，*Pseudanabaenea schmidlei* BDU 30313对降低血糖水平起着重要作用。

Falch等（1995）研究了20个蓝细菌中提取的80种亲脂和亲水化合物。*Fischerella ambigua*的亲脂提取的引导生物部分分离试验（Bioassag-guided fractionation）能分离出3种化合物：双关醇A［anbigols A，（1）］和B（2），以及天盘氮醇D［Tijpanazole D，（3）］。化合物（1）和（2）具有抗菌、抗真菌、细胞毒素、杀软体动物（molluscidal）、抗炎和抗病毒活性。化合物（3）则显示了中等的抗菌特性。

现已从蓝细菌中分离出了一些化合物，其中主要有：anbigols A和B、抗毒素（antillatoxin）、anadaenopptins、anatoxin-A、A90720A、barbamide、borophycin、β-carbolines、curacin-A、cyanopeptolins、cryptophycins、Cylindrospermopsin、hapalosin、kawaguchireptin B、malyngamide-G、microcystin、microginin、miropeptin a和b、mirabimide E、nakienonesA-C、nakitriol、nodularin、nonamethoxy-1-pentacosene、nostoccyclo phanes A-D、nostocyclamide、nostodione A、pterins、pukeleimide-A、schizotrin A、tolyporphin和welwitndolinnes。上述化合物的一些结构已列于图19-1。其中对有些化合物的生物活性已进行了详细研究。结果表明，有少数化合物具有药物开发前景。

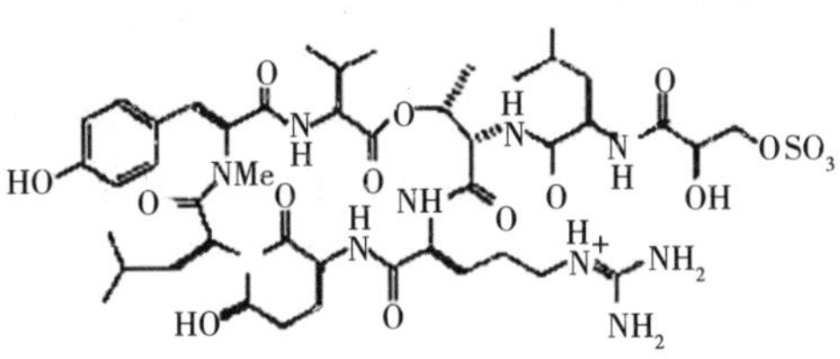

A 90720 A

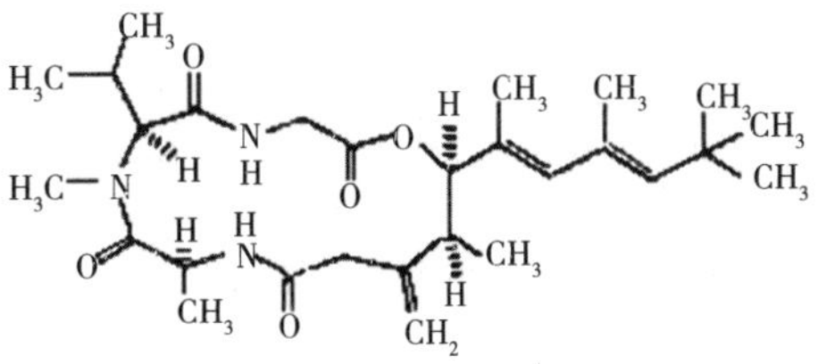

Antillatoxin

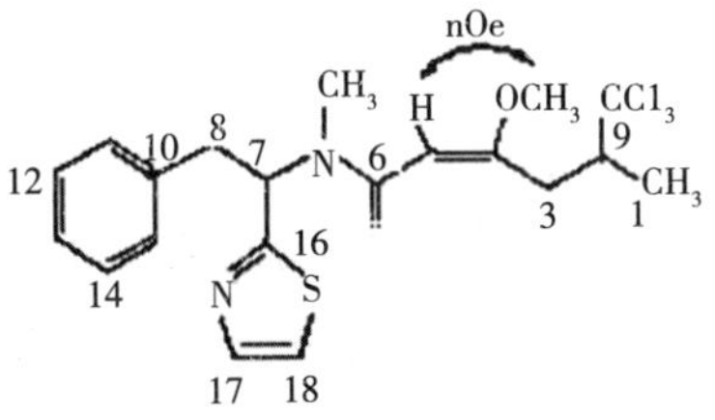

B arbamide

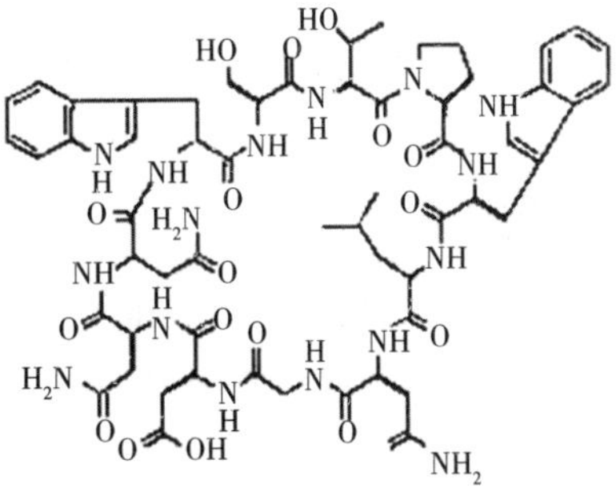

KawaguchipeptinB

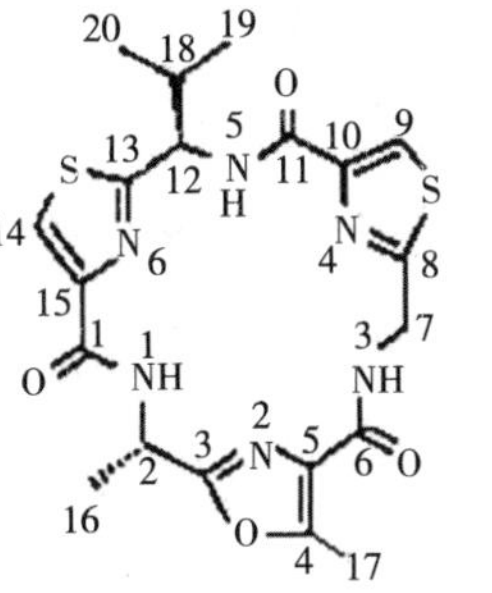

N ostocyclamide

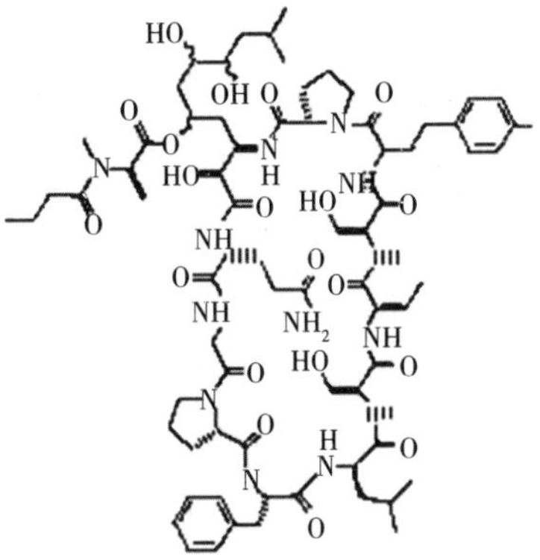

Schizotrin A

图19-1　蓝细菌中分离出的一些化合物

（9）抗病毒代谢物

蓝细菌是新的抗病毒化合物的丰富资源。Rinehart等（1981）进行了初步的筛选研究，结果表明，许多蓝细菌的提取物具有很好抗病毒［Herpes Simplex Virus（HSV-Z）］活性。美国抗癌研究所已证明，能抗*Human lmmunodeficiency Virus*（HIV-Ⅰ）病毒提取物约有10%的抗病毒活性。Gustafson等（1989）分离了一种化合物——硫代异鼠李糖基二酰甘油（sulfoquinovosyldiacylglycerol）（硫脑苷脂）是有潜力的抗HIV制剂。研究指出，两种海洋蓝细菌（*pseudanabaena schmidlei* BDU 30313）的一种提取物具有抗Hepatitis-B病毒的活性。

根据Lau等（1993）对*Cyanophyta*的900种蓝细菌的亲脂和亲水提取液在试管中进行了抑制酶活性的检验。其中主要的酶是*Avian Myeloblastosis Virus*（AMV）和*Human Immunodeficiency Virus*，Ⅰ型（HIV-Ⅰ）的逆转录酶（RT）。RT抑制作用最高水平是在一些提取物活性浓度达相当于3'—叠氮化物-2'，3'-二脱氧基脒［dideoxythimdine（ZAT）］的668ng/mL才能出现。

Boyol等（1997）发现了一种新的杀病毒蛋白，并称其为生氰杀病毒素-N（CV-N）［Cyanovirin-N（CV-N）］，它是从*Nostoc ellipsosporum*中获得的化合物。这种化合物能使钝化的各种T-淋巴细胞-回归线［T-lymphocyte-tropic（T-topic）］发生不可逆反应，而且能阻止感染和未感染细胞之间化合物的融合和传递。试验的病毒是适应了试验研究的HIV I型（HIV-I），HIV II型（HIV-II）和*Simian*

Immunodeficieny Virus（SIV）。随后，有人报道了糖脂具有特异的生物学活性，例如抗-肿瘤-化合物（anti-tumour-promoting）、抗-发炎化合物、抗-藻素、溶血剂和抗病毒化合物都有这种特异生物学活性。从蓝细菌［*Scytonema* sp.（TAU品系SL-30-1-4）］中分离出了5种新的二酰基硫代糖脂，从蓝细菌［*Oscillatoria raoi*（TAU品系IL-76-1-2）］、*phormidiumtenus*（TAU品系IL-144-1）、*Oscillatoria trihoides*（TAU品系IL-104-3-2）以及*Oscillatoria limnetica*（TAU品系NG-4-1-2）中分离了4种新的酰基二糖脂，分离出的这9种化合物都能不同程度地抑制HIV-Ⅰ RT的活性。其他化合物如硫代多糖、螺藻酸钙（Ca-Sp）（calcium spirulam），也已从*Spirulina platensis*中得到了分离，并发现其具有抗病毒活性。

（10）抗真菌代谢物

业已发现，蓝细菌提取物具有抗真菌活性的比例很大。隐藻素（cryptophycins）是最大一组蓝细菌缩肽类（depsipeptides），其中隐藻素-1是最重要的一种，它也是首先从*Nostoc* sp.ATCC53787分离的出具有抗真菌的一种化合物。鲨藻素化合物也是强有力的抗真菌剂。

Tjipanazoles，吲哚-〔2,3-a〕的N-糖苷是从*Toly tjipanasensis*中分离出的化合物，它对植物病原真菌具有明显的抗真菌活性。

菜豆斯藻素（laxaphycin）是环状十一面体和十二面体肽的一大类化合物，这类化合物分别为laxaphycin A和B，它们也具有抗真菌活性，同时，这种化合物是从*Anabaena laxa* FK-1-2蓝细菌的粗提取物中分离的。Laxaphycin在结构和生物学特性上与已知的环肽［如萨姆激素（hormothamins）］有着极为相似的特性，它们都是从海洋生氰藻（cyanophyte）-Hormothamnion enteromorphoides中分离得到的。

鲨藻素是具有很高细胞毒性和杀真菌的大环内脂（macrolides）。鲨藻素B（6-羟基鲨藻素B），鲨藻素E和6-羟基-7-0-甲基鲨藻素E已证明具有细胞毒性和杀真菌活性，这类化合物存在于陆地蓝绿藻（*Cylindrospermun musicola*）中。有报道称，其他9种鲨藻素也与陆地蓝绿藻（属于*scytonema*和*Tolypothrix*）有关。卡罗藻素（calophycin）是一种环状十面体肽，它含有一种新（2R，3R，4S）-3-氨基-2-羟基-4-甲基棕榈酸单元（hamp），其是从*Calothrix fusca* EU-10-1分离出的一种重要的广谱杀菌剂。

（11）毒素（Toxins）

Sivonen等（1990）报道，一些国家的淡水和沿海水域会出现蓝细菌有毒水华。肝毒素（hepatotoxin）水华是与*Microcystis aeruginosa*、*Microcystis viridis*、*Microcystis wesenbergii*、*Anabaena flos-aquae*和*Gomphosphaeria naegeliana*和*Gomphosphaeria naegeliana*等藻类有关。在沿海水域，最有可能发生水华的诱发因子是能产生水华肝毒素（hepatotoxic agent）的*Nodularia spumigea*，其是已报道的能产生毒素的第一个蓝细菌菌种。

蓝细菌已分离和鉴定的大部分次生代谢物可分为两类，即微藻素（microcystins）和环状肽。大部环状肽和缩肽类如微藻素和lyngbaya毒素，其将仅可能是用于生物学研究的化合物。商业生产的潜力不足。例如隐藻素-1（Cryptophycin-1），其是从*Nostoc* sp.GSV224中分离出的一种微管汇集新抑制剂，它具有抗老鼠肿瘤的光谱活性，这类化合物还包括了许多功能，多抗药物（multidrug-resistant ones）和majusculamide C，其是一种微菌丝-解聚体（microfilament-deploymerising），是从*Lyngbya majuscula*中分离而得，并显示出有效的抗菌活性。现在已约有50种微藻素得到了分离和鉴定。

在原核生物和低等真核生物中都能合成非-核蛋白体肽。从微生物分离出的大部分非-核蛋白体肽在分类上属次生代谢物，因此，它们很难在主要代谢、生长或繁殖过程中发挥作用。但它们有利于产生这些化合物的生物的发展。蓝细菌能产生一系列众多的次生代谢物，其中主要有生物碱、多聚乙酰和非-核蛋白体肽。在这类化合物中有些是具很高毒性的毒素。在研究非-核蛋白体肽合成途径时发现和合成了新抗菌素——免疫阻遏剂（immunosuppressants）或抗病毒剂。

（12）抗癌剂/抗肿瘤活性

托莱毒素（tolytoxin）是鲨藻素一族第一个分离出的成员，它是在体内筛选蓝细菌抗癌活性的粗提取物时被发现的化合物。在陆地 *Scytonema mirabile* By8-1中，tantazoles和mirabazoles可以转化为细胞毒素——杂环肽化合物。大部分tantazoles和mirabazoles都是肿瘤选择性细胞毒素，但tantazoles B和didehydromirabazoles A也是固体选择性肿瘤剂。Hapalosin是从 *Hapalosiphon welwitschii* 分离出的一种新环缩肽类，它能在肿瘤细胞中以p-糖蛋白为介质形成可逆多抗药物［multidrug-resistance（MDR）］。

在科学家合作的研究中，隐藻素（cryptophycin-1）被发现是一种新的微管解聚体（microtubule deploymerising agent），从而表明了其卓越的广谱抗肿瘤剂，其中还包括有抗药（drug-resistant）和多抗药化合物（multiple drug-resistant ones）。*Lyngbya majuscula* 的有机提取液可以分离出一种新脂，即箭毒素A（curacin A），它对海虾毒性强，而且具有抗繁殖活性。纯箭毒素A是一种抗有丝分裂剂（在3种细胞系列中的IC$_{50}$值范围为7~280nmol/L），它能抑制微管集合，并能与秋水仙碱（colchicine）结合而形成微管蛋白（tubulin）。

半乳糖脂〔1-0-Acy-3-0-（6'-0-Acyl-beta-D-galactopyranosyl）-Sn-glycerol〕是从淡水固氮蓝细菌（Anabaena flos-aquae f.flos-aquae）中分离出的化合物。这种在1-0-位上具有棕榈油酸基的甘油糖脂比其他化合物更具抗性。

（13）酶抑制剂

酶抑制剂的研究主要集中在从蓝细菌中筛选酶抑制剂。蓝细菌提取物能抑制各种蛋白酶，其中包括酪氨酸酶、胰凝乳蛋白酶、凝血酶、血纤维蛋白溶酶、弹性蛋白酶和胶原酶。

蛋白水解酶能调节各种疾病。例如凝血酶抑制剂能用于治疗中风和冠状动脉。通过抑制凝血酶活性，就能阻止血纤维蛋白原转化为血纤维蛋白单体，从而就能防止血液凝结。一种酪氨酸酶抑制剂（A90720A），即一种缩肽化合物，它能与底物发生反应，从而形成一种稳定的非共价复合体，并能抗溶解作用，因此就能使酶发生钝化。LU-3是由 *Nostoc* sp.CALU893产生的另一种酪氨酸酶抑制剂。这种抑制剂能在细胞中积累，并在溶胞后释放至介质中。这种化合物为自然界中的碳水化合物，而且在其分子中不含氮。

现已报道，还有一些具有酶抑制功能的其他化合物，即aeruginsin98A、micropeptin90、microviridin B、oscillapeptin、胰凝乳蛋白酶（chymotrypsin）、microginin、micropeptin A和oscillamidey。最近，Radau和Rauh（2000）合成了一种蓝细菌代谢同系物（肽化合物），并且有丝氨酸蛋白酶抑制活性，他们还获得了一种酪氨酸活性化合物。这一发现被誉为化学合成蓝细菌代谢物的里程碑之一。

（14）其他生物活性化合物

Mitsui等（1989）发现有一种蓝细菌（*Synechococcus* sp.Miami BG116S）能产生溶血化合物（hemolysis），现已在化学上证实是半乳糖吡喃基酯。Orjala和Gerwick（1996）从 *Lyngbya majuscula* 制得了脂提取物，其对软体动物（*Biomphalaria glabrata*）有毒。这种有毒化合物已被鉴定为倒刺毛酰胺（barbaamide）或脂肽（lipopeptide）。*Lyngbya majuscula* 提取物具有一些生物活性，即海虾毒性〔*Artemia Salina*，LC^{50} = 25ng/mL-治疗素A（curain A）〕、金鱼毒性（*Carassiuis auratus*，LC^{50} = 25ng/mL-antillatoxin，malyngamide H）和杀软体动物活性（Biomphalaria，glabrata，LC^{100}，100ng/mL barbamide）。

*Hapalosiphon intricalus*能产生抑制另一种蓝绿藻（an *Anabaena* sp.）生长的胞外物质。类似的还有一种抗-藻反应的*Hapalosiphon fontinalis*，它能抑制*Anabaena oscillarioides*的生长。当丝状蓝细菌（*Scytonema hofmanni*，UTEX2349）与化合物在平皿（petridishes）中一起培养时亦能抑制其他蓝细菌和一些真核生物藻类的生长。以蓝细菌命名的代谢产物是一种食用的取代γ-内酯，并成为芳香环上的二氢吥烯取代基。这种代谢物在浓度约为5μm时对大部分蓝细菌有毒。许多研究者亦指出，这种代谢产物能抑制单细胞蓝细菌（*Synechococcups* sp.）光合系统II的光合电子转移作用。

蓝细菌Nostoc品系能产生新的抗菌素（蓝细菌毒LU-2），其具有广谱的抗蓝细菌活性，但抗蓝绿藻的活性较低，而且对真菌和细菌无活性（钝化活性）。7种新单半乳糖基二酰基甘油（1-7）和6种新二半乳糖基二酰基甘油（1-6）已从无菌培养的蓝细菌（*P.tenue*）中得到了分离。单半乳糖基二酰基甘油（1-8）和二半乳糖基二酰基甘油（11-19）抗*P.tenue*活性之间的差异表明，前者的抗性比后者要高。

海洋蓝细菌（*Phormidium ectocarpi*）亲脂提取物诱导分离生物试验表明，其能产生一种新的天然产物——海利定B（hierridin B）和2，4-二甲基-6-7癸基酚。这种混合的分离物显示，其具有抗疟原虫（*Plasmodium falciparum*）的活性（anti-plasmodial activity），而从海藻（*Oscillatoria rosea*）中分离出的（2S）-1-0棕榈酰基-3-0-β-D-半乳糖基甘油则能抑制由U46619（一种thromboxane AZ同系物）诱发的血小板凝聚作用。

植物生长技术的试验指出，蓝细菌的一些粗提取物含有一种生长促进化合物，它能在试管内诱导一些植物胚的早期发育。Wake等（1992）报道，在加入海洋蓝细菌（*Synechococcussp*.NKBG 0429902）提取物以后，*Daucus carota* L.体细胞胚能以高频率发育成小植物。

3. 基因控制和转基因蓝细菌

蓝细菌分子基因学在过去20年已有了长足的发展。外源基因导入一些蓝细菌有几种方法，其中主要有电穿孔、天然吸收、微生物学和共轭作用。然而，分子生物学的研究则主要集中在方法学发展和基础蓝细菌生物学，如氮代谢和光合作用。Peter wolk和其他研究组织发展了蓝细菌的许多分子生物学技术。蓝细菌（*Synechocystis* sp.PCC 6803）是研究完整核苷酸序列的唯一品种。关于*Synechocystis*基因组的序列数据和其他信息已有许多资料，其可为研究许多分子生物学（包括进化特点）提供有效的方法。

有一些商业上的分子生物学基本方法可用于蓝细菌生物技术研究。有研究报道，将*Bacillus thuringiensis*（BT）毒素克隆入蓝细菌中，以用于对蚊幼虫的生物防治。Chungjatupornchai（1990）报道，*Synechocystis* PCC6803中BT毒素的表达落后于*psbA*启动基因表达。Xiaoqiang等（1997）从*Bacillus thuringiensis sub sp israelensis*克隆了各种联合基因。如*CryIVA*、*Cry IVD*和*p20*，并通过穿梭媒介体pRL 488p方法将它们导入固氮蓝细菌。

Lagarde等（2000）在*psbAll*基因座中进行了基因控制，并在强大*psbAll*启动基因控制下用作一种整合平台以使其参与*Synechocystis* sp.PCC品种中类胡萝卜素生物合成的基因能得到过表达。由于联合基因的过表达和特殊基因的缺乏，所以，蓝细菌的类胡萝卜素的含量会发生明显的变化。因此，选择蓝细菌品种以改善色素的品质和产量是非常有潜力的生物技术。

（1）能源

采用生物系统生产可再生燃料是全世界科学集团最优先选择的有意义的研究课题，所以，蓝细菌也被视为生物燃料的重要来源。蓝细菌生物体像其他光合作用的生物体那样，其可通过物理化学或生物学方法用于甲烷的生产。但是，用这些方法生产的燃料价格昂贵。但是，蓝细菌则是少数能产出富能、无污染氢燃料的活系统之一。其中许多蓝细菌具有固氮酶和双向氢化酶，它们都能生物合成氢。固氮酶不可避免地会产生H_2，并伴随着使N_2还原为NH_3，还产生双向氢化酶，该酶具有吸收和产H_2的双重能力，而具有吸收H_2的氢化酶能催化固氮酶消耗所产生的H_2。蓝细菌固氮酶的这种多样性也可用分子生物学方法予以阐明。然而，持续和大量产出H_2而无副产物O_2则成为重要的科学挑战的主题。因此，有希望的是筛选海洋蓝细菌（*Synechococcus* sp.Miami BG 043511）作为产H_2率高（250μmol/mg叶绿素·小时）的品系。它能持续产H_2而氧化活性很小。

（2）生物肥料

早在1939年，De曾报道过在水稻田环境中藻类能固定相当数量的氮。随后，一系列大田试验和实验室研究表明，藻类能完成生物固氮作用（BNF）。蓝细菌固定的N不仅能补充土壤氮的不足，而且也有助于土壤健康和有利于作物增产。研究表明，生物固氮作用固定的氮每季作物为25～30kg N/hm²，水稻可增产10%～15%。因此，生产蓝细菌菌剂的方法亦大有发展，并得到了广泛的应用。蓝细菌的其他有益作用还有降解农药、改良土壤以及调理土壤和释放植物病原体抑制剂和植物生长调节剂。

（3）生物修复工程

全世界环境污染正在不断地加剧。蓝细菌能消除土壤和水体中的各种污染物。光能营养生物蓝细菌和许多固氮生物都是能有效降解污染物的生物。蓝细菌与微生物结合能降解各种芳香族烃化合物如萘（$C_{10}H_8$）和n-链烷烃以及油污。蓝细菌亦能将有毒金属移去，并用于污染水体中重要金属的清除。蓝细菌能富集金属的浓度比其生长的环境高达80 000倍。蓝细菌既可通过生物积累，又可通过生物吸收而积累金属。生物吸收是一种非代谢积累，而生物积累则是一种细胞吸收过程。生物积累能诱发生物死亡，而且会立即释放出金属。生物吸收作为生物用于多重循环是具有重要意义的，而且也有利于生物在不利环境中生存和发展。*Phormidium Valderianum*的碱提取液能吸收Cd^{2+}、Co^{2+}、Cu^{2+}和Ni^{2+}，并通过解吸和再生产而能重新利用。用蓝细菌作生物过滤的研究亦已开始。*Oscillatoria annae*细胞与砂混合以柱状形式用于处理污水和工业废油。研究表明，该法可使BOD和COD连续下降，并能将残留的磷和氮除去。蓝细菌（*Oscillatria pseudogeminata*）也可用于处理纸厂流出的污水、骨胶厂流出的污水和家庭污水。

在农业中必然会使用农药，同时，其也是工业生产中流出的一种组分。许多蓝细菌能将其降解。丝状蓝细菌对高度氯化的脂肪族农药（林丹），俗称高丙体六六六（γ-六氯化苯）和4-氯甲苯都能发生降解作用。筛选出的水稻田蓝细菌品系都能降解有机磷农药，即久效磷、马拉硫磷、敌敌畏、磷胺和奎诺磷（Quinolphos）。用*Aulosira fertilissima* ARM68的研究表明，这类农药不仅能被降解，而且还可通过磷酸酶活性而作为磷源。氯丹（endotaf），一种有机氯农药和氨基甲酸脂农药，克百威、西林（Serin），以及有机磷"乐果"（"Rogor"）对*Lyngbya major*，*Gloeocapsa atrata*，*Calothrix parietina*和*Scytonema pascheri*的影响表明，蓝细菌能耐它们的胁迫。研究指出，除草剂草甘膦能被*Synechocystis* PCC 6803代谢成氨甲基磷酸。同样，有许多报道指出，蓝细菌具有降解各种农药的能力。

第二十章　活性氧对植物固定CO_2（光合作用）的影响

一、引言

活性氧（reactive oxygen，ROS）是植物氧代谢过程中产生的化合物。由于ROS能通过其与生物分子反应而引发氧化伤害，所以，许多研究都集中在植物暴露于环境胁迫条件下所造成的氧化伤害和ROS在植物防卫病原体侵入过程中的作用。但是，最近，科学家预见，ROS作为信号分子也具有重要的作用。一些酶和小分子抗氧化剂能制约ROS的浓度和防止氧化伤害。研究表明，ROS和抗氧化剂之间具有复杂微妙的相互作用。同时，抗氧化剂在调控植物生长、发育以及对环境的反应过程也起着重要的作用。

植物干物质的约40%是由光合作用固定的碳（C）所组成。因此，光合作用是所有植物生长循环周期中最为重要的过程。事实上，地球上生活着的生物都受到光合作用产物的制约，而光合作用途径能使绿色植物利用光能产生化学能和还原性化合物。要了解这种反应过程，就必需研究经由Calvin循环而从CO_2合成糖的不利的热学动力反应。水氧化作用提供了糖合成反应中所消耗的电子，并产生双原子分子氧（O_2）作为反应过程中的副产物。部分O_2会经由叶片的气孔而扩散。但在光照条件下，光合作用细胞具有很高浓度O_2。附近高浓度O_2和能量以及电子都会发生截获光的转移过程，同时光合作用电子转移等也都会使叶绿体对氧化伤害特别敏感，在所有叶片，但不是深度遮阴的叶片中，光合作用途径可能且健康叶片中活性氧（ROS）的主要来源。

植物并不会预防ROS对大分子的伤害。叶片形态的有效调整和形成光合途径的结构化合物的含量都能确保光合作用过程光吸收和光利用之间的平衡，而且可以限制对不利而过量光的吸收。此外，在一般"光保护"（photoprotection）条件下光合作用的生物化学机制会使ROS产出减至最小，并能对形成的ROS进行脱毒。热能分散是光保护机制之一，它可通过将光转化为热而安全地避过过量的光吸收，并经由一系列复杂的酶反应和氧化还原分子而发生抗氧化作用。现已证明，酶复合体和氧化还原分子能将过氧化物转化为水。热能分散和抗氧化作用都能使叶绿体的状况得到调节。本章主要论述ROS的光发生作用和热能分散的分子机制，同时对抗氧化作用及其对优势环境条件的适应过程亦作了充分的讨论。

二、光的吸收和分配

1. 三联叶绿体（triplet-chlorophyll）所形成的单体O_2

叶绿素的光生物物理学能使其适于在光合作用过程中供应所需的能量。叶绿素能吸收的光波是从太阳辐射至地球表面最强的光波。不像一些色素如类胡萝卜素那样，叶绿素不容易发生热量退激作用（de-excitation）。因此，叶绿素在离体状态下可以保持足够长的时间发生电子转移如电荷分散，并以缓慢进程来完成。但是，当光吸收量超过光合作用可以利用的光量时，叶绿素的这种特点便成为不利的因子。在大田条件下，大部分植物都能使过量吸收的光得到调节，在大部分植物处于全日光照条件下时，可以使构成Calvin循环的生物化学反应在光强度饱和时发生。当激发能未被光合作用消耗时，处于光吸收条件下离体状态的单个叶绿素的寿命便会延长。叶绿素增加的可能性表明，叶绿素将会发生一种系统间的横向连接，在此连接过程中，会产生激发电子的自旋体—"回转体"（flips），从而可以形成三联叶绿素。二原子分子氧（O_2）具有特异的三重基态特性，这种特性能使其三重叶绿素接受能量。一种能的转移过程会产生单体O_2。单体O_2是一种十分不稳定的ROS，它能伤害大分子，其主要是通过产生内源过氧化物反应发生的。植物能减轻单体O_2造成的细胞伤害，其是通过一种异常反应和完美的保护机制即大家熟知的热能分散作用来完成的。

2. 热能分散作用

热能分散作用或"反馈退激作用"（feedback de-excitation）都能保护植物免遭过量光吸收的伤害。其原因是在形成敏感单体O_2之前，热能分散作用可以将激发能安全地转化为热量。因此，热能分散作用便具有前活性保护机制（proactive protective mechanism），从而能阻止内源ROS的形成，但不是像抗氧化作用那样使激发态ROS脱毒。在过去20年，随着生态生理学和植物遗传学研究方法的发展，确立了许多有关热能分散作用的机制，但要理解这些机制仍然十分困难。热能分散需要下列过程：（1）类囊体管腔的低pH环境；（2）叶黄素循环过程中形成脱环氧类胡萝卜素［玉米黄质（Z）或环氧玉米黄质（A）］；（3）$P_{sb}S$，一种小型吸光复合蛋白。当通过光合电子输送而使质子转移速度超过过量光照条件下Calvin循环活性时，类囊体管腔pH值便会降低。因此，Z和A便会由叶黄素循环中的二环氧化合物堇菜黄质（V）形成，其通过堇菜黄质脱环氧酶（VDE）的活性而完成（图20-1）。VDE位于类囊体管腔中，并能利用抗坏血酸作为还原剂（与抗坏血酸作为阴离子相对应）。形成的质子形态的抗坏血酸会影响VDE的最适pH值，而且可用植物在其需要时能调节热能的分散水平来作出解释。玉米黄质环氧酶是一种基质酶，能催化Z和A形成V。

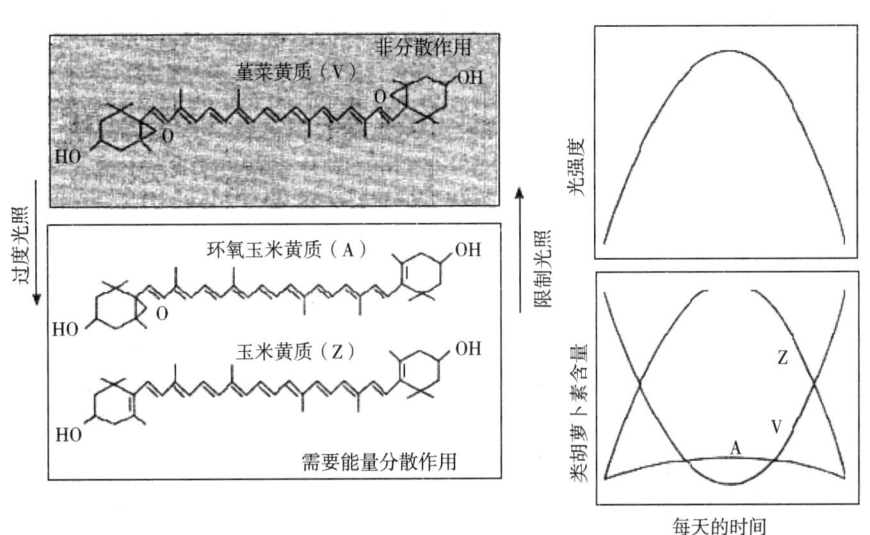

图20-1　叶黄素循环过程中类胡萝卜素的分子结构及全日照条件下水平方向的叶片中，叶黄素循环成分日变化

Z和A能加强热能分散作用的机制现在还不清楚，一些证据表明，这些类胡萝卜素在形成叶绿素过程中起着间接作用，即叶绿素可通过内部转化而发生自灭作用（self-quenching）。但是，已获得了对脱环氧类胡萝卜素有直接作用的模型。Z（或A）都具有一个激发态S_1，它位于叶绿素之下。因此，对可供应Z能量的单体激发叶绿体Ⅱ可能具有热动力学功能。所以，与所有类胡萝卜素都相似的Z便能迅速发生热能退激作用。此外，Holt等（2005）观察到，在叶绿素激发后会形成一种类胡萝卜素阳离子基因，并提

出，通过能量向叶绿素—玉米黄质杂二聚体转移而发生电荷分离后便能造成热能的分散作用。

Li等（2000）应用一种正向遗传方法，即选择畸变叶绿素荧光淬灭的Arabidopsis变种的方法，证明吸收光较小的复合蛋白$P_{sb}S$（其亦可称为CP22）对热能分散是必不可缺的化合物。随后，$P_{sb}S$转基因过度表达显示，其能促进热量分散的速率。$P_{sb}S$含有4种转膜螺旋体，而且也是吸收光复合蛋白总科（Superfamily）的成员。与每种螺旋体相连接的两种管腔环都含有谷氨酸残体，它们对热能分散作用十分重要。这些谷氨酸转化为谷氨酰胺是经点突变而发生的，并能导致热能分散的损失，即一种谷氨酸在转化时会发生部分损失。总之，这些研究结果表明，谷氨酸的质子化造成管腔低pH。科学家推断，质子化能使$P_{sb}S$发生构象变化，而且也有可能形成全面的吸光复合体，并使其呈一种能量分散状态。这种模型不仅需要管腔低pH值和VDE活性，而且也需要有大量的证据，但可推测酸化作用能促进Z结合和/或移动叶绿素，从而使Z进入能发生共振能的位置或电子转移的位置。

3. 吸收光复合体对环境的适应过程

在很短时间（几秒钟）范围内植物能调节热能分散作用，而且其调节热能分散的能力可在较长时间（几天—几周）范围内发生。热能分散作用的短期调节主要是通过叶黄素环中色素来完成。植物经过几天后会消耗V而积累Z，并直至中午的辐射峰，然后，由于太阳位置的变化，Z会再转化为V（图20-1）。这种转化的程度系与植物生长的环境光强度有关（图20-2）。所以，热能分散作用的调节在其速度和代谢效率上都会有所提高。植物通过改变叶黄素环库（xanthophyll cyele pool）的大小来适应环境，并能调节热能分散作用，同时，植物亦能使$P_{sb}S$表达。适应全日照的植物都具有叶黄素环库。它们可用［mmol v+A+Z/（mol chl a+b）］作为典型表达。而且其比适应遮阴植物的叶黄素环库要大几倍（图20-2）。然而，由于光合作用利用光时会影响光的过量吸收，所以，具有较低光合作用能力的适应全日照植物比相同环境中具有高光合作用能力的植物有较大的叶黄素环库。环境胁迫如激冷和营养缺乏等都能影响光合作用时的光利用率，从而造成光的过量吸收，并使叶黄素环库增加，而且在中午时，形成Z和A的转化便会停止（图20-2）。$P_{sb}S$表达水平也能适应环境的变化。较冷温度季节和高强度光照都能促进$P_{sb}S$含量的增加。

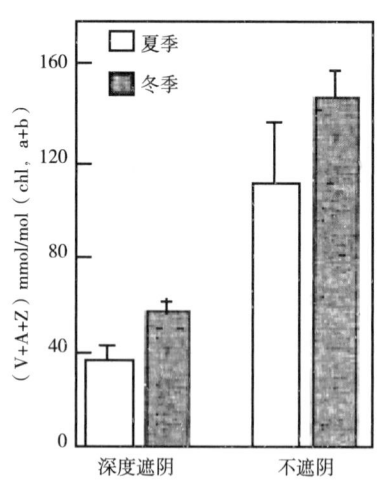 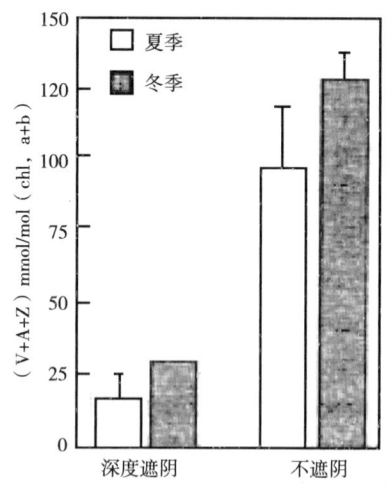

图20-2　叶黄素环库大小（左图）和叶黄素环库在中午时的转化状态（右图）

注：在深度遮阴时总叶黄素的表达以及在夏季和冬季时*Machonia repens*（十大功劳属植物）暴露群体的表达，平均标准误差：$n=3\sim6$。（Logan B. A.et al., 1998）　V+A+Z = 堇菜黄质+环氧玉米黄质+玉米黄质

在冬季，许多长寿常绿树会大大降低光合作用能力，因此，其便能保持高水平的热能分散作用。在冬季，热能分散作用对所观察到的入射阳光并不会显示出每天的反应形式。然而，植物仍能在低光

强度和黑暗条件下保持其生长，而且与Z和A的夜间保持能力有关。有意义的是，在冬季常绿植物中，虽然热能分散作用包括了叶黄素循环库（每单元叶绿素）大小的明显增大，但P$_{sb}$S含量仍然会上调，而且与保持管腔低pH值无关。所以，冬季能量分散作用必然涉及一种有效机制，那就管腔酸化过程中质子化形成P$_{sb}$S时不需要构象变化。Gilmore和Ball（2000）证明，桉树（*Eucalyptus Pauciflora*）的77—K荧光谱中所存在的特性对冬天适应性是非常重要的。因此，他们将其命名为最突出特点的"抗冷棒"（cold—hard band）。所以，这一特性表明，*E.Pauciflora*和其他长寿常绿植物都能大量地形成吸光复合体，并能在整个冬季将其以一种连续分散状态而"储藏"。

三、光合作用系统 Ⅱ 产生的单体O$_2$

除上述天线过程（antenna processes）外，光合系统Ⅱ（PSⅡ）的自身反应中心也是有害ROS的主要来源。PSⅡ反应中心核蛋白（D1和D2）能结合电子载体，使反应中心叶绿素如已知的P$_{680}$通过脱镁叶绿素（Phe）发生电子转移，从而形成一个稳定醌受体（如Q$_A$），最后，产生一个可逆的结合醌受体（如Q$_B$）。一旦发生还原作用，膜中的Q$_B$便会扩散至细胞色素b/f复合体，它能使电子在PSⅡ和光合系统I（PSI）上发生转移。限制光合作用利用光量的环境胁迫条件会使Q$_A$库发生过度的还原作用。如过量光吸收作用进一步造成了电子转移，那么，Q$_A$便会被还原，Phe$^-$也会与P$_{680+}$再度结合，从而形成了三重P$_{680}$。三重P$_{680}$能直接造成敏感氧化伤害，而且也能与基态O$_2$迅速发生反应而形成单体O$_2$。在胁迫条件下，D$_1$蛋白降解作用的动力学和单体O$_2$的发生有着密切的相关性，说明了单体O$_2$在氧化伤害中的重要作用。

最近的研究结果表明，在某些条件下，单体O$_2$的作用主要可归因于其能激发胁迫反应—信号转导网络的能力，但其不会直接发生毒害作用。Op den Camp等（2003）指出，Arabidopsis flu变种能积累原脱植基叶绿素——一种强烈产生单体O$_2$的光灵敏器（photosensitizer）。当Arabidopsis变种暴露于阳光时，其便能产生可观数量的单体O$_2$，因此，生长受到抑制，叶片上亦会出现坏死的伤痕。有意义的是，还会产生特异膜裂解的产物（立体特异羟基辛二烯酸），这表明，膜过氧化作用是主要的过程，它经由亚麻酸的酶氧化作用而完成，但不是膜脂和单体O$_2$之间的直接特异反应。所以，一套最初的胁迫—反应基因便会有选择性地表达。

Op den Camp等（2003）和Hideg等（1994）的研究结果表明，对单体O$_2$的直接作用可通过flu变种和野生型植物产生单体O$_2$的速率和位置差异来调节。Flu变种产生单体O$_2$的速率明显比野生型植物产生的速率要大。此外，在野生型植物中，已有证据表明，在PSⅡ上所产生的单体O$_2$在受到伤害以前，很难脱离反应中心的蛋白质基块。因此，产生的单体O$_2$对flu变种的信号转导作用的影响比对野生型植物的影响在程度上会有所扩大，其接近于细胞的液相部分。

四、电子转移和O$_2$的光还原作用

1. 水—水循环

PSⅠ能利用O$_2$作为一种电子受体，从而形成过氧化物（一种电子还原产物）。在适应了环境的植物中，在PSⅠ上经由O$_2$光还原作用而产生的许多过氧化物可以安全地发生还原作用而形成水。这种脱毒作用是以水—水循环来完成的。这一过程是根据水为电子源（经由PSⅡ产生氧复合体时发生的水氧化作用）以及该途径的最终产物的事实来命名的（即水—水循环）。因此，这又可被视为是一种准无效循环（guasi-futile），它仅能作为消耗的还原当量。水—水循环亦包括了酶和非酶反应以及一定程度上的副反应（图20-3）。但是，要通过该途径作出模型通量是非常困难的，因此，要进一步阐明这一过程，那

就必须研究各种环境条件下该途径中的不同反应过程（即非酶反应在低温时所起的重要作用）。

光产生的过氧化物能由非酶反应不均衡地形成过氧化氢（H_2O_2）和O_2，但是，在叶绿体中，该反应是由超氧化物歧化酶（SOD）催化完成。叶绿体具有基质和类囊体相结合的同工形SOD，它能与各种金属辅因子发生反应，这些辅因子有一种类囊体结合的Cu/Zn—SOD和一种基质Fe—SOD。

H_2O_2经由活性抗坏血酸过氧化物酶（APX）而转化成水，同时还产生一个电子的抗坏血酸（AA）和单脱氢抗坏血酸（MDA）。虽然H_2O_2的反应性略小于过氧化物，但由于H_2O_2能钝化Calvin循环中的硫醇-二磷酸酶，所以，H_2O_2就会从叶绿体中清除出去。此外，在有过氧化物存在而使过度金属阳离子保持还原状态时，H_2O_2能通过Fenton反应而发生分解。分解出的羟基在所有检测过的生物系统中是最强力的氧化剂，而且，在"控制扩散"速率条件下还能危及细胞结构体。

免疫标记试验结果表明，APX同工型类囊体（即使在一定程度上为基质形态）能与PSⅠ反应中心处于同一位置。此外，还发现与PSⅠ在等摩尔浓度时有Cu/Zn—SOD和APX的存在。这些证据指出，在植物体内还会有一种类囊体结合的PSⅠ/Cu/Zn—SOD/APX超级酶复合体。这种复合体可通过脱毒作用途径和限制ROS的释放而进一步降低ROS对细胞的伤害。

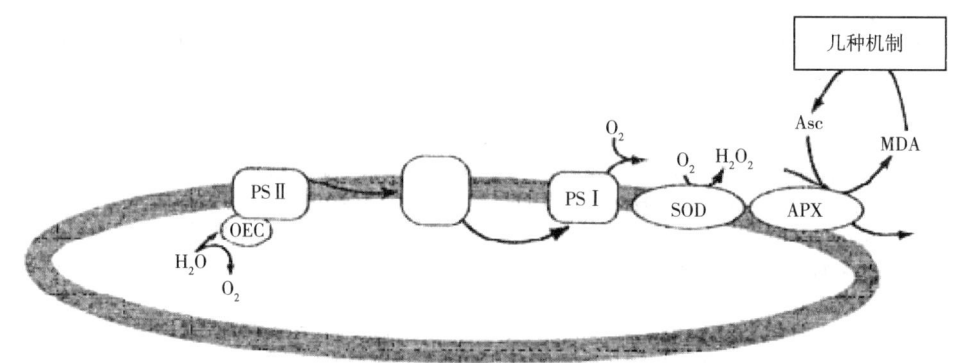

图20-3　通过水—水循环所发生的电子流。APX = 抗坏血酸过氧化物酶；Asc = 抗坏血酸；
MDA = 单脱氢抗坏血酸基；OEC = 释放氧的复合体；SOD = 过氧化物歧化酶

叶绿体具有能使MDA再循环而产生还原态抗坏血酸的几种机制，其中包括了细胞色素b/f或PSⅠ的直接光还原作用。MDA还原酶也能利用NADH作为还原剂而使抗坏血酸发生再循环。此外，2个分子MDA还能不均匀地形成还原态抗坏血酸和脱氢抗坏血酸（DHA），即2个电子的抗坏血酸氧化产物。随后，DHA也能通过DHA还原酶的催化而发生双重还原作用，从而便能利用还原态谷胱甘肽作为还原剂。最后，产生的氧化态谷胱甘肽可经由能利用NADPH作为还原剂的谷胱甘肽还原酶而得到还原。

除以上论述外，脱毒作用/抗氧化剂再循环途径可能是热动力学过程。该过程除经由谷胱甘肽还原酶（GR）的还原作用外，都是非酶反应。抗坏血酸能与过氧化物发生非酶反应，而谷胱甘肽在微碱性条件下才能使MDA发生非酶反应，因为在光照条件下，基质中MDA占有优势。然而，这一系列反应还取决于能保持谷胱甘肽库呈还原态的GR。这种非酶反应的作用在低温时最大，因为低温能抑制酶的活性。倘若这些证据确实，那么，人们就会看到希望，即在适应寒冷的过程中，GR活性就能明显地向上调节。叶片具有高活性的GR常常与耐寒性有关，而且，过度产生叶绿体GR的转基因棉花在短期激冷条件下都显示出对光抑制作用的抗性。

O_2的光还原作用不仅可作为一种光还原剂的汇（sink），而且也能使MDA发生再循环，因为光还原作用能直接消耗电子，同时，DHA也能使消耗的NADPH得以恢复，从而产生NADP$^+$，所以，在光合电子转移时会有更多的电子受体。如果对ROS脱毒作用的能力不足以与光还原作用速率同步，那么，水—水循环便会在本质上起到了一种光保护作用，因为该循环会安全地消耗电子。

2. O_2的光还原作用程度

水—水循环只要有一个适当 O_2 的光还原作用速率，那么，水—水循环就会在光保护作用中起着重要的作用。但是，由于电子直线转移也会释放出 O_2，以及Rubisco亦具有生氧作用的能力，所以要直接测量电子转移至 O_2 的通量十分困难。因此，O_2 的光还原作用程度仍然有争议，因为应用不同的测量方法便会产生不同的结果。

最近，为了解决上述难题，选用具有表达Rubisco活性的转基因烟草，通过对Rubisco小亚单元具有抗敏结构的表达而获得了成功。这些抗敏植物在不同程度上都表现对同化 CO_2 的抑制作用，但不会减弱光合电子的转移能力。由于Rubisco酶的生氧作用可与羧化作用同时表达，所以这类植物能使Rubisco生氧作用直接产生一个或分离出几个 O_2 的光还原作用。Ruuska等（2000）利用叶绿素荧光法测定电子转移速率，结果表明电子转移和气体交换之间的关系在 O_2 和 CO_2 大范围的浓度内呈现出了线性关系，同时，他们也指出，转基因烟草与野生烟草在斜率上并无明显差异。电子转移所得出的速率与Calvin循环得出的速率完全符合，而且与真实测出的电子转移速率亦相一致，从而表明，O_2 的光还原作用在稳态条件下并不是还原当量的一种有效汇（significant sink）。

很长时间以来，O_2 的光还原作用的速率一直用同位素标记 $^{18}O_2$ 来测定（但应在能抑制Rubisco生氧作用的 CO_2 和 O_2 浓度条件下进行）。利用 $^{18}O_2$ 可以对经由直接光还原作用产出的 O_2 与分离水时产出的 O_2 加以区分。在转基因烟草中，这种方法测定的结果表明，直接 O_2 的光还原作用的速率较低。但是，其他学者则得到了截然不同的结论。已有报道，利用这种方法测出的结果表明，该 O_2 的电子流占 O_2 总电子流的10% ~ 30%。

用荧光测出的电子转移速率与用释放 O_2 的速率测出的电子转移速率进行比较，为测定 O_2 的光还原作用速率提供了另一种测定方法。由于 O_2 的光还原作用能抑制一部分 O_2 的释放，所以，这就使电子转移受到一定限制。O_2 的光还原作用不会影响用荧光法同样方式测出的电子转移速率。因此，在非光呼吸条件下用两种方法测出的电子转移速率之间关系的斜率便可作为流向 O_2 的电子通量的一种测定值。Lovelock和Winter（1996）应用这种方法测定了热带树木，并得出结论，即在光饱和条件下，热带树木 O_2 的光还原作用产出的电子流高达30%。

有些测定方法还会受到叶片上气体浓度变化的影响。与抗敏植物有关的多效应（pleiotropic effect）可用于解释试验结果。最后，根据叶绿素荧光发射测定的整个叶片光合作用电子转移速率表明了上层绿色细胞的影响。因此，应当认真考虑这些方法的应用条件和所获得结果。直接 O_2 光还原作用是否是在稳态条件下还原当量的真实汇仍然未能明确。但是，多重方法表明，在光合作用诱导下便会产生流向 O_2 的电子流。在诱导条件下流向 O_2 的电子流对平衡电子转移链具有特别重要的意义，而且还能扩大反式—类囊体膜的pH梯度，这种pH梯度对诱导热能分散十分重要。当 O_2 的光还原作用最终成为一种相对小的稳态汇时，光合作用产生的ROS和清除ROS之间的平衡仍然能有效地影响重要叶绿体结构（其中包括调节元素）的氧化还原状态。

3. O_2 代谢作用和PSⅡ激发的调节作用

抗氧化剂如水—水循环化合物，可以起到保护作用而抗氧化胁迫的伤害，但不是直接清除ROS，而且，还可以形成下游电子汇而间接地起到保护作用，因此，这就被称谓PSⅡ的激发压（excitation pressure）。PSⅡ激发压也可作为PSⅡ，Q_A 最终还原态的醌受体。PSⅡ反应中心能与还原态 Q_A 发生反应而有利于钝化光抑制作用，因为该反应中心更可能具有电荷的重新结合，并产出三重叶绿素，以及最终产出单体 O_2。还原态 Q_A 会受到光吸收水平、热能分散作用以及还原当量被下游PSⅡ消耗的速率的影响。在各种环境条件下，如能增加PSⅡ激发压的激冷、以及能通过PSⅡ发生高量电子转移造成水—

水循环产出过量转基因抗氧化酶（SOD、APX或GR）条件下，其便能降低还原态Q_A，因此，也能降低光抑制作用水平。当转基因植物叶片受到DCMU——一种由PSⅡ形成的电子转移抑制剂的渗透时，叶片的激冷耐性便为减弱，从而导致发生Q_A的过量还原作用。这些研究结果表明，转基因操纵会影响电子转移速率，但不会直接影响ROS的清除，其原因是它起到了保护作用。因此，ROS的产生和清除能显著地增强光合作用途径的调节作用，而且还有可能保护PSⅡ以抗光钝化作用，但部分取决于在PSⅠ时产出的ROS（和随后的脱毒作用）。

4. 水—水循环对环境的适应性

叶片能调节抗氧化剂酶活性的能力，而且低分子量的抗氧化剂会对环境条件作出响应。有些响应会在几天至几周的时间进程中发生，而且推测能使ROS清除量与ROS发生量达到平衡。对环境胁迫的广泛适应性可通过对过量光吸收而得到理解。植物生长环境的光强度能影响过量光的吸收，因此，对许多植物清除ROS系统的研究指出，光强度与各种抗氧化剂活性/含量之间有着密切的相关性（图20-4）。激冷温度会限制Calvin循环活性，从而降低了光合作用利用光的能力和增加了过量光的吸收。许多常绿植物，特别是松柏科植物，它们在冬天能通过降低叶绿素含量而减少对光的过量吸收。但是，抗氧化酶活性亦会对冬天的来临作出响应，而且试验的低温也能影响清除ROS的能力。抗氧化剂酶活性会受到激冷的诱导，其原因是它能补偿低温对抗氧化剂酶活性的抑制效应，所以，在植物缺乏营养基质时，常能降低整个植物自身的生长速率，生长速率减缓，降低生长所需的光合作用产物，而且会使光合作用的能力强烈下调。当主要的限制因子是氮时，通常能观察到叶绿素含量的显著下降。以此种方式所造成的光吸收量的减少能促使光吸收和光利用之间的平衡，所以，在缺氮的菠菜中难以观察到清除ROS能力的上调。与之相比，人们注意到，其他矿质营养如镁和锰的缺乏会导致叶片叶绿素含量的下降以及促进清除ROS酶活性和低分子量化合物的上调。

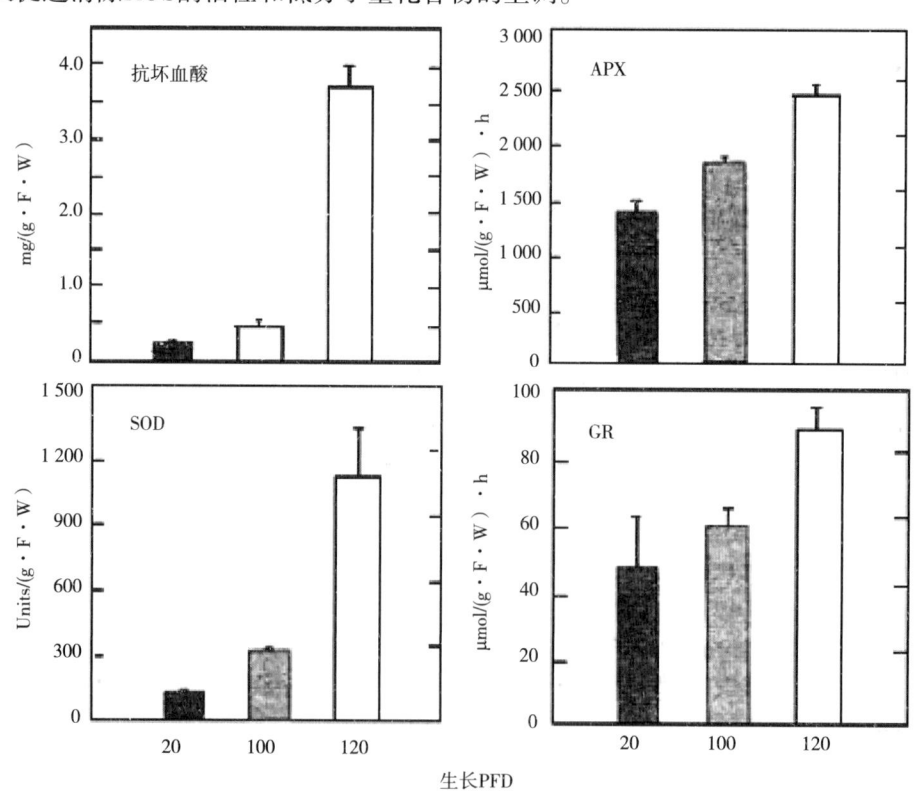

图20-4 在可调控的温度中和在3种不同光子通量密度［-2 000μmol光子/（m²·s）］条件下所生长的*Vinca major*叶片中的抗坏血酸含量和SOD、APX和GR的活性

注：误差线代表平均标准差：***n*** = 3。APX = 抗坏血酸过氧化物酶；FW = 鲜重；GR = 谷胱甘肽还原酶；SOD = 超氧化物歧化酶。根据Grace和Logan（1996）的图式改编

五、光合作用和外叶绿体氧化代谢之间的相关性

叶绿体氧化代谢作用会受到叶片解剖学和形态学特性的影响，其主要是通过对光吸收的影响而发生的。一些植物具有不透明的表面腊质、折回反射线绒毛或很浓色素的表皮层，所有这些形态特征都能降低叶绿素的光吸收作用。在充分光照下生长的许多植物都会将叶片以一定角度朝向太阳，从而在中午阳光高峰时减少吸收的光。一些植物也会适应光的胁迫环境。有些植物，其中包括许多豆科植物，它们都具有节细胞（pulvinar cells），以适应在短期内调节其小叶枝梗或整个叶片的角度。

在降雨后，有些沙漠植物会在一定时间内发生横向日性（diaheliotropism），或追踪太阳，以便利用有效水分和增大对光的吸收而达到高效光合作用进行 CO_2 的同化。在其他尾端光谱时，大毛梳薛（ *Macroptilium atropurpureum* ）能使与阳光平行的小叶枝梗拦截到的光最小，这就是众所周知的一种反应—避日性（paraheliotropism）。限制供应氮的大豆在中午与早晨都会显示出避日性，而在下午，为了调节叶片的位置以保持光吸收的强度，植物便会发生横向日性。由此，电子转移和Calvin循环能共同限制光合作用，但在光合作用细胞器中有足量氮时，其光合作用则能达最大值。酢浆草（ *Oxalis oregame* ）是一种红木（水杉）林下层的草本植物，它的小叶枝梗在暴露于阳光中约5min内，小叶枝梗便会向下褶叠，这样就有可能抗过量光照的伤害而保护自身。用小叶枝梗以水平方向进行试验，结果表明，其受到的抑制几乎是光诱导抑制作用的2倍。

在细胞中叶绿体的位置是动态的，而且受控于肌动蛋白的细胞骨架组织。十分短暂的时间（即几分钟）内，叶绿体位置就能以据光优势条件而进行调节。在遮阴条件下，叶绿体通常发生于叶片叶肉细胞的较低和较高的层面上，因为那里拦截光的能力最大，而在受到强光照射时的叶绿体则会通过细胞的侧面发生自身遮阴。

过氧化物不易横穿过生物膜，而且很不稳定，所以，其会在产生点的附近发生反应。与之相比，H_2O_2 的反应性较弱，但能发射扩散而横过生物膜。因此，外叶绿体清除系统就会参与控制光发生的ROS所引发的伤害过程。事实上，细胞溶质同功形APX在高强光胁迫条件下能向上调节。在大部分植物细胞中，空泡是细胞最大的区室。空泡具有愈创木酚过氧化物酶，它可作为酚类化合物的有效还原剂。所以，许多植物都会对环境胁迫作出响应，其原因是会将叶片酚含量上调。在液泡中，H_2O_2 的脱毒作用有赖于酚还原剂，这种脱毒作用也是一种有意义的反应途径。

许多研究表明，光保护作用是极为复杂的过程，而且可以通过自身光合作用而进行内在调节。的确，光合作用和光保护作用都是紧密地联系在一起的，而且，在植物进化过程中创造了一种能防治ROS的功能，同时，在调节光合作用电子流的过程中起到了清除ROS的作用。但是，现在还不清楚利用光保护作用的新知识能否培育出抗胁迫的农作物新品种。抗氧化作用不一定通过单一基因转移向上调节而培育出"改良"品种，其原因是这些过程非常复杂，而且其在调节叶绿体代谢中的作用也难以确定。目前，关于经由转基因抗氧化剂酶的改良而培育的"改良"品种还没有成功，而且研究是在实验室的控制条件下或突发的环境胁迫条件下进行的。所以，有关ROS对光合作用的影响应当全面地进行深入的研究。

六、植物对大气臭氧的反应

各种不同环境条件（热、冷、强光和UV—B辐射、臭氧、水分缺乏、盐碱和重金属）以及一些生物胁迫（如不同病原体的侵染）都会导致产生过量的ROS。ROS形成的位置和种类都受控于胁迫的条件和性质。例如，在激冷温度时，叶绿体电子转移链特别容易受到影响，而在病原体侵染和暴露于臭氧

时，ROS则会浓缩于质外体空间。过量光照会促进单体氧的产生，而过氧化物酶体的光呼吸作用则能产生H_2O_2。

不管ROS造成伤害的程度有多大，其积累并非总是有害的，或者可能是偶然发生的。已有证据证明，ROS具有十分重要的信息功能。它们可用于植物超敏反应，脱落酸（ABA）信号转导和衰老过程中的第二信使。ROS产生的亚细胞位置在这些过程中会有所差异，而且受ROS的性质和产生的位置所决定。

臭氧（O_3）是3个原子形态的氧。它在平流层中是抗UV辐射的一种重要组分，但在对流层（troposphere），其则是空气污染物之一。植物在长期暴露于较低浓度的O_3中时，它的光合作用能力和生长速率便会降低，对敏感品种和栽培品种还会发生早衰。随后，植物的生长速率下降，产量降低，同时抗病能力也会减弱，从而诱发其他的生态变化。与这种所谓慢性O_3暴露（so-called chronic ozone exposure）的不利影响相比，一直短暂而高水平暴露于O_3时能立即引起植物细胞的死亡，并在叶片上出现病斑。叶片上呈现的病斑类似于细胞过敏的死亡状态。最近研究表明，这种类似性不仅是一种表面现象，而且也表征了许多生理和分子特性。

在本章中将详细地讨论参与植物对高浓度O_3敏感性的代谢作用。当造成的伤害分布于不同组分时，各种伤害过程可分为5类：①气孔控制进入叶片细胞空间的O_3数量；②O_3与质外体组分发生反应，并由O_3降解而形成ROS，而且，通过质外体的抗氧化剂能使ROS脱毒；③控制最初细胞的死亡，即控制细胞伤害或调节细胞的程序死亡（PCD）；④死亡细胞的扩大；⑤抑制细胞的受伤。O_3伤害的机制和过程将在后面分别予以论述，并特别强调了控制环境条件下所进行的试验，以说明和验证参与形成O_3伤害的机制。所以，在本章中评述了利用模式植物，特别是拟南芥植物变种所进行的大部分研究结果，并引用了许多有关O_3敏感性的知识。

1. 叶片O_3通量的调节

光驱动的大气氧和杂质，如NO_X和烃类化合物发生反应时会形成O_3。对流层中较低的O_3浓度会根据许多因子而变化，这些因子主要有季节、天气和人为活动等。通过叶片角质层进入的O_3可以忽略不计，但气孔在决定进入质外体空间中的O_3通量起着重要的作用。由于气孔保卫细胞是调节O_3流的第一结构，所以，对外界刺激的敏感性是整个植物作出反应以及对O_3的敏感/耐性的一个重要因子。如果气孔孔径较大，那么气体流量也就较高，因此，发送出到胞内空间的O_3量也较多。

气孔关闭是由气孔周围的保卫细胞积极地释放出溶质所造成的。当论及气孔调节时，人们就会联想起ABA，β-胡萝卜素所产生的植物激素反应，从而控制了气孔的开启和关闭。由ABA信号转导链开始并诱导的这种反应过程已有研究，而且几种信号组分已得到了鉴定。ABA信号是通过几种信号转导途径而发送的，这些途径的大部分过程都能利用细胞溶质钙作为第二信使。与钙共效的化合物还有磷脂酶C和D、环核苷衍生物、肌醇磷酸、蛋白激酶，以及磷酸酶，它们都已被证实是ABA信号发送的中介体。

虽然几十年前就记录了气孔关闭是对O_3作出的响应，但其是否是由O_3对保卫细胞的直接作用还是O_3对叶肉细胞影响而产生的信号激发作用至今仍不清楚。O_3能通过光合作用的变化和ABA信号的发送而影响气孔的功能，由于保卫细胞中会直接发生"后生"ROS（"artificial"ROS）的爆裂或诱发乙烯释放，从而促使气孔关闭。Moldam等（1990）指出，在暴露于O_3条件下的12min内，O_3能诱导气孔关闭，因此，他们得出结论，气孔关闭是由O_3直接作用于保卫细胞而不是叶肉细胞光合作用的失灵所造成的，因为叶肉细胞能使CO_2的传导力在暴露于O_3的4h内不发生变化。但是，ABA对O_3作出响应时亦会涉及气孔的调节。当野生型Col-0拟南芥与具有不同程度敏感性的变种比较时，野生型Col-0中O_3诱导气孔的速率明显快于变种。但是，O_3 能诱导气孔关闭也部分地包括了 ABA 不敏感的 rcd1 和明显不敏感的 abi2 变种。因此，O_3 诱导的乙烯释放也会引发气孔关闭。这些研究结果表明，O_3 能以几种既独立又相关的机制来影响气孔的关闭。

O_3 如何间接参与气孔调节呢？最近发现，发送信号时亦能利用 ROS。因此，质外体中的 O_3 或由 O_3 降解形成的 ROS 都与气孔的调节功能直接有关。拟南芥 NADPH 氧化酶 AtrbohD 和 AtrbohF（拟南芥呼吸爆发的氧化同系物）在超敏反应过程中都会产生 ROS 以适应气孔保卫细胞中细胞溶质钙浓度升高的需要。此外，打破植物不敏感的基因可以抑制根系延长和抑制种子萌发，其是通过 ABA 发送信息以促进产生 ROS，因此，ROS 亦能与两个磷酸酶相结，这两个磷酸酶是 AB11 和 AB12，其也是 ABA 发送信息的负调节剂。在生物化学的研究中发现，H_2O_2 能抑制这类蛋白质的功能。这是 ROS 对原生质（plasma）膜 Ca^{2+} 通量的一种正调节机制。科学家指出，O_3 能通过对保卫细胞中 K^+ 通量的直接影响而影响气孔孔径。但是，仅有少数报道指出了 O_3 能影响穿过原生质膜的铁通量。因此，O_3 影响气孔功能的机制还需要作进一步的研究。

2. 质外体中 O_3 降解为 ROS 及其被抗氧化剂清除的过程

O_3 通过气孔进入质外体空间后，其便能在细胞壁中与原生质膜附近发生反应，并成为影响植物对 O_3 反应的下一步的重要因子。质外体的抗氧化剂的能力可决定叶片细胞暴露于基团的归宿。在暴露于 O_3 的叶片内部 O_3 的浓度近乎零，这就意味着 O_3 在质外体中能迅速发生降解（图20-5）。现已证明，抗坏血酸（AA）能移去 O_3 产生的有害 ROS，具重要的抗氧化功能。Menser（1964）早就指出，用含有 AA 溶液喷洒植物或经由叶柄饲喂离体叶片即能减少暴露于 O_3 条件下叶片细胞的死亡。用缺乏抗坏血酸生物合成的变种进行 O_3 敏感性的研究以及用转基因抗坏血酸过氧化物酶的抗敏烟草（其对 O_3 具有更强的过敏反应）的试验都表明了 AA 的保护作用（Conklin et al., 1996）。Chameides 等（1989）提出，质外体中的 AA 能形成一种有效的防卫栅栏（barrier）以抗 O_3 的伤害。Sanmartin 等（2003）获得的证据指出，用过度表达质外体抗坏血酸氧化酶将质外体中形成的还原态 AA 移去，能使植物对 O_3 发生更为敏感的反应。另外，科学家又指出，在禾谷类作物如小麦和大麦，其通过与质外体 AA 直接反应而将 O_3 清除的数量很少，因为叶肉细胞壁很薄，所以发生有效反应的途径很短。同样，Ranieri 等（1999）得出结论；两种克隆杨树对 O_3 有着不同的敏感性并非是其质外体 AA 清除 O_3 能力有差异，而是在决定其对 O_3 敏感性反应中还存在着更为重要的其他过程。有些研究者也试图在活体内验证抗坏血酸与 O_3 的反应性，结果发现，AA 不会抑制荧光染料中 O_3 发生氧化作用（荧光染料在试验前引入质外体）。然而，Moldau（1998）指出，如果 O_3 像羟基单体氧或臭氧化物（ozonide）那样转化成其他 ROS（图20-5），ASA 的清除活性就更大，因为 AA 和这类基团的反应常数大于 O_3（图20-6）。

AA 的质外体氧化—还原反应见图20-6。AA 氧化第一步既能与 ROS 直接反应，又能被抗坏血酸氧化酶和/或抗坏血酸过氧化物酶所催化，从而形成了单脱氢抗坏血酸（MDA）。在细胞质外体空间能被特异转膜细胞色素 b_{561} 还原为 AA。MDHA 的进一步氧化便会产生脱氢抗坏血酸（DHA）。虽然，现已有一些证据证明，DHA 在质外体中会被 DHA 还原酶所还原，但仍有一些争论未能澄清，因为测出的酶活性非常低。因此，最有可能的是，DHA 会转移返回到细胞溶质中，并在那里会被抗坏血酸—谷胱甘肽循环再次转化为 AA（图20-6）。因此，在质外体中为保持 AA 的抗氧化能力，那就必需使这种转膜输送率快于 AA 被 O_3 的氧化速率。O_3 通过银桦（silver birch）和春大麦中的原生质膜进入叶片的通量与抗坏血酸通量相比较，周围 O_3 浓度为40μL/L时，抗坏血酸通过原生质膜的通量比 O_3 进入原生膜的通量大3倍。但若用于春大麦的 O_3 浓度为100μL/L时，O_3 的通量便超过了横过原生质膜的抗坏血酸通量。这类研究结果指出，O_3 在中等浓度时，质外体 AA 对其脱毒作用不受横过原生质膜的抗坏血酸通量的限制，但是，在浓度升高后，O_3通量会迅速超过抗坏血酸通量，并有O_3的积累，或者会发生O_3的降解。因此，便会有其他过程参与氧化剂的反应。

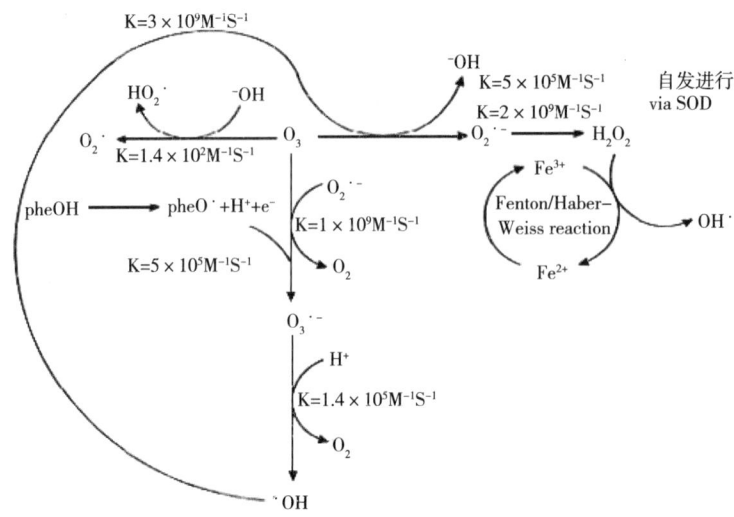

图20-5　质外体中可能发生的O_3降解反应

注：在羟基离子反应过程中，O_3分解作用因反应速率常数低于细胞壁的一般范围（pH值5.0～6.5）而进行得较缓慢。但是，O_3和$O_2^{\cdot-}$之间的反应则很快，从而能产生$O_3^{\cdot-}$，它需要1个质子，并能被分解为$\cdot OH$和O_3。形成的$\cdot OH$能通过与O_3反应而开始重新循环。此外，O_3质外体中从酚化合物而获得1个电子，所以，其便能转化成$O_3^{\cdot-}$，因为当咖啡酸（caffeic acid）或阿魏酸（ferulic acid）加入臭氧化的水溶液时，可以检测到所产生的相当数量的$\cdot OH$。$\cdot OH$也会在有金属离子和H_2O_2存在的Fenton/Haber–Weiss反应中发生质外体AA氧化–还原反应（Moldau，1998）

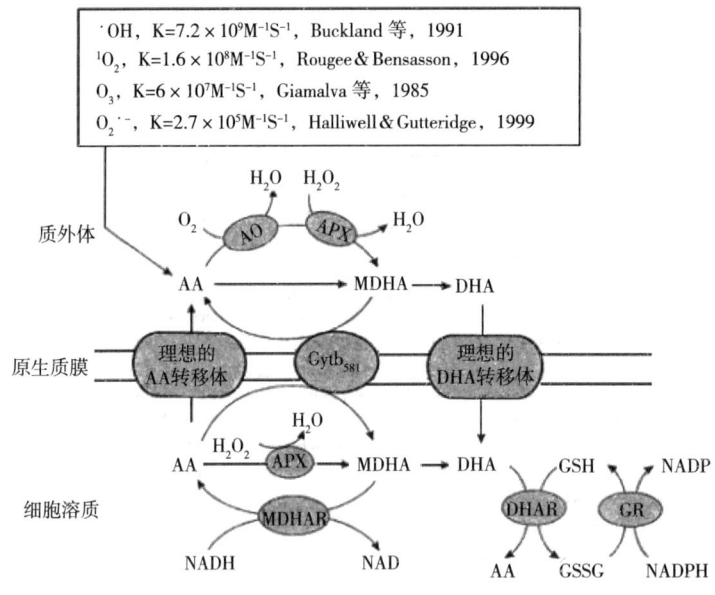

图20-6　质外体和细胞溶质中的抗坏血酸氧化作用和还原作用

注：在细胞溶质中和线粒体中会合成抗坏血酸，并经由一种理想输送器转送至质外体，而且在质外体中，其能与大部分ROS直接发生反应，或发生酶的催化反应。AA和ROS之间的反应常数可在有关章节中查到。AO，抗坏血酸氧化酶；APX，抗坏血酸过氧化物酶；MDHR，单脱氢抗坏血酸还原酶；DHAR，脱氢抗坏血酸还原酶；GR，谷胱甘肽还原酶；Cyt b561，转膜b-型细胞色素

总之，当在高O_3浓度条件下，由O_3降解形成的ROS超过质外体中抗氧化剂的容量时，细胞氧化—还原平衡便会遭到破坏，这种"氧化–还原变化"（"redox shift"）能活化信号转导作用，并导致发生

类似于超敏反应过程，并能获得系统的抗性。此外，还证明植物激素能有效地调节这类反应。

3. 活性氧化破裂诱导和ROS敏感反应

当质外体中的O_3裂解产生的ROS超过质外体抗氧化容量，并在O_3暴露诱导结束后，其还会继续产生一种外源活性、自繁ROS。这种氧化破裂类似于一种被不相容病原体侵染所发生的诱导作用（图20-7），而且也是由PCD过程所造成细胞死亡时一种整合因子。虽然用烟草和拟南芥直接证明了其形态学和生物化学的特征，但在O_3伤害过程中，有PCD的参与已为人们所接受。在烟草中，O_3敏感栽培种Bel w3会显示出一种类似的对O_3反应的双相氧化破裂（如HR形成过程那样），但耐性栽培种Bel B在外源ROS产生过程中仅为有限的破裂。在O_3暴露的敏感拟南芥、桦树、番茄、锦葵（*Malva*）和黄酸模（*Rumex*）中会观察到活化ROS所产生的类似诱导作用，而耐性品种在暴露于O_3过程中仅能显示ROS。因此，O_3可视为是植物防卫反应的一种非生物诱导剂（abiotic elicitor），而且是用于研究信息发送级联的一种优良工具。其中包括用于基因表达调节和植物未受伤时细胞死亡过程中细胞外ROS形成的研究。现行的观点是能诱导下游HR和O_3发生氧化破裂而产生ROS，这些ROS都是过氧化物（$O_2{}^{\cdot-}$）和H_2O_2，或者二者同时产生。例如，用欧芹细胞培养体进行的研究结果表明，$O_2{}^{\cdot-}$可作为防卫诱导的信号。在拟南芥变种（lsd1和rcd1）中，$O_2{}^{\cdot-}$对促进拟超敏细胞死亡既是必要的，也是有效的。与之相比，在烟草、番茄、桦树和大豆中，H_2O_2能造成防卫基因的诱导作用和/或造成细胞死亡。

NADPH氧化酶所产生的一种$O_2{}^{\cdot-}$一直被视为是HR中氧化破裂时ROS的主要来源（图20-7）。最近，科学家发现，AtrbohD和AtrboF对拟南芥和假单孢菌之间不相容的相互作用过程中以及诱导剂刺激的烟草中发生的氧化破裂是必不可少的。质外体$O_2\cdot{}^{-}$的积累也表明，其是在拟南芥中形成O_3伤害时的驱动力。DPI是一种含黄素氧化酶的抑制剂，它能降低O_3的伤害程度。虽然DPI是NADPH氧化酶的抑制剂，但其也会影响烟草和桦树中O_3诱导所产生的H_2O_2。所以，在烟草中，O_3能活化NADPH氧化酶基因编码的亚单元，同时证据表明，烟草质外体在O_3诱导后能积累H_2O_2，其是由氧化酶复合体产生的$O_2{}^{\cdot-}$的歧化作用所造成的结果。所有研究结果都支持NADPH氧化酶在O_3诱导氧化破裂过程中的重要作用。

除NADPH氧化酶外，细胞壁过氧化物酶和草酸氧化酶都可能是ROS的来源。在桦树中，除原生质膜表面外，H_2O_2积累的亚细胞区域也就是细胞壁。这就表明，H_2O_2发生时的两种独特O_3诱导源都会发生作用，而且DPI不会完全阻止H_2O_2的积累。

几种氧化还原传感器可用于监视质外体ROS/氧化还原状态，但有关特异机制和这些传感器的分子识别迄今尚不清楚。胞内ROS对一种直接受体—配位体相互作用并不敏感，但其积累则会改变细胞氧化还原平衡。所以，该反应能直接影响到转录因子，即参与生物化学途径的第二信使或酶的活性。然而，细胞氧化还原状态能被丰富的氧化还原—敏感分子（硫氧还蛋白和谷胱甘肽）所感化，然后，它便能向前发射出信号。在所有这类反应中，最终的目标既是半胱氨酸残体的硫醇基因，又是酶催化中心的铁——硫簇（clusters）。

已鉴定过的氧化还原调节信号组分主要存在于酵母和细菌中，但最近发现，NPRI的功能是调节特异半胱氨酸残体的变化，现已证明，NPRI是拟南芥获得系统抗性（SAR）的一种必不可少的调节剂。在非诱导（氧化）状态时，蛋白质可通过半胱氨酸桥键而形成同型寡聚体，并位于细胞溶质之中。在初始氧化破裂以后，SAR诱导作用可促进抗氧化剂的积累，而且可使细胞处于更为还原的状态。这样，就能使NPRI中的半胱氨酸残体得到还原，从而导致蛋白质的单聚作用，随后，防卫基因发生核定位作用和活化作用。O_3诱导反应、基因表达变化以及最终因O_3伤害所造成的细胞死亡也都会利用因—NPRI信号（NPRI-dependent signaling）。所以，最近的一些报道指出，植物O_3敏感性或耐性与几种激素关系密切，并受其控制。

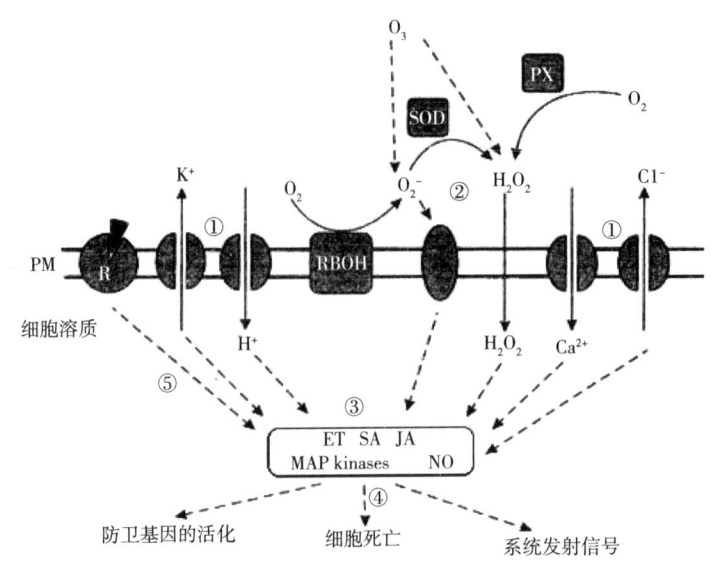

图20-7　暴露于O_3中的ROS和超敏细胞的死亡

注：病原体侵染和O_3暴露二者都会通过原生质膜诱导离子通量①和在质外体珠的一种外源氧化爆裂会产生ROS，如过氧化物和$H_2O_2$②。这类ROS是敏感产物，但其机制不清，而且它们还会进一步发生反应，如MAP激酶的活化和植物激素的积累③。最后，在发送信号时是会导致防卫基因的活化，系统信号的发射以及细胞死亡④。一种受体（R）接受到的病原体也能利用因—ROS信号⑤。PM，原生质膜；PX，过氧化物酶；R，诱导剂接受；RBOH，NADPH氧化酶（呼吸爆裂氧化酶的同系酶）；SOD，超氧化物歧化酶

七、O_3对植物影响的激素调控

植物激素在O_3伤害过程中起重要的作用，但所有有关的转导途径和细胞本身最终死亡的主因并不清楚。ABA、水杨酸（SA）、乙烯和茉莉酸（JA）是决定植物对O_3敏感性和O_3的初始伤害、扩大和抑制都具有重要意义。虽然有间接证据表明，ABA可能参与其他过程，但其最大的作用是调节气孔传导和O_3通量。乙烯和SA对O_3诱导细胞死亡是必需的化合物，而JA则能发生相反的作用。拟南芥变种和相关品系，以及其他品种的试验说明，首先作为O_3敏感品种（拟南芥变种ojil，rcd1，生态型品种Cvi-0，杨树克隆种NE-388）对JA并不敏感。同时，乙烯过度敏感品种（overproducers）（拟南芥变种，rcd1以及生态型品种Ws和Kas-1）也并不敏感。最近研究表明，一种O_3敏感拟南芥变种rcd1对ABA并不敏感。从而表明，在参与耐O_3反应的机制中，与其说是气孔的调节作用还不如说是ABA的作用。在气孔控制和质外体抗氧化剂以及O_3伤害、扩大和抑制以后，决定O_3形成伤害的3个过程可以作为一种自扩环（self-amplifying loop），并命名为氧化细胞死亡循环（oxidative cell death cycle）（图20-8）。在该循环过程中，由O_3激发产生的内源ROS是因—乙烯反应。产生的ROS能使O_3伤害扩大，并促进因-SA（SA-dependent）细胞死亡，从而会继续至出现第3个过程，以阻止伤害的发展和扩大。

1. 伤害的开始

试验证据表明，叶片具有一定数量的伤害开始位置（点）。O_3能诱导少数细胞的死亡，并在抗性植物中用显微镜就可观察到。当烟草植株连续几天暴露于O_3时，在第一天就可测定一些伤害，而且在连续暴露于O_3，且无任何新的伤害的开始位置是否可预测还是随机发生的至今尚不清楚。但是，现在知道的是O_3伤害并不会在全部叶片中随机分布，然而更可能会在第二和第三叶脉附近发生。在SAR中，一种同系因—ROS，其是造成叶脉附近少数细胞死亡的主要化合物。这种化合物被命名为微HR，它对SAR的发生和发展十分重要。在系统叶片中，细胞死亡可视为是对由病原体入侵细胞时发生转导信号的反应，而且不会在成簇细胞中扩大。与初生叶片相比，PCD造成的细胞周围死亡开始位置可能

是细胞死亡开始位置产生的信号所造成的。因此，O_3 伤害的形成是否会利用这种相同的反应过程以及耐 O_3 叶片中少数细胞死亡的过程是否与系统叶片中微HR造成的细胞死亡相类似则不得而知。现已初步证明，O_3 敏感植物中伤害的扩大是与病原体侵染的初生叶片由RH造成的伤害相似。

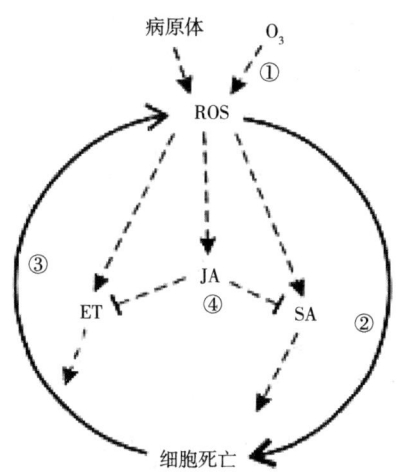

图20-8　氧化细胞死亡循环

注：①ROS的产生是由如 O_3 或病原体侵染、胁迫刺激所造成。ROS能促进水杨酸（SA）的积累和细胞死亡。②它们能导致乙烯的形成和细胞死亡的扩大。③茉莉酸会干扰细胞死亡。（Van Camp et al.，1998；Rao et al.，2002；Overmyer et al.，2003和Tuominen et al.，2004）

在植物中，SA（2-羟苯甲酸）在SAR中的重要作用是大家所熟知的。它对拟—HR细胞死亡也不可缺少。O_3 暴露和病原体侵入二者都会在几小时内诱导SA的合成。病原体侵染和氧化胁迫过程中产生植物信号的研究表明，SA发生的位置在ROS上游和下游以及细胞死亡处。利用能降解NahG植物的转基因SA和对SA不敏感的npr1变种进行的许多试验结果已证明了SA的作用。这些研究结果指出，在缺乏SA及其功能时不会发生氧化胁迫诱导细胞死亡。通过一些试验也证明了SA在细胞死亡中的整合作用。在试验中，应用外源SA能明显地增加不同耐性基因型植物对 O_3 的敏感性。但是，对拟南芥植物的双突变（double mutant）分析指出，O_3-敏感的植物会产生耐性，而且转基因NahG或npr1变种是发生敏感的主因。

所有这些研究结果表明，SA在细胞死亡过程中具有重要的作用，因此，在无SA时，活性PCD在植物暴露 O_3 条件下并不会引发伤害。但是，Rao和Davis（1999）指出，O_3 既能诱导细胞坏死，又能促进拟HR的细胞死亡。在这些过程中，细胞死亡机制取决于基因型植物，而且取决于暴露于 O_3 的时间。在短期暴露于 O_3 时，缺乏Sad的NahG的植物比野生型植物更能耐 O_3 的伤害。然而，在长期暴露于 O_3 时，在无活性氧参与的条件下，NahG植物能造成细胞伤害而坏死。在NahG植物中，细胞坏死是抗氧化能力减弱所造成的，抗氧化能力减弱会强烈地改变细胞氧化还原的平衡和造成细胞死亡。所以，就有这样的可能，那就是 O_3 或ROS会由 O_3 降解而直接产生，从而也能对原生质膜的组分造成直接伤害，并引发细胞坏死。根据该反应过程，科学家提出，剧烈氧化作用和PCD造成细胞死亡都取决于 O_3 浓度。因此，这就意味着PCD的嵌合体（mosaics）和细胞坏死都会发生暴露于 O_3 的相同植物组织。但是，由 O_3 直接形成的ROS所造成的坏死细胞所发出信号不会刺激周围PCD而造成细胞死亡。所以，这就导致了细胞伤害的扩大，并发生明显的伤害细胞。

细胞伤害的扩大显然是一个因-乙烯过程，但研究表明，O_3-诱导乙烯合成是因-SA过程。然而，Rao等（2002）的研究结果表明，如果暴露于 O_3 中的NahG或npr1植物释放出的乙烯浓度较低，其不会使SA对乙烯合成直接进行调节，那么，植物对耐 O_3 性就无差异。也有人提出，植物细胞开始死亡是由于缺乏SA或SA在附近的反应所造成。所以，SA是否或如何参与乙烯生物合成过程的调节则是公认的难题。

2. 伤害的扩大

O₃伤害的扩大是在植物气体激素——乙烯控制条件下进行的。对乙烯不敏感的拟南芥变种（etr1，ein2）都是耐O₃植物，而过多产生乙烯的变种（eto1，eto2）和对茉莉酸不敏感的变种（jar1，cio1）都是因能造成伤害扩大而成为对O₃敏感的植物，而且造成伤害的机制亦有差异。在产过多乙烯的变种中，由于增加了乙烯合成，所以就会加剧伤害的扩大，而对茉莉酸不敏感的变种则都缺乏伤害的化合物，因此，其无能力来调节因-乙烯植物伤害的扩大。

乙烯能参与许多诱导过程。大部分植物中乙烯水平极低。除特异发生的信息外，许多胁迫作用能快速诱导乙烯的合成。胁迫乙烯的产生也与O₃伤害密切相关。因此，乙烯产生是植物对O₃的最快速反应之一。乙烯产生的数量和细胞死亡程度也有很好的相关性。所以，促进细胞死亡的一种作用就是在因-PCD-ROS中具有乙烯。

乙烯的生物合成可由其产生的中间前体 [1-氨基环丙烷-1-羧酸（ACC）] 水平而得到调节，该中间体由ACC合酶（ACSs）从S-腺苷-蛋氨酸而合成。ACC氧化酶能将ACC转化为乙烯，并同时产生CO₂和氰化物（HCN），这一反应过程比较容易控制。O₃-诱导乙烯生物合成是*ACSs*基因诱导的结果。*ACSs*是由几个成员组成的一种基因家族，从而表明了植物发育过程中有几个不同基因表达方式的成员，而且还可作为对外部不同条件的反应。在拟南芥植物中，基因家族（ACS6）的一个特异成员会被O₃迅速诱导。同样，在番茄中，现已观察到O₃能造成一种双相的、连续的诱导作用。第一，*LE-ACSIB*和*LE-ACS6*基因会被O₃迅速地上调，第二，在两种基因mRNA水平上明显地下降，并同时发生*LE-ACS2*的诱导作用。

LE-ACS2表达产物的抗敏抑制作用导致番茄果实发育过程中形成了一个完整的乙烯合成障碍物。但是，在暴露于O₃的LE-ACS2抗敏植物中，乙烯的生物合成在第一阶段会迅速增加，然而，在第二阶段，当LE-ACS2发生正常诱导时，就不会造成乙烯释放量的增加。因此，LE-ACS2抗敏植物O₃敏感性与未转化的对照就无差异。相反，当番茄LE-ACS6转移到具有抗敏定位的烟草中时，O₃-诱导产生乙烯的最初数量在转基因植物中较低，而且O₃伤害的程度亦低于未转化的对照植株。这些研究结果表明，按照ACS基因家族序列诱导数量的酶编码在反应过程中具有特定的功能，而且在一定阶段时乙烯的合成能有效地激发因-乙烯过程，从而导致了O₃的伤害。

在促进细胞死亡过程中，乙烯还有进一步的可能性，那就是形成HCN———一种乙烯生物合成的副产物，其是由ACC氧化酶产生乙烯和CO₂化学计量的产物。这就表明，HCN在特异胁迫条件下细胞死亡中起着一定的作用，并与提升乙烯产量有着密切的关系。β-氰丙氨酸合成酶（β-CAS）通常能在形成乙烯的细胞中将HCN脱毒而形成β-氰丙氨酸。因此，原来产生高量的乙烯就不会促进细胞死亡，但在特异条件下，即乙烯合成量很高，且乙烯敏感性受到伤害时，由于β-CAS基因的诱导作用是强烈的因-乙烯关系，所以，β-CAS对HCN的脱毒作用也会受到影响。

在暴露于O₃的番茄中，乙烯合成（可视为LE-ACO1的活化作用）只能在具有同样立体形式的三小簇细胞中发生。这就说明，细胞簇中会发生高量的局部乙烯合成，同时也表明了在相同的区域内发生乙烯受体基因的诱导作用。增加乙烯受体的合成能导致乙烯含量的减少和O₃敏感度的下降。但是，在转基因植物（乙烯不敏感的桦树）则不是所期望的对O₃有完整的耐性植物，因此，对乙烯的不敏感性只提供部分的保护作用以抗衡O₃的伤害，而且还会在相同的ET-不敏感的树木中阻止乙烯的生物合成，从而限止了细胞的完全死亡。这些研究结果表明，有助于O₃敏感性的乙烯合成机制，与乙烯敏感过程无关。若通过基因编码的乙烯受体活化而发生O₃-诱导乙烯合成，从而降低植物乙烯的敏感性，那么，在相同时间也会阻止β-CAS的活化，因此就会使β-CAS的诱导发生缺陷，并减弱HCN的脱毒功能，从而导致细胞死亡。

3. 伤害的抑制

在一种无对抗性调节系统，即伤害一开始就立即受到限制的调节系统，其能诱导细胞快速死亡，从而导致了整个器官的毁坏。研究表明，这两种不同的机制是限制细胞伤害的功能性机制。在某种意义上，乙烯自身（因-乙烯）对 O_3 伤害发展的限制起着有效的作用，因为乙烯合成也能诱导细胞对激素的脱敏作用。结合于受体上的乙烯在酵母表达ETR1时解析速率在10h以上。因此，就会产生这样的疑问，那就是在激素与受体初始结合后，乙烯如何能对向下调节作出反应。当乙烯未与激素接触时，乙烯受体会起到乙烯发送信息的抑制剂的作用。因此，人们认为，新的乙烯诱导合成在胁迫反应过程中并不发生耦合受体分子，所以新的诱导合成乙烯能造成乙烯发送信号的脱敏作用，因此，乙烯反应就会迅速消失。

其他激素在伤害抑制过程中亦具有一定的作用。JA及其甲醛乙酯，甲基茉莉酸（MeJA）的大部分研究是用植物中能产生信息分子的亚麻酸进行的，这种衍生的亚麻酸有时被称为氧代脂（oxylipins）或茉莉酸。当植物暴露于 O_3 或遭到病原体侵染时，它能刺激植物中JA的生物合成。这种刺激作用部分是由于膜脂过氧化作用所造成的，其能对JA生物合成提供游离脂肪酸，而且，其也是一种受体中介诱导作用。在氧化细胞死亡循环过程中，JA可能是ROS-诱导细胞死亡的保护组织。因此，其也能减少SA和ET的影响（图20-4）。Orvar等（1997）指出，用JA预处理的烟草植株能抑制 O_3-诱导细胞的死亡对Arabidopsis的试验亦得到了同样的结果。在用JA处理后也能降低因 O_3 诱导所产生的SA数量。JA不敏感和缺乏JA的变种对 O_3 具有超敏反应，因此，应用MeJA能抑制 O_3 敏感变种red1的伤害扩展。但是，不是所有JA不敏感的变种都对 O_3 具有敏感性。JA不敏感的jin1对 O_3 和有害病原体具有相当的耐性。这些研究结果表明，JA至少在 O_3 反应过程中具有两种不同的作用。最近研究指出，由JINI编码的Myc型转录因子（At Myc2）对JA反应的两个不同支路之间的分辨（区别）是必不可少的。JA发送信息支路亦可能参与 O_3 反应的过程，即形成伤害和抑制伤害过程，因为形成伤害过程需要At Myc2（JINI），而抑制伤害过程需要JARI和COII。

4. 激素信号级联（cascades）之间的相互作用

根据已知的证据，激素是可能比决定植物 O_3 敏感性抗氧化容量更为重要的因子。关于植物 O_3 反应的激素控制证据非常有力，而且，SA、乙烯和JA之间的平衡与诱导过程非常相似。生物合成的相互抑制作用可以十分完美地达成平衡，即SA和JA之间的平衡。JA能阻止 O_3 诱导的SA积累，现已证明，JA对细胞死亡的拮抗作用是由其对SA的影响而造成。JA也能拮抗乙烯的发送信号。相互作用也是相互拮抗过程，因为乙烯能抑制JA诱导基因的表达。由于 O_3-JA处理不敏感jar1变种中的乙烯水平与野生型相似，所以，MeJA的应用不会改变eto1中乙烯的水平，而且，JA对乙烯的拮抗作用在生物合成过程中也不可能发生。乙烯三重反应试验的结果表明，JA对乙烯的作用是生物合成的下游，但CTR1的上游，即一种病毒癌基因型（a raf-type）蛋白酶在乙烯发送信息时则是受体的下游。因此，JA能在受体水平上影响乙烯的信息发送。所以，一种乙烯异构受体的JA诱导向上调节已用微序排列研究得到了证实。

JA在这些反应过程中的作用也已明确。在白桦树和拟南芥中，乙烯和JA的积累都与 O_3 敏感品种中 O_3 诱导细胞死亡有关，而在耐 O_3 品种中，JA浓度则不会增加。

O_3 进入植物叶片的调节过程和早期质外体反应过程 O_3 接受 O_3/ROS以后发生的下游反应，其都是可用于说明各过程相互作用的程度。整个反应图式以及与其他类似过程的相似性都已清楚。但一般而论，O_3 和ROS的接收仍然不清，而且参与反应的组分也未得到鉴定。暴露于 O_3 和其他非生物胁迫的影响迄今为止进展不大。因此，病原体反应和氧化胁迫之间的信息转导途径还很不清楚。因此，这类论题需要进一步研究。

第二十一章　Rubisco与生物固碳效率

一、引言

Rubisco为ribulose-1，5-bisphosphate carboxylase/oxygenase的简称。中译全名为核酮糖1，5-二磷酸羧化酶/加氧酶。

人类试图以科学向日益增长的物质需求进行挑战。随着人口的增加，其所需的粮食和各种能源也随之增长，并可能造成严重的短缺，或由此对环境造成污染。众所周知，以碳为基础且可更新的能源将不会像矿物燃料那样向大气排放二氧化碳（CO_2），因此，科学家便将目光转向Rubisco的神奇之谜。伴随Rubisco的改良，植物和藻类的生产方式会大大增强，而且不需要增加营养或能源的消耗。

研究Rubisco成功的希望和由此获得的奖励具有极大的吸引力，以致不管有多大的困难，科学家将会不遗余力地作为追求的"崇高目标"（holy grail）。由于这项研究是针对改良自然本质的工作，所以各种难以想象的困难会不断出现。但是，我们有足够的智慧和时间去改良现有经自然选择的本性，当然发现更好的Rubisco会耗费比预想的更长的时间。

为了增加玉米的淀粉含量和玉米产量，国际上少数国家（美国和澳大利亚）采用了一种新技术，即使用一种光合作用增效酶，其被称为光合作用增效剂。试验表明，施用光合作用增效剂后，一般可增产20%。如用于C_4植物（作物），其增产幅度更大，效益十分明显。

自然界永远会成为在有氧条件下从无机碳源获得有机碳的一种主要环境和途径，这一过程系由固定CO_2的光合作用酶所引发，该酶被称为1,5-二磷酸核酮糖羧化加氧酶（简称Rubisco），它对生物界获得碳（biosphere's carbon）起着不可取代的作用。Rubisco在光合作用固定碳的循环过程中催化了关键性反应。因此，Rubisco总是或经常是全球所有食物之源，而且也是以碳为基础的燃料，即矿物燃料和再生燃料两者之源。

这种催化酶在约3.5×10^9亿年以前，即地球上出现生命时，其便成为不可缺少的物质（酶）而存在。而且，自然界亦成为加速物种变异的特异条件。达尔文在有多种酶存在时研究了这一自然过程。随后，科学家发现，自然界很多植物中具有更有用的酶，如三磷酸异构酶，它能催化底物迅速转化和扩散至活性位置（图21-1），其催化速度和特异性无与伦比。大部分酶在非常相似的底物和分子之间发挥超常的选择性作用。例如，酪氨酰（基）tRNA合成酶能将苯丙氨酸误作酪氨酸发生作用，并能瞬间快速运转15万次（图21-1）。

我们惊奇地发现Rubisco能在非常完善的条件下发挥巨大的作用，因此，人们便认为在现代高等植物中具有最优化的功效，但这种功效发展缓慢，且变化无常。Rubisco固定CO_2的速度仅为扩散至活性位置CO_2的1/1 000，而且屡屡将固定O_2来取代固定CO_2，其发生频率为每4次催化转换就可能发生一次。

上述缺陷严重地伤害了植物。Rubisco的惰性意味着植物为了进行光合作用就必须消耗一定数量的蛋白质。

在许多情况下，叶片中一定量的化合态氮呈简单的蛋白质形态，而且在自然界中也极易转化为丰富的蛋白质。在植物界和生物界都可能成为植物重要元素的平衡账（budget）。

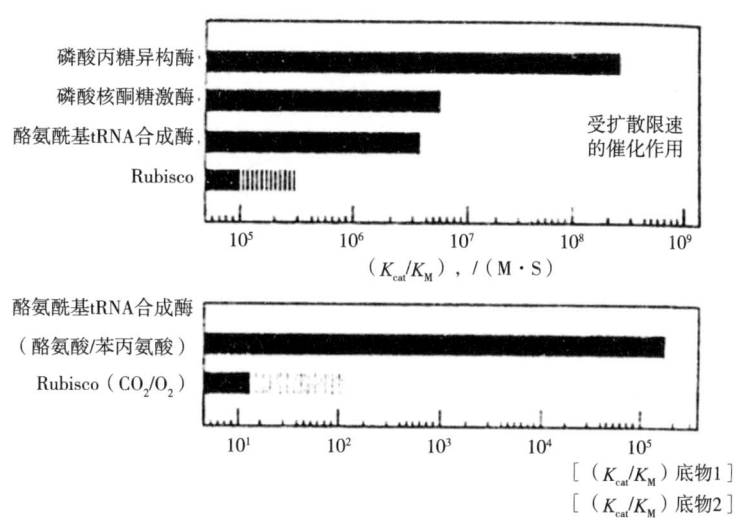

图21-1 Rubisco酶与其他酶的催化速率（上）和底物特异性（下）

使O_2与CO_2混淆不清的功能是更为严重的问题。氧合作用反应的产物不能作为有用的化合物，但耗能的补偿途径能发生如图21-2不断的循环作用。

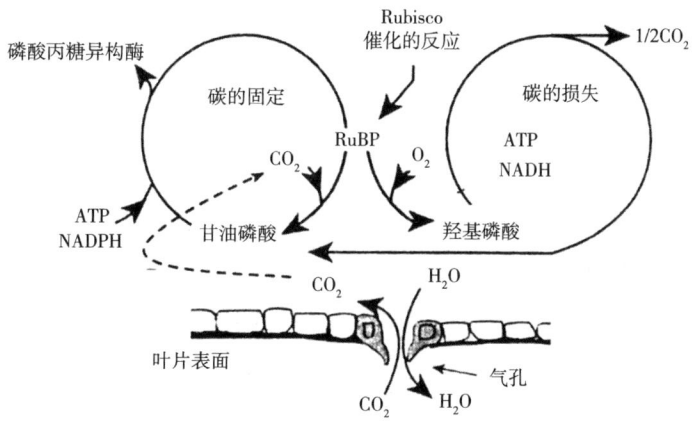

图21-2 Rubisco羧化酶反应而获得的光合作用碳与Rubisco氧合酶反应
而失去的光呼吸作用碳的循环反应图式

二、Rubisco无效的原因

Rubisco机能不全的原因有两种（类）。第一，大气CO_2浓度很低，它们仅为过去植物进化时存在的浓度（205μL/L）。模拟6亿年前大气条件的结果表明，现存CO_2浓度相似于3亿年前，即石炭纪时代第一次发生的CO_2浓度。然后，CO_2浓度经短暂增加后，其便恢复至3 000万～6 000万年前的水平。因此，10%Rubisco的存在就足以使CO_2浓度大大降低（同时更能使CO_2/O_2比率发生逆转），由此，便造成了Rubisco现时混乱的严重问题。随后，Rubisco的进化使CO_2/O_2的特异性延期发生。第二，Rubisco用于羧化作用的化学反应十分复杂，需要几个步骤，而且各步骤的中间反应极不稳定。图21-2显示了反应状况和羧化作用反应时所发生的许多步骤。上式和下式的反应过程表明了化学反应过程中存在许多不完全的副反应。而且Rubisco仅仅抑制了不完整的化学反应。现在，人们已认识了氧合酶的竞争反应。近年来，也发现了一些其他反应。副反应的速率较缓慢，但一些产物仍然紧紧地与反应过程中形成的活性点相结合。显然，这类产物需要其他蛋白质，并被称为Rubisco活性酶，其有助于产物的移出，否则，Rubisco在仅经过几秒钟催化后便会受到抑制。这说明Rubisco产生的抑制化合物能相互配合或抑制，并延缓进化过程（图21-3）。

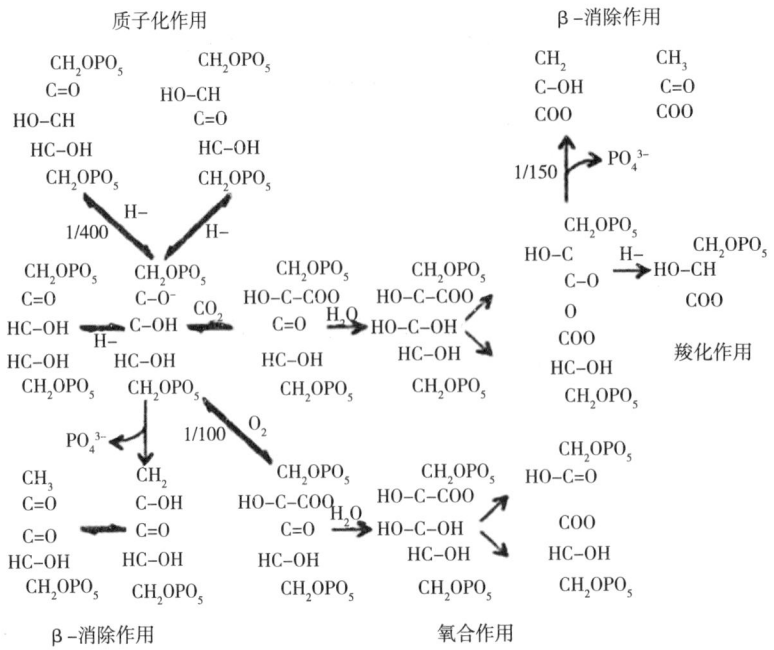

图21-3　Rubisco催化的反应

三、优化Rubisco的新技术

在考虑如何进一步改善Rubisco之前，我们需要提出一些疑问，那就是能获得一种更优化Rubisco吗？自然条件下能达到各种需求矛盾之间更协调一致的结果吗？植物能证实快速催化和区分CO_2和O_2之间的关系吗？迄今，这些都还是特殊的问题，而且回答这类问题是肯定的，那就是"不"，因为最快速的Rubisco也是CO_2和O_2之间最佳的区分点。由这些不同源的Rubisco与CO_2/O_2的速率图式显示了一种正相关的有效标志，而所有负相关则为无效标志。在期望能获得一定数量的有效参数（正负参数）之前，人们还需要进一步探索。

然而，当地球上大气中CO_2浓度增加时，普通高等植物的Rubisco的CO_2饱和度低，而CO_2亲和性高，这样两者相互适应便会发生更大的差异。所以，现代高等植物Rubisco的低CO_2饱和度和高亲和力之间的关系将会不适当地增大。即使在不改善Rubisco的羧化作用潜力时，其对CO_2反应双曲线最初斜率仍能反映出羧化作用效率（图21-4）。因此，用生物工程或选择更具活力的CO_2亲和力以及采用较高CO_2饱和率的方法则是十分有效的。两条曲线之间斜率的增加显示了巨大的优越性，因此，当CO_2浓度增高时，这种优越性也越大（图21-5）。

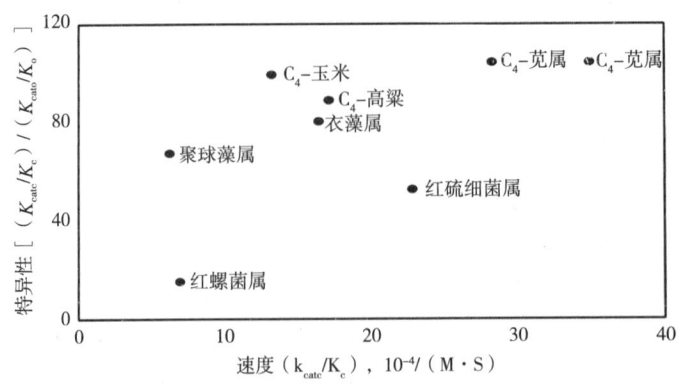

图21-4　细菌、藻类和植物源Rubisco CO_2/O_2的相对特异性

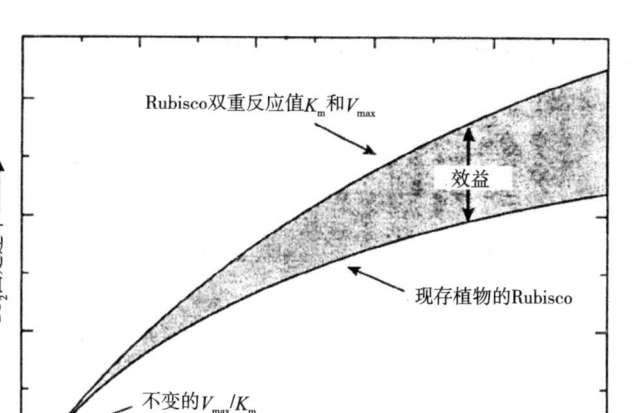

图21-5 高等植物促使大气中CO_2浓度不正常升高的动力学特性

1. 推荐的新技术之一：自然变异的全面评价

首先，要立即在广泛的自然界发现一种更好的Rubisco是十分困难的。只有几种天然的Rubisco经过详细的研究，但我们仍然需要获取其基本数据。最近发现，一些硅藻和红藻在持续的CO_2和O_2之间作出的选择能力比高等植物的Rubisco要强，从而可利用其优势以适应自然环境。不同实验室测定不同Rubisco而获得的CO_2/O_2特异性会在很大范围波动，从一些硅藻所获得的活性数据比从植物中获得的要高出40%（图21-5）。在实验室内，新近所作的研究表明，在没有任何羧化酶活性的条件下，褐指藻属（*Phaeodactylum*）酶与植物酶相比具有很高的活性水平。因此，硅藻的Rubisco与植物酶相比，具有较高的CO_2饱和率和较低的CO_2亲和力，这就使得硅藻更能适应于高CO_2的环境条件（图21-6）。

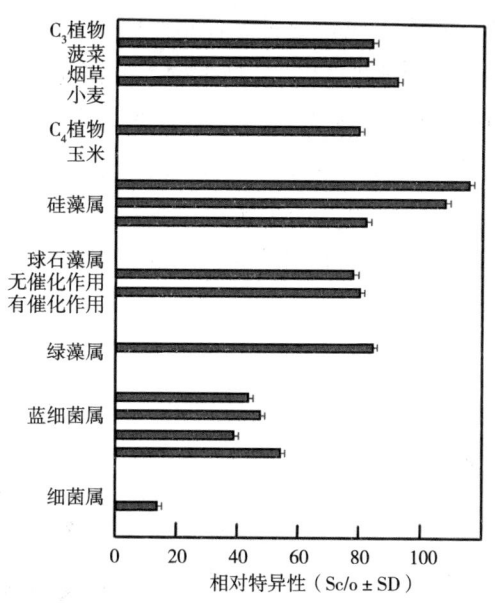

图21-6 不同源纯化出RubiscoCO_2/O_2的特异性

现在，许多人认为还没有真正发现最佳的天然Rubisco，因此必须加强探索性研究，其中包括进一步弄清许多环境中所有固定CO_2生物的种类。实际上，这是一个迫切要解决的首要任务，CO_2/O_2特异性略有改善亦十分重要，但困难重重。CO_2/O_2特异性会使叶片较大地限制了叶片及其周围环境之间的气体交换，但不会减弱CO_2的固定速率。同时通过这一途径还可明显地减少水分的损失，因此，工程植物（engineered plants）就会在干旱、甚至极干旱的沙漠环境中适应性地生长。

2. 推荐的新技术之二：深入研究结构/功能之间的关系

在深入研究的过程中，Rubisco的结构和功能之间的关系十分重要，其还可扩大对超级天然Rubisc与直接或随机Rubisco的变种的研究。这类研究需与生物诱变基因相结合，研究重点在探索催化位置所发生的化学反应。

在蓝细菌Rubisco活化反应点的结构特性研究中发现，Rubisco有助于抑制5-碳烯二醇中间体的β-消除作用。

当由苏氨酰基转化为缬氨酰残体时，Rubisco65亚单元残基的侧链与氢键结合成中间体的能力几乎消失。因此，侧链便脱离活化位置，并由水分子所取代（图21-7）。这种状况就会使催化酶活性失效，同时大大地削弱5-碳二烯醇中间体的β-消除作用能力。现时，人们已明确了活化位置中每种基团的功能，所以为了特定的目标就可以将工程植物置于最佳位置。

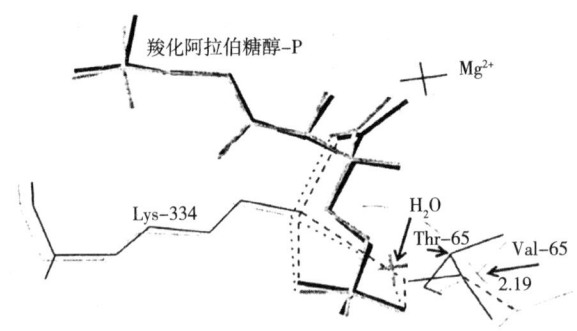

图21-7　聚球藻（*Synechococcus* pcc 6301）变种（虚线）和野生种（实线）的Rubisco活性位置结构图

3. 推荐的新技术之三：体外（试管内）研究

随着随机变种中联合新技术的不断成熟，现时已有充分理由来促使Rubisco进一步适应大气条件，并加强人为调控。但是选择具有适宜生物特性的生物系统，如快速催化或CO_2和O_2之间的最佳选择性将十分必要。然而，目前还未找到适宜的系统，因此，就要在实验室发展一种方法和技术，以促进Rubisco的研究。当前，人们以工程菌（*Escherichia coli*）为基础，研究其生长过程中与Rubisco的相互关系。图21-8列出了重要的图示。科学家已采用了删除甘油醛-3-磷酸脱氢酶染色体基因的技术，从而阻止了在蔗糖上该品系的生长，但还不可能利用质体——编码磷酸核酮糖激酶和Rubisco固定CO_2来阻断支路的发生，图21-8中用箭头示出了支路的代谢过程。

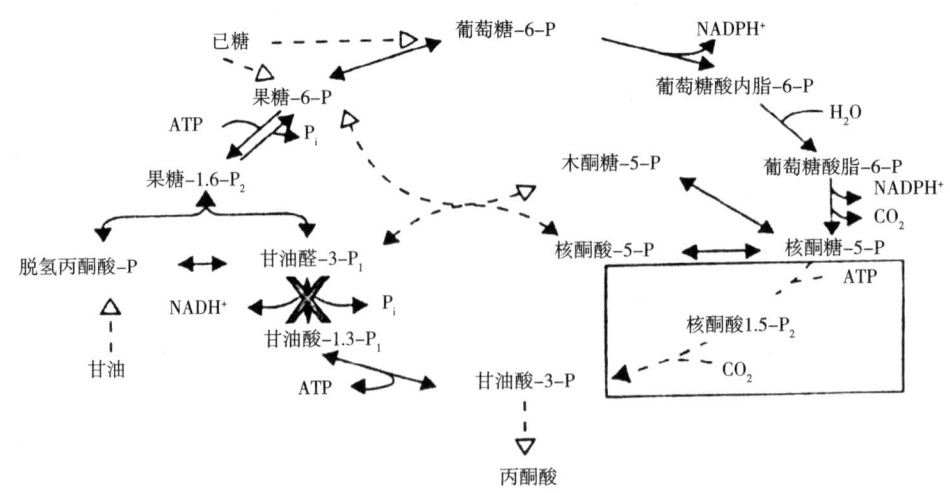

图21-8　*E.Coli*的重要代谢途径及其在蔗糖上生长时与Rubisco固定CO_2的关系

如果真能获得上述系统的代谢过程，那么，就可以提供非常有力的方法来解决联合随机变种产生Rubisco的问题。*E.Coli*会发生分子遗传的多重性，从而使生物能最有效地进行Rubisco转化。例如，在CO_2/O_2比率发生逆向变化时，应当有适宜的规程予以调节（图21-8）。

4. 推荐的新技术之四：光合作用和叶片气体交换的调节

前面所有的论述，即光合作用代谢环境是改善Rubisco重要作用的工程过程。近年来，许多研究机构利用植物遗传学原理来调节光合作用，但是该法已超出了本论题的范畴，然而这种方法仍被确认为可用于特殊目标时的有效措施。类似的技术和方法也可用于叶表面气孔与空气交换的调节。选择出具有更好的Rubisco的植物，其将会使气孔开启得较小，因此，这就可保持全球大部分地区植物能节约最宝贵的水资源，并限制其一定的生长速度和消除大气中的CO_2。

闵九康等的研究表明，使用外源Rubisco溶液可以增加植物光合作用的能力，从而提高固定CO_2的速率（15%~20%）。

四、增加CO_2浓度对植物固碳效益（经济）（carbon economy）的影响

1. CO_2升值效应

土壤有机质是陆地生态系统功能发挥的必不可缺的重要因子。有机质的不断周转和循环能制约营养循环及其对植物矿质营养的供应。土壤有机碳主要来自植物光合作用固定的碳。植物碳主要以地上部分的枯枝落叶形态输入土壤。同时，根系亦能分泌出可溶性化合物并将其和死亡的根系输入土壤。根系向土壤输出的CO_2是根系呼吸作用的产物。进入土壤的净碳同化产物占总量的10%~40%。当种植作物时，输入土壤碳量为每年900~3 000kg/hm²）。

土壤微生物是土壤有机质转化的原动力。根系很大的一部分可为微生物繁殖提供碳源和能源，微生物则利用这些碳化合物作为生物合成的主要来源。

研究表明，增加大气中CO_2浓度会对光合作用有益，从而生产出更多的生物质。根据Cure（1986）研究证明，大气CO_2浓度增加两倍（从350μmol/mol增加至700μmol/mol）时，植物的同化速率会不断增加，C_3植物的产量会增加41%。C_4植物因碳代谢途径不同，所以其受到的影响亦不同。因此，CO_2浓度增加对植物的影响还取决于环境条件。Goudriaan和de Ruiter（1983）指出，在营养和光强度不受限制时，光合作用速率处于最高状态。但是在CO_2浓度升高时，植物和土壤微生物之间会对营养的需求发生竞争作用。

研究证实，CO_2浓度在700μmol/mol时，植物地上部分和地下部分的生物质产量都大于CO_2浓度为350μmol/mol的生物质产量。统计分析，CO_2浓度为350μmol/mol和700μmol/mol时的差异都达到了显和非常显著的水平（表21-1）。

表21-1 种植在CO_2浓度分别为350和700μmol/mol时的植物干重和叶茎/根（S/R）

	T_1（22d）		T_2（35d）		T_3（49d）	
	350μmol/mol	700μmol/mol	350μmol/mol	700μmol/mol	350μmol/mol	700μmol/mol
茎叶	1.54	1.94	5.03	7.69*	14.02	20.96**
根	0.57	0.80	2.42	3.50*	4.15	4.87
总量	2.11	2.74	7.45	11.19**	18.17	25.83**
S/R	2.72	2.50	2.10	2.21	3.29	4.33**

注：*$P<0.05$；**$P<0.001$

2. 提升CO₂浓度对土壤的影响

提升CO₂浓度会影响到初级生产率、输入土壤的碳量和微生物的分解作用以及土壤有机质等因子。这些因子在土壤生态系统中具有十分重要的意义。输入土壤碳量的变化会影响土壤有机质的数量和质量，从而会影响到土壤碳库的周转速率或土壤碳库的容量。高等植物输入土壤的生物质有枯枝落叶和根系及其分泌物。当大气CO₂浓度增加时，它们的产量亦会增加。因为，较高输入土壤的生物质会增加土壤有机质的数量，但很大程度上取决于土壤微生物的活性。研究表明，增加土壤有机质，特别是活性有机质，它们会促进微生物活性，这是因为这些有机质具有易分解的碳化合物。因此，加入土壤的额外碳量能引发激发效应（priming effect），从而增强了土壤有机质的周转速率。一方面，土壤有机质数量的增加程度小于额外加入土壤的碳量，但营养有效性则增加了。另一方面，增加土壤碳量并不会影响微生物活性，因为额外输入的碳会受到其他因子如营养有效性和水分等的限制。如果植物能有效地与微生物在根表对营养和水分发生竞争，那么，根际微生物发生的共生作用和联合作用就会增加植物碳的输入。但周转速率则会降低。因此，难分解的化合物、植物结构体和原生土壤有机质（native soil organic matter）将会有所下降，从而导致土壤有机化合物的数量相对增加。

3. ¹⁴C的分配

在两个CO₂浓度（350μmol/mol和700μmol/mol）对茎叶、根和土壤/根-呼吸处理中发现，^{14}C在整株植物中的分配状况以及土壤作为植物固定^{14}C的百分率无明显差异。研究结果指出，由于提升了CO₂浓度，所以植物中碳的分配方式亦无明显变化。植物在较高CO₂浓度时增加了光合作用对碳的固定数量，从而改变了碳向不同植物分室和土壤分室（plant-和soil-compartments）输送比率的增加。因此，在提升CO₂浓度时，输入土壤的碳量亦增加了。

当CO₂浓度为700μL/L时，对根系、土壤/根系呼吸作用和土壤中^{14}C分配进行比较结果发现，^{14}C向根系运输量送的较大百分比是呼吸所造成的，而在根系持留的^{14}C百分比则较小。这种差异在T_2和T_3处理间达到了显著程度（$P<0.05$）。

4. 土壤/根-呼吸作用

土壤/根-呼吸作用可用每个土柱呼吸积累的CO₂量来表达。研究表明，植物种植于CO₂浓度为700μL/L时积累的CO₂数量较高。从第15天开始，其统计值达到了显著水平。包括原生有机质的呼吸作用在内的CO₂总呼吸量在两个CO₂浓度处理试验中也有差异。在ESPAS种植小麦试验22d后，CO₂浓度700μL/L处理中呼吸积累的CO₂量明显地高于其他处理（表21-2）。在T_3，当CO₂升高时，总CO₂呼吸作用高于CO₂浓度350μL/L时的57%，而$^{14}CO_2$土壤/根-呼吸作用在700μL/LCO₂处理高于350μL/LCO₂处理的74%。

表21-2　土壤/根-呼吸作用（kBq/土柱）积累的$^{14}CO_2$和土壤/根-呼吸作用（mgc/土柱）积累CO₂的总量
试验期为22d（T_1）、35d（T_2）和49d（T_3），CO₂浓度分别为350μL/L和700μL/L

	T_1（22d）		T_2（35d）		T_3（49d）	
	350	700	350	700	350	700
$^{14}CO_2$-呼吸	270	500**	1 470	2 580**	2 050	3 570**
总-CO₂-呼吸	261	399*	843	1 282*	1 090	1 707**

注：*$P \leqslant 0.05$；**$P \leqslant 0.001$

5. 土壤有机质动力学

试验表明，从土柱中收集到的部分CO₂是原生土壤有机质所产生的。在此基础上，植物体的特异活性和原生有机质矿化造成的呼吸CO_2特异活性也都应计算在列。在T_1处理前，未标记的土壤有机质的分解速率在两个CO_2浓度水平上是相同的，它们对土壤/根-呼吸作用产生的CO_2总量贡献率为25%～40%。

在T_3试验中，原生土壤有机质的分解作用对呼吸CO_2总量的贡献率分别为27%和10%（350μL/L和700μL/LCO_2浓度处理）。用K_2SO_4提取土壤的试验表明，向土壤增加易分解^{14}C-标记的碳化合物时，会提升空气中的CO_2浓度。这些试验显示，微生物更能促进易分解根系及其分泌物的分解作用（与原生土壤难分解的土壤有机质相比）。根系碳和土壤保持碳进行比较，原生土壤有机质经微生物分解放出的标记^{14}C化合物（$^{14}CO_2$呼吸作用）是土壤有机碳含量的一个平衡净值（a net balance）。在T_3，当植物暴露于CO_2浓度为350μL/L（-108mg L/土柱）时，土壤有机质会有一个减少净值（a net decrease），但在CO_2浓度为700μL/L（+84mg L/土柱）时，土壤有机质会有一个增加净值（a net increase）。所以，在CO_2浓度为700μL/L时根系生物质量大于或等于CO_2浓度350μL/L时的生物质量。在作物收获后，根系也会进入土壤有机质库。但是，只有在花期以后的生长期，才能明显地增加地下部分的碳量。根据土壤有机质动力学原理，提升CO_2浓度的短期效应可以推算出（外推法）耕地土壤有机碳的长期积累效应，但有一定误差。许多研究结果表明，土壤有机质的变化将对全球碳平衡账（global carbon budget）具有十分重要的意义。

五、Rubisco的光活化作用及其动力学参数（Km）

Rubisco和Calvin循环中的其他酶在发生光催化作用前会受到光的活化作用。由于Rubisco会受到光的活化，所以其活性亦会增加，并伴随高光辐射而使光合作用速率增加。

Rubisco光活化作用是在所有植物开始光周期时发生的一个天然过程。同时，其也是调节光合作用的一个重要特性（图21-9）。辐射强度和光周期都会影响适应性较小的碳平衡，如辐射、温度、营养供应和水势等因子会大大增加光合作用产物在呼吸过程中利用的比例。在这些因子中，营养供应对生物质及其分配具有重要的作用。根区温度也可能影响碳平衡，因为其具能影响生物质的分配，从而也能影响Rubisco的动力学参数。

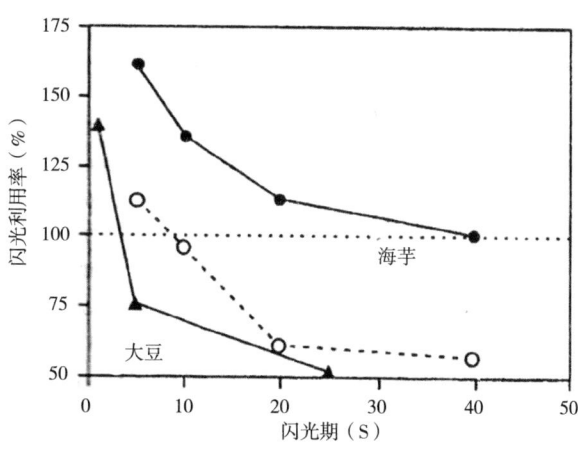

图21-9 在"闪光"（lightfleck）期间对"阳光"的利用（sunfleck utilization）效率

六、大气中CO_2浓度增高对植物生长的影响

当大气中CO_2浓度从350μmol/mol（35Pa）增加两倍达700μmol/mol（70Pa）时，生长在营养供应充足而又无邻近植被遮阴条件下的植物的实际生物质产量平均可增加47%（Poorter等，1996）。当植物具

有为数众多的碳汇（numerous sinks）如分蘖或侧枝时，其就能发生较强的刺激作用（stimulaiton），因此碳汇增加可高达数倍。就平均而言，增量虽不大，但在短期试验中光合作用速率相当明显。为了阐明这种现象而有助于检验提升CO_2浓度对各种生长参数（growth parameter）的影响，所以用下列方程式来表达：

$$RGR = \frac{(Aa \cdot SLA \cdot LMR - LRm \cdot LMR - SRm \cdot SMR - RRm \cdot RMR)}{[C]}$$

式中：RGR为植物相对生长速率；Aa为单位叶面积光合作用速率；SLA为特异叶面积；LMR、MR和RMR分别为叶量比率（leaf mass ratio）、茎量比率（stem mass ratio）和根量比率（root mass ratio）；LRm、SRm和RRm分别为单位叶量、茎量和根量的呼吸作用速率。［C］为植物生物质的碳（C）含量。如果RGR和实际植物生物质的增量小于理论上光合作用速率的增长，那么，方程式中一个或更多个参数就必然会受到提升大气CO_2浓度的影响。换言之，在700μmol/mol CO_2浓度时，植物生长会发生许多变化，它可以补偿光合作用的较高速率。

有许多实例可以说明植物生长在高浓度CO_2大气条件下时，其能暂时增加植物的RGR，从而RGR又可依次调控植物生物质产量（图21-10）。RGR暂时增加常能使生长在提升CO_2浓度条件下植物生物质实际产量（图21-10）。因此，许多植物在提升CO_2浓度时都会呈现出RGR的增加，但增长程度有所差异。

SLA下降是主要的调节功能，但取决于在700μmol/mol CO_2浓度条件下生长的时间，其部分原因是积累了非结构碳水化合物。LMR、SMR和RMR都不会受到影响，或者受到的影响很小。如果植物生长受到影响，其也是由于植物在提升CO_2浓度条件下会快速生长而消耗了土壤中的营养所致。

在短期试验中，叶片呼吸作用会受到高CO_2浓度的抑制。在延长试验时间时，呼吸作用也会受到影响。但是，有些植物呼吸作用会增强，而另一些植物则会减弱。碳汇也会随CO_2浓度变化而变化，但无明确的趋势和规律。

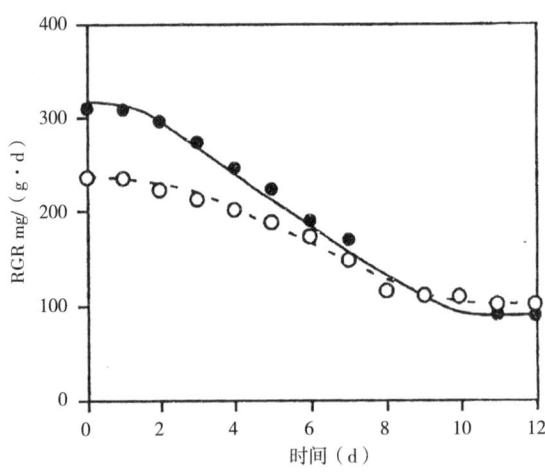

图21-10　在350μmol/mol CO_2（虚线）和700μmol/mol CO_2（实线）条件下，
大车前植物（*Plantago major*）的相对生长速率（Fonseca等，1996）

由于C_3植物CO_2同化速率并不是350μmol/mol CO_2浓度的饱和点，所以CO_2浓度增加可以增强光合作用速率。当Pa增加时，C量便会降低，由于这种原因，在大气CO_2浓度提升时，蒸腾速率便会下降。在蒸腾速率下降和水分利用率提高两者相配合时，光合作用速率便会增加。就C_4植物而言，CO_2同化速率的实际饱和浓度为35PaCO_2分压（即CO_2浓度为350μmol/mol）。但是，其气孔导性也会降低，所以水分利用率便也提高了。

　　当在植被而不是单体植株研究植物时，许多附加因子可能具有重要的作用。降低气孔导性就能减少植株的蒸腾。因此，当CO_2浓度升高而促进植物生长时，叶片温度会上升，而植株周围空气的蒸气压则有所下降。

　　温度上升和蒸气压下降两者的结合效应造成了气孔导性下降，所以，提升CO_2浓度会影响植被的蒸腾作用，但影响程度则小于单体叶片。

　　不同光合作用类型植物对提升CO_2浓度的反应有所不同。例如C_4植物，其光合作用速率的实际CO_2饱和浓度为350μmol/mol，因此，受CO_2浓度升高的影响较小。有意义的是，提升CO_2浓度不会对C_3-植物和C_4-植物之间的竞争平衡（competive balance betwwen C_3-and C_4-plants）产生恒定的影响。大气CO_2浓度升高对植被也有间接效应（indirect effect）。异相原子气体（heteroatomic gasses）能吸收红外线。因此，在大气中缺乏水蒸气和CO_2时，地球发射的所有红外线辐射会在空间损失，从而使地球温度从15℃降为-20℃。因此，大气CO_2增富作用是造成现代全球温度升高的主要因子。研究表明，在20世纪，特别在温带地区和极地区域都出现了气候变暖的现象（santer等，1996）。气候变暖又影响了全球气候的变化，如降水、雷阵雨和风暴等，同时也影响了植物的生长。但并非如人们想象的大气CO_2浓度和其他辐射性微量气体浓度增加而造成的影响那样巨大，其原因可能是由硫酸盐气溶胶相反变冷效应之故。研究指出，硫酸盐气溶胶可能来自矿物燃料的燃烧和工农业快速发展的粉尘。这些对气候变化的人为影响大大超过了自然对天气变化的影响。

　　大气中的CO_2能与其他气体相互混合，因此，其是一种混合型气体。大气中的CO_2分布相对均匀，因此，它与养分、水分和光等因子相比，不会造成CO_2局部的消耗。植物光合作用需要吸收CO_2，因此，植物，特别是C_3植物生长常会受到CO_2浓度的限制。不同光合作用类型的植物对CO_2浓度的反应亦有所差异。例如，C_4植物光合作用对CO_2的实际饱和浓度为35Pa CO_2（350μL/L），因此，其对提升大气CO_2浓度的反应小于C_3植物。Johnson等（1998）研究了不同CO_2浓度（20Pa CO_2和35Pa CO_2）对C_3-植物和C_4-植物生长的速率的影响。研究表明，CO_2浓度高时，C_3植物是提升CO_2浓度的超级竞争者（superior competitors）（图21-11）。为了验证C_3-植物和C_4-植物对提升CO_2浓度的竞争能力，分析了C_3-植物和C_4-植物对土壤有机质释出的^{13}C气体的吸收状况。结果指出，9 000年前，C_3植物大量增加，并证明那时CO_2浓度也快速增长。因此，植被的变化与其说是气候变化所引发还不如说是大气CO_2增加所引发。

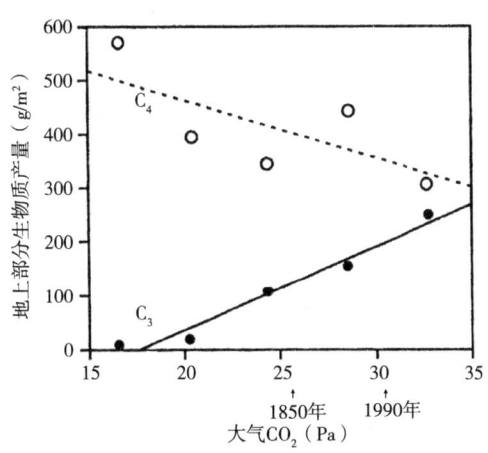

图21-11　C_3-植物和C_4-植物地上部分生物质产量与CO_2浓度（15～35Pa CO_2）的关系（Johnson et al.，1993）

　　进一步的研究表明，C_3-植物对提升CO_2浓度的有利性大于C_4-植物。当单作豆科植物时，其能固定氮和增加对水分利用率，因此，现行CO_2浓度（350μL/L）有利于产出更多的生物质。提升CO_2浓度能改进其他环境资源的有效性，从而亦改善了植物间的竞争平衡。

第二十二章　生物冰核在防治大气污染中的重要作用

一、引言

生物冰核（biological ice nucleators）的生产和应用是一项划时代的巨大生物工程，具有重大的战略意义，并将为子孙万代创造健康的环境。生物冰核在国际上已成功用于商业运行和大气污染的防治，并取得了巨大的社会效益和经济效益。生物冰核可用于人工造雨、人工降雨、人工驱散雾霾和预防冰雹的发生等。现在化学冰核主要以碘化银和溴化银，以及难以处理的干冰（固体CO_2）为主，成本高，且会造成二次污染。生物冰核克服了上述缺陷，其价廉物美，节能环保，所需成本仅为化学冰核的60%。所以生物冰核的生产和应用被誉为21世纪的环保旗舰和最先进的科学技术（state-of-the-art）。

生物冰核的作用已在广泛的科学基础上引起了科学家的兴趣和高度的关注。植物生理学家和农学家发现，农业上重要霜冻敏感程度都与冰核作用有关。当冰核（ice nucleators）是一种很小的腐生物细菌时，它便成为主要的异质冰核剂。这种现象大大地激发了微生物学家和生物化学家的兴趣。冰核还可用于冰核活性基因（INA genes）以作为转录作用和转导作用的报道基因。现已发现，腐生细菌是大气中冰核的重要来源。因此生物冰核又引起了气象学家的兴趣。

生物冰核也能调控冷血动物冬季的生存状况。许多不耐冻的昆虫为避免冻死，它们可通过内在发生的冰核作用而抑制温度的下降。相反，一些耐冻昆虫则能合成冰核蛋白质以确保在零下低温时出现冰冻。同样，冰核作用的温度也是细胞和组织低温储藏时的一种临界因子。

异质冰核作用现象虽然长期受到了关注，但是在20世纪70年代以前却无人问津。现已发现，自然界最活跃的冰核乃是生物源。这一发现，导致了该项科技在全球召开了一系列的会议，并发表了许多论文和评述。

在生物系统中有关冰核作用的科学论文和专著如雨后春笋般的出现。因为，该项技术的研究范围十分宽广。其中主要有气象学、细菌学、植物生理学、农学和冷血动物（特别是昆虫）耐冻生物学，以及冰核作用在医药、低温生理、食品科学，以及人工造雪、人工造雨和驱散雾霾技术中的应用。

现在，全世界都十分重视该项技术的开发和应用。并特别强调和重点研究了如下内容。

① 冰核作用的原理。② 细菌冰核作用的发现及其在植物冻害中的作用。③ 冰核作用生态学—活性细菌。④ 细菌冰核的生物化学。⑤ 冰核活性基因（INA genes）和蛋白质的鉴定与分析。⑥ 细菌冰核活性蛋白质（INA proteins）三维结构的分子模拟。⑦ 植物的耐冻性。⑧ 冰核作用活性与植物和真菌的关系。⑨ 木本植物深度超冷和细胞壁结构的作用。⑩ 木本植物花芽的深度超冷过程。⑪ 腐生菌冰核作用的调控—植物冻害的管理技术。⑫ 利用冰核微生物对昆虫进行生物防治。⑬ 冰核作用基因—报道基因。⑭ 细菌冰核活性在食品加工中的应用。⑮ 冰核作用在低温储存中的作用。⑯ 生物冰核的喷洒技术。

二、植物的耐冻性

粮食和纤维生产是最重要的全球实业，并通过贸易使各国相互联系和交流。许多有经济实力的国家会从大量生产粮食和纤维的国家购置这类产品。各国不同的气候和气象条件，如霜冻和干旱，都会导致农产品产量和品质的下降，从而对生产国造成极大的经济损失。即使在加拿大的某些地区乃至全国因一种非生物胁迫会造成作物产量的严重损失。例如，1992年8月中旬在加拿大西部出现非季节性霜冻，使作物损失超过10亿美元。霜冻不仅造成作物减产，而且使品质下降。如由高品质制造面包的面粉变为价值较低的饲料。这样，不仅对面包生产者造成极大的损失，而且也影响了小麦处理厂、铁路、国际贸易、面粉厂和农场的经济效益。

温带作物的生长季节一般由温度和无霜期所确定。全球变暖能导致温度升高，从而使农作物早出苗，早抽穗。因此，这也增加了非季节性霜冻的危险。因温度升高，果树也会提早开花，从而也会遭到霜冻的危害。

由于霜冻在植物分布以及作物产量和品质形成过程中起着重要的作用，所以防止和避免霜冻无论从实用和研究水平上现时都受到了极大的关注。植物组织在零下温度时便会出现霜冻的危害。最近因发现了生物冰核，所以科学家便提出了许多防治冻害的方法。在缺乏冰核时，当温度降至零下几度时，水亦不会结冰。生物冰核如细菌或真菌，它们都是外在冰核剂（entrinsic agents）。这种外源冰核剂的结冰起始温度近于零度。最近的证据表明，在植物中也存在着内在冰核，它的结冰起始温度在零度以下。与之相比，某些花芽，如杜鹃花植物的花芽和硬木质树的花芽，它们都缺乏内在和外在冰核。因此，杜鹃花花芽能耐-20～-15℃的超冷。美国榆树的木质部髓射线柔软组织细胞在冬季能耐-45℃的超冷。

三、植物的抗冻性

自然界的植物会通过一些不同类型的冷冻胁迫，其中主要有非季节性霜冻（正常期为正常季节）和极度低温（当植物休眠和生长不活跃时则属正常温度）。根据最低温度原理，植物会部分地受伤害或冻死，其结果是造成减产，质量下降，甚至绝收。在春夏两季植物的旺盛生长阶段，在结冰的瞬间便会冻死，如黄瓜（-3～-2℃），而禾谷类作物则能耐冰点至-9℃。一些冬季作物则能适应秋天的温度低至-30℃。大部分耐寒植物如多年生木本植物在活跃的生长期不会耐-30℃的温度，但是当完全适应低温后，这类植物则会耐-196℃的低温。

不耐寒植物，当组织中结冰时，不管其结冰的起始温度如何，它们都会遭到冻害。植物组织中结冰会导致机械损伤和/或脱水伤害。如果在零下温度时结冰，那么，细胞中的水分就能耐超冷冻，而且不会发生伤害。所以，不耐寒植物为抗冷冻而保存自己，其必须避免和躲开结冰的危害。另外，耐寒植物如能将细胞质中的水排出，那么它就能耐组织的结冰。耐寒植物耐冰冻的能力取决于许多因子，这些因子有结冰点、结冰的温度、结冰过程中的冷冻速度、冰核增大速度、曝光的最小温度和曝光冰冻过程等因子。温带植物对低冷温度适应的固有能力及其适应的速度是限止低温生存的二个重要因子。植物对低温的适应是一个复杂的遗传特性，由低温诱导发生，并导致形态和分子水平的变化。最近，植物超冷学方面的进展，以及与冷冻适应性有关的基因确认大大地增强了人们对植物抗冰冻机制的的了解。

四、植物的冻害

在植物生长期间，天气晴朗和无风的夜晚所出现的放射状霜冻是最为普通的冰冻类型。与天空快速散热平行的定向大叶片通过背面体辐射而朝向上空，能将温度冷却至周围环境温度以下。所以在平时冷凉时叶片和空气温度会以类似的速度下降，其是由流入的冷空气所致，而且，在植物生长季节也会发生这种现象。如前所述。某些不耐寒的植物组织，如黄瓜和番茄，它们在冰核形成的一刻就会受到冻害。因此，这些植物为了有序地避免非季节性霜冻，它们必然会通过降低组织中水分的冰点或通过最大限度增加超冷程度和超冷进程而减轻冻害。

在严酷的冬季条件下可以生存的多年生植物，它们能在秋季形成耐冻特性。冰核形成的温度和位置对最终的耐冻水平有着深刻的影响。一般而论，在冰冻以前，植物如受了超冷条件，那么在持续结冰冻过程中，它们更易受到伤害。SiminovitCh和Scarth曾指出，在耐寒植物于冰冻前持续遭受超冷，那么，细胞冻死的可能性就会增加。科学家证实，初始冰核形成的温度接近零度时有可能降低植物的伤害程度。随后Olien进一步证明，超冷能促进冷冻的失衡，从而不会对植物组织造成伤害。在明显超冷以后的快速冷冻失衡过程而形成冰核时有大量的Gibbs自由能，这种自由能对冰核-液界面植物组织的破坏提供了能源。能在-3℃时结冰的冬小麦花冠组织的抗冻性就比0℃以下结冰的品种要差。

Rajasherar等测定了茄品种（*Solanum acaule*）叶片在-1℃结冰可以控制-7℃时仍能存活。但如果叶片在-3℃时结冰，那么它们便会在这一温度被冻死。类似的研究报道表明，梅品种（*Prunus* spp.）的花芽亦会出现这种现象。这些研究证明，就大部分植物而言，如果初始结冰的温度为0℃，那么植物就能耐较低的温度而成活（与发生超低温相比）（表22-1）。

表22-1　田间条件下植物结冰起始平均温度

植物	结冰起始温度（℃）
桃（*Prunus persica*）	-1.6
苹果（*Malus domestica*）	-1.3
欧洲水青冈（*Fagus sylvatica*）	-1.6
木来木（*cornus florida*）	-1.8
纯刺冬青（*Ilex crenata*）	-1.6
圆柏（*Juniperus chinensis*）	-1.3
西洋梨（*Pyrus communis*）	-2.1
山莓等品种（*Rubus communis*）	-1.6
美国五针松（*Pinus strobus*）	-1.2
冬北红豆杉（*Taxus cuspidata*）	-2.0
番茄（*Lgcopersicon esculentum*）	-2.0
玉米（*Zea mays*）	-2.5
大豆（*Glgcine max*）	-2.7
菜豆（云扁豆）（*Phaseolus vulgaris*）	-2.7
陆地棉（*Gossypium hirsutum*）	2.5

注：冰核作用的微生物主要有假单胞菌属（*Pseuomonds*）、欧文氏菌属（*Erwinia*）、（*Listeria*）、（*salmonella*）、（*vibrio fischeri*）

植物中一旦形成冰核，其就会迅速转向胞内间隙，并蔓延到含有较多水分的大维管束。冰核又会从维管束通过胞外间隙而扩散，并不断移动，直至不含水分的植物组织或较温暖的区域停止。因为，在霜冻发展过程中，植物各部分的温度会有5℃的变化。在木质茎中，冰核移动速度会达到60~74cm/min（试验室模拟结果）。在大田条件下，冰冻始于几个冰核点或冰核形成点，然后迅速扩散至维管束。在耐寒植物中，这是防止超冷的有效方法，而且可以减少细胞形成冰核的危险。

五、植物和真菌的冰核作用活性

生物冰核主要是由一些腐生细菌形成，它们具有在较暖和条件下开始结冰的能力。

六、冻害的防治

1. 利用杀菌剂

某些化学物质能杀死或阻止冰核细菌的繁殖，从而减轻霜冻的危害。这类化学物质都含有金属离子，如铜化合物；有机化合物和抗菌素，［如*streotongcin*、*Oxytetracycline*（*Terramycin*）］。

2. 利用竞争性细菌

植物能在正常条件下快速地培养起细菌群落。不同植物种叶片具有最大的细菌群落可称作"载荷容量"（carrying capacity）。不同植物具有不同的载荷容量。例如菜豆叶片是典型的细菌保藏处，它的容量约为10^6个/g，而脐橙（navel orange）叶片约为10^5个/g。在一种植物叶片上，腐生细菌群落量小于载荷容量，那么在接种细菌后便会快速增长。在温室或人工培养室栽培植物时，其缺乏其他腐生细菌，因此，非冰核活性细菌（无INA细菌）便会迅速繁殖增长，其量可达10^7个/g。研究表明，无INA细菌（非冰核细菌）的迅速繁殖可以大大减轻冻害。

3. 利用抗菌素

抗菌素对叶表面细菌的作用并不重要。由于叶片上具有的不同品种的细菌或变种数几乎近似。所以，一种细菌产生的抗菌素会危及叶片上其他的细菌。现已证明，由*E.herbicola*产生抗菌素（细菌素）能抑制植物上敏感的腐生细菌。Lindow证明了植物叶片*P.syringae*在对抗作用中不会产生抗菌素。随机取样的细菌有约50%会对叶片上*P.syringae*产生抑制作用。产生抗菌素的菌种可通过暴露于乙基甲烷磺酸盐而进行诱变，诱变度菌株不会产生抗菌素。这些变种与其母种相比，其同样具有抑制叶片上*P.syringae*生长的能力。但在所有的试验中，这些变种不具有母菌那样产生抗菌素的能力。这类研究表明，其他因子，如对营养和能源的竞争，以及叶面上的细菌之间的相互作用都会发生。因此，应当对下列重要项目进行研究：① 首发竞争性排斥的重要作用；② 叶面上有限因子的特性；③ 拮抗菌的选择；④ 竞争作用的特异性；⑤ 生物防治的效益；⑥ 竞争性细菌的商业应用。

七、生物冰核（biological ice nucleators）的生产工艺和应用技术

冰核—活性细菌[ice nucleation-active（Ina）bacteria]已成功地在许多商业领域中广泛应用，并取得了巨大经济效益。研究表明，这种冰核技术的应用有着很大的优势，即冰核微生物具有能在零上温度时有效地开始结冰的能力。因此，在较大范围内，冰核活性细菌的商业潜力和价值是大大减少了能源的消耗，并提高了环境质量。Ina细菌可使温度在0℃以上时有效地开始结冰冷冻，从而减少了能源消耗。

迄今为止，冰核活性细菌最大的商业应用是人工造雪造雨及其应用技术。研究表明，Ina细菌在人工造雪技术上占有高效低、价和环保的优势。实践证明，利用生物冰核细菌造雪比非生物冰核造雪具有更大的优势。因此，Ina细菌冰核应用和科学研究受到了极大关注。其中已成功的生物冰核技术和应用的项目有：① 人工造雪；② 冰库（ice ponds）自然热量储藏；③ 人工造雨；④ 动、植物生物防冻剂；⑤ 冷冻结晶作用（freeze crystallization）；⑥ 通过散播种子云（cloud seeding）而进行天气改善和修饰；⑦ 极地冰岛结构的调节；⑧ 盐水的纯净化；⑨ 生物除雾除霾剂（生物冰核）的生产和应用。

1. Ina细菌的发酵技术和展望

（1）Ina基因型冰核活性细菌的生产和在商业上的应用

（2）Ina细菌的大规模生产

生物冰核细菌在商业上成功的应用基础是能以低价和高质量制造出大量的生物冰核制剂（即Ina细菌）。因此，必须发展有效的发酵技术和研发出各种有效条件和因子。生物冰核细菌的商业化始于1985年，其是由杰尼克国际有限公司（Genencor International，Rochester，New York）研发的人工造雪产品，并发展了人工造雪。该公司生产的产品有冰核Ⅰ型和Ⅱ型。它的商品名为斯诺克斯造雪先锋（Snomax Snow Induer）。到目前为止，该公司的生产技术和产品仍然被誉为商业造雪的最高级艺术产品。

（3）Ina细菌发酵工艺（图22-1）

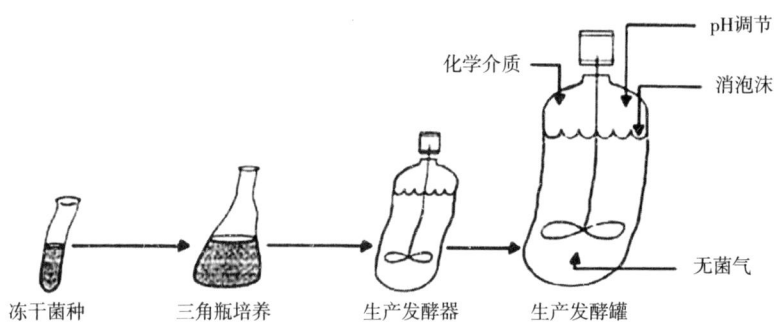

图22-1　杰尼克国际有限公司生产高质量生物冰核活性菌的流程

（4）*P.syringae*及其对细菌感染的敏感性

（5）冰核活性剂（生物冰核）的生产流程（图22-2）

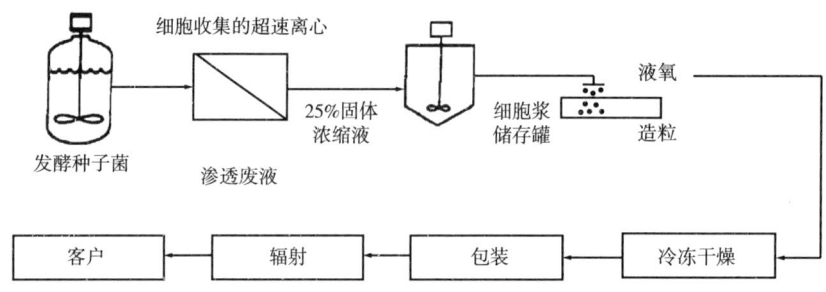

图22-2　冰核细菌生产的商业化过程

2. 生物冰核技术的商业化进程

（1）人工造雪

在广阔的滑雪场，为确保在不同气候条件下整个滑雪季节都具有足够的雪量，人造雪便成为必不可少的技术措施和实际有效经济的收入。据估计，美国每年雪产量约需用100亿US加仑（gallons），即378亿L的水来生产700亿m³的雪。标准的滑雪场每天开放时估计需要用500～750 000US加仑的水来生产出3 500～4 000m³的雪。滑雪场在早晚典型季节的边际天气（marginal weather）条件下数量和质量都受到了限制。从而缩短了滑雪时间和侵害了滑雪者的权益。因此，人工造雪便应运而生，并且发展十分迅速。在滑雪季节，温度在-2℃以上时便会影响造雪机的运行，从而导致人工造雪的数量和质量下降。

在人工造雪过程中，通过雾化喷水是普通的技术过程，但生物冰核剂则对人工造雪极为有效。在标准造雪时采用的形成水滴的装置时，生物冰核剂便能将水滴形成雪而不需要使水超冷。杰尼克国际冰核公司成功地生产了冰核剂（ice nucleators）实现了商业化。斯诺麦克斯（SNOMAX）冰核剂是一种干粉状商品，其含有Ina⁺*P.syringae*（冰核活性丁香假单孢菌）。实践表明，它能在温度1.1℃时有效地进行人工造雪（生物造雪）。在典型造雪过程中，使用270g SNOMAX冰核剂便能使100 000加仑（gallons）水形成人造雪。生物冰核剂除能增加雪的体积和质量外，它还能在利用标准造雪设备时提高成雪温度，同时生物造雪的密度也下降了10%～15%。因此，生物冰核剂造出的雪量（体积）增加了25%～60%。

自1985年在加拿大卡尔加利冬奥会和1994年挪威里利哈默冬奥会使用人工生物造雪以后，人工生物造雪剂（SNOMAX生物冰核剂）的应用遍及全球，同时其也作为常规的生物造雪剂用于生物造雪。现在北美洲、大洋洲（澳洲和新西兰）、南美洲、亚洲的日本和欧洲的滑雪场都广泛地应用了生物冰核剂以制造生物雪。

（2）自然热源库

自然热源库系统（natural thrmal storage systems）是众所周知的"冰库"（ice ponds）。它也是简单的户外人造冰库（图22-3），它的应用大大降低了成本。

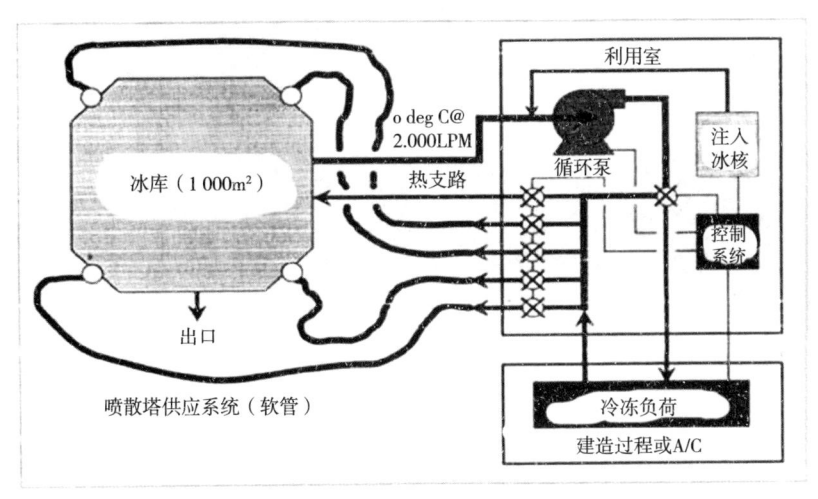

图22-3 自然热源储存的冰库（Ice ponds）

（3）冰冻—晶化作用和水的纯净化

（4）气象修饰作用（weather modification）

气象修饰作用[播散云种子（cloud seeding）]是国际上处理各云层或雷阵雨系统的有效方法，其目的是为改变物理过程以在云层中形成水滴和冰晶，并不断扩大范围。在超冷云层中，冰晶的形成能造成大范围的降水。其是众所周知的冷雨过程。但是，在许多地区的大气中仅有极少量的冰核，因此，其便降低了冷雨过程的作用。据此，为了增加降雨，人造冰核便成为常规的气象修饰技术。因此，一旦形成冰核，冰晶便会积聚水分，并不断增大和增加数量，直至成雨或成雪下降为止。同时，降水量还取决于近地面大气中的温度。播散成云种子菌（cloud-seeding agents）可以驱散雾和层云（stratus或cumulus mediocris clouds）（俗称霾），同时可增加冬夏两季的降水量和抑制冰雹的发生。

科学家早已发现了自然界的某些细菌菌株能有效地在微超冷条件下形成冰核。在大气中大部分自然形成的冰核于低温（>-10℃）时并不活跃。所以，科学家便大力探索能将水转化为冰晶的新的冰核类型。虽然，干冰（dry ice）是暖温条件下非常好的冰核主要来源。但是，干冰的处理、储存、容重和驱散等方面会遇到较大的困难。

杰尼克国际有限公司利用*P.sgringae*进行了商业化生产，其产品称为斯诺麦克斯气象管理员（SNOMAX Weather Manager），它成功地用于了大气冰核的生产（图22-4）。

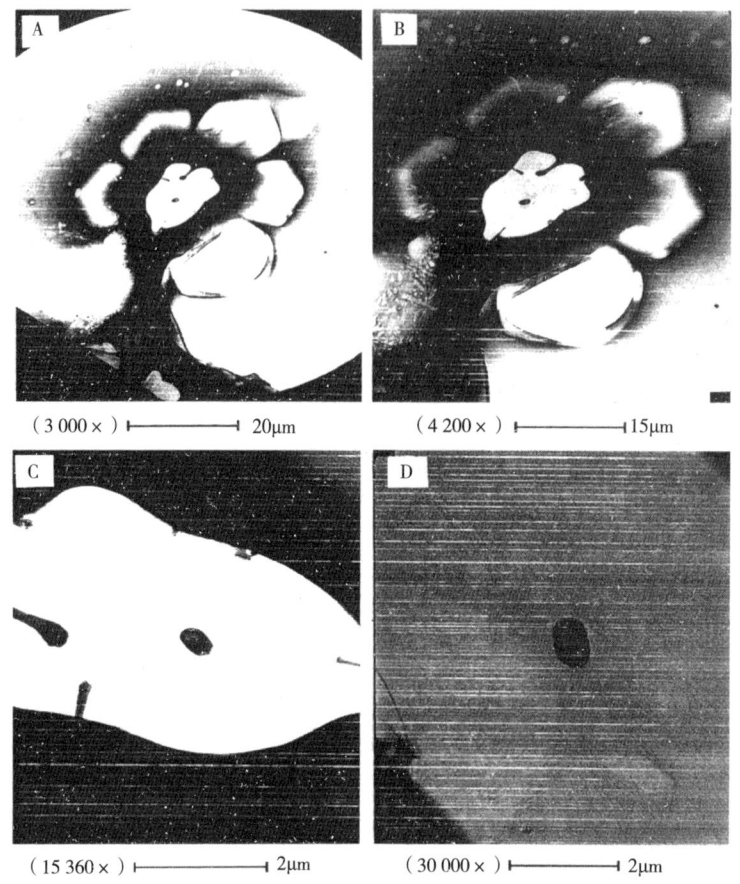

（3 000×）├────20μm

（4 200×）├────15μm

（15 360×）├────2μm

（30 000×）├────2μm

图22-4　生物种子冰核晶体的电子显微镜图

斯诺麦克斯气象管理员的大气试验结果（图22-4）表明，*P.syringae*是大气中人工冰核最有价值的生物制剂。它的成功应用使冰核细菌（Ina⁺ bacteria）人工造雨造雪全面取代了化学造雨造雪，即取代了碘化银和固体CO_2（干冰）造雨造雪的方法。因生物造雨造雪价廉物美和环保等优点，所以在全球已成为气象修饰的常规方法。

（5）**极地冰核技术的应用**

（6）**盐水的净化**

生物冰核技术能使海水淡化成饮用水，每1 000加仑所需费用1.50～3.00美元。比用反渗透法的费用低，而且质量有保障。该生物冰核系统每年可使1.5英亩的水库中的6×10^7加仑水制成脱盐水以供饮用。同时，研究表明，每分钟可造出1 000加仑的脱盐水。因此，生物冰核造出的水还能除去许多无机化合物（杂质），从而保证水质。

八、小结

生物冰核剂的应用可以大大节约能源、降低成本且无二次污染。所以，其已在许多国家用于生物雪源、生物降雨、驱散雾霾以及自然热源库和水的净化。

迄今为止，最好的冰核活性细菌（ina⁺bacteria）是*P.syringae*，以其制成的产品（商品名）为斯诺麦克斯气象管理员（SNOMAX Weather Manager）。

利用生物冰核技术造雨、造雪和驱散雾霾的成本大大低于化学制品，而且无二次污染。

生物冰核造雪的质量十分可靠，并成为气象修饰的常规产品和方法。同时，产品受到了各方的欢迎，市场前景十分乐观。

生物冰核具有使水溶液冰冻温度降至最低的能力，而且能在较高零下温度时促进冰晶的形成。因此，利用能形成冰核的微生物（ina细菌）制成生物冰核，可广泛用于生物造雪、生物降雨以及驱散雾霾等许多领域。ina细菌的功能和鉴定与其生物化学和生理学相结合，可以设计出生产ina冰核的工艺和应用方法，同时，其也是进行商业化运作的有效方法和技术。

一些发达国家，已研发出ina细菌高效的发酵工艺，从而使ina细菌（P.syringae）产生冰核基因高度表达。研究证明，发酵过程的营养和环境信号（signals）是ina细菌（P.syringae）基因有效表达的极为重要的因子。经科学家的努力，现已能成功地生产出每克干细胞具有1 000亿个冰核的技术和方法。同时，研究也指出，就其他ina细菌基因表达而言，营养和环境信号也起着重要的作用。

生物冰核技术和方法可以广泛用于生物造雪、生物造雨、改善其他气候条件、热量储藏，极地冰体结构和冷冻结晶（冰体）、食品加工和水质净化等领域，已成为有效的商业化运行模式。生物冰核的主要作用在于其能大大降低水溶液成冰时的超冷温度，从而减少结冰时的能量消耗。因此，发展生物冰核及其应用技术便成为节能减排的有效的生物技术之一。研究表明，利用生物冰核造雪不仅成本降低（与化学冰核相比，可以降低成本40%），而且成雪的质量大大提高，且无二次污染。因此，生物冰核及其应用技术将是未来重要的、独一无二的新一代生物技术，其将全面替代传统的化学冰核，应用前景十分广泛。

研究表明，冰核—活化（Ina+，Ice+或INA）是在温度略低于0℃（−5～−2℃）时微生物（如细菌、真菌和地衣）所具有的冰核活性（ice nucleation activity）。冰核作用所产生的生物冰核（ice nucleus）又称冰胚（ice embryo）是一种冰核活性蛋白（ina protein），同时亦是一种生物冰核基因（ina genes）。科学家经过详细的研究证实，生物冰核基因是一种报告基因（INA Reporters），它可广泛用于许多生物领域。

第二十三章　土壤酶的农业和生态意义
——土壤碳的吸收和缓冲作用（carbon sequestration）

一、引言

有机质的分解是土壤碳吸收和缓冲以及营养循环过程中的重要调控机制。有机质碳库的大小不等、性质复杂。分解作用会随酶催化的生物化学反应而开始。人们普通认为，酶的解聚作用（depolymerigation）是分解过程的一个限速步骤。因此，许多研究都针对其发生机制而进行，并强调了微生物酶的产生和土壤酶的活性在调控碳循环和营养动力学过程中的作用。

一个世纪前，科学家首次报道了土壤酶的活性。随后，土壤酶的农业和生态意义的研究和报道就不断增多。土壤酶被用于描述微生物活性的各种功能、土壤过程和全球环境变化，特别是气候变暖等参数和生态意义（Lipson等，2005；Finzi等，2006）。土壤酶组分的分解模型不仅提出了一些基本问题，如碳和营养供应对微生物活性的影响，而且还可预告分解速率与有机碳化学、营养有效性和特异环境条件的关系。当在一定土壤条件下存在许多酶时，土壤酶对土壤功能和/或生态系统作用都具有重要意义。例如，脱氢酶（dehydrogenase）常可用作土壤微生物活性的指标，而木质素纤维酶（lignocellulases）被认为是必不可缺的土壤酶，它能调控土壤有机质和植物枯枝落叶的分解速率。

本章的目的是讨论土壤酶对土壤碳吸收缓冲和营养循环的调控及其意义。因此，无意全面论述土壤有机质的分解作用、营养矿化作用以及环境因子如温度、水分和土壤pH值对土壤酶活性的影响。

二、土壤酶在有机质分解和营养循环过程中的作用

1. 土壤酶的重要含义

土壤酶是土壤中积蓄的功能性胞外酶。正常条件下，土壤酶与土壤各种非生物和生物结构体如土壤液相、腐殖质、细胞碎片和有生命细胞（不会增殖的细胞）有着密切的关系。因此，酶活性是各个组分活性的整合。在一种土壤中，当具有几百种胞外酶时，仅有几种酶可用于表述土壤碳和营养动力学。木质素酶、纤维素酶、几丁质酶和磷酸酶是广泛被认同的重要酶。它们能催化有机质的分解和营养的矿化作用。

木质素酶属于氧化酶类，它可修饰含酚有机化合物，如多酚、木质素和腐殖质。例如一种典型的木质素酶——土壤酚氧化酶能催化各种复合的酶化合物，并释放出氧基。通过这种催化作用，简单酚化合物可被完全降解，而复杂的酚化合物只能部分被氧化，并产生酚的中间产物（Toberman等，2008）。酚氧化酶活性会受到低氧压、低温和pH值的抑制（Sinsabaugh等，2008）。真菌、细菌和放线菌的一些品种能产生酚氧化酶。

纤维素酶是一组水解酶类，它能催化纤维素中糖苷键的断裂。纤维素的完全降解至少需要3种酶：

内-β-1,4-葡聚糖酶（endo-β-1,4-glucanase）、外-β-1,4-葡聚糖酶和β-葡糖苷酶（β-glucosidase）。内葡聚糖酶能分解纤维素的晶体结构。外葡聚糖酶能将碳水化合物链的非还原性末端体上移去低聚糖（oligosaccharides），如纤维二糖（cellobiose）和四糖（tetrasaccharides）。葡糖苷酶则能使低聚糖释放出葡萄糖。为了测定这3种酶（内葡聚糖酶，外葡聚糖酶和糖苷酶）及其联合作用，现已研发出了几种新的分析方法。

昆虫外骨架和真菌细胞壁的主要组分之一是几丁质。它是土壤中有机氮的主要形态之一。几丁质酶是必不可缺的一种酶类，其能水解几丁质的糖苷键，并能释放出乙酰葡糖胺（acetyl-glucomine）。3种酶——几丁质酶、壳二糖或几丁质二糖酶（chitobiase）和N-乙酰-β-葡糖胺酶（N-acetyl-β-glucosaminidase）能为几丁质的完全降解提供增效作用（synergism）。因此，N-乙酰-葡糖酶常可用作几丁质酶活性的指示剂。

磷酸酶是一大组的特异酶，它能水解磷酸酯，随后便释出有效磷。磷酸酶通常具有低底物特异性（low substrate specificity），所以，其能对许多不同结构的底物（基质）发生作用。此外，在酸性和碱性土壤中分别发现了酸性磷酸酶和碱性磷酸酶。

2. 木质素纤维素分解酶（lignocellulolytic enzymes）

它可作为有机质分解的预报者（predictors）。土壤酶活性和有机质分解速率之间具有很高的相关性。胞外酶催化解聚作用是分解作用的一个限速过程。木质素和纤维素降解酶可作为对分解作用预报较有益的选择。其主要原因是土壤有机质和植物残体都具有碳水化合物和酚结构体。Sinsabaugh等（1992）研发出了一个回归模型，并利用5种木质素纤维素分解酶来测定桦树枝条（bich sticks）分解的损失速率。这5种酶是β-糖苷酶、内纤维素酶、外纤维酶、木糖酶和酚氧化酶。研究表明，这些酶活性对生物质损失的变异范围很有规律，其可在旱地、河湖滨岸和激流群落系统内的内纤维素酶r^2为0.65到β-糖苷酶r^2为0.83范围。土壤酶的可预报性变化不定，所以应当将各种酶的单一活性改进为综合整体活性才能表达其预报性。研究表明，纤维素酶的整合活性也可用于测定各种落叶树枯枝落叶的分解速率。木质素纤维素分解酶可作为有机质分解的预报者。在许多氮肥试验中发现，植物枯枝落叶分解速率的变化都与纤维素酶和酚氧化酶活性的变化呈正相关。

一种氧化酶"销"机制（oxidative enzyme "latCh" mechanism）可以用于说明泥炭土壤中有机碳的保持效应。在土壤水相中，氧供应受到限制，因此，酚氧化酶活性较低，从而延缓了酚化合物的分解速率。由于酚对水解酶具有毒性，所以，土壤溶液中便能积累酚化合物，从而抑制了有机质的降解速率，并有利于土壤碳的吸收缓冲作用。在其他生态系统中，土壤氧化酶也可视为有机质分解的有利调控者。在各种生境中，土壤碳储量的差异反映了氧化酶活性的差异。在高纬度和低纬度的生态系统中，初级生产率虽然都较低，但它们的土壤有机质含量却有明显的差异。在酚氧化酶和过氧化物酶活性都较高的低纬度生态系统中，土壤有机碳亦都较低。与此相比，在酚氧化酶和过氧化物酶活性因受低pH值、低温和低有效氧而限制的高纬度生态系统中，土壤有机碳便会大量积蓄。

3. 土壤酶是营养有效性的指示剂（indicators）

在农业土壤中，土壤酶活性和营养矿化作用之间呈正相关。因此，土壤酶活性也可用于指示出土壤营养的有效性及其循环过程。

三、有机碳和营养有效性对微生物酶活性的影响

1. 正效应和负反馈机制

在自然进化过程中，各种类型的微生物得到了发展。微生物能产生胞外酶，其有助于资源的开发和利用，并形成有利于微生物生长和代谢的生态环境。

2. 微生物酶源的再分配

微生物群落可作为效应整体（cost-efficient entity），其可将各种碳和营养需求合成的酶源进行分配。酶源的分配可改变碳-矿化作用酶系统的生产，这可用湿地土壤进行验证（图23-1）。

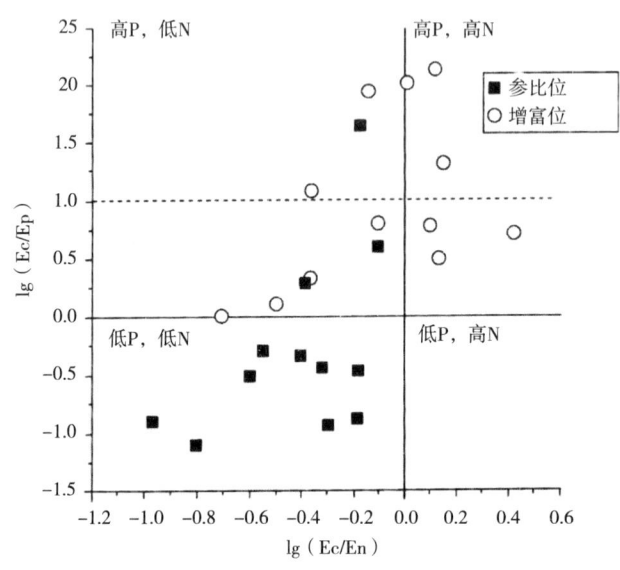

图23-1　Ec/En与Ec/Ep的对数图式（Penton等，2007）

3. 微生物的营养需求（略）

四、土壤酶活性与土壤有机质的数量和质量的关系

1. 土壤有机质是全球主要的碳源和营养源

土壤有机质对微生物酶活性具有正诱导效应（induction effects）。土壤酶能被土壤有机质所固定，并积聚其中。分解过程的吸收作用对酶进行了保护，因此，便能保持酶的活性。土壤酶活性与土壤有机质含量呈正相关。Sinsabaugh等（2008）验证了40种生态系统的有机质含量和7种酶活性的相关性。他们观察到，β-1,4-糖苷酶、纤维素生物水解酶（cellubiohydrolase）、β-1,4-乙酰葡糖胺酶和磷酸酶活性都与土壤有机碳含量呈正相关。但是，酚氧化酶、过氧化物酶和亮氨酸氨肽酶（iucine aminopeptidase）活性与有机碳含量无关。

土壤有机质可称为是碳和营养化学的异质化合物。现已证明，基质正诱导效应是产生土壤酶的一个重要机制。土壤有机质可保持各种碳和营养矿化酶的相对丰度。许多科学家都研究了有机质化学和土壤酶活性之间的关系。例如肽酶和蛋白酶之间以及β-1,4-乙酰葡糖胺酶和多糖酶之间都与轻级和重级有机质部分呈正相关。在长期黑麦单作系统中，木聚糖酶活性与相对丰富的木聚糖和木糖有关。Shi等（2006）证实，土壤酶活性与草皮土壤（turfgrass chronosequence）中有机质的化学成分相关。他们发现，用Fourier透射红外光谱鉴定的结果表明，土壤酶的整合活性与有机质特异化学成分无关。其原因

可能是土壤有机质反映的是长期分解作用过程，而土壤酶活性则会随各种条件变化而波动。

2. 土壤酶与土壤性质的关系

科学研究证明，土壤酶分子为1~4nm，相当于黏土矿物水铝英石的微孔隙大小。黏土矿物颗粒长为2μm，但具有一个1nm边缘，因此，它的表面积为1 000m²/g。人们通常认为土壤生物及其产物会与黏土矿物相结合。因此，它常与微生物体黏附在一起。土壤胶体的大小为1~1 000mm。但属纳米颗粒（nanoparticles）级的大小应为1~100nm。在有机质平均为2%的土壤中微生物生物质碳量平均300μgC/g，相当于土壤生物质量的600μg/g，占土壤总体积的0.06%，占表层土壤总体积的1%。土壤中的酶相当于微生物植物根系胞溶作用产物的1%~4%（Sinsabaugh等，2012）。因此，酶可占土壤表层总体积的约0.002 5%。

3. 土壤有机质是各种生物功能的调控者和信息库（informational storehouse）

LÖhnis和Fred（1923）首先提出了"物质循环"图（cycle of mater diagram）。他们提出，所有生物质残体必须要矿化，否则地球将被枯枝落叶和尸体所堆满。但是，植物初级生产率和动物产物都会得到平衡和稳定从而可以抗生物质的矿化作用，并形成天然资源如土壤有机质（SOM），其也是地球生命之血源（life blood）（详见第一章）。

4. 土壤酶活性

酶是可与特异底物相结合、并能催化生物化学反应的特异蛋白。在土壤中，酶是能源转化和营养循环不必可缺的活性生物质（表23-1）。

表23-1　土壤中的酶及其催化反应和活性范围

酶	反应	活性范围
纤维素酶	纤维素、地衣素和β-葡萄糖中1，4-葡糖苷链的内水解作用	0.02~3.33μmol/L glucose/（g·h）
木糖酶	半纤维素中1，4-葡糖苷链的水解作用	0.06~130μmol/L glucose/（g·h）
β-呋喃果糖苷酶（甘蔗糖酶）	β-呋喃果糖苷中末端非还原β-D-呋喃果糖苷残基水解作用	0.06~130μmol/L glucose/（g·h）
β-葡糖苷酶	β-D-葡萄糖释出的非还原性β-D葡萄糖残基末端的水解作用	0.09~405μmol/L p-nitropheol/（g·h）
几丁质酶	几丁质和壳糊精中N-乙酰-β-D葡糖胺1，4-链的随机水解作用	31~213nmol/L MUF/（g·h）
蛋白酶	蛋白质水解成肽和氨基酸	0.5~2.7μmol/L tyrosine/（g·h）
亮氨酸-氨基肽酶	分解蛋白质和肽为N-末端残体的金属肽酶	3~380nmol/L MUF/（g·h）
脲酶	尿素水解为CO_2和NH_4^+	0.14~14.3μmol/L N-NH_3/（g·h）
碱性磷酸酶	正磷酸单酯+H_2O→一个乙醇+正磷酸盐	6.76~27.3μmol/L p-nitropheol/（g·h）
酸性磷酸酶	正磷酸单酯+H_2O→一个乙醇+正磷酸盐	0.05~86.3μmol/L p-nitropheol/（g·h）
芳香基硫酸酯酶	酚硫酸盐+H_2O→酚+硫酸盐	0.01~42.5μmol/L p-nitropheol/（g·h）
过氧化氢酶	$2H_2O_2$→O_2+$2H_2O$	2.55~3.08μmol/L O_2/（g·h）

注：引自Tabatabai & Fung（1992）和Dick（2011）

一些土壤酶（如脲酶）是细胞产生的结构体，而另一些酶（如纤维素酶）是适应性诱导酶，其只有在有效底物、一些抑制剂或缺乏抑制剂条件下才能产生。脱氢酶则另当别论，因为它不是结构体，而且其只有在活体中才能发生。在细胞质、周质膜和其他细胞膜中，会产生与增殖细胞有关的酶。图23-2指出，土壤酶不仅与增殖细胞有关，而且也与腐殖质胶体和黏土矿物结合的胞外酶有关。

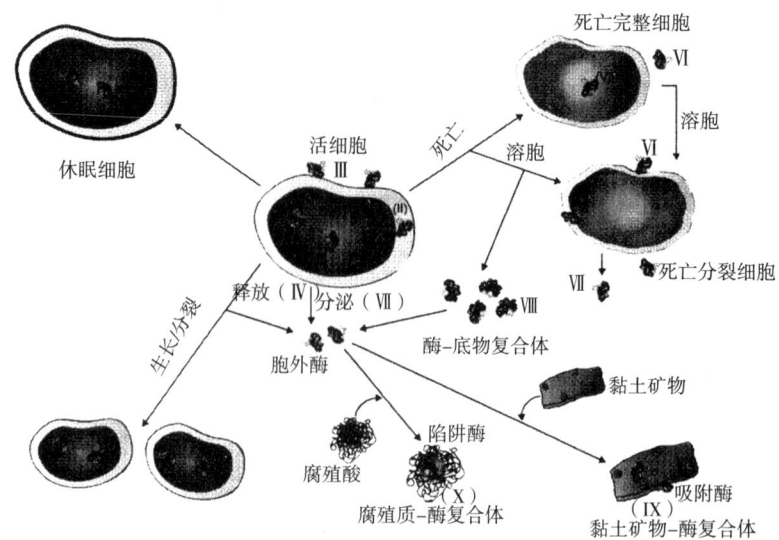

图23-2　土壤酶的分布（Boeddinghaus，2011）

注：Ⅰ.胞内酶，Ⅱ.周质酶，Ⅲ.与细胞膜表层结合酶，Ⅳ.细胞生长和分裂过程中释出的酶，Ⅴ.非增殖细胞（孢子囊、种子和内生孢子）中的酶，Ⅵ.结合在死亡细胞和细胞碎片上的酶，Ⅶ.完整细胞脱落的酶或溶胞酶

五、土壤酶在土壤碳吸收缓冲作用中的农业意义和生态意义

1. 全球气候变化条件下泥炭土壤碳通量（carbon efflux）的评价

泥炭土壤具有大量部分腐解的植物生物质，其原因可能是与酚氧化酶与低分解速率有关。泥炭土壤条件限制了酚氧化酶活性。但是，其会受到全球气候变化的影响。由于有很大的有机碳库和较小的分解速率。所以碳通量常会对全球环境变化作出反馈。

酚氧化酶被认为是一种"酶锁"（enzymatic latch），它能使泥炭土壤保存大量的有机碳。酚氧化酶活性的发挥需要氧，但在泥炭土壤中常常非常缺乏氧或受到限制。干旱会促进氧的释放，所以，干旱会使酚氧化酶活性增强，从而加速可溶性酚化合物的分解，其产生的化合物会抑制或毒害水解酶活性。因此，土壤水解速率又受到了影响。泥炭土壤地表水对增加水解酶活性如β-葡糖苷酶、磷酸酶和硫酸酶等活性具有明显的作用。通过消除酚氧化酶"锁"，经常干旱便能使CO_2进入大气。因此，有机碳的还原作用能降低泥炭土壤的功能如食物保鲜和水分纯化等。

泥炭土壤对水体碳平衡账也有巨大的作用。进入海洋的陆地可溶性有机碳约20%源自泥炭土壤（Fenner等，2007）。全球气候变暖能增加溶解的有机碳的输出，所以应当控制酚氧化酶的活性（Freeman等，2007）。每当温度增加10℃，酚氧化酶活性便会提高36%（即$Q_{10}=1.36$），其结果是，溶解的有机碳便会增加，而通过1.72的Q_{10}值，可溶性酚化物亦会增加。增富的可溶性酚化合物能进一步抑制可溶性有机碳的分解。研究表明，其原因是酚化合物对水解酶产生了抑制作用，从而减少了泥炭土壤中溶解的有机碳流入水系。

显然，从泥炭土壤流出的溶解有机碳和可溶性酚化合物的数量与酚氧化酶对泥炭基质（peat matrix）的酚氧化酶-降解效应（degration effects）有关。在温暖和干旱期，因酚氧化酶活性的巨大波动，生成从泥炭土壤排出的溶解有机碳的数量也十分巨大。例如经短期不良排水后，酚氧化酶活性便得到了改善。由于这一原因，可溶性酚化合物和溶解的有机碳便会增加（Toberman等，2008）。泥炭土壤进入水系的碳通量会对陆地碳的区域性再分配产生明显的影响，从而可以对下游生态系统的生产率和生物地球化学循环发挥有效的调控（Limpens等2008）。

420

2. 温带森林区土壤碳吸收缓冲的预测预报

木质素纤维素分解酶（lignocelluloytic enzymes）是温带森林区土壤碳吸收缓冲容量研究的重点。在该类地区，有大量的大气氮沉积。由于氮对纤维素和木质素降解酶有着不同的氮效应（nitrogen effects），所以，增加氮量会对分解作用发生明显的影响，但其程度取决于有机碳化物的化学性质。Carreiro等（2000）验证了植物枯枝落叶大量损失与木质素和纤维素丰度的关系。具有低木质素纤维指数（即LC I）的梾木（dogwood）会将周围有效性氮水平每年增加20或80kgN/hm^2，从而刺激纤维酶和酚氧化酶的活性（图22-3）。仅纤维素酶活性就占枯枝落叶大量损失的65%。具有高LC l指数的红橡木（red oak）枯枝落叶能增加氮的有效性，从而刺激纤维素酶活性，但会抑制酚氧化酶活性。酚氧化酶活性仅占腐解系数（decay coefficient）的51%。

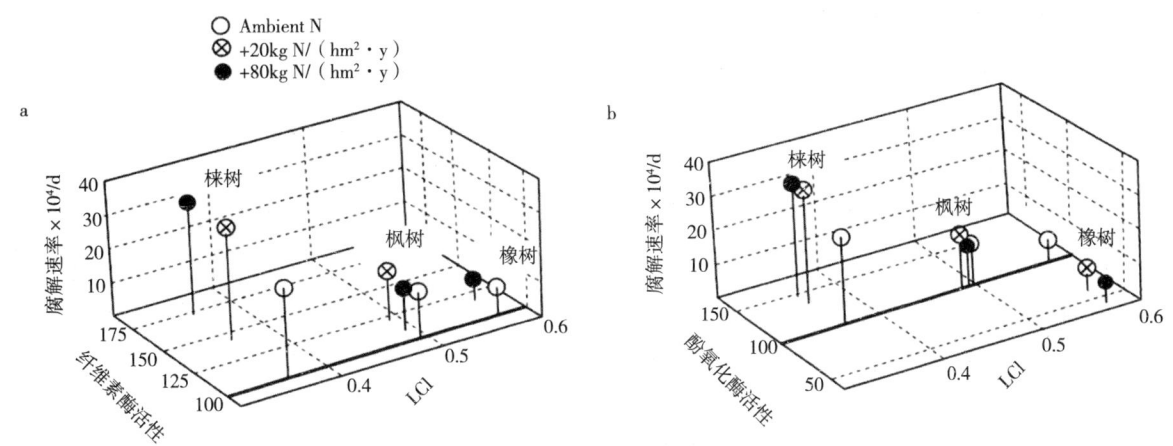

图23-3　两种氮水平对梾木、红枫和红橡枯枝落叶腐解速率系数的影响及其与
枯枝落叶指数（LCI, lignocellulose index）的关系（Carreiro等，2000）

与腐殖化土壤有机质有关的酚氧化酶也能有效地增加氮的有效性。以糖枫（sugar maples）和橡树为主的森林区，矿质土壤中的酚氧化酶活性会因有效氮的增加而明显地受到抑制（Gallo等，2005），从而增加土壤有机碳的贮量。在以糖枫-红橡和糖枫-椴树为主的温带森林区，土壤有机碳含量会发生很大的变化，而且与土壤酚氧化酶活性的变化呈负相关（图23-4），表明酚氧化酶在预测预报土壤碳吸收缓冲过程中的重要作用。Waldrop等（2004）指出，具有高木质素枯枝落叶的生态系统会使土壤有机碳自然增长，而具有低木质素的生态系统会因土壤有效氮增加而大量损失土壤有机碳。经3年的测定，糖枫为主的生态系统土壤碳下降了20%，而以橡树为主的生态系统土壤碳增加了10%。

纤维素分解酶的刺激作用和氧化酶的抑制作用是植物枯枝落叶和土壤有机质在有效氮水平较高时的分解作用的重要机制。增加氮对氧化酶和水解酶的正、负效都已有报道。一般而论，氮对纤维素分解酶活性的刺激效应大于氮对木质素降解酶活性的抑制效应。此外，土壤酶活性对氮有效性响应的变化程度可能与土壤积蓄酶活性强弱有关。土壤有机质和黏土矿物是稳定土壤胞外酶的两个重要组分。因此，土壤酶活性对有效氮的响应还取决于土壤有机质或黏土矿物的含量。Zeglin等（2007）证实，增加氮的有效应能刺激纤维素分解酶活性增强40%（土壤有机碳含量为3%时），而在有机碳为5%时，增加活性几乎为0。在有大气氮沉积时，土壤有机碳动力学预报的酶学指标可能更有意义，而且可以进行检测。研究表明，砂质土壤和粉砂质土壤的代换量很低，可分解的有机质亦较贫乏。所以，各种不同土壤的性质对酶活性的变化的影响亦有所差异。

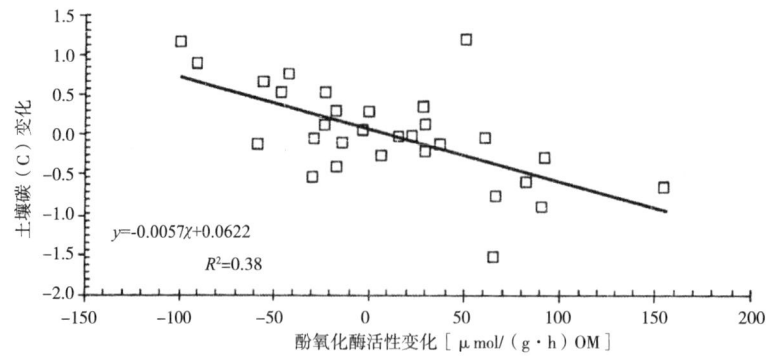

$y=-0.0057\chi+0.0622$

$R^2=0.38$

图23-4　酚氧化酶活性变化和土壤碳（C）变化的回归分析（Waldrop et al.，2004）

3. 半干旱草地土壤碳贮量

通常，半干旱草地土壤中的有机质含量很低，因此，其对NPP的产出甚少，从而向土壤输入的有机碳量也很小。研究结果表明，半干旱草地土壤有机质积累少的原因是由于氧化酶活性增强所造成。现已发现，酚氧化酚和过氧化物酶活性在半干旱草地土壤中的强度大于其他生态系统如温带森林和草地区域的强度。在美国New Mexico半干旱草地中微生物生物质的量比Kansas和南非KwaZulu-Natal的温带草地低40%以上。土壤水解应包括磷酸酶、N-乙酰-葡糖胺酶、纤维生物水解酶（cellobiohydrolase）和β-糖苷酶，但它们的活性较低。因此，氧化酶的大库容可能并非来自相对少量的微生物生物质。Sturova和Sinsabaugh（2008）提出，氧化酶活性高可能是由于半干旱草地土壤条件下活性较为稳定所造成的。这就说明，有机质分解会保持与NPP生产量相平衡的速率。

为适应持续干旱和分时段降雨，半干旱地区的生态系统可能对全球环境变化如降水频度、大气氮沉降量和CO$_2$浓度升高等变化更为敏感。与温带森林相类似，在半干旱草地区土壤中的有效性增加能刺激土壤水解酶如纤维生物水解酶和β—糖苷酶活性。但是，土壤氮的有效性对氧化酶活性的影响很小。在植被含有木质素较低的草地土壤，氧化酶活性普遍较低。Henry等（2005）证实，在全球环境变化条件下，半干旱草地土壤碳动力学受酶活性的制约。

4. 土壤酶是保持土壤有机质含量的重要因子

土壤有机质含量的下降是由集约化条播种植作物所造成的，其原因是长期限制了土地的利用和农业的持续发展。为了保持或改善土壤有机质的含量，就必需采用各种管理技术，如免耕、秸秆还田和轮作，采取农作系统中保持有机质的技术措施。大田试验和观察证明，在各种管理技术措施条件下，可以获得土壤有机质动力学的许多重要数据和信息。但是，也不能忽视与有机质分解有关的机制。最近，一些研究表明，土壤木质素纤维素水解酶与土壤管理技术密切相关（Matocha等，2007）。

Henriksen和Breland（2000）研究指出，土壤有效氮对用麦秆还田土壤中碳的矿化作用和土壤酶活性有明显的影响。土壤无机氮量的增加能促进纤维素酶如外纤维素酶、内纤维素酶和半纤维素酶的活性。随后便不断增强了碳的矿化作用。但是，在麦秆还田的土壤中，有效氮的增加抑制了内纤维素酶、半纤维素酶和外纤维素酶的活性。这种负效应是由氮对腐殖质降解造成的负效应所造成的，因为在腐殖质复合体中的碳水化合物结构体的有效性下降了。Wang等（2004）亦发现，在长期试验中，增加矿质氮可以刺激各种植物质化合物如麦秆和甘蔗叶等的分解（在100d内）。随着分解作用的快速进行，对难分解植物质部分的氮的负效应亦会显现出来。在试验后期，增加氮量通常会对植物分解产生负效应。研究表明，植物干物质有效氮约为1.2%时，便足够促进易分解植物残体的分解作用。

在农业土壤中，酚氧化酶可以得到有效的管理和控制，其是通过施用氮肥来实施的。Matocha等

（2004）报道，每公顷施用336kg氮肥可以在免耕系统土壤中将土壤酚氧化酶活性降低38%，但在壁式铧犁耕作系统（moldboard plow systems）中则无此效应。在狗牙草（bermudagrass）和高羊茅（tall fescue）生产系统中，土壤酚氧化酶活性因每年施用硝铵（400kg N/hm²）而有明显的下降。与之相比，当施用猪圈流出的氧化液时，土壤酚氧化酶活性则有所增强。因此，不同的氮肥效应表明，土壤氮的有效性并非是调节酚氧化酶活性的唯一因子。Zibliske和Bradford（2007）检验了在各种有效性氧条件下土壤酚氧化酶的活性，结果发现，在＜10%时，酚氧化酶活性受到了很大的抑制。

在农业土壤中，酚氧化酶起到了调节土壤有机碳储量的"酶锁"作用。在顶空氧浓度为0.5%到121%范围内，用豌豆枝叶或高粱穗加入农业土壤进行培养，结果表明，酚氧化酶活性和过氧化物酶活性均与可溶性多酚化合物和溶解的有机碳呈负相关。这些结果说明，酚氧化酶活性的下降可以抑制可溶性多酚化合物的分解，并抑制了可溶性有机碳的分解速率。这些研究结果与泥炭土壤研究结果相一致，表明氧化酶库（oxidative enzymes pool）是农业土壤中有机碳增减的重要调控者。为了明确氧化酶活性是土壤碳储量调控的重要因子，需要对土壤氧化酶和土壤性质以及管理技术等之间的关系作进一步的深入研究。

六、土壤中降解木质素纤维酶

陆地土壤是生物圈中最大的有机碳库约（1 800pgC）。因此，异养微生物对有机质矿化作用会明显地影响到全球的碳循环。土壤有机质分解的主要有效因子是胞外酶，它能破坏植物结构和微生物细胞壁多聚体（polymers），并能释放出基质以供微生物进行代谢作用。

由于在构成最大土壤碳（C）库的植物生物质中含有多聚体，所以它便成为输入土壤中最重要的有机化合物，因此，木质素纤维素的分解作用便受到了人们的特别关注。但是，与木材有关真菌降解木质素纤维素的生理学和生态学相比，木质素纤维素的分解已有很好的鉴定结果。对土壤中降解木质素纤维素酶的报道多限于对酶活性的测定。但亦有少数研究是针对土壤中分解木质素纤维素酶的生理学进行的。土壤环境中酶的研究通常是研究其转化过程的有关因子，而不是研究特异微生物的产物。

木质素纤维素主要由多糖聚合纤维素和半纤维素以及多聚合单宁组成。它们在土壤有机物的转化过程中，由木质素纤维素和微生物分解结构组分形成了腐殖物质（胡敏素、腐殖酸和富啡酸）。业已证明，十分重要的因子是多糖，其能作为土壤微物的碳源和能源。但木质素和腐殖物质虽然能很好地降解，但不能为保持分解作用提供足够的能源，因此，也不能起到主要的营养作用。

1. 纤维素和半纤维素的降解

纤维素是枯枝落叶中的主要多聚体组分，同时也是地球上最丰富的多糖。它的化学成分简单，由D-葡萄糖基团组成，并通过β-1，4糖苷键连结而形成10 000葡萄糖基的直链多聚体。纤维素含有高晶体区域和无序非晶体区域，前者各个链能与另一链相连结。晶体区域的降解较非晶体区域的降解缓慢，而且非晶体区域会受到微生物的分解。

纤维素分解作用的典型有效系统包括了内型-水解酶（endo-type hydrolase），即内型1，4β-葡聚糖酶（endo-1,4-β-glucanases，EC. 3、2、1、4），外型-水解酶（exo-type hydrolase），即纤维二糖水解酶（cellobiohydrolases，CBH，EC. 3、2、1、4）和1,4-β糖苷酶（1,4-β-glucosidase，EC. 3、2、1、2）。这些酶都能发生增效作用。腐生降解纤维素真菌（*Trichoderma*）的典型纤维水解系统由3酶种组成。纤维二糖水解酶都有特异性，即由还原和非还原末端纤维素多聚体组成。细菌的纤维水解系统不同于真菌纤维水解系统。它们通常由与形成所谓的"纤维素小体"（cellulosomes）的复杂酶系统组成，而且与细菌细胞壁结合在一起。

半纤维素都是低分子量的直链和支链多聚体，一般含有几个不同的糖单元和取代侧链。木聚糖（xylans）由木糖单元组成，葡甘露聚糖由葡萄糖和甘露糖组成，它们分别是被子植物和松柏树中主要的半纤维素。其他木质素纤维材料可能还含有附加的一些阿拉伯半乳糖（arabinogalactans）和半乳糖（galactans）。半纤维素多聚体都是典型的支链化合物，并含有中性和/或酸性侧链基团，因此，其能显示出半纤维素的非晶体和结晶很差的特性。半纤维素酶的分解作用需要一个不同酶系统的复杂位点（a complex set），可反映出底物（substrate）的结构复杂性（structural complexity）。半纤维素的水解过程可由内型酶系统、侧链分裂酶和外型酶系统以及能切断侧链基团的酶（乙酰酯酶）的共同作用而完成。断裂作用最终能导致单体糖和乙酸的释放。

土壤中检测出的最典型半纤维素酶都是内-1,4-β-木聚糖酶（EC. 3、2、1、8）和1,4-β-木糖苷酶（xylosidase）（EC. 3、2、1、37），但还有几种酶则由腐生土壤真菌和细菌所产生的酶：内-甘露糖酶，β-甘露糖酶，半乳糖苷酶、阿拉伯糖苷酶、乙酰酯酶和一些脱支酶（debranching engymes）。

半纤维素的分解作用并不受其物理结构的限制，但会受到其化学成分多样性和分子内链合作用的影响。最近，已证实，许多纤维素和半纤维素都具有广泛的底物特异性。因此，它不是一般意义上与酶的靶标底物结合的简单特异性。

除酶的水解作用外，木材中的多糖也能被以纤维二糖脱氢为基础所产生的非酶基团系统即醌循环作用或小糖肽（small glycopetide）所分解。在土壤中的这种作用比木材中的作用会受到更明显的限制，在腐生菌、寄生菌和菌根菌中则可明显地观察到二糖脱氢酶的重要作用（Baldricon和valaskova，2008）。

2. 降解木质素和腐殖物质（humic substances）的酶系统

木质素是由碳-碳（C-C）键和醚链（ether linkages）形成的取代基苯丙烷分支多聚体。由于腐殖物质化学键的多样性及其三维结构的复杂性，所以其是木质素纤维素中最难分解的组分。木质素酶分解系统由氧化酶、过氧化物酶和过氧化氢酶组成。木质素分解氧化酶（ligninolytic oxidase）—漆酶（laccase）能利用分子氧将底物氧化，而过氧化物酶则需要有胞外H_2O_2的供应。研究证明，不同有机化合物发生氧化作用时形成H_2O_2。

木质素过氧化物酶（EC. 1、11、1、14）和锰过氧化物酶（MnP，EC. 1、11、1、13）能将木质素多聚体分裂，从而便发生木质素的矿化作用。漆酶（酚氧化酶、多酚氧化酶，EC. 1、10、3、2）能氧化酚化物，其中包括木质素及其衍生物。但是，其虽然参与了一些木质素的转化过程，其却不能将木质素和腐殖化合物分裂和矿化。

漆酶是土壤中最常被测定的一种氧化酶，过去曾对其进行了一些研究（Blackwood等，2004，2007）。是漆酶是一种多功能酶，它的作用可从种间相互作用扩大至形态范畴，并可抗酚类化合物或重金属的毒害而起到防卫的功能。但是，由于它无转化木质素的能力，所以C周转过程中漆酶的生态意义似乎被夸大了。Mn-过氧化物酶活性常讨论得不多，但在森林土壤则可观察到其作用，并发现漆酶系由分解枯枝落叶的真菌产生，它们常生长发育于枯枝落叶和腐殖物质中。除用白腐菌（basidiomycetes）改良的土壤外，其他土壤中亦已发现有木质素过氧化物酶。此外，有些研究者也报道了土壤中有过氧化物酶的活性。虽然有可能利用这些数据来定量木质素转化的强度，但证实和确切得到这类酶的底物仍然十分困难。

由于腐殖化合物主要由木质素残体组成，所以木质素分解酶可能是腐殖化合物降解过程中最重要的酶。

七、土壤微生物的木质素纤维素分解酶系统

具有能降解纤维素和半纤维素能力的微生物仅限于某些细菌。但是，好气细菌（*Acidothermus*、*Bacillus*、*Erwinia*、*Micromonospora*、*Pseudomonas*、*Rhodotermus*和*streptomyces*）和厌气细菌（*Acetivibrio*、*Clostridium*、*Eubacterium*、*Fibrobacter*、*Ruminoccus*、*Spirochaeta*和*Thermatoga*）降解纤维素的能力有明显的差异。有少数例外情况，厌气细菌降解纤维素主要经由复杂的纤维酶系统完成。很好鉴定过的嗜热菌（*Clostridium thermocellum*）多纤维群体细胞器（well-characterized polycellulosome organelles）产生的酶就是其中一例。好气纤维分解细菌和半纤维分解细菌（*Actinomycetes*）可能与真菌的分解途径相类似。它们产生的酶能释入环境而且不能形成复合体，但可起到增效作用。细菌分解木质素的能力有限，有些细菌（*Actinomycete*）仅能造成少量木质素和腐殖酸的矿化作用。但是，除从*Streptomycetes*分离与表面细胞结合的过氧化物酶外，其他参与分解过程的胞外酶尚未得到确证。研究表明，Streptomycetes分离出的过氧化物酶具有降解腐殖酸的能力。细菌（*Bacillus* spp）亦能产生漆酶，但该酶常与细胞壁或孢子体结合，从而形成了细胞壁或孢子壳。

在真菌中，腐生生物是典型的能降解半纤维素的微生物。许多真菌（*Zygomycota*、*Ascomycota*和*Basidiomycota*）都能产生半纤维素酶，其中β-葡糖苷酶是最普通产生的酶。与多糖降解相比，木质素酶的产生则限于某些真菌。漆酶是由*Ascomycetes*和*Basidiomycetes*以及一些地衣所产生。Mn-过氧化物酶的产生仅限于腐生形成凝乳物的生物（saprotrophic cord-forming basidiomycetes）。木质素过氧化物酶的产生似乎限于生长于木材上的一些真菌，这类真菌在土壤中难以生长。

由于在土壤深处很少有腐生真菌，所以，科学家对森林土壤较深的 E *ctomycorrhizal*（ECM）*Basidiomycetes*进行了研究。同时，对ECM真菌降解植物枯枝落叶和产生β-葡糖苷酶、β-木聚糖苷酶和纤维水解酶的腐生能进行了探索，结果发现，其也限于一些腐生品种。Mycorrhizal真菌对典型木质素化合物的降解能力有限。石楠科植物菌根真菌（ericoid mycorrhizal fungi）分解能力大于ECM，但其仍然低于腐生真菌。总体而言，真菌分解木质素的能力超过细菌，因此，真菌是分解木质素的主力军。

八、不同生态系统中的木质素纤维素酶

在全球范围对酶活性的间位—分析（Meta-Analysis）表明，有机质和ph是影响土壤中酶活性的最重要因子。β-葡萄糖苷酶、纤维二糖水解酶、磷酸酶和几丁质酶都会随土壤有机质含量的增加而增加，而酚氧化酶和过氧化物酶则不受有机质增加的影响。土壤有机质含量能间接影响酶活性，是通过有机质对土壤微生物，特别是真菌生物的影响而造成的。天然生态系统具有死亡植物生物质，因此，其便具有较高能分解有机质的酶活性（与植物生物质移去的生态系统相比）。

土地利用状况的变化也可能是影响酶活性的主要因子。有机C数量和呼吸作用的β——葡萄糖苷酶活性降低的顺序为草地>杨树林>耕作条件下的玉米。在热带气候条件下，原始森林土壤和草原土壤中β-葡糖酶的活性大于耕作土壤，其原因是耕作土壤会将植物生物质移去。研究表明，可耕地和水稻田土壤中的β-葡萄糖苷酶活性很低。可耕地土壤中酶活性低的主要原因可能是耕作破坏了真菌菌丝体而增加了细菌的相对丰度。

影响土壤中降解木质素纤维素酶活性的生态系统—特异因子总结如下。

① 极地和山地土壤。② 北方森林土壤；③ 温带森林土壤；④ 常绿森林土壤；⑤ 草地土壤；⑥ 耕地土壤；⑦ 湿地土壤；⑧ 干旱和沙漠土壤。

九、影响土壤中木质素纤维素降解的因子

有几种因子能影响土壤中降解木质素纤维素酶的活性，但它们的生产者和生态系统过程都互不影响。最重要的因子之一是酶与其他土壤组分的相互作用。因此，土壤物理性质如质地、水分和化学成分如有机质、养分含量和pH值等都是影响土壤中酶活性的重要因子（可参阅有关论著）。

十、森林土壤中真菌氧化还原酶和腐殖化作用

腐殖物质（humic substances，HS）是死亡有机质分解和氧化转化（腐殖化作用）的各种难分解的副产物。因其结构极为复杂和具有抗微生物分解的最稳定的化学形态，所以其具有强烈的抗分解能力。HS抗性时间长达100~1 000年。它们构成了土壤有机质（腐殖质）的90%，并成为生物圈中最大的碳库（1 462~1 548Pg有机C）（不包括枯枝落叶和炭）。因此，腐殖化作用被视为是净生态群落（Netto Biome）产生中的关键性过程，从而导致成为大气CO_2的长久之汇。世界土壤有机C库约1/3（470Pg）是北方森林土壤，同时，几乎一半量（224PgC）积累在俄罗斯（Stolbovoi，2006）。冷湿气候区森林土壤腐殖质周转过程的信息表明，在全球环境条件变化的情况下，可以很好地预告HS全球碳动力学、合成转化和矿化作用，这些过程都是木材和土壤真菌之间的主要氧化过程和主要驱动力。

1. HSs的起源

天然HS包括了用碱提取土壤所得的化合物，它们能进一步在pH值<2时形成不溶性的腐殖酸（HA，5~100kDa）和酸溶性的富啡酸（FA，1~10kDa）。紧密结合于土壤矿物的非提取残体被称为胡敏素（腐敏素，humin）。HS明显特性是FA含N量为1%~3%，HA为2%~6%。FA含C量为40%~50%，HA为50%~60%，其中芳香族化合物的含C量为25%~35%。FA总酸度为6~14mmol（－）/g，HA总酸度为5~8mmol（－）/g。森林土壤中形成腐殖物的主要来源为枯枝落叶。表层93%~94%的新鲜生物质会被微生物分解利用而释出最终产物CO_2。因此，仅有初始生物质C的6%~7%的可溶性产物能被淋溶或转化为HSs。

2. 主要真菌的氧化酶

主要真菌的氧化还原酶会参与植物体的氧化转化作用。其中主要的酶有木质素过氧化物酶（lignin peroxidease，Lip），因Mn-过氧化物酶（Mn-dependent peroxidase，Mnp）和多性过氧化物酶（Versatile和Peroxidase，VP），以及其他过氧化物酶、漆酶和酪氨酸酶（表23-2）。

表23-2　真菌酚氧化酶和木质素分解过氧化物酶（Wong，2008；Hammel et al.，2008）

性质	Lip	VP	MnP	过氧化物酶	漆酶	酪氨酸酶
氧化还原电位（V）	1.2-1.5	—	-1.1	-1.0	0.7~0.9	0.26~0.35
最适pH值	2.5~3.5	—	4.0~4.5	-5.5	4.0~5.0	6.0~7.0
					5.0~6.0	
pI	3.2~4.0	3.5	-4.5	-3.5	-4.0	4.5~8.5
分子量（kDa）	38~46	45	38~50	40~45	40~70	30~50
活化中心			Fe原卟啉IX		4Cu原子	2Cu原子
底物转化			解聚作用，矿化作用，聚合作用			
主要产物			白腐担子菌分解枯枝落叶的担子菌		外生微菌根菌、子囊菌和地衣	

森林土壤中的主要真菌酶有：① 过氧化物酶；② 漆酶和酪氨酸酶。

3.木材和土壤中真菌酶活性

木材分解者有白腐子囊菌、棕腐真菌、白腐真菌；枯枝落叶和土壤中的真菌有微真菌（microfungi）和腐生担子菌；共生真菌有菌根和地衣（图23-5）。

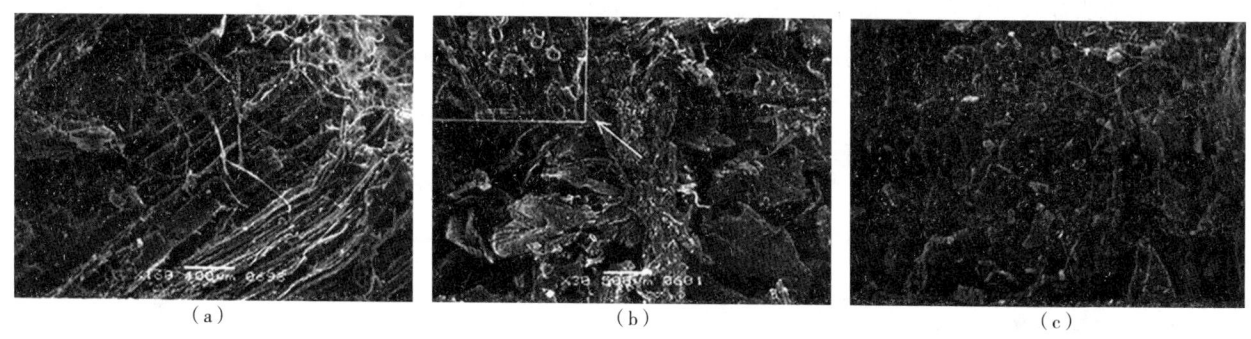

（a）木材　（b）枯枝落叶　（c）矿质土壤颗粒的SEM图像（Kuznetsova，2011）

图23-5　分解白杨（欧洲杨）

十一、土壤酚氧化酶催化腐殖酸的异质合成过程

土壤有机质［腐殖质（Humus）］是生物圈中最大的碳库（largest carbon resevios）或碳汇（carbon sinks）。它的碳汇量为1 500 ~ 1 800PgC（Batjes 等，2008）。据闵九康等（2012）年统计和研究，土壤有机碳汇量应为1 676PgC，其约是大气碳汇（780PgC）的2倍。腐殖质对陆地生态系统的发展和进化具有特别重要的意义。研究证实，土壤中有机碳汇积累的重要因素有两个过程：①腐殖质化（Humification）。它导致形成了难分解的腐殖物质（HS，Humic substances）。②有机-矿物相互作用，从而促进了有机分子的化学吸收作用或物理团聚作用，并使有机质得以稳定。由于有机矿物表面的相互作用，从而在各种不同厚度的矿物颗粒表面形成了有机套（coatings）（图23-6）。土壤中最稳定的有机碳部分的抗性可长达$n×（10^2 ~ 10^3）$年。它的代表性化合物是腐殖物质与矿物颗粒的吸附性复合体（Adsorption complexes）。

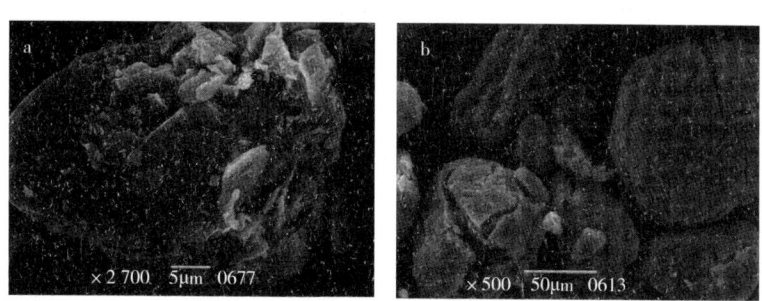

图23-6　有机-矿物复合体的SEM影像图（A.G.Zavarzina 2011）

Waksman and Starkey（1931）提出了碳（C）循环过程中的分解作用。他们计算了每英亩（acre）地面大气中CO_2浓度为0.03%时的碳汇量为5.84t。其是以甘蔗产出20吨碳（C）为基础而得出的结果。他们还估计出大气CO_2全球周转的时间为35年。

土壤生物和土壤有机质具有敏感的特异作用和空间分布。土壤生物、酶系统和微生物分泌物以及有机质的数量，敏感性和空间分布已被认定为土壤中最重要的反应过程。LÖhnis和Fred等（2011）认定，非常小的微生物构成了极大的表面积，并明确了有关微生物对土壤物理结构的图式（图23-7）。

他们指出了土壤有机质（SOM）的性质，并计算出1g土壤中有1亿（100million）细菌时仅占土壤总体积的1/10 000（1/10 000th）。在多种多样的生物范围内，需要提出可以广泛认同的解释，其中包括分子大小（nm）、微生物（μm）、土壤动物、团粒结构和根系（mm）、完整植株和土体（m）以及景观（km）和全球特大兆米或1 000km范围（Mm，megameter）（图23-7）。

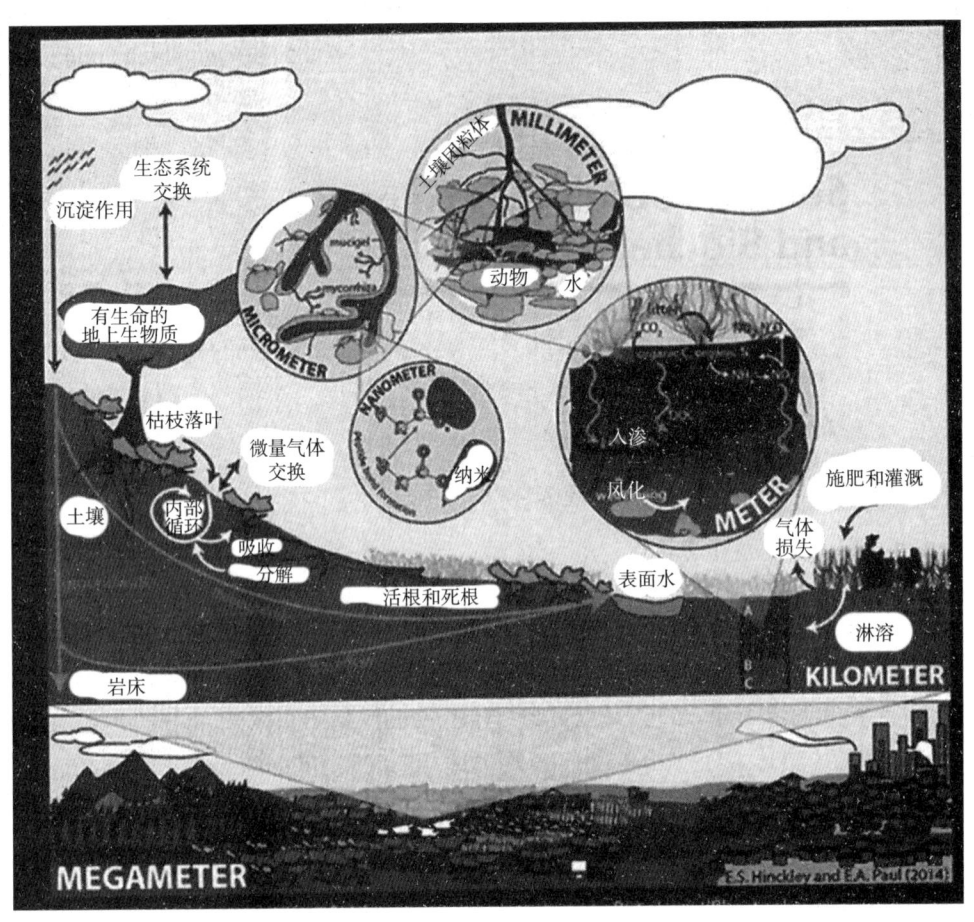

图23-7　全球碳的空间循环和分布：纳米（nanometer）至千米（kilometer）和
兆米（megameter）（E.Hinckley and E.Paul.2014）

在极小单键和原子水平（Angstron，scale）（埃，10～8cm）上发生的生物化学过程可小至纳米（nm）水平。典型的的例证是酶，它的大小为3～4nm，即相当于黏土矿物水铝石英（Allophone）的微孔隙（Micropores）。黏土矿物长度为2μm，但其边缘则为1nm。因此，它的表面积可达1 000m²/g。科学家证实，土壤生物会与连接在土壤颗粒上的黏土矿物相结合。但是，土壤颗粒也常与微生物体（Microbiota）相团聚，特别是参与反应的倍半氧化物（Sesquoxides）。土壤胶体大小定义的范围为1～1 000nm，而纳米颗粒（Nanoparticles）的定义范围则应为1～100nm。在土壤有机质平均平为2%的土壤中，微生物的平均生物质量为600μg/g，即占土壤总体积的0.06%。该值与Wakesman（1932）估计的数值相一致。研究表明，根系占表层土壤体积的1%。据科学计算，根系分泌出的土壤酶占微生物分泌出的土壤酶的1%～4%，其中大部分为生物质胞溶作用所产出（Sinsabaugh and Shah，2012）。因此，土壤酶约占土壤总体积的0.0025%，从而表明，土壤介质和酶在发生生物转化过程中具有各自的空间分布位置。土壤基质（Soil matrix），特别是黏土矿物，其既是保护酶，又能保护机基质不受破坏的重要物质。但为加速生物反应亦需要积聚酶活性并使其相互作用才能发挥土壤酶的功能。

研究表明，在冷温带区，土壤中不同大小的有机-矿物复合体占土壤有机质的50%～75%。但它们形成的机制尚未充分明确。吸着保护理论表明，在吸附作用之前，土壤有机质呈可溶性状态。因此，这种理论与形成富啡酸复合体原理并不矛盾。富啡酸（FA）都是低分子量（0.3～2kDa）水溶性和酸溶性腐殖质化合物，并能在土壤剖面中向下移动至吸附位置。腐殖酸（HA）是土壤腐殖质的主要组分。它也是高度聚散（polydisperse）的高分子化合物（5～100kDa），因此，也具有大分子性质（平均分子量约为50kDa）。所以，只有低分子量HA部分才可能从合成的位置（如枯枝落叶）真实地作为溶液向土壤下层移动，而高分子量部分的移动只有在呈胶体状态时才能移动。研究确定，土壤溶液中溶解有机质的平均分子量为1.7kDa。研究结果指出HA多聚体可在矿质土层原位形成。形成的可能机制是低分子量（可溶性和可移动性）的前体物质在固相酶促条件下的异相聚合作用。

1. 腐殖物质（HSs）的起源

腐殖物质（Humic substances，HS）都是极普遍存在的死亡有机质分解后的难分解副产物，同时还能发生生物氧化转化作用（腐殖化作用）。腐殖质对生物降解的抗性既是结构复杂性的结果，也是与土壤矿物相互作用造成物理化学保护作用的结果。结构复杂性是微生物腐解过程中最稳定的形态。因此，土壤中的抗性时间为 $n \times (10^2 \sim 10^3)$ 年。这些腐殖物质构成了土壤有机质（腐殖质）的90%，并成为生物圈中最大的碳库（汇）（carbon reservoir），其量估计在0～1m土层内为1 462～1 548Pg有机碳（Corg），但不包括枯枝落叶和炭（Charcoal）。因此，腐殖化作用可视为产生Netto生物群落（Netto Biome）的关键过程，其便能成为大气长期的CO_2汇（Sink）。世界土壤有机碳库约1/3（470Pg）是由北方森林土壤所构成。该量的一半（224PgC）积累于俄罗斯土壤之中。在世界环境变化过程中，增强对冷湿气候带森林土壤中腐殖质周转过程的理解便成为全球碳动力学最好的预告。HS的合成、转化和矿化都是木材和土壤真菌发生的主要氧化过程，它们也是胞外产生的非特异氧化酶的主要驱动力。

天然HS包括了用碱从土壤中提取的物质，并能进一步在pH值<2时分离为不溶性腐殖酸（humic acids）（HA，分子量MW，5～100kDa）和酸溶性富啡酸（FA，MW1～10kDa），以及与土壤矿物紧密结合的未提取的残体，并称为胡敏素（humin）。HS的主要特性为含N量1%～3%（FA），或2%～6%（HA），含C量40%～50%（FA）和50%～60%（HA），芳香族C量25%～35%。总酸度6～16mmol（-）g（FA）和5～8mmol（-）/g（HA），以及特定红外线和UV-VIS光谱。森林土壤中腐殖质形成始于枯枝落叶。93%～94%新鲜生物质可被土壤表层的微生物所利用，并释放出CO_2，以作为最终产物。仅有6%～7%初始输入C最终会以可溶性腐解产物淋溶或/和遭遇转化而成为HSs。HSs系由高度异质材料所形成。研究表明，异质材料包括死亡有机质、变性木质素、多酚化合物、黑素、几丁质、脂肪族化合物（脂、腊）、碳水化合物、氨基酸、蛋白质等。在森林生态系统中，木质素因植物组织十分丰富成为腐殖质前体的主要来源。与之相比，在苔原（Tundra）中，多酚化合物、几丁质和无木质素地衣的黑素以及苔藓都是HSs重要的起始物质。就总体而言，土壤中共存着两个主要的腐殖化作用途径：① 氧化降解理论，其认为初始多聚物（如木质素）是唯一被氧化酶作用而部分转化为HA的过程。它能被氧化和解聚为FA。木质素的变化包括OCH_3基团的损失，并形成羟基酚化合物和脂肪族侧链氧化形成的COOH基团。酚基团进一步氧化形成半醌（semiquinones）和醌，其能通过无基团反应而将含N化合物和其他化合物深入至HS结构体。② 多酚理论，其推断认为，低MW酚醛和木质素裂解过程中产生的酸（或其他源产生的酸）都能被氧化为活性半醌和醌，并在有含氮化合物和其他可溶性前体存在时发生聚合作用。因此，首先形成FA，然后形成HA。第一途径是排水不良土壤中存在的主要途径，而第二途径则在通气良好的森林土壤矿质层中是更为典型的途径。研究表明，由枯枝落叶的淋溶物中的可溶性酚化合物是腐殖质的主要前体。不管反应形成何种化合物，它们的最终产物（HS）都是由取代芳族环和杂环、连结脂肪族侧链的各种键以及功能团组成的含N分子的一种聚散混合物（a polydisperse mixture）。在聚散混合物中，羧基和酚基最为丰富。在土壤提取液中，由其他碱溶性化合

物（如木质素和黑素）分化出的HS是难以确定的化合物。根据泥炭和土壤Ah层提取HA的NMR信号为基础，Kelleher和Simpson（2008）得出结论，腐殖的主要部分是土壤中的微生物和生物聚合体的一种复杂的混合物。这种结论并未超出HS形成与母体生物聚合物密切相关的理论，或超出HS不同化学范畴的内容。因此，HS制剂中存有非腐殖质的可能性极大，特别是当从有机源（枯枝落叶、泥炭和炭）中提取的HSs。

十二、可溶性前体合成的腐殖物质

土壤中共存在着两个主要的腐殖质化途径：① HS由聚合物前体（木质素和黑素）通过部分氧化降解而合成。② HS由低分子量前体通过氧化偶合而形成。第一条合成途径对木材、枯枝落叶或排水不良的泥炭层是非常典型的合成途径。第二条途径对矿质土层HA的形成则是十分重要的合成途径（表23-3）。可溶性化合物合成HS途径如下：① 多酚与含氮化合物和其他可溶性前体的氧化偶合反应（多酚合成理论）。② 糖-氨基酸缩合作用（Maillard反应）。多酚理论更为普遍，并推测可溶性酚底物能被氧化为更高活性的苯氧基团（phenox radicals）和醌，然后，其便能自发地发生非酶促偶合反应。在HS合成过程中能形成各种成分和分子量的暗色异质（形）结构化合物。聚合作用可经由酚反应物C-C和C-O和芳香族含氮化合物的N-N和C-N偶合反应而发生。研究表明，HS形成与其说是自动氧化作用还不如说是酶催化过程。但是，在HS合成过程中酶的作用和非生物催化作用仍然十分重要。

表23-3　森林土壤中枯枝落叶和腐殖质层发生腐殖质化过程的主要差异

性质	枯枝落叶	腐殖层
实际酶活性	高	中/低
主要起始物	颗粒有机质（不同分解时段的叶、枝和木料）	向下淋溶的可溶性有机物、根分泌物和根分解产物、微生物代谢物
前体原始分子量	高分子量	低分子量
主要固相	有机体	无机物
主要过程	固态发酵	异相合成
形成HS的反应	氧化转化	沉淀或表面聚合作用
产物	腐殖质胶体	腐殖质-矿物吸附复合体

1. 酶的催化作用

过氧化物酶（EC1.11.1.7），漆酶（EC1.11.1.4）和酪氨酸酶（EC1.14.18.1）都是催化酚化合物聚合作用的主要酶类。它们经由自由基机制而发生。过氧化物酶都是含血红素的氧化酶，它能通过H_2O_2对光谱酚底物的催化形成的苯氧基和H_2O的一级电子氧化作用而发生（图23-8a）。漆酶是一种多铜氧化酶（a multicopper oxidase）。它能催化一系列取代酚和芳香族胺的4个一级电子氧化作用，其是经由O_2和形成的半醌和醌反应而发生（图23-8b）。酪氨酸酶在活性位置上含有一对铜，其能催化两个共伴反应（concomitant reactions）：O-单酚羟基化作用，并产生O-二酚化合物（表示单酚酶活性）；O-二酚2e⁻氧化作用，并产生O-醌（表示二酚酶活性）在酶催化腐殖质聚合反应过程中，O_2被还原为H_2O（图23-8c）。

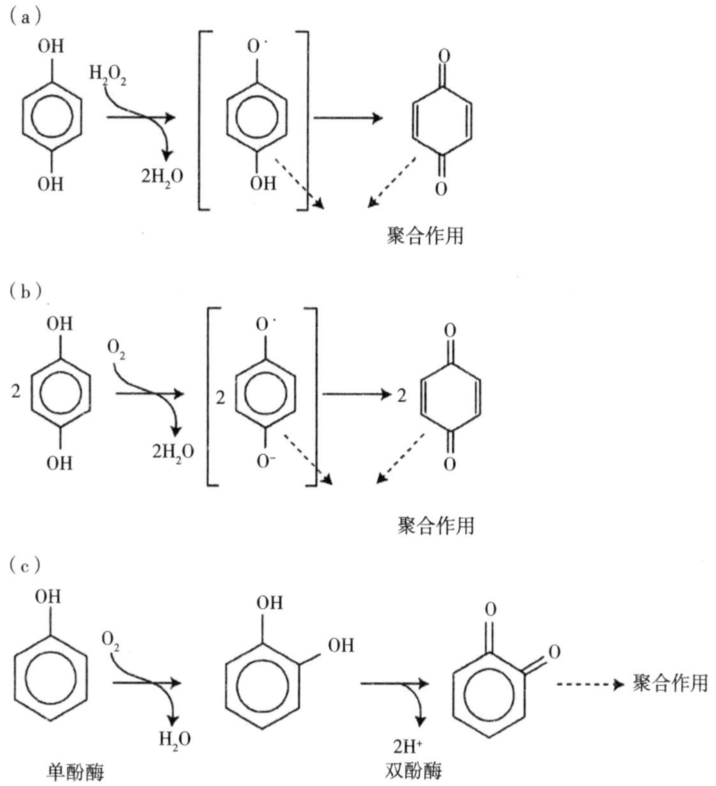

（a）

（b）

（c）

单酚酶　　　　　　　　　　　　　双酚酶

（a）过氧化物酶；（b）漆酶；（c）酪氨酸酶

图23-8　酚底物氧化作用的代表性图式

2. 土壤中酚氧化酶的起源

在催化腐殖质聚合作用的酶类中，漆酶和过氧化物酶在土壤中最为丰富。酪氨酸酶则较少。真菌是土壤中产生酚氧化酶的主要微生物，但细菌和植物根系亦能分泌出过氧化物酶和漆酶。土壤中的酚氧化酶活性显示了高度的空间异质性，而且在枯枝落叶层中的活性大于有机-矿物层中的活性。酚氧化酶活性会随土壤深度而下降。因为微生物生物质、有机质含量及其可利用的形态都会随土层深度而降低。土壤矿质层在一定时间内酶的活性小于枯枝落叶层。在灰壤（podzol）表层（Ah）和亚表层（Bnf）的富有机质层中，漆酶和过氧化物酶的活性最大，而且与真菌分布、有机质含量和Al（Fe）氢氧化物含量密切相关。

3. 土壤中酚氧化酶的分布

土壤结构体是有机、矿物和有机-矿物颗粒的集合体。它能形成不同大小的水稳性团粒结构。这些结构体可存在于团粒体之间或团粒体内的大、中和小孔隙之间。土壤酶则可分布于原位和土壤液相和固相之中。因此，广泛认同的是游离酶在土壤环境中不会稳定，而且无定量意义。固定酶则对环境因子变化，蛋白水解物质和抑制剂等具有抗性，从而能在土壤中保持酶的高浓度。酶与土壤固相表面的结合能力可用酶的等电点、表面积和固体支持电荷等予以测定。在矿质土层中，大部分酚氧化酶活性可存在于粉粒和粘粒部分。这两部分都含有原生矿物、黏土矿物、无定形金属氢氧化物和腐殖质-矿物复合体。它们的大小范围都小于<0.05mm。原生矿物具有低表面积特性，因此，其是对酶和有机质吸附能力较差的吸附剂。黏土矿物如蒙皂石、伊利石（水云母）和腐殖质-黏土矿物复合体等都具有较大的表面积（100~600m²/g）。但是，它们都带有负电荷。在pH值4~6时，在最典型的森林土中，酚氧

化酶也都带负电荷（pi3.0～4.5）。因此，这就限制了酶-矿物之间的相互反应，其原因是静电排斥效应。Al和Fe的氢氧化物普遍而大量地存在于土壤中，而且也存在于各个矿物（三水铝石和针铁石）或作为包被的硅酸盐或铝硅酸盐之中。它们除具有较大的表面积外，Al和Fe氢氧化物在pH值<8.0时还带有正电荷，因此，其能对带电荷的酶具有强大吸着作用（sorption）。吸附在氢氧化铝表面上的酚氧化酶的主要吸附机制还包括了静电吸引作用和配位基交换作用。科学家发现，纯铝氢氧化物吸着的栓菌（*Trametes villosa*）漆酶活性比其他非晶形矿物如水铁矿（$Fe_5HO_8 \cdot 4H_2O$）或卤盐矿（$\delta-MnO_2$）吸着的漆酶活性约大9倍。漆酶活性和动力学特性则几乎不受影响。被氢氧化Al包被的黏土矿物有利于对酪氨酸酶的吸附作用。被氢氧化Al包被的高岭石和伊利石对*Panus tigrinus*分泌漆酶的吸附能力比未包被矿物的吸附能力大5～10倍。所以，氢氧化Al和Fe可视为土壤中漆酶的主要无机支持物。其原因是这类矿物在土壤中存在的普遍性和丰度，以及表面特性，即能有效地保持酶的活性。作为表面修饰剂的无定形Al和Fe化合物在砂土（灰壤）中起着特别重要的作用。在砂土中，原生矿物形成了大容量的矿物基质（块）。研究表明，酚氧化酶活性和氢氧化Al和Fe的深度分布之间具有密切的相关性，从而支持了黏土矿物和酶之间相关的论点。

4. 液相中腐殖质的合成

腐殖质形成的多酚理论是以同质系统（单相系统）试验结果为基础的。在同质系统中，酶及其底物都呈可溶性状态，并能与溶液中的其他成分发生反应。在研究HA合成的历史长河中，必须知晓相关论述。在含有邻苯三酚（焦性没食子酸）、胨、H_2O_2和*Aspergillus niger*、*penicillium sp*的无细胞培养液的混合物中能合成暗色拟腐殖质产物。在含有几茶酚或氢醌、氨基酸、葡萄糖和Polystictus versicolor分泌的漆酶的混合培养基中能合成HS。在含有单酚、酚酸和含N化合物在酚氧化酶作用下能形成HS。后来的一些试验结果表明，液相中的缩合作用明显地取决于前体的浓度。在底物浓度为0.5～10mmol/L时，只能形成低聚物（寡聚物），并发现聚合物具有m/z的范围为900或聚合物为4.0kDa。在前体浓度高时（>1mg/mL），可溶性聚合物将达10kDa，但是，进一步聚合作用会通过形成沉定物而终止，因为形成沉淀物会消耗有效单体。不溶性产物由高分子量部分［>75kDa，次峰（minor peak）］和低分子量共沉淀化合物［10kDa，主峰（major peak）］组成。

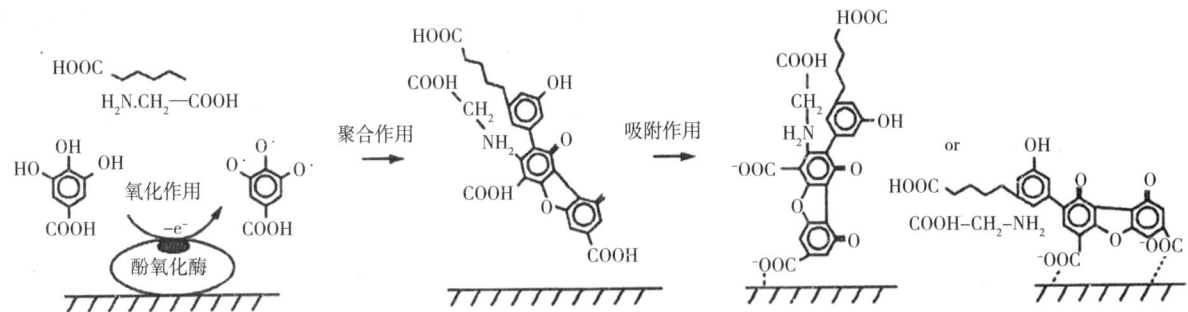

图23-9　在有固定漆酶的条件下，单体沉淀聚合作用合成腐殖物质时可能的反应顺序（Naidja et al.，2007）

虽然匀质催化对理解主要反应机制十分重要，但与土壤中存在的酶结合固体表面的关系不大，且与异质系统的催化亦有所不同。如果能确证在液相中能形成聚合HS，那么就有可能表明液相中具有所谓的"沉淀作用或吸附聚合作用"的机制。沉淀聚合作用机制是众所周知的来自有机化学的机制，例如聚合苯胺。有利于这种反应的因子是有高浓度的单体和一种与大表面积结合的化学惰性的模板（如硅胶）。当该沉淀聚合作用用于土壤中腐殖质合成时，就会发生下列反应：① 在固体表面通过酶与酚羟基和醌相结合而固定时，酚化合物就会被氧化。②然后，这些化合物就会从酶活性位置离解释出，并与等当量溶液发生自发偶合反应。③不溶性化合物（聚合物）继续在固体表面发生沉积和固定（图23-9）。Naidja等（2007）在实验室对这一过程进行了表观摹拟研究。他们的研究结果证明，固定在Al氢氧化物包被的蒙脱石上的酪氨酸酶能将溶解的邻苯二酚（儿茶酚）氧化，从而形成了能被吸附在矿物表面的暗色产物和有机包被。红外光谱研究表明，吸附在自然HSs上的化合物具有同样的性质。沉淀聚合作用也能在一些非生物系统中形成聚合沉淀物。但是，该过程需在有原生矿物或金属氧化物作为非生物氧化剂时才能发生。研究指出，自然土壤环境条件下，通过沉淀聚合作用在土壤矿物表面形成聚合HS还尚不十分清楚。其中主要原因如下。

① 单体底物与不溶性产物的缩合作用需要有高浓度溶液（>1g/L）。自然环境中溶解的有机碳平均浓度在地下水中低至几个级次（0.1mg/L），而在泥炭土中则达100mg/L。但是，在这样的条件下不会形成不溶性聚合物。② 研究表明，当土壤溶液浓缩至适当水平（如干燥）时，带电荷的固体表面会在液相中干扰聚合过程。因此，在系统聚合过程中，与其他基团偶合的基团自偶作用（Radica self-coupling）是主要的反应过程，因为在交叉偶合反应中缺乏与沉淀物相结合的适当的固体表面积。除在系统中有结合的酚羟基外，带电荷的固体表面能吸附原始的酚底物，并将其在土壤溶液中的浓度降低。溶解有机质，特别是吸附在土壤矿物相上的酚类化合物会被快速吸附，这是众所周知的现象。吸附作用是不可逆的反应，它既会导致液相中，又会导致土壤提取物中各个酚酸浓度的降低。例如在灰化土中，乙醇提取的酚酸数量为15~150μg/g土，而土壤溶液中证实的木质素衍生酚化合物的平均数量为0.6%DOM。③ 如若土壤溶液中的浓度会暂时增加，而土壤矿物相同时又不活跃，那么，就不会发生对酶和单体反应物的吸附作用，因此，溶液中的聚合作用就会受到反应动力学的限止。导致形成沉淀的聚合作用即使在匀质系统中也十分缓慢（>24h）。在异质系统中，特别在未扰乱的风化原生矿物中，底物向酶活性位置扩散速率亦会受到限制。④ 最后，稀释溶液中的聚合作用也可列入聚合反应的热动力过程中。Lambert（2008）用0.5mol/L甘氨酸溶液进行研究，结果证明，在溶液中会生连续的聚合作用，并进一步达到G°范围，从而不利于液相中形成聚合物。研究结果指出在自然条件下，于液相中合成高分子量HAs几乎是不可能的。只有形成似富啡酸产物才有一线希望。研究指出，聚合HA（50~100kDa）会在土壤矿物上形成包衣，一些其他机制，如匀质催化作用或沉淀聚合作用也会形成HA，但只有当其源于腐殖质胶体化合物，并发生溶解作用时才能发生。

5. 溶液/固相界面上的腐殖物质合成过程

在自然土壤土壤系统中，当由可溶性前体（precursors）形成腐殖质时，必须确认如下因子：① 大部分土壤溶液中的底物浓度很低。② 酶以固定形态存在。③ 森林植被或植物根系能淋溶或分泌出单体酚化合物，而且其会迅速和不可逆地被吸附于土壤固相基块上。科学研究结果证实，土壤中酚化合物的可提取性是其在固相表面高反应性所引发，并能在固相上形成氧化交叉偶合反应或聚合作用。因此，有理由认为矿质土壤中可溶性前体能合成聚合HS。该过程可在固-液界面上完成，但在溶液中则不会发生。下列数据支持了这种理论。

在溶液浓度低时，界面可持续加速底物偶合反应速率（与无固相系统相比）。这种效应是因具有静电吸力的表面单聚体浓度所造成。静电吸力有助于打开聚合作用的"能量屏障"（"energetic barrier"），从而有利于热动力学聚合作用。

直接试验结果表明，在固相表面会发生聚合反应，从而在上层清液中完成聚合作用（即使在高浓度单体条件下也能发生）。吸附态聚合作用（所谓的表面活边界聚合作用）会增加由聚合物和部分非提化合物组成的有机包衣的数量。

虽然表面聚合作用是众所周知的聚合物学科，但试验数据证明，它很少用于腐殖质化学。表面聚合作用不同于沉淀聚合作用，它已被许多科学家（Naidja等，2007）进行了广泛的研究，但对矿物结合反应产物的分子量并未进行测定。为了弥补这种缺陷，一些科学家进行了探索性研究，以试图证明，在固定真菌漆酶存在时，单体表面聚合作用能形成高分子量HAs的可能性。同时，科学研究结果也阐明了矿物支持体的性质和生物催化剂在聚合反应中的作用。试验结果指出，在固-液相界面上会发生聚合作用。首先，其含有的没食子酸、纯化的真菌漆酶，用高岭石、高岭石-氢氧化物、复合体、伊利石或蒙脱石予以吸附和固定。酶-矿物复合体用乙酸缓冲液（pH值4.5）清洗，然后加入前体混合溶液（榕酸）、咖啡酸、阿魏酸、羟基苯甲酸、香草酸、色氨酸和胰蛋白酶。以此试验为基础，前体溶液的浓度可选单体能达到的最大吸附容量，并在多层次形成混合物。反应经15分钟以后，即反应混合液不发生聚合作用以后，混合液离心分离弃去上清液和未结合的单体，并将沉淀制成含酶颗粒和吸附的混合物，再用乙酸缓冲液迅速清洗。然后，向沉淀物加入新鲜缓冲液，在黑暗条件的室温下培养24小时（不必搅拌）。原以白色高岭石的支持物在15分钟的吸附期内和进一步培养过程中会变成棕色，而且受影响的矿物颜色不断变成更深得暗色。24小时后，碱提取的产物用光谱法和凝胶过滤法分析。结果表面，聚合物（分子量为5>75kDa）可通过可见光谱和红外光谱测出结合的土壤HA和分子量分布（图23-10）。为了破解HA和"亚单元"（subunits）之间可能存在的金属桥（metal bridges），所以将EDTA加入提取物只能略为减少高分子量部分的数量，从而表明，提取的反应产物确实具有大分子量的本质。因此，科学家也强调，一些高分子量产物会因提取作用不完全而被黏土矿物表面所吸持。高分子量部分的峰值在从Al氢氧化物包被的高岭石中提取的化合物中最大，因此，这就有可能，由于这些矿物吸附了最大数量的单体，从而使对抑制漆酶活性的影响降至最小。在蒙脱石上形成的拟HA产物最能发生聚散作用，这就说明了矿物支持物的形态是决定聚合物分子量分布的另一个重要因子。在相同酶活性和底物浓度时，单相平行试验表明，反应不会形成高分子量的聚合物。研究结果也指出，在矿物上形成产物的分子量均不超过5kDa（在缺乏固定漆酶条件下进行的试验）。因此，在固相/界面上固定酶对可溶性前体的氧化聚合作用可作为矿物颗粒表面具有高分子量的拟HA包被的重要理论依据。

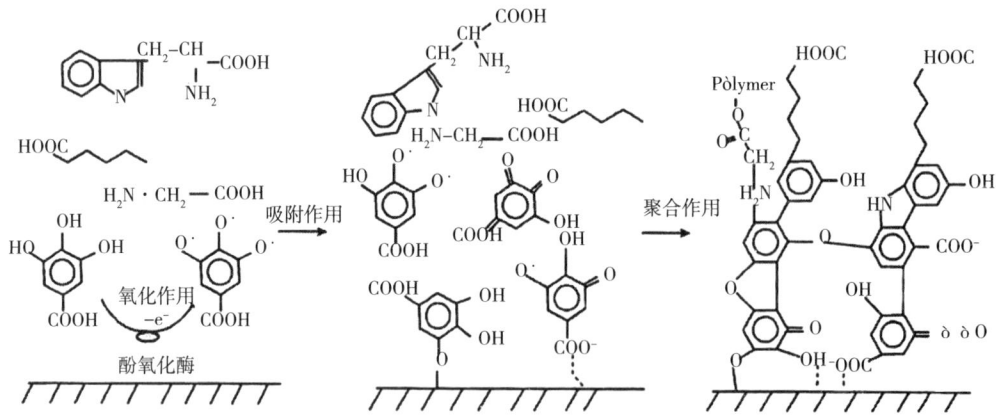

图23-10　在有固定的漆酶条件下，原体表面聚合作用形成腐殖物质的可能反应顺序

6. 非生物异质催化作用

许多研究指出，各种土壤无机成分如金属氧化物、氢氧化物、黏土矿物和原生矿物，它们都具有氧化活性，而且能催化酚化物转化为拟腐殖物质。蒙皂石（smectite）还能催化Maillard反应。锰氧化物（IV）如普通的土壤矿物［bimessite（ζ-MnO₂）］都是酚化物最强列的氧化剂。Fe氢氧化物（FeIII）的催化势较低。就黏土矿物而言，蒙脱石和伊利石是比高岭石更强的催化剂，因为它们的活性位置位于平面之上，而高岭石的活性位置则在晶体边缘。

根据许多研究表明，至少在溶质浓度接近自然土壤环境时，非生物催化作用不会形成高聚合产物（>10kDa）。

十三、结论

土壤酶作为增加全球碳汇和营养动力学重要的土壤性质已被科学界所认知。其中许多土壤水解酶和土壤氧化酶—酚氧化酶等能有利地调控土壤有机质的分解。有益于土壤酚氧化酶活性的环境也有利于土壤有机质和植物枯枝落叶的分解。因此，其就可能抑制土壤碳的吸收缓冲作用。迄今为止，几种干扰生态系统的因子和管理技术都已得到了评价，即其对土壤酚氧化酶活性的影响。还有一些可以预报土壤碳和营养动态的其他土壤酶是纤维素分解酶和对氮磷行矿化作用的一些酶。

作为一种价格-效应实体（a cost-efficient entity），微生物群落对产生胞外酶具有战略意义，同时，研究表明，微生物群落及其产生的胞外酶与有机碳化学和营养有效性存在着相关性。末端产物对酶的抑制作用代表了微生物的战略地位，而且其与土壤磷酸酶活性呈负相关，即天然磷酸酶活性越高，有效磷酸盐含量越低。碳-和营养矿化作用的诱导酶反映了其对营养供应源的再分配的影响。

许多研究结果和证据表明，土壤酶学可以为全球碳平衡和有机质—营养循环开启一条新的途径，以确保农业的持续发展。

木质素纤维素的降解作用对土壤中全球碳（C）组分和循环都具有十分重要的意义：土壤是地球最大的碳库（the largest carbon pool）。因此，广泛而深入研究土壤中酶活性与有机碳分解循环以及对温室效应的作用等都是十分重要的战略论题。土壤中真菌在腐殖化过程中也起着重要的作用。

在矿质土壤层中，高分子量Has及其吸附复合体都源自矿物质上低分子量在酶促条件下的表面聚合作用。在溶液中，表面聚合作用会造成沉淀聚合作用。腐殖质合成异质反应机制上不十分清楚，因此，需要进一步加以研究。

第二十四章 土壤发射CO$_2$（呼吸作用）的测量方法

一、引言

1. 定义

呼吸作用有各种各样的定义，但在本章中呼吸作用是有机化合物或被还原的无机化合物，作为电子供体的一个产能过程。土壤呼吸作用也有各种不同的定义（Domsch等，1962）。在此，其意义是土壤中活的，有代谢作用的实体，对O$_2$的吸收和CO$_2$的释放。微生物呼吸作用定义为土壤中的细菌、真菌、藻类和原生动物的细胞对O$_2$的吸收或CO$_2$的放出，也包括由好气和嫌气代谢所产生的气体交换。土壤通气是由Black（1968）等作过修改的名词，其意义是指大气和土壤之间的O$_2$和CO$_2$的交换。生物量则意味着土壤中活的，有代谢活性的细胞，其最终作用是作为土壤呼吸作用的动因。

土壤呼吸（单位面积和单位时间释出CO$_2$通量）可用置于土壤表层闭封的培养室进行测量。同时，还可测定室内CO$_2$浓度增加的数量。土壤吸收系统由一个呼吸室（soil respiration chamber，SRC）和一个环境气体检测器（environmental gas monilor，EGM）组成。当测定土壤呼吸时，已知加于土壤表层的一个培养室的体积是已知的，因此，培养室中CO$_2$浓度增加量便可监测。在密闭室中通过EGM可对空气连续取样，并计算出土壤呼吸速率，并在分析仪上显示和记录。密闭室中的空气应小心混合以确保样品有代表性，而且无压差，以免影响土壤表层CO$_2$的释放。

现已证明，CO$_2$增速呈线性。但任何其他因子都会导致CO$_2$浓度随时间变化而下降。一个样方方程（分析）（a quadratic equation）可表明CO$_2$浓度增加和时间进程之间的关系。土壤呼吸可用方程表达：

$$R = \frac{(C_n - C_o)}{T_n} \times \frac{V}{A}$$

式中：R为土壤呼吸速率（单位时间和单位时间CO$_2$通量），C_o为CO$_2$在T_o时的浓度。C_n是时间T_n时的CO$_2$浓度，A是暴露的土壤面积，V是系统总体积。

2. 大田和实验室的测定

土壤呼吸作用可在大田或实验室中进行测定，但在大田条件下易受自然因素的影响，而在实验室中，可严格控制环境。测定的场所取决于所需信息的要求，同样，也取决于试验的目的。

土壤呼吸作用的田间测定，已广泛用于评价受气候、土壤的化学和物理性质及农业技术所影响的地下生物体的总活性。此外，土壤呼吸作用的测定，还可用于衡量与有机质类型及其进入土壤速率相联系的碳矿化作用和碳固定作用。许多这类测定的目的，都是为了能清楚了解矿化作用过程，从而洞悉如何更有效地利用和保存土壤矿物质营养和土壤有机质。

当在田间测定土壤呼吸作用时，有4种主要的土壤水分类型，因此也存在着不同的气体交换条件：

① 土壤干旱或② 排水良好的湿润土壤，在此有大量土壤空隙充满气体，和③ 土壤刚刚淹水或④ 土壤长期渍水，这里很少有充满空气的空隙。淹水或渍水土壤的大部分土体是嫌气的，因此，该类土壤中虽然在有些情况下也存在根系的呼吸，但其呼吸主要还是限于细菌和酵母。应当注意，有一些能在淹水条件下生长的植物，即水生植物，其根系周围的气体交换，使根际处于半通气或完全通气条件下。因此，生长这些植物的土壤的呼吸类型，就难以确定。在干燥土壤或排水良好的湿润土壤中，其呼吸作用主要是好气的，而且涉及微生物区系、微动物区系、大动物区系以及植物根系 O_2 和 CO_2 的自由交换。但是，在潮湿土壤中，对产生 CO_2 的最小贡献也要来自分散的嫌气微生境。

在实验室中，基础的或被刺激的土壤呼吸作用都能测定。土壤基础呼吸作用已广泛用于研究水分、温度、通气以及其他可确定的物理条件对土壤有机质矿化速率的影响。与此类问题有关的是，已试图把呼吸作用与其他生理性质，如酶含量或腺苷三磷酸含量等相联系，以便能估计土壤微生物的活性水平，及在隔离条件下估计有关微生物群体的大小。

在样品与有机化合物混合以后土壤呼吸作用的测定，常可用于判定这类物质是否可发生生物降解，如降解，那么土壤呼吸就可用于判定这类物质发生矿化作用的速率和程度。在这里，合成的有机化学物质特别有意义，而且使用 ^{14}C 标记分子有助于此类研究。在有农业化学品和其他潜在毒害化学品存在的条件下，土壤呼吸作用的测定，常具有十分不同的目的和意义，即可用于检测和评价这类物质对土壤生理功能的危害。按照这些线索，已进行了许多实验室的研究，来评价由工业废弃物处理或采矿所危害的地力恢复速率。

当把土壤带至实验室时，必须考虑其已是一种受干扰的土壤，且取决于操作的程度，所以该土壤的气体交换特性，与田间条件下的同样土壤的气体交换特性就有所差异。鉴于这种情况，原状土柱就应当看作是破坏最小的样品，而那些分样散装、过筛和混合的土样被破坏的程度最高。原状土柱的气体交换与大田土壤的相似性可认为比过筛土壤样品的要大，但是，原状土柱事实上也难以明确规定，而且在试验结束时，原状土柱也被破坏了。土壤动物和植物根系的作用程度，也还不清楚。用过筛土样进行试验的缺点，是其原来结构遭到破坏，但就其无大动物区系和植物部分而言，再加之土样混合得高度均匀，所以它们很适于研究土壤藻类和原生动物等微生物区系。的确，有许多支持这种研究的论点，即在原位土壤微生物区系的呼吸作用，就像接近于分离状态一样，只需用过筛的土样就可进行研究。然而，即便如此，微动物区系的一些成员还将存在，它们将起到一些轻微的，但又对总呼吸作用具有重要的意义。

比较各种测定技术，很显然，在田间进行测定的技术，没有实验室那样简便，而且，由田间测定的资料更难以解释。在田间，仪器设备和土壤两者都受到气候因子的影响；这通常意味着装置必须在技术上简单，或者，如需要更复杂的技术，如一些电子仪器，那就需要有电源，同时，一些精密的仪器一定要防止由于湿度和阳光造成的温度波动。由于土壤本身对气候变化十分敏感，所以也要特别注意，用于采集土壤大气样品的气体吸收阱，或其他装置本身，都不得破坏。由于水分和温度是土壤呼吸速率的主要调节因子，所以要作出规定对其测定，而且所获数据也必须变成总评价不可缺少的部分。在实验室中，与气候变化因子有关的大部分技术问题可以忽略，鉴于此，对结果的解释必须慎审，而且由实验室数据所作的概括性结论也必须在田间予以验证。无论如何，实验室的测定工作应设计应简化，提出较明确的问题，并把大部分精力用于解决生物学问题而不是技术难题。

根据前面进行的讨论，当选定了方法和仪器设备后，下列几点就值得考虑。测定的目的应当明确；这样，测定地点（不论是大田或实验室）以及需要测定的气体，可很容易地确定。此外，要研究的土壤性质，也必须认真考虑。许多碱性土壤以及风干并再湿的土壤，都会由非生物反应（见下式）和生物反应释放出大量的 CO_2。

例如，$CO_3^{2-}+H^+ \leftrightarrow HCO_3^- +H^+ \leftrightarrow H_2CO_3 \leftrightarrow CO_2$（气体）$+H_2O$

用这类土壤进行呼吸作用研究时，可能要选用一种能测定O_2的吸收方法。由于许多方法仅适用于短期研究，而其他一些方法则既可用于短期，也可用于长期研究，所以必须仔细考虑测定方法的耐久性。最后，还必须考虑自动化程度和资金以及工作人员的能力。这些因素一经权衡，在下列各节介绍的方法中，可至少选出一种有价值的方法来。

3. 讨论的范围

文献中多种型号的仪器和技术已明显证明，测定土壤呼吸作用现尚无标准方法。然而，重复和有效地使用一些技术已构成了一种拟标准化状态。据此原则，可选择一些下面叙述的方法，即3种田间方法和3种实验室方法。田间方法包括短期测定CO_2的释放速率方法测定每天释放O_2速率的方法和在不同土壤剖面中测定CO_2和O_2浓度的方法。3种实验室方法包括测定土壤消耗O_2的方法、测定CO_2释放量的方法和吸收和定量分析$^{14}CO_2$的简单方法。

最近有文献报道，已对测定土壤呼吸作用的现行仪器和更常用的现代的和较老式的仪器作了一个简短的概括总结。对这些问题及有关论题的进一步讨论，可参阅Black（1968）和Currie（1970）等的报道。

二、检测、仪器设备和一般原理

1. 氧

业已发现，比色法可有限地用于定量分析土壤溶液中或土壤空气中的O_2。现仍在应用的主要方法，都是由Winkler（1888）介绍过的改进方法。在这些方法中，锰化合物，即Mn（OH）$_2$或$MnSO_4$中的任何一种，都会与碘（I）发生反应。在有NaOH的条件下，通常与KI反应而产生有色沉淀，然后把该沉淀溶于酸并稀释，以供分光光度计分析。这种方法的灵敏度虽然较低，但已发展了半微量的改进方法，并已用于测定土壤空气（Beyers等，1971）、淡水沉积物（Okland，1977）和盐水（海水）沉积物（Ha-rgraVe，1969）中的O_2浓度。此外，还有其他测定溶解O_2的方法（Bowman，1968，等）。然而，这些方法在土壤呼吸作用的研究中似乎很少应用。

氧电极是能产生与其反应表面的O_2浓度成正比的电流的装置。这些检测装置已在医学中广泛用于无伤害测定血液O_2的浓度（Mindt等，1977），而且也已普遍运用于测定土壤溶液中O_2的浓度。Black（1968）等曾评论过这些电极在土壤研究中使用时与其有关的应用情况和问题。

用于土壤研究的O_2电极，常由金（Au）丝制成，或者更为普遍的是用铂（Pt）丝制成。把电极置于土壤后，它们与参比电极组合而起着阴电极的功能。参比电极通常由甘汞电极或Ag-AgCl阳极组成。在操作时，加于电极的电压不断增加，直至在与Pt（或Au）表面接触的O_2以恒速减少为止。在此点，即使是电压进一步增加，电流也处于稳定并保持不变。一般来说，每一个氧分子可与4个电子发生反应。在酸性溶液中，O_2与H^+反应形成水。在碱性溶液中，它与水反应形成羧基离子（Black，1968）。虽然这些反应的精确顺序仍然是一个有争议的问题（Mclntyre，1970），但被消耗O_2的浓度以及电极表面处溶液中O_2的浓度，都可根据电流-电压曲线来计算。O_2电极在空气中操作使用时，其浓度可根据用标准气体制成的标准曲线来确定（Eberhard等，1977）。

虽然O_2电极在土壤通气和海洋沉积物的呼吸作用研究中经常使用（Ayers等，1972），但它们需要昂贵的辅助设备，而且在野外使用时还应使用遮阴保护装置。由能够操作25个Pt微电极（阴极）和两个Ag-AgCl阳电极同时工作的一种探测器组合成的田间装置，已由Armstrong等（1976）作了详细的叙述。

用于测定 O_2 消耗的呼吸测定计，可分为两大类：一类为混合气中 O_2 分压不断下降时的测定法，另一类为 O_2 分压大体上保持恒定时的测定法。第一种类型的呼吸测定计，通常根据气压的方法，或测体积的方法，来测定所消耗的气体，而且这些仪器的读出和装卸，常常用手工进行。虽然这种方法既不方便也不适于进行长期试验，但Warburg等的呼吸测定计的原始的或经改进的类型，仍然极为频繁地用于土壤呼吸作用的研究（Casida，1977等）。由于这类仪器中的原始仪器或类似的仪器都只能用于极少量样品的测定，所以早期为改进装土容器或改进呼吸测定计本身进行了大量的研究工作（如Drobnik，1960；Powlson，1976，等）。改进后的仪器制作简单而便宜、且适用于测定大批量土壤样品或原状土柱的Warburg呼吸计（Klein等，1972）。关于气压计法的完整讨论可参看Umbreit等（1964）的材料，而用于土壤呼吸研究的气压计测定法的讨论，则可参看Drobnikova和Drobnik（1965）的材料。

第二种类型的 O_2 消耗呼吸测定计，其根据是生物系统呼吸的气体可按体积更替，由此产生的分压下降也是微小和暂时的。在最流行的该类仪器中，或是 H_2SO_4，或是 $CuSO_4$ 都会被电离分解。在酸性条件下，H_2 和 O_2 以气体形态放出，而在 $CuSO_4$ 条件下，只有 O_2 放出。这两种类型仪器的结构说明书都已出版（Birch等，1969），将其用于土壤（Wilson等，1975a；1975b）、废水（Damaschke，1972）和昆虫（Dunkle等，1972）的情况也作了介绍。然而，只有 $CuSO_4$ 被分解的那种类型才具有商业价值。由于这些仪器可提供数据自动记录，并适于长期试验，所以对商业上有出售的型号拟作一简要介绍。

一种名叫Sapromat的仪器（Voith Inc.，Appleton，Wis.，D-7920Heidenheim，西德），它装有6个或更多的500mL容量的呼吸瓶，作为标准装备，该仪器主要可用于污泥和废水的生物呼吸作用的测定。该仪器的反应瓶，由连接管进一步与两个容器相接，其中一个容器含有电解质和两根铂丝，并作为开关装置；另一个容器则含有饱和 $CuSO_4$ 溶液，并作为电解槽。在该仪器使用时，3个呼吸瓶的空间相互连接而成为一个密闭系统。当产生 CO_2 时，它便被含有土壤的呼吸瓶内一小容器中装着的粒状碱石灰所吸收，因此，其并不影响系统中气体的体积。当 O_2 被消耗时，系统中的压力便下降，这种下降又会通过连接管传递至开关装置。这样产生的最终结果，是使开关装置中的电解质进入含有铂丝的毛细管中。当电解质与铂丝接触时，电路就会接通，电流经放大后便通过电解槽而输出。其结果是使 $CuSO_4$ 分解，并释放出 O_2（$2CuSO_4+2H_2O \rightarrow 2H_2SO_4+2Cu+O_2$），同时，压力的增加会迫使毛细管中的电解质与铂丝脱离接触，这就断开了电路，使电解作用停止。根据使用的电流而计算出所产生 O_2 的体积，可用数字打印器输出，或以在条状记录纸上的渐增曲线标出。Sapromat仪器虽价格昂贵，但设计合理，且使用坚固的玻璃器皿，此外，还提供优质服务。

O_2 的气相色谱分析在土壤呼吸研究中的应用，将在第三节中讨论。其他方法，如对 O_2 的顺磁共振分析法，或溶解 O_2 的NO法，已由Stotzky（1965）进行了讨论。

2. CO_2

CO_2 的质量分析，有两种普通方法可用于土壤呼吸作用的研究。第一种方法，把吸收于碱溶液（通常为KOH或NaOH）中的 CO_2，用过量的 $BaCl_2$，使产生 $BaCO_3$ 沉淀。然后把沉淀物收集，冲洗并干燥和称重。这种方法已用于 CO_2 和 $^{14}CO_2$ 的分析（Landa等，1978），但其最普遍使用的方法则是以Geiger ~ MÜller计数器，或类似的辐射计数计进行计数，而对 $^{14}CO_2$ 进行分析。另一种方法，使用粒状碱石灰（含5% ~ 20%NaOH和含6% ~ 18%水的CaO混合物）在其暴露于土壤空气后而得到的质量来测定。由于碱石灰在田间使用较为方便，所以一些研究者更为普遍使用碱液吸收阱作为对照，检验其效率（Vulto等，1973）。由于用碱石灰来更替碱液使用很有意义，所以将在第三节和第四节中作进一步详细讨论。

对吸收于碱液中（Ausmus等，1978）或吸收于非水溶剂中（Enoch等，1970）的 CO_2 进行滴定分析，仍然是在土壤气体交换研究时普遍和经常使用的方法。该法简单且灵敏度高，后述将进行详细的叙述和讨论，同时也将讨论一种既能用作O_2消耗呼吸测定计，也能用于CO_2滴定分析的一种实验室装置。含有碱吸收阱，并能用于实验室的其他呼吸测定计，在文献中已有论述（Powlson，1976等）。

CO_2的电导分析法，要涉及到测量碱性溶液在与CO_2反应过程中阻抗的变化，或该溶液在反应前与反应后电导率的变化。根据前一原理可用于田间的土壤呼吸测定计，已由Chapman（1971）作了介绍。这种呼吸测定计，是由金属圆筒构成，圆筒有一个悬挂于可移动顶盖上的电导池。电导池含有KOH作为电导体。当CO_2由土壤表面释放时，它就被吸收在圆筒中，并扩散与KOH反应。这可引起碱性溶液阻抗的变化，该变化可被测定，并由记录器记录。由于碱溶液的电导率受温度影响很大，所以电导池中有热敏电阻，它可不断地把电导池的温度记录下来。这些测量仪器很有意义，但都只限于短期（3~12h）试验中使用。

有商品出售的电导呼吸测定计，是根据测量NaOH溶液暴露于土壤空气前后电导率变化的原理来工作的，这种仪器的电学和电化学原理，已由Schmidts等（1961）作了详细讨论。该仪器在微生物和土壤研究中的早期和新近的应用情况，都已见诸于文献资料（Anderson等，1973；1975；1978b）。

以杂原子的气体分子，能吸收特定的电磁波为原理而工作的红外线气体分析仪，已有很多型号和各种各样的价格。这些仪器既灵敏又可靠，均装有各种不同的开关装置以对大批量样品进行连续分析，而且由于设计有吸收CO_2或在CO_2运输至分析仪之前，也能将其保持的装置，所以这类仪器已得到广泛应用。此外，关于它们用于大批量样品（总数为60个）的实验室例子，Grabert（1974）的系统装置值得参考。

容量技术（Enoch，1971）和比色技术（Richter，1974）都已用于土壤和周围大气中的CO_2定量分析。由Richter（1972）研制的方法简单，已有商品出售。

对CO_2分析的其他技术设备，如CO_2灵敏电极（Boutilier等，1978）和质谱仪，在当前也都有效，但似乎只有质谱仪才用于土壤呼吸作用的研究工作，并且不常用（De Camargo等，1974等）。

三、田间方法

1. CO_2释放速率的短期测定

（1）原理

短期测定已知面积的土壤表而所释放CO_2数量的一种仪器（Richter，1972），是由4个小型气体收集器、一个气体分析管和一个小型波纹管泵组成，其结构如图24-1所示。

该系统由4个气体收集器、1个固定体积的泵和1CO_2-特定气体分析管组成。进入分析管的CO_2与内容物发生反应而产生向前移动的有色前沿。土壤空气样品中CO_2的体积百分率可以从分析管的刻度直接读出。

当周围空气用泵渐渐泵入收集器时，由土壤放出的CO_2能随空气进入一个可处理的CO_2特定气体分析管。CO_2在该分析管内与肼（联氨）化合物发生反应（$CO_2+N_2H_2-NH_2NHCOOH$），肼化合物消耗的数量，可由气化还原指示剂（晶体紫罗兰）从白色变为蓝色来表明。由于CO_2能被定量吸收，反应也可用沿空气流方向移动的前沿颜色来表示，所以进入分析管的CO_2体积百分率则可由分析管的刻度直接读出。仅用周围空气再重复这一过程，由土壤放出的CO_2数量，可通过计算土壤空气加周围空气和只有周围空气之间的差值来确定。

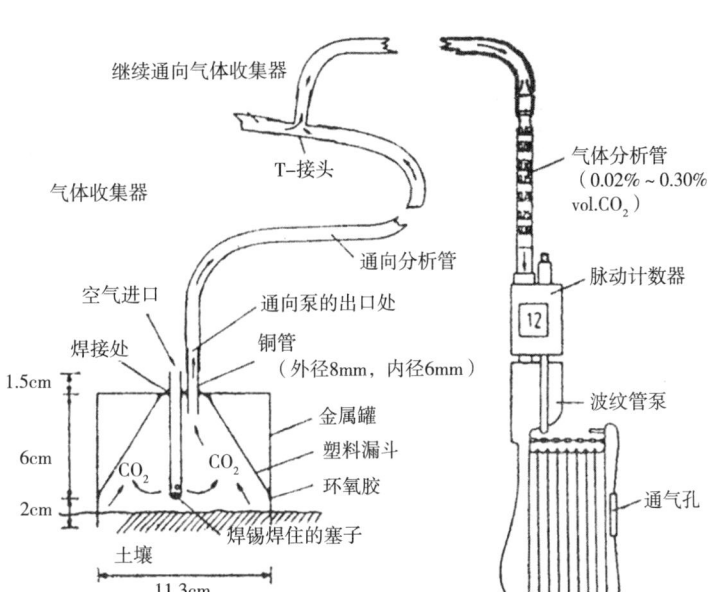

图24-1　短期测定土壤表面积释放出 CO_2 数量的仪器（Richter，1972）

（2）专用仪器（图24-1）

① 4个气体收集器：可同时使用这些收集器，把它们罩于400cm² 的表面上，其总容积约为1.1L。每个收集器所用的金属罐直径均为11.3cm²，高度为8cm²，并在盖上钻有3个直径为8mm的小孔。2个小孔的内缘均离盖中心约0.5cm²。为给周围空气进入提进口，可用1根铜管（长7.5cm²，外径和内径分别为8和6mm）制成，其下端用焊锡密封。在焊锡塞子上端约2cm²处的四边各打4个小孔（直径为2mm），然后将铜管插入金属罐内6cm²，并用焊锡焊在盖上。第二个铜管（长4cm²，外径和内径分别为8和6mm）插入金属罐内1.5cm²，同时也用焊锡将其焊在盖上，该铜管作为气体出口。为了减少每个收集器的死空间，把去颈塑料漏斗放入每个收集器（金属罐）内，并将其胶于一定位置。4个收集器首先用两根T形接头和4根长20cm²的厚壁管成对地连接起来。成对的收集器再用第3个T形接头和两根10cm²长的厚壁管连接成一体。这整套装置用20cm²长的管道将其与气体分析管接通。 CO_2 特定气体分析管的一端插入管道末端的开口处，另一端则插入波纹管泵。② 手操作的波纹管泵（100mL容积）装有一个脉动计数器（National Draeger Ine.，Pittsburg；Drager Werk A.G.，D-2 400LÜbeck，原西德）和专门用于检测0.01%～0.03%体积 CO_2 的特定气体分析管（供应者同上）。对于更高的 CO_2 浓度范围（可达5%～60%体积的 CO_2）的一些气体分析管亦可购得，它们每包10根，每次分析使用1根。③ 测定吸取 CO_2 样品所需时间的定时钟。④ 在取样时测定空气温度的温度计。

（3）操作步骤

在测定由土壤表面放出 CO_2 的数量时，把4个气体收集器的底缘压入土壤1～2cm²，并用1根空玻璃管接于泵和收集器之间，然后通过该系统吸取1L空气（泵抽动10次）。拆取熔合成尖端的气体分析管，并将其接在收集器和泵之间。每一熔合管上的箭头表示气流的正常方向。当泵进行第1次抽动时，定时钟开始计时。共需20次抽动（2L空气）。当完成最后1次抽动时，应记录时间（时间约为400S），通过比较发色前缘与分析管表面的刻度标记，就可由分析管直接读出2L气体中的 CO_2 体积。在对土壤空气和周围空气样品分析后，立即重复该过程，以测定周围空气中 CO_2 的体积百分率。为进行这工作，应拆开气体收集器，同时使用1根新的气体分析管，并从土壤表面1m高度吸取空气样品（2L）。同时应记录测定过程中的空气温度。

（4）结果计算

把所有结果均转化成每小时每平方米面积的CO_2毫克数。例如，在空气温度为20℃时，如果在吸取的2L土壤空气和周围空气样品中含有的CO_2体积为0.15%，而且是经400S时间所收集的，同时，2L周围的空气样品含有CO_2的体积为0.07%，也是在20℃条件下经400s时间收集的，那么0.15%-0.07%= 0.08%的CO_2体积，或者0.000 8×2 000mL总量 = 1.6mLCO_2/400s，该值就是土壤放出的CO_2数量。由于3 600s=1h，所以（1.6mLCO_2/400s）×3 600s/h = 14.4mLCO_2/h。每个收集器下的表面积为100cm²，则四个收集器的总面积为400cm²。这就意味着每平方米的土壤放出360mLCO_2/h（14.4mLCO_2/h·400cm²）×（10 000cm/m²）。如果使用简单的气体定律，该值可被校正为标准温度（0℃）和压力（101.3kPa）≅760托），其式如下：

$$\frac{\left[360mLCO_2/(m^2\cdot h)\right]\times(101.3kPa)\times273℃}{(101.3kPa)\times(270℃+20℃)}$$
$$=335.4mLCO_2/(m^2\cdot h)$$

由于在标准状况时，1mLCO_2≅1.96mgCO_2，所以

$$\frac{(1.96mLCO_2)}{\left[335.4mLCO_2/(m^2\cdot h)\right]\times(1mLCO_2)}\cong657mgCO_2/(m^2\cdot h)$$

（5）短评

这一方法的主要优点在于，它能在短期内测定土壤表面积放出的CO_2速率，而使土壤受到的干扰最小。由于该测定系统使用了4个小型气体收集器，所以测定的土壤表面样品就更有代表性，而且由于空气穿过土壤移动的速率较低〔45mL/（cm·h）〕，且收集器可直接向周围大气打开，所以CO_2从土壤孔隙中吸出的可能性很小。相反，由土壤放出的CO_2会与空气流混合，然后，随之被输送至CO_2分析器。因此土壤表面的CO_2永不会耗竭，而且也并不会从土壤贮库中吸取。该法的主要缺点是，要用手动泵抽取样品，同时，在对每次土壤空气进行分析时，还需要测定周围的空气样品。Richter（1972）提议，使用波纹管泵（Auer Co.，1Berlin31，西德），这种波纹营泵装有计时器，具有固定的抽气速率。当使用这种泵时，就可以同时进行几个样品的分析。

2.CO_2释放速率的长期测定

（1）原理

图24-2说明了估测未扰动土壤释放CO_2速率的最老和最简单的方法之一。在测定放出的CO_2时，把一定浓度的碱置于土壤表面上部的开口瓶中，然后把要测定的面积用一个上端密封的金属圆筒罩住。当CO_2从土壤表面释放时，它便被围集在园筒内并能扩散到碱液而被吸收为止。在经一定的测量吸收时间以后，把盛有碱的瓶移出，用滴定法测定未反应的部分。通过差减法，就能测出与碱结合的CO_2数量。

（2）专用仪器（图24-2）

①一端密封（气密）的金属圆筒：开口的一端直径至少为25cm，高至少为30cm。②有螺旋盖的玻璃瓶：开口处直径至少应有6.5cm，瓶高至少为7cm。③由符合标准的粗金属丝或塑料制成的三脚架：三脚架结构应能支持住瓶的底部，且使其在土壤表面2cm位置处。

（一端封闭的金属圆筒用于限制土壤放出的CO_2，以使其与碱反应完为止。碱中吸收的CO_2数量可用滴定法测定。）

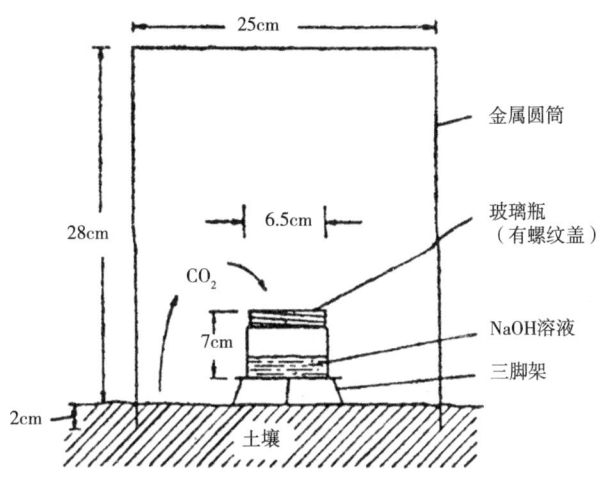

图24-2　长期测定土壤表面CO$_2$释放速率的方法

（3）试剂

包括ON氢氧化钠（NaOH）溶液、N氯化钡（BaCl$_2$）、ON标准盐酸（HCl）以及酚酞指示剂：把1g酚酞溶于100mL95%乙醇中。

（4）步骤

在选定适当位置后，用吸管吸取20mL1.0N NaOH加入玻璃瓶中，以制备成CO$_2$吸收阱，并将其和一个三脚架置于土壤表面。立即用圆筒把碱吸收阱罩住，并将其下缘压入土壤表层约2cm。为防止阳光直射，圆筒应遮阴，因此，可用差不多大小的木板或加厚Al箔遮住圆筒。在碱液暴露24h后，移出玻璃瓶，并用盖（气密）将其盖住，然后带回实验室进行分析。如要作进一步测定，可把圆筒移至新位置。该试验的一些对照是把装有碱的玻璃瓶放于完全密封的金属圆筒内进行田间培养而完成的。圆筒两端的开口可用适宜的盖紧紧盖住，在圆筒边缘涂以硅润滑脂而使盖与圆筒之间几乎气密密封。

在实验室内，把对照碱溶液和暴露于土壤空气中的碱溶液进行滴定，以测定未与CO$_2$反应的碱量。为此目的，把过量BaCl$_2$加入NaOH溶液而产生不溶性的碳酸盐（BaCO$_3$）沉淀。加几滴酞酚指示剂，并用HCl直接滴定玻璃瓶中未反应的NaOH。酸应慢慢加入，以避免与BaCO$_3$沉淀接触而可能使其溶解。记录下滴定碱时所需酸的体积。

（5）结果计算

下列公式可用于计算土壤在暴露于碱液期间所放出的CO$_2$量。

$$C或CO_2（毫克数）=（B-V）NE$$

B＝滴定对照圆筒内瓶中NaOH至终点时所需酸的体积（毫升数）。

V＝滴定暴露于土壤空气的圆筒内瓶中NaOH至终点时所需酸的体积（毫升数）。

N＝酸的当量浓度。

E＝当量。以碳的数值表达时，E＝6；以CO$_2$表达时，E＝22。

CO$_2$-C或CO$_2$的毫克数一经确定，那么所有数据都应在习惯上用每小时每平方米CO$_2$的毫克数表示。

（6）短评

在历史上，这是用于研究由原位土壤释放CO$_2$速率最老的方法之一（Bornemann，1920），而且所需仪器也是其中最简单的。尽管如此，人们很早就试图对这些方法进行标准化（Haber，1958），但完全的标准化仍未能实现。其主要原因在于，与原始设计（Haber，1958）的改进方法有关，即在关于定量方法的准确度上存在着矛盾的证据。有一组研究者认为，该法低估了土壤放出的CO_2数量（Haber，1958；Wanner，1970），而另一组研究者则认为，该法高估了CO_2的数量（Edwards，1974；Edwards等，1973）。虽然有这种不一致的意见，但都有一个共同的结论，即如果小心谨慎地使用该法，也可非常准确地测出原位土壤中放出CO_2的相对速率。因此，由于其简单性和通用性，所以该法仍然普遍使用，而且在最近的文献中都可找到接近于原始的方法（Kowalenko等，1978等）或略有改进的方法（Gloser等，1976）的有关资料。

气体收集器若按上述方法使用时，其边缘应插入土壤约2cm。在Haber（1958）的方法中，圆筒的端缘插入土壤深度为5cm，而在长期试验过程中，要把适合于收集器边缘的一种金属套埋入土壤（5cm），且在试验期间留在土壤中。这种埋入金属套技术的优点是，可避免土壤结构屡遭破坏（土壤结构的破坏能导致CO_2释放量的暂时增加），而且能更好地限定放出CO_2的土壤体积。虽然这种改进方法也偶有使用（Kowa-lenko等，1978等），但也引起许多困难，且在极端情况下，它能引起采样面积内部发生变化（Coleman，1973a）。根据Edwards（1974）的小结，永久安装试验小室能限制水分、营养物质、气体和微生物的正常运动，以及限制根系进入和长出样品区域。而且，气体收集器即使留在收集位置几小时也能引起土壤温度（Haber，1958）和水分（Eaw-ras，1974）的显著变化。为最后防止这种问题的出现，并能提供自然的、未受扰动的，而温度和干燥条件与周围环境相同的试验位置，Edwa rds（1974）提出了一种自动装置（Edwards，1975等）在该装置中，为短期采集气体样品而将收集器插进土壤（气体样品可用红外线CO_2分析仪进行分析），然后，在不取样时，将其提起。该系统的确很好，而且高度自动化，但其价格昂贵，且某些部件商业上未有出售。正如前述，它只能供应10个自动气体收集器。

不管土壤空气样品收集的方法如何，它们所保持CO_2的绝对数量的测定很少有困难。事实上，现代滴定方法，或以物理（如红外线分析）或物理化学（如电导率）方法，测定混合气体中的CO_2时所具有的灵敏度，通常都超过生态研究的要求。鉴于这种情况，本方法和许多土壤呼吸测定技术存在的主要问题是：收集土壤空气然后将其转移至吸收阱，或分析器而又不破坏要测定的系统。由于这似乎是不可能的，因此最好的解决办法是使用干扰性最小，但仍能保持其实际界限的技术。

Haber（1958）在其极为全面的倒置圆筒法的研究过程中，检验了碱溶液吸收CO_2的数量及其吸收强度、暴露于含有CO_2大气中时间的长短、温度以及表面积的关系。他的结论是，吸收CO_2并非完全有效。因此，用这种技术所获得的结果应乘以4/3来纠正。当碱溶液表面积约为气体收集器所覆盖面积的25%时，其吸收效率最高。Kirita等（1966）也详细地检验了碱溶液浓度的问题，并得出结论，当浓度较大时（例如≥0.5NKOH），如果至少有80%的碱未能反应，那么吸收速率可保持在理论上可以吸收的90%以上。

Monteith等为了避免在田间使用液体碱，因此进行了有趣的探索。他们使用烘干的已预称重的碱石灰颗粒作为CO_2的吸收剂。吸收CO_2的重量可在暴露大气以后，用再干燥和重新称露来测定。这种变化进一步为Vulto等（1973a）作了检验，他们确定，在田间条件下，过1.5~2.0mm筛孔的颗粒的吸收效率最高。所以，这些研究者使用了该法，以测定土壤各种区域放出的CO_2数量（Minderman等，1973b）。Haward（1966）曾讨论过Monteith等（1964）的技术，他指出，在CO_2与碱石灰中的NaOH反应（$2NaOH+CO_2 \rightarrow Na_2CO_3+H_2O$）过程中形成的水，当碱石灰于100℃条件下重新干燥时会损失，因此在未计算水分而测定干重则会在估计收集到的CO_2数量时产生误差。

Gloser等（1976）计算了这种误差，并作了校正，他们将其用碱石灰颗粒获得的结果乘以1.43。由于用潮湿的碱石灰吸收土壤放出CO_2的研究，已表明可获得极佳的回收率（Anderson，1975；Marvel等，1978）。因此，在田间研究中使用预干燥、称重和再湿润的碱石灰颗粒来代替液体碱溶液将会受到重视。然而在这种方法被充分接受以前，诸如Minderman等（1973a）以及Monteith等（1964）所进行的那些比较研究，还是十分必要的。

反对在气体收集器中使用碱石灰颗粒，或使用碱溶液以吸收CO_2的理由是，吸收剂效力太强、太迅速。Witkamp（1966）比较了把密封和倒置的两个吸收箱置于森林地面以后箱中枯枝落叶的降解速率，他得出结论，由于土壤表层留存的枯枝落叶分解时放出的CO_2量较大，所以碱便可从土壤贮库中吸取CO_2。为了计算这种数值，他和同事们改进了收集土壤空气的方法，他们虽然使用了倒置箱作为收集器，但因非常缓和的空气气流（1cm/min）经由连接管，从收集器流向红外线分析器时，会把收集器中的气体吹走。通过使用这种技术，他们认为可对土壤放出的CO_2进行更准确的测定（Frank等，1969）。这种"吹走"技术的进一步改进，则包括略为过压的气体收集器系统，因此在略为不足的压力下（Kanemasu等，1974等）或处于恒压和各种气流流速时（Billings等，1977）样品会被抽吸。在许多这样的研究中，都使用红外线分析器来对CO_2进行分析；然而，如上所述，Howard（1966）使用了碱石灰和重量测定法，而Monteith等（1964）则使用和碱石灰一样有效的滴定法，Richter（1972）的工作已有说明，他使用了CO_2特定气体分析管。

3. 不同土壤深度的O_2和CO_2的浓度

（1）原理

用气体取样探针和气密注射器，从所要求的土壤深度抽取的少量样品，可容易地用气相色谱仪对O_2或CO_2含量进行分析。这种方法的缺点是，不能避免所取样品遭其他深度或表面大气的污染。从质地结构较粗且排水良好的土壤抽吸样品时，可用图24-3所示的气体取样探针。因为该型号的取样探针，内部容积极小，所以无需用抽吸和弃去大量气样来清洗系统（1~2mL就可充满）。由于它由强硬钢管制成，所以在大部分情况下，用手就可把它插到所需土壤深度。在干燥硬实或紧实的土壤上，如果用图24-3（根据Roulier等1974年的材料作了改进）中所示型号的滑锤器具，首先打出导孔，那么取样探针仍然可以使用。滑锤有一个坚硬的钢钻杆，它的直径比气体取样探针的钻杆直径略小些；当取样探针推入导孔时，针与孔之间紧紧吻合，以阻止土壤其他层次的一些气体对样品产生污染。土壤空气样品用密封的气密注射器吸取，然后转送至实验室用作分析。

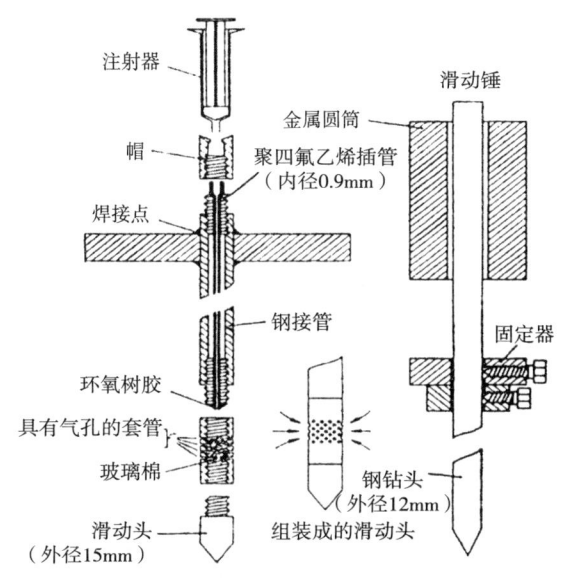

图24-3　用于从土壤中吸取气样而内部容积小的取样探针

（根据Richter1972年材料作了改进）

根据图24-4（由Tackett 1968年的材料作了改进）所制造的半永久性气体套管，能用于吸取非常潮湿或细质地结构土壤的气体样品。这些由无毒、无腐蚀材料制成的套管，可从开口端插入钻好的孔内，并插至所要土壤深度，并在那里保持至试验结束。从这些套管中所取样品，也可用注射器吸取，并将其转移至实验室以气相色谱法进行分析。气相色谱为测定土壤空气中CO_2和O_2的数量提供了一个简单、灵敏和准确的方法。气体混合物可用取样和转移土壤空气的注射器注入气相色谱仪。在混合气经过含有选择性吸附剂的色谱柱时，混合气便得到分离，每一组分在通过检测器时便能引起变动，从而使记录器在移动的条状记录纸上绘出各种峰。每一个峰的位置与气体通过色谱柱的时间（持留时间）有关。通过峰面积或峰高度与已知数量的相同成分所产生的峰相比较，就可定性及定量地分析CO_2或O_2。当土壤空气样品中两种气体的任何一种经定量后，气体的体积百分率就很容易计算出来。

（2）专用仪器设备（图24-3和图24-4）

① 气相色谱仪（任何牌号），并配一个热导检测器，有关的电子附件，条状绘图记录器，以及一个装有两档调节器的He气瓶：应当使用气密连接管把气相色谱仪和He气瓶连接起来。气相色谱仪应有两根长2cm，内径为6.4mm的玻璃柱，一根柱用5Å分子筛填充以分析O_2，而另一根柱用聚苯乙烯型色谱固定相R填充，以分析CO_2。一根柱应当直接与检测器的一个小室连接，而另一根柱则与第二个小室相接。② 5mL气密注射器：针（0.45mm×35mm）；针能插入的橡胶塞；用于抽取和转移气体样品的注射器。③ 取样探针（根据Richter1972年的材料作了改进）和滑动锤（根据Roulier等1974年的材料作了改进），这两种工具的结构如图24-3所示，和一系列气体套管（根据Tackett 1968年材料作了改进），其结构如图24-4所示。

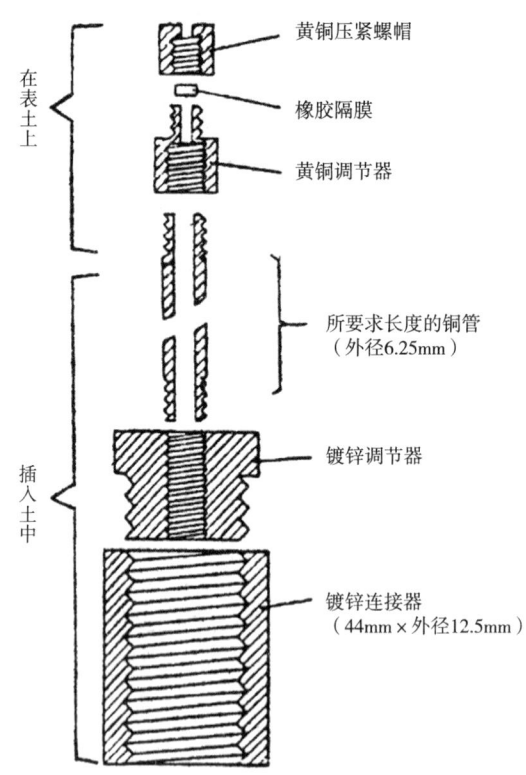

图24-4 适于田间使用的气体取样套管（根据Tackett 1968年的材料改进）

注：取样套管安装于土壤之中，其下端的开口在所要求深度处。土壤空气样品系用探针和注射器吸取，并用气相色谱仪分析其CO_2或O_2的含量

（3）步骤

为了获得气体样品，把图24-3所示的取样探针插入所要求的土壤深度，并把一个注射器（无针尖端）紧接于取样探针内的接管开口处，然后吸取2mL空气，并将其弃去。再吸2mL空气，把针装在注射器上，注出1mL空气（清洗针中周围的空气），然后立即把针深深插入橡胶塞中以将其密封。如遇坚硬和结实的土壤时，应使用滑动锤工具（图24-3），以打出导孔。把探针尽快插入导孔以防空气进入孔内。再把取样探针向导孔中慢慢下推，使阻闭的空气通过末端开口排出到大气中。当使用导孔时，要吸4mL空气并将其弃去。然后如上法吸取1mL样品用作分析。当使用滑动锤工具时，样品空气有极大的可能性会遭到其他深度的空气污染，所以应尽可能地避免使用导孔。

为了从如图24-4半永久气体套管中得到气体样品，应将套管插入已钻好的比装置最大直径稍大的孔中，从而将其插入土壤中。Tackett（1968）和Roulier等（1974）都提出，用木钻头（配有较粗钻杆）就可制成一个方便的钻。把套管插入以后，再把土填于钻杆周围，并压实至一定位置以确保密封。由于新插入的套管内的空气为土壤空气所平衡要花2d时间（Tackett，1968），所以在初次取样前至少需要插入2d。

用针和气密注射器把样品从套管中吸出。方法如下：把针经由隔膜插入套管的地上部末端，吸取土壤空气2mL，并弃去。然后另外再吸土壤空气2mL，并注出1mL，立即将针插入橡胶塞以将其密封。

土壤空气样品，用气相色谱仪按照标准方法进行分析。就大部分样品而言，标准曲线可用含有0.10%或1.0%体积的 CO_2，或者用10%体积的 O_2 制成。由于使用的大多数气相色谱仪均装有上述附件，所以用60mL/min的He气流、25℃的柱温以及50℃的检测器温度就可方便地进行分析。应当使用电桥电流和衰减装置，以对分析提供适宜的灵敏度。倘若使用如上所述的气相色谱仪，那么在1.5min后就会由聚苯乙烯色谱固定相R柱显出一个大的色谱峰（满量程偏转度），约在3.5min后，就会出现 CO_2 的峰。如若有 CH_4 存在，其峰将出现于空气和 CO_2 峰之间；如有 N_2O 存在，其将直接出现在 CO_2 之后，随后将是 C_2H_4。对分子筛5Å柱来说，在1.5~2.0min后，O_2 便迅速出现，随后是 N_2。

由注射器抽取的样品，可用气相色谱仪对其 CO_2 或 O_2 的含量进行分析。对紧实或石灰质土壤，应当用滑动锤（根据Roulier等，1974年材料作了改进）为取样探针打出导孔，

其次是 N_2。而 CO_2、N_2O 和 H_2O 则都被吸附在分子筛上。使用聚苯乙烯色谱固定相R的典型色谱图已由Herbert（1972）以及Bailey（1973）发表。虽然这些色谱图可用于测定气体出现顺序时参考，但每种色谱系统持留 O_2 和 CO_2 的精确时间略有差异，因此应当用分析的标准气体逐个进行测定。

（4）结果计算

定量气相色谱分析所得结果，都易于转换成 CO_2 的体积百分率或 O_2 的体积百分率。由于使用推荐的色谱柱所得之峰都是对称的，所以峰高度就能用于定量分析。例如1mL0.10%体积的 CO_2 标准气体样品，在室温（20℃）时含有1.83μgCO_2。如果用注入1、2、4、6和8mL这种气体制成标准曲线，那么就会给出一条线性的响应曲线，这样，每1.83μgCO_2 就会引起峰高度增加10%，因此1.83μgCO_2 = 10%的全量程记录器响应。例如在注入由10cm深度吸取的1mL土壤大气而产生的35%全量程记录器响应，就可计算出含0.35%体积的 CO_2，其计算方法是：CO_2 标准气体产生10%的全量程记录器响应 = 1.83μgCO_2；因此，通过土壤空气产生的35%响应计算得出为6.4μgCO_2。

气相色谱法用于土壤空气中 O_2 和 CO_2 浓度的分析，其主要优点是需要样品量小、准确度高以及分析简单。使用在吸取样品前立即可插入土壤的、如图24-4所示类型的取样探针，或使用文献中所介绍的其他任何类型的探针，它们都是在边缘打有小孔以避免堵塞的大插管取样探针（可推荐用于0~10cm深度的土壤空气取样）（Hack，1956），或使用细且加强硬度的小管制成的针状取样探针（De Camargo

等，1974；Tackett，1968），或内径小而更坚固的取样探针（Roulier等，1974）或内径大而更坚固的取样探针（Miotke，1972），它们都能穿透土壤而达根区，或达任何需要的深度，而且环境干扰最小，所吸取的样品可进行定性和定量分析。由于取样容易和气相色谱分析的速度快（4~5min分析一个样品），所以可进行足够数量的重复，以便作出正确的统计分析。

当用探针采取土壤空气样品时，土壤孔隙体积及其水分含量，将限定吸取土壤气体样品的区域。例如上面介绍的方法，用于分析的每个样品，至少应取4mL的气体；其中3mL气体用于清洗周围存有气体的系统，只有1mL才真正用于分析。如果这4mL气体系从具有30%孔隙体积，且该体积又有25%充满了气体的平坦紧实的土壤中取得，那么这4mL气体就真正来自直径约为7.8cm的球体区域。样品倘若由取样探针的一个开口（或多个开口）从10cm深处采集，那么气体则来自6.1~13.9cm深度处所限定的平面区域。然而，因取样区域范围为球形，所以气体样品的最大数量将来自取样区域的中心附近，这瓶气体样品更代表10cm深处，而不是6.1~13.9cm深度。事实上，约有70%的气体来自8~12cm深度的区域，而略高于90%的气体来自7.5~12.4cm深度的区域。这里应当指出，如果土壤具有较大的孔隙体积或含水量较少，那么取样范围的直径便可减小，反之，如果有降雨或土壤变得更为结实，那么取样范围的直径将增加。

图24-4所示的气体套管是具有一般功能的气体套管，它们是由多种形式和多种材料制成。这些形式有：Tackett所介绍的，是一些研究者所采用的，较为简单和便宜（Paul等，1977）由玻璃棉填充的简单玻璃毛细管制成的设备（Hack，1956）；或Tackett设计的固定在不锈钢微套管或大套管上的玻璃和塑料构成的改进形式（Bunting等，1975）。

Dowdell（1972）描述了一种引人注目的气体套管，该套管可采集气体和水样。但是，这样的气体套管较复杂，大量生产比图24-4所示的要贵。Jorgensen（1974）介绍的一种气体套管更简单和更有意义，因为它能在土壤中放在同一水平位置上。该型号由16cm长的可透气和水的塑料管制成，在用挖柱孔或桩孔的工具挖出一个垂直孔后，将其沿孔插入土壤中。样品都可由通至地表的导管吸出。

安装的半永久气体取样管的主要优点是气体样品比用其他方法更容易从非常湿的或细质地结构的土壤中取得（Tackett，1968），而且气体能在固定的深度向气体取样管扩散。因此，至少在理论上，这种方法比用手提取样器对该深度所取样品的气体浓度能作出更好的鉴定。但是当需要有关O_2或CO_2浓度迅速变化的信息时，缓慢的扩散作用限制了半永久取样管的价值。正如Tackett（1968）所讨论的那样，这一问题因取样管的安装位置的加深而有所改善，这是因为当其离地表的距离增加时，气体体积和扩散途径的长度也都增加了。这些取样管较小的缺点是，样品常是由土壤中的同一点吸取，取样频繁时，围绕直接取样管的区域必须防止践踏压实土壤。

上述建议的气相色谱系统简单、耐用、易于维修和可靠。由于有一根柱和检测器的一侧用于O_2的分析，而另一柱和另一侧用于CO_2的分析，所以该系统快速，且在4~5min内可对两种气体中的任何一种完成分析。此外，当使用单一土壤空气样品进行O_2和CO_2（加其他气体）的分析时，还可免去额外的色谱柱、冷却水浴、蒸气分离器以及其他所需的随机设备（Beard，1976等）。热导检测器已广泛用于土壤气体分析（Bead，1976等）。这种检测器能够分析与载气有不同热导度的任何气体物质，而且它有稳定、结构简单和对包括CO_2或O_2在内的大多数土壤空气分析较灵敏等优点，且操作无需特别小心检测器也能很好工作。然而，热导丝热导池检测器中的钨或钨合金高温时有发生氧化的趋势，因此，如果使用不小心，如切断电桥电流或突然关闭气流，都能引起损失。在热导池检测器中，绽用有玻璃套的热敏电阻来代替裸露的热导丝，可略为减少氧化问题，但热敏电阻检测器灵敏度略比热导丝类型的要低。

对土壤分析具有意义的另两种检测器是He检测器和超声检测器，其灵敏度比热导检测器约高10

倍。在这两种检测器中，超声检测器是通过测定一个受气体成分变化影响的电池腔中的声速变化来工作的（Grice等，1967），这种检测器在土壤空气分析中的应用已得到Blackmer等（1977）的测验。根据这些作者的报道，该检测器稳定性高、灵敏度高（大多数气体为0.1μg/mL就可检测出来），也不受土壤中正常气体的负影响，线性热力学范围大于 10^6，还可在任何载气条件下使用（Blackmer等，1977）。这种检测器的主要缺点是非常昂贵，而且仅有几个实验室给予了全面评价（Grice，1967；Blackmer，1977）。

如前所述，用气相色谱仪中分离气体的吸附剂，应能迅速分离出 O_2 和 CO_2。广泛用于 CO_2 分析的分子筛5Å（Bailey等，1972）可清晰地分离 O_2 和 N_2；而 CO_2 和 N_2O 可被完全吸附于该物质之上（但具可逆性）。水分也会被吸附，最终会导致基线飘移，吸收峰难于分解，以及峰基变宽。但这可通过在250～300℃下重新调节色谱柱4～5h而得到纠正。虽然聚苯乙烯型色谱固定相Q已广泛用于 CO_2 分析（Bailey，等），但由Herbert和Richter（1972）所选出的聚苯乙烯型色谱固定相R也可非常迅速地分析 CO_2，并可用于 C_2H_2 和 C_2H_4 的分析。

四、实验室方法

1. O_2消耗速率的测定

（1）原理

用于测定 CO_2 消耗速率的培养装置，在原理上是一种增大了的和结构更为简单的Warburg装置（瓦氏呼吸器），其结构如图24-5所示（根据Klein等，1972年的材料作了改进）。在使用这种装置时，可把土壤和少量碱密封于培养室，并将气压计用水补充调至校准的标记水平。在培养期间，土壤生物体将消耗 O_2 而放出 CO_2。由于 CO_2 被吸收在碱液中，所以在培养室中并未增加气体的压力，这样，其结果是 O_2 的分压下降，从而培养室中的气体体积有所下降。下降的数值可根据气压计中液体高度的变化来记录。根据这种高度的变化，就可测出土壤所消耗的 O_2 的体积。因气压计的一根支管口敞开于大气，所以在培养期间大气压的变化将会影响读数。因此，就必须用下面详细叙述的热气压表进行纠正。

（2）专用仪器（图24-5）

① 呼吸测定瓶。最方便的是用1L罐状广口瓶，有橡胶内缘或内填圈作成的金属螺纹盖以用于密封。在金属盖上应打2个小孔，以适于使用橡胶塞。Klein等（1972）推荐同时在一些盖上打孔。这就为薄金属提供了一个卷边，它能使橡胶塞牢固地密封。② 筑 CO_2 吸收阱。它系由50mL烧杯和一个三脚不锈钢条架（或不锈钢管架）组成，在培养过程中把烧杯架于土壤之上。③ 气压计。由两根长度为250×8mm（外径）的玻璃管组成，并用一根长为20cm的厚壁塑料管，把这两根玻璃管连接起来。在培养期间，气压计的两根玻璃管用一小木条将其固定于呼吸瓶上。木条和气压计的一支玻璃管（固定玻璃管）在培养期间用两条绷带缚于呼吸瓶的一边。第二根玻璃管（可动玻璃管）可用橡皮筋固定。固定管用一根长为30cm的塑料管将其接于呼吸瓶的盖上。④ 两个单孔塞。一个装有单通道玻璃活塞，另一个装有4cm长的玻璃管，以便与气压计相接。两个塞子都要紧紧插入呼吸瓶盖上的小孔中，而且必须密封。

（3）试剂

10%（重量/体积）的氢氧化钾（KOH）溶液：每一呼吸计装置中使用10mL溶液。

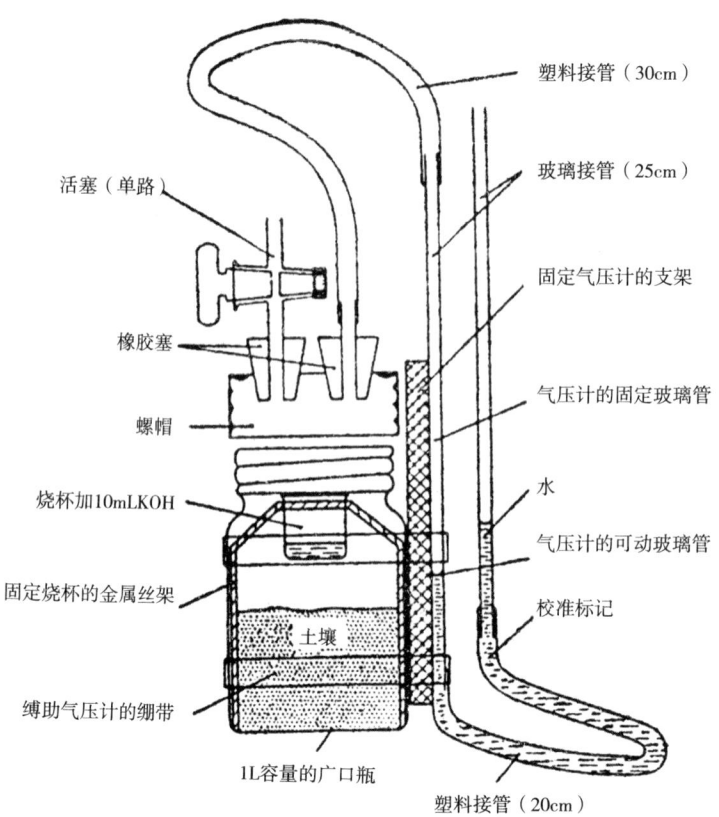

图24-5　用于气压计测定土壤消耗CO$_2$的大容量培养装置（根据Klein等1972年的材料进行了改进）

（4）步骤

把200~300g湿土样、一个含有10mLKOH溶液的烧杯、以及支撑烧杯于土壤之上的架子置于呼吸瓶中，然后把螺纹盖紧紧盖住，以形成气密封。打开活塞，同时把水灌入气压计直至达到原先已在气压计固定玻璃管上刻出的校准标记为止。关闭活塞，记下周围的温度，并把呼吸测定计装置于所要求的条件下培养。培养完以后，将呼吸测定计装置转移至原温度条件下，待其温度达平衡后，通过调节可动玻璃支管，直至固定玻璃支管中水平面恢复到原来高度，从而可确定由于O$_2$的吸收而造成的呼吸测定计中压力的变化。量出两个水平面之间的距离，并利用这一读数（以毫升计量），但必须以大气压的变化来予以校正，然后乘以瓶的常数（如下一段所介绍的那样），就可测定单位时间内土壤所消耗的O$_2$的体积。关于时间问题，Klein等（1972）推荐每24h对气压计的读数进行记录。但是，对于活性极高的土壤，间隔时间必须较短。读数后，打开呼吸瓶盖上的活塞，以使压力达到平衡，并再次调节气压计中的水平面至校准标记。关闭活塞，重新开始培养。

（5）结果计算

热气压表的读数

含有土壤的呼吸测定计装置的气压计所发坌的高度变化，必须用培养期间所发生的气压表的变化来校正。就此目的而论，应当使用一种热气压表。该校正系统由一个呼吸测定计装置组成，但该装置含有一种与土壤体积相似的，但不起反应的固体（Klein等，1972），使用了一种密封的瓶，且差不多具有土壤同样的含水量，而且，在固定的烧杯中盛有10mL KOH。通过测定在一定的培养期间该装置中水平面高度的差值，就可记录到大气压的变化（以毫升计量）。该值是加于含有土壤的装置所读出的读数，还是从其减去，都取决于气压表压力在培养期间是降还是升。经这样的校正后，就可得到土壤呼吸测定计中水平面高度真正的或"校正"的变化。如何测定校正的读数，举例如下。

在25℃条件下培养24h后，热气压表的读数为20mm。在气压计固定玻璃支管中的水面升高时，这就表明大气压有所增加。在25℃培养24h后，含有200g土壤（干重）的呼吸测定计装置的读数为160mm。

含土壤的呼吸计装置的校正读数 = 含土壤的呼吸计装置的读数−热气压表的读数

即，校正读数（R）= 160−20 = 140mm

单位土壤在单位时间内消耗氧的计算方法

把校正的140mm读数转换成体积，就必须乘以"瓶的常数"。该常数是通过对每一呼吸测定计装置的测定而测出，其值可根据下列等式计算（Umbreit等，1964）：

$$K = \frac{Vg(\mu L)273/T + V_f(\mu L)a}{Po}$$

式中：K为瓶的常数；Vg为瓶和向下与具有参比（校准）标记的气压计固定玻璃支管相接的连接管中的体积；例如Bg = 总体积（1 022 000μL）−干土体积（120 000μL）−烧杯加支架的体积（50 000μL）−土壤样品中水的体积（50 000μL）−KOH中水的体积（10 000μL）= 792 000μL；

V_f μL（容器中液体的体积）= 土壤水体积（50 000μL）+KOH体积（10 000μL）= 60 000μL；

Po（标准压力）= 蒸馏水高度10 336mm；

α为气体在反应液体（水）中的溶解度。在培养温度时，O_2 = 0.028 22（其他温度时，O_2的α值可参看表24-1）；以及T = 绝对温度 = 273+℃ = 273+25 = 298。

因此，

$$K = \frac{792\ 000\mu L \times 273/298 \times 60\ 000\mu L \times 0.02822}{10\ 336mm}$$

$$K = \frac{70.4\mu L}{mm}$$

由于含土壤的呼吸测定计校正的变化高度为140mm，所以：

O_2吸收的体积 = K × R = 70.4μL/mm × 140mm = 9 856μL

这就表明，耗消的O_2为9.86mL/（200g干土·24h）。

表24-1　不同温度时O_2在水中的溶解度（Umbreit等，1964）

温度（℃）	O_2
0	0.048 72
10	0.037 93
15	0.034 41
20	0.030 91
25	0.028 22
30	0.026 12

注：在一个大气压时，气体溶解于每毫升液体（水）中的毫升数（α值）

（6）短评

每个呼吸测定计装置的瓶常数，都必须进行测定。一经测定后，装置的各个部分，其中包括瓶及其盖，烧杯及其固定架，塞子以及气压计的各部分都必须集中一起，且保持不变。否则就要在每次试验之前重新测定瓶常数。因此应标出装置中每一部件相匹配的号码。

呼吸测定计装置一旦组装完成，就必须测定呼吸测定计中的气体空间体积。要做到这点，有一个简但不太精确的方法，是把气压计的一根固定支管卸下，且通过该支管把已煮沸且精确测出体积的蒸馏水（无气体）注入。应供给足量的水充满倒置的固定支管，以使其在操作时达到下基部的2～4cm内。

关于干土的体积，也是瓶的体积的计算所需要的一个因子，即每一单位湿土中的含水量（以毫升计）必须测定。该值可自动给出于土质量。当这些值已知后，把湿土倒入水中时，记录下代替出的水体积。湿土代替出的体积（mL）减去湿土中的水分含量（mL），就得出了代替出的干土体积。

2. CO_2释放速率的测定

（1）原理

图24-6所示装置，系由一个CO_2分析器、一个记录器、一个样品转换器、一个预充气流和一个样品气流组成，它提供了测定由土壤样品释放出CO_2速率的灵敏和可靠的方法。所用的仪器坚固耐用、易于校准、维护也简单方便，同时还能自动记录数据。但是，这些设备较昂贵，而且只供6个样品的测定。另外，含有CO_2分析器的装置，虽然它可在2～25℃温度范围内进行操作，但必须保持在较为恒定的温度（±2℃）条件下，才能进行可靠的工作。待分析气流中的水分对测定结果影响不大，因此，这类装置也易于用作液体培养（Anderson，1978a等）

在CO_2测定释放速率时，所用颗粒大小适度的湿土样品（20～200g干重）应均匀一致地装于圆筒样品管中，然后将其接于图24-6所示的样品转换装置上，应用样品转换器中的计时器，由每个土样放出的CO_2每小时可测定10min；在测定以前，每一样品应立即用含水汽而无CO_2的气流自动预充气10min。这种预充气可除去不通气的40min内样品室中所积累的CO_2和10min预充气过程中形成的CO_2。在紧接着预充气以后，便把气流导向CO_2分析器，这样就能将10min内形成的CO_2数量进行分析。因此，每一土壤样品受到的通气总时间为20min/h；在最终10min内，可直接测定CO_2形成的速率。在每小时的前50min内，形成的CO_2可作为废气排尽至周围大气。采用1：5的比值乃是Domsch等（1973）设计的优点，他们改进了仪器装置，以使能同时测定用[14]C标记物供给的土壤所放出的[14]CO_2和CO_2总量。如果用CO_2吸收槽、液态CO_2吸收剂、电磁起动管形钳位电路、分离收集器以及电子计时开关代替预充气系统上的转子流量计，就可收集由样品在50min内放出的废气，并用闪烁记数法分析其[14]C标记物的含量。这种改进的装置对用放射标记物的短期试验特别有用。

当气流通过土壤样品被吸出（流速约为75mL/min）而送入CO_2分析器时，它可与稀NaOH液流（流速约为0.75mL/min）充分混和。这样就必然发生下列反应：

$$2Na^+ + 2OH^- + CO_2 \rightarrow 2Na^+ + CO_3^{2-} + H_2O$$

该反应的结果是，羟基离子的数量有所下降，并引起碱的总电导度降低（chmidts等，1961）。根据惠斯顿（Wheatstone）电桥原理，以未反应的NaOH溶液作参比时，就可不断测定作为空气流中CO_2数量函数的电导度的变化。因此，这就建立了测定单位时间内CO_2体积百分浓度的一个简单和有效的电化学方法。试验结果可用绘图记录器图纸上的CO_2峰值体积百分率来表示（图24-6）。

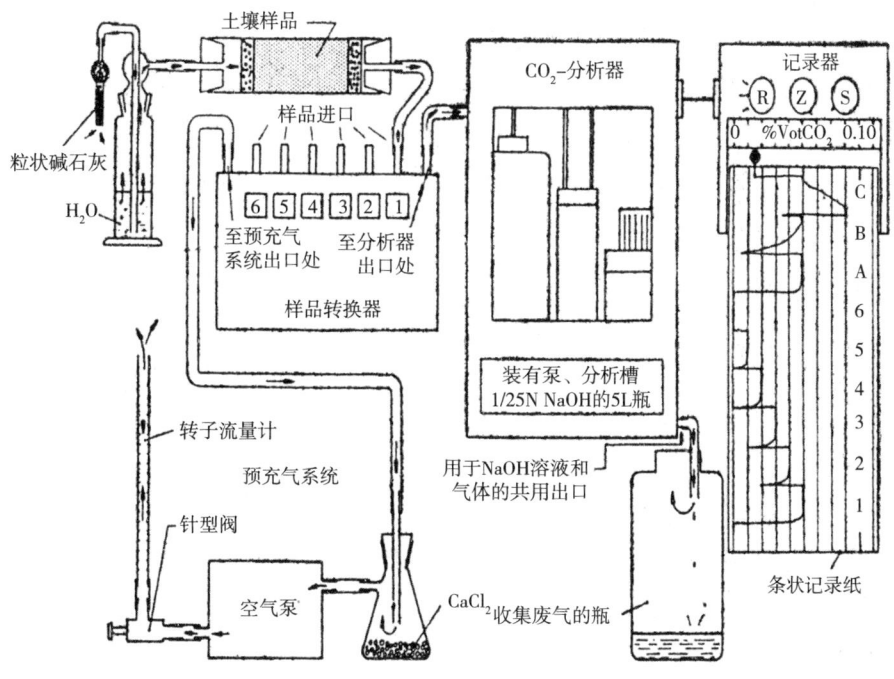

图24-6 测定土壤释放 CO_2 速率的自动装置系统（Domsch，1968）

（2）专用仪器设备（图24-6）

只有厚壁塑料管才能用于连接各个装置的进口和出口处。连接管各部分应根据实际情况尽量缩短，重复的各个部分之间的连接管，如属于样品的通气流部分之间的连接管，其长度应当相等。这些预防工作可使 CO_2 通过管壁扩散所引起的不精确性减至最小而且也使气流导管长度不等所造成的样品之间差异减至最小。下面是所需设备：

① 超级气体 U_3KCO_2 分析器以及LF型补偿条状绘图记录器（美国纽约，Ardsley，标准仪器公司；原西德，D-4630Bochum 1，Wösthoff OHG）。这些仪器都是一个整体，应同时购置。② 自动样品转换装置，它具有6个气样进口；一个用于分析气流的出口；一个预充气气流进口；以及一个10min一循环的开关（美国纽约，Ardsley，标准仪器公司；原西德，D-4630Bochumi，Wösthofl OHG）。③ 6个土壤样品管，每个管均用一个厚壁透明塑料圆管式玻璃圆管（外径4cm，长25cm）制成，且在其末端装有一个泡沫塑料垫（不会发生生物降解，用作尘埃过滤器）和能塞紧的单孔橡胶塞：这些塞子应装有一小段玻璃管以连接管道。④ 6个气体清洗瓶（250mL），在进口处装上含有粒状碱石灰的干燥管（15mL）：瓶内应装有50mL无 CO_2 的水（煮沸过的水）。将出口处连接在样品管上，这些部件允许通过土柱吸取含水汽而无 CO_2 的空气气流。⑤ 大功率缸式空气泵，在进口处接上含有粒状 $CaCl_2$ 作为干燥剂的500mL瓶子，而在出口处则装有用于微调空气流速的针型阀，紧接着，有一个精确测定空气流的转子流量计：将该系统连接在样品转换器上的预充气流出口处，这样两者就能产生和调节样品预充气气流的流速。该系统对得到待测 CO_2 释放速率的精确曲线是必要的，其正确使用情况将在后面详细讨论。该装置可供6个土样的测定，数据可用 CO_2 体积百分率记录。样品峰1~6和峰A显示了"理想"平顶形。当预充气气流太快时，则显示出峰B的形状；而当流速太慢时，又为峰C的形状。R是 CO_2 体积百分率量程开关；Z是O基线盘；S是灵敏度指示盘。⑥ 高质量标准气（含0.05%体积的 CO_2）气缸：装备有一个两级调节器和一段有T型接头的管道，该管的一个支管向大气敞开（图24-6中未示出）。

（3）步骤

首先应使用不含 CO_2 的气流和已知数量的 CO_2 气流来校准仪器。完成设备组装并有足够的预热时间（1~2h）以后，将空土样管置予系统中，开动仪器，直至确立稳定数值的基线。使用记录器上的"零"基线盘（图24-6，Z），然后调节基线为零。可使用该技术来检查6个样品气流气体的密封性，而不使用装在CO_2分析器中的"回零"开关（图24-6中未标出）来检查。连接系统一旦漏气，或碱石灰一旦被耗尽，都可由立即出现的峰来进行监测。

调零步骤完成后，应当用标准CO_2气体来校准仪器。如果使用0.05%体积的CO_2标准气，那么应将记录器上量程开关（图24-6，R）调至CO_2体积为0~0.1%的位置。在采用敞口于大气的支管相接的T形接管时，可把标准气体圆筒，直接连于CO_2分析器上的气体进口处。3~5min以后，记录器上应读出0.05%的数值。否则，就要用记录器上的灵敏度调节盘（图24-6，S）调至此值。当记录器在10min内都能显示出所需求的数值时，可从气体圆筒上取下导管，把样品转换器的导管换接在分析器上。在连续操作的条件下，干燥管中的碱石灰和500mL锥形瓶中的$CaCl_2$，应每7d更换一次。此外，每7~14d应用标准气进处一次校准。应当特别注意：CO_2分析器中压力过高或过低都会将分析器的内腔损坏。因此，在校准过程中，标准气体圆筒与分析器相接的气体导管上，有开口的T形接头是绝对必要的。而且还应注意，在把气体圆筒的导管接于分析器之前，应打开其上的调节泵。这可以防止气体因T形接头不能补偿而使部件发生爆炸。

（4）结果计算

在操作的每一小时，条状绘图记录器就会显示出6个峰：这可从图24-6中所举例子看出，第一个样品产生了含有0.05%体积CO_2的一个峰。因此，第二、三、四、五和第六个峰，则分别为含有0.04%、0.03%、0.02%、0.01%和0%体积的CO_2的峰。为把这些峰的百分体积读数，转换成每小时CO_2的毫克数，就必须知道恒值泵（装于CO_2分析器中）在单位时间内吸取通过土壤样品的气体速率。根据操作手册，或通过碱测定出离开分析器的气体，人们就会发现其速率（在大部分情况下）为73~75mL/min。因此，其计算可按下列步骤进行。

① 通过土壤样品移出的气体，即经过CO_2分析器移出的气体，其速率为75mL/min，这相当于4 500mL/h。② 当记录器在全偏转时（在0.0%~0.10%量程位置），单位时间内气体总量的0.10%体积为CO_2。因此，在全偏转时，$0.001 \times 4 500 = 4.5$mL/h为CO_2。③ 当20℃的读数为0.05%体积的恒定值，或50%偏转时，CO_2释放速率为$0.50 \times 4.5 = 2.25$mL/h。因此，在20℃时，1mL $CO_2 \cong 1.83$mgCO_2，那么，2.25mL CO_2/h$\approx$4.12mg/h。如果潮湿土样重量为100g（干重），那么其值为4.12mgCO_2/（h·100g土），或41.2μgCO_2/（h·g土）。

（5）CO_2释放曲线的形状

土壤产生CO_2速率的测定，只有通过正确调节预充气系统的气流速率，才能确保可靠的测定结果。从图24-6可以看出，标有A、B和C的3个峰，就有3种不同的形状。峰A可认为是一个"理想速率峰"，它最初（约2min）在数值上有所增加，但剩余的测量时间内，立即出现水平状，并保持恒定或成"平顶形"。该峰的平顶形结果表明，土壤以恒速释放CO_2，因此，峰的恒定值部分的任何点，都能用于测定所产生的CO_2数量。这些恒定值或平顶形峰，都是通过使用位于预充气泵后面的针型阀来正确调节预充气气流速率而获得。预充气流速过大的结果，如图24-6中曲线B所示。在这种情况下，在10min测量期间的前7~8min，峰值增加，而在最终2min内，可达到恒速产生CO_2。在此预充气速率必然略有减小。如果预充气速率太慢，那么40min非通气期间所积累的CO_2就不能完全除去，这样就产生了负倾斜峰（图24-6中峰C）。当出现这种形状的峰时，就应当开启针型阀，以增加预充气气流的速率。为了达到实际目的，预充气气流的速率应当为分析气流恒定值的2~3倍。由于预充气气流和分析气流同时进行，所以流速可通过要测定样品的气体洗涤瓶（如样品1）中的气泡形成速率，写接受预充气的样品（如样品2）以视觉进行比较而作出粗略的调节，其他部分的调节亦按此方法进行。

3. $^{14}CO_2$ 释放速率的测定

（1）原理

所需装置由下列部分组成：培养室加 $^{14}CO_2$。吸收系统（图24-7）、锥形瓶及其把吸收的 CO_2 转移至与闪烁液相混合的有机溶剂中的一些附件（图24-8）。在培养期间土壤通过扩散作用进行通气。这样就要通过作为培养室加长颈的玻璃柱中的两层粒状碱石灰和两层棉塞（图24-7）来进行。培养期间对锥形瓶中大气的气相色谱分析表明，室腔中的 O_2 浓度与周围大气中的 O_2 浓度相等。通过图24-7的试验，我们就能清楚，两层碱石灰的下面一层才能真正作为 $^{14}CO_2$ 的吸收阱。而外部的吸收阱保护内部的吸收阱在长期试验过程中免遭大气中 CO_2 的饱和。在25d的培养试验中，外层每25d或30d应进行更换和弃去（它们无放射性）。由于碱石灰吸收的 CO_2 为其质量的25%~30%，那么下层10g的载荷量能结合 CO_2 2.5~3.0g。假设土壤能释放的 CO_2 量为1.5mL/（h·100g）土，那么吸收阱可有效地维持约60d。倘若试验将长期进行，碱石灰应当移出，并用新鲜材料代替。

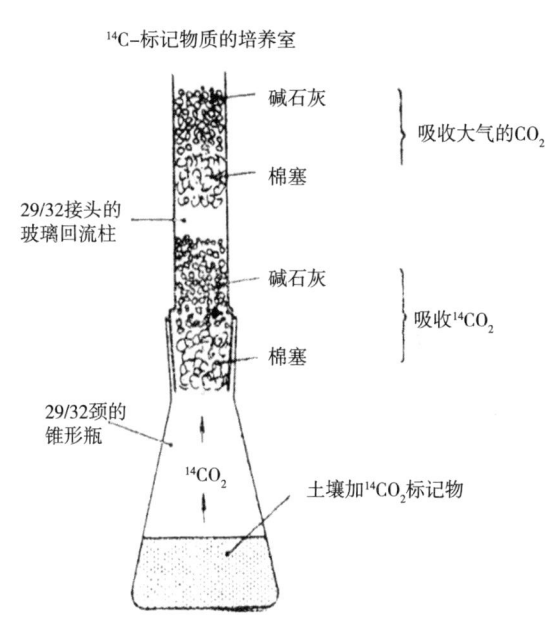

图24-7　用于俘获 ^{14}C 标记物质与土壤混合培养后放出 $^{14}CO^2$ 的培养室（根据Anderson,1975年材料作了改进）

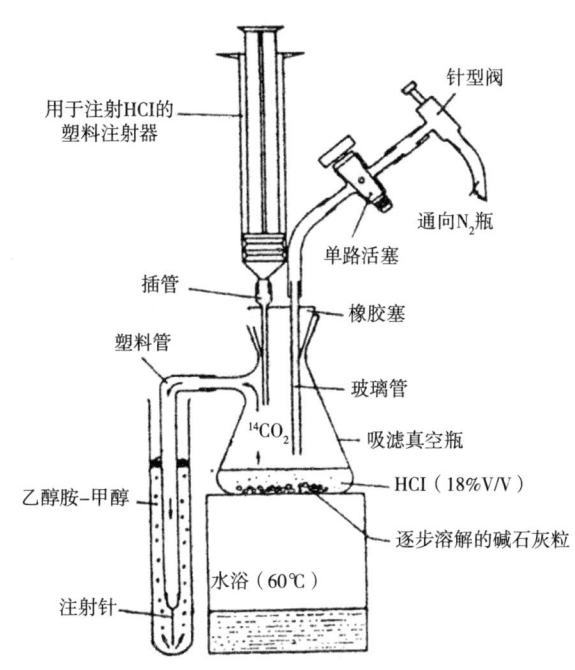

图24-8　由粒状碱石灰把 $^{14}CO_2$ 转移至乙醇胺——甲醇混合液中，以用于液闪烁计数的装置（Anderson,1975）

（2）专用仪器设备（图24-7和图24-8）

① 培养室和 $^{14}CO_2$ 吸收阱。它们由100~300mL的磨口玻璃锥形瓶组成，将类似的玻璃回流柱插入其中（图24-7）。由柱的基部向上，柱中装有棉塞和约10g粒状碱石灰，由此向上便有一隔离段，然后，再装上第二个棉塞和第二层碱石灰10g。图24-7用于俘获 ^{14}C 标记物质与土壤混合培养后放出 $^{14}CO_2$ 的培养室（根据Anderson，1975年材料作了改进）。下层碱石灰可吸收 $^{14}CO_2$ 上层碱石灰则确保吸收的 $^{14}CO_2$ 不为大气 CO_2 所饱和。放射性 $^{14}CO_2$ 要转移至乙醇胺-甲醇（图24-8）中，以用作闪烁计数。② 培养室及其将 $^{14}CO_2$ 由碱石灰转移至用于闪烁计数的有机溶剂混合物中的附件（图24-8），它们由300或500mL真空锥形瓶组成，该瓶在出口处装有厚壁塑料管（长20cm），其末端包括一个0.90mm×55mm的注射针。在塞于锥形瓶中打有两个孔的橡胶塞上的一个孔中，把不锈钢或硬壁毛细管制成的插管插入其中。另一孔则装上一根玻璃管，使其插入到锥形瓶基部距离的3/4。然后在其上接一根橡胶管，并装有单路活塞和针型阀，以便于调节气流流速。针型阀上再装一根橡胶管，以通向装有两档调节器的

N_2气钢瓶。还需要装配一支50mL的塑料注射器以经由插管把酸引入锥形瓶。③ 可放置锥形瓶的水浴，其水温能保持在60℃。④ 25mm×550mm试管，以用于$^{14}CO_2$转移过程中装载液体CO_2-吸收剂。⑤ 闪烁瓶和盖。⑥ 闪烁计数器。

（3）试剂

① 粒状碱石灰，过1.5~2.0mm筛孔。② 棉花球（卷）。③ 18%（体积/体积）盐酸（HCl）。④ 乙醇胺-甲醇混合液（7：3，体积/体积）。⑤ 闪烁液：1L甲苯，4g二苯噁唑（二苯-1，3以氧氮杂茂）和0.3g2,2'-p-苯撑-双-（5-苯噁唑）。

（4）土壤的培养

如图24-7所示组装培养室。在培养50g土样时，用100mL锥形瓶，培养100g土样时，则用250或300mL的锥形瓶。在培养开始时，需记录下土壤和锥形瓶的质量，但应减去玻璃柱的质量。由于蒸发失水（它可被碱石灰吸收），所以应每隔7~14d向土壤表面洒水以补充水分至原来质量。当打开培养室时，为避免$^{14}CO_2$损失，所以应将其置于轻度真空条件下约30s，以把土壤中的$^{14}CO_2$吸入$^{14}CO_2$吸收阱。在培养以后，要把粒状碱石灰保存起来，直至能方便地把$^{14}CO_2$转移至用于闪烁计数的液体溶剂中为止。

（5）$^{14}CO_2$由碱石灰向乙醇胺-甲醇混合液的转移

把碱石灰颗粒从$^{14}CO_2$吸收阱中移出，并将其移至转移室（图24-8）。在锥形瓶上塞好塞子，关闭单路活塞，将容器置于60℃的水浴上。把接于锥形瓶出口处的注射针（还有一部分塑料管）尽可能深地插入250mm长试管中所盛有的25mL乙醇胺-甲醇混合液中。然后缓慢地把50mL18%（体积/体积）HCl注入锥形瓶内，这就可把碱石灰溶解、并释放出$^{14}CO_2$。HCl必须缓慢地注入，这样才不致于在乙醇胺-甲醇混合液中过快地形成气泡。溶解完成后，打开单路阀，并用N_2清洗锥形瓶约20min。将25mL乙醇胺-甲醇混合液转移到50mL的量筒中，并用同样溶剂的混后液调节至30mL，然后充分搅匀。取10mL样品与10mL闪烁溶液混和。再把样品置于闪烁计数器内计数10~20min。计数所需的精确时间将取决于样品中放射性的数量。

图24-8由粒状碱石灰把$^{14}CO_2$转移至乙醇胺-甲醇混合液中，以用于液闪烁计数的装置（Anderson，1975）。碱石灰溶于酸中时就能放出$^{14}CO_2$，这样就可用N_2流将其转移至液体吸收剂中。

（6）结果计算

如果获得的是每秒计数值，那么其结果应根据发光猝灭和背景值予以校正，然后计算测定出每秒衰变值。简式如下：

每秒计数－背景值（本底）计数效率（%）×100 = 每秒衰变数

由于30mL乙醇胺-甲烷溶液中只有10mL用于计数，所以每秒衰变数应乘以3，才能得出碱石灰俘获的总计数。根据这些数值，就可测出矿化成$^{14}CO_2$的总放射性百分率。

（7）短评

在碳矿化作用的研究中，$^{14}CO_2$能用常规的非同位素方法进行分析，并将其作为样品总CO_2含量的部分，或者也能被选择性地进行分析，因为它可作为一个含有来自$^{14}C_2$标记物唯一原子的分子。这种特性使得采用^{14}C标记化合物对许多类型的矿化作用研究是必不可少的，而且进一步要求有方便的吸收和制备$^{14}CO_2$的方法以用于分析。与所有涉及到CO_2的研究相同，必须收集有放射性的各种化合物，然后将其以气体或吸收形态转移至适宜的检测器。一旦这些步骤都顺利完成，那么就很容易进行定量分析。

^{14}C标记物定量分析所使用的最普通仪器为Geiger-Müller计数和液闪计数器。在许多Geiger-Müller计数计中，含有放射性的样品可以一种固体（最普通的$^{14}CO_2$形态是$Ba^{14}CO_3$）或气体放置于计数管中。当以固定来计数时，其效率极低（10%~11%），这是由于样品本身、样品与计数管之间的空气、以及

样品管吸收软β射线所造成。在使用^{14}C处理的土壤来进行的一些研究时，对^{14}CO$_2$的数量进行了气体形态的分析。Skujins等（1969）介绍了一种培养室，在该培养室中，Geiger-Müller管与Mylar窗直接暴露于与土壤样品相接触的大气中。Mayaudon（1971）也曾使用呼吸测定计来分析气相CO$_2$，在分析过程中，把与^{14}C处理的与土壤相接触的大气引入到离子检测器中。上述两种培养系统均很有意义，但因为检测器和土样之间为1:1的比例，因此，并未被推荐用于大量样品的长时间培养试验。一种能经过电离室吸出气体而工作的自动化仪器可用于土壤微生物的研究（Zwarun，1972）.

用于检测和测量^{14}C辐射作用的最方便、高效和高度自动化的仪器是液闪计数器。在该系统中，由^{14}C发出的软β射线可用化学物理过程将其转变为可用光电倍增管检测和放大的光脉冲。如果把Ba^{14}CO$_3$晶体悬浮在适宜的液闪溶剂系统中，其计数率可达60%~70%。当它被吸于无机或有机溶剂中，并与适宜的"闪烁液"混合后，其效率会增加到70%~85%。除灵敏度高以外，现代闪烁计数器的主要优点在于，可自动把样品导入计数室，而且数据打印多少也是标准化设备。有关该仪器的原理和实际使用，以及放射计数的其他设备的介绍和详细讨论可参阅Crosbie（1972）和Hash（1972）的评论，以及由这些仪器的制造者和推销者所提供的说明书和文献。

对用^{14}C标记物质进行研究而发展起来的大量培养系统的检验结果表明，主要技术困难是通气问题，因为^{14}CO$_2$必须被保留，这就意味着系统必须是封闭的。但O$_2$则必须能够得到补充或可自由地进入培养的土壤，因此，这又表明系统必须是开放的。Freytag和Igel（1968）找到了解决该问题的办法，他们将土壤培养于一种消耗计量型仪器内，在该仪器中^{14}CO$_2$可被稀碱溶液吸收，而被微生物呼吸所利用消耗的氧，则由电解H$_2$SO$_4$来补充。虽然在该设备中可使用大最土样（≥100克），且O$_2$分压的降低也未出现问题，但所涉及的仪器设备比较复杂，也颇昂贵。Freytag和Igel（1968）的装置中可进行培养的土样少，因此，它对大量试验来说无实际意义。Domsch等（1973）的更高自动化系统与此相同。用于少量土壤（2~4g）的辐射呼吸测定计（Ma—yaudon，1971；Wang，1972），但由于其复杂，只用于有少数几个样品的试验。

一些较不复杂的^{14}CO$_2$吸收培养系统才既普遍又多被采用（Walter-Echols等，1978）。由盛土壤的锥形瓶及装有CO$_2$吸收剂的试管所组成的培养室，可供100~200g土壤样品的分析使用，但在培养过程中应保持密封良好。当土壤含有活性高的微生物群落时，O$_2$分压会迅速下降。因此，在长期试验过程中，必须用打开锥形瓶口，以使新鲜O$_2$气进入其中。这样，该过程不仅麻烦，而且也会导致少量^{14}CO$_2$的损失。

为了克服土壤培养过程中O$_2$分压降低的问题，开发了多种装置，在这些装置中，用外力使空气在柱或土层上，或经其而通过（Martens等，1977）。在该类型的装置系统中，由空气流移带的^{14}CO$_2$可被适宜的有机或无机碱溶液吸收，而这些溶液最通常是盛于如Stotzky（1965）介绍的起泡塔中。所有这些方法，当其用在多于一个的土壤样品时，都至少需要一个空气泵、一个多路分歧接头和一些气流调节器（其至少还需配备一些简单的毛细管或带针头的皮下注射器），以及一些起泡塔或一些类似的吸收阱。就这些系统而言，由于气流流速不等，样品变干，以及蒸发所造成的样品液的损失，或吸收溶液因积累了由样品损失的水而得到稀释，这都不可避免地会带来一些问题。这些问题中的每一个问题都易于纠正，但每一问题的纠正就需要增加设备或在调节培养的程序中花费时间。

一种略有不同的，且能大大避免上述复杂问题的^{14}CO$_2$吸收培养类型，它采用了扩散通气。在此情况下，使用了粒状的CO$_2$吸收剂，当将其置于100~300mL锥形瓶的延长颈内时，它就能排除周围空气中的CO$_2$，并在锥形瓶内发生大气交换，此时，亦能排除^{14}CO$_2$。在该类型中，有两种十分相似的系统最近已作了介绍（Marvel等，1978），而且，已发现这两种系统在用于长期和短期试验时非常令人满意（Marvel等，1978）。

第二十五章 土壤空气的组成及其分析方法

一、引言

土壤气体（或土壤空气）一词可定义为"土壤气相，它是不被固体或液体所占去的容积部分"（SSSA，1979）。这一名词原来用于田间条件下土壤中的气相，但其涵义在最近的文献中已有扩大，包括在试验条件下，于密闭瓶内培养的土样以上的空气和田间条件下土壤上设置的培养室中的空气。本文拟采用已扩大了的含义。

土壤空气的组成通常与空气的组成有很大差异（表25-1），因为大多数气体可由土壤过程产生和消耗。土壤中产生和消耗气体最多的过程是植物根系和微生物的好气呼吸作用，它们产生CO_2和消耗O_2。其他土壤过程则可产生或消耗下列气体：氢（H_2），有机气体如甲烷（CH_4）和乙烯（C_2H_4），含氮气体如N_2、一氧化二氮（N_2O）、一氧化氮（NO）、二氧化氮（NO_2）、氨（NH_3）、挥发性胺以及含硫气体如硫化氢（H_2S）、二甲硫（CH_3SCH_3）、二甲基二硫（CH_3SSCH_3）、甲基硫醇（CH_3SH）、二硫化碳（CS_2）和硫化羰（COS）。

最初对土壤空气的分析主要是为了研究土壤通气（即土壤和空气之间的气体交换）及其对植物生长的影响。一些植物具有内部通气的根系，以适应在通气不良的土壤中生长。但大部分重要的农作物则需要良好的土壤通气条件，以使根系生长最佳。对根系生长适宜的土壤空气，传统上是按O_2和CO_2的浓度来确定的，但现在已有证据表明，其他气体（如C_2H_4）的浓度对植物生长也有显著影响。

虽然有关土壤气体分析的早期研究主要是为了研究土壤通气，但最近的探索大部分在于研究C、N和S及其导致形成这些气体的微生物转化作用，评价土壤释放和吸收污染气体的能力，或检测土壤中的固氮酶活性。大部分的研究都是通过分析实验室条件下密闭瓶中培养的土壤上部的空气，或田间条件下置于土壤上的培养室中的空气来完成的，但有些研究则涉及分析田间条件下通过置于土壤上的培养室的气流，或者分析实验室条件下通过培养的土壤或其上部气流。

气相色谱（GC）分析法的引入带来了对土壤空气分析方法的长足进步，并促进了GC技术的发展，使它可以对某些气体的主要和次要成分进行快速、精密和准确的测定。这些分析土壤空气的GC技术的优点极多，因此，在此只对其他很少数几种方法进行讨论。在气相色谱法问世以前，对所用方法的讨论可参见Haldane（1918）和Van Bavel（1965）的许多评论中。

气相色谱法的进展非常迅速和广泛，在过去20年间，已出版了许多讨论这些进展的书籍和评论（如Keulemans，1959；Cram等，1978）。因此，读者可以任选有关讨论气相色谱法的原理和实际操作的出版物，因为对这些论题的任何阐述都将超出本章的范围。然而，仍需要关于这种技术的一些评论来指出其基本特性，并解释在介绍GC时所使用的名词。

表25-1　近于海平面的清洁而干燥空气的组分

组分	含量	
	占体积（%）	占体积（μL/L）
氮（N_2）	78.09	780 900
氧（O_2）	20.94	209 400
氩（Ar）	0.93	9 300
二氧化碳（CO_2）	0.033 2	322
氖（Ne）	0.018	18
氦（He）	0.000 52	5.2
甲烷（CH_4）	0.000 15	1.5
氪（Kr）	0.000 1	1
氢（H_2）	0.000 05	0.52
一氧化二氮（N_2O）	0.000 033	0.33
一氧化碳（CO）	0.000 01	0.1
氙（Xe）	0.000 008	0.08
臭氧（O_3）	0.000 002	0.02
氨（NH_3）	0.000 000 1	0.01
二氧化氮（NO_2）	0.000 000 1	0.001
二氧化硫（SO_2）	0.000 000 02	0.000 2

注：以上数据来源于不同资料；大部分次要组分的数据还值得怀疑

　　简要地说，气相色谱法是一种仪器分析法，它可分离、验证和测定混合气体中的各种气体组分。它需要把少量混合气体（常为1～5mL）注入载气流中，该载气流能通过由适宜材料填充的管子所组成的GC柱。由于柱的填充和维持温度要经过选择，所以被测的每种气体，在分析条件下会以与混合气体中其他气体不同的速率通过填充柱（即在分析条件下，每种气体在填充柱中具有特有的持留时间）。由填充柱中流出的载气流，经检测器装置检测出载气流的一些性质，并将其传输至记录器，记录器可描绘出检测器以时间为函数的响应曲线—色谱。色谱图上绘出的表示检测器对一种从填充柱中流出的不同于载气的气体的响应曲线，就叫作峰。所分析的样品中，不同气体的量可通过其获得的峰的高度（或面积）与分析含有已知数量的这些气体的混合气时所获得的相应峰的高度（或面积）进行比较而测出。

　　用于GC分析的许多检测器，已有商品出售，在购置一台分析土壤空气的气相色谱仪时，要慎重决定选择适宜的检测器。在选择检测器时应考虑下列特性。

　　① 灵敏度（或响应因子）。灵敏度通常定义为分析条件下检测器的响应与气体量的比率。它决定可检出的样品最小量，该量是能使检测器的响应值相当于色谱上基线噪声两倍的数量。② 线性动力范围。线性动力范围常常用于说明样品浓度的平均范围，在该范围内，响应因子无明显变化。常要求有一个较宽的线性动力范围，因为当要测定的气体浓度在各种不同样品中有明显差异时，就可最大限度地减少调节样品数量的必要性。③ 稳定性。稳定性常以单位时间内响应因子的变化来表示。一个检测器的稳定性取决于许多因素，而且也难以数量来表示，但非常肯定的是，不同类型的检测器其稳定性有明显差异。这种差异对土壤空气进行GC分析时十分重要，因为它们能部分地发出需进行校准的频率。④ 专一性（有时也称为选择性）。专一性是指在与检测器对其他多种气体的响应相比时，它对所要分析的气体的响应。实际上对所有气体有响应的检测器可称为通用检测器。对某些类型的气体有响应，但并非对所有其他气体都有响应的那些检测器，则称为选择性检测器。在所推荐的土壤气体的GC分析方法中，大部分使用通用检测器，因为通用检测器对这些气体的主要和次要成分都有响应。但是，选择性检测器对土壤气体的一些次要成分（如CH_4、C_2H_2、N_2O和S气体等）的测定很有价值。⑤对响应的猝灭或增强的敏感度。一些检测器对要分析的气体的响应，会因其他气体的存在而发生猝灭

或增强。在使用选择性检测器时，常常会发生猝灭或增强效应，因此在GC分析中会造成严重误差。

各种不同检测器的介绍及对其性质的讨论可从下列作者的材料中悉知：Noble等（1964）、Hartmann（1971）、Kern和Elser（1978）等。表25-2概括了用于土壤空气GC分析的检测器的特性。

表25-2　用于土壤空气GC分析的检测器特性

检测器	灵敏度	主要用于分析的土壤气体	线性动力范围[①]	最小可检测的样品（g）[②]	响应因子的稳定性
热导检测器	非选择性	无机气体	10^4	$10^{-6} \sim 10^{-9}$	通常较好，但O_2、NO和其他气体则能与灯丝发生反应，并改变了灵敏度
氦离子化检测器	非选择性	无机气体	$10^3 \sim 10^4$	$10^{-11} \sim 10^{-12}$	极差，灵敏度主要取决于操作条件
超声检测器	非选择性	无机气体	10^4	$10^{-9} \sim 10^{-10}$	极好
电子俘获检测器	对卤素和氧的化合物有选择性	N_2O	$10^1 \sim 10^2$	$10^{-12} \sim 10^{-13}$	通常较好，但有时观察到猝灭或增强的情况
火焰电离检测器	对有机化合物有选择性	有机气体[②]	$5 \times 10^6 \sim 5 \times 10^7$	10^{-10}	极好
火焰光度计检测器	对P和S化合物有选择性	含P和S的气体	对S为5×10^2，对P为1×10^1	10^{-11}	通常较好

注：①摘自David（1974）材料。②该检测器也对土壤大气中的N_2O有响应（Zimmerman & Rasmussen，1975）

二、土壤气体的采样方法

在田间条件下，土壤空气的采样方法已有Russell和Appleyard（1915）、Hack、（1956）、Dowdell等（1972）、De Camargo等（1974）以及Roulier等（1974）作过叙述，然而应当指出，迄今所提出的土壤采样的许多方法中，还没有一种能适宜于所有的土壤类型和土壤条件，而且其大多数方法均有严重缺陷或受条件限制。例如，许多方法均不能用于获得因紧实或含水量高而造成对空气渗透性低的土壤中的空气样品，因此，大多数方法需要使土壤明显地扰动，以安装用于收集气样的仪器装置，及使用已知能吸附土壤大气成分的材料。再者，有几种方法都会因在采样部位造成非自然的环境而明显影响到该部位的土壤空气组成。由于提出的所有方法都有缺陷或受条件限制，所以我们推荐，应当考虑不同方法与研究目的和可能遇到的土壤条件相联系的优缺点为基础，来为研究选择适宜的方法。

由于在田间条件下很难研究土壤中气体的转移，所以关于这些气体转移的大部分研究，都是通过分析培养于密闭三角瓶或普通瓶的土壤样品上部空气而进行的，在这些三角瓶或普通瓶上，装有一些可使气体样品移出而用于GC分析的设备。在这些实验室的研究中，使用了许多培养技术，但大部分研究者则用橡胶塞或塑料隔片密封（或用装有以隔片密闭的玻璃管的橡胶或塑料塞密封）而进行培养，同时采用注射器从培养瓶中把气样抽出。我们的经验是，这些技术因下列原因而通常不能令人满意：①隔片在用注射器穿刺小孔后有漏气的趋势；②塑料和橡胶塞能吸收或释放出气体；③注射器的注射塞较紧，所以常使操作有一定的困难，而较松的注射塞则又会造成漏气；④注射针在穿刺隔片时会发生堵塞。其他研究者对这些问题已取得一些经验（Kavanagh等，1970；Smid等，1974）。因此，上述方法已被下列方法所淘汰，即用带有阴磨口玻璃接头的玻璃瓶，其阴磨口可用装有玻璃活塞的阳磨口密封，而玻璃活塞则可按下节将要叙述的气体取样系统把气样取出来进行GC分析。

三、土壤空气主要成分的测定

虽然对土壤空气中气体成分的测定已有多种GC方法（Smith等，1960；Blackmer等，1974；Smith等，1979等），但大部分方法只能测定土壤空气中人们感兴趣的少数几种气体，而只有Burford（1969）和Blackmef（1977）提出的方法才可直接测定土壤空气的4种主要成分（N_2、O_2、Ar和CO_2）。本文在此推荐B、H、Byrnes、M、C、Jain、H、Pathale et al.，（2012）测定方法（参数文献14和20），因为该方法比其他测定N_2、O_2、Ar和CO_2的现有方法有更突出的优点。该方法需要使用一个超声检测器和在不同温度下的两个聚苯乙烯型色谱固定相Q柱（Q代表甲基苯乙烯–二乙烯苯共聚物多孔珠，译者注）。该方法的主要优点如下。

① 它能快速、准确和精确地测定N_2、O_2、Ar和CO_2，同时还适于对土壤空气中的这些气体进行常规测定。Burford（1969）的方法则不适用于这些气体的常规测定，因为它采用的色谱柱在分析6～7次后要重新活化，而且必须冷却至难以维持的低温（需要经常地向含有甲醇的一个浴槽加进液氮来维持低温）。② 除能测定N_2、O_2、Ar和CO_2外，还可测定在土壤研究中有兴趣的其他气体（如CH_4、N_2O、NO、H_2、CO和C_2H_4）。业已发现，这些气体中的两种气体（CH_4和N_2O）在某些条件下也是土壤空气的主要成分。③ 它对N_2、O_2、Ar、CO_2、CH_4和N_2O测定的浓度范围，比其他几种方法要大（其浓度由<10 000μg/mL到100%的范围都能满意地测出）。这种优点乃是由于超声检测器能在分析土壤空气过程中，以最大的灵敏度来进行检测，而且其线性动力范围比用于土壤空气分析的大部分GC法热导检测器的相应范围至少大100倍。热导检测器在进行土壤空气的GC分析过程中，不能以最大的灵敏度来检测，因为当它可在最大灵敏度所需要的高温条件下操作时，则其热导丝也会与O_2或其他气体发生反应。超声检测器的较宽线性范围是一个重要优点，因为它使调节样品量至适于测定的气体浓变减至最小程度。④ 由于选用的聚苯乙烯型色谱固定柱在用于土壤空气的常规分析时不发生退化变质，且使用的超声检测器的响应也不受土壤空气中存在的气体影响，所以它就不需要经常校准便能获得准确结果。用于土壤空气主要成分分析的其他方法则需要经常进行校准，因为O_2和其他气体会改变这些方法所用的热导检测器和He离子化检测器的响应因子，而且水蒸汽和有机气体会使土壤空气的GC分析中常用的分子筛色谱柱退化（Bell，1968；Bunting，1975）。⑤ 它还可使用不同的取样技术，而且容许在无程控温度、气液分馏柱调节、柱转换或换向极性记录仪的条件下对单一气样进行综合的GC分析。⑥ 使用的超声检测器对分子量小于300的所有气体有可预测的响应。

总之，所介绍的方法有一个共同的优点（简单性、灵敏性、专一性、耐用性、通用性、宽线性动力范围等），使得它能很好地适用于土壤空气主要成分的常规测定。

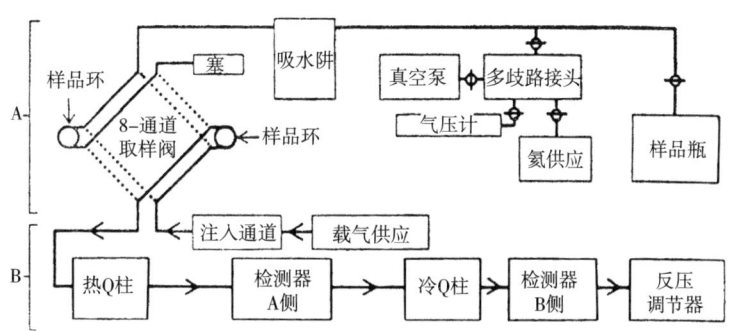

图25-1　进样系统（A）和气相色谱系统（B）示意图

方法（Blackmer和premiler，1977）

按所采用的分折系统（图25-1和图25-2）的设计，除能对气密注射器或由活塞密封的锥形瓶中的土壤空气进行分析外，该系统还能分析流过土壤或土壤上部的气流。

（1）专用仪器设备

① Tracor 150G型气相色谱仪装有超声检测器、在两侧都能独立监测的双相计量计，以及一个样品注入通道（Tracor，Inc.，Austin，Tex.）。② Westronics MT-22型记录器，它能独立记录检测器（Tracor，Inc.，Austin，Tex.）两侧的监测结果。或其他类似的记录器。③ 联接于真空泵、He供应器和压力计上的玻璃多歧接头，如图25-2所示。④ 具有与样品环相匹配的1mLCarle 2014-P型8-通道取样阀（Carle仪器公司，Anaheim，Calif.）：如图25-1所示，在该阀上的4个通道都联接于样品环上：一个通道联接于热Q柱上，一个通道联接于载气供应器上，一个通道由套管塞封住，还有一个与玻璃多歧接头联接。⑤ 吸水阱：如图25-2所示，它是由一小段不锈钢管，把8-通道取样阀与玻璃多歧路接头相联结而成的U形管构成，U形管则应浸入含有干冰和甲醇的浴槽中。⑥ 热Q柱，它由装有过50～80目筛孔的聚苯乙烯型色谱固定相Q的不锈钢管（长4.3m，外径3.2mm，内径2.1mm）组成，并将其围绕在气相色谱的心轴炉上。柱的一端与样品阀相接；另一端则与检测器A侧相接。⑦ 冷Q柱，它由装有过50～80目筛孔的聚苯乙烯型色谱固定相Q的不锈钢管（长7.4m，外径3.2mm，内径2.1mm）组成，并将其围绕在广口杜瓦（Dewar）瓶内（直径12cm，深20cm）。该Q柱安装于一个环形架上，所以它能悬于杜瓦瓶内或瓶上。柱的一端与检测器A侧的出口处相接，另一端与B侧进口处相联。这些联接装置都由几段不锈钢管（外径1.59mm，内径0.51mm）制成，长度适中，以使柱能安装在杜瓦瓶之上。⑧ 用1mm活塞密封的样品瓶。

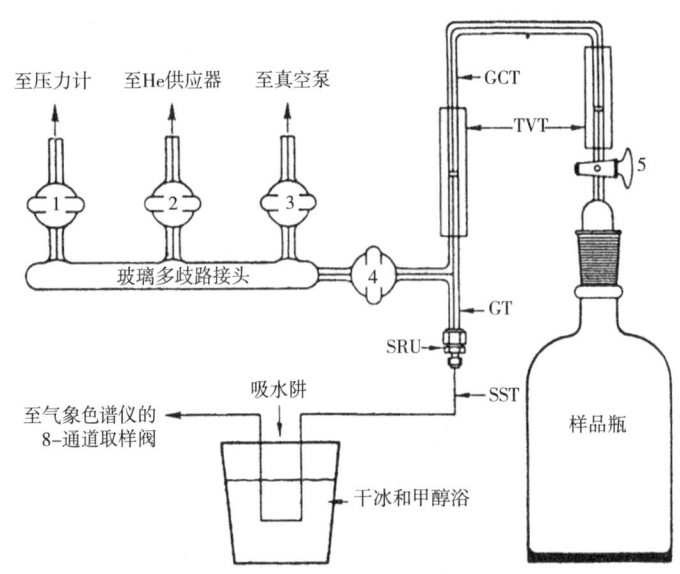

图25-2　多歧路接头、吸水阱和样品瓶关系网式

注：在多歧接头上的阀门1～4都是2mm孔径的高压真空Pyrex活塞；样品瓶上的活塞5有一个1毫米的孔径。GCT是玻璃毛细管（外径7mm，内径2mm；TVT是聚乙烯（Tygon）真空泵；GT是玻璃管（外径6.4mm，内径2mm）；SRU是Vespe衬套套管减压接头，以把玻璃管和金属管联接起来；SST是不锈钢管（外径1.59mm，内径0.51mm）

（2）试剂

① 超高纯度的氦载气（99.999%）。② 已证明为标准的混合气：购置的混合气应当含有在适当浓度下所要分析的气体。③ 聚苯乙烯型色谱固定相Q，过50～80目筛孔（水资源联合会，Milford，Mass.）。④ 甲醇。⑤ 干冰。

（3）步骤

气相色谱仪的操作条件如下

① 把载体（He）在413kN/m²（4.2kg/cm²）的压力下供给热Q柱的顶端，并用反压调节器维持检测器B侧内的压力为208kN/m²（2.1kg/cm²）。在此条件下，载气通过柱的流速应约为50mL/min。② 把热Q柱维持在40℃。③ 把冷Q柱悬于接近杜瓦瓶的底部，瓶中盛有一定数量的干冰和甲醇混合物。每个工作日结束后，将柱从杜瓦瓶中取出。④ 把吸水阱置于含有干冰冷却的甲醇浴槽中。干冰至少保持吸水阱底部以下3cm，以避免CO_2从气样中冻出的任何可能性。

在分析气密注射器中土壤空气的样品时，要通过注入通道把样品注入载气流，然后监测它们在色谱图上出现的峰值。

在分析气体时，可把套管塞从进样阀上取下，在样品瓶如图25-2所示的联接点处，把气流连到进样系统上，转动进样阀，把1mL气样注入载气流中，监测出现在色谱图上的峰值。

活塞密封的瓶内，所含土壤空气的分析方法如下（图25-2）

① 打开活塞1，关闭活塞2~5，把样品瓶连接于取样系统上。② 把活塞3和4打开，以使样品瓶上关闭的活塞和取样阀上的塞子之间的一段管子排空（以下称该管子为X段），而使压力小于0.01Pa。③ 关闭活塞3，然后打开活塞2（原书中误为3，译者注），使He气压在X段约为0.9Pa。④ 关闭活塞2，然后打开活塞3，并排空X段，使压力小于0.01Pa。⑤ 重复步骤3和4。⑥ 关闭活塞4，然后打开活塞5。5s后，转动样品阀，把1mL样品液注入载气流。⑦ 监测样品气在色谱上出现的峰值。

把含有Ne、H_2、N_2、NO、CH_4、Kr、CO_2和N_2O的He混合气体注入后，即能显示检测器A侧响应的色谱，可用图25-3来说明。如在混合气中有O_2和Ar存在，那么它们就会在Ne和N_2O峰之间产生一个单一的混合峰。除非Ne、H_2、N_2和O_2+Ar的浓度很低，否则对于用检测器A侧来准确测定这些气体来说，它们的峰相距太近。但是，在冷Q柱中，这5种气体则可完全得到分辨，这可以在图25-4中得到说明，该图表明了在含有Ne、H_2、N_2、NO、CH_4、Kr、CO_2和N_2O的He混合气注入后，检测器B侧的响应。由于使用了双笔记录器，所以图25-3和图25-4中所绘出的色谱，会在同一图纸的两面出现。

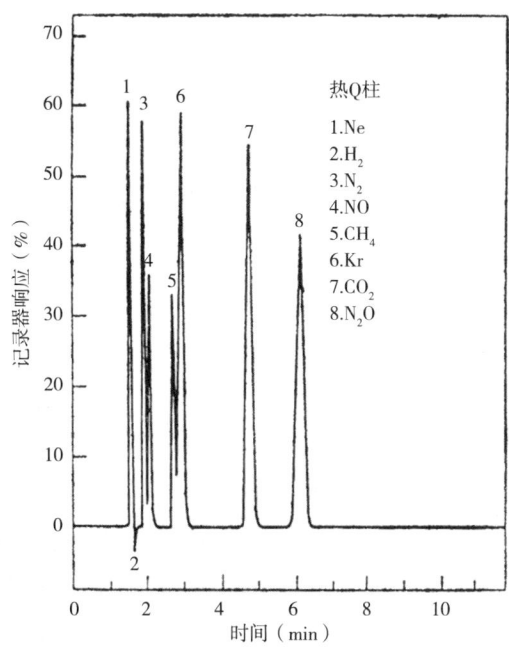

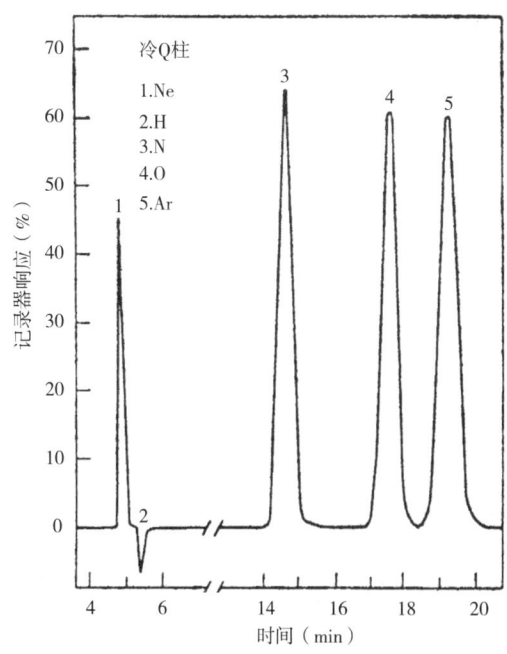

图25-3 在注入含有0.1%~0.2%（体积/体积）的Ne、H_2、N_2、NO、CH_4、Kr、CO_2和N_2O的1mLHe后，显示检测器A侧响应的色谱（衰减器调在×128位置）

图25-4 在注入含有0.1%~0.2%（体积/体积）的Ne、H_2、N_2、NO、CH_4、Kr、CO_2和N_2O的1mLHe后，显示检测器B侧响应的色谱（衰减器调在×8位置）

各次注入样品之间所必要的间隔时间，可由分析时样品中存在的气体种类和所要测定的气体种类来决定。大多数土壤空气的样品，可间隔6.5min注入一次而不会出现峰的重叠。因为在气体注入后的6.5min内，H_2、N_2、O_2、Ar、NO、CH_4、CO_2和N_2O可以通过俭测器A侧，而N_2、O_2和Ar则在冷却Q柱中持留14min以后的6.5min内可通过检测器B侧。每间隔6.5min所进行的注入，可使检测器两侧能连续和同时使用。对于热导检测器（Blackmer等，1974）并不需要逆转记录器的极性，而且可使后续的注入延缓至冷却Q柱清洁以后，因为超声记录器两侧的功能是各自独立的。

要分析的每种气体的标准曲线和持留时间时分析样品的方法，对保证的标准混合气体进行分析而制得的。

（4）短评

表25-3指明了23种气体在热Q柱和冷Q柱中的持留时间。在冷Q柱中持留时间超过2h的气体，除这些气体注入的量很大外，否则它在检测器B侧仅能出现微小的基线漂移。Q柱中保留的气体，当在工作日结束时，把用于冷却该Q柱的干冰-甲醇浴槽移走时，该气体就会释放出来。表25-3中报告的持留时间，与其他工作者使用聚苯乙烯型色谱固定相Q填充柱所观察到的结果十分吻合（Hollis，1966，1973；Woeller等，1978）。

所评述的利用图25-2这样系统的GC方法的高度精确性，可用表25-4来表示，它指出了将少量CH_4和N_2O注入45L样品空气中而制得的N_2、O_2、Ar、NO、CH_4、CO_2和N_2O的混合气体重复分析的各种结果。

表25-3　23种气体在热Q柱和冷Q柱中的持留时间

气体	持留时间（min）		气体	持留时间（min）	
	热Q柱	冷Q柱[1]		热Q柱	冷Q柱[2]
He	1.4	4.7	CH_4	2.8	L
H_2	1.6	5.3	Kr	3.0	L
N_2	1.8	14.8	CO_2	4.8	R
O_2	1.9	17.7	NO_2	6.1	R
Ar	1.9	19.3	C_2H_4	9.0	R
CO_2	1.9	22.4	C_2H_2	9.0	R
NO	2.0	24.6	其他气体[2]	>15	R

注：[1] L＝持留时间超过2h；R＝被柱所持留。[2] 磷化氢、硫化氢、水、二氧化硫、二硫化碳、甲硫醇、二甲基二硫、氨

表25-4　已述方法的精确度

被测气体	浓度（%）（体积/体积）	衰减器调节数	峰的高度（记录器满量程百分率，%）[1]		
			范围	平均	SD[2]
N_2	77	×4 096	87.0～88.0	87.6	0.34
O_2	20	×2 048	70.0～71.0	70.3	0.37
CH_4	2	×128	64.0～64.5	64.5	0.13
Ar	1	×64	85.0～86.5	85.8	0.56
CO_2	0.03	×32	51.0～53.5	52.4	0.85
N_2O	0.08	×2	90.0～93.0	91.6	1.01

注：[1] N_2、O_2、CH_4、Ar、CO_2和N_2O混合气体（样品量为1L）15次的分析结果。[2] 标准误差

介绍的方法可检测出3 000～9 000μg的N_2、O_2、Ar、NO、CH_4、CO_2和N_2O。关于超声检测器工作特性及操作的报道（Grice等，1967；Todd等，1970）指出，对分子量小于300的大多数气体，可期望获得类似的灵敏度。

用热导检测器的经验及其有关性能的报道（Burford，1969；Blackmer等，1974）都指出，在对土壤空气研究时，超声检测器至少要有比热导检测器灵敏度大10倍的优越性。但已有报道，最新型号

的热导检测器其灵敏度已有提高（Kern等，1978）。对这些检测器的灵敏度做有意义的比较也是困难的，因为正如前述，超声检测器在最大灵敏度工作时可不受土壤中存在的O_2和其他气体的不利影响，而热导检测器在有这些气体存在时则不能以最大灵度进行工作。我们发现，用热导检测器分析含有NO的土壤空气时，会使响应因子起显著变化。

虽然He离子化检测器比超声检测器灵敏度更具潜力（Hartmann等，1966；Andra-wes等，1979），但文献表明，当用于土壤空气常规GC分析时，He离子化检测器的灵敏度并不比超声检测器更明显（Goldbaum等，1968；Delwiche等，1976）。经验表明，一个新的He离子化检测器比一个新的超声检测器更灵敏，但当该检测器用于土壤空气的常规研究时，其优越性就会迅速失去。He离子化检测器的主要缺点，在于其稳定性差，用于土壤空气的GC分析时需要经常校准。

由于气相色谱法已广泛用于土壤中反硝化作用的实验室研究，所以应当注意，在这类研究中用以测定NO的方法，还没有一种能在有大量N_2或者有相当数量O_2或Ar存在时来对NO予以测定（Quinlan等，1972）。对NO的GC测定方法所建议的填充柱材料有分子筛5A（Bailey等，1973）、分子筛13X（Bruening等，1974）、聚苯乙烯型色谱固定相Q（Barbaree等，1967；Payne，1973）以及椰子壳炭（Smith等，1979）。椰子壳炭不能用于低浓度NO的GC测定，因为它能不可逆地吸收少量的这种气体（Stevenson等，1966）。

与密闭培养瓶中培养的土样所释出或吸收的不同量的气体的有关计算，可因采用图25-2所示的取样系统而大大简化。以每单位体积的质量为基础的校准曲线一旦建立，就可用该曲线测定样品培养瓶中各种不同气体的数量。即使并不知道培养瓶中气体总压力，而且当所有培养瓶中实质上充满同一体积的气体时，并不知道用取样系统从培养瓶中取出的样品数量或注入气相色谱的数量，但仍可对这些气体准确测定，因为取样系统常常可从培养瓶中移出相同百分率的气体，而且也可注入相同百分率的所移出的气体。取样系统从培养瓶中取出的气体，可通过从瓶中连续取样和通过对连续观察到的样品峰高度下降百分率的计算来准确测定。由于知道样品瓶所充气体体积和每次取样时由该样品瓶中取出的气体百分率，所以就能计算出校正系数，以应用于样品瓶的标准曲线，但该样品瓶中充有的气体体积，与用于制作这些标准曲线的瓶中充有的气体体积略有不同。

在结束本节以前，这点是很重要的，即注意除仅有的两种方法例外外，为估测土壤空气中的O_2而提出的一些GC方法，实际上是用于测定O_2+Ar的方法，因为这些方法中所使用的色谱柱，并不能把O_2和Ar分开。这两种例外的方法，是如前所叙述的方法和由Burford（1969）提出的方法。

四、土壤空气次要成分的测定

第三节所述方法，除测定土壤空气的主要成分（N_2、O_2、Ar和CO_2）外，还可测定已被证实为土壤空气次要成分的少量（<10ppm）N_2O、NO、CH_4和H_2。有的测定N_2O、NO和CH_4的其他有效方法，以及测定已认为是土壤空气次要成分的其他气体的方法，都将在下面讨论。

1. 含氮气体

大气科学家们最近的研究已关注到，土壤施用氮肥可明显增加N_2O由土壤向大气的排放，从而造成了对平流层中臭氧层的威胁（CAST，1976；McElroy等，1977）。这种威胁促进了有关研究，以评价N肥对N_2O从土壤排放的影响，以及对大气N_2O的各种源和库的数量的影响。对于这些研究，必须要有精确和准确测定空气中N_2O的方法。由于空气在正常情况下仅含有300ppb（体积/体积）的N_2O，所以需要有高灵敏度的方法。第三节中介绍的许多方法中，没有一种方法能符合直接分析空气中N_2O所需要的灵敏度。

虽然已提出了包括质谱法和红外线分光光度法在内的几种方法，可用于空气中的N_2O和含有痕量N_2O的其他混合气体的测定，但最近在关于大气N_2O的源与库的研究中，几乎毫无例外地使用了以气相色谱法为基础的方法。一些研究者采用的GC方法中，使用分子筛、硅胶或一种冷却阱，以浓缩空气样品中所要分析的N_2O，并随后用GC热导检测器法对N_2O进行测定（Bock等，1967；Punpeng等，1979）。但是，大多数研究者仍采用与Rasmussen等（1976a）所介绍的方法相类似的GC法，该法使用一个热（350℃）^{63}Ni电子俘获检测器。这些方法源于Wentworth等（1971）和Freeman（1973）采用脉冲取样方式及在高温时（约350℃）所进行的一些研究。在高温时，^{63}Ni电子俘获检测器对N_2O具有较高的灵敏度。这些方法比以前使用的对空气中N_2O的GC方法要简便得多，因为该方法不需要有浓缩N_2O的步骤，而且它们是如此灵敏，以致可直接分析少至1mL的空气。在用GC电子俘获检测器法对空气中N_2O分析时，用于把N_2O与其他气体分离的柱填充物，包括聚苯乙烯型色谱固定相Q（Rasmussen等，1976a，1976b；Mckenhey等，1978）、聚苯乙烯型色谱固定相R（Rasmussen等，1976）（R代表苯乙烯—二乙烯苯共聚物多孔珠，译者注）、与R成系列的聚苯乙烯型色谱固定相Q（Freney等，1978，1979；Roy，1979）、聚苯乙烯型色谱固定相QS（Brice等，1977）（QS代表硅烷化的Q，译者注）、多孔硅胶珠B（Rasmussen等，1976a，1976b）、多孔硅胶珠C（Rasmussen等，1976a）以及炭黑筛B（BUrford等，1977）。大多数研究者最近都赞成采用聚苯乙烯型色谱固定相Q，并使用含有5%CH_4的Ar作为载气。

由Hughes等（1978）最近组织的一次合作研究表明，当用分析空气中N_2O的GC电子俘获检测器法，在15个实验室对在N_2中含有的约为260和300nL/L（体积/体积）的N_2O的两个气样进行N_2O分析，其结果截然不同。例如，用含有约300nL/L的N_2O的气样分析，所获得的浓度范围为273μL/L～484μL/L。在这些结果中的种种矛盾，虽然无法解释，但似乎毫无疑问，这些矛盾至少部分是由对校准分析中标准气体失效所造成。所以国家标准局正在制定一些标准来解决这一问题。

关于测定空气中N_2O的GC电子俘获检测法的经验表明，这些方法需要经常校验，而且会受到土壤中所产生的水蒸汽和其他气体的干扰。我们曾介绍过测定空气和土壤空气中N_2O的一种GC超声检测器法，它不需要经常重新校验，因此也就不易受到使用GC电子俘获检测法所观察到的干扰，而且还有一个重要的优点，它可在空气中使用Xe作为一种内标（Blackmer等，1978）。这种方法包括用冷却至-135℃的聚苯乙烯型色谱固定相Q来定量地从空气样品中移出N_2O和Xe，随后用GC技术进行测定，这一技术乃是用聚苯乙烯型色谱固定相Q短柱，在65℃时将N_2O和Xe分离，并用超声检测器法予以监测。但它要比用GC电子俘获检测器法测定时需要的空气量大。因为超声检测器对N_2O的灵敏度，不如电子俘获检测器，所以它具有不需要控温实验室的优点。气相色谱电子俘获检测器法就有这种需要，因为实验室温度对电子俘获检测器有明显影响（Pierott等，1978；Roy，1979）。

使用He离子化检测器测定N_2O的气相色谱法比GC热导检测器法更灵敏，而且对含有少量N_2O的土壤空气进行N_2O分析很有用（Smith等，1973；Rolston，1976），但它们不具备直接分析空气所需要的灵敏度。Delwiche等（1976）曾叙述过一种分析空气N_2O的方法，该法使用液氮阱来浓缩N_2O，以供具有聚苯乙烯型色谱固定相Q和He离子化检测器的气相色谱仪进行分析。

虽然已提出了几种对土壤放出的N_2O的田间测试方法，但这种放出N_2O的研究几乎无例外地用室控技术来进行的。现已采用了两种类型的室控方法。其一，小控制室插入土壤或置于土壤表面，室内的空气以一定间隔取样，以用作分析N_2O，分析工作用电子俘获检测器或超声检测器的GC技术来完成（Burford等，1977；Matthias等，1980）。其二，通过插入土壤表面的控制室抽出空气，并用分子筛吸收抽出空气的N_2O，然后将其回收，用GC热导检测技术进行测定（Dowaell等，1974；Ryden等，

1978）。Denmead（1979）介绍了测定由土壤放出N_2O的控制室方法。该法使用红外线色散分析来测定经过插入土壤的圆柱形筒所吸出的空气中的N_2O浓度变化。在这些方法中，对NN_2O分析所使用的红外线技术，不及对空气中N_2O测定的现行GC方法灵敏，因此需要使用一系列吸收阱，以除去其他干扰气体（水蒸汽、CO和CO_2）。

（1）NO和NO_2

确定含有NO和NO_2气体的混合气中的NO和NO_2，会遇到许多问题。然而这些问题不能在本章予以充分讨论（有关讨论可参看Cheng，1965；Allen，1973的材料），但要注意两种主要困难：一是NO会被O_2氧化成NO_2。在NO浓度高时，该反应很迅速，但随NO浓度的降低，其反应速率也迅速减缓（Goldman等，1953）。二是NO_2的活性很高，它可被许多用来收集、储存或转移气体的材料吸收，也可被用作GC分析时的柱填充材料永久保留、或与之反应。NO也能与用作GC填充柱的一些材料进行反应，但不像NO_2那样活泼。

虽然已提出了许多对N_2O检测或估测的GC方法，但大多数方法是为分析含有几百或几千$\mu L/L$ NO_2的较简单混合气中的N_2O而设计的，因此尚不能证明迄今提出的分析N_2O的任何GC方法能适用于土壤空气那样复杂的混合气体中少量NO_2的测定。而且，为发展N_2O的分析而进行的试验结果表明，NO_2因其与普遍用于N气分析的GC填充柱的材料发生反应，而影响到对NO的GC分析。例如，Trowell（1971）发现NO_2与聚苯乙烯型色谱固定相Q和红色硅藻土色谱载体102反应而产生NO和H_2O，同时也能使这类聚合物的芳香族环状物发生硝化。因此，他得出结论认为，Wilhite和lHollis（1968）在其提出的NO_2的GC检测方法中所证实的NO_2峰是由于NO_2与这些方法中所用聚苯乙烯型色谱固定相Q反应而形成的产物所造成。Greene等（1958）发见，NO_2与湿的分子筛反应可产生NO（可参看Levaggi等，1972），而且这种反应已用于NO_2的GC检测（Smith等，1960）。

许多研究者曾报道过，可应用GC法把NO与其他气体分开，但这些方法大都并非为检测复杂的气体混合物中的NO而设计的，只有少数几种方法对测定土壤空气中少量的NO显示出有用的前景。对土壤空气的NO进行分析的现行GC方法中，最灵敏的是第三节所述的Bremner（1977）方法。但是像所提出的分析土壤空气NO的其他方法（Bell，1968）一样，这种方法在有大量N_2或有相当数量的O_2或Ar存在时，并不能对NO进行测定。因此，我们也只能用它来对在有He条件下培养的土壤中，由NO_3^-反硝化作用或NO_2^-的化学反硝化作用所产生的NO进行研究。

一些研究者曾使用碱或酸性高锰酸盐溶液吸收从密闭系统培养的土壤放出的NO和NO_2，并通过分析这些溶液的$NO_3^- + NO_2^- - N$或$NO_3^- - N$来决定（NO+NO_2）$-N$（Nelson等，1970；Smith等，1979）。

Galbally等（1978）介绍了一种评价田间条件下NO和NO_2由土壤放出的方法。该法使用了由Galbally（1977）研制的高灵敏度化学发光检测器，来估测表面空气中的NO和NO+NO_2（通常用NOx表示）。在过去5年中，已广泛运用类似的检测器，对空气污染研究中的NO和NOx进行分析。该类检测器源于Fontijn等（1970）的工作，他们利用NO与臭氧发生的化学发光反应，研制出了一种灵敏的检测器来测定空气中少量的NO。后续的研究（Stevens，1973；Black，1974）则增加了测定NO的化学发光检测器方法的灵敏度，并发展了几种方法，即把NO_2转化成NO，并用化学发光检测器测定空气中的NO+NO_2。这些化学发光检测器方法，比其他测定NO或NO_2的方法灵敏得多（这些方法可检测空气中少至1nL/L的NO），因此，它们在土壤放出的NO和NO_2的研究方面的价值值得考虑。但是，这些技术在用于土壤研究前需要作出进一步的评价，因为它们可能会受到土壤产生的一些气体的干扰（Winer等，1974；Courtney，1979）。在测定空气中NO的过程中，NO被大气中的O_2氧化为NO_2并不成为问题，因为空气中的NO浓度很低，因而NO氧化为NO_2的速率亦极慢。Galbally和Roy（1978）曾作过计算，当空气中的NO浓度约为10nL/L时，NO被大气O_2氧化为NO_2的半衰期为10^4h数量级。

（2）氨和挥发性胺

虽然已提出了许多用于检测NH_3和挥发性胺的GC技术，但大部分技术则是为分析这类化合物的溶液而设计的，因此尚未有用GC技术直接分析土壤空气中NH_3和挥发性胺的报道。但是，GC方法已被用于对从空气中吸收NH_3和挥发性胺的酸性溶液中的NH_4^+和挥发性胺进行分析，而且这些方法对用于吸收和估测由密闭系统中的土壤放出的NH_3和挥发性胺的酸性溶液的分析证明是有用的。

已提出有两类方法用于胺溶液的GC分析。其一，溶液可用GC技术进行直接分析。在该技术中，要使用一个碱性预分离柱或填充物，使要分析的溶液中释放出游离胺（Umbreit等，1969；Mosier等，1973）；其二，把待分析的胺转化为卤化衍生物，该衍生物可用装有对卤化化合物有高度灵敏的电子俘获检测器的GC技术进行分离和检测（Moffat等，1970a，b；Hoshika，1977）。用于把胺转化为卤化衍生物以进行GC分析的一些化合物有：五氟苯甲醛、五氟氯化苯甲酰、1-氟-2.4-二硝基苯以及三氟醋酸酐。

把高度活泼的胺转化为不活泼的卤化衍生物的方法，都是为减少在对胺混合气体或胺溶液进行GC分析时所遇到的各种问题［如严重的拖尾峰、水峰的干扰、假峰（"迭影"峰）、记忆效应以及色谱分析过程中的样品损失］而设计的。在把GC方法用于检测或估测含NH_3的混合气体或溶液中的NH_3时，也会遇到类似的问题。

Mosier等（1973）曾叙述过验证饲养场挥发出的脂肪族胺的两种方法。这两种方法都用一种酸溶液（0.01（NH_4）$_2SO_4$）吸收这些胺，并将溶液在分析前于50℃的真空条件下浓缩。在第一种方法（直接法）中，浓缩溶液的样品可用GC法进行分析，该GC法使用含有烧碱石棉剂（石棉上有NaOH）的预分离柱，把样品中的胺盐转化为挥发性的胺。然后，这些胺可用两个GC柱进行分离，并用火焰离子化检测器检测。在另一种方法（间接法）中，浓缩的酸性溶液中的胺，先转化为五氟氯化苯甲酰衍生物，然后用两个GC柱将这些衍生物分离，并以热（300℃）电子俘获检测器进行检测。Mosier等（1973）发现，直接法可检测和鉴别下列18种化合物：NH_3、甲胺、二甲胺、三甲胺、乙胺、二乙胺、三乙胺、n-丙胺、异丙胺、n-丁胺、仲-丁胺、异丁胺、t-丁胺，N-甲基乙胺、N-甲基二乙胺、N-甲基丁胺、n-戊胺和异戊胺。他们用这种方法进行的研究表明，这些化合物中的9种（NH_3、甲胺、二甲胺、三甲胺、乙胺、n-丙胺、异丙胺、n-丁胺和N-甲基二乙胺）可在收集养牛场放出的碱性化合物的酸吸收阱中出现。这种鉴定得到了用检验胺的间接法的分析结果的支持。

Andre等（1973）为分析短链脂肪族胺的酸性溶液而发展的一种GC方法，要使用Mosier等用过的烧碱石棉剂预分离柱。该GC方法包括一根含有红色硅藻土色谱载体103柱和一个火焰离子化检测器。在该法中使用的红色硅藻土色谱载体柱能分离甲胺、二甲胺、乙胺、异丙胺、n-丙胺、二乙胺、仲-丁胺和n-丁胺并且能能保留多于6个C原子的胺类。

Hoshika（1977）介绍过能检测和鉴别这些化合物溶液中较低脂肪族胺的一种灵敏的、并且有选择性的GC方法。该法使胺与五氟苯甲醛反应而转化为含氟的雪呋碱，并用具有一个含5％SE-30红色硅藻土载体W的柱和一个热（250℃）电子俘获（^{63}Ni）检测器的GC技术，将这些雪呋碱进行分离和检测。这种方法可检测极少量（Pg，即10^{-12}g）的下列11种胺类：甲胺、乙胺、异丙胺、n-丙胺、仲-丁胺、异丁胺、n-丁胺、异戊胺、n-己胺和n-庚胺。Hoshika（1977）发见NH_3、二甲胺和二乙胺在摩尔比为100：1（仲胺或NH_3/伯胺）时，仅引起微小的问题。

许多研究者都使用酸性溶液吸收从密闭系统培养的土壤中放出的NH_3，并用蒸馏—滴定技术分析这些溶液中的NH_4^+以测定NH_3。这些测定NH_3的方法，都会受到挥发性胺的干扰（Elliott等，1971）。

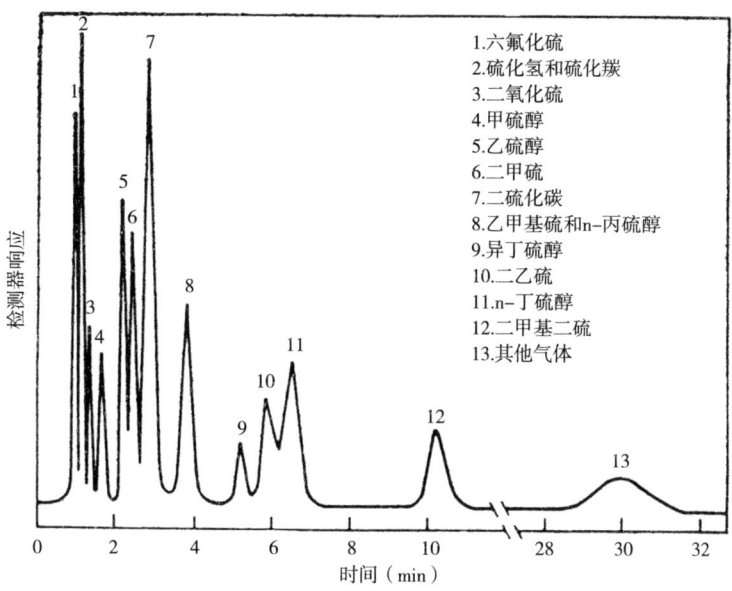

图25-5　含有痕量的，表25-5所列硫化物的空气的色谱

注：填充物，用12%聚苯乙稀醚和H_3PO_4（0.5%）包被的红色硅藻土色谱载体T；柱温，100℃；载气，N_2（80mL/min）；检测器，装有S滤光片的火焰光度计检测器，并在100℃条件下运行

2. 含硫气体

Bremner等（1974）曾介绍过一些GC方法，可测定痕量ng，即10^{-9}g）的硫醇、硫化烷和由土壤微生物产生的一些其他挥发性含硫化合物，而且该法不受土壤产生的不含硫气体的干扰。这些方法使用各种商品材料填充的聚四氟乙烯（PEP）柱和装有S滤光片的火焰光度计检测器。他们是以下列研究为根据的，即装有394nm光学滤光片的火焰光度计检测器，对S有高度的选择性和灵敏度（Brody等，1966；Bremner等，1974），同时还以Stevens等的工作为依据，其工作结果表明，在把GC方法发展为对含S气体分析方法的过程中，所遇到的吸收问题，可通过使用氟化乙烯-丙烯（PEP聚四氟乙烯）填充管为色谱柱而得到明显减少。这些方法中使用的柱填充材料和15种挥发性硫化物，在含有这些填充材料的色谱柱中的相对持留时间列于表25-5。图25-5表明了用这些柱中的一种柱，在对含有痕量（1~4ng）的表25-5所列的15种硫化物的0.1mL空气样品进行分析所获得的色谱。

表25-5　15中挥发性硫化物在不同色谱柱中的相对于CS_2持留时间

化合物	色谱柱				
	A（100℃）	A（50℃）	B（100℃）	C（40℃）	D（50℃）
六氟化硫（SF_6）	0.36	0.19	0.17	0.47	0.09
硫化氢（H_2S）	0.41	0.23	0.17	0.63	×
硫化羰（COS）	0.41	0.23	0.24	0.55	0.25
二氧化硫（SO_2）	0.48	0.33	0.24	1.59	×
甲硫醇（CH_3SH）	0.58	0.46	0.34	×	×
乙硫醇（CH_3CH_2SH）	0.77	0.75	0.83	×	×
二甲硫（CH_3SCH_3）	0.87	0.94	0.85	×	×
二硫化碳（CS_2）	1.00	1.00	1.00	1.00	1.00
乙甲基硫醇（$CH_3CH_2SCH_3$）	1.30	1.60	2.54	×	×
n-丙硫醇（$CH_3CH_3CH_2SH$）	1.30	1.78	2.54	×	×
异-丁硫醇（$CH_3CH_3CHCH_2SH$）	1.73	2.63	6.73	×	×
二乙硫（$CH_3CH_2SCH_2CH_3$）	2.00	3.65	7.90	×	×

（续表）

化合物	色谱柱				
	A（100℃）	A（50℃）	B（100℃）	C（40℃）	D（50℃）
n-丁硫醇（$CH_2CH_2CH_2CH_2SH$）	2.20	3.65	9.37	×	×
二甲基二硫（CH_3SSCH_3）	3.51	6.49	4.88	×	×
二乙基二硫（$CH_3CH_2SSCH_2CH_3$）	9.79	26.00	49.20	×	×

注：A = 用12%聚苯乙稀醚和H_3PO_4（0.5%）包被的红色硅藻土色谱载体T；B = 炭黑填充料B-HT-100；C = 红色硅藻土硅胶珠色谱载体310；D = 去活性硅胶；×：用50ng化合物时未观察到峰的出现

上述的一些GC法，已用于测定在好气和嫌气条件下，由未改良和已改良的土壤释放的挥发性S的形态和数量（Banwart和Bremner，1975a；1976a，1976b），同时也已用于验证从动物粪便放出的含S气体（Banwart和Bremner，1975b）。此外还具有用于研究土壤吸收各种含S气体的能力（Bremner等，1976）。

3. 其他气体

许多挥发性有机化合物，其中包括碳氢化合物、有机酸、醇类和醛类，它们都是由微生物分解土壤中的有机质所产生的，而且已发现其中的一些化合物会影响植物生长（如乙烯），种子的发芽（如乙醇、丙酮和乙醛）以及土壤真菌和细菌的繁殖（如甲醇、乙醇和乙醛）。在Smith（1977）的最近评述中，对现有的检测和估测土壤空气中的这些化合物的一些气相色谱法都作了讨论。大部分方法都用一个火焰离子化检测器，且具有高度的灵敏性。能够在C_2H_2和其他气体存在的条件下，对C_2H_4进行测定的一些气相色谱方法，在最近已广泛用于生物固氮的研究，因为它们可通过测定C_2H_2还原为C_4H_4的量，来检验固氮酶的活性。这种检验固氮酶活性的C_2H_2还原法来源于下列发现：即能把大气N_2还原为NH_3的固氮酶，也能把C_2H_2还原为C_2H_4（Dilworth，1966；Schollhorn等，1966，1967）。Hardy等（1968）研制了一种用火焰离子化检测器来测量C_2H_2还原为C_2H_4的灵敏的GC方法。同时还介绍了这些方法在土壤和土壤—植物研究中检验固氮酶活性的使用过程（Hardy等，1973）。对C_2H_2还原技术的许多变化情况已作了描述（Ham，1977；Smith，1977），而且在过去10年中，已发表了几百篇关于C_2H_2技术在生物固N_2研究中应用的论文。由于该技术非常简单，且费用比以$^{15}N_2$法研究N_2固定作用要少得多，所以它迅速为人们所接受，并得到广泛应用。然而，它是一种测定固定N_2的间接方法，因此，用该技术所得的结果在被解释为固定的氮之前，必须要用直接法所获得的数据进行检验。在使用C_2H_2还原技术中的一些问题请参考Bremner等（1972a，1972b）和Ham（1977）的论文。

Burford和Bremner（1972a，1972b）曾介绍过测定土壤空气中CO_2和磷化氢的较灵敏的GC方法。这两种方法均使用聚苯乙烯型色谱固定相Q和He离子化检测器。

第二十六章　利用蓝绿藻（现称蓝细菌）生产生物纳米核（Bio-Nanoparticles）和大量吸收温室气体（CO_2）

一、引言

生物纳米核是由生物纳米工厂——蓝细菌（Bio-Nanofactories-*Cyanobacteria*）生产的特异化合物。它可用于生物医药以防治癌症、病毒感染和过敏反应的免疫治疗。同时，还能大量吸收CO_2，以阻遏全球气候变暖，并已成为防治大气污染的有效措施之一。它还可用于生物降雨和生物防治雾霾，以减少大气的化学品和PM2.5的污染。最近，又用于有效防治土壤和水系的重金属污染以确保食物链的安全。因此，生物纳米工厂（蓝细菌）及其特异化合的生产具有无可争辩的优势：成本低、周期短、产量高、用途广、效益高，并能在各种不同环境条件，甚至极地条件下进行生产。因此，其被誉为"上帝之金冠"（"Hole Grial"）和划时代的生物技术。

不同大小和形状的生物纳米核的生物合成是对环境和人类健康有益的一种生态友好的创新技术（Eco-friendly methods）。在许多生物中，蓝细菌（*Cyanobacteria*）在生物纳米核的生产中具有特别重要的战略意义。例如生物纳米金核、银核和铂核的生物合成（Gold.Silver and platinum Nanoparticles synthesis）以及生物纳米镍棒（Niclel oxide nanorods）的生物合成。这些生物纳米核是由一些蓝细菌（*Pletonema boryanum*，*Spirulina platensis*，*Oscillatoria willei*，*Lyngbya majuscule*，*Spirulina subsalsa*，*Nostoc commune*，etC），在不同条件下进行自养光合作用而形成的特异化合物。因此，蓝细菌能在细胞内和细胞外合成生物纳米核。生物纳米核的大小和形状明显地受到溶液pH值、温度、金属浓度和培养时间的影响。蓝细菌除能合成纳米核外，其还能在含有金属的培养基中合成不同大小和浓度的工程纳米核（银、金、铂、钛和硒等纳米核）。较小的纳米核（<30nm）因具有穿透细胞壁的能力而进入细胞内，所以其无毒害效应。研究表明，蓝细菌（*Spirulina platensis and Nostoc linkia*）能合成纳米银核（*Silver Nanparticles*），而且其主要组分（蛋白质、脂、碳水化合物和藻胆色素）也会发生一定生物化学变化。

二、生物纳米核原料生产的生态友好方法（Eco-friendly methods for the production of Nanomaterials）

新型和生态友好型生物纳米材料——生物表面活性剂（Biosurfactants）的生产和应用已得到了快速的发展。鼠李糖脂（Rhamnolipids）是合成生物纳米核的主要原料，它也是一种已广泛应用的表面活性剂。

现已发现，蓝细菌还能合成多种纳米原料［鼠李糖脂、表面活素（surfactin）、皂角苷（Saponin）、槐糖脂（Sophorolipids）和七叶苷（Aescin）］（图26-1、图26-2、图26-3、图26-4、图26-5）。

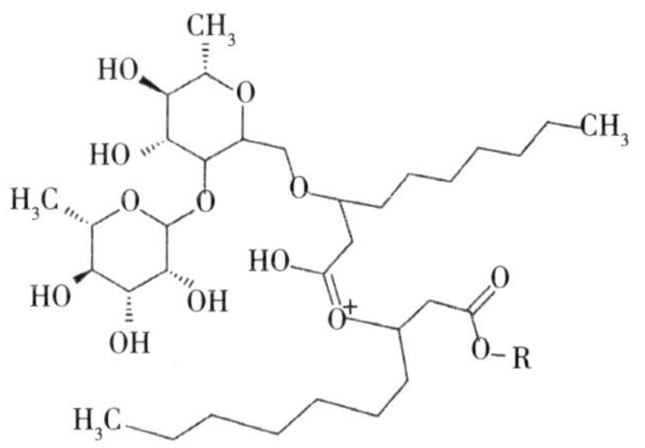

图26-1　二鼠李糖脂结构 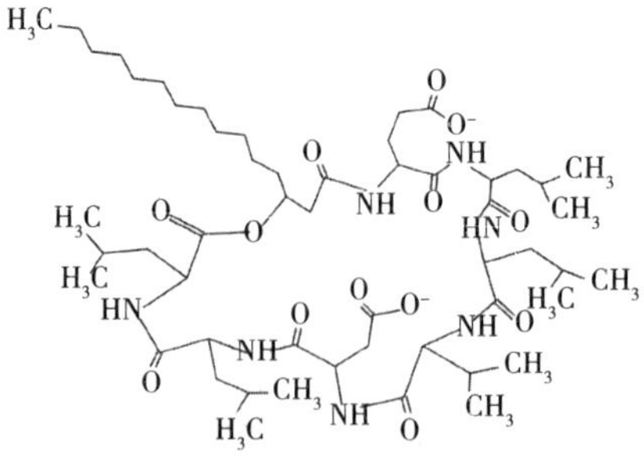　　　　图26-2　表面活素结构 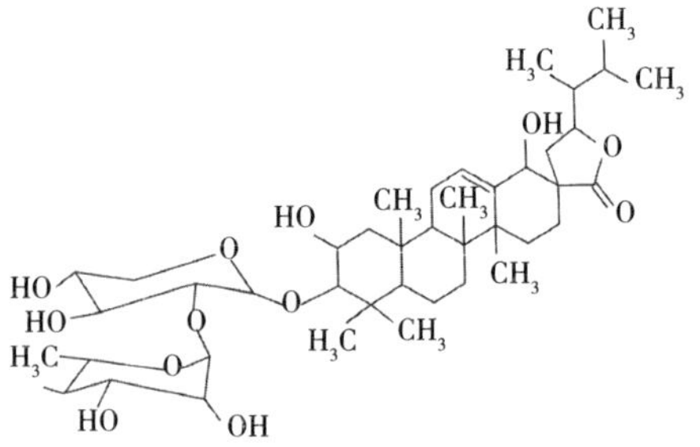　　　　图26-3　皂角苷结构

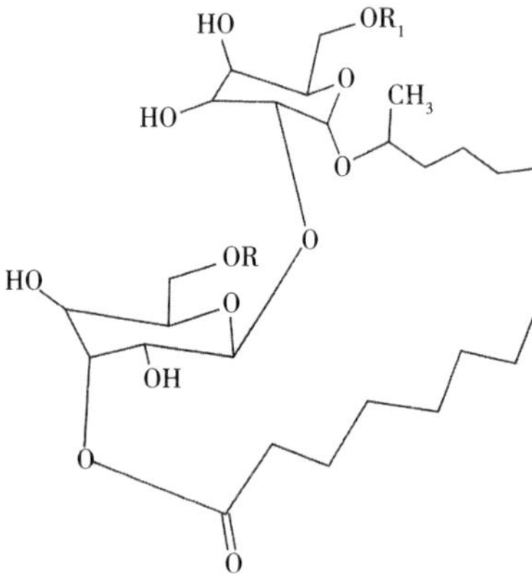

图26-4　槐糖脂结构 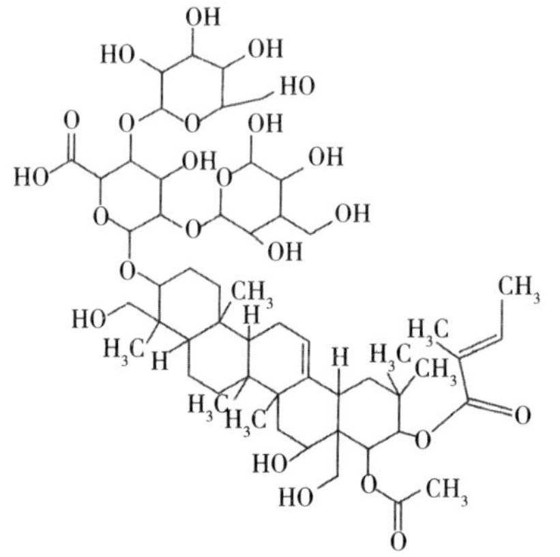　　　　　图26-5　七叶苷结构

氧化镍纳米棒（Nickel oxide nanorods）可利用水-油微乳化技术（microemulsion technique）进行生产（palanisamy 2008）。在该项生产技术中，鼠李糖脂生物表面活性剂能在n-庚烷羟相中发生弥散作用。利用这种技术可以在pH值为9.6时生产出直径为22nm和长度为150～250nm的纳米棒和直径<10nm的纳米核（nanoparticles）。它的形态可通过溶液中pH值的变化而进行调节，而且不会对环境造成有害的影响。当pH值较低时，形成的Ni（OH）呈薄片状。混合形片状和核状可通过增加溶液pH值（由8增加至10）而进行生产。在后续研究中，在pH值大于10时，NiO也能形成球状纳米核（spherical nanoparticle）。溶液pH值从11.6增加至12.5时，纳米核大小会由（86±8）nm降至（47±5）nm。纳米核可用SEM.XRE.TEM和TG-DTA技术设备予以鉴定。在世无前例的银纳米核合成过程中，具有物理、化学、磁学和结构学特性的表面活素（surfactin）则能起到可再生、低毒和生物可降解的稳定剂作用（Reddy等，2009）。由从Bacillus natto TK-1无细胞培养液中提取的表面活素（surfactin）可用于稳定超磁氧化铁纳米核（superparamagnetic iron oxide nanoparticles SPION）（与核磁共振剂、MRI相比，Liao等，2010）。这种平均直径为8nm的有机磁性纳米核能被表面活素移至水中。但未观察到颗粒的团聚作用和形状的变化。尽管表面活性剂可用于纳米技术，但表面活性剂-纳米核的合成尚未在水体和土壤污染修复过程中普遍地应用。鼠李糖脂可用于改善纳米核的电动力学和流变学特性（rheological behavior）。随着吸附在锆氧（zirconia）上鼠李糖脂浓度的不断增加，测出的Zeta电位亦随鼠李糖脂浓度的增加而增加。同时，锆氧等电点（ISO-electric point）亦会发生变化，而且锆氧表面的电位也会变得更负。在鼠李糖脂浓度达230mg/L时，其可达到最大的表面电荷（Maximum surface charge）。锆氧悬浮液在高固体载荷时呈黏胶状。因此，在pH值>7时，加入鼠李糖脂能明显地降低黏度和增加锆氧颗粒的弥散度。Zeta电位值、沉积作用和黏度测试的结果表明，鼠李糖脂对高量固体锆氧微粒的絮凝作用和弥散作用都是优良的分散剂。进一步的研究指出，通过金属离子的还原作用而形成纳米核（nanoparticles）。因此，蓝细菌便会从污染的水中将重金属积聚。除蓝细菌对环境的正效应外，其还可提供在细胞表面和细胞内形成的金属纳米核（metal nanoparticles）以作其他有益的用途。生物表面活性剂附加纳米核对环境污染的处置和修复将具有十分重要的意义。

三、生物纳米工厂（Bio-Nanofoctories）——蓝细菌

近年来，有关不同类型微生物能合成纳米核而用于无毒和环境友好方法的研究迅速发展（Lengke等，2008），金属纳米核（metal nanoparticles）的意义和作用系由其独特的物理、化学和生物学性质所决定。因此，生物纳米核在催化（catalysis）、医学（medicine）、电子（electronics）和光学（镜片）（optics）等领域发展了新的用途。生物纳米核的物理化学性质可归于其体积小，表面积大，化学成分多样和表面反应性强烈以及形状特异等因素。例如，小体积的金纳米核（gold nanoparticles）十分重要，因为只有纳米核直径在几个纳米级次时，才能发挥活性作用。就纳米核形状而言，角形纳米核最为有效，因为它具有小直径曲率的范围比同样体积的圆球形纳米核为大（Luangpipat等，2011）。

在微生物中，蓝细菌因其从生物学和工业观点出发，是最有研究价值和最具意义的靶标生物。它形成的生物纳米核系由形成的极为重要的代谢物所组成（一种重要代谢物之源）（Galhan等，2011）。

生物纳米核的生产和发展已进入了有价值的金属（金、银和铂）纳米核的生物合成时代。银纳米核因其物理化学性和在医学上作为抗菌剂而受到人们的特别关注。银纳米核在不同温度时的生物合成已成功完成，其是利用*plectonema boryanum* UTEX485进行生产的生物银纳米核。在所有试验过程中，都发现了球形银纳米核，并观察到其在胞内的直径为<10nm，在胞外的直径为1~200nm，但是，八面体银纳米核仅能在100℃时形成。在不同温度（间隔1~5天）时*spirulina platensis*形成银纳米核的研究系由Tsibakhasvili等，2011年完成。他们研究获得的纳米核大小范围为5~20nm，平均直径为10nm。用AgNO₃溶液培养spirulina platensis和Nostoc linkia时，可观察至在其细胞表面形成了拟球状银纳米核（spherical-like silver nanoparticles）。他们研究的结果表明，在AgNO₃浓度为100mg/L时，spirulina platensis中的银纳米核直径为≈6nm，而在*Nostoc linkia*中则为≈4~5nm（cepoi等，2014）。蓝细菌属*Anabaena*形成的园球形银纳米核的直径为~40nm，*Calothrix*则为~15nm。蓝细菌既能产生胞内纳米核，又能向溶液释出纳米核。

蓝细菌*Oscillatoria willei* NTDMOI能在胞外形成银纳米核，其直径范围为100~200nm（mubarak ali等，2011）。

微生物形成的生物金纳米核有着广阔的用途，特别在生物医学领域中更是异军突起，因为其具有生物相容性（Biocompatibility），而价值无限。Lengke和同事们（2013）研究了生物金纳米核的合成过程，他们是利用蓝细菌*Plectonema boryanum* UTEX485在3个不同浓度AuCl₃溶液中培养完成的。蓝细菌形成的八面体和亚八面体金纳米核的直径可达6μm。在金还原过程中，藻类表面生物分子（biomolecules）会被FTIR成分所固定。

蓝细菌*Lyngbya majuscule*和*spirulina subsalsa*会发生金离子因代谢主动吸附作用（metabolism-dependent active adsorption），随后便被还原为非纳米核形态。Chakraborty等（2009）研究了在不同pH值时的这些过程。就*Lyngbya majuscule*而言，该过程在pH值稳定值时最大的金积聚量高达96.4%，随后逐步形成的球形金纳米核直径为<20nm。在弱酸性培养基中，*Lyngbya majuscule*能产生球形六位体纳米核，其直径为2~25nm，而且还会产生小量大形纳米核。*Spirulina subsalsa*在中性pH值时，其能更好地积聚金达86.4%的最大值，并形成直径为5~30nm的球形金纳米核。

Kalabegishvili及其同事（2012）研究了蓝细菌*Spirulina platensis*在胞内和胞外生物合成金纳米核的过程。他们发现，纳米核的大小和形状取决于溶液中金的浓度。在浓度<0.005mol/L时，形成的纳米核形状更园，其直径平均为30nm。在浓度为0.01mol/L时，其形成的球形、三角形和六位体形的纳米核直径为100nm至7μm。在生物纳米核形成过程中另一个重要因子是培养时间。在培养24~48h后，纳米核大部分分布于*Spirulina*表面，但培养72~120h后，便会形成大形附聚物（agglomerates）。科学家亦已

观察到*spirulina*合成纳米核的超声波效应（The effect of ultrasound）。利用超声波可将*spirulina*分碎成0.5～1μm的碎片。由于这一技术措施，从而使金纳米核（gold nanoparticles）的平均直径降至16nm，而全部生物质获得的金纳米核的平均直径则≈14～100nm。3种丝状蓝细菌（*Anabaena*，*calothrix*和*Leptolyngbya*）在不同金盐浓度时形成金纳米核的能力已作出了鉴定。在所有蓝细菌的研究过程中，金盐浓度为1×10⁻⁶mol/L时未能观察到金纳米核的形成。这一原因可用在溶液中因Au³⁺浓度低来予以解释。*Calothrix*和*Anabaena*属在溶液中有较高Au³⁺浓度时能形成圆形金纳米核，其直径分别为5nm和12～25nm。在蓝细菌的胞内和胞外都能形成金纳米核。就*Leptolyngbya*而言，金纳米核（-6nm）主要在细胞内产生，而且不会释出于周围基质。Focsan等（2011）报道，蓝细菌*Synechocystic sppcc*6803会在胞内合成金纳米核。在位于细胞壁、原生质膜和细胞质中的金纳米核大小的范围为（13±2）nm。

Govindaraju等（2008）证实，蓝细菌（*spirulina platensis*）能在胞外生物合成银、金和双金属纳米核（*bimetallic nanoparticles*）。当生物质与液相AgNO₃和HAuCl₄相互作用120h时，其便能形成银纳米核（7～16nm）和金纳米核（6～10nm）。研究表明，形成的纳米核主要呈圆球状。双金属纳米核则为圆球状Au核-Ag壳结构（17～25nm），其原因可能是形成金纳米核快于形成银纳米核。铂纳米核（Platinum nanoparticles）因其有催化作用和抗癌作用，所以在医学上具有特别重大的意义和发展前景。科学家研究了蓝细菌（*Plectonema boryanum* UTEX485）在不同温度梯度时合成铂纳米核的过程。研究结果表明，蓝细菌在胞内和胞外都能形成圆球状铂纳米核，其在温度为25～80℃时合成的铂纳米核直径范围为30nm至0.3μm。当温度在60和80℃时，纳米核能与形成的有机拟长珠链（Long bead-like chains）相结合。在达到180℃高温时，形成的铂纳米核呈树枝状特性（a dendritic habit）。这就表明，*Plectonema boryanum* UTEX485能将PtCl₄⁻还原为Pt（O），并形成中间体Pt（11）。

除蓝细菌生物质能合成金属纳米核外，生物质提取物亦能合成金属纳米核。Xie等（2007）证实，利用从蓝细菌分离的蛋白质亦能合成金纳米核（gold nanoporticles）。由于这一结果，从而获得了三角形和六晶形纳米核。

蓝细菌（*Nostoc commune*）胞外水溶性多糖亦可用于合成绿色银纳米核（green synthesis of silver nanoparticles）。在与AgNO₃相互作用后形成的银纳米核平均直径为15～45nm。研究表明，这种银纳米核具有抗菌特性（antibacterial properties）和卓越的防腐特性（antiseptic properties）。同时亦有抗病毒的功能。Mubarak Ali和同事（2011）利用从海洋蓝细菌（*phormidium tenue* NTDMO5）提取的C-藻红蛋白（藻红素）（C-Phycoerythrin，C-PE）合成了Cds纳米核（约5nm）。研究发现，色素能稳定纳米核，并能使其储藏8个月不会变质。

生物纳米核生产的微生物学意义在于其是更为环境友好型产品，而且它比化学和物理合成的纳米核更具许多优点。

四、形成生物纳米核（Bio-Nanoparticles）是蓝细菌对重金属毒害的重要防卫机制

重金属离子，特别是那些多价金属离子，它们对生物活细胞具有高度的毒性。研究表明，蓝细菌（Cyanobacteria）能将毒性强的金属离子转化为毒性小或无毒性形态的金属离子。这种转化过程是通过蓝细菌对有毒金属离子的生物吸持作用（biosorption）和生物积聚作用（bioaccumulation）来完成的。蓝细菌能利用这些金属离子的机制之一是合成不同大小和形状的生物纳米核，其也是环境友好方法（Enviromentally friendly methods）的紧迫任务。在微生物中，蓝细菌在生产生物纳米核（Bio-nanoparticle）的过程中具有特别重要的意义。有些蓝细菌如织绒藻（*Plectonema boryanum*），

螺旋泊藻（*Spirulina platensis*），颤藻（*Oscillatoria willei*），柢藻（*Lyngbya majuscule*）和螺旋苏藻（*Spirulina subsalsa, etc*）都能在不同浓度的金、银和铂的条件下合成银纳米核、金纳米核和铂纳米核。蓝细菌能在胞内和胞外生产出生物纳米核。生物纳米核的形状和大小会强烈地受到溶液中的pH值、温度和金属浓度以及培养时间的影响。除其能合成纳米核外，不同大小的工程纳米核（银、金、氧化钛、氧化硒，CdSe、ZnSe和ZnS）的浓度效应已作了检测。较小纳米核因其能穿透细胞而更具毒性。在银纳米核形成过程中，蓝细菌（*Spirulina platensis and Nostoc linkia*）生物质中主要组分（蛋白质、脂、碳水化合物和藻胆素）生物化学变化亦获得了预期的结果。

五、生物纳米核对蓝细菌生物质生物化学变化的影响

近年来，由于金属纳米核在广阔工业领域中的应用不断增加，从而给环境中造成了较大数量的纳米核污染。纳米核很容易穿透进入水体、陆地和大气环境。但是，在环境域（domains）中纳米核的特性知之甚少。除了研究纳米核对活体生物的毒害效应外，其中还有非常重要的任务是获得具有纳米核的生物质，以缩小其对细胞组分的毒害。蓝细菌生物质中受纳米核影响的生物化学变化要关注下列两点：① 纳米核形成过程中的生物化学变化；② 蓝细菌培养基质中引入工程纳米核引发的生物化学变化。

现时，已有一些报告报道了微生物生物质中形成纳米核过程中的生物化学变化。Cepoi等（2014）就此项目进行了大量研究。他们研究和检测了蓝细菌（*Spirulina platensis*和*Nostoc linkia*）生物质在形成银纳米核过程中主要组分（蛋白质、脂、碳水化合物和藻胆素）的变化。为了获得银纳米核，用AgNO₃溶液对蓝细菌生物质进行了24h、48h和72h的培养。在培养的前24小时，两种蓝细菌的蛋白质含量略有变化，在随后的72h培养过程中蛋白质含量明显下降，这表明了生物质发生了降解作用。就碳水化合物而言，蓝细菌有着不同的变化特性。在*Nostoc linkia*中，碳水化合物具有较高的抗性，但其含量略有下降。这就表明，碳水化合物具有保护功能，而且在试验过程中保卫功能略有减弱。但是，*Spirulina*生物质中则呈现出不同的图式，即碳水化合物降解作用非常迅速。脂类降解情况则亦有相同的特性。两种蓝细菌的藻胆素最显著的效应是其含量下降。

蓝细菌壁细胞通常会对金属毒性作出反响，即其抗氧化状态会发生变化。这两种蓝细菌在培养过程中的抗辐射能力亦会逐步下降。但是，*spirulina platensis*生物质则更甚。就所有研究的组分而言，在用AgNO₃溶液培养的前24h，生物质中的生物化学变化很小。因此，可以合理的得出结论，超过24h培养的试验不会很有益。

科学家也研究了不同工程纳米核对蓝细菌生长和发展的影响。工程金属纳米核影响蓝细菌生长的有3条途径：① 纳米核在大容量基质中可以溶解，并能因金属离子进一步向蓝细菌表面扩散和内移作用（internalization）而释放。② 溶解的纳米核会与蓝细菌细胞表面相接触。③ 工程纳米核会穿入蓝细菌细胞，并在细胞内予以释放（Quigg et al.，2013）。

Burchardta等（2012）的研究数据支持了上述论点，即银纳米核的毒效应主要是释出的Ag⁺与蓝细菌中的纳米核发生相互反应。用*Synechacoccus sp*的研究表明，在Ag⁺离子浓度范围为0.1～2μmol/L，经72h培养后形成的银纳米核有3种不同的直径（20nm、40nm和100nm）。在培养72h后，银纳米核具有强烈的抑制效应。100nm直径的银纳米核的生长抑制作用较小。这可用下列事实予以解释，即较小的纳米核易于穿透细胞，而生物将较大纳米核渗入细胞的能力则会下降。Park等（2010）研究结果表明，在银浓度为1mg/L时银纳米核对*Microcystis aeruginosa*的生长抑制效应为87%（与对照相比），而较低浓度时，抑制效应的最大值为39%。一些研究者指出，银的毒性可用银纳米核的穿透作用来予以解释，即

银纳米核可以穿过较薄的蓝细菌的细胞壁，因此，导致了渗透衰弱（osmotic collapse）。

Planchon等（2013）研究了野生种（Synechocystis PCC6803）和耗EPS变种蓝细菌的TiO$_2$纳米核的作用。他们获得的结果表明，胞外多糖（exopolysaccharides）能强力地影响TiO$_2$纳米核与细胞的相互作用。与野生蓝细菌（Synechocystis PCC6803）相比，耗EPS变种（EPS-depleted mutant）细胞能直接从细胞表面吸收纳米核。两种蓝细菌都只能在细胞附近观察到TiO$_2$纳米核团聚体，而细胞内则无此现象。野生种细胞被TiO$_2$纳米核覆盖度小于耗EPS细胞。这种现象可用下列事实予以解释，即TiO$_2$纳米核不会穿过可溶性离子，因此，也就不能穿进细胞之内而伤害重要的生物过程。TiO$_2$纳米核毒性的潜在源是其产生光催化的毒性活性氧（Reactive oxygen species，ROS）。Synechocystis胞外糖厚度范围在25~700nm，它能有效地消耗产生纳米核的ROS。在耗EPS变种蓝细菌中，纳米核会被吸附在细胞表面，从而干扰了细胞膜的作用。为了研究TiO$_2$纳米核对蓝细菌（Anabaena sp.）的影响，因此将其在不同TiO$_2$浓度（0.01~10mg TiO$_2$/L）条件下进行培养24h，研究结果表明，TiO$_2$纳米核能使胞内大量营养元素计量统计（CiNiP）发生变化，同时亦会使蛋白质、碳水化合物和脂类修饰作用（modification）发生变化（cherchi and GU，2010）。

Focsan等（2011）研究了蓝细菌（Synechocystis sp.PCC6803）在不同浓度时对金纳米核的吸收能力。TEM技术证明，金纳米核主要沉积在细胞壁，而胞内组分则不受影响。蓝细菌对金纳米核的代谢活性有人已作了研究和监测。在光合氧产生过程中可以观察到金纳米核略有下降，这就表明，生理变化会伴随细胞膜形态结构的变化。

Rodea-palomares等（2011）研究了氧化硒纳米核对蓝细菌（Anabaena CPB4337）的毒性。他们测定了四种类型的纳米核大小范围在10~60nm。研究结果表明，即使在低浓度时，所有纳米核对研究的蓝细菌均有毒性。由于硒纳米核（ceria nanoparticles）都为正电荷，而蓝细菌表明则为负电荷，所以纳米核会被细胞表面强烈地吸附，从而也会造成对细胞的严重伤害（细胞壁和细胞膜被干扰，从而造成疏松的光合膜）。

Marsalek等（2012）用零价铁离子（nZVI）纳米核处理Microcystis aeruginos进行了研究。他们将蓝细菌用不同浓度的nZVI粒（nZVI particles）培养24h，电子扫描显微镜的结果提供了因nZVI诱导蓝细菌细胞破坏的视频证据。他们根据试验结果和有关理论而提出了蓝细菌细胞的破坏是由亚铁离子主动转移所引发，并证明nZVI与水发生反应产生了亚铁离子，它能横穿蓝细胞膜。在细胞内，亚铁离子与氧和过氧化氢经由Fenton-like方程发生反应，从而产生了活性氧，并造成了对细胞的严重伤害。不同大小的CdSe、ZnSe和ZnS粒的亲水型和固定型对Spirulina platensis的影响亦有一些研究。为了检测出纳米核的毒性，固定的CdSe纳米核在培养的第一天就供应给培养液（基质）。当CdSe浓度为2~4mg/LCdSe时，生物质量下降了22%~33%。当CdSe浓度为0.1~1.0mg/L时，其对Spirulina生物质的抑制效应为中等。在浓度为0.05到0.07mg/L时，产出的生物质量与对照持平。除生物生产量外，其他对非生物因子适应性的指标就是生物质的抗氧化活性。CdSe纳米核浓度在2mg/L和4mg/L时能显著增加抗氧化活性。这就表明，CdSe纳米核具有明显的毒性。当CdSe浓度小于1mg/L时，抗氧化活性增加了12%~44%，从而表明，抗氧化保护机制得到了活化，即防止了在加入纳米核影响条件下阻遏了自由基的形成。研究结果指出，就CdSe浓度主体而言，其不会对细胞膜结构组分发生影响。

就ZnSe纳米核而言，对其浓度的研究范围为0.01到0.2mg/L ZnSe。在浓度为0.1~1.0mg/L时，CdSe对Spirulina生物质量的抑制影响为中等。在浓度为0.02和0.03mg/L时，CdSe不会影响Spirulina的产量，而所有其他的浓度则会降低生物质量达46%（与对照相比）。0.2mg/L浓度是影响Spirulina生物质量的临界浓度。在所有浓度的研究设计中，抗氧化活性均有所增加。

研究发现，ZnS纳米核在浓度为1~6mg/L时能降低10%~22%的生物质产量，研究指出，浓度为

8mg/L时，是*Spirulina*生物质产量的临界浓度。然而，低产和抗氧化活性的增加都证明保持有活力的培养条件是主动生物合成过程的重要因子。

当用亲水型CdSe供给*spirulina*生物质时，其浓度为0.07g/L是增加生物质产量的最大浓度。亲水型CdSe纳米核比固定型更具毒性。脱毒机制不能抗衡CdSe毒性。但是，纳米核毒性引发的产量降低是因抑制了藻青蛋白（*phycocyanin*）的合成而造成的。

亲水型ZnSe纳米核抑制生物质生长的最大浓度为0.2mg/L。在浓度低于此值时，藻青蛋白与对照无差异。另外，浓度在0.2mg/L以上时，其便能抑制藻青蛋白的合成。研究结果表明，ZnSe纳米核也参与细胞膜结构的氧化作用。固定型ZnS纳米核比CdSe和ZnSe纳米核的毒性要小。就亲水型而言，对生物质生长的最适浓度为0.04mg/L。但是，当浓度增加时会降低生物质产量。与固定型相比，亲水型纳米核的高毒性是其容易穿过细胞膜而造成的。

近年来，由于纳米核产量增加和应用扩大，从而使其在环境中大量出现。目前，关于环境中纳米核的特性、转移和化学变化以及其对生物影响的机制尚缺乏有效的信息。因此，就这种新型物质对环境的有利和不利影响的研究是一项紧迫而有意义的任务。

六、蓝绿藻［Blue green algae，现称蓝细菌（*cyanobacteria*）］可大量吸收工业排放的CO₂以降低温室气体含量

在自然界，光合作用是生物固定CO₂的主要过程，其是由高等植物和蓝细菌等来完成的。光合作用固定CO₂会使大气中温室气体（CO₂）浓度下降。因此，可利用蓝细菌和微藻来降低CO₂的人为发射数量。在高等植物和藻类中倍受关注的是微藻（蓝绿藻）。它们具有固定CO₂的一些优势。① 微藻能在许多极端条件下生长。② 生物质快速增长能导致大量固定CO₂。③ 通过环境筛选和突发诱变（mutagenesis）培育新的可利用的微藻变种。④ 新分离和培育的微藻能在很高CO₂浓度条件下生长。

由于微藻具有上述优点，所以其被选择作为典范生物（model organisms）来研究其生物固定CO₂的效率。最近，已有许多成功的技术，即利用微藻培养直接吸收工业排放的CO₂，从而减少了人为CO₂的发射数量。例如，500MW燃煤发电厂每天排放10 000t CO₂，但用高密度培养蓝藻来固定CO₂的数量可达4.44g/（L·d）。因此，降低CO₂发射量的最低成本价为$264/t C，其值甚高。但降低人为发射CO₂数量的成本还取决于微藻生长的大量生物质，其可用于生物医药、饲料和保健品，这些因子综合起来，利用微藻和蓝细菌固定CO₂而减少温室效应则大有作为，前景乐观。

附录 I 美国科学院院士发表的气候问题公开信
《气候变化与科学整合性》

2010年哥本哈根大会前夕，英国东安格利亚大学气候研究中心的计算机系统遭到入侵。随后，黑客在网上公布了数千封研究人员的内部邮件。"气候门"事件爆发，很多批评者据邮件内容批评科学家刻意隐瞒部分不支持气温升高的数据。联合国随即介入对此事的调查，也有一些科学家发表公开信，称被披露内容无法动摇"全球变暖"的现有结论。2010年5月，包括11位诺贝尔奖得主在内的255名美国国家科学院院士（Gloick P.H.and Adams R.M.et al.）发表公开信，公开捍卫气候变化研究的严密性和客观性。他们的公开信发表在2010年5月7日出版的《科学》杂志上。全文如下。

最近一段时间以来，对全体科学家、特别是气候科学家的政治攻击愈演愈烈，这让我们深感不安。所有的公民都应该了解一些基本的科学事实。科学结论总会有某些不确定性；科学永远不能绝对地证明任何事情。当有人说社会应该等到科学家能绝对地肯定时再采取行动，这等于说社会永远不采取行动。对像气候变化这样的可能造成大灾难的问题来说，不采取行动会让我们的星球冒着危险。科学结论从对基本定律的理解推导而来，受到实验室实验、自然界的观察及数学和计算机建模的支持。科学家像所有的人一样会犯错误，但是，其能设计出科学程序来发现错误，并予以改正。该程序本质上具有不确定性——科学家不仅因支持传统的学识，更是由于证明了有些科学舆论是错误的，而且还可以证明存在着更好理论解释，从而使许多科学家被社会所认同并获得了很高的声誉。那正是伽利略、巴斯德、达尔文和爱因斯坦曾经做过的科学结论。但是当某些结论已经过全面和深入的检验、质疑和检查，它们就获得了"充分确立的理论"的地位，常常被称为"事实"。

例如，有确凿的科学证据表明我们星球的年龄大约是45亿年（地球起源理论），我们的宇宙是在大约140亿年前的一次事件中诞生的（大爆炸理论），今天的生物都是从在过去生活的生物进化来的（进化论）。即使是这些被科学界普遍接受的理论，如果有人能够显示它们是错误的，他们仍然能够一举成名。气候变化现在已归到了这个范畴：有确凿、全面、一致的客观证据表明人类正在改变气候，因此，威胁着我们的社会和我们赖以生存的生态系统。

否定气候变化的人士最近对气候科学以及更令人不安的对气候科学家的许多攻击，一般是由特殊利益或教条驱使的，而不是诚实地努力提供一个能令人信服地满足证据的另类理论。联合国政府间气候变化委员会（IPCC）和对气候变化的其他科学评估，有数千名科学家参与，产生了大量和全面的报告，也产生了一些错误，这是不出意料和很正常的。在错误被指出之后，一般就得到了改正。但是，最近的这些事件丝毫没有改变有关气候变化的根本结论：

（1）由于大气层中温室气体浓度的增加，地球正在变暖。华盛顿一个多雪的冬天并不能改变这个事实。

（2）在过去的一个世纪这些气体浓度的增加大多是由于人类活动引起的，特别是由于燃烧矿物燃料和砍伐森林。

（3）自然因素一直对地球气候变化有影响，但是现在人类导致的变化影响更大。

（4）地球变暖将会导致许多其他气候模式的变化，其变化速度在现代是前所未有的，包括海平面上升的速度和水循环的速度都越来越快。二氧化碳浓度的增加正在让海洋变得更酸性。

（5）这些复杂的气候变化合在一起威胁着海岸社区和城市、食物和水供应、海洋和淡水生态系统、森林、高山环境等。

世界科学团体、国家级科学院和许多单位对气候变化提出了许多有益的建议，但是以上这些结论应该足以表明，如果人类所作所为一切照常的话，科学家便会担心后代将要面临的状况。所以，我们呼吁决策者和公众立即着手解决引起气候变化的问题，包括不受约束地燃烧矿物燃料。我们也呼吁，停止基于含沙射影和株连对我们的同事提出犯罪指控和威胁，政治家为了避免采取行动借助骚扰科学家来分散注意力以及散播关于科学家的赤裸裸的谎言。社会有两种选择：我们可以无视科学，把头埋在沙中并希望我们有好运；或者我们可以为了公共利益行动起来，迅速和真正地减少全球气候变化的威胁。幸运的是，聪明和有效的行动是可能的。但是拖延不可以是一种选择。

附录 II　名词解释

1. 绿色低碳（Green Nature and Carbon sinks）

绿色植物合成碳汇（即绿色），降低碳源（即低碳）的统称。

科学诠释：绿色植物进行光合作用吸收CO_2（碳源）和合成有机碳化物（碳汇），从而降低了大气CO_2等温室气体的浓度，阻遏了全球气候变暖，故被社会和公众约定俗成地简称为"绿色低碳"。

2. 低碳农业（Low Carbon in Agricultural Activity）

较少或更少向大气排放二氧化碳（CO_2）等温室气体的农事活动或农业生产。因此，低碳农业也是全球环境安全和人类健康必由之路。

3. 碳汇（Carbon Sink）

碳储藏库以及能吸收和储存的碳量（即碳缓冲作用量）大于同环境条件下释放的碳量。碳汇可抵消部分温室气体的发射量。因此，植被、土壤和海洋都是很大的碳汇。土壤和树木是最大的天然碳汇。

4. 碳缓冲作用（Carbon Sequestration）

可定义为碳的吸收和储存作用。例如，绿色植物（作物和树木等）因能进行光合作用而吸收CO_2，并释放出氧，同时，将碳储于生物质中。矿物燃料在一定时期也是生物质。所以，在其燃烧前，它也储存了大量的碳。

5. CO_2肥料效应（CO_2 Fertilization）

因大气中有较高的CO_2浓度，从而促进了植物的生长和增加了产量。CO_2的这种功能和作用便称作CO_2肥料效应。

6. 全球变暖（Global Warming）

温室效应引发了地面温度的逐渐升高，并造成了全球气候的变化。例如，地球近表面的升温。过去，在自然条件的影响下也会发生不同程度的全球变暖，但现时全球变暖一词主要用于因增加温室气体发射量而造成的全球变暖。

7. 辐射强迫（Radiative Forcing）

射入大气中的太阳辐射和射出的红外线辐射之间平衡的变化。因此，在射入地球的太阳辐射逐渐与地球反射出的红外线辐射近乎相等时，辐射强迫几近零（即无辐射强迫），但当温室气体增加时，它能吸收增加的部分红外线辐射，并将其反射回地表，从而造成了一种变暖效应（即正辐射强迫，其是由射入的太阳辐射超过了反射出的红外线辐射所造成的）。

8. C_3光合作用（C_3 Photosynthesis）

Rubisco酶最初固定了CO_2，并将其转化为3-C中间体（丙糖磷酸）的光合作用途径。能进行这种光合作用的植物称C_3植物。

9. C$_4$光合作用（C$_4$ Photosynthesis）

在白天，PEP羧化酶最初固定了CO$_2$，并使其形成一种4-C酸（草酰乙酸和苹果酸）的光合作用途径。能进行这种光合作用的植物称C$_4$植物。

10. 景天酸代谢（Crassulacean Acid Metabolism）

在晚间，植物气孔开放，CO$_2$被固定而转化为一种4-C酸的光合作用途径。在白天，气孔关闭，4-C酸发生脱羧作用，同时，CO$_2$被C$_3$光合作用所固定。能进行这种光合作用的植物称CAM植物。

11. 土壤-植物CO$_2$的自维系统（A Self-sustaining System）

土壤发射的CO$_2$会被植物光合作用所吸收。从而使土壤碳源和植物碳汇达成平衡。因此，土壤虽然释放了CO$_2$，但不会增加大气中CO$_2$的浓度。在大部分条件下，植物碳汇都大于土壤碳源。因此，土壤—植物CO$_2$的自维系统在低碳农业中具有极为重要的作用。

12. PEP = Phosphoenolpyruvate（磷酸烯醇丙酮酸）

13. Rubisco = ribulose-1,5-bisphosphate carboxylase/oxygenase（核酮糖-1,5-二磷酸羧化酶/加氧酶）

14. CAM = Crassulacean Acid Metabolism（景天酸代谢）

附录Ⅲ　国际制单位换算

一、浓度和数量单位

单位体积（volume）、质量（mass）、面积（area）

体积摩尔浓度；容模（molarity）= mol·L^{-1}溶液

重量摩尔浓度；重模（molality）= 容模×活度

体积摩尔浓度与当量浓度的关系：1mol/L = 2N

$1mol·m^{-3} = 1mmol·kg^{-1} = 1mM$

$1μmol\ CO_2/M^{-3} = 0.002\ 43Pa = 2.43kPa$（在293kPa和101.3kPa大气压时）

1道尔顿（dalton）= $1.660\ 5·10^{-24}g$

ppb（part per billion）= $1nmol·mol^{-1}$；$1ng·g^{-1}$；$nL·L^{-1}$

ppm（part per million）= $1μmol·mol^{-1}$；$1μg·g^{-1}$；$μL·L^{-1}$

Gg（Giga gram）= 10^9g

Gt（Giga ton）= 10^9t或$10^{15}g$

Pg（peta gram）= $10^{15}g$

Tg（Terra gram）= $10^{12}g$

Fg或fg（femtogram）= $10^{-15}g$

二、能量单位

$1J = 1N·m = 1kg·m^2·s^{-2} = 1W·s$

$1W·h = 3.6kW·s = 3.6kJ$

$1MJ = 0.278kW·h$

$1cal = 4.186\ 8J$

$1kcal = 1.163W·h$

三、电导单位

$1S = 1ohm^{-1}$

四、气体交换和传导单位

$1mol·m^{-2}·s^{-1} = 0.022\ 4·（T/273）·（101.3/P）m·s^{-1}$（T = 绝对温度，P = 以kPa表示的大气压）

$1mol·m^{-2}·s^{-1} = 0.024m·s^{-1}$（在293k和101.3kPa时）

$1mm·s^{-1} = 41.7mmol·m^{-2}·s^{-1}$（在293k和101.3kPa时）

五、压力单位

$1MPa = 10^6Pa = 10^6N·m^{-2} = 10^6J·m^{-3}$（= 10bar）

六、辐射单位（McCree，1991）

$1W \cdot m^{-2} = 1J \cdot m^{-2} \cdot s^{-1}$

1mol光子（photons）= $1.8 \cdot 10^5 J$（在 λ 650nm时）到$2.7 \cdot 10^5 J$（在 λ 450nm时）

$1W \cdot m^{-2}$（PAR）= 4.6μmol（光子）$m^{-2} s^{-1}$（太阳日照）

1爱因斯坦（Einstien）= 1摩尔光子

附录Ⅳ　土壤酶在形成有机碳库（腐殖质）中的作用

　　土壤有机质[腐殖质（humus）]是生物圈中最大的有机碳库（largest carbon reservoirs）。它的碳汇量为1 500~1 800PgC（Batjes，1996）。据闵九康等（2012年）统计和研究，土壤有机碳库量应为1 676PgC，其约是大气碳汇（780PgC）的2倍。腐殖质对陆地生态系统的发展和进化具有特别重要的意义。研究证实，土壤中有机碳积累的重要因素有两个过程：① 腐殖质化（humificaiton），它导致形成了难分解的腐殖物质（HS，humic substances）。② 有机-矿物相互作用，从而促进了有机分子的化学吸收作用或物理团聚作用，并使有机质得以稳定。由于有机-矿物表面的相互作用，从而在各种不同厚度的矿物颗粒表面形成了有机套（coatings）（图1）。土壤中最稳定的有机碳部分的抗性长达$n \times (10^2 \sim 10^3)$年。它的代表性化合物是腐殖物质与矿物颗粒的吸附性复合体（adsorption complexes）（Mikutta et al.，2006）。

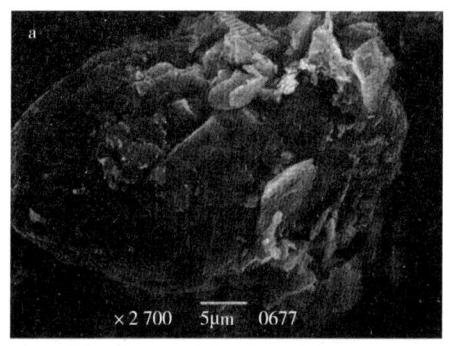

图1　有机-矿物复合体（A.G.Zavarzina，2011）

　　Waksman and Starkey（1931）提出了碳（C）循环过程中的分解作用。他们计算了每英亩（acre）地面大气中CO_2浓度为0.03%时的碳量（5.84t）。其是以甘蔗高产20t碳（C）为基础得出的。他们还估计出大气CO_2全球周转的时间为35年。

　　土壤生物和土壤有机质具有敏感的特异作用和空间分布。土壤生物、酶和微生物产物以及有机质的数量、敏感性和空间分布已被认定为土壤中最重要的反应过程。LÖhnis和Fred（1923）认定，非常小的微生物构成了很大的表面积，并明确了其在土壤水体和食物中所占数量非常巨大。Waksman and starkey（1931）绘制了有关微生物对土壤物理结构的图式（图2）。他们指出了土壤有机质（SOM）的性质，并计算出1g土壤中1.0亿（100million）细菌仅占土壤总体积的1/10 000（1/10 000th）。在多种多样的生物范围内，需要提出可以广泛认同的解释，其中包括分子大小（nm）、微生物（μm）、土壤动物，团粒结构和根系（mm），完整植株和土体（soil pedon）（m）以及景观（km）和全球特大兆米或1 000km范围（Mm，megameter）（图2）。

　　在极小单键和原子水平（Angstrom scale）（埃，10^{-8}cm）上发生的生物化学过程可小至nm水平。典型的例证是土壤酶，其大小为3～4nm，即相当于黏土矿物水铝英石（allophone）的微孔隙（micropores）。黏土矿物长度为2μm，但其边缘则为1nm。因此，它的表面积可达1 000m²/g。因此，科学家认为，土壤生物会与连接在土壤颗粒上的黏土矿物相结合，但是土壤颗粒也常与微生物体（microbiota）相团聚，特别是参与反应的倍半氧化物（sesquoxides）。土壤胶体大小定义的范围为1～1 000nm，而纳米颗粒（Nanopartticles）的范围则应为1～100nm。在土壤有机质平均为2%的土壤中，微生物的平均生物质为300μgC/g。这一数值相当于土壤生物质的600μg/g，即占土壤总体积的0.06%。该值与wakesman（1932）估计的数值相一致。研究表明，根系占表层土壤体积的1%。据测算，根系产出的土壤酶占微生物产出的酶的1%～4%，其中大部分为生物质胞溶作用所产出（sinsabaugh and shah，2012）。因此，土壤酶约占土壤体积的0.0025%，从而表明，土壤介质和酶在发生生物转化过程中具有各自的空间位置。土壤基质（soil matrix），特别是黏土矿物，其既能保护酶，又能保护基质不受破坏。但为加速反应亦需要浓集酶活性并使相互作用才能发挥土壤酶的功能。

图2　全球碳的空间循环和分布：纳米（nanometer）至千米（kilometer）
和兆米（megameter）（E.Hinckley and E.Paul，2014）

　　注：ecosystem exchange生态系统交换；deposition沉积作用；aboveground living biomass地上部活体生物质；litter fall枯枝落叶；soil土壤；internal cycling内循环；bedrock岩床；megameter兆米（Mm）；hyphae growth菌丝生长；micrometer 微米（μm）；microbial gas exchange微生物气体交换；uptake吸收；decomposition分解；live and dead roots活根和死根；soil aggregates土壤团粒结构；millimeter毫米（mm）；predation动物捕食；water水；nanometer纳米（nm）；peptide bond formation肽键形成；clay particles黏粒；litter枯枝；organic C有机C；organic N有机N；infiltration入渗；weathering风化；meter米（m）；fertilizer and irrigation肥料与灌溉；gaseous losses气体损失；surface water表面水；leaching淋溶；kilometer千米（km）

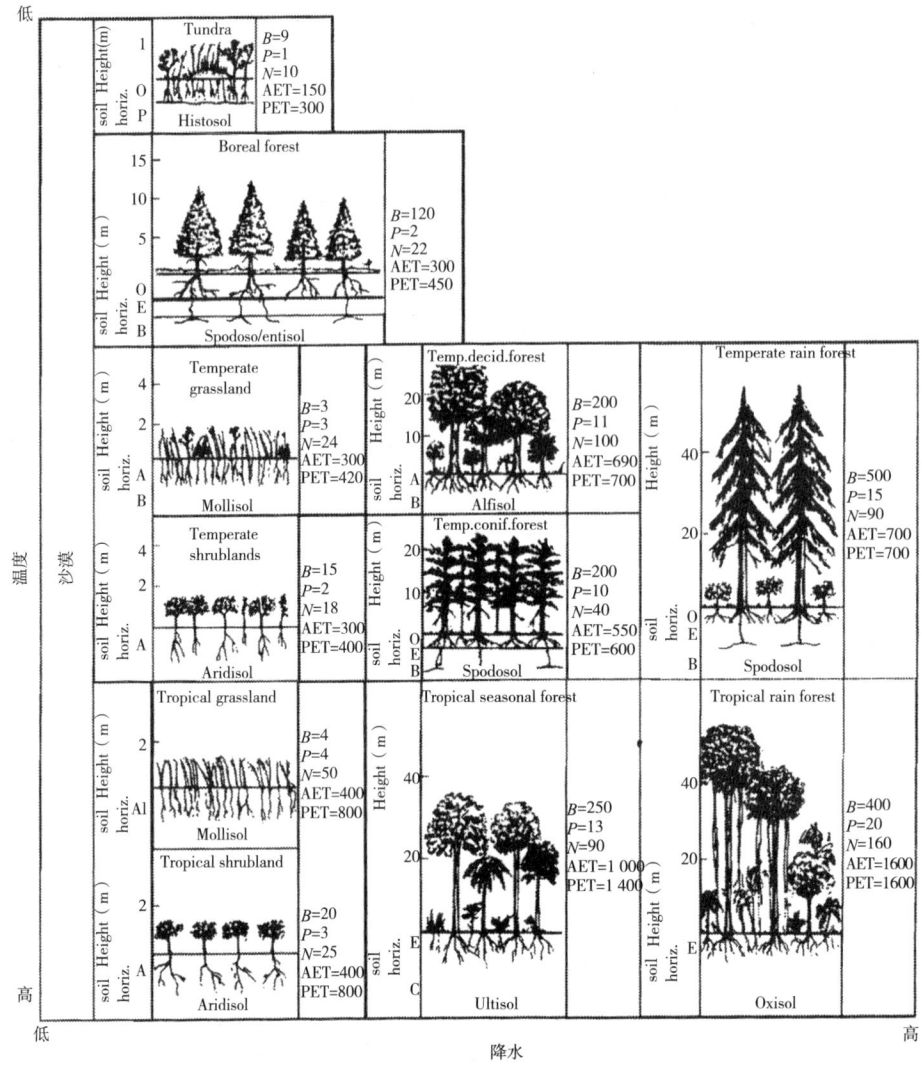

图3　全球主要生态系统和土壤类型的分布与降水和温度的关系（Aber and Melillo，2001）

注：Soil height（m）horiz 高土层（m）；Tundra苔原、冻原；Hislosol有机土；Boreal forest北方森林；Spodoso/
entisol灰土/新成土；Temperate grassland温带草地；Mollisol软土；Temperate shrubland温带灌木林地；Aridisol干旱土；
Tropical grassland热带草地；Tropical shrubland热带灌木林地；Temp.decid.forest温带灌木林；Temp.conif.forest温带针
叶林；Spodosol灰土；Tropical seasonal forest热带季节林；Ultisol老成土；Temperate rain forest温带雨林；Tropical rain
forest热带雨林；Oxisol氧化土

参考文献

［1］闵九康.2010.农业生态生物化学和环境健康展望.北京：中国出版集团现代教育出版社.

［2］闵九康.2011.全球气候变化和低碳农业研究.北京：气象出版社.

［3］闵九康.2011.低碳农业——全球环境安全和人类健康必由之路.北京：中国农业科学技术出版社.

［4］闵九康.2012.楝树——全球环境安全和人类健康之保护神.北京：中国农业科学技术出版社.

［5］闵九康，贺焕亮，等.2013.生物质在现代农业中的重要作用.北京：化学工业出版社.

［6］闵九康，陶天申.2004.生物肥料与持续农业.北京：台海出版社.

［7］闵九康.2013.土壤与人类健康.北京：中国农业科学技术出版社.

［8］闵九康.2014.土壤水态势与植物生长.北京：中国农业科技出版社.

［9］闵九康.2015.土壤生物修复工程——粮食安全之保护伞.北京：中国农业科学技术出版社.

［10］闵九康，王羲元.2015.生物冰核和生物氢的应用——划时代的生物工程.北京：中国农业科学技术出版社.

［11］王玉芝，等.2006.求真·求善·求美：朱祖祥院士诞辰纪念文集.北京：科学出版社.

［12］杨肖娥，章永松，等.2004.开拓奋进，科教人生：孙羲教授诞辰90周年纪念文集.北京：中国农业出版社.

［13］陈英旭，等.2004.王人潮文选.北京：中国农业科学技术出版社.

［14］徐建明，等.2016.土壤学进展：纪念朱祖祥院士诞辰100周年.北京：科学出版社.

［15］赵广武，韩江深，等.2017.为了大地的丰收.联合国画报.美国纽约皇后区81街4226号#2E.5.

［16］Stevenson F J，et al.1989.农业土壤中的氮.闵九康，译.北京：科学出版社.

［17］Page A L，et al.1991.土壤分析法.闵九康，译.北京：中国农业科学技术出版社.

［18］Mclaren AD，et al.1984.土壤生物化学.闵九康，译.北京：农业出版社.

［19］Gleick Ph，et al.2010-05-16（B12）.方舟子译.气候变化与科学完整性.新京报.

［20］Bouwman A F. 1996. Soils and the Greenhouse Effect. John willy and Sons. New York.

［21］CollinsW W，Qualset CO. 1999. Biodiversity in Agroecostems. CRC Press LLC. New York.

［22］Gleick P H，Adams R M，et al，Climate change and the integrity of science. Science，2010，328：689-690.

［23］Kirk G J D. 2004. The Biogeochemistry of submerged soil. John wiley & sons，Ltd. San Francisco，USA.

［24］Lambers H，Stuart chapin Ⅲ，F，Pons T L，Plant physiological Ecology. Springer-verlag New York. 1998.

［25］Pathak H，Kumar S. 2008. Soil and Greenhouse Effect（Monitoring and Mitigation）. CBS Publishers & Distributors. New Delhi.

［26］Joseph Tarradellas，Gabriel Bitton，et al. 1997. Soil Ecotoxicology. New York CRC Press Inc.

［27］Milton Fingerman and Rachakonda Nagabhushanam. 2005. Bioremediation of Aquatic and Terrestrial Ecosystems. USA Science Publishers.

［28］Godage BW ，Robert E H. 1998. Bioremediation and Phytoremediation. USA Battelle Press.

［29］Jack ER. 1995. Soil Amendments and Environmental Quality. USA CRC Press，Inc，

［30］Jack ER. 1995. Soil Amendments Impacts on Biotic Systems. USA CRC Press，Inc，

［31］Paul. EA. Soil Microbiology，Ecology，and Biochemistry. London NWI 7BY，UK.

［32］Girish Shukla. 2011. Ajit varma. Soil Enzymology. Springer，New York.

［33］Inga Zinicovscaia. 2016. Liliana Cepoi，Cyanobacteria for Bioremediation of wastewaters，New York，Springer.